W0261413

HANDBUCH DER ASTROPHYSIK

HERAUSGEGEBEN VON

G. EBERHARD · A. KOHLSCHÜTTER
H. LUDENDORFF

BAND IV

DAS SONNENSYSTEM

Springer-Verlag Berlin Heidelberg GmbH
1929

DAS SONNENSYSTEM

BEARBEITET VON

G. ABETTI · W. E. BERNHEIMER
K. GRAFF · A. KOPFF · S. A. MITCHELL

MIT 221 ABBILDUNGEN

Springer-Verlag Berlin Heidelberg GmbH
1929

© SPRINGER-VERLAG BERLIN HEIDELBERG 1929
URSPRÜNGLICH ERSCHIENEN BEI JULIUS SPRINGER IN BERLIN 1929
SOFTCOVER REPRINT OF THE HARDCOVER 1ST EDITION 1929

ISBN 978-3-662-38835-8   ISBN 978-3-662-39753-4 (eBook)
DOI 10.1007/978-3-662-39753-4

Inhaltsverzeichnis.

Kapitel 1.

Strahlung und Temperatur der Sonne.
Von Dr. W. E. Bernheimer, Wien.

(Mit 21 Abbildungen.)

Chapter 2.

Solar Physics.
By Prof. G. Abetti, Florence.

(With 141 illustrations.)

Chapter 3.

Eclipses of the Sun.

By Prof. Dr. S. A. MITCHELL, Charlottesville, Va.

(With 7 illustrations.)

Kapitel 4.

Die physische Beschaffenheit des Planetensystems.

Von Prof. Dr. K. GRAFF, Wien.

(Mit 33 Abbildungen.)

Kapitel 5.

Kometen und Meteore.

Von Prof. Dr. A. Kopff, Berlin-Dahlem.

(Mit 19 Abbildungen.)

Kapitel 1.

Strahlung und Temperatur der Sonne.

Von

W. E. BERNHEIMER-Wien.

Mit 21 Abbildungen.

a) Helligkeit der Sonne.

1. Sonne und irdische Lichtquellen. Als nächstliegende Aufgabe, die
Sonnenstrahlung im sichtbaren Gebiete meßbar zu erfassen, erwuchs das Bestreben, ihre Helligkeit jener der irdischen Lichtquellen einzuordnen. Die großen
Helligkeitsunterschiede zwischen Sonne und irdischer Lichtquelle erschweren
die Messung wesentlich, eine Messung, die im Grunde auf einer Gleichmachung
der beiden Lichtquellen beruht. Bereits 1725 hat P. BOUGUER[1] die Helligkeit der
Sonne mit der einer Kerze verglichen. Die direkte Messung ergab einen Wert
von 62000 Meterkerzen. Das Resultat ist nur eine erste Annäherung, insbesondere
sind Verluste durch Reflexion und Absorption in der Versuchsanordnung nicht
in Rechnung gezogen worden. Die Messung BOUGUERS ist bei einer Zenitdistanz
von 59° erfolgt; berücksichtigt man nun den Helligkeitsgewinn bei senkrechtem
Durchgang durch die Erdatmosphäre und zieht schließlich in Rechnung, wie groß
die Helligkeit der Sonne gewesen wäre bei senkrechter Einstrahlung ohne Schwächung durch die Erdatmosphäre, so wächst BOUGUERS Wert auf 75600 Meterkerzen.

Zu ähnlichen Ergebnissen ist 1799 W. H. WOLLASTON[2] gelangt. Es fehlen hier
Angaben über die Zenitdistanz der Sonne, so daß eine Reduktion seiner Messung
nicht durchzuführen ist. Er erhält den Wert von 60000 Meterkerzen. Aus diesen
beiden und anderen Versuchen schließt G. MÜLLER[3], daß die Sonne in mittlerer
Entfernung und Zenitstellung eine ebenso starke Beleuchtung hervorbringt wie
etwa 50000 Normalkerzen in der Entfernung von 1 m. Dieser Wert würde sich
auf etwa 60000, also um 20% erhöhen, sobald man die Absorption der Erdatmosphäre berücksichtigt, also die Lichtwirkung außerhalb der Atmosphäre
betrachtet.

Moderne Untersuchungen haben jedoch erwiesen, daß nach den bisherigen
Ergebnissen die Sonnenhelligkeit zu niedrig angesetzt wurde. 1905 hat E. HERTZ-
SPRUNG[4] auf Grund der PLANCKschen Gleichung aus der Energieverteilung im
Spektrum der Hefnerlampe und aus spektralphotometrischen Vergleichen der
Sonne mit dieser neue Berechnungen angestellt. Er gelangt zu einem Werte
von 100000 Meterkerzen außerhalb der Erdatmosphäre. Dasselbe Ergebnis
erzielte CH. FABRY[5]. Er maß mit einem Lummer-Brodhun-Photometer,

---

[1] Traité d'Optique, S. 85. Paris (1760).　　[2] Phil Trans 1829, S. 19.
[3] Photometrie der Gestirne, S. 311. Leipzig (1897).
[4] Z f wiss Photogr 3, S. 173 (1905).　　　[5] C R 137, S. 973 (1903).

reduzierte auf mittlere Distanz Sonne-Erde und findet die Beleuchtung durch die Sonne 100000mal größer als die einer Dezimalkerze in 1 m Distanz; es folgt zugleich daraus, daß 1 mm² der Sonnenoberfläche nach Berücksichtigung der atmosphärischen Absorption noch eine Leuchtkraft von 1800 Kerzen hat. Schließlich sei als wohl verläßlichster Wert das Messungsergebnis von H. H. Kimball[1] (1914) angeführt. Es wurde die Beleuchtung einer horizontalen Fläche durch Himmelslicht und durch das gemeinsame Licht von Himmel und Sonne photometriert und daraus nach entsprechenden Reduktionen auf Luftmasse 1 $[f(z) = 0]$ die Intensität der Sonnenstrahlung allein ermittelt. Bei einem durchschnittlichen Transmissionskoeffizienten von 0,766 erhielt er aus einer Beobachtungsserie von 22 Tagen eine Zenithelligkeit von 103000 Meterkerzen. Die Abweichung einer Einzelbestimmung ist zu $\pm 5,4\%$ zu veranschlagen. Unter Berücksichtigung systematischer Fehler ist der w. F. des Mittels nach Kimball etwa 5%. Als Endergebnis wollen wir nun festlegen, daß die Intensität der Sonne unter Berücksichtigung eines mittleren Transmissionskoeffizienten von 0,766 gleich ist jener von 134500 Meterkerzen, oder in Größenklassen: Die Sonne außerhalb der Atmosphäre ist $12^{m},82$ heller als eine Standardkerze in 1 m Entfernung. Wir wollen noch hinzufügen, daß nach H. N. Russell[2] aus obigem Werte von Kimball, aus Messungen von K. Graff und Ch. Fabry die Helligkeit der Standardkerze sich zu $-14^{m},18 \pm 0^{m},05$ ergibt.

2. Helligkeit in Größenklassen. Visuelle Beobachtungen. Aus der in Ziff. 1 angeführten Helligkeit der Standardkerze von $-14^{m},18$ und der Kimballschen Bestimmung der Sonnenhelligkeit außerhalb der Atmosphäre, die um $12^{m},82$ die Standardkerze in 1 m Entfernung übertrifft, läßt sich ein Wert für die Sonnenhelligkeit in Größenklassen ermitteln, der rund $-27^{m},0$ beträgt. Die Einordnung der Sonne in das übliche System der Fixstern-Größenklassen ist von Bedeutung und wurde auch schon frühzeitig zu ermitteln getrachtet. Bereits die erste von F. Zöllner[3] 1865 in dieser Richtung unternommene Untersuchung führte zu einer bemerkenswerten Genauigkeit. Zöllner verglich mit seinem eigenen Photometer das Sonnenbild, das er durch Linsenkombinationen und Dunkelgläser sternähnlich gemacht hatte, mit der Helligkeit der Capella. Aus 11 Stern- und 6 Sonnenbeobachtungen, bei sorgfältiger Berücksichtigung des Lichtverlustes in der Versuchsanordnung, fand er eine Helligkeitsdifferenz zwischen den beiden beobachteten Objekten von $26^{m},87 \pm 0^{m},05$. Bei einer Helligkeit der Capella von $0^{m},21$ im Harvardsystem ergibt sich somit die Sonnenhelligkeit zu $-26^{m},66$. In weiterem Verfolg der in Ziff. 1 angeführten Untersuchungen Fabrys gelang im Vergleich mit der Helligkeit von α Lyrae[4] eine Bestimmung der Sonnenhelligkeit, die im Harvardsysteme zu $-26^{m},80$ führte.

Eine größere Beobachtungsreihe hat W. Ceraski[5] veröffentlicht. Es handelt sich hier um Vergleiche der Sonnenhelligkeit mit der der Venus, deren Helligkeit andererseits wieder mit jener des Sirius, Polaris und Procyon verglichen wurde. Er fand nach genauer Bestimmung der Reduktionskonstanten die Sonne um $22^{m},93 \pm 0^{m},10$ heller als Venus 112 Tage nach der unteren Konjunktion. Andererseits war Venus ein Jahr später 42 Tage vor der unteren Konjunktion um $3^{m},22$ heller als Sirius, um $4^{m},86$ heller als Procyon und um $6^{m},30$ heller als Polaris. Berücksichtigt man, daß die Venus bei den Sternvergleichen um $0^{m},66$ heller als zur Zeit der Sonnenvergleiche war, bringt man entsprechend der Anzahl der Beobachtungsnächte an die Einzelwerte Gewichte an und führt schließlich das

---

[1] Monthly Weather Rev 43, S. 650 (1914).   [2] Ap J 43, S. 129 (1916).
[3] Photometrische Untersuchungen. Leipzig (1865).
[4] C R 137, S. 1242 (1903) und Ass. fr. p. l'avanc. des Sc., Congrès d'Anvers, S. 255 (1903).
[5] Ann Moskau, (2) 5, S. 23 (1911).

Harvardsystem ein, so ergibt sich für die Sonnenhelligkeit ein Wert von $-26^m,60$. Außerdem seien noch Beobachtungen von W. H. PICKERING[1] erwähnt, der extrafokale Sternbilder mit fokalen verkleinerten Sonnenbildern verglich, und der aus Arkturus, Capella, Sirius und Wega den Wert von $-26^m,83 \pm 0^m,19$ erhielt. Schließlich hat J. E. GORE[2] $-26^m,50$ erhalten, nach einer Methode, die ihm ermöglichte, die Sonnenhelligkeit aus der Helligkeit von Doppelsternen zu berechnen, deren Bahnen gut bekannt sind, und deren Spektra dem der Sonne gleichen. Er zog zum Vergleich α Cen, ζ UMa und η Cas heran.

H. N. RUSSELL[3] mittelt die Ergebnisse von ZÖLLNER, FABRY, PICKERING und CERASKI und findet $-26^m,72 \pm 0^m,04$. Ordnet man allen Bestimmungen gleiches Gewicht zu, so ergibt sich als w. F. einer Bestimmung $\pm 0^m,075$. RUSSELL zeigt, daß die systematischen Fehler der von den einzelnen Autoren eingeschlagenen Methoden wohl sehr klein sein müssen; es sei nicht anzunehmen, daß Fehler gleicher Größenordnung und gleichen Zeichens bei vier voneinander ganz unabhängigen Methoden auftreten. Tatsächlich muß diesen Bestimmungen wohl ein hoher Grad von Verläßlichkeit zuerkannt werden, wobei wir jedoch betonen wollen, daß das bisherige spärliche Material eine Wiederholung bzw. Neubestimmung der in dieser, in der vorangegangenen und der folgenden Ziffer mitgeteilten Ergebnisse als sehr wünschenswert erscheinen läßt.

3. Helligkeit in Größenklassen. Photographische Beobachtungen. Nach einer ähnlichen Methode, wie sie W. H. PICKERING (Ziff. 2) visuell angewandt hat, hat O. BIRCK[4] die Sonne mit extrafokalen Sternbildern verglichen. Der photographische Transmissionskoeffizient wurde zu 0,582 angenommen. Er erhielt nachstehende Helligkeitsdifferenzen: Sonne—Arktur $27^m,76$, Sonne—Capella $27^m,04$, Sonne—Wega $25^m,95$. Nach einer Reduktion auf das Harvardsystem, die RUSSELL (l. c.) vornimmt, ergibt sich eine gute Übereinstimmung der drei BIRCKschen Werte und als Mittel eine Sonnenhelligkeit von $-26^m,12$. Eine zweite Beobachtungsreihe, die Vergleiche der Sonne mit Arktur, Capella und Polaris enthält, stammt von E. S. KING[5]. Er findet eine photographische Größe der Sonne von $-25^m,83$. Die durchschnittliche Abweichung seiner 11 Bestimmungen beläuft sich auf $0^m,07$. Als derzeit besten direkt bestimmten Wert für m_{ph} der Sonne wollen wir $-25^m,93$ anführen, wobei nach der Annahme von RUSSELL für die Mittelbildung der KINGschen Bestimmung das doppelte Gewicht zuerkannt wurde.

4. Die Helligkeit der Sonne im Verhältnis zu der des Vollmondes. Der Vergleich der Sonnenhelligkeit mit der Helligkeit des Mondes wurde mehrfach durchgeführt, und wir wollen die Ergebnisse dieser Untersuchungen hier anführen. Bereits 1836 wurden von W. HERSCHEL Beobachtungen angestellt, die die Helligkeit des Mondes in Größenklassen bestimmten[6]. Eine Reduktion von RUSSELL (l. c.) ergibt $-12^m,79$ als Helligkeit des Vollmondes. Beobachtungen von W. H. PICKERING[7] führten zum Werte $-12^m,51$. Untersuchungen, die speziell das Ziel hatten, das Helligkeitsverhältnis von Sonne und Vollmond durch Zwischenschaltung eines Vergleichslichtes zu bestimmen, stammen von BOND 1860[8] und F. ZÖLLNER 1864[9]. Als Helligkeit des Vollmondes ergibt sich nach BOND $-12^m,66$, nach ZÖLLNER $-12^m,22$. Aus allen Bestimmungen, mit Berücksichtigung ihrer Gewichte, findet RUSSELL für die Helligkeit des Vollmondes $-12^m,55 \pm 0^m,07$.

---

[1] Harv Ann 61, S. 56 (1908).   [2] M N 63, S. 164 (1903).
[3] Ap J 43, S. 105 (1916).   [4] Diss. Göttingen (1909).
[5] Harv Ann 59, S. 245 (1912).
[6] Results of Astr. Obs. made at the Cape of Good Hope S. 353 (1847).
[7] Harv Ann 61, S. 63 (1908).   [8] Mem Americ Acad N. S. 8, S. 287 (1861).
[9] Photometrische Untersuchungen S. 90, 124. Leipzig (1865).

Verbindet man dieses Resultat mit dem Werte für die Helligkeit der Sonne, so findet man, daß die Sonne um $14^m,17$ heller ist als der Vollmond und daraus das Helligkeitsverhältnis Sonne:Vollmond $= 465\,000.$ Dieser Wert ist noch mit einer Unsicherheit von etwa 10% behaftet, der in den Beobachtungsschwierigkeiten begründet ist, die im Einschalten einer Vergleichslichtquelle liegen. A. Hnatek[1] hat eine Methode angegeben, das Helligkeitsverhältnis Sonne:Vollmond direkt zu bestimmen. Dies kann mit Hilfe eines Röhrenphotometers auf photographischem Wege ohne ein Zwischenglied und ohne Zwischenschaltung reflektierender oder absorbierender Medien durchgeführt werden. Eine theoretische Genauigkeitsabschätzung der Methode läßt erwarten, daß der Fehler im Helligkeitsverhältnis Sonne:Vollmond nur von der Größenordnung eines Prozentes sein dürfte. Versuchsergebnisse nach dieser Methode sind bisher noch nicht veröffentlicht.

5. Absolute Größe und Farbenindex der Sonne. Um die Sonne als Fixstern mit den übrigen Fixsternen vergleichen zu können, ist es auch nötig, die absolute Helligkeit, das moderne Vergleichsmaß, anzugeben.

In der Einheitsentfernung, für die bei der Angabe der absoluten Größe jetzt durchweg eine Distanz von 10 Parsec angenommen wird, die einer Parallaxe von $0'',1$ entspricht, ist die Helligkeit um $31^m,57$ geringer als in Sonnenentfernung. Setzen wir nach Ziff. 2 die visuelle Sonnenhelligkeit zu $-26^m,72$ fest und nach Ziff. 3 die photographische zu $-25^m,93$, so beträgt die absolute visuelle Größe der Sonne $4^M,85$, die absolute photographische Größe der Sonne $5^M,64$.

Aus diesen beiden Angaben ergibt sich zwanglos der Farbenindex der Sonne zu $+0^m,79$. Dieser Wert ist in sehr guter Übereinstimmung mit dem Farbenindex der Fixsterne mit gleichem spektralen Charakter wie die Sonne. (G0 nach E. S. King[2] $+0^m,72$.) Betrachtet man die Sonne auf Grund spektral-photometrischer Untersuchungen nach A. Brill[3] als Stern vom Typus F 7, so folgt $+0^m,55$ als Farbenindex im System von King (vgl. Ziff. 3). Damit ist also die Einordnung der Sonne in die Reihe der „gelben" Fixsterne gegeben.

Wenn wir also nun die Sonne nach Spektraltypus und Farbenindex als gelben Stern betrachten, im allgemeinen aber das Sonnenlicht als weißes Licht definieren, so besteht darin nur ein scheinbarer Widerspruch. Das Problem, das wesentlich physiologischer Natur ist (wir definieren einerseits die Sonnenfarbe als weiß, anderseits entsteht der gelbe Eindruck der Sterne vom Sonnentypus als Kontrast zum Blau des Stäbchensehens), sei in diesem Kapitel nur der Vollständigkeit halber erwähnt. Es wurde durch K. F. Bottlinger[4] und E. Schrödinger[5] geklärt, auf deren diesbezügliche Arbeiten verwiesen sei.

6. Beobachtung der Sonnenhelligkeit an den Planeten. Wenn es sich darum handelt, die Sonnenstrahlung nicht nur nach ihrem absoluten Werte zu untersuchen, sondern Schwankungen in derselben zu finden, Untersuchungen, die im Hinblick auf das Problem der veränderlichen Sterne von größter Bedeutung sind, so steht unter allen noch zu besprechenden Strahlungsmessungen die Beobachtung der Planetenhelligkeiten, angeschlossen an benachbarte Fixsterne, in erster Linie. Hier ist ein Verfahren gegeben, das wie kaum ein anderes den Beobachter von Veränderungen in der Erdatmosphäre freimacht und so ein objektives Bild der extraterrestrischen Sonnenstrahlung und ihrer Veränderungen zu geben vermag.

---

[1] Z f Phys 39, S. 927 (1926).
[2] Harv Ann 59, S. 179 (1912).
[3] A N 218, S. 209 (1923); 219, S. 21, 353 (1923).
[4] Die Naturwissenschaften 13, S. 180, 882, 1092 (1925).
[5] Die Naturwissenschaften 13, S. 373 (1925).

Die ersten Untersuchungen in dieser Richtung stammen von G. Müller[1], F. W. Very[2] und E. S. King[3]. Aus diesen Untersuchungen lassen sich Schwankungen kurzperiodischer Natur im Betrage von wenigen Prozenten nicht mit Sicherheit feststellen, da sie durch Unsicherheiten in der Methode überdeckt werden. Erst durch die mit Hilfe der Photozelle vorgenommenen Untersuchungen von Guthnick und Prager[4] ist eine ganz wesentliche Steigerung der Beobachtungsgenauigkeit erreicht worden. Die Messungen wurden an Saturn und Jupiter durchgeführt, und der Helligkeitsunterschied, nach Berücksichtigung der notwendigen Korrektionen, gegen Vergleichssterne in unmittelbarer Nähe bestimmt. Sowohl die Bestimmungen aus dem Jahre 1917[4] wie aus dem Jahre 1921[5] ergeben keine Schwankungen über 1%, wie auch aus nachstehenden Beispielen zu ersehen ist.

Tabelle 1. Babelsberger Jupiterhelligkeiten (diff.). Abweichungen vom Mittelwert nach Guthnick und Prager (l. c.).

Tag 1917—1918		$B - R$
Oktober	16	0^{m},000
,,	24	+ ,008
November	4	− ,010
,,	8	+ ,002
,,	15	,000
,,	21	− ,002
Dezember	3	+ ,010
,,	10	− ,006
,,	18	− ,002
,,	19	+ ,002
,,	20	+ ,002
,,	22	− ,004
Januar	8	,000

Tabelle 2. Babelsberger Jupiterhelligkeiten (diff.). Abweichungen vom Mittelwert nach Bernheimer (l. c.).

Tag 1921		$B - R$
Februar	23,6	+ 0^{m},011
,,	24,5	− ,006
,,	25,5	− ,013
März	3,5	+ ,013
,,	7,5	+ ,011
,,	11,5	− ,005
,,	13,5	+ ,001
,,	14,5	+ ,010
,,	15,5	+ ,010
,,	16,5	− ,002
,,	17,5	+ ,018
,,	30,5	− ,005
April	3,5	+ ,012
,,	9,4	− ,022
,,	10,4	− ,006
,,	19,4	− ,009
,,	27,4	− ,007
Mai	2,4	− ,005

Die photoelektrischen Messungen der Planeten sind im Spektralgebiet λ 3500—5500 ausgeführt, gegenüber den direkten amerikanischen Messungen der Gesamtstrahlung der Sonne im Gebiet von λ 3700—28000. Es ist nun wesentlich, daß die lichtelektrischen Messungen keine Schwankungen der Sonnenstrahlung in dem Ausmaße ergeben wie die Messungen der Gesamtstrahlung, trotzdem, wie in Ziff. 25 noch auseinanderzusetzen ist, Schwankungen der Sonnenstrahlung im kurzwelligen Gebiete wesentlich kräftiger zum Ausdruck kommen müßten.

Aus jüngster Zeit liegt neuerliches Beobachtungsmaterial zu dieser Frage vor. J. Stebbins[6] hat auf der Lick-Sternwarte die Helligkeitsschwankungen der hellen Jupitertrabanten untersucht, um die sich aus der Rotation ergebenden Lichtkurven zu studieren. Der Anschluß der Satellitenhelligkeiten an naheliegende Vergleichssterne ergibt aber zugleich die Möglichkeit, eine eingehende Kontrolle der Konstanz der Sonnenstrahlung durchzuführen. Läßt sich eine

---

[1] Potsd Publ 8, Nr. 30 (1893).   [2] B A 34, S. 129 (1917).
[3] Harv Ann 59, S. 262 (1912) und 81, S. 208 (1923).
[4] Veröff. Berlin-Babelsberg I, Heft 1 (1914); II, Heft 3 (1918).
[5] W. E. Bernheimer, Seeliger-Festschrift, S. 472 (1924).
[6] Lick Bull 13, S. 1 (1927).

Schwankung der Helligkeit feststellen, die gleichzeitig bei allen Satelliten in Erscheinung tritt, so muß die Ursache in Veränderungen der Sonnenstrahlung gelegen sein. Das Ergebnis in einem dreiwöchigen Zeitabschnitte ist vollkommen negativ, wie aus nachstehenden Werten ersichtlich ist.

Tabelle 3. Messungen der Jupitersatelliten (differentiell) nach Stebbins. Mittlere Abweichungen für jede Nacht in Tausendstel Größenklassen.

Datum	II.	III. Satellit	IV.	Mittel	Datum	II.	III. Satellit	IV.	Mittel
August 24	− 3	− 16	+ 15	− 1	September 4	+ 8	+ 2	+ 1	+ 4
,, 25	0	− 3	0	− 1	,, 5	− 10	—	0	− 5
,, 26	+ 14	+ 14	—	+ 14	,, 6	—	− 2	− 1	− 2
,, 27	+ 5	+ 11	+ 1	+ 6	,, 7	− 3	− 7	+ 12	+ 1
,, 28	—	+ 4	0	+ 2	,, 8	—	− 5	− 11	− 8
,, 29	+ 22	—	0	+ 11	,, 9	− 8	− 9	+ 5	− 4
,, 31	− 4	+ 3	− 3	− 1	,, 10	− 6	− 7	+ 20	+ 2
September 1	—	+ 7	− 2	+ 2	,, 11	− 12	− 8	—	− 10
,, 2	+ 2	—	+ 1	+ 2	,, 13	—	0	+ 3	+ 2
,, 3	+ 2	− 2	—	0	,, 14	− 8	+ 5	+ 8	+ 2

Die Daten zeigen also keine gleichzeitig bei allen Satelliten auftretenden Einflüsse. Die durchschnittliche Abweichung für eine Nacht ergibt sich zu $\pm 0^{m},004$, mithin praktisch eine Unveränderlichkeit der Sonnenstrahlung. Bei einer Meßgenauigkeit von 0,4% müßten kurzperiodische Schwankungen, selbst von nur 1—2%, ohne weiteres festzustellen sein.

Eine Neureduktion der Beobachtungen von Stebbins durch P. Guthnick[1], der insbesondere die lichtelektrischen und visuellen Lichtkurven der Jupitersatelliten vergleicht und zu interessanten Feststellungen über ihre Atmosphären gelangt, bestätigt die qualitativen Ergebnisse Stebbins'. Es zeigt sich eine noch schärfere innere Übereinstimmung in den Messungen und damit ein Herabsinken der durchschnittlichen Abweichung einer Helligkeitsbestimmung von der Lichtkurve.

Ähnliche Messungen sind 1927 auch von J. Stebbins und T. S. Jacobsen[2] am Planeten Uranus ausgeführt worden. Bei einem w. F. einer Beobachtung von $0^{m},005$ ergab sich in einem Zeitraume von mehr als zwei Monaten praktisch keine Helligkeitsschwankung.

Derartige Beobachtungen sind außerordentlich geeignet, eine einwandfreie und objektive Kontrolle der Sonnenstrahlung in dem von der Photozelle erfaßten Spektralgebiete zu geben. Eine Fortführung dieser Untersuchung an Planeten und Monden, deren Oberfläche nur geringen Veränderungen unterliegt, erscheint sehr wichtig und wohl um so mehr geboten, als diesen bisherigen Ergebnissen die radiometrischen Messungen an der Sonne von E. Pettit[3] vollkommen widersprechen. Während nach Pettit (vgl. Ziff. 25) kräftige Schwankungen der kurzwelligen Sonnenstrahlung zu beobachten sind, bringen die lichtelektrischen Untersuchungen an den Planeten und Monden ein klares negatives Ergebnis. Eine mögliche Deutung für die Ursachen dieser Unstimmigkeit wird in Ziff. 25 gegeben werden.

b) Intensitätsverteilung auf der Sonnenscheibe.

7. Allgemeines. Von der Erde aus gesehen, müßte die Sonne als vollkommen gleichmäßig leuchtende Scheibe erscheinen. Dies ist jedoch nicht der Fall. Es findet eine Helligkeitsabnahme von der Mitte nach dem Rande zu statt. Die Annahme,

---

[1] Sitzungsber Preuß Akad 1927, S. 112.
[2] Pop Astr 35, S. 494 (1927).
[3] Wash Nat Ac Proc 13, S. 380 (1927).

die ursprünglich sich aufdrängte, daß die Flächenhelligkeit der Sonne dadurch abnehme, daß die Strahlen nicht senkrecht, sondern schräg austreten, ist nach dem LAMBERTschen Gesetz zu verwerfen, zumal als die Abnahme der Intensität gegen den Rand zu vom Spektralgebiet abhängig ist.

Denkt man sich die Sonne als schwarzen Strahler, der von einer Atmosphäre umgeben ist, die nur absorbierende Wirkung hat, so würde sich ein den Beobachtungen entsprechendes Bild ergeben. Die Absorption in der Sonnenatmosphäre bewirkt eine Schwächung, die sich dadurch verschieden auswirkt, daß die Strahlen aus dem Zentrum einen kürzeren Weg in ihr zurücklegen als jene, die aus den Randpartien zu uns gelangen. Da eine Absorption von der Wellenlänge abhängig ist, so ist die Schwächung auch für verschiedene Wellenlängen eine andere.

Es ist jedoch bei der Sonne als Gaskugel im Strahlungsgleichgewicht zu berücksichtigen, daß der Atmosphäre nicht nur eine absorbierende Wirkung zukommt, sondern daß in jeder ihrer Schichten eine Ausstrahlung erfolgt, von gleicher Intensität wie die Absorption SCHWARZSCHILD konnte zeigen, um wieviel besser die Beobachtungen darzustellen sind, wenn man statt der Annahme des adiabatischen Gleichgewichtes die Abnahme der Helligkeit von der Sonnenmitte zum Rand für Strahlungsgleichgewicht berechnet. Weitere theoretische Untersuchungen von EMDEN, MILNE, LINDBLAD werden an anderer Stelle des Handbuches besprochen.

Eine überaus treffende Deutung der Randverdunklung hat WILSING gegeben. Nach ihm kommen die zentralen Strahlen aus heißeren, tieferen Schichten, die Randstrahlen dagegen aus kühlerem und höherem Niveau. Wir sehen tiefer in die Sonnenatmosphäre hinab in der Mitte, weil wir am Rande, wo wir die Atmosphäre in schräger Richtung erblicken, ihre tieferen Lagen durch Kondensationen in der Atmosphäre abgedeckt finden.

8. Über Randverdunklung der Gesamtstrahlung. Über die Tatsache einer Randverdunklung, die bereits von CHR. SCHEINER beobachtet wurde, hat BOUGUER[1] zuerst quantitative Angaben gemacht. Er maß das Verhältnis der Intensitäten in der Sonnenmitte zu der in einer Gegend von 25% des Sonnenradius als eine Proportion 48:35.

Messungen der Gesamtintensität längs des ganzen Sonnenradius haben 1874 PICKERING und STRANGE[2] vorgenommen. Sie hatten die Helligkeit einer ausgeblendeten Sonnengegend photometrisch an eine Normalkerze angeschlossen. Trotz der dabei durch Schwankungen des Vergleichslichtes sich ergebenden Ungenauigkeit sind diese Messungen mit modernen wohl zu vergleichen, wie aus der folgenden Gegenüberstellung zu ersehen ist. Bei allen noch zu besprechenden Beobachtungsergebnissen der Randverdunklung ist der Abstand vom Sonnenzentrum in Hundertstel des Sonnenradius angegeben. Die Intensitäten im Sonnenzentrum sind = 100 angenommen, es bedeuten demnach die Intensitätszahlen in verschiedenen Abständen Prozente der Helligkeit in der Mitte der Sonnenscheibe.

Messungen mit der Thermosäule von SECCHI[3] und von H. C. VOGEL[4] führten zu ähnlichen Ergebnissen wie bei PICKERING und STRANGE.

Im Jahre 1892 wurden zwei neue Reihen veröffentlicht von E. B. FROST[5] und von W. E. WILSON[6]. Alle diese Messungen zeigen die Schwierigkeiten der Aufgabe. Wenn in der Nähe der Sonnenmitte noch eine verhältnismäßig günstige Übereinstimmung gefunden wird, so zeigt sich bei weiterem Fortschreiten gegen

---

[1] Traité d'Optique S. 90 (1760).   [2] Proc Americ Acad 2, S. 428 (1874).
[3] A N 34, S. 219 (1852).   [4] Monatsber Preuß Akad 1877, S. 104.
[5] A N 130, S. 129 (1892).   [6] Proc R Irish Acad 3, S. 299 (1892).

den Sonnenrand eine ganz nennenswerte Abweichung. Abgesehen davon, daß die Werte in der Nähe des Randes unsicher sind, scheinen sie auch absolut genommen zu groß zu sein.

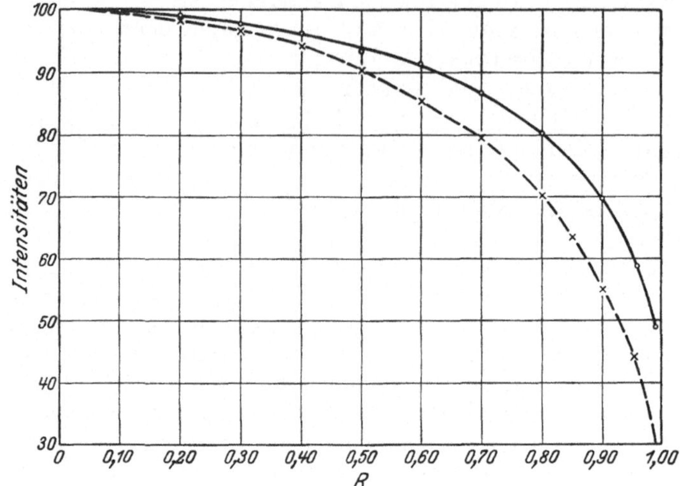

Abb. 1. Beobachtungen der Randverdunklung: ausgezogene Kurve Kolumne 7, gestrichelte Kurve Kolumne 8 aus Tabelle 4.

Tabelle 4. Vergleichung der Verteilung der Gesamtstrahlung auf der Sonnenscheibe nach verschiedenen Messungsreihen.

R	PICKERING und STRANGE	SECCHI VOGEL	FROST	LANGLEY	WILSON	Mittel aus 2—6	JULIUS 1905
	Intensitäten in Prozenten der Zentralintensität						
1	2	3	4	5	6	7	8
0,00	100,0	100	100,0	100,0	100,0	100,0	100,0
0,10	99,2	—	99,9	—	99,9	99,7	99,8
0,20	97,6	99	99,4	99,5	99,6	99,0	98,6
0,30	95,7	—	98,4	—	98,8	97,6	96,6
0,40	93,8	98	96,3	96,8	97,3	96,4	94,0
0,50	91,3	—	98,6	—	95,3	93,4	90,3
0,60	87,4	94	89,8	92,2	92,5	91,3	85,5
0,70	82,3	89	84,6	88,4	88,7	86,6	79,5
0,75	78,8	—	—	—	—	78,8	75,3
0,80	74,5	82	77,9	82,5	83,9	80,2	70,1
0,85	69,5	—	—	—	—	69,5	63,5
0,90	63,5	69	68,0	72,6	74,9	69,6	55,0
0,95	55,4	—	(60,5)	—	—	(60,5)	44,0
0,96	—	(57)	57,2	61,9	—	58,7	—
0,98	—	(47)	50,0	50,1	—	49,0	—
1,00	37,4	40	(39)	—	—	(38,8)	24,0

Die Ursache der Abweichungen der Messungsreihen voneinander liegt in zufälligen Fehlern und in solchen instrumenteller Natur. Abgesehen davon tritt auch ein systematischer Fehler auf, der dadurch hervorgerufen wird, daß der störende Einfluß der Erdatmosphäre nicht behoben ist. Auf diesen Fehler hat zuerst W. H. JULIUS[1] hingewiesen. Jeder Punkt des Sonnenbildes, der gemessen wird, sendet nicht nur die Strahlung dieser Stelle aus, sondern es kommt infolge der Lichtzerstreuung in der Erdatmosphäre eine Strahlung aus anderen Gebieten der Sonnenscheibe hinzu. Diese Störung, deren Bedeutung wohl

---

[1] Ap J 23, S. 312 (1906).

von JULIUS überschätzt wurde, schwankt natürlich mit dem jeweiligen Zustand der Erdatmosphäre, wird aber immer sich so auswirken, daß die Randgebiete mehr diffuse Strahlung aus dem zentralen Gebiet erhalten werden als umgekehrt das Zentrum der Sonnenscheibe aus den Randpartien. Die von JULIUS vorgeschlagene Methode vermag diesen Einfluß auszuschalten dadurch, daß die Beobachtungen der Intensitäten während einer totalen Sonnenfinsternis vor sich gehen. Um die Randverdunklung zu erhalten, ist es nur nötig, aus den einzelnen Werten der Helligkeitsabnahme, die sich aus dem Vorübergang der Mondscheibe ergeben, die Intensität in einzelnen Teilen des Radius zu berechnen. Die Methode wurde zum ersten Male bei der totalen Finsternis von 1905 verwendet, ein zweites Mal ebenfalls von W. H. JULIUS 1912[1]. Die Ergebnisse von 1905 sind in der vorstehenden Tabelle angeführt. Vergleicht man sie mit den Mittelwerten der früheren Messungen von PICKERING bis WILSON, so zeigt sich (Abb. 1), wie bereits oben angenommen, daß die Intensitäten nach der Finsterniskurve bereits von $0,20 R$ an kleinere Werte haben, und daß sich diese Differenz immer mehr verstärkt je weiter die Messungen gegen den Sonnenrand zu fortschreiten. Nach den Ergebnissen von JULIUS ist also die Randverdunklung wesentlich kräftiger, als früher angenommen wurde. Es ist nicht ohne Interesse, daß die älteste Messungsreihe von PICKERING und STRANGE noch die beste Übereinstimmung mit der Reihe von JULIUS zeigt. Eine Erweiterung der Methode von JULIUS, die sich auf Messungen in mehreren Spektralgebieten bezieht, ist 1914 zur Anwendung gekommen[2] und soll in der folgenden Ziffer besprochen werden. Wie von den holländischen Autoren dabei bemerkt wurde, treten bei einer länger dauernden Totalität Schwierigkeiten bei diesem Verfahren ein, die sich unter anderem aus den starken Temperaturschwankungen während des Verlaufes ergeben. Wesentlich günstiger ist daher eine kurze Totalitätsdauer. Die Finsternis von 1927 mit einer Totalitätsdauer von 40 Sekunden wurde von W. E. BERNHEIMER und E. MEYER[3] zur Messung der Randverdunklung benutzt. Die im Ultravioletten mit einer Photozelle vorgenommenen Beobachtungen, die bis zu $0,99 R$ fortgeführt werden konnten, geben einen über die früheren Ergebnisse hinausgehenden Hinweis auf eine sich rapid auswirkende Randverdunklung.

Es ist von Interesse, die bisher publizierten Messungsreihen über die Randverdunklung mit dem theoretisch möglichen Verlauf der Helligkeitsabnahme zu vergleichen. In nachstehender Tabelle 5 ist aufgenommen das Mittel der früheren

Tabelle 5. Verschiedene Formen des theoretischen Helligkeitsverlaufes Sonnenmitte bis Rand, verglichen mit Beobachtungsergebnissen der Randverdunklung.

R	Strahlungsgleichgewicht I SCHWARZSCHILD	Strahlungsgleichgewicht II EMDEN	Beobachtungen Kolumne 7 d. Tabelle 4	JULIUS 1912	Polytroper Aufbau		JULIUS 1905
					$n=3$	$n=5$	
0,00	100,0	100,0	100,0	100,0	100,0	100,0	100,0
0,20	99,0	99,0	99,0	98,3	98,0	99,0	98,0
0,40	95,0	95,0	96,4	93,8	92,0	94,0	94,0
0,60	87,0	88,0	91,3	87,4	80,0	86,0	85,5
0,70	81,0	83,0	86,6	83,3	71,0	80,0	79,5
0,80	73,0	76,0	80,2	77,8	60,0	71,0	70,1
0,90	63,0	66,0	69,6	69,0	44,0	58,0	55,0
0,95	—	—	—	61,0	—	—	44,0
0,96	52,0	57,0	58,7	—	28,0	43,0	—
0,98	47,0	52,0	49,0	—	20,0	34,0	—
1,00	33,0	40,0	(38,8)	40,0	0,0	0,0	24,00

[1] Ap J 37, S. 225 (1913).
[2] W. J. H. MOLL und J. VAN DER BILT B A N 1, S. 170 (1922).
[3] Erscheint in Göttinger Nachrichten (1929).

Messungen und die Reihe von Julius und gegenübergestellt der Helligkeitsverteilung nach K. Schwarzschild[1], der verbesserten nach R. Emden[2] und der nach dem polytropen Aufbau für $n = 3$ und $n = 5$.

Es zeigt sich eine ganz gute Übereinstimmung der gemittelten Beobachtungen mit der Verteilung bei Strahlungsgleichgewicht II. Noch besser entspricht dieser Verteilung die Finsterniskurve von Julius aus dem Jahre 1912. In allen diesen Fällen ist die Intensität am Rande nicht unterhalb 40% der Intensität in der Mitte der Sonnenscheibe.

Die Polytropen hingegen zeigen keine Übereinstimmung von wesentlicher Güte mit der gemittelten Beobachtungsreihe, was um so auffälliger ist, da ja nach der Eddingtonschen Theorie der Aufbau einer Gaskugel nach der Polytrope $n = 3$ zu denken ist. Nur die Reihe von Julius aus dem Jahre 1905 weist wie auch aus Abb. 2 ersichtlich, eine bemerkenswerte Übereinstimmung mit der theoretischen Randverdunklung bei polytropem Aufbau $n = 5$ auf.

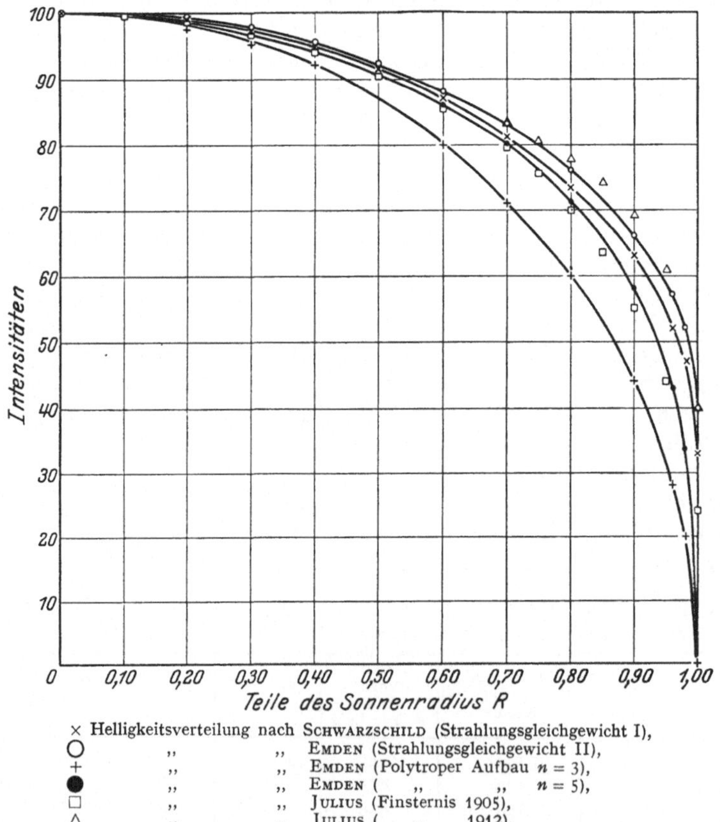

× Helligkeitsverteilung nach Schwarzschild (Strahlungsgleichgewicht I),
○   „   „   Emden (Strahlungsgleichgewicht II),
+   „   „   Emden (Polytroper Aufbau $n = 3$),
●   „   „   Emden („   „ $n = 5$),
□   „   „   Julius (Finsternis 1905),
△   „   „   Julius („   1912).

Abb. 2. Theoretische Intensitätsverteilung, verglichen mit den Beobachtungen von Julius bei Sonnenfinsternissen.

Bedenkt man, daß den Werten aus dem Jahre 1905 wegen ungünstiger Beobachtungsbedingungen kein volles Gewicht zuzuteilen ist, so ergibt sich, daß aus dem vorliegenden Materiale noch keine Entscheidung getroffen werden kann über die den tatsächlichen Verhältnissen am besten entsprechende theoretische Randverdunklung.

---

[1] Göttinger Nachrichten 1906, S. 41.   [2] Seeliger-Festschrift S. 347 (1924).

Auch ein Vergleich der theoretischen Randverdunklung in einzelnen Spektralbezirken nach LINDBLAD mit modernen Messungsergebnissen von ABBOT (s. folgende Ziff.) gibt starke Differenzen in den Randpartien.

Daß man tatsächlich, wie beim polytropen Aufbau der Gaskugel, mit einer rapiden Intensitätsabnahme rechnen muß, die sich am Sonnenrande dem Grenzwerte 0 nähert, geht, zumindest für kurzwellige Strahlung, aus einer Messungsreihe auf dem Gornergrat[1] (s. Ziff. 9) hervor und wird neuerdings bekräftigt durch die lappländischen Finsternismessungen von BERNHEIMER und MEYER.

9. Die Randverdunklung in Abhängigkeit von der Wellenlänge. Bereits 1872 wurde die Helligkeitsabnahme von Sonnenmitte zum Rand in einem speziellen Spektralgebiet untersucht. Es sind dies die Messungen von VOGEL[2], welche nach der BUNSEN-ROSCOEschen Methode die Abnahme der Intensität im Ultravioletten feststellen (Tab. 6).

Man sieht hieraus, daß die Helligkeitsabnahme in kurzwelligem Lichte wesentlich rascher vor sich geht.

Fünf Jahre später hat H. C. VOGEL[3] auf spektralphotometrischem Wege die Helligkeitsverteilung auf der Sonnenscheibe in sechs verschiedenen Gebieten beobachtet. Seine Ergebnisse sind in Tabelle 7 wiedergegeben. Die in Tabelle 4 zusammengestellten Mittelwerte der Gesamtintensitätsmessungen stimmen verhältnismäßig gut mit den Werten VOGELS im Gelben und Roten. Die Reihe von JULIUS zeigt im ganzen Verlaufe eine auffallende Übereinstimmung mit VOGELS Reihe

Tabelle 6. Randverdunklung der Sonne, gemessen von VOGEL durch Schwärzung von Chlorsilberpapier.

R	Intensität	R	Intensität
0,00	100,0	0,80	59,6
0,20	98,7	0,85	50,3
0,40	94,2	0,90	39,5
0,60	82,9	0,95	27,1
		1,00	13,5

Tabelle 7. Helligkeitsabnahme auf der Sonnenscheibe in verschiedenen Spektralgebieten nach den Messungen von VOGEL, verglichen mit der Abnahme der Gesamtstrahlung.

R	Strahlung in einzelnen Spektralgebieten						Gesamtstrahlung	
	4050—4120	4400—4460	4670—4730	5100—5150	5730—5850	6580—6660	Mittelwert aus Tab. 4	JULIUS 1905
0,00	100,0	100,0	100,0	100,0	100,0	100,0	100,0	100,0
0,10	99,6	99,7	99,7	99,7	99,8	99,9	99,7	99,8
0,20	98,5	98,7	98,8	98,7	99,2	99,5	99,0	98,6
0,30	96,3	96,8	97,2	96,9	98,2	98,9	97,6	96,6
0,40	93,4	94,1	94,7	94,3	96,7	98,0	96,4	94,0
0,50	88,7	90,2	91,3	90,7	94,5	96,7	93,4	90,3
0,60	82,4	84,9	87,0	86,2	90,9	94,8	91,3	85,5
0,70	74,4	77,8	80,8	80,0	84,5	91,0	86,6	79,5
0,75	69,4	73,0	76,7	75,9	80,1	88,1	78,8	75,3
0,80	63,7	67,0	71,7	70,9	74,6	84,3	80,2	70,1
0,85	56,7	59,6	65,5	64,7	67,7	79,0	69,5	63,5
0,90	47,7	50,2	57,6	56,6	59,0	71,0	69,6	55,0
0,95	34,7	35,0	45,6	44,0	46,0	58,0	—	44,0
0,96	—	—	—	—	—	—	58,7	—
1,00	13,0	14,0	16,0	16,0	25,0	30,0	(38,8)	(24,0)

Tabelle 8. Helligkeitsverteilung auf der Sonnenscheibe nach spektralbolometrischen Messungen von VERY.

R	4160	4680	5500	6150	7810	10100	15000 Å
0,00	100,0	100,0	100,0	100,0	100,0	100,0	100,0
0,50	85,8	90,2	93,3	94,8	94,1	94,3	95,9
0,75	74,4	76,4	83,1	84,5	88,5	89,4	95,0
0,95	47,1	46,2	58,7	68,1	74,9	76,5	85,6

[1] B A N 3, S. 83 (1925).   [2] Pogg Ann 148, S. 161 (1873).
[3] Monatsber Preuß Akad 1877, S. 104.

im grünen Gebiete. Eigentlich sollte man für die Messung der Gesamtstrahlung eine Übereinstimmung mit dem Helligkeitsabfall im Gebiete von λ 6500 erwarten. Da nun, wie bereits erwähnt, die Ergebnisse von Julius die störende Einwirkung der Erdatmosphäre vermeiden, so kann man wohl annehmen, daß, wenn diese auch aus den Vogelschen Werten zu eliminieren wäre, auch die spektral-photometrischen Ergebnisse einen rascheren Helligkeitsabfall dem Rande zu zeigen würden.

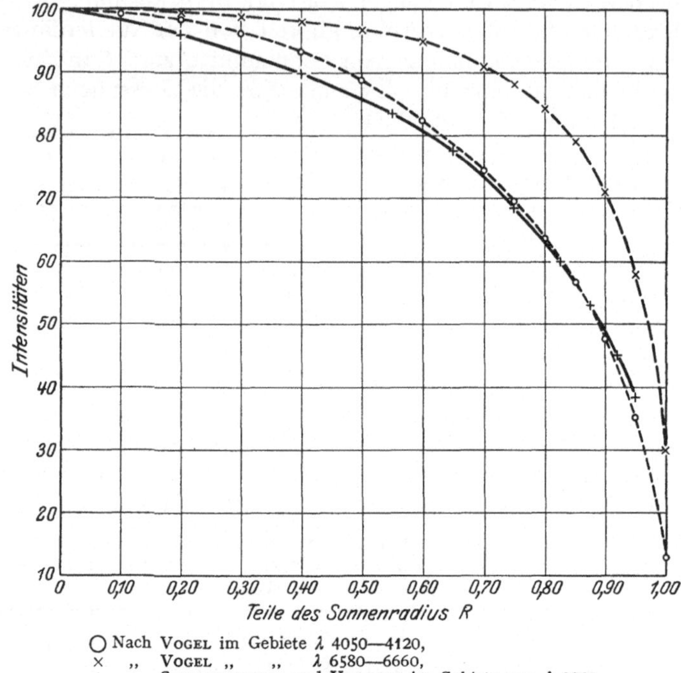

○ Nach Vogel im Gebiete λ 4050—4120,
× „ Vogel „ „ λ 6580—6660,
+ „ Schwarzschild und Villiger im Gebiete von λ 3220.

Abb. 3. Verlauf der Randverdunklung.

Eine spektralbolometrische Beobachtungsreihe von Very[1] untersucht die Helligkeitsverteilung auf der Sonnenscheibe in sieben Spektralgebieten bis zu λ 15000 (Tab. 8).

Eine Untersuchung über die Randverdunklung im ultravioletten Gebiete haben K. Schwarzschild und W. Villiger[2] vorgenommen. Sie konnten das gewünschte Spektralgebiet dadurch erfassen, daß sie UV-Glas benutzten, das bis λ 3000 durchlässig war. Ein schwacher Überzug von Silber bewirkte, daß Strahlung über λ 3400 vollkommen reflektiert, unter λ 3300 durchgelassen wurde. Es zeigte sich, daß die absorbierende Wirkung der Erdatmosphäre auf längere Strecken viel kräftiger wirksam war als jene der Sonnenatmosphäre. Im Wellengebiete von λ 3150 bis λ 3270 nahm die Strahlung anfangs von der Mitte gegen den Rand rascher, im weiteren Verlaufe aber langsamer als für Rot und Violett ab. Diese eigentümlichen Beobachtungsergebnisse im Ultravioletten sind in obenstehender Abbildung veranschaulicht, in der zum Vergleiche die Werte Vogels im Gebiete λ 4090 und λ 6620 mit aufgenommen sind.

Die Standarduntersuchungen über die Verteilung der Intensitäten auf der Sonnenscheibe sind in Amerika von C. G. Abbot[3] ausgeführt worden. Sein Verfahren

---

[1] Ap J 16, S. 73 (1902).   [2] Ap J 23, S. 284 (1906).
[3] Smithson Ann I (1900), II (1908), III (1913), IV (1922).

besteht darin, das Sonnenbild über den Spalt eines Spektrobolometers laufen zu lassen und sodann für begrenzte Spektralgebiete die empfangene Energie zu registrieren. Messungen aus den Jahren 1907 bis 1909, die sich auf 13 Spektralgebiete beziehen, sind in Abb. 4 dargestellt. Wegen besserer Übersichtlichkeit sind nur

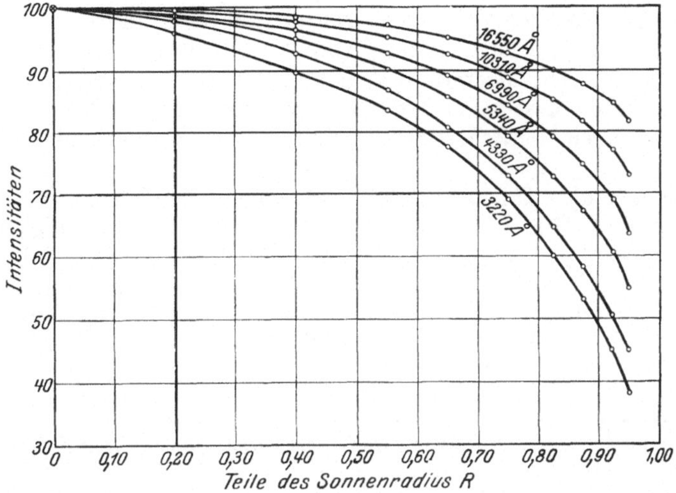

Abb. 4. Die Randverdunklung der Sonne in verschiedenen Spektralbereichen.

fünf Spektralgebiete ausgewählt worden. Mitgenommen ist ferner die SCHWARZSCHILDsche obenerwähnte Helligkeitsverteilung bei λ 3220. Die Intensität in der Sonnenmitte ist $= 100$ angenommen. In Tabelle 9 ist die Helligkeitsver-

Tabelle 9. Werte der Randverdunklung (nach ABBOT).

Wellenlänge	R									
	0,00	0,20	0,40	0,55	0,65	0,75	0,825	0,875	0,92	0,95
λ 3220	144	140	129	120	112	99	86	76	64	49
3860	338	331	312	289	267	240	214	188	163	141
4330	456	447	423	395	368	333	296	266	233	205
4560	515	507	486	455	428	390	351	317	277	242
4810	511	503	483	456	430	394	358	324	299	255
5010	489	482	463	437	414	380	347	323	286	·254
5340	463	457	440	417	396	366	337	312	281	254
6040	399	395	382	365	348	326	304	284	259	237
6700	333	330	320	308	295	281 ·	262	247	227	210
6990	307	304	295	284	273	258	243	229	212	195
8660	174	172	169	163	159	152	145	138	130	122
10310	111	110	108	105,5	103	99	94,5	90,5	86	81
12250	77,6	77,2	75,7	73,8	72,2	69,8	67,1	64,7	61,6	58,7
16550	39,5	39,4	38,9	38,2	37,6	36,7	35,7	34,7	33,6	32,3
20970	14,0	14,0	13,8	13,6	13,4	13,1	12,8	12,5	12,2	11,7
Wellenlänge der Maximalenergie	4580	4630	4670	4710	4740	4780	4830	4890	4960	5050

teilung in denselben Spektralgebieten wiedergegeben, jedoch so dargestellt, daß eine gleichmäßige Intensitätsskala für alle Wellenlängen eingeführt wird. Während die horizontalen Reihen wieder den gemessenen Verlauf der Randverdunklung in den einzelnen Spektralgebieten zeigen, ist aus den senkrechten Reihen der Tabelle für ausgewählte Abschnitte des Sonnenradius die Energieverteilung im normalen Spektrum außerhalb unserer Atmosphäre zu erkennen. Man sieht auch, daß in den Energiemaxima eine Verschiebung längs des Sonnenradius angedeutet ist. Die Wellenlängen der Maxima in der untersten Reihe der Tabelle ermöglichen auch eine Bestimmung der effektiven Temperatur der Sonne in den einzelnen Abschnitten des Sonnenradius. Diese Daten haben, wie in Ziff. 29 ausgeführt wird, Wilsing zu Schlüssen über den Aufbau der Photosphäre gedient.

Eine neuere Beobachtungsreihe Abbots[1] aus dem Jahre 1913 (die Einzelwerte erscheinen in Tabelle 10 unter „Abbot") hat unter anderem dazu gedient, Vergleiche zwischen dem theoretischen Helligkeitsverlauf in den einzelnen Spektralgebieten mit diesen Messungen vorzunehmen; sie wurde auch als Ausgangsreihe für Untersuchungen zeitlicher Schwankungen der Randverdunklung benutzt (s. Ziff. 11).

In nachstehender Tabelle[2] 10 sind die Abbotschen Werte mit der zweiten Annahme von E. A. Milne ($T = 5890°$) und der theoretischen Helligkeitsabnahme nach B. Lindblad ($T = 6000°$) zusammengestellt.

Tabelle 10. Vergleichung der Helligkeitsabnahme auf der Sonnenscheibe nach den amerikanischen Beobachtungsergebnissen mit dem theoretischen Verlaufe nach Milne und Lindblad.

λ		R 0,00	0,20	0,40	0,55	0,65	0,75	0,825	0,875	0,920	0,95	0,97
3 737	Abbot . .	100,00	98,41	93,44	87,08	81,13	73,05	65,18	57,96	49,92	43,19	34,95
	Milne . .	100,00	98,2	92,9	85,9	79,5	71,1	63,2	57,0	49,0	44,1	—
	Lindblad	100,00	98,41	93,42	87,04	81,21	73,61	66,35	60,40	63,77	48,20	43,51
4 265	Abbot . .	100,00	98,48	93,68	87,19	81,20	73,36	65,98	58,74	51,11	44,50	38,83
	Milne . .	100,00	98,5	93,9	88,0	82,5	75,1	68,0	62,1	55,6	49,9	—
	Lindblad	100,00	98,49	93,62	87,33	81,49	73,81	66,25	59,90	52,66	46,44	41,10
5 062	Abbot . .	100,00	98,91	95,10	89,98	85,16	78,71	71,96	66,05	59,09	52,89	47,19
	Milne . .	100,00	98,8	94,9	90,0	85,4	79,4	73,4	68,4	62,6	57,4	—
	Lindblad	100,00	98,77	94,98	90,03	85,41	79,30	73,23	68,08	62,13	56,95	52,41
5 955	Abbot . .	100,00	99,02	95,89	91,65	87,57	82,06	76,42	71,29	65,14	59,46	54,11
	Milne . .	100,00	99,0	95,7	91,4	87,4	82,1	77,0	72,4	67,2	62,5	—
	Lindblad	100,00	98,98	95,83	91,70	87,82	82,65	77,51	73,05	67,86	63,28	59,22
6 702	Abbot . .	100,00	99,27	96,66	92,89	89,30	84,42	79,45	74,79	69,22	64,00	—
	Milne . .	100,00	99,1	96,1	92,3	88,7	83,8	79,0	74,7	69,9	65,5	
	Lindblad	100,00	99,13	96,45	92,92	89,58	85,16	80,67	76,78	72,23	68,20	
8 580	Abbot . .	100,00	99,35	97,19	94,38	91,61	87,67	83,56	79,89	75,30	71,02	
	Milne . .	100,00	99,3	97,0	93,9	91,0	87,1	83,2	79,7	75,5	71,7	
	Lindblad	100,00	99,32	97,19	94,35	91,68	88,10	84,41	81,19	77,36	73,92	
10 080	Abbot . .	100,00	99,39	97,48	94,88	92,27	88,80	85,07	81,64	77,30	73,31	
	Milne . .	100,00	99,4	97,4	94,7	92,2	88,7	85,2	82,1	78,4	75,0	
	Lindblad	100,00	99,41	97,53	95,06	92,70	89,54	86,27	83,39	79,96	76,86	

Eine gute Darstellung der Beobachtungen geben die theoretischen Helligkeitsverteilungen, insbesondere die Lindblads, von der Sonnenmitte bis etwa zu 0,65 R. Weiter dem Rande zu treten in beiden Fällen ganz erhebliche Abweichungen auf. Man ist wohl heute noch nicht in der Lage, ganz im Einklang mit dem in der vorangegangenen Ziff. 8 bezüglich der Randverdunklung der Gesamtstrahlung Bemerkten, die wahre Natur der Verdunklung der Randpartien in den einzelnen Spektralbezirken klar zu erkennen.

In ganz ähnlicher Weise wie bei der Gesamtstrahlung wurde auch der Verlauf der Randverdunklung in einzelnen Spektralregionen gelegentlich von Finsternissen untersucht. Im Jahre 1912 kam J. Baillaud[3] bei seinen Beobachtungen zu

---

[1] Smithson Ann IV (1922).
[2] B. Lindblad, Nova Acta Upsal (4) 6, Nr. 1 (1923).
[3] C R 154, S. 1281 (1912).

der Feststellung, daß die violette Strahlung am Sonnenrande stärker sei als in der Mitte. Dieses Ergebnis steht mit den allgemeinen Anschauungen im Widerspruch und konnte weiter nicht bestätigt werden.

Bei derselben Finsternis hat F. LINDHOLM[1] Messungen mit zwei ÅNGSTRÖMschen Kompensations-Pyrheliometern ausgeführt und eine mit VOGEL und ABBOT übereinstimmende Helligkeitsverteilung gefunden. Die Randverdunklung verstärkt sich mit abnehmender Wellenlänge. Bei der Finsternis des Jahres 1914 haben W. J. H. MOLL und J. VAN DER BILT[2] Messungen nach der Methode von W. H. JULIUS in mehreren Spektralgebieten vorgenommen. Statt einer einzigen Finsterniskurve wurden so deren sechs gewonnen. Den Messungen wohnt eine große Genauigkeit inne, jedoch ergab sich ein Störungseffekt, der darin zum Ausdruck kam, daß die absteigenden und aufsteigenden Äste der Kurven eine Asymmetrie zeigten. Wie schon in Ziff. 8 kurz erwähnt, scheint dies daran zu liegen, daß während des Vorbeiganges des Mondes Temperaturveränderungen eintreten und dadurch Schwankungen im Zustand der Atmosphäre hervorgerufen werden, die auf die einzelnen Spektralgebiete verschieden einwirken. Die Autoren glauben daher die Methode als unverwendbar betrachten zu müssen. Demgegenüber bemerkt JULIUS[3], daß es sich im wesentlichen darum handelt, die Randverdunklung zwischen $R = 0{,}90$ und $R = 1{,}00$ genau kennenzulernen. Dazu ist eine Finsternis insbesondere bei sehr kurzer Totalitätsdauer am besten geeignet (vgl. Ziff. 8).

Werden die Messungen der spektralen Randverdunklung an Orten vorgenommen, die in großer Höhe gelegen sind, so wird es auch möglich, außerhalb der Finsternisse verläßlichere Werte zu erhalten, die nahe an den Sonnenrand herankommen. Doch scheint es, daß auch in tieferen Lagen günstige Ergebnisse zu erzielen sind. So haben 1925 in Göttingen[4] H. KIENLE und A. JUŠKA mit Photozelle und photographischer Registrierung Messungen ausgeführt, die mit Sicherheit bis auf 1% des Sonnenradius an den Rand heranreichen. Aus demselben Jahre stammen Untersuchungen, die auf dem Gornergrat von W. J. H. MOLL, H. C. BURGER und J. VAN DER BILT[5] vorgenommen wurden. In ähnlicher Weise wie beim Verfahren von ABBOT wurde hier das Sonnenbild über einen kurzen Spalt laufen gelassen und mit Thermosäulen die Energie in 10 verschiedenen Spektralgebieten registriert. Es war möglich, bis zu $R = 0{,}99$ vorzudringen und damit gegenüber der bis 0,95 reichenden Messungsreihe ABBOTS einen Fortschritt zu erzielen. Die neuen Werte sind durchschnittlich höher als die amerikanischen Ergebnisse. Die größte Differenz von etwa $2^1/_2\%$ ergibt sich merkwürdigerweise bei $R = 0{,}92$. Die Autoren glauben, daß die Differenzen unter anderem in instrumentellen Mängeln bei den amerikanischen Beobachtungsreihen liegen. Demgegenüber bemerkt ABBOT[6], daß bei seinen Untersuchungen nur eine differenzielle Genauigkeit geplant war, im übrigen in der Zone $R = 0{,}95$ auch absolut der Fehler nicht $0{,}3\%$ übersteigt. Es ist wohl kein Zweifel, daß weitere Untersuchungen eine Klärung der Verhältnisse geben werden. Zahlenwerte vom Gornergrat sind nicht veröffentlicht worden. Aus den Intensitätskurven geht aber als wesentliches Ergebnis eindeutig hervor, daß zwischen $R = 0{,}95$ und $R = 0{,}99$ ein kräftiger Abfall der Intensitäten Platz greift, der insbesondere im Gebiete von $\lambda\,4500$ deutlich zum Werte Null am Sonnenrande strebt.

CH. GALLISSOT[7] hat ebenfalls Kurven gewonnen, die den Verlauf der Helligkeit vom Sonnenzentrum zum Rande darstellen. Sie schließen sich im wesentlichen

---

[1] Ark Mat Astr Fys 8, S. 21 (1913).   [2] B A N 1, S. 170 (1922).
[3] B A N 1, S. 189 (1923).   [4] Z f Phys 47, S. 426 (1928).
[5] B A N 3, S. 83 (1925).
[6] Ap J 64, S. 271 (1926) und Smithson Misc Coll Nr. 78 (1926).
[7] J de Phys et le Radium (6) 4, S. 176 (1923).

an die älteren Werte von Vogel an und weichen demnach stark von den modernen Messungen Abbots ab. Gallissot kommt zu der Anschauung, daß am Rande zwar nur Strahlung aus den Oberflächenschichten beobachtet wird, daß man aber von der Sonnenmitte Strahlung aus Schichten verschiedener Temperatur erhält.

In ganz ähnlicher Weise kommt auch R. Lundblad[1] aus der Betrachtung der Energieverteilung auf der Sonnenscheibe in verschiedenen Spektralgebieten zu der Anschauung einer Temperaturschichtung. Er hält es für gegeben, daß die grünen und blauen Strahlen aus tieferen Schichten zu uns gelangen als die violetten.

Wie bereits in Ziff. 8 angedeutet, ist auch J. Wilsing[2] zu demselben Ergebnis gelangt wie Gallissot und Lundblad, nur ist es ihm auch gelungen, seine Theorie mit den amerikanischen Beobachtungsergebnissen in Einklang zu bringen. Betrachtet man die beobachtete Strahlung an einem Punkte der Sonnenscheibe als Summe der Strahlung aus allen Schichten, so hängt der Beitrag, den eine einzelne strahlende Sonnenschicht zur beobachteten Strahlung liefert, nur von der Anzahl der durch die höheren Schichten nicht verdeckten strahlenden Teilchen ab. Er wird durch den mittleren Abstand der Teilchen und die Tiefe der Schicht bestimmt. Der Summe der Strahlung entspricht eine gewisse mittlere Temperatur, deren von Wilsing errechneter Gang eine Darstellung der Abbotschen Werte der Randverdunklung ermöglicht (Ziff. 29). Durch diese Annahme gelingt es, den bisherigen Schwierigkeiten auszuweichen und auf die Theorie einer allgemeinen Lichtabsorption in der Sonnenatmosphäre zu verzichten.

10. Gleichmäßigkeit der Randverdunklung. Verhältnis der zentralen zur mittleren Intensität. In früheren Zeiten haben unvollkommenere Messungen den Verdacht aufkommen lassen, daß die Abnahme der Helligkeit von der Sonnenmitte gegen den Rand hin verschiedene Werte in verschiedenen Richtungen annehme. Langley[3] hat mit Thermosäulen eingehende Untersuchungen in dieser Hinsicht angestellt. Bei seinen Messungen der Randverdunklung vom Sonnenzentrum gegen Norden, Süden, Osten, Westen ergaben sich keine Differenzen, die als reell anzusehen wären. Nach Emdens Theorie der Sonne könnte die Randverdunklung in der Richtung Ost-West stärker sein, als in der Achsenrichtung.

Ähnliche Untersuchungen mit verfeinerten Mitteln sind 1918 von Abbot angestellt worden[4]. Auch sein Ergebnis ist negativ. Er schließt: Falls überhaupt Differenzen in der Verteilung der Strahlung längs des ost-westlichen und nord-südlichen Sonnendurchmessers vorhanden sind, so wären sie zu klein, um mit den heutigen Beobachtungsmitteln entdeckt zu werden.

Die selektive Randverdunklung hat zur Folge, daß das Verhältnis der Intensität im Sonnenzentrum zu der mittleren Intensität auf der Sonnenscheibe für verschiedene Wellenlängen verschiedene Werte annimmt. Die ursprüngliche Darstellung dieses Verhältnisses aus den amerikanischen Daten (Milne) in seiner Beziehung zur Wellenlänge zeigt keinen regelmäßigen Gang (2. Kolonne der Tabelle 11). Eine Neubestimmung durch M. Minnaert[5] läßt diese Schwankung des erwähnten Verhältnisses längs des Spektrums vollkommen verschwinden (3. Kolonne der Tabelle 11) und beweist die Güte der Abbotschen Messungen.

Minnaert hat auch den Radius jener Partie der Sonnenscheibe in den einzelnen Spektralbezirken ermittelt, in der die dort herrschende Strahlung gleichkommt der mittleren Strahlung über die ganze Sonnenscheibe. Diese Werte R_m, die aus der 3. Kolonne und aus den Ergebnissen der in Abb. 4 dargestellten

---

[1] Ap J 58, S, 113 (1923).   [2] Potsd Publ 23, Nr. 72 (1917).
[3] Amer J of Science (3) 10, S. 489 (1875).
[4] Smithson Ann IV, S. 254 (1922).   [5] B A N 2, S. 75 (1924).

Randverdunklungsmessungen entstanden sind, sind in der 4. Kolonne wiedergegeben. Das interessante Resultat zeigt, daß dieses Gebiet für alle Spektralbezirke in einer ganz schmalen Zone liegt zwischen $R = 0,749$ und $R = 0,775$ in bemerkenswerter Übereinstimmung mit LINDBLAD[1], der $R_m = 0,74$ fand. Aus den Zahlen erkennt man die Tendenz der Verschiebung der Zone mit wachsender Wellenlänge gegen den Sonnenrand hin. Diese Abhängigkeit läßt sich durch nachstehende Beziehung darstellen:

$$\frac{R_m}{R} = 0,750 + 0,0000017 \; (\lambda - 4400)$$

Auf diese Arbeit von MINNAERT wird gelegentlich der in Ziff. 28 dargelegten modernen Beobachtungsergebnisse über die effektive Sonnentemperatur noch zurückzukommen sein.

Tabelle 11. Verhältnis der zentralen zur mittleren Intensität, Radius der Zone, deren Strahlung gleich der mittleren Intensität ist.

λ	Intensitäten im Zentrum / mittlere Intensität		R_m	λ	Intensitäten im Zentrum / mittlere Intensität		R_m
	ABBOT	MINNAERT			ABBOT	MINNAERT	
3230	1,81	1,487	0,758	6700	1,26	1,201	0,758
3860	1,36	1,407	0,749	6990	1,27	1,190	0,751
4330	1,24	1,371	0,750	8660	1,14	1,158	0,763
4560	1,26	1,326	0,752	10310	1,08	1,130	0,757
4810	1,24	1,302	0,753	12250	1,14	1,118	0,762
5010	1,21	1,287	0,750	16550	1,24	1,088	0,774
5340	1,205	1,265	0,751	20970	1,02	1,077	0,775
6040	1,21	1,226	0,750				

11. Zeitliche Veränderungen der Randverdunklung. Es ist kein Zweifel, daß wir durch die zahlreichen Untersuchungen über die Helligkeitsverteilung von der Mitte zum Rande in den einzelnen Spektralbezirken einen tieferen Einblick in die Strahlungsvorgänge auf der Sonne bekommen. Die WILSINGsche Theorie dürfte zur Klarlegung der Vorgänge wesentlich beigetragen haben. Noch sind manche Schwierigkeiten zu beseitigen, insbesondere ist eine Fortführung der Beobachtungen von größter Wichtigkeit, um den Helligkeitsabfall unmittelbar am Sonnenrand einwandfrei zahlenmäßig zu erfassen. Als weitere Aufgabe sind dann diese neuen Werte mit den verschiedenen Möglichkeiten der theoretischen Randverdunklung einer Gaskugel wieder zu vergleichen.

Das Problem wird wesentlich kompliziert, wenn die Randverdunklung zeitlichen Schwankungen unterworfen ist und eine Beobachtungsreihe dann nur einen Augenblickszustand darstellt. Von vornherein erscheinen solche zeitlichen Schwankungen ganz annehmbar, ihre Prüfung hat aber bisher nur ein verhältnismäßig kleines Material zustande gebracht. Die besten Werte der Randverdunklung sind wohl die in Tabelle 10 angeführten Beobachtungsergebnisse aus dem Jahre 1913. ABBOT[2] hat diese Reihe als Standardreihe benützt, um so mehr, als sie in ein Jahr eines absoluten Fleckenminimums fällt. Der Vergleich 1913 mit 1907 und 1914 zeigt, daß in beiden Jahren der Kontrast zwischen Mitte- und Randintensität größer war als 1913. Die Abweichung betrug bei $R = 0,92$: 1907 1%, 1914 hingegen nur 0,36%. Die Differenz des Kontrastes zweier Jahre zeigt aber auch eine Abhängigkeit von der Wellenlänge und zwar derart, daß die Änderung im Kontrast stärker im kurzwelligen als im langwelligen Gebiete

---

[1] S. Anm. 2, S. 14.   [2] Smithson Ann IV (1922).

in Erscheinung tritt. In Abb. 5 sind die Abweichungen der Randverdunklung 1914 gegen 1913 in ihrer Abhängigkeit von der Wellenlänge dargestellt, und zwar für $R = 0,50$ und für $R = 0,90$.

Freilich muß man bedenken, daß eine Entscheidung über derartige jährliche Kontrastschwankungen erst aus einem größeren Materiale zu treffen sein wird. In seiner bereits erwähnten Untersuchung[1] findet B. Lindblad Abbots Kontrast-

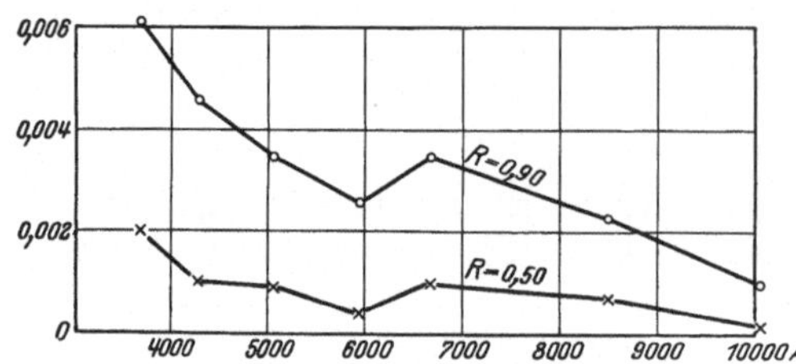

Abb. 5. Abweichungen der Randverdunklung 1914 gegen 1913 in Abhängigkeit von λ. (Dargestellt für $R = 0,50$ und $R = 0,90$ nach Abbot.)

schwankungen im Einklange mit der Theorie, und er hält Änderungen der Intensitätsverteilung in Jahren wechselnder Sonnenaktivität für Störungen des reinen Strahlungsgleichgewichtes.

Auch über die Frage täglicher Kontrastschwankungen ist ein von 1914 bis 1920 reichendes Beobachtungsmaterial publiziert. Wenn auch auf dem Mount Wilson gewiß sehr günstige Beobachtungsbedingungen herrschen, so darf doch wohl ein Einwand von F. W. P. Götz[2] ernstliche Beachtung finden, der darlegt, daß die Strahlung längs des Sonnenradius eine Abhängigkeit von der Lichtzerstreuung in der Erdatmosphäre aufweist.

Zur Klärung dieser interessanten Fragen ist noch ein reicheres Material vonnöten, um so mehr, als bisher einmal ein Zusammenhang zwischen Kontrast und Gesamtstrahlung in dem Sinne andeutungsweise gefunden wurde, daß stärkerer Kontrast mit geringerer Gesamtstrahlung in Beziehung steht. Die Beobachtungen eines anderen Jahres weisen dagegen auf einen Zusammenhang im entgegengesetzten Sinne hin.

c) Die Energieverteilung im Sonnenspektrum.

12. Allgemeines. In Ziff. 7 bis 11 wurden die Untersuchungen besprochen, die sich zur Aufgabe stellen, die Intensitätsverteilung auf der Sonne zu erforschen, und zwar die Intensitätsverteilung in einzelnen Spektralgebieten im Verlaufe von der Mitte der Sonne bis zum Rande. Geht man nun daran, nicht den Verlauf der Intensität auf der Sonnenscheibe zu studieren, sondern die Energie der Strahlung der Sonne in den einzelnen Spektralbezirken miteinander zu vergleichen, so treten mehrere Schwierigkeiten auf, die im wesentlichen dahin zusammengefaßt werden können, daß störende Einflüsse der Erdatmosphäre eingreifen.

Einerseits treten in den Energiekurven Depressionen auf, die terrestrischen Ursprungs sind. Andrerseits ist die Beobachtbarkeit und Messung des Sonnenspektrums sowohl im kurzwelligen wie im langwelligen Gebiete ebenfalls durch Absorption in der Erdatmosphäre begrenzt.

Einer der ersten, der sich die Aufgabe gestellt hat, den Betrag der Energie, den die einzelnen Spektralbezirke zur Gesamtenergie der Sonnenstrahlung stellen, zu untersuchen, war Lamansky[3]. Seine Energiekurve ist in Abb. 7a in verkleinertem Maßstabe wiedergegeben. Erst durch die Untersuchungen von S. P. Langley, die sodann in großem Maßstabe von Abbot und seinen Mitarbeitern weitergeführt wurden, ist ein wesentlicher Fortschritt erzielt worden. Durch die Einführung des

---

[1] S. Anm. 2, S. 14.
[2] A N 213, S. 65 (1921) und Das Strahlungsklima von Arosa, Berlin, Springer (1926).
[3] Pogg Ann 146, S. 200 (1872).

Spektralbolometers war es möglich, die Energieverteilung im Sonnenspektrum von
dem sichtbaren Bereiche weit ins Ultrarote auszudehnen. Um das zu ermöglichen,
kamen in der Apparatur statt Glaslinsen versilberte Hohlspiegel, statt eines Glas-
prismas ein solches aus Steinsalz zur Anwendung. LANGLEY konnte mit seinem
Bolometer noch Temperaturunterschiede von $0°,00001$ feststellen, während es
ABBOT gelang, die Empfindlichkeit bis zu $0°,000001$ zu steigern. Die Messungen,
die LANGLEY[1] 1881 auf dem Mt. Whitney ausführte, ergaben Werte der Energieverteilung im Sonnenspektrum, die bis λ 38000 reichen. Um den Einfluß der
Erdatmosphäre zu bestimmen, werden Bologramme in verschiedenen Sonnenhöhen gemacht. Dadurch ergeben sich Transmissionskoeffizienten für die einzelnen Spektralbezirke, woraus schließlich die Energie im prismatischen Spektrum
außerhalb der Erdatmosphäre gefunden wird. Es obliegt dann nur mehr, um den
Einfluß der willkürlichen Dispersion des Prismas auszuschalten, das prismatische
Energiespektrum in ein normales zu verwandeln, in dem als Abszissen der Energiekurve die Wellenlängen auftreten. Ein solches Normalspektrum LANGLEYS ist
in Abb. 6 wiedergegeben. Es zeigt ein Maximum etwa bei $\lambda = 6700$. Die Darstellung der Energieverteilung, wie sie automatisch mit einem sog. Bolographen

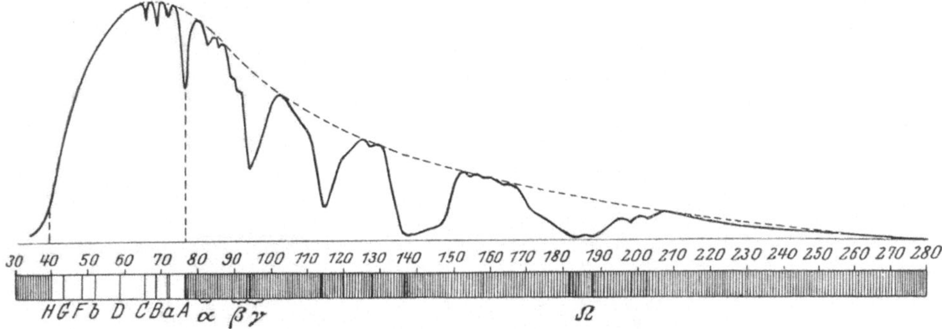

Abb. 6. Normalspektrum (nach LANGLEY).

registriert wird, erkennt man aus Abb. 7a und 7b. Wegen der Trägheit des Galvanometers wird die Kurve zweimal in entgegengesetzter Richtung registriert. Als
tatsächlichen Verlauf der Energieverteilung kann man dann das Mittel aus diesen
beiden Kurven bezeichnen. Deutlich sind die starken Depressionen insbesondere
bei λ 7600, 9200, 11000, 14000, 18000, 26000 und 44000 zu erkennen, die nach
LANGLEY mit Buchstaben bezeichnet sind. Sie sind, wie schon erwähnt, durchweg
terrestrischen Ursprungs, Banden des Wasserdampfes und der Kohlensäure.
Die Einsenkung in der Energiekurve bei λ 9200 ($\varrho\,\sigma\,\tau$) spielt eine besondere Rolle
bei der Pyranometermethode zur Ermittlung der Solarkonstante (Ziff. 22).

Zur Bestimmung der Energie des Sonnenspektrums ist es nötig, die durch die
erwähnten Depressionen sich ergebenden Korrektionen anzubringen, anderseits
aber auch Korrektionen für den nicht registrierten infraroten und ultravioletten
Teil. So ist es erforderlich, im Ultravioletten eine Korrektion wegen der Ozonbanden vorzunehmen, die auch im langwelligen Gebiet bei λ 48000, 58000 und
insbesondere zwischen λ 93000 und 97000 auftreten.

13. Grenzen des gemessenen Sonnenspektrums. Der obenerwähnte Einfluß
der Ozonbanden im Ultravioletten, der besonders kräftig zwischen λ 3150 und λ 2900
fühlbar ist, wurde insbesondere von CH. FABRY und H. BUISSON[2] untersucht. Es
zeigt sich, daß unter diesem Einfluß das Sonnenspektrum bei λ 2900 abbricht, eine

---

[1] Ann d Phys (3) 19, S. 226 (1883).
[2] J de Phys et le Radium (6) 2, S. 197 und 297 (1921).

G F E D Ende des sichtbaren Rot
Lamansky's Kurve 1871
h   F E D C B A
4000Å   7600Å
ℒ
9200Å
τ
Φ
11000 Å
Ψ
14000 Å
Ω
1,8 μ
18000 Å
39°45'
40°00'
40°15'
Sichtbares Spektrum

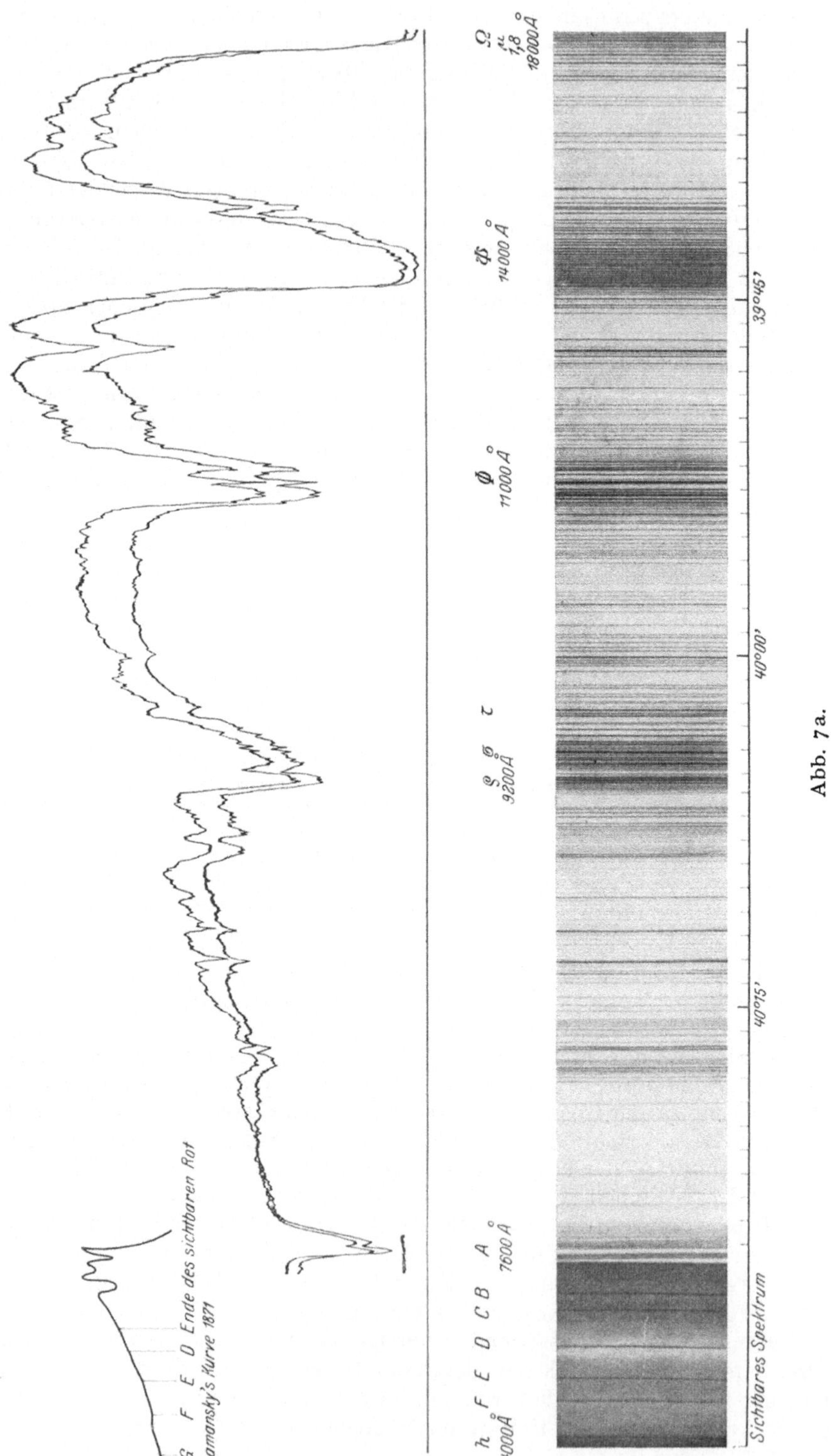

Abb. 7a.

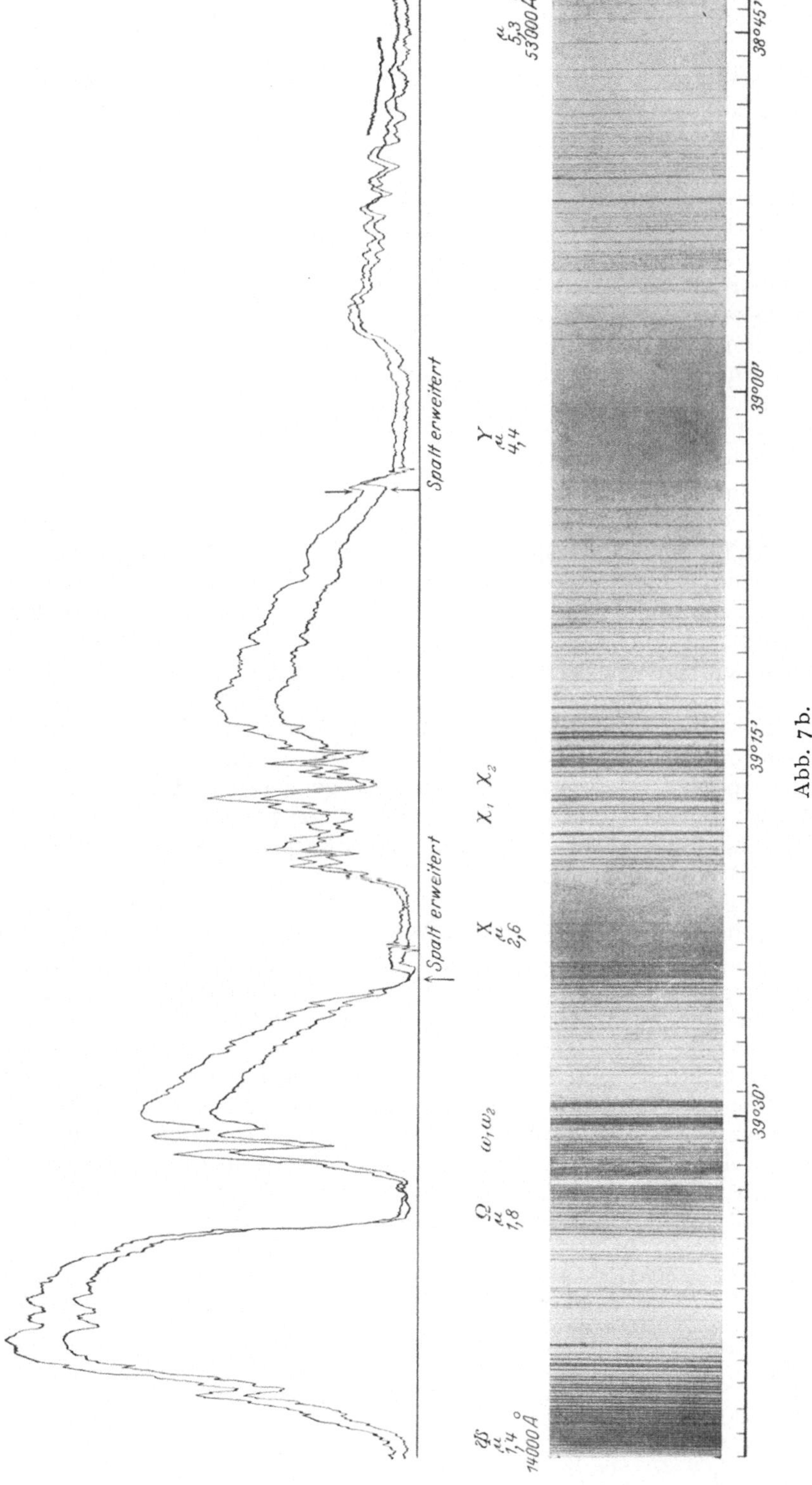

Abb. 7b.

Bolographische Aufnahme des Sonnenspektrums. [Aus Smithson Ann. I (1900).]

Hypothese, die bereits Hartley aufgestellt hat. Diese Feststellung wurde durch E. Meyer[1] bestätigt. Nach ihm endet das Sonnenspektrum bei der Wellenlänge $\lambda\,2930$[2].

J. Duglaux und P. Jeantet[3] haben die Absorptionen des Ozons zwischen $\lambda\,2900$ und $\lambda\,2100$ untersucht, sowie die unter $\lambda\,2100$ liegenden Absorptionsbanden des Ammoniak. Die Autoren bemerken, daß sich zwischen diesen beiden Absorptionsgebieten bei $\lambda\,2100$ eine kleine Lücke befindet. Es müßte daher möglich sein, auf Beobachtungspunkten, die in großer Höhe gelegen sind, wo an und für sich auch nur ein verschwindend kleiner Ammoniakgehalt der Luft zu erwarten ist, an der Stelle bei $\lambda\,2100$ ein bisher noch nicht erfaßtes kleines Stück des kurzwelligen Sonnenspektrums festzustellen. Versuche in dieser Richtung, die eine Erweiterung des bekannten Sonnenspektrums geben könnten, sind 1902 von E. Meyer[1] auf dem Gornergrat, später von P. Lambert u. a.[4] auf dem Mt. Blanc ausgeführt worden, doch stets mit negativem Erfolge. Über die meßbare Sonnenstrahlung im Ultravioletten und ihre Zusammenhänge mit den Ozonbanden wird in Ziff. 25 noch einmal gelegentlich der Besprechung der vermuteten Schwankungen der Sonnenstrahlung zurückzukommen sein.

Was nun die Erstreckung des Sonnenspektrums im langwelligen Gebiet anbelangt, so haben, wie erwähnt, die spektralbolometrischen Untersuchungen ursprünglich bis zu $\lambda\,38000$, später dann bis zu $\lambda\,53000$ $(5,3\,\mu)$ ausgedehnt werden können. Abbot und seinen Mitarbeitern verdanken wir außerdem Spezialstudien im weiteren Infrarot. Das Gebiet zwischen 12 bis $20\,\mu$ wurde von H. Rubens und E. Aschkinas[5] untersucht. Es ergab sich, daß Strahlung dieser Wellenlängen im Sonnenspektrum ebensowenig zu finden war, wie die Reststrahlen des Flußspats bei $24\,\mu$, offenbar deshalb, weil sie durch die starken Wasserdampf- und Kohlensäure-Absorptionen der Atmosphäre abgedeckt wurde. Auch die Untersuchungen von E. F. Nichols[6], die nach den Reststrahlen des Steinsalzes bei $51\,\mu$ im Sonnenspektrum forschten, sind negativ geblieben. Das Gebiet von 100 bis $600\,\mu$ wurde von Rubens und Schwarzschild[7] 1914 geprüft. Diese Autoren konnten feststellen, daß, ebenfalls infolge der Absorptionen in der Erdatmosphäre, aus diesen Bereichen keine merklichen Energiemengen zur Erde gelangen.

Die Frage nach dem Vorkommen von Wellen aus dem elektromagnetischen Gebiete wurde wohl zuerst 1896 von J. Wilsing und J. Scheiner[8] angeschnitten. Ihre Versuche sind negativ ausgefallen. Später hat Ch. Nordmann[9] diesbezügliche Untersuchungen auf dem Mont Blanc angestellt. Er kommt zu dem Ergebnis, daß Radiowellen im Sonnenspektrum entweder tatsächlich fehlen oder, sei es in der Sonnenatmosphäre selbst oder in höheren Schichten der Erdatmosphäre, absorbiert werden. Deslandres und Decombe[10] möchten die negativen Ergebnisse nicht ohne weiteres als feststehend ansehen. Sie führen als größte Schwierigkeit die Unterscheidung der Wellen solaren und terrestrischen Ursprungs an und schlagen vor, gleichzeitige Beobachtungen an mehreren Orten in dieser Hinsicht vorzunehmen. 1922 hat G. Abetti[11] beim Kongreß der IAU angeregt, Messungen der Sonnenstrahlung mit drahtlosen Signalen und der Beobachtung magnetischer

[1] Ann d Phys (4) 12, S. 849 (1903).

[2] Nach A. Wigand, V d deutsch Phys Ges XV, Nr. 21, sind Beobachtungen bis $\lambda\,2896$ erhalten worden.

[3] J de Phys et le Radium (6) 4, S. 115 (1923). Vgl. auch Götz, Das Strahlungsklima von Arosa, Berlin, Springer (1926).

[4] J de Phys et le Radium (6) 4, S. 270 (1923).

[5] Wied Ann 64, S. 584 (1897).   [6] Ap J 26, S. 231 (1907).

[7] Sitzungsber Preuß Akad 1914, S. 702.   [8] A N 142, S. 17 (1896).

[9] C R 134, S. 273 (1902).   [10] C R 134, S. 527 (1902).

[11] Transactions of the I. A. U. Vol. 1, S. 209 (1922).

Phänomene in Verbindung zu bringen. Zum bisherigen negativen Ergebnis muß bemerkt werden, daß genauere Untersuchungen eine Brechung der von der Erdoberfläche ausgesandten Radiowellen in höheren Schichten der Atmosphäre festgestellt haben, eine Brechung, die zur Folge hat, daß die ausgesendeten Strahlen wieder zur Erde zurückkehren[1]. Es ist nun nicht ausgeschlossen, daß ähnliche Verhältnisse auch auf der Sonne herrschen und daher ausgesandte Strahlung dieses Wellengebietes nicht zu uns gelangt. Anderseits haben Untersuchungen von M. BÄUMLER[2] in jüngster Zeit ergeben, daß kurzperiodische Emissionen in diesem Wellengebiete (sog. Störungen) auf Gebieten der Erde, die über 10 000 km voneinander entfernt sind, gleichzeitig registriert werden konnten, daher allem Anschein nach einen gemeinsamen außerterrestrischen, möglicherweise in der Sonne gelegenen Ursprung besitzen.

14. Vergleichung verschiedener Messungsergebnisse. Nach diesem Überblick über die Ausdehnung des Sonnenspektrums wollen wir uns noch mit einigen wesentlichen Ergebnissen über den Verlauf der Energieverteilung beschäftigen. Im visuellen Spektralgebiet sind auf dem Mount Wilson und dem Mount Whitney von ABBOT und FOWLE[3] Energiemessungen angestellt worden. Ihre Ergebnisse sind in Tabelle 12 dargestellt, im Vergleich mit der mittleren Energiekurve, die MÜLLER[4] auf Teneriffa gewonnen hat. Die MÜLLERschen Werte sind die gewichteten Mittel der Beobachtungen in Orotava, Pedrogil und Alta Vista. Die Übereinstimmung der Teneriffa-Werte mit den amerikanischen ist recht befriedigend, was um so bemerkenswerter ist, als die Beobachtungsmethode in beiden Fällen gänzlich voneinander verschieden war.

Tabelle 12. Vergleichung der Energieverteilung zwischen λ 4430 und λ 6800 aus Beobachtungen in Teneriffa und Amerika.

Wellenlänge	log E	
	MÜLLER und KRON	ABBOT und FOWLE
4430	0,048	0,036
4570	0,050	0,057
4730	0,056	0,063
4920	0,036	0,055
5140	0,027	0,041
5400	9,000	0,024
5700	0,982	9,999
6050	9,952	9,965
6510	9,936	9,904
6790	9,914	9,859

In ähnlicher Weise wie MÜLLER, hat J. WILSING[5] spektralphotometrische Messungen im visuellen und photographischen Teil in Potsdam vorgenommen. Vergleicht man die Werte von Teneriffa, nachdem sie auf die Potsdamer Reihe reduziert worden sind, mit den Ergebnissen von WILSING, wie es in nebenstehender Tabelle geschieht, so zeigt sich auch hier eine befriedigende Übereinstimmung der beiden Messungsreihen.

In einer größeren Arbeit „Photographische Untersuchung der Intensitätsverteilung in Sternspektren" hat H. ROSENBERG[6] im Bereiche von λ 4000 bis λ 5000 unter anderem auch Intensitätsmessungen im Sonnenspektrum vorgenommen. Diese Messungs-

Tabelle 13. Vergleichung der spektralphotometrischen Intensitätsmessungen zwischen λ 4430 und λ 6800, auf Teneriffa und in Potsdam.

Wellenlänge	log E_1	
	MÜLLER und KRON red. auf Potsdam	WILSING
4430	1,704	1,670
4570	1,706	1,695
4730	1,712	1,714
4920	1,692	1,717
5140	1,683	1,696
5400	1,656	1,670
5700	1,638	1,643
6050	1,608	1,614
6510	1,592	1,579
6790	1,570	1,560

---

[1] O. HEAVISIDE, Enc. Britannica 33 (1902); A. H. TAYLOR und E. O. HULBURT, Phys Rev (2) 27, S. 189 (1926); H. LASSEN. Jahrb d drahtlosen Tel 28, S. 109, (1926).
[2] Elektr Nachrichten-Technik 3, S. 429 (1926).
[3] Smithson Ann III (1913).   [4] Potsd Publ 22, Nr. 64 (1912).
[5] Potsd Publ 22, Nr. 66 (1913).   [6] Nova Acta, Halle C I, Nr. 2 (1914).

reihe sowie die vorhin erwähnten von Müller, Abbot-Fowle und Wilsing hat A. Brill[1] dazu benutzt, um festzustellen, wie sich die so aus verschiedenen Methoden gewonnenen Energiewerte in die Brillschen, für die einzelnen Spektralklassen der Fixsterne geltenden Energiereihen einfügen lassen. Es handelt sich mit anderen Worten darum, festzustellen, welchem Spektraltypus die Sonne nicht auf Grund ihrer Linienbeschaffenheit, sondern zufolge der Energieverteilung zuzuordnen ist. Für die Rosenbergschen Werte allein ergibt sich die beste Übereinstimmung bei der Spektralklasse F8. Bildet man das Mittel aus den Teneriffa-, amerikanischen und Potsdamer Werten, sowie den noch zu besprechenden spektralbolometrischen Ergebnissen Wilsings[2], so zeigt sich im untersuchten Bereiche von λ 4510 bis λ 6420 eine ganz vorzügliche Übereinstimmung mit der Brillschen Skala für die Spektralklasse F7. In den kühleren Klassen ist ein Zwerg weißer als ein Riesenstern von gleichem Typus. Da der spektralphotometrisch bestimmte Spektraltypus F7 der Sonne in die sonst für Riesensterne geltende Reihe eingeordnet wurde, erklärt sich dadurch die Differenz in dem Spektraltypus, F7 gegen G0, welch letzterer der Struktur des Spektrums entspricht. Daraus folgt auch, wie bereits in Ziff. 5 hervorgehoben, ein Farbenindex der Sonne im Kingschen System zu $+0^{m},55$[3].

Die obenerwähnte zweite Reihe Wilsings[2] stellt eine Fortführung der Potsdamer Untersuchungen im Sonnenspektrum dar und erstreckt sich auch bis in den ultraroten Teil hinein. Dadurch ist es möglich, Vergleiche der Potsdamer Beobachtungen mit den ausgedehnten bolometrischen Untersuchungen Abbots[4] anzustellen. In Tabelle 14 sind die Werte der Energieverteilung einander gegenübergestellt, wobei die Abbotschen Zahlen Mittel aus den Beobachtungen auf dem Mount Wilson und dem Mount Whitney darstellen.

Tabelle 14. Vergleichung der Energieverteilung nach Abbot und Wilsing zwischen λ 6600 und λ 21280, bezogen auf die Energie bei λ 10260 als Einheit.

Wellenlänge	$\log E - \log E_{10260}$		Differenz
	Abbot	Wilsing	
6600	0,425	0,380	+ 0,045
7000	0,365	0,347	+ 0,018
7830	0,257	0,283	− 0,026
8400	0,187	0,207	− 0,020
10260	0,000	0,000	0,000
12340	9,814	9,809	+ 0,005
15360	9,574	9,548	+ 0,026
16790	9,458	9,422	+ 0,036
21280	9,110	9,056	+ 0,054

Die Untersuchungen Abbots aus Washington, Mount Wilson und Mount Whitney in den Jahren 1903 bis 1910, die im übrigen keine Abhängigkeit von der Seehöhe der Beobachtungsstationen zu zeigen scheinen, sind auch dazu verwendet worden, um die Verteilung der Energie im Sonnenspektrum abzuleiten, wie sie sich einem Beobachter darbietet, ungestört durch den Einfluß der Erdatmosphäre. Das Ergebnis ist in nachstehender Tabelle dargestellt.

Tabelle 15. Die Energieverteilung im Sonnenspektrum außerhalb der Erdatmosphäre nach amerikanischen Messungen.

Wellenlänge	Intensität	Wellenlänge	Intensität	Wellenlänge	Intensität
3000	539	5000	6062	16000	532
3500	2684	6000	5042	20000	247
4000	1338	8000	2665	25000	43
4500	6027	10000	1657	30000	14
4700	6240	13000	898	—	—

---

[1] A N 218, S. 209 (1923).   [2] Potsd Publ 23, Nr. 72 (1917).
[3] A N 219, S. 39 (1923).   [4] Smithson Ann III (1913).

Die aus diesen Werten sich ergebende wahre Energieverteilung im sog. normalen Spektrum zeigt ein charakteristisches Gepräge. Ein scharfes Intensitätsmaximum tritt bei λ 4700 ein. Einem verhältnismäßig sanften Abstieg der Energie vom Maximum gegen den langwelligen Teil des Spektrums steht ein außerordentlich rapider Abfall der Energie vom maximalen Wert ins kurzwellige Gebiet gegenüber.

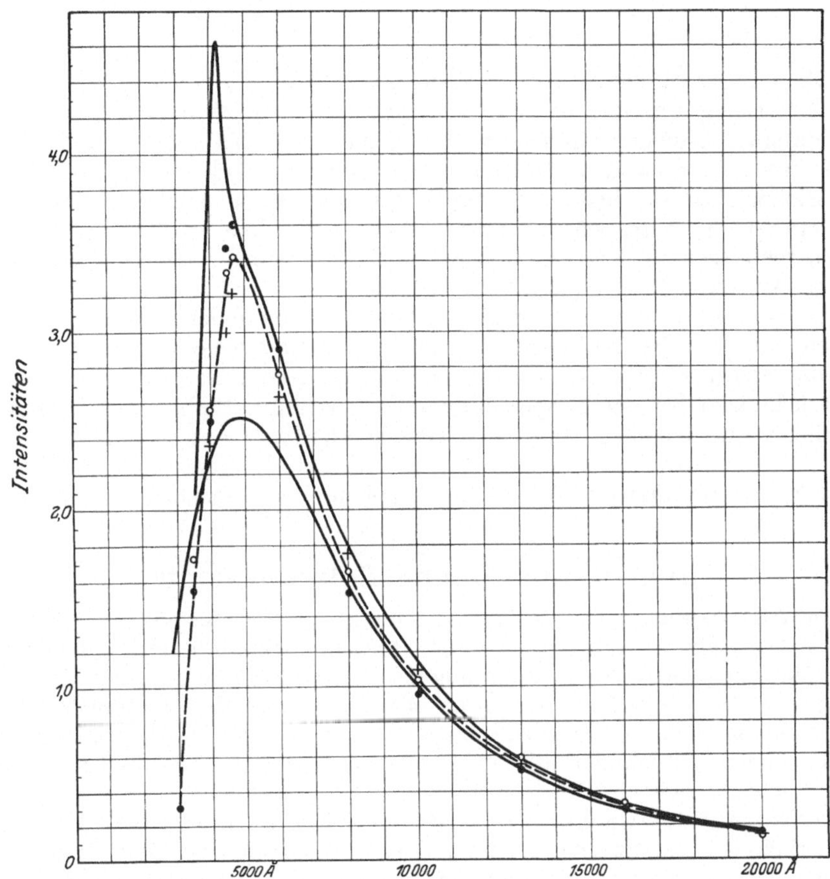

[Gestrichelt: beobachtete Kurve; ausgezogen: theoretische Kurven (obere Kurve $T' = 6000°$, untere Kurve $T' = 5740°$), ● = Smithsonian I; ○ = Smithsonian II; + = Wilsing].

Abb. 8. Die theoretische Energiekurve der Sonne nach Lindblad
[aus Nova Acta Upsal (4) 6, Nr. 1].

Derartige Untersuchungen der Energieverteilung sind von Abbot auch in späteren Jahren fortgeführt und die Ergebnisse ausführlich in den Smithsonian Annals, Vol. IV, p. 203[1] veröffentlicht worden. Diese neuen Werte sind ebenso wie die frühere Darstellung der Energieverteilung in Abb. 8 wiedergegeben. Zugleich sind auch die Ergebnisse der Potsdamer Reihe Wilsings mit aufgenommen. Die zahlenmäßige Vergleichung der drei Reihen auf Grund der Reduktionen, die B. Lindblad[2] vorgenommen hat, sowie die Werte der mittleren Energieverteilung aus diesen drei Reihen, sind in Tabelle 16 gegeben.

---

[1] Beobachtungen aus den Jahren 1920 und 1923 von Abbot und Aldrich sind erschienen Smithson Misc Coll 74, Nr. 7 (1923).

[2] Nova Acta Upsal (4) 6, Nr. 1 (1923).

Tabelle 16. **Vergleichung der Intensitätsverteilung im Sonnenspektrum außerhalb der Erdatmosphäre auf Grund der Messungen Abbots und Wilsings.** (Reduktion auf absolute Intensitäten nach Lindblad.)

Wellenlänge	3000	3500	4000	4500	4700	6000	8000	10000	13000	16000	20000
Abbot I . .	0,31	1,55	2,50	3,47	3,60	2,91	1,54	0,96	0,52	0,31	0,14
Wilsing . .	—	—	2,37	3,00	3,22	2,64	1,76	1,10	0,56	0,31	0,14
Abbot II . .	—	1,73	2,57	3,34	3,42	2,76	1,66	1,04	0,59	0,33	0,13
Mittel . . .	(0,31)	(1,64)	2,48	3,27	3,41	2,77	1,65	1,03	0,56	0,32	0,14

Die Übereinstimmung ist von bemerkenswerter Güte und gibt ein klares Bild vom Energieverlaufe im weiten Bereiche von λ 3000 bis λ 20000.

Durchweg erscheint das scharfe Energiemaximum bei λ 4700. In der Abb. 8 hat Lindblad neben den Beobachtungsergebnissen auch zwei Energiekurven eingezeichnet, wie sie theoretisch verlaufen müßten unter den beiden Annahmen einer effektiven Photosphärentemperatur von 5740° bzw. 6000°. Die Beobachtungen schmiegen sich, wie man sieht, am besten dem Verlaufe an, der aus der zweiten Annahme folgt (vgl. Ziff. 28 und 29).

Ähnlich, wie es Lindblad getan hat, ist auch von anderen Autoren versucht worden, aus den besprochenen Messungen der Energieverteilung Aufschlüsse über die effektive Sonnentemperatur zu gewinnen. Wir werden daher auf diese Untersuchungen bei der Besprechung dieses weiteren Problems in Abschn. f) neuerlich zurückkommen. In dem folgenden Abschnitt wird es sich nun darum handeln, jene Anwendungen aus den gemessenen Energieverteilungen zu besprechen, die zusammengefaßt als die Probleme der Solarkonstante bezeichnet werden können.

d) Gesamtstrahlung, Solarkonstante.

15. Allgemeines. Die Energieverteilung im Sonnenspektrum außerhalb unserer Atmosphäre dient, wie oben erwähnt, in Verbindung mit pyrheliometrischen Messungen auch zur Bestimmung der wahren Gesamtstrahlung. Die wahre Sonnenstrahlung außerhalb der Atmosphäre wäre aus Beobachtungen der Gesamtstrahlung allein nur dann zu ermitteln, wenn — ein unmögliches Postulat — die Messungen selbst außerhalb der Atmosphäre erfolgten. So muß man wenigstens trachten, den störenden Einfluß der Erdatmosphäre soweit als möglich auszuschalten. Wie erwähnt (Ziff. 12), ist dieser Einfluß, dessen Berücksichtigung erforderlich ist, ein zweifacher: Das Sonnenspektrum reicht, wie man schon aus der Lage des Energiemaximums entnehmen kann, über das meßbare Gebiet auf beiden Seiten zweifellos viel weiter hinaus. Dieser Verlust sowohl im kurz- als langwelligen Gebiet bewirkt, daß infolge der Absorption in der Atmosphäre diese Teile der Gesamtstrahlung die Erde nicht mehr erreichen. Die zweite Störung, die zudem in gewissen Spektralbereichen noch durch besondere Wasserdampf- und Kohlensäure-Absorptionen verschärft wird, äußert sich in einer allgemeinen schwächeren Gesamtstrahlung im beobachteten Gebiete.

Es ist demnach klar, daß reine Messungen der Gesamtstrahlung, die den Verlust mit registrieren, vom astronomischen Standpunkt aus nicht interessieren. An und für sich sind sie wertvoll, da sie eine Reihe von meteorologischen Problemen erfassen. In neuester Zeit haben diese Messungen freilich auch insofern astronomische Bedeutung erhalten, als sie in Amerika als Relativmessungen (s. Ziff. 24) zur Prüfung der Schwankungen der extraterrestrischen Sonnenstrahlung verwendet wurden.

16. Hilfsmittel zur Messung der Gesamtstrahlung. Maßeinheit. In Kürze seien auch in diesem Zusammenhange der Vollständigkeit halber die wichtigsten Instrumente zur Gesamtstrahlungsmessung angeführt. Viel verbreitet ist das MICHELSONsche bimetallische Aktinometer, dessen Messungsergebnisse aber immer auf ein Standardinstrument reduziert werden müssen. Ein solches Standardinstrument ist z. B. das Kompensationspyrheliometer von K. ÅNGSTRÖM. Das Ideal eines Pyrheliometers wäre natürlich ein absolut schwarzer Körper, der die empfangene Gesamtstrahlung vollkommen absorbiert. In Amerika werden die Messungen mit dem sog. Silver-Disc-Pyrheliometer ausgeführt, das, ebenso wie das Instrument von MICHELSON, an einem Standardtyp immer geeicht werden muß. Als Normalinstrument dafür dient das ABBOTsche Water-Flow-Pyrheliometer, das andererseits wieder durch das sog. Waterstir-Pyrheliometer kontrolliert wird. Neben den schon erwähnten Bolometern, die gegenwärtig in der verbesserten Form der sog. Vakuumbolometer Verwendung finden, werden schließlich bei der neuen Methode zur Bestimmung der Gesamtstrahlung auch Pyranometer, Instrumente zur Messung der Himmelshelligkeit, in den Dienst dieser Aufgabe gestellt.

Die Messungsergebnisse werden in Grammkalorien angegeben; es wird die Energie der Sonnenstrahlung in Grammkalorien festgestellt, die bei mittlerer Entfernung der Erde von der Sonne dem cm^2 der zur Einstrahlungsrichtung senkrechten Fläche in einer Minute zuströmt ($gcal\,cm^{-2}\,min^{-1}$). Die Beziehung dieser Maßeinheit zum absoluten System ist folgende:

$$1\,gcal\,cm^{-2}\,min^{-1} = 0,01667\,gcal\,cm^{-2}\,sec^{-1} = 6,977 \cdot 10^5\,erg\,cm^{-2}\,sec^{-1}.$$

Als Solarkonstante bezeichnet man jenen Betrag der Sonnenenergie in dieser Maßeinheit, wie er sich nicht an der Erdoberfläche, sondern außerhalb der Erdatmosphäre ergeben würde. Zur Ermittlung der Solarkonstante sind also durchweg die erhaltenen Messungsergebnisse auf den Raum außerhalb der Atmosphäre zu extrapolieren.

Da die Absorptionswirkung der Erdatmosphäre um so größer ist, je mehr Schichten die Strahlen bis zum Meßapparat durchlaufen müssen, so werden die Ergebnisse der Pyrheliometerbestimmungen eine Abhängigkeit von der Seehöhe zeigen, in dem Sinne, daß mit wachsender Erhebung über dem Meeresniveau die gewonnenen Werte eine Annäherung an den Wert der Solarkonstante zeigen müssen. Eine Zusammenstellung solcher Beobachtungen vermag uns also einen Begriff von der Größenordnung der Solar-

Tabelle 17. Abhängigkeit der Energie der Sonnenstrahlung von der Seehöhe.

Beobachtungort	Seehöhe	Energie in $gcal\,cm^{-2}\,min^{-1}$
Kolberg	5 m	1,41
Agra (Tessin)	555 ,,	1,48
Davos	1 600 ,,	1,59
Mount Wilson	1 740 ,,	1,64
Jungfraujoch	3 460 ,,	1,63
Mount Whitney . . .	4 420 ,,	1,72
Freiballon	7 500 ,,	1,76
Freiballon	22 000 ,,	1,89

konstante zu geben und gestattet zugleich die Festlegung der unteren Grenze ihres Betrages.

Man erkennt daraus, daß die untere Grenze des Wertes der Solarkonstante 1,90 beträgt, und daß ihr wahrer Betrag wohl kaum über 2 g cal hinausgehen dürfte.

Diese Ermittlung kann aber nur als ein Überschlag gewertet werden, weil für exakte Bestimmungen eine derartige Extrapolation aus Messungen in verschiedenen Seehöhen nicht zulässig ist. Eine solche Extrapolation wäre nur dann gestattet, wenn die verschiedenen Schichten der Atmosphäre gleiche Durchlässigkeit besitzen würden. Es zeigt sich, daß man zu einem zuverlässigeren Ergebnis gelangt, wenn man Strahlungsmessungen an ein und demselben Beobachtungsorte bei verschiedenem Sonnenstand vornimmt und auf diese Weise den Energiewert außerhalb der Atmosphäre extrapoliert.

17. Luftmassen und Transmissionskoeffizient. Stellt man Strahlungsmessungen an einem Orte zu verschiedenen Zeiten an, so ergibt sich eine Veränderlichkeit der gemessenen Strahlung mit der jeweiligen Sonnenhöhe, bedingt durch den absorbierenden Einfluß der Erdatmosphäre. Dieser Zusammenhang ist in Abb. 9 dargestellt, nach Messungen von Götz[1] in Arosa. Die Gesamtstrahlung, wie sie bei Zenitstellung der Sonne sich ergeben würde, läßt sich aus diesen Messungen, die bei Sonnenhöhen von 4° bis 65° angestellt worden sind,

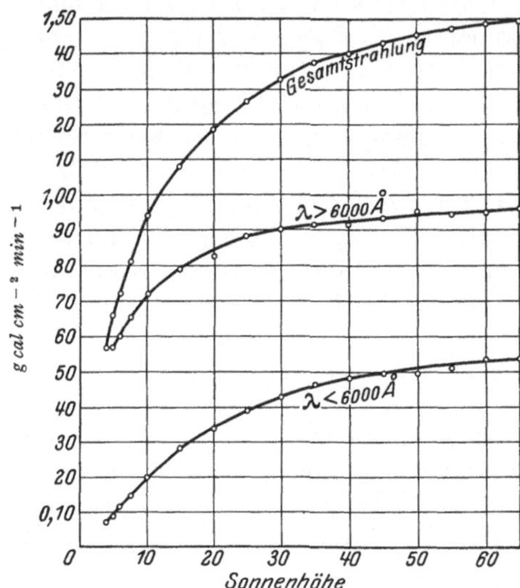

Abb. 9. Zusammenhang zwischen Sonnenstrahlung und Sonnenhöhe. Als Beispiel sind die Juni-Werte von Arosa gewählt. Die Intensitäten sind gemessen in Grammkalorien pro Minute und Quadratzentimeter (nach Götz).

durch Extrapolation aus dieser Kurve leicht ermitteln. Doch hat dieser Wert der Sonnenstrahlung nur ein meteorologisches Interesse. Um die Strahlungswerte aus solchen Beobachtungen zur Bestimmung der Solarkonstante zu verwenden, ist eine Extrapolation nicht bis zum Zenit, sondern bis außerhalb unserer Atmosphäre vorzunehmen. Zum Zwecke dieser Extrapolation ermittelt man die bei verschiedenen Sonnenhöhen von der Strahlung durchlaufenen Luftmassen. Aus Abb. 9 erkennt man aber auch, daß der Strahlungsverlust in der Atmosphäre für verschiedene Wellenbereiche verschieden ist. Dargestellt ist der Verlauf der Strahlung im Gebiete $\lambda > 6000$ und $\lambda < 6000$. Man sieht, daß bei großen Zenitdistanzen der Sonne der Hauptanteil der Gesamtstrahlung von der langwelligen bestritten wird, die kurzwellige also fast vollkommen absorbiert wird. Aber auch bei kleinen Zenitdistanzen ist der Betrag der langwelligen Strahlung noch immer $2/3$ der Gesamtstrahlung.

Zur Extrapolation der Strahlungswerte auf die Energie außerhalb der Atmosphäre werden, wie erwähnt, die Luftmassen in Abhängigkeit von der Zenitdistanz eingeführt. Die Weglänge der Strahlung, $F(z)$, ist die in der Zenitdistanz z von der Sonnenstrahlung durchdrungene Luftmasse, wenn als Einheit jene Luftmasse definiert ist, die bei zenitaler Einstrahlung von der Grenze der Atmosphäre bis zur Beobachtungsstelle durchlaufen wird. Die Aufgabe besteht also in der Extrapolation der Strahlungen auf $F(0)$. Die Beziehungen zwischen z und $F(z)$ sind von A. Bemporad[2] in Tabellen für Höhenstufen zwischen 0 und 5000 m Seehöhe veröffentlicht worden. G. Zipler[3] hat für Babelsberg (82 m) Werte gerechnet, die in Tabelle 18 auszugsweise erscheinen.

Eine Darstellung der Strahlungsmessungen in ihrer Beziehung zur durchlaufenen Luftmasse ist nach Götz[4] in Abb. 10 wiedergegeben. Man sieht unter anderem, um wieviel im kurzwelligen Gebiete die Veränderung der Strahlungsenergie mit der Luftmasse stärker ist als im langwelligen, aber auch im Vergleiche zur Gesamtstrahlung.

---

[1] Das Strahlungsklima von Arosa, Berlin, Springer (1926).
[2] Mem Pont Acc N L Rom (1905).
[3] Veröff Berlin-Babelsberg, III, Heft 2 (1921).
[4] F. W. P. Götz, l. c. (1926).

Tabelle 18. Tafel für Entnahme der von der Strahlung durchlaufenen Luftmasse $F(z)$ bei gegebener Zenitdistanz z, berechnet von ZIPLER für Babelsberg (82 m).

z	$F(z)$	z	$F(z)$	z	$F(z)$	z	$F(z)$	z	$F(z)$	z	$F(z)$	z	$F(z)$
0°	0,990	50°	1,538	63°,0	2,173	67°,0	2,521	71°,0	3,018	75°,0	3,778	79°,0	5,067
4	0,992	52	1,605	2	2,189	2	2,521	2	3,048	2	3,826	2	5,157
8	1,000	54	1,681	4	2,204	4	2,562	4	3,079	4	3,876	4	5,249
12	1,012	56	1,766	6	2,220	6	2,584	6	3,111	6	3,927	6	5,344
16	1,030	58	1,863	8	2,236	8	2,606	8	3,143	8	3,979	8	5,442
20	1,053	60°,0	1,975	64°,0	2,251	68°,0	2,628	72°,0	3,177	76°,0	4,034	80°,0	5,543
22	1,067	2	1,987	2	2,267	2	2,650	2	3,210	2	4,089	2	5,647
24	1,083	4	1,999	4	2,283	4	2,673	4	3,245	4	4,146	4	5,756
26	1,101	6	2,011	6	2,299	6	2,697	6	3,281	6	4,205	6	5,871
28	1,121	8	2,023	8	2,316	8	2,721	8	3,316	8	4,265	8	5,990
30	1,142	61°,0	2,035	65°,0	2,333	69°,0	2,745	73°,0	3,354	77°,0	4,328	81°,0	6,113
32	1,166	2	2,048	2	2,350	2	2,770	2	3,392	2	4,391	2	6,241
34	1,193	4	2,062	4	2,368	4	2,796	4	3,431	4	4,458	4	6,376
36	1,223	6	2,075	6	2,386	6	2,821	6	3,471	6	4,526	6	6,515
38	1,254	8	2,088	8	2,404	8	2,848	8	3,511	8	4,596	8	6,660
40	1,291	62°,0	2,102	66°,0	2,423	70°,0	2,875	74°,0	3,552	78°,0	4,668	82°,0	6,813
42	1,331	2	2,116	2	2,442	2	2,903	2	3,595	2	4,743	2	6,972
44	1,375	4	2,129	4	2,462	4	2,930	4	3,639	4	4,821	4	7,138
46	1,423	6	2,143	6	2,481	6	2,959	6	3,685	6	4,900	6	7,312
48	1,477	8	2,158	8	2,501	8	2,989	8	3,731	8	4,983	8	7,495
50	1,538	63°,0	2,173	67°,0	2,521	71°,0	3,018	75°,0	3,778	79°,0	5,067	83°,0	7,686

Gelingt es nun weiter, den Transmissionskoeffizienten p, d. i. den Verlust, den die Strahlung in der Luftmasse 1 erleidet, dargestellt durch das Verhältnis der nach Durchlaufen dieser Luftmasse austretenden Strahlen zu den eintretenden Strahlen, zu bestimmen, so wird es möglich sein, die Energie der Strahlung außerhalb der Atmosphäre festzustellen.

Auf die speziellen Probleme der Extinktionstheorie kann in diesem Zusammenhange nicht eingegangen werden. Hier sollen nur einige wesentliche Ergebnisse über die Bestimmung der Transmissionskoeffizienten mitgeteilt werden.

Nach Untersuchungen im visuellen Gebiete hat WILSING[1] einen Wert $p = 0,810$ erhalten. Als Durchschnittswert des Transmissionskoeffizienten für die Gesamtstrahlung kann man nach MÜLLER[2] 0,835 annehmen. Diesem Werte entspricht also ein Verlust an Strahlung durch die Atmosphäre von 16,5% (in Größenklassen eine Schwächung der Sternhelligkeit um rund $0^{\mathrm{m}},2$).

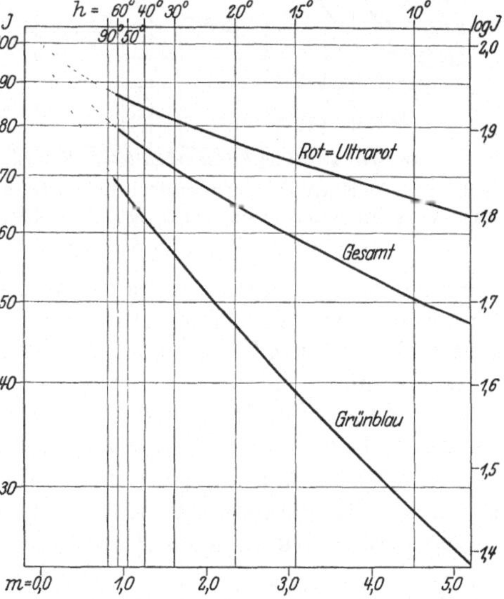

Abb. 10. Teilbereiche der Gesamtsonnenstrahlung in Abhängigkeit von der Luftmasse in Arosa (aus GÖTZ, Das Strahlungsklima von Arosa).

Die Berücksichtigung des Strahlungsverlustes in der Atmosphäre ist dadurch wesentlich kompliziert, daß, wie auch aus Abb. 9 und 10 hervorgeht, eine Abhängigkeit von der Wellenlänge besteht, und zwar in dem Sinne, daß einer abnehmenden Wellenlänge ein Kleinerwerden von p entspricht.

---

[1] Potsd Publ 25, Nr. 80 (1924).   [2] Potsd Publ 8, Nr. 27 (1891).

Den Betrag der selektiven Absorption im visuellen Spektralgebiet hat zuerst G. Müller[1] bestimmt. Der Verlauf zwischen λ 4400 und λ 6800 nach der ersten Beobachtungsreihe Müllers ist aus Tabelle 19 zu ersehen.

Tabelle 19. Abhängigkeit des Transmissionskoeffizienten von der Wellenlänge im visuellen Gebiete (nach Müller).

Wellenlänge	4400	4600	4800	5000	5200	5400	5600	5800	6000	6200	6400	6600	6800
Transmissionskoeffizient	0,706	0,740	0,764	0,781	0,795	0,808	0,819	0,830	0,840	0,850	0,861	0,871	0,881

Bei der Vornahme der Strahlungsmessungen ist es wichtig, auf diese selektive Absorption Rücksicht zu nehmen, insbesondere wenn die verwendeten Instrumente nur ein bestimmtes Wellengebiet erfassen. Für photographische Messungen haben den Lichtverlust in der Atmosphäre C. Wirtz[2] und E. von Oppolzer[3] bestimmt. Spezielle Untersuchungen sind angestellt worden zur Bestimmung der Transmissionskoeffizienten bei den Strahlungsmessungen mit verschiedenen Photozellen (beispielsweise für die in Ziff. 6 besprochenen Untersuchungen). Empirische Werte haben P. Guthnick[4] und K. F. Bottlinger[5] gegeben, theoretische, mit diesen gut übereinstimmend, Wilsing[6].

Über den Verlauf des Transmissionskoeffizienten im Gebiete von λ 4400 bis λ 7600 vermag Abb. 11 Aufschluß zu geben.

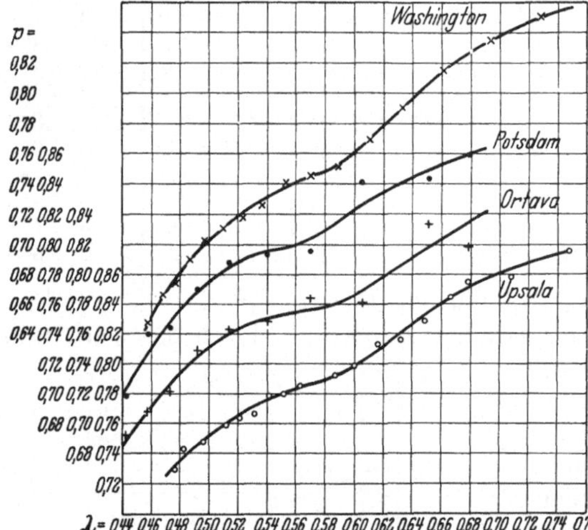

Abb. 11. Verlauf des Transmissionskoeffizienten an vier verschiedenen Beobachtungsarten [aus Nova Acta Upsal (4) 3, Nr. 6].

In ihr sind Messungen an vier verschiedenen Orten aufgenommen, und zwar Washington nach Abbot und Fowle[7], die zweite Serie von Müller[8] in Potsdam, Orotava auf Teneriffa nach G. Müller und E. Kron[9] und Upsala nach F. Lindholm[10]. Alle vier Kurven zeigen in ihrem Verlaufe eine sehr befriedigende Übereinstimmung, ein Umstand, der bei den verschiedenen Beobachtungsmethoden (Washington und Upsala spektrobolometrisch, Potsdam und Orotava spektralphotometrisch) bemerkenswert ist.

Wilsing[11] hat die 1914 in Potsdam nach photographischen Messungen berechneten Transmissionskoeffizienten mit dem Gesamtergebnis von Teneriffa im Spektralbezirk zwischen λ 3800 und λ 6800 verglichen; diese Ergebnisse sind

---

[1] A N 103, S. 241 (1882) und Potsd Publ 22, Nr. 64 (1912).
[2] A N 154, S. 318 (1901).
[3] Wiener Berichte 107, S. 1477.
[4] Berl. Berichte XVII (1927).
[5] Veröff. in P. Guthnick, Sitzungsber Preuß Akad 1927, S. 112.
[6] Potsd Publ 24, Nr. 76 (1920).
[7] Smithson Ann II, S. 110 (1908).
[8] Potsd Publ 22, Nr. 64 (1912).
[9] l. c. (1912).
[10] Nova Acta Upsal (4) 3, Nr. 6 (1913).
[11] Potsd Publ 22, Nr. 66 (1913).

in Abb. 12 dargestellt. Bei allen in Abb. 11 und 12 wiedergegebenen Messungsreihen tritt deutlich eine Anomalie auf, die sich in einer Einsenkung der Kurven zwischen λ 5300 und λ 5900 äußert. Diese Tatsache, die wohl zum ersten Male von SCHUSTER[1] in amerikanischen Messungen aufgedeckt wurde, ist durch die bereits in Ziff. 13 erwähnten Ozonabsorptionen hervorgerufen. Die für die Auswertung der Strahlungsmessungen zur Ermittlung der Solarkonstante sehr wesentlichen Wasserdampfkorrektionen (vgl. Ziff. 12) hat in ausgedehnter Weise FOWLE[2] untersucht.

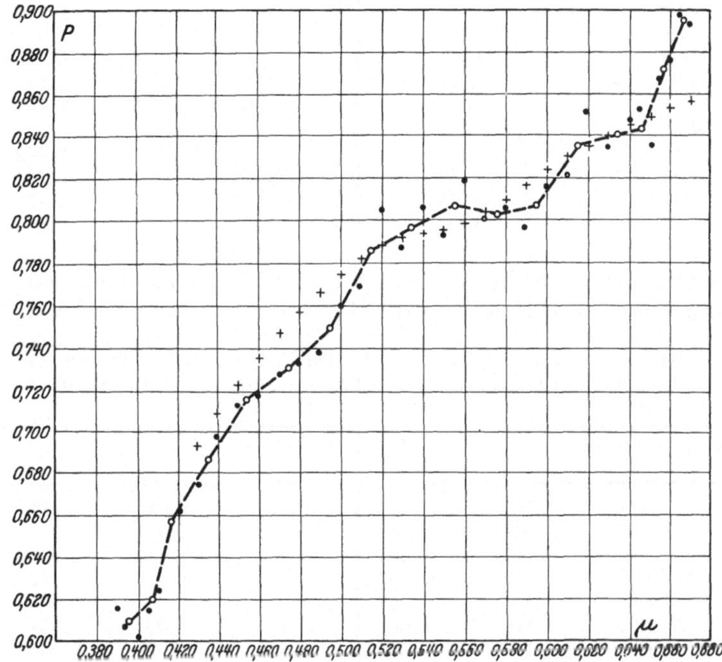

• = WILSING, Messungen; ○ = WILSING, Mittel aus je zwei Werten von p; + = Kurve von G. MÜLLER und E. KRON

Abb. 12. Darstellung der Transmissionskoeffizienten (nach WILSING, Potsd Publ 22, Nr. 66).

Betrachtet man nun den Verlauf der Transmissionskoeffizienten im kurzwelligen Gebiete unter λ 4000, so zeigen sich im wesentlichen drei charakteristische Erscheinungen: 1. Die Abnahme der Durchlässigkeit der Atmosphäre mit abnehmender Wellenlänge geht viel rascher vor sich als im sichtbaren Gebiete. 2. Die Durchlässigkeit ändert sich im kurzwelligen Gebiete viel lebhafter von Tag zu Tag als im langwelligen, ein Umstand, auf den in Ziff. 25 noch zurückzukommen sein wird. 3. Die Durchlässigkeit der Atmosphäre im Gebiet der ultravioletten Strahlung wächst bedeutend rascher mit der Seehöhe als für das sichtbare Gebiet. In Tabelle 20 ist die Beziehung zwischen p und λ im kurzwelligen Bereiche nach Messungen von E. KRON in Potsdam[3] und H. DEMBER[4] auf dem 3280 m hohen Pic von Teneriffa gegeben. Man erkennt auch deutlich das Einsetzen der besonders kräftigen Abnahme der Durchlässigkeit unter λ 3300 infolge der hier beginnenden Absorption durch die Ozonbanden, ein Umstand, der bereits in Ziff. 13 erwähnt wurde. Es sei an dieser Stelle noch darauf hin-

---

[1] SCHUSTER, Transact of the Int Union for Coop in Solar Research III, S. 55 (1911).
[2] u. a. Smithson Ann IV (1922).   [3] Ann d Phys (4) 45, S. 377 (1914).
[4] Ann d Phys (4) 49, S. 599 (1916).

gewiesen, daß nach übereinstimmenden Untersuchungen die Ozonabsorption in sehr großen Höhen, etwa 40 km über der Erdoberfläche, vor sich geht.

Tabelle 20. Verlauf des Transmissionskoeffizienten mit der Wellenlänge im Ultraviolett in 100 und 3300 m Seehöhe.

| Kron-Potsdam Mittelwerte aus 1911 und 1913 | | Dember-Teneriffa 1914 | |
Wellenlänge	Transmissionskoeffizient	Wellenlänge	Transmissionskoeffizient
4020	0,564	4000	0,737
3780	0,494	3750	0,636
3620	0,433	3600	0,596
3510	0,387	3500	0,577
3410	0,354	3400	0,512
3330	0,321	—	—
—	—	3300	0,451
3250	0,268	—	—
3190	0,238	3200	0,442
3110	0,183	3100	0,266
3080	0,153	3000	0,176
—	—	2850	0,014

Betrachtet man nun die Bestimmungen der Transmissionskoeffizienten im Langwellengebiet, so läßt sich der Verlauf am besten aus den Zahlen in Tabelle 21

Tabelle 21. Beziehungen zwischen Wellenlänge und Transmissionskoeffizienten im Bereiche von λ 4510 bis λ 21280, nach Messungen von Wilsing und Abbot-Fowle.

| Wellenlänge | log p | | 3—2 | Wellenlänge | log p | | 7—6 |
1	2	3	4	5	6	7	8
4510	9,810	9,806	— 0,004	6600	9,916	9,912	— 0,004
4720	9,833	9,826	— 0,007	7000	9,919	9,923	+ 0,004
4800	9,836	9,832	— 0,004	7830	9,942	9,936	— 0,006
4880	9,845	9,838	— 0,007	8400	9,948	9,942	— 0,006
4980	9,851	9,846	— 0,005	10260	9,968	9,955	— 0,013
5370	9,869	9,862	— 0,007	12340	9,971	9,961	— 0,010
5560	9,876	9,867	— 0,009	15360	9,979	9,966	— 0,013
5770	9,873	9,872	— 0,001	16790	9,980	9,970	— 0,010
				21280	9,983	9,955	— 0,028

verfolgen, in der die von J. Wilsing[1] 1914 in Potsdam ausgeführten Messungen mit den Ergebnissen von Washington[2] aus dem Zeitraum von 1903 bis 1907 verglichen sind. Dargestellt ist die Beziehung zwischen λ und log p. Bei den Wellenlängen λ 5770 und λ 7000 sind Störungen durch besondere Absorptionen zu erkennen.

Bei der zur Bestimmung der Solarkonstante nötigen Extrapolation wird es sich also darum handeln, Rücksicht auf alle Störungen zu nehmen und die Ermittlung der Transmissionskoeffizienten für möglichst viele Wellenlängen durchzuführen. Andererseits erkennt man (s. Ziff. 15), daß die nach Extrapolation der Strahlungsmessung auf den Raum außerhalb unserer Atmosphäre gewonnenen Ergebnisse nur dann mit der von der Sonne kommenden Gesamtstrahlung identisch sein können, wenn der durch die Messungen erfaßte Spektralbereich tatsächlich die gesamte Sonnenstrahlung darstellen würde. Wie sich aber aus allen erwähnten Untersuchungen ergibt, ist dies nicht der Fall, da einerseits die Sonnenstrahlung unter λ 2900 infolge der Ozonabsorption die Erde nicht erreicht und andererseits die Strahlung über λ 25000 durch Bänder des Wasserdampfes und der Kohlensäure fast vollständig absorbiert wird.

---

[1] Potsd Publ 23, Nr. 72 (1919).
[2] Smithson Ann III, S. 135 (1918).

An das Endergebnis der Strahlungsmessung ist also eine Korrektion anzubringen, die eine Berücksichtigung der in den beiden Spektralbezirken nicht beobachteten Sonnenstrahlung darstellt. Daß diese Berücksichtigung auch bei größter Vorsicht stets einen gewissen hypothetischen Charakter haben muß, ist mit ein Grund für die Schwierigkeiten beim Problem der Solarkonstante und ihrer eventuellen Schwankungen.

18. Der absolute Wert der Solarkonstante. Aus den in Ziff. 16 besprochenen Messungen der Gesamtstrahlung in verschiedenen Seehöhen konnten wir bereits überschlagsweise feststellen, daß der absolute Betrag der Solarkonstante $2\,\mathrm{gcal\,cm^{-2}\,min^{-1}}$ nicht übersteigen dürfte und die untere Grenze 1,90 beträgt. Die älteren Messungen, die oft recht bedeutende Werte erreichten, haben heute wohl nur mehr historische Bedeutung. Erwähnenswert ist, daß bereits 1860 G. HAGEN[1] einen Wert von 1,9 erhielt, der in bemerkenswerter Übereinstimmung mit den modernen Ergebnissen steht. Diese werden eingeleitet durch die Untersuchungen von J. SCHEINER[2] auf dem Gornergrat. Freilich ist seine Extrapolation nur ungefähr richtig. Er verbesserte nämlich seine Ergebnisse der Zenitenergie um 9,5%, indem er 1% der Kohlensäure-Absorption, 7% der des Wasserdampfes zuschrieb und den Strahlungsverlust im Ultravioletten auf 1,5% veranschlagt. Demgegenüber sei erwähnt, daß K. ÅNGSTRÖM[3] die Absorption der Gesamtstrahlung durch Wasserdampf im Gebiete von $\lambda\,3000$ bis $\lambda\,40000$ zu 15 bzw. 27% angegeben hatte. C. FÉRY[4] kommt zu einem geringeren Werte als SCHEINER, der sich aus Messungen von MILLOCHAU auf dem Mont Blanc und von TEDDINGTON im Meeresniveau (U. S. A.) zu 1,65 ergibt. In einer Polemik gegen SCHEINER gibt T. Y. BUCHANAN[5] als Wert der Solarkonstante 1,8 an, da nach seiner Auffassung der Transmissionskoeffizient 0,660 übersteige. Dies ist nach den Ergebnissen aus Ziff. 17 heute nicht mehr haltbar.

Erst mit der Einführung der spektrobolometrischen Messungsmethode durch S. P. LANGLEY[6] ist eine wesentliche Förderung des Problems erfolgt. Seine Beobachtungen auf dem Mount Whitney ergeben 2,2 (durch eine irrtümliche Annahme zuerst als 3,0 publiziert). Dieser Wert reduziert sich in dem modernen System[7] auf 1,92, in vollkommener Übereinstimmung mit den Ergebnissen der amerikanischen Beobachtungen der letzten zwei Jahrzehnte.

Messungen, die C. DORNO[8] in Davos mit MICHELSON- und ÅNGSTRÖMschen Pyrheliometern vorgenommen hat, ergeben, nach Reduktion auf die Energie außerhalb der Atmosphäre (unter Heranziehung der empirischen Reduktionsformel von FOWLE), 1,927. Einen damit fast identischen Wert, nämlich 1,923, erhielt J. WILSING[9] aus Potsdamer Messungen. Die Zuverlässigkeit dieser zwei kleinen Beobachtungsreihen wird bestätigt durch das umfassende Material, das ABBOT und seine Mitarbeiter in Fortführung der LANGLEYschen Untersuchungen in Amerika erhalten haben. Diese Bestimmungen der Solarkonstante wurden ursprünglich in Washington, später auf dem Mount Wilson vorgenommen. 1918 kam es zur Errichtung der Beobachtungsstation in Calama (Chile), die 1920 auf den 2700 m hohen Berg Montezuma verlegt wurde. Im selben Jahre ist in Harqua Hala (Arizona) eine neue Beobachtungsstätte gewonnen worden, mit der Aufgabe, die Messungen gleichzeitig mit Montezuma vorzunehmen (s. Ziff. 23). Zur

---

[1] Über die Wärme der Sonnenstrahlen, Berlin (1864).
[2] Potsd Publ 18, Nr. 55 (1908).
[3] Ann d Phys (3) 67, S. 633 (1899) und Ap J 9, S. 332 (1899).
[4] M N 69, S. 611 (1909) und C R 148, S. 1150 (1909).
[5] Nat 64, S. 456 (1901).   [6] Smithson Ann II, S. 119 (1908).
[7] Ap J 37, S. 134 (1913).
[8] Veröff. d. Preuß. Met. Inst. VI, Nr. 303 (1913).
[9] Potsd Publ 25, Nr. 80 (1924).

Erreichung noch besserer Beobachtungsbedingungen kam es 1925 zur Verlegung der Harqua Hala-Station auf den 2250 m hohen Table Mountain (Kalifornien). Die neueste Station zur Messung der Solarkonstante auf dem 1580 m hohen Mount Brukkaros (Südwest-Afrika), in überragend günstiger Lage, hat mit dem Beginn des Jahres 1927 ihre Beobachtungen aufgenommen.

Aus dem Beobachtungszeitraum 1902 bis 1912 resultiert ein Wert von 1,933 gcal cm^{-2} min^{-1}. Aus 1244 Beobachtungstagen des Zeitraumes 1912 bis 1920 ergibt sich $S = 1,946$[1].

Die Ergebnisse der neuen Stationen in Chile und Arizona liegen bis inkl. 1924 vor. Das Mittel aus den 50 Monatswerten der Simultanmessungen auf dem Montezuma und in Harqua Hala von Oktober 1920 bis November 1924 ergibt sich[2] zu $S = 1,9306$. **Wir wollen als Gesamtergebnis aus dem Beobachtungsmateriale der Jahre 1902 bis 1924 nunmehr als Wert der Solarkonstante festlegen: $S = 1,937$.** Damit scheinen auch die jüngsten vorläufigen Messungsergebnisse im Einklang zu stehen, aus denen hervorgeht[3], daß der Solarkonstante für den Zeitraum 1905 bis 1926 bei einer Unsicherheit von etwa 1% ein Wert von 1,94 zukommt.

19. Die Zuverlässigkeit des Absolutwertes der Solarkonstante. Die gute innere Übereinstimmung der in der vorangehenden Ziffer mitgeteilten Ergebnisse spricht dafür, daß bereits eine hohe Genauigkeit im Absolutwerte der Solarkonstante erreicht ist. Von mehrfachen Bedenken, die im Laufe der Zeit gegen diese Ergebnisse aufgetreten sind, sind wohl nur solche erwähnenswert, die sich auf die im Schluß der Ziff. 17 angeführten Schwierigkeiten beziehen, nämlich auf die Berücksichtigung der im äußersten kurz- und langwelligen Gebiet nicht registrierbaren Strahlung.

Im Zusammenhang mit dieser Frage sei in Kürze das Wesen des Beobachtungsvorganges selbst mitgeteilt. Die Beobachtungen teilen sich in pyrheliometrische und in bolometrische. Beide werden 6mal täglich bei Luftmassen $F(z)$ zwischen 1,3 und 5,0 vorgenommen. Neben der Untersuchung der relativen Verluste in verschiedenen Wellenlängen durch das optische System erfolgen Bestimmungen der Transmissionskoeffizienten aus der Energiekurve für etwa 40 Spektralbezirke. Es ist dann die Intensität an der Erdoberfläche

$$I'_e = I_e + K_r - K_s.$$

Es bedeutet I_e die aus dem Bologramm gewonnene Fläche, K_r die Korrektion für den nichtregistrierten infraroten und ultravioletten Teil, K_s die Korrektion infolge der atmosphärischen Absorptionen; das sind die Einsenkungen gegenüber der glatten Kurve des Bologramms, die in Ziff. 12 an Hand der Abb. 7a und 7b erwähnt wurden. Mit dieser Korrektur K_s hat sich, wie schon angedeutet, F. E. Fowle[4] beschäftigt. Wesentlich ist vor allem die Absorption bei $\varrho\,\sigma\,\tau$. Ihre Korrektion ϱ/ϱ_{sc} wird einfach als das Verhältnis der Ordinaten ihrer tiefsten Einsenkung und höchsten Erhebung im Bologramm angegeben. Nachdem, wie oben erwähnt, für ausgewählte Wellenlängen die Transmissionskoeffizienten bestimmt wurden, erfolgt die Extrapolation aus den Bologrammen der verschiedenen Luftmassen auf die außerhalb der Atmosphäre herrschende Intensität I_0. Es ist dann

$$I'_0 = I_0 + K_r,$$

wobei K_r wieder die Korrektionen für den ultravioletten und ultraroten Teil enthält. Ist schließlich P das Ergebnis der pyrheliometrischen Gesamtstrahlungs-

[1] Smithson Ann IV (1922).
[2] C. G. Abbot, Smithson Misc Coll 77, Nr. 3 (1925).
[3] C. G. Abbot, Gerlands Beiträge 16, S. 344 (1927).
[4] Ap J 38, S. 392 (1913), und Smithson Ann III (1913).

messung, δ_1 die momentane Sonnendistanz und δ_0 die mittlere Sonnendistanz, so ergibt sich nunmehr für die Solarkonstante die Beziehung

$$S = \frac{P \cdot I_0'}{I_e'} \cdot \left(\frac{\delta_1}{\delta_0}\right)^2.$$

Der Betrag für K_r im langwelligen Gebiete wurde zu 0,55% der Solarkonstante ermittelt[1]. Es wurde vielfach bemerkt, daß dieser Wert zu niedrig veranschlagt sei. Dies wurde 1922 von ABBOT und ALDRICH[2] bestätigt. Eine sorgfältige Beobachtungsreihe mit einem Steinsalzprisma-Spektrobolometer im Gebiete von $\lambda\,24000$ bis $\lambda\,109000$ bei Luftmassen zwischen 2 und 4,3 ergab einen Betrag der Infrarotkorrektion von 2,0% der Solarkonstante, so daß die in den Smithsonian Annals, Bd. 4 bis 1920 publizierten Werte um 1,45% zu erhöhen wären.

Der Betrag für die Korrektion im Ultravioletten hat sich zu 1,58% ergeben[3]. Auch diese Korrektion wurde als zu gering bezeichnet, insbesondere sind 1914 von KRON[4] gewichtige Einwände erhoben worden, die 1922 von CH. FABRY und H. BUISSON[5] wiederholt wurden. Diese Einwände gipfeln im wesentlichen darin, daß die gefundenen Transmissionskoeffizienten im Ultravioletten als zu groß ermittelt sind, demnach die Korrektion im Ultraviolett zu klein wird. Diese Einwände sind wohl berechtigt; man ersieht aus den in Ziff. 17 besprochenen sorgfältigen Messungsergebnissen von E. KRON und H. DEMBER (s. Tabelle 20), in welch starkem Maße die Abnahme der Transmissionskoeffizienten mit der Wellenlänge im äußersten Ultraviolett infolge der einsetzenden Ozonabsorption vor sich geht. Die Berechtigung dieser Einwände wurde auch von ABBOT[6] anerkannt, jedoch nicht weiter bei der Ermittlung der Solarkonstante berücksichtigt. Erst in jüngster Zeit unternahm ABBOT[7] eine Neubestimmung der Ultraviolett-Korrektion, die mit großer Sorgfalt ausgeführt wurde. Er gewinnt neue Korrektionswerte unter der Annahme, daß die Ultraviolett-Energiekurve der Energiekurve eines schwarzen Körpers folgt, und erhält als Endresultat eine Ultraviolett-Korrektion von 3,44%, also um 1,86% mehr. Die bisherigen Solarkonstantenwerte würden sich demnach infolge der neuen Infrarot- und Ultraviolett Korrektionen insgesamt um 3,31% erhöhen. Ein Einwand von C. DORNO[8] bezieht sich darauf, daß die bisherigen Werte der Solarkonstante infolge additiven Himmelslichtes zu hoch sind. Nach Untersuchungen von C. G. ABBOT[7] würde diese Erhöhung an klarsten Tagen auf den amerikanischen Beobachtungsstätten nur 1,75% der Solarkonstante ausmachen. Die oben erwähnte notwendige Erhöhung der absoluten Solarkonstantenwerte um 3,31% trägt den Einwänden zweifellos zum großen Teile Rechnung, und man kommt so gewiß den wahren Werten wieder um ein Stück näher.

Im übrigen scheint diese Erhöhung sich bei den Ergebnissen nicht auszuwirken, da sie ausgeglichen wird durch eine Erniedrigung, die sich ergibt aus einer Neubestimmung der Korrektionsfaktoren zur Reduktion der Bolographenwerte auf die Pyrheliometerskala. Über diese Frage wird wohl erst nach Erscheinen der diesbezüglichen Publikationen ein Überblick zu bekommen sein.

Zusammenfassend läßt sich sagen, daß wir immerhin heute die vorliegenden Absolutwerte der Solarkonstante allem Anschein nach auf 1% als zuverlässig ansehen können.

---

[1] Smithson Ann IV (1922).   [2] Smithson Misc Coll 74, Nr. 7 (1923).
[3] Smithson Ann III (1913).
[4] V J S 49, S. 53 (1914) und Ann d Phys (4) 45, S. 377 (1914).
[5] C R 175, S. 156 (1922).   [6] Smithson Ann IV (1922).
[7] Gerlands Beiträge 16, S. 344 (1927).   [8] Monthly Weather Rev, Dez. 1925.

e) Schwankungen der Solarkonstante.

20. Allgemeines. Wenn wir uns nun im folgenden mit der Frage nach Schwankungen der Sonnenstrahlung beschäftigen, so kann es sich vom astronomischen Standpunkte aus nur darum handeln, Veränderungen der Strahlung zu untersuchen, die ihren Ursprung in der Sonne haben. Es handelt sich also in erster Linie darum, ob in dem bisher vorliegenden Beobachtungsmaterial alle störenden Einflüsse der Erdatmosphäre restlos ausgeschaltet sind. Insoweit dies nicht der Fall ist, bieten derartige Schwankungen der Sonnenstrahlung Anlaß zu einer Reihe interessanter meteorologischer Probleme, auf die jedoch in diesem Handbuche naturgemäß nicht eingegangen werden kann.

Abgesehen von kleineren Beobachtungsreihen aus Potsdam, Davos, Helwan, Warschau, Upsala, Pawlowsk ist fast das gesamte verfügbare Material den Arbeiten der Smithsonian Institution zu verdanken. Durch diese äußeren Umstände ergibt es sich, daß bei einer Darstellung des Problemes auf der einen Seite eine große Zahl von Autoren auftritt, die Einwendungen gegen die Realität von Schwankungen erheben, denen im wesentlichen nur ein Verteidiger derselben gegenübersteht. Trotz dieser Sachlage soll im folgenden versucht werden, einen objektiven Überblick über den heutigen Stand des Problems zu geben.

21. Langperiodische Schwankungen. Jahres- und Monatsmittel. Die ersten Mitteilungen, die einen Verdacht der Änderung der Sonnenstrahlung aussprechen, begründet auf größere Beobachtungsreihen, stammen wohl aus dem Jahre 1903. L. Gorczynski[1] stellt für Warschauer Beobachtungen eine Abnahme der Sonnenstrahlung vom Mai 1902 bis Ende 1903 fest, in Übereinstimmung mit den Ergebnissen, zu denen Ch. Dufour[2] in der Schweiz gekommen ist. Nach S. P. Langley[3] betrug die Abnahme der Strahlung Ende März 1903 sogar 10% des bisherigen Wertes.

Verfolgt man nun die Werte der Solarkonstante, die vorerst von Langley, später von Abbot in Amerika erhalten wurden, so zeigt sich zweifellos, daß die Amplitude der langperiodischen Schwankungen im Laufe der Jahre wesentlich zurückgeht mit Ausnahme des Jahres 1912, wo aber diese Anomalie durch den Ausbruch des Katmai bedingt ist. Gleichzeitig ist es eben auch gelungen, wesentliche Fortschritte in der Verfeinerung des Beobachtungsverfahrens zu erzielen.

Betrachtet man überhaupt die beobachteten Schwankungen der Solarkonstante, so muß unterschieden werden zwischen solchen langer Periode, die sich also im Gange der Jahres- und Monatsmittel äußern, und solchen kurzperiodischer Natur, die Schwankungen der Messungsergebnisse im Laufe einiger Tage aufweisen. Zur Beurteilung jährlicher Schwankungen ist wohl das Beobachtungsmaterial noch zu spärlich. Die große Messungsreihe von 1905 bis 1920 auf dem Mount Wilson konnte nur während der Sommermonate vorgenommen werden. Ganzjährige Beobachtungen setzen erst 1918 in Calama, 1920 in Harqua Hala ein, deren provisorische Ergebnisse jetzt bis 1924 inkl. vorliegen. Immerhin wird bezüglich des Jahresganges dieser Messungen gegenwärtig ziemlich allgemein angenommen: 1. Die Jahresmittel der Solarkonstante zeigen einen Gang mit der Sonnenfleckenhäufigkeit in dem Sinne, daß höhere Solarkonstantenwerte in Jahren gesteigerter Sonnentätigkeit beobachtet werden. Der Grad dieser Beziehung für die Jahre 1905 bis 1917 läßt sich durch folgende Korrelation darstellen[4]:

$$r = + 0,627 \pm 0,124 .$$

[1] C R 138, S. 255 (1904).   [2] C R 136, S. 712 (1903).   [3] Ap J 19, S. 305 (1904).
[4] A. Ångström, Geogr. Ann. 1921, S. 162. Vgl. auch W. E. Bernheimer, Seeliger-Festschrift (1924).

2. Die Jahresmittel der Solarkonstante zeigen im Jahre 1922 einen nennenswerten Abfall (auch aus den Monatsmitteln in Abb. 13 ersichtlich), der neugewonnene Wert bleibt auch bis 1924 erhalten. Für die Realität dieses Abfalles spricht eine neuere Untersuchung[1] C. G. ABBOTS, derzufolge eine Änderung in der Reduktionsskala nicht eingetreten war.

Was nun die Monatsmittel der Solarkonstante anbelangt, so ist das verfügbare Material bereits wesentlich größer. Auch bezüglich der Monatsmittel wird ähnlich wie bei den Jahresmitteln vielfach angenommen, daß ein ausgeprägter Gang mit der Sonnenfleckenhäufigkeit und zwar in gleichem Sinne zu verzeichnen ist. Diese Beziehung scheint aber noch nicht gesichert zu sein, wie aus einer Untersuchung von W. E. BERNHEIMER[2] hervorgeht. Wohl ergibt sich für die Mount Wilson-Werte die erwartete positive Korrelation, bei dem Material der neuen

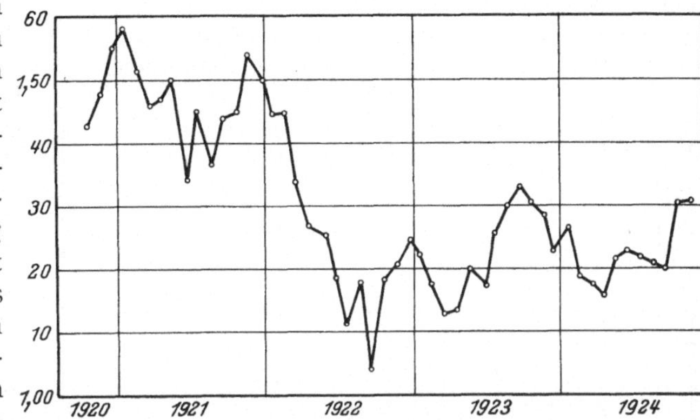

Abb. 13. Gang des Monatsmittels der Solarkonstante von Oktober 1920 bis November 1924. (Mittelwerte aus Montezuma und Harqua Hala).

Stationen aber wird sie verschwindend klein und zeigt wie aus Tabelle 22 hervorgeht, zum Teil sogar eine Andeutung eines entgegengesetzten Zusammenhanges. Weiteres Material ist also noch erforderlich.

Tabelle 22. Zusammenhang der Monatsmittel der Solarkonstante mit der Sonnenfleckenhäufigkeit.

Zeitraum	Anzahl der Werte	Beobachtungsort	Korrelation zwischen Monatsmittel und Fleckenhäufigkeit
1905 bis 1920	71	Mount Wilson	$r = + 0{,}415 \pm 0{,}066$
1918 bis 1920	24	Calama	$- 0{,}152 \pm 0{,}134$
Okt. 1920 bis Sept. 1922 .	24	Harqua Hala	$+ 0{,}326 \pm 0{,}124$
1921	12	Montezuma	$- 0{,}209 \pm 0{,}184$

Zur Frage der Realität dieser Monatsmittel ist zu bemerken, daß sie dann als gegeben erscheint, wenn wir, wie bereits hervorgehoben, hier Werte vor uns haben, die tatsächlich den jeweiligen Betrag der Sonnenenergie darstellen, mithin von Einflüssen der Erdatmosphäre vollkommen befreit sind.

Von mehreren Seiten sind diesbezüglich Zweifel geäußert worden. 1914 hat T. L. ECKERSLEY[3], bald darauf H. KNOX-SHAW[4], vorerst auf Grund von Beobachtungen in Helwan, den Verdacht einer Beziehung zwischen den ermittelten Solarkonstanten-Werten und den Transmissionskoeffizienten ausgesprochen Als Ursache wird die während der einzelnen Bolometerreihen sich ändernde Luftdurchsichtigkeit bezeichnet, wie es besonders in den Morgenstunden fühlbar ist. Derartige Schwankungen wurden auch von G. MÜLLER und E. KRON[5] und A. BEMPORAD[6] beobachtet. Ähnliche Einwände gegen die Zuverlässigkeit der Solarkonstanten-

---

[1] Gerlands Beiträge 16, S. 344 (1927).   [2] Seeliger-Festschrift (1924).
[3] Helwan Obs Bull Nr. 14 (1914).
[4] Helwan Obs Bull Nr. 17 (1915); Nr. 23 (1921); Nr. 30 (1924).
[5] Potsd Publ 22 Nr. 64 (1912).   [6] Mem d Spettr It 6, (1921).

Schwankung sind weiter von F. Biscoe[1], N. N. Kalitin[2] und E. Stenz[3] vorgebracht worden. Eingehend hat sich G. Granquist[4] mit dieser Frage beschäftigt und insbesondere für die Mount Wilson-Werte 1905 bis 1908 und 1909 bis 1911 eine Beziehung zwischen Solarkonstante und Transmissionskoeffizient aufgedeckt. 1924 hat W. E. Bernheimer[5] das gesamte Mount Wilson-Material, nämlich die Monatsmittel von 1905 bis 1920, untersucht und konnte zeigen, daß für den ganzen Zeitabschnitt eine derartige Beziehung festzustellen ist. Dieser Zusammenhang ist in Abb. 14 wiedergegeben.

Neuere Untersuchungen von C. G. Abbot[6] suchen die Brauchbarkeit der Mount Wilson-Werte zu erweisen, ergeben aber zugleich, daß das Ausmaß der dort beobachteten Schwankungen auf den halben Wert zu reduzieren ist. Diese Ergebnisse Abbots sind in Abb. 15 dargestellt. In ähnlicher Weise sind auch die jüngsten, noch unveröffentlichten Monatsmittel von Montezuma ausgewertet worden. Auf das hierbei zur Anwendung gelangte neue Verfahren der „Selected Pyrheliometry" kommen wir in Ziff. 24 noch zurück.

Wesentlich kompliziert wird die Sachlage dadurch, daß sich nicht nur Zusammenhänge zwischen den Monatsmitteln der Solarkonstante und den Transmissionskoeffizienten ergaben, sondern daß sich nach Untersuchungen von C. F. Marvin[7] geradezu ein regelmäßiger Gang in den Monatsmitteln zeigt, der nur auf atmosphärische Einflüsse zurückgeführt werden kann.

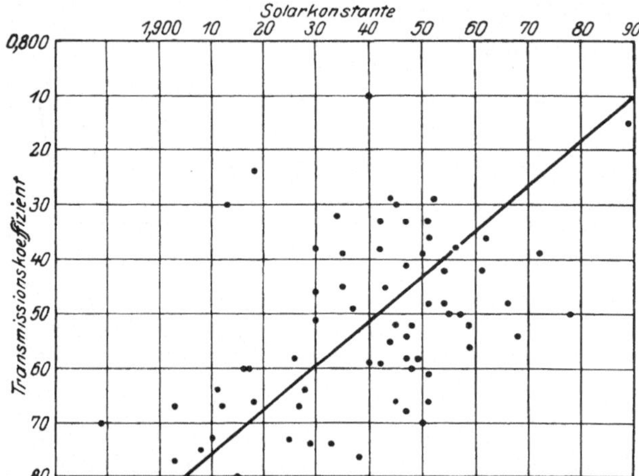

Abb. 14. Die Beziehung zwischen Monatsmitteln der Solarkonstante und des auf dem Mount Wilson gleichzeitig beobachteten Transmissionskoeffizienten 1905—1920 (nach Bernheimer).

Marvin behandelt das auch in Abb. 14 verwendete Material vom Mount Wilson, jedoch mit Ausschluß der Jahre 1912 und 1913, um der außergewöhnlichen Störung durch den Katmai-Ausbruch zu entgehen. Er ordnet die Monatsmittel aller Jahre fortlaufend nach der Folge der Monate und findet deutlich eine Periode der Solarkonstante in Abhängigkeit von der Jahreszeit. Eigentümlicherweise zeigen die sog. definitiven Solarkonstanten-Werte (nach Anbringen der Wasserdampfkorrektion) den Jahresgang noch ausgeprägter. Dieses unerwartete Ergebnis würde dafür sprechen, daß die Wasserdampfkorrektion nicht nur ungenügend ist, sondern sogar die Strahlungswerte nach der Extrapolation in ungünstigem Sinne beeinflußt. Zur Klärung dieser speziellen Frage müssen wohl noch weiterreichende Untersuchungen angestellt werden. Auch bei den bolographischen Messungen von Calama 1918 bis 1920 zeigt sich eine Abhängigkeit der Solarkon-

---

[1] Ap J 46, S. 355 (1917).   [2] Nachr d phys Hauptobs Petrograd I, Nr. 2 (1920).
[3] Circ Krakau 15 (1923).
[4] Medd fr. Vet. Akad. Nobelinst. 5, Nr. 13 (1919) und Kosmos Fysiska Uppsatser, Svenska Fysiker-Samfundet, Stockholm (1921).
[5] Seeliger-Festschrift, S. 452 (1924).
[6] Pop Astr 34, S. 574 (1926). — Monthly Weather Rev, Mai-Heft 1926.
[7] Monthly Weather Rev 53, Nr. 7 (1925).

stante von der Jahreszeit, jedoch nur mäßig angedeutet. Diese Messungsreihe kann daher als die beste und ungestörteste angesehen werden. In späteren Jahren tritt der Effekt wieder in voller Stärke auf, genau so wie auf dem Mount Wilson. Es handelt sich hier um die auch in Abb. 16 dargestellten Monatsmittel aus Pyranometermessungen in Calama und Montezuma 1919 bis 1924. Dies ist um so be-

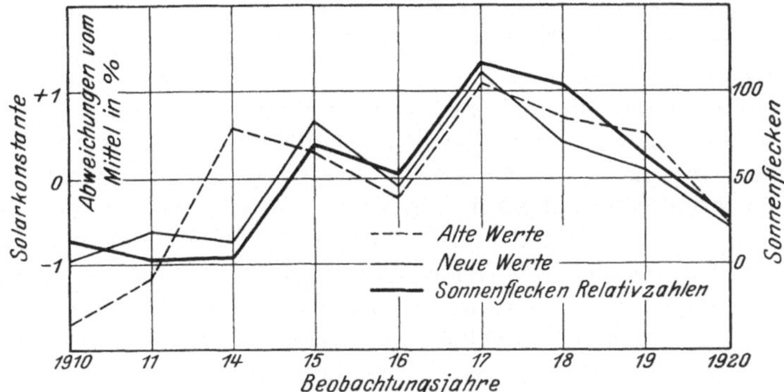

Abb. 15.   Juli-Beobachtungen von Mt. Wilson 1910—1920.   Beobachtete Schwankungen der Solarkonstante nach der alten Methode und Ergebnisse nach dem neuen Verfahren der Selected Pyrheliometry verglichen mit der Sonnenfleckenhäufigkeit (nach ABBOT).

merkenswerter, als diese Ergebnisse bereits auf Beobachtungen nach der sog. „Short Method" begründet sind, einer Methode, die an und für sich einen Fortschritt in der Genauigkeit bieten sollte (s. Ziff. 24).

Den periodischen Gang der Monatsmittel konnte MARVIN, wie man aus Abb. 16 ersieht, zwanglos durch eine Sinuskurve darstellen. Der deutlich ausgeprägte

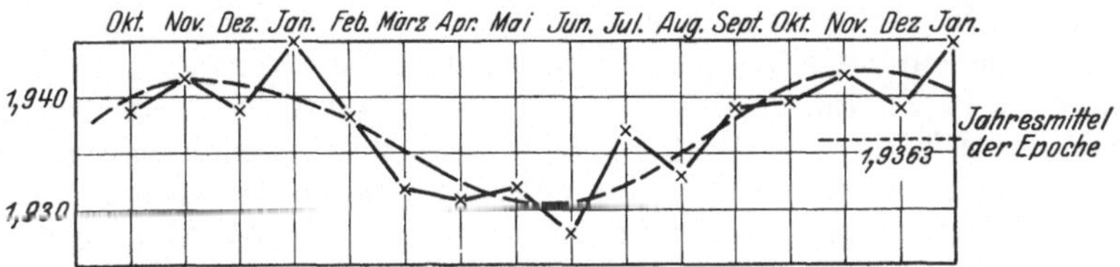

Abb. 16.   Monatsmittel der Solarkonstante aus 1080 Einzeltagen von Juli 1919 bis Juli 1924. (Pyranometermessungen in Calama und Montezuma).

jahreszeitliche Effekt wirkt sich in dem Sinne aus, daß Monatsmittel hoher Solarkonstante beim Sommerzustand (Sept.-Febr.), tiefe beim Winterzustand (März-Aug.) der Atmosphäre beobachtet wurden.

Zusammenfassend läßt sich über die monatlichen Schwankungen der Solarkonstante heute etwa folgendes sagen: Eine Reihe von Autoren hat eine Abhängigkeit der Monatsmittel der Solarkonstante vom Transmissionskoeffizienten, also dem jeweiligen Zustand der Atmosphäre, festgestellt. Diese Beobachtungen erfahren eine Bestätigung durch MARVIN, der die meteorologische Ursache dieser Abhängigkeit aufdeckt. Diese Tatsache gibt aber noch keine Erklärung dafür, wodurch Fehler in die Extrapolation eingegangen sind. Man erkennt nur so viel, daß bei den bolographischen Bestimmungen auf dem Mount Wilson die scharfe Berücksichtigung der Wasserdampfabsorption die ungenügende Extrapolation verstärkt. Auch die Pyranometermessungen, bei denen, wie im folgenden gezeigt wird, Veränderungen des Luftzustandes während eines Tages störende Einflüsse auf die Solarkonstante nicht mehr hervorrufen dürften, zeigen unzweideutig klare Beziehungen zu atmosphärischen Vorgängen. Sind doch in Abb. 16 ausschließlich Pyranometerwerte benutzt worden.

Andererseits muß hervorgehoben werden, daß Veränderungen der Solarkonstantenwerte von Jahr zu Jahr deutlich in Erscheinung treten (vgl. z. B. Abb. 13). Diese Veränderungen müssen naturgemäß durch das Marvinsche Verfahren der monatlichen Mittelbildung aus einer Gruppe von Jahren ausgeglichen werden. Wenn auch nach übereinstimmenden Feststellungen die Monatsmittel der Solarkonstante, soweit sie veröffentlicht sind, keineswegs als wahre Werte extraterrestrischer Strahlung angesehen werden können, so kann doch zweifellos, wenn das Ausschalten des Einflusses der Erdatmosphäre gelingen sollte, in den Monatsmitteln noch immer eine restliche Schwankung übrigbleiben, die größer als das Ausmaß der Beobachtungsfehler ist und damit ihren Ursprung in der Sonne selbst hat.

22. Kurzperiodische Schwankungen. Die Schwierigkeiten, die für eine objektive Prüfung der Realität der langperiodischen Schwankungen der Sonnenstrahlung bestehen, verschärfen sich natürlich bei der Beurteilung der Veränderung in den Messungsergebnissen von Tag zu Tag. Bei den Monatsmitteln sind kurzperiodische Schwankungen ausgeglichen, die zumindestens teilweise auf instrumentelle Ungenauigkeiten und atmosphärische Störungen zurückzuführen sind, so daß bei Monatsmitteln, noch mehr bei Jahresmitteln, wesentliche Veränderungen klarer hervortreten. Solange die kurzperiodischen Schwankungen so große Amplituden zeigten, daß Fehler der Bestimmung prozentual wesentlich überschritten wurden, wie dies in den ersten Jahren der Beobachtung der Fall war, erscheint eine Beurteilung leichter. Nun sind aber im Laufe der Zeit die täglichen Schwankungen stetig geringer geworden, ein Umstand, auf den unter anderen F. Linke[1], W. E. Bernheimer[2], C. F. Marvin[3] hingewiesen haben. Die Autoren geben im wesentlichen als Ursache die Verfeinerung im Beobachtungsverfahren an. Nach C. G. Abbot[4], der in jüngster Zeit ebenfalls die fortschreitende Abnahme der Schwankungen feststellt, ist sie vor allem darin gelegen, daß die modernen Stationen unter bedeutend günstigeren klimatischen Bedingungen arbeiten. Eine Darstellung der in den Jahren 1902 bis 1919 an fast 2000 Tagen gemessenen Werte ist nach Marvin in Abb. 17 gegeben. Unter anderem erkennt man aus der Abbildung die starken Schwankungen, die 1912 gelegentlich des Katmai-Ausbruches einsetzten, im allgemeinen die oben erwähnte beständige Abnahme der Schwankungen von Jahr zu Jahr und im besonderen die auffallende Verringerung der Schwankung ab Mitte 1919, die zusammenfällt mit der Einführung der Pyranometermessungen.

Zahlenmäßig ist die Abnahme der Schwankungen aus Tabelle 23 zu ersehen.

Tabelle 23. Schwankungen der täglichen Werte der Solarkonstante in den verschiedenen Beobachtungsjahren. Die Streuung ist dargestellt als w. F. eines Einzeltages, ausgedrückt in Prozenten des Durchschnittswertes 1,94 gcal cm^{-2} min^{-1} für den ganzen Zeitraum.

Jahr		Beobachtungsort	Zahl der Tage	Betrag der Streuung %
	1909	Mount Wilson	96	1,3
	1912	Mount Wilson (Katmai) .	100	2,2
	1913	Mount Wilson (Katmai) .	86	1,7
	1918	Mount Wilson	56	1,4
	1918	Calama	116	0,9
	1919	Calama, alte Methode . .	131	0,9
	1919	Calama, neue Methode . .	333	0,52
bis April	1922	Montezuma	452	0,49
	1922—1924	Montezuma, Harqua Hala	842	0,41

---

[1] Met Z 41, S. 74 (1924).   [2] V J S 59 (1924).
[3] Monthly Weather Rev 53, Nr. 7 (1925).   [4] Gerlands Beiträge 16, S. 344 (1927).

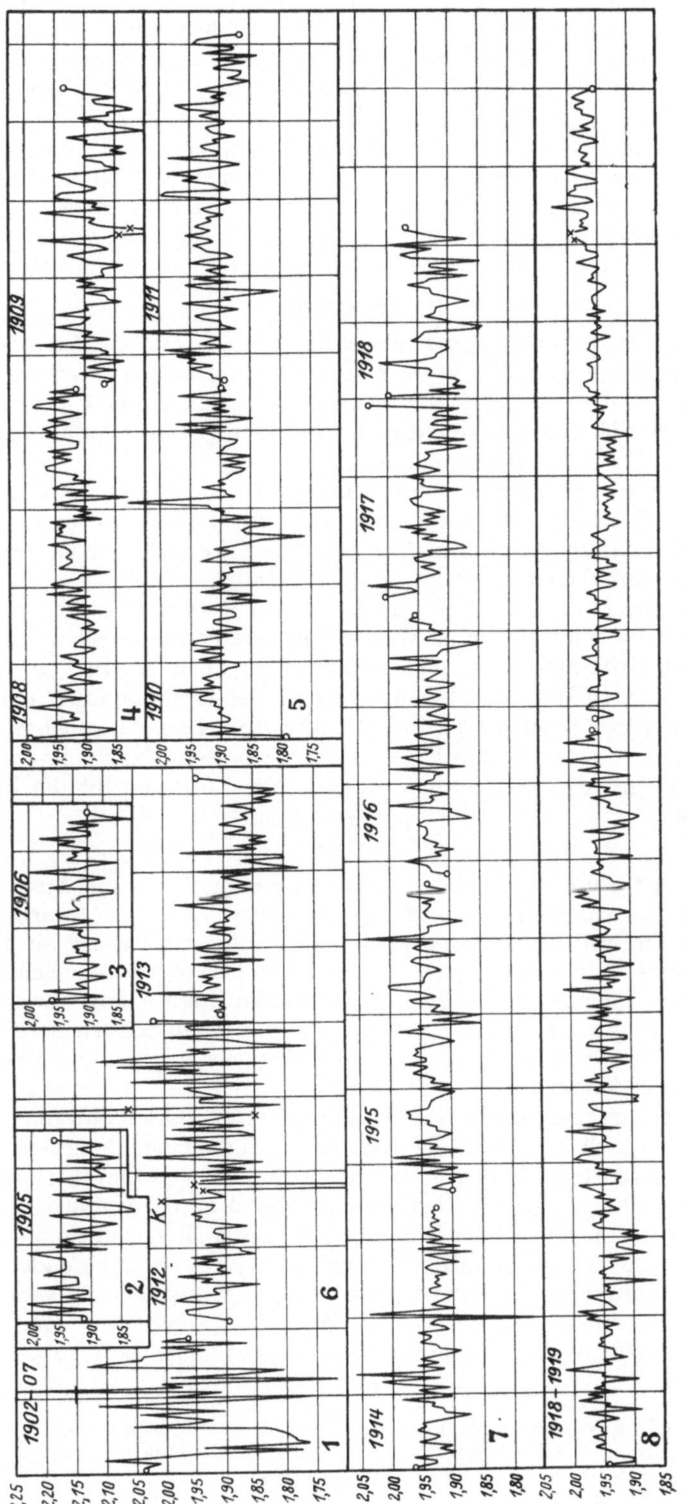

Abb. 17. Bisher beobachtete Schwankungen der Solarkonstante (nach MARVIN).

Die Einführung der Pyranometermessungen, eines Verfahrens, das auch als „Short Method" bezeichnet wird, bedeutet tatsächlich einen wesentlichen Fortschritt. Bisher sind die Transmissionskoeffizienten bolographisch für verschiedene Wellenlängen nur bei verschiedenen Luftmassen, also im Laufe eines Tages, ermrttelt worden. Darauf bezieht sich eine Reihe der in Ziff. 21 gemachten Einwande. Das neue Verfahren ermöglicht, die Luftdurchlässigkeit mit einer einzigen Beobachtung zu erhalten, wenn mit einem Pyranometer die Himmelshelligkeit H in unmittelbarer Sonnenumgebung gemessen wird und außerdem die Wasserdampfkorrektion ϱ/ϱ_{sc} wie früher (Ziff. 19) durch Ausmessung der Bande $\varrho\,\sigma\,\tau$ bestimmt wird. Es ist dann das Maß der herrschenden Luftdurchlässigkeit

$$F = H\,\varrho_{sc}/\varrho.$$

So genügt für die Bestimmung der Solarkonstante eine einzige Messung, nachdem der Zusammenhang von H mit dem Transmissionskoeffizienten schon vorher aus einer längeren Reihe empirisch festgestellt ist. Letzterer Umstand ist wohl ein Nachteil der Methode, da hierdurch wieder ein gewisser Zusammenhang mit dem früheren Verfahren hergestellt ist[1].

Diesen Pyranometermessungen kommt ein wesentlich höherer Betrag der Genauigkeit zu. Wie oben gezeigt, geht mit ihrer Einführung eine weitere Abnahme der täglichen Schwankungen Hand in Hand, ein Verhalten, das gegen die Realität der Veränderlichkeit spricht.

Eigentümlicherweise scheinen auch bei den Pyranometer-Ergebnissen, wie BERNHEIMER[2] aus den Montezuma-Werten 1921 und 1922 gezeigt hat, die störenden Einflüsse der Erdatmosphäre noch nicht vollkommen beseitigt zu sein. Dies wird bestätigt durch MARVINS[3] Untersuchungen des gesamten bis 1924 reichenden Materiales derselben Station (vgl. Ziff. 21, Abb. 16). Es ist anzunehmen, daß die letzten noch unveröffentlichten Ergebnisse eine bessere Extrapolation enthalten werden, nachdem ABBOT[4] nunmehr einen neuen Ausdruck für die Funktion F eingeführt hat:

$$F = \frac{H \cdot \psi}{P},$$

wobei P (s. Ziff. 19) die Pyrheliometermessung darstellt, ψ die Ausmessung der Fläche der so bezeichneten Wasserdampfbande (vgl. Abb. 7a). Nimmt man dann an, daß der Einfluß der Erdatmosphäre völlig ausgeschaltet ist, so bleibt noch immer die zuerst von LINKE, später von MARVIN hervorgehobene Schwierigkeit[5], daß die Schwankungen von Tag zu Tag, die sich im Durchschnitt aus 1400 Einzelfällen zu $0{,}0117$ gcal cm^{-2} min^{-1} $= 0{,}60\%$ der mittleren Sonnenenergie pro Jahr ergeben, der Größenordnung nach, gerade der Genauigkeit der Pyranometermessungen gleichkommen.

Trotzdem darf man wohl deshalb nicht kurzperiodische Schwankungen überhaupt als unmöglich hinstellen. Man kann im Sinne einer Bemerkung ABBOTS[6] sagen, daß, wenn auch die durchschnittlichen Abweichungen vom Mittel einer langen Beobachtungsreihe gering sind, es noch immer möglich ist, daß vereinzelt auftretende kräftigere Abweichungen nicht zufällig, sondern reell sind. Zur Prüfung solcher Ausnahmefälle erscheinen gleichzeitige Messungen an zwei Orten besonders geeignet.

23. Schwankungen auf Grund gleichzeitiger Messungen an verschiedenen Orten. Den Zusammenhang gleichzeitiger Solarkonstanten-Messungen hat zuerst KRON[7] untersucht und für die Jahre 1911 und 1912 eine Korrelation

$$r = +\,0{,}508 \pm 0{,}071$$

<hr>

[1] Vgl. W. E. BERNHEIMER, Seeliger-Festschrift, S. 425 ff. (1924).
[2] l. c. (1924).   [3] l. c. (1925).   [4] Gerlands Beiträge l. c. (1927).
[5] F. LINKE, Met Z 41, S. 79 (1924).   [6] Gerlands Beiträge l. c. (1927).
[7] V J S 49, S. 68 (1914).

zwischen den Ergebnissen vom Mount Wilson und Bassour (Algerien) gefunden. Für 106 gemeinsame Tage im Zeitraume 1918 bis 1920 findet ABBOT[1]

$$r = +0{,}491 \pm 0{,}050.$$

Auch CLAYTON[2] und LINKE[3] untersuchten dieses Material. Letzterer bemerkt, daß für 1920 allein der Zusammenhang weniger ausgeprägt erscheint. Im allgemeinen kann man jedoch sagen, daß die Ergebnisse bis 1920 einen bemerkenswert übereinstimmenden Gang gleichzeitiger Solarkonstanten-Werte zeigen.

● 1920 (Oktober bis Dezember), ○ 1921 (Januar bis Dezember).

Abb. 18. Gleichzeitige Werte der Solarkonstante auf Montezuma und in Harqua Hala (nach BERNHEIMER).

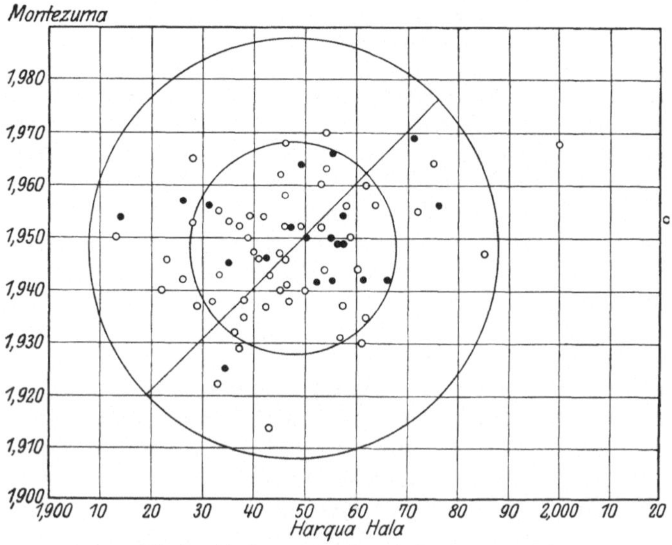

Merkwürdigerweise setzt 1921, als zum erstenmal Beobachtungen aus allen Monaten von den klimatisch begünstigten Stationen Montezuma und Harqua Hala vorliegen, ein auffallender Rückgang der Beziehung ein. So findet BERNHEIMER[4] für 1921 nur mehr

$$r = +0{,}294 \pm 0{,}083.$$

Eine Erklärung für diese Erscheinung ist schwer zu geben, es sei denn, man nimmt die beobachteten Schwankungen kurzperiodischer Natur als nicht reell an, da sie nicht gleichzeitig an zwei Orten in Erscheinung treten. In Abb. 18 sind die Messungen von 1920 und 1921 wiedergegeben. Hierin schließt der kleinere Kreis Abweichungen bis zu 1%, der größere solche bis zu 2% vom Mittelwert ein. Dieses Material sowie die neuesten Ergebnisse bis einschließlich November 1924 haben sodann MARVIN[5] und im besonderen KIMBALL[6] (Abb. 19) untersucht.

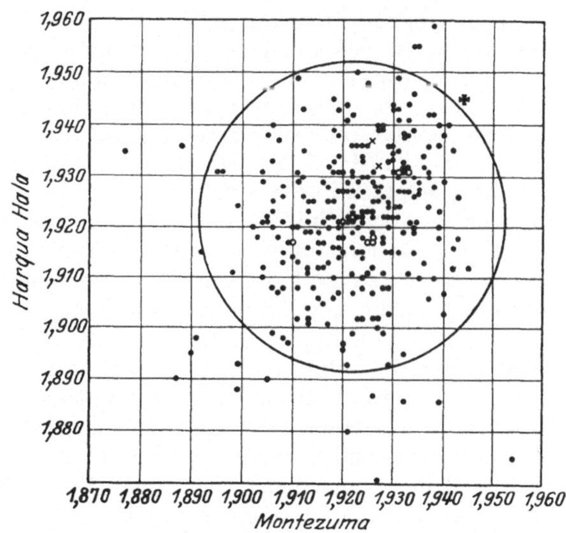

Abb. 19. Gleichzeitige Werte der Solarkonstante auf Montezuma und in Harqua Hala 1922 (nach KIMBALL).

[1] Smithson Ann IV (1922).
[2] World Weather, New York, S. 218 (1923).
[3] Met Z 41, S. 74 (1924).
[4] Seeliger-Festschrift, S. 469 (1924).
[5] Monthly Weather Rev 53, Nr. 7 (1925).
[6] Monthly Weather Rev 53, Nr. 7 (1925).

Sie kommen zu demselben Ergebnis wie Bernheimer, indem sie einen weiteren Rückgang der Beziehung feststellen. So findet Kimball:

Tabelle 24.

Zeit	Fälle	Korrelation
Okt. 1920 bis März 1922	99 Tage	$r = +0,341 \pm 0,060$
April 1922 bis Juli 1923	106 ,,	$r = +0,18 \pm 0,063$
Aug. 1923 bis Nov. 1924	193 ,,	$r = +0,17 \pm 0,045$

Auch diese Ergebnisse sprechen sehr gegen die Realität der kurzperiodischen Schwankungen. Andererseits muß aber folgendes bedacht werden: Zweifellos wird durch die Zerlegung des Materials allein eine Schwankung von Tag zu Tag untersucht, während Schwankungen längerer Periode nicht zum Ausdruck kommen. So findet sich, betrachtet man den ganzen Zeitraum von April 1922 bis November 1924 (vgl. Abb. 13), doch eine gewisse Andeutung einer Beziehung. Vor allem ist das Material noch immer allzu dürftig, wenn man bedenkt, daß in dem oben untersuchten Zeitraum wohl an 827 Tagen Solarkonstanten-Werte erhalten wurden, davon aber nur an 299 für beide Stationen gemeinsamen Tagen. Dieser Umstand ist auch erschwerend für die Beurteilung der Realität der oben angedeuteten Extremwerte (Ziff. 22, Schluß). Es wurde nämlich in den 827 Tagen ein Wert unter 1,900 36mal gemessen, jedoch nur an 6 gemeinsamen Tagen; Extremwerte über 1,940 gcal cm^{-2}min^{-1} an 35 Tagen, gemeinsam an beiden Stationen jedoch nur an 4 Tagen. Auf diese Weise kann man heute noch keine Entscheidung über die Realität solcher Extremwerte treffen. Wesentlich wird es sein, wenn Beobachtungen einer dritten Station, des südafrikanischen Mount Brukkaros hinzukommen werden. Nicht außer acht zu lassen ist aber andererseits auch die Untersuchung der Trübungszustände der Atmosphäre, die, wie die Katmai-Jahre zeigen, sich oft über weite Gebiete der Erde erstrecken. Sie können, auch wenn sie lange nicht so kräftig sind wie damals, auf gleichzeitige Solarkonstanten-Messungen einwirken. Dies wurde insbesondere von Dorno[1] hervorgehoben. Solche weit ausgedehnte anomale Trübungserscheinungen dürften gar nicht so selten sein, wie aus eingehenden Untersuchungen von Kalitin[2] hervorgeht. So zeigt sich beispielsweise eine umfassende Störung im Sommer 1919, die gleichzeitig sowohl in Pawlowsk (Rußland) wie in Davos (Schweiz) beobachtet wurde.

24. „Selected Pyrheliometry". In Erkenntnis all der großen Schwierigkeiten, die sich aus den Einflüssen der Erdatmosphäre der Lösung des Problems bei der Extrapolation auf wahre Strahlungswerte entgegenstellen, erhebt sich die Frage, ob man, zumindestens für die Beurteilung der Schwankungen der Sonnenstrahlung, nicht überhaupt auf die Extrapolation verzichten soll. Marvin[3] hat zuerst darauf hingewiesen. Er stellt fest, daß Pyrheliometerbeobachtungen allein nahezu fehlerlose Werte ergeben, aus denen dann eine wahre Sonnenschwankung leichter zu ermitteln wäre. Besonders dann, wenn die Beobachtungen mit gleichmäßig geeichten Instrumenten ausgeführt werden an verschiedenen, voneinander vollkommen unabhängigen Orten, in den trockensten Gebieten der Erde und in verschiedenen Seehöhen. Zur weiteren Erhöhung der Genauigkeit könnte an jedem Orte auch noch gleichzeitig mit zwei Pyrheliometern gemessen werden.

Mit dieser Frage hat sich auch Abbot beschäftigt und zur Prüfung der Schwankungen der Sonnenstrahlung eine neue Methode entwickelt[4], die er die

---

[1] Met Z 36, S. 109 (1919).   [2] Gerlands Beiträge 15, S. 376 (1926).
[3] Monthly Weather Rev 53, Nr. 7 (1925).
[4] Monthly Weather Rev 54, S. 191 (1926).

Methode der „Selected Pyrheliometry" nennt. Es handelt sich hier um eine Untersuchung der Ergebnisse vom Mount Wilson 1910 bis 1920, die in einer zweiten Arbeit[1] auf die Beobachtungen von Montezuma 1920 bis 1926 ausgedehnt wurde. Das Prinzip der Methode kann in Kürze folgendermaßen auseinandergesetzt werden: Handelt es sich darum, nur Schwankungen der Sonnenstrahlung festzustellen, verzichtet man also auf Absolutwerte, so würden pyrheliometrische Messungen allein genügen, wenn nur die Beobachtungen so ausgeführt werden, daß die störenden Einflüsse der Erdatmosphäre bei jeder Beobachtung gleich bleiben. ABBOT hat nun Beobachtungstage ausgewählt, an denen die Atmosphäre von gleicher Durchlässigkeit und gleichem Feuchtigkeitsgehalt war. Er hat natürlich auch nur solche Beobachtungen zusammengefaßt, die bei gleicher Sonnenhöhe, also gleicher Luftmasse, angestellt wurden. So spielen auch Durchsichtigkeitsveränderungen im Laufe eines Tages keine Rolle. Beim Mount Wilson-Material erstreckt sich die Untersuchung nur auf die Juli-Monate aller Jahre, um die Sicherheit der Ergebnisse noch zu erhöhen. Es wurde nun die Abweichung eines so gewonnenen Juli-Wertes vom Mittelwerte aller Juli-Monate festgestellt und mit den Abweichungen der früheren Solarkonstanten-Ergebnisse von derem Mittelwert verglichen. Das Resultat der Prüfung ist aus Abb. 15 (Ziff. 21) zu ersehen. Es bestätigt sich im allgemeinen der Gang der Schwankungen von Juli zu Juli, wie er sich aus den Solarkonstanten-Messungen ergeben hat Im speziellen zeigt es sich, daß, wie bereits in Ziff. 21 hervorgehoben wurde, die Solarkonstanten-Schwankungen auf das halbe Ausmaß zu verringern sind.

Auch bei den Messungen von Montezuma scheint, soweit bekannt geworden, das Verfahren der „Selected Pyrheliometry" Erfolg zu versprechen. Die Ergebnisse deuten langperiodische Schwankungen in der Größenordnung von etwa $2^1/_2\%$ an. Die Schwierigkeit in der Anwendung des Verfahrens liegt darin, tatsächlich auch eine genügende Anzahl von Tagen zu finden, an denen ein übereinstimmender Zustand der atmosphärischen Verhältnisse vorliegt. An den klimatisch besonders begünstigten Stationen wird dies wohl eher der Fall sein. Inwieweit die neue Methode eine Klärung der Frage nach dem Vorhandensein kurzperiodischer Schwankungen bringen kann, wird die Zukunft lehren. Es ist zu begrüßen, daß vorläufige Messungsergebnisse nicht mehr veröffentlicht werden und so erst eine vollständige Reihe endgültiger Werte zur Diskussion gestellt werden wird.

25. Spezielle Schwankungen der ultravioletten Sonnenstrahlung. Die in den früheren Ziffern besprochenen Ergebnisse beziehen sich durchwegs auf beobachtete Schwankungen der Gesamtstrahlung der Sonne. Eine Hauptschwierigkeit in der Beurteilung ihrer Realität lag darin, daß es sich um eine verhältnismäßig geringe Amplitude der Schwankungen handelte, demnach auch die Beobachtungsfehler gegenüber diesen Schwankungen von nicht sehr verschiedener Größenordnung waren. Das Problem stellt sich sogleich anders, wenn spezielle Schwankungen beobachtet werden, die in beträchtlichem Maße die Größenordnung der Beobachtungsfehler übersteigen. Dies scheint nun bei der ultravioletten Strahlung der Fall zu sein.

Nach mehrfachen Vorversuchen in früheren Jahren hat sich 1925 ABBOT[2] mit der Frage eingehend beschäftigt, inwieweit die einzelnen Spektralbezirke Anteil an den beobachteten Schwankungen der Gesamtstrahlung nehmen. Bei den Ergebnissen des Jahres 1924 zeigt sich an und für sich in den Veränderungen der Gesamtstrahlung nur eine geringe Amplitude; sie kommt fast gleichmäßig in der ganzen Energiekurve zum Ausdruck, nur im kurzwelligen Gebiete findet sich

---

[1] Gerlands Beiträge 16, S. 344 (1927).
[2] Smithson Misc. Coll 77, Nr. 5, S. 25 (1925).

eine Andeutung einer stärkeren Schwankung. Wesentlich auffallender sind die Ergebnisse der Untersuchung des Materials von 1921 bis 1923. Wie auch aus Abb. 13 hervorgeht, folgt hohen Werten im Jahre 1921 ein kräftiger Abfall 1922 mit einem bis Ende 1924 sich anschließenden Minimum. Abbot gelangt nun zu dem interessanten Ergebnis, daß diese verhältnismäßig kräftige Schwankung in dem erwähnten Zeitabschnitte im Gebiete der Strahlung zwischen λ 5000 und λ 20000 fast überhaupt nicht zum Ausdruck kommt. Sie ist fast ausschließlich zuzuschreiben einer Schwankung und zwar in zunehmender Stärke im Gebiete von λ 5000 bis λ 3500. Dieses Ergebnis läßt wohl eine zweifache Deutung zu: Entweder ist die Schwankung im Violetten und Ultravioletten reell und übersteigt beträchtlich jene in den anderen Spektralgebieten, oder die Schwankungen sind durchweg nicht nennenswert und werden im kurzwelligen Gebiete durch Veränderungen der Durchlässigkeit der Erdatmosphäre speziell infolge der Ozonbanden vorgetäuscht.

Ein sehr wertvolles neues Material zur Prüfung dieser Erscheinung hat 1926 E. Pettit gebracht[1]. Seine Untersuchungen bestehen in Intensitätsvergleichen der Strahlung bei λ 3100 und λ 5000. Die Messung erfolgte mit Thermosäule, im einen Falle durch einen Silberfilm, im anderen durch einen Goldfilm mit vorgesetztem grünen Zelluloidfilter. Messungen mit provisorischer Apparatur in vier Monaten des Jahres 1924 und eine von April 1925 fortlaufend geführte definitive Beobachtungsreihe, ergeben eine Höchstschwankung der Ultraviolett-Strahlung von 83%. Dieser Wert reduziert sich auf 57%, nachdem infolge Dichterwerden des Filters Verbesserungen an die Resultate angebracht werden mußten[2]. Spätere Untersuchungen sind dann ohne Zelluloidfilter gemacht worden. Das bis März 1927 vorliegende Material hat Bernheimer[3] näher untersucht. Verzichtet man auf die Versuchsergebnisse des Jahres 1924, so zeigen zwei vollständige Jahresbeobachtungen mit der definitiven instrumentellen Anordnung, daß das beobachtete Höchstmaß der Schwankungen nur mehr 26% beträgt. Pettit stellt in der letzten Veröffentlichung[4] fest, daß der Verlauf der Schwankungen im wesentlichen unverändert bleibt, gleichgültig ob die Werte für Luftmasse 1 bestimmt werden, oder ob auf den Raum außerhalb der Atmosphäre, also auf Luftmasse 0 extrapoliert wird. Dieser unerwartete Umstand hat Bernheimer veranlaßt zu prüfen, ob nicht in den Schwankungen sich Veränderungen in der Erdatmosphäre widerspiegeln. Die Monatsmittel der Ultraviolett-Strahlung aus beiden Jahren haben eine Höchstschwankung von 17% und zeigen in der Tat, wie aus Abb. 20 hervorgeht, einen ausgeprägten jahreszeitlichen Gang. Vergleicht man damit Messungen, die in Arosa[5] bei Luftmasse 2,9 in demselben Spektralbezirke lichtelektrisch erhalten wurden, so ergibt sich ein übereinstimmender Jahresgang, der in gleicher Weise auch bei den Transmissionskoeffizienten für λ 3200 festzustellen ist.

Einen jährlichen Gang des Ozongehaltes der Luft haben G. M. B. Dobson und D. N. Harrison[6] erkannt. Pettit konnte nun durch ein Experiment nachweisen, daß seine Werte der Ultraviolett-Strahlung nicht wesentlich beeinflußt werden dadurch, daß im beobachteten Strahlengang eine beträchtliche künstliche Ozonvermehrung vorgenommen wird. Es entsprach einer 100proz. Ozonvermehrung nur eine 5proz. Abnahme der Ultraviolett-Intensität. Pettit kommt demnach zum Ergebnis, daß die kräftigen von ihm beobachteten Schwankungen der Ultraviolett-Strahlung reell sind und ihren Ursprung in der Sonne haben.

---

[1] Publ A S P 38, S. 21 (1926).   [2] Pop Astr 34, S. 631 (1926).
[3] Die Naturwissenschaften 16, S. 526 (1928).
[4] Wash Nat Ac Proc 13, S. 380 (1927).
[5] F. W. Paul Götz, Das Strahlungsklima von Arosa, Berlin, Springer (1926).
[6] Proc R Soc 110 S. 660 (1926).

Die starke Ozonwirkung kommt in erster Linie in einem Spektralgebiet zur Auswirkung, das unterhalb des von PETTIT untersuchten liegt. Man kann daher meinen, daß das Experiment von PETTIT nicht ausschlaggebend ist. Tatsächlich zeigt sich, daß der in den Ultraviolett-Messungen des Mount Wilson auftretende Jahresgang ganz unabhängig von der Ozonfrage in gleicher Weise bei der allgemeinen Trübung der Gesamtstrahlung zum Ausdruck kommt. In Abb. 20 ist dieser Jahresgang in Form des von F. LINKE[1] eingeführten Trübungsfaktors dargestellt. Alle diese Vergleiche zeigen eine auffallende Übereinstimmung.

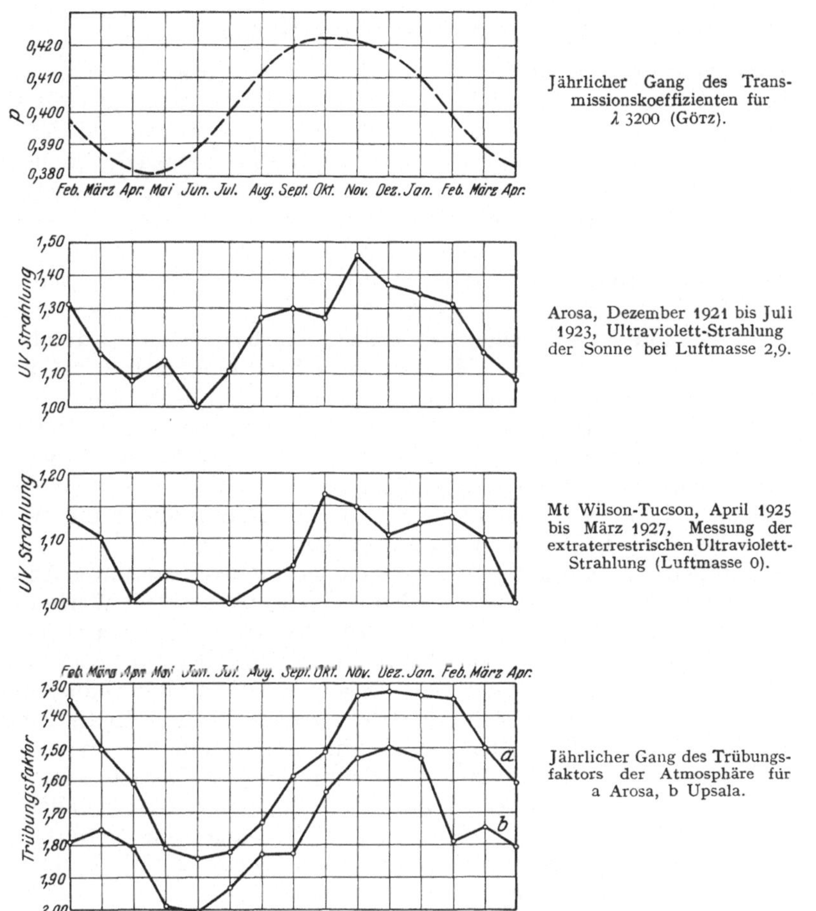

Abb. 20. Schwankungen der ultravioletten Sonnenstrahlung verglichen mit Trübungserscheinungen in der Erdatmosphäre (nach BERNHEIMER).

Demnach treten hohe Werte der Ultraviolett-Strahlung beim reinen Winterzustand, niedrige Werte beim stärker getrübten Sommerzustand der Atmosphäre auf. Man ist also versucht anzunehmen, daß die beobachteten Veränderungen der Ultraviolett-Strahlung nicht in der Sonne vor sich gehen, sondern Vorgänge in der Erdatmosphäre wiedergeben. Aus diesen Gründen ist es noch verfrüht, auf angedeutete Zusammenhänge von Schwankungen der Ultraviolett-Strahlung mit dadurch hervorgerufenen Ozon-Schwankungen, sowie mit dem Gange der Flecken-

____

[1] A N 221, S. 182 (1924); und Met Z 41, S. 74 (1924); Beitr z Phys d freien Atmosph 10 (1922).

häufigkeit und der Solarkonstante näher einzugehen. Dies vielleicht um so mehr, als, wie in Ziff. 21 besprochen, nach den Untersuchungen von MARVIN auch die Monatsmittel der Solarkonstante eine Abhängigkeit von dem Sommer- bzw. Winter-Zustand der Atmosphäre zeigen. Eine Entscheidung über das Vorhandensein extraterrestrischer Veränderungen der ultravioletten Sonnenstrahlung könnte gegeben werden, wenn die Untersuchungen von PETTIT auf der Südhalbkugel wiederholt würden. Entstehen die Schwankungen in der Erdatmosphäre, dann müßte ihr Gang eine sechsmonatige Phasenverschiebung aufweisen.

f) Temperatur der Sonne.

26. Allgemeines. Definition. Die in den früheren Abschnitten besprochenen Messungen der Solarkonstante, aber auch die Untersuchungen über die Energieverteilung im Sonnenspektrum und über die Randverdunklung auf der Sonnenscheibe, bilden die Grundlagen für die modernen Bestimmungen der Sonnentemperatur, ja sind vielfach zu diesem Endzwecke angestellt worden. Die so ermittelten Temperaturwerte sind aus Strahlungsmessungen hervorgegangen und stellen eine Annäherung an die Werte der wahren Temperatur der strahlenden Schicht der Photosphäre dar. Die wahren Temperaturen der Photosphäre festzustellen ist schwierig, da das Strahlungsvermögen der Photosphäre im allgemeinen nicht klargestellt ist und im speziellen wesentliche Verschiedenheiten durch Fackel- und Fleckenbildung auftreten. Die gemessene Strahlungsenergie hat ihre Ausgangsquelle in Schichten verschiedener Temperatur, auf deren wahrscheinlichste Temperaturwerte Messungen der Randverdunklung hinführen. Die Temperaturen in den tiefen Schichten des Sonneninnern sind nur Ergebnisse theoretischer Untersuchungen, denen zufolge anzunehmen ist, daß die Sonnentemperatur von den äußeren Schichten der Photosphäre bis zum Sonnenkern die Werte von 5000 Grad bis etwa 40 Millionen Grad durchläuft.

Die Temperaturbestimmung der strahlenden Photosphäre unter Anwendung der Gesetze von STEFAN-BOLTZMANN, WIEN und PLANCK liefert Werte der effektiven Temperatur. Man bezeichnet als effektive Temperatur der Sonne — ein von VIOLLE[1] eingeführter Begriff — die Temperatur jenes schwarzen Strahlers, der gleiche spektrale Intensität aussendet wie die Sonne, unter der Voraussetzung, daß die Sonne selbst ein schwarzer Strahler ist. In der Tat ist diese Voraussetzung nicht voll erfüllt. Aus diesem Grunde erhält man verschiedene Werte, je nachdem, ob man in einem bestimmten Spektralgebiete aus der Intensität der Strahlung oder aus der Gestalt der Energiekurve die Grundlage für die Temperaturbestimmung sucht. Nach einem Vorschlage von A. BRILL[2] spricht man im ersteren Falle von der Strahlungstemperatur, im zweiten von der Farbtemperatur der Sonne.

27. Ältere Bestimmungen der effektiven Temperatur. Aus älterer Zeit liegen zahlreiche Versuche zur Bestimmung der Sonnentemperatur vor. Sie verdienen nur ein historisches Interesse und sollen hier nur in dem Falle angeführt werden, als ihre Ergebnisse den modernen Werten nahekommen.

W. E. WILSON[3] maß die effektive Sonnentemperatur durch Vergleich mit der Strahlung des glühenden Platins und fand, je nachdem die Absorption in der Erd- und Sonnenatmosphäre berücksichtigt wurde, Werte zwischen 8700 und 10000 Grad. Bei weiteren Versuchen[4] wurde Platin durch eine Porzellan- bzw. Eisenröhre ersetzt. Die radiomikrometrischen Vergleiche ergaben nunmehr eine Temperatur von 6590°. Nach C. H. E. GUILLEAUME[5], der die starken Abweichungen

---

[1] J de Phys (3), 1, S. 298 (1892).   [2] Veröff. Berlin-Babelsberg, VII, Heft 1 (1927).
[3] Ap J 10, S. 80 (1899). Vgl. auch J B A A 10, S. 412 (1901).
[4] M N 62, S. 64 (1902).   [5] B S A F 15, S. 37 (1902).

der bisherigen Resultate bespricht (1902), ist die effektive Temperatur zwischen 5800° und 7000° anzusetzen. J. H. POYNTING[1] geht von der Temperatur der idealen Erde aus, die er auf Grund der 1903 vorliegenden Werte der Solarkonstante ableitet. Er findet die effektive Temperatur der Sonne zu 21,5 mal jener der idealen Erde und errechnet einen Wert von 6200°, der sich mit den modernen Bestimmungen der Solarkonstante auf 5950° reduzieren würde. R. LUKAS[2] berechnet die effektive Temperatur nach dem Gesetz von E. RASCH[3] aus der Gesamthelligkeit der Sonne. Er benützt hierzu FABRYS Wert[4] für die Helligkeit des schwarzen Körpers in Hefnerkerzen und findet eine Temperatur von 5023°. A. SCHUSTER[5] kommt 1905 zu dem Ergebnis, daß die Photosphärentemperatur sich zwischen den Grenzen von 5500° und 6700° bewege. Nach W. WUNDT[6], der Berechnung nach mehreren Methoden anstellt, ist die Sonnentemperatur mit 6000° bis 7000° zu veranschlagen. 1906 haben CH. FERY und G. MILLOCHAU[7] Strahlungsmessungen in Chamonix und auf dem Mont Blanc ausgeführt und thermoelektrisch Temperaturbestimmungen vorgenommen. Durch Anschluß an die Strahlung eines elektrischen Ofens und des Bogenlampenkraters erhielten sie eine effektive Sonnentemperatur von 5600°. Aus ihren Beobachtungsergebnissen längs des Sonnenradius haben die Autoren die Absorption der Sonnenatmosphäre zu bestimmen versucht Unter Berücksichtigung dieser Absorption wird die Sonnentemperatur zu 6100° angesetzt. Eine Wiederholung der Untersuchungen im Jahre 1907[8] führte im allgemeinen zu ähnlichen Ergebnissen (6040°). Die Ergebnisse der Untersuchungen von LANGLEY hat D. A. GOLDHAMMER[9] bearbeitet, er kommt zu dem übermäßig hohen Wert von 10000°. ABBOT und FOWLE[10] haben dann nachgewiesen, daß sich bei Berücksichtigung neuerer Daten aus der Methode von GOLDHAMMER die effektive Sonnentemperatur zu 6200° ergibt. Damit stimmen die Ergebnisse der Messungen überein, die J. SCHEINER[11] mit dem ÅNGSTRÖMschen Pyrheliometer auf dem Gornergrat vorgenommen hat. Er erhält für die effektive Temperatur Werte zwischen 6196° und 6252°. Vergleichungen, die in Oberägypten zwischen der Strahlung der Sonne und jener des schwarzen Körpers angestellt wurden, führten A. KURLBAUM[12] zu einer Temperatur von 6387°. CH. NORDMANN[13] kommt zu dem Ergebnis, daß aus der scheinbaren Helligkeit der Sonne für ihre effektive Temperatur ein Wert von 5870° folgt.

Im allgemeinen zeigen die Ergebnisse dieser nach verschiedenen Methoden im Zeitraume von 1900 bis 1912 vorgenommenen Untersuchungen als wahrscheinlichsten Wert eine effektive Temperatur von ungefähr 6000° abs.

28. Die modernen Beobachtungsergebnisse. Wenden wir uns nun zu jenen Werten der effektiven Temperatur, die heute als die zuverlässigsten anzusehen sind. Nach dem Gesetz von STEFAN-BOLTZMANN, $S = \sigma \cdot T^4$, erfolgt die Temperaturbestimmung auf Grund der Ergebnisse der Messungen der Gesamtstrahlung. Der gewonnene Wert ist abhängig von der Zuverlässigkeit der Konstante σ und der Zuverlässigkeit des Absolutwertes der Solarkonstante. Setzen wir zufolge Ziff. 18

$$S = 1,937 \text{ gcal cm}^{-2} \text{min}^{-1}$$

und nach W. WESTPHAL[14]

$$\sigma = 1,374 \cdot 10^{-12} \text{ cal} \cdot \text{cm}^{-2} \text{sec}^{-1} \text{grad}^{-4},$$

[1] M N 64, Appendix (1) (1903) und Phil Trans 202, S. 525 (1902).
[2] A N 168, S. 58 (1905).   [3] Ann d Phys (4) 14, S. 194 (1904).
[4] C R 87, S. 973 (1903).   [5] Ap J 21, S. 258 (1905).
[6] Phys Z 7, S. 384 (1906).   [7] C R 143, S. 505, 570, 731 (1906).
[8] C R 146, S. 252, 372, 661 (1908).   [9] Ann d Phys (4) 25, S. 905 (1908).
[10] Ap J 29, S. 281 (1909).   [11] Potsd Publ 18, Nr. 55 (1908).
[12] Sitzungsber. Preuß. Akad. 1911, S. 541.   [13] C R 150, S. 448, 831 (1910).
[14] Handbuch der Astrophysik, Bd. I.

so ergibt sich als effektive Temperatur der Wert $5767°$ abs. Die Untersuchungen von E. Pettit und S. B. Nicholson[1] geben Wärmeindizes $(m_{vis} - m_{rad})$ für die verschiedenen Spektralklassen. Nach einer Rechnung von A. Brill[2] folgt daraus für die Sonne eine Temperatur von $5400°$. Die Wärmeindizes sind mit einer Unsicherheit von $0^m,1$ behaftet. Dem entspricht eine Unsicherheit in der Temperatur von $300°$. Demnach kann die Temperaturbestimmung aus der Solarkonstante und aus den radiometrischen Messungen als übereinstimmend angesehen werden.

Das Wiensche Verschiebungsgesetz $\lambda_{max} \cdot T = c$ gestattet die Ermittlung der effektiven Temperatur aus der Wellenlänge der Maximalintensität der gemessenen Energiekurve. Diese Temperaturbestimmung ist also von der Genauigkeit der Konstante c und der Schärfe der Festlegung von λ_{max} abhängig. Die in Ziff. 14 besprochenen Untersuchungen von G. Müller und E. Kron[3] auf Teneriffa ergeben im Mittel als Wellenlänge des Intensitätsmaximums $\lambda\,4680$. Nach C. G. Abbot[4] ist das Maximum $\lambda\,4700$, nach einer neueren Bestimmung $\lambda\,4753$. Ausgedehnte Untersuchungen von J. Wilsing[5] im visuellen und photographischen Teil des Sonnenspektrums führen zu einem Wert von $\lambda\,4820$ für das Intensitätsmaximum.

Tabelle 25. Temperaturwerte aus dem Wienschen Verschiebungsgesetz.

Beobachter	Energie-maximum	Effektive Temperatur
Müller und Kron . .	$0,4680\,\mu$	$6154°$
Abbot I	$0,4700$	6128
Wilsing	$0,4820$	5975
Abbot II	$0,4753$	6059

Setzen wir nach den neuesten Bestimmungen[6] $c = 2880$, so erhält man aus den erwähnten Messungen die in Tabelle 25 angeführten Temperaturwerte.

Aus all diesen Bestimmungen ergibt sich mithin ein Mittelwert von

$$T = 6079° \text{ abs.}$$

Die bisher besprochenen Ergebnisse der Bestimmung der effektiven Temperatur auf Grund des Stefan-Boltzmannschen und des Wienschen Gesetzes zeigen, wie bereits 1911 von Abbot[7] festgestellt wurde, eine bemerkenswerte Differenz. Die Temperatur aus der Gesamtstrahlung ist um etwa $300°$ oder 5% niedriger. Mit dieser Tatsache hat sich 1921 besonders eingehend E. A. Milne[8] befaßt. Im Verlaufe seiner Untersuchungen kommt er zu dem Ergebnis, daß die Intensitätsverteilung für die Sonne als eine Gaskugel im Strahlungsgleichgewicht wohl der eines schwarzen Körpers entspricht, jedoch im allgemeinen eine Verschiebung gegen die kleineren Wellenlängen zeigt. Er schließt daraus, daß die „scheinbare" Temperatur, bestimmt aus der Gesamtstrahlung, um $3,1\%$ geringer ist als jene, die sich aus dem Wienschen Gesetz ergibt. Damit wäre zumindestens ein Teil der etwa 5% betragenden Differenz erklärt. Auf Grund der Untersuchungen der theoretischen Randverdunklung kommt Milne zu dem Ergebnis, daß für die Mitte der Sonnenscheibe diese Differenz $4,3\%$ beträgt. Die entsprechenden Temperaturwerte für die Sonnenmitte sind dann nach Milne $6160°$ bzw. $6400°$. Im allgemeinen wird man als Ursache der Differenz die Beobachtungstatsache heranziehen können, daß gegenüber dem spektralphotometrisch untersuchten visuellen und photographischen Gebiete bei den Messungen der Gesamtstrahlung auch kurz- und langwellige Energie miterfaßt wird, die aus höheren und daher kühleren Schichten der Photosphäre stammt (Vgl. Ziff. 9 und 26).

---

[1] Publ A S P 34, S. 181 (1922).   [2] Veröff Berlin-Babelsberg, V, Heft 1 (1924).
[3] Potsd Publ 22, Nr. 64 (1912).   [4] Ap J 34, S. 197 (1911).
[5] Potsd Publ 22, Nr. 66 (1913).
[6] W. Westphal, Handbuch der Astrophysik Bd. I.
[7] Ap J 33, S. 125 (1911).   [8] M N 81, S. 375 (1921).

Zahlreich sind die Untersuchungen zur Bestimmung der Photosphären-temperatur, die auf Messungen der Energieverteilung unter Anwendung des PLANCKschen Strahlungsgesetzes

$$E_\lambda = C \cdot \lambda^{-5} \cdot (e^{c_2/\lambda T} - 1)^{-1}$$

gegründet sind. Da, wie in Ziff. 26 bereits erwähnt, die Bedingung nicht voll erfüllt ist, daß die Sonne als ein schwarzer Strahler zu betrachten ist, müssen naturgemäß die Versuche, im ganzen erfaßbaren Spektralbereiche eine übereinstimmende Darstellung des Energieverlaufes zu geben, auf Schwierigkeiten stoßen.

Die spektralphotometrischen Untersuchungen im visuellen und photographischen Gebiete zwischen $\lambda\,4000$ und $\lambda\,6800$ führten J. WILSING[1] zu einem Werte von 6060°. Aus dieser Bestimmung, dann aus den früheren Untersuchungen von WILSING und J. SCHEINER[2] (5600°) und dem gewichteten Mittel aus den in Ziff. 14 und oben bereits besprochenen Messungen auf Teneriffa von G. MÜLLER und E. KRON[3] ergibt sich als Mittel 6017° abs. in guter Übereinstimmung mit dem Werte aus dem WIENschen Gesetze. Die Untersuchungen WILSINGS im visuellen und photographischen Spektralgebiet sind von demselben Verfasser durch bolometrische Messungen ergänzt worden[4], die sich bis zu $\lambda\,21000$ erstrecken. Über die aus dieser Arbeit hervorgehenden Aufschlüsse über die wahre Photosphärentemperatur wird noch zu sprechen sein.

Wie bereits in Ziff. 14 hervorgehoben, zeigen WILSINGS Werte der Energieverteilung eine sehr gute Übereinstimmung mit den Ergebnissen von ABBOT[5]. Dies geht auch aus Abb. 8 hervor, in der die Beobachtungsreihen in absolutem Maße dargestellt und mit der Energieverteilung schwarzer Körper verglichen sind. Die untere der Kurven in dieser Abbildung zeigt in Übereinstimmung mit der bereits früher gemachten Feststellung, daß die aus dem Gesetz von STEFAN-BOLTZMANN folgende Temperatur von 5740° (MILNE[6]) einem Energieverlaufe entspricht, der den Beobachtungen nicht voll genügt. Dagegen trifft dies im wesentlichen für die einer Temperatur von 6000° entsprechende obere Kurve zu. B. LINDBLAD[7] kommt schließlich zu dem Ergebnis, daß eine Temperatur von 5950° als bester Wert anzusehen ist, und erklärt den Unterschied gegen das Ergebnis der Gesamtstrahlung, daß ein etwa 16% betragender Verlust der ausgesandten Strahlung der Photosphäre in einer selektiv absorbierenden Schicht über der Photosphäre erfolgt.

Die Darstellung der beobachteten Energieverteilung durch die Kurve eines schwarzen Körpers von 6000° ist, wie aus der Abbildung ersichtlich, nur bis etwa $\lambda\,5000$ gegeben. Beim Energiemaximum zeigt die Kurve des schwarzen Körpers gegenüber den Beobachtungen eine kräftige Überhöhung, und auch im weiteren Verlauf des meßbaren kurzwelligen Gebietes bis zu $\lambda\,3900$ weist die beobachtete Energiekurve eine Depression gegenüber der theoretischen Kurve auf. Auch die neuesten amerikanischen Untersuchungen der Energieverteilung[8] kommen zu dem Ergebnis, daß zwar im Gebiete zwischen $\lambda\,5000$ und $\lambda\,10000$ der Kurvenverlauf im allgemeinen jenem eines schwarzen Körpers von 6000° entspricht, daß aber im speziellen die beobachteten Werte des Gebietes unter $\lambda\,5000$ unterhalb der Kurve des schwarzen Körpers liegen. Außerdem folgt aus diesen neuen, ver-

[1] Potsd Publ 22, Nr. 66 (1913).　　[2] Potsd Publ 19, Nr. 56 (1909).
[3] Potsd Publ 22, Nr. 64 (1912).　　[4] Potsd Publ 23, Nr. 72 (1917).
[5] Smithson Ann III (1913).
[6] M N 81, S. 361, 375 (1921) und Phil Trans 223, S. 201 (1922).
[7] Nova Acta Upsal (4) 6 Nr. 1 (1923).
[8] C. G. ABBOT, F. E. FOWLE, L. B. ALDRICH, Smithson Misc Coll 74 (1923).

besserten Messungsergebnissen, daß auch im infraroten Teil eine Unstimmigkeit auftritt in dem Sinne, daß im Spektralgebiet zwischen λ 10000 und λ 20000 die Beobachtungen höhere Werte ergeben. Über den Verlauf der Energiekurve in dem
Bereiche unter λ 3900, der, wie in Ziff. 19 erwähnt, bei den Messungen der Solarkonstante nicht erfaßt wird, haben Fabry und Buisson[1] Untersuchungen angestellt, aus denen bei einem Vergleich mit der Strahlung des Kraters des Bogen-
lichtes zumindest im Gebiet zwischen λ 2932 und λ 3940 der Verlauf der Energiekurve jenem eines schwarzen Körpers folgt, der eine Temperatur zwischen 5830°
und 6000° besitzt. Letztere Ergebnisse stehen demnach im Einklang mit jenen
von Abbot und Lindblad. Nichtsdestoweniger bleibt noch immer die obenerwähnte Unstimmigkeit im Gebiet zwischen λ 3900 und λ 5000 bestehen, und es
ist zu entscheiden, ob sich der Verlauf der beobachteten Energiekurve in diesem
Bereiche durch eine Energiekurve eines schwarzen Körpers darstellen läßt.
Nach den Untersuchungen von H. H. Plaskett[2] scheint dies der Fall zu sein. Seine
Beobachtungen ergeben Werte einer fast absorptionsfreien Energiekurve im
Ultravioletten, da sie mit seiner Keilmethode sich auf den kontinuierlichen
Untergrund in der Mitte der Sonnenscheibe beziehen. Seine Beobachtungen im
Gebiete von λ 3800 bis λ 6700 ergeben ein Anschmiegen der Kurve an jene eines
schwarzen Strahlers von einer Temperatur zwischen 6700° und 7000°. Nimmt
man an, daß Beobachtungsfehler voll eingehen, so ergeben sich als Grenzwerte
der Temperatur, die wir nach der Definition in Ziff. 26 als Farbtemperatur bezeichnen, die Werte 6300° und 7500°. Die Depression der Energiekurve im Ultravioletten nach Abbot und Wilsing erklärt sich demnach aus der Absorption
der Strahlung in diesem Bereiche. Die Ergebnisse von H. H. Plaskett werden von
A. Brill[3] bestätigt, der gelegentlich der Behandlung der Rechnungen von Minnaert als wahrscheinlichsten Wert der Farbtemperatur der Sonne 7000° angibt.
Diese Arbeit von Minnaert, die in Ziff. 10 besprochen wurde, liefert aus den
Beobachtungen von Abbot Energiekurven der zentralen und mittleren Intensitäten, verglichen mit den Kurven schwarzer Körper verschiedener Temperatur.

Tabelle 26.

Strahlungstemperatur	Bolometrisch	Visuell	Photographisch
Mittlere	5775°	6075°	5835°
Zentrale	6075	6435	6190

Aus diesem Material hat Brill, abgesehen von der Farbtemperatur, Werte der Strahlungstempera-
tur abgeleitet, die in Tabelle 26 angeführt sind. Hierbei wurde als visuelles Gebiet der Bereich
zwischen λ 4200 und λ 7000, als photographisches jener zwischen λ 3100 und
λ 5070 angesetzt.

Demnach ist die mittlere visuelle Temperatur gleich der zentralen bolometrischen; die mittlere bolometrische Strahlungstemperatur stimmt mit dem
Werte überein, der sich oben aus dem Gesetze von Stefan-Boltzmann ergeben hat.

29. Mittlere und wahre Photosphären-Temperatur. Die beobachtete effektive Temperatur der Photosphäre stellt, wie es unter anderen Russell und
Stewart[4] auseinandergesetzt haben, einen Mittelwert all jener Schichten dar,
die Strahlung zu uns entsenden. Neben den in der vorangehenden Ziffer besprochenen Arbeiten von Milne und Lindblad liegen eingehende Untersuchungen
hinsichtlich der Temperatur der verschiedenen Schichten der Photosphäre ins-
besonders von Wilsing vor[5]. Er gelangt zu dem Ergebnis, daß das Absorptions-

---

[1] C R 175, S. 156 (1922).   [2] Victoria Publ 2, S, 213 (1923).
[3] Veröff Berlin-Babelsberg VII, 1 (1927).   [4] Ap J 59, S. 197 (1924).
[5] Potsd Publ 23, Nr. 72 (1917).

vermögen der Photosphäre wesentlich größer ist als das Absorptionsvermögen des Stahls und am ehesten jenem der Kohle gleichgesetzt werden kann. Er findet für die mittlere wahre Temperatur der Photosphäre danach einen Wert von 5900°, der sich unter Heranziehung der neuen Bestimmung der Konstante des WIENschen Gesetzes $c = 14300$ auf 5780° reduzieren würde. In diesem Falle wäre eine vollständige Übereinstimmung mit dem aus der Gesamtstrahlung gewonnenen Werte erzielt. Die wahre Temperatur der einzelnen Schichten wächst natürlich mit fortschreitender Tiefe. WILSING legt nun dar, daß die mittlere Temperatur, die bei der Darstellung der Messungen der Summe der Teilstrahlungen substituiert wird, mit dem Winkelabstand vom Zentrum der Sonnenscheibe anwächst. Zur Prüfung dieser Verhältnisse zieht er ähnlich wie MILNE und LINDBLAD die Beobachtungsergebnisse der Randverdunklung heran. Es werden jene von ABBOT erhaltenen Werte im Bereiche von $\lambda\,4330$ bis $\lambda\,20970$ verwendet, die in Tabelle 9 Ziff. 9 bereits angeführt wurden.

Tabelle 27 (nach WILSING).

Abstand vom Sonnenzentrum	Mittlere Temperatur
0,00	6760°
0,20	6730
0,40	6660
0,55	6570
0,65	6490
0,75	6370
0,825	6240
0,875	6120
0,92	5970
0,95	5820
1,00	5400

WILSING kommt dann für die einzelnen Abschnitte der Sonnenscheibe zu den in Tabelle 27 und Abb. 21 dargestellten Temperaturen.

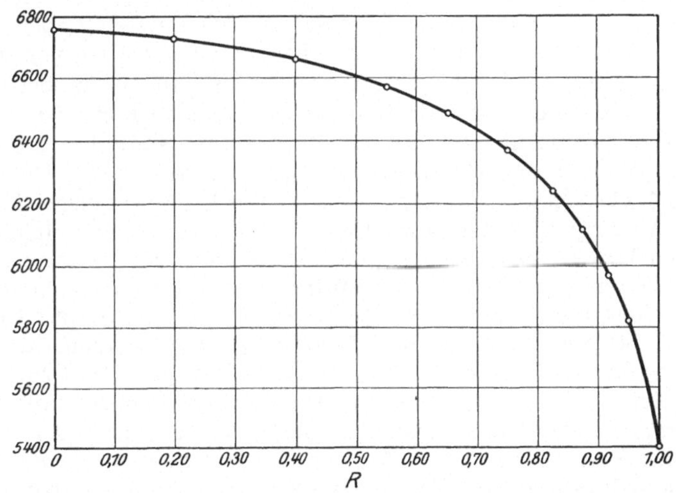

Abb. 21. Verteilung der mittleren Photosphären-Temperatur auf der Sonnenscheibe (nach WILSING).

Am Sonnenrande fällt die mittlere Temperatur mit der wahren Temperatur der obersten Photosphärenschicht zusammen, die demnach, freilich nur durch ein Extrapolationsverfahren, auf 5400° zu veranschlagen ist. Nach den Untersuchungen von LINDBLAD[1] folgt für diese Schicht eine Temperatur von 5200°, nach jenen von CH. GALLISSOT[2] 5000°, also drei Bestimmungen, die verhältnismäßig gut miteinander vereinbar sind.

Die Strahlungsmessungen werden nun je nach dem Spektralgebiete, in welchem sie erfolgen, Schichten verschiedener Tiefe und demzufolge verschiedener Tem-

---

[1] Nova Acta Upsal (4) 6, Nr. 1 (1923).
[2] J de Phys et le Radium (6) 4, S. 176 (1923).

peratur erfassen. Wie bereits in Ziff. 9, 26 und 28 erwähnt, kommen die Strahlen im sichtbaren Gebiet aus verhältnismäßig tiefen und heißen Schichten der Photosphäre, jene des Kurz- und Langwellengebietes aus kühleren und höheren. Diese Feststellungen sind unter anderen von Wilsing[1], Gallissot[2], Dietzius[3] und Lundblad[4] gemacht worden.

Diese Verhältnisse scheinen daher ziemlich klargestellt zu sein, doch zeigen immerhin die neuesten Ergebnisse von Abbot[5], daß Messungen im Infraroten wieder höhere Temperaturwerte ergeben, wonach also in diesem Spektralbereiche Strahlung aus tieferen, heißeren Schichten erfaßt würde. Weitere diesbezügliche Untersuchungen werden wohl nähere Aufschlüsse geben, die sich einerseits mit den Wirkungen der Absorption der Sonnenatmosphäre, andererseits mit der Temperaturbeeinflussung durch Fackel- und Fleckenbildung beschäftigen werden.

30. Ergebnisse aus der Ionisationstheorie. Die Temperaturverhältnisse in den Fackeln und Flecken im Vergleich zu jenen der umkehrenden Schicht der Sonne sind durch Anwendung der Ionisationstheorie der Größenordnung nach zu erfassen. Über die Ionisation in den Sternatmosphären wird ausführlich im Bd. III dieses Handbuches gesprochen werden, die im speziellen mit der Sonne zusammenhängenden Fragen werden im folgenden Kapitel näher behandelt. Hier soll nur im Zusammenhang mit den Ergebnissen der vorhergehenden Ziffer auf die aus der Ionisationstheorie folgenden Temperaturwerte kurz eingegangen werden.

Wir hatten als effektive Temperatur einen Mittelwert aus den Temperaturen der verschiedenen Photosphärenschichten bezeichnet. Das kontinuierliche Spektrum, das man beobachtet, entstammt der Photosphäre. Die Entstehung der Absorptionslinien jedoch geht in einem von diesem abweichenden Niveau vor sich, das wie R. H. Fowler und E. A. Milne[6] gezeigt haben, an und für sich wieder schwankt im Zusammenhang mit der Konzentration der betreffenden Elemente. Es ist daher klar, daß die aus dem Auftreten bzw. der Maximalintensität der Absorptionslinien abgeleiteten Temperaturwerte nicht ohne weiteres den in den früheren Ziffern besprochenen gleichgesetzt werden können. Die Untersuchungen M. N. Sahas[7] haben die Abhängigkeit der Ionisation von der in der betreffenden Schicht herrschenden Temperatur sowie von dem Drucke dargelegt. Unter Annahme eines konstanten Druckes läßt sich so das Auftreten und Verschwinden charakteristischer Linien der Elemente in der Spektralreihe der Gestirne als Funktion der Temperatur erklären, wobei es verständlich wird, daß die Linien der ionisierten Elemente erst in den heißeren Spektralklassen auftreten. Der Druck in der umkehrenden Schicht, der von Saha noch zu hoch angenommen wurde, kann heute nach den umfassenden Untersuchungen von H. N. Russell und J. Q. Stewart[8] mit ziemlicher Sicherheit zu 10^{-4} atm. veranschlagt werden. Bei der Anwendung der Ionisationstheorie auf die Verhältnisse der Sonne sind, wie Russell hervorgehoben hat, noch manche Schwierigkeiten zu überwinden. Das Problem ist dadurch komplizierter, daß die ionisierenden Vorgänge doppelter Natur sind, einerseits durch die Temperatur- und Druckverhältnisse in der Atmosphäre selbst und andererseits durch die Einwirkung der von der heißeren Photosphäre eindringenden Strahlung.

Es hat sich gezeigt, daß ein klareres Bild über den Verlauf der Erscheinungen von den kühlen zu den heißen Sternen gewonnen wird, wenn man nicht das Erscheinen und Verschwinden der Absorptionslinien untersucht, sondern ihre maxi-

---

[1] Potsd Publ 23, Nr. 72 (1917).   [2] J de Phys et le Radium (6) 4, S. 176 (1923).
[3] Wiener Sitzungsber Akad 131, S. 16 (1922).
[4] Ap J 58, S. 113 (1923).   [5] Smithson Misc Coll Nr. 74 (1923).
[6] M N 83, S. 909 (1923).   [7] London Roy Soc Proc 99, S. 135 (1921).
[8] Ap J 59, S. 197 (1924).

male Intensität. Dies wurde von R. H. FOWLER und E. A. MILNE[1] zum ersten Male versucht, in ausgedehntem Maße später von D. MENZEL[2] und C. H. PAYNE[3] durchgeführt. PAYNE gelangt schließlich zu einer aus der Ionisationstheorie abgeleiteten Temperaturskala der Fixsterne, nach der sich für Klasse G0 5600°, für F5 7000° ergibt.

Wie oben erwähnt, hat die Ionisationstheorie wichtige Ergebnisse über die Temperaturen der Flecken und Fackeln geliefert. Daß in den Fackeln höhere Temperaturen herrschen, war auch schon früher angenommen worden. Nach der Theorie SAHAS muß demnach in den Fackeln die Ionisation weiter vorgeschritten sein. Eine Bestätigung dieser Annahme ist CH. ST. JOHN[4] gelegentlich der Beobachtung von Titaniumlinien gelungen.

Über wesentliche Unterschiede der Linienintensitäten im Sonnen- und Fleckenspektrum haben G. E. HALE und W. S. ADAMS[5] und HALE, ADAMS und GALE[6] berichtet. Eine neuere Untersuchung von ADAMS[7] kommt zu dem Ergebnis einer wesentlich tieferen Fleckentemperatur gegenüber jener der Photosphäre, da einerseits eine ganze Reihe von Funkenlinien in den Flecken geringere Intensität besitzt, andererseits in den Flecken Titanoxyd und andere chemische Verbindungen beobachtet werden. Auch A. FOWLER[8] gelangt zu denselben Schlüssen. Die beobachteten Erscheinungen sind durch die Ionisationstheorie zwanglos zu deuten. SAHA[9] hat aber auch als Folge seiner Theorie vorausgesagt, daß die im Sonnenspektrum wegen bereits erfolgter Ionisierung unsichtbaren Linien des neutralen Rubidiums im Fleckenspektrum schwach auftreten müssen. Das Zutreffen dieser Annahme wurde von RUSSELL[10] nachgewiesen. In Erweiterung der SAHAschen Theorie auf Gemische von Elementen behandelt RUSSELL[11] in einer ausgedehnten Untersuchung die relativen Intensitäten der Linien im Sonnen- und Fleckenspektrum. Mit ziemlicher Sicherheit läßt sich auf diese Weise die Temperatur der Sonnenflecken auf 4000° bis 4500° abs. veranschlagen.

31. Abschließende Betrachtungen. Temperaturschwankungen. Die Temperaturbestimmungen der Photosphäre, der Flecken und der umkehrenden Schicht, die in den vorigen Ziffern besprochen wurden, sind auf Beobachtungstatsachen begründet und haben heute bereits wesentliche Ergebnisse gezeitigt, wenn auch gesagt werden muß, daß noch eine ganze Reihe von Unstimmigkeiten in Zukunft beseitigt werden muß. Aufschlüsse über die Temperaturverhältnisse im Innern der Sonne können aus Beobachtungen nicht gewonnen werden, sie müssen aus der theoretischen Behandlung des Problems der Gaskugel gezogen werden. Nach dem heutigen Stande der Theorie wird die Temperatur im Sonnenzentrum zu über 30 Millionen Grad angegeben.

Die Frage nach säkularen Veränderungen der Sonnentemperatur steht im innigen Zusammenhange mit dem Probleme der Sternentwicklung. Nach den Ansichten von EDDINGTON (1922)[12] war die Sonne in ihren früheren Entwicklungsstadien nicht wesentlich von ihrem gegenwärtigen Temperaturzustande verschieden. So nimmt er an, daß die effektive Temperatur niemals höher als etwa 800° über dem heutigen Werte gewesen ist. Zur Frage der Veränderung der Sonnentemperatur in einer mit der Geschichte der Erde zusammenhängenden Zeitepoche ist erwogen worden, ob die Eiszeit durch ein Minimum der Sonnen-

---

[1] M N 83, S. 404 (1923).   [2] Harv Circ 258 (1924).
[3] Harv Circ 252 und 256 (1924).   [4] Pop Astr 30, S. 228 (1922).
[5] Ap J 23, S. 11 (1906).   [6] Ap J 24, S. 185 (1906).
[7] Ap J 30, S. 86 (1909).   [8] J B A A 19, S. 166 (1909).
[9] Phil Mag 40, S. 814 (1921).   [10] Publ A S P 33, S. 202 (1921).
[11] Ap J 55, S. 119 (1922).
[12] M N 83, S. 98 (1922).

temperatur hervorgerufen wurde. Auf diese Möglichkeit hat zuerst E. Dubois[1] hingewiesen. Die Frage wurde auch von J. Scheiner[2] aufgegriffen. Nach seinen Berechnungen hätte eine nur dreiprozentige Abnahme der Sonnentemperatur genügt, um die Eiszeit zu erklären. Ob tatsächlich eine derartige Veränderung der Sonnentemperatur erfolgte, ist nur mit Vorbehalt anzunehmen. H. Shapley[3] hat die Vermutung ausgesprochen, daß die Eiszeit nicht durch Veränderung der Sonnentemperatur bedingt wurde, sondern infolge des Durchganges der Sonne durch eine Wolke kosmischen Staubes. Nach Shapleys Berechnungen stand die Sonne vor etwa 9 Millionen Jahren in der unmittelbaren Nachbarschaft der großen Nebelgebiete des Orion. Nach seinen Beobachtungen der Orion-Veränderlichen zu schließen, wären in diesem Zeitpunkte Schwankungen der Sonnenstrahlung bzw. Temperatur im Ausmaße von 20 bis 80% ohne weiteres denkbar, die so zu den Klimaveränderungen auf der Erde Anlaß gegeben hätten. Möglicherweise können auch Temperaturveränderungen bedingt werden durch die vermuteten Pulsationen der Sonne[4]. Ein näheres Studium der Wechselwirkung der Flecken- und Fackelbildung auf die Temperaturverhältnisse und ein weiteres Studium ihrer Beziehungen zu den beobachteten Strahlungs-Ergebnissen wird in Zukunft das wichtige Problem der Temperaturschwankungen zu fördern vermögen.

---

[1] De Klimaten der Voorweld en de Geschiedenis der Zon, Batavia 1891.
[2] Strahlung und Temperatur der Sonne, Leipzig 1899.
[3] J of Geology 29, S. 502 (1921).
[4] S. S. 106 ff. dieses Bandes.

Chapter 2

Solar Physics.

By

G. ABETTI-Florence.

With 141 illustrations.

a) General.

1. Historical. Although there are records of sunspots having been seen before the invention of the telescope, the study of solar physics may be said to begin with GALILEO, who in 1611 added to his epoch making discoveries by discovering the sunspots[1]. He continued to observe the sun systematically and in 1612 announced his results in an address to the Grand Duke Cosimo II 'Concerning things which are to be found on the water'[2] in which he says with his usual precision and lucidity[3]:

„Ànnomi finalmente le continuate osservazioni accertato, tali macchie essere materie contigue alla superficie del corpo solare, e quivi continuamente prodursene molte, e poi dissolversi, altre in più brevi ed altre in più lunghi tempi, ed essere dalla conversione del sole in sè stesso, che in un mese lunare in circa finisce il suo periodo, portate in giro; accidente per sè grandissimo, e maggiore per le sue conseguenze.“

J. FABRICIUS also discovered the sunspots independently and published his pamphlet 'De maculis in sole observatis etc.' in 1611. Father SCHEINER, another of the early observers, also began his numerous observations in 1611 and published them in his 'Rosa Ursina'.

From that time observations of the sun have been carried out practically without interruption and with instruments of increasing power. Little real progress was made until 1774, when A. WILSON of Glasgow attributed the spots to depressions in the sun's luminous surface or photosphere.

The hypotheses and researches of the HERSCHELS and the observations of SCHWABE of Dessau who, in 1843, was the first to announce a probable decennial period for the frequency of sunspots, led to renewed interest in the sun and its phenomena.

In 1851 LAMONT, Director of the Munich Observatory, discovered the periodic variation in the earth's magnetism, and in the following year Sir EDWARD SABINE announced its definite connection with the solar cycle. R. WOLF at Berne

---

[1] E. MILLOSEVICH, Osservazioni storico-critiche sulla scoperta delle macchie solari etc. Rend. Lincei, p. 428. 6 Maggio (1894).

[2] Opere di G. GALILEI, Ediz. Naz. IV, p. 64. Firenze (1894).

[3] "Repeated observations have finally convinced me that these spots are substances on the surface of the solar body where they are continuously produced and where they are also dissolved, some in shorter and others in longer periods. And by the rotation of the sun, which completes its period in about a lunar month, they are carried round the sun; an occurrence important in itself and still more so for its significance."

investigated all the sunspot observations from the time of GALILEO and SCHEINER, and was able, in 1852, to deduce therefrom a more accurate period for the cycle of solar activity, namely 11,11 years, and to demonstrate its analogy with the light-curve of certain variable stars, that is a rapid rise from minimum to maximum and a slower fall from maximum to minimum.

The discoveries of CARRINGTON and SPÖRER which followed, relate to the equatorial acceleration of the sun derived from the motion of the spots in various latitudes, their displacement in latitude in the eleven year period, and the determination of the position of the solar axis referred to the ecliptic.

Among the other phenomena observed in ancient times is that of the corona, visible only during the brief periods of total eclipses. KEPLER had already suggested a probable connection between the corona and the solar body, but it was not until the 18th century that this phenomenon and that of the solar prominences, which are also mentioned in old records[1], was better understood as the result of more careful examination.

No real progress was made in our knowledge of solar physics until spectrum analysis was applied to the study of celestial bodies. FRAUNHOFER's discovery, in 1815, of dark lines in the solar spectrum and KIRCHHOFF's further researches, in 1859, led to the latter's well known law which is the foundation of our knowledge of the physical and chemical constitution of the sun, and to the construction of the first map of the sun's visible spectrum. These new developments became the basis of several plausible theories such as those of KIRCHHOFF, SECCHI, and FAYE, and at the same time led to important and diligent research in solar physics, especially in the observation of solar eclipses.

During the total eclipse of 8th August 1868, JANSSEN, who observed it in India, was impressed by the brilliancy of the lines in the spectrum of the solar prominences; it occurred to him that they might also be seen in full sunlight, this he succeeded in doing. The bright lines of the gaseous prominences are composed of monochromatic images and therefore a spectroscope of high dispersive power separates and widens them, without making them too faint to be seen against the fainter background of diffused sunlight. Sir NORMAN LOCKYER came to the same conclusion in 1866 and in 1868, before the news of JANSSEN's discovery reached Europe, he announced his independent discovery. This application of the spectroscope opened out a new and productive field in solar physical research, one which is extending and developing with pregnant results.

HUGGINS in England, ZÖLLNER in Germany, YOUNG in America, and RESPIGHI and SECCHI in Italy, devoted themselves to the study of the chromosphere and its various aspects, and SECCHI and TACCHINI began that series of prominence observations which is continued today under an international organisation together with the observation of sunspots and other solar phenomena. In 1871 SECCHI and TACCHINI founded the "Società degli Spettroscopisti Italiani" which began the publication of its memoirs in that year; this was the first astrophysical journal which was also devoted to research in solar physics.

About the same time ÅNGSTRÖM constructed his map of the solar spectrum which, however, was amplified later by ROWLAND with his famous gratings. VOGEL at Bothkamp undertook the first investigation of the sun's rotation by means of the shifts of the FRAUNHOFER lines due to the DOPPLER effect, and SECCHI published his treatise on the sun[2], undoubtedly the best exposition of all that was known at that time of the constitution of the sun and of its numerous and interesting phenomena.

---

[1] CLERKE, History of Astronomy etc., p. 89. Edinburgh: Black (1885).
[2] SECCHI, Le Soleil. Paris: Gauthier Villars, Deuxième édition (1875—77).

The great progress made in photography and in the construction of astronomical instruments resulted in the invention of the spectroheliograph, by means of which the surface of the sun is examined only in the light of one of the lines of the spectrum. The principle of the spectroheliograph had been suggested earlier by JANSSEN and K. BRAUN, but the first attempt to construct that instrument was made by G. E. HALE in 1889 at the Harvard Observatory, and later at the Kenwood Observatory. In the spring of 1891 he obtained the first photographs, on ordinary plates, of the sun's prominences, using the H and K Calcium lines which he found to be the best suited to the purpose[1]. In June 1892, after perfecting the instrument, he obtained photographs of the whole surface of the sun in the light of the H and K lines, showing the luminous areas corresponding to the reversals of those lines[2]. At the same time DESLANDRES, who was engaged in the investigation of the spectrum of the chromosphere and of the sun's disc, devised his "spectrographe des vitesses" (velocity recorder) which he developed a year later into a spectroheliograph; EVERSHED also constructed and used a spectroheliograph shortly after HALE's discovery. With this new instrument, the structure of the solar atmosphere is revealed by the vapours which produce the more intense lines in the solar spectrum, such as calcium and hydrogen, at various levels of the sun's surface. The use of the red hydrogen line, made possible by the advances in photography which resulted in the manufacture of plates sensible to red rays, showed the distribution of hydrogen and gave rise to new discoveries which we shall describe later.

The demand for larger sun images and for greater dispersion led to the construction of telescopes and spectrographs of great focal length arranged horizontally, as at Mount Wilson and Meudon, or vertically, as devised later by HALE at Mount Wilson; the latter are known as solar towers. In these instruments the light of the sun is collected by plain mirrors and the image is formed by a suitable objective or a concave mirror.

With these powerful instruments important discoveries have been made recently, and with these means, research in solar physics generally, and also in its relation to terrestrial phenomena, is being actively carried out with international cooperation. It is expected that systemised collaboration will very shortly increase our knowledge of the star which gives light and life to our earth.

2. Distance, Dimensions, Mass and Density. The great importance of the study of the sun will be readily understood when we consider that it is the only star whose visible surface presents an appreciable disc to us. Even in the most powerful telescopes all other stars are seen as but points of light, and therefore they can only be examined and studied in their entirety. Since we can assign to the sun its proper place in the sequence of stellar spectra, it is evident that a careful study of the sun and its phenomena is the key to understanding, and correctly interpreting, the evolution of the stars and their spectra. As an introduction to the study of the sun its distance, dimensions, etc. will now be considered.

Taking the value of the solar parallax, $p_\odot$, that is the angle subtended at the sun by the earth's equatorial semi-diameter, to be $8'',80$ and the earth's equatorial radius $r_\oplus$ to be 6377 kilometres, the distance D of the sun from the earth is given by the relation:

$$D = \frac{206\,265''\,r_\oplus}{p_\odot} = 149\,500\,000 \text{ km} \tag{a}$$

---

[1] Sidereal Messenger, June 1891.

[2] See HALE's numerous publications on this subject in "Astronomy and Astrophysics" of 1892 and 1893.

or approximately $15 \cdot 10^7$ kilometres. This is the astronomical unit for all measurements referred to the solar system[1]. Light takes 498 seconds to travel through the distance separating the earth and the sun.

The annual parallax, that is the angle subtended at a star by the radius of the earth's orbit, of α Centauri, the nearest star to our solar system, is $0'',75$, equivalent to 4,3 light years. The sun considered as a star is therefore nearer to the earth than the nearest star in the ratio of 4,3 years to 498 seconds. The apparent magnitude of the sun as seen from the earth is $m = -26,72$, corresponding to a distance of $\frac{1}{2062650}$ parsecs, where a parsec is the distance equal to a parallax of $1''$, and is the unit distance adopted for the sidereal system. If the sun were removed to a distance of ten parsecs its magnitude M at that distance, known as the absolute magnitude, would be given by[2]:

$$M = -26,72 + 5 \log 2062650 = +4,85 .$$

Given the distance and the apparent diameter of the sun its dimensions are readily obtained. The sun's apparent disc is very approximately circular

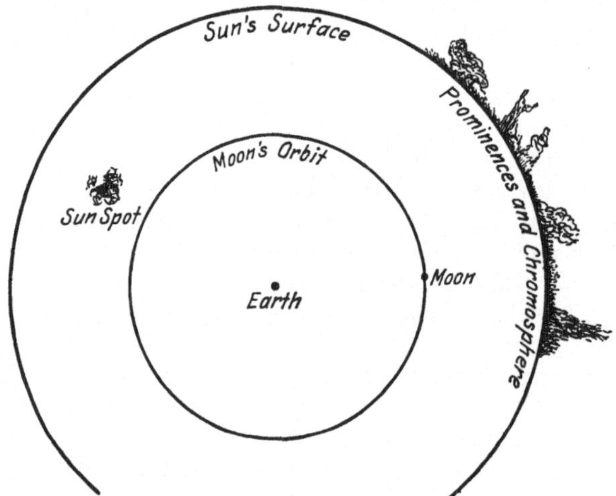

Fig. 1. Dimensions of the sun compared with those of the moon's orbit. (Young, Gen. Astr.)

though its diameter may perhaps vary slightly in time. As the result of numerous measurements the apparent diameter may be taken as $32' 31''$ at perihelion, $31' 27''$ at aphelion, and as $31' 59'',3$ at mean distance, whence the radius ϱ at mean distance may be taken as $959'',6$.

The radius $r_{\odot}$ of the sun expressed in kilometres is given by:

$$D = \frac{206265''}{\varrho} r_{\odot}$$

so that from (a) above:

$$r_{\odot} = \frac{\varrho\, r_{\oplus}}{p_{\odot}} = 695450 \text{ km.}$$

The ratio between the sun's radius and that of the earth is:

$$\frac{r_{\odot}}{r_{\oplus}} = \frac{\varrho}{p_{\odot}} = 109 ,$$

while the ratio between the two volumes V of the sun and v of the earth is:

$$\frac{V}{v} = 1\,300\,000 .$$

Given the ratio between the two masses of the earth and the sun, the mean density of the sun can be compared with that of the earth and with that of water. Let f be the acceleration of the central force which keeps the earth to her orbit, g the acceleration of the gravity on the earth, and $M_{\odot}$ and $M_{\oplus}$ the masses of the sun and earth respectively, from the laws of gravitation:

$$\frac{f}{g} = \frac{M_{\odot}}{D^2} : \frac{M_{\oplus}}{r_{\oplus}^2} ,$$

[1] Trans. Int. Astr. Union 2, p. 17 (1925).
[2] Trans. Int. Astr. Union, l. c.

neglecting the eccentricity of the earth's orbit and taking the orbital velocity $v_\oplus$ of the earth to be:

$$v_\oplus = \frac{2\pi D}{T},$$

where T is the number of seconds in a year, and because $f = \frac{v_\oplus^2}{D}$, we have

$$f = \frac{4\pi^2 D}{T^2}.$$

Taking $g = 981$ cm sec^{-2} we have:

$$\frac{M_\odot}{M_\oplus} = 332\,000.$$

The ratio of the masses is therefore nearly four times less than the ratio of the volumes, hence the mean density of the sun is about one quarter that of the earth. The mean density δ of the earth as compared with water is 5,5, so that the mean density $\varDelta$ of the sun compared with water:

$$\frac{\varDelta}{\delta} = \frac{M}{V} \cdot \frac{v}{m}, \quad \text{is} \quad \varDelta = 1{,}4,$$

the density of water being 1.

The force of gravity on the sun's surface is obtained by dividing the ratio of the two masses by the square of the ratio of the two radii, that is:

$$\frac{332\,000}{109^2} = 27{,}9,$$

or about 28 times the force of gravity at the earth's equator. A body on the sun would fall about 139 metres in the first second.

b) Instruments for the Observation of the Sun.

3. Visual and Photographic Instruments. Reflecting or refracting telescopes differently mounted are used for visual observation of the sun's surface, but on account of the intensity of the sun's light it is necessary to reduce it by means of helioscopes. In their simplest form they consist of tinted homogeneous glass slips, with their two surfaces perfectly parallel placed in front of the eyepiece of the telescope. A dark tint, admitting a small portion of rays of such refrangibility as to give a slightly smoked image is preferred. Reflected light may also be used (J. HERSCHEL), or polarised light (Father CAVALLERI)[1] with a polarising eyepiece in which the intensity of the light can be varied by varying the polarising plane.

A more recent type of helioscope is COLZI's, now extensively used. It consists of a double prism composed of a right angled crown prism P_1 and a liquid prism P_2. The light rays after reflection at S enter P_1 perpendicularly and would be totally reflected at B but for P_2. The latter contains oil of vaseline, whose index of refraction differs slightly from that of glass, so that the rays are faintly reflected on the hypotenuse of the glass prism between P_1 and P_2, and the reflected ray B, suitably reduced, reaches the observer's eye through the eyepiece (fig. 3, p. 62).

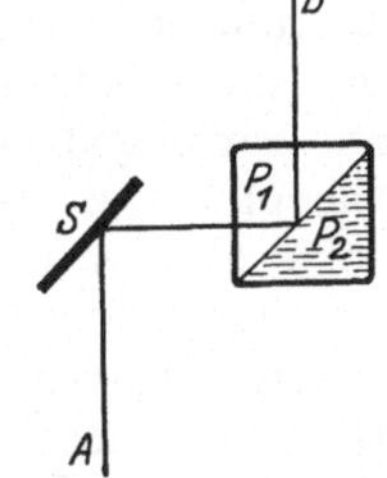

Fig. 2. Path of rays in the COLZI's helioscopic eyepiece. (PRINGSHEIM, Physik der Sonne.)

---

[1] SECCHI, Le Soleil, p. 32 et seq.

Visual observations of the sun can also be made by projecting the sun's image produced by the telescope on to a screen, as was done by Galileo and Father Scheiner. This method is specially suitable when drawings of the various phenomena are required. If the screen is placed at the focus of the objective the resulting image is generally too small and too bright. The ratio between the size of the image i produced by an objective and the size O of the object is equal to the ratio between the focal length f and the distance d of the object, so that:

$$\frac{i}{O} = \frac{f}{d}.$$

Substituting the values of the sun's diameter and distance for O and d, the resulting image with an objective glass of, say, 5 m focal length is about 5 cm in diameter. The eyepiece magnifies this image which, in direct vision, is a virtual image magnified and reversed. If the principal focus of the eyepiece is transferred to a point beyond the principal focal plane of the objective, a real image is obtained beyond the eyepiece which is magnified and direct, and can be projected on to a screen.

A photographic plate can take the place of the screen either in the focal plane of the objective or beyond the eyepiece, and thus photographs of the solar disc may be obtained. Such an arrangement is known as a heliograph, and with it the sun's phenomena can be readily observed and recorded. Photographs of the solar disc obtained with heliographs are measured with instruments which give the rectilinear or polar coordinates. The solar micrometer used at the Greenwich Observatory is of the latter type (fig. 4, p. 63).

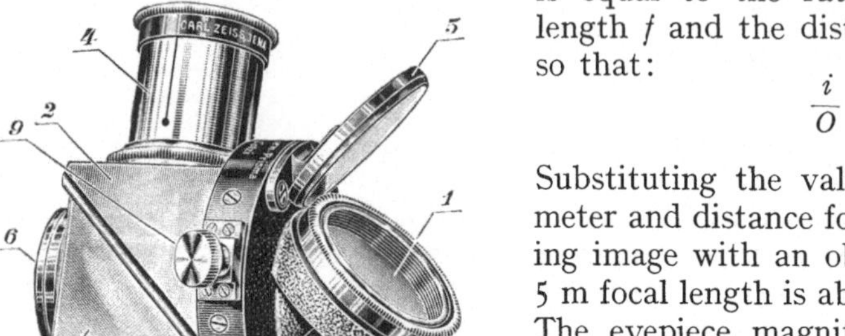

1. Mirror, 2. Glass prism, 3. Liquid prism.

Fig. 3. Colzi's helioscopic eyepiece. (Zeiss).

4. Horizontal and Vertical Telescopes. When we require to use spectroscopes of high dispersive power, and therefore of great focal length, it is both difficult and inconvenient to attach them to the eyepiece of an ordinary telescope on account of their size and weight, and also because of the flexion produced on the instrument. In such cases fixed telescopes are resorted to; these may have their axes arranged either horizontally or vertically, the object being reflected into the objective by means of mirrors. Fixed telescopes are specially suited to solar observation because of the great amount of light available.

The Snow telescope at the Mount Wilson Observatory in California may be taken as typical of horizontal telescopes. It consists of a plane mirror or coelostat (I), a plane second mirror (II) and a concave mirror which produces an image at S' (fig. 5, p. 63). The coelostat and second mirror reflect the light from the sun always in the same direction at all seasons and at all times of the day (fig. 6, p. 64). The first mirror is mounted on an axis parallel to the earth's axis, and by means of clockwork it is made to follow the sun in its apparent diurnal motion. It can be moved on rails in the direction east and west; the second mirror is also moveable in the direction north and south, so that, notwithstanding the sun's varying declination, the concave mirror is uniformly illuminated through all the hours of the day. The rays reflected by the plane mirror are collected by the concave mirror and are united to form an image (fig. 7, p. 64).

The concave mirror of the SNOW telescope is 61 cm in diameter and 18 m focal length. The sun's image, which is about 17 cm in diameter, is formed

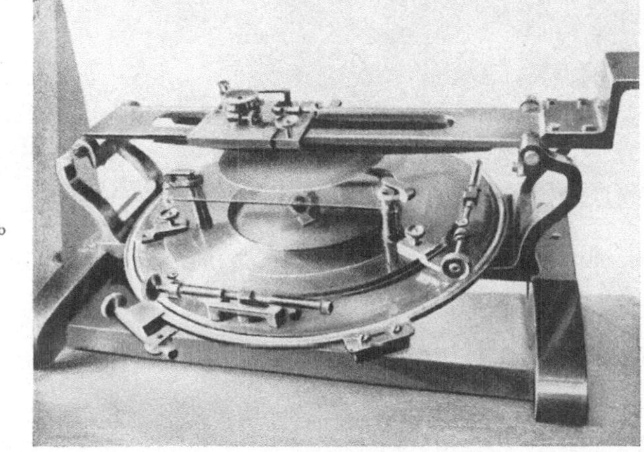

Fig. 4. The Greenwich solar micrometer (open and shut).

near the coelostat where it can be photographed either direct or with the spectrograph or the spectroheliograph.

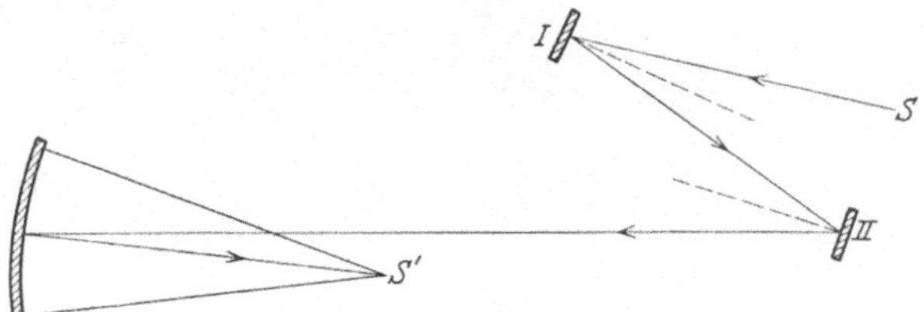

Fig. 5. Diagram of the SNOW horizontal telescope.

The vertical telescope or solar tower[1] devised by HALE possesses many advantages over the horizontal telescope. It is essentially nothing more than

[1] Ap J 25, p. 68 (1907) and 27, p. 204 (1908).

Fig. 6. Coelostat and second mirror of the Snow telescope.

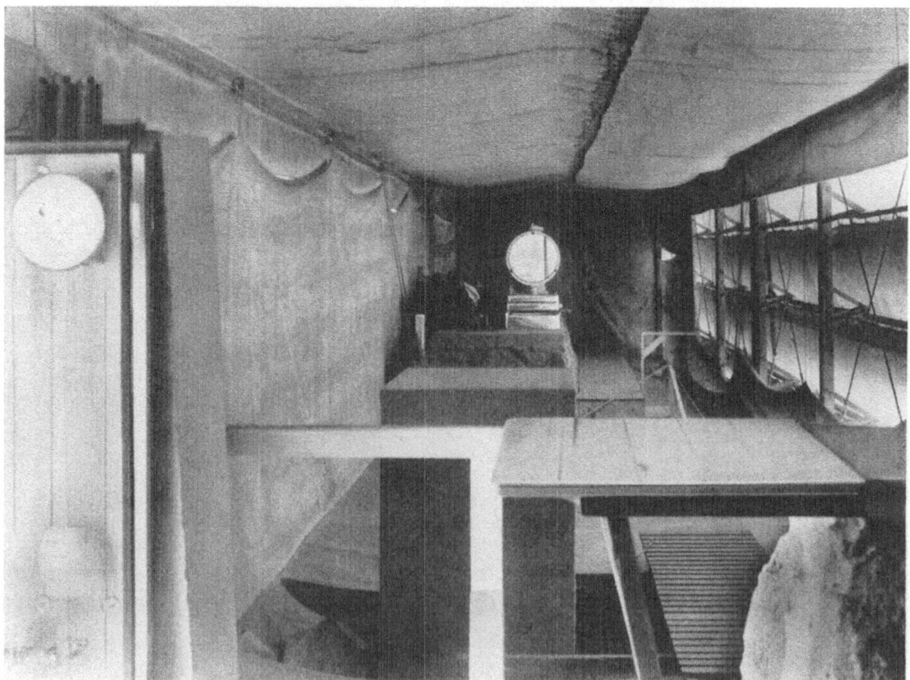

Fig. 7. Concave mirror of the Snow telescope.

a vertical reflector, or refractor, with a coelostat and second mirror in a revolving dome at the upper extremity. Five solar towers have been constructed; two at Mount Wilson, and one each at Arcetri and Potsdam, are refractors; and the one at Pasadena is a reflector. The general arrangement of towers of the refractor type is shown in fig. 8. At the top of the tower are the coelostat and the second mirror (C and D), an arrangement very similar to that of the SNOW telescope (fig. 6, p. 64) already described. Below the mirror is the astronomical objective A (fig. 10, p. 67), so that at B a real image of the sun is obtained. The 50 m tower at Mount Wilson (fig. 11, p. 68) gives a solar image of about 43 cm in diameter, while the Arcetri tower, 25 m high, gives an image 17 cm in diameter, both with objective lens of 30 cm aperture The object glass can be moved up and down vertically to allow for alterations in the focus; the focussing is done electrically and is controlled from the observation room at the base of the tower. Electric motors supply slow motion to the mirrors and keep that portion of the sun's surface which is under observation, constantly on the slit. The spectrographs and spectroheliographs used with these instruments are in pits below and in the axis of the tower.

One disadvantage, common to all mirrors, is the variation of the focal length caused by the heat of the sun's rays affecting the mirrors; the use of pyrex glass, which has a lower coefficient of expansion than crown glass[1], has practically overcome this drawback.

To eliminate the effect of vibration caused by winds, the 50 m tower at Mount Wilson consists of two iron towers, one inclosed within the members of the other. The outer one supports the dome and protects the inner one which carries the mirrors. In the EINSTEIN tower, at the Astrophysical Observatory in Potsdam[2], the mirrors are supported on a wooden structure erected inside a tower of reinforced concrete (fig. 12 and 13, p. 69 and 70). At Arcetri a simpler construction has been adopted: supports of reinforced concrete are used, and it has been found that there is no vibration to affect the sun's image, even in winds of moderate intensity.

In the EINSTEIN tower the coelostat and the mirrors of 90 cm diameter revolve about a vertical axis (shown in fig. 14, p. 71) and can be made to take up any position in azimuth. The polar axis of the first mirror can be adjusted parallel to the terrestrial axis in order that the two mirrors may take up such positions as will prevent the shadow of the first mirror from falling upon the second[3]. The objec-

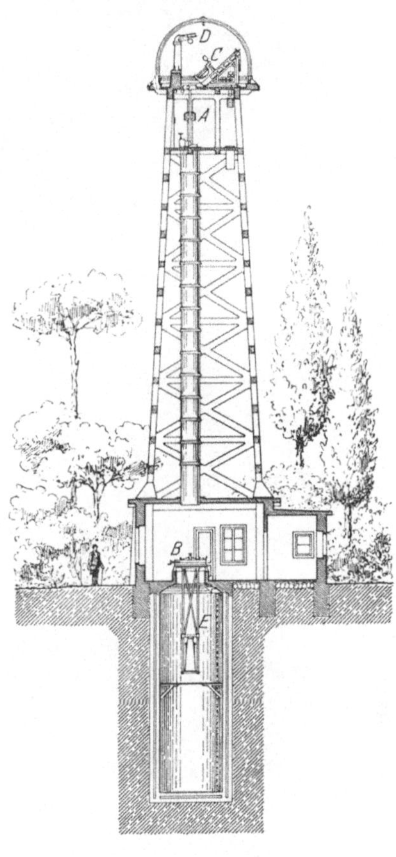

Fig. 8. Diagram of the Arcetri solar tower.

---

[1] Ap J 58, p. 208 (1923).

[2] FREUNDLICH, Das Turmteleskop der Einstein-Stiftung. Berlin: Julius Springer (1927).

[3] v. d. PAHLEN, Z f Instrk (1926).

tive of the telescope is 60 cm aperture and 14,5 m focal length. Instead of being placed in a pit in the axis of the tower, the spectrograph is set up in a room in the basement, 3 m below ground level; the star images are reflected horizontally into the spectrograph by a mirror, inclined at an angle of 45°, placed in the axis of the tower (fig. 13, p. 70).

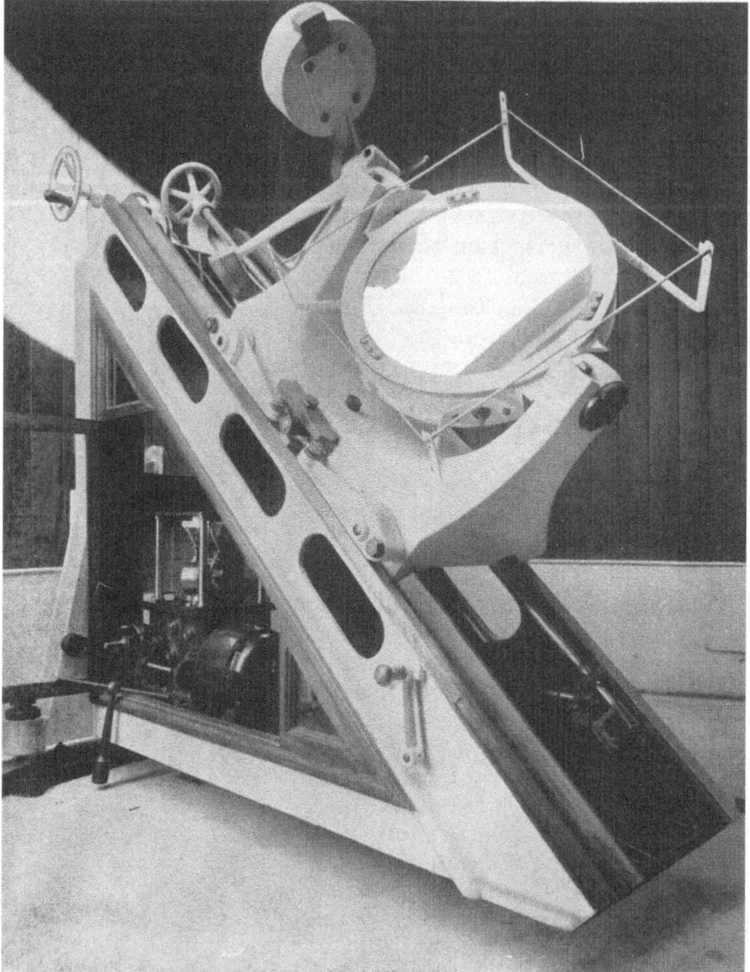

Fig. 9. Coelostat of the Arcetri solar tower.

5. Solar Spectroscopes, Spectrographs and Spectroheliographs. Instruments having special features, which we shall describe briefly, are used for investigating the solar spectrum and the sun's monochromatic radiations. The spectroscope used by the first investigators[1] has suffered little change, and with slight modifications is still used for visual observation of the prominences at the limb. The dispersion piece generally consists of a multiple Amici prism; the axis of the spectroscope can be moved in a direction parallel to the axis of the telescope

---

[1] Secchi, Le Soleil 1, p. 220 et seq.

so as to admit of the slit being set tangentially to the sun's limb at any position angle. The spectroscope can thus be rotated through all the position angles marked on the graduated circle, so that, while the slit remains tangential to the sun's limb, the whole circumference of the solar disc can be examined.

The larger spectroscopes used with vertical or horizontal telescopes for photographic observations are known as spectrographs. The eyepiece and micrometer of the spectroscope are replaced by a camera, and a photographic

Fig. 10. Objective of the Arcetri solar tower.

plate in the focal plane of the telescope receives the real image of the spectrum. The photographic plate is an indispensable complement to the eye, over which, as may be readily realised, it possesses many advantages. With the spectrograph it is possible to extend the observations to the violet and red radiations of the spectrum which are quite invisible to the eye; long exposures with large dispersive powers are also possible. ROWLAND's gratings, prisms, or a combination of the two, provide the necessary dispersion; an arrangement in common use is that with prisms or grating used in connection with an auto-collimating lens which combines the functions of a collimator and a photographic objective (fig. 15, p. 72). This type of spectrograph is employed when great focal length is required, as in the case of solar towers.

Assuming the angle of incidence to be constant, the dispersion of any grating is given by:

$$\frac{d\theta}{d\lambda} = \frac{n}{b\cos\theta},$$

where θ is the angle of diffraction, λ the wave length, n the order of the spectrum, and b the constant of the grating. Thus for example in the auto-collimating type

Fig. 11. 150-foot (50 m) solar tower at Mt. Wilson Observatory.

of spectrograph of the Mount Wilson 50 m solar tower, the slit, in the observation room at the foot of the tower, admits the rays to the collimating lens of 23 m focal length at the bottom of a pit 25 m deep. Below the collimator is a Rowland grating suitably mounted and ruled with about 620 lines to the millimetre, over a surface of 67×126 millimetres. The rays are diffracted back through the collimating lens and form an image of the spectrum on the photographic plate close to the slit (fig. 16, p. 72). A length of about one metre of the spectrum can be photographed with a single exposure on a scale of $1\,A = 5$ mm in the third order of the grating, and on this scale the two lines D_1 and D_2 are about 29 mm apart.

Fig. 12. The EINSTEIN tower at the Astrophysical Observatory, Potsdam. (FREUNDLICH, Das Turmteleskop der Einstein-Stiftung.)

The theoretical resolving power of a grating is given by the well known expression[1]:

$$\frac{d\lambda}{\lambda} = \frac{1}{n\,m},$$

where n is the order of the spectrum and m the number of the rulings. In the region of the D lines in the third order, the grating mentioned above gives:

$$d\lambda = 0{,}023\ A.$$

The width of what is known as the "normal slit" is given by $\dfrac{f\lambda}{4D}$ [where f is the focal length and D the aperture of the spectrograph], which in the Mount Wilson spectrograph is 0,0288 mm. In practice for photographic purposes the width of the slit is 0,076 mm, and for this opening SCHUSTER gives a factor of purity of 90%. Theoretically therefore the Mount Wilson spectrograph of the 50 m tower cannot separate lines closer than 0,026 A, which is what has been found to be the case in practice when the lines are well defined.

When it is desired to investigate a given substance, and therefore a given spectral line, in different parts of the sun's surface, the line can be isolated by means of a second slit and it can then be photographed successively over the whole of the sun's surface. Working on this idea, HALE devised an instrument for this special purpose, known as the s p e c t r o h e l i o g r a p h (ciph. 1, p. 59).

---

[1] BALY, Spectroscopy, p. 170. London: Longmans (1912).

A spectroheliograph may be described as an ordinary spectroscop with a second slit and the photographic plate in place of the eyepiece. The image of the sun is made to fall on the first slit, the second slit only admits a part of the spectrum whose width is equal to the width of the slit. By moving the

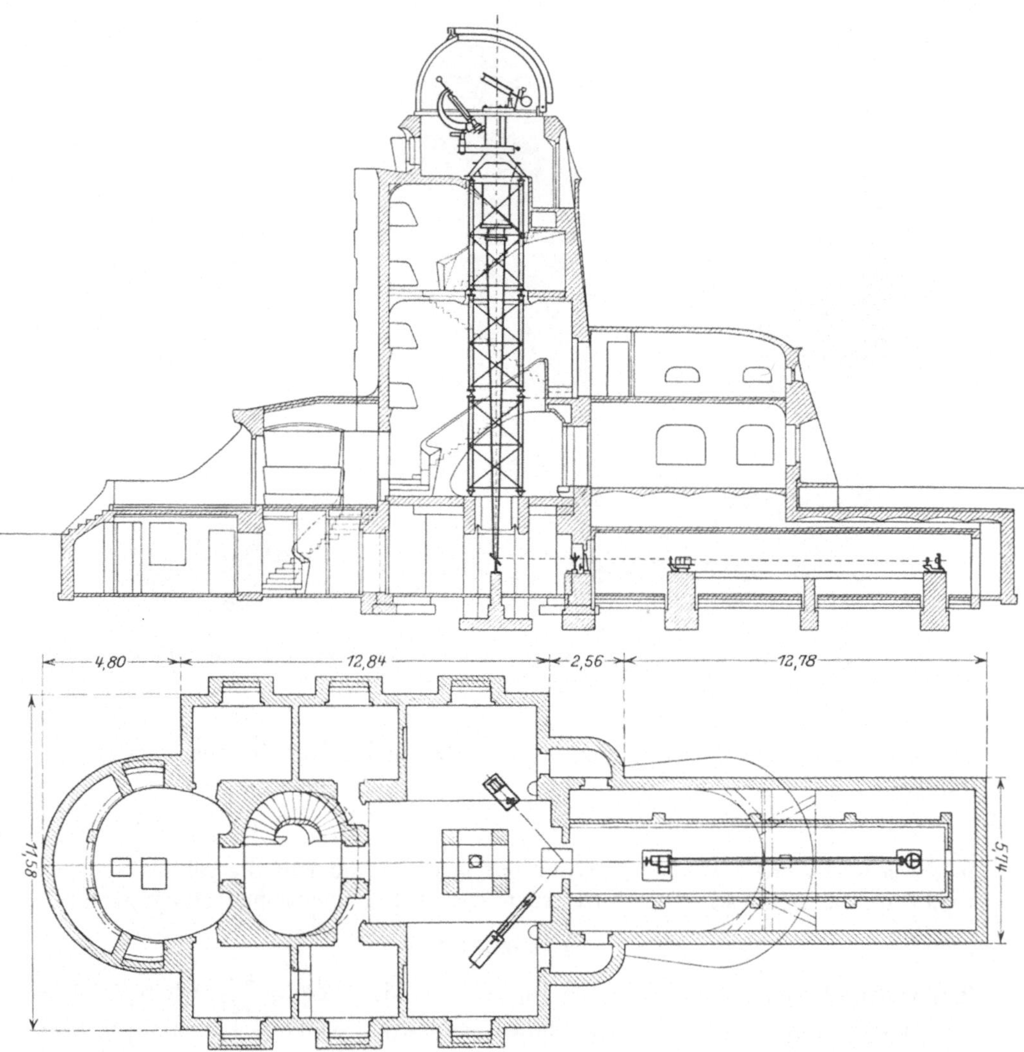

Fig. 13. Elevation and plan of the Einstein tower. (Freundlich, Das Turmteleskop der Einstein-Stiftung.)

second slit it can be set to any one of Fraunhofer's lines, for example the $H\alpha$ hydrogen line, so that only that radiation can enter the slit to impress its image on the photographic plate. By moving the whole instrument so that its optical axis is always parallel to itself, the whole of the sun's image is brought on to the slit in successive sections, and a photograph of the sun in monochromatic light is thus obtained. This photograph is clearly the integration of the whole of the solar disc by successive images of the first slit. It is obvious that the same result could be obtained by keeping the spectroheliograph fixed and giving the photographic plate a motion corresponding to the motion of the sun's image across the first slit. The sun's relative motion with respect to the first slit must be such that the light from all parts of the solar disc shall pass in succession through the slit; at the same time the plate must be given

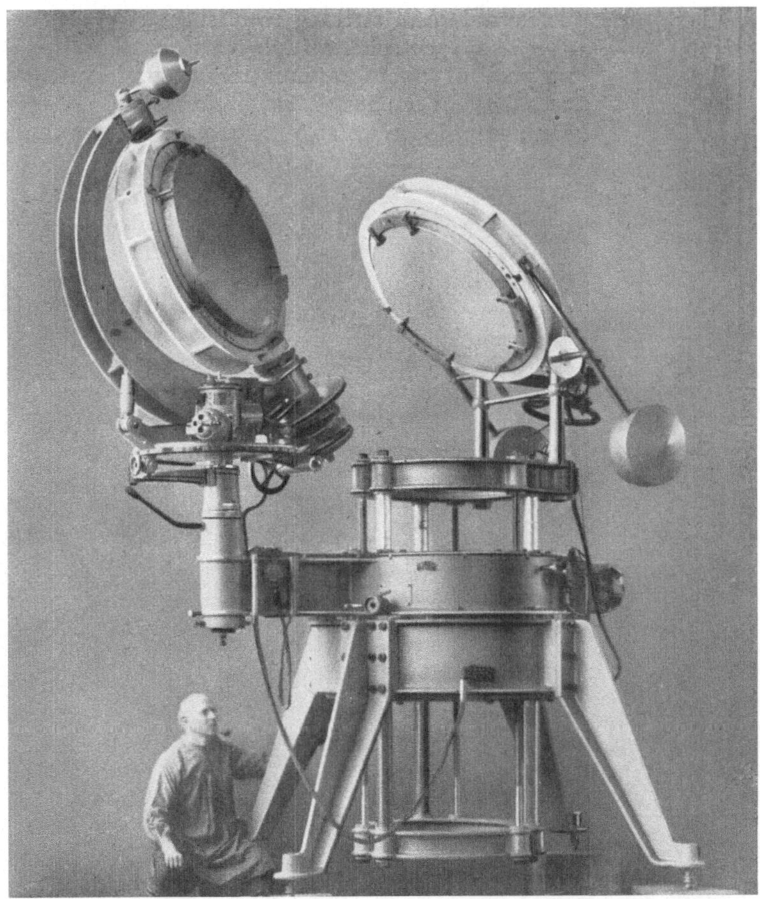

Fig. 14. Coelostat of the EINSTEIN tower. (FREUNDLICH, Das Turmteleskop der Einstein-Stiftung.)

a corresponding motion with respect to the second slit. The latter only serves to isolate the required spectral line, therefore its width must be exactly that of the line under examination, so as to exclude all light from other parts of the spectrum.

The remarkable results obtained by HALE are essentially due to his having used the H and K calcium lines; these are the most intense lines in the extreme violet end of the spectrum, a region which is unsuited to visual observation, but well suited to photography. The H and K calcium lines are particularly fitted for spectroheliograms because of their exceptional intensity and the presence of wide dark bands accompanying them, which diminish the brightness of the continuous spectrum, and also because the ordinary photographic plate

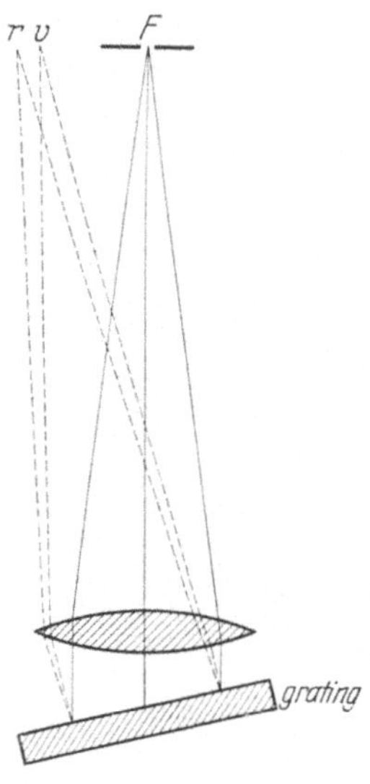

Fig. 15. Diagram of the auto-collimating spectrograph.

is extremely sensitive to their wave lengths. The rapid progress in photography has resulted in the manufacture of plates which are sensitive to the red region of the spectrum and has led, with success, to the photographing of the red hydrogen line. Its intensity and the importance of hydrogen in solar physics has given us notable and striking results.

The spectroheliograph was first devised for the purpose of photographing the prominences, but other uses have been found for this valuable adjunct to the equipment of a solar observatory. Before touching on these we shall first describe the standard types of spectroheliographs.

From what we have said, spectroheliographs fall naturally into two classes; in the one the instrument is moveable while the sun's image and the photographic plate are fixed; in the other the spectroheliograph is fixed while the sun's image moves across the first slit and the photographic plate moves with simultaneous motion across the second slit.

In the first type of instruments, such as those at Catania and Potsdam[1], the image of the sun falls on

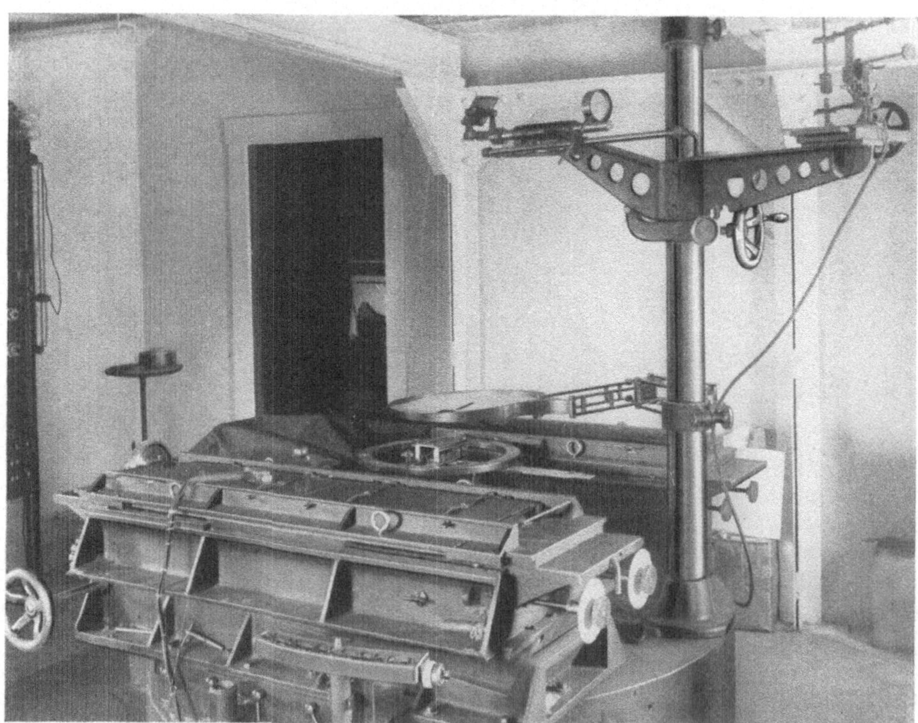

Fig. 16. Head of 75-foot spectrograph of the 150-foot tower telescope at Mt. Wilson showing plate-holder, polarizing apparatus mounted above slit, and parallel motion device used for centering solar image.

---

[1] Memorie della Società degli Spettroscopisti Ital. 38, p. 125 (1909) and Ap J 21, p. 49 (1905).

the first slit S_1 (fig. 17) and thence on to the collimating lens O_1 which transmits parallel rays to the prisms or grating. In the case of prisms, a mirror at
F reflects the rays on to the two prisms. The photographic lens at O_2 collects
the dispersed beam and an image of the first slit is formed on the plane of the
second slit S_2, which isolates the radiation under investigation. Increased dispersion is obtained by substituting a grating for the mirror.

In the Potsdam instrument a grating is used instead of prisms, with a
mirror and a total reflection prism so arranged that the dispersed rays make
an angle of 30° with the optical axis of the photographic objective. The spectroheliograph, which is fitted in a frame attached to
the eyepiece, is moveable across the axis of the telescope and its motion is regulated by a clepsydra. The
Grubb refractor, used with the spectroheliograph,
has a focal length of 3,2 m and gives an image of
the sun of about 30 mm in diameter. The length of
the slit and the aperture of the objective are 45 mm
each, and the focal length of the camera is 600 mm.
The total lateral movement of the apparatus is about
60 mm.

The second type is exemplified by the Rumford
spectroheliograph at the Yerkes Observatory[1] used on
the 40-inch refractor (fig. 18 and 19, p. 74 and 75). In
this instrument a uniform motion in right ascension
given to the telescope causes the sun's image to traverse
the first slit, and at the same time the photographic
plate is made to move across the second slit; electric
motors supply the necessary motion. Each of the two
slits measures 203 mm in length and they therefore
take in the whole of the sun's image of about
200 mm in diameter at the principal focus of the

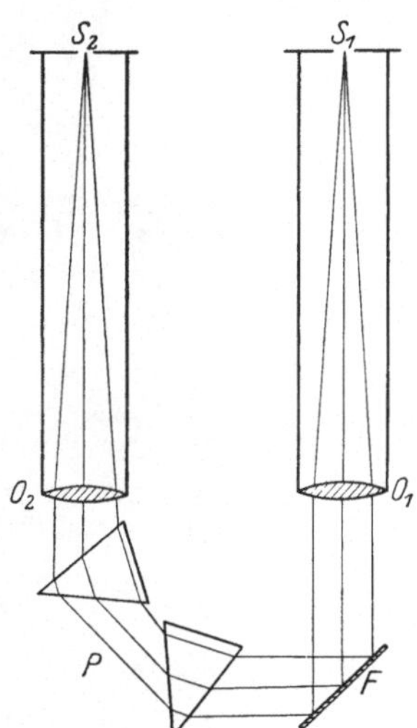

Fig 17. Diagram of spec-
troheliograph.

objective. When using such long slits the jaws must be suitably curved in
order to correct the curvature of the lines and the consequent distortion of
the sun's image. The necessary curvature can be determined theoretically[2]
and also experimentally by photographing the spectrum with the second slit
wide open and measuring the curvature of the line which it is desired to use;
the measured curvature is then divided between the first and second slits. In
order to avoid further distortion of the sun's image it is essential that the direction
and rate of motion applied to the photographic plate be the same as that of the
sun's image; the focal lengths of the collimator and photographic objective
must also be the same. The light rays from the collimator are reflected into
two prisms by a mirror so as to produce a total deflection of 180°, when the
prisms are set to minimum deviation for the line under examination; when
greater dispersion is required the mirror is replaced by a grating (fig. 19, p. 75).

Experimental trial and Michelson's theoretical investigations[3] indicate
when prisms only or prisms and a grating should be used. Michelson has shown
that the contrast in the image increases up to a certain point with the resolving
power used, and is determined by certain conditions the principal of which
is the width of the spectral line. For the calcium lines a relatively low resolving
power is sufficient to give the best results, and it is probable that the dispersion

[1] Publ Yerkes Obs 3, p. 1 (1903).
[2] Scheiner, Die Spektralanalyse der Gestirne, p. 16. Leipzig 1890.
[3] Ap J 1, p. 1 (1895).

best adapted to these lines is that given by the two 60° prisms used in the Rumford spectroheliograph. Prisms possess certain advantages over gratings, but at the same time they possess also disadvantages; they give a brighter spectrum which renders the H and K calcium lines visible and the diffused light is also less than

Fig. 18. The Rumford spectroheliograph attached to the Yerkes refractor.

with a grating. High dispersion is necessary when the sun is photographed with the absorption lines of the spectrum (the H and K lines excepted); these give monochromatic images because they are only dark by contrast.

To ensure that the spectroheliographic images really represent the gas or vapour producing the lines it is essential that the dispersion be sufficient to produce a line wider than the second slit, otherwise light from the continuous spectrum on either side of the dark line will affect the plate and so lead to erroneous conclusions. For this purpose one or two prisms are not sufficient to provide the necessary dispersion and a grating becomes necessary. The grating used to replace the mirror in the RUMFORD spectroheliograph is ruled with 787 lines per millimetre over a surface of 66×95 mm. Each line of the first order of the spectrum can be made to fall on the centre of the first prism and therefore to pass through the two prisms at minimum deviation, so that the dispersion given by the two prisms is added to that given by the grating and thus the diffused light from the grating is reduced to a minimum.

Fig. 19. Prism and grating box of the RUMFORD spectroheliograph.

It is most important that the spectral line under investigation be set exactly on the second slit; various means have been devised for this purpose. In the RUMFORD spectroheliograph a suitable eyepiece with a micrometer is mounted on the second slit attached to the camera and is moveable in a direction perpendicular to the slit. The eyepiece is focussed on the spectral lines visible through the fully opened second slit, the grating or mirror is then rotated until the desired line falls on the slit and the micrometer thread is set to the line. The slit is then closed and set to the micrometer thread.

The SNOW telescope (ciph. 4, p. 62) is fitted with a spectroheliograph of 152 cm focal length (fig. 20 and 21, p. 76). The two slits are each 21,6 mm in length. The second slit is moveable independently and can be set to any line of the spectrum, in the centre of the field, by rotating the optical train. Slits of various curvatures can be fitted to suit the dispersion given by two or four prisms, and also to suit different spectral lines. When the chromosphere or prominences are being photographed, the light from the sun's disc is cut off by means of screens of suitable sizes, these are seen on the right of the fig. 20 (p. 76). The objective of the collimator and of the camera are astrophotographic, each of 20 cm aperture and 152 cm focal length. The dispersion piece consists of one to four prisms of Jena glass with a surface of 21×12 cm; the general arrangement with four prisms and the path of the rays is shown in fig. 21 (p. 76). The frame which carries the slit and the optical parts of the spectroheliograph moves on steel balls which run on V-shaped guides; motion is supplied by a one horse-power electric motor, and the weight of the moveable parts, which exceeds 600 kg, is balanced by a mercury immersion arrangement.

The advantages of the SNOW spectroheliograph over the RUMFORD are: the large aperture of the collimator and of the photographic objective which prevents loss of light from the sun's limb, the facility with which the whole disc can be photographed with high dispersive power, the convenience of interchangeable slits with different curvatures, and the ease with which one or more prisms can be brought into use as required. A further advantage is that there is no danger of distortion of the sun's image from loss of synchronism in the motion of the sun's image and the photographic plate.

Pursuing the same line of research DESLANDRES, at the Astrophysical Observatory at Meudon near Paris, devised a similar instrument for the study of the sun's monochromatic radiations[1]. Using a widened second slit he obtained photographs of the sun's disc showing a small portion of the spectrum on either

Fig. 20. The five-foot spectroheliograph mounted for use with the Snow telescope at Mount Wilson (slit end).

side of the line under examination, with the object of recording any displacement of the line due to movements of vapour in the line of sight (Doppler effect) or to other causes, and also to record any other changes which the line might undergo over the sun's surface. The photographs were obtained by dividing the sun's image into a number of sections, and photographing each section by giving an intermittent and simultaneous motion to the sun's image and to the photographic plate.

The instrument used at Meudon for this purpose is called a "velocity recorder" by Deslandres (fig. 22). The sun's image is produced by a 20 cm concave mirror of 3,60 m focal length, which receives light

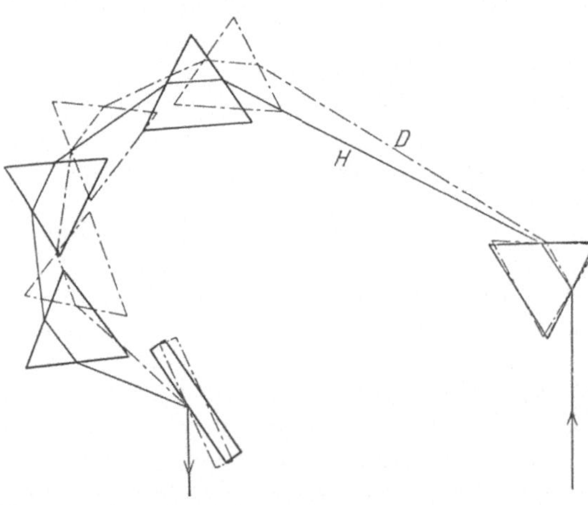

Fig. 21. Arrangement with four prisms in the Snow telescope.

from a coelostat. The focal lengths of the collimator and photographic objective are 80 cm and 3,50 m respectively, and dispersion is provided by a

---

[1] Annales de l'Observatoire d'Astronomie physique de Paris. 4 (1910).

ROWLAND grating used in the fourth order, or by a train of prisms. The sun's image, resulting from the optical system employed, is 140 mm in diameter and therefore 140 sections of the solar surface, each one millimetre in width, can be photographed in a given portion of the spectrum. The spectrograph is fixed, and to obtain photographs of successive sections of the solar surface, the objective and the plate are moved simultaneously. The motion given to the plate and objective must be discontinuous, contrary to what is essential in a spectroheliograph. Gears of various ratios enable each section to be photographed to receive an exposure of from $1^s,5$ to $16^s,5$; the interval between two exposures is reduced to $1^s,5$.

Fig. 22. Radial-velocity recorder of the Observatory at Meudon. The objective lens and the plate in front of the second slit have discontinous and simultaneous movements.

Another instrument in use at Meudon, designed by DESLANDRES, is the multiple spectroheliograph (fig. 23, p. 78), which consists of four spectroheliographs grouped around the same objective and collimator, and which can be used with prisms or gratings. The instrument is housed in a shed open at the north and south ends; at both ends two coelostats reflect the sun into the spectroheliograph. The objective is of 25 cm aperture and 4 m focal length; synchronised electric motors supply motion to the lens and the plate. The object of this arrangement is to obtain sun images of different sizes in the light of any of the lines of the spectrum by using different dispersive powers. Of the four spectroheliographs the largest is of 14 m focal length with three slits, and with it a large number of faint dark lines can be isolated and used.

The spectrograph and the spectroheliograph can be combined in the same instrument as, for example, the one in use at the Arcetri solar tower (E, fig. 8). The spectroheliograph is of the same type as that in use with the SNOW telescope, that is the instrument is moveable, while the relative positions of the sun's image and the plate are fixed. The two slits A and B (fig. 24 and 25, p. 79) are fitted to a platform which can be rotated about a vertical axis, and can also be moved horizontally with uniform motion over a space equal to the diameter of the solar image (17 cm) produced by the vertical telescope. The plate carrier C (fig. 24) can rotate with the platform, but is not affected by its horizontal movement. At the lower end of the frame are mounted the two objectives D and E each of

150 mm aperture and 4 m focal length, also the mirror F and the grating G. The sun's image falls on the first slit at A, the parallel rays are reflected by the mirror F on to the grating G, the latter reflects them on to the objective E which produces an image of the spectrum on the plate; the second slit in front of the plate isolates any desired line. The mirror below the objective D can be moved from F to F', thus altering the angle of incidence on the

Fig. 23. Quadruple spectroheliograph of the Observatory at Meudon. Four spectroheliographs are combined around the same astronomical objective and collimator. The spectroheliograph of three metres with prisms (left) and the spectroheliograph of three metres (right) are ready for use.

grating, and therefore the dispersion. With the mirror at F the linear scale on the photographic plate given by a grating with 568 rulings per millimeter is, for the first order, 1 mm $= 4{,}4$ A, and with the mirror at F', 1 mm $= 3{,}4$ A.

When the instrument is used as a spectrograph the second slit B and the plate carrier C are removed and the latter is replaced by another carrier (C in fig. 26) which takes plates 10 $\times$ 36 cm, so that a spectrum 36 cm in length can

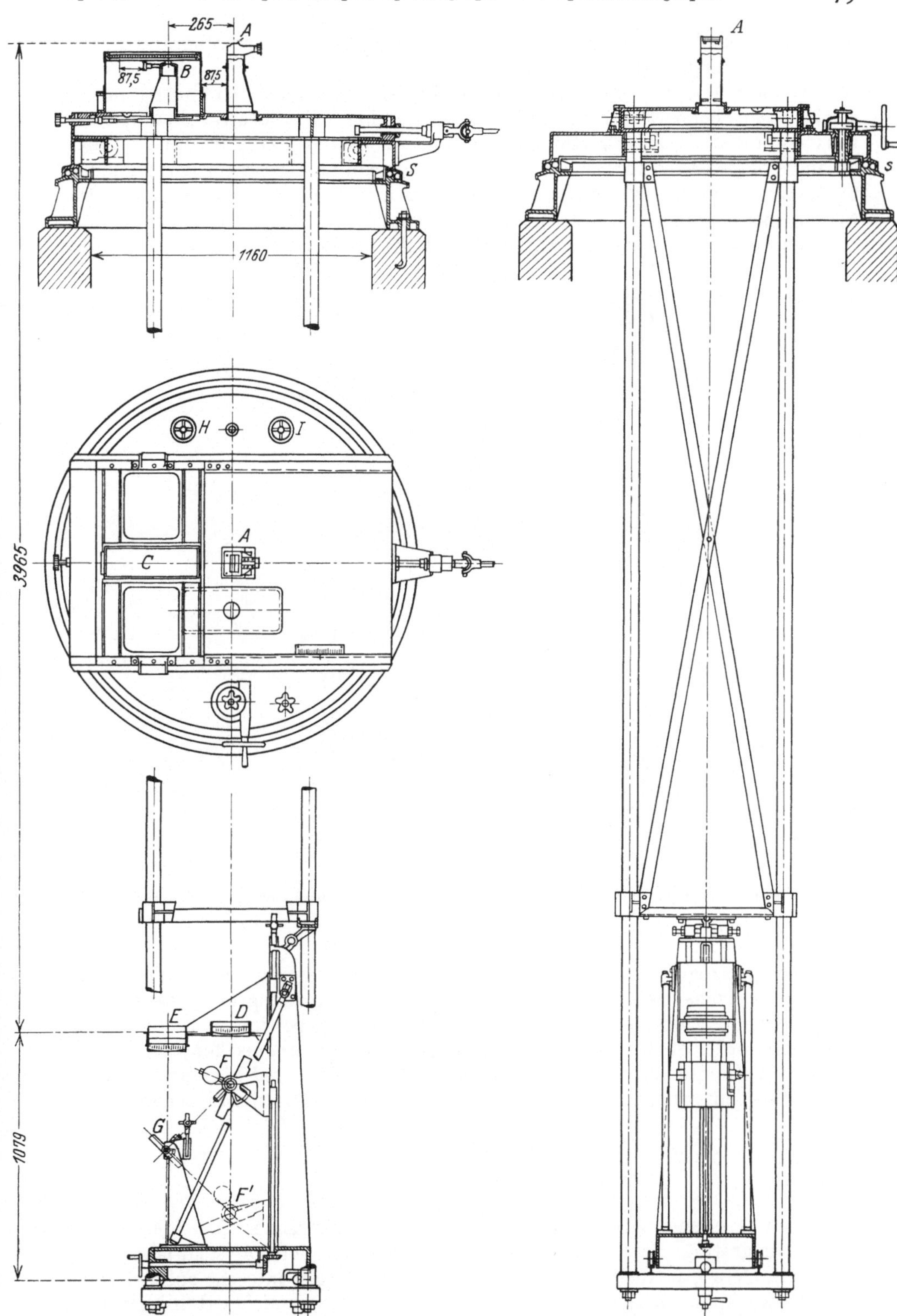

Fig. 24. Spectroheliograph and spectrograph of the Arcetri solar tower (side
elevation and plan view).

Fig. 25. Spectroheliograph and spectrograph of the Arcetri solar tower
(view from behind).

be photographed in one exposure. The focal length of the spectrograph is 4 m with the dispersion already mentioned.

An electric motor, seen on the left of fig. 27, transmits the required motion to the spectroheliograph by means of bevel gearing. The spectroheliograph can thus be rotated about its vertical axis around the east and west direction through an angle of $\pm\,30°$ so that at all seasons the slit can be always set perpendicular to the sun's equator. Coupled to the motor is a tachometer which indicates the rate of motion applied to the spectroheliograph; this varies from 0 to 25 mm per minute according to the gear used and the speed of the motor.

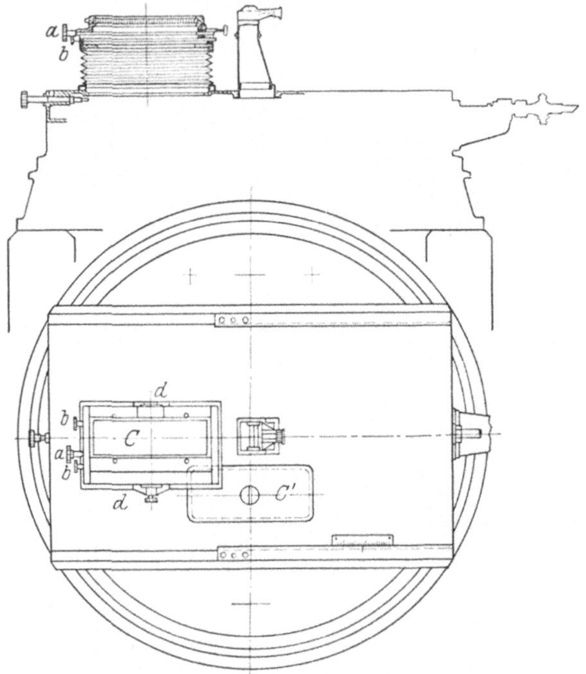

Fig. 26. Side elevation and plan of the spectroheliograph and spectrograph of the Arcetri solar tower.

The spectrograph in the basement of the Einstein tower is arranged horizontally and has two dispersion means. One is a plane grating with auto-collimator and a focal length of 12 m, which gives a dispersion of 1 mm = 1,3 A in the first order of the spectrum. The other, specially designed for stellar work, consists of a double prism of 66° and one of 33° with silvered back and an auto-collimating lens of 3 m focal length (fig. 29 u. 30, p. 82); the dispersion is:

$$1 \text{ mm} = 1{,}7 \text{ A up to } 4200 \text{ A}$$

$$1 \text{ mm} = 6{,}7 \text{ A up to } 5900 \text{ A.}$$

The train of prisms with the collimator can be swung aside when it is desired to use the grating. The basement contains also a complete physical laboratory, with suitable apparatus for projecting any artificial light into the spectrograph.

Photographic observation has made great strides, and is extensively used for studying monochromatic images; visual observation has also its advantages,

Fig. 27. Observing room with upper part of spectrograph and spectroheliograph at the Arcetri solar tower.

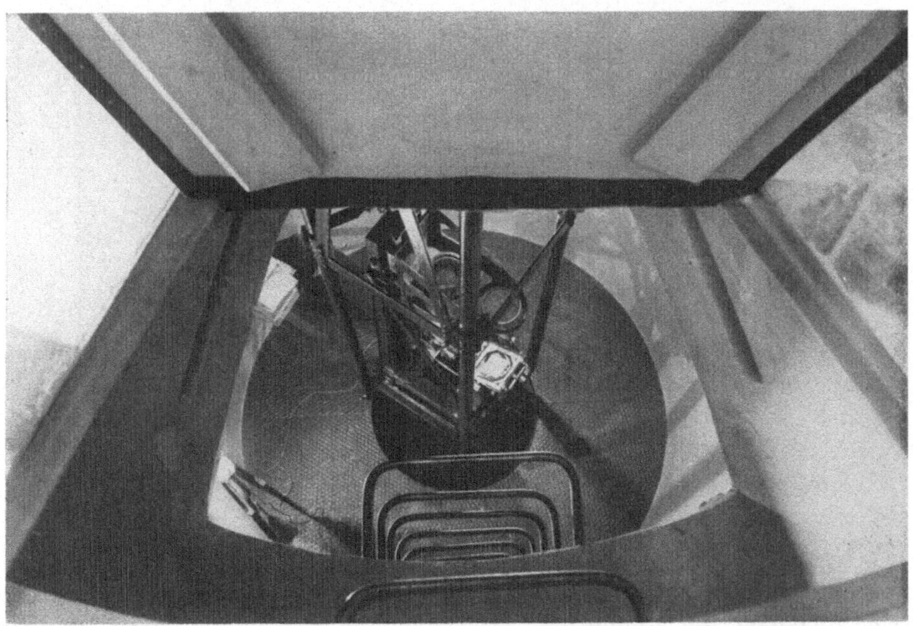

Fig. 28. Interior of pit with lower part of spectrograph and spectroheliograph of the Arcetri solar tower (vertical view from above).

for example, rapidity of observation, and delicacy of the details revealed. Visual observation of the prominences is still undertaken, and recently Hale following

Fig. 29. Prism-spectrograph of the Einstein tower (front view of collimator, camera lens and prisms).

up suggestions by Janssen, Lockyer and Young, constructed a spectrohelioscope[1] for the special purpose of examining visually the solar phenomena in

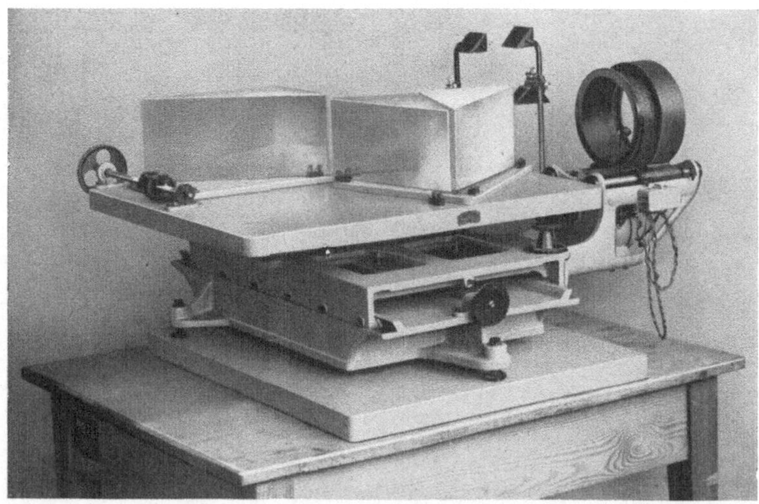

Fig. 30. Prism-spectrograph of the Einstein tower (side view).

monochromatic light. The suggestion was to cause the slit to oscillate or rotate so as to render the prominences visible, but in later developments the open

---

[1] Wash Nat Ac Proc 10, p. 361 (1924) and Nature, July 3, 1926.

slit was adopted. It occurred to HALE to apply the original idea to the spectroheliograph by making, not only, the first slit to oscillate rapidly but also to make the second slit oscillate as well, the motions of both slits being synchronous, and by setting the latter to one of the lines of the spectrum, say $H\alpha$, to obtain, by the persistence of vision, good views, not only of the prominences but also of the dark and bright flocculi projected on the photosphere. This idea has been embodied in his Solar Observatory at Pasadena where the vertical telescope and the spectroheliograph are of the type already described. The two slits are at the

Fig. 31. Upper end of HALE's combined spectrohelioscope, spectrograph and spectroheliograph. The oscillating slit-bar and binocular eyepiece may be seen near the middle of the instrument.

ends of a horizontal bar which oscillates, usually through a space of nearly $^1/_2$ cm, about a support midway between them (fig. 31). Since the optical parts are so arranged that the second slit constantly bisects the spectral line under examination, which also oscillates with the two slits, we have a monochromatic opening $^1/_2$ cm wide through which the solar surface can be examined with a suitable eyepiece. The speed of the motor which supplies the oscillating motion is regulated so as to give a persistent image. The length of the aperture is about one centimetre, so that a considerable portion of the sun's image 5 cm in diameter, can be examined at one time (fig. 32, p. 84). The delicate structure of the details which are thus made visible, and the feasibility of making observations in the various parts, red or violet, of a given line, enables the spectrohelioscope to be used as a guide to the spectroheliograph.

Fig. 32. Plan of HALE's spectrohelioscope. The oscillating slit-bar, mounted on a bearing movable by the micrometer screw near the centre of the photograph, is driven by a motor at the left (shown in fig. 31). The observer looks through the binocular eyepiece, which is focussed on the second slit. The 18-inch concave mirror of the Cassegrain reflector, the driving mechanism and sliding plate-holder of the spectroheliograph and the bottons for electric control, may also be seen in this figure.

c) Visual and Photographic Observation of the Sun's Surface and Inferences therefrom.

6. Structure of the Surface, Photosphere, Granulation, Spots and Faculae. The luminous disc seen with the naked eye, or in photographs, is the projection of the globe of the sun and is called the photosphere; its luminosity decreases rapidly from the centre to the limbs. The cause of this decreasing brightness may be due to the presence of an absorbing solar atmosphere whose absorbing power increases towards the sun's surface on account of increasing density. It is evident that the light rays emitted by a celestial body, surrounded by an atmosphere of a given depth, traverse a lesser depth of atmosphere when they emerge perpendicularly, than when they emerge tangentially, to the surface; so that if the atmosphere is capable of absorbing light, the perpendicular rays from the centre of the body suffer less absorption, and are therefore more luminous than the tangential rays. In the case of the sun the absorption near the circumference is so marked that only about 13 per cent of the violet rays are transmitted; the percentage of the blue, green, and yellow rays transmitted increases progressively up to about 30 per cent in the case of the red rays.

The smoothness of the sun's surface is frequently marred by the presence of spots, while at the edges, over more or less extensive regions, faculae of great brilliancy may be seen (fig. 33). A careful examination, visual or photographic, of the photosphere under favourable atmospheric conditions reveals a well defined structure known as granulation. The general appearance is of numerous nuclei, projected on a dark background, which light up the whole photosphere. The nuclei show up in strong contrast with the background which, though luminous in itself, is relatively dark in comparison with the nuclei. Granulation is better seen in the centre of the disc; at the edges, where the emerging rays lose much of their light because of their inclination to the surface, the brightness decreases rapidly. The nuclei are usually round, but in the neighbourhood of sunspots they become more or less oblong; their diameter never exceeds one second of arc. Their

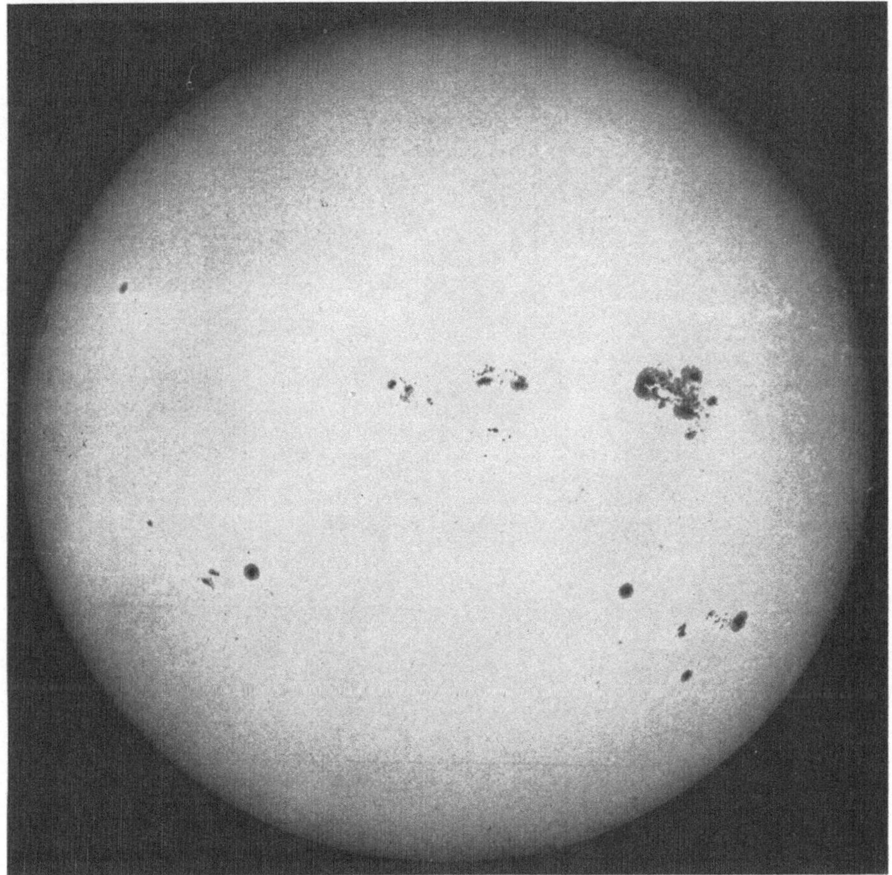

Fig. 33. Photoheliogram of the sun, August 12, 1917 (ELLERMAN, Mt. Wilson).

distance apart is generally the same as their size, but when they are near to spots they are sometimes so close together as to hide the darker background below. Granulation is so diverse, and its visibility so dependent on atmospheric conditions, that a study of its variations and of the movement of the nuclei is rendered extremely difficult, both visually and photographically[1] (fig. 34, p. 86). Photographs of the sun taken under favourable conditions show what JANSSEN called the "photospheric network", because the photosphere does not appear to be uniform but has the appearance of a number of detached groups of granules. In the spaces

---

[1] A. HANSKY, Mouvement des granules sur la surface du soleil. Mitteil. Pulkowo, 3, No. 25 (1908), and S. CHEVALIER, Étude photographique de la photosphère solaire. Annales de l'Obs. de Zô-sè 8 (1912).

between these groups nuclei of various sizes are distinctly visible, but in the groups themselves the nuclei are either distorted or only partially visible; often they disappear altogether and give place to streaks. The distorted nuclei are more or less round, but at times they assume polygonal shapes; the diameter

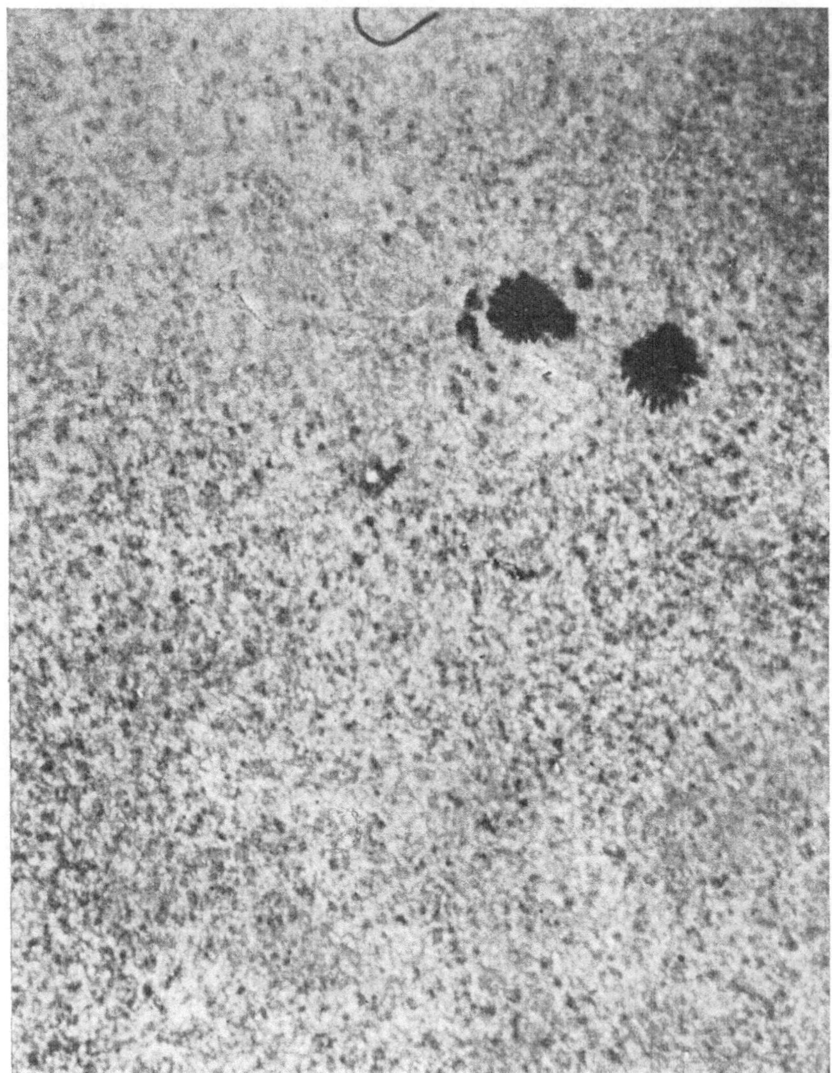

Fig. 34. Granulation of the photosphere taken at the Zô-sè Observatory on 24th July 1906.

of these groups varies considerably but is often greater than one minute of arc. A tenable explanation of this distortion is that the light rays are subject to disturbances as they pass through the terrestrial atmosphere. In a telescope the sun's limb is always seen as sinuous in outline, due to the continual changes in the layers of the terrestrial atmosphere; hence the disturbances which affect the light from the edge of the sun must also affect the rays from the whole of the sun's surface. The varying relative brightness of the brighter and darker portions of the photosphere may also be partially due to the effect of condensation of the gases and vapours in the photosphere, which, as we shall show later, is revealed by the spectroheliograph.

There are often spaces where no nuclei are visible and the appearance is that of small dark specks whose luminosity is the same as that of their background. Should these specks increase in size, their core becomes considerably darker, in fact entirely black; such specks are called pores and are nothing more than small sunspots.

Before passing to the study of sunspots we shall briefly describe the faculae. These appear as streaks of intense brightness extending for thousands of kilometres over the sun's surface, often in the neighbourhood of spots. They are readily seen near the edge of the sun where the photosphere is less bright; there they show up more brilliantly by contrast. Their form is ramified, and they often change their shape in a few hours though they may remain in the same position on the sun's surface for weeks. When seen on the edge of the sun they appear to be raised above the photosphere, and they may therefore be defined as bright streaks of irregular ramified form existing above the photosphere. If, as observation tends to show, such is really the case, their light passes through thinner and less dense layers, and therefore they lose less of their light by absorption than does the light from the lower portions of the photosphere.

7. Sunspots, their Life, Variation in Shape and Level. Observation shows the birth and typical development of a sunspot to be as follows. Several small pores coalesce and generally form two large spots; the preceding spot, or leader, is as a rule the more compact of the two and has a greater motion in longitude. Gradually a bridge of smaller spots unites the two spots; the bridge soon disappears and with it the following spot. The leader then assumes a circular shape and gradually diminishes in size and dissolves finally into a number of pores from which fresh sunspots are frequently reproduced. The duration of the spots is very variable, some last for a few hours only, others are visible for months. The size of the spots is also very variable; during periods of solar activity a nucleus of over 2′ has been measured; this means a diameter of about 90000 km, seven times that of the earth. Such dimensions are however comparatively rare, and a sunspot whose diameter, including the penumbra, is 50000 km is not of frequent occurrence. Probably the largest sunspot recorded was seen in 1858, it was 230000 km across, 18 times the diameter of the earth. A spot of about 40000 km is visible to the naked eye, and numbers of these are to be seen during periods of solar activity. Spots are usually round, but the larger spots are of extraordinarily complicated shapes, often composed of smaller spots and pores.

Each completely developed spot consists of two parts: the umbra, the inner or central portion seen as a uniformly dark surface, and the penumbra which surrounds it; pores appear to have no penumbra, but when they do it is almost negligible (fig. 35, p. 88). Granulation around the spots differs from that in other places on the sun's surface, it is very dense and the nuclei are larger and packed more closely together, so that the darker background is often completely hidden and the granulation is hardly discernible. The contrast between the luminous photosphere and the penumbra is most marked; the background of the penumbra is darker and the nuclei are elongated and are grouped radially towards the centre of the spot with comparatively large intervals between, they end as abruptly as they begin. In the centre is the uniformly dark umbra, which however is only dark by contrast, for its light is actually very brilliant [1] (fig. 36). This is easily verified by the transit of one of the inferior planets, Venus or Mercury, across the sun. The planet's disc presented to the earth is actually quite dark, but its apparent brightness is the result of illumination by the earth's atmosphere by reflection. This apparent brightness is considerable, but the brightness of the umbra is much greater, and added to its own light is the light reflected from the terrestrial atmosphere. The numerous estimates of the brightness of the umbra as compared

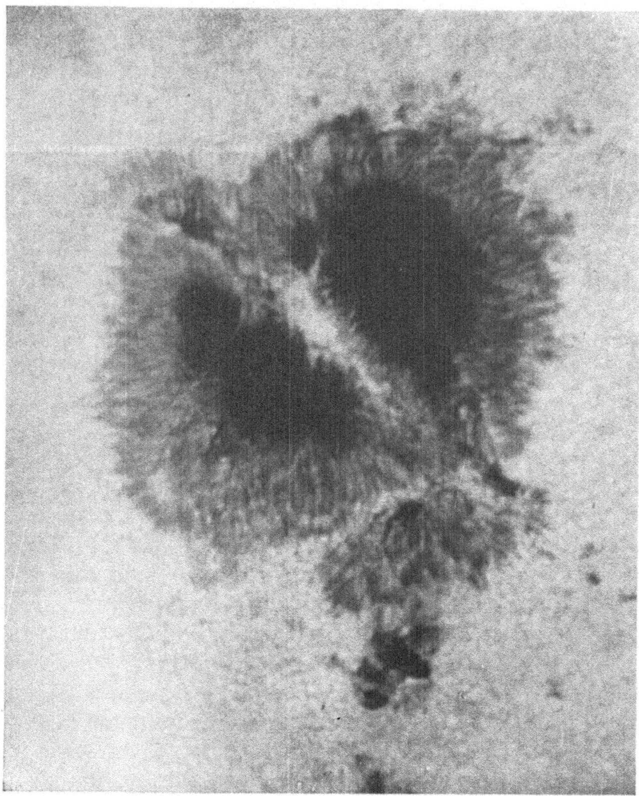

Fig. 35. Sunspot photographed at Poulkovo, 16th July 1905. (Hansky.)

with the photosphere differ greatly and vary from $^1/_{10}$[th] to $^1/_{50}$[th] of the brightness of the photosphere. In large spots a bright bridge often appears across the umbra (fig. 35). An explanation of this, based on spectroheliographic observation will be given later (ciph. 12).

It must be borne in mind, when studying their true shape, that the sunspots are seen on the surface of a sphere, and therefore their appearance varies with their position on the surface. It must also be noted that they are probably not

---

[1] Galileo had already noted this in his first letter to Marcus Velser questioning P. Scheiner's observations (Ediz. Naz. Opere. V, p. 97): "anzi stimo che le macchie vedute nel sole siano non solamente meno oscure delle macchie tenebrose che nella luna si scorgono, ma che le siano non meno lucide delle più luminose parti della luna, quand'anche il sole più direttamente l'illustra." "... rather I judge the spots seen in the sun to be, not only less dark than the dark patches seen in the moon, but to be not less bright than the brightest parts of the moon when fully illuminated by the sun ..."

plane objects in two dimensions, but in three; the problem therefore resolves itself into determining their form and their level on the surface of the photosphere.

In 1774 A. WILSON of Glasgow was the first to notice that when a spot is in the centre of the sun's disc the umbra and penumbra are circular and concentric, but as it approaches the limb its shape changes. The umbra, as well as

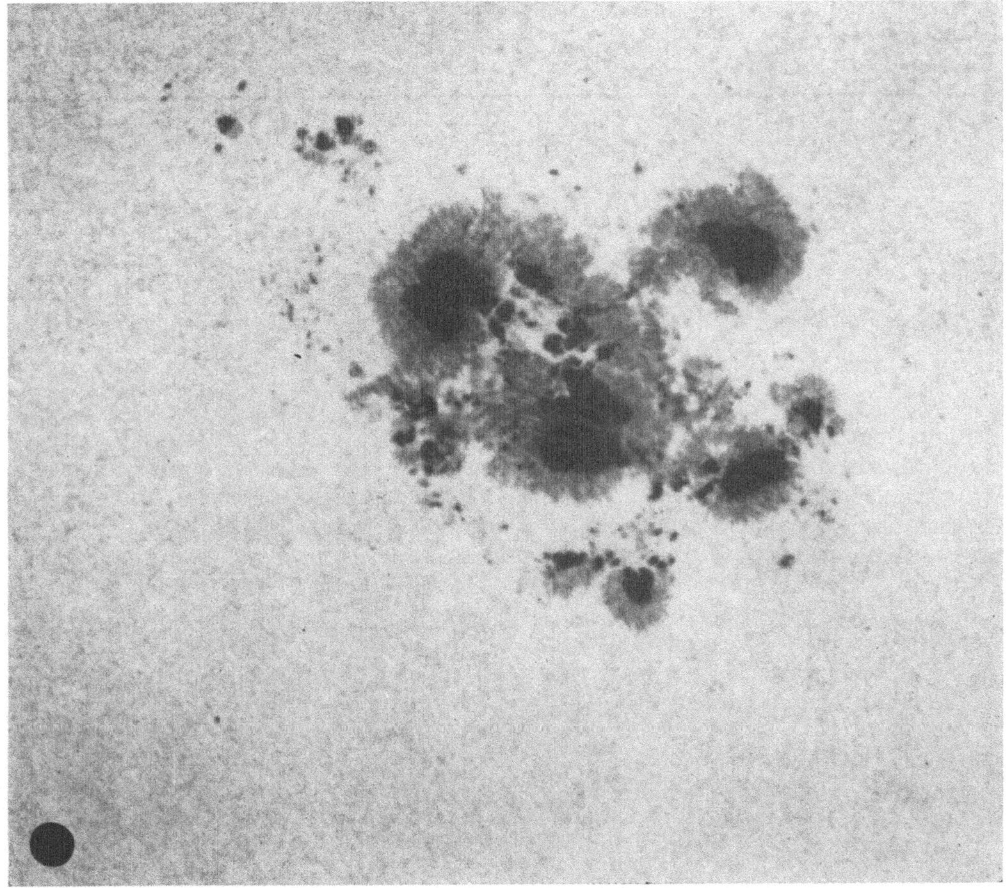

Fig. 36. Great sunspot group, photographed at Mt. Wilson, 8th August 1917.
(The disc in the corner represents the comparative size of the earth.)

the eastern portion of the penumbra, grows smaller, while the western portion turned towards the limb also decreases, but at a slower rate. Near to the edge of the limb the umbra disappears altogether, and a fine streak is all that is seen of the western portion of the penumbra; the whole spot is reduced to a dark line. On the reappearance of the spot on the sun's eastern limb, 13 days later, the whole phenomenon is repeated in an inverse order. The simple conclusions which WILSON quickly arrived at were, that sunspots are funnel shaped and situated at a lower level than the photosphere, that their depth can be measured, and that the change in their shape is due to perspective effect.

In fig. 38 (p. 90), CS is the visual line directed to the centre of the sun; Oab the line from the edge of the spot when the eastern portion of the penumbra has disappeared owing to the motion of the spot towards the limb; $C\,Z$ a line joining a and the centre of the sun. The angle $S\,C\,Z$ is known and hence its complement $b\,a\,e$. The width $a\,e$ of the penumbra is first measured when the spot is central on the sun, and assuming that it does not alter its shape in moving towards the

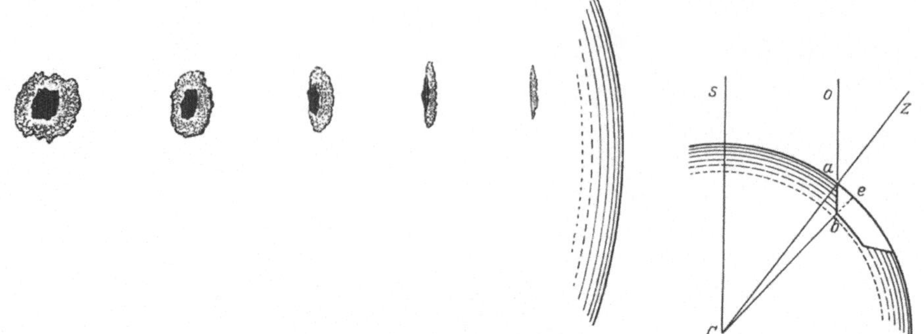

Fig. 37. Variation in the shape of spots first noted by A. Wilson.

Fig. 38. Determination of the depth of sunspots. (Secchi, Le Soleil.)

limb, the triangle $a\,b\,e$ gives the depth $b\,e$ of the spot. Wilson found that the depth was about one-third of the earth's radius; this has since been confirmed by Herschel, Secchi, Tacchini, and Chevalier, although several spots have been observed which do not conform to Wilson's observations.

Warren de la Rue, discussing the observations made at Kew, found that out of 89 normal spots, 72 agreed with Wilson's theory, but 17 did not. Chevalier after a long series of observations made at Zô-sè[1] concluded generally that spots are depressions at various depths of the photosphere, but that on the average they are at a less depth than that found by Wilson; that is that the depth seldom exceeds $1''$ or 750 km. If, in the majority of cases, sunspots are real cavities, a depression more or less deep, depending on the size of the spot, should be seen when they are on the limb; this has actually been observed by Cassini in 1719 and by others[2]. Some spots however present an inverse phenomenon, and therefore it cannot be laid down as a general rule that the umbra is at a lower level than the photosphere. The hypothesis has been put forward that although the umbra is a depression in the penumbra, yet both umbra and penumbra are at a higher level than the photosphere. We shall show later how the spectroscope enables the levels to be determined with greater certainty.

8. Determination of the Coordinates of the Various Phenomena Visible on the Sun's Surface. Heliographic Coordinates. The early observers had noticed that the sunspots, faculae, and other phenomena, appearing on the solar disc, move from east to west in circles parallel to the sun's equator, and that when they develop on the invisible hemisphere they make their appearance on the eastern limb, to disappear on the western. Sunspots of considerable dimensions have often been visible during several revolutions of the sun, and from their appearance and disappearance, at each revolution, it has been concluded that the period of rotation is about 27 days. This period represents the synodic, and not the true period, because the earth moves forward a certain distance in its orbit during

---

[1] Annales de l'Observatoire de Zô-sè, 11, p. B 10 (1919).
[2] Secchi, Le Soleil, 1, p. 74 et seq.

the time the sun performs a revolution about its axis. The true period is derived from the synodic period by the expression:

$$\frac{1}{T} - \frac{1}{E} = \frac{1}{S}$$

where T is the true period, E the length of the year, and S the observed synodic period. Substituting $365^d,25$ for E, and $27^d,25$ for S, the value of T is $25^d,35$.

As in the case of the earth, the sun's poles are the points where the solar axis cuts the surface of the sphere; the north pole is that pole which, seen from the earth, is directed towards the north of the celestial sphere. Analogous to the earth, every plane which contains the solar axis is a meridian plane; and the great circle in which that plane cuts the solar sphere is a meridian. Any meridian which, at any given moment, divides the solar disc into two equal parts can be selected as the meridian of origin, or zero meridian, from which the heliographic longitudes are reckoned, east or west. Except for the two poles, there are no determined or recognisable marks on the sun which determine a meridian, and therefore a fresh zero meridian must be selected for every series of observations.

All planes at right angles to the sun's axis cut the sphere in circles which are parallels of latitude, but the great circle traced by the perpendicular plane which passes through the centre of the sun is the solar equator. The solar equator is inclined to the ecliptic by an angle of about $7°$; the terrestrial equator, as is well known, makes an angle of $23°,5$ with the ecliptic.

All data relating to the sun's revolution, except perhaps those obtained spectroscopically, can only be taken as approximations, because the spots, and other phenomena used in the attempt to determine the period of the sun's rotation, are not fixed on the solar surface but are frequently observed to have a considerable proper motion of their own.

Sunspots do not move across the solar disc in straight lines on account of the inclination of the solar equator to the ecliptic, but they

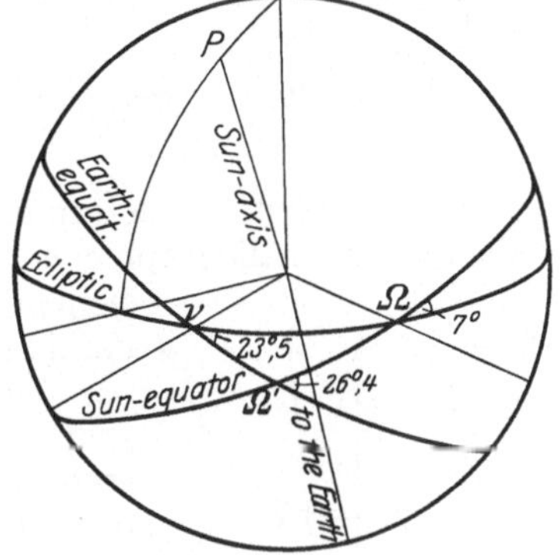

Fig. 39. Position of the ecliptic and solar and terrestrial equators.

describe ellipses which are the orthographic projection, seen from the earth, of the solar parallels. The spots are seen to move across the disc in straight lines only when the earth is at those opposite points in its orbit where the ecliptic cuts the sun's equator. Except at these points, the sun's axis is always inclined to the ecliptic to a greater or lesser degree; the inclination varies from $0°$ to $7°$.

In addition to its inclination we have to consider the position angle of the sun's axis. A great circle passing through the celestial pole and the sun's centre, gives a north and south line which is the reference line for the position angle of the sun's axis. To find the position angle at any time, the inclination of the sun's axis to the ecliptic and the inclination of the earth's axis must be known. The inclination of the solar equator to the terrestrial equator is $26°25'$, and the two epochs on which the inclination of the sun's axis is $0°$ occur early in June and early in December, that is when the earth crosses the plane of the sun's equator; the sunspots then cross the disc in straight lines and the sun's equator is a diameter of the apparent disc (D and A, fig. 40, p. 92). Between June and December the sun's north pole is directed towards the earth, and between

December and June the south pole. The two epochs when the position angle of the sun's axis is 0°, that is when the sun's axis lies in the hour circle (or celestial meridian), occur at the beginning of January (*B*) and the beginning of July (*E*). Between January and July the sun's north pole is west of the celestial meridian (*C* and *D*), and east between July and January (*F* and *A*). The maximum deviation east or west is 26°25′.

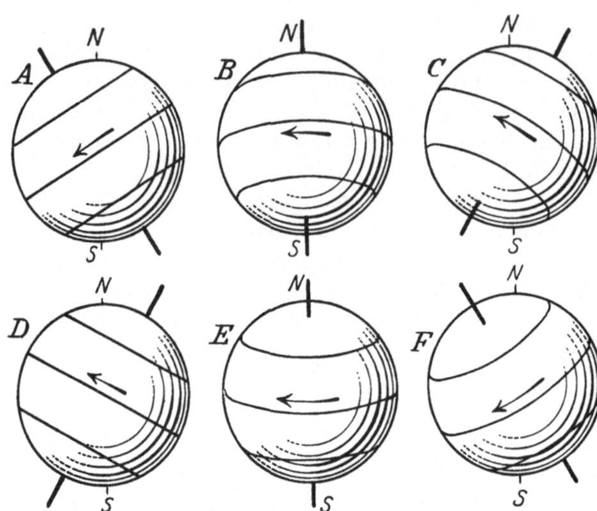
Fig. 40. Position of the sun's axis.

The Nautical Almanac and the Handbook of the British Astronomical Association publish every year an ephemeris for the physical observations of the sun. The position angle of the solar axis, its inclination (or what is the same thing the heliographic latitude of the earth), and the heliographic longitude of the centre of the disc are given for intervals of five days.

The problem of determining the elements of the sun's rotation and of deducing the heliographic coordinates of any given phenomenon from those elements has been investigated by many observers, beginning with Chr. Scheiner[1].

The heliographic longitude and latitude of a sunspot can be obtained, for example, from the formulae given by DE LA RUE and his collaborators[2]. If r be the distance of a spot from the sun's centre, R the measured radius of the sun, R' the sun's semidiameter as given in an ephemeris, and ϱ and ϱ' the angular distances of the spot M from the centre of the apparent disc, as seen respectively from the sun and from the earth, ϱ is obtained from the following equations:

$$\varrho' = \frac{r}{R} R'; \quad \sin(\varrho + \varrho') = \frac{r}{R}.$$

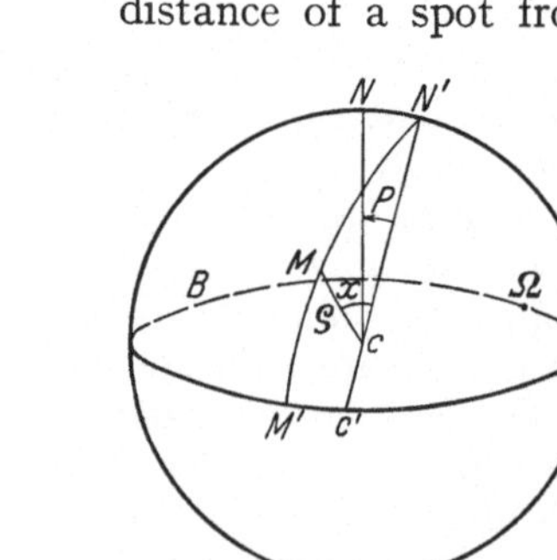
Fig. 41. Angular distance of a sunspot from the sun's centre.

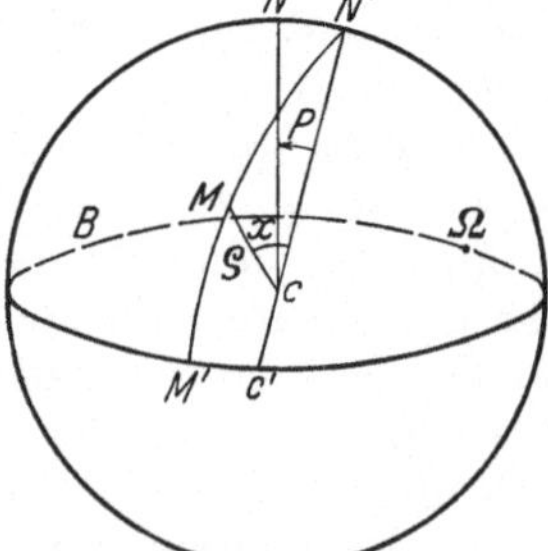
Fig. 42. Heliographic coordinates of a sunspot.

If D and φ are the heliographic latitudes of the earth

<hr>

[1] See G. Santini, Elementi di Astronomia. 1, p. 141 et seq. Padova (1830) and R. Wolf, Handb. der Astronomie, 4. Halbband, p. 421 et seq. Zürich 1892.

[2] DE LA RUE, STEWART, LOEWY, Research on Solar Physics: Heliographical Positions etc. Phil. Trans (1869), see also: DE LA RUE, Tables for Reduction of Solar Observations. London (1875—1878). Introduction to Greenwich Photoheliographic Results in Greenwich Observations p. D VII.

and of a sunspot respectively, referred to the sun's equator, and l the heliographic longitude of the spot reckoned from the solar meridian at the centre of the disc at the time (positive when west of the centre), and χ the position angle of the spot reckoned from the sun's axis, then:

$$\sin\varphi = \cos\varrho \, \sin D + \sin\varrho \, \cos D \, \cos\chi,$$
$$\sin l = - \sin\chi \, \sin\varrho \, \sec\varphi.$$

The position angle $\chi = N'CM$ is obtained by subtracting P (position angle of the sun's north pole measured from the north point N towards the east) from the spot's position angle reckoned from the north point. The heliographic longitude is $l + L$, where $l = C'M'$, and $L = \Omega B C'$, or the earth's heliographic longitude; Ω is the longitude of the ascending node. The three quantities P, D and L for the given time are found in the ephemeris mentioned above.

The Greenwich Observatory adopts CARRINGTON's elements for the computation of the heliographic coordinates. These are: the inclination of the plane of the sun's equator to the plane of the ecliptic $= 7°15'$; longitude of the ascending node $= 73°40' + (A - 1850) \, 0°,014$, where the second term is the precession from the year 1850 to the date A; and the period of sidereal rotation $= 25^{\mathrm{d}},38$. The meridian of origin, or zero meridian adopted, is that which crossed the ascending node on January 1st, 1854, Greenwich Mean Noon.

9. Distribution of the Spots and Faculae in Heliographic Latitude. Periodicity, Period of Rotation and Proper Motion of the Spots. Refraction of the Solar Atmosphere. Sunspots do not appear over the whole of the solar surface, their distribution is limited to two belts lying between $5°$ and $40°$ north and south latitudes; they seldom appear on the equator, and have never been seen beyond $45°$ north or south of the solar equator.

Fig. 43 shows the distribution of a large number of spots observed by CARRINGTON and SPÖRER between 1853 and 1861. The maximum frequency lies between $10°$ and $20°$ north or south latitude; their number and size vary considerably, not only from day to day, but from month to month and from year to year. A regular periodicity had long been suspected, but it was SCHWABE who discovered the eleven year period. The number of spots, though variable from day to day, is fairly regular when taken over a long period; the maximum number to be seen is from 25 to 50 per day, but days may pass when no spots whatever are to be seen on the sun's surface. R. WOLF[1] examined all the sunspot observations since the time of Galileo and obtained a mean period of 11,1 years

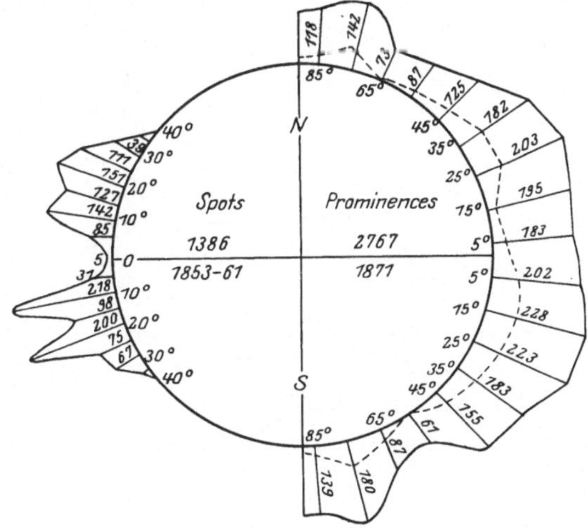

Fig. 43. Distribution in latitude of sunspots.

as the cycle of solar activity. This period, which is subject to fluctuations, he arrived at with his relative numbers, which are still used. These take into

---

[1] R. WOLF, Handb. der Astronomie, 4. Halbband, p. 408 and seq.

account g, the number of groups of spots visible daily, and f, the number of spots counted. Taking all observations from 1850, Wolf assumed a weight of 10 for the groups of spots and of 1 for the number of spots; the relative number r was obtained from:

$$r = k \ (10\,g + f),$$

where k is a coefficient depending upon the instrument used and upon the observer, which he took as unity for his own observations at Zürich with a telescope of 10 cm aperture and a power of 64. Wolf's observations and determinations have been kept up by A. Wolfer and W. Brunner in collaboration with numerous observatories and under an international organisation which publishes the relative numbers annually[1]. The relative numbers for every month from 1749 to 1924 have recently been published by Wolfer[2]; because of their importance in solar physical research and of the connection between solar and terrestrial phenomena the yearly relative numbers from 1749 are given below.

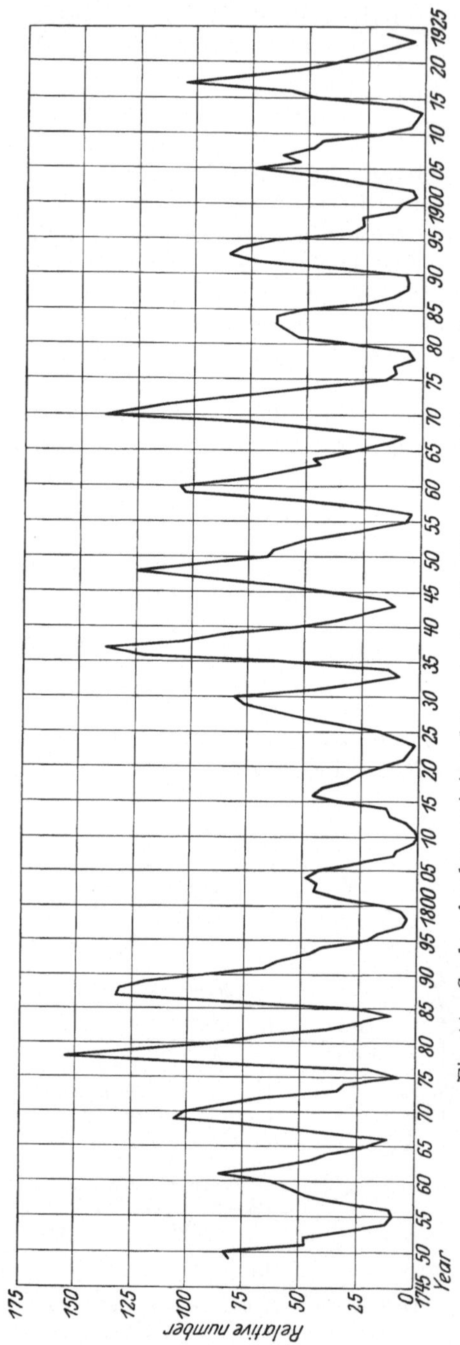

A more precise determination of the period of solar activity is obtained by measuring the total areas covered by the spots (umbra and penumbra) and the faculae. This investigation undertaken by Carrington and de la Rue is still continued at Greenwich, where the areas are measured from the daily photographs of the sun submitted by various observatories[3]. The areas are measured on the heliophotograms by means of a glass plate ruled with cross lines each one hundredth of an inch apart; a correction for the foreshortening effect is applied when the spots are at some distance from the centre of the sun. The areas are usually expressed in millionth parts of the visible solar surface. Thus, for example, at the 1859 maximum,

Fig. 44. Cycle of solar activity determined with Wolf's relative numbers.

[1] Astronomische Mitteilungen, gegründet von R. Wolf, herausgegeben von A. Wolfer und W. Brunner, Zürich.

[2] Terrestrial Magnetism and Atmospheric Electricity, June 1925.

[3] Greenwich Photoheliographic Results.

Table I. Observed Sunspot Relative Numbers, 1749—1927, by A. WOLFER.

Year	R. N.	Year	R. N.	Year	R. N.
1749	80,9	1810	0,0	1867	7,3
1750	**83,4**	1811	1,4	1868	37,3
1751	47,7	1812	5,0	1869	73,9
1752	47,8	1813	12,2	1870	**139,1**
1753	30,7	1814	13,9	1871	111,2
1754	12,2	1815	35,4	1872	101,7
1755	9,6	1816	**45,8**	1873	66,3
1756	10,2	1817	41,1	1874	44,7
1757	32,4	1818	30,4	1875	17,1
1758	47,6	1819	23,9	1876	11,3
1759	54,0	1820	15,7	1877	12,3
1760	62,9	1821	6,6	1878	3,4
1761	**85,9**	1822	4,0	1879	6,0
1762	61,2	1823	1,8	1880	32,3
1763	45,1	1824	8,5	1881	54,3
1764	36,4	1825	16,6	1882	59,7
1765	20,9	1826	36,3	1883	**63,7**
1766	11,4	1827	49,7	1884	63,5
1767	37,8	1828	62,5	1885	52,2
1768	69,8	1829	67,0	1886	25,4
1769	**106,1**	1830	**71,0**	1887	13,1
1770	100,8	1831	47,8	1888	6,8
1771	81,6	1832	27,5	1889	6,3
1772	66,5	1833	8,5	1890	7,1
1773	34,8	1834	13,2	1891	35,6
1774	30,6	1835	56,9	1892	73,0
1775	7,0	1836	121,5	1893	**84,9**
1776	19,8	1837	**138,3**	1894	78,0
1777	92,5	1838	103,2	1895	64,0
1778	**154,4**	1839	85,8	1896	41,8
1779	125,9	1840	63,2	1897	26,2
1780	84,8	1841	36,8	1898	26,7
1781	68,1	1842	24,2	1899	12,1
1782	38,5	1843	10,7	1900	9,5
1783	22,8	1844	15,0	1901	2,7
1784	10,2	1845	40,1	1902	5,0
1785	24,1	1846	61,5	1903	24,4
1786	82,9	1847	98,5	1904	42,0
1787	**132,0**	1848	**124,3**	1905	**63,5**
1788	130,9	1849	95,9	1906	53,8
1789	118,1	1850	66,5	1907	62,0
1790	89,9	1851	64,5	1908	48,5
1791	66,6	1852	54,2	1909	43,9
1792	60,0	1853	39,0	1910	18,6
1793	46,9	1854	20,6	1911	5,7
1794	41,0	1855	6,7	1912	3,6
1795	21,3	1856	4,3	1913	1,4
1796	16,0	1857	22,8	1914	9,6
1797	6,4	1858	54,8	1915	47,4
1798	4,1	1859	93,8	1916	57,1
1799	6,8	1860	**95,7**	1917	**103,9**
1800	14,5	1861	77,2	1918	80,6
1801	34,0	1862	59,1	1919	63,6
1802	45,0	1863	44,0	1920	37,6
1803	43,1	1864	47,0	1921	26,1
1804	**47,5**	1865	30,5	1922	14,2
1805	42,2	1866	16,3	1923	5,8
1806	21,1			1924	16,7
1807	10,1			1925	44,3
1808	8,1			1926	63,9
1809	2,5			1927	69,0

the daily average was about 1400 millionths, while at the following minimum in 1867 an average of only 200 millionths of the sun's surface was covered by spots. At the minimum of 1913 the daily average area was only 1 for the umbrae, 7 for the spots (umbra and penumbra), and 95 for the faculae, while at the 1917 maximum the numbers were 247, 1537, and 2305 respectively. The relative numbers for those years are found in the table I.

From the curve of solar activity and the relative numbers for the periods investigated, or from the areas covered, it is clear that the ascent from minimum to maximum is steeper than the descent to minimum, and that the average interval between a maximum and a minimum is 6,6 years, while from a minimum to the succeeding maximum the interval is 4,5 years. The intervals between two maxima or a minimum and a maximum, or viceversa, are however irregular, but an eleven year period is indisputable, though it may be complicated with probable longer or shorter periods running concurrently. An inspection of the curve (fig. 44, p. 94) shows that a period of 11,5 years is not quite satisfactory, a double period of 23 years with two unequal parts appears to be more probable. Turner[1] compared the alternate halves of the double period over a number of cycles; the result, shown in fig. 45, has been confirmed by Hale, who obtained 23 years as the magnetic period of the sunspots. Other observers have attempted to deduce other concurrent periods from the curves of solar activity, but with inconclusive results. Schuster[2] discussing the cycles between 1833 and 1900, and

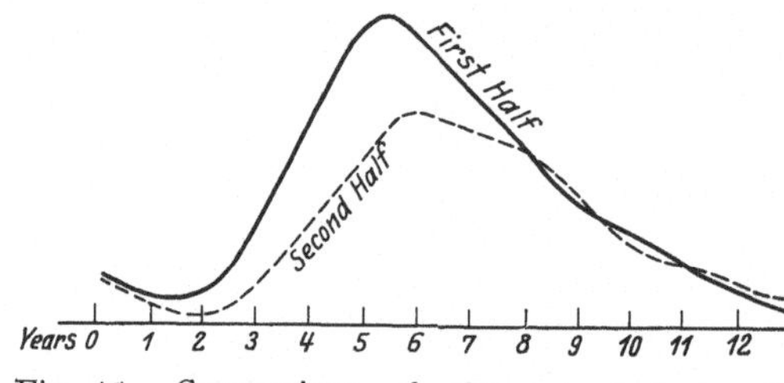

Fig. 45. Comparison of alternate halves of 23 years cycle.

applying Fourier's general theory, sought to represent the curve of solar activity as the sum of simple sine curves, with the result that there appear to be four, if not more, concurrent periods. These periods do not, however, represent the observed fluctuations sufficiently well because the varying amplitudes of the periodic curves have not been taken into account. Oppenheim[3] introducing a periodical function with an oscillating period arrives at the determination of two cycles of 11,25 and 450 years which fairly represents Wolf's relative numbers.

Not only do the number and dimensions of the spots vary during the eleven year period, but also their position and distribution over the solar surface. Spörer investigated this phenomenon, which is of great theoretical importance in connection with the physical constitution of the sun, and is also related to the magnetic period of the spots.

The regions, where disturbances giving rise to the spots take place, at the beginning of a given period (minimum), are situated in two belts in 30° north or south latitude. These belts drift towards the equator, and at maximum activity they are in about latitude $\pm$ 16°; as they continue their drift the number of spots decreases, until they almost die out in about latitude $\pm$ 8° at the end of the cycle, after an interval which varies from 12 to 14 years from the time when they first appeared. Two or three years before their final disappearance fresh disturbances giving rise to a new series of spots are seen to take place in higher latitudes. At minimum activity there are therefore four distinct belts of disturbances, two near the equator, where the spots are dying out, and two

---

[1] M N 74, p. 94 (1914).   [2] Pringsheim, Physik der Sonne, p. 66 (1910).
[3] A N 232, p. 369 (1928).

in higher latitudes, where a new cycle of spots is beginning before the preceding cycle has run its course. Spörer's results (1855—1880), which have since been confirmed, are illustrated in fig. 46. The upper curve is like the curve in fig. 44, the ordinates corresponding to areas covered by spots; the two curves below represent the heliographic latitudes of the spots counted in the years marked on the abscissae. A further investigation of Spörer's law, taking the cycles between 1874 and 1913, was undertaken by Maunder[1] who plotted fig. 47 (p. 98) showing the distribution in latitude of the centres of the spots during those years. He observes that a ripple of disturbance on the solar surface, caused by the drifting of the spots, may indicate a pulsating photosphere, as in the case of the Cepheids. We shall show later that a similar pulsation is probable in the sun's external envelopes.

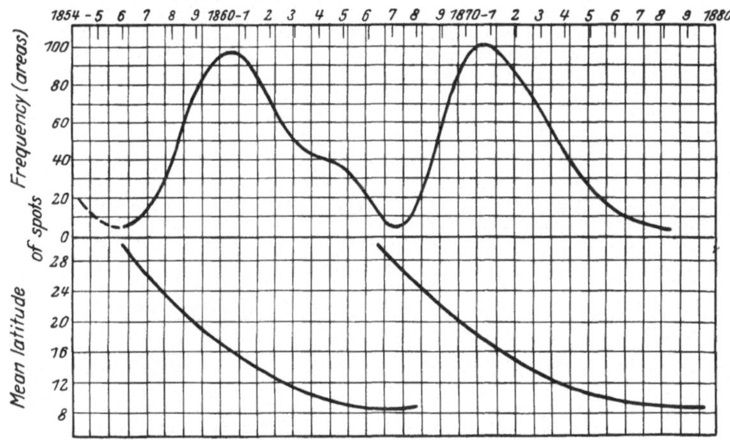

Fig. 46. Spörer's curves of sunspot latitude. (Pringsheim, Physik der Sonne.)

Analysing the four cycles between 1874 and 1923, Turner[2] found that the mean period of activity derived from the drift in latitude is 11,35 years, and 11,65 years if derived from the maxima and minima areas covered; the mean of these two periods is 11,5 years, which is the period usually adopted for the frequency of sunspots.

The faculae are seen, as we have already said, in the vicinity of sunspots when the latter approach the sun's limb, but sunspots do not always accompany all faculae. They are also visible in latitudes higher than the sunspot belts, but always with greater frequency in those belts.

Mascari in his researches[3], which cover the cycles between 1893 and 1903, divides the faculae into two distinct categories. The first contains all those extensive groups of faculae whose centre of activity varies with the eleven year period and which move from latitude $\pm 30°$ to the equator and then sharply back; here, together with the faculae, sunspots are found and have life. To the second set belong all those small groups of faculae which are found in high latitudes, between $\pm 75°$ and $\pm 80°$; their generation is due to causes which are either different to those which produce the faculae in the first set, or which do not act with the same energy in high latitudes. The connection between sunspots, faculae and prominences will be discussed later.

The differences between the various periods of solar activity, deduced from the time when regular, or sufficiently regular, sunspot observations were

---

[1] M N 64, p. 747 (1904); 82, p. 534 (1922).   [2] M N 85, p. 471. 1925.
[3] Memorie Spettr. Ital. 33, p. 45 (1904).

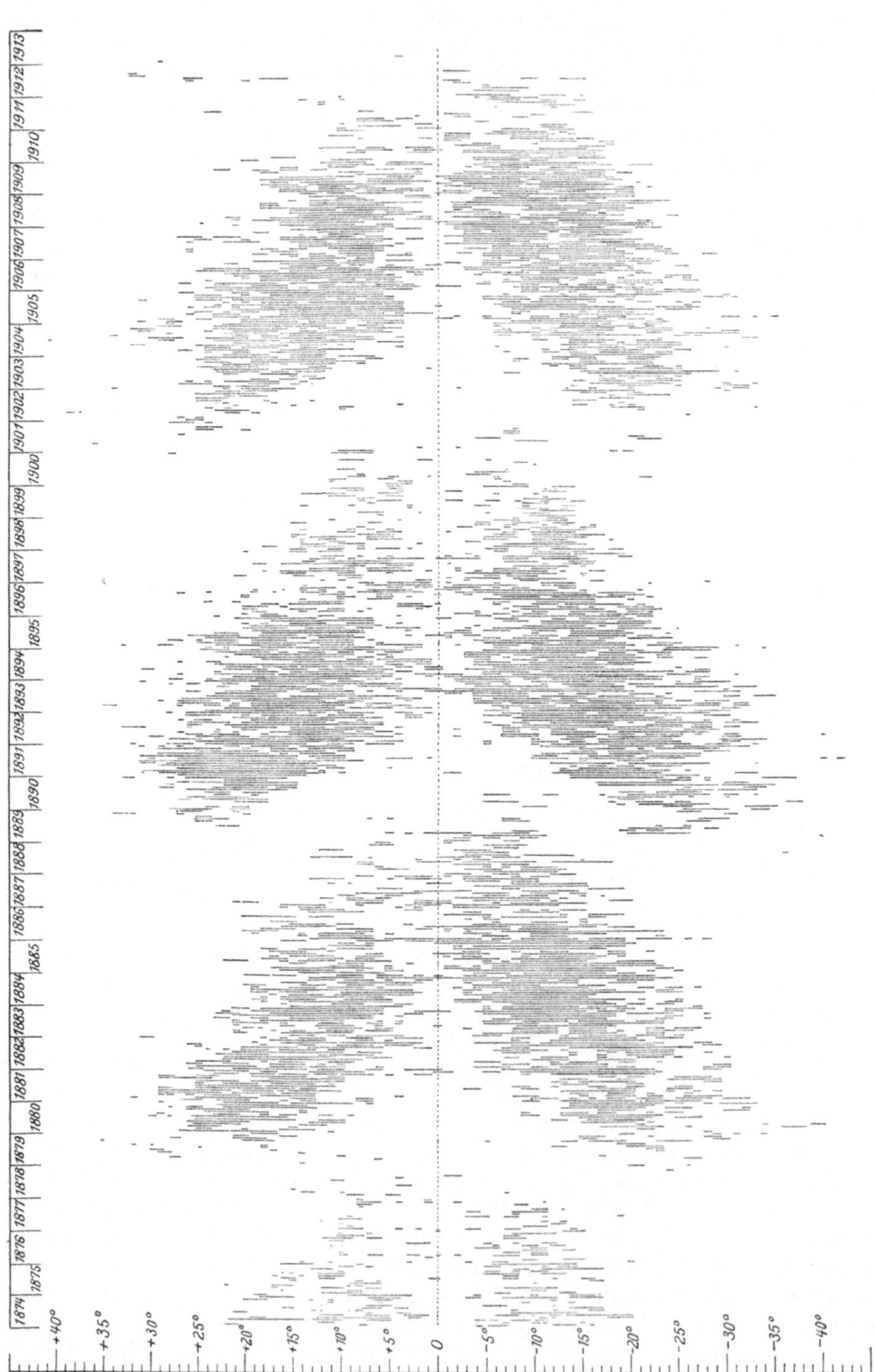

Fig. 47. Distribution of spot-centres in heliographic latitude (MAUNDER).

commenced, are considerable. These differences are given in table II, which gives the epochs of sunspot maxima and minima as computed by WOLFER[1].

Table II. Sunspots Maxima and Minima.

Minima			Maxima		
Epoch	Weight	Period	Epoch	Weight	Period
1610,8	5		1615,5	2	
		8[a],2			10[a],5
1619,0	1		1626,0	5	
		15 ,0			13 ,5
1634,0	2		1639,5	2	
		11 ,0			9 ,5
1645,0	5		1649,0	1	
		10 ,0			11 ,0
1655,0	1		1660,0	1	
		11 ,0			15 ,0
1666,0	2		1675,0	2	
		13 ,5			10 ,0
1679,5	2		1685,0	2	
		10 ,0			8 ,0
1689,5	2		1693,0	1	
		8 ,5			12 ,5
1698,0	1		1705,5	4	
		14 ,0			12 ,7
1712,0	3		1718,2	6	
		11 ,5			9 ,3
1723,5	2		1727,5	4	
		10 ,5			11 ,2
1734,0	2		1738,7	2	
		11 ,0			11 ,6
1745,0	2		1750,3	7	
		10 ,2			11 ,2
1755,2	9		1761,5	7	
		11 ,3			8 ,2
1766,5	5		1769,7	8	
		9 ,0			8 ,7
1775,5	7		1778,4	5	
		9 ,2			9 ,7
1784,7	4		1788,1	4	
		13 ,6			17 ,1
1798,3	9		1805,2	5	
		12 ,3			11 ,2
1810,6	8		1816,4	8	
		12 ,7			13 ,5
1823,3	10		1829,9	10	
		10 ,6			7 ,3
1833,9	10		1837,2	10	
		9 ,6			10 ,9
1843,5	10		1848,1	10	
		12 ,5			12 ,0
1856,0	10		1860,1	10	
		11 ,2			10 ,5
1867,2	10		1870,6	10	
		11 ,7			13 ,3
1878,9	10		1883,9	10	
		10 ,7			10 ,2
1889,6	10		1894,1	10	
		12 ,1			12 ,3
1901,7	10		1906,4	10	
		11 ,9			11 ,2
1913,6	10		1917,6	10	

---

[1] A N (Jubiläumsnummer), p. 33. September 1921.

A remarkable fact which emerges from Tables I and II is that, at the end of the 17th and the beginning of the 18th century there was a prolonged period of minimum activity, and during this period the northern hemisphere was quiescent, with almost a total absence of spots. The dissymmetry in the frequency of spots in the two hemispheres obtains in one direction or another throughout various cycles.

When the sun's rotation is determined from sunspots we are necessarily limited to the sunspot region, that is to the belts between $\pm 10°$ and $\pm 30°$; the early determinations gave a period which lies between 25 and 27 days. Spörer and Carrington, from their respective prolonged and systematic observations, obtained sufficiently concordant values of about $25^{1}/_{4}$ days; but the differences between the results of other observers were explained later by Carrington who showed that the sun's rotation is not that of a solid body, but varies as a function of the latitude. The rotation period is a minimum at the equator and increases gradually towards the poles as follows:

Latitude	Rotation Period
$\pm\ 0°$	$25^d,0$
10	25 ,2
20	25 ,7
30	26 ,5
40	27 ,4

The last value is very uncertain because of the small number of spots which appear in that latitude. Fig. 48, due to Maunder[1], illustrates the rotation at different latitudes, and is drawn assuming the existence of a spot at every 5° of latitude and that all the assumed spots are on the sun's central meridian at a given instant. Every spot is carried towards the west by the apparent motion of the sun with the mean velocity proper to its latitude, so that after a synodic revolution the spot should be in the position indicated in the curve.

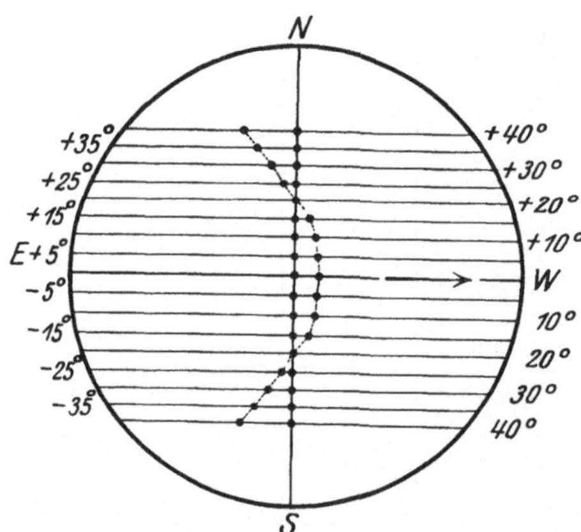

Fig. 48. Apparent movement in longitude of spots in different solar latitudes during one rotation of the sun (Maunder).

Attempts have been made to represent analytically with an empirical formula, the velocity of rotation as a function of the heliographic latitude. Many such formulae have been devised and all are more or less of the same form, that is with a term depending on the latitude and a constant. Taking ξ as the velocity of rotation, or the angular distance travelled by a spot in one day, and φ the heliographic latitude, the following formulae have been obtained:

$$\text{Carrington} \quad \xi = 14°,42 - 2°,75 \sin^{\overline{7}} \varphi,$$

$$\text{Spörer} \quad \xi = 8°,55 + 5°,80 \cos \varphi,$$

$$\text{Maunder} \quad \xi = 12°,43 + 2°,01 \cos^2 \varphi.$$

---

[1] M N 82, p. 539 (1922).

Taking the mean of the more reliable values, the daily rate of motion is:

φ	ξ (Spots)	φ	ξ (Spots)
$\pm\ 0°$	14°,40	20°	14°,06
5	14 ,38	25	13 ,89
10	14 ,31	30	13 ,69
15	14 ,20	35	13 ,47

It may be noted that there is a difference of nearly one degree between the sun's angular velocity at the equator and at the 35th parallel. The above values are the result of a large number of sunspot observations; there are, however, very great differences in the results of individual observers due to the proper motion of the sunspots over the sun's surface.

A determination of the rotation period has recently been undertaken at Greenwich[1] from long lived spots only, that is those which have a life of at least 25 days; these spots are usually regular and approximately circular and, in the majority of cases, they are the leaders of groups, so that their life and duration makes them particularly adapted to such a determination. If x is the change in longitude during a period of y days relative to the solar meridian whose period is 25,38 days, the rotation period in days is given by:

$$\frac{360}{\dfrac{360}{25.38} + \dfrac{x}{y}}\ .$$

The angular daily motion obtained from 449 spots in the four cycles between 1878 and 1923 is:

$$\xi = 14°,37 - 2°,60 \sin^2\varphi.$$

The proper motion of the spots may be in latitude or in longitude, and may be uniform or irregular. The systematic proper motion of the long-lived spots has been investigated at Greenwich[2]; the motion in latitude is found to be very small, barely one tenth of a degree in a revolution. It is interesting to note that the general drift towards the equator of a sunspot belt during a solar cycle, which should be a mean of $0°,14$ per sidereal rotation, is barely traceable in the motion of individual spots.

The systematic motion in longitude is of much greater importance. In 1913 MAUNDER suggested that this motion is connected with the age of the spots. At the birth of a group of spots, two principal spots are distinguished, the leader towards the west, and the follower to the east. During the first two days the leader of the group moves rapidly forward in longitude, with a velocity of about $1°,0$ per day. During the next two days the velocity decreases to about $0°,4$, and continues to decrease till about the 15th day when it moves with the mean velocity proper to its latitude; about the 20th day the motion is retrograde at the rate of about $0°,06$ per day. Corresponding changes take place in the dimensions of the spot; there is a rapid increase in size at first and the maximum is attained about the 9th day, after which it decreases slowly.

The upper curve in fig. 49 (p. 102) represents the motion in longitude, the ascending curve indicates a movement towards the west in the direction of rotation; in the lower curve the area of the spots is expressed in millionths of the visible hemisphere; the abscissae in both cases give the age of the spots in days.

The motion of the "follower" is consistently slower than the mean velocity corresponding to its latitude, especially at the time of its formation when the mean

---

[1] M N 85, p. 548 (1925).   [2] M N 85, p. 185 and 553 (1925).

motion is 0°,3 towards the east. The contemporaneous changes in the area of the follower show a rapid increase to a maximum on the 3rd or 4th day, followed by a slow decrease.

From the evidence supplied by spectroscopic observation, which we shall deal with later, we are compelled to admit that the chromospheric layers possess an angular velocity of rotation which increases with the height above the solar surface. Therefore if the differences in the rotation periods of the leader spots are due to their variations of level, it must follow that at their birth they are situated at high levels and descend rapidly through the lower layers, their dimensions increasing in so doing. Or alternately we may consider[1] that the forces acting at the time of the formation of a group tend violently to separate the leader and the follower, and that when the initial impulse dies away the motion of the spots is checked by the viscosity of the strata. The subsequent motion of separation, more especially in the case of the leader, agrees with the actual velocity of the layer wherein the spot is situated; this velocity is therefore slightly less than that derived from the formula above for the long lived-spots.

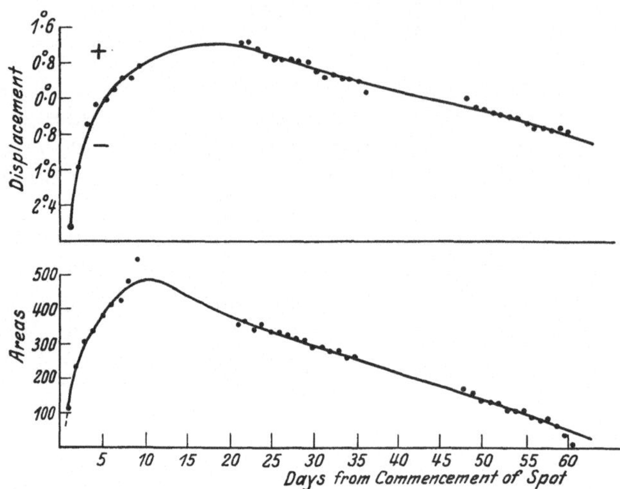

Fig. 49. Leader spots (60 days duration). Mean displacements in longitude and areas (Greenwich).

A characteristic of these sunspot groups formed by a pair of nuclei more or less apart which often resolve themselves into several components and which possess, as we shall see, well defined properties in their magnetic fields, is that the axis of the group is inclined to the solar equator to a greater or lesser degree. Joy's investigations[2] of Carrington's (1856—1861) and Spörer's (1861—1893) drawings of a total of 2633 groups spread over an interval of $3^{1}/_{2}$ solar cycles, show that the angle of inclination varies slightly during the life of a group, and that as a rule there is a well defined connection between this angle and the latitude of the group. The follower appears to be further from the equator than its leader, and the higher the latitude, the greater the inclination of the axis to the equator. This holds for both hemispheres. Table III below and fig. 50 give the details of this investigation. Generally, the angle of inclination seems to depend entirely on the latitude of

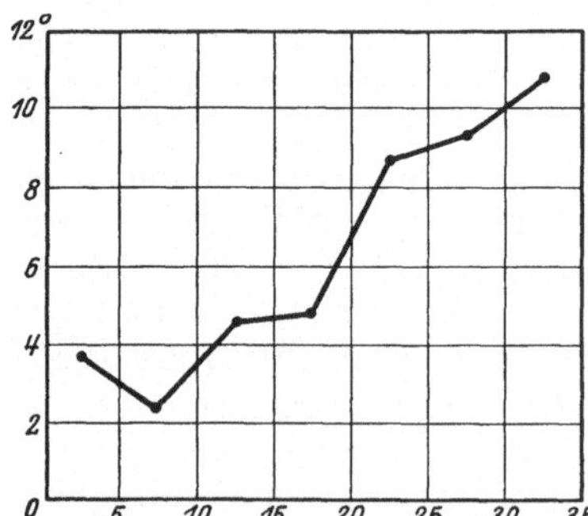

Fig. 50. Variation in latitude (abscissae) in the preferential inclination (ordinates) of the axis of sunspot groups.

---

[1] D'Azambuja, B S A F 1926, p. 77.
[2] Ap J 49, p. 167 (1919).

the group, and is independent of the epoch in the cycle; in low latitudes the axes are nearly parallel to the equator and the inclination increases with the latitude up to a maximum of about 11°.

Table III. Inclination of Axis of Sunspot Groups[1].

Semicycle	Latitude						
	0°—4°	5°—9°	10°—14°	15°—19°	20°—24°	25°—29°	30°—34°
Min-Max 1856—1860	7° (3)	5° (27)	10° (69)	7° (94)	9° (103)	8° (60)	13° (20)
Max-Min 1860—1867	1 (24)	3 (117)	4 (148)	6 (73)	9 (40)	8 (9)	14 (3)
Min-Max 1867—1871	4 (4)	5 (15)	5 (55)	6 (80)	6 (97)	9 (45)	8 (23)
Max-Min 1871—1879	7 (35)	3 (139)	6 (147)	6 (90)	8 (65)	10 (13)	10 (13)
Min-Max 1879—1884	7 (11)	2 (42)	4 (105)	3 (123)	9 (85)	9 (31)	14 (9)
Max-Min 1885—1889	3 (34)	—1 (72)	6 (110)	7 (43)	10 (7)	17 (2)	(0)
Min-Max 1889—1893	—2 (7)	0 (21)	6 (81)	6 (93)	10 (88)	10 (46)	10 (12)
Weighted mean inclination, and number of spots	3°,7 (118)	2°,4 (433)	5°,6 (715)	5°,8 (596)	8°,7 (485)	9°,3 (206)	10°,8 (80)

A further systematic motion in latitude and longitude, very marked when the spots are near the limb, and noted by CARRINGTON, SPÖRER, SECCHI, and FAYE, is attributed to the existence of a solar atmosphere and to the level in which the spots lie[2]. Analysing the motion in latitude, it is found that when a spot crosses the solar disc there is a tendency for it to move towards the pole of the hemisphere in which it is situated until it reaches the central meridian when the motion is reversed and it recedes from the poles; the higher its latitude the more it recedes. In fig. 51, S' is the position of a sunspot, P the pole and E the point where a line joining the centres of the earth and the sun cuts the sun's surface. The effect of refraction, similar to the effect of terrestrial refraction, causes the spot to be seen at S; SS' is a function of the angular distance $S'E$. The displacement in latitude is $SS' \cos S'SP$, and therefore by the laws of refraction, the effect described above is produced.

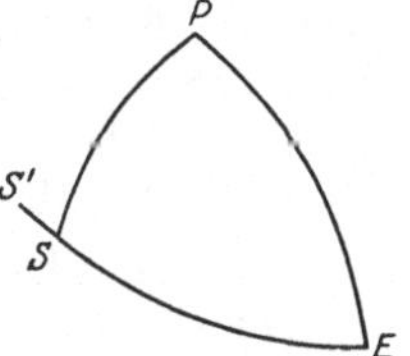

Fig. 51. Effect of solar refraction on the latitude of sunspots.

This has been demonstrated by CAPON from the Greenwich observations, and considering the diversity of the observations examined, the effect cannot be attributed to an error in the axis of rotation adopted. Analysing the motion in longitude, it is found that the spots appear to drift towards the centre of the solar disc when they are on the eastern or western limbs; in fact if we compute the angular velocities at the central meridian and at meridians 65° and 75° east or west, as was done by CAPON with the examination of sunspots between 1886 and 1910, we find:

Latitude	ξ_0	$\xi \pm 65°$	$\xi \pm 75°$
0° to ± 10°	14°,61	14°,21	13°,51
± 10 to ± 15	14 ,48	14 ,10	13 ,14
± 15 to ± 20	14 ,51	14 ,01	13 ,37
± 20 to ± 25	14 ,20	13 ,59	13 ,27
Mean	14°,45	13°,98	13°,29

---

[1] Quantities in parenthesis are numbers of spots.
[2] R. S. CAPON, M N 73, p. 361 and 732 (1913) and L. GAUCHET, J O 9, p. 17 (1926).

We shall now consider one of the effects of refraction on the angular velocity. The effect of refraction is to render a spot visible for a short time after it has passed behind the limb; when it appears at S on the limb its true position is at S', the point where the visual ray is tangential to the sun's surface (fig. 52). When the spot reaches point A, S and S' coincide, consequently the angular velocity at S is always less than at S', except at A where the velocities are equal; the difference grows with increasing velocity as the spot approaches the limb, as will be seen from the table above.

In practice however solar refraction may be said to produce two different effects which can be treated separately. One effect is that due to the curvature of the line of sight to the spot, similar to the effect of terrestrial refraction, and the other increases the sun's radius. Although a spot at the centre of the sun is not affected by refraction, yet its angular velocity at that point is not the actual velocity because the apparent velocity is referred to the apparent sun, and the actual velocity to the actual sun.

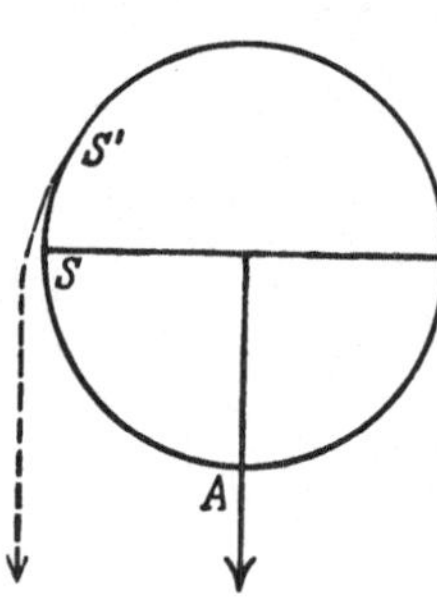

Fig. 52. Effect of solar refraction on the longitude of sunspots.

The apparent angular velocity of the same spot at different places on the sun's disc can therefore be partially explained by the twofold effect of refraction and augmentation of the sun's radius. Another effect on the angular velocity may be due to the depth of sunspots, so that a depth-parallax must be taken into account, as was done by Faye.

Assuming that Cassini's formula for refraction holds good for the sun also[1], the correction to be applied to the heliocentric distance ϱ of a spot is given by:

$$d\varrho = k \tan(\varrho + \varrho'),$$

where k is a numerical coefficient and ϱ' the geocentric distance of the spot. From what has been said, and as far as is known at present, the physical meaning of the coefficient k may be expressed by the sum $a + b + c$, each of these terms representing the influence of a definite physical cause, thus:

a) the refraction of the solar atmosphere,

b) the depth-parallax of the form p''/R'', where p'' is the depth of the spot and R'' the sun's radius,

c) the augmentation of the sun's apparent radius due to refraction, of the form dR''/R''; dR'' being the difference between the apparent radius R'' and the actual radius.

Faye considered that the actual diameter of the sun might be determined by the transits of Mercury, or in some other way, in order to obtain dR''/R'' directly from observation. He further suggested a means of separating the other terms by measuring the distances between the edge of the nucleus and the penumbra in various positions of the spot on the sun's disc. The values of k derived from various methods are in fair agreement considering the different observers and objects observed. Capon's value of k approaches the mean value obtained by other observers and is $k = 0,058$ radians, or $0°,33$. Sotome[2] in a recent note on this subject comes to the conclusion that sunspots cannot be depressed holes in the photosphere and that probably only a) and c) must be taken in consideration.

[1] C. H. F. Peters, Zur Refraktion auf der Sonne. A N 71, p. 241 (1868).
[2] Proceed. Imperial Acad. Tokyo 3, p. 251 (1927).

Although the existence of this anomaly in the motion of sunspots has been established, the causes have not been properly explained or, at least, they have not been clearly differentiated.

10. Determination of the Period of Rotation from the Motion of the Faculae and their Proper Motion. The determination of the rotation period from the observations of the faculae is difficult because they do not offer well defined and comparatively stable points of reference, as in the case of sunspots, and further because they are not visible except near the sun's limb; on the other hand groups of faculae are longer lived than the spots which accompany them.

The more important determinations are those of STRATONOFF from the photographs taken at Poulkovo (1891—1893)[1], of CHEVALIER from the Zô-sè photographs (1905—1908)[2] and MAUNDER's who discussed the Greenwich photographs from 1888 to 1923[3].

The first two based their results on the identification of certain characteristics of the faculae which were kept daily under observation. MAUNDER based his on observations made at a period of minimum solar activity at intervals throughout a complete revolution when the identification of small isolated areas is rendered more certain. His results for the different latitudes are as follows:

Zone	Mean Sidereal Rotation	ξ
$\pm$ 0° to $\pm$ 10°	24$^\mathrm{d}$,88	14°,47
$\pm$ 10 to $\pm$ 20	25 ,08	14 ,35
$\pm$ 20 to $\pm$ 30	25 ,60	14 ,06
$\pm$ 30 to $\pm$ 40	26 ,59	13 ,54
$\pm$ 45°	28 ,06	12 ,83

An empirical formula derived from the above data, similar to that obtained from sunspots is:

$$\xi = 14°,54 - 2°,81 \sin^2\varphi.$$

The residuals show a systematic rate indicating that the observations might be better represented by the addition of a term raised to a power higher than $\sin^2\varphi$. MAUNDER's formula thus becomes:

$$\xi = 14°,49 - 1°,78 \sin^2\varphi - 3°,16 \sin^4\varphi.$$

Fig. 53 (p. 106) shows the observation data and the variation in latitude of the period of rotation.

The various rotation periods derived from the different solar phenomena will be compared later when the results obtained from spectroscopic methods are discussed.

The proper motion of the faculae has also been investigated at Greenwich[4] by comparing the mean latitude during one revolution with the mean latitude in the succeeding revolutions. The interesting result is that the faculae appear to have a proper motion away from the equator of an average of 0°,9 per synodic, or 0°,8 per sidereal revolution between 0° and 40° latitude; this motion is more pronounced in high latitudes.

Proper Motion of the Long-Lived Faculae in one Synodic Rotation.

Latitude	Mean Random Motion	Systematic Motion
$\pm$ 0° to $\pm$ 10°	$\pm$ 0°,8	$+$ 0°,3
$\pm$ 10 to $\pm$ 20	$\pm$ 1 ,3	$+$ 0 ,9
$\pm$ 20 to $\pm$ 30	$\pm$ 1 ,7	$+$ 1 ,6
$\pm$ 30 to $\pm$ 40	$\pm$ 1 ,9	$+$ 1 ,6

[1] A N 137, p. 165 (1895).   [2] Annals Zô-sè 5, p. 61 (1911).
[3] M N 84, p. 431 (1924).   [4] M N 85, p. 189 (1924).

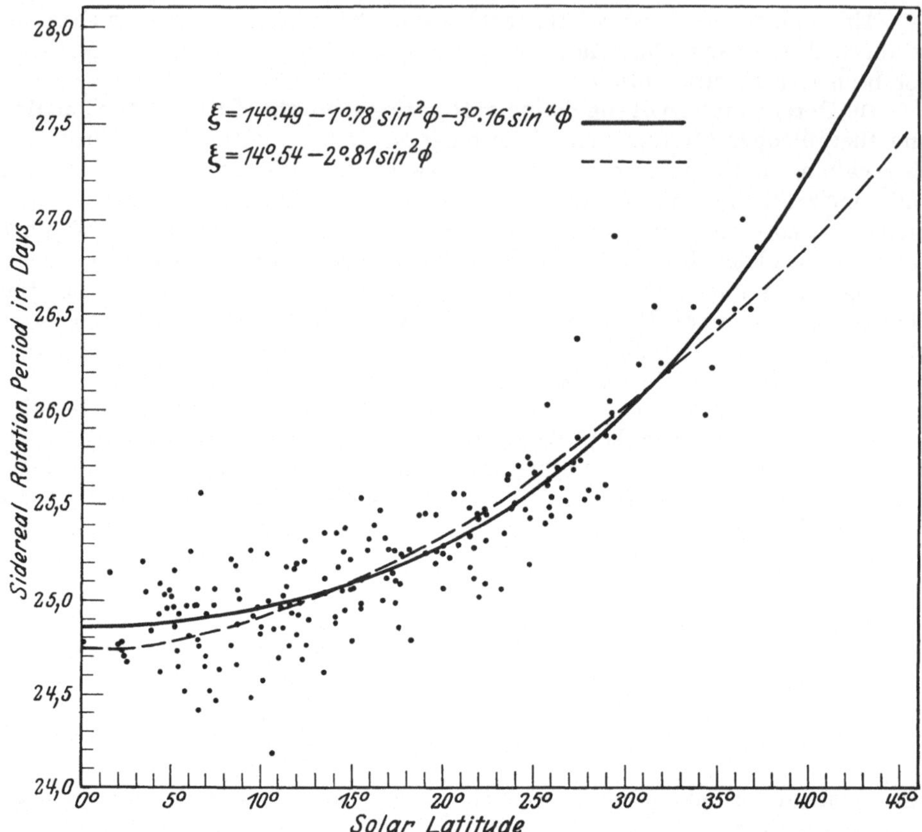

Fig. 53. Solar rotation period from measures of faculae (Greenwich).

11. The Figure of the Sun and its Probable Variations. Observations to determine the figure of the sun were begun as early as 1750 by BRADLEY, who measured the diameter of the solar disc in various latitudes. Besides the problem of a possible secular contraction of its diameter, the question of the sphericity of the sun's globe and the variations of its diameter during the different phases of solar activity have also been investigated.

The measurement of the sun's diameter was, and still is, carried out with meridian circles. The horizontal diameter is determined by taking the times of transit of the west and east limbs; and the vertical diameter is measured by the difference in declination of the north and south limbs; heliometers and photography are also used for this purpose.

Father SECCHI and Father ROSA of the Roman College Observatory undertook the investigation of the variation of the sun's diameter using the observations then available; the latter in a detailed memoir[1] demonstrated that when the number of sunspots and prominences is a minimum the diameter increases. Since then the work of RESPIGHI and his successors at the Capitol Observatory, and of the Greenwich Observatory, of AUWERS, etc. has given us a large number of observations and equally numerous discussions, which however have led to no definite conclusions.

Discussing the observations made by HILFIKER at the Neuenburger Observatory with the meridian circle between 1862 and 1883, R. WOLF obtained a result

---

[1] P. ROSA, Studi intorno ai diametri solari. Roma (1874).

for the sunspot maximum of 1870 (the largest maximum known) in agreement with the SECCHI-ROSA law[1]. The graphic representation given by WOLF is reproduced in fig. 54; the abscissa gives the years from 1861 to 1883; the ordinates on the left are WOLF's relative numbers, while those on the right show the excess over the mean radius of 1^m4^s in thousandths of a second. An inspection of the two curves seems to leave no doubt about the SECCHI-ROSA law; it appears also that the radii undergo an annual variation which seems to be connected with the varying declination of the sun. The recent reduction of the observations made between 1877 and 1900[2] and from 1923 to 1926 at the Capitol Observatory seem to support the SECCHI-ROSA law[3].

The variations of the solar diameter are probably complicated by a slight difference probably existing between the polar and equatorial diameters (the polar diameter being the

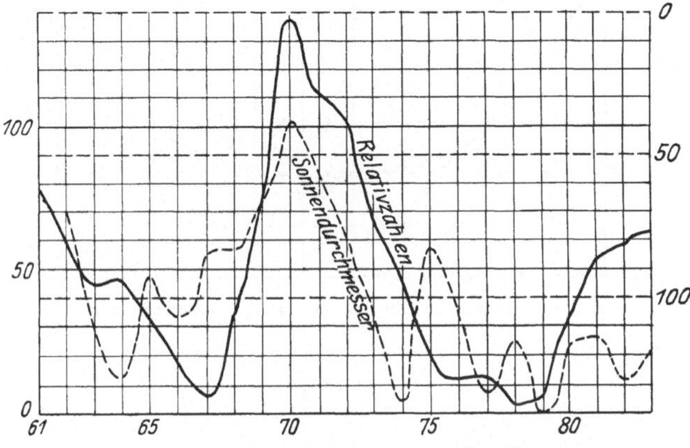

——— Relative numbers;   – – – – Sun-diameter.

Fig. 54. Relation between the sun's horizontal diameter and WOLF's numbers.

greater), and varying with the cycle of solar activity. From the observations available it appears that the difference does not exceed half a second of arc. According to LANE POOR[4] who examined many observations, the ratio between the polar and equatorial diameters varies periodically. The length of the period is uncertain but seems to approximate that of the sunspot cycle. The amplitude of the variations is about $0'',2$ and the difference between the maximum values positive and negative is about $0'',5$.

At Greenwich the sun's diameter is observed regularly with the meridian circle, and from a discussion of the observations made during the past 10 years (1915—1925)[5] it appears that the vertical diameter exceeds the horizontal by $0'',3$; the difference between the two may be partly due to the method of observation. The horizontal diameter is measured at transit with a recording micrometer, and the vertical by the difference in zenith distance of the north and south limbs. The relation between the measured diameters and the sunspot periods is inconclusive; on the other hand tabulating the differences between the two diameters, as given in the Nautical Almanac, and the observed differences, month by month throughout the decennial period, we find large differences amounting to one second of arc; the diameters observed are greater in summer than in winter (fig. 55, p. 108). Discussing the various causes which may produce these differences we arrive at the conclusion that they must be due to irradiation and to its variation during the year. In the Nautical Almanac the constant value of the sun's diameter at

[1] R. WOLF, Handb. der Astronomie. 4. Halbband, p. 434. Zürich (1892).

[2] G. ARMELLINI, Sopra una presumibile oscillazione del diametro del sole etc. Rendiconti Lincei 2, Ser. 6, p. 293 (1925).

[3] Rendiconti Lincei Ser. 5, 33, p. 330 (1924) and Ser. 6, 5, p. 133 (1927).

[4] Annals of the New York Academy of Sciences. June 1909 and Ap J 22, p. 103 and 305 (1905).

[5] R. T. CULLEN, M N 86, p. 344 (1926).

mean distance is taken as 1922″,36. This is greater by 3″,10 than the Auwers value 1919″,26 used for eclipse computations. A change in the value of the correction for irradiation might explain the rate observed at Greenwich; in fact on the hypothesis that irradiation varies with the atmospheric absorption at different altitudes of the sun, and also with the varying contrast between the solar disc and the background of the sky, and that this variation is proportional to the secant of the zenith distance, Cullen has arrived at the result shown in fig. 55. If we accept the Auwers constant, the irradiation term 3″,10 requires a correction of $+0″,15 - 0″,30 \sec Z$, where Z is the zenith distance. This explanation applies

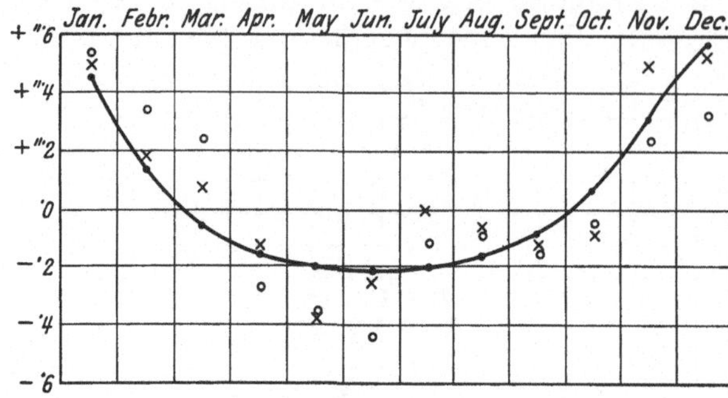

o horizontal diameter; × vertical diameter; ● assumed variation of irradiation.

Fig. 55. Variations of solar diameters during the year (Greenwich).

also to the annual variation found in Hilfiker's observations.

The varying relation between the polar and equatorial diameters may perhaps find confirmation in the varying height of the chromosphere, which as we shall see later, is determined with the spectroscope. Respighi[1] found that the height of the chromosphere is variable; usually it appears to be higher at the poles than at the equator. Recent observations by G. Abetti[2] at Arcetri confirm this and also show a probable displacement of the maximum heights at different times. It is probable that the phenomenon is more marked in the monochromatic radiations and further observations, possibly with improved methods, may lead to a definite conclusion on this debatable question.

The fact that the corona presents well defined features of maxima and minima with varying distribution of coronal matter, now at the pole and now at the equator, coincident with maxima and minima of solar activity, proves that the external envelopes of the solar atmosphere suffer periodical changes which are related to the sunspot period[3].

d) Spectroscopic Observations of the Sun's Surface and Results obtained.

12. Observations with the Spectroheliograph. Monochromatic Photographs of the Sun. Bright and Dark Flocculi. We have already described how monochromatic photographs of the sun in different radiations are obtained. If we examine the $H\alpha$ line, for example, a few seconds of arc beyond the sun's limb with a spectroscope of sufficient dispersion, we shall see it bright against a dark background, and as we approach the limb the line becomes double, a dark absorption line appears between the two bright components, and we have double inversion. Just inside the limb the line generally loses its bright components and only the dark central line remains; in certain more active regions of the sun

[1] Atti Accademia dei Lincei 5. Dec. 1869 and 5. May 1872.
[2] Rendiconti dei Lincei Ser. 6, 3, p. 140. February (1926).
[3] See also Mitchell, "Solar Eclipses" in this Handbuch.

the bright components may not disappear[1]. The same thing is observed in the case of the H and K calcium lines. When we photograph the sun using a slit sufficiently wide to take, not only the whole of the K line, but also part of the continuous spectrum on either side, and give the spectroheliograph an intermittent motion like that of DESLANDRES' velocity recorder, we obtain an image as in fig. 56, showing double reversal, the varying intensity, and the different aspects of the K line corresponding to those parts of the solar disc where the calcium vapour is in a condition of emission or absorption.

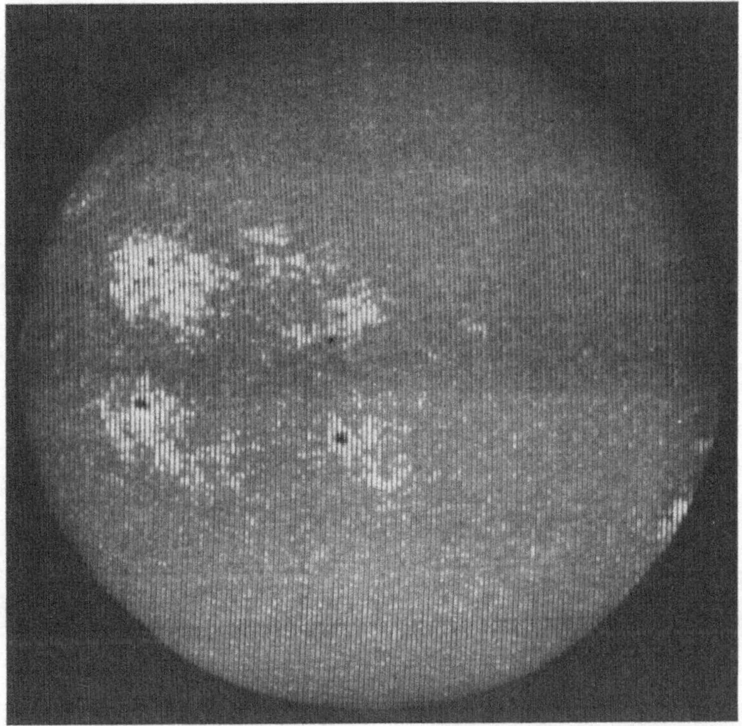

Fig. 56.   Sun's disc photographed at Meudon (3rd Sept. 1908) with the velocity recorder (DESLANDRES).

If the second slit is set on the H calcium line, and the spectroheliograph is given continuous motion, we obtain spectroheliograms as in fig. 57, (p. 110) showing the distribution of calcium vapour over the sun's disc. The whole of the sun's surface in this, and similar photographs, is seen to be covered with minute clouds of calcium vapour of about one second of arc in diameter and separated by dark spaces similar to the well known granules of the photosphere. There is however a considerable difference between the two.

According to LANGLEY's hypothesis the grains into which the solar surface is resolved, under good visual conditions, are the extremities of columns of vapour which rise from below. They appear to characterise the regions where the convection currents draw the heated vapour up to a height where the temperature is so reduced as to give rise to condensation. HALE suggests that over-

---

[1] In the case of $H\alpha$ this phenomenon was first observed by DONATI (28th April 1872, Mem. Spettr. It. 1, p. 52) and by YOUNG.

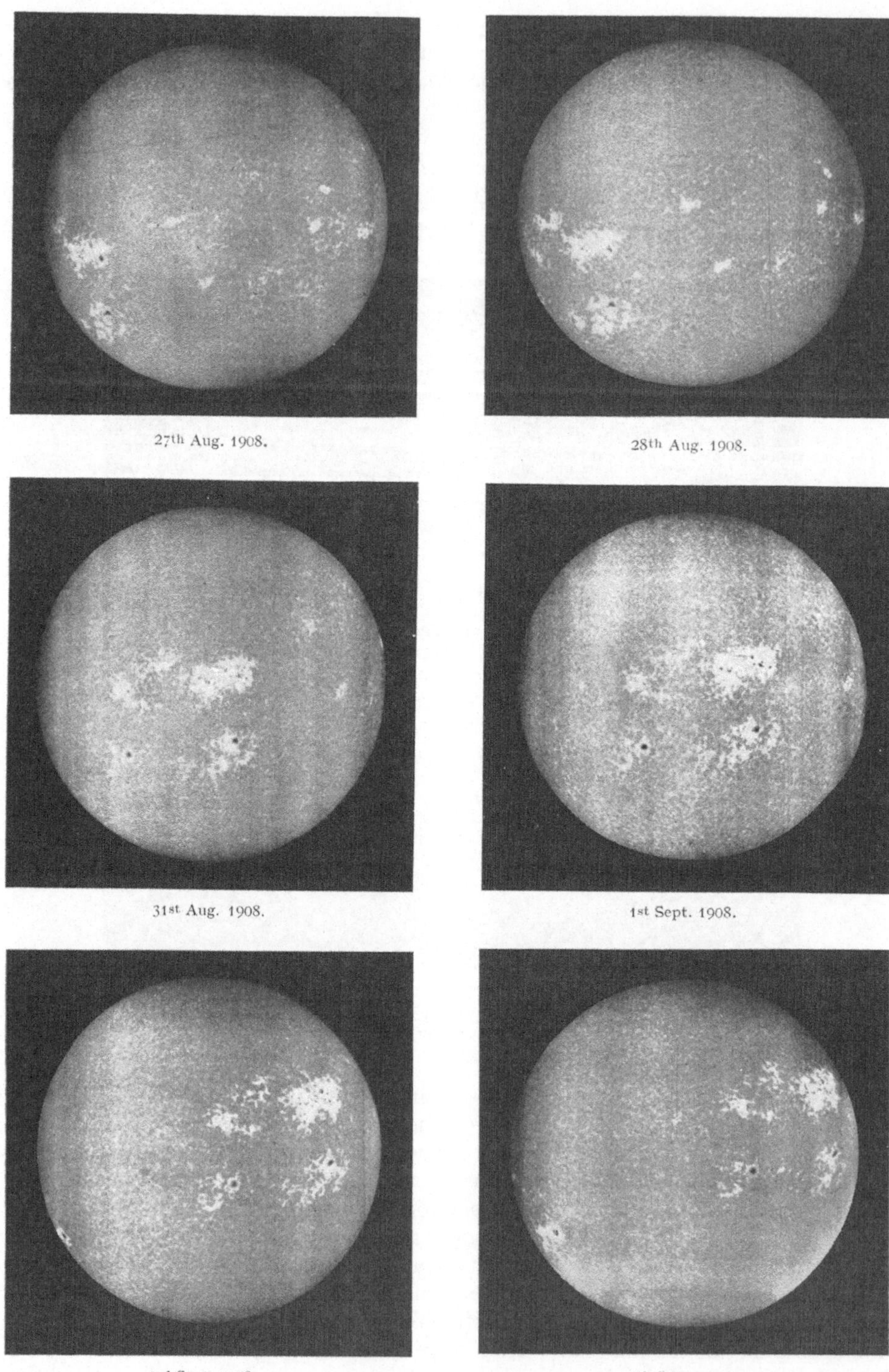

Fig. 57. Spectroheliograms in calcium light taken with RUMFORD spectroheliograph (Fox-ABETTI). The original negatives have a diameter of 18 cm.

lying these columns are other vapours which are not so easily condensed and which therefore continue to rise, so that the granulation seen in the spectroheliograph might be columns of ascending calcium. We can go further and conceive that the higher and more extensive calcium clouds are just such columns of vapour rising to such a height above the chromosphere as to form the prominences which, in the majority of cases, are actually composed of calcium and hydrogen vapour.

We have already referred to the faculae, those bright patches visible near to the sun's limb which lie above the level of the photosphere. It was thought, at first, that the faculae and calcium clouds were identical, but it was not long before it was observed that there is a considerable difference between them, so much so that HALE distinguished the former by the name flocculi.

The flocculi are photographed at different heights above the photosphere in order that they may be examined and their structure investigated. The calcium vapour emitted by the sun is comparatively dense at the lowest levels; at higher levels where the pressure is less it expands and so becomes more rarified. Laboratory experiments show that very dense calcium vapour produces very wide spectral bands which decrease in width with decreasing density, until they become sharp and well defined lines. The H and K lines in the solar spectrum denote the presence of calcium vapour of varying densities. The wide dark bands which, according to HALE's and DESLANDRES' notation are known as H_1 and K_1, are due to dense calcium vapour at low levels. In between are the two narrower and better defined bright lines H_2 and K_2, and between these two again are dark and still finer lines H_3 and K_3, which are due to double reversal, that is to the absorption of the cooler calcium vapour at higher levels. With the spectroheliograph we are therefore able to photograph calcium vapour of different densities, or in other words, at different levels. This is done by setting the second slit near to the edge of the wide bands H_1 or K_1 to obtain the distribution of vapour dense enough to produce a band sufficiently wide to enter the second slit. None of the light from the higher and less dense vapours can enter the second slit because the absorption bands are not sufficiently wide. The resulting photographs of the flocculi are somewhat similar to those of the faculae.

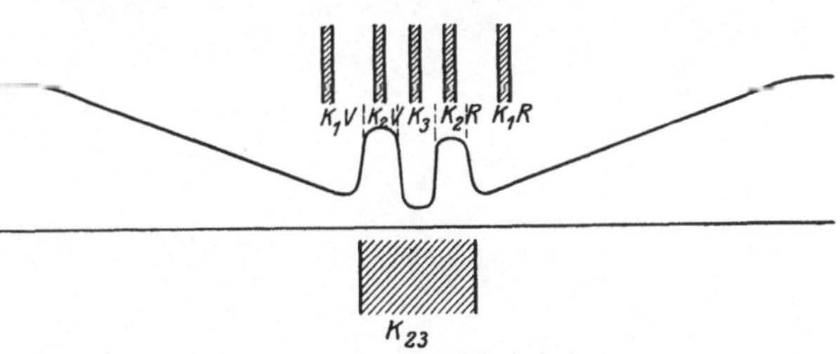

Fig. 58. Components and intensity curve of the calcium line K (DESLANDRES).

Fig. 58 shows the intensity curve of the solar spectrum corresponding to the line K, the lines K_1, K_2, K_3 represent the settings of the second slit for photographs at different levels. These levels are well marked in figs. 59 to 63 (p. 112 to 115). The first of these shows a portion of the sun near the limb photographed by Fox with the RUMFORD spectroheliograph on the 25th August 1904; the second slit was moved from the edge to the centre of line H. The other spectroheliograms were taken by HALE and ELLERMAN with the same instrument and with the same shifting of the second slit on line H. The calcium vapour floating over the edge of the sunspot at the level of the line H_2 is remarkable, and if in connection with the spectroheliograph we use also the velocity recorder it will be possible to ascertain the direction and the velocity of the motion, as well as the distribution of the vapours which constitute the flocculi.

We shall see later the results of the determination of the velocities for the general circulation of the solar atmosphere and in the disturbed areas. Spectroheliograms of this type occasionally show flocculi remarkable for their brilliancy

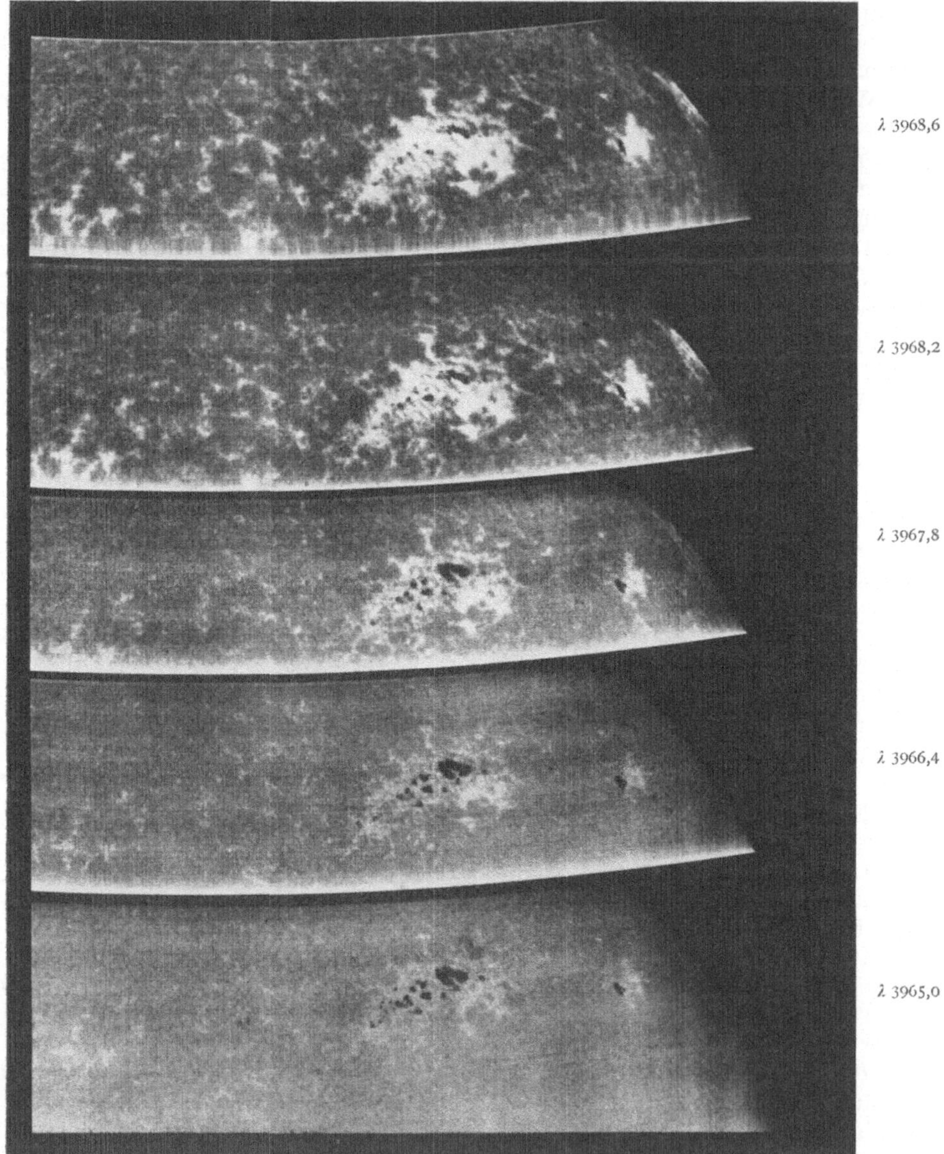

Fig. 59. Spectroheliograms obtained on 25th Aug. 1904, with slit settings approaching the centre of H line. Order: from lowest upwards (Fox).

in regions in active eruption. The vapour which is very luminous because of its high temperature, or from other causes, is erupted from the sun with great velocity, so that rapid changes take place in the shapes of these bright flocculi; the ordinary flocculi undergo slow changes as a rule, indicating less disturbed

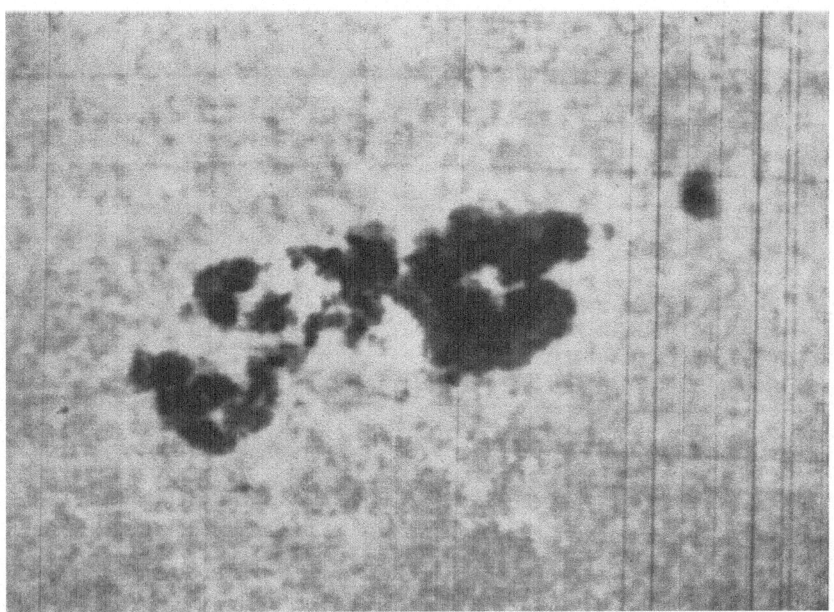

Fig. 60. Sunspots. October 1903 ($10^{\mathrm{d}}\,8^{\mathrm{h}}\,58^{\mathrm{m}}$). Low H_1 level (λ 3962). (HALE and ELLERMAN.)

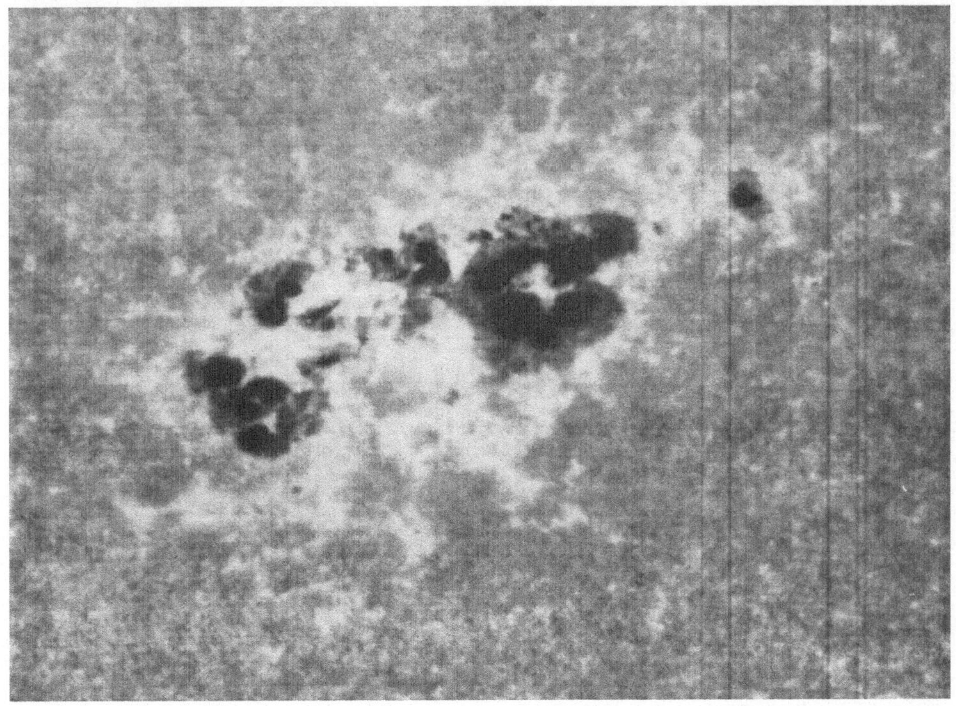

Fig. 61. Sunspots. October 1903 ($10^{\mathrm{d}}\,9^{\mathrm{h}}\,39^{\mathrm{m}}$). Middle H_1 level (λ 3966,5). (HALE and ELLERMAN.)

conditions. The brilliant eruptive flocculi always appear in active regions of the solar surface and are probably none other than those which we shall learn to know as eruptive prominences when they are seen on the limb. Although the eruptive flocculi are probably in many cases identical with eruptive prominences, yet we cannot conclude that the quiet or quiescent calcium flocculi are identical with the quiescent cloud-shaped prominences. In the majority of cases

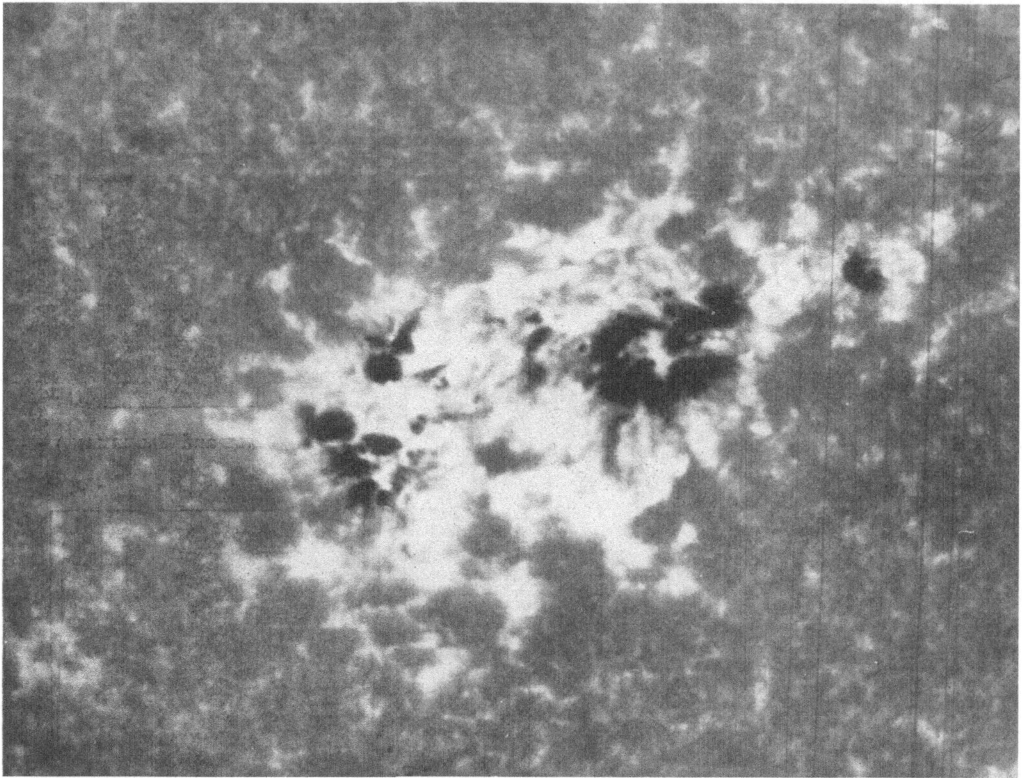

Fig. 62. Sunspots. October 1903 (10^d 10^h 59^m). High H_1 level (λ 3967,5). (Hale and Ellerman.)

the flocculi seen in spectroheliograms represent vapour at a comparatively low level, while the prominences which extend above the level of the chromosphere do not, as a rule, show up as bright objects projected on the disc.

Hitherto we have only considered photographs of the sun taken in the light of the H and K lines. Naturally the lines of other elements can be used, provided their width is suited to the given dispersion. A line which has been extensively used with spectroheliographs ever since technical advances in photography have given us plates sensitive to red, is the $H\alpha$ hydrogen line, which has revealed an interesting structure very different to that shown by the calcium lines. Hale and Ellerman first used the hydrogen $H\beta$, $H\gamma$ and $H\delta$ lines; these revealed dark hydrogen flocculi instead of bright ones. Bright hydrogen flocculi may be seen in disturbed regions, some are of eruptive origin similar to the calcium flocculi. Such regions are usually in the immediate neighbourhood of spots, where it is probable that the temperature of the hydrogen is considerably higher

than in the surrounding areas. The dark appearance of the ordinary hydrogen
flocculi indicates, for some reason, that that gas radiates less light than the
surrounding hydrogen, probably because the latter, after diffusion, spreads as
an almost uniform layer over the sun's surface. The most natural hypothesis is
to assume that the diminished brightness of the flocculi is due to a decrease
in temperature in the higher chromosphere where absorption probably takes
place (fig. 64, p. 116).

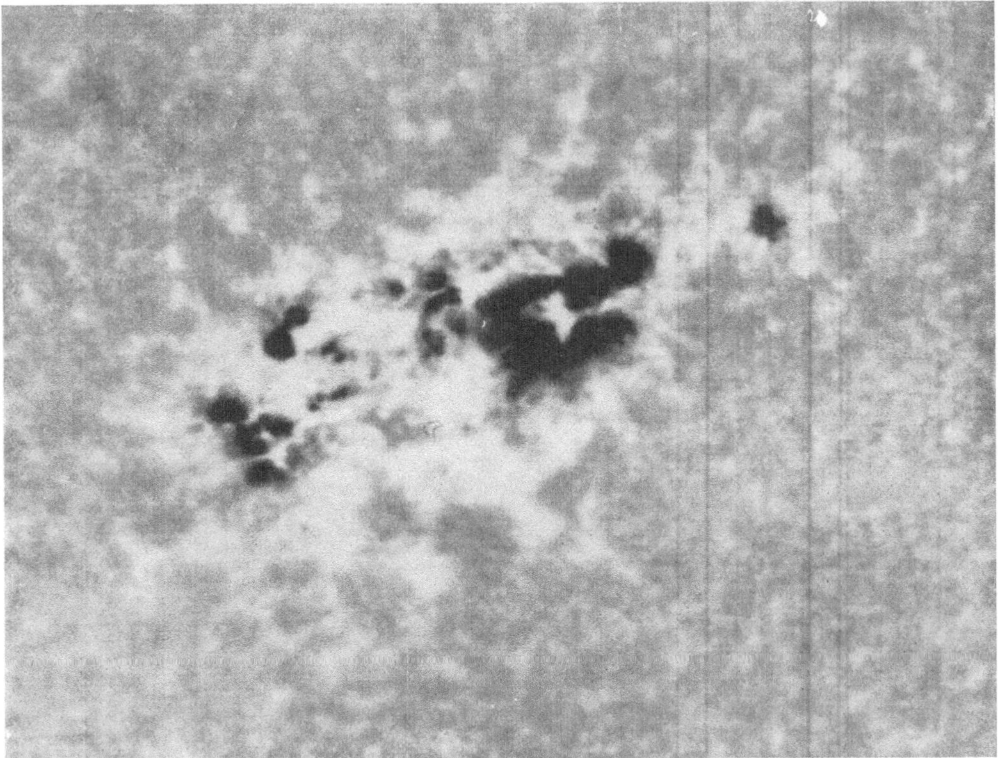

Fig. 63. Sunspots.   October 1903 (10^d 9^h 9^m). H_2 level (λ 3968,6).   (HALE and ELLERMAN.)

Spectroheliograms taken with the $H\alpha$ line show that the structure of the
hydrogen flocculi is even more delicate and detailed than that shown by
other lines, because, as we learn from eclipses and from the determination of
the rotation period, hydrogen attains its maximum height in the visible radiations (fig. 65, p. 117).

Spectrograms present different appearances depending upon whether the
whole or only part of the $H\alpha$ line is used[1]. If the opening of the second slit is
wide enough to contain the whole of the line, measuring about 1,7 A, then we
obtain photographs of all the flocculi whatever their levels may be. But if the
second slit is set at various distances from the centre of $H\alpha$ we are then able
to sort out, given sufficient dispersion, the different levels and the different
structures, as in the case of the H_1 and H_2 lines for the calcium flocculi.

---

[1] HALE, ELLERMAN, London R S Proc 83, p. 177 (1909) and ROYDS, M N 85, p. 464
(1925).

Deslandres noted that at the centre of $H\alpha$ the appearance of the flocculi is very different from that obtained by setting the second slit on its edges, and that the background is usually dark, so that the so called "filaments", or long dark flocculi indicating a higher level, stand out in enhanced contrast in the photographs. The bright flocculi also show up and are seen to cover large areas. A striking example of these filaments is given in figs. 66 and 67, p. 118, where we are able to compare the flocculi and the filaments in the upper strata of the solar atmosphere with the line K_3 (width of slit 0,09 A) and the $H\alpha$ line (width of slit 0,39 A) respectively.

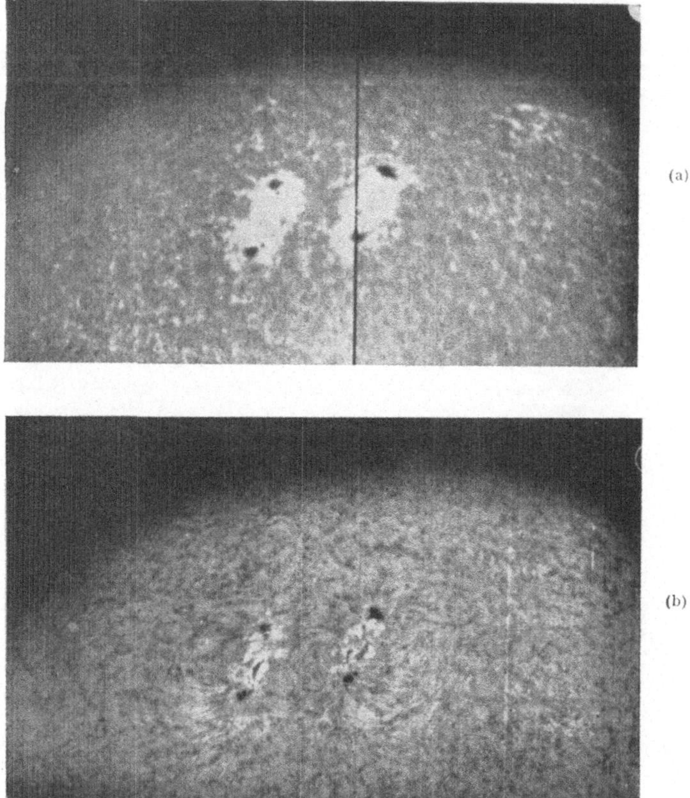

Fig. 64. (a), calcium H_2 and (b), hydrogen $H\alpha$ flocculi compared (Ellerman).

Another characteristic of spectroheliograms taken with the $H\alpha$ line, first noted by Hale, is the cyclonic or vortical appearance especially of the dark flocculi which are near to or surround the spots, which led him, as we shall see later, to the discovery of magnetic fields in sunspots. These solar vortices[1] may be associated with a single spot and may be regular in form (fig. 68, p. 119) or they may be associated with a group of spots, in which case their structure is more complex (fig. 69, p. 119). The appearance of the simple vortices indicates a clockwise rotation in the southern hemisphere, counter-clockwise in the northern, of the vapours producing them, assuming that the direction of the motion is inward

---

[1] Mt Wilson Contr No. 26 (1908) or Ap J 28, p. 100 (1908).

towards the spot. We cannot however take this as a general law on the analogy of terrestrial cyclones, because we often have spots close to each other in the same hemisphere, often belonging to the same group, accompanied by vortices rotating in opposite directions.

In some cases these vortices appear to exert a powerful attraction on the surrounding gases; thus, for example, St. John observed a long dark filament near a well defined vortex centered on a sunspot; the nucleus of the spot resolved

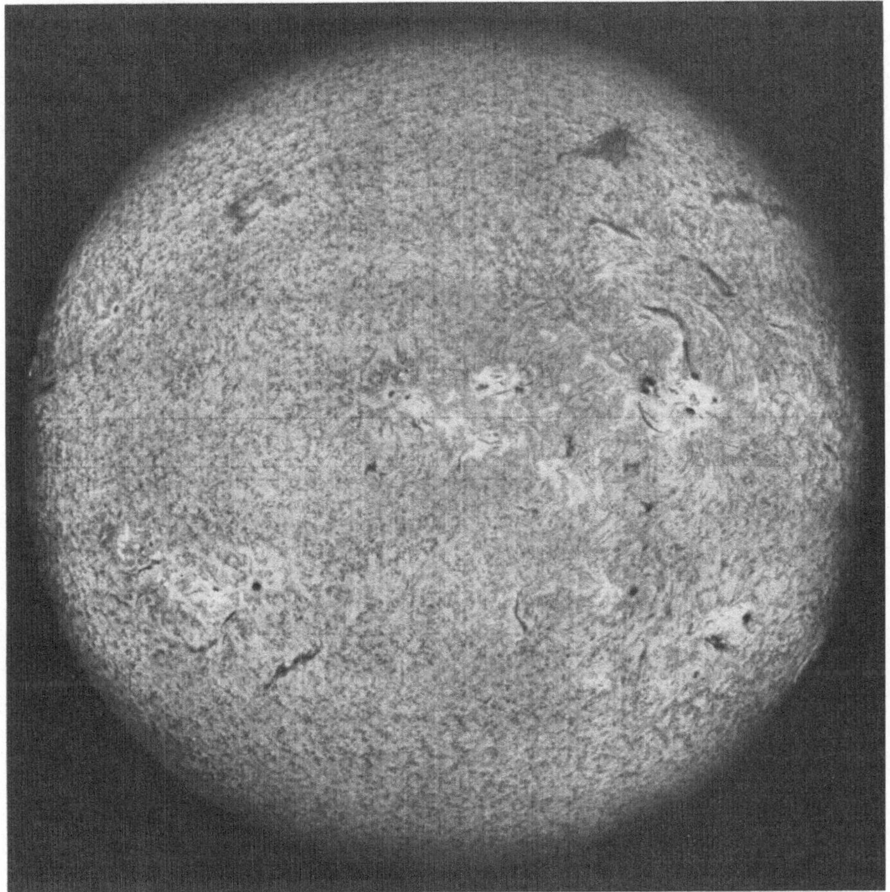

Fig. 65. Sun's disc photographed at Mt. Wilson in $H\alpha$ line (12th Aug. 1917). To be compared with the photoheliogram, fig. 33, p. 85.

itself into two, and in a few hours spectroheliograms taken with the $H\alpha$ line showed that the filament had not only extended towards the spot, but that on reaching it had divided into two branches, each of which came in contact with one of the nuclei as if these formed centres of attraction. The mean velocity of the motion towards the spot was over 100 kilometres per second. Photographs taken on the following days showed a bright hydrogen ring round the spots. This was probably due to the cool hydrogen which, after sinking into the spot where it became heated again, returned to the surface escaping from the lower portion of the vortex. In this particular case it appears that some of the pheno-

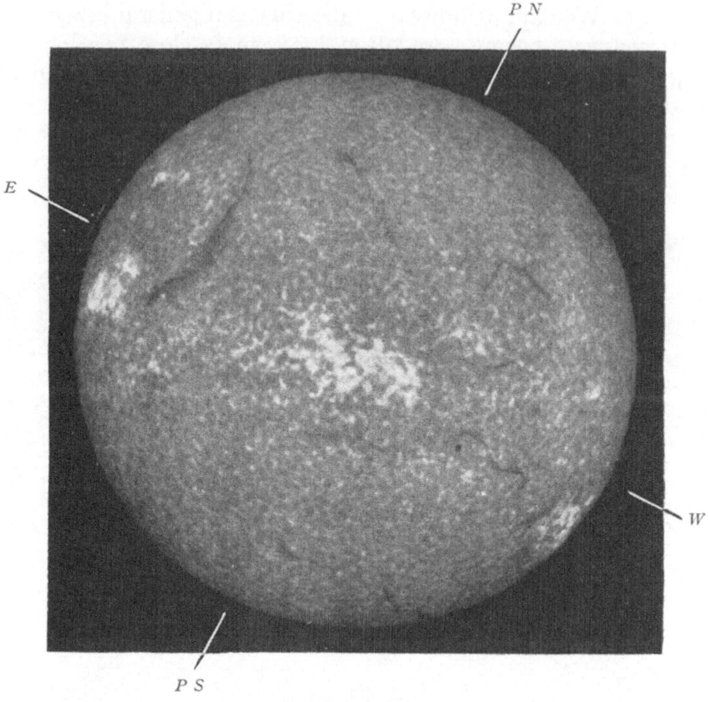

Fig. 66. Spectroheliogram in light of calcium. High level, 21st March 1910 (Deslandres).

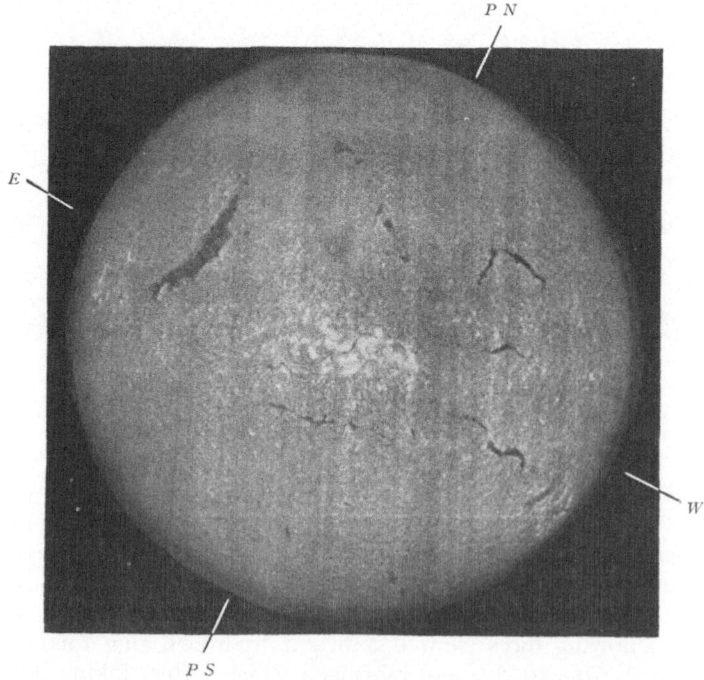

Fig. 67. Spectroheliogram in light of hydrogen. $H\alpha_1$ high level, 21st March 1910 (Deslandres).

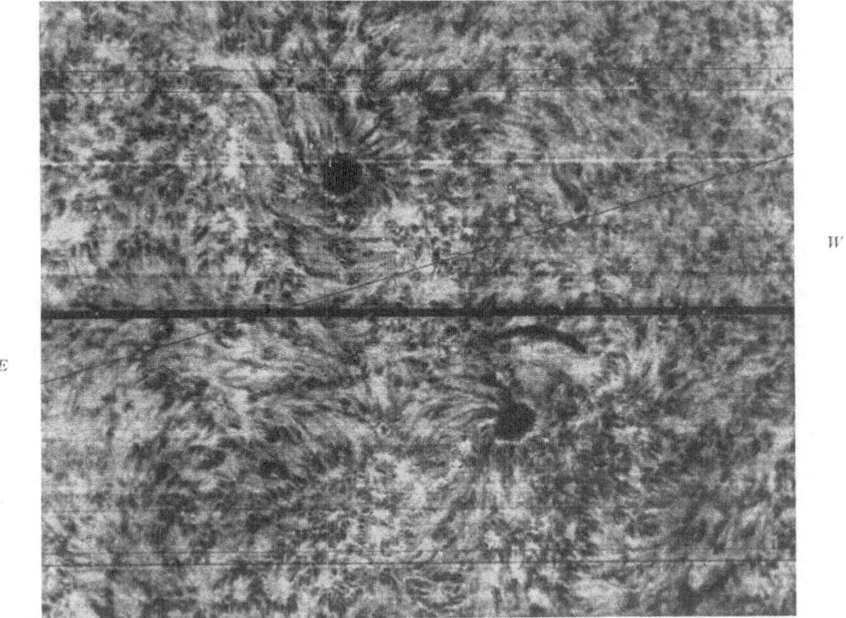

Fig. 68. Sunspots showing clockwise and counterclockwise whirls. 7th October 1908 (Mt. Wilson).

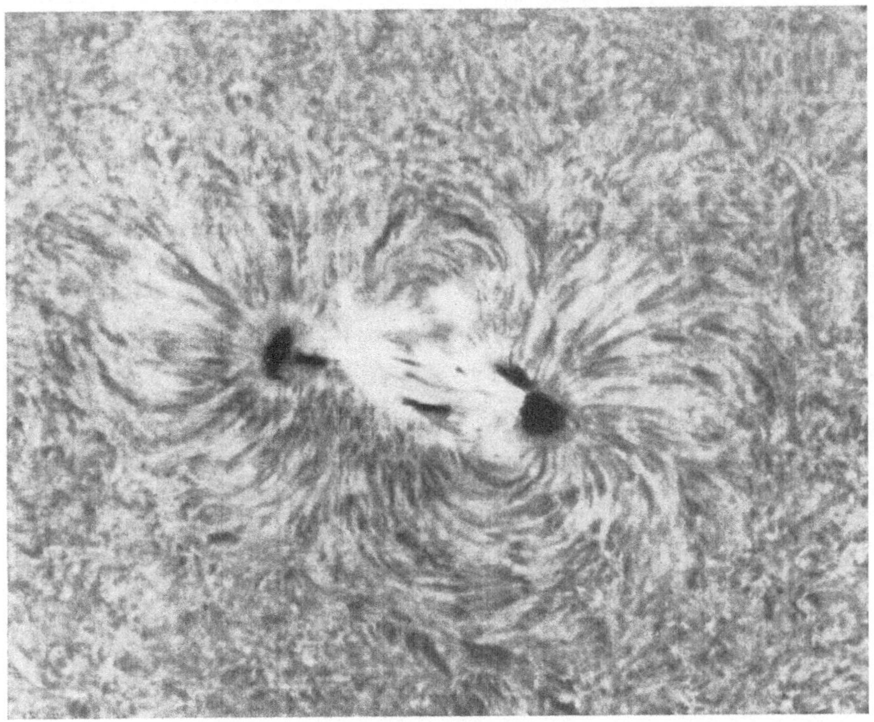

Fig. 69. Sunspot group and vortex structure, 30th Aug. 1924 (Mt. Wilson).

mena of an actual solar vortex were observed. Such cases are not common, on the contrary in many instances the hydrogen flocculi do not seem to move either towards or away from a spot, although changes in brightness are noted as if the physical conditions of the gases were continually changing.

As the result of the examination[1] of a number of spectroheliograms taken at Mount Wilson it is considered that the proper motion of the dark hydrogen flocculi in the neighbourhood of spots is not well defined. A tendency for the extremities of the flocculi to close the interval between it and a spot seems to be certain, but not the contrary; if there is a tendency for the flocculi to move away from a spot, it is connected with a periodic movement, that is to say with successive motion to and from the spot. The flocculi do not move as a whole like a rigid body; on the contrary, while the extremity nearest the spot approaches, the other recedes from the spot, and the two velocities may be very different: all this indicates that the dark flocculi are eruptions of hydrogen projected on the disc.

The proper motion of the flocculi varies from zero to a maximum of 100 kilometres per second, but the more usual velocities are less than 50 kilometres per second. Flocculi are often lancet shaped, the point is directed towards the spot and not only makes contact with it, but usually enters about half way into it, rarely touching the nucleus; the broad end fades away into the solar background.

There is little doubt that flocculi are due to absorption, and to explain the changes in their structure several hypotheses have been put forward, for example, that of BRESTER[2] based on the phenomena of the aurora in our atmosphere. He suggests that the phenomena observed in photographs taken with the $H\alpha$ line are not of a hydrodynamic nature but, accepting the views of BIRKELAND and others, they may be due rather to electrically charged particles which, it is supposed, are emitted by radioactive matter in sunspots, and that these particles suspended in the solar atmosphere produce luminescence. According to BIRKELAND's theory the shape of the aurora is determined by the earth's magnetic field. The same hypothesis applied to the sun might indicate that the configuration of the flocculi is governed by the magnetic field in the spots.

Taking the bright flocculi of eruptive origin, which are generally short-lived and change their shape rapidly, we have seen that they appear in spectroheliograms taken with H_2 or with the centre of $H\alpha$, but they do not usually appear when the second slit is set on H_1 or on the edge of $H\alpha$. If they are eruptions of intensely heated vapour we should expect their brightness, at the level of the photosphere, to be at least equal to that at higher levels where the effect of expansion naturally tends to cool the vapour. It therefore seems probable that the exceptional brightness of these eruptive regions is due to some other cause which affects the vapour after it has risen above the level of H_1. A separation of the positive and negative ions in the moveable gaseous mass may produce electrical discharges. If we assume that the discharges continue for some time we may, perhaps, find in these some explanation of the intense luminosity of the eruptive vapour. Electrons, emitted in great number in the low pressure regions into which the vapour has been rapidly borne, may also contribute to the luminescence of the vapour in question.

Since terrestrial magnetic storms are usually associated with groups of sunspots when eruptions are numerous, it seems probable that the eruptions may contribute largely to the flow of electrons from the sun to the earth. It must

---

[1] Memorie degli Spettr. Ital. 39, p. 10 (1910).
[2] Amst Proc January 30, 1909.

be noted that the luminous eruptive regions seldom or never show signs of spiral structure like the vortices of the dark $H\alpha$ flocculi.

We have referred to the dark flocculi as the effect of absorption due to comparatively cool hydrogen; yet the changes they undergo are sometimes such as to suggest the possibility that absorption may be partially counterbalanced by the luminescence caused by currents of electrons. The intensity of the dark flocculi changes from dark to darker, and the fluctuations are periodic in character. HALE, who investigated these phenomena by taking a long series of photographs at intervals of about a minute, concludes that the hydrogen of the flocculi is subject to periodic variation which may be caused by an intermittent bombardment of electrons, but he also adds that we must not lose sight of other possible causes, such as differences in volume, pressure, and temperature, and the level of the gas.

Certain other phenomena connected with the flocculi may be more easily explained by considering them as eruptive prominences projected on the sun's disc. Striking examples are illustrated by the series of photographs (fig. 70, p. 122) taken with line $H\alpha$ on the 10th September 1908 at the Mount Wilson Observatory. At 6^h33^m, Pacific Mean Time, a small bright flocculus was seen on the edge of a sunspot. Its brightness and area increased rapidly attaining a maximum at 6^h39^m. In the meantime a dark flocculus appeared on the farther edge of the bright flocculus, that is away from the sunspot. At 6^h43^m the area of the bright flocculus decreased and was less than half the size it was four minutes earlier, the dark flocculus stretched away from the spot like a long filament, probably of cool gas descending, and eight minutes later it attained its maximum length and appeared to be very dark at its outer extremity. At 7^h0^m no trace of the bright flocculus was visible and the dark one was shorter and less dark.

On the hypothesis that the phenomena of the flocculi are of the same nature as those of the aurora, it is reasonable to suppose that large spots with intense magnetic fields should be more capable of producing alterations in the structure of the hydrogen flocculi lying at a greater distance than small spots with weaker fields. Yet we find, in practice, that some small groups of spots are surrounded by hydrogen flocculi which show an extensive cyclonic structure and which extend over distances equal to one third of the solar diameter, while large spots with powerful magnetic fields frequently only affect the flocculi over a much smaller area. These phenomena make it difficult to accept the electromagnetic theory, especially as we know of cases of large spotless regions covered with flocculi of spiral structure whose spectroheliograms in $H\alpha$ suggest the shape of the lines of force in a magnetic field.

In conclusion, and in support of the view that the bright flocculi are, as a rule, eruptive prominences, and that the dark ones belong, as we shall see later, to the quiescent type, we have only to glance at the fine series of spectroheliograms taken by ELLERMAN at Mount Wilson between the 27th and 30th July 1917 with the centre of $H\alpha$ (figs. 71, a, b, c, d, p. 123). When the bright and dark flocculi approach the limb they are seen raised above it like more or less intense prominences.

The movements of the flocculi over the solar surface supply us with the means of investigating some of their characteristics, such as those due to the sun's rotation at the particular level in which the flocculi are to be found.

From the spectroheliograms taken at Cambridge by BUTLER[1] between 1915 and 1920 with the K_2 calcium line it appears that a considerable number of

---

[1] M N 82, p. 334 (1922).

flocculi tend to stretch out in a definite direction in each hemisphere and incline towards the equator and towards the west. The inclination measured from the parallels of latitude varies from 0° to 40°; in a few cases the angle is greater,

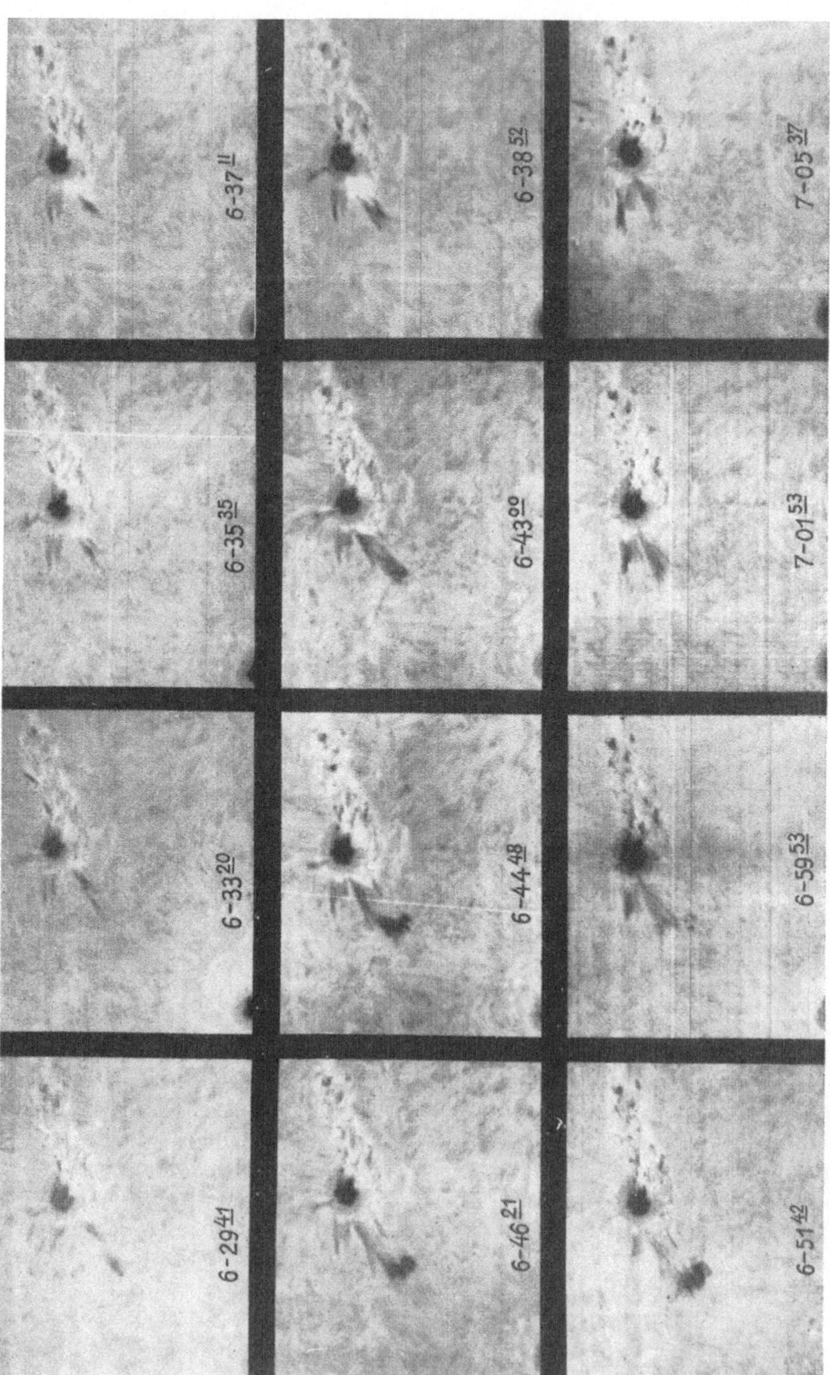

Fig. 70. Eruptive prominences projected on the solar disc. Hα light, 10th Sept. 1908 (Mt. Wilson).

and may even attain 90°. This inclination is considerably greater than that of the axes of sunspot groups which, as we have found, attain a maximum of 11°, and moreover the inclination of the flocculi does not increase with the latitude as is the case with the axes of sunspot groups.

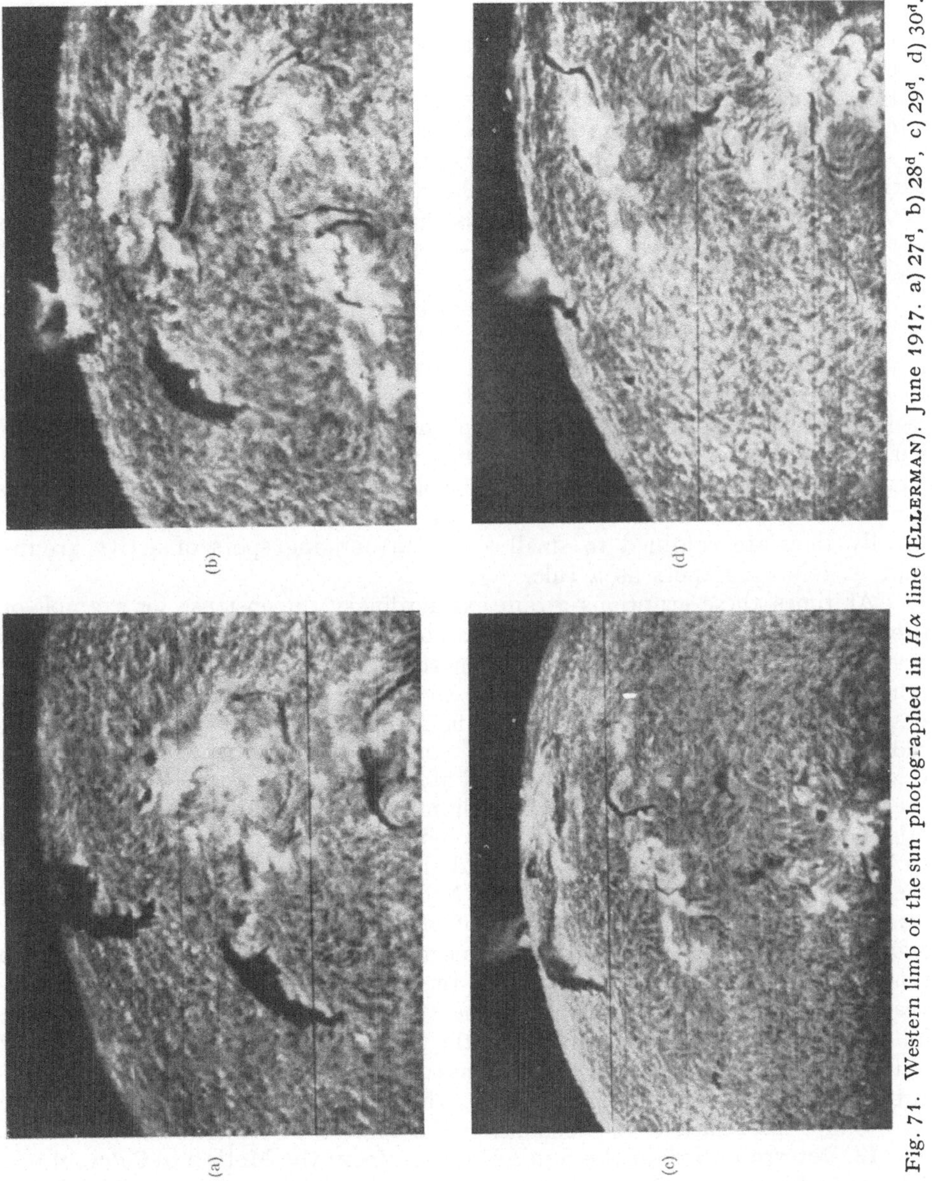

Fig. 71. Western limb of the sun photographed in $H\alpha$ line (ELLERMAN). June 1917. a) 27^{d}, b) 28^{d}, c) 29^{d}, d) 30^{d}.

HALE's visual observations[1] of the dark flocculi and eruptive prominences are interesting and show that the filaments are just prominences projected on the disc. In one case, with the second slit set in a particular position on $H\alpha$,

---

[1] Wash Nat Ac Proc 12, p. 286 (1926).

he observed a dark narrow column overlying the bright prominence; this is explained as an absorption phenomenon, because the column disappeared and revealed the underlying luminous hydrogen as soon as the slit was moved to another part of the line. On another occasion (17th February 1926) the slender trunk of a prominence on the limb reached inwards as far as a small spot; its extremity at that point was decidedly curved, clearly showing the absorbing gases entering the vortex of hydrogen surrounding the spot. Eighteen hours later the prominence was no longer on the limb, but was seen on the disc as a diffused object greatly reduced in length, as if the slender trunk had been drawn into the vortex which was still plainly visible.

Two other prominences were noted as long narrow ridges and high arches; both appeared dark on the disc when the second slit was set near to the centre of $H\alpha$, but on moving the slit towards the edge of the line high dark masses were seen to rise from a large bright substructure, probably consisting of hot gases at lower levels.

In the eruptive regions, near the centre of the disc, the maximum intensity of the bright flocculi is to be found with the second slit on the violet side of $H\alpha$, denoting a rising of incandescent hydrogen. At high altitudes the gas cools and produces absorption, and the resulting dark flocculi are seen in their descent towards the surface when the second slit is moved towards the red. The mean velocity of the ascending and descending hydrogen is readily measured when the exact position of the slit on $H\alpha$ is known. Solar eruptions can be easily observed and their progress followed with the spectrohelioscope; usually they are confined to small areas surrounding spots of active groups, that is, following spots as a rule.

At times these eruptions attain extraordinary dimensions; for example on the 24th January 1926 when Hale was observing a bright eruption in and around a large group of spots in 22° north latitude, the configuration of the eruption changed rapidly and $H\alpha$ was so distorted that the dark and rapidly descending flocculi were visible when the second slit was displaced toward the red far beyond the line. The eruption continued throughout the whole of the next morning and the greater part of that afternoon with extraordinary brilliancy; the D_1 and D_2 sodium lines and D_3 helium were reversed and showed up very bright over the large spot, but at some points following the spot D_3 appeared to be dark and greatly distorted toward the red. On the morning of the 26th the great eruption seemed to be over, but at midday a small bright eruption was seen for a few minutes at one end of the bridge across the spot. On the 27th another small brisk eruption appeared near the large spot. In connection with this great eruption, we may now recall the brightest red aurora seen for many years which appeared in Norway on the evening of the 26th January, and the intense magnetic storm which began in the afternoon of the same day and lasted until the following morning, and affected the whole world. From the observations just described, there are hopes that we may shortly be able to study and follow the relations between terrestrial and solar phenomena.

13. Determination of the Sun's Rotation from the Motion of Calcium and Hydrogen Flocculi. Several observers have determined the sun's rotation period from the hydrogen and calcium flocculi. The first measurements are those of Hale and Fox[1] from a series of spectroheliograms taken at the Kenwood Observatory between 1892 and 1894, then follow those of Fox from observations made between 1903 and 1908 with the Rumford spectroheliograph[2]; next are

---

[1] Carnegie Inst. of Washington, Publ. No. 93 (1908).
[2] Publ Yerkes Obs 3, p. 67 (1921).

those of KEMPF from spectroheliograms taken at Potsdam in 1906[1], and lastly the measurements carried out at Mount Wilson[2]. These determinations cannot be expected to attain a high degree of accuracy because of the difficulty of identifying the same reference points on the flocculi during one or more revolutions of the sun, and also because of their proper motion; nevertheless the results obtained by the different observers do not differ from each other by more than the differences between individual sunspot or spectroscopic determinations.

The HALE and FOX measurements were made with the heliomicrometer[3] devised by HALE, which consists of a metallic globe on which are engraved, for every degree, the meridian lines and the parallels of latitude. The axis of the globe is given the same inclination as the sun's axis on the given date, and the spectroheliograms are projected on to the globe by a powerful electric lantern so that the orientation of the plate is quickly done; the heliographic latitudes of the flocculi and their differences in longitude from the centre of the sun are read off directly from the circles on the globe. Later improvements were effected, and instead of reading the coordinates directly off the globe, a theodolite is used for their determination, and also to compare plates taken on successive days as with a stereocomparator; the areas of the flocculi can also be measured at the same time. About 4000 points on 285 plates were examined by Fox in his extended series of measurements. The diurnal sidereal motion of each point was obtained, in the majority of cases, from the motion measured on two plates taken on successive days. After reducing synodic to sidereal motion the results were tabulated for every 5° north and south latitude as below:

φ	ξ	P	φ	ξ	P
2°,78	14°,56	24^d,72	22°,20	14°,12	25^d,50
7 ,80	14 ,51	24 ,81	27 ,17	13 ,98	25 ,75
12 ,56	14 ,38	25 ,03	32 ,03	13 ,75	26 ,18
17 ,49	14 ,30	25 ,17	37 ,32	13 ,43	26 ,81

The above can be represented by the empirical formula:

$$\xi = 11°,584 + 2°,976 \cos^2 \varphi.$$

Taking the two hemispheres separately Fox found that the velocities in the southern hemisphere were greater than in the northern, and moreover in the years 1907/08 the velocities, at least in high latitudes, were somewhat higher than those in the years 1903/05, as will be seen from the table below:

φ	ξ 1903—1905	ξ 1907—1908	Diff.	φ	ξ 1903—1905	ξ 1907—1908	Diff.
5°,0	14°,57	14°,54	− 0°,03	25°,0	13°,99	14°,18	+ 0°,19
15 ,0	14 ,30	14, 40	+ 0 ,10	35 ,0	13 ,48	14 ,04	+ 0 ,56

The differences on the average are rather small and therefore we can hardly admit their real existence, but as spectroscopic investigations show that a variation in the period of rotation is possible in course of time, it is as well to note these results.

Examining the proper motion of the flocculi near to sunspots, Fox traced the existence of cyclonic motion which is exactly what is shown so clearly by the $H\alpha$ flocculi.

---

[1] Publ Astrophys Obs Potsdam No. 71 (1916).
[2] Carnegie Inst. of Washington Publ. No. 138 (1911).
[3] Ap J 25, p. 293 (1907).

The various periods of rotation as derived from the calcium flocculi are as follows:

Calcium Flocculi.

φ	Hale-Fox	Mount Wilson	Kempf	Fox	Mean
0°	14°,70	14°,42	14°,43	14°,56	14°,53
5	14 ,59	14 ,38	14 ,41	14 ,54	14 ,48
10	14 ,44	14 ,32	14 ,37	14 ,47	14 ,40
15	14 ,30	14 ,28	14 ,29	14 ,36	14 ,31
20	14 ,17	14 ,27	14 ,19	14 ,21	14 ,21
25	14 ,02	14 ,17	14 ,06	14 ,03	14 ,07
30	13 ,83	13 ,98	13 ,92	13 ,82	13 ,89
35	—	14 ,04	13 ,75	13 ,58	13 ,79
40	—	13 ,92	13 ,58	13 ,33	13 ,61
45	—	—	13 ,40	13 ,07	13 ,23

The agreement among the different observers is satisfactory, and comparing these results with those obtained from sunspots and from faculae, we notice that the velocities derived from the faculae are almost the same as those derived from the calcium flocculi, as might have been expected; the spots however give a rotation angle which is less by an average of 0°,1 in all latitudes. From these two phenomena of solar activity, at any rate, we begin to find some confirmation of the hypothesis that different levels exist in the solar atmosphere; the higher levels give greater velocities.

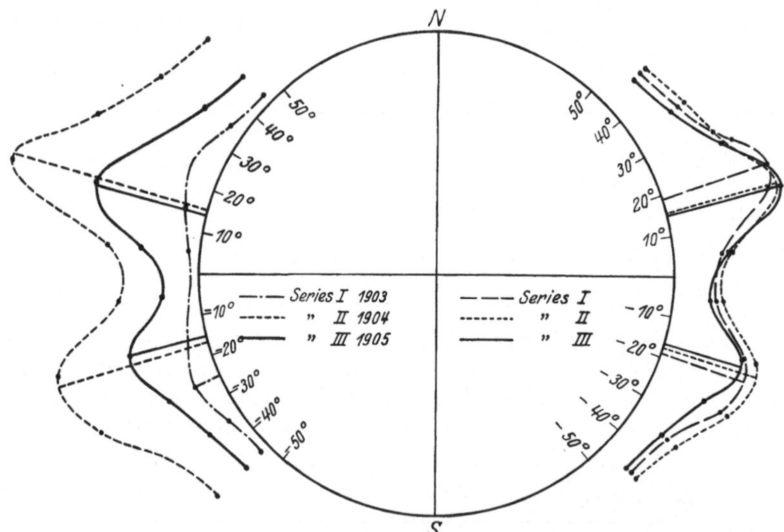

Fig. 72. Relative areas covered by the calcium flocculi (Fox).

Another result which was to be expected is the distribution of the areas of the flocculi and the progressive movement of maximum areas towards the equator during the course of the cycle, as in the case of sunspots. Fox's observations are represented in fig. 72; the motion of the zone of maximum areas in successive years 1903—1905 (1905 was a year of maximum activity) is given on the right, and on the left the totals of the areas covered. We therefore conclude that the flocculi zones are either associated with sunspots, or exist in latitudes where there is a greater frequency of spots.

Determinations of the period of the sun's rotation from the hydrogen flocculi are very rare on account of the difficulty in measuring them and because their form is very variable and ill defined. Yet the determinations carried out at Mount Wilson seem to leave no doubt that the period of rotation so derived differs considerably from that derived from the calcium flocculi, and therefore points to a different law of rotation[1]. These determinations do not show equatorial acceleration, but point to a diurnal angular motion whose mean value is the same in all latitudes: $\xi = 14°,6$. It is interesting to compare this figure with that derived from the line $H\alpha$ with the spectroscope; we shall refer to this later.

From observations taken at Kodaikanal, ROYDS[2] was able to obtain the velocity of the dark filaments by measuring the longitude from the central meridian of such portions of the filaments as could be identified in successive days. The results show rather large differences, but the mean, $\xi = 14°,8$, confirms that the hydrogen flocculi and filaments have a greater velocity than the calcium ones, probably because of their higher level. In fact if the hydrogen filaments are nothing else than prominences projected on the disc, their angular velocity will be that proper to their level on the photosphere. In ROYDS' measurements, for example, the average height of the filaments in relation to their velocity is about 30″ above the mean level of the photosphere[3]. Still greater values for the angular velocity in different latitudes have been found by EVERSHED[4] from the spectra of the prominences (H and K calcium lines) taken at mean height of 30″.

14. The Spectra of the Centre and Limb, Spots, Reversing Layer, and Chromosphere. Absorption Lines due to the Earth's Atmosphere. When the sun's disc is projected on to the slit of an ordinary spectroscope we see the resulting spectrum furrowed with absorption lines. They were first discovered by WOLLASTON in 1802, and were also discovered independently by FRAUNHOFER in 1814 who studied them in detail, drew the first map of the solar spectrum and assigned letters to the principal lines, beginning from the red end.

The spectrum of the solar disc is that of the photosphere; it is practically constant as regards the number, position, and intensity of the lines so long as the portion of the disc observed is at or near the centre of the sun, and is free from sunspots or eruptions. The visual spectrum lies between λ 4000 and λ 7000 in the sequence of its colours, but precise limits cannot be defined because much depends on the sensitiveness of the eye to the various colours, and on the brightness of the spectrum. Photography, however, enables us to extend these limits considerably both towards the violet and red ends, and when special instruments are used, such as spectroscopes with quartz glass prisms for the ultra-violet, and rock salt prisms for the infra-red regions, the limits can be still further extended.

From solar eclipses, during the brief period between the second and third contacts, we learn that a layer of incandescent gas of a certain depth, known as the reversing layer, is what produces the FRAUNHOFER lines; in eclipses these are, however, bright instead of dark. It is in this stratum therefore that emission lines are produced, and they only appear dark by contrast with the underlying photosphere; the latter produces a continuous spectrum. According to KIRCHHOFF's law the appearance or non appearance of lines is only due to temperature radiations, that is to say that the radiations emitted by bodies depend, qualitatively and quantitatively, solely on their temperature. Modern theory and research have led us to believe that the production of the lines do not depend upon temperature alone, but also upon pressure. The ionisation

---

[1] Ap J 27, p. 219 (1908).   [2] M N 71, p. 723 (1911).
[3] See also D'AZAMBUJA, C R 176, p. 950 (1923).
[4] M. N. 88, p. 126 (1927).

theory is what, at the moment, seems to agree better with observed facts, and on that theory we seek to explain how, at the temperature and pressure predominating in the reversing layer, the lines of various elements may be present or absent, with the atoms in a neutral condition, or ionised once, twice, or more times.

Since FRAUNHOFER's time more accurate maps of the solar spectrum have been drawn, and, with ever increasing accuracy, measurements of the wave lengths of the different lines have been undertaken. The most accurate and complete results are those of ROWLAND; two sections of his map in the red and in the violet are reproduced in a reduced scale in fig. 73. A concave grating with about 20000 rulings was used and in the "Preliminary Table of Solar Spectrum Wave Lengths"[1] the wave lengths and the intensity of the lines on an empirical scale are given together with their identity, where possible, with known terrestrial elements. By the coincidence of the lines in the solar spectrum with those of known elements, these are identified and their existence in the reversing layer is thereby fully established. The list of elements identified increases slowly because identification is by no means easy work. Some elements are only present as compounds, for example numerous bands of cyanogen and ammonia, which are compounds of nitrogen.

Of the 92 elements in the periodic system 46 have so far been certainly identified in the sun, for others 17·the evidence is not quite conclusive or weak, as follows[2]:

Class I. Elements certainly present in the Sun:

Aldebaranium	Copper	Manganese	Samarium
Aluminium	Dysprosium	Nitrogen (in	Scandium
Barium	Erbium	compounds)	Silicon
Beryllium	Europium	Neodymium	Sodium
Carbon (com-	Iron	Nickel	Strontium
pounds only)	Gadolinium	Niobium	Titanium
Calcium	Hafnium	Oxygen	Thulium
Cadmium	Helium	Palladium	Vanadium
Cerium	Hydrogen	Praseodymium	Tungsten
Caesium	Lanthanum	Potassium	Yttrium
Chromium	Lithium	Rhodium	Zinc
Cobalt	Magnesium	Ruthenium	Zirconium

Class II. Presence probable but the evidence not quite conclusive:

Gallium	Molybdenum	Platinum	Thallium
Indium	Neoholmium	Silver	Uranium
Lead	Osmium	Tellurium	

Class III. Presence possible but the evidence weak:

Gold	Germanium	Terbium
Boron	Tin	Thorium

Class IV. No evidence for presence:

Argon	Cassiopeium	Mercury	Selenium
Antimony	Chlorine	Neon	Sulphur
Arsenic	Fluorine	Phosphorus	Tantalum
Bismuth	Iridium	Radium	Xenon
Bromine	Krypton	Rubidium[3]	

---

[1] Ap J 1 to 6 (1895—1897).

[2] STRATTON, Astronomical Physics, p. 41. London: Methuen (1925), and a kind communication in manuscript from STRATTON and BAXANDALL.

[3] According to RUSSELL [Ap J 55, p. 135 (1922)], Rubidium is present in sunspots.

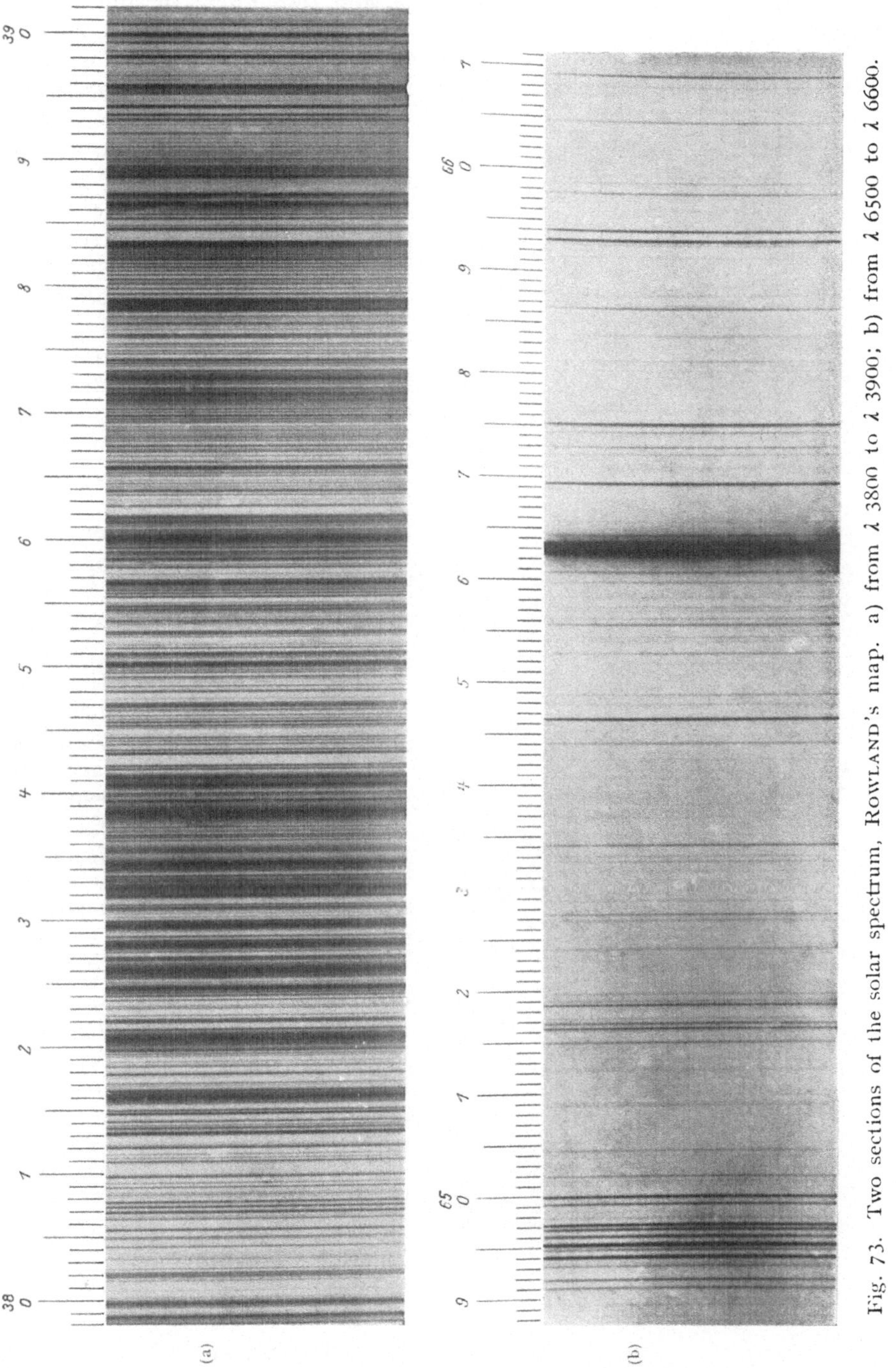

Fig. 73. Two sections of the solar spectrum, ROWLAND's map. a) from λ 3800 to λ 3900; b) from λ 6500 to λ 6600.

ROWLAND's map extends from λ 2975 to λ 7331 (fig. 73), but other workers have extended it beyond those limits. Thus FABRY and BUISSON[1] have investi-

____
[1] Ap J 54, p. 297 (1921).

gated the ultra-violet and Burns, Meggers, and Brackett[1] the infra-red up to λ 9900.

The presence of atmospheric or telluric lines in the red portion of the spectrum is particularly interesting. These are absorption lines due, not to the solar atmosphere, but to the terrestrial. If we observe the solar spectrum at a place well above sea level, when the sun is not far from the zenith, and compare it with the spectrum at sea level, when the sun is at great zenith distances, we see in the latter many lines which do not appear in the former, and other lines are intensified. The difference in the atmospheric depth through which the sun's rays have passed in both cases is sufficient to produce these changes, and thus we recognise the lines as of terrestrial origin.

A further confirmation is obtained by observing the Doppler effect on the sun's east and west limbs. The effect of the sun's rotation is to displace at the limbs the Fraunhofer lines which have their origin in the sun; those from the east limb are displaced towards the violet with respect to their normal position at the centre of the disc, and those from the west limb are displaced towards the red; the atmospheric lines on the other hand retain their position irrespective of the limb under observation and thus they are definitely identified. Fig. 74 shows the great differences in two portions of the solar spectrum in and about the D sodium line one in moist, the other in dry air.

Towards increasing wave length, we have groups of bands due to oxygen in the terrestrial atmosphere, also lines λ 7772, 7774 and 7775 due to free oxygen in the solar atmosphere, as has been demonstrated by St. John and confirmed by Meggers; oxygen in compound form, such as oxide of titanium, is found in

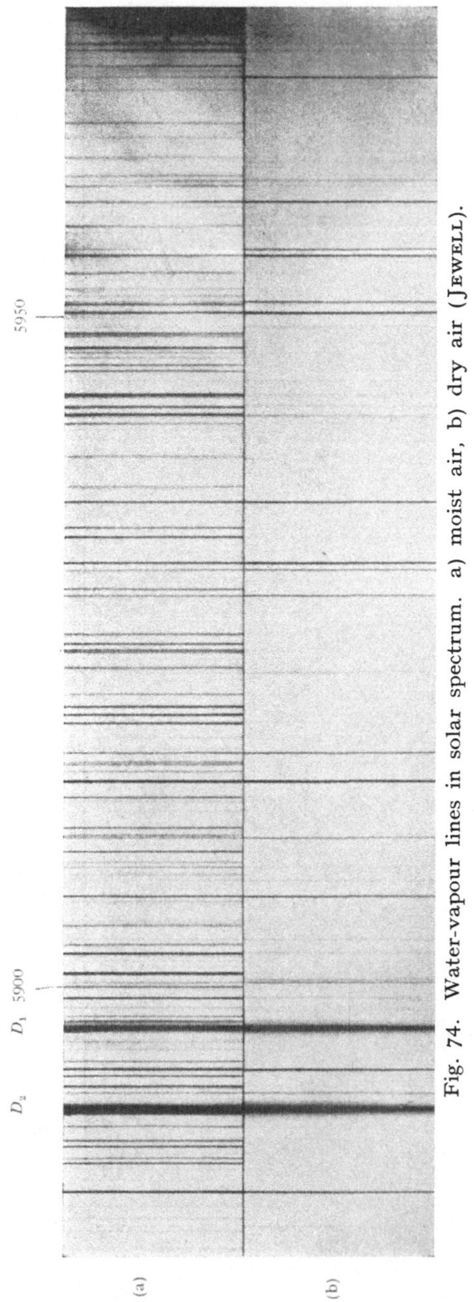

Fig. 74. Water-vapour lines in solar spectrum. a) moist air, b) dry air (Jewell).

[1] Lick Bull 10, p. 64 (1920); Publ Allegheny Obs 6, No. 3 (1919); Ap J 53, p. 121 (1921).

sunspots. The three lines due to free oxygen form a triplet in the principal series of its emission spectrum (fig. 75); a doublet at $\lambda\,8446$ represents the second subordinate series.

In the ultra-violet, FABRY and BUISSON found absorption lines from our atmosphere between $\lambda\,2900$ and $\lambda\,3150$, due to the equivalent of a layer of ozone of about 3 mm thick at atmospheric pressure, the thickness varying with time. They also found that the location of this layer must be in the external layers of the atmosphere beyond 40 kilometres from the earth's surface; as an explanation of its origin, they suggest that ozone is produced by solar rays of wave length less than $\lambda\,2000$ which penetrate the external layers only; longer rays dissociate the ozone and prevent its accumulation beyond the amount required for equilibrium.

Tables of spectra have been prepared and primary, secondary, and tertiary[1] standards of wave lengths have been established; these are constantly being checked and revised, under international cooperation, so as to obtain definite points of reference for the identification of lines, and to further astrophysical research and laboratory work in general.

If the solar spectrum from different parts of the disc, at the centre and at the limb, or the sunspot spectrum, or that of the reversing layer, or the chromosphere is examined, marked differences are evident; these we shall now consider.

The spectrum of the photosphere is classified as G 0 (DRAPER's classification) in the sequence of stellar spectra; in this class the

---

[1] Cf. Transactions of the International Astronomical Union I, II and III (1922), (1925) and (1928).

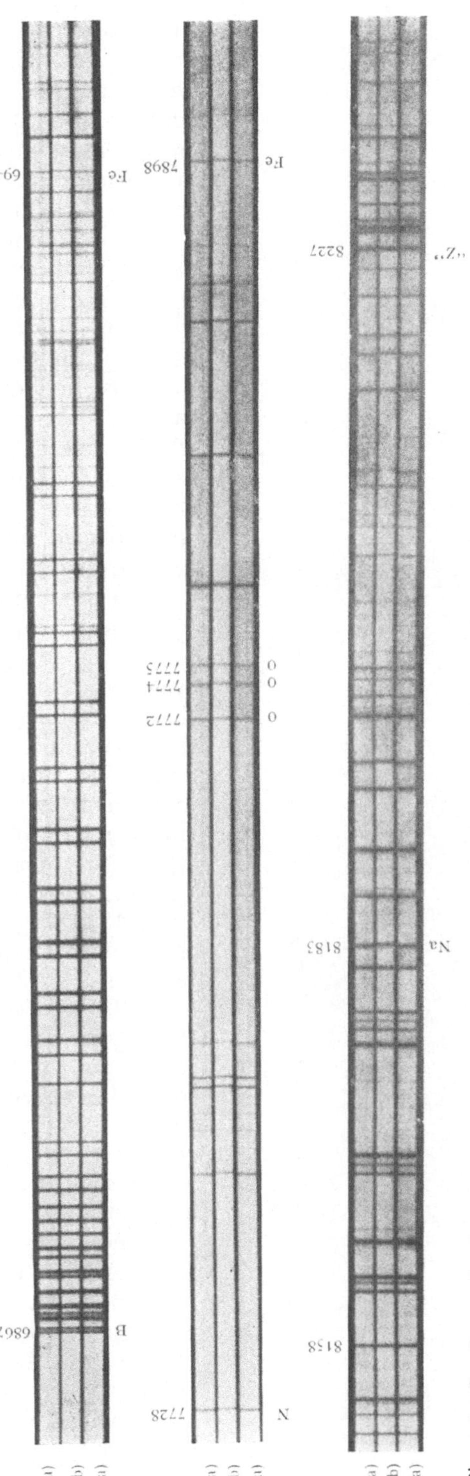

Fig. 75. Sections of solar spectrum from $\lambda\,6860$ to $\lambda\,8240$. a) eastern limb, b) western limb. Telluric lines probably produced by water-vapour are readily seen because not affected by the solar rotation (MEGGERS).

Fig. 76. Centre (a) and limb (b) spectra of the sun compared (Hale, Adams).

series of hydrogen lines is not as prominent as in the earlier stellar types. For example $H\gamma$ is only half the intensity of iron $\lambda\,4326$; iron and strontium blend at $\lambda\,4077$, $H\delta$ and calcium $\lambda\,4227$ are almost equal in intensity, the broad lines H and K are very conspicuous, and the continuous spectrum is almost of constant intensity between $H\beta$ and $H\varepsilon$ although there is a slight falling off between $H\gamma$ and $H\varepsilon$.

If we examine the spectrum near to the limbs we observe three characteristic differences between it and the spectrum at the centre; these differences were first partially noticed by Hastings, and were more carefully studied by Hale and Adams[1] later (fig. 76). There is, first of all, a great weakening, and in some cases an almost total disappearance of the wings which some of the more intense lines present at the centre of the sun. Secondly there is a slight widening, characteristic of almost all the lines in the spectrum, accompanied, in the greater number of cases, by a decided change in their intensity curves. Thirdly we have a strengthening and weakening of the lines which nearly agrees, in general, with what is observed in the sunspot spectra. The differences in the relative intensities of the lines are not very marked in the less refrangible portions of the spectra, except in the case of the winged lines such as D_1 and D_2, b_1, b_2, and b_4. In these cases the wings are greatly reduced in intensity in the spectrum of the limb and the central portions of the lines are strengthened. These effects are more marked in the blue and violet and still more so in the ultra-violet. Between $\lambda\,3815$ and $\lambda\,3840$ the appearance of the spectrum is greatly changed, the wings which characterize the more intense lines at the centre have disappeared almost entirely. This is probably due to the different depths of the layers which the rays have to traverse at the centre and at the limbs, in order to pass out of the solar atmosphere. The absorption of the higher and therefore cooler vapour would naturally produce a change in the relative intensity of the lines; this, as we shall see, takes place in the spots, but to a lesser degree.

There is, however, no reason to suppose that there is any great affinity between the two classes of phenomena. In fact the details which the spectrum of sunspots presents are such as to distinguish it clearly from the spectrum of the photosphere at the centre of the sun, which is, as we have said, of the G0 class, while the sunspot spectrum belongs to the K0 class, that is to a more advanced stage of development and to cooler temperature. The characteristics of the

---

[1] Ap J 25, p. 300 (1907).

K0 class are: weaker hydrogen lines, the calcium line $\lambda\,4227$ is considerably more intense than in G0, there is also a continuous hydrocarbon band between $\lambda\,4299$ and $\lambda\,4315$ with a marked decrease of intensity between $H\gamma$ and $H\varepsilon$ in the continuous spectrum; the H and K lines attain their maximum intensity in this class. The more important characteristics of the sunspot spectrum, apart from what refers to the continuous sunspot spectrum and the position of its maximum intensity compared with the solar spectrum, may be thus summarised:

1. The strengthening and weakening of a large number of lines; in the case of some elements all lines are strengthened, in others all are weakened, and in yet other elements there is both strengthening and weakening.

2. The presence of a large number of lines which do not appear in the solar spectrum; many of these are grouped together in bands or flutings.

3. The widening and, in some cases, the doubling, or even trebling, of numerous lines without apparent strengthening.

Solar and laboratory research have yielded a satisfactory explanation of the above characteristics of the spot spectrum. FOWLER, HALE, and ADAMS[1] have, in fact, found that the strengthening and weakening are due to lower sunspot temperature, as proved by the presence of flutings due to titanium oxide (fig. 77, p. 134) and by the bands of magnesium hydride. OLMSTED found that the bands present in the spectrum of the calcium arc burning in hydrogen are also to be seen in the sunspot spectrum, and he has identified a large number of lines in the less refrangible region of the spectrum. From his results it appears that the spectra of those compounds are sufficient to explain the majority of the lines not identified as yet in the sunspot spectrum.

With regard to the third characteristic, that is the widening and doubling of the lines which was thought at first to be due to reversal[2], we now learn from HALE's discovery that it is due to the ZEEMAN effect, that is to the presence of magnetic fields in sunspots.

The sunspot spectrum has been subjected to close study and research, especially at Mount Wilson; to facilitate operations a photographic map (fig. 78, p. 134) has been prepared consisting of 26 sections, each of which comprises one hundred Ångström's units between $\lambda\,4600$ and $\lambda\,7200$. The following table of the lines affected by the various elements in the region between $\lambda\,3900$ and $\lambda\,7000$ summarises the investigations.

Table IV.

Element	Total Number of Lines	No. Lines Strengthened		No. Lines Weakened		Percentage of Total Number		
		One Element	Compound Lines and Blends	One Element	Compound Lines and Blends	Strengthened	Weakened	Affected
Ca . .	60	43	16	—	—	98	—	98
Cr . .	386	200	75	36	31	71	17	88
Co . .	118	26	25	17	14	43	26	69
H . .	4	—	—	4	—	—	100	100
Fe . .	1108	300	127	258	98	39	32	71
Mg . .	8	3	—	1	—	38	12	50
Mn . .	167	68	31	15	9	59	14	73
Ni . .	251	48	24	106	26	29	53	82
Sc . .	45	30	—	3	—	67	7	74
Si . .	9	—	—	8	1	—	100	100
Na . .	8	8	—	—	—	100	—	100
Ti . .	432	247	73	46	28	74	17	91
V . .	176	114	37	9	5	86	8	94

[1] Mt Wilson Contr No. 11, 15, 22, 40 or Ap J 24, p. 185 (1906); 25, p. 75 (1907); 27, p. 45 (1908); 30, p. 86 (1909).

[2] Cf. e. g. MITCHELL, Ap J 22, p. 4 (1905).

The behaviour of the enhanced lines is one of the most interesting characteristics of the sunspot spectrum, all of them appear weakened. Out of a total

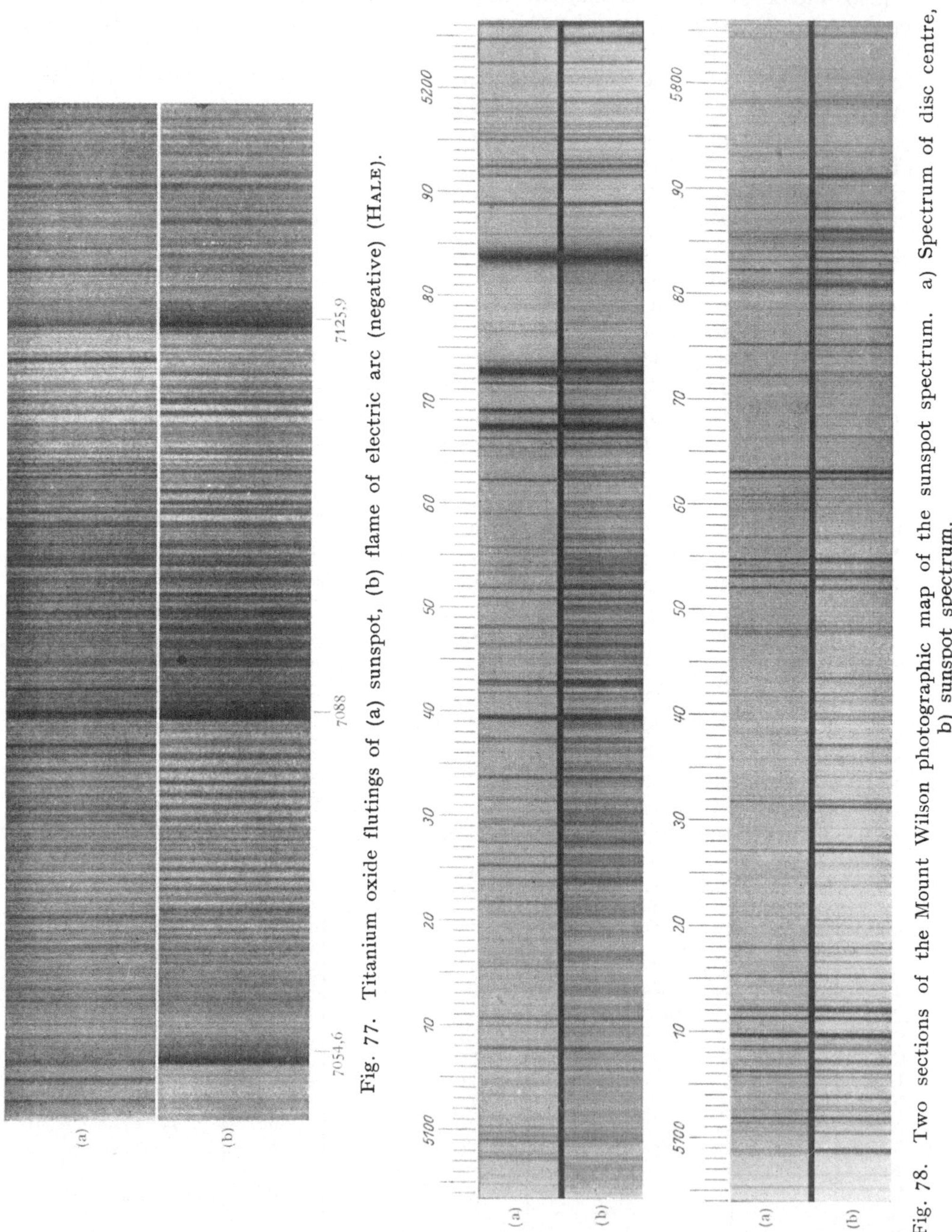

Fig. 77. Titanium oxide flutings of (a) sunspot, (b) flame of electric arc (negative) (Hale).

Fig. 78. Two sections of the Mount Wilson photographic map of the sunspot spectrum. a) Spectrum of disc centre, b) sunspot spectrum.

of 144 contained in the above region, 130 are distinctly weakened, 14 show no change, and none are enhanced. Nearly 5000 lines of titanium oxide have been identified in the same region, and it has been found that the intensity of the flutings in the sunspot spectrum increases with increasing wave length, exactly as it increases in the spectrum of the titanium flame. There is no certain evidence in the spot spectrum of any line due to fluting for wave lengths under λ 4500. About 600 lines of calcium hydride have been identified in the sunspot spectrum, and about 500 lines of magnesium hydride, so that 78 per cent of the total number of the lines not as yet identified in the sunspot spectrum might be identified with the lines in the spectra of these three compounds.

We now come to the examination of the spectra of the higher layers of the solar atmosphere, namely, the reversing layer, the chromosphere, and the prominences. All these have been and are still investigated during the brief periods of solar eclipses[1], but the spectra of the reversing layer and chromosphere are also examined in full sunlight, especially with solar towers. Comparing the spectrum of the reversing layer with FRAUNHOFER's we notice at once that the former is the exact reversal of the latter, that is to say, the two spectra coincide, but one appears bright, only because of the method of observation, which is tangential to the limb, so that there is no bright background to make the lines appear dark by contrast as is the case when the spectrum of the sun's disc is observed. In fact, measurements of the wave lengths in the two spectra generally agree and each line in FRAUNHOFER's spectrum is changed to a bright line at the beginning and at the ending of totality.

Above the reversing layer is the chromosphere, but we cannot look upon the two as separate entities: the difference between them is only a matter of difference of level. The reversing layer contains the greater number of lines produced in low levels up to about 600 kilometres in height, where the denser portion of the chromosphere begins just above the photosphere.

The spectrum of the chromosphere proper, that is above 600 kilometres, is very different to FRAUNHOFER's in the intensity of the lines, for, while the latter is essentially an arc spectrum, the former more nearly approaches the spark spectrum and corresponds to an earlier type than the sun's spectrum, that is about G0 in DRAPER's classification. Especially remarkable in the spectrum of the chromosphere are the enhanced lines which rise up to great heights above the photosphere, beyond the ordinary lines; we shall see later on how this may be explained by the ionisation theory.

The results obtained with the 60-foot solar tower agree with eclipse observations as far as the elements represented by the majority of the lines are concerned, but they differ widely in the relative intensity of the lines as compared with the dark lines of the solar spectrum. With the exception of the hydrogen, magnesium, and sodium lines, and of the enhanced lines in general, only very few of FRAUNHOFER's intense lines are represented by intense bright lines in the spectrum of the chromosphere, as photographed at the solar tower[2]. Usually the lines are still dark, with faint luminous fringes on both sides, probably due to their being at a low level. The more intense lines of the solar spectrum are accompanied by wings similar to those of the H and K calcium lines, which are due to the denser vapour at the bottom of the reversing layer. Observations taken at the edge of the disc show that these wings appear as weak emission lines, but the central portions of the line, due principally to gas at a higher level, are dark. The phenomenon is the same as that of the double reversal of the calcium and hydrogen lines on the limb. It is probable that double reversal is a general characteristic of all lines in the spectrum of the low level chromosphere, and if double reversal is not visible it may be due to the faintness of the

[1] See MITCHELL, Solar Eclipses, in this Handbuch.
[2] Mt Wilson Contr No. 41 and 95 or Ap J 30, p. 222 (1909) and 41, p. 116 (1915).

lines, or to insufficient resolving power. During eclipses Mitchell observed double reversal in the case of the more intense lines only, but several hundreds are recorded in the tables of the flash spectrum without eclipse of Adams and Burwell. In the great majority of cases the intensity of the two bright components is equal, and when it is not equal there seems to be no special bias towards the violet or the red component.

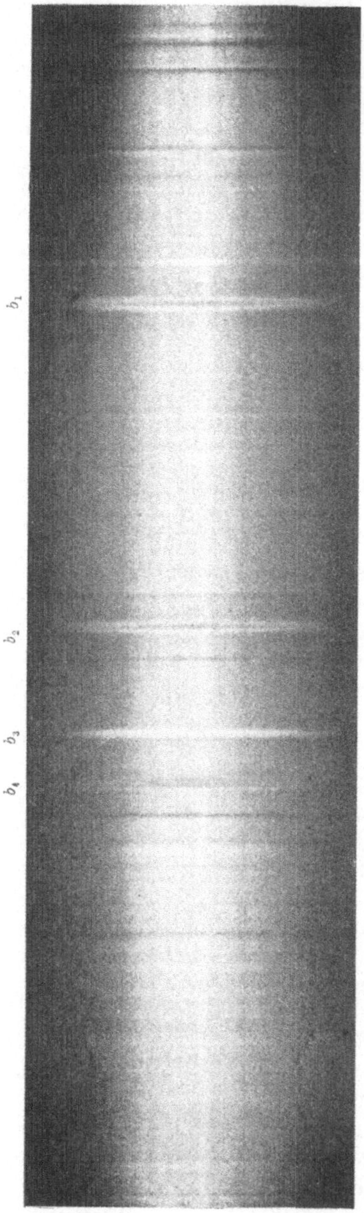

The large number of very faint dark lines in the solar spectrum, which are represented by bright lines in the chromosphere, is in accordance with St. John's inference that these lines are produced at a low level of the solar atmosphere. A great number of these lines between $\lambda\,5050$ and $\lambda\,5165$ are identified with the green carbon fluting (fig. 79); others have been identified with cobalt, scandium, titanium, vanadium and other heavy elements, all of which are well represented in the spectrum of the chromosphere. It is probable that some of the lines not identified may be the fainter enhanced lines of elements which have been imperfectly investigated up to now in this part of the spectrum. The two hydrogen lines $H\beta$ and $H\alpha$, examined by Adams and Burwell in the chromospheric spectrum, show strong double reversal with their two components of almost equal intensity. A special characteristic of $H\alpha$ is the apparent doubling of its red component due to the presence of an atmospheric line at $\lambda\,6563,763$ which falls on the centre of the bright component and hence gives it the appearance of a double line. It seems also[1] that the bright components of $H\alpha$ and $H\beta$, independent of rotation, are not symmetrical with respect to the dark central component, indicating that the mean wave length of the bright component is not the same as that of the dark one (fig. 80).

The Helium D_3 line is the strongest bright line and the separation of its components is 0,336 A in agreement with laboratory results. Davidson and Stratton[2] have identified several lines of Helium in the spectrum of the chromosphere during the eclipse of 1926 Jan. 14: lines $\lambda\,6678$ and $\lambda\,4922$ of the multiplet 1 $P-D$ are strongly shown as also $\lambda\,5016$ of the series 1 $S-P$. The line $\lambda\,4685$ of He$^+$ is intrinsically faint, but extends to a great height.

Fig. 79. Green carbon fluting in the chromospheric spectrum (Hale, Adams). 1 A = 4 mm.

---

[1] Pubbl. R. Osservatorio di Arcetri 43, p. 23 (1926).
[2] Memoirs R. Astr Soc 64 Part 4, p. 123 and 139 (1927).

D sodium and b magnesium lines are very similar in their behaviour, they show wide double reversal with components of moderate intensity; fine cobalt lines are also represented in considerable number in the chromosphere. The enhanced lines in the photographs of the flash spectrum, taken at the solar

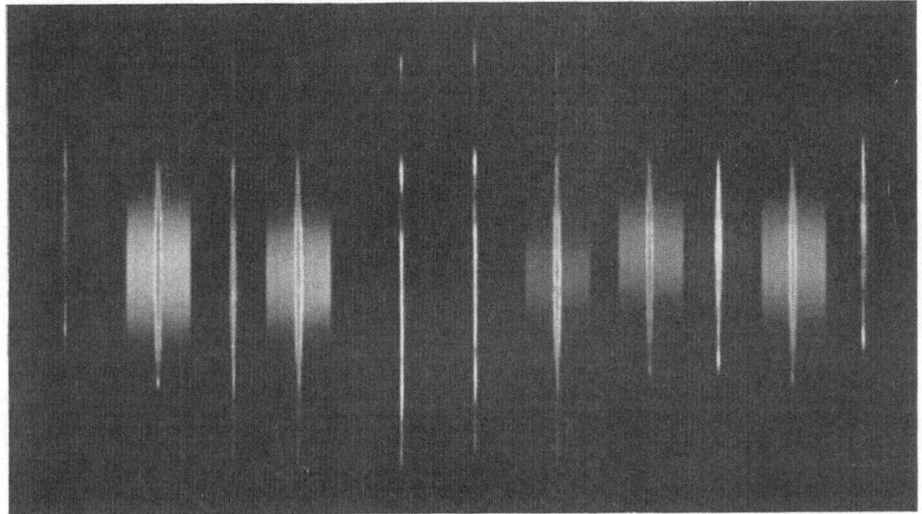

Fig. 80. Appearances of $H\alpha$ line at the limb and on prominences (Arcetri).

tower, are of exceptional intensity at mean or low levels, just as eclipse observations have shown them to be at a higher level. Double reversal is nearly always present in sun-tower observations, but the separation of the components is not so great as in the arc spectrum.

15. Form and Height of the Chromosphere and Prominences. Spectrum of the Prominences, their Motion, Changes and Distribution. The chromosphere may be seen with the spectroscope at any time, and without it only during eclipses; its existence has long been known, though different observers have given it different names. The spectroscope shows us that this coloured layer is ever present over all parts of the solar surface, although its thickness is not uniform.

In order to examine the chromosphere and to obtain a definite conception of its structure the slightly opened slit must be placed tangentially to the solar disc. If the limb is some little way from the slit, then in the more intense lines, such as $H\alpha$, we see the notched and fringed edge of the chromosphere in a state of continuous ebullition, due in part to its proper motion, and in part to disturbances in the terrestrial atmosphere. At its lowest part, that is the part which is in contact with the photosphere, its colour is more vivid than in the higher regions; and if the slit is radial, the lines are seen to end in sharp points. The height of the chromosphere appears to be greater or less according to the instrument used, for its apparent height varies as a function of the aperture and focal length of the telescope, and of the focal length and dispersion of the spectroscope. Measures of the height of the chromosphere are generally made by setting the slit normal to the edge of the sun and then measuring, with the micrometer, the length of reversed line $H\alpha$ from the point where the absorption line ends up to the point where the reversed line merges into the background of the sky (fig. 81). Its elevation thus determined varies between 10″ and 15″, but during eclipses a faint red tinge has been noted up to a distance of a few minutes of arc. The fine filaments, or flames, of the chromosphere may be all inclined in the same direction[1] or they may also converge or diverge. The change of direction is sometimes most marked at the poles where a series of straight and vertical flames may be seen rising above the others; their appearance is similar to what is shown by photographs of the inner corona[2].

In quiet regions, over wide areas, up to one quarter of the sun's circumference, the chromospheric filaments may be all inclined in the same direction, and suddenly the direction changes; near the equator, and as a rule in disturbed regions, the filaments have the appearance of flames which change direction very rapidly.

Fig. 81. Measure of the height of the chromosphere in $H\alpha$ line.

It would seem that a regular circulation in the solar atmosphere, which would be indicated by the filaments being inclined in a definite direction at the level of the chromosphere, is non-existent. According to Secchi, during periods of solar activity the inclination of the filaments is more constant and regular and is directed towards the poles; in quiet periods there is less regularity, or at least it is not so general. Frequently, especially in sunspot regions, the chromosphere presents a net-work appearance; the seething surface seems to be composed of bright clouds like the terrestrial cumuli, and some of them spread out to form small elevations with diffuse edges. These elevations assume all kinds of shapes and dimensions, even developing into prominences; there is no well defined line between the two phenomena, but when one of these elevations exceeds 20″ or 30″ it is defined as a prominence.

The height of the chromosphere is not uniform over the circumference of the solar disc. Respighi found that it does not exceed 12″, and noted that it appeared to be greater at the poles than at the equator, and often less than 12″ under large groups of prominences[3]. His observations were made in 1869, at a period between maximum and minimum activity; in 1875, near a minimum, Secchi noted the same, and also that in the polar regions, during periods of general quiescence, considerable activity prevails in the chromosphere which is manifested by the dimensions and luminosity of the flames.

Regular and systematic measurements of the height of the chromosphere during various cycles, recommended by the International Union for Cooperation in Solar Research[4], were begun in 1922, under the auspices of the International Astronomical Union[5]. These determinations are all the more interesting because, according to Milne's theoretical investigations[6] on the equilibrium of the chromosphere as between gravity and radiation pressure, the variations in the height of the chromosphere are a probable consequence of the equilibrium adjustment, since the distribution of density is very sensible to the immediate changes which the reversing layer has undergone. An atmosphere which is supported

[1] Secchi, Le Soleil Vol. 2, p. 34. Paris (1877).
[2] See Mitchell, Solar Eclipses, in this Handbuch.
[3] Nota I, in Atti Acc. Lincei, Sess. I, del 5. Dic. 1869 and Nota V id. Sess. VI. 5. Maggio 1872.
[4] Trans. Int. Union for Cooperation in Solar Research 4, p. 117. Manchester (1914).
[5] Cf. Pubbl. R. Osservatorio di Arcetri 39, p. 39 (1921).
[6] M N 85, p. 132 (1924) and Obs 48, p. 145 (1925).

by radiation pressure will collapse if there is a sudden decrease in the amount of radiation available, and although it may re-establish itself and adapt itself to suit the changed conditions, the existing density, at any considerable height, may in the meantime be subjected to great fluctuations. A decrease in the intensity of solar radiation, far too small to be otherwise perceptible, might, according to MILNE, be the cause of a very great temporary decrease in density at a few thousand kilometres.

Measures of the height of the chromosphere undertaken at Arcetri[1] in 1923, at a solar minimum, at every 30° of latitude, and those carried out at Catania and Madrid, confirm that the height of the chromosphere is greater at the poles than at the equator, the mean height at the poles being 10″,0 as against 9″,4 at the equator; in the succeeding years, approaching a maximum period, it appeared that the height was more uniform round the solar disc. More observations extending over a number of cycles will be necessary to determine whether these variations are periodic or irregular in character.

Another method for determining the elevation of the chromosphere, which might also be employed for determining the solar diameter in monochromatic light, has been suggested by Fox[2]. Two diametrically opposite points on the solar disc are reflected on to the slit of the spectroscope by prisms whose distance apart is adjustable. The double height of the chromosphere is determined by the difference between the maximum and minimum distance of the prisms for which the light, coming from the opposite limbs, shows the chromospheric lines. Fox's preliminary observations, with the Yerkes 40-inch telescope, give an elevation greater than 10″ for $H\alpha$ and greater than 8″ for D_3.

Before the contemporaneous discoveries of JANSSEN and LOCKYER, already referred to, it was only possible to observe the prominences during the brief and rare moments of total solar eclipses; since then we have been able to observe them constantly, in the light of some of the more intense lines of the spectrum.

When the slit of a spectroscope is directed to a point on the limb where there is a prominence, we observe its spectrum of reversed or emission lines; these lines are more or less intense according as the prominence is more or less bright, and they are more or less numerous according to its nature. Usually only the more intense lines of the solar spectrum are seen, hydrogen (fig. 80, p. 137), calcium, and helium; $H\alpha$ is therefore very conspicuous visually, and the H and K calcium lines photographically. At other times metallic lines appear, and these are specially numerous, comprising practically all the lines visible in the chromosphere, when the observation is made during total eclipses because then with the absence of light from the photosphere, the background of the sky is dark, and the contrast is enhanced.

The visual method of observing the prominences in full sunlight, is to open the slit of the spectroscope a few seconds of arc so as to obtain, not the spectrum of the prominence, but its image in a given monochromatic light. If we set the slit, tangentially to the disc, on the line $H\alpha$ for example, and on a prominence as shown in fig. 82, then if the slit is a narrow one, as is usual in the observation of FRAUN-

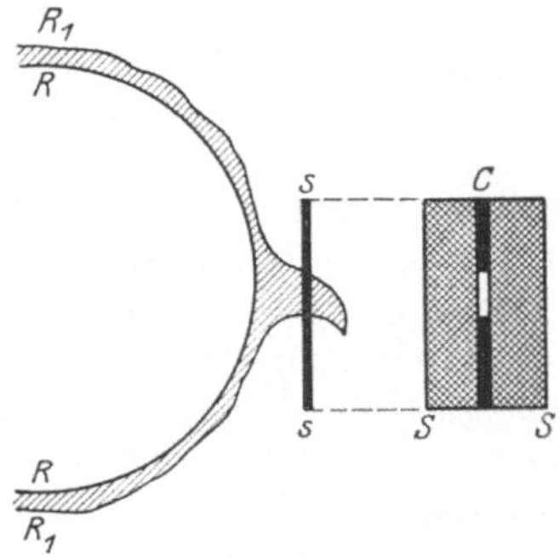

Fig. 82. Prominence at the limb (PRINGSHEIM).

---

[1] Cf. Rendiconti dei Lincei Ser. 6, 3, p. 140 (1926) and Publ. Osservatorio di Arcetri 40 et seq.

[2] Ap J 57, p. 234 (1923).

HOFER's lines, we naturally see $H\alpha$ reversed only in the region occupied by the prominence, beyond it the line is dark. The length and position of the bright line in the spectroscopic field corresponds to the size and position of the region of the prominence under examination. If the prominence is made to take up successive positions from S_1 to S_n (fig. 83), we obtain a complete image of the prominence and can estimate the intensity of its various parts. By opening the slit a few seconds of arc, $H\alpha$ will appear confused and faint, but the true shape of the luminous prominence will stand out against the dark background of the sky (fig. 84): this is the monochromatic image of the prominence in the light of $H\alpha$.

The method of the wide slit for visual observation of the prominences on the sun's limb has been extensively adopted since its discovery in 1868; since 1892 the spectroheliograph has also been used for photographing the prominences in the light of the H and K lines; later developments and progressive improvements

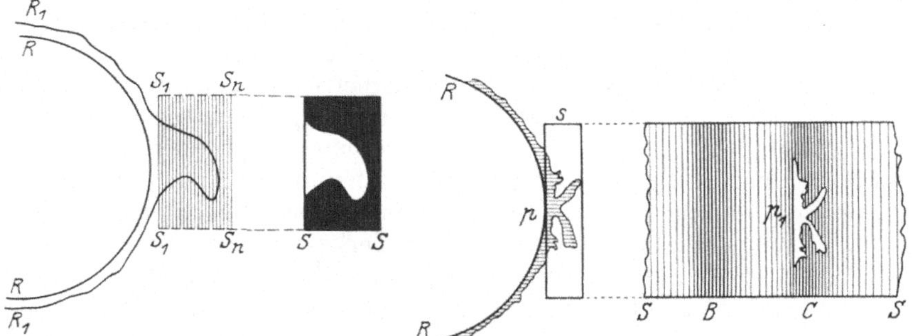

Fig. 83. Observation of prominence at the limb (PRINGSHEIM).   Fig. 84. Prominence at the limb (SECCHI).

have led up to the regular photographic observation of the prominences in calcium and hydrogen light.

The position angles of the prominences, reckoned, as usual, from the north point towards the east, can be directly determined at the telescope in visual observations, or on the plate. From the position angles, as already explained (ciph. 8, p. 90), the heliographic coordinates are obtained. When the prominences are exactly on the limb $\varrho = 90°$ and hence:

$$\sin \varphi = \cos D \cos \chi,$$
$$\sin l = -\sin \chi \sec \varphi.$$

Using LORENZONI's[1] or RICCO's[2] tables the necessity for computing the latitude is avoided. The width of the prominences at their base is measured in heliographic degrees, and their height in geocentric seconds.

Prominences are usually classed as quiescent or eruptive. The former change their shape and position slowly so that they can be watched for several days on end; they consist essentially of hydrogen, calcium, and helium. Eruptive prominences, on the other hand, change their form and position rapidly, and their spectra show numerous metallic lines. Rapid changes are frequently observed also in their spectral lines, which show considerable distortion and displacement due to the motion of vapours along the line of sight. Their form is

---

[1] Memorie Spettr. It. 1, p. 17 (1872).
[2] Memorie Spettr. It. 10, p. 21 (1881).

very varied, as is also their height which may rise from 30″, the generally adopted minimum height of prominences, to 2′ and even 3′, and in exceptional cases may reach as high as 9′ or 10′, about 35 times the diameter of the earth. At their base the prominences may be either very narrow, a few tenths of a solar degree, or they may extend over several degrees and in exceptional cases to 20° or 30°, 20 or 30 times the earth's diameter, or even more. The broad base is usually characteristic of quiescent prominences; eruptive prominences attain greater elevations.

The great diversity of shapes which the prominences assume has been described and classified by SECCHI, who, in his treatise on the sun[1], gives very fine and accurate drawings not easily surpassed by photographs.

We reproduce some of the more remarkable photographs taken with the larger spectroheliographs which are worthy of notice because of the shapes, extension, heights, and the changes which have been recorded on the plates.

The life history of one of the quiescent prominences, photographed by SLOCUM[2] with the H_2 calcium line between the 4th March and 28th April 1910 with the RUMFORD spectroheliograph, may be described (fig. 85, p. 142). It first appeared on the western limb; at its reappearance, on 17th March it covered 35° on the limb, and its height was 96″. On the 18th its height was about the same but it then extended on both sides of the equator from −20° to +25°, over an arc of about 45°. No calcium flocculi were noted on the disc in connection with this immense prominence. On 13th April it again appeared on the eastern limb reduced in size and in height, and it finally disappeared on 27th and 28th April greatly changed and diminished in size; its life may be said to have been about 55 days.

Another prominence which developed slowly was also photographed by SLOCUM with the H calcium line and by ELLERMAN[3] with $H\alpha$ between the 8th and 10th October 1910 (fig. 86, p. 143). When fully developed it extended from −24° to −40° and its height was 145″, about 105 000 kilometres. After it had attained a certain elevation the majority of the longer streamers inclined southwards, but a small number of the longer ones and most of the shorter ones inclined towards the north, due possibly to horizontal currents flowing in opposite directions at different elevations, or to a local vortex. If the shorter streamers are at a lower level as they appear to be, the direction of rotation, seen from above, is clockwise, the same as in the case of terrestrial cyclones in the southern hemisphere.

ELLERMAN's hydrogen photograph (fig. 86, 2) was taken at Mount Wilson just 8 minutes before SLOCUM's calcium photograph (fig. 86, 3). The general outline and dimensions of the two images are approximately the same, but the details differ widely. A little later on the same day, 10th October, the hydrogen photographs (fig. 86, 7, 8) seem to show that the prominence was gradually shrinking, although the calcium photographs (fig. 87, p. 144), taken in the intervals between the hydrogen photographs show interesting activity with a long streamer which in large arch descends on the sun's surface.

A number of eruptive prominences and the rapid changes which they undergo have been photographed in recent years, thus giving us the opportunity of studying their movements and the forces to which they are subjected. Spectroheliograms in the calcium radiations often show bright spots in the flocculi near to sunspots; these bright spots were called eruptions by HALE and ELLERMAN because of their brilliancy and variability, and also because they generally appear

[1] SECCHI, Le Soleil. 2nd vol. Plates A to H.

[2] Ap J 32, p. 125 (1910).

[3] Ap J 34, p. 294 (1911).

in the hydrogen spectroheliograms. Observations by Fox[1] seem to show that these eruptions are really the cause of the eruptive prominences which predominate, as Young observed, near the outer edge of the spot's penumbra. These gaseous eruptions are at times so brilliant and so intense as to stand out, when viewed with the spectroscope, against the background of the solar surface as

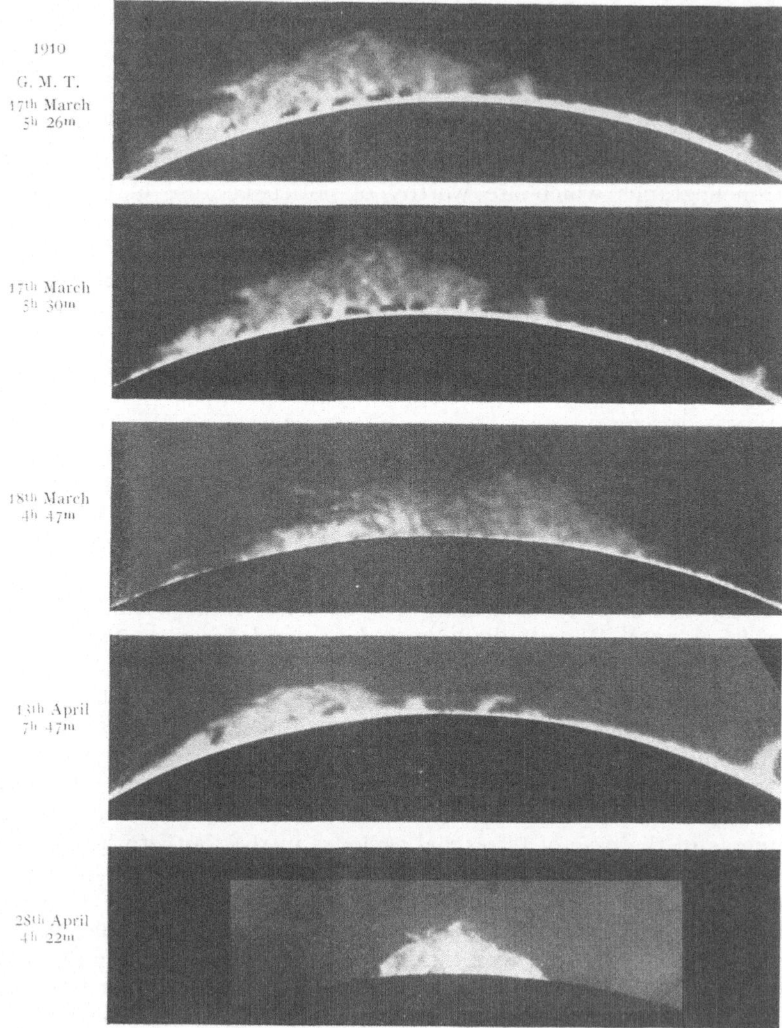

Fig. 85. Spectroheliograms of solar prominence (Slocum).

prominences do on the edge of the disc; their spectra denote the identity of the two phenomena.

A good example of one of these eruptions was photographed by Fox on 14th August 1907. A spectroheliogram in calcium light showed a brilliant ridge in a flocculus close to a group of spots emerging at the eastern limb. Another photograph taken about $1^3/_4$ hours later by covering the sun's disc with a dark

[1] Ap J 28, p. 253 (1908).

screen, showed the remarkable eruptive prominence in fig. 88 (p. 144) which is a composite photograph of the two spectroheliograms.

These observations lead us to believe that the birth of a spot is always accompanied, and generally preceded, by one or more eruptions. In the first few hours of the life of a sunspot the eruption may partially or completely cover the spot, and often may precede it in the direction of the sun's rotation. An

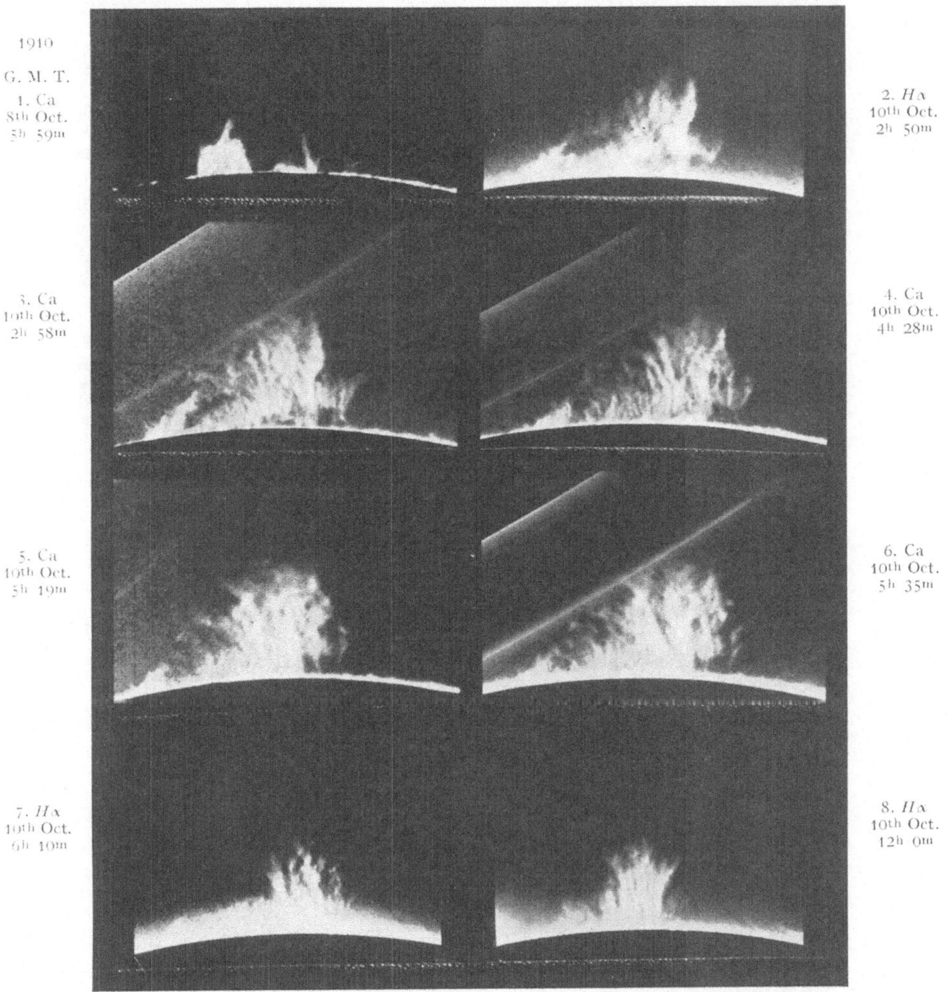

Fig. 86. Calcium and hydrogen spectroheliograms of solar prominences (SLOCUM and ELLERMAN).

eruption rarely precedes a single and full grown spot, though it may follow it on the edge of the penumbra. If the spot is a very active one, eruptions are almost certain to be found on the following edge; these eruptions accompany spots which are in rapid decline, appearing often at the ends of the bridges. The phenomenon of the development of a sunspot consequent on the appearance of an eruption is, according to FOX, so general that from the appearance of an

Fig. 87. Calcium spectroheliogram of solar prominence (Slocum).

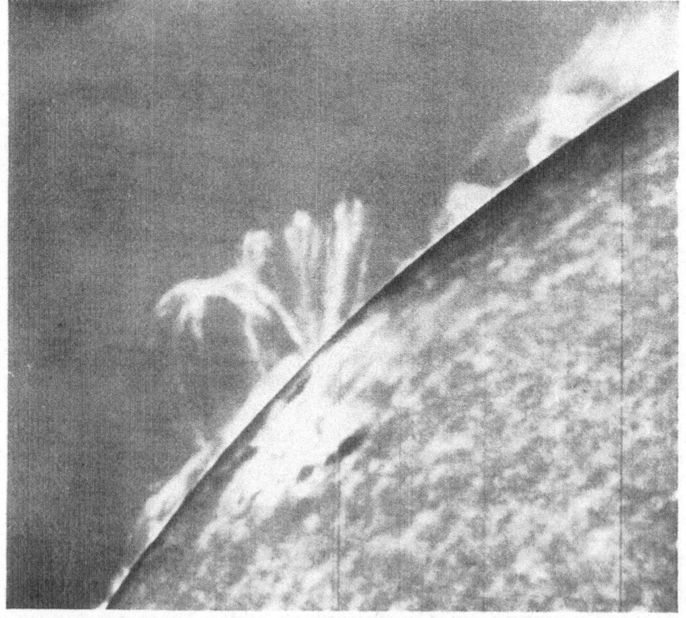

Fig. 88. Composite photograph of calcium prominence and disc plates. 14th Aug. 1907 (Fox).

isolated eruption it is possible to predict, with certainty, the birth of a spot; a well developed spot itself stimulates fresh eruptions.

An eruptive prominence whose constituents detached themselves with vortical motion was photographed in the H calcium line by Fox on 21st May

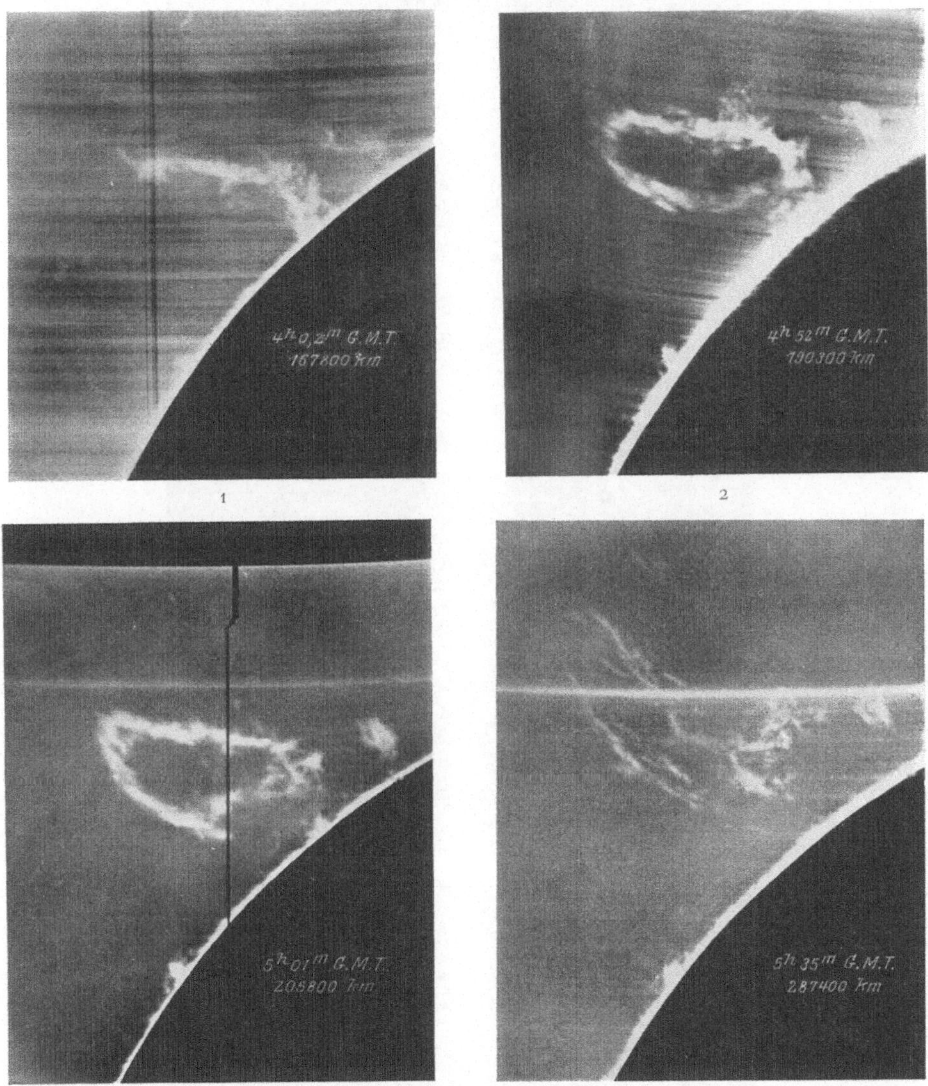

Fig. 89. Eruptive prominence in calcium light. 21st May 1907 (Fox).

1907[1]. At first the prominence was seen to be firmly attached to the solar surface, a little later it detached itself completely and its free ends dropped back to the surface forming a ring which receded further and further from the surface until it finally disintegrated into long streamers, the latter attaining a height of 7′; the phenomenon did not last longer than two hours (fig. 89).

---

[1] Ap J 26, p. 155 (1907).

Two eruptive prominences, on 29th May and 15th July 1919, are of the same type: each sprang from two eruptive centres and then united at high elevations like the continuation of a great vortex developing in the sun and

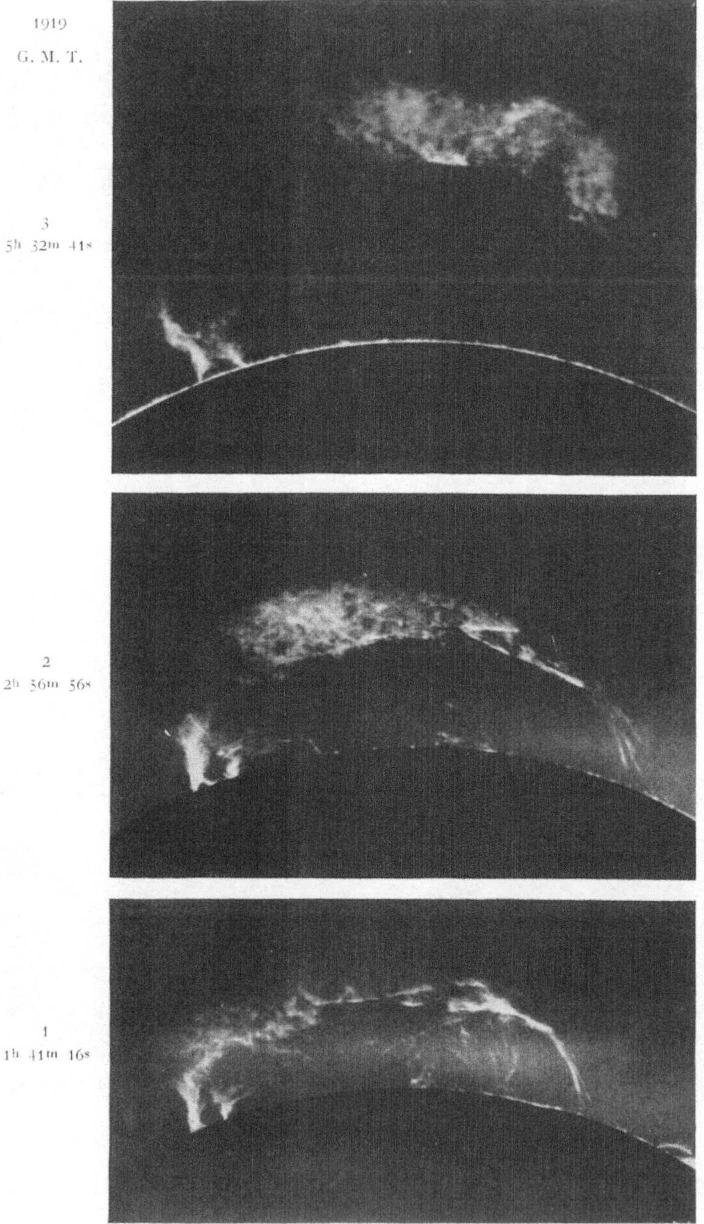

Fig. 90a). Great eruptive prominence of 29th May 1919. H_3 calcium line (PETTIT).

extending outwards. The former made its first appearance on 22nd March in latitude $-35°$ and increased gradually in height and in intensity in succeeding apparitions. On 28th May the prominence looked like an enormous mass of

tangled streamers which reached a height of $2',7$ and seemed to spring from two
columns at $-37°$ and $-41°$; the body of the prominence was parallel to the

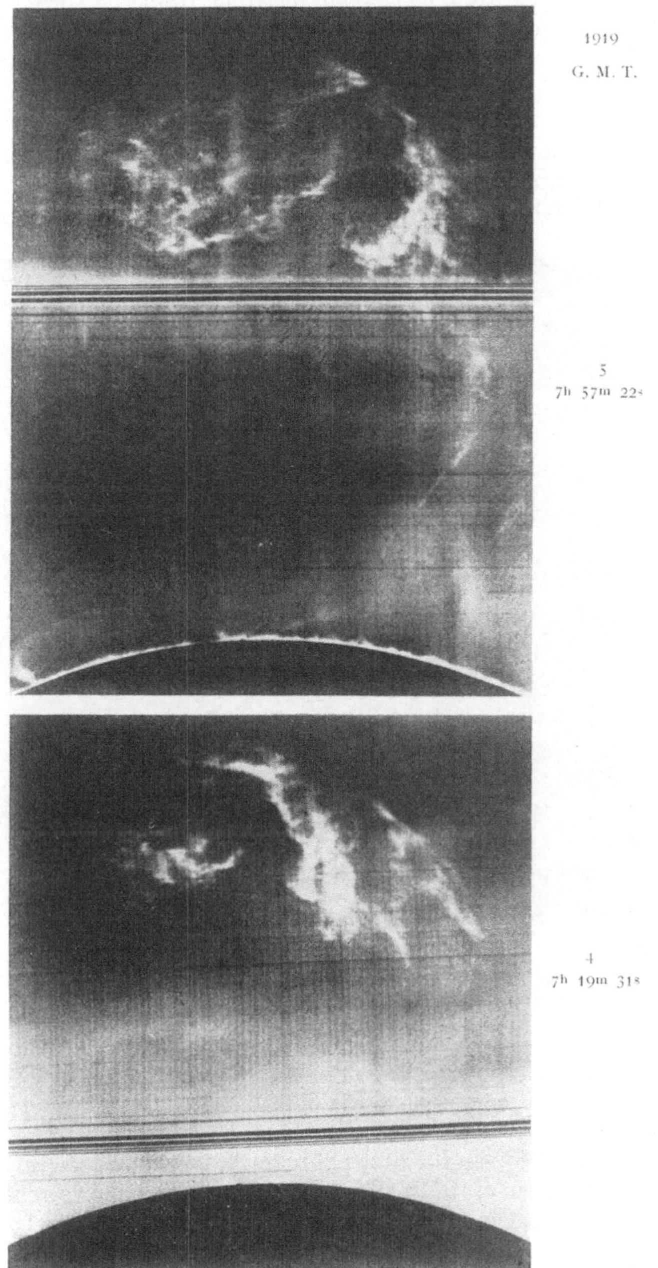

Fig. 90b). Great eruptive prominence of 29ᵗʰ May 1919. H_3 calcium line (PETTIT).

limb. Spectroheliograms taken by PETTIT[1] with the H_3 calcium line show the
prominence as a great arch between $-42°$ and $+6°$ (fig. 90); a sunspot on

____

[1] Ap J 50, p. 206 (1919).

the limb at $+7°$ is to be noticed. At 2^h57^m G. M. T. a twisted arch, probably in vortical motion (fig. 90, 2, p. 146), began to detach itself from the surface, and in fig. 90, 3 (p. 146) it is seen receding from the surface and disintegrating rapidly. Between the times of Pettit's photographs 1 and 2 (fig. 90, p. 146), Eddington photographed the corona on the occasion of a solar eclipse at 2^h15^m G. M. T. at Principe Island (fig. 91); this photograph shows the very bright prominence with its immense fully developed arch spreading over a space of nearly $50°$ on the limb. Its spiral structure was easily distinguished later when the arch broke up after it had receded further from the sun, to a distance of $17'$, equal to nearly 800000 kilometres, at 7^h57^m G. M. T (fig. 90, 5, p. 147).

Fig. 91. Great eruptive prominence during the eclipse of 29th May 1919, 2^h 15^m G. M. T. (direct photograph by Eddington at Principe) (cf. with fig. 90, a, b).

The other prominence, similar to but with a more rapid development than the one of 29th May, was also photographed by Pettit on 15th July 1919. It first appeared on 1st July in the shape of two streamers at $-11°$ and $+18°$ with a spot at $-14°$. In the first photograph taken on 15th July at 3^h8^m G. M. T. (fig. 92, 1) it is seen as fully developed, the two eruptive centres were already joined and the height is $6'$; subsequent photographs show rapid ascending motion. The maximum height attained was $16'$ in only 1^h26^m from the time of the first photograph.

Centres of attraction and repulsion undoubtedly act on the component materials of the prominences; this is observed at times in the neighbourhood of spots[1], moreover the free ends frequently appear to be driven in a definite direction by horizontal currents, which leads to a belief in a real circulation

---

[1] Slocum, Ap J 36, p. 265 (1912).

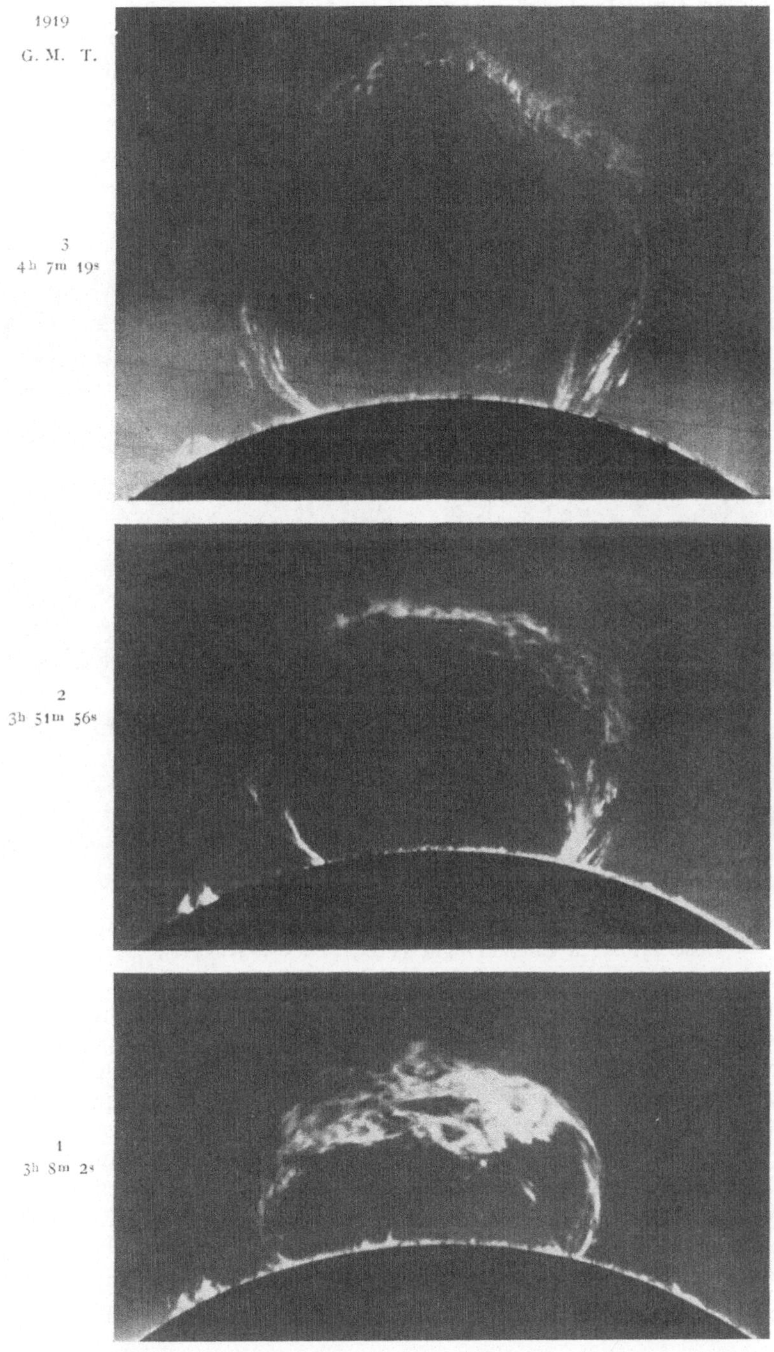

Fig. 92. Great eruptive prominence of 15ᵗʰ July 1919 (PETTIT).

of the solar atmosphere. Some of these instances of attraction and repulsion are illustrated in figs. 93 a) and b) and 94, p. 152.

Secchi had already hinted at a circulation and carried out some apposite observations in 1872; recent research by Slocum[1] seems to show that currents exist in the solar atmosphere at about 30000 km above the photosphere which tend to draw the prominences towards the poles in mean latitudes, between 20° and 55°, and towards the equator in high latitudes, about 65°, while at the equator practically neutral conditions prevail. Evershed[2] notes in this connection that it is difficult to imagine that the solar atmosphere possesses

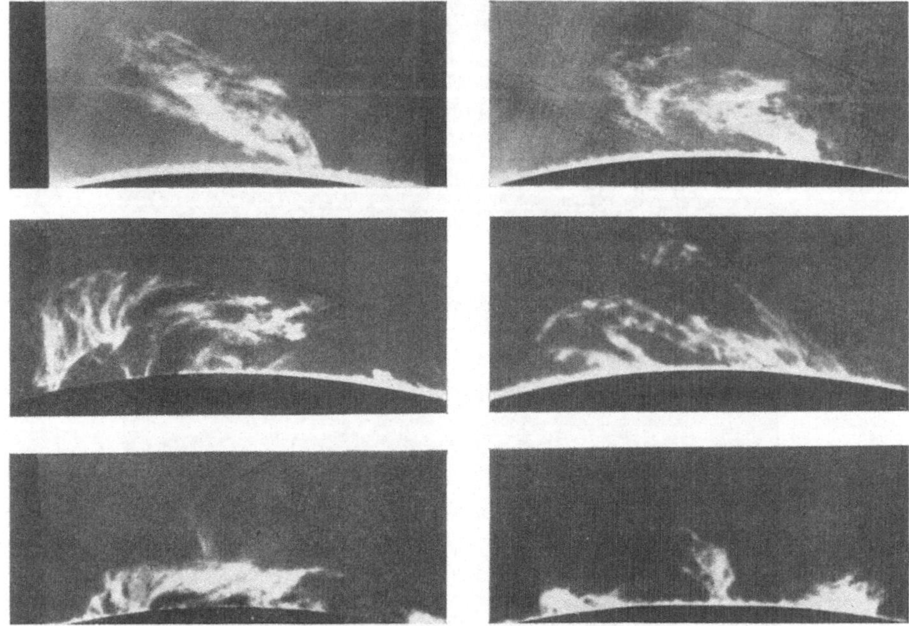

Fig. 93 a). Solar prominences indicating horizontal currents, photographed at the Yerkes Observatory in calcium light (Fox, Slocum, Abetti).

sufficient density to produce such currents at the elevations attained by the prominences; on the other hand we often see prominences which open out like a tree at high elevations, or prominences near to each other which incline in opposite directions, so that it is difficult to believe that these shapes are due to solar winds. The fine filaments which often detach themselves from prominences are frequently to be seen on both sides of a prominence and to unite or almost unite the tops of neighbouring prominences, so that one is led to ascribe this phenomenon to some sort of attraction, as in the case above, of vortices which continue in action beyond the solar surface more than to the effect of currents. Continued and systematic observation of the direction of the streamers of the prominences[3] round the sun's limb will probably lead to more definite conclusions on this point.

It has been noted several times by different observers that the ascending velocity of the constituents of the eruptive prominences increases with their

---

[1] Ap J 33, p. 108 (1911).

[2] Memoirs Kodaikanal Observatory 1, P. II, p. 78 (1917).

[3] Pubbl. R. Osservatorio di Arcetri 39 et seq.

elevation. In order to study the forces operating, Pettit[1] examined a series of spectroheliograms taken at the Yerkes Observatory showing the various phases of the development of a given prominence, such as that of 29th May and

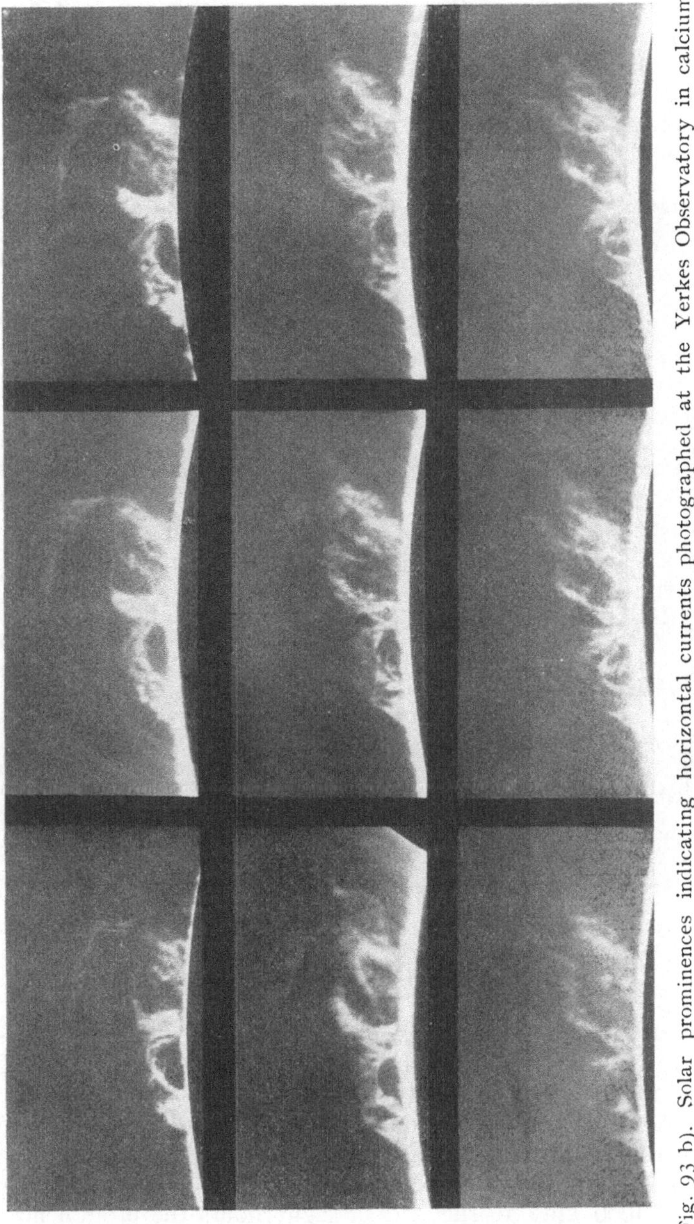

Fig. 93 b). Solar prominences indicating horizontal currents photographed at the Yerkes Observatory in calcium light (Fox, Slocum, Abetti).

of 15th July 1919 (figs. 90, 91 and 92, p. 146 to 149) which are typical. In these two cases the motion was uniform during a certain period, after which it increased abruptly as if it had received a sudden impulse, but the motion still remains uniform.

[1] Publ Yerkes Obs 3, P. IV (1925).

This is clearly demonstrated by the velocity graphs for several prominences of this type; those which refer to the prominences mentioned above are reproduced in figs. 95 and 96. The abscissae are the G. M. T. of the observation, and the ordinates the heights of the prominences in thousands of kilometres.

The mean velocity of the prominences investigated is 153 km/sec, with a maximum velocity of 400 km/sec in three cases; this seems to be about the highest observed, photographically or visually. In no case has it been found that the motion of the prominences agrees with that of a body projected vertically upwards under similar conditions and subject only to the influence of the sun's gravitation. Thus, for example, in the case of the prominence of 29th May the

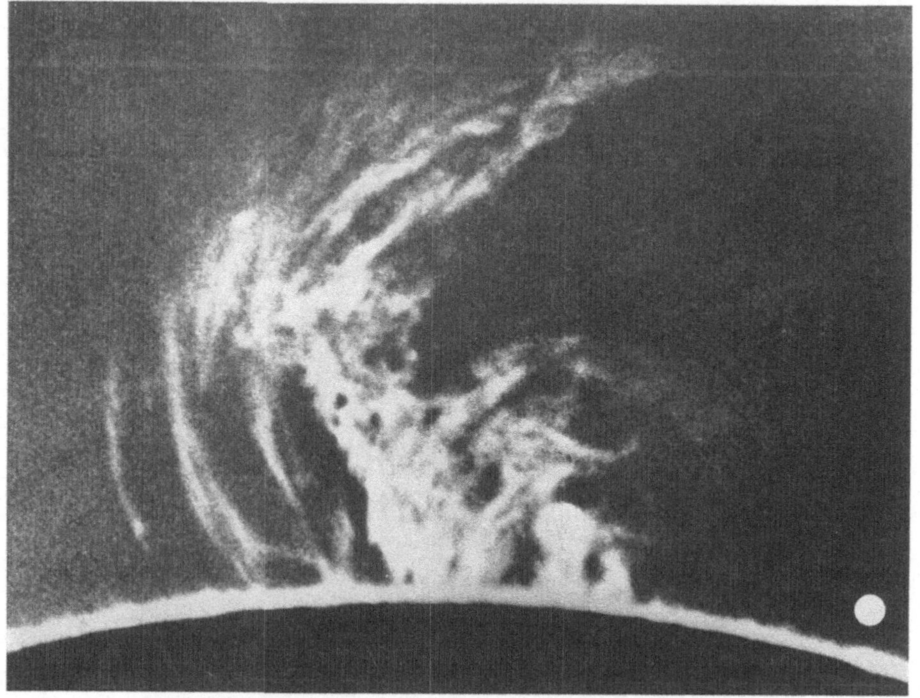

Fig. 94. Eruptive prominence, 225 000 km high, photographed with the K line of calcium at Mt. Wilson, 9th July 1917. The disc in the corner represents the comparative size of the earth (Ellerman).

initial velocity was 5,5 km/sec; if subject to the force of gravity it should have risen up to 83 km with decreasing velocity, and the prominence would have fallen back into the sun; instead it continued to rise with uniform velocity to a height of 50000 km, there a second impulse increased the velocity to 9,2 km/sec up to a height of 119000 km, a third impulse gave a velocity of 13,2 km/sec up to a height of 191000 km, and a final impulse gave 32,1 km/sec and a height of 230000 km; at the end of eight hours the prominence reached its maximum height of about 600000 km. To explain this phenomenon, we may advance Brester's theory of the transference of luminescence, as in the case of the aurorae, and as we have had already occasion to mention in connection with similar appearances projected on the disc; but the evidence supplied by observations, especially on the motion of knots and streamers inclines us to the belief that there is a real transference of matter.

According to PETTIT, the hypotheses of SECCHI and YOUNG that the producing force is due to radiation pressure or to electrostatic repulsion, are not satisfactory. On the other hand we observe that the knots and streamers in the same prominence frequently rush towards sunspots or towards certain centres of attraction with accelerated motion as if drawn by a local force, and with a velocity whose vertical component is about one third that of gravity. Hence gravity can have but little effect on these phenomena, rather the prominences must be under the influence of magnetic and electric forces, as indicated by the downpouring streamers which rush into the spots and centres of attraction in spite of the high velocity with which the prominences ascend.

The matter ejected from the prominences and its changing velocity is probably due to a periodic force which acts for a brief period but with continually increasing energy. Any periodic force sufficient to repel the molecules of a gas would satisfy these conditions, and a periodic emission of showers of electrons from a disturbed area of the photosphere would be sufficient to do so.

SUR[1] dealing with the problem of the selective radiation pressure and of the accelerated motion of Ca^+ vapour in eruptive prominences finds that,

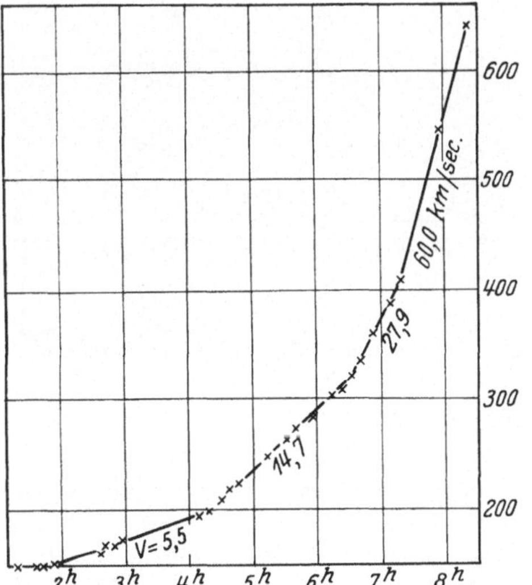

Fig. 95. Motion of the eruptive prominence of 29th May 1919 (PETTIT).

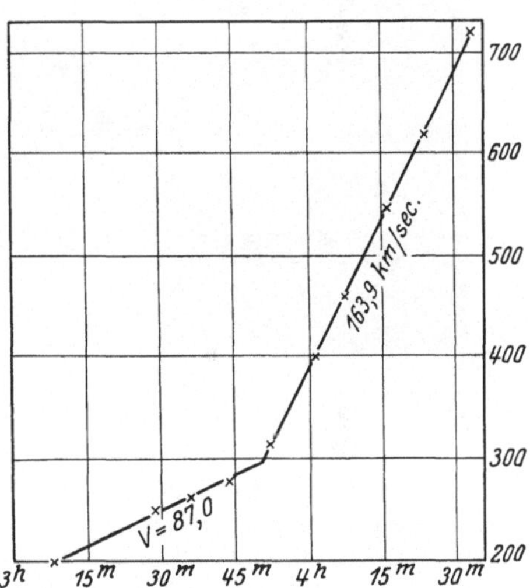

Fig. 96. Motion of the eruptive prominence of 15th July 1919 (PETTIT).

to explain this phenomenon, the hypothesis of an electric force is not sufficient, because the repelling forces act not only on ionized particles, but also on neutral atoms, for example, on those which produce the lines of the BALMER series. As we have said, the eruptive prominences originate in places which are usually brighter than the rest of the photosphere and therefore are areas of higher temperature. SUR finds that the gravitational force acting on a Ca^+ atom at a high elevation is neutralized by the selective radiation pressure arising from the continued absorption of pulses of the H and K radiation by the Ca^+ atom. If however more pulses pour in by reason of absorption by the Ca^+ atom, the selective radiation pressure will be so increased that gravitation is not only neutralized, but also overcome. The excess of radiation pressure over solar gravity produces an acceleration which depends upon the temperature, the form, and

---

[1] Ap J 63, p. 111 et seq. (1926).

the size of the luminous area in which the prominence develops, and on the distance of the prominence from that area. The energy which supplies motion to the prominences is therefore furnished by selective radiation pressure, and the impulsive changes of velocity observed are due, according to Sur's theory, to sudden variations of temperature at the base of the prominences.

E. A. Milne[1], applying the results of his investigations on the equilibrium of the calcium chromosphere to the study of the motion of the prominences, also finds that radiation pressure in the light of modern atomic theory is sufficient to explain the observed phenomena, the more so because, at least in several cases observed by Pettit[2], a parabolic curve fits the observed facts, without having to introduce impulsive discontinuous motion. But here also, abrupt changes of velocity, followed by periods of uniform motion are quite compatible with motion under the action of radiation pressure. It is enough to assume that the photosphere becomes brighter for a brief period and then relapses to its original luminosity[3].

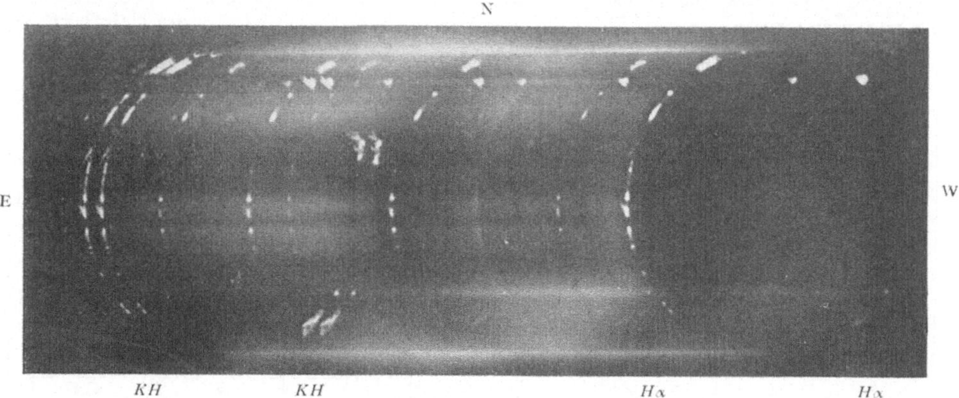

Fig. 97. Flash spectrum photographed at the eclipse of the 14th Jan. 1926 (Taffara).

The distribution of the elements constituting the prominences is investigated by comparing spectroheliograms taken in the light of various lines, and also those taken during eclipses with the prismatic camera. Fig. 97 shows the flash spectrum photographed by Taffara[4], of the Italian expedition to Jubaland during the solar eclipse of 14th January 1926, in which large prominences of varying shapes and intensity in the calcium, hydrogen, helium, strontium and other lines may be observed. The prominence in the NNW sector is specially striking by reason of its intensity and its presence in almost all the visible radiations; the other two prominences in the W and SSW sectors are almost entirely composed of calcium[5].

A preliminary comparison of the images of the prominences in calcium light with those taken in hydrogen light shows that the former usually attain higher elevations[6], as might be expected, because we know that the calcium layer which produces the H and K lines lies at a much greater height than the hydrogen radiation $H\alpha$. It also appears that throughout the same cycle the distribution

---

[1] M N 86, p. 591 (1926).　　[2] l. c. p. 213 et seq.
[3] cf. also: Pike, The Motion of Gases in the Sun's Atmosphere. M N 88, p. 3 (1927).
[4] Mem. Soc. Astr. Ital. nuova serie, 3, p. 484 (1926).
[5] See also: Davidson and Stratton. M R A S 64, part IV, plates 3, 4, 5 (1927).
[6] Mt Wilson Contr No. 51 (1911).

of the calcium prominences is slightly different to that of the hydrogen prominences, that is to say, the zones of maximum and minimum frequency are not exactly the same. More exhaustive research, making use of the vast amount of material which is being collected in solar observatories, is desirable in order to investigate the possible variation in the distribution and activity of calcium and hydrogen.

Statistical investigation into the area, form, and distribution of the prominences during various cycles is being undertaken, as in the case of sunspots, faculae, and flocculi, with international cooperation[1]. Observations are either visual or photographic; the former begun by RESPIGHI in 1869 have been published uninterruptedly up to 1911 in the "Memorie della Società degli Spettroscopisti Italiani". The spectroscopic image of the limb of the sun in the light of $H\alpha$ is given for each day, so that the position angle, and therefore the latitude, of the prominence and its area is obtained on a given scale. Since 1922 these spectroscopic images have been published under the auspices of the International Astronomical Union by the Arcetri Observatory[2]. The mean daily areas for every 5° of latitude, expressed in prominence units, are computed and published yearly. The conventional unit[3] is expressed as the area of one degree of the sun's circumference in length by one second of arc of the celestial sphere in height. The

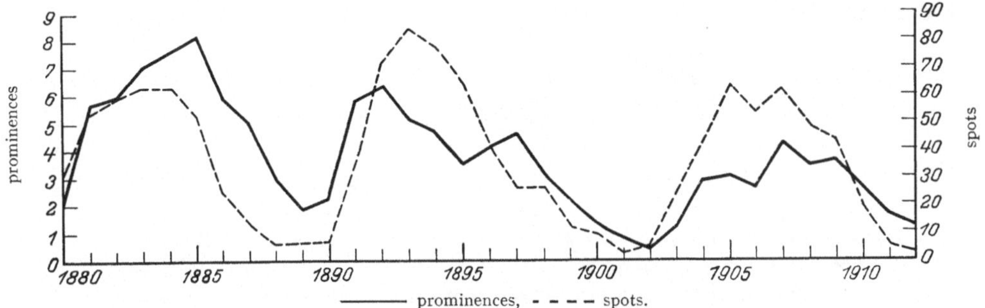

Fig. 98. Frequency of prominences (RICCÒ) and of spots (WOLFER) from 1880 to 1912.

Kodaikanal Observatory collects the photographic observations made at different observatories, and every six months publishes the mean daily areas and number of prominences recorded; the areas are expressed in square minutes of arc.

The statistics of the prominences throughout a period of three cycles, from 1880 to 1912, have been compiled, from the sufficiently homogeneous data recorded in the Memorie degli Spettroscopisti Italiani, by RICCÒ[4] who compared the mean daily number of prominences observed in each year with WOLFER's relative numbers for the sunspots. If we examine the graphs of the two phenomena we recognise the similarity of their general activities, which is also manifested in certain details. Thus we notice that their maxima and minima occur nearly at the same time, and consequently the period of the prominence cycle is nearly the same as that of the sunspots. Again the increase in their activity, as with sunspots, is more rapid from a minimum to the following maximum than

[1] Transact. Intern. Astr. Union 2, p. 30 (1925).

[2] Pubbl. R. Osservatorio di Arcetri 40 Appendix et seq.

[3] Trans. Int. Union for Coop. in Solar Research. 4, p. 114 (1914) and Pubbl. R. Osservatorio Arcetri 39 (1922).

[4] Memorie Spettr. Ital. Ser. 2, 3, p. 17 (1914) and Trans. Int. Union Sol. Res. 4, p. 98. Manchester (1914); cf. also FENYI, Die Periodizität der Protuberanzen 1886—1917 (Publ. Haynalds Observ. 11. Heft. Kalocsa 1922).

the decrease from a maximum to the next minimum; but we also note a lag relative to the sunspots and some other differences which indicate a certain amount of independence between the two phenomena. The mean frequency of the prominences for the three ·cycles is:

1880—1890	1891—1901	1902—1912
5,0	3,8	2,4

The value of the maxima decreases from one cycle to the next but the complexity of the maxima increases; thus in the first cycle there is only one maximum, the second has two, and the third three maxima.

The mean height of the prominences between 40″ and 50″ does not vary much from one year to another, but generally it is greater at maximum and less at minimum periods. The observations in the cycle preceding the three mentioned above were carried out under very diverse conditions, both as regards instruments and observers, so that they are not strictly comparable with the later ones, but from Riccò's examination it appears that the 1871 maximum was more active than the three succeeding ones, thus confirming that the prominence maxima follow the same course as those of the spots (cf. fig. 44), and probably in relation to some superimposed periods.

The distribution of the prominences in latitude in the above three periods lead to the following conclusions:

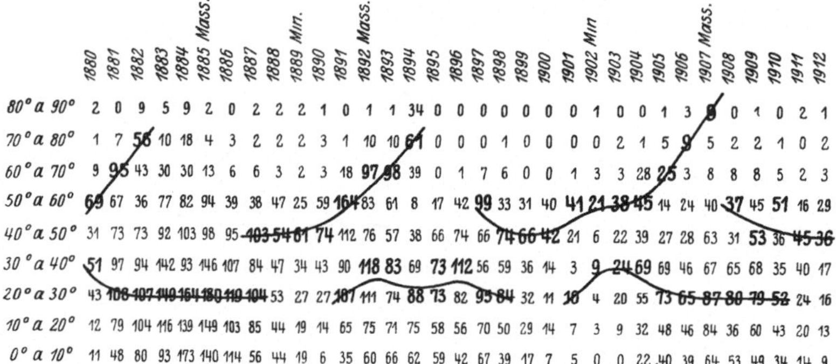

	1880	1881	1882	1883	1884	1885 Mass.	1886	1887	1888	1889 Min.	1890
80°a 90°	2	0	9	5	9	2	0	2	2	2	1
70°a 80°	1	7	56	10	18	4	3	2	2	2	3
60°a 70°	9	95	43	30	30	13	6	6	3	2	3
50°a 60°	69	67	36	77	82	94	39	38	47	25	59
40°a 50°	31	73	73	92	103	98	95	103	54	61	74
30°a 40°	51	97	94	142	93	146	107	84	47	34	43
20°a 30°	43	108	107	140	164	180	110	104	53	27	27
10°a 20°	12	79	104	116	139	149	103	85	44	19	14
0°a 10°	11	48	80	93	173	140	114	56	44	19	6

	1891	1892 Mass.	1893	1894	1895	1896	1897	1898	1899	1900	1901
80°a 90°	0	1	1	34	0	0	0	0	0	0	0
70°a 80°	1	10	10	61	0	0	0	1	0	0	0
60°a 70°	18	97	98	39	0	1	7	6	0	0	1
50°a 60°	164	83	61	8	17	42	99	33	31	40	41
40°a 50°	112	76	57	38	66	74	66	74	66	42	21
30°a 40°	90	118	83	69	73	112	56	59	36	14	3
20°a 30°	187	111	74	88	73	82	95	84	32	11	10
10°a 20°	65	75	71	75	58	56	70	50	29	14	7
0°a 10°	35	60	66	62	59	42	67	39	17	7	5

	1902 Min	1903	1904	1905	1906	1907 Mass.	1908	1909	1910	1911	1912
80°a 90°	1	0	0	1	3	8	0	1	0	2	1
70°a 80°	0	2	1	5	9	5	2	2	1	0	2
60°a 70°	3	3	28	25	3	8	8	8	5	2	3
50°a 60°	21	38	45	14	24	40	37	45	51	16	29
40°a 50°	6	22	39	27	28	63	31	53	36	45	36
30°a 40°	9	24	69	69	46	67	65	68	35	40	17
20°a 30°	4	20	55	73	65	87	80	79	52	24	16
10°a 20°	3	9	32	48	46	84	36	60	43	20	13
0°a 10°	0	0	22	40	39	64	53	49	34	14	9

Fig. 99. Distribution in latitude of prominences in the two hemispheres in the three cycles 1880 to 1912 (Riccò).

1. In both hemispheres there exists a zone of maximum frequency which lies between 20° and 40° heliographic latitude, that is in the sunspot belt, and it continues throughout the 11-year cycle, except near the period of minimum activity.

2. Another zone of maximum frequency lies between latitudes 40° and 60°, which manifests itself after a maximum and nearly up to the next minimum, it then moves to higher latitudes and reaches the polar regions at the maximum period.

3. Metallic eruptive prominences are formed in the low latitude zones, in other regions the prominences are usually of the quiescent type.

4. The mean heliographic latitudes of the prominences are higher near a minimum period and lower after a maximum.

Evershed confirms Riccò's conclusions with his observations at Kenley and Kodaikanal between 1890 and 1914, in the following words[1]: "First, there are

---

[1] Memoirs Kodaikanal Obs. 1, P. II, p. 123 et seq. (1917).

four belts round the sun, two in the north, and two in the south, which are specially prolific in prominences; and the high latitude belts have a different life history from the low-latitude belts, and tend to produce prominences of different form. The low-latitude belts or zones are in the same latitude as sunspots, and have the same history, for they increase and diminish in activity simultaneously with sunspots, disappearing in years of minimum, and they seem to draw in gradually towards the equator, like the sunspot zones." From Riccò's diagram (fig. 99) and from those drawn by W. J. S. Lockyer from Evershed's observations between 1890 and 1920, the above confirmation is clearly established.

Lockyer's diagram (fig. 100) was drawn for the purpose of investigating the relation between the prominences and the corona[1]. The dependence of the coronal

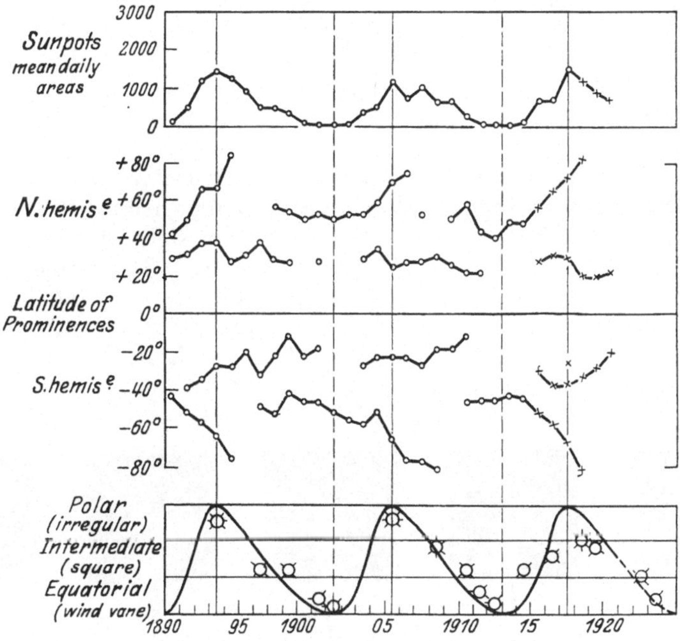

Fig. 100.   Comparison between prominence-zones, spots and forms of the corona (W. J. S. Lockyer).

rays and streamers on the prominences has been noted by many observers, and is evident in the photographs of the corona of various eclipses. After discussing all the observations of Respighi, Secchi, Tacchini, Riccò, Mascari, and Evershed and classing the corona into three well known types, namely polar, intermediate, and equatorial[2], Lockyer's conclusions are:

1. That the various coronal forms are clearly connected with those belts of latitude where the centres of action of the solar prominences are found.

2. The coronae of the polar, or irregular, type appear when the maximum frequency of the prominences is near to the sun's poles. The equatorial type appears when there is only one active centre at about latitude 45° in each hemisphere; the intermediate type when there are two active centres in each hemisphere, neither of which is near to the poles (fig. 101, p. 158).

---

[1] M N 63, p. 481 (1903) and 82, p. 323 (1922).
[2] See also Mitchell, Solar Eclipses.

3. The special arched form of some streamers is produced by the action of two prominence zones situated near their bases.

4. Sunspot activity has apparently no direct connection with the production of coronal streamers.

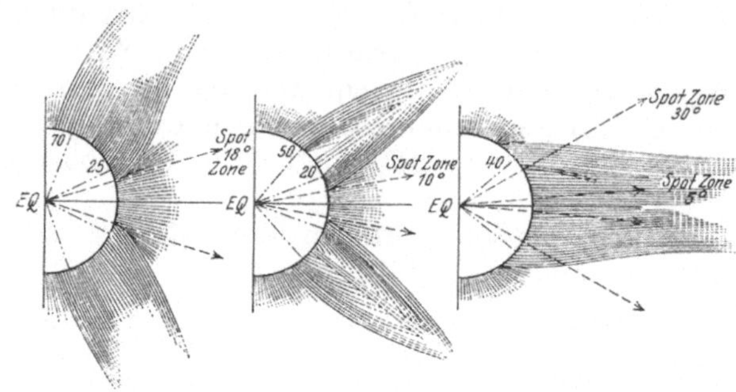

Fig. 101. Types of solar corona (polar, intermediate, equatorial) in relation to the centre of action of prominences shown by the short radial lines (W. J. S. Lockyer).

16. Observations of the Doppler Effect. Spectroscopic Observations of the Rotation Period and its Supposed Variability. Comparison with Direct Observations. Irregular or regular motion in the line of sight of the sun's vapours is disclosed in the spectrum by the Doppler effect. The former is generally noted in regions disturbed by eruptions, prominences etc., the latter, due to rotation, is observed at the edge of the sun, except at the poles.

Distortion and the shifting of the spectral lines from their normal position, especially of the hydrogen line, had been noted by the early investigators of the prominences, namely by Secchi, Young, and Lockyer. Fig. 102, taken

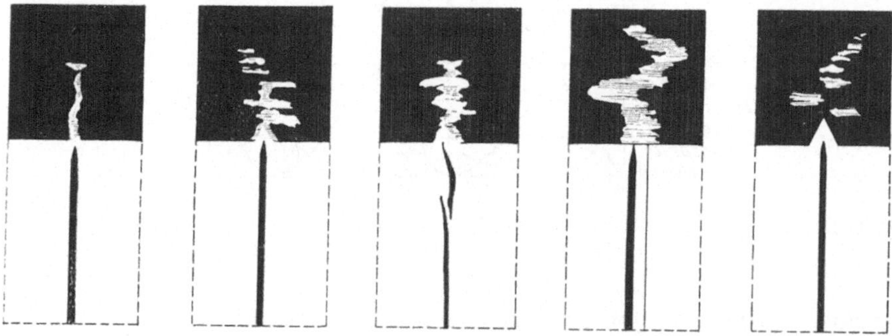

Fig. 102. Doppler effects observed in $H\alpha$ line at limb with radial slit (Secchi).

from Secchi[1], shows some of the appearances of line $H\alpha$ observed with a radial slit.

When we measure the variation $\Delta\lambda$ of a spectral line of wave length λ, we can deduce the velocity V, in the line of sight, of the gas in motion along the line of sight which produces that line, by the expression:

$$\pm V = c\,\frac{\Delta\lambda}{\lambda},$$

where c is the velocity of light; the positive sign denotes motion away from the observer, and the negative, motion towards the observer.

---

[1] Le Soleil, p. 112 et seq. Paris (1877).

Similar displacements and distortion of the spectral lines observed on the disc can be photographed, for example, with DESLANDRES' velocity recorder[1]. Fig. 103 is a reproduction of a spectroheliogram taken with that instrument in the K calcium line, and shows a large dark filament in rapid motion towards the violet, which means that it is rising in the solar atmosphere; its velocity is about 100 km/sec. The maximum velocities recorded so far are of the order already given for the prominences, namely 400 km/sec.

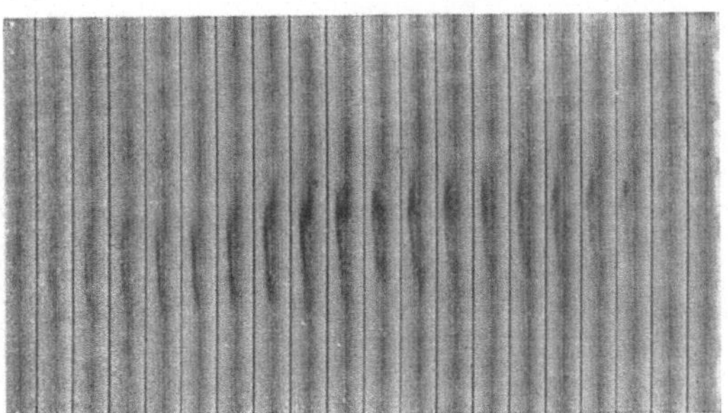

Fig. 103. Shifts towards violet of K line (DESLANDRES).

Sometimes the bright components accompanying the reversed lines of the chromosphere, or those of active regions, appear considerably widened and diffused, towards the violet as well as towards the red, with a bright absorption band on either side which appears for a few moments only. Its appearance and very brief duration indicating something in the nature of an explosion, in which the element concerned, for instance hydrogen, plays only a part, suggested the name "bomb" to ELLERMAN[2]. In one case above an active group of spots, he noticed that $H\alpha$ showed considerable distortion due to radial velocity of the hydrogen flocculi above the spot; the bright bands (1, 2, and 3 in fig. 104, p. 160) of the bomb extended on both sides of $H\alpha$, but not symmetrically, because it is as a rule difficult to keep the image of the bands steadily on the slit, during the observation. In 4 (fig. 104), in contrast to this phenomenon, two bright reversals of $H\alpha$ of the ordinary eruptive type may be seen near to a small spot. Under normal conditions the width of the $H\alpha$ band is about 8 A, in the above case it was 30 A. The level at which bombs are produced must be below the reversing layer, because they have no effect on the hydrogen absorption line, nor, apparently, on the other FRAUNHOFER lines. At the Arcetri solar tower[3] a photograph of the line $H\alpha$ was obtained with a tangential slit showing double reversal with two circular and symmetrical bulges, or swellings, of the bright components, corresponding to a prominence.

The regular displacements, which are noted when the spectrum of the limb is compared with that of the centre of the disc, open the way to the determination of solar rotation at the latitude to which the slit of the spectroscope is directed, and at the level of the line under observation. The advantage of this method over the others, already described, lies in the fact that measurements can be extended to much higher latitudes than is possible with sunspots, faculae, or flocculi, which only present themselves in equatorial or mean latitudes.

After VOGEL had demonstrated in 1871 the possibilities of the spectroscopic method, various determinations of the sun's rotation period have been made, but, because of the short period which has elapsed, and the necessity for using instruments of considerable dispersive power to measure the small shifts, few such determinations can be said to have attained any great precision.

[1] Annales de l'Obs. de Meudon 4, pl. 27, 46, 47 (1910).
[2] Mt Wilson Contr No. 141 (1917) or Ap J 46, p. 298. (1917).
[3] Rendiconti dei Lincei 3, p. 595. May (1926.)

The most celebrated are those of Dunér[1] carried out between 1888 and 1890, and between 1901 and 1903, at Upsala; in these he took the atmospheric lines as standards of reference. Points 15° apart, between the equator and 75° heliographic latitude, beyond the limits for sunspot determinations were taken. The results enabled him to discuss the reliability of Carrington's, Faye's, and Spörer's respective formulae derived from sunspot observations between the equator and ±45°; he concluded that Faye's formula is the one which more nearly represents his observations, including those made at high latitudes.

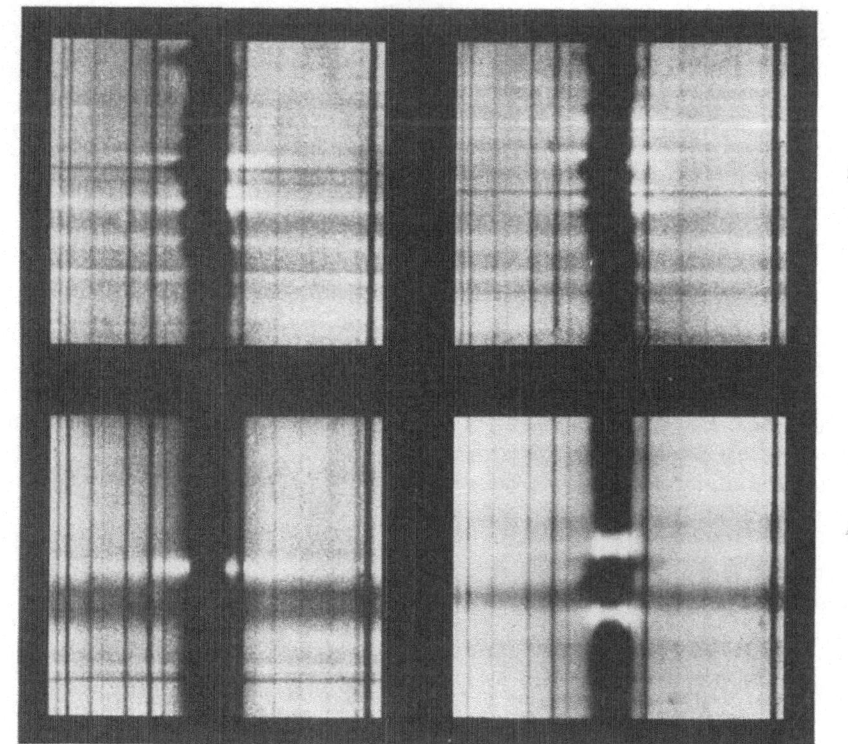

Fig. 104. 1, 2 and 3, appearance of the $H\alpha$ line in an active sunspot region, showing the bands of "bombs" and the distortions of the line. 4, appearance of reversals in an active region (Ellerman).

Between 1903 and 1906, Halm[2] undertook a series of observations at Edinburgh using the differential method, as Dunér did. The instrument used was a heliometer fixed horizontally, whose divided object glass enabled him to pass rapidly from one limb to the other. Notwithstanding the precision afforded by this equipment, his observations showed considerable systematic differences from year to year, and seem to point to the variability of the sun's rotation. This important result is now one of the principal subjects for discussion and constant investigation.

The above observations were made visually; recent progress in photographic methods has been of the greatest value in attacking the problem of solar rotation,

---

[1] Nova Acta R. Soc. Sc. Upsaliensis. Ser. 3, vol. 4, No. 2 (1891); Ser. 4, vol. 1, No. 6 (1907).

[2] Trans. R. S. Edinburgh 41, P. I, No. 5 (1904) and A N 173, p. 294. (1907).

and it is now possible to extend research to a great number of lines and over a greater portion of the spectrum.

The SNOW telescope and the first solar tower at Mount Wilson afforded W. S. ADAMS[1] the opportunity of undertaking an extended and classical series of observations between 1906 and 1908, which were continued systematically by ST. JOHN.

In his first observations, in 1906—1907, ADAMS used the SNOW telescope in conjunction with a spectrograph of 5,5 m focal length, and a ROWLAND grating 8,3 by 4,4 cm. Two total reflection prisms fitted to the plane of the slit, at a distance apart equal to the diameter of the solar image, reflected the light from the limbs on to two other prisms above the slit, these in turn reflected it into the spectrograph. This arrangement makes it possible to compare the spectra of the opposite limbs by bringing them side by side; and as the system of prisms is capable of being rotated about its support, it can be set to any latitude.

The amount by which the lines have shifted, enables us to obtain the corresponding linear velocities expressed in km, by the formula given above; but in order to obtain the velocity corresponding to the period of sidereal rotation, three corrections are necessary.

As the slit is set a small distance inside the limb, the first correction is for reduction to the limb. The distance between the two diagonal prisms which reflect the light into the slit is accurately known with reference to the centre of the sun, and given the position of the objective, or of the mirror which produces the image, the diameter of the sun's image for any given date is obtained from the ephemerides. To obtain the factor by which the observed linear velocities have to be multiplied in order to reduce them to velocities at the limb, the ratio between the sun's radius on the given date and the radius at the observed point is to be calculated, in other words, the factor is expressed by the secant of the angle contained by the two radii.

The second correction depends upon the position of the poles in relation to the visible disc, and is applied by multiplying the linear velocity by the secant of the angle η between the line of sight and the direction of motion on the sun's surface. η is obtained from the formula[2]:

$$\sin \eta = \frac{\sin i \sin (\odot - \Omega)}{\cos \varphi},$$

where i is the inclination of the solar equator, $\odot$ the sun's longitude, Ω the longitude of the ascending node and φ the latitude of the point under observation. When η is small the values of $\sin \eta$ are obtained from DUNÉR's tables.

The third correction is to allow for the motion of the earth in its orbit, that is the observed values of the sun's rotation must be reduced to sidereal rotation. The necessary formulae for this correction are due to DUNÉR, who also computed excellent tables to facilitate their use. The same reduction is obtained by converting the observed linear into angular velocities, and then applying the necessary corrections for the earth's motion obtained directly from the ephemerides.

The heliographic longitudes of the points observed are obtained from the data given in the ephemerides for the physical observations of the sun, and by the use of the formulae already given for the prominences (cf. p. 140).

---

[1] Publ. Carnegie Instit. of Washington No. 138 (1911).
[2] DUNÉR, Nova Acta Upsal. Ser. 3, vol. 4, No. 2, p. 47 (1891).

Let v be the linear velocity corresponding to the synodic period of the sun's rotation, and v_1 the correction above for reduction to sidereal rotation; ξ, the diurnal angular velocity corresponding to the sidereal rotation, is given by:

$$\xi = \frac{N(v + v_1)}{2\pi R \cos\varphi}\, 360° = [0{,}851\,228]\frac{v + v_1}{\cos\varphi}\,,$$

where N is the number of seconds in a mean solar day, and R the sun's radius in kilometres.

In the 1908 investigations Adams used the Mount Wilson solar tower with an objective of 18,3 m focal length and the auto-collimating spectrograph of 9,1 m focal length, with the same arrangement of prisms in front of the slit as in his previous observations. The linear scale on the plate was 1 mm = 0,56 A in the violet. In the later, as well as in the earlier observations, the velocities at every 15° of latitude from the equator to $\pm 75°$ were measured, using about 20 lines of the reversing layer in the violet between λ 4200 and λ 4300, part of group G, and also the head of the first violet fluting of cyanogen; the intensities lay between 1 and 4 of Rowland's scale. A portion of one of the photographs is reproduced in fig. 105. In addition Adams also carefully investigated the velocities determined from the blue calcium line λ 4227 and $H\alpha$ hydrogen (fig. 106 p. 164).

The results of these important measurements may be summed up as follows. The two series of measurements made in 1906—1907 and in 1908 show concordant results between latitudes 0° and 50°. Above 50°, the values are smaller in the 1908 observations; the greatest difference is in latitude 70°, and amounts to 0,039 km, and may be due to small systematic errors. The limitation and the smallness of the differences, together with the agreement between Adams' values and those of Dunér, lead to the belief that brief periodic variations in the rate of rotation are improbable.

The two series of observations, however, show that the lines of different elements give different values for the velocity of rotation, and that the lines which systematically show high and low velocities are those which also show greater variations with increasing latitude. The lines which show the greatest divergence from the mean values of angular velocities, derived from all the lines observed in the reversing layer, are tabulated below for high and low latitudes, and their height in the chromosphere derived from the chromospheric arches during eclipses[1]:

λ	Element	Chromospheric Height km	Latitude	
			0°—20°	60°—80°
4196,699	La	500	$- 0°,1$	$- 0°,3$
4197,257 4216,136	CN	500	$- 0\ ,1$	$- 0\ ,3$
4257,815	Mn	400	$+ 0\ ,1$	$+ 0\ ,3$
4226,904	Ca	5000	$+ 0\ ,4$	$+ 1\ ,6$
6563,045	H	11000	$+ 0\ ,6$	$+ 2\ ,8$

The most natural hypothesis which might explain these variations is that they are due to level, in other words, the elements which lie in low levels give low values for the angular velocity of rotation. That is to say the outer layers of the sun's atmosphere move more rapidly than those which lie near the photosphere.

---

[1] Mitchell, Ap J 38, p. 407 (1913) and G. Abetti, Mem. Soc. Astr. Ital. 2, p. 5 (1921).

This seems to hold good when we compare all the velocities derived from the reversing layer with those derived from the chromosphere proper (calcium and hydrogen lines), but not when we compare some individual lines of the reversing

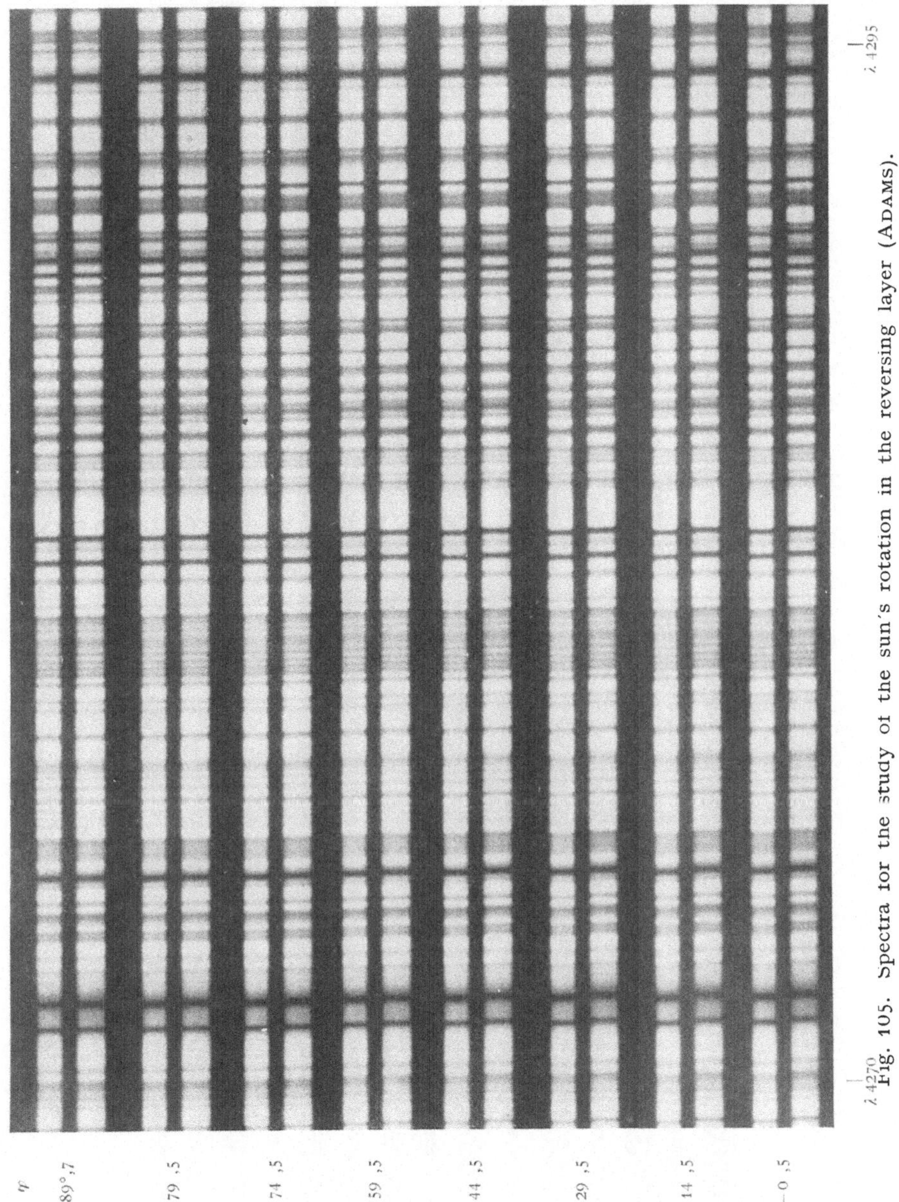

Fig. 105. Spectra for the study of the sun's rotation in the reversing layer (ADAMS).

layer, for instance comparing the lanthanum and cyanogen lines with the magnesium line which, judging from eclipse observations, is at a slightly lower level; the enhanced titanium line λ 4290,377 also gives a low angular velocity, although eclipse observations show that it attains a height of 1300 km. The phenomenon is therefore probably more complex than a simple effect of level,

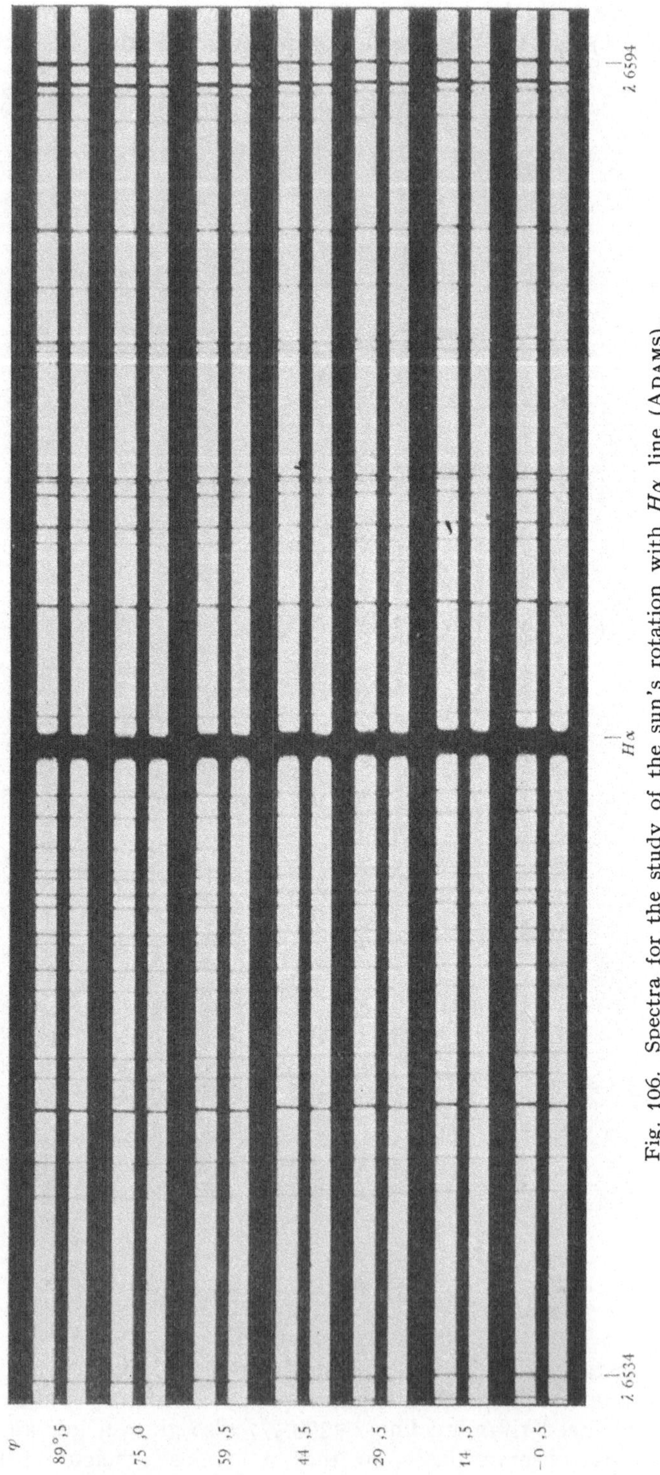

Fig. 106. Spectra for the study of the sun's rotation with $H\alpha$ line (Adams).

and can only be explained when a greater number of lines have been investigated and after we have gained a better knowledge of their levels and of their place in the spectral series, that is of their energy level of origin in the atom.

Taking the mean results of all lines observed in the reversing layer and of the two series of observations at different latitudes from 1906 to 1908 ADAMS found that they satisfy the following equation of FAYE's form:

$$v + v_1 = (1{,}550 + 0{,}501 \cos^2\varphi) \cos\varphi,$$
$$\xi = 11°{,}04 + 3°{,}50 \cos^2\varphi$$

with small residuals free from systematic tendencies.

He has also carried out a series of observations on $H\alpha$ at different latitudes at the limb and 3 mm inside an image of the sun 170 mm mean diameter. Comparing the results obtained, as in the table below, we see that the rate of variation of motion is more rapid from the limb inwards, and that points near the edge give not only greater absolute values, but also show smaller variations of velocity with variation in latitude. Such an effect is to be expected when we consider that the level of effective absorption for places on the limb, in the case of an element like hydrogen, may probably be higher than at places inside the limb. It may be possible to confirm this by measuring the velocity of $H\alpha$ in the chromosphere where reversal takes place, and where the variation of angular velocity with change of latitude must be still less.

Table V. Comparison of Results for a Line of Hydrogen with those for Reversing Layer.

φ	$H\alpha$, at Limb			$H\alpha$, 3 mm inside Limb			Reversing Layer		
	$v+v_1$	ξ	Period	$v+v_1$	ξ	Period	$v+v_2$	ξ	Period
0°,5	2^{km},14	15°,2	23^d,7	2^{km},11	15°,0	24^d,0	2^{km},06	14°,6	24^d,6
14 ,6	2 ,03	14, 9	24 ,2	2 ,00	14 ,7	24 ,5	1 ,95	14 ,3	25 ,2
29 ,5	1 ,78	14 ,5	24 ,8	1 ,73	14 ,1	25 ,5	1 ,67	13 ,7	26 ,4
44 ,6	1 ,41	14 ,0	25 ,7	1 ,39	13 ,8	26 ,0	1 ,29	12 ,9	27 ,9
59, 9	0 ,95	13 ,5	26 ,7	0 ,92	13 ,0	27 ,8	0 ,81	11 ,5	31 ,3
75 ,0	0 ,52	14 ,2	25 ,4	0 ,48	13 ,3	27 ,1	0 ,40	10 ,9	33 ,1

From table V we see that the absolute velocity of rotation derived from $H\alpha$ is much higher than that of the reversing layer, and further that the law of variation of angular velocity in latitude is different, that is the equatorial acceleration derived from $H\alpha$ is less than that of the reversing layer.

The determinations carried out with calcium line λ 4227 compared with those of the reversing layer indicate that the calcium vapour producing that line moves, as hydrogen does, more rapidly than the reversing layer, and is subject to smaller variations with increasing latitude.

Table VI. Comparison of Results for λ 4227 of Calcium with those for Reversing Layer.

φ	λ 4227			Reversing Layer		
	$v+v_1$	ξ	Period	$v+v_1$	ξ	Period
0°,4	2^{km},12	15°,1	23^d,8	2^{km},06	14°,6	24^d,6
15 ,0	2 ,02	14 ,8	24 ,3	1 ,94	14 ,3	25 ,2
29 ,9	1 ,75	14 .3	25 ,2	1 ,67	13 ,6	26 ,4
44 ,9	1 ,36	13 ,6	26 ,5	1 ,29	12 ,9	28 ,0
60, 0	0 ,88	12 ,5	28 ,8	0 ,81	11 ,5	31 ,3
74 ,8	0 ,49	13 ,3	27 ,1	0 ,40	10 ,9	33 ,0

The differences are slightly less than for hydrogen near the limb, and are approximately equal to those for hydrogen at a point 3 mm within the limb. A remarkable fact is that in the case of both λ 4227 and $H\alpha$ there is a sudden increase in the angular velocity between latitudes 60° and 75°. We must however bear in mind that in high latitudes the angular velocity is very sensible to small differences in linear velocity, a variation of 0,018 km at latitude $75°$, for example, reduces the value of ξ from $14°,0$ to $13°,5$; hence too much weight cannot be attached to the increase, which may be the consequence of errors in observation or measurement. Yet if we recollect that Adams noted the same increase also in the case of the different lines in the reversing layer, dependent upon their presumed level of origin, we are led to the view that there must be some cause which tends to increase the angular velocity in the higher regions of the sun's atmosphere near the poles. The results of the two series of observations for $H\alpha$ and $\lambda\,4227$ and for the reversing layer are graphically represented in fig. 107

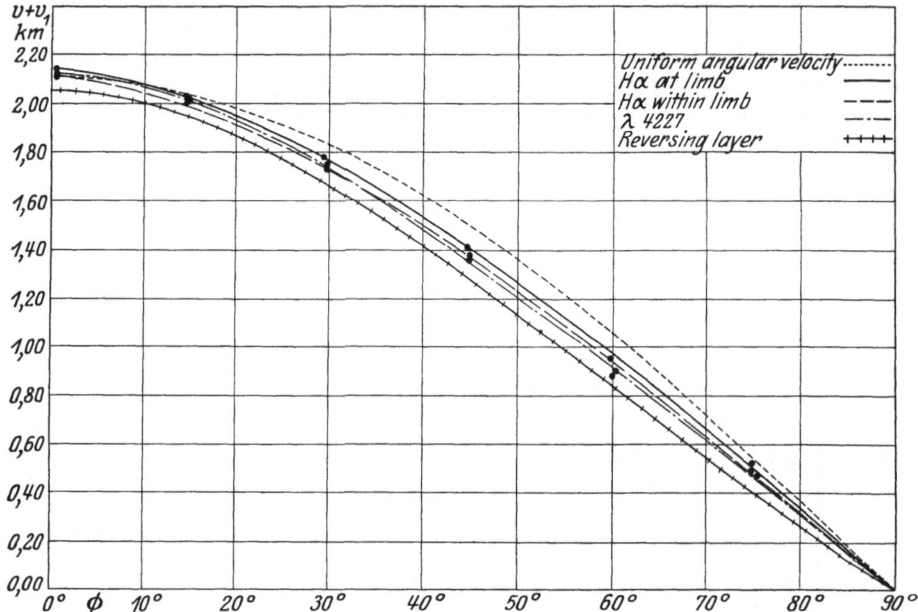

Fig. 107. Variation of radial velocity with heliographic latitude for the different lines observed (Adams, Mt. Wilson 1906—08).
The radial velocity curve of a body rotating uniformly with a motion of 15°,0 is added for comparison.

where, for the purposes of comparison, is added the curve of the linear velocity of a body rotating uniformly at the rate of $15°$ per day, or $v + v_1 = 2,11$ km at the equator; this curve is naturally the cosine curve.

Adams has calculated Faye's formulae for the reversing layer, $H\alpha$ and $\lambda\,4227$ which best represent his observations; these are:

$$\text{Reversing layer} \qquad \xi = 11°,04 + 3°,50 \cos^2\varphi,$$
$$\lambda\,4227 \qquad \xi = 12\ ,5\ \ + 2\ ,4\ \cos^2\varphi,$$
$$H\alpha\ \text{(within the limb)} \quad \xi = 12\ ,8\ \ + 2\ ,0\ \cos^2\varphi,$$
$$H\alpha\ \text{(on the limb)} \qquad \xi = 13\ ,6\ \ + 1\ ,4\ \cos^2\varphi.$$

The numerical values of the angular velocities obtained from these equations are given in the table VII for every $15°$ of latitude, and also in the graph (fig. 108). The values at the pole are extrapolated from the formulae and are naturally not to be relied upon. Research between $70°$ and the pole, with powerful spectrographs, would be of the greatest value in throwing light on many questions connected with the laws of the sun's rotation.

Many spectroscopic determinations of the sun's rotation period have been made at different times; from these sprang a desire to investigate the possibility of its variation in different periods of the 11-year cycle, or from cycle to cycle.

NEWALL's and HALM's examinations of the observations made in the cycle 1901—1913 are especially interesting. NEWALL[1] finds that FAYE's formula:

$$v + v_1 = (a - b \sin^2\varphi)\cos\varphi$$

Table VII. Final Results for the Angular Velocity.

φ	Reversing Layer	λ 4227	$H\alpha$ (Inside Limb)	$H\alpha$ (Limb)
0°	14°,54	14°,9	14°,8	15°,0
15	14 ,31	14 ,8	14 ,7	14 ,9
30	13 ,67	14 ,3	14 ,3	14 ,6
45	12 ,79	13 ,7	13 ,8	14 ,3
60	11 ,92	13 ,1	13 ,3	13 ,9
75	11 ,27	12 ,7	13 ,0	13 ,7
Pole	(11 ,04)	(12 ,5)	(12 ,8)	(13 ,6)

very fairly represents the variation of the velocity in latitude, as deduced from the observations of DUNÉR, HALM, ADAMS, PLASKETT, DE LURY, and SCHLESINGER, but that both a and b may vary during the cycle, and also that the values of b instead of being constant over the whole hemisphere, may differ at any given time in different parts of one hemisphere. At sunspot minimum the vapours in the sun, at about latitude 50°, lag behind those in the adjoining belts, with maximum retardation ($b = 0,7$ or $0,8$). The equatorial vapours at the same period move with their minimum velocity ($a = 1,94$ or $1,95$) and as the spots disappear at the equator the velocity begins to increase. The relative critical velocity between adjacent belts of latitude is reached somewhere about latitude 40°, with an outburst of spots in that latitude. At sunspot maximum a attains a maximum of about 2,07 km. If NEWALL's results

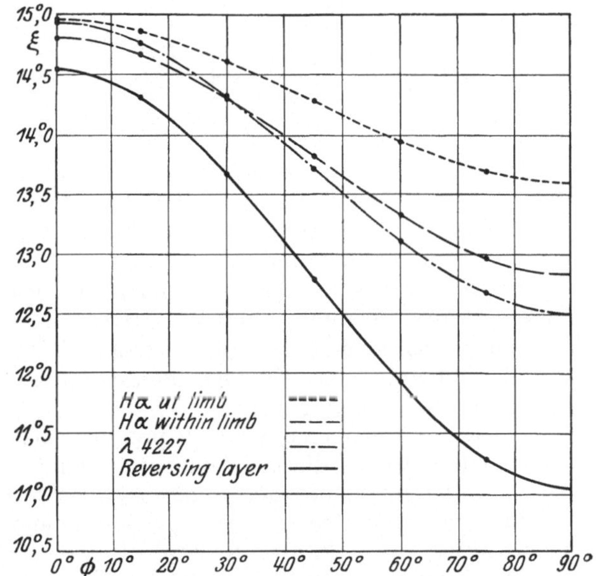

Fig. 108. Curves representing the angular velocity determined by empirical formulae (ADAMS, Mt. Wilson, 1906—08).

are confirmed, FAYE's formula will require modification either by adding another term or by limiting its application.

HALM[2], after discussing the relation between velocity and latitude in the above observations, concludes that the linear velocities show a remarkable consistency as between various observers, and that the values of the angular velocity v sec φ for different latitudes show a systematic rate throughout the whole cycle; this appears to be real and to confirm the systematic variation of the a and b coefficients in FAYE's formula, as indicated by NEWALL. HALM's discussion of the yearly observations does not however take the $\sin^2\varphi$ term into consideration, but is founded on the hypothesis that b varies continuously with φ

---

[1] M N 82, p. 101 (1921).   [2] M N 82, p. 479 (1922).

in each year. In any case the cycle 1901—1913 leads to the conclusion that the law governing the sun's rotation does vary during the cycle.

Observations made since 1913 do not however appear to confirm the above conclusions, as may be seen from table VIII[1].

Table VIII. Linear Velocity of Solar Rotation at the Equator.

Observer	Velocity km/sec	No. of Lines	Region $\lambda\,\lambda$	Date
Dunér	2,08	2	6301—6302	1900,5
Halm	2,04	2	6301—6302	1904
Adams	2,06	20	4196—4294	1907
Adams	2,05	22	4196—4291	1908,5
Storey and Wilson	2,08	10	6280—6318	1909
Plaskett, J. S.	2,01	19	5506—5688	1911
Plaskett, J. S.	2,02	15	4196—4291	1911
de Lury	1,97	19	5506—5688	1911
Hubrecht	1,86	40	4299—4400	1911
Plaskett, J. S.	2,01	27	4250—5600	1911—12—13
Schlesinger	2,00	20	4058—4276	1912
Evershed and Royds	1,95	—	3906—5624	1913
Plaskett, H. H.	1,98	12	5574—5628	1913
Ware and St. John	1,94	35	4123—4338	1914
Plaskett, H. H.	1,95	5	5900	1915
Ware and St. John	1,94	26	5018—5316	1914—18
Ware and St. John	1,95	7	6265—6337	1916—17

After the 1913 minimum the equatorial velocity was practically constant, and at sunspot maxima (1906 and 1917) the equatorial velocity corresponded very nearly to the extreme maxima values of 2,05 km and 1,94 km. It should be noted however that notwithstanding the intrinsic accuracy of the determinations, the mean errors of the equatorial linear velocity being less than one hundredth of a kilometre, there are considerable differences between the various determinations, as may be seen from table VIII, and therefore, on this account also, it is difficult to accept the evidence of a variation in the velocity of rotation depending upon solar activity.

There are other causes which produce such wide discrepancies; these may be due either to the different lines used which probably give, as we have suggested, different values according to their level of origin, or to systematic instrumental errors due to the various instruments used, to the personal equation in measuring the plates, or to local disturbances in the solar atmosphere.

Disturbances in limited regions of the sun take place frequently, and the greater the dimensions of the sun's image used for the measurements, the more they make themselves felt. The determination of the absolute velocity is therefore complicated by these local conditions, and it is consequently difficult to trace short period variations[2]. Until the causes of the unexplained differences have been established and eliminated, a possible variation in the rate of rotation can only be investigated by a continuous and prolonged series of observations carried out under the same instrumental conditions, and possibly by the same observer, as is now being carried out with international cooperation[3].

At Mount Wilson, St. John[4] sought to realise these conditions, and since 1914 he has collected a homogeneous series of observations and measurements

---

[1] St. John, The Present Condition of the Problem of Solar Rotation. Publ A S P 30, p. 319 (1918).

[2] Cf. H. H. Plaskett, A Variation in the Solar Rotation. Ap J 43, p. 145 (1916).

[3] Cf. Transact. Intern. Astr. Union 2, p. 51 (1925).

[4] Publ A S P 30, p. 319 (1918) and Publ. Amer. Astr. Soc. 34th Meeting, p. 290 (1925).

from which he has found that the equatorial velocity for the period 1914 to 1918 was 1,936, and 1,903 km/sec between 1919 and 1924. Although the difference between the two values is slight, yet, given the homogeneity of the material dealt with, we can assume that the difference of nearly 2 per cent has some real foundation. The probability is increased by a comparison of ST. JOHN's series of observations with those of ADAMS and those carried out at Ottawa[1] and Pittsburgh[2]:

Mount Wilson (ADAMS) . . . . 1906,5 — 1908,5   2,06 km/sec
Ottawa and Pittsburgh . . . . 1911,5 — 1913,5   2,00   ,,
Mount Wilson (ST. JOHN) . . . . 1919 — 1924   1,90   ,,

The first of the series fell in the middle of a maximum sunspot period during which the polarity of the leader spot was positive in the northern hemisphere, and negative in the southern. The Ottawa and Pittsburgh observations were taken at a minimum period, during which the polarity was reversed (cf. p. 197), while the last series was carried out in the cycle following the complete reversal of polarity. The reversal of polarity might in some way influence the drift of the solar atmosphere in the equatorial belt, depending upon the direction of rotation of the vortex whirls. A prolonged series of observations carried out as suggested above, and extending over a whole cycle of 22 years, appears to offer the best means of arriving at a satisfactory solution of this complicated question.

The statement below is of interest: in table IX the velocities of solar rotation derived from spectroscopic observation are compared with those derived from the sunspots, faculae, and flocculi[3]. The values given are: a) for the sunspots, those given on p. 101; b) for the faculae, the mean values of STRATONOFF, CHEVA-LIER, and MAUNDER on p. 105; c) for the flocculi, those given on p. 126; and d) for spectroscopic results the mean existing values.

Table IX.

φ	Sunspots	Faculae	Calcium Flocculi	Spectroscopic Observations			
				Reversing Layer	$H\alpha$ (ADAMS)	$\lambda 4227$ (ADAMS)	K_3 (ST. JOHN)[4]
0°	14°,40	—	14°,53	14°,25	15°,00	14°,90	
5	14 ,38	14°,51	14 ,48	14 ,29	14 ,99	14 ,88	
10	14 ,31	—	14 ,40	14 ,22	14 ,96	14 ,83	15,5
15	14 ,20	14 ,30	14 ,31	14 ,10	14 ,91	14 ,74	
20	14 ,06	—	14 ,21	13 ,93	14 ,84	14 ,62	
25	13 ,89	14 ,09	14 ,07	13 ,72	14 ,75	14 ,47	
30	13 ,69	—	13 ,89	13 ,48	14 ,65	14 ,30	
35	13 ,47	13 ,54	13 ,79	13 ,21	14 ,54	14 ,11	
40	—	—	13 ,61	12 ,93	14 ,42	13 ,91	15,4
45	—	12 ,83	13 ,23	12 ,64	14 ,30	13 ,70	

The above values are represented graphically in fig. 109 p. 170; it will be noticed that the curves for the spots, faculae, and flocculi, and the reversing layer tend towards approximate parallelism, but with well marked differences. The flocculi and faculae give the same velocity, at least up to latitude 25°, which is always higher, even at high latitudes, than that of the reversing layer. The latter gives lower values, and the sunspot values lie between the two.

---

[1] Ap J 42, p. 392 (1915).
[2] Publ Allegheny Obs 3, p. 117 (1914).
[3] Publ Yerkes Obs 3, Part 3, p. 169 (1921). See also the values found by EVERSHED for the equatorial velocities at various levels, which confirm those given above [M N 85, p. 607 (1925)].
[4] Mt Wilson Contr No. 48, p. 45 (1910) or Ap J 32, p. 50 (1910).

The reversing layer excepted, the spots, faculae, flocculi, and the radiations of calcium and hydrogen, present a regular ascending sequence of velocity, harmonising with the hypothesis of successive levels in the solar atmosphere; the spots lie at the lowest level and the velocity is less, the calcium (H and K) level is the highest and their velocity is greater and there is also less equatorial acceleration. The reversing layer shows lower velocities and greater equatorial acceleration than the other phenomena, and accordingly should be at a lower level, but this is incompatible with the fact that its level cannot be lower than that of the faculae and the spots, because these phenomena produce the same spectrum, and because some of the radiations of the reversing layer reach as high as the chromosphere proper.

This discrepancy has not as yet been explained, unless we admit Wilsing's theory[1] of the existence of two surfaces with constant angular velocity, one due to internal friction, and the other above the photosphere; between the two is a region in which the rate of variation of angular velocity with the latitude reaches a maximum, while on either side of that region variation is less. If we assume that the reversing layer corresponds to the region where variation is more rapid, we must expect that the spots, which are nearer to the inner surface on the one hand, and the faculae, flocculi, $\lambda\,4227$, $H\alpha$ and K_3 whose level is nearer to the outer surface on the other, should show gradually decreasing equatorial acceleration. It is also not clear why $\lambda\,4227$ should give velocities which are so much greater than those given by the calcium flocculi. Similar divergencies occur between the hydrogen flocculi whose equatorial velocity is $14°,6$, and $H\alpha$ with a velocity of $15,°0$. It may be that the region of absorption, where, in observations at the limb, hydrogen and $\lambda\,4227$ have their origin, lies at a higher level than the flocculi, or that the velocities of the flocculi are more affected by the low levels in which they have their origin. The question is certainly very complex and it cannot be said to be solved.

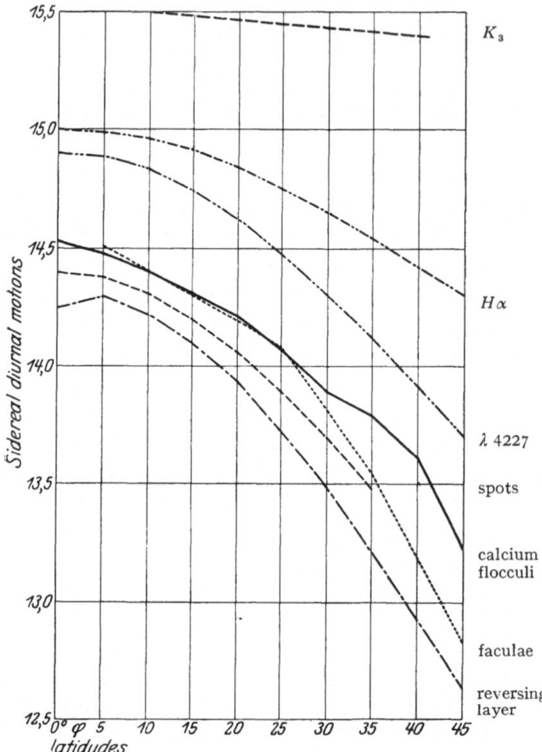

Fig. 109. Comparison of the angular velocities of the various solar phenomena.

17. Radial Motion in Sunspots. Distribution of the Elements and their Circulation in the Solar Atmosphere. Solar and Terrestrial Analogies. The structure of the hydrogen flocculi overlying the spots is usually vortical, and the discovery of magnetic fields in sunspots leads us to suppose that the in-

---

[1] Ap J 3, p. 247 (1896).

candescent gases which constitute the spots are also animated with vortical motion. In 1909 J. EVERSHED, while investigating the DOPPLER effect on the lines of metallic vapours in sunspots, arrived at the following conclusions[1]:

1. When spots are at the same distance from the centre of the sun, the amount by which the absorption lines in the sunspot spectra are displaced is practically the same.

2. The displacement vanishes when the spots are within 10° of the sun's centre, but between 30° and 50° east and west of the central meridian the displacements are considerable.

3. The displacements are of opposite signs on opposite sides of the central meridian and are invariably towards the violet in the preceding part of the spot, and towards the red in the following, when the spot is east of the central meridian; the converse is observed when the spot is west of the centre. In the northern and southern hemispheres the displacements take place in the same direction.

4. No displacement is observed when the slit bisects the spot perpendicularly to the line joining the spot and the sun's centre (tangential slit).

A hypothesis which explains the observed facts attributes the displacements to radial motion outwards from the centre of the spot, and nearly horizontal or parallel to the sun's surface; this also explains the absence of any displacement when the spot is near to the sun's centre. A hypothesis which involves vortical motion or rotation of any kind about an axis perpendicular to the sun's surface does not harmonise with the observed facts, for it is evident that circular motion implies a nodal point when the radial slit bisects the spots, and when the slit is tangential the displacement should be a maximum.

The inclination of the lines of metallic vapours in spots (Fe in fig. 110) suggests an accelerated motion outwards from the umbra, which in EVERSHED's observations attains a maximum of about 2 km/sec at the extreme edge of the penumbra. This outward motion refers to metallic vapours in the reversing layer, but an examination of lines H_3 and K_3 at high elevations shows, when they are well defined, similar displacements but in an opposite direction, that is towards the violet in the region of the spot towards the limb, indicating an indraught of calcium vapour from the high chromosphere. The amount of displacement is of the same order as that of the outward motion of the low lying gases. EVERSHED further notes[2], in his Kodaikanal observations, that although the lines of the reversing layer slant they are perfectly

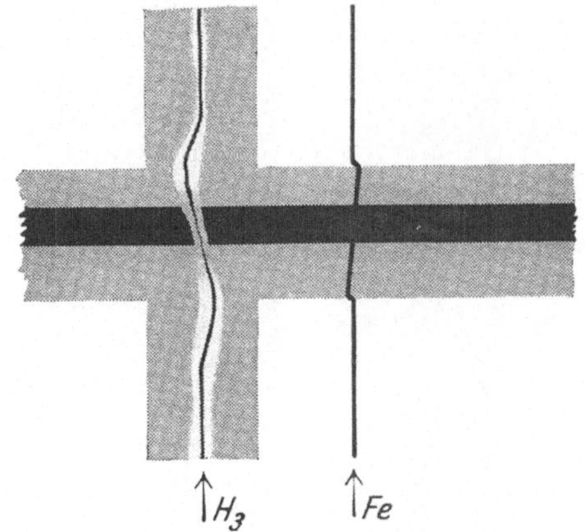

Fig. 110. Typical shifts of spectral lines on sunspots (EVERSHED effect).

straight when they cross a spot, but there is a break or jolt at the point where they cross from the penumbra to the photosphere; this is not the case with lines H and K which usually appear curved when viewed with a radial slit (H_3 in fig. 110). When the slit is rotated through 90° (slit tangential) these lines become perfectly straight like the other absorption lines and show no displacement. The slanting of the calcium lines seems to indicate a decreasing velocity towards the umbra,

<hr>

[1] M N 69, p. 454 (1909) and Kodaik Obs Bull No. 15 (1909).
[2] M N 70, p. 218 (1910).

in the same way as the reverse slant of the other lines indicates an accelerated motion from the spot. This cannot however be positively asserted until it is proved that there is no vertical motion in calcium vapour.

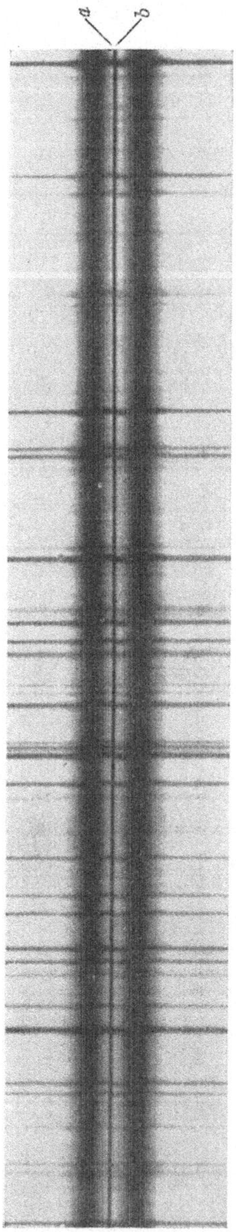

Subsequent to Evershed's observations, St. John undertook a further series of observations with the 60-foot solar tower at Mount Wilson during 1910 and 1911[1]. In order to deal with them statistically a considerable number of lines were selected such as H, K, and $H\alpha$ in the high strata of the chromosphere, the more intense lines of magnesium, aluminium, and iron at mean levels, and the weaker lines at low levels. The spectra of the two edges of the penumbra were photographed alongside each other, with the primary object of measuring the outward and inward motion at the extreme edge of the penumbra. The slit was set radially and the velocities at the edges were assumed to be equal; the resulting spectrograms are reproduced in fig. 111. This method naturally determines the double displacement, because the lines of one edge are displaced towards the red, and those of the other towards the violet end of the spectrum. It will be noted from the figure that the lines do not return suddenly to their normal position after they leave the penumbra.

St. John's observations substantially confirm Evershed's hypothesis that the displacements are due to movements of the vapours and that these movements are tangential to the sun's surface and radial to the axes of the sunspot vortices. The proportionality between the amount of displacement and the wave length shows that the phenomenon is actually due to the Doppler effect, and that it is connected with the outflow from the spots of material from the reversing layer, and to the inflow of chromospheric material into the spot. The new fact brought to light by St. John's researches is that the increase of shifts due to an outward flow corresponds to a decrease in the intensity of the lines in the reversing layer, and in addition an increase in the shifts due to an inward flow corresponds to increasing intensity of the lines in the higher levels of the chromosphere. The most plausible hypothesis is that this phenomenon is the effect of differences of level. The outward velocities increase with increasing distance below a neutral level, the inward velocities increase with increasing distance above that level, which may be called the inversion level of velocity. The distribution of the velocities shows an inflow at high levels and an outflow at low levels; at spectroscopic levels rotational motion is not apparent, or at least, from Evershed's observations with a tangential slit, it seems as if the motion were irregular and under 0,5 km/sec, so that if a vortex does exist it must be deep seated.

Fig. 111. Spectrum of the edge of the penumbra. a) Edge towards the limb. b) Edge towards the centre of the disc (St. John).

<hr>

[1] Mt Wilson Contr No. 69 and 74 (1913) or Ap J 37, p. 322 (1913) and 38, p. 341 (1913).

The phenomenon observed is the outflow of metallic vapour in the reversing layer where the vortex ends; the inflow from the chromosphere is a secondary effect and may be taken as an external indication of the underlying vortex in which the magnetic field is formed. The secondary phenomenon shows itself in the vortical form of the hydrogen flocculi depending on the intensity of the magnetic field and the rotational energy of the underlying vortex. The calcium flocculi show little, or hardly any, of this vortical formation for the reason that calcium lies at a higher elevation than hydrogen.

St. John's observations may be represented diagrammatically as in fig. 112, which shows the direction of motion and the velocity of the gases at various

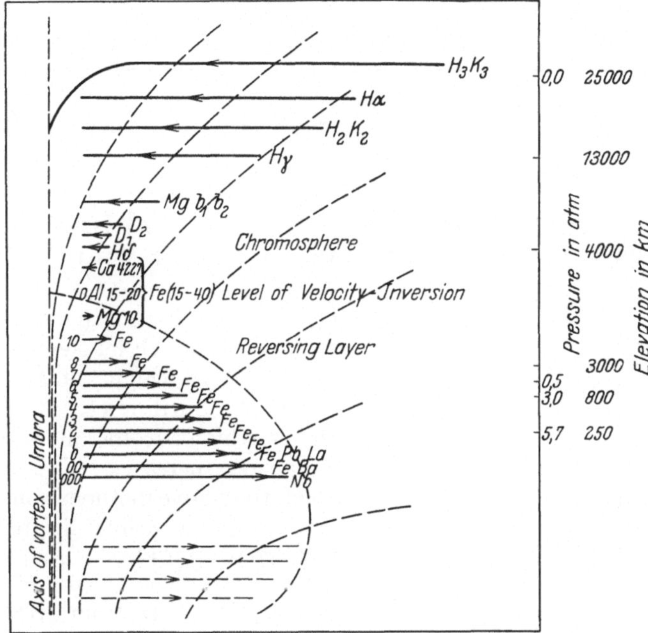

Fig. 112. Vertical section of reversing layer and chromosphere showing the distribution of radial velocities in sunspots (St. John).

heights above the spots; the intensities of the lines, on Rowland's scale, are marked on the vectors which represent radial motion. The arrows indicate the direction of flow. The rounded head of the cyclonic disturbance is suggested by the broken line curve enveloping the outward velocities. The broken lines with arrows refer to possible velocities below the accessible levels. The lines of force of the magnetic field are indicated in the usual way. Assuming that the lines of greater intensity are produced at deep levels, the direction and velocity of the flow may be considered as functions of the depth. The displacements vary from large positive values for lines of low intensity to large negative values for the more intense calcium and hydrogen lines, and zero in the case of the more intense aluminium and iron lines. Hence the effective level of a line may be defined as that portion of the total depth of the vapour which is principally concerned in the production of the line itself. For example the absorption of one of Fraunhofer's lines, whose intensity is 4 on Rowland's scale, takes place at a depth below that of a line whose intensity is 10, because of the greater selective absorption of the latter. In both cases the light from the photosphere and from the lower and hotter layers is absorbed selectively and cannot reach the surface, so that the light emitted by the two wave lengths comes from the more or less defined layers of the vapours which are thicker for the line of greater intensity than for the weaker.

Spectroheliographic observation strengthens the idea of these effective levels, and their existence is fully confirmed by the radial motion above the spots, and by eclipse determinations of the vapour levels. A comparison between the levels obtained from the height of the chromospheric arches, as measured by Mitchell during eclipses, and St. John's determinations from the displacements, and therefore the velocities, obtained for iron lines of increasing intensity, may be summarised as follows:

Height and Radial Displacements of Iron Lines.

Solar intensities (Rowland) . . .	00	0	1	2	3	4	5	6	7—9	10—40
Heights in km (Mitchell) . . .	275	279	288	344	369	397	425	488	590	806
Displacements in A. U. (St. John) .	+0,034	+0,030	+0,028	+0,025	+0,023	+0,021	+0,019	+0,016	+0,010	+0,002
Displacements in km	2,0	1,8	1,7	1,5	1,4	1,2	1,1	1,0	0,6	0,1

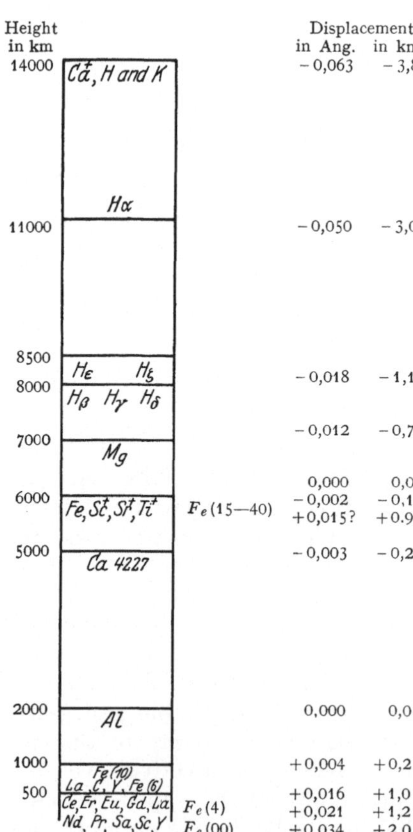

Fig. 113. Absolute heights from flash lines; relative heights from displacements (St. John).

The sign + indicates that vapour is flowing out of the spot. Other elements give similar results. At a height of about 1000 kilometres the outflow ceases and the inflow begins, which becomes more pronounced as the height increases. The agreement between the above methods continues to hold good with increasing height; this is evident from fig. 113 which shows a vertical section of the solar atmosphere drawn to scale by St. John from Mitchell's data, and from the radial displacements. The diagram shows that the enhanced lines of an element extend to higher elevations than the unenhanced lines, and also that the Evershed effect is more pronounced as the elevation increases. As in the case of the terrestrial atmosphere, the percentage of heavy elements is greater in the lower solar regions, while the percentage of lighter elements increases with the altitude, although their absolute density decreases.

Discussing the radial displacements, St. John notes that the displacements of lines of the same intensity are greater in the red than in the violet portion of the spectrum. This we may attribute to the fact that our instruments enable us to plumb greater depths in the red owing to the scattering of the violet rays, in other words greater wave length enables us to reach lower effective levels. Since the upper portion of the effective layer, or the height to which the vapour of a line extends, determines the length of the chromospheric arch, we expect the same to hold good for the flash spectrum. We might look upon part of this effect as due to the efficiency of the apparatus which is dependent on the sensitiveness of the plates to the various wave lengths and on the reflective power of the surfaces. But after making allowances for these two circumstances[1] the fact still remains that elevations decrease and displacements increase with increasing wave length.

St. John's researches, combined with the results of eclipse observations, lead to the following conclusions: that the vapours of the various elements rise to varying elevations in visible quantities; that the lines of any given element have their origin at depths which increase with increasing intensity; that the enhanced lines are at a higher level than unenhanced lines of the same intensity; and that we can reach greater depths in the sun with the red, than with the violet portion of the spectrum. The resulting distribution shows that the H_3 and K_3 calcium lines are at the greatest elevations, followed by the hydrogen line $H\alpha$, and that, in general, the heavy and rare elements are only visible in the lower regions of the solar atmosphere.

A secondary effect of the radial motion above the spots is that found by Evershed in the case of two spots observed at Kodaikanal in 1915[2]. He noticed a preponderance of receding, over approaching, motion in the spectra obtained with a radial slit. In other words, when the spot is east of the central meridian the receding velocity of the following penumbra is systematically greater than the approaching velocity of the preceding penumbra. The converse is observed after the spot has passed the central meridian.

On Evershed's hypothesis we obtain the effective velocities, parallel to the sun's surface, from the velocities in the line of sight by multiplying the latter by the cosecant of the angle at the centre of the sun between the earth and the spot, hence the velocity rate of the spots is a function of the effective velocities. The same phenomenon has also been observed by St. John who investigated about 200 iron lines in various spots; he remarks[3]: "the wave lengths are longer on the limb edge of the penumbra than on the centre edge when the spot is between the centre of the sun and the limb". The method adopted by St. John is naturally not the best adapted to establishing the dissymmetry in the motion of the vapours at the edges of the penumbra. From the data available it cannot be definitely stated that the phenomenon is one which affects all spots or only a few in particular.

Assuming that the observed displacements are due to the Doppler effect, a hypothesis which may account for the observed facts is that the flow of material from the spot is directed downwards towards the solar surface, or in the form of a cone[4], like the flow of lava from volcanos. This hypothesis is not in conflict with the hollow appearance of the spots consequent on the Wilson effect; this effect however only indicates that the level of the umbra is below that of the photosphere but gives no indication of the level of the penumbra. On the other hand we have seen (p. 90) how observations based on the Wilson effect give very diverse results for the level of the umbrae. Observations of sunspots on

---

[1] Mt Wilson Contr No. 88, p. 17 (1914) or Ap J 40, p. 356 (1914).
[2] Kodaik Obs Bull No. 51 (1916).
[3] Mt Wilson Contr No. 69, p. 17 (1913) or Ap J 37, p. 322. (1913).
[4] R. Mancinelli, Sull'effetto Evershed nelle macchie solari. Rendiconti dei Lincei Ser. 6, 4, p. 276 (1926).

the edge of the sun carried out in 1865 by Tacchini and discussed by Father Secchi[1], seem to confirm the possibility of vapour issuing from the umbra in a conical form.

Spectroscopic observations support this hypothesis, for the inclination to the solar surface of the velocity vector of any gaseous mass from the penumbra is easily measured, as is also the velocity itself by combining observations made at different times, that is in different positions of the spot on the disc[2]. Thus for spot Greenwich No. 7223, Evershed's observations east and west of the central meridian, reduced in accordance with his hypothesis to horizontal motion, give[2]:

	Mean Line Intensity	East Penumbra km/sec	West Penumbra km/sec
Spot 7223 (3rd April 1915) East of C. M.	3	+ 2,03	− 1,74
Spot 7223 (7th April 1915) West of C. M.	3	− 1,13	+ 2,59

Assuming inclined motion and combining the observations east and west of the centre we get:

	Mean Line Intensity	East Penumbra		West Penumbra	
		Incl.	Veloc. km/sec	Incl.	Veloc. km/sec
Spot 7223 (3—7 April 1915)	3	13°,3	1,57	10°,1	2,35

To determine the inclinations it is naturally advisable to take several measures of the velocity at the edge of the penumbra when the spot is in various positions on the disc, and to combine the measures so as to obtain the most probable values. This is what is now being done systematically with the Arcetri tower telescope[3]; some spectrograms obtained there clearly show the dissymmetry in the motion of the gases, and also show that the radial velocity maxima occur, not at the edges of the penumbra, but at the edges of the umbra. The inclination of the spectral lines crossing the umbra and penumbra does not appear to be constant with respect to the undisturbed lines, the lines are curved and the maximum curvature is approximately at the edge of the umbra. Some of the Arcetri plates show that the lines of metallic vapours behave in the same way as the line H_3 in fig. 110 and not as the iron lines do, and that their appearance indicates that the motion is accelerated towards the edges of the umbra and diminishes towards the edges of the penumbra.

Another feature brought to light by the preliminary observations carried out so far, is the considerable variation in the absolute velocities for different spots. The highest velocities are those obtained by Evershed for low level lines, and amount to about 3 km per second; those obtained by St. John are somewhat less, while at Arcetri there are considerable differences between one spot and another, perhaps partly due to poor definition and to unsteadiness of the solar image; but in one case (a spot at + 22° latitude which passed the central meridian on June 29th, 1926) the radial velocity reduced to horizontal motion was 6,5 km/sec, the assumed inclination was almost zero. Although the spot was not a large one, there were great changes and much activity in the

---

[1] Le Soleil. I, deux. Edit. p. 76 (1875). The first edition of 1870 contains a supposititious vertical section of a sunspot illustrating the above observations and the outflow from the umbra downwards towards the photosphere.

[2] Kodaik Obs Bull No. 51, p. 169 et seq. (1916).

[3] Rendiconti dei Lincei Ser. 6, 4, p. 242 (1926).

nucleus. We may therefore perhaps infer that the zone of maximum radial velocity is a function of the spot's age, as is also its level in the photosphere and its proper motion in longitude.

Observations with a tangential slit show only very small and irregular movements of the vapours in the line of sight, so that if there should be rotational motion it does not appear to be constant; and more extended observations, also in connection with magnetic fields, are necessary in order to decide this point.

The movements of calcium vapour in high chromospheric levels above disturbed regions, such as spots, as well as over undisturbed regions, have been especially investigated by St. John with the object also of examining the general circulation of the solar atmosphere[1].

We have already referred to the inflow of vapour towards the spots which takes place above the inversion level; if we study this more closely, by examining the K line, we find that its appearance is generally very similar to that which it presents on the surrounding flocculi. It has two bright components K_2 and a dark central line K_3, the width of K_2 however diminishes as the umbra is approached, and the absorption line K_3 becomes more indistinct and finally vanishes above the umbra. From measures of the wave length of K_2 and also of K_3 (when the latter is visible on the umbra), compared with the arc, St. John concludes that calcium vapour flows into the umbra with a velocity which varies from 0,7 to 2,2 km/sec, and further that the vapour which is the source of the bright line K_2 has little or no vertical motion above the penumbra. The calcium vapour which produces the absorption line descends with a velocity

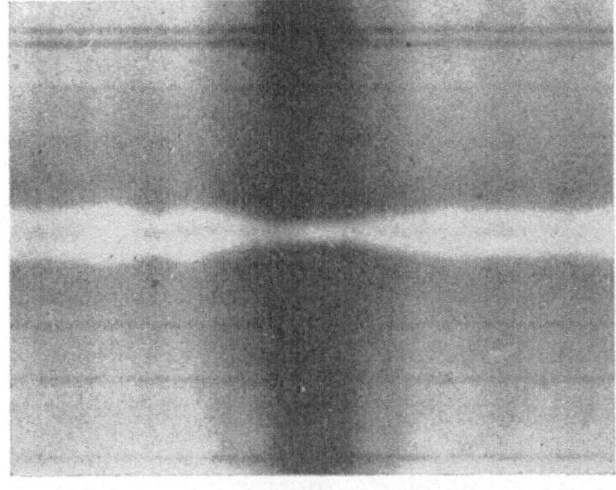

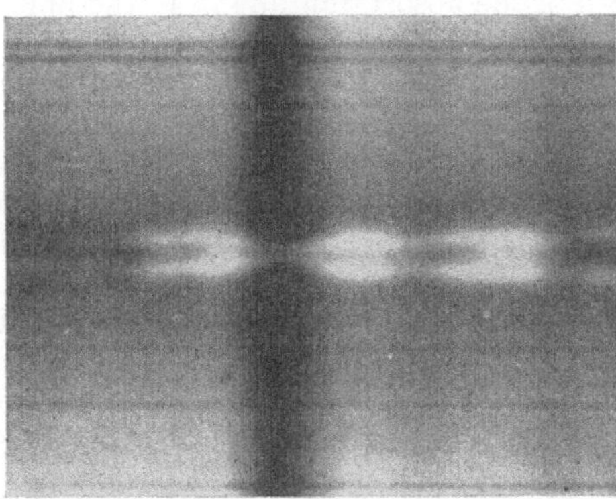

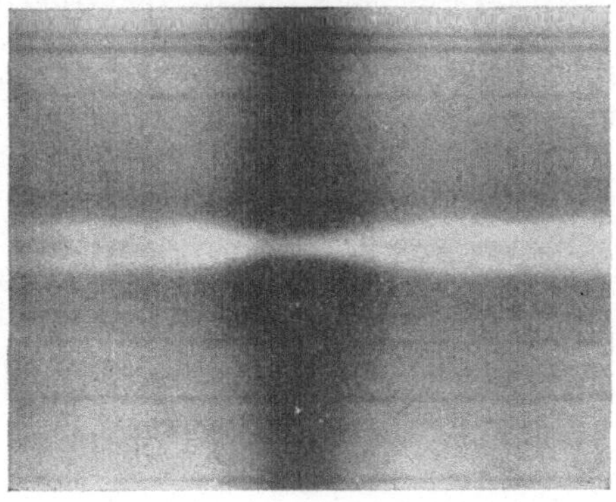

Fig. 114. The K line of calcium over sunspot Nr. 6874 (St. John). a) Normal reversal over umbra. Spot central, 9th Aug. 1910. b) Displacements due to inflow of penumbral vapour. Slit parallel to solar radius through spot, near east limb, 5th Aug. 1910. c) Displacements due to rotation of penumbral vapour. Slit perpendicular to solar radius through spot, near west limb, 12th Aug. 1910.

---

[1] Mt Wilson Contr No. 48 (1910) and No. 54 (1911) or Ap J 32, p. 36 (1910) and 34, p. 57 (1911).

of 1,14 km/sec, which is practically the same as its velocity over the whole disc. Radial motion (Evershed effect) of the calcium vapour inwards and across the penumbra is evident both in emission and absorption vapour, though the velocity of the former is less than that of the latter. The inward radial and eventually rotational motion combine to form a spiral, or vortical motion above the umbra; the velocity of this vortical motion is always less for emission than for absorption lines, and the direction of motion does not appear to depend upon the hemisphere in which it takes place.

Over the whole of the solar disc in undisturbed regions, lines K_2 and K_3 are nearly always present; their wave lengths measured from the limb towards the centre, compared with the arc, have enabled St. John to find a mean upward velocity of 1,97 km/sec for the vapour which produces K_2, and a mean downward velocity of 1,14 km/sec for the absorption vapour which produces K_3. The upward motion is indicated by the progressive shortening of the wave length of the emission line from the centre towards the limb, and attains a maximum of 0,026 A; the downward motion is indicated by a progressive increase in the wave length of the absorption line from the limb to the centre; the displacement towards greater wave length amounts to 0,015 A. The decrease and increase in wave length correspond very closely to the component, along the line of sight, of a radial motion derived from the displacements of 0,026 A and 0,015 A, so that the hypothesis of a circulation with the above velocities is very probable. Measures of the mean wave lengths of K_2 and K_3 in equatorial, as well as in polar regions, show the non-existence of currents of any appreciable velocity parallel to the solar surface.

From the distribution of the elements and their circulation in the solar atmosphere, which we conceive must take place, we may trace some analogy with similar terrestrial phenomena[1]. We know that the percentage of the elements in the terrestrial atmosphere up to a height of 14 kilometres above the earth's surface does not vary much because of the continual blending caused by storms and convection currents. Above that altitude the density of the heavier gases decreases more rapidly than that of the lighter, hence increasing altitude increases the percentage of the lighter gases although their absolute density decreases; at an altitude of 100 kilometres the atmosphere consists almost entirely of hydrogen, with traces of helium and other gases. The conditions in the solar atmosphere in regions accessible to spectroscopic observation seem to be very similar to those in the terrestrial atmosphere.

In the terrestrial atmosphere there is a layer extending up to 3 km from the surface which is kept in a state of continuous agitation by strong convection currents, and irregular temperature gradients. Above this layer, up to an altitude of 10 km, conditions are more stable and the variations more uniform, although this region may be affected by vertical convection currents caused by storms in the layer below. Beyond, in the exterior layers which are relatively quiescent, is a region with a uniform, but reversed, temperature gradient which hardly penetrates into the regions below.

In the lowest layers of the solar atmosphere, that is the region which contains the lowest levels of the reversing layer, and especially in the low lying gases, considerable disturbances take place; here we also find an outflow of material from the interior of the sun, and the outer portions of the sunspot vortices. Above is the reversing layer in a state of continuous agitation, and although it is relatively more quiescent than the layer below, it is involved in the dis-

---

[1] Cf. St. John, Mt Wilson Contr No. 74, p. 47 (1913) or Ap J 38, p. 26 (1913).

turbances which take place below. Its composition, and the movements of the gases in the neighbourhood of spots, seem to show that the chromosphere is quite distinct from these two regions. The dividing line appears to lie at the level of zero tangential velocity, that is to say at the level where there is the inversion of the radial flow in the vortices.

Direct observation of terrestrial cyclones adds little or nothing to our knowledge of atmospheric movements above the storm centre, but in the case of the sun, we are able to follow the movements due to storms at high altitudes, because our view point is from the outside.

Although the general circulation in the two atmospheres must necessarily be very diverse, yet it is probable that, whatever be their causes, cyclonic storms in both atmospheres are subject to the same hydrodynamic laws, and that observations of two such different bodies like the sun and the earth may be complementary to each other and lead to a better understanding of their various phenomena.

18. Pressure in the Solar Atmosphere. Limb Effect. Einstein Effect. The early spectroscopic observations of pressure in the solar atmospheric strata, where Fraunhofer's lines are produced, were based on the absolute difference between the wave lengths of the photospheric and arc spectra, on the supposition that the solar atmosphere is relatively quiescent and that there are no other causes, except pressure, which produce displacements towards greater wave length. Jewell, Mohler, Humphreys, Fabry, and Buisson, compared the wave lengths of iron lines in the sun with those in the arc and obtained for the reversing layer pressure values which varied between 5 and 7 atmospheres.

Later research, and the discovery of the pole effect in the lines produced by the arc, show that these results were very much in error. Evershed, Perot, and Salet, examined groups of lines with very different pressure coefficients, so that they only required to know the differences of wave length, instead of the absolute values of the wave lengths. By their method the result is independent of the hypothesis that pressure is the only cause of the displacements, and given suitable data the Doppler and Einstein effects can be eliminated. The pressure values they obtained were less than an atmosphere and differed from each other by a few tenths only. It was found that by eliminating the pole effect the differences between the pressure coefficients of various types of lines were greatly reduced, and that more data were necessary in order to ascertain, with greater accuracy, the small displacements due to pressure; these have since been collected by St. John and Babcock[1] at Mount Wilson. They adopted, as the basis of their measurements, the international standards of solar wave lengths, as determined by grating spectrographs and interferometers, and the Mount Wilson pressure coefficients for the reduction of the wave lengths to vacuum.

To eliminate as far as possible the effect on the wave length due to difference of level in the solar atmosphere, groups of lines of approximately the same intensity, and therefore at nearly the same level, were used. To minimise the Doppler and relativity effects, groups of lines in the same spectral region were selected; it was found that anomalous refraction did not sensibly affect the results. From these groups of lines with different pressure coefficients the sun minus vacuum differences were obtained and hence the pressures on the sun.

---

[1] Mt Wilson Contr No. 106 (1915); No. 137 (1917); No. 278 (1924) or Ap J 42, p. 231 (1915); 46, p. 138 (1917); 60, p. 32 (1924).

Table X. Pressure in the Sun's Reversing Layer.

Group	No. of Lines	Mean Solar Intensity	Mean Wave Length	Sun Minus Vacuum	Pressure Coefficients	Pressure in Sun
b	10	13,8	3719	+ 0,0107 A	0,0019 A	− 0,089 atm
a	10	14	3759	+ 0,0115	0,0010	
d	10	4,6	4170	+ 0,0061	0,0040	− 0,26
b	10	5	4158	+ 0,0066	0,0021	
b	10	6	4181	+ 0,0101	0,0021	− 0,22
a	10	8,3	4191	+ 0,0103	0,0012	
d	10	4,8	4239	+ 0,0077	0,0043	+ 0,54
b	10	4	4237	+ 0,0065	0,0021	
c_4	6	5	4458	+ 0,0089	0,0036	+ 0,07
b	7	7	4442	+ 0,0088	0,0022	
b	10	3,8	4592	+ 0,0061	0,0023	+ 0,75
a	10	3,5	4628	+ 0,0055	0,0015	
d	10	3,7	4615	+ 0,0051	0,0048	− 0,09
a	10	3	4632	+ 0,0054	0,0015	
b	10	3,3	4716	+ 0,0057	0,0023	+ 0,59
a	10	3,9	4766	+ 0,0053	0,0016	
c_5	10	5,4	4904	+ 0,0062	0,0052	+ 0,29
b	10	2,8	4922	+ 0,0054	0,0024	
b	10	4,1	5542	+ 0,0078	0,0027	− 1,00
a	10	4,8	5431	+ 0,0084	0,0021	
M_n [1]	7	4,7	4773	+ 0,0070	0,0054	+ 0,33
b	7	3,4	4762	+ 0,0060	0,0024	
Weighted Mean.	−	−	−	−	−	+0,13±0,06

The different groups give very discordant values; the weighted mean referred to a layer of some hundreds of kilometres above the photosphere is 0,13 ± 0,06 atmospheres, and shows that the pressure in the reversing layer is only a small fraction of an atmosphere. This explains why lines which are sharp and well defined in the sun are wide and diffused under moderate pressure in the laboratory.

The low pressure in the reversing layer is in agreement with the pressures found by theoretical or indirect methods in the different levels of the solar atmosphere. Relying upon the ionization theory, Saha concludes that the complete ionization of calcium takes place at a pressure of 10^{-4} atmospheres and that this pressure should be found at the upper limit of neutral calcium; from the intensity of $\lambda\,4227$ this limit may be estimated to lie at a height of about 5000 km. From the increased intensity of the enhanced lines, St. John calculates the pressure at mean levels to be of the order of 10^{-1} to 10^{-2} atmospheres, and Russell finds that for alkaline metals and earths the increased intensity in Fraunhofer's lines passing from the photosphere $6000°\,K$ to $4000°\,K$ is accounted for by the percentage of ionization at pressures not greater than 10^{-2} atmospheres in the absorption region.

In discussing the various methods for obtaining measures of the pressure on the sun's surface such as: the sharpness of lines sensitive to pressure, the general opacity of the sun's external regions, the absence of diffused light in the flash spectrum, the width of Fraunhofer's lines, the gravitational equilibrium in external regions, radiation pressure, ionization, and the chemical equilibrium in the solar atmosphere, Russell and Stewart[2] conclude that the total pressure

---

[1] Monk, Ap J 57, p. 222 (1923).   [2] Ap J 59, p. 197 (1924).

of photospheric gases must be less than 10^{-1} atmospheres, and that the pressure of the reversing layer is not greater than 10^{-4} atmospheres.

On the hypothesis that the vapour of Ca^+ is in equilibrium under radiation pressure and gravitation, R. H. FOWLER and MILNE[1] found the mean pressure to be of the order of 10^{-13} atmospheres for a layer of calcium vapour lying

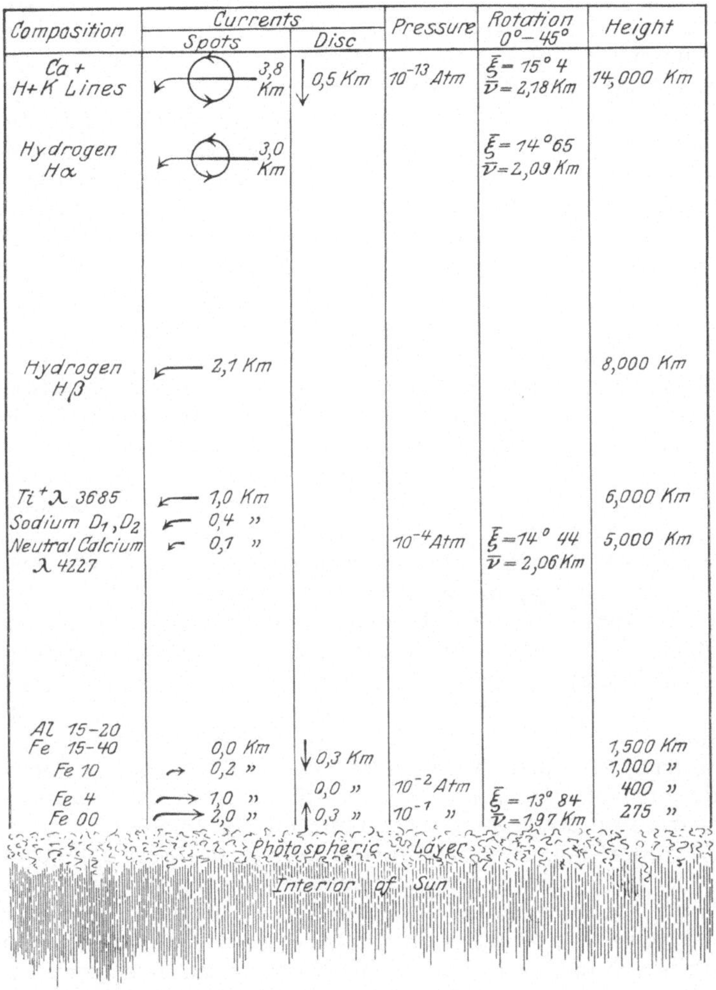

Composition	Currents		Pressure	Rotation $0°-45°$	Height
	Spots	Disc			
Ca + H+K Lines	3,8 Km	0,5 Km	10^{-13} Atm	$\bar{\xi}=15°4$ $\bar{v}=2,18\,Km$	14,000 Km
Hydrogen Hα	3,0 Km			$\bar{\xi}=14°65$ $\bar{v}=2,09\,Km$	
Hydrogen Hβ	2,1 Km				8,000 Km
Ti$^+$ λ 3685	1,0 Km				6,000 Km
Sodium D_1, D_2	0,4 »				
Neutral Calcium λ 4227	0,1 »		10^{-4} Atm	$\bar{\xi}=14°44$ $\bar{v}=2,06\,Km$	5,000 Km
Al 15–20 Fe 15–40	0,0 Km	0,3 Km			1,500 Km
Fe 10	0,2 »				1,000 »
Fe 4	1,0 »	0,0 »	10^{-2} Atm		400 »
Fe 00	2,0 »	0,3 »	10^{-1} »	$\bar{\xi}=13°84$ $\bar{v}=1,97\,Km$	275 »

Fig. 115. Suggested scheme of the solar atmosphere (ST. JOHN and BABCOCK).

between 9000 km and the upper limit of the photosphere, which is, as we have seen, 14000 km.

From these results ST. JOHN and BABCOCK[2] have prepared an interesting diagram (fig. 115) showing the probable distribution of the levels, of the pressure and the currents in the solar atmosphere. In the first column "composition", the characteristic elements in well defined levels are arranged according to the

---

[1] M N 83, p. 418 (1923).
[2] Mt Wilson Contr No. 278, p. 8 (1924) or Ap J 60, p. 32 (1924).

strength and direction of the currents in the immediate vicinity of the vortices above the spots as indicated by the length and direction of the arrows in the second column. For Ca^+ the tangential component of the vortical whirl, indicated by a circle, is the velocity measured directly; in the case of $H\alpha$ it is obtained from the lines of flow visible in spectrograms. At the highest observable level, ionized calcium flows into the spot with a velocity of nearly 4 km/sec; at lower levels hydrogen, ionized titanium, and the vapours of neutral calcium and sodium, also flow into the spots, but with lower velocities. At the highest iron and aluminium level the mean velocity is zero, and at their lowest level the flow is reversed, and the velocity outwards increases with the depth.

The velocities in the third column refer to the undisturbed disc and are obtained, as already described, by spectroscopic integration over wide areas of the sun's surface. The fourth column gives the pressure determined by the method described above, and the fifth column gives the mean angular velocities of the various lines found by different investigators between $0°$ and $45°$ latitude. It is evident that high velocity is concurrent with high level, and in consequence there is an eastward slip or drift in the upper layers: a permanent east wind whose velocity diminishes as it approaches the photosphere.

The sixth column contains the heights in kilometres above the mean level of the photosphere determined from the flash spectrum during eclipses. In the case of weak lines the high temperature of the vapours at low levels weakens them as absorption lines, but on the other hand high temperature and the large number of emitting centres along the line of sight near the limb strengthens them when they are visible in the flash as emission lines. The strengthening naturally affects the photographic plate, and consequently the resulting height of the weak lines is over-estimated on eclipse plates. The heights given for the low level lines in the diagram must be therefore reduced by an amount which is at present unknown. Future observations will undoubtedly necessitate considerable modifications in the suggested scheme of the solar atmosphere, but we must concede that this general view of the constitution of the solar atmosphere harmonises with the observations made so far, and also with theoretical considerations.

The displacements of Fraunhofer's lines on the sun's disc, referred to the vacuum arc, are not only due to pressure, but also to other causes which are difficult to trace on account of the minute effects involved.

In 1907 Halm[1] noticed some displacements of the order 0,01 A towards the red in the lines of the limb spectrum compared with the spectrum at the centre, and attributed the cause to the effective pressure in the reversing layer being greater at the limb than at the centre; in other words the greater pressure in the lower strata is due to the relatively longer path which light from the limb has to travel. Buisson and Fabry[2], from similar observations, concluded that the displacements are due to a widening of the lines at their red edges, the violet edges retaining their normal position. Later researches by Adams[3], who examined 470 lines of greatly varying intensities of a large number of elements between $\lambda\,3741$ and $\lambda\,6573$, confirm the limb—centre displacements. The table below gives the displacements arranged in order of wave length and intensity.

Recent determinations of pressure in the solar atmosphere do not support the view that the limb effect is due to the low pressure existing in the layers where the lines under examination are produced. Other causes have been sug-

---

[1] A N 173, p. 273 (1907).　　　[2] C R 148, p. 1741 (1909).
[3] Mt Wilson Contr No. 43 (1910) or Ap J 31, p. 30 (1910).

gested to account for the displacements, such as the Einstein effect, the Doppler effect, and differential scattering.

Limb—Centre Displacements (Adams).

Region	Intensity			Strongest Lines
	1	2—3	4—6	
λ 4300	+ 0,0038 A	+ 0,0052 A	+ 0,0062 A	very small practically zero
4800	+ 0,0049	+ 0,0062	+ 0,0077	
5300	+ 0,0062	+ 0,0072	+ 0,0087	
5800	+ 0,0075	+ 0,0085	+ 0,0093	
6300	+ 0,0087	+ 0,0092	+ 0,0105	

In accordance with the general theory of relativity, the period of vibration of an atom must be greater in the sun than in the earth, in the ratio of 1,00000212 to 1; so that light from a solar source must be of greater period and greater wave length, that is with a shift towards the red, than from a corresponding terrestrial source. For example a line of wave length λ 4000 must be displaced by 4000 $\times$ 0,00000212, or 0,008 A towards the red.

Several investigators have undertaken to determine this displacement, and, although the amount in question is very small, the evidence is in its favour and supports the theory of relativity. St. John's investigations at Mount Wilson, with the powerful means at his disposal, are by far the most extensive. His results[1], obtained from the differences in wave length of 331 iron lines at the sun's centre and in the vacuum arc, are tabulated below, where the observed and calculated differences for the various groups of lines of differing intensities in different parts of the spectrum are given.

Comparison of observed Displacements (Sun minus Vacuum) with those calculated from the Theory of Relativity.

No. of Group Lines		Solar Intensity	Mean Wave Length	Calculated	Observed	Obs. Cal.	Radial Velocity
a	17	12	3826 A	0,008 A	0,012 A	+ 0,004 A	0,3 km/sec down
b	24	14	3821	0,008	0,0112	+ 0,0032	0,25 km/sec down
b	10	10,4	4308	0,0091	0,0113	+ 0,0022	0,16 km/sec down
a	10	6,2	5443	0,0115	0,0112	— 0,0003	—
b	131	4,8	4758	0,0100	0,0084	— 0,0016	0,1 km/sec up
d	106	4,5	4763	0,0100	0,0069	— 0,0031	0,2 km/sec up
a	33	3,3	4957	0,0105	0,0074	— 0,0031	0,2 km/sec up

The tendency of the differences Obs. — Cal. is undoubtedly systematic inasmuch as the observed displacements of the intense lines are about 50 per cent greater, and those of the weak lines about 30 per cent less, than the theoretical values. The discrepancy may probably be explained by the level in the solar atmosphere in which the lines of different intensities are produced. This is clearly shown by the behaviour of the enhanced and normal titanium lines given in the following table:

---

[1] Wash Nat Ac Proc 12, p. 65 (1926).

Red-Displacement and Level.

	No.	Mean Int.	Sun – Vac.	Obs. – Cal.	Height
Enhanced Ti	2	11	+ 0,015 A	+ 0,007 A	6000 km
Enhanced Ti	8	4,6	+ 0,0112	+ 0,002	1300
Normal Ti	5	4,2	+ 0,0054	− 0,0034	435

It is evident that the trend of the differences Obs. — Cal. is associated with the different levels where the three group of lines are produced, but on the other hand it appears that the deviations are not connected with the intensities of the lines as is shown from the last two groups, which are of approximately the same intensity. A similar tendency has been observed by Adams in high dispersion spectrograms of Sirius, Procyon, and Arcturus, and it is generally more pronounced with increasing star temperature. In accounting for the observed displacements it should be noted that low pressure, now proved to exist in the reversing layer, and confirmed by independent observations on stars, removes the difficulty of having to make allowances for the effects of pressure and ray-curving, due to anomalous refraction. The Zeeman effect in the sun's magnetic field may, at the most, produces but a slight and systematic widening of the lines; so far the existence of the Stark effect has not been established.

There remain therefore only the Doppler effect and the Einstein effect to be considered. Taken by themselves, they do not show a red shift in harmony with observations. Taken together they provide a simple explanation of the displacements observed at the sun's centre. Relativity explains the general displacements, while the Doppler effect, according to the results already described, supplies an explanation of the systematic deviations of high and low level lines. In the last column of the Table at p. 183 the magnitudes and directions of the residual radial motions of the solar vapours are given, after allowing for the Einstein effect.

In his researches on the general circulation of calcium vapour in the solar atmosphere (cf. p. 178), St. John has demonstrated the existence of a descending current at a high level with a velocity of 1,14 km/sec, and an ascending one at a low level of 1,97 km/sec. The much smaller velocities, so brought to light, are the result of the spectroscopic integration of light from extensive areas of the solar surface. At high levels the absorption produced by the down-drifting cooler vapours predominates, and the total effect produces asymmetry towards the red, which increases with the elevation. At low levels, the currents which rise rapidly above the granulations are more effective in producing lines than the currents which descend more slowly over wider and cooler areas; hence these low level currents produce violet shifts. The decrease of upward velocity with elevation produces a layer of equilibrium for lines of mean intensity at mean levels.

The Doppler effect becomes zero as the limb is approached, as in the case of the calcium K line, hence the systematic differences between high and low levels disappear. It now remains to explain the limb effect for the residue after allowing for the Einstein effect. Adams' results (first Table of p. 183) cannot be compared directly with those for the sun minus vacuum (second Table of p. 183) because the groups of lines are different, but, on the whole, we see that the limb minus vacuum differences, on the average, exceed the red shift, which is due to relativity, by a small quantity (+ 0,0015 A). St. John attributes this effect to molecular diffusion in accordance with the Rayleigh-Schuster theory. The coefficient of diffusion varies with the square of the refractive power, and as the resulting refraction is a little greater on the red than on the violet side of the line, a differential effect is produced which tends to widen the line on its red side. The shorter path traversed by light from the layers of low intensity at the centre of the sun accounts for the absence of differential widening at the centre, while the longer path across the low-lying layers at the limb is favourable to a differential effect.

According to St. John, the conclusion, which we may come to from what has been said on the subject of sun pressure, is that there are three main causes which account for the difference between solar and terrestrial wave lengths, and that it is possible to separate their effects. The causes appear to be due: firstly to the influence of the sun's gravitational field on the motion of atoms to an extent predicted by the general theory of relativity; this cause is effectual over the whole of the sun's disc (Einstein effect). The second cause is due to convection currents at conjectural levels in the solar atmosphere, and is active downwards at high levels and upwards at low levels; it is a maximum at the centre of the disc and vanishes at the limb (Doppler effect). The third is due to differential scattering which is a maximum in the case of light from the limb (limb effect[1]).

On the other hand Burns and Meggers[2] at the Allegheny Observatory, have carried out a series of extensive measurements of standard solar wave lengths, and have also compared the sun and vacuum-arc spectra, which confirm that the red shift of Fraunhofer's lines increases with increasing intensity. As the whole question involves so many factors they consider that further research is necessary before pronouncing definitely on the nature of the red shift.

An unsymmetrical absorption line is displaced indefinitely as absorption increases, and therefore to account for the red shift it is only necessary to assume that all solar lines are unsymmetrical and that the asymmetry increases slightly with the wave length. The height above the photosphere at which the flash spectrum lines can be observed is connected, above all, with the intensity of the line, and the level thus determined is therefore always dependent on the intensity. The red shift may therefore be taken as connected with intensity rather than with level. According to the two authorities above, before the existence of a gravitational shift can be determined, it is necessary to find the value of another slightly larger displacement which manifests itself as a displacement which increases with increasing line intensity. Up to the present we can only measure the differential effect, that is the amount of the shift of the intense lines as compared with that of the weak lines.

19. Solar Vortices. Magnetic Fields in Sunspots. Magnetic Classification of Sunspots. The Law of Sunspot Polarity. Vortical motion of the gases over the spots is revealed in spectroheliograms taken in the monochromatic light of line $H\alpha$. The appearance of the simpler vortices around the spots shows that their rotation is similar to analogous phenomena on the earth, that is the direction of rotation is counter-clockwise in the northern hemisphere and clockwise in the southern. The direction of terrestrial vortices is determined by the earth's rotation which increases the linear velocity of the air between the poles and the equator, and it would be only natural to suppose that the sun's rotation would determine the direction of rotation of solar vortices. But the laws which govern solar cyclones must be more complex, because the direction of their rotation is not always the same; cases have been recorded of spots in the same

---

[1] A complete exposition of this subject has been recently published by St. John in his paper: „Evidence for the Gravitational Displacement of Lines in the Solar Spectrum predicted by Einstein's Theory". Mt Wilson Contr No. 348 (1928) or Ap J 67 (1928).
[2] Publ Allegheny Obs 6, p. 105.

hemisphere, and close to each other, with vortices revolving in different directions. The attraction exerted by vortices on the surrounding gases is sometimes evident (cf. p. 117), for the dark flocculi seem to be occasionally drawn towards the centre of a spot; but as a general rule there is nearly always vortical motion in the hydrogen flocculi above the spots. This suggested to Hale, in 1908, the hypothesis that a sunspot consists of a vortex whose particles, electrified by ionization in the solar atmosphere, are whirled at a high velocity. If we assume a preponderance of positive and negative ions in the rapidly whirling gases, we must admit a resulting magnetic field above the spots considered as electrical vortices. It occurred to Hale that if the supposed magnetic fields are sufficiently intense, the Zeeman effect ought to disclose them; in fact, he was soon able to make certain of their presence and to obtain conclusive proof of the existence of a magnetic field in every spot[1].

It is well known that when a normal Zeeman triplet is observed along the lines of force of a magnetic field, the central component p disappears, and the two lateral components n are circularly polarised in opposite directions. If a quarter-wave plate and a Nicol prism are mounted on the slit of the spectroscope, one or other of the n components can be extinguished at will. When one of the components is extinguished in a given position of the Nicol prism, reversing the current in the coils of the magnet causes that component to reappear and the other to disappear. We thus have a simple means of determining the polarity of a magnetic field, which can be used for angles between the line of sight and the lines of force up to $60°$ or $70°$. In this case, however, the p component of the triplet is also visible and the elliptically polarised light of the n components can only be partially extinguished. If we consider a spot in the centre of the solar disc, and assume that it is produced by a vortex whose axis lies in the line of sight, then if the vortex produces a powerful magnetic field, the spectral lines, either of emission or absorption, are widened and doubled under the influence of that field and their components are circularly polarised in opposite directions.

The doubling of the lines had been noted by Lockyer in 1866, and later by W. M. Mitchell, but was attributed to double reversal noted on intense lines as consequence of increased depth and density of the gases. With the powerful spectroscopes used in connection with solar towers, Hale was not only able to establish the presence of magnetic fields, but to observe, for example, the red component of a doublet in the spectrum of a spot, with a vortex revolving in one direction, and the violet component in another spot with a vortex revolving in a contrary direction.

When a normal Zeeman triplet is examined at right angles to the lines of force, the p component is rectilinearly polarised with the direction of the vibrations parallel to the field, while the vibrations of the n components are in a plane at right angles to the field. So that when a spot is carried towards the limb by the sun's rotation, if a magnetic field be present, the lines should generally be separated. Laboratory experiments show that the triplets are actually quadruplets, or two doublets, each composed of a very close double line or of a more complicated structure; in the weaker sunspot magnetic field the close double lines which form the doublet or the multiplet cannot usually be separated. For exact comparison between the laboratory and the sun it is also necessary to know the inclination of the axis of the vortex referred to the solar surface.

---

[1] Mt Wilson Contr No. 165 (1919) or Ap J 49, p. 153 (1919).

The distance between the components of doublets or triplets in a magnetic field varies greatly in different lines. Some lines are not affected, others are widened, and others again show complete separation. It is therefore necessary to compare the widening and the separation of the lines in the spot spectrum with the corresponding changes in an artificial magnetic field[1]. Solar and laboratory observations of lines in a magnetic field nearly always agree, as will be seen from the table below which refers to the iron doublets.

Iron Doublets.

Wave Length	$\frac{\Delta\lambda}{\text{Spark}}$	$\dfrac{\Delta\lambda \text{ Spark}}{5,1}$	$\frac{\Delta\lambda}{\text{Spot}}$	δ	$\dfrac{\Delta\lambda\ \text{Spark}}{\text{Spot}}$
6213,14	0,703	0,138	0,136	— 0,002	5,2
6301,72	0,737	0,144	0,138	— 0,006	5,3
6302,71	1,230	0,241	0,252	+ 0,011	4,9
6337,05	0,895	0,175	0,172	— 0,003	5,2

The distance between the components of lines observed in the laboratory is given under $\Delta\lambda$ Spark, and as the intensity of the artificial field was 5,1 volts, that of the spots is given by $\Delta\lambda/5,1$. These separations of the components are directly comparable with the corresponding lines of the spots. The intensity of the laboratory magnetic field was 15000 gausses, that of the spots must have been about 2900 gausses; among the more intense fields in the sunspot spectra one of 4500 gausses was recorded. The various chromium and titanium lines do not show such close agreement when the solar and laboratory observations are compared. Some lines such as D sodium, and b magnesium, found at high elevations, are only very slightly widened, but as they are considerably affected by an artificial magnetic field, we must conclude that the intensity of the sunspot magnetic field decreases rapidly as the distance from the solar surface increases.

PRESTON's law: $\Delta\lambda/\lambda^2 = $ constant, is found to be only rigorously true for certain series of lines. While complete agreement is hardly to be expected, especially when the lines of various elements are considered, yet it is of interest to see whether the decrease in the separation of the doublets towards the violet follows that law. It has been found that the law holds good e. g. for certain iron lines, if the mean separation of a sufficient number is taken; in this case the widening produced by the magnetic field diminishes rapidly towards the violet. The demand for larger sun images, in order to separate better the different elements in spots of more or less complicated structure, and for greater dispersive power in order to resolve the components of lines under the influence of weak magnetic fields, led to the construction of the 150-foot solar tower at Mount Wilson, connected with a spectrograph of 23 m focal length with a dispersion of 1 A = 3 mm in the second order of the spectrum. With these powerful instruments daily observations, visual as well as photographic, of the polarity and intensity of the magnetic fields in sunspots were begun in 1917.

The polariser is a NICOL prism made up of several sections so as to cover the whole of the slit, which is 130 mm in length. Above the NICOL prism is a compound quarter-wave plate, mounted on a pivot so that it may be swung aside to adjust the NICOL prism, or to admit of a circular half-wave plate being interposed between the compound plate and the prism (fig. 116, p. 188).

The compound quarter-wave plate is made up of strips of mica 2 mm in width, with their principal sections normal to each other, and making an angle

---

[1] Mt Wilson Contr No. 30, p. 12 (1908) or Ap J 28, p. 315 (1908).

of 45° with the slit. In this arrangement it is evident that if one of the components of the doublet, say the red, is extinguished by one of the strips, the next strip damps out the violet component, and so on; so that the Nicol prism will transmit the violet component, for example, through the even strips, and the red

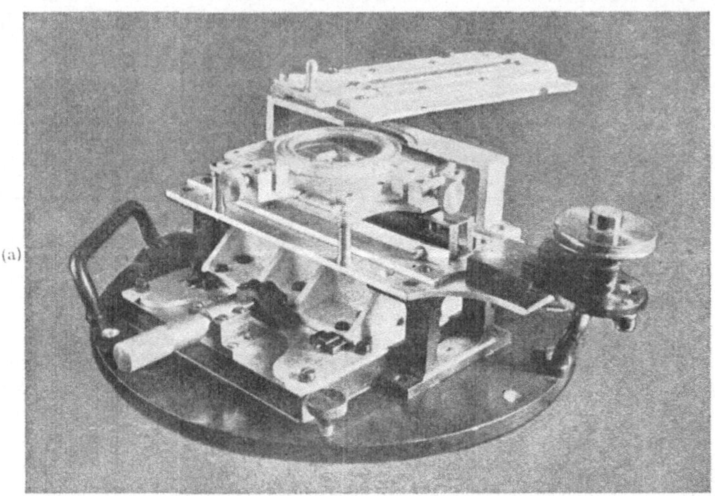

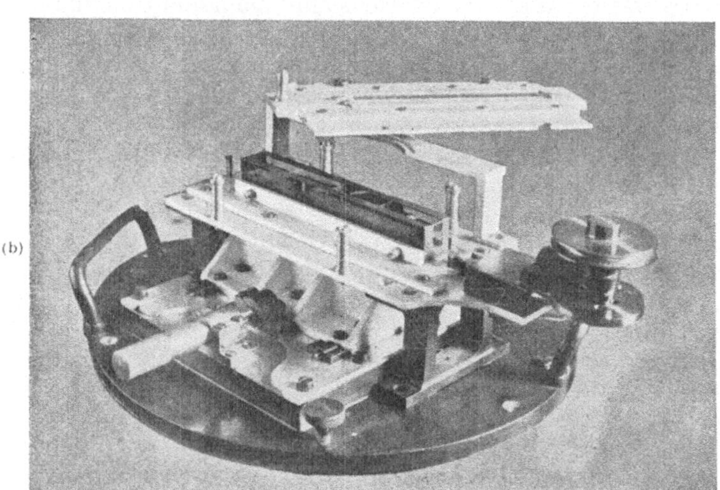

Fig. 116. Slit and polarizing apparatus used with the 75-foot spectrograph of Mount Wilson. Compound quarter-wave plate swung to one side. Below: Showing the long Nicol prism mounted immediately above slit. Above: Showing the circular half-wave plate in position above the Nicol prism.

through the odd strips. If the spectral lines are separated by the magnetic field, the components appear as interrupted lines and the amount by which the components are separated, is greater or less depending on the intensity of the field. A reversal of the current producing the field causes the n components to interchange, so that we thus have a simple means of determining the polarity of the field even if it should be complicated or variable in a comparatively limited portion of the sun. The compound quarter-wave plate is replaced by a compound half-wave plate for the investigation of plane polarisation phenomena; for special work, circular half-wave or quarter-wave plates, which can be set to any position angle, are also used.

In visual observations of magnetic fields the polarity of the field is determined by the component which is transmitted by the reference strip of the compound quarter-wave plate; the intensity of the field is measured with a micrometer which consists of a plane parallel plate. By inclining the plate, the various adjacent sections of the spectral lines, visible through the compound quarter-wave plate, which have been shifted by the magnetic field, are made to coincide. The micrometer is calibrated by measures on lines whose separation, for a given intensity of field, has been previously determined in the laboratory: the well defined iron triplet λ 6173, whose n components can be still seen separated in a field of 1000 gausses, is generally used for calibration. In this way the angle of inclination of the plane parallel plate is converted directly into gausses.

As a rule the line of sight does not coincide with the direction of the lines of force, so that the circular vibrations enter the analyser as elliptically polarised light together with some of the linear vibrations of the middle component. It is therefore necessary to investigate the action of the quarter-wave plate and the NICOL prism in this tangle of elliptically and plane polarised light in order to obtain the relative intensity of the components. Let γ be the angle between the line of sight and the lines of force, and taking the sum of the intensities of n_v for the violet, n_r for the red, and p for the central component to be equal to unity, we find[1] that the relative intensity of a set of alternative strips for any value of γ between 0° and 180° is given by:

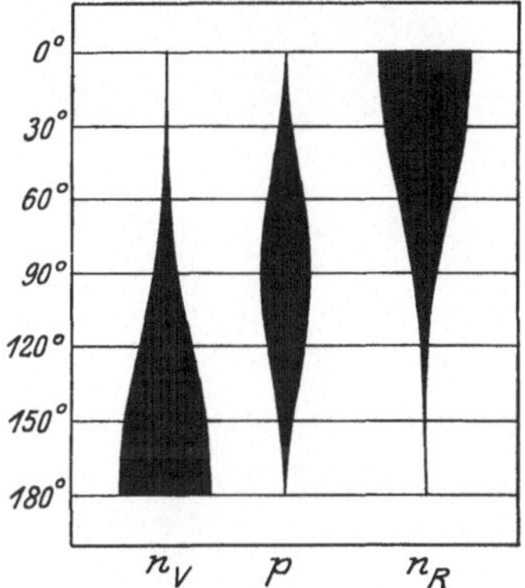

Fig. 117. Relative intensities of the three components of a normal ZEEMAN triplet for inclinations of 0° to 180° between the line of sight and lines of force when observed with a NICOL prism and quarter-wave plate placed in front of the slit of the spectrograph. Thus for 0° the relative intensities are: 0; 0; 1 respectively; for 90°: 0,25; 0,50; 0,25; for 180°: 1; 0; 0.

$$n_v = \frac{1}{4}(1 - \cos\gamma)^2; \quad p = \frac{1}{2}\sin^2\gamma; \quad n_r = \frac{1}{4}(1 + \cos\gamma)^2.$$

The variation of the intensities of the three components for different values of γ is given in fig. 117, and having found the relative intensity the value of γ is determined.

It is interesting to compare the results obtained in the laboratory with emission lines, and those obtained with FRAUNHOFER's lines for different values of γ. For example the zinc triplet λ 4680 appears as in fig. 118 a, b, c, p. 190, when photographed in the spark spectrum between the poles of a powerful magnet with a NICOL prism and a compound quarter-wave plate at angles of 0°, 60° and 90° with the lines of force. When the line of sight is parallel to the lines of force the p and one of the n components are completely extinguished. At right angles to the line of force, when the triplet is a normal one, the intensity of the p component is double that of the n components, which are of equal intensity. Between 0° and 90° the plane polarised p component is of mean intensity,

[1] SEARES, Mt Wilson Contr No. 72, p. 5 (1913) or Ap J 38, p. 99 (1913).

while the elliptically polarised n components are no more completely extinguished by the Nicol prism and quarter-wave plate, conformable to the formula above and fig. 117, p. 189. Substituting a compound half-wave plate for the quarter-wave plate and observing the triplet at the same angles to the lines of force, the appearance

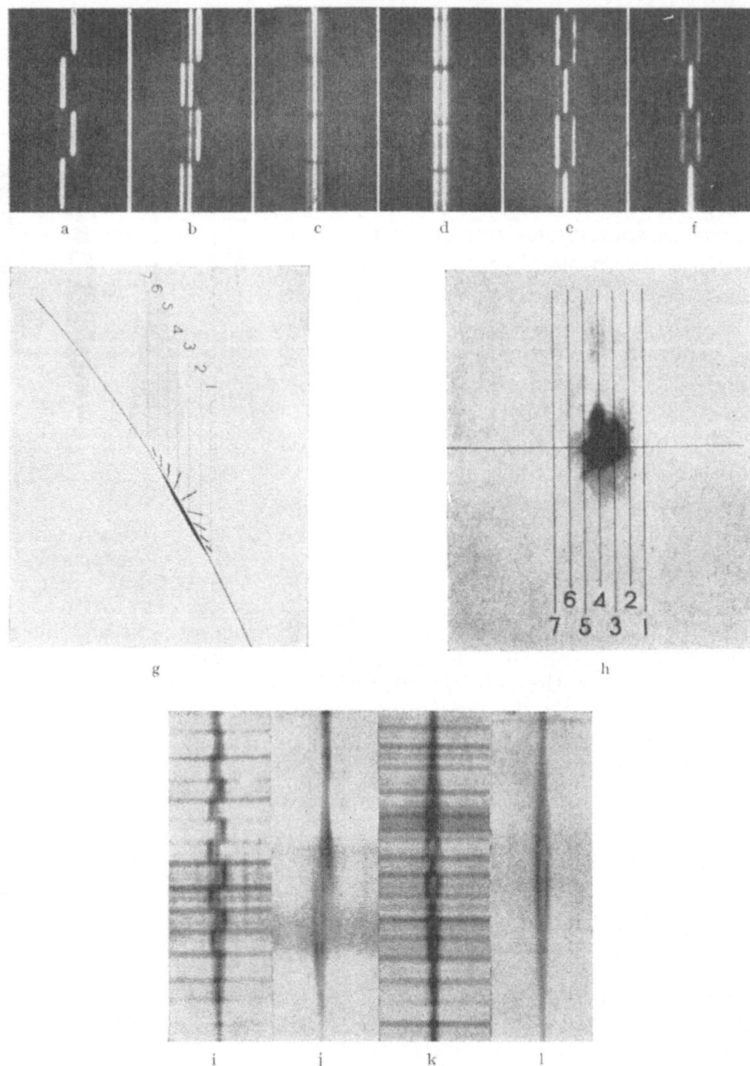

Fig. 118. Zeeman effect in the laboratory (zinc triplet λ 4680 from a to f) and on the sun (iron triplet λ 6173 from i to l) (Mt. Wilson).

is as shown in fig. 118, d, e, f. Parallel to the lines of force, that is at $0°$, when there is no plane polarised light, the half-wave plate and the Nicol prism have no effect upon the circularly polarised n components. At $60°$ the plane polarised p component is extinguished by the alternate strips, and the elliptically polarised n components (fig. 118, e) appear, but their intensity is greatly reduced. At $90°$ the n components appear in one set of strips and the p component in another (fig. 118, f). These observations may be directly compared with those made with the iron line λ 6173 which resolves itself into a normal triplet under the influence of a magnetic field (fig. 118, i, j, k, l). i and j represent the lines as observed in spots near the central meridian with the Nicol prism and compound and simple quarter-wave plate respectively. The angle γ must have been approximately equal to zero, because the appearance of the triplet is intermediate between a and b; in j there is, in addition, a reversal of polarity in the two umbrae contiguous to a large group of spots (August 1917). k and l show the same line above spots near the limb, observed with the Nicol prism and the compound and simple half-wave plates; these two figures may be compared with the similar representation in f. When the spot is close to the sun's limb, assuming that the lines of force are perpendicular to the sun's surface at the centre of the spot, and that they slope more and more towards the edges of the umbra and penumbra as indicated in fig. 118, g, we are able to see whether the polarisation phenomena support the hypothesis suggested for successive positions of the slit indicated by 1 to 7. In h (fig. 118) are marked the positions of the slit on a spot observed on the limb on the 1st October 1915 with the Mt. Wilson 150-foot solar tower. The triplets λ 6302,709 and λ 6301,718 examined in the second order of the spectrum of the 75-foot spectrograph with the Nicol prism and compound quarter-wave plate, showed that the red n component (R) was more intense in that part of the spot which was nearest the limb, while the violet n component (V) was more intense in the opposite part, indicating opposite polarities on opposite sides of the spot, consistent with the assumed inclination of the lines of force. When the slit was in positions 2 and 3, the lines of force were away from the observer, and R was more intense than V. Between 3 and 4 the n components were of equal intensity, showing that the line of sight was nearly perpendicular to the lines of force. In the other positions of the slit, the violet n component was more intense showing that the lines of force in the spot were directed towards the observer.

The true polarity of a spot near to the limb, corresponding to the polarity of the umbra when near to the sun's centre, can therefore be determined by observing that part of the penumbra which is nearest to the centre of the sun. The observations are complicated by the fact that the polarity of spots is not always regular, especially in complex groups; yet the observations carried out by the methods described, and also on spots on the limb, using a Nicol prism and a half-wave plate mounted on a graduated scale, which measures the angle between its axis and that of the Nicol prism, show that at the centre of the spot the angle between the lines of force and the sun's radius at that point is zero, and increases to 70° at a distance of 0,9 from the centre of the spot, the diameter of the spot being unity.

In describing the characteristics of sunspot groups (cf. p. 87) it was mentioned that sunspots frequently consist of a couple of nuclei whose distance apart may be as much as several degrees. The western or preceding nucleus is often the first to appear, but sooner or later a second nucleus of about the same size as the first, though often smaller and split into several components, appears behind it. Sometimes the two appear simultaneously, at times the following spot is formed first. Many smaller spots generally accompany the main spots, but they may also be grouped near to them, or even spread over the space between the two principal nuclei. We have also seen that the axis of these groups is more or less inclined to the equator. The magnetic characteristic of these binary groups is that the two principal members of the group are nearly always of opposite polarities.

The tendency towards a bipolar formation is very marked in the great majority of spots, and in cases where the spots are single we often find traces of asymmetry in the frequency of the faculae or flocculi which precede or follow the spots. In spectroheliograms, a single spot, or a group of small spots with the same polarity, is often found near to the preceding edge of a mass of calcium flocculi which is elongated in a direction slightly inclined to the solar equator. The distribution of the calcium or hydrogen flocculi therefore throws some light upon a magnetic classification of sunspots.

The following Mount Wilson classification contains three groups; it is based principally on the determination of magnetic polarity, and also takes into consideration the distribution of the calcium and hydrogen' flocculi which accompany the spots.

Unipolar Spots. Single spots or groups of small spots having the same polarity. In this group the distribution of the flocculi may vary, as illustrated in fig. 119, as follows:

(α) Unipolar spots with flocculi which precede or follow the centre of the group in a fairly symmetrical formation.

(αp) The centre of the group precedes the centre of the surrounding calcium flocculi.

(αf) the centre of the group follows the centre of the surrounding calcium flocculi.

Bipolar Spots. The simplest and most characteristic bipolar spots consist of two spots with opposite polarities; the line joining the two spots is generally slightly inclined to the solar equator. Each component may consist of a group of smaller spots or may be accompanied by numerous small spots, but the great majority of the spots which make up the preceding or following groups are of opposite polarities. We thus have the following sub-divisions (fig. 120 and 121):

(β) Bipolar spots whose preceding or following components, formed of a single spot, or of several spots, are approximately of equal areas

(βp) The preceding component is the principal member of the group.

(βf) The following component is the principal member of the group.

$(\beta \gamma)$ The preceding or following components are accompanied by smaller components of opposite polarities.

Multipolar Spots. (γ) The groups, which amount to barely one per cent of the total number of spots observed, consist of spots of opposite polarity, but their distribution is so irregular that they cannot be included in the bipolar groups (fig. 121 p. 195).

The iron line $\lambda 6173,553$ has been regularly observed visually at Mount Wilson since 1915 in order to ascertain which of the n components, R (towards the red) and V (towards the violet), are transmitted by the reference strip of the quarter-wave plate and the Nicol prism. The distance between R and V, measured with a micrometer, gives the approximate intensity of the magnetic field expressed in units of 100 gausses: thus V_{17} denotes that the violet component is transmitted, that is the polarity of the spot is "south" (south seeking pole or negative like the earth's north pole), and that the intensity of the field is approximately 1700 gausses. The observations are plotted on a diagram (fig. 122 p. 195) representing, in reduced scale, the solar image of 43 cm diameter at the focus of the 150-foot solar tower

Fig. 123 p. 196 is a section of the Mount Wilson map of the sunspot spectrum and shows the appearance of the lines in the portion between $\lambda 6150$ and $\lambda 6400$ under the influence of a magnetic field.

The result of the classification of 2174 groups, observed between 1915 and 1924, gives the following percentages for the different groups[1]:

Class . . .	α	αp	αf	β	βp	βf	$\beta \gamma$	γ	Not classif.
Percentage .	14	20	4	21	29	8	3	1	7

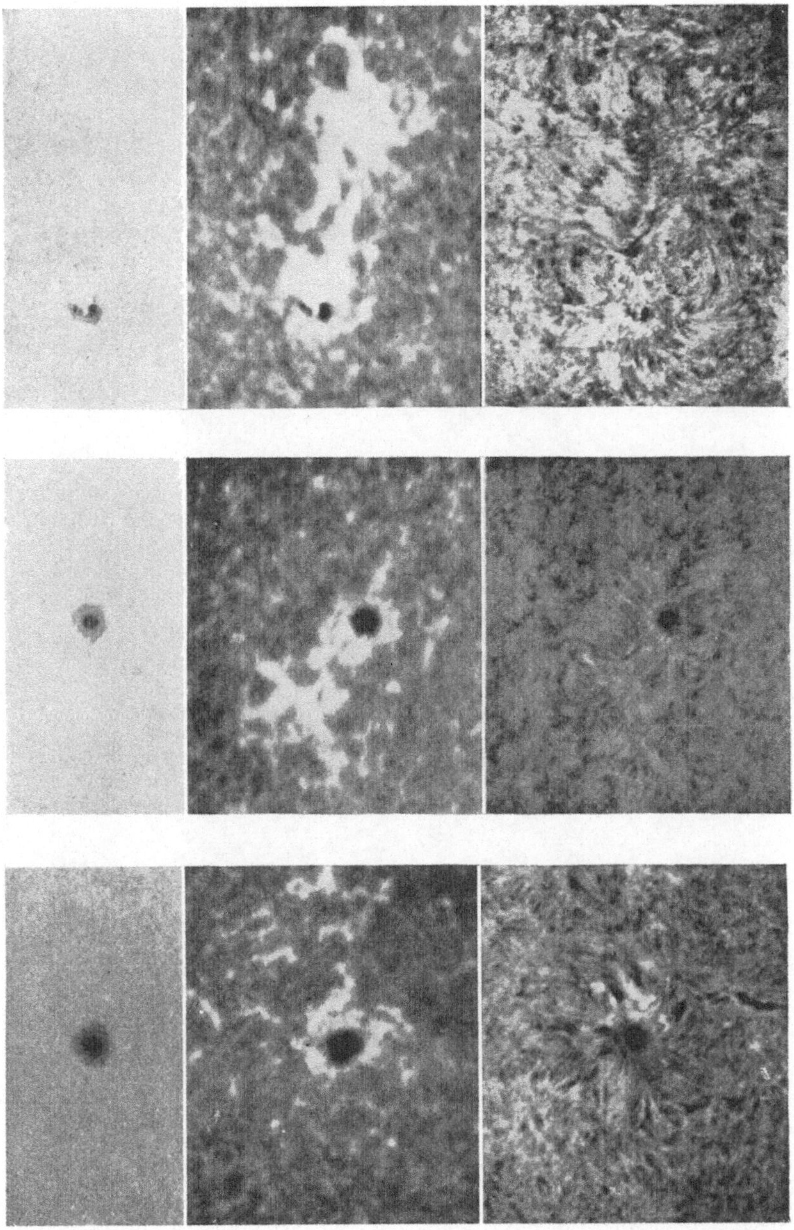

(a)   (b)   (c)

Fig. 119. Unipolar sunspots (Mt. Wilson classification). a) Photoheliograms; b) K_2 spectroheliograms; c) H_α spectroheliograms.

---

[1] Mt Wilson Contr No. 300, p. 22 (1925) or Ap J 42, p. 270 (1925). Cf. also the Annual Summaries of the Mount Wilson Magnetic Observations in Publ A S P.

The bipolar class is therefore the predominating type.

Previous to the 1912 minimum (first cycle, 1901—1912) the polarity of the preceding spots in the northern hemisphere was south or negative, and

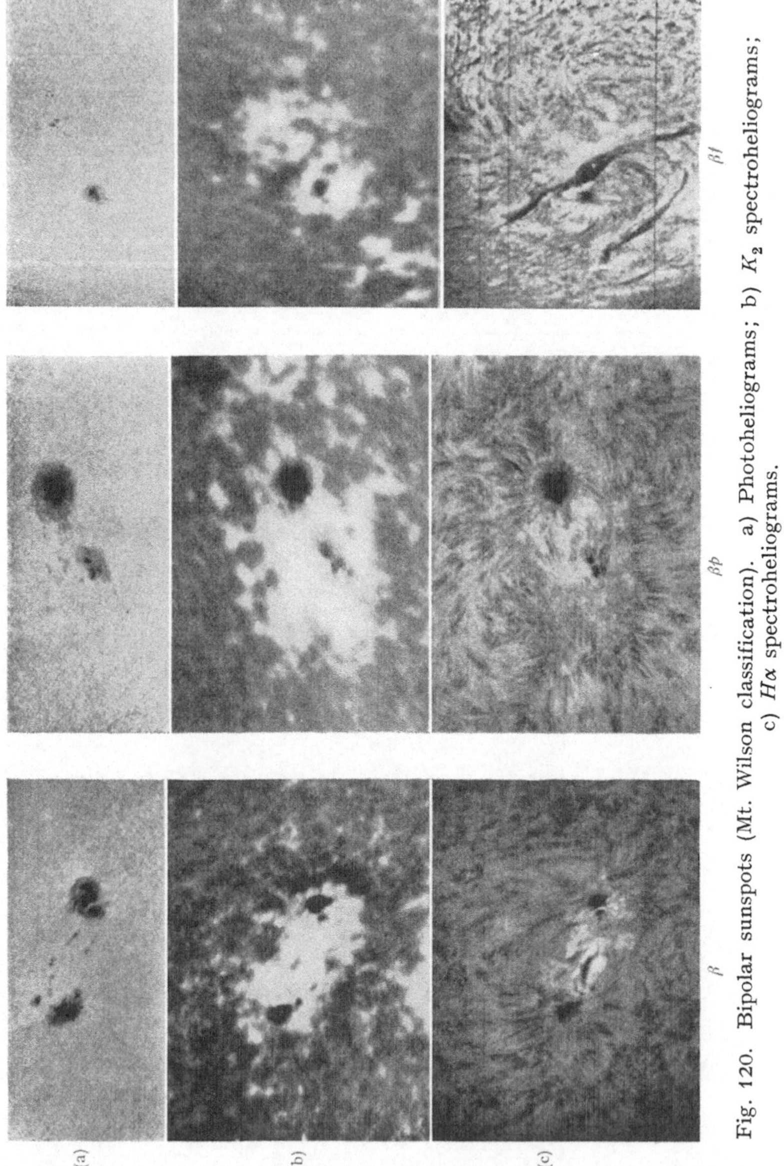

Fig. 120. Bipolar sunspots (Mt. Wilson classification). a) Photoheliograms; b) K_2 spectroheliograms; c) $H\alpha$ spectroheliograms.

that of the following spots north or positive; in the southern hemisphere the polarity was reversed. We have seen that the last spots of the preceding cycle appear in low latitudes, while the first spots of a new cycle appear in high latitudes and as the cycle progresses their mean latitude decreases. The spots of the new cycle (second cycle, 1912—1923) which began to appear in small numbers in 1912,

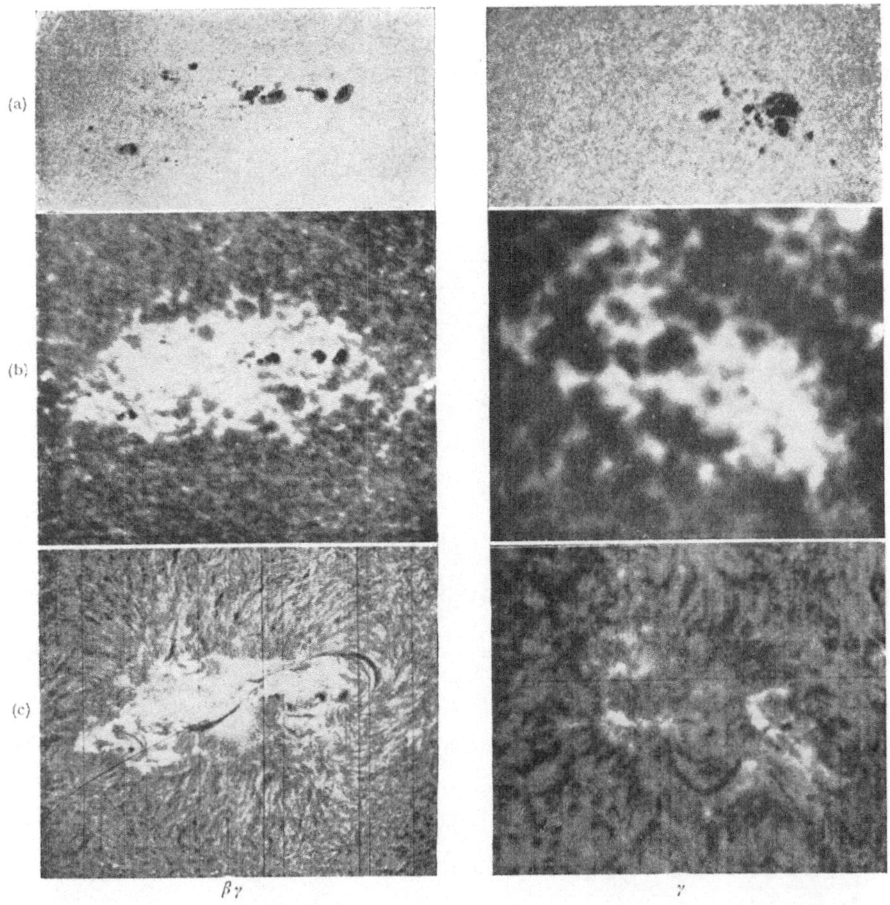

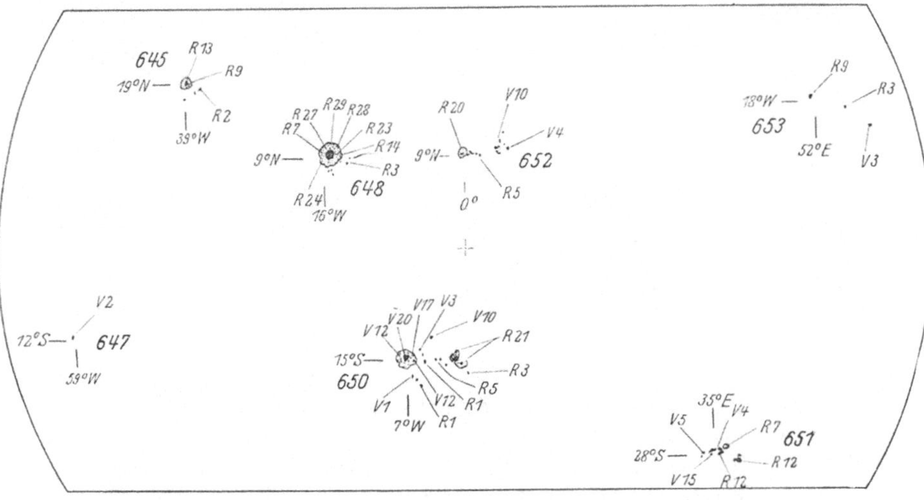

Fig. 121. Multipolar sunspots (Mt. Wilson classification).   a) Photoheliograms;
b) *K* spectroheliograms; c) *H*α spectroheliograms.

Fig. 122. Record of sunspot polarities at Mt. Wilson, 14th May 1917.

in high latitudes, were of opposite polarity to those in low latitudes belonging to
the preceding cycle. As the new cycle advanced the spots became more numerous,
and the polarity of the new spots, except about 4 per cent, did not change.

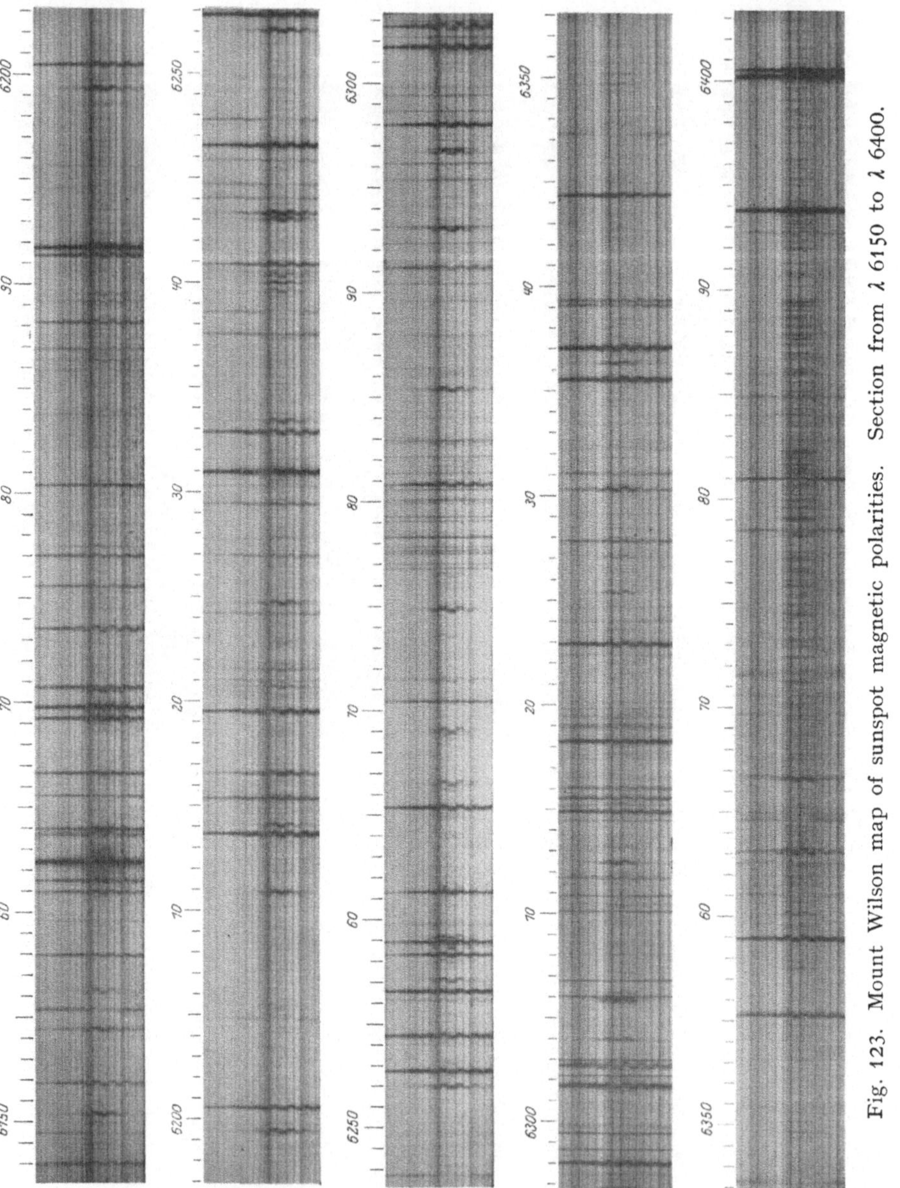

Fig. 123. Mount Wilson map of sunspot magnetic polarities. Section from λ 6150 to λ 6400.

    The mean latitude of the spots gradually decreased, as usual, and towards
the end of the cycle in 1922—1923 they were found near the equator. Contemporaneously the new cycle (third cycle, 1922—1933?) began with the appearance
of a spot in north latitude 31°, on June 24th 1922, which was followed by several
other spots of various classes, but principally bipolar. The polarity of all the

new spots was reversed, that is, it was of the same sign as that of the first cycle, i. e. of the first spots of the 1901 minimum. The limits of the sunspot belts, the high latitude belt, between 16° and 40°, of the new cycle and the low latitude belt, below 16°, of the previous cycle are not well defined in either hemisphere, and it is difficult at times to allocate the spots to their proper zone, but the existence, at the time of sunspot minimum, of two temporary belts in each hemisphere containing spots of opposite polarity is certain, thus establishing a well defined law of polarity in successive cycles. We may note that the equator definitely divides the belts of spots of opposite polarity; this is typically exemplified in two bipolar groups observed at Mount Wilson in August and September 1919, one in 6° N. and the other in 3° S. latitude. During their passage across the disc, the leader of the northern group was drifting towards the equator at the rate of 7200 km per day, while the leading spot of the southern group increased rapidly in diameter, until both spots touched the equator. Fig. 124 shows the two groups on September 13th; the northern spot was 50000 km in diameter and the southern

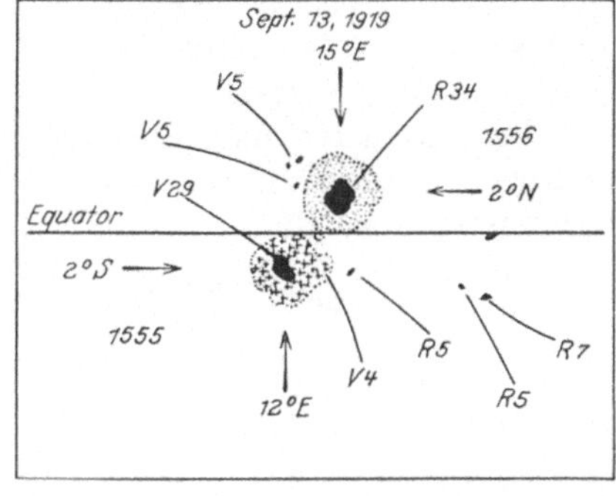

Fig. 124. Spots of opposite polarity near the equator. 13th Sept. 1919 (Mt. Wilson).

42000 km, the distance between their two centres was 50000 km. On that date the maximum intensity of their magnetic fields was 3400 and 2700 gausses respectively, and the polarity of the two spots had different signs.

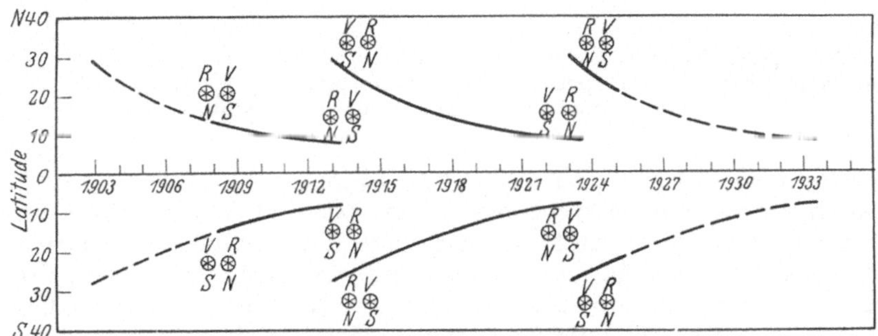

Fig. 125. The law of sunspot polarity. The curves represent the approximate variation in mean latitude and the corresponding magnetic polarities of spot groups observed at Mt. Wilson from June 1908 to January 1925. The preceding spot is shown on the right.

From the Mount Wilson observations the law of polarity may, with few exceptions, be expressed diagrammatically as in figs. 125 and 126, or put into words as follows:

The sunspots in high latitudes, which mark the beginning of a new 11,5-year cycle, following a period of minimum activity, are of opposite polarity in the northern and southern hemispheres. As the cycle progresses the mean latitude of the spots in each hemisphere decreases slowly but the polarity remains the same. The high latitude spots of the next 11,5-year cycle, which begin to develop rather more than a year before the disappearance of the low latitude spots of the preceding cycle, are of opposite polarity to the low latitude spots of the preceding cycle.

It is obvious that a change of polarity at each successive minimum in future cycles will establish the truth of this law. While the interval of 11,5 years well represents the periodic variation in the number or total area of sunspots, double that interval, or 23 years, must be considered as covering the whole sunspot period, corresponding to the interval between the successive appearance in high latitudes of spots of the same magnetic polarity. This period of 23 years may be known as the magnetic sunspot period, to distinguish it from the 11,5-year period of sunspot frequency. The relative numbers as well as the area of the spots fit the 23-year period, and, as we have seen already (cf. p. 96) from TURNER's analysis of WOLF's relative numbers, that period satisfies the observations better than one of 11,5 years.

The extensive magnetic fields revealed by the spectroheliograph in the hydrogen surrounding the spots may be due to either real hydrodynamic vortices resembling tornadoes, or to electromagnetic phenomena which compel the

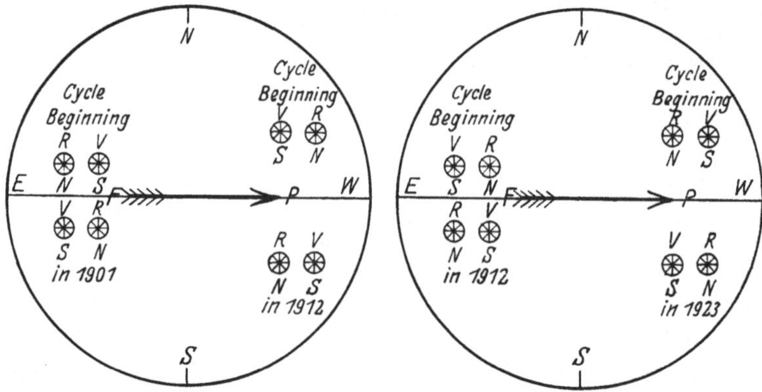

Fig. 126. Sunspot zones during the minimum of solar activity. Two zones in each hemisphere, in which the spots are of opposite magnetic polarity, exist for about two years at the time of each sunspot minimum (HALE).

particles moving in the solar atmosphere to follow the lines of force. Statistical research, carried out on spectroheliograms taken at Mount Wilson[1] during the last three 11-year cycles, shows that there is no connection between polarity and the direction of the vortex whirl, and moreover, that after the reversal of magnetic polarity in two successive minima, there is no corresponding reversal of the whirl in the associated hydrogen vortices. From this it would appear that the electromagnetic theory is not tenable. In fact, we also find, from the spectroheliograms, that 81 per cent of the northern, and 84 per cent of the southern vortices whirl in the same direction as terrestrial cyclones. This fact, coupled with the circulation of the solar atmosphere above the spots, suggests that the vortices are of an electrodynamic nature rather than electromagnetic, and that the direction of whirl is generally determined, not by the direction of the vortices below, but by a deflection, east or west, due to the sun's rotation, of currents in the solar atmosphere flowing north or south towards the centres of attraction above the spots.

The sunspot phenomena revealed by the spectroheliograph, as also a study of the magnetic fields, lead to a better understanding of the life of a spot, or a group of spots, than is possible with direct observation in white light[2].

---

[1] Wash Nat Ac Proc 11, p. 691 (1925).
[2] S. B. NICHOLSON, The Life of a Sun-Spot. Publ A S P 38, p. 348 (1926).

A group of spots usually develops in a well defined manner, although there are occasional exceptions in the case of small groups of short-lived spots. A typical group at its first appearance consists of two small spots of opposite polarities, almost at the same distance from the equator, but from three to four degrees apart in longitude. At first development is fairly rapid, the group attains its maximum area in about a week. At this stage the principal spots in the group grow rapidly, and numerous small spots appear, usually near to the principal components, but also in the space between them. As the area of the group increases, the principal components diverge until they are about $10°$, or even more apart in longitude. The leading spot is generally rather larger than the following one, and is more symmetrical and less subject to rapid changes. The phase of maximum activity lasts a few days and then the group begins to decrease slowly; the following spot, which from the beginning was the least stable of the two, is the first to disappear, usually it breaks up into a number of small spots which gradually diminish in size. After about a week or so, only the preceding spot remains; this may live for several weeks or even months, gradually decreasing in size, but seldom breaking up as did the following member of the group.

The first indication of the formation of a group of spots appears in spectro-heliograms taken in calcium light (lines H or K) which show, a day or two before the spots are visible, bright flocculi in the high solar atmosphere covering the region over the group. These flocculi still persist even after the following spot has disappeared, so that a spot can be identified as the component of a pre-existing group, by its position among the calcium flocculi lying above it, although it may not have been observed before. As the remaining spot diminishes so do the flocculi, so that they finally lie symmetrically with respect to the spot below.

We have already shown that various distinct layers can be distinguished with the spectroscope in the solar atmosphere. The lowest is that of the whirling vortices which produce magnetic fields. Above, in the photosphere, are the spots which can be seen and photographed directly. Between the lowest layer and the hydrogen layer is the region which can be photographed with any of the other intense lines of the spectrum. Those parts of lines H and K, indicated by H_2 and K_2, which are relatively bright when near to sunspot groups, represent the higher levels of this region. Above this is the layer which can be easily photographed with the hydrogen line $H\alpha$; the central parts of calcium H and K lines, H_3 and K_3, represent a level yet a little higher.

At these high levels, we can observe, especially with the spectrohelioscope, masses of luminous hydrogen erupted by the spots, and above the spots, dark clouds of cooler hydrogen which get drawn into the vortex, often with spiral motion around the spots, thus giving rise to hydrogen whirls. At the beginning of the life of a group, especially when many spots are present, these whirls may be confused, but as the groups reach their last stage they are more pronounced and quite symmetrical. It is very probable that they are produced by forces of a hydrodynamic nature as the result of indraught, and that they are not directly connected with the magnetic field of the group, or with the underlying vortices which produce the field.

The influence of the spots and of the eruptions which surround them, may often be traced in the corona far from the sun's visible surface; in fact long coronal streamers directly connected with spots, or prominences on the limb, have often been observed during eclipses. A large prominence and its effect on an extensive coronal streamer is seen in fig. 127, which reproduces photographs taken by Taffara in Jubaland and by Aston in Sumatra during the eclipse of 14th January 1926, and also drawings from the photographs by Taffara illustrating the detail more clearly[1].

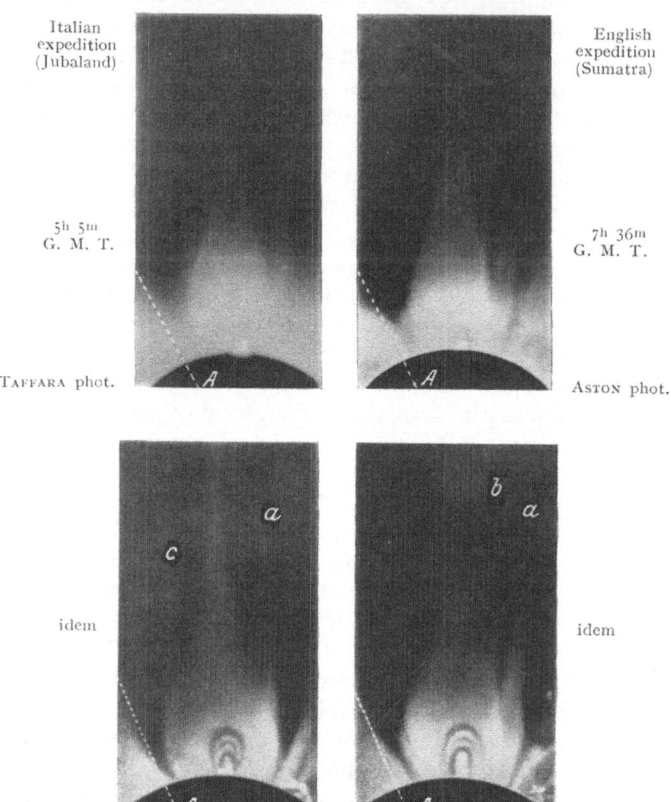

Taffara drawings from photographs above.

Fig. 127. Coronal streamer connected with large prominence at NW limb of the sun during the eclipse of 14th January 1926.

20. The Sun's General Magnetic Field.

20. The Sun's General Magnetic Field. The Zeeman effect makes itself felt at times so far beyond the limits of the penumbra and the configuration of the hydrogen flocculi, that it was supposed that suitable polarisation apparatus would disclose vast local fields in regions far from visible spots. The structure of the corona[2] also led to the supposition that the whole sun might be considered as a magnet, because the coronal rays, especially near the poles, appear to coincide with the lines of force of a magnetic sphere, also because the shape and the velocity of the prominences, as they move away from the sun, seem to be influenced by its magnetic field[3]. Hale[4] was thereby led to investigate the sun's general magnetic field by means of the Zeeman effect, although he

---

[1] Cf. Mem. Soc. Astr. Ital. Vol. III, Tav. XI (1926).
[2] Bigelow, Smithsonian Institution 1889; Störmer, C R, February 20th, 1911.
[3] Deslandres, C R, December 30th, 1912.
[4] Mt Wilson Contr No. 71 (1913) or Ap J 38, p. 27 (1913).

observed that the visible phenomena in the prominences and in the corona
refer to a field at a relatively high elevation in the solar atmosphere which may
differ greatly in intensity from, and may also be opposite in sign, to that at the
level of the reversing layer.

In a field of relatively small intensity only a broadening of the spectral
lines was expected and not their separation, hence the necessity for considerable
dispersive power such as that given by the spectrograph of the Mount Wilson
150-foot solar tower used for the investigation; the linear scale was 1 A = 5 mm
in the third order of the spectrum. To investigate the small shift of the lines,
measurable between the two strips of the quarter-wave plate of the order 0,001 A
or 0,005 mm on the plate, recourse was made to the plane parallel plate used
for the determination of the polarity of the spots (cf. p. 189).

It was assumed that the sun's magnetic field is similar to that of a magne-
tised sphere whose magnetic poles correspond to the poles of rotation, or in
other words, similar to the earth's magnetic field.

The first measures showed a maximum displacement of the lines in latitude
45° north and south, and opposite signs, and were a partial confirmation of the
hypothesis. On the supposition that the distribution
of magnetic force on the solar surface is similar to
that on the earth, its intensity at magnetic latitude
φ' is given by [1]:

$$H = H_e \sqrt{1 + 3 \sin^2 \varphi'},$$

where H_e is the equatorial strength of the field.
Taking σ as the separation of the outer components
of a ZEEMAN triplet from the centre one, and γ the
angle between the line of sight and the lines of force,
SEARES deduces the relative shift $\varDelta$ in adjacent strips
from the formulae which give the distribution of intensity of triplets:

$$\varDelta = 2\,\sigma \cos\gamma \qquad (1)$$

hence

$$\varDelta = 2\,c\,H_e \cos\gamma \sqrt{1 + 3 \sin^2\varphi'} \qquad (2)$$

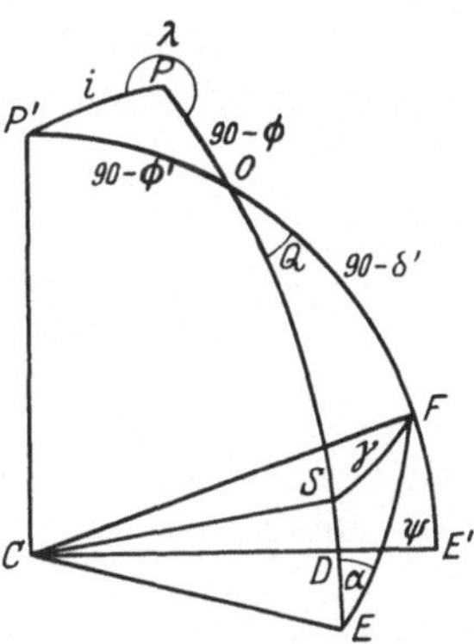

Fig. 128. Determination of
the sun's general magnetic
field.

where c is a constant depending upon the unit adopted.

To determine the angle γ we will refer to fig. 128, remarking that observations
are always made with the slit on the central meridian. PE is the central meridian,
$P'E'$ the magnetic meridian, CEE' the plane of the solar equator, S the intersection of the line of sight with the sphere, and F the intersection with the
sphere of the tangent to the line of force at O, the observed point. From the
spherical triangle SEF we have:

$$\cos\gamma = \cos D \cos\psi + \sin D \sin\psi \cos\alpha.$$

D being the heliographic latitude of the sun's centre. It is required to find an
expression for $\cos\gamma \sqrt{1 + 3 \sin^2\varphi'}$ as a function of D, φ, λ, and i, where φ is
the heliographic latitude of O, λ the longitude of the magnetic pole referred
to the central meridian and measured in the direction of the sun's rotation,
i the inclination of the magnetic axis to the solar axis of rotation. From
the spherical triangles EOF and OPP', and remembering the relation between
the inclination δ' of the lines of force on the sun's surface at O and the mag-

---

[1] SEARES, The Displacement Curve of the Sun's General Magnetic Field. Mt Wilson
Contr No. 72 (1913) or Ap J 38, p. 99 (1913).

netic latitude of O, on the hypothesis of the similarity of the sun's magnetic field to that of the earth, we have:

hence
$$\tan\delta' = 2\tan\varphi'$$

$$k\Delta = \{3\sin(2\varphi - D) + \sin D\}\cos i + \{3\cos(2\varphi - D) + \cos D\}\sin i\cos\lambda \quad (3)$$

which is the equation required. k is a new constant which depends upon the unit adopted and the intensity of the equatorial magnetic field.

Since the coefficients $\cos i$ and $\sin i\cos\lambda$ in the above equation can be substituted by expressions of the form $n\cos N$ and $n\sin N$ we find that for any values of D, i and λ, the displacements always define a sine curve, and moreover as the latitude D of the sun's centre is small and does not exceed $7°$, and as observations show that i is also small, the displacement curve may be approximately represented by:
$$3\sin 2\varphi.$$

The ordinates are zero near the equator and the pole, their signs are opposite in the two hemispheres, and the absolute values are a maximum when $\varphi = \pm 45°$.

Equation (3) contains three unknown quantities k, i, and λ. To obtain them, the values of the displacements in latitude north or south numerically equal are considered, and if they are observed on the same or nearly the same date, D is not sensibly affected. Calling these displacements Δ_n and Δ_s, we have:
$$k(\Delta_n - \Delta_s) = 6\sin 2\varphi\,(\cos D\cos i + \sin D\sin i\cos\lambda) \quad (4)$$

and as the term in brackets of the right member differs from unity by a quantity of the second order in D and i, we may write:
$$k = \frac{6\sin 2\varphi}{\Delta_n - \Delta_s}. \quad (5)$$

The denominator is a maximum when φ is $45°$ and the equation is therefore best suited to that latitude. Putting (3) in the form:
$$k\Delta = A\cos i + B\sin i\cos\lambda$$

we obtain the approximation:
$$\sin i\cos\lambda = \frac{k\Delta - A}{B}. \quad (6)$$

If the values of $\sin i\cos\lambda$, obtained from a long series of observations during one or more revolutions of the sun, are plotted with time as the abscissae, the amplitude of the curve described is $\sin i$. The intersection of the curve with the axis indicates the epoch when the longitude of the sun's magnetic pole, referred to the central meridian, is $90°$ or $270°$. Equations (5) and (6) determine k, i and λ. To obtain H_e, the intensity of the solar magnetic field, depending on k, we see from (1) and (2) that if Δ is expressed in Ångström's units, c is expressed in the same unit and represents the separation of an n component from the p component produced by a field of one gauss. If c has been determined in the laboratory we can find the intensity of the solar field, when i and λ have been found, by means of (3) where the value of Δ in Ångström's units is substituted for k, or we may use a formula similar to (4) by substituting the polar strength of the field given by:
$$H_p = 2H_e$$

and hence:
$$\Delta_n - \Delta_s = 3cH_p\sin 2\varphi\,(\cos D\cos i + \sin D\sin i\cos\lambda). \quad (7)$$

As a first approximation we may put $i = 0$, $\cos D = 1$ and applying (7) for $\varphi = 45°$ we get:
$$H_p = \frac{2\Delta_{45}}{3c},$$

where $\varDelta_{45}$ is the mean displacement measured in latitude 45°. Extending the theory SEARES[1] took into consideration also the general case of greater complexity than triplets, as well as the effect on the displacement curve, which is generally negligible, of elliptical polarisation due to reflection on the silvered mirrors of solar towers.

Extensive observations have been undertaken at Mount Wilson by HALE and his collaborators to determine the elements of the sun's general magnetic

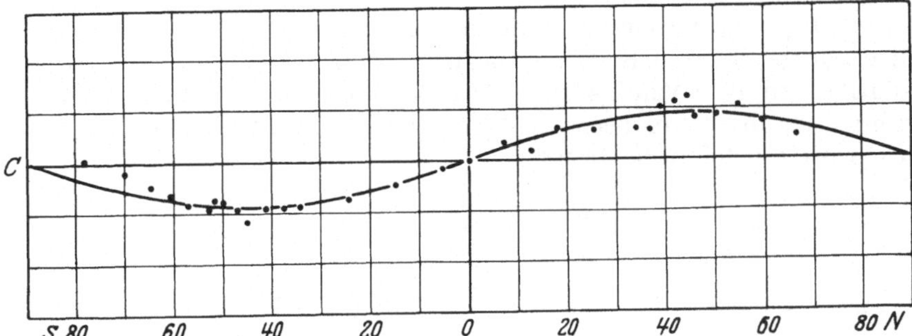

Fig. 129. Mean curve of displacement produced by the sun's general magnetic field (abscissae: latitudes; ordinates: 1 div. = 0,001 mm), (Mt Wilson).

field and the probable variations of its intensity at different levels of the solar atmosphere[2].

The first series of observations was carried out between 1912 and 1914. Fig. 129 shows the curve resulting from the combined observations of three lines at equal latitudes north and south, using the formulae given above. The curve is in agreement with the theoretical curve, the maxima are at 45° latitude and the minima at the equator and at the poles. The existence of a magnetic field having been thus established, according to the hypothesis, other lines of intensities between 0 and 5 on ROWLAND's scale, whose components show considerable separation in the laboratory, or in sunspots, were selected for further investigation. Of the 46 lines selected, 30 of Fe, Cr, Ni, V, and Ti, showed shifts consistent with

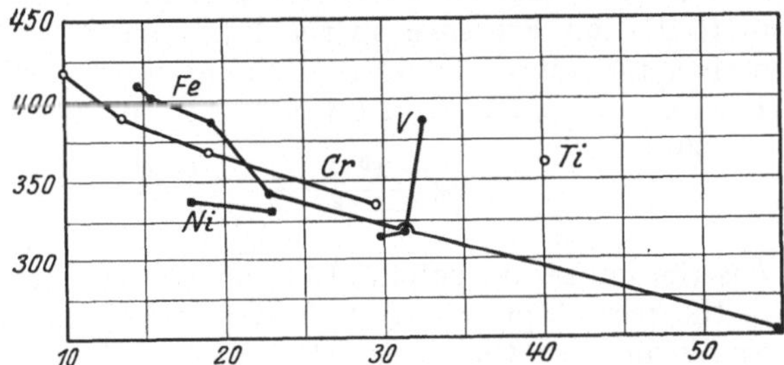

Fig. 130. Relation between field strength and level in the sun's atmosphere. The elevations (ordinates) are in km, the field's strength (abscissae) in gausses.

a magnetic field; the intensity of the field was then determined for every line which showed a relationship between the intensity of the field and the intensity of the line. We have shown that the intensity of a line is probably a function of its level in the solar atmosphere, and if the intensity of the magnetic field is also related to its level, it should be possible to determine the decrease in intensity of the field with increasing elevation. The diagram in fig. 130 based upon an exhaustive discussion by SEARES of the available data, taking the elevations of the various lines derived from the flash spectrum, shows that the intensity of the field varies

[1] l. c. p. 11 et seq.
[2] Mt Wilson Contr No. 148 (1918) or Ap J 47, p. 206 (1918).

with its height in the solar atmosphere. The ordinates are the heights in kilometres, and the abscissae the intensities in gausses. With the exception of one of the titanium lines and one of vanadium, all the points lie nearly on the curve which gives $H_p = 55$ gausses at a level of 250 km and $H_p = 10$ gausses at a level of 420 km. It would appear that only the lines in a layer of small depth are sensibly affected by the magnetic field and are therefore measurable by this method.

The coordinates of the magnetic poles were also determined by the dissymmetry of the displacement curve drawn for different epochs; as the dissymmetry is small it can be inferred that the magnetic poles cannot be far from the poles of rotation. In 1914 van Maanen[1] measured three lines, which he selected for their intensity and shifts, between $50°$ north and south latitudes on Ellerman's plates, with the following results:

$$i = 6°{,}0 \pm 0°{,}4 \,,$$

$$P = 31^d{,}52 \pm 0^d{,}28 \,,$$

$$t_0 = 1914 \text{ June } 25^d{,}38 \pm 0^d{,}42 \,.$$

A second series of measurements on the plates taken in September 1914 confirm these results within the limits of the mean error. Other measurements in different regions of the spectrum have been carried out in succeeding years with the object of obtaining a more accurate determination of the period of the magnetic pole's revolution, and also to study the possible variations of the constants of the magnetic field and their relation to the phases of solar activity. Preliminary measures[2] show that the general magnetic field has not changed sign since the measures were begun, notwithstanding that in the interval the magnetic polarity of the spots has changed sign twice.

21. Verification and Consequences of the Ionization Theory. Influence of Radiation Pressure on the Equilibrium of the Solar Atmosphere. Saha[3] derives the following formula from his ionization theory for the fractional number x of ionized atoms in a given gas at an absolute temperature T and a total pressure P:

$$\log \frac{x^2}{1 - x^2} P = - \frac{5050\,I}{T} + 2{,}5 \log T - 6{,}69 \,. \tag{1}$$

I is the ionization potential of the gas in volts, and the total pressure is equal to the partial pressures of the ions, electrons and neutral atoms in a state of equilibrium, so that $P = p^+ + p^- + p$.

The ionization percentages of calcium, whose ionization potential is 6,1 volts, are found in the table XI; the pressure is expressed in atmospheres, and the temperatures in absolute degrees.

It is evident from Saha's equation that the ionization percentage increases with: (a) an increase in temperature, (b) a decrease in pressure, and (c) a decrease in the ionization potential.

Calcium has a rather low ionization potential, and it is therefore of interest to compare the table XI with the table XII for atomic hydrogen, which has an ionization potential of 13,5 volts. At the temperatures given the dissociation $H_2 \rightarrow 2\,H$ is complete so that the molecule need not be considered.

---

[1] Publ A S P 34, p. 32 (1922).
[2] Annual Report Mount Wilson for Year 1925, p. 99.
[3] Cf. chapters of: Pannekoek, Die Ionisation in den Atmosphären der Himmelskörper, Vol. III; and Milne, Thermodynamics of the Stars, Vol. I of this "Handbuch".

Table XI. Ionization Percentage of Calcium.

Pressure / Temperature	10	1	10^{-1}	10^{-2}	10^{-3}	10^{-4}	10^{-6}	10^{-8}
2000°					$5 \cdot 10^{-4}$	$1,4 \cdot 10^{-3}$		
2500					$2 \cdot 10^{-2}$	$7 \cdot 10^{-2}$		
3000					$3 \cdot 10^{-1}$	1	9	
4000				2,8	9	26	93	
5000		2	6	20	55	90		
6000	2	8	26	64	93	99		
7000	7	23	68	91	99			
7500	11	34	75	86				
8000	16	46	84	98				
9000	29	70	95					
10000	46	85	98					
11000	63	93						
12000	76	96						
13000	84	98						
14000	90							

Complete Ionization

In order to produce the same percentage of ionization in hydrogen, higher temperatures are required because of the higher ionization potential of hydrogen.

Caesium which has the lowest known ionization potential should be completely ionized at about 4000° with a pressure of 10^{-4} atmospheres; a temperature of about 20000° and the same pressure is required to ionize helium completely, its potential of ionization is the highest known[1].

These and other deductions from SAHA's theory may be applied to the interpretation of the solar spectrum.

Table XII. Ionization Percentage of Hydrogen.

Pressure / Temperature	1	10^{-1}	10^{-2}	10^{-3}	10^{-4}	10^{-5}
7000°				1	4	12
8000			2	5	18	50
9000		2	6	20	63	90
10000	2	6	17	49	87	99
12000	9	28	68	94		
14000	27	65	93			
16000	55	90				
18000	80	97				
20000	92					
22000	97					

Complete Ionization

We have seen (p. 182) that there must be relatively low pressure in the reversing layer and in the chromosphere, and it is evident that at the temperatures in those layers, between 6000° and 7000°, the normal as well as the ionized atoms, such as calcium, must be found in large quantities in order to account for λ 4227 and lines H and K. Moreover at increasing heights above the reversing layer pressure diminishes, but assuming a radiative equilibrium the temperature cannot fall below 5000°[2]. The table above shows that in these conditions ionization must be practically complete, so that only the enhanced lines should be emitted by the high level chromosphere. It is known that lines H and K extend up to 14000 km above the chromosphere and that λ 4227 only extends as far as 5000 km, therefore, inasmuch as we find calcium at the highest elevations, the discontinuance of emission of λ 4227 at a relatively low elevation may be due to the complete ionization of calcium, as predicted by the theory. The ionization potentials of strontium and barium, 5,7 and 5,1 volts respectively, require greater pressures at a given temperature; in fact the normal lines of these elements are the first

---

[1] Cf. RUSSELL, DUGAN and STEWART, Astronomy II, App. p. V (1927).
[2] MILNE, Obs 44, p. 265 (1921).

to disappear in the flash spectrum. From similar observations it may perhaps be possible definitely to estimate the distribution of pressure in the chromosphere[1].

Other facts relating to other elements may be deduced from the ionization theory in the same way[2]. Thus at pressures below 10^{-3} atmospheres, sodium (i. p. $= 5,1$ volts) is completely ionized; in the chromosphere, the D lines (normal lines of the principal series) only extend to 1200 km. Below 10^{-1} atmospheres potassium (i. p. $= 4,3$ volts) should be completely ionized at $7000°$, and below 10^{-3} atmospheres at $5000°$, hence both in the chromosphere and in the reversing layer there must be few non-ionized atoms; but as the enhanced potassium lines do not lie in the visible regions, it is almost impossible to see potassium spectroscopically even if it be present in large quantities. The same may be said for rubidium and caesium whose ionization potentials are lower still. The ionization potential of magnesium is higher than that of the other alkaline earths, and hence the lines of the normal atom should be seen at relatively high elevations in the chromosphere; MITCHELL found the triplet $\lambda\,3838$, $\lambda\,3832$, $\lambda\,3826$ up to a height of 7000 km, where an appreciable number of ionized atoms should be found; but the well known line $\lambda\,4481$ only attains a low elevation and at first sight this appears to be anomalous. FOWLER has however proved that this line belongs to the fundamental series, and although it is not difficult to produce in the laboratory, it must be more difficult to excite than the enhanced lines of the earlier series which are found beyond the observable region.

The method shows that molecular hydrogen in the sun must be dissociated into atoms, yet, by reason of the high ionization potential of its atom, ionization can nowhere be complete. For the reasons already given, helium is inappreciably ionized in the solar atmosphere and only leaves traces of enhanced lines. The absence of the normal lines in the FRAUNHOFER spectrum, and their presence in the flash spectrum, cannot be inferred from the considerations offered so far, but SAHA shows that the lines which are usually regarded as helium lines are not those of the true principal series (these must lie in the extreme ultraviolet) and therefore they are not absorbed unless a sufficient numbers of the atoms possess orbits that can only exist under intense excitation.

SAHA's theory has been extended by RUSSELL[3] to mixtures of two or more elements; putting x_1 and x_2 the fractions of the atoms ionized of two elements, the partial pressure of the electrons equal to $\dfrac{P\bar{x}}{1 + \bar{x}}$, where $\bar{x}$ is the fraction of all the atoms present which are ionized, and may be regarded as a weighted mean of the values of x for the individual elements, P the total pressure, we get:

$$\frac{P x_1 \bar{x}}{(1 - x_1)(1 + \bar{x})} = K_1, \qquad \frac{P x_2 \bar{x}}{(1 - x_2)(1 + \bar{x})} = K_2,$$

where K_1 and K_2 are obtained from (1) above with the ionization potentials proper to the elements concerned. We have therefore:

$$\frac{x_1}{1 - x_1} = \frac{K_1}{K_2} \frac{x_2}{1 - x_2}, \qquad \log \frac{K_1}{K_2} = 5050 \frac{I_2 - I_1}{T}$$

or, in other words, the ratios of the number of ionized to that of non-ionized atoms in any two elements in a gaseous mixture bear a fixed proportion between the two elements which is solely dependent on the temperature, and is independent of pressure, the relative quantity of the two elements, or the presence of other elements. The latter conditions affect the amount of ionization but do not affect

---

[1] R. H. FOWLER and E. A. MILNE, M N 83, p. 403 (1923); RUSSELL and STEWART, Ap J 59, p. 197 (1924).

[2] SAHA, Phil Mag 40, p. 472 and 809 (1920).

[3] Mt Wilson Contr No. 225 (1922) or Ap J 55, p. 119 (1922).

this proportion. The element which has a lower potential of ionization is always the more highly ionized.

RUSSELL also investigated the ionization of elements beyond the first order, and found that only two successive states of ionization can exist contemporaneously in considerable proportions.

An examination of lines produced in the sunspot spectrum, by the alkalies or by alkaline earths, favours the ionization theory because the relative intensity of the lines associated with ionized or non-ionized atoms in the spectrum of the hotter photosphere, and in the cooler spots, as deduced from the theory, agrees with the observations.

The lines of the alkaline metals which are all due to neutral atoms are greatly strengthened in the spot spectrum. Na (i. p. $= 5,1$ volts) shows its principal and subordinate series; K (i. p. $= 4,3$ volts) only the principal series; Li (i. p. $= 5,4$ volts) and Rb (i. p. $= 4,2$ volts) the leading pair of the principal series only in the sunspot spectrum. Of the alkaline earths, the lines of the neutral atom of Ca (i. p. $= 6,1$ volts) are strengthened in the spots, to a greater degree in the principal series, and to a lesser degree in the combination series. The corresponding lines of Sr (i. p. $= 5,7$ volts) are weak in the photosphere and greatly strengthened in the spots; the Ba lines (i. p. $= 5,1$ volts) are absent both in the photosphere and in spots, while the enhanced lines from the ionized atoms (Ca^+, Sr^+, Ba^+) are intense in both spectra. In the case of Mg (i.p. $= 7,6$ volts) the lines of the neutral atom are hardly affected except the fundamental line $1\,S - 2\,p_2$ which is more intense, while in the case of Zn (i. p. $= 9,4$ volts), the arc lines are much weaker in the spot spectrum. Excepting Li and Ba these results agree with the ionization theory[1].

The behaviour of the lines of the elements given below, in the spectrum of the photosphere and of sunspots, compared with the furnace, the arc, and the spark spectra, makes it possible to arrange them in the order of their increasing atomic numbers, as follows:

$$\text{Ca, Sc, Ti, V, Cr, Mn, Fe, Co, Ni, Cu and Zn,}$$

which is the same as the order of the increasing difficulty of their spectroscopic excitation; their potential of ionization is, as far as is known, also in ascending sequence, that is from 6 volts for Ca to 9,4 volts for Zn[2]. This, combined with other results, suggests that generally the potential of ionization is a periodic function of the atomic number.

SAHA's equation also suggests that in the spectrum of the faculae, on account of higher temperature, the ionization percentage should increase, and therefore the enhanced lines should appear strengthened. Spectrograms by ST. JOHN[3] of the faculae show variations in the intensity of the enhanced lines in agreement with this deduction; the spectrum changes from the G 0 type to the F type, that is towards higher temperature.

As the result of these verifications, and as the outcome of the theory of ionization and of what has been said above, we may conceive the three layers of the solar atmosphere — the chromosphere, reversing layer and photosphere — to be distributed around the sun's globe as follows[4]:

The chromosphere, the highest layer, consists of a deep stratum in which the gases are supported by radiation pressure acting on the individual atoms

---

[1] Mt Wilson Contr No. 236 (1922) or Ap J 55, p. 354 (1922).
[2] Mt Wilson Contr No. 286 (1925) or Ap J 61, p. 223 (1925).
[3] Pop Astr. 30, p. 228 (1922).
[4] RUSSELL and STEWART, Ap J 59, p. 208 (1924).

Here pressure and density increase slowly towards the bottom of the layer, where gravity begins to overcome radiation pressure; the pressure at the bottom may be of the order 10^{-7} atmospheres. Below this layer, gravity begins to assert itself, and pressure increases rapidly with increasing depth, while the temperature is nearly constant and not far from $5000°$ so long as the gases are transparent. This region is known as the reversing layer. The dividing line between the reversing layer and the chromosphere is therefore at the level where ionization of the first degree is practically complete, that is at the upper level of neutral calcium. This practically corresponds to the level where the motion of the ascending gases round the spots changes from outflow to inflow (p. 173), and implies a definite physical condition in the chromosphere, namely the complete ionization of metallic vapours

When the pressure attains 10^{-2} atmospheres, general absorption begins to make the gas nebulous, the opacity increases with pressure, and the reversing layer merges rather rapidly into the photosphere; the latter presents an opaque mass to our means of observation. As opacity increases the temperature rises in accordance with the theory of radiative equilibrium, as developed by Schwarzschild and Eddington. The observed effective temperature in the photosphere is a mean value in those layers which emit radiations to the earth.

An important outcome of the ionization theory is that the sun must be surrounded by an atmosphere of free electrons, because the concentration of the positive particles compared with that of the electrons, in the higher layers, diminishes gradually on account of the greater weight of the particles; the electrons therefore predominate. It is probable, as proved by the presence of the corona, that the atmosphere of free electrons extends widely around the sun's globe and that its variations, or the direct emission of electrons, may influence terrestrial phenomena, such as terrestrial magnetism and the electrical phenomena in the higher atmosphere. This is one of the problems which is now being actively studied under the auspices of international cooperation (cf. p. 210).

In an important series of monographs[1], Milne has investigated the conditions of equilibrium in the layer of ionized calcium: this layer constitutes the highest part of the chromosphere, and seems to be entirely supported by radiation pressure. If atoms of mass m capable of two, and only two, stationary states of statistical weights q_1 and q_2 are supported against gravity g, by the radiation pressure arising from the formation of an absorption line of frequency ν, it is shown that the residual intensity F_ν in the line is given by:

$$F_\nu = \frac{q_1}{q_2}\, \frac{8\,\nu^2\,\tau\,m\,g}{c}$$

approximately, where τ is the mean life in the excited state, and c is the velocity of light. In these conditions of intensity the atoms are therefore in equilibrium as between gravity and radiation pressure. Instead if $F_\nu > 8\nu^2\,\tau\,mg/c$ the atoms formed in the higher regions of the reversing layer, which absorb the radiation ν selectively, will be repelled by radiation pressure. The process will be continued until we have an atmosphere completely supported by radiation pressure. It is easy to see that in the end a state of equilibrium will be attained, because the atoms expelled subsequently act as a screen, and reduce the intensity which

---

[1] An Astrophysical Determination of the Average Life of an Excited Calcium Atom. M N 84, p. 354 (1924); The Equilibrium of the Calcium Chromosphere. First Paper. M N 85, p. 111 (1924); Second Paper. M N 86, p. 8 (1925); Third Paper. M N 86, p. 578 (1926). Cf. also Unsöld, Über die Struktur der Fraunhoferschen Linien und die Dynamik der Sonnenchromosphäre. Z f Phys 44, p. 793 (1927) and Milne, Pressures in Calcium Chromosphere and Reversing Layer. M N 88, p. 188 (1928).

the atoms originally expelled were subjected to, and the former will be subjected
to the back radiation from the atoms first expelled. Thus the tendency to expel
atoms will go on decreasing and equilibrium will be ultimately attained. The
residual intensity of the radiation ν which emanates from the sun will be reduced
to $8\nu^2\,\tau\,mg/c$, and as there is no tendency to an increased expulsion of atoms
from the reversing layer, it follows that the residual intensity will not be lowered
in general below that value.

Should a larger number of atoms happen to be expelled, by reason of local
and accidental variations, the atmosphere, which is entirely supported by
radiation pressure, will collapse on to the reversing layer, and we should have,
at least temporarily, an atmosphere which is partially supported by radiation
pressure. Its equilibrium will be of exponential type, and therefore so condensed
towards the bottom as to make it impossible to distinguish it either theoretically
or by observation from the reversing layer. Because of the additional pressure
of the atmosphere on the reversing layer, the precipitated atoms tend to be
reabsorbed by the reversing layer; the normal gradient of the reversing layer
will tend to re-establish itself, and the whole process is renewed and repeated.

On the other hand if $F_\nu < 8\nu^2\tau\,mg/c$, there will be no tendency to expel
atoms from the reversing layer, and the chromosphere can have no existence.

The consequence of MILNE's theory is the possibility, from time to time,
of a collapse of the chromosphere upon the reversing layer and its subsequent
reconstitution. This is in agreement with observations (p. 139) on the systematic
height of the chromosphere, carried out during eclipses, and also with the line $H\alpha$.
S. A. MITCHELL[1], for example, finds that the gases at mean levels show considerable differences in the lengths of the solar arches as measured during the
eclipses in 1905 and 1925. Converting these lengths into height above the photosphere, he finds that the heights reached in 1925, a period when the sun was
very active, were much greater than in 1905

The rapid changes in the shape, position and velocity of the prominences
may be regarded as due to the same phenomenon, but intensified in energy and
development, and originating in sudden increases or decreases in the corresponding
radiation ν. The problem is therefore identical with that of the expulsion of
atoms from the solar atmosphere under the influence of radiation pressure, which
has already been mentioned when discussing the motion and the changes observed in the prominences (p. 153).

According to MILNE[2] the process is as follows: when an atom is expelled
by radiation pressure, the pressure exceeds the force of gravity, and the atom is
accelerated while moving away from the solar surface. On the DOPPLER principle,
the increasing velocity outwards is such that the atom absorbs radiations in
a wave length which gets gradually shorter in a fixed reference frame relative
to the sun. The region of the spectrum in which the atom absorbs is shifted
towards the violet. If the atom is accompanied by a sufficiently large swarm
of atoms, the absorption line they produce will move off towards the violet.
But if the atom is alone, or accompanied by a relatively small number of atoms,
the resulting absorption is not sufficient to produce an appreciable absorption
line. The atom, or atoms, are then shifted in the violet wing of the absorption
line from which they started, and may also climb out of the absorption line
into the adjacent continuous spectrum. To a lesser degree in the wing, and to
a much greater degree in the continuous spectrum, the atoms are exposed to
a much more violent radiation than that to which they were subjected in the

---

[1] Obs 48, p. 109 (1925).   [2] M N 86, p. 459 (1926).

absorption line which they left. They are therefore subjected to an increasing acceleration outwards during their shift across the wing of the absorption line, until, on arrival in the continuous spectrum, they possess an acceleration much greater than what they had at the beginning.

This will continue, as a rule, until the inverse square law eventually reduces the acceleration to zero as the atoms move away into space, and so escape from the sun's gravitational field with a definite and very high velocity limit. An approximate value of this limiting velocity, when the distance of the atom from the sun's centre approaches infinity, is obtained from

$$v_\infty^2 = V_\infty^2 \left[\frac{I_1 - I_0}{I_0} - \frac{V^2}{V_\infty^2} \right], \tag{2}$$

where I_0 is the residual intensity in the centre of the absorption line, and I_1 that in the portion adjacent to the continuous spectrum, V the velocity measured by the Doppler effect corresponding to the semi-width of the line, and V_∞ the velocity of escape from the sun of the atom subject only to the action of gravity, that is:

$$\frac{1}{2} V_\infty^2 = a g$$

where a represents the radius, and g the value of gravity on the sun. For atoms on the sun we have $V_\infty = 615$ km/sec, and for the particular case of the $\dot{C}a^+$ atoms the ratio of intensity usually adopted for the line K is $\frac{I_0}{I_1} = \frac{1}{9}$. The exact value of its width is very uncertain; for the edges we may allow $\delta\lambda = 8$ A about; this gives $V = 611$ km/sec, a value, as it happens, practically the same as that of V_∞. Inserting these values in (2) above, we get:

$$v_\infty^2 = 7 V_\infty^2$$

$$v_\infty = 1630 \, \text{km/sec}.$$

This velocity corresponds to a Doppler shift of about 22 A. A result of the same order is obtained from the majority of Fraunhofer's lines. In fact, as the greater part of the lines are considerably narrower than K, V will be smaller and v_∞ correspondingly greater. This simply indicates the physical fact that the narrower the line, the swifter the atoms climb out of it, and the quicker it is exposed to the full brunt of the radiation. An upper limit for a given intensity ratio I_0/I_1 is obtained by putting $V = 0$ and hence:

$$v_\infty = 1740 \, \text{km/sec}.$$

22. The Sun's Electromagnetic Influence. Relation between Solar and Terrestrial Phenomena. Although this subject is one which pertains more properly to geophysics than to astrophysics, yet it may be desirable to say a few words on the direct connection between solar and terrestrial phenomena, and to see which of the former have a probable greater influence on the earth's magnetic field and its climatic distribution.

It is well known that there are well defined relations which connect solar activity and the earth's magnetism, in that the variations of the latter follow solar activity *pari passu*. Although the diurnal and annual magnetic variations are evidently connected with the variable solar radiation which reaches the earth during the day or the year, we cannot assert off-hand that the 11,5-year magnetic variations are also similarly connected. We know that the upper layers of the terrestrial atmosphere are highly ionized by the sun, but we do not know precisely which component of the air is ionized, or what the ionizing agent is. We also know that the sun's ultra-violet radiation is principally absorbed by ozone, and if the ultra-violet radiation is the cause of ionization, as quantitative experiments show this to be possible[1], ionization must be produced by the absorption of ozone, and ozone must be the ionized constituent. While this process may account for magnetic variation, diurnal or annual, a large increase in the ultra-violet radiation at sunspot maximum is not probable. We should, in this case, have to regard the sun's corpuscular radiation as the source of ionization, but at the present time we have no definite proof of its existence.

A study of the irregular magnetic disturbances indicates that, besides ionization in particular regions, especially in high latitudes, the air becomes more conductive from time to time. The increase in conductivity is manifest in the illuminated hemisphere as well as in the dark one, and when the increase is very marked it is associated with polar aurorae. Their position and connection with the disturbances on the earth's surface show that their origin must lie in electrically charged corpuscular radiation emanating from the sun. This radiation is deflected towards the polar regions by the terrestrial magnetic field.

The lower limit of the height of the aurora, about 90 km, therefore represents the limit to which the solar corpuscles penetrate; their nature and sign of charge is unknown at present. We may assume that they are high-velocity electrons (or β rays), or more probably the stream consists of oppositely charged ions in nearly equal numbers. We have shown how the mechanism of emission of such a stream of ions may be represented, consistent with the constitution and equilibrium of the solar atmosphere. In the disturbed regions equilibrium is destroyed, and swarms of ions are expelled by radiation pressure and attain a velocity sufficient to carry them beyond the limits of the sun's activity. We have also seen how, according to MILNE's theory (p. 209), it is possible, from time to time, for the atoms at high elevations to be projected out of the solar atmosphere by radiation pressure and how they attain a velocity limit of 1600 km/sec, enabling them to penetrate the terrestrial atmosphere. Among these atoms may be found those of Ca^+, H, He, Ti^+, Sr^+, Mg, with others in a condition to be supported in the chromosphere by radiation pressure.

If it were possible to know the exact source and the instant of emission of the corpuscles which are likely to reach the earth's atmosphere, we should naturally have some better idea of the trend of the phenomenon, or, at least, be able to find the time of transmission. It has often been noticed that violent magnetic storms take place when large spots are visible on the sun's surface and the connection between the two phenomena has been widely discussed especially by ELLIS, SIDGREAVES, MAUNDER and CORTIE.

Taking the observations recorded at Greenwich between 1875 and 1903, MAUNDER[2] identified 19 great magnetic storms as being related to the presence of sunspots. These 19 storms occurred at about the time when large spots, that is groups of spots with an area of at least one thousandth of the sun's disc, crossed the central meridian. Between September 1898 and October 1903 no large sunspots appeared and no great magnetic storms were recorded, but in October 1903, after an interval of 5 years, a large group of spots appeared and was accompanied by a magnetic storm of considerable intensity. The 7 most intense storms noted by MAUNDER, during the above mentioned period of 29 years, took place when 7 of the largest groups of spots were seen on the sun.

---

[1] CHAPMAN, Ionization in the Upper Atmosphere. Quart. Journ. R. Meteor. Soc. 52, p. 225 (1926).

[2] M N 64, p. 205 (1904) and 65, p. 2 (1904). Cf. also GREAVES and NEWTON, Large Magnetic Storms and Large Sunspots. M N 68, p. 556 (1928).

We cannot assert that the intensity of a group provides a criterion for the intensity of a magnetic storm; thus, for example, a large group of spots passed the sun's central meridian on the 12th October 1903; the diameter of the group was about 18 times the terrestrial diameter, or about 230000 km, the magnetic storm associated with the group caused the needle to oscillate from 30' to 60'. On the 31st October in the same year, another group of spots crossed the sun's central meridian, and although its diameter was only about one third of the previous group, the magnetic storm was the most violent recorded at Greenwich in the above period.

Assuming that great magnetic storms take place contemporaneously with the presence of large sunspots, Maunder's investigations show that they begin from 34 hours before to 86 hours after the spots pass the central meridian or, expressed in heliographic longitude, 20° and 48° respectively from the central meridian; on the average they begin 26 hours after passing the central meridian. It appears that there is a definite zone on the disc which seems to favour the phenomenon; in some cases disturbances begin with the appearance of the spot on the sun's east limb, and last till it disappears on the western limb, in these cases especially violent disturbances were noted after the spots had passed the central meridian.

If the magnetic disturbances on the earth are due to swarms of corpuscles projected from definite regions surrounding the spots, it is evident that they cannot reach the earth unless those regions are suitably situated with respect to the earth, that is making suitable angles with the line joining the centres of the sun and the earth; the angles can be deduced from Maunder's results[1]. These angles should rarely exceed 34°, measured in the direction of the sun's longitude, because the interval of 120 hours, during which storms take place, corresponds to an angle of 68° in longitude. Taking the mean western position of the spot at the beginning of a storm, 26 hours west of the central meridian, this corresponds to the time the corpuscles take to reach the earth from a possible maximum inclination, east or west of the line of sight, of 34°. It would appear at first sight that the swarms of corpuscles may be emitted in any direction in the form of a cone whose apex of about 68° is situated in the spot, with one of the sun's radii as axis, with a mean velocity of 1600 km/sec, which agrees exactly with Milne's theoretical velocity.

Cortie's discussion[2] on the connection between the presence of sunspots and magnetic storms, taking into consideration the heliographic latitudes of the spots, confirms the results deduced from the longitudes, because, from the point of magnetic efficiency, the position of a disturbed area in the sun becomes of greater consequence as the mean latitude of the spots approaches the equator after a maximum. Since the heliographic latitude of the earth varies between $\pm\,7°$, the earth is then more favourably situated with regard to solar disturbances. The fact that magnetic storms are more frequent at the equinoxes[3] harmonizes with what has been said, because the earth then attains its maximum heliographic latitude, and is therefore turned towards the region of maximum sunspot frequency; in June and December, when the earth crosses the solar equator, the effect of solar disturbances is less felt. The phenomenon is therefore due to the inclination of the sun's axis to the plane of the earth's orbit, and to the position of the earth with respect to the sunspot zone.

An investigation into the relation existing between the disturbed regions of the sun and the coronal streamers undertaken by Cortie[4], during various

---

[1] Evershed, Obs 27, p. 129 (1904).　　[2] M N 76, p. 15 (1915).
[3] M N 73, p. 52 (1912).　　[4] M N 73, p. 539 (1913).

eclipses, leads to the conclusion that solar influence on terrestrial magnetism is propagated in the form of divergent rays from foci determined by the solar disturbances.

Riccò[1] considered that the intensity of the terrestrial disturbance increases as the spot gradually approaches a position favourable to influence the terrestrial magnetism. He compared the time of maximum disturbances with the time of the sunspot's passage across the central meridian, that is the instant when the spot is nearest to the line joining the centres of the earth and the sun. Taking the observations discussed by MAUNDER, and other typical cases, such as the great magnetic storm of the 25th September 1909 which was associated with a large spot[2], he obtained a period of from 40 to 50 hours as the time required for the solar emanations to influence the earth's magnetism, corresponding to a velocity of 900 to 1000 km/sec.

The fact that there is no precise agreement between the presence, size, and position of the spots and terrestrial magnetism leads to the belief already suggested by TACCHINI[3] and confirmed by HALE[4], that their origin is to be sought in the eruptions visible with the spectroheliograph or with the spectrohelioscope in regions near to the spots. This belief becomes more probable when we consider that the intensity of the magnetic field decreases rapidly as the height increases (cf. p. 203). The hypothesis is confirmed by the fact, brought to light by MAUNDER[5], that the disturbed areas may be magnetically active even after the spots have ceased to be visible to us, and thus, at times, magnetic disturbances are repeated at intervals corresponding to the period of the sun's rotation.

It is naturally difficult to follow either visually, or photographically, the complete evolution of any eruption and to make certain of the precise instant of maximum development, which should correspond to the maximum of magnetic disturbances, but in recent years, especially owing to the extended use of the spectroheliograph, a few typical cases have been observed in which these desiderata have been very nearly attained.

The visual observations of solar eruptions by CARRINGTON and HODGSON on 1st September 1859, and those of YOUNG on 3rd and 5th August 1872, are classic, these eruptions were coincident with considerable terrestrial magnetic disturbances. Shortly after the invention of the spectroheliograph, on 15th July 1892, HALE obtained photographs of an exceptional eruption which varied rapidly both in shape and intensity. The time interval between the maximum activity of the prominence, and the beginning and maximum intensity of the magnetic storm on the earth was 21,3 and 25,3 hours respectively[6].

Another eruption whose development was followed with the spectroheliograph was that of 10th September 1908[7]. Two spots were seen lying in different hemispheres connected by large and extensive masses of hydrogen, which gave evidence of interaction between the two spots; this, it is presumed, may sometimes happen externally if the vortices are connected below the surface. Some of the photographs taken at the Yerkes Observatory, illustrating the principal phases of the phenomenon, are reproduced in figs. 131, p. 214 and 132, p. 215. The two spots passed close to the centre of the disc on 9th September; the southern spot, small at first, had begun to develop rapidly since the 13th August, when it and the northern

---

[1] Mem. Soc. Spettr. Ital. 33, p. 38 (1904).
[2] Mem. Soc. Spettr. Ital. 38, p. 157 (1909).
[3] Mem. Soc. Spettr. Ital. 23, p. 4 (1894).
[4] Ap J 28, p. 341 (1908).
[5] A N 167, p. 177 (1905); cf. also CORTIE, M N 82, p. 170 (1922).
[6] W. J. S. LOCKYER, M N 70, p. 18 (1909).
[7] Fox and ABETTI, Interaction of Sun-Spots. Ap J 29, p. 40 (1909).

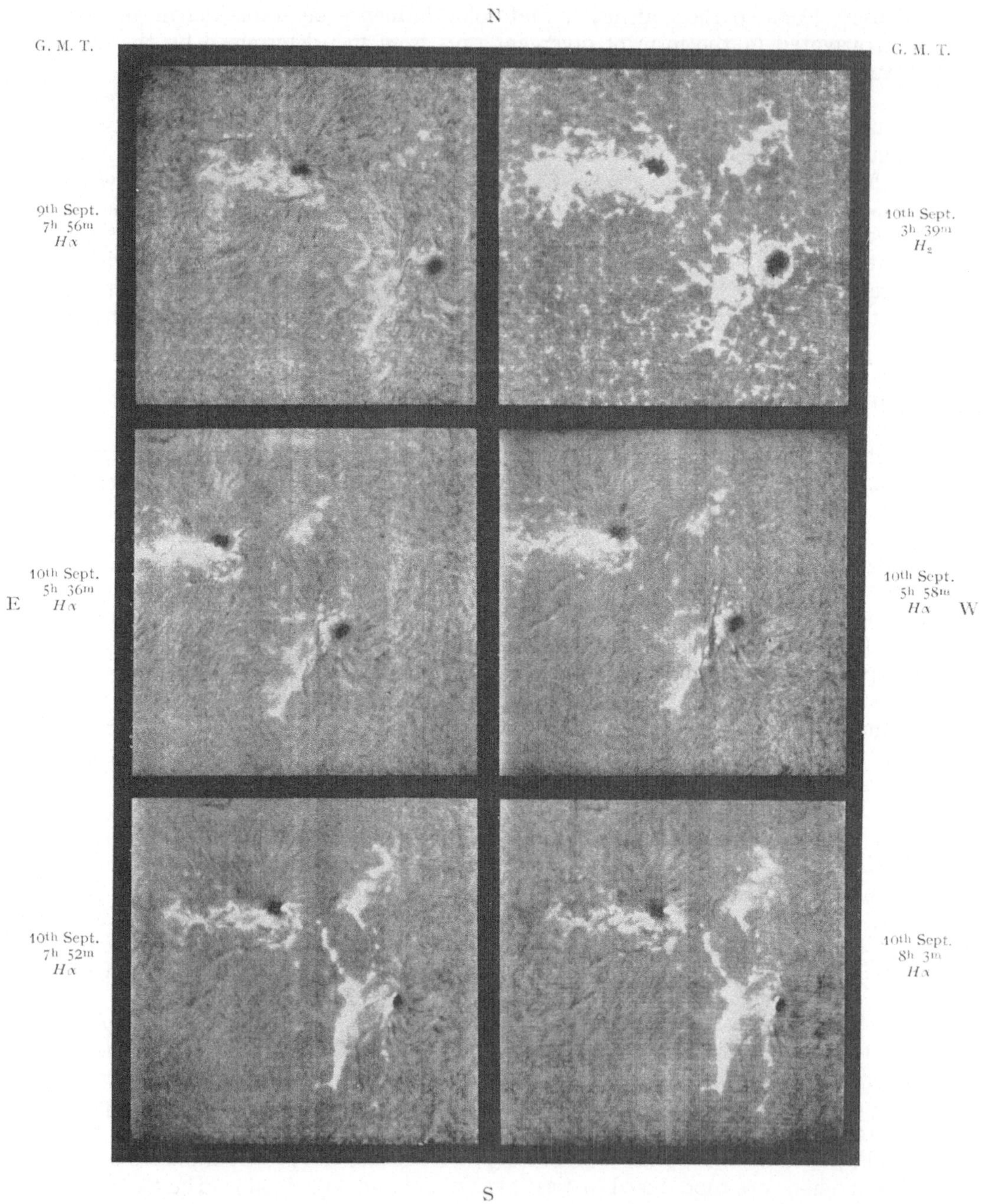

Fig. 131. Eruptions connecting sunspots. 9—10th Sept. 1908 (Fox and Abetti).

spot were first seen; both then disappeared and reappeared on the east limb on 4th September.

The appearance of the two groups on 9th September is shown in fig. 131; on the 10th considerable activity was noticed in the two groups and especially

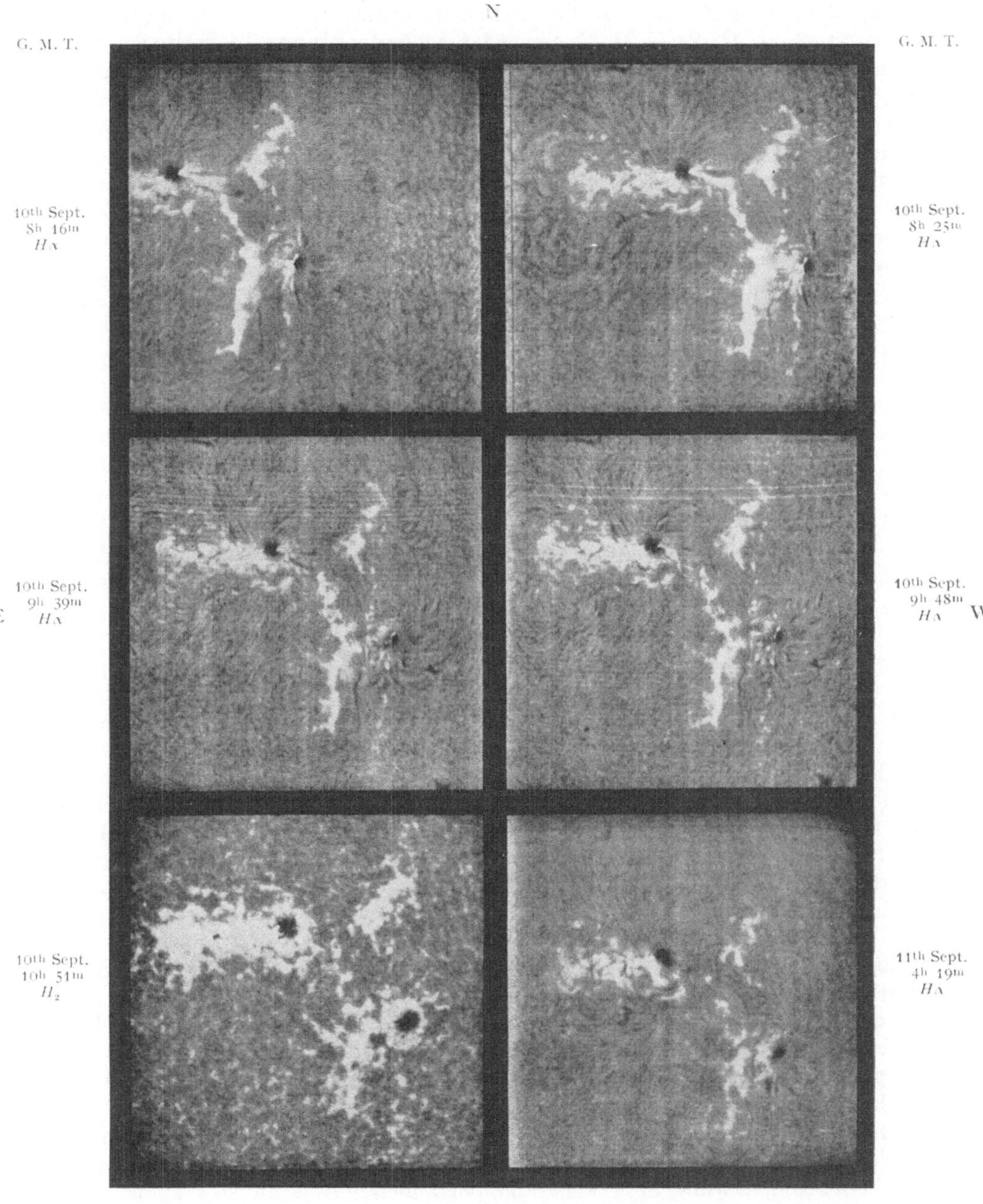

Fig. 132. Eruptions connecting sunspots. 10—11th Sept. 1908 (Fox and Abetti).

in the eruptions of the northern group. $H\alpha$ plates taken at 5^h36^m and 5^h58^m G. M. T. show that the eruptions in the northern group were increasing, with increased brightness in the following flocculi of the southern group; there was also a slight strengthening of an isolated flocculus preceding the northern group, but no indication of the imminent eruption. A visual spectroscopic observation at 7^h30^m G. M. T. showed a violent outburst of hydrogen in the region immediately following the southern spot. In plates exposed immediately after, vast disturbances were noticed, a bright eruption appeared behind, and in contact with, the southern spot. Slightly further off, following, an even more extensive and violent eruption was developing; this extended towards the east and south like a large branch, bright at its extremity, and divided into two branches: one directed towards the northern spot, and the other joined to the isolated flocculus by a chain of bright eruptions. The flocculus, the remains of a spot, increased considerably in intensity, and extended its branches towards the chain of eruptions which approached the northern spot. From this spot an eruptive branch joined the eruptive chain approaching from below and from the flocculus (8^h13^m). At 8^h25^m the two spots were completely joined.

The return to normal conditions was as rapid as the development of the phenomenon; an observation of the line $H\alpha$ at 9^h30^m showed hydrogen descending into the eruptive regions behind the southern spot. Measures of the shift of the line, on photographs taken at that time, showed a velocity of descent of about 100 km/sec behind the spot, and of 170 km/sec in the great eruption east of the spot.

The result of these movements is seen on the plates taken between 9^h39^m and 9^h48^m; the eruptive phenomenon behind the spot had disappeared and the great eruption had subsided to disappear gradually on plates exposed later. The whole phenomenon lasted less than four hours; it is believed that its maximum phase was recorded on the plate exposed at about 7^h30^m. Spectroheliograms in calcium light were not taken when the disturbance was at its maximum, but certain details visible in plates taken before and after, are evidence that calcium also was implicated. On the following day many small spots developed in the train of flocculi. A plate exposed on 11th September in line $H\alpha$ showed that the surface had returned to more normal conditions, and the subsequent life of the two groups showed nothing of importance. A great magnetic storm began on the earth at 9^h47^m G. M. T. of 11th September and its maximum occurred at about 3^h G. M. T. of 12th or 26 and 43 hours respectively after the maximum of the solar eruption [1].

Another considerable solar eruption, also fully recorded by the spectroheliograph, was that of 24th September 1909[2]. A series of photographs taken at South Kensington with K calcium line showed a group of very active spots surrounded by an intense flocculus. On 24th September at 10^h6^m G. M. T. its activity had increased greatly, and it had changed its shape almost covering the group of spots. The rapid progress of the phenomenon may be judged by the later photographs taken at South Kensington, and those taken by Slocum[3] at the Yerkes Observatory at 10^h27^m G. M. T. of the 24th. Briefly, the series of photographs show that considerable activity developed in the eastern group at about 10^h5^m, while at 11^h11^m the phenomenon was already dying away. If this eruption produced the great magnetic storm on the earth already referred to (p. 213), we find that the time interval between the maximum of solar activity and the beginning and maximum of the terrestrial disturbance was 26 hours and 30 hours respectively.

Recent prominent cases, similar to those described above and followed by magnetic storms on the earth, have been observed by Hale with the spectro-

---

[1] Cf. Nature September 24, 1908, and Greenwich Magnetical Observations, Plate II (1908).
[2] W. J. S. Lockyer, M N 70, p. 12 (1909).   [3] Ap J 31, plate IV, p. 26 (1910).

helioscope (p. 124), by ROYDS[1], D'AZAMBUJA, and GRENAT[2], with the spectro-heliograph.

The eruption, photographed at Meudon in the upper layer of hydrogen above a group of spots, which crossed the meridian on 15th October 1926, was one of exceptional intensity, and appears to have been a very rapid one. Its maximum phase seems to have been recorded by D'AZAMBUJA and GRENAT on a spectro-heliogram taken at 13^h15^m G.M.T. on 13th October (figs. 133, 134). About an hour later when the phenomenon was waning, masses of hydrogen were seen, with

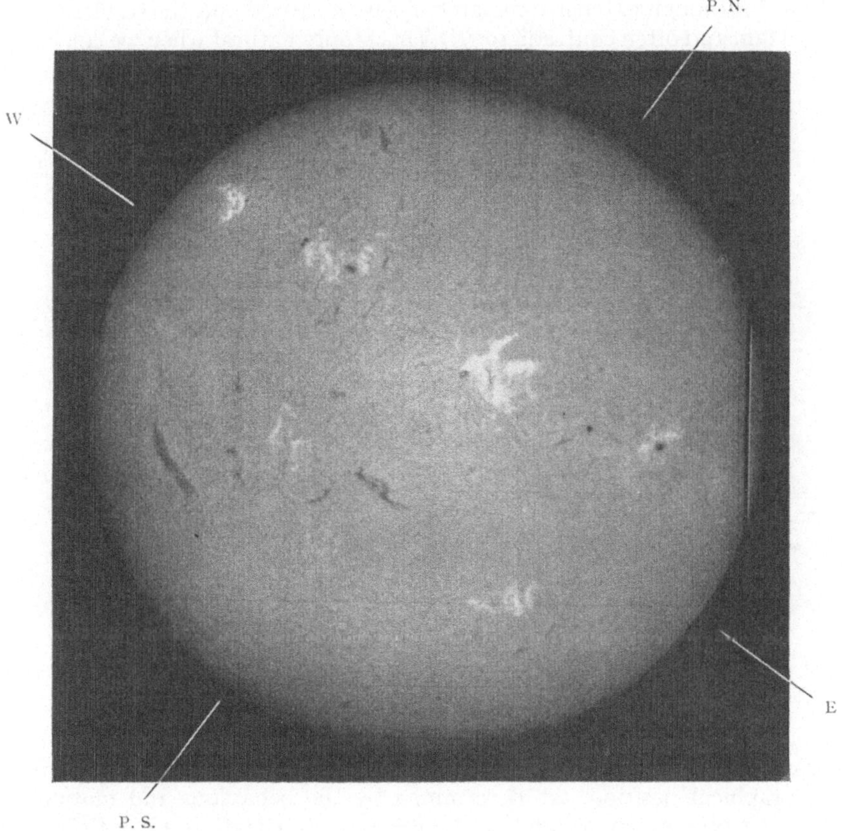

Fig. 133. $H\alpha$ spectroheliogram taken at Meudon the 13th Oct. 1926 ($13^h\,15^m$ G. M. T.) with very bright eruption on the central group of spots.

the velocity recorder, descending into the sun with a velocity of the order of 130 km/sec. A violent magnetic storm began on the earth about 31^h later at 20^h G. M. T. on 14th October which reached its maximum intensity between 19^h and 23^h of the 15th or 56^h after the solar eruption.

The rapidity with which solar phenomena occur make it difficult to observe them, and in order to obtain a better parallel between them and terrestrial phenomena it is necessary that they should be observed and recorded with continuity as in the case of magnetic observations. A chain of observers distri-

---

[1] M N 86, p. 380 (1926).   [2] B S A F 40 p. 489 (1926).

buted over the whole earth is now endeavouring, with close collaboration, to attain continuity as far as possible[1].

What we have referred to above concerns principally observed facts connected with solar observations. A discussion of the numerous theories and hypotheses, such as those of Schuster, Bosler and Chapman, which have been advanced to explain the whole process of this class of phenomena is proper, and of the highest interest to geophysics.

We shall just touch upon another class of phenomena which we may reasonably consider as being affected by solar activity, and that is meteorological manifestations. Although extensive research has been carried out, the results up to date are uncertain and often contradictory[1]. This is only natural when we consider that

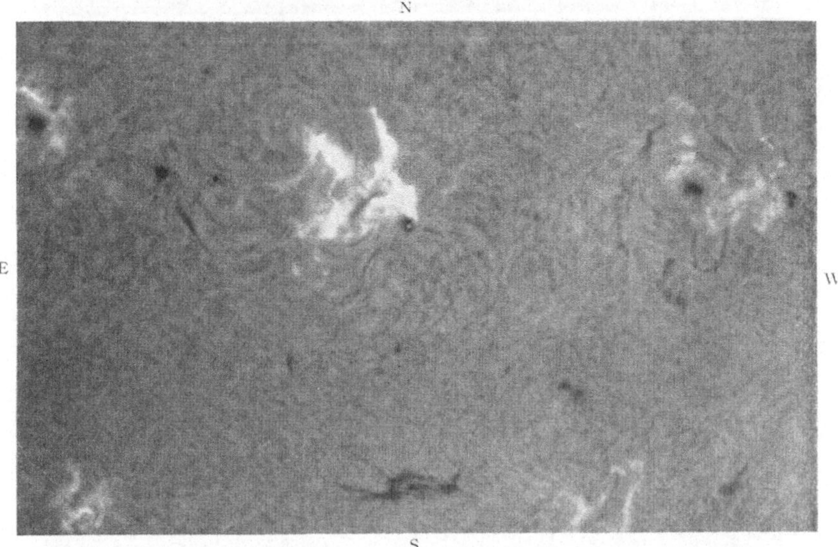

Fig. 134. The very bright eruption of 13th Oct. 1926 (13h 15m G. M. T.) (D'Azambuja and Grenat).

temperature, pressure, rainfall, etc. at a given place, apart from its topographical and geographical position, are determined by the behaviour and motion of the high and low pressure areas, and are therefore the ultimate results of the process. It is certain that the variation of solar radiation must affect the whole terrestrial globe, but as we cannot produce evidence of a process which transforms solar radiation into meteorological conditions, it is not possible to determine the effect of varying solar activity on terrestrial climatology.

In recent years efforts have been directed towards obtaining more precise and continuous measures of the solar constant[2], to establish its variability, and its relation with other solar and terrestrial phenomena. From Abbot's researches it seems probable that there are long and short period variations in solar radiation. The long period variations are connected with the changes in solar activity, the short period ones are due to regions of diminished bright-

---

[1] Cf. Solar and Terrestrial Relationships. International Research Council. First Report 1926. In the third General Assembly of the Int. Astr. Union, held at Leiden in July 1928, a scheme for giving characteristic figures of the sun's activity has been approved.

[2] Cf. this volume: Bernheimer, Strahlung und Temperatur der Sonne.

ness in the photosphere, which produce a diminution in the solar constant when, by reason of the sun's rotation, these regions are directed towards the earth. For this reason the variation in solar radiation is not directly connected with sunspots, and although numerous spots are evidence of great activity and of an increase in the value of the constant, yet each spot, by partially obscuring the photosphere as it passes the sun's central meridian, produces a temporary decrease of radiation which is observable from the earth.

The ultra-violet solar radiation also varies considerably with the solar constant; there is, as Abbot[1] noted, a greater increase of energy in the shorter than in the longer waves, *pari passu* with increasing values of the solar constant; the effect for wave lengths exceeding λ 5000 is small. In 1924 Pettit[2] began a series of continuous measurements with a solar radiometer, with which the solar radiation, transmitted by a film of silver (λ 3180—3300), is compared with that transmitted by a gold film (λ 4780—5000); the energy is measured directly with a vacuum thermopile, a galvanometer in circuit registers the variations photographically.

The graphic reduction of the readings of 11th December 1925 is given in fig. 135, where the ordinates are the logarithms of the ratio between the ultra-violet and green radiations for intervals of four minutes, and the abscissae the masses of air traversed, that is the secant of the sun's zenith distance at the time of observvation. The resultant curve is

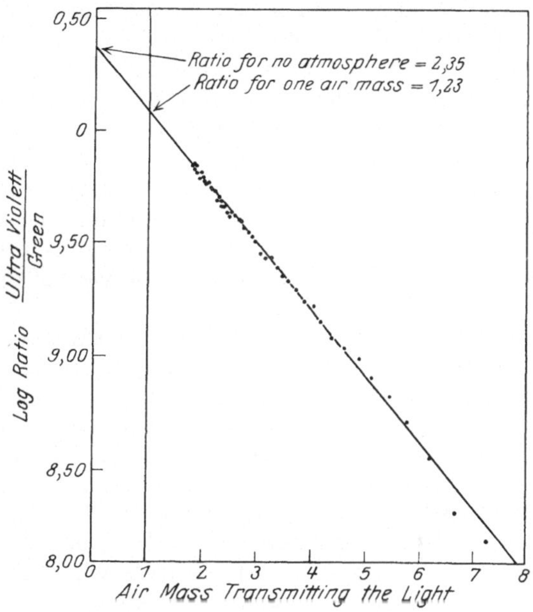

Fig. 135. Measure of ultra-violet solar radiation. Diagram for 11th Dec. 1925 (Pettit).

extrapolated to the zenith (ratio of the mass of air, one) and to the limits of the terrestrial atmosphere (ratio for no atmosphere).

From the determinations carried out at Mount Wilson it appears that we may conclude that the measure of the ultra-violet radiation reduced to no atmosphere, the solar constant, and the sunspot relative numbers, all vary at the same rate; an increase in the solar constant and in the relative numbers is accompanied by an increase in the ultra-violet radiation. Thus, for example, observations show that the decrease in the solar constant and in the ratio ultra-violet to green radiation at the beginning of 1926 was more rapid than the decrease in the number of spots. The maximum of the ultra-violet radiation in the period June 1924 to June 1926 was reached in December 1925, when its value was 50 per cent greater than in the previous June[3].

If we take the quotient of the two ratios: no atmosphere to one atmosphere, we find that the variation in the ultra-violet light, after having passed through

[1] Ann Astrophys Obs Smiths Inst. 4, p. 206 (1922).

[2] Publ A S P 38, p. 21 (1926); Pop Astr 34, p. 163 (1926).

[3] Pettit, Ultra-violet Solar Radiation. Mt Wilson Comm No. 98 or Wash Nat Ac Proc 13, p. 380 (1927).

the terrestrial atmosphere, is the same as beyond the atmosphere, indicating that the atmosphere has a negligible effect on the observed variations. We may finally observe that an increase in the ultra-violet radiation cannot be explained as a simple increase in the sun's temperature, because that would imply too great an increase in the solar constant and in the sun's temperature. We may then attribute the observed effect as depending on the faculae and flocculi, and to a possible variation in the transparency of the solar atmosphere.

e) Solar Theories.

23. Various Hypotheses on the Constitution of the Sun. The review of the solar phenomena which we have attempted in these pages demonstrates very clearly the amount of material amassed up to date. The difficulties which must arise in advancing hypotheses, or in elaborating theories to explain the constitution of the sun and the evolution of the phenomena, will be readily understood from the fact that we are only able to investigate the photosphere and the sun's upper layers. The numerous theories which have been put forward in the past and up to the present, cannot therefore satisfactorily interpret the complicated machinery which animates the solar globe.

The hypothesis of a solid or liquid solar nucleus, upon which the old theories were founded, is difficult to accept in view of the mean density of the sun, namely about one quarter of the mean density of the earth. Since the days of SECCHI and LOCKYER, the sun has been regarded as a large gaseous sphere, and this is generally admitted, but the origin of the white light from the photosphere has been variously explained. Some hold that the gases under the high pressure, due to gravity, which must exist in the sun's interior, emit a continuous spectrum like solid or liquid bodies, and this hypothesis is not only supported by experimental research, but also by the physical hypothesis of the emission of light. On the other hand, it is also admitted that the photosphere is the result of discontinuity in the sun's gaseous envelope, and that it consists of a layer of clouds produced by corpuscles of elements which are not easily vapourized.

If we regard the sun as a gaseous sphere, pressure and temperature must diminish from the interior outwards; we should therefore expect the sun's disc to diminish gradually in brightness towards the limb and to merge smoothly into the dark sky, but the difficulty is to explain the well defined edge of the sun.

We have referred to the low pressures in the reversing layer and in the chromosphere and these explain the sharpness of the greater part of FRAUNHOFER's lines; owing to the considerable force of gravity on the sun, pressure should increase rapidly towards the interior, so that there should be a rapid transition from the regions which contain rarified gases to those which contain very dense gases. Proceeding inwards from the reversing layer, where the lines are produced, a region is found where diffusion of light is so great that no light can traverse it from the layers below, and, as the layer which is capable of emitting light is relatively narrow, this would make the sun appear with a well defined edge even in the largest telescopes.

The phenomena which are more difficult to explain are those of equatorial acceleration and the periodicity of the spots. We shall only just touch upon a possible explanation of the sun's equatorial acceleration, referring the reader to the special treatises where this and the other numerous solar theories are discussed in detail[1].

---

[1] BOSLER, Les théories modernes du soleil. Paris (1910); PRINGSHEIM, Physik der Sonne. Leipzig (1910). JULIUS, Zonnephysica. Groningen (1928). EDDINGTON, The Internal Constitution of the Stars.

24. Wilsing's Theory. Wilsing explains that the equatorial acceleration is due to the sun being in a transitional stage between a nebulous and a solidified globe. The sun tends to uniform rotation, but this will only be attained when the relative motion of the different parts of its mass dies down as the effect of internal friction. Although such motion is still evident on or near to its surface it is probable that it has already died down in the interior. The dying down process is very slow, so that very long periods must elapse for its complete disappearance, hence the motion still appears to be constant over a relatively short period of one or two centuries. An explanation of this motion is therefore to be sought for in the past, and not in the present, constitution of the sun. Sampson also arrives at the same conclusion in his theory, that is: that the drift now observed on the sun is probably a temporary consequence of the slow condensation of a nebulous mass.

Wilsing also seeks to account for the periodicity of solar activity by supposing that in a revolving system, according to laws known at present, displacements occur as the result of gradual cooling, or for other reasons, which result in a shifting of the axis of symmetry so that the instantaneous axis of rotation does not coincide with the axis of symmetry; such coincidence is necessary for the maintenance of rotation about a constant axis of rotation. The fluid masses therefore strain to correct the divergence between the two axes so as to make them coincide, but equilibrium is retarded because of internal friction of fluid and gaseous masses, so that the divergence may become considerable. It is only when the frictional resistance is overcome that a shifting of the masses will restore equilibrium. The periodicity of this process may therefore give rise to the periodicity of the sunspots and prominences, and may also explain the relatively rapid increase in the frequency of sunspots at the recurrence of solar activity.

25. Emden's Theory. Notable progress has been made in our theoretical knowledge of the constitution of the sun, as the result of Emden's investigations on the hydrodynamics of gaseous spheres[1]; these may throw some light upon some of the solar phenomena.

The masses on the sun's surface emit heat, become more dense, and therefore sink deeper into the surface. If the sun did not revolve, then, supposing a state of equilibrium, these masses would sink down to the centre displacing an equal quantity of matter which would rise to the surface. This process of inflow and outflow is completely altered by the sun's rotation.

Symmetry requires that surfaces of equal pressure shall be surfaces of rotation. The cooling masses retain their moments of rotation as they sink and therefore as they approach the sun's axis they move forward with increasing speed, retaining their internal heat, while the displaced masses, which retain their slower moment of rotation, lag behind as they rise. We have therefore masses of vapours of different densities and rotational velocities which may well give rise to well defined discontinuity surfaces following each other. The necessary conditions for the formation of great waves apply to these surfaces; the waves, or train of waves, not inclined to the solar axis increase continuously, and because of their accelerated motion they break up and form enormous vortices where the equilibrium of the moments of rotation, and the contents of the entropy of the two layers, is established. In this way only can a uniform mixing process take place in the revolving sun, because the different moments of rotation check the formation, in a radial direction, of considerable convection currents. Internal

---

[1] Emden, Gaskugeln. Leipzig (1907).

friction is not sufficient, on account of the small coefficient of friction, to balance the moments of rotation and the calorific energy of the various entropic contents in a sufficiently short period of time.

The mixing process has been investigated theoretically by Emden who arrived at the conclusion that the supposed surfaces of discontinuity are open surfaces, which cut the photosphere along solar parallels, whose meridian sections are represented in fig. 136.

The inferences which Emden draws from his theory agree with some of the observed facts. One is that the strata of the solar surface in the polar regions must have a higher temperature than at the equator, and further that in equatorial regions they must have a greater angular velocity than at the poles. In fact if the sun did not revolve, convection currents would be produced freely which would mix together the masses at all depths, the sun would then cool down as the early solar theories predicted. Rotation does not affect those currents which move along the axis to or from the poles, but the closer to the equator, the more is the formation of the convection currents obstructed by the formation of Emden's surfaces, and the less will the former penetrate the sun. The convection currents cannot be produced except within each of the layers between two surfaces of discontinuity, the loss of heat is therefore less easily restored at the equator than at the poles; the solar surface must therefore be warmer at the poles than at the equator. As an experimental confirmation we can remember that probably the chromosphere is higher as a rule at the poles than at the equator (p. 138 f.).

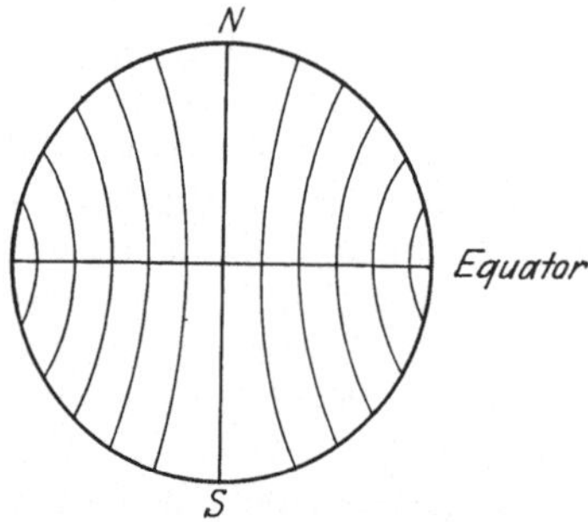

Fig. 136. The discontinuity surfaces of the sun according to Emden's theory.

We may conceive the generation of the various angular velocities to take place in the same way. We have shown that we cannot speak of a single velocity of rotation; now the cooling of the surface is accompanied by a corresponding contraction and an increase in the superficial angular velocity, but while the convection currents at the poles are the same as the angular velocities, at the equator the currents are checked and the external regions there cannot impart their increase of velocity to the masses below. There is therefore a definite apparent equatorial acceleration, which is exactly what is observed.

Emden's theory also explains the formation of sunspots as due to mutual friction in the solar strata. We have seen that between two contiguous layers, vortical waves are formed whose direction of rotation is the same as that of the sun's. These produce, as in the case of terrestrial cyclones, a decrease in pressure and suction in the direction of their axes. The initial cause of the spots is none other than these small local vortices, and when they form at a short distance below the surface we have depressions in the photosphere. The photospheric matter drawn into the base of the cyclone tends, by its rotation, to sink into the depression and to form an irregular crater. The more central gaseous masses which replace those which have been drawn into the vortex produce the prominences and the faculae which are always found near the spots. Internal friction gradually causes the vortices, the primary cause of the phenomenon, to disappear. If the vortices are formed near to the surface, rotatory motion, in contrary directions in the two hemispheres, may appear in the spots (fig. 137), but unless the disturbances are at a certain depth they will give no indication of their existence.

A phenomenon which might support this theory was observed on 10th September 1908: two spots situated nearly in the same longitude, but on opposite sides of the equator, were united externally by an enormous eruption which was almost a continuation of the internal vortex (pp. 214, 215, fig. 131 and 132).

The circulation of the gases, which the theory implies is not in close agreement with the observed circulation at different levels, nor does the theory explain the formation of bipolar spots almost on the same parallels of latitude, which, as we have shown, are the most frequent.

The shape of the discontinuity surfaces shows that there must be a zone near the equator where spots cannot be formed; it is only in exceptional cases that a discontinuity surface can be dissymmetrical and give rise to spots in those regions. Similarly, at the poles, discontinuity surfaces do not readily occur, and as it is only at great depths that the difference in the linear velocities becomes sufficient to produce vortices, sunspots cannot be produced; for these reasons spots can only appear in mean latitudes, which agrees with observation. EMDEN's theory does not attempt to account for the 11,5-year period, because knowledge of the sun's internal strata is lacking. With regard to the appearance of spots in high latitudes, after a period of inactivity, and their drift towards the equator, we may imagine that the upper layers cool off more rapidly during the relatively quiet period before they approach the sun's centre, and that the internal currents are not able to contribute to the re-establishment of thermic equilibrium. Because of the relative quiescence of the mass, the discontinuity surfaces can therefore be produced at great depths and in high latitudes. The spots will have a greater tendency to occupy those latitudes, but, as the activity of the sun increases, the unstable equilibrium of the masses cooling on the surface is disturbed more quickly, the cooler masses must therefore sink more rapidly, and give rise to stratification and to spots in lower latitudes.

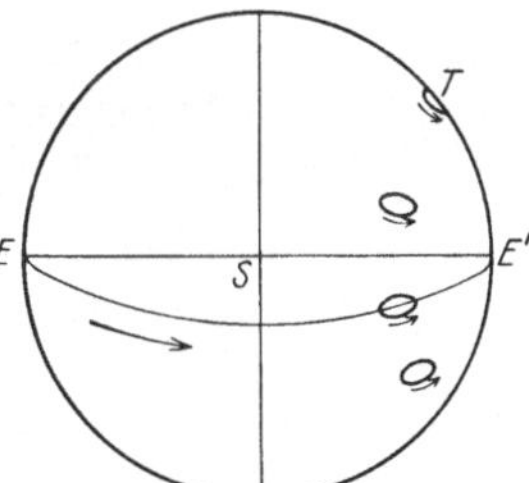

Fig. 137. Formation of sunspots according to the EMDEN theory.

26. BJERKNES' Theory. EMDEN's theory, like others, takes no account of the sunspot magnetic fields, nor of the other connected phenomena which have given rise to an entirely new conception of the formation of sunspots and the constitution of the sun in general. We have suggested (p. 198) that the hydrodynamic hypothesis is the one which best explains the movements and the currents which develop in the disturbed regions of the solar surface. A notable attempt to apply the principles of hydrodynamics and thermodynamics, making use of terrestrial analogies, has recently been made by V. BJERKNES[1] to explain the circulation which must take place in the upper layers of a gaseous sphere, like the sun, the formation of spots and their lower temperature, their appearance in cycles, their bipolar structure, and so on. The attempt is the more remarkable in that the greater part of the observed facts fit a comparatively simple hypothesis, which later developments lead us to look upon as of great value to solar physical research.

Granted that the sun's radiation is the origin of solar phenomena, it follows that the luminous and thermic radiations are responsible for its internal dynamics, as also for the expulsion of electrically charged corpuscles which are necessary to its electrical condition. The upper layers of the photosphere are subjected to cooling and therefore their state of equilibrium is disturbed, the heat so lost

---

[1] Ap J 64, p. 93 (1926) or Mt Wilson Contr No. 312; cf. also Obs 49, p. 364 (1926).

is restored by the deeper layers by means of internal radiation, convection or conduction. Internal radiation is probably the dominant factor, especially in the deep layers at very high temperature. But sufficient radiation remains to produce powerful convection currents, whose effect increases near the surface where by reason of a lower temperature internal radiation is not so pronounced. The sun's rotation tends to distribute the various phenomena in a general zone symmetrical to the axis of rotation.

Although he has not put forward a hypothesis on the origin of the sunspots, magnetic fields, Bjerknes admits that they are vortices, and supposes that their magnetic polarity changes with a change in the direction of vortical motion. Comparing the spots with terrestrial tropical cyclones, he shows that where there is vortical motion with horizontally curved currents, whose intensity increases with height, the vortices must have a central core of cool gas. In fact the vortex produces a pumping effect, and causes the masses of gas to ascend from the interior; these become adiabatically cool in the process.

Bjerknes has deduced a formula which gives the temperature gradient, from the centre of the sun outwards, in terms of the increase of velocity of the current with the height, and also the angular velocity of the vortex at the

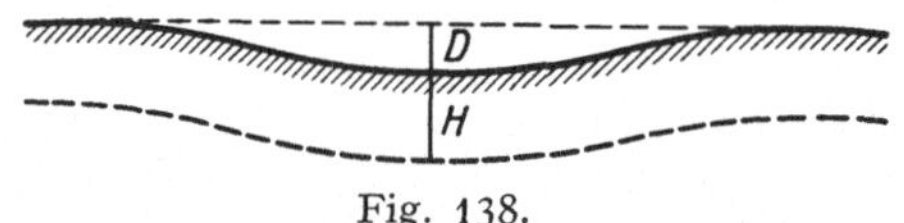

Fig. 138.

surface. In applying the formula to a spot, considered as a vortex on the surface of the photosphere, we can assume it extends to a depth H below the photosphere, and that the vortical velocity taken as zero at depth H increases linearly upwards (fig. 138). Calling D the central depth of the depression caused by the vortex Bjerknes' formula is:

$$\log\left(\frac{T_0}{T}\right) = \frac{2D}{H}$$

where T is the surface temperature at the centre of the spot and T_0 the surface temperature of the photosphere. The formula shows that the fall in temperature is proportional to the depression at the surface of the photosphere; thus for $\frac{D}{H} = \frac{1}{10}$, $T_0 - T = 1100°$, so that a depression in the photosphere only one tenth of the depth of the layer involved is sufficient to produce a fall of temperature of 1100°. The velocity required to produce a depression is of the order already determined by observations, and is a probable one in view of the conditions in the sun: that is, for a vortex whose diameter is ten times its depth the velocity required to produce a depression of one tenth is 5,5 km/sec at a distance of 10000 km from the centre of the vortex, and 17,5 km/sec at a distance of 100000 km; the velocity increases with the fall in temperature.

The vortex theory thus explains simply the increased absorption of the umbra and penumbra. Under intense radiation from the interior layers, the cool masses, which form the core of the vortex at any moment, cannot retain their low temperature unless as they get heated; they are replaced by masses drawn up from below, and flow radially outwards on the surface of the photosphere. This process continues as long as there is sufficient energy for the pumping operation. During the motion outwards the circulation round the centre of the spot decreases rapidly and the radial component predominates. The radial motion outwards at the level of the reversing layer causes a drop in temperature and a corresponding radial inflow into the upper layers. By reason of the sun's rotation the inflow assumes a spiral form, which explains what is often seen in hydrogen and calcium spectroheliograms. As the spiral formation is determined by the direction of the sun's rotation, and not by that of the photospheric vortex below, the whirl will not change direction when the magnetic polarity changes at the beginning of a new cycle of solar activity.

If each spot were to form an independent vortex, twin spots would only appear by chance; to explain the frequency of bipolar spots HALE suggested that they might be formed by a kind of ring, the two spots being at its intersection with the photosphere; half the ring in the solar atmosphere and the other half, generally the more important of the two, connecting the spots below the photosphere.

Developing this idea, BJERKNES advances the hypothesis that all spots may be due to a zonal vortex, surrounding the sun like a parallel of latitude, which gives rise to a spot wherever it crosses from the photosphere to the reversing layer or vice versa.

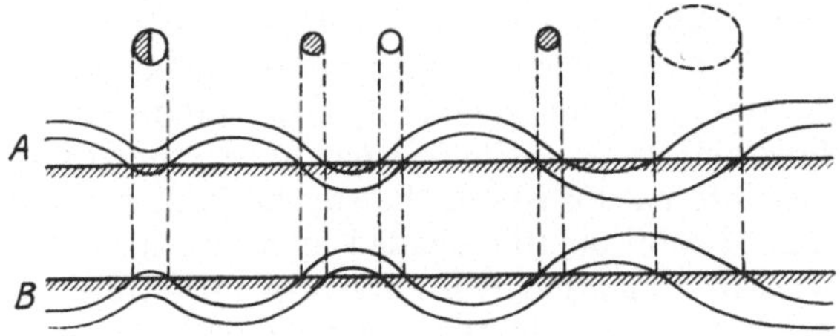

Fig. 139. Formation of sunspots on the BJERKNES' hypothesis.

The hypothesis may be developed in two ways: the zonal vortex may belong mainly to the solar atmosphere and occasionally dip below the photosphere from spot to spot of a binary system (fig. 139, A), or it may lie below the photosphere and occasionally ascend into the solar atmosphere from member to member of a binary system (fig. 139, B). The zonal vortex hypothesis has the advantage of embodying the more striking features observed in spots; that is, that the spots of the same cycle appear in a comparatively limited belt of latitude and that they are generally of the bipolar type; that the axis of each binary system tends to parallelism with the equator; that the binary systems of the same cycle generally have the same sequence of polarity; that at their first appearance the groups are often bipolar, and a single spot generally represents the last phase in the life of a group; that the companion to a single spot follows the original spot, if the latter possesses leading polarity for that cycle, and precedes it under converse conditions.

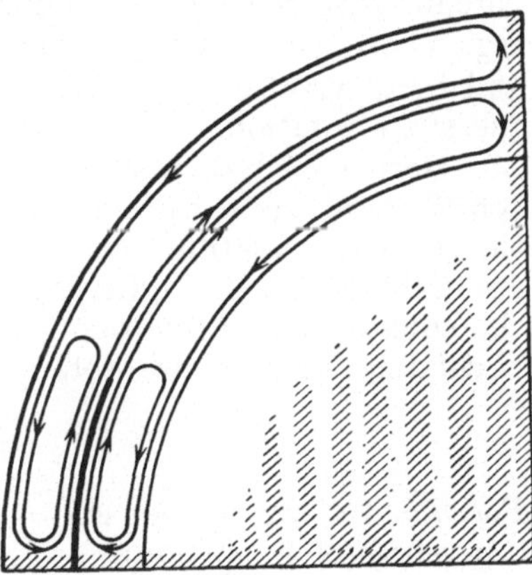

Fig. 140. General solar circulation according to BJERKNES.

In addition the theory reduces the progression of the sunspot phenomena from high to low latitudes, to a motion of the whole zonal vortex, while the reversal of polarity from cycle to cycle is explained by a reversal of its rotation. A similar phenomenon might occur if a general circulation existed in the sun between the pole and the equator at the level of the photosphere; this we might probably admit if layers of different densities preexisted in the interior of the sun.

Fig. 140 represents the simplest example of stratified circulation. The upper layer is assumed to circulate on the surface from the poles to the equator, and the lower layers from the equator to the poles. The layer next below should therefore circulate from the equator to the pole in its upper part, and from the pole to the equator below and so on.

Bjerknes observes that thermodynamically such circulation is possible; the motive power is supplied by the cooling of the photosphere by radiation and the corresponding heating of the lower layers by radiation from the interior and by contact with the layer next below. The photosphere may therefore be likened to a thermal machine. On the earth, the currents circulate at high elevations from the equator to the poles and from the poles to the equator in low, the chief source of heat being the ground level at the equator. It is difficult to determine the direction of circulation on the sun, but once circulation has been set up in a given direction it will continue in that direction.

Assuming that the circulation in the upper strata of the photosphere is in the direction pole—equator, and that in the layer below it is in the contrary direction, we see at once what must occur by reason of the sun's rotation. The vast internal masses in the sun on both sides of the equatorial plane about the axis of rotation (the shaded areas in fig. 140) which are not concerned in the general circulation will evidently move almost like a rigid body. The masses which take part in the general circulation follow the same general law which holds good on the earth; those which move from the pole to the equator lag behind, while the masses which move from the equator to the pole move forward relatively to the rigid or apparently rigid core. The layer above those which participate in the general circulation should therefore, according to the hypothesis, appear retarded in high latitudes relative to the equatorial masses; this would explain equatorial acceleration, which might be better termed "retardation in the higher latitudes". The theory also implies a retardation relative to the pole, that is a polar acceleration should be manifest near the poles. Considering the difficulty of precise determinations at high latitudes, Adams' results (p. 165) are concordant with theoretical requirements, and prove[1] that an investigation of the region between latitudes 75° and the pole, undertaken with powerful instruments, will be of great value in deciding many questions connected with the law of the sun's rotation.

During their slow progress from the poles to the equator the masses which constitute the surface of the photosphere must cool down gradually. Consequently the sun's temperature must be highest at the poles and lowest at the equator.

Calling ΔT the difference between the temperature at the pole and at the equator, and h the depth in metres of the overlying current of the upper circulating stratum, we obtain from the theory:

$$\Delta T = \frac{12\,000\,000}{h}.$$

For $h = 100$ km we get $\Delta T = 120°$, and for $h = 1000$ km, $\Delta T = 12°$; these differences of temperature are however much too small to be measured on the sun. But the possibility of greater differences cannot be excluded, for example in the case of a decrease in the depth of solar vortices and also of the individual layers which participate in the stratified circulation due to greater internal stability of the sun. We have shown that Emden's theory also leads to the conclusion that the sun's temperature is higher at the poles.

To conclude, sunspots depend upon intensified local circulation, and the equatorial acceleration upon the slow general circulation. It now remains to be seen whether the two explanations agree in explaining the appearance of spots in low latitudes, and their characteristic periodicity. We may note that the greatest differences in temperature occur on either side of the equator where the cooled masses of the photosphere, which have continued their radiation

---

[1] Carnegie Inst. of Washington No. 138, p. 130 (1911).

since they left the poles, descend and come into contact with the heated ascending masses of the immediately underlying layer. This condition is favourable, on the one hand to a concentration of the general circulation in low latitudes as indicated by the curves circulating within each layer in fig. 140, and on the other to the formation of other vortical zonal rings which produce the spots. If these zonal vortices last a certain time they will be carried about by the general circulation into lower latitudes.

To explain the observed reversal of polarity it is only necessary to conceive the existence of two zonal vortices with opposite directions of rotation which are swept along by the general circulation (fig. 141). If a certain number of years is required for complete circulation between the poles and the equator, as seems probable, a period of 23 years for a complete revolution of the zonal vortices is not unreasonable.

The process of this simple mechanism, which, as Bjerknes observes, is dynamically and thermodynamically possible and which might be developed into a complete theory, agrees best with observed facts which are: that the spots of the new cycle with opposite polarities and directions of rotation appear in high latitudes at about the same time that those of the old cycle are disappearing near the equator. When the zonal vortex dips and disappears at the equator, only the spots of the new cycle, which is then in full development, will be in evidence; as this vortex reaches the equator the first vortex reappears in high latitudes and produces the spots of the next cycle with their reversed polarities, and so on.

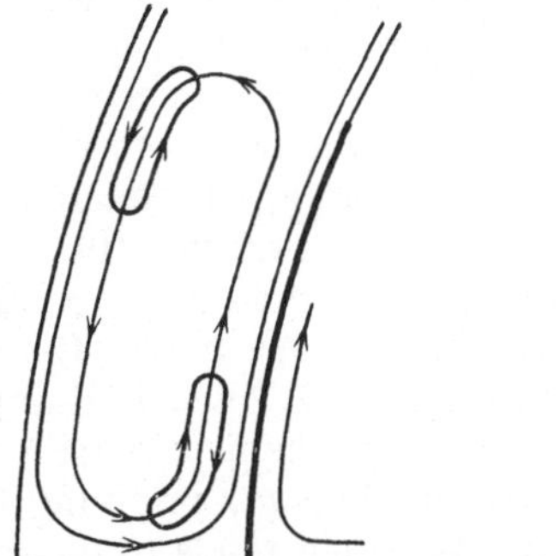

Fig. 141. Formation of zonal vortices with opposite directions of rotation according to Bjerknes' theory.

With regard to the general circulation, we have said (p. 105) that the Greenwich observations lead us to conclude that the faculae move towards the poles between latitudes 0° and 40° with more pronounced motion at high latitudes. This motion must be precisely that produced by Bjerknes' hypothetical current, whose direction, below the level of the faculae, is from the poles to the equator. On the other hand, it will be remembered that attempts to determine the circulation of the prominences lead, in the majority of cases, to indefinite results, although, as we have pointed out (p. 150), well marked directions are noted in different latitudes.

This interesting problem assumes considerable importance in the light of Bjerknes' theory and is also connected with many others, for example with the variation of the equatorial acceleration at different levels. Suitable research in the future may more or less confirm or modify this and other theories which endeavour to throw light upon the constitution and dynamics of the sun.

In finishing this account of Solar Physics I desire to record here once more my gratitude to Mr. W. P. Henderson, who has been so kind as to translate it from Italian into English, and to Lieut. Col. F. J. M. Stratton D. S. O. who has most kindly revised the proofs.

G. A.

Appendix to Solar Physics.

By

G. Abetti.

It has been suggested more than once that the earth, or generally speaking the planets, may, in some way, influence the variations in solar activity. Research has been undertaken but it cannot be said that any definite result has been obtained, yet in order to supplement what has been said in this section a brief account of what has been done in this direction is considered necessary.

From an examination of the prominences on the limb observed at Catania, Palermo and Rome between 1880 and 1896, Sykora[1] noted that the number of prominences observed on the east limb (51,5 per cent of the total number of prominences), exceeded the number observed on the western limb, and he attributed the excess to the curvilinear motion of the masses of the prominences. Mrs. Maunder, who examined the numbers and areas of the sunspots observed at Greenwich during the cycle 1889 to 1901[2], arrived at the conclusion that there is a decidedly prepondering activity in the eastern half of the solar disc over the western half; 947 groups appeared on or were formed near the eastern limb, against 777 which disappeared on the western limb. The difference, amounting to 22 per cent, is attributed by Mrs. Maunder to a possible influence of the earth on the sun, implying that the earth may have a damping effect on solar activity which tends to dissipate spots and prominences as they cross the visible disc. J. Evershed and M. A. Evershed discussing the prominence observations undertaken at Kodaikanal[3] between 1904 and the first half of 1912, find a notable constant excess in the number of eastern prominences over the western, and that the metallic prominences appear to be more active and more numerous on the eastern limb. But between the second half of 1912 and 1914 the excess disappeared and the two limbs showed practically equal activity. These two authorities also suggest a possible terrestrial influence, and that the change which occurred in 1912 might indicate fluctuation or periodicity due to other causes. Father Chevalier discussing the sunspot observations carried out at Zô-sè from 1905 to 1917[4], taking into consideration the total number of spots large and small as well as the large spots only, concluded that the activity in the eastern portion of the solar disc is the same as in the western. Similar research on the faculae covering a longer period (1886 to 1916) was undertaken by Maunder[5], and he confirms the results arrived at by Mrs. Maunder for the spots. The total area covered by the faculae in the eastern hemisphere was found to be 3 per cent greater than in the western throughout the thirty years under consideration, thus demonstrating, according to Maunder, the apparently persistent and systematic effect of the earth on the production of the faculae; the effect is of the same order as that found for the spots. Similar results were

---

[1] Mem. Spettr. Ital. 26, p. 161 (1897).　　[2] M N 67, p. 451 (1907).
[3] Memoirs Kodaikanal Observatory 1, P. II, p. 69, 125 (1907).
[4] Annales de l'Obs. Astr. de Zô-sè (Chine) Tome XI, p. B 5 (1919).
[5] M N 80, p. 724 (1920).

obtained by RODÉS[1] after examining the photographs of the spots obtained at the Ebro Observatory between 1910 and 1920.

From these various researches we cannot as yet be certain of the existence of a supposed terrestrial influence, all the more because similar effects should be produced and should make themselves felt by the other planets. In fact BAUER[2] discussing WOLF's numbers in search of a possible annual periodicity which appears to affect the sunspot cycle, tentatively concludes that the earth, as well as the other planets, appears to emit into space, or sends back with a sort of reflex action, part of the electrified particles which are continuously reaching it from the sun, and that as far as the earth more particularly is concerned, this might cause a small but observable effect on the activity of the spots which is probably of an electrical nature.

While this section was in print several articles on Solar Physics have been published. Below are given those which specially refer to the subjects already dealt with in this section.

Ciph. 9. H. W. NEWTON deals with the sun's cycle of activity in the "Quarterly Journal of the Royal Meteorological Society" and refers to the most recent researches.

Ciph. 14, p. 128. Cf. Revision of ROWLAND's Preliminary Table of Solar Spectrum Wave-Lengths with an Extension to the Present Limit of the Infra-red.—Published by Carnegie Institution of Washington. 1928.

Ciph. 15 and 18. In a series of important papers [M N 88, pp. 188 and 493 (1928), and in "Nature", June 9th and 16th, 1928] MILNE deals with the pressures in the chromosphere and in the reversing layer and with the effects of collisions on monochromatic radiative equilibrium; he concludes that the transition from local thermodynamic equilibrium to monochromatic radiative equilibrium has an important bearing on the change of residual intensity between centre and limb. It will be interesting to see how much these theoretical predictions are confirmed by the observation of the residual intensity in the line-centre at the limb and that at the centre of the disc.

MILNE proves also that the value of the pressure for the calcium chromo sphere computed by UNSÖLD [Z f Phys 44, p. 793 (1927)], much larger than that deduced by him for the base of the chromosphere, is not possible and that the investigation of UNSÖLD on the equilibrium of a layer of Ca^+ and Ca^{++} atoms in thermodynamic equilibrium relates to the reversing layer. The chromosphere consists, in MILNE's theory, almost entirely of Ca^+ atoms and free electrons with the pressure of the order of 10^{-13} atmos. At the base is a layer in local thermodynamic equilibrium (the reversing layer).

In further development of similar problems UNSÖLD [Z f Phys 46, p. 765, 782 (1927)] deals with the structure and formation of the FRAUNHOFER lines, the quantitative spectrum-analysis of the solar atmosphere and the emission spectrum of the sun's limb; he arrives at a conclusion which is partially confirmed by the currents in the chromosphere, and at a theoretical representation of the intensity curves of FRAUNHOFER's lines which fully agrees with the theory, excepting the hydrogen lines $H\beta$, $H\gamma$, $H\delta$. A comparison between the distribution of intensity in line $H\alpha$, either of absorption or emission, on the sun's limb and in the chromosphere deduced from the theory of radiative equilibrium, agrees with observations. In this investigation no consideration is taken for the dissymmetry of the bright components which has been traced in the double inversion of line $H\alpha$ at the limb (see ciph. 14). J. W. WOLTJER jr. (B A N 157, Sep-

---

[1] Pop Astr 30, p. 4 (1922).   [2] Pop Astr 29, p. 555 (1921).

tember 1928) deals with the theory of the chromosphere and of the corona and criticizes the actual occurrence of Milne's hypotheses, but on the other hand he supports those hypotheses which suggest that the chromosphere and the corona consist of expelled atoms and electrons which however need not all leave the sun once for all, but at least partly may fall back in the solar atmosphere.

Ciph. 15. S. R. Pike [M N 88, p. 3 and p. 635 (1927—1928)] discusses the motion of the gases in the solar atmosphere, as we have already had occasion to mention, and the separation of the gases in the prominences, based upon Milne's theory.

Calculating the radiative force over a given area in the photosphere at any given temperature, he has determined the motions of the gases in the chromosphere, and they can be compared with the observed motions. The agreement is satisfactory although there are some observations which do not seem to be capable of explanation by radiation pressure only. That theory predicts a considerable sorting out of the various components of a mixture of gases which is in motion under the influence of radiation pressure. The order of the magnitude of this effect, which has been calculated by Pike in accordance with the theory, should be readily observable when the simultaneous motions of the different gases in the same prominence are investigated.

Ciph. 22, p. 218. Cf. Bulletin for Character Figures of Solar Phenomena. International Astronomical Union. Published by the Eidgen. Sternwarte in Zürich. 1928.

Chapter 3

Eclipses of the Sun.

By

S. A. MITCHELL-Charlottesville, Va.

With 7 illustrations.

a) History.

1. Introduction. The observation of a total eclipse of the sun is one of great excitement and nerve-racking tension. The life of an eclipse astronomer may be likened to that of a hunter after big game. Many months and even years are spent in quietly investigating the problems, a costly equipment is accumulated and each piece of delicate apparatus is carefully tested at home to see that it will properly perform its designated functions at the critical moment. After some weeks spent in the field erecting the instruments and most carefully adjusting the cameras and spectroscopes, the eventful day approaches Each and every one of the observing party becomes more and more intense and keyed up for the great event. A successful attack lies only in taking care that every one of the possible chances of failure is obviated. When the "zero-hour" arrives, bringing with it the total eclipse, will the attack be successful or will some little blunder spoil everything, or will cloudy skies render of no avail all the long months of preparation and show only the eclipse entirely eclipsed by clouds?

Today, as never before, our daily life follows its course surrounded by the wonders of science. But amongst all the wonders of all the wonderful sciences there is no science which deals with such a gorgeous spectacle as is exhibited by the queen of the sciences, astronomy, at the moment when the earth is gradually shrouded in darkness and when around the smiling orb of day there appears the matchless crown of glory, the beautiful corona. Nor can any science duplicate the wonderful precision shown by the work of the astronomer in his capacity to predict hundreds of years in advance the exact hour and minute at which an eclipse will take place and the locality on the earth's surface where such an eclipse will be visible. There is no other science which can boast such a rich harvest of information reaped per hour of time spent in securing the observations as is the case with investigations of total eclipses of the sun. The entire durations of totality of all eclipses successfully observed since the methods of astrophysics were first introduced have amounted altogether to about one brief hour, or sixty golden minutes. The writer has travelled one hundred thousand kilometers in order to witness seven total solar eclipses and to have the opportunity of working during the time of totality for fifteen paltry minutes.

The surprising feature of eclipse work is not that the information is so meagre for the time and energy and money spent in eclipse expeditions, but rather that the results have been so complete in spite of the briefness of the time available for observations and the lack of opportunity for testing out instruments under eclipse conditions. The rewards from eclipse observations are indeed great but the chances of failure are many, especially from that arch enemy of the astronomer, clouds.

2. Eclipses before the Nineteenth Century. One of the strangest portions of the history of astronomy before the middle of the nineteenth century is the lack of interest in and the dearth of accurate observations of the phenomena visible at the time of a total eclipse of the sun. The days of laboratory methods had not yet arrived, it was not the habit of mind for the scientist to make experiments, the telescopes were small and possessed few accessories. The astronomer used the telescope merely as a magnifying instrument in order to note more accurately the time of some event or to measure angular distances; an observatory was indeed a celestial watch-tower. The only observations of value made of eclipses before the birth of astrophysics was in noting the times of contact of the limbs of the sun and moon. The beautiful corona was watched with awe and admiration, a few sketches of it were made, but these were done so indifferently well that little information was forthcoming. These observations were made only in the event that the eclipse happened to pass across the observer, for so little interest was taken in these phenomena that no expeditions were sent out.

It is surprising to find how few published references to the corona exist in the early literature. PLUTARCH and PHILOSTRATUS give allusions which unmistakeably refer to the corona, but apparently the first to take any scientific cognizance of the crown of glory was KEPLER. A hundred years later, at the eclipse of 1706, CASSINI, who was a skilled observer, describes the "crown" of pale light, and he decides it must be caused by the illumination of zodiacal light; and eleven years thereafter, HALLEY saw the corona and also prominences, but he was unable to decide whether the corona belonged to the sun or was an appendage to the moon.

If so little attention was paid to the corona which presents such a gorgeous spectacle so readily visible to the naked eye, it is not surprising that even less notice should be taken of the "red flames". The first reference to them seems to have been at the eclipse of 1706 when they were apparently observed by STANNYAN who wrote a description of them and sent it to FLAMSTEED. The first vivid portrayal was by VASSINIUS of Sweden who observed them in 1733. The Spanish admiral ULLOA saw them while at sea during the eclipse of June 24, 1778, and he furnished a valuable account, with the added explanation that the rosy hues were caused by the sun's light shining through some hole or crevice in the limb of the moon.

3. Eclipses from 1836 to 1850. Two decades after the pioneer work of FRAUNHOFER so happily had started the new science of astrophysics, it was found[1] "that the study of the sun was now (1833) in full swing. We had at length, after waiting some centuries, a method of observing a spectrum; we had, further, the fact that there were dark lines in the solar spectrum; that colored flames gave us bright lines; that certain substances stopped some of the light which passed through them, thus producing dark lines. Hence that the solar lines might be produced in the same way."

The solar eclipse of 1836 was the first eclipse at which the methods of astrophysics were applied and the observation of it played a very important role in the history of the new science. The eclipse was visible at Edinburgh, but it

---

[1] LOCKYER, Chemistry of the Sun, p. 41 (1887).

was not a total eclipse but merely an annular one. BREWSTER had already discovered the terrestrial atmospheric lines in the solar spectrum and FORBES had shown that these lines were few in number and relatively unimportant compared with the vast number of lines in the solar spectrum. Moreover, he emphasized the fact that the FRAUNHOFER lines could not have been caused by the absorbing effect in our terrestrial atmosphere, for if this were true the spectra of all heavenly bodies, including the stars, should be identical with that of the sun. As the spectra of the stars differed among themselves and at times showed striking differences from the spectrum of the sun, it was manifest that it was not possible to imagine a terrestrial origin for all of the solar lines. Consequently, if the absorbing action of the earth's atmosphere could not give an adequate explanation, then there appeared to remain no other cause than that the origin of the spectral lines must take place within the sun's own atmosphere. If, therefore, this was the true explanation, then an annular eclipse of the sun would appear to furnish a crucial test. It had been observed by FORBES that the terrestrial lines in the solar spectrum became more and more intensified as the sun approaches the horizon and its light reaches us through greater and greater layers of our earth's atmosphere. In like fashion it would appear that there should be a similar effect visible in the lines of truly solar origin as the light from the sun reached us after traversing greater and greater layers of the sun's atmosphere. Since the light from the limb of the sun must pass through a much greater thickness of solar atmosphere than that from the sun's center, it would appear that the spectral lines from the sun's edge, observable at the time of an annular eclipse, should be much intensified in comparison with the FRAUNHOFER lines visible under ordinary conditions from the sun's center.

The eclipse was observed by FORBES who failed to detect any difference whatever in the numbers, positions or intensities of the lines of the spectrum. Since the differences in intensities of the terrestrial lines are so very marked, it is not surprising that FORBES[1] should come to the obvious conclusion that "this result proves conclusively that the sun's atmosphere has nothing to do with the production of this singular phenomenon."

To us at the present time who are accustomed to put all theoretical conclusions to the acid test of observation, it is surprising to find that neither FORBES nor anyone else for thirty years made any further experiments along this line.

It would have been readily possible to compare the spectrum of the center with that of the limb by the use of a projecting lens. Such a plan was in the mind of FORBES as the following (loc. cit.) shows: "Had the weather proved unfavorable for viewing the eclipse, I intended to have tried the experiment by forming an image of the sun by using a lens of long focus, stopping alternately by means of a screen the interior and central moiety of his rays, and restoring the remainder to parallelism by means of a second lens, then suffering these to fall on the slit as before. The result of my experiment during the eclipse seemed, however, so decisive as to no marked change being produced at the sun's edges that I have thought it unnecessary to repeat it."

The eclipse of 1836 witnessed also the observation by BAILY of the "beads" which are interesting eclipse phenomena so readily visible to the naked eye. An excellent description of his observations is given by AGNES CLERKE in her "History of Astronomy during the Nineteenth Century", page 74. BAILY gave the correct explanation of the beads, that they are due to irradiation or the

---

[1] Phil Trans 126, p. 453 (1836).

spreading of light from a fine point into a larger circle of light. Baily's beads, however, had been observed a half century earlier[1] as the product of the first American eclipse expedition, one sent out from Harvard College to observe the eclipse of October 27, 1780.

The methods of astrophysical observation put into effect at the eclipse of 1836 paved the way for the greater triumphs at the next eclipse observed, that of July 8, 1842. The eclipse track crossed Southern Europe and into its path were collected the foremost astronomers of England, France, Germany and Russia who appeared entirely unprepared for the startling phenomena that met their gaze. Baily gives a very complete account in the Monthly Notices R A S 15, p. 4 (1846). He describes the beads, the corona, the "protuberances" and Arago describes also the effect of the eclipse on people and animals.

The astronomers had not recovered from their surprise at this eclipse occasioned by corona and prominences before Schwabe published in 1843 his discovery of the periodicity of sun-spots. The result was an unprecedented increase of interest in the physical constitution of the sun. The young science of astrophysics had now grown out of the infant stage and was a lusty and vigorous and struggling youth!

Many and curious, however, were the reasons brought forward to explain the nature of the prominences. Most astronomers believed that diffraction round the edge of the moon was in some manner responsible for these eclipse envelopes. A century earlier Halley[2] had had such a curious notion concerning prominences that it should be classed along with William Herschel's strange belief that the interior of the sun was cool and habitable. Halley thought that the appearances on the eastern and western edges of the sun at a total eclipse might reasonably be expected to be different, for the reason that "the eastern limb of the moon had been exposed to the sun's rays for a fortnight, and as a consequence it would be natural to expect that the heated lunar atmosphere might exert some absorbing effect on the solar rays, while on the contrary the western edge of the moon being in darkness and cold for two weeks could exhibit no such absorbing action."

4. Eclipses from 1850 to 1874. The interest awakened in physical observations of the sun had become so great that astronomers were determined to take advantage of every opportunity for increasing their knowledge, and hence arose the determination, which has continued to the present day, of sending out eclipse expeditions, no matter how short was the duration of totality nor how great distances of travel became necessary.

The eclipse of July 28, 1851, was visible in Norway and Sweden. English astronomy alone was represented at the eclipse by the Astronomer Royal Airy, by Hind, Dawes, Carrington, Stephenson, Gray, Lassell and Williams. Although Faye[3] still asserted with vehemence that the prominences were merely optical illusions or "mirages produced near the moon's surface", the general consensus of opinion was that they took their origin in the sun. To the seat of these scarlet flames Airy gave the name sierra.

The eclipse of 1851 is memorable for the achievement of the first photographs of the eclipsed sun, Busch obtaining some feeble impressions by the daguerrotype process. Attempts at photography were made at the eclipse of 1842 using ionized paper, but with no results.

---

[1] Mem Americ Acad of Arts and Science 1, p. 84 (1783).
[2] Phil Trans 29, p. 248 (1715).
[3] Mem R A S 21, p. 5 (1853).

Photography scored its first substantial success in its portrayal of prominences at an eclipse of July 18, 1860 which was observed in America, Spain and Northern Africa. On account of the fact that the prominences were red in color it had been feared that it would be impossible to photograph them, for the ordinary photographic plates are insensitive to red light and for that reason are developed under ruby light. At the 1860 eclipse, WARREN DE LA RUE used the heliograph from Kew, enlarging the image before it reached the photographic plate while Father SECCHI employed a six-inch refractor without enlargement. Photographs of both observers were successful. DE LA RUE was near the Atlantic in Spain while SECCHI was on the Mediterranean Coast, six minutes of elapsed time being necessary for the moon's shadow to travel from one station to the other. The conclusions from the 1860 eclipse were: (1) The prominences are rich in actinic power (known now to be chiefly due to the H and K light of calcium). (2) As the moon passed in front of the sun it progressively covered and uncovered the prominences, thereby completely demonstrating that their origin is strictly solar. (3) During the six minutes of elapsed time, changes were noted in some prominences but no variations in others. (4) The source of the red flames completely circles the sun. This is the sierra of AIRY, but later called the chromosphere by LOCKYER.

The success attending the eclipse of 1860 came almost at the same time with the unraveling of the enigma of the spectrum through the publication by KIRCHHOFF of the laws underlying spectrum analysis. After two centuries of painstaking progress, at times slow and halting, the crucial experiments had been performed with the result that the action of the spectroscope was at last understood and an adequate explanation was forthcoming for the cause of the dark lines in the solar spectrum.

The work of KIRCHHOFF in connecting the emission of light with absorption furnished the means of determining the physical constitution of the sun. According to present ideas, the photosphere of the sun, the portion of the sun we see, consists of gases under such high pressures that the molecules cannot vibrate independently, and as a consequence the spectrum of the photosphere must be continuous, a ribbon of light without breaks from red to violet. The photosphere is surrounded by the chromosphere and the corona, both of which consist of gases at cooler temperatures and lower pressures than are found in the photosphere. The spectrum of the photosphere can never be observed by itself separated from the absorbing action of corona and chromosphere. No FRAUNHOFER lines are known which are caused by coronal absorption; all of them take their origin through absorption in the chromosphere. The so-called "reversing-layer" has no separate existence from the chromosphere; it is but the lowest and densest part of the chromosphere, that which lies closest to the photosphere, wherein takes place most of the absorption causing the dark FRAUNHOFER lines.

If the spectrum of the gases forming the chromosphere could be examined entirely separated from the hotter and brighter photospheric background, they would exhibit the gaseous, or bright-line spectrum. Under ordinary conditions, without an eclipse, the light from the photosphere shines through the cooler gases of the chromosphere, certain wave-lengths are absorbed by the gases of the chromosphere with the result that the spectrum of the sun comes to us as a reversed spectrum, of dark lines on a bright background. It should be strongly emphasized that the chromospheric lines are brilliant in themselves. However they are dark by comparison and form FRAUNHOFER lines in contrast with the more brilliant background of the photosphere. If the photosphere is covered up, which is possible only at the time of a total eclipse of the sun, then the spectrum of chromosphere and prominences must consist of bright lines on a dark background.

From Kirchhoff's time to the present the most important results from eclipse work have come from the use of the spectroscope. How wonderful it must have been to have been an astronomer, physicist or chemist during the early days of spectrum analysis when almost every observation meant a new discovery! With Kirchhoff's laws as a basis, it was not difficult for the scientist of that day to predict what the spectrum of the prominences would be when the next total eclipse came to reveal them. The eclipse of 1860 had definitely proven that these prominences were solar in their origin. On account of the very great difference in color between the prominences and the sun as a whole it appeared probable that the prominences were not photospheric material shot up by explosions in the sun to great heights above the sun's surface. The prominences, therefore, would probably not exhibit the reversed many-lined Fraunhofer spectrum of the sun. Manifestly, since all of the gases forming the sun did not take part in the solar outburst, the prominences probably consisted of a few gases only; perhaps one of the chief constituents was the lightest of the known gases, hydrogen, whose visible spectrum, ascertained from stellar investigations, consisted of a strong line in the red, another in the blue, and a series of lines coming closer and closer together as the violet end of the spectrum was approached. The red line of hydrogen indeed seemed to give a color not differing materially from the red color of the prominences. If therefore the prominences were actually outbursts of hydrogen gas heated to great temperatures in the solar furnace, the eclipse spectrum would be vastly different from the ordinary solar spectrum.

It appeared, therefore, that the prominence spectrum in all probability would consist mainly of a few bright lines, the red and the blue of hydrogen, the C and F lines of Fraunhofer, and possibly a few members of the hydrogen series. But unfortunately, there was no total eclipse on which to test these theoretical conclusions until that of August 18, 1868; and to make matters worse the eclipse was visible only in far-off India, the Malay peninsula and Siam. The distances were great, the time for observation brief, but the problems were important. Accordingly several expeditions, two British, two French, one German and one Spanish were found in the eclipse track. The greatest success was achieved by Janssen. The slit of his spectroscope directed to the edge of the sun revealed the spectrum of the prominences. As had been thought, the spectrum consisted of bright lines, the most prominent of which were three lines, one in the red, one in the yellow and one in the blue. The red and blue lines certainly belonged to hydrogen, but whence came the line in the yellow? In color it seemed to match the D-lines of sodium, ever present in laboratory experiments, but why should the gas sodium with its comparatively heavy weight be found in the prominences where only light gases were expected? Further researches soon revealed that the yellow line was not due to sodium but to an unknown gas called helium on account of its solar origin. Thus the first fruits of eclipse spectroscopy was the discovery of a new chemical element.

The early history of astrophysics shows very clearly what has been revealed many a time in other branches of science, namely, that of the many investigators working along parallel paths towards the same goal, it has remained for one fortunate individual to make the critical experiment or secure the necessary observation and thus arrive first at the destination towards which all were striving. The prominence lines were so brilliant that Janssen tried to find them again after the eclipse was over—and discovered them readily enough.

Similar ideas had occurred to other workers with spectroscopes, notably to HUGGINS and LOCKYER in England. Without having been at the eclipse, the latter independently discovered the spectrum of the prominences on October 20, 1868. LOCKYER communicated his results to the French Academy, and without having heard of the work of the Englishman, JANSSEN sent to Paris the report of the work he had done both at the eclipse and afterwards. By a strange coincidence, the papers from both investigators were read at the same sitting of the Academy, in honor of which notable event a medal was struck bearing the likeness of both LOCKYER and JANSSEN.

A strange thing happened: with the discovery of the nature of prominences, these objects ceased to be phenomena confined only to eclipses. This was a happy and most fortunate result, for the astronomer was thus freed from the necessity of observing prominences during the all too brief moments of a total eclipse and he could therefore devote his energies to other features observable only during the fleeting moments of totality.

The next eclipse was that of August 7, 1869, visible in America from Alaska to North Carolina. On account of the importance of the observations, the United States Government made a large appropriation. Astronomers in great numbers gathered in the eclipse track and they were fortunately greeted by clear skies. Successful photographs of the corona were secured by a number of observers. The most important spectroscopic work was the investigation of the spectrum of the corona and the discovery of an emission line in the green part of the coronal spectrum. This green line was feeble in intensity but it was detected independently by both HARKNESS and YOUNG, the latter identifying its position with the line numbered 1474 on KIRCHHOFF's scale. But the line 1474 is due to iron, and so it was surprising and perplexing in the highest degree to find a single line, out of the thousands contained in the spectrum of iron, present in the coronal spectrum and reaching such great heights above the sun's surface. In spite of the apparent coincidence, it was evident that the substance causing the green coronal line could not be due to iron. To the unknown gas the name coronium was given. Today after more than a half century of eclipse investigations and with the marvellous achievements of modern astrophysics to hand, we know pitifully little of coronium. Additional bright lines have been discovered in the corona and wave-lengths have been derived but with an accuracy that is not very great, — and with this meagre information our knowledge of coronium practically ends!

The eclipse of the following year, December 22, 1870, was visible in Spain, Northern Africa, Sicily, Greece and Turkey. The United States government appropriated $ 29000 for eclipse expeditions, and the British government £ 2000 and a ship. The weather was not very kind and clouds spoiled many carefully prepared plans. LOCKYER met shipwreck and clouds but was finally rewarded by one brief glimpse of the corona lasting one and a half seconds! After his great triumphs with the spectroscope at the eclipse of two years before, JANSSEN was determined to again try his spectroscope on the eclipse. But Paris was then surrounded by German troops. JANSSEN made good his escape from the beleaguered city in a balloon, but his efforts were of no avail on account of the clouds.

The spectroscope had already recorded two great successes at eclipses, in 1868, helium was discovered and in 1869, coronium; what would be the triumph in 1870? The most conspicuous work was that of YOUNG in the observation of the flash spectrum. According to the theory of KIRCHHOFF, the spectrum of the photosphere would be continuous and without any dark lines were it not for the overlying solar atmosphere. Here in the so-called reversing layer, the gases are at a lower temperature than in the photosphere. On account of these cooler conditions, absorption takes place with the formation of dark lines on a bright background. As already explained, if the photosphere could be removed, then the gases forming the reversing layer, on account of their high temperature, would give a series of bright lines on a dark background and would form a reversal of the Fraunhofer spectrum.

To describe the flash spectrum as it appeared at the eclipse of 1870, one cannot do better than to quote from the words of the discoverer[1]: "The observation is possible only under peculiar circumstances. At a total eclipse of the sun, at the moment when the advancing moon has just covered the sun's disc, the solar atmosphere of course projects somewhat at the point where the last ray of sunlight has disappeared. If the spectroscope be then adjusted with its slit tangent to the sun's image at the point of contact, the most beautiful phenomenon is seen. As the moon advances, making narrower and narrower the remaining sickle of the solar disk, the dark lines of the spectrum for the most part remain sensibly unchanged, though becoming somewhat more intense. A few, however, begin to fade out, and some even turn palely bright a minute or two before totality begins. But the moment the sun is hidden, through the whole length of the spectrum, in the red, the green, the violet, the bright lines flash out by hundreds and thousands, almost startlingly; as suddenly as stars from a bursting rockethead, and as evanescent, for the whole thing is over in two or three seconds. The layer seems to be only something under a thousand miles in thickness, and the moon's motion covers it very quickly."

"The phenomenon, though looked for at the first eclipses after solar spectroscopy began to be a science, was missed in 1868 and 1869, as the requisite adjustments are delicate, and was first actually observed only in 1870."

The bright lines were so numerous that the impression was gained that every one of the thousands of Fraunhofer lines was reversed from dark to bright, while the "phenomenon was so sudden, so unexpected, and so wonderfully beautiful as to force an involuntary exclamation"[2]. The flash spectrum was also observed at the eclipse of 1870 by Pye, a member of Young's party. The same phenomenon was witnessed at the eclipse of December 12, 1871 by Lockyer, Herschel, Maclear and Fyers, the eclipse being total in India, Ceylon and Northern Australia (where clouds interfered). The flash spectrum was also observed at the annular eclipse of June 6, 1872, by Pogson in India, and at the total eclipse of April 16, 1874, by Stone in South Africa.

Thus the first fruits of the spectroscope when applied to eclipses were the discovery of helium and coronium and the observation of the spectrum of the chromosphere. By this means it was proven beyond doubt that both prominences and chromosphere were solar in their origin and likewise the corona. Before proceeding further with the history of eclipses it will be well to pass in brief review some of the more important laboratory investigations that had been accomplished following the publication of Kirchhoff's laws.

One of the most indefatigible workers in spectroscopy a half century ago was Norman Lockyer. Kirchhoff had believed that the spectral lines of any element like sodium were characteristic, or in other words, the same element gave always the same lines and same wave-lengths no matter how the element was vaporized. Lockyer was the first to point out that very great changes take place in the character of the spectra when higher and still higher

---

[1] Young, The Sun, p. 83. (Fourth Edition, 1892).
[2] Mem R A S 41, p. 435 (1879).

temperatures are employed. Take the element calcium, for instance. With a BUNSEN flame and small dispersion, the chief line of calcium is in the red. At the higher temperature of the electric arc, the strongest line in the calcium spectrum is in the blue, at wave-length 4227 A. The red line is also visible and also two lines in the violet, the *H* and *K* lines of the solar spectrum. If the temperature be still further increased by using the spark in place of the arc, the two violet lines have their intensities greatly increased and become much stronger than the blue line while that in the red practically disappears. Similar changes in relative intensities of the lines of the spectrum were found by LOCKYER in magnesium, lithium, iron and other elements; and these conclusions have been abundantly verified by all observers since his time.

Other difficulties presented themselves which demonstrated that spectra were not so simple in structure and with such elemental characteristics as KIRCHHOFF had supposed to exist. When the spectra of different elements were compared it was found that some of the wave-lengths from one element appeared identical with those derived from another. It was soon discovered that some of these common lines were due to common impurities; but when these were eliminated from consideration, it was evident that there were still many lines apparently common to two or more elements. It was consequently manifest that the identification of lines in the solar spectrum was not the simple operation that KIRCHHOFF had supposed it to be. LOCKYER was therefore forced to conclude[1] that "the more observations were accumulated the more the spectroscopic difficulties increased".

To solve some of these difficulties, LOCKYER applied himself in the laboratory with great energy, investigating the spectra of many of the elements by his well-known method of l o n g a n d s h o r t l i n e s. If an electric arc is arranged horizontally and its image is projected on the vertical slit of a spectroscope, it is seen at once that the l e n g t h s of the lines of the spectrum examined differ greatly. Since the core of the vapor between the two carbon poles must be much hotter than on the outside edges, it was evident to LOCKYER that the short lines of the spectrum were high-temperature lines visible only at the hottest parts of the arc, that of the core, while the long lines were those that could exist at different temperatures, even at the lower temperatures of the outside surfaces of the arc. This method thus appeared to give a simple and a ready means of separating the high-temperature lines, which were comparatively few in number, from the balance of the lines of the spectrum.

LOCKYER was the first to draw attention to the importance of temperature in the explanation of stellar spectra, and he was also the first to arrange the stars in a temperature sequence with the lowest temperatures in the red stars, now known as class M, and with higher and still higher temperatures as the yellow, white and blue-white stages of the stars were reached. Astrophysics is under a great debt to LOCKYER for the careful observations carried out and for the many excellent theories propounded by him. LOCKYER also noted that as the stars changed their color from red to white with advancing temperature the stellar spectra exhibited fewer and fewer lines, and when the highest temperatures were reached in the white stars, the spectra showed mainly the lines of hydrogen, the lightest of the gases. To explain these observed facts, LOCKYER brought forward his dissociation theory in virtue of which the chemical elements were supposed to be continually broken up into elements less and less complex in structure and exhibiting simpler and still simpler types of spectra as higher

---

[1] The Chemistry of the Sun, p. 176 (1887).

and higher temperatures were reached. As the white stars are those of highest temperatures and as these stars show practically nothing but the spectrum of hydrogen, the element of smallest atomic weight, it appeared to him evident that hydrogen was the primordial element since it exhibited the simplest spectrum. Lockyer's experimental work thus seemed to confirm the well-known hypothesis of Prout, propounded as far back as 1815, that hydrogen was the simplest element and that all others were formed from it.

In attempting to explain by means of his dissociation theory the phenomena of the solar atmosphere as revealed by eclipses, Lockyer was forced to make remarkable conclusions. He assumed[1] "that in the reversing layers of the sun and stars various degrees of chemical dissociation are at work, which dissociation prevents the coming together of the atoms which, at the temperature of the earth and at all artificial temperatures attained here, compose the metals, the metalloids and the compounds". In consequence of the great heat of the sun, there were grave doubts expressed by Lockyer whether the chemical elements which are known from laboratory experiments could at all exist in the sun except in the cooler parts of its atmosphere. It was imagined by him that the solar atmosphere consisted of successive layers, "like the skins of an onion", the layers next the sun obviously being the hottest. The constitution of the innermost layers, those closest to the photosphere, could therefore result only from "those constituents of the elementary bodies which can resist the greater heat of these regions". According to Lockyer's hypothesis the whole of the solar atmosphere is effective in producing the absorption manifested by the Fraunhofer lines; moreover, this hypothesis demanded a gradual decrease in temperature and density of the gases of the solar atmosphere, which was supposed to extend out to the extreme limits of the corona. Young's observations of the flash spectrum in 1870 showed that the reversing layer was relatively very shallow, but this conclusion was utterly at variance with Lockyer's hypothesis. According to Lockyer, such a shallow layer close to the sun could consist only of the most elemental substances and therefore could not possibly give a reversal of the Fraunhofer spectrum. Lockyer's theory refused to admit the existence of a shallow reversing layer of a few hundred miles separate from the superincumbent strata. In other words, there could be no division possible into reversing layer, chromosphere and corona; these were but different manifestations of the solar atmosphere, the corona being regarded as the outermost and cooler parts of an atmosphere having a composite existence and obeying the laws of gravitation. In the opinion of Lockyer, "the whole phenomena of the corona may be defined in two words, cool prominences".

Although Lockyer had himself observed the flash spectrum at the eclipse of 1871, yet so firmly did he believe in his dissociation theory that he was forced to doubt, and then actually to deny the existence of the shallow reversing layer. In "The Chemistry of the Sun", p. 360 we read, the flashing out of lines "has been called the reversing layer, but I do not now (1881) believe that it is the reversing layer for a moment, for, when it comes to be examined, we shall probably find that scarcely any of the Fraunhofer lines owe their origin to it, and we shall have a spectrum which is not a counterpart of the solar spectrum".

The solution of the question manifestly could not be affected by theoretical considerations, nor yet visually during the brief excited seconds available at a total eclipse for observation of the flash spectrum. The interpretation by one astronomer of what was observed should be entitled to as much weight as the

---

[1] The Chemistry of the Sun, p. 201 (1887).

opinion of another. There could be no hope of a solution of the problem until the time would arrive when photography could come to the rescue by furnishing a permanent record of the flash spectrum which could be compared line by line with the FRAUNHOFER spectrum in order to see whether the one spectrum is or is not the exact reversal of the other.

While these observations of epoch-making importance to the history of astronomy were being made on chromosphere and reversing layer, the corona was not forgotten. Strange as it may seem at the present day, there were many astronomers of repute a half-century ago who believed that the origin of the coronal light should be sought, not in solar but rather in lunar or terrestrial causes. There were even two theories based on the moon: one, that the corona was due to the diffraction of solar rays which pass near the moon's edge; the other, that the phenomenon was due to reflection of solar rays from the irregularities of the moon's surface. Another curious theory which found great favor at the time was that the corona was due simply to glare in the earth's atmosphere. As a result of this hypothesis the corona would necessarily be a phenomenon entirely local in its structural character, details appearing differently to observers at separate localities. If due simply to atmospheric glare the coronal details should be found projected also on the dark moon.

There were available four different methods for attacking the corona; first, visual observations by the naked eye, supplemented by the telescope; second, photography; third, polariscopic observations; and fourth, the spectroscope. The polariscope had already shown that part, at least, of the coronal light was reflected sunlight. This conclusion was corroborated by the discovery by JANSSEN at the eclipse of 1871 of dark FRAUNHOFER lines in the coronal spectrum, chief among which the D line of sodium was recognized. The green emission line of coronium discovered at the eclipse of 1869 was observed again in 1870 and 1871, TENNANT in the latter year discovering that this ray was quite as conspicuous in a rift in the coronal light as in the adjacent streamers. The corona appeared thus to be shining from the luminosity of some unknown gas, which strange to say shone as strongly in the dark regions of the corona as in the bright streamers.

In 1871 for the first time, and due to a suggestion by YOUNG, a slitless spectroscope was tried. With the use of such an instrument at mid-totality, the emission lines appeared as rings of light, from the extent of which one could ascertain the height of the various gases forming the corona. By the help of photography in 1871, LOCKYER showed that hydrogen apparently extended uniformly about the sun to the enormous height of 200000 miles. Could the solar atmosphere obedient to the law of gravitation possibly extend to this colossal distance? The spectroscope revealed that the green ring reached the still greater extent of 300000 miles, whereas the coronal streamers were seen to stretch out several millions of miles from the sun's surface. Apparently the spectroscope had not solved many of the difficulties of the coronal structure, but rather had succeeded only in complicating matters, for, to add to the difficulties already great, it was now necessary to explain how it was possible that the luminous gases hydrogen and coronium could extend to the very great distances revealed by the spectroscope. No terrestrial origin could be found for the green coronal line, nor did YOUNG's discovery in 1876, that KIRCHHOFF's "1474" was a double line help solve the problem. The perplexities were indeed very great. A faint ray of hope appeared in an unexpected quarter. In 1866, shortly after the great November meteor shower, SCHIAPARELLI proved that the Perseid meteors moved in the same path as TUTTLE's comet of 1862, while the Leonids and the TEMPLE comet had identical orbits. This double coincidence between meteor and cometary orbits was corroborated in 1872 when it was found that the Andromedides, or Bielids as they are now called, had the same path about the sun as the lost BIELA comet. The importance of meteors in any cosmical process was thus realized, and it was but natural that attempts should be made to solve the coronal puzzle by means of the meteoric hypothesis, — but as we shall see later, with little success. H. A. NEWTON and CLEVELAND ABBE in America and LOCKYER in England pinned most faith to the meteoric explanations.

The eclipse problems confronting the astronomers of a half century ago seemed almost insuperable. Each new method of attack put to the test as eclipse succeeded eclipse seemed only to complicate matters and to shove the ultimate solution farther and still farther off. If scientists were spineless individuals they would have given up in despair, but the difficulties of the problems served only to make the astronomers more and more determined to win out in the fight no matter what the cost. Beginning with the eclipse of 1878 and continuing until the present day, we witness a grim determination to observe each and every eclipse, no matter how far the eclipse track may be from home and no matter what expenditure of time and energy and money may be necessary for the undertaking. Instrumental equipment must be improved, experience gained and put into practice and technique bettered, and permanent records of the fleeting phenomenon of eclipses must be secured by the help of the photographic plate.

5. Eclipses from 1878 to 1900. The total eclipse of July 28, 1878 was observed under good atmospheric conditions across the United States from Wyoming to Texas. Here was an opportunity to see whether there was any connection between eclipse phenomena and the sun-spot period, for WOLF's sun-spot number for July 1878 was 0,1, representing a minimum of spots, while the number for December, 1870 was 135,4, a time of maximum of spots. Ever since the discovery of the sun-spot period in 1843 and the finding that the earth's magnetism possessed the same period, astronomers had been eager to ascertain whether other solar phenomena possessed the same period. Already it had been found that prominences and faculae were more numerous when spots were great in number, and it was quite possible that the coronal streamers might be shot out with greater energy when spots were at a maximum.

A change immediately noted in the corona of 1878 was that there was an enormous decrease in total lustre, when compared with the coronas of 1870 and 1871, HARKNESS estimating the luminosity to be only one-seventh of the corona of 1870, while LOCKYER regarded 1878 to be one-tenth of the brightness of the 1871 eclipse. The decrease in brilliancy was accompanied by a remarkable and unexpected change in shape. To JANSSEN in 1871, the dark moon looked like the center of a giant dahlia, the corona being nearly circular in outline. In 1878, the streamers along the sun's axis were much shorter in length but much more pronounced in character, these polar rays resembling more than anything else the lines of force around a magnet. But the most astounding phenomenon was the enormous extent of the coronal streamers along the sun's equator. LANGLEY[1] in the pure, rare air of Pike's Peak, Colorado, at an altitude of 14400 feet, followed these streamers to six diameters of the moon on one side, but on the other side where he had been more intently watching, to the colossal length of twelve diameters, or more than ten millions of miles! These equatorial extensions were confirmed by SIMON NEWCOMB in Separation, Wyoming,

---

[1] The New Astronomy, p. 55.

by CLEVELAND ABBE farther down the slope of Pike's Peak, and by almost every astronomer who witnessed the eclipse. The perplexities surrounding the corona were accordingly multiplied many-fold, for how could a solar atmosphere obeying gravity exist at the huge distance of ten million miles from the sun's surface? YOUNG and ABBE saw long faint beams shining along the sun's axis.

Remarkable as were the visual phenomena manifested, their testimony was no whit stranger than the revelations by means of the spectroscope. The hydrogen and green coronium emission lines were visible, but with such vastly diminished intensities compared with the eclipse of 1871 that most observers completely missed seeing them. They were, however, visible to YOUNG, EASTMAN, and some others. If the emission lines were weak, the FRAUNHOFER lines of the corona were comparatively strong, showing that the reflected light near the sun's limb was relatively stronger than in 1871, a fact confirmed by observations with the polariscope.

The eclipse of 1878 showed long equatorial wings of the corona, strong polar brushes, faint incandescent light of coronium and hydrogen, and light reflected strongly from material particles near the sun's limb. Were each of these four special features unalterably connected with the condition of the sun-spot minimum, or did they happen merely by chance? Time alone could furnish the answer. Great progress was made at this eclipse in the photography of the corona, particularly by the use of portrait lenses which were successful in portraying a mass of detail in the inner and brighter corona, but failed to show the outer streamers. Photographs of these faint extensions must needs wait until some date in the future when plates of greater sensitivity could be produced.

Another important observation at the eclipse of 1878 was the discovery (?) of two bright star-like objects by two American astronomers, SWIFT and WATSON. The objects could not be identified with any of the fixed stars, and it was therefore necessarily assumed that they were small planets moving about the sun inside of the orbit of Mercury. The reputations of these two astronomers for careful observing were so great that it cost the science of astronomy a quarter of a century of eclipse observations before it was finally decided that no intra-Mercurial planets exist as large or as bright as the objects supposed to have been seen.

The next eclipse to be observed was that of May 17, 1882, the fore-runner in the Saros of the eclipse of May 28, 1900. The 1882 eclipse was seen in Egypt with a brief duration of totality amounting to seventy-four seconds. This eclipse is memorable on account of the bright comet that was seen and photographed near the sun, the comet not being observed either before or after the eclipse. The photographic plates had now become more rapid, the dry plate having been invented, and accordingly the astronomers had to their hands better facilities for attacking the corona with camera and spectroscope. Eleven years having elapsed since 1871, the year 1882 was one of maximum sun-spots, there being no less than twenty-three separate spots on the face of the sun on the day before the eclipse. The form of the corona in no way resembled that of the minimum of 1878 but bore a striking resemblance to the crown of glory of 1871, the shape being more nearly rectangular, or even star-like, and the long equatorial extensions and strong polar brushes being entirely lacking. The spectroscope also revealed vast differences from the eclipse of 1878. The corona as a whole was more brilliant than that of the preceding eclipse, and the emission lines of the spectrum were obtained both by a slit spectroscope and by the prismatic camera. With the former instrument, SCHUSTER photographed about thirty lines in the spectrum of the corona. Many new spectral lines were visible in the red and violet to Tacchini and Thollon respectively. These lines were seen and photographed during the progress of totality, and not near the beginning or end of the total phase. Apparently the lines did not seem to belong to the flash spectrum and must surely have their origin in the true corona. But for the first time a suspicion seems to have been aroused that the lines might after all be due to prominences and chromosphere and not to the true corona, for Schuster observed the H and K lines of calcium to appear bright even across the face of the dark moon where no light at all was supposed to exist! Evidently the chromospheric light was reflected by some atmosphere directly in line with the center of the dark moon, or in the atmosphere of the earth. The first condition could hardly be possible and that left no contingency other than the second. Schuster's observation was not the first to reveal bright lines on the dark face of the moon because as early as 1870 Young had perceived bright hydrogen lines.

If the lines of emission were stronger in 1882 than in 1878, it was not so with the dark Fraunhofer lines. The spectroscope revealed the continuous spectrum in the brighter inner corona, but farther from the sun the dark lines due to reflected photospheric light were observed both visually and in the photographs, but these lines were not so strong as in 1878. Sun-spot maximum appeared therefore to correspond to a star-like corona, with no polar brushes, strong coronium and other bright coronal lines, but with the Fraunhofer lines intrinsically weaker than at sun-spot minimum.

The direct photographs of the corona by Schuster were in better definition and showed more details than those of previous eclipses. In fact, the impressions made on the plates were so strong that Dr. Huggins obtained the idea that it might even be possible to photograph the corona without an eclipse. For observing prominences without waiting for an eclipse, the spectroscope had already been utilized to get rid of the glare of the sunlight in our own atmosphere. It is not possible to make use of the spectroscope in the same manner for obtaining coronal photographs, for the simple reason that the bright-line radiations of coronium are not sufficiently strong in character to enable the coronium light to shine in contrast with the enfeebled solar glare. Many attempts to photograph the corona in full sunlight have been made by a variety of different methods lasting over a number of years, the astronomers being urged on by great hopes since the first trial photographs seemed to predict success.

The next eclipse was that of May 6, 1883, whose track lay almost entirely across the waters of the Pacific Ocean, but fortunately in the path there was a small coral reef, only seven miles long, and unknown ten years previously. The importance of the discoveries of 1882 and the fact that the eclipse of the year 1883 was of the very long duration of more than five minutes, attracted to Caroline Island astronomers from America, England, France, Austria and Italy. The great risks taken by eclipse expeditions in the tropics of being overtaken by clouds was shown in this eclipse, but fortunately a clear spell between two periods of clouds was experienced. The general features of the corona greatly resembled that of the year before, the sun continuing to show many spots. Owing to the long exposures possible, excellent photographs of the corona were secured, and for the first time in the history of eclipses, greater extensions of streamers were photographed than were visible to the eye.

The most important observations were unquestionably by means of the spectroscope. Up to this time, all observations during totality had shown a continuous spectrum of the corona close to the sun, and farther out faint Fraunhofer lines, with the bright green line of coronium crowning the whole. According to the dissociation theory of LOCKYER, neither continuous spectrum nor dark lines could exist there, and "if these statements regarding the corona were strictly accurate my hypothesis was worthless"[1]. Hence, a careful search was made by JANSSEN for FRAUNHOFER lines. They were found by him in great numbers, thus confirming the observation of 1882. To make assurance doubly sure, the dark spectrum lines in the corona were successfully photographed. As a result of these observations, JANSSEN[2] concluded that "the basis of the coronal spectrum was formed by the complete FRAUNHOFER spectrum, and that, therefore, there exists in the corona, and above all in certain localities of it, an enormous amount of reflected light; and since we know that the coronal atmosphere is very rare, it follows that these regions must abound in cosmic matter in the state of solid corpuscles, in order to explain the abundance of reflected sunlight".

Spectroscopic observations of great interest were made on the corona by HASTINGS[3]. He used a 60° prism attached to a six-inch telescope, there being two totally reflecting prisms placed outside the slit so that the spectrum of two opposite sides of the sun could be brought together and examined by comparison. The observations were confined to the green coronium line. At the beginning of totality, this line was 12' in length and very bright on the eastern limb, while on the western limb it was only 4' in length and comparatively faint. As the eclipse advanced, the inequality vanished, at mid-totality conditions were equal, while at the end of totality the lines on the western limb were the longer and brighter. Such a great change could not be explained by assuming that the moon in its motion progressively covered and uncovered the bright coronal radiations, and accordingly, HASTINGS attempted to explain his observations on the assumption that the outer corona has no real existence but that its appearance is caused by diffraction round the edge of the moon. On this hypothesis, the true corona is confined to a very narrow ring around the sun, the light from this inner ring of material substance being widened by diffraction to form the outer corona which thus takes upon itself all the appearances of reality. To the astronomers who had seen the great extensions of 1878, it was hard to believe that diffraction of light could adequately explain the detail of the coronal streamers at the great distance of twelve diameters from the sun's limb, but it was equally difficult to understand how luminescence could exist in a solar atmosphere at the colossal distance of ten million miles from the sun's surface. If the coronal light were reflected, it could not be seen unless reflected from material particles, and if the light were intrinsic, how could it have any existence in an atmosphere so infinitesimally rare? The answer given by HASTINGS denied the solar origin of the corona, and seemed to be a step backward. Apparently there was no way out of the quandary, but to wait for future eclipses.

The total eclipse of August 29, 1886, was visible in the West Indies[4]. The energies of many of the observers were devoted to testing the method of HUGGINS of photographing the corona without an eclipse. For this purpose fifteen separate photographs were taken on the day before the eclipse and a series of twenty during the partial phases, these photographs to be compared with plates obtained during totality. The conclusions were quite definite, for not a single one of the coronal details was found on the plates taken outside of totality, and it seemed therefore necessary to decide that it was impossible to photograph the corona, except within the limits of a total eclipse, at least under the conditions of hazy sky and low sun that had prevailed.

[1] LOCKYER, Chemistry of the Sun, p. 365 (1887).
[2] C R 97, p. 586 (1883).   [3] M N 44, p. 181 (1884).   [4] M N 47, p. 175 (1887).

Tacchini made a careful comparison of the prominences observed spectroscopically before and after totality with those seen directly during the total phase, and he concluded that all the prominences showed themselves larger and taller during an eclipse, the upper portions being white in color when the prominences exceeded 1' of arc in height. The differences of apparent height may find a ready explanation in the effect of contrast with the background, inside and outside of totality, but the matter of the color of the prominences could not be so readily settled. For many years "white" prominences found a conspicuous place in spectroscopic literature. Tacchini observed the flash spectrum visually. Turner attempted to observe changes in the coronal streamers resembling currents, but obtained no results of value.

The eclipse of the following year, August 19, 1887[1], was one of widespread disappointment, for the projects so carefully prepared ended only in failure to secure results, not through any fault in the plans themselves but on account of the astronomer's enemy, clouds, which prevailed almost everywhere. Fine weather, due to holes in the cloudy sky, prevailed at several of the stations in Russia and Japan, however, and some photographs and observations of value were secured.

The year 1889 brought two eclipses, both extensively observed[2]. Here was inaugurated the splendid series of expeditions sent out from the Lick Observatory. The path of the eclipse of January 1 crossed Nevada and California, and the photographers near the line of totality were so well organized for the work by Mr. Charles Burckhalter that an excellent series of photographs of the corona resulted. The best photograph secured at this eclipse, and in fact the very best obtained at any eclipse to this date, was secured by Barnard. The equipment was very meager. The largest lens employed was $3^1/_2$ inches aperture, stopped down to $1^3/_4$ inches, and of 49 inches focus. Barnard's success depended on an accurate adjustment of the instrument but more specially on the skill and care with which the plates were developed. Barnard was a professional photographer before he was an astronomer, and he was thoroughly familiar with the best methods of developing a plate in order to bring forth all of the latent detail. The eclipse of December 22 of the same year was successfully photographed at Cayenne in the West Indies by the Lick party consisting of Burnham and Schaeberle. The photographs showed that changes had occurred in the corona since the eclipse of the beginning of the year. The earlier eclipse took place near sun-spot minimum and exhibited the equatorial extensions of the corona. The eclipse of December 22 is memorable from the death of Father Perry a few days after the eclipse, a martyr to the cause of science.

The greatest success attended the observations of April 16, 1893, largely through the use of apparatus much more powerful than had ever been employed before at an eclipse. The most conspicuous advance came to the party from the Lick Observatory in Chile who used a camera of five inches aperture and forty feet focus for securing photographs of the corona. Schaeberle decided to point the objective directly at the sun and to mount it on one fixed pier and the movable photographic plate on another, both piers to be wholly free from contact with the great tube extending between lens and plate. The slide carrying the photographic plate was the only moving part, and its motion was so regulated by means of inclined planes as to give it the same velocity and direction as the sun's focal image during the eclipse. The details of erecting this instrument, known as the Schaeberle mounting, are found in the Contributions

---

[1] M N 48, p. 202 (1888).   [2] M N 50, p. 219 (1890).

from the Lick Observatory, No. 4. A careful focus was secured and beautiful photographs were obtained showing the prominences and inner corona with a definition which left little to be desired.

Optical power, up to then unprecedented, was employed[1] in the prismatic camera designed by LOCKYER and used by FOWLER in West Africa. The camera had a focal length of 7 feet 6 inches with a prism of $45°$, giving a dispersion of about two inches from F to K. Photographs of the flash spectrum were secured for the first time at this eclipse by FOWLER and also by SHACKLETON in Brazil, with the result that the positions of 164 chromospheric lines were measured between F and K.

DESLANDRES[2], at the same eclipse, attempted to measure the rate of rotation of the corona by observing the relative displacement of the spectra of two regions of the corona at opposite sides of the sun placed in juxtaposition. A grating spectroscope was used, and the conclusion reached was that the corona partakes of the general rotation of the sun. Unfortunately, there is no justification for this deduction by DESLANDRES since the measures made by him were on the H and K lines which belong to the chromosphere and not to the corona. One of the most important results of this eclipse was that it became possible for the first time in eclipse spectroscopy to separate clearly the spectrum of the corona from that of the chromosphere, and it was henceforth no longer assumed that a spectral line visible during totality belonged of necessity to the corona.

The eclipse of 1896, taking place on August 9, was observed by a large number of expeditions[3]. An English party consisting of CHRISTIE, TURNER and HILLS went to Japan, where also was one from the Lick Observatory and another American expedition headed by TODD, and also two Japanese parties.

LOCKYER went in H. M. S. Volage to Norway where a large party of seventy-five, including officers and sailors of the ship, took care of a large and varied program. In one department of the work, for instance, in the sketching of the corona, a competition was started on board ship by thirty-five volunteer sketchers, an artificial corona being exposed to view for 105 seconds, the time of duration of totality. Sixteen who showed the greatest proficiency were selected for sketching of the corona on eclipse day. But alas, for "the best laid plans of mice and men," — the clouds prevailed almost everywhere except where there was a small English party consisting of STONE and SHACKLETON. The latter was successful in timing his observations with the prismatic camera so well that a photograph of the flash spectrum was secured with better definition than that of the preceding eclipse. Although the focus was still not of the very best, nevertheless there were shown a total of 464 lines in the spectrum between F and K. This photograph, taken by one of LOCKYER's assistants, sounded the death-knell of the dissociation theory, — but LOCKYER still refused to be convinced that the flash spectrum was a reversal of the FRAUNHOFER spectrum. His argument was a very simple one, which was, that between F and K, 5694 FRAUN-HOFER lines were tabulated by ROWLAND, while in the eclipse spectra of 1893 there were but 164 lines, and in 1896 but 464 lines, consequently showing only three and eight percent, respectively, of the FRAUNHOFER lines reversed in the flash spectrum. LOCKYER however failed to draw attention to the fact that ROWLAND's atlas was secured with a much greater dispersion than that used at the eclipse and with vastly superior definition. LOCKYER's conclusion[4], as a result of the spectra at these two eclipses, was that "the chromosphere is a

---

[1] Phil Trans A 185, p. 711 (1894) and London R S Proc 56, p. 20 (1894).
[2] C R 1893 May 15 and 1895 April 1.
[3] M N 57, p. 283 (1897).   [4] Recent and Coming Eclipses, p. 111.

region of high temperature in which there is a corresponding simplification of spectrum as compared with the cooler region in which the Fraunhofer absorption is produced". The manner of settling the question, the way of advancement for future eclipses was clearly indicated: the flash spectrum must again be photographed and with increased dispersion, and great care should be exercised to see that the exposures were made at the correct times, with as good focus and definition as possible.

Such photographs were secured[1] at the eclipse of January 22, 1898, visible in India, where excellent conditions of weather were experienced. The largest expedition in point of numbers was that under the direction of Sir Norman Lockyer located at Viziadrug on the West Coast, the astronomers being assisted by the officers and men of H. M. S. Melpomene. The program was an extensive one, embracing visual and photographic observations of the corona, the most important problem being a spectroscopic attack on the chromosphere with two large prismatic cameras of six and nine inches aperture. By these two instruments about sixty photographs were secured, the exposure times varying from 1 to 59 seconds. These included two series of ten snap-shots at the beginning and another ten at the end of totality and a number of exposures of different lengths during totality. Christie and Turner, representing the British Joint Permanent Eclipse Committee, were at Sahdol, Copeland was at Goglee, Newall and Hills were at Pulgaon, Campbell of the Lick-Crocker expedition was at Jeur, while at Talni was located Evershed and also Mr. and Mrs. Maunder.

The most important problem was that of the flash spectrum[2], and fortunately, successful photographs were secured by Fowler and Dr. Lockyer, by Campbell, by Hills, by Newall and by Evershed. A discussion of the spectra by Sir N. Lockyer again confirmed him in the opinion he had held since 1873, that many strong chromospheric lines were not represented among the Fraunhofer lines, while many of the dark lines found under ordinary conditions in the solar spectrum did not appear as bright lines in the flash spectrum. He therefore concluded that the flash did not represent the spectrum of the reversing layer. It is true that the hydrogen series and the helium lines of the flash spectrum are not found in the Fraunhofer spectrum, and also that there are great differences in intensity between the two spectra, and in a sense therefore one spectrum is not the exact reversal of the other; but none the less, it is impossible to reach any conclusion other than that practically every strong dark line in the solar spectrum is present as a bright line in the flash spectrum.

Exquisite photographs of the corona with the 40-foot camera were secured by Campbell, while Mrs. Maunder with a Dallmeyer lens of only one and a half inches aperture photographed the faint extensions of the corona running out to nearly six diameters from the moon's limb. The corona of 1898 presented a mixed aspect, a combination of the polar brushes observable at sun-spot minimum being combined with the quadrilateral shape of sun-spot maximum.

One contribution of great importance was the measurement of the wavelength of the green coronium line. For nearly thirty years since its discovery, it had been assumed that the coronium line was identical in position with the chromospheric line at 5316.8 A. Lockyer, Fowler, Evershed and Campbell independently found the coronium line to be farther to the violet, at 5303 A. That the value of this wave-length was now found for the first time, in spite of observations made at several eclipses, will show more clearly than words can

---

[1] M N 59, p. 285 (1899).   [2] Phil Trans A 197, p. 151 (1901).

express that the eclipse spectra prior to 1898 were poor in definition and small in dispersion.

NEWALL used a spectrograph with two slits with which he hoped to secure photographs to test the rotation of the corona. Unfortunately, the slits were placed 8' from the sun's limb and the coronal light was too feeble to impress any traces on the plate. NEWALL observed the corona with a polariscope while TURNER attempted to achieve similar observations by photography.

A new epoch of accuracy in photographing the chromospheric spectrum having been begun in 1898, it was but natural that every effort should be made to continue the success of this work in 1900, in order to secure, if possible, still greater definition with larger dispersion. The eclipse track of May 28, 1900, lay over the southeastern part of the United States, and after crossing the Atlantic Ocean, passed over Portugal, Spain and Algeria. On account of its easy accessibility both to American and European astronomers, the eclipse was witnessed by a greater number of observers[1] than ever before in the history of eclipses. Fortunately good weather was experienced almost everywhere. The program was a wide and varied one, and it will be possible here to mention only a few special lines of work and record the names of comparatively few of the many observers.

Photographs of the corona were taken in numbers to the hundreds, or even to the thousands, by small, medium, large and huge sized cameras, the greatest focal length being that employed by the party from the Smithsonian Institution who utilized a lens of twelve inches aperture and 135 feet focal length. The photographs on this large scale were in good definition and they showed a great wealth of detail in the inner corona. Excellent photographs were secured at Wadesboro, N. C., by Professor BARNARD and Mr. RITCHEY with a horizontal camera of $61^1/_2$ feet focus. Perhaps the most important part of the program for 1900 was the spectroscopic work. In India in 1898, the photographs of the flash spectrum exhibited a wealth of detail that added greatly to our knowledge of solar physics. Evidently the procedure for 1900 should be the attempt to secure spectra with increased dispersion so that wave-lengths could be determined with greater accuracy. Both in Europe and in America[2] an extensive attack was made on the flash spectrum by slit spectroscopes, by prismatic cameras and by gratings. As United States is the home of the concave grating, brought to such perfection by the work of ROWLAND, it was but natural that gratings, plane and concave, used both with and without a slit, should be given a thorough trial at the eclipse. Among the more powerful instruments brought into service were three concave gratings, each used with a slit, and two plane gratings used without slits. Each plane grating was used in connection with a quartz lens, work being confined to the blue end of the spectrum by the employment of ordinary photographic plates. The concave gratings were mounted in the ROWLAND manner as used in the laboratory in the attempt to secure sharp definition and large dispersion, — but the dispersion was too great for the light available and no lines were found on the photographs. HUFF obtained well-exposed plates with a plane grating but the focus was none too good. Better results were secured by FROST who used a concave grating, objectively without slit.

In Europe, Sir NORMAN LOCKYER[3], located at Santa Pola in Spain, carried out an extended series of observations similar in scope to those made at Viziadrug in 1898. The nine-inch prism was combined with a camera 20 feet in focal length in order to secure a great linear dispersion in the resulting photographs for the

---

[1] M N 61, p. 251 (1901).   [2] Publ U S Naval Obs, Second Series, 4 (1905).
[3] London R S Proc 68, p. 404 (1901); Phil Trans A 197, p. 151 (1901).

purpose of measuring the heights of the various layers forming the sun's chromosphere. Successful photographs of the flash spectrum were secured by Fowler and Dr. Lockyer, and also by Dyson at Ovar, and Evershed[1] at Mazapan in Algeria. The latter station was selected so that it might be as near as possible to the edge of the band of totality so that the photographs of the chromosphere might be obtained in high solar latitudes. Unfortunately, through an error in the Nautical Almanac, Evershed found himself just outside, instead of barely inside, the path of totality. The series of photographs obtained, however, were of fine definition and were specially valuable in affording a means of comparison with photographs of the flash spectrum which have usually been taken near the solar equator. This comparison shows that the spectrum of the chromosphere is the same at the sun's polar regions as at low latitudes, and it appears fairly certain that the flash spectrum is as constant in character as the ordinary Fraunhofer spectrum. In this connection it should be borne in mind that Evershed's photographs showed the flash spectrum where the moon was practically at grazing incidence with the sun, and consequently the layer of the chromosphere photographed must have been very close to the edge of the photosphere.

Successful polariscope observations were made by Turner, Newall[2], and others. The inner corona showed marked polarization, a result which was difficult to reconcile with the absence of Fraunhofer lines in the spectrum of the corona.

Interesting observations were made by Abbot with the bolometer in measuring the radiation of the corona at different distances from the sun's limb. Results of great value were secured, but they showed the necessity of confirming them by observations at succeeding eclipses.

6. Eclipses from 1901 to 1918. In the following year, on May 18, 1901, the total eclipse was observed chiefly on the west coast of Sumatra in the Dutch East Indes, having a long duration of totality of six minutes. In 1900, Barnard had secured excellent photographs of the corona with a horizontal camera of 61 feet focus, and he hoped in 1901 with totality four times that of the year previous to secure the faint outlying extensions of the corona, using for the purpose plates thirty inches square. Barnard became a member of the party from the U. S. Naval Observatory[3]. Three other parties from the United States were also in Sumatra, from the Lick Observatory, from the Smithsonian Institution and from the Massachusetts Institute of Technology. The distance to be traveled from America was great — half way round the globe — but the problems to be attacked were interesting and urgent, and the long duration of totality promised success — if only the weather would be propitious. Newall of Cambridge was in Sawah Loento, the terminus of the government railroad, Dyson in H. M. S. Pigmy was on the coast. The Dutch expedition consisted of Julius, Nijland and Wilterdink and there were parties from Japan and Russia. The weather conditions, unfortunately, were those usually experienced in the tropics, many clouds and much rain. The main party from the Naval Observatory at Solok saw nothing but clouds; nearly all of the expeditions had clouds with which to contend while few experienced clear skies. In spite of the poor conditions much of scientific value was secured. Dyson[4], Nijland and Mitchell each obtained photographs of the flash spectrum. Perrine of the Lick Observatory, with the 40-foot camera pointed directly at the sun, obtained good photographs of the inner corona which showed a disturbed region immediately above a sun-spot.

---

[1] Phil Trans A 201, p. 457 (1903).   [2] London R S Proc 67, p. 346 (1900).
[3] Publ U S Naval Obs, Second Series, 4, App. 1, (1905).
[4] Phil Trans A 206, p. 403 (1907).

After the disappointment of 1901, the eclipse of 1905 was prepared for with great eagerness. The time of the year, August 30, was very favorable, while the eclipse track was placed so that it could be conveniently reached by observers, both from Europe and America. The eclipse began in Northern Canada, it left Labrador about 8 A. M. on its trip across the Atlantic. Shortly after noon the shadow cut into Spain, then on through the Mediterranean, Northern Africa and Egypt, leaving the earth's surface at sunset on the coast of the Indian Ocean.

Spain was chosen by the majority of astronomers, both because the duration of totality was longer with the sun higher in the sky and because the promise of good weather conditions was better. Here in a path one hundred and twenty miles in width running diagonally across the peninsula, hundreds of astronomers, American and European, were gathered. If one were to attempt to enumerate the eclipse problems that were attacked on the day of the eclipse, it would be necessary to record each and every possible line of investigation that could find a solution during totality, for with the great numbers of astronomers in the field it was certain that no single mode of attack was overlooked. No single eclipse in the past has ever attracted so many astronomers to its observation, and in the future, no eclipse within the coming generation will cause such a varied assemblage of scientists to come within the eclipse track.

The Lick Observatory, always alert to tackle eclipse problems of vital importance, had three parties in the field, one in Labrador, one in Spain and one in Egypt. All three parties had cameras of 40-feet focus, pointed directly at the sun in order to portray the corona on the same scale. If the same atmospheric conditions had been met at all three stations, of clear skies and good seeing, it would have been possible by the comparison of photographs at different stations to have detected any changes in the corona and to have ascertained the velocities with which the coronal materials leave the sun. Unfortunately, it was densely cloudy in Labrador, thin clouds were met in Spain, while in Egypt, although it was clear, the seeing was very poor.

Most of the astronomical expeditions had their work greatly hampered by clouds but fortunately there were many parties that experienced excellent atmospheric conditions, so that as a consequence of the great numbers of astronomers in the field with their varied programs, there resulted a great increase in knowledge of the sun. The information gleaned regarding chromosphere and corona will be given in detail in the subsequent pages of this memoir.

The next eclipse, the fore-runner in the Saros of the eclipse of January 24, 1925, was visible in Russia and Siberia on January 14, 1907. The few astronomers that made preparations for observing the eclipse were literally snowed under by a heavy blizzard, with the result that no scientific information was obtained. What a contrast in the climatic conditions under which this eclipse was observed and that of the following January! The eclipse track of January 3, 1908, fell almost entirely on the waters of the Pacific Ocean. Fortunately the track crossed over a small coral island, Flint Island. Again there was illustrated the great uncertainty of the weather in the tropics. During the progress of the partial eclipse, heavy rain was falling and this continued almost to the time of totality. A miracle happened however, the rain stopped, the clouds broke away and the total eclipse was observed in a clear sky with the result that both[1] CAMPBELL of the Lick Observatory and ABBOT made successful observations.

The eclipse of October 10, 1912, was observed by A. S. EDDINGTON and C. DAVIDSON on the coast of Brazil. It would be more correct to say that attempts

---

[1] Lick Bull 5, p. 1 and p. 15 (1908).

were made to observe the eclipse, for rain set in on the day before the eclipse and continued without interruption all through the day of the eclipse so that the expedition was entirely unsuccessful.

Extensive preparations were made to observe the total eclipse of August 21, 1914, the track of which extended across Norway and Sweden, and across Russia from Riga, through Minsk and Kiev, to the Crimea. In addition to numerous Swedish and Russian astronomers, there were parties of observers from Argentine, England, France, Germany, Italy, Spain and the United States. According to the meteorological predictions, the best weather was to be expected in South Russia, but the actual conditions were almost completely the reverse. Owing to the outbreak of the great war, plans for observation were greatly interfered with while the clouds played havoc with many carefully prepared programs. The corona was of the "intermediate" type, in accordance with the phase of the sun-spot period, which was on the rise from minimum to maximum. ABETTI secured[1] a photograph of the flash spectrum. The most striking feature of the coronal spectrum was the discovery of a new line in the red at wavelength 6374 A. The substance represented by the new line is presumably due to coronium.

Few astronomers observed the total eclipse of February 3, 1916, coming as it did during the days of the great war. An expedition to Venezuela from the Cordoba Observatory[2] undertook a varied program of work which was much interfered with by haze that covered the sky. The corona was again of the intermediate type, resembling in general features the eclipse of 1898.

On June 8, 1918, the shadow of the moon touched the earth's surface on the Pacific Ocean, far south of Japan. The eclipse track was confined almost exclusively to the United States. It was well after noon before the shadow reached the American continent and the eclipse began in the state of Washington. Here the width of the shadow was only sixty miles. The eclipse passed southeasterly through the states of Washington, Oregon, Idaho, Wyoming and Colorado in succession. After passing through some of the central states the shadow left the United States at Florida and passed from the earth's surface at sunset, in the Atlantic off the coast of the Bahama Islands. Owing to the continuation of the great war, the observation of the eclipse was confined to American astronomers. The following institutions were represented in the field by expeditions: Lick Observatory, Mount Wilson, United States Naval Observatory, Yerkes Observatory, Swarthmore, University of Illinois, Carleton College and many others. The writer was a member of the expedition from the United States Naval Observatory[3] and was witnessing his fourth total eclipse.

On arrival in Baker, Oregon, we at once realized how unreliable meteorological conditions are apt to be unless the weather observations are made in advance at the exact hour of the day when the eclipse is to take place. Nearly all of the days spent in Baker in preparation for the eclipse (a total of six weeks) were actually clear according to the classification of the United States Weather Bureau. But a "clear day" by definition is one when the "sky averages three-tenths or less obscured, from sunrise to sunset". Clouds, however, gathered almost every day shortly after noon, and this condition was usually accompanied by very high winds which at times rose to the strength of a mild gale. The eclipse was to occur during the middle of the afternoon, and at this time of day the skies were generally overcast. These same conditions, unfortunately, prevailed over the whole of the western United States along the path of the eclipse where the astronomers were located. The cloudy conditions generally continued each

---

[1] Mem S A It, N S 2, p. 5 (1921).　　[2] Publ A S P 28, p. 247 (1916).
[3] Publ U S Naval Obs, Second Series, 10, App. (1924).

day for a few hours during the afternoon, then cleared about sunset with the skies remaining clear throughout the night until noon the following day when again clouds gathered.

As the days in June progressed towards the 8th, there was an air of excitement as each astronomer grew more keyed up to the task before him. Would eclipse day be clear? But more especially, would the two minutes from 4^h4^m to 4^h6^m P. M. be clear? The skies were anxiously watched during the last days before the eclipse, but alas! almost every day at eclipse hour the sky was overcast. Under such adverse conditions it was well to be an optimist, one who kept a stiff upper lip and expected the best. The optimist would reason that if it were cloudy on all of the days before June 8, then by the law of averages, perfect weather would surely be forthcoming on eclipse day; the pessimist on the other hand argued that so many cloudy days meant still another one of the same character, so there would be no use for the astronomer to do anything. Conditions indeed looked almost hopeless.

Eclipse day dawned with the sky overcast with thin, filmy clouds, and during the course of the morning, the clouds grew thicker instead of thinner. First contact took place at 2^h36^m P.M., but there had been no appreciable improvement in the skies since noon. The clouds if anything became thicker and at three o'clock it was practically impossible to see where the sun was. Little thin rifts appeared at times due to motion of the clouds. At three-thirty, a patch of brilliant blue sky was seen off to the north west, and as the precious moments dragged along it became evident that the blue sky was drawing momentarily closer to the sun and it was possible that the blue patch of sky might reach the sun in time for totality. Fifteen minutes before the total phase the clouds were so dense that, had totality occurred then, the scientific results would have been nothing; but the blue sky was coming nearer and it might arrive in time. Second contact was observed through thin clouds and during the progress of totality of 112 seconds conditions still further improved so that at the end of totality only a thin haze covered the sun. Two minutes after the total phase was over, the sun had reached the blue patch of sky! If the eclipse had occurred only two minutes later, or if the observers had been only half a mile to the northwest, the sky conditions would have been perfect!

Although the thin clouds greatly interfered with the eclipse program we had indeed been fortunate, for if the eclipse had taken place fifteen minutes earlier the scientific results would have been nothing at all. Farther west, at Goldendale, Washington, where the Lick-Crocker party was located, a change of weather had happened which was almost a miracle. The account by Professor CAMPBELL[1] is as follows: "The total phase of the eclipse occurred at 2^h57^m, local mean time. By great good luck a small rift in the clouds formed mostly at the right place and right time. The clouds uncovered the sun and its immediate surroundings less than a minute before totality became complete, and the clouds again covered the sun less than one minute after the total phase had passed. The small clear area was very blue and the atmosphere was tranquil".

After the eclipse was over it was found that a few other parties here and there had had clear skies. Some localities, like Denver, Colorado, experienced dense clouds but the general run of luck was very similar to that found by the Yerkes and Mount Wilson parties in Green River, Wyoming, where thin clouds prevailed.

---

[1] Lick Bull 10, p. 2 (1918).

The corona was of the type associated with maximum of sun-spots but with the polar streamers much more pronounced than was expected. To the naked eye, the corona of 1918 was a thing of rare beauty, mainly on account of the many large prominences that added so much of rosy light to the pearly lustre of the corona. On top of the sun, i. e., towards the zenith, was perched the "eagle" prominence, while in the lower right-hand quadrant was the enormous prominence which has been called the "heliosaurus". The thin clouds interfered but little with the details of the prominences and inner corona but greatly hampered the portrayal of the outer corona. All photographs unite in showing many polar rays and they also exhibit some plumed arches of great beauty. In the minds of those who were fortunate enough to see the 1918 eclipse, it will persist as the wonderful eclipse of color.

What was perhaps the most interesting novelty of the eclipse owes its conception to Edward D. Adams of New York and its realization to H. R. Butler. Unfortunately for science, it has been found impossible to obtain a satisfactory representation of the corona and the sun's surroundings by photographs. The corona is very brilliant near the edge of the sun but the intensity fades very rapidly. The eye can take cognizance of the details of the corona in spite of the great changes in brilliance, but not so the photographic plate. To obtain the faint extensions of the corona which are readily visible to the naked eye, a comparatively long exposure of the photograph is necessary. This unfortunately causes great over-exposure of the brighter inner portions of the corona with the result that all details of the inner corona are burnt out. Brief exposures of the photograph portray the inner corona in exquisite detail, but the outer corona is then lost through shortness of exposure. Many attempts have been made to cut down the exposures of the inner corona by some mechanical device so that a single photograph could catch both the inner and outer corona as seen by the naked eye. If such a photograph was needed by astronomers for purposes other than for popular pictorial presentation it would be practicable to devise a mechanical sector rotating close in front of the photographic plate and with the leaves of the sector so arranged as to give the necessary shortened exposures for the inner corona and with the outer corona free from the sector. Such a device was tried in 1889 by Burckhalter[1]. Eclipses, however, are of such rare occurrence that astronomers usually do not care to take chances on a mechanical device failing to function at the critical moment but rather prefer to secure photographs with details both in the inner and brighter parts of the corona, and in the fainter outlying portions. After the eclipse is over, if a representation is needed of the whole corona, a composite drawing may be made from the examination of different photographs. This method has given several satisfactory drawings[2], especially those by W. H. Wesley; but even the best of these drawings have not succeeded in showing the corona as it appeared to the naked eye at the time of the eclipse, and for several reasons. Frequently the drawings were made by an artist who had not seen the eclipse, or if he had seen the eclipse he was not an astronomer who could appreciate the steep gradations in tone from the bright inner corona to the faint outlying extensions of the outer corona. Even if drawings of the corona in black and white can be produced to show the details both of the inner and outer corona, these cannot adequately portray the gorgeous beauty of the corona for the reason that they do not show the warm rosy color of the prominences. Unfortunately, color photography is not yet sufficiently far advanced to render much assistance.

[1] Mitchell, Eclipses of the Sun, p. 159.
[2] Mem R A S 64, App. (1927); Phil Trans A 226, p. 363 (1927).

In the attempt to portray the corona of 1918 in color the only possibility left seemed to be the finding of an artist who could have the true scientific spirit, and who could combine an accurate sense of form with a refined perception of color. The first requirement was scientific accuracy so that nothing should appear in the picture of the corona that existed only in the imagination of the artist. HOWARD RUSSELL BUTLER, a portrait painter of note was selected to paint the corona and he was well equipped for the task by having developed and put into practice a short-hand method of noting both form and color. Unfortunately, he had never before witnessed a total eclipse. When he arrived in Oregon, ten days before the eclipse, he had rather lurid ideas, obtained from reading astronomical books, of the appearance of the corona. It was necessary for me to take him in hand, tone down somewhat his vivid impressions, show him the colors of the red and blue hydrogen lines in a powerful 21-foot grating spectrograph and then criticize the trial paintings of a typical eclipse that he made in the days before the eclipse. He was an apt pupil and at the time of the eclipse he had his plans so well laid that he was able to take full advantage of the 112 seconds of totality furnished him. It was unnecessary for him to pay attention to the details of prominences and the inner corona, for these could be obtained from the photographs secured with the 65-foot horizontal telescope of the United States Naval Observatory. The methods adopted by BUTLER are fully described[1] in Publications of the Leander McCormick Observatory, Vol. II, part. 6. His painting of $49 \times 33^1/_2$ inches is exquisitely beautiful, a work of fine art in which the painter has not forgotten that scientific accuracy is the first desideratum when recording an astronomical event. A reproduction in color is found at page 60 in MITCHELL's Eclipses of the Sun, 2nd edition, and the details of the hydrogen prominences, also in color, at page 130.

7. Eclipses after 1918. Observations at the eclipses of 1919 and 1922 were confined almost entirely to the EINSTEIN problem. The former eclipse was a return in the SAROS of the 1901 eclipse and had a duration of totality of six minutes. The date of the eclipse, May 29, was a very fortunate one for a test of the EINSTEIN deflection. Since the sun is always in the ecliptic, the brightest group of ecliptic stars is in the constellation of Taurus, and here the sun finds itself on May 29. Two expeditions[2] were dispatched from England. CROMMELIN and DAVIDSON, representing the Greenwich Observatory went to Sobral in Northern Brazil, while EDDINGTON and COTTINGHAM from Cambridge located on the Isle of Principe in the Gulf of Guinea, West Africa. The telescope used at the latter location was the thirteen-inch astrographic belonging to the Oxford Observatory. The telescope was used horizontally with coelostat and had the aperture stopped down to eight inches. On eclipse day, clouds greatly interfered with the progress of the work, but on account of the long duration of totality sixteen photographs were obtained with exposures ranging from 2 to 30 seconds. Unfortunately on many of the plates some of the stars were missing on account of clouds.

In Brazil, the observers were favored with fine weather. They utilized two telescopes for securing their photographs, one similar in size to the one at Principe, the other with the greater focal length of 19 feet and aperture four inches. The photographs with the former instrument were a grave disappointment, for the star images were not in sharp focus, due probably to the warping of the mirror by the heat of the sun. Seven of the plates taken with the four-inch lens were found satisfactory for measurement (fig. 1). The results furnished a

---

[1] Also Publ U S Naval Obs, Second Series, 10, App. (1924).
[2] Phil Trans A 220, p. 291 (1920).

remarkable confirmation of the Einstein prediction; and as a consequence, a remarkable burst of enthusiasm spread throughout the whole of the thinking world.

In spite of the general good agreement of the photographic measures, no one, least of all the British observers themselves, was rash enough to affirm that the Einstein deflection had been completely verified by the 1919 eclipse results. The observational work was pioneer in character; and improvements

Fig. 1. Solar Corona, May 29, 1919. Photograph taken by the British Expedition at Sobral.

in the methods of securing the photographs were readily apparent. First of all, the coelostat mirrors must be eliminated by placing the cameras on an equatorial mounting and pointing the lenses directly at the sun. Not only do the mirrors prevent a maintenance of constant focus, on account of the warping of their surfaces by the heat of the sun, but the mirrors may introduce distortions in the photographs. It was immediately recognized that in the future much greater care must be exercised in securing photographs of the field of stars in the midst of which the sun would be found on the day of the eclipse. The conditions under which these check plates are taken must resemble as closely as possible those at the time of the eclipse, i. e., with the same temperature, hour angle of the telescope, etc.

At the total eclipse of September 21, 1922, a long duration of totality of nearly six minutes was again available. The observers devoting themselves mainly to the EINSTEIN problem were the British party of JONES and MELOTTE who located on Christmas Island and a combined German-Dutch expedition, also on Christmas Island. In Northern Australia were found CAMPBELL, MOORE and TRUMPLER from the Lick Observatory, CHANT and YOUNG from Canada and EVERSHED of the Kodaikanal Observatory in India, and at Cordillo Downs were located DODSON and DAVIDSON.

The British observers at Christmas Island spent six months at the eclipse site in order to secure the check plates in advance of the eclipse. Unfortunately the skies were so covered with thin haze or heavier clouds almost every night that even the check plates could not be secured. To add to the continued disappointment of the observers, the sky was cloudy on eclipse day and no photographs were secured either by the English or German-Dutch expeditions.

The plans of the Lick Observatory were thoroughly well planned and executed and splendid weather conditions greeted the observers on eclipse day, not a single cloud appearing in the sky from morning to night[1]. The EINSTEIN equipment consisted of two cameras each of 5 inches aperture and 15 feet focal length, and another pair of four inches aperture and 5 feet focus, each camera pointed directly at the sun. Each lens of the two pairs consisted of a quadruplet and each gave a flat field of good star images over plates seventeen inches square. The site chosen for eclipse observations, Wallal, was the headquarters of a sheep ranch and the population of whites numbered altogether only six. Many serious obstacles had to be overcome in the short time available before the instruments were erected and accurately adjusted. Perhaps the greatest trials were the dust and the flies. The eclipse camp was in the bed of an extinct lake, and on account of the small annual rainfall the ground was very dry and a cloud of fine dust was raised at each step by a person walking, and a gentle wind carried the dust to all portions of the plate holders and optical parts of the delicate apparatus. On the morning of eclipse day, September 21, it was necessary to cut green boughs from the trees, spread them on the ground and then sprinkle everywhere plentifully with water in order to diminish the radiation from the heated soil.

As the living conditions at Wallal were so meagre, it was found not to be practicable to send an observer there with the EINSTEIN cameras three months or more before the eclipse in order to mount and adjust the cameras and take the necessary check plates in the night skies. TRUMPLER actually secured the check plates in the island of Tahiti where the latitude ($17° 32'$ S) differed little from that of Wallal ($19° 45'$ S) and where it was thought the temperatures at night would differ little from those by day at Wallal. As an extra precaution, it was decided to photograph on each plate taken at Tahiti not only the critical star group where the sun would be projected at the time of the eclipse, but a second star field with a right ascension six hours greater than that of the eclipse plates. The night before the eclipse the photographic plates to be used for the first half of the eclipse set were exposed to the auxiliary group, while the second half of the eclipse plates were exposed to the star group at night following the eclipse. The use of the second star group thus furnished a double check on the accuracy of the eclipse photographs and by their means it was hoped to com-

---

[1] Publ A S P 35, p. 11 (1923).

pletely eliminate any systematic errors that might possibly creep into the Tahiti plates because they were not actually taken at the eclipse site.

The splendid atmospheric conditions and the care with which the plates were adjusted and focussed resulted in plates of excellent definition from which a deflection was obtained reduced to the edge of the sun amounting to $1'',75 \pm 0'',09$ which is in remarkable agreement with the Einstein prediction of 1.75 seconds of arc. The methods followed by Campbell and Trumpler are given in Lick Observatory Bulletins, Nos. 346 (1923) and 397 (1928).

In the latter publication Campbell and Trumpler make the following remarks. "Having guarded our results, by means of the check-field observations, against any systematic errors of instrumental character, or errors due to the photographic process, or to the method of measurement, and having found that abnormal refraction in the Earth's atmosphere must be rejected as a possible explanation, the conclusion seems inevitable, that the observed star displacements are due to a bending of the light rays in the space immediately surrounding the Sun. As to the amount of the light deflections and the law according to which these diminish with increasing angular distance from the Sun's center, the observations agree within the limits of accidental observing errors with the prediction of Einstein's Generalized Theory of Relativity, and the latter seems at present to furnish the only satisfactory theoretical basis for our results".

On September 10, 1923, the moon's shadow touched the earth's surface at sunrise in the Pacific Ocean off the coast of Japan. After traversing the ocean, the path of the total eclipse reached the coast of southern California somewhat after noon. After crossing Lower California, Mexico and Yucatan, the eclipse ended in the Carribean Sea somewhat north of British Guiana. As the track of the eclipse was at such a great distance from Europe, it was evident that the observations would be made chiefly by astronomers from America. At the eclipse of 1918, the American astronomers had realized to their sorrow how difficult is was to predict the probable weather conditions at the time of totality. The observations of such a splendidly equipped organization as the United States Weather Bureau did not foretell the cloudy conditions of the sky that were actually experienced in mid-afternoon throughout the regions where astronomers were gathered for the eclipse. The main reason for this failure to predict was that the weather observations had not been made in the mid-afternoon, the time at which the eclipse was to be total. Consequently in order to be forewarned about the eclipse of 1923, the Eclipse Committee of the American Astronomical Society for four years previous to 1923 had had special observations made of the wind and the weather during the first two weeks of September and at the hour of the afternoon at which the eclipse was to take place. These supplementary observations were made throughout California and Mexico. The information gleaned was to the effect that clouds or rain might be expected throughout Mexico but that on the coast of the Pacific the conditions were almost ideal, in fact the only thing to fear was that a fog might roll in from the sea. Accordingly, the Lick Observatory decided to locate at Ensenada in Lower California, while at San Diego in southern California, parties were gathered from the Mount Wilson Observatory, from the Leander McCormick Observatory, from the Paris Observatory and from the Department of Terrestrial Magnetism of the Carnegie Institution of Washington. At Santa Cataline Island the following institutions were represented: Yerkes Observatory, Harvard, University of Illinois, Dominion Astrophysical Observatory and many others. Within the "memory of the oldest inhabitant" there had not been a single cloudy day in

San Diego on the tenth of September, and to make matters almost ideal, the total eclipse came at one o'clock when the danger from sea-fog was reduced to a minimum. A conservative estimate placed the chances of perfect conditions at about ninety percent. A new departure was offered in 1923 to organizers of eclipse expeditions in their opportunity to take out insurance against rain, clouds, wind or any atmospheric conditions that would impair or ruin the scientific success of the expedition. The Swarthmore party took out such insurance. Although a similar offer was made to us at San Diego it seemed poor business to write such insurance since the chances of perfect weather appeared so very high.

An unusual opportunity seemed to be presented to astronomy at this eclipse in that the path of totality was situated so close to the Lick Observatory and to the Mount Wilson Observatory. The former observatory has set a high standard in the successful observations of eclipses, expeditions having been sent to all quarters of the globe, the eclipse of 1923 making the thirteenth. The Mount Wilson Observatory has been famous throughout the scientific world for the magnificent work accomplished in its solar investigations. Here was a double opportunity offered to Mount Wilson. At the observatory itself with its splendid equipment, the equal of which is found nowhere in the world, the eclipse was to be about ninety-eight percent total, with the result that many of the spectroscopic problems could be tested out with the tower and the Snow telescopes, instruments of high dispersion, thoroughly well installed and adjusted. Since the problems that may be attacked outside of totality are limited, the observatory decided to have two parties in the path of totality, the main expedition going to San Diego and a smaller party to Lakeside, California, forty kilometers away at the norther edge of the eclipse track, where observations were to be made on the flash spectrum with high dispersion by ANDERSON and KING.

The eclipse sites being less than 250 kilometers from the observatory with its splendidly equipped machine and optical shops, it was a comparatively easy matter to transfer all of the eclipse instruments by motor truck from observatory to eclipse camp. The whole scientific world had recently been electrified by the measurement by MICHELSON of the angular diameter of Betelgeuse made possible by the employment of an interferometer with a span of twenty feet used with the 100-inch telescope. To permit the investigation of a larger number of stars, Professor GEORGE E. HALE had designed an interferometer whereby the mirrors could be separated to the great distance of fifty feet. A rigid mounting had been designed for this and the central section with driving clock had been completed.

Director W. S. ADAMS utilized this structure upon which to mount all of the cameras, spectroscopes, photometers, etc. of the eclipse program (fig. 2). The longest camera was thirty feet in focal length for the purpose of testing the EINSTEIN effect. Another camera half this length was for the same purpose. There were cameras to portray the beauties of the corona in various scales and in light of different colors, spectroscopes to ascertain the constitution of the corona, instruments to photograph and measure visually the intensity of the light of the corona at various angles from the edge of the sun. The instruments numbering fifteen made the most complete equipment that had probably ever been assembled in one place for photographing a solar eclipse. The placing of so many different instruments with such varied programs all on the same mounting was a radical departure in eclipse observations. Trials before the eclipse showed that the mounting was sufficiently rigid and that it was possible for the different observers to carry out their programs without interfering with the work of the other observers by jarring the whole mounting. The personnel included about thirty members of the Mount Wilson staff, while an auxiliary party of twenty computers and friends of the staff were prepared to watch and measure shadow bands, etc.

The Leander McCormick Observatory had two parties in the field, one at San Diego near the center of the eclipse path, the other near the edge of the

Fig. 2. The Mount Wilson instruments (fifteen in number) being assembled for the eclipse of September 10, 1923.

shadow. At both locations photographs of the flash spectrum were attempted with concave gratings of 15 000 lines per inch and 10 feet radius of curvature. Near the site of the Mount Wilson party was the installation of the Department of Terrestrial Magnetism, where they were prepared to measure the magnetic and electric elements connected with the coming of the eclipse. Fortunately these observers could look on the weather with unconcern for it made little difference to their measures whether the skies were clear or cloudy on eclipse day.

Another unusual opportunity awaited science at this eclipse. At San Diego was the powerful battle squadron of the United States Naval Aircraft forces. Here was a chance to employ photography from the air[1] on any of the problems that could be solved by this method. It is manifestly impossible to use any but comparatively small cameras from an airplane and to give any but very brief exposures. On account of the short exposures permitted, no spectroscopic work could be attempted from the air, no investigation of the EINSTEIN effect and no photography of the corona that demanded large focal scale. Airplane photographs could not compete with those taken with larger instruments mounted with a fixed installation on terra firma. In the event of clouds and the possibility of soaring above them in a machine, airplane photographs might be taken, but there would be little of scientific value in photographing the corona on such a small scale. There seemed only one direction in which airplane photography could assist the astronomer, and that was in the attempt to find the position of the moon in the sky with greater accuracy, for in spite of the many refined researches of the mathematical astronomer, the motion of the moon is far from being known with the precision desired. The moon is erratic in her motions and quite in keeping with her feminine gender. The position of the moon affects the time of the prediction of the eclipse and the projection of the moon's shadow on the earth's surface.

The program finally adopted consisted in the attempt to photograph from five separate stations along the northern edge and one at the southern edge on the shore of Mexico, the edge of the shadow of the moon. For this purpose it was necessary to use the best of mapping cameras known to the photographers and to choose special sites to photograph where the terrain would offer as great contrast as possible between a point just inside and one just outside the moon's shadow. Incidentally it must be admitted that so little was known of the amount of light to be expected a few feet outside of the moon's shadow that there was some doubt as to the final success of the investigation. But there was nothing to do but to "try and see what happened".

What a disappointment awaited us in California! For more than a week clouds had been the rule rather than the clear skies we had been led to expect. And what a record for eclipse day! Clouds throughout the whole of the region of California wherever there was an eclipse expedition brought to nought all of the carefully laid plans. Fortunately for science, Mexico, where little was expected of the weather, did much better than California. The SWARTHMORE party[2] under the leadership of MILLER, who was ably assisted by CURTIS, had a narrow escape. It had been raining in torrents shortly before the eclipse, but fortunately the rain stopped, the clouds cleared away, thus permitting the accomplishment of the program (fig. 3). The chief instrument, was the 65-foot camera pointed directly at the sun with which successful photographs were obtained although thin haze covered the sky throughout totality. Even better conditions were experienced[3] by the German party, LUDENDORFF, SCHORR and KOHLSCHÜTTER who carried through to completion a well-rounded program.

After the ill luck experienced by the American astronomers at the eclipse of 1923, where conditions beforehand had seemed so promising, it seemed almost foolhardy to prepare for an eclipse which was to take place at nine o'clock of a winter's morning on the Atlantic coast in the United States with the sun at best only eighteen degrees above the horizon. Would snow cover up the astro-

---

[1] Publ U S Naval Obs, Second Series, 10 (1924).
[2] Ap J 61, p. 73 (1925): Sproul Obs Publ No. 7 (1925).
[3] Sitzungsber. Preuß. Akad. 1925, p. 83.

nomers as had happened on January 14, 1907, the preceding eclipse in this cycle of the Saros? The most optimistic placed the chances of good weather about fifty percent. With such poor prospects, it was natural that none but American astronomers would plan to observe the eclipse. In fact, the chances of success seemed so remote that the Lick Observatory with its splendid record of carefully planned observations secured at many eclipses decided against sending an

Fig. 3. Corona of minimum type. Photographed by Swarthmore College Expedition at Yerbanís, Mexico, September 10, 1923. Aperture of lens 6³/₄ inches, focal length 15 feet, exposure 56 seconds.

expedition across the continent. After attempting a very large program at the 1923 eclipse, the Mount Wilson Observatory contented itself in 1925 with attacking about one-fifth of the problems planned for the previous eclipse.

What a surprise the weather again had in store for us on January 24, 1925! The day before the eclipse was one of gorgeously perfect blue skies. Would the morrow provide equally good skies? After all the long weeks of preparation and of hard work in installing the instruments, would the work be all of no avail by clouds blotting out the eclipse? No astronomer should ever attempt to observe an eclipse who is not fundamentally an optimist, a good sport prepared to take long chances. The clear skies continued throughout the night, but it clouded completely over at six in the morning, — and totality occurred three hours later. The largest group of astronomers were assembled at Middletown, Connecticut, at the Van Vleck Observatory, and here were parties representing the Mount Wilson Observatory, Leander McCormick Observatory, Harvard University, Universities of Wisconsin and Illinois, United States Bureau of Standards and many others. What a dejected crowd of astronomers we were at eight o'clock when we had gathered at the Van Vleck Observatory to observe first contact, the beginning of the eclipse. There was nothing but clouds everywhere!

A quarter of an hour later a ray of hope appeared; there was a blue streak of sky low down in the northwest, — and the clouds were coming from that quarter. Would it clear off in time? Luck was with us. Five minutes before totality a cloud, very thin and very fleecy, hung over the sun. It was not thick enough to do much damage and it was moving slowly. We hoped it too would go. When the timers called out "Two minutes", the cloud had almost gone. By now it was beginning to get quite dark, a weird and unnatural pall coming over the landscape. The observers outside noticed shadow bands flickering over the snow. At one minute before totality, with the thin crescent of the sun growing very small, the atmospheric conditions seemed perfect, the thin cloud had gone!

How fortunate we were that the weather defied all the laws of averages on January 24, 1925, and brought clear skies! With clouds hovering everywhere over New York and New England, the surprising fact was that clear skies greeted most of the astronomical expeditions. It was cloudy throughout Michigan and Ontario, cloudy in Buffalo, but clear at Ithaca, Poughkeepsie, Middletown, New Haven, Nantucket and New York, where scientific parties were located. It is estimated that ten millions of the population of New York and New England were given an opportunity of witnessing the gorgeous spectacle. The great newspapers of New York City assert that no single event in the past decade has aroused such widespread enthusiasm. As totality lasted for the brief time of two minutes or less, and as the scientific investigations were nearly all crowded within the period of the total phase of the eclipse, it is probable that no single event in the history of man has had so many words, per minute of the duration of the event, written about it as has been the case with the 1925 eclipse. As a spectacle offered to the inspection of the general public, this eclipse suffered from its taking place so early in the morning. If the darkening had come on during the middle of the day with the sun high up in the sky, the psychological effect would have been all the greater. In general shape the corona corresponded closely with that expected from the condition of the sun near spot minimum. To the right of the vertical, however, there was a long pointed shaft of light stretching up more than a degree. The remarkable feature was the total lack of rosy color visible to the naked eye, no prominences being visible, and as a result the corona lacked color as if to reflect the feelings of the observers who everywhere worked with the thermometer about $-15°$ C.

Several unusual features concerning this eclipse are worthy of note. The eclipse track crossed over the Van Vleck Observatory with its visual refractor of 20 inches aperture. Here was an opportunity of photographing the corona with a large aperture and with yellow light. MILLER of the Sproul Observatory used the lens of 62 feet focal length, mounted as in 1918 and 1923, pointed directly at the sun. Naturally, there were hosts of cameras of smaller focal length. On account of the high possibility of clouds, the United States Navy employed the dirigible Los Angeles — formerly the ZR 3 — which flew out to sea and carried a battery of cameras with which to photograph the corona. Even in a gigantic dirigible the platform carrying the cameras is not very steady and it is very difficult to keep the cameras pointed at the sun. Naturally it was possible to utilize cameras only of short focal length and to give brief exposures only. If it had been known beforehand that the skies were to be clear at eclipse time, the Los Angeles would not have taken part in the eclipse program. Its photographs showed the general features of the corona but they had little of scientific value compared with those taken by cameras with more stable foundations and greater focal lengths. Many airplanes were utilized for the same mission.

Many attempts were made to measure the intensity of the corona among which should be noted the work by Nicholson and Pettit, by Kunz and Stebbins, and by Coblentz and Stetson, all three parties gathered in Middletown, and also by Parkhurst, located farther west in Ithaca. Curtis at New Haven and Mitchell in Middletown photographed the flash spectrum, the former paying special attention to the red end of the spectrum and reaching to λ 8800 in the photographs. The results obtained by these various observers will be fully recorded at the appropriate pages later in this memoir.

The developed photographs one and all show the effect of the low altitude of the sun and the consequent poor seeing. As eclipses are of such rare occurrence, it is fortunate that coronal details do not require the finest conditions of seeing for their precise portrayal. The details of the coronal streamers are not inherently sharp and clear cut in their nature, and consequently a little blurring of detail caused by poor atmospheric conditions have little deleterious effects on the photographs. The case is however very different with the prominences. By nature these phenomena have more or less definite outlines. The best photographs with which to test the quality of the seeing at the 1925 eclipse were unquestionably those taken with the 20-inch visual refractor of the Van Vleck Observatory. This telescope is regularly employed by Director Slocum mainly for the determination of stellar parallaxes by photography. The focus consequently had been thoroughly well determined. The plates taken by this telescope, the largest aperture that had ever been used to photograph an eclipse, were a great disappointment due mainly to the lack of sharp detail shown in the inner corona. The fault did not lie in the telescope or in any lack of careful adjustment but was to be found in causes beyond the control of the observer, i. e., the poor definition resulting from bad seeing. The same qualities of poor seeing are shown in the photographs of the flash spectrum taken without slit. The lack of sharp definition shown by Slocum's photographs with the 20-inch refractor, the absence of clear-cut delineation of the prominences is found in the spectral images of these prominences in the flash spectrum.

The eclipse was visible near the congested centers of population in the eastern part of the United States. The great city of New York was partly within and partly outside the path of totality. Up-town New York, in the residential sections saw the corona, while down-town New York in the business sections experienced the much smaller thrill of being outside of the belt of totality. The interest aroused however was so great that business in the great city was practically suspended while the eclipse was in progress.

The American Astronomical Society sought to utilize this enthusiasm in order to obtain additional scientific information, and this was accomplished through two committees of the Society, the Committee on Publicity, of which Professor E. W. Brown was chairman, and the parent Committee on Eclipses,

Professor S. A. MITCHELL, chairman. The former of the two committees sent out a request to astronomers for observations of the moon's position during the two months, one preceding and the one following the eclipse.

On account of the difficulty of observing the moon near the times of new moon, there is ordinarily a gap in the regular lunar observations whether made by occultations or by meridian circle. This gap may be filled at the time of a solar eclipse. Hence an attempt was made at the 1925 eclipse to secure as many observations as possible in order to detect any short period deviations, if any exist, and to compare the results obtained by different methods for the purpose of seeing whether there are any systematic errors of observation peculiar to any one of them.

Tables of the moon, such as HANSEN's, NEWCOMB's or BROWN's, are used for predicting the place of the moon published in the different nautical almanacs, so that the comparison with observations may furnish a means of further correcting the tables. The almanac predictions are prepared some four years in advance. For these predictions it is desirable to keep the theory of the moon as free as possible from arbitrary empirical terms so that the theory may not be cluttered up by too many additions. On account of the necessity of extrapolating from the observed path of the moon, there are chances of errors of several seconds of arc between prediction and observations which cause differences of double that number of seconds of time between the predicted and observed times at an eclipse.

For predicting the times of an eclipse it is naturally very desirable that the times of beginning and ending of the eclipse be known with the greatest possible precision, hence it is generally customary, a month or more before the eclipse takes place, to correct the ephemeris times of the predicted eclipse. These corrections are derived from comparison with the observed positions of the moon and sun that have been made in the four year interval since the nautical almanac was prepared.

At the eclipse of 1905, totality came ahead[1] of its predicted time, the beginning of totality being 17 seconds earlier, while the ending came 23 seconds earlier than the times predicted by the American Ephemeris. The middle of totality was thus 20 seconds ahead of that calculated, while the duration of totality was some six seconds less than was expected from the computations. The time predicted for the middle of totality by the British Nautical Almanac was identical with that furnished by the American Ephemeris but the duration of the former was $1^s,7$ less than that of the latter, while the duration calculated from the Connaissance des Temps was five seconds greater than that of the American Ephemeris. All observers at the Spanish eclipse had their program of observation greatly interfered with by having the moon so far in advance of its predicted place. The eclipse of 1914[2] came 25 seconds earlier than the prediction of the Nautical Almanac and 5 seconds before the time given by the American Ephemeris. Before the eclipse of June, 1918, a correction of 12,5 seconds to be applied to the times of contacts calculated from the American Ephemeris, was furnished by the United States Naval Observatory. The observed times were actually about fourteen seconds ahead of those predicted by the Ephemeris. At the eclipse of 1922, the Lick Observatory party observed the beginning of totality some sixteen seconds earlier than the time predicted, while the end of totality came twenty seconds earlier than the Almanac prediction.

---

[1] Lick Bull 4, p. 118 (1905).
[2] Lund Medd Sér II, No. 20 (1919).

After the exhaustive investigations by so many competent authorities, allowance having been made for the gravitational attraction of every conceivable cause of disturbance, it is unmistakable that the moon departs from her theoretical place in a very irregular manner. An error in the assumed value of the acceleration of the moon's mean longitude, even though this error is a very small one, will cause errors in the predicted place of the moon which are cumulative and depend on the square of the time.

The differences in the observed and tabular positions of the moon have been nearly constant since the ephemeris for 1925 was computed. For predicting the 1925 eclipse, a correction of $+7'',0$ was applied to the tabular mean longitude of the moon as given in the American Ephemeris, and $-0'',50$ to the lunar declination. The correction of $7'',0$ in the mean longitude induces short period changes in the moon's tabular right ascension and declination. The whole change may be made by adding to the tabular right ascension and declination the quantities $0,212\,\varDelta\alpha$ and $0,212\,\varDelta\delta$, where $\varDelta\alpha$ and $\varDelta\delta$ are the variations per minute given in the Nautical Almanac for every hour. Brown[1] applied these corrections to all observations made in the special series for the 1925 eclipse, and he then found that the remaining error of the mean longitude is less than $1,''00$ so that the short period errors will be of the order of $0'',1$ and in the mean of the two months will disappear. For the eclipse the remaining periodic error was less than $0'',05$. In predicting the eclipse, no correction was applied to the sun's tabular position even though its observed deviation has been steadily increasing; and as a matter of fact, nearly the whole error of the eclipse times was due to the sun. Observations made at Greenwich and the United States Naval Observatory during the two month period show that a correction $+1'',70$ was necessary to the tabular longitude of the sun and $+0'',10$ to its tabular latitude.

The following times for second contact and the duration of totality have been made by trained astronomers with every facility for obtaining accurate positions of their stations and accurate time signals on the day of the eclipse.

No.	Place	Second Contact	Duration
1	Ithaca, N. Y.	$+5^s,2$	$+2^s,2$
2	Poughkeepsie, N.Y. . . .	$+3\ ,3$	$-0\ ,8$
3	Beacon, N.Y.	$+1\ ,8$	$-2\ ,9$
4	New Haven, Conn.	$+6\ ,0$	$-1\ ,0$
5	Middletown, Conn. . . .	$+3\ ,6$	$0\ ,0$
6	Martha's Vineyard, Mass.	$+6\ ,0$	-6
7	Nantucket, Mass.	$+4\ ,9$	$-3\ ,7$
8	Dirigible Los Angeles . .	$+6\ ,3$	$-0\ ,9$

A summary of the results of the observations discussed by Brown for the 1925 eclipse gives corrections to be added to the mean longitude of the moon $\delta\lambda$, and to the mean latitude $\delta\beta$ as follows, where n represents the number of observations:

Method	$\delta\lambda - 7'',00$	n	$\delta\beta$	n
Occultations	$+0'',38 \pm 0'',10$	79	$+0,''49 \pm 0'',17$	79
Photographs	$-0\ ,14 \pm 0\ ,25$	11	$+0\ ,34 \pm 0\ ,26$	11
Greenwich, meridian circle . . .	$-0\ ,35 \pm 0\ ,16$	16	$-0\ ,85 \pm 0\ ,11$	16
Washington, 9-inch transit . . .	$-0\ ,34 \pm 0\ ,15$	16	$-0\ ,60 \pm 0\ ,16$	16
Washington, 6-inch transit . . .	$+0\ ,70 \pm 0\ ,19$	22	$-0\ ,13 \pm 0\ ,18$	21
Cape, meridian circle	$+0\ ,42 \pm 0\ ,28$	13	$-0\ ,34 \pm 0\ ,46$	10
Eclipse	$+0\ ,40 \pm 0\ ,14$		$+0\ ,80 \pm 0\ ,12$	

The weighted mean of the values gives a correction to the moon's longitude and latitude of $+0'',28 \pm 0'',06$ and $+0'',32 \pm 0'',06$, respectively.

---

[1] A J 37, p. 9 (1926).

The comparison of the results made by the different methods is not without interest. The meridian observations differ among themselves rather widely. The occultations and eclipse results give corrections which agree within their probable errors. All the non-meridian observations agree in giving a positive correction to the lunar latitude and all the meridian results give a negative correction, the average difference is over $1''$. These discrepancies are partially explained by an assumption originally made by HANSEN that there is a difference between the center of mass and center of figure of the moon. BROWN has shown that the northern half of the moon is probably the denser half.

The ranges in the times of second contact and the duration of the eclipse as exhibited by the observations of skilled astronomers in the table above, appear much larger than one would expect but they show about the same differences exhibited at the eclipse of 1914, in the observations of contacts contained in Meddelande från Lunds Astron. Obs., Série II, No. 20. However, it must not be forgotten that the outline of the moon departs from a perfect circle and that the time of the beginning and ending of a total solar eclipse depends very largely on the character of the lunar surface at the point of contact, the beginning of the total eclipse not taking place until the last BAILY bead has disappeared. The mountainous character of the moon's surface will have a great effect on the times of contacts. At the 1925 eclipse a difference in height of one mile on the moon's edge would correspond to three seconds in the times of contacts on the central line of totality with a greater difference towards the edge of the shadow path. The position of the moon derived from these eclipse obervations was confirmed by the position of the shadow path as it passed over New York City.

At the eclipse of 1923, preparations were made to photograph from airplanes the edge of the path of totality so as to fix with greater exactness the place of the moon in the sky. Through clouds, these attempts came to naught. In 1925, on account of the southern edge of the moon's shadow passing over New York City an excellent opportunity was at hand to secure many observers to determine the exact edge of the shadow. This problem was taken in hand by the New York Edison Company.

Calculations based on the American Ephemeris and Nautical Almanac had foretold that the edge of the moon's path would cut Riverside Drive, which runs north and south along the Hudson River, somewhere between 83rd Street and 110th Street, with a total uncertainty of approximately one mile. To make certain that the astronomers were not mistaken, observers were located at each intersection of city blocks all the way from 72nd Street to 135th Street, usually on the tops of apartment houses, so that a better view might be obtained. Sixty-nine men were employed and each was furnished with a piece of darkened glass and was instructed to look at the sun at the time of totality in order to see whether the corona was visible or whether there was a thin edge of the sun left shining. All of the observers were instructed to report to a central office immediately after the eclipse. Only one of the total of sixty-nine was in doubt as to what he saw, and the sixty-eight gave a clear-cut verdict. The observer at 240 Riverside Drive had seen the total eclipse while a man located at 230 Riverside Drive had seen a small sliver of the sun exposed, indicating that it was a partial eclipse. The distance between these two men was about two hundred and twenty-five feet, which included the width of 96th Street. The edge of the shadow of totality was, therefore, pinned down to within two hundred and twenty-five feet on the west edge of Manhattan Island. Other observers along the East River were successful in making similar observations with the result that the moon's path across New York City is accurately known. It is indeed surprising to find such unanimity of opinion among untrained observers who were all witnessing their first eclipse. Apparently it must be very easy to make up one's mind as to whether the corona is or is not visible. Similar attempts have been made at former eclipses but have always met with failure. None of the observers saw the edge of the moon's shadow as it lay upon the ground in spite of the excellent opportunity afforded on account of the ground being completely covered with snow. Evidently the edge of the shadow is not sharply defined but the light tapers off gradually.

The keen interest of astronomers in observations of total eclipses of the sun again manifested itself in the Dutch East Indies on January 14, 1926. No less than nine expeditions from Europe and America were gathered for the purpose of working ardently and enthusiastically for the brief period of four minutes. Three expeditions, numbering twenty people, traveled from the United States, half way around the globe, in the hope that during the precious few seconds of the time of totality the skies would be clear and an opportunity thus would be provided for carrying out a well-planned series of observations.

In recounting the history of eclipses in this memoir, repeated attention has been drawn to the great fickleness and uncertainty of the weather especially in the tropics. The weather in Sumatra experienced by the observers in 1926 was living up to its poor reputation. Clouds were the rule rather than the exception and rain was experienced almost every day. Where the writer was located in Sumatra for the 1901 eclipse the annual rainfall was 186 inches, or an average of half an inch per day.

Few of the eclipse expeditions were rewarded with good weather in this remotely placed eclipse. The British party at Benkoelen on the west coast of Sumatra had the best luck. Their program was almost exclusively spectroscopic. The instruments were[1]: (1) The 20-foot camera used directly for photographing the corona. By sliding in front of the object glass a direct vision prism, photographs were obtained of the flash spectrum at the beginning and ending of totality. (2) The 40-foot camera, used with an objective prism for photographing the spectrum in the visual region. These two instruments were arranged side by side and were covered with the same shelter. (3) Two slit spectrographs, one with a quartz prism for use in the ultra-violet and the other with a flint prism for photographing in the infra-red. The prismatic camera with an objective of 4 inches aperture and 40 feet focal length utilized a 6-inch prism of 45° angle. The dispersion was not great but the image of the sun was four inches in diameter and "the photographs gave a good deal of information in the region $H\beta$ to beyond $H\alpha$". With the 20-foot lens and direct vision prism the region from H to $H\beta$ was in best focus, so that with the two prismatic cameras together the region was covered from H in the violet to beyond $H\alpha$ in the red. On account of the large image of the sun as a result of the large focal length of the cameras employed with both of these spectrographs the light of each spectral line of necessity is distributed over a large area. Unless the focus of each spectrograph is perfect, and the seeing and transparency excellent, it cannot be expected that such photographs will show the faintest lines of the spectrum of the chromosphere.

The photographs of the slit spectrograph for use in the red showed nothing. The plates were bathed in dicyanine and such plates do not keep well with temperatures hotter than 20° C. The slit spectrograph with quartz prism and speculum mirror showed exquisite definition from the H line to λ 3066 in the ultra-violet. This spectrum has permitted an accurate determination of wave-

---

[1] Obs 49, p. 139 (1926); Mem R A S, 64, p. 105 (1927).

lengths. With the same spectrograph photographs were obtained of the coronal spectrum. The discussion of these photographs has made a contribution of very first importance to eclipse literature.

Fig. 4. General view of Swarthmore College Expedition, Benkoelen, Sumatra, January 14, 1926.

Although the party from Swarthmore (U. S. A.) (fig. 4) was located not far from the British in Benkoelen they did not fare quite so well with the weather. The expedition was under the leadership of J. A. MILLER[1] who was ably assisted

---

[1] Pop Astr 34, p. 349 (1926).

by Director Curtis of the Allegheny Observatory. Successful photographs were secured with the large camera of 65 feet focal length pointed directly at the sun (fig. 5). The balance of the carefully arranged program consisted of photographs with cameras of fifteen feet focus (fig. 6) for testing the Einstein deflection and photographs with smaller cameras. Curtis again used the short-focus concave grating to secure the flash spectrum at the extreme red end. On account of thin haze and the deterioration of the plates stained with dicyanine no spectra were

Fig. 5. Solar Corona, January 14, 1926. Photographed by the Swarthmore College Expedition with lens of 9 inch aperture and 65 feet focal length. Note the curved streamers and the arches overtopping prominences.

obtained. The measurement of the large scale coronal photographs has given results of the very highest value in testing the theory of Einstein. Charles Lane Poor has repeatedly called attention[1] to the fact that there is a possibility that the deflection of $1'',75$ at the edge of the sun demanded by the theory of relativity may conceivably result from some other cause. In particular the passage of the light of the stars into the shadow cone of the moon, where cooler temperatures are found, might possibly cause by refraction a shift in the stellar positions approximately of the amount shown by the photographs of the eclipses

---

[1] J Can RAS 21, p. 225 (1926).

of 1919 and 1922. From a theoretical point of view it seemed impossible that refraction could be the cause of this large observed deflection. POOR suggested that the moon itself might furnish the means of a practical test. If the measured diameter of the moon from eclipse photographs agrees with the known value of the diameter of the moon, then refraction by the cooler layers of air in the shadow causing the eclipse can not be the cause of the deflection of the light

Fig. 6. Solar Corona, January 14, 1926. Photographed by the Swarthmore College Expedition. The shape is that associated with maximum of sun-spots.

from the stars observed near the edge of the sun. The results from the carefully planned program of MILLER and MARRIOTT[1] will be taken up later in these pages.

At the 1926 eclipse, STETSON of Harvard and COBLENTZ of the United States Bureau of Standards were again working[2] together in attempting to measure the radiation of the corona with the same apparatus with which they had secured successful observations in 1925. They were located with the Swarthmore party at Benkoelen and were fortunate in securing measures which showed that the coronal light was 40 percent greater in 1926 than in 1925, thus indicating an

[1] A J 38, p. 101 (1928).　　[2] Ap J 66, p. 65 (1927).

apparent increase with sun-spot numbers. On account of the thin clouds the measurements by the radiometer were rendered impossible.

Horn d'Arturo[1] was at the head of a completely equipped Italian expedition which was located in East Africa. The photographs of the corona taken by him were compared with those obtained in Sumatra. Many changes in the coronal photographs were noticed giving evidence of changes in the coronal illumination, particularly in the domes which are such interesting phenomena at each eclipse.

At this 1926 eclipse, J. A. Anderson of the Mount Wilson Observatory was located at the same site as the expedition from the United States Naval Observatory. The eclipse was lost through clouds covering the sun for the first three minutes of totality while thin haze remained for the balance of the eclipse. A large party from Holland was located at Talangbetoctol, but clouds prevented observations. Freundlich of the Potsdam Observatory on account of haze secured few photographs of value.

What a disappointment was in store for the astronomers who attempted to observe the latest eclipse, that of June 29, 1927! The eclipse track passed over England, Norway, Northern Sweden, the Arctic Ocean and Northeastern Siberia. Unfortunately the eclipse was a very brief one. At Liverpool, England, totality took place at 5^h24^m A.M. and lasted only twenty-three seconds. At Fagernes, Norway, totality occurred at 5^h34^m (Greenwich time) and had a duration of 34 seconds. Unfortunately the promise of clear weather was not very great. In England, at the early hour of the morning that the eclipse took place, the most optimistic estimated that the chance of clear weather was no more than one out of three. In Norway away from the coast and farther along the eclipse track in Lappland, the chances of clear weather appeared to be greater but at best were no more than an even chance. It seemed almost foolhardy to attempt to observe this eclipse with such a short duration of totality and with the chances of clear weather reduced to the minimum. Still, nothing venture, nothing gain. It was certain that no great astronomical discoveries would be made from coronal investigations with this short duration. However it was very important that a record should be made of the eclipse. For photographing the flash spectrum the short duration of totality was no great drawback.

The popular enthusiasm in England was unbounded. England had not witnessed a total solar eclipse for more than two centuries and the populace was determined to see the wonderful phenomenon no matter how poor were the chances of success. Nearly all of the British astronomers were in the eclipse track in England with well planned expeditions. A large and well equipped party from the Solar Physics Observatory of Cambridge, however, forsook England for the greater promise of clear skies in Norway and set up their equipment at Aal under the direction of H. F. Newall. The only large expedition from the United States was located in Norway at Fagernes, one hundred kilometers from the Cambridge party. The American party from the Leander Mc Cormick Observatory of the University of Virginia had a very complete equipment to photograph the flash spectrum with three concave gratings, used without slits in the attempt to secure the flash spectrum from the extreme ultra-violet to the infra-red, the plates for the region of long wave-lengths being stained with neocyanine. Stetson was a member of the party at Fagernes with the instrumental equipment he had used at the eclipses of 1925 and 1926 for measuring the radiation of the corona. The astronomers from Oslo were also at Fagernes.

---

[1] Pubbl Oss Astr R Univ Bologna 1, p. 227 (1926).

ROSSELAND had a long focus concave grating for photographing the flash spectrum, LOUS attempted to observe the times of contacts visually and by photography, STÖRMER had a number of small cameras for photographing the corona. A scientific party of about forty were assembled at Fagernes. Other parties were found farther along the eclipse track, mainly at Ringebu in Norway and at Gälliväre and Jokkmokk in Lappland.

Both in England and in Scandinavia the weather before the eclipse was even much worse than had been expected. At Fagernes, instead of being clear for half the time, it had been cloudy for fourteen days before eclipse day and rain had fallen on nine of these days. It required one to be a decided optimist to expect a sudden break in the weather conditions. In England in addition to the cloudy weather there were very high winds that threatened to carry away the temporary installations. At this date of the year, June 29, and at the high northern latitudes, the adjustment of the eclipse instruments had to be accomplished without the stars. At Fagernes (latitude 61°) it did not get dark at night, while Jokkmokk was in the land of the midnight sun.

Eclipse day dawned everywhere as a continuation of the cloudy conditions of the previous fortnight. Apparently only a miracle could save the situation and bring clear skies. The miracle actually did take place in England at Giggleswick where was located the party from the Greenwich Observatory[1] under the direction of the Astronomer Royal, Sir F. W. DYSON. Here the sky was cloudy throughout the whole of eclipse day. However a hole appeared in the cloudy sky and lasted for a space of two minutes only. The eclipsed sun appeared in this blue patch of sky and successful photographs were secured! The photographs show exquisite detail in the inner corona but the outer corona was lost through thin haze. At Jokkmokk where was located the expedition from the Hamburger Sternwarte under the direction of Prof. Dr. R. SCHORR, a similar miracle took place, the sun at totality being surrounded on all sides by clouds. SCHORR was more successful than DYSON, the sky being without haze; the photographs taken at Giggleswick and Jokkmokk exhibit many brilliant prominences. The hooded forms overtopping the prominences are conspicuous features. A comparison of the two photographs shows well marked changes taking place in the time elapsed. SCHORR's photographs show the corona to be of the maximum or circular type that was expected. The brilliant prominences and extended corona must have made a gorgeous picture for those few fortunate souls who were lucky enough to see the eclipsed sun under good conditions. Elsewhere along the track thin haze or heavy clouds interfered with the work or made the efforts of the astronomers of no avail. At Gällivare[2] in Sweden, there were several expeditions, the party from Upsala securing photographs of the corona and of the flash spectrum. These observations were partially interfered with by clouds. Successful photographs of the flash spectrum were secured by PANNEKOEK and MINNAERT, by VEGARD and also by BAADE. Other publications dealing with the 1927 eclipse may be found by referring to M N 88, p. 305 (1928).

At the 1925 eclipse, the attempts which were made to photograph the phenomenon in color met with partial success. At the 1927 eclipse, the British Polychromide Co., Ltd., took a color film at Giggleswick making brief exposures every second and lengthening these to about 0,5 second as totality approached. The results are described by the Astronomer Royal[3]. At Giggleswick the duration of totality was 23 seconds. For 27 of the exposures by the color film it may

---

[1] M N 87, p. 657 (1927).
[2] KIENLE, Die Himmelswelt, 37, p. 225 and 344 (1927).
[3] DYSON, M N 88, p. 142 (1927).

be said that the eclipse was total, and for an additional two seconds at each end BAILY beads are shown. The corona and prominences can be traced on the limb of the sun opposite to the crescent for a duration of 30 seconds both before and after totality. The corona shows on the film to be somewhat bluish in color during totality. Outside of totality this bluish color appears rather reddish, the difference in color being due to the process employed. The chromosphere appears quite red in color while the prominences vary from a deep to a whitish red.

Before totality the corona appeared in some places bluish and in others reddish. When totality commenced there was a continuous reddish arc of the chromosphere on the east limb extending for about 130° with red prominences. The chromosphere was visible on the film for 9 seconds after the beginning of totality and reappeared again 6 seconds before the end of totality. On the film the chromosphere was seen to extend to 3700 km and 2400 km on east and west limbs respectively. This is much less than the heights ascribed to hydrogen. Apparently the film showed a definite layer belonging to the chromosphere which is indicated by the fact that the uniform red chromosphere did not show at the sun's poles. The colors on the film do not agree with those seen by the eye.

On account of the short duration of totality the bright inner corona was left exposed beyond the dark limb of the moon for a longer space of time than is ordinarily found at a total eclipse of the sun. The result of this has been that the corona was seen and photographed for a much longer stretch of time outside of totality than is usually the case. References to other features of the 1927 eclipse will be found at the appropriate places in the following pages.

8. Future Eclipses. With these records of the history of eclipses of the past herewith brought to an end, we here turn our eyes (1928) hopefully to the future.

The next eclipse to be observed is that of May 9, 1929, visible in northern Sumatra, Siam, Cochin-China and the Philippines, the duration being 5,1 minutes. Already plans are under way for this eclipse to be widely observed by astronomers from America and from Europe. On April 28, 1930 a central eclipse takes place. The track of this eclipse cuts into California somewhat north of San Francisco. The eclipse is total here and totality continues through California and Nevada for about a thousand kilometers where the eclipse becomes annular. The eclipse track passes northeasterly through United States and Canada, finally crossing Hudson's Bay and Labrador.

On October 21, 1930 the total eclipse lies on the South Pacific Ocean, beginning north of Borneo and ending at Patagonia. Fortunately a very small island is found in the path of the eclipse. No total eclipse comes in 1931. The year 1932 witnesses the total eclipse of August 31. The path of totality crosses the St. Lawrence River northeast of Montreal, and after passing through Quebec, New Hampshire and Vermont comes to the Atlantic Ocean in the southern part of Maine.

This eclipse gives promise of being accompanied by satisfactory weather. For this reason and for the fact that the eclipse track is easily accessible, it should be widely observed. In fact, for a decade and more following 1932 the eclipses will be widely separated and difficult of access. The eclipse of February 14, 1934, will be visible in Borneo shortly after sunrise, and that of June 19, 1936 mainly in Russia and Siberia. The path of June 8, 1937 will fall almost entirely upon the waters of the Pacific Ocean. This will have the great duration of more than seven minutes. The eclipses of the future before 1950 are to be found in the following table. For more complete information on eclipses, past and future, see OPPOLZER, Canon der Finsternisse or MITCHELL, Eclipses of the Sun, 2nd Edition, page 55.

Date	Duration	Where visible
1929, May 9	5,1 mins.	Sumatra, Malacca, Philippines
1930, April 28	0,1	California and Nevada
1930, October 21	1,9	Pacific Ocean, Patagonia
1932, August 31	1,5	Canada and eastern United States
1934, February 14	2,7	Borneo, Celebes
1936, June 19	2,5	Greece to Central Asia and Japan
1937, June 8	7,1	Pacific Ocean, Peru
1940, October 1	5,7	Colombia, Brazil, South Africa
1941, September 21	3,3	Central Asia, China, Pacific Ocean
1943, February 4	2,5	China, Alaska
1944, January 25	4,1	South America, West Africa
1945, July 9	1,1	Canada, Greenland, Scandinavia, Russia
1947, May 20	5,2	Argentine, Paraguay, Africa
1948, November 1	1,9	Central Africa, Congo

For long range predictions of eclipses, astronomers all over the world turn to OPPOLZER. In this great volume are given the elements of eight thousand solar eclipses and five thousand lunar eclipses, all the eclipses, partial, total and annular, that have taken place since 1205 B. C., or which will be seen before the year of our Lord 2152. For all the total eclipses of the sun taking place within this long interval, charts are given showing the locations on the earth where the moon's shadow path will fall. In such a monumental work it was possible to calculate and plot each total eclipse for only three points, with the sun at sunrise, noon and sunset. Although in the main OPPOLZER's maps are very reliable, his positions did not accurately fit the 1925 eclipse. The 1932 eclipse presented complications for the reason that sunrise and noon points fell not far from the earth's north pole with the result that OPPOLZER placed the eclipse track farther out into the Atlantic Ocean than have the later calculations.

It has been computed that once in every 360 years a total eclipse on the average will be visible from any one locality on the earth. Yet in spite of the law of averages, some parts of the globe are visited by eclipses in rapid succession. Spain witnessed the eclipses of 1842, 1860, 1870, 1900 and 1905. In the East Indies the eclipses of May 18, 1901 and January 14, 1926 have been observed and those of May 9, 1929 and February 14, 1934 are in the future, while the path of September 21, 1922 lay but a few hundred miles to the south.

Three total eclipses have visited the United States within seven years, those of 1918, 1923 and 1925, and another will come in 1932. After this eclipse has passed into memory there will not be another total solar eclipse that can be observed anywhere in the United States with the expectation of successful results at any time within the balance of the twentieth century!

The present generation of astronomers, within the next fifteen or twenty years will have few opportunities of witnessing total eclipses of the sun under conditions that promise successful observations.

b) The Chromosphere.

9. Introduction. It is no exaggeration to state that it is more difficult to secure a perfectly successful photograph of the flash spectrum than it is to obtain an excellent photograph of any other single phenomenon attacked by astrophysical science. Witness the fact that since its discovery in 1870 by YOUNG, the flash spectrum has continually been and still remains one of the most important of all problems taken up for solution at each succeeding solar eclipse. It is now well over thirty years since 1893 when the first photograph of the flash spectrum was obtained, but in this interval of time, comparatively long when judged by the attainments of modern astronomy, there have been more than one hundred attempts by various astronomers to photograph the flash spectrum; and yet there are not more than half a dozen of these photographs which may be considered to rank as first quality. Of course it is perfectly true that many of the attempts might have succeeded if it had not been for clouds or thin haze or poor atmospheric conditions, yet the fact remains that the great majority of those photographs which escaped the clouds have suffered from lack of perfect definition or from inaccurate timing of the exposures to secure the low-lying levels of the chromosphere.

The pioneer work of the British in 1919 and the refined labors of the Lick observers and others at the eclipse of 1922 have verified[1] the Einstein prediction of the bending of rays of light by the sun. Moreover, Adams[2] at Mount Wilson in a magnificent and spectacular manner has confirmed the principle of relativity from the spectrum of the companion of Sirius. There still remain many doubting Thomases who are yet unconvinced and who will continue to carry out investigations at the times of solar eclipses to see whether the observed deflections of stellar rays near the edge of the sun cannot be explained by the Newtonian law of gravitation, supplemented by refraction and other known causes without the necessity of invoking the aid of Einstein and his interesting theories. It is indeed fortunate for an ancient and dignified but progressive science like astronomy that we are not too prone to discard the old and take on the new theory, even when coming from such a master-hand as that of Einstein. It is well that we have conservative astronomers and even those who are reactionary. We seek the truth, and the truth shall set us free.

None of the eclipses of the next decade or two will bring in its train the splendid conditions of observation that were experienced in Australia in 1922. We can therefore hardly look forward to any further triumphant attack on the Einstein problem which may be accomplished at eclipses within the lifetime of those astronomers who are now in the prime of their life and at the peak of their scientific careers.

Our knowledge of the corona has advanced with infinitesimal slowness due to the paucity of time available for investigations and the feebleness of the light of the corona. It therefore seems to the writer that at the present time the most important contribution to modern astronomy which can be attained through observations of total solar eclipses is the investigation of the spectrum of the chromosphere. The sun is the nearest of the fixed stars and it is the only star which permits us to examine in detail its atmosphere at the time of a total eclipse. In the stars we find celestial laboratories, where very high temperatures and very minute pressures are exhibited which cannot be approximated in our physical laboratories. Eclipse observations of the chromosphere supplement those made in the daily work with the superb equipment of the Mount Wilson and Kodaikanal Observatories, and these eclipse observations are of the greatest importance in the attack on the structure of the atom in which the sciences of astronomy, physics and chemistry have joined hands.

Before taking up the objects of investigation by means of the flash spectrum, it will be well to again pass briefly in review the history of our knowledge of this subject.

The flash spectrum was first discovered by Young at the eclipse of 1870. The explanation was given that the Fraunhofer lines of the ordinary solar

---

[1] See page 258.
[2] Obs 48, p. 337 (1925); Mt Wilson Comm. 94 (1925).

spectrum take their origin within the "reversing layer" which must be a shallow shell of a few hundred kilometers thick, since the duration of the flash spectrum is so brief. At the present time we have only slightly modified the original ideas of YOUNG. We still firmly believe in the existence of the reversing layer within which the vast majority of the FRAUNHOFER lines are reversed, but the reversing layer is not a separate entity existing distinct from the chromosphere but must be regarded as the densest part of the chromosphere, lying low down close to the edge of the photosphere. The term "reversing layer" is still a very useful term in describing the low levels. As we have seen in Chapter a), LOCKYER denied altogether the existence of the reversing layer and asserted that the corona was merely the outer, rarer and cooler portion of the chromosphere.

As has been stated in the foregoing chapter, the solution of the question hinged on whether or not the flash spectrum was the reversal of the ordinary spectrum of the sun. The problem had to await the coming of photography, until a permanent record could be secured which could then be examined leisurely at times other than the few excited seconds of the appearance of the flash. The first photograph was secured in 1893, when 164 chromospheric lines appeared between F and K. In 1896, SHACKLETON obtained a still better photograph exhibiting 464 lines in the same region of the spectrum. LOCKYER called attention to the fact that the 1896 photographs showed a reversal of only eight percent of the lines in the FRAUNHOFER spectrum. As already pointed out, the small dispersion and poor definition of this photograph of 1896 made impossible any adequate comparisons of the two spectra. In 1898, EVERSHED obtained much better definition, and in 1900 both EVERSHED and DYSON secured excellent photographs. In 1900, gratings both plane and concave, were tried and also with and without slit, but the definition of none of these photographs equalled those of DYSON and EVERSHED taken with prisms. In the following year in Sumatra in spite of thin clouds that covered the sun throughout totality, DYSON with a prism and MITCHELL with a plane grating secured successful photographs. In 1905, DYSON at Sfax, the Lick observers at Alhama and MITCHELL in Daroca secured photographs of the flash spectrum. DYSON used the apparatus successfully employed at the eclipses of 1898, 1900 and 1901. The Lick party utilized a prismatic camera with moving photographic plate. MITCHELL had success with a concave grating without slit.

At the eclipse of 1914, ABETTI photographed the flash spectrum without slit. At the eclipse of 1918, on account of wide-spread clouds, the only photograph secured of the flash was by H. C. WILSON[1]. No attention was paid to the flash spectrum at the eclipses of 1919 and 1922, the EINSTEIN problem being of paramount importance. The only photographs of the chromospheric spectrum obtained in 1923 were in poor focus.

At the eclipse of January 24, 1925, CURTIS and BURNS[2] with a concave grating of short focal length (87,6 cm) and 1421 lines per mm obtained photographs in the infra-red by staining the photographic plates with dicyanine. The spectra were of comparatively small dispersion of 80 Ångstroms per mm. About one hundred lines were measured between the D lines and λ 8807, the wave-lengths being published only to the nearest Ångstrom. At the same eclipse MITCHELL utilized the same parabolic grating with which he was successful in 1905. The photograph consisted of a normal spectrum with a dispersion of one millimeter equal to 10,8 Ångstroms and the spectra extended from λ 3300 in the violet to about λ 7200 in the red. On account of the low altitude of the sun

---

[1] Pop Astr 27, p. 290 (1919).   [2] Allegh Obs Publ 6, p. 95 (1925).

of only 17° and the consequent poor seeing, the spectra did not have the splendid definition of the 1905 spectra taken with the same grating. The details of the measurement of these spectra have not yet been published. At the same eclipse Anderson of the Mount Wilson Observatory obtained photographs of the flash spectrum with a 21-foot concave grating, and these spectra also exhibit the poor qualities of the seeing.

In 1926, Davidson and Stratton secured[1] successful photographs with a slit spectrograph giving excellent definition from $\lambda\,3066$ in the violet to the H line. With a camera of 20 feet focus and direct vision prism the region photographed extended from H to $H\beta$, and with camera of 40 feet focus and prism of 45° the region was further extended from $H\beta$ to the red beyond $H\alpha$. The photographs taken with the two prismatic cameras were naturally taken without slit. At the 1927 eclipse, photographs of the flash spectrum were secured by Pannekoek and Minnaert[2], by Baade, by Vegard and by Lindblad.

10. Instruments and Methods for observing the Flash Spectrum. At an eclipse, the flash spectrum may be observed visually or photographically, both with or without slit, and by means of prisms or gratings. The type of spectrograph utilized depends very largely on the particular problem the eclipse observer wishes to attack. It is necessary to emphasize again and again the very great importance of securing a focus of the highest degree of perfection in attempting eclipse observations. As already has been stated, one very prominent and unfortunate feature of eclipse spectra in the past has been the continued succession of photographs of poor definition caused by indifferent focus.

The spectrograph which lends itself most readily to the easiest and sharpest focus under the temporary conditions of eclipse observations is undoubtedly one used with slit. For this purpose it is possible to take bodily into the field the stellar spectrograph that has been thoroughly tested and tried out in regular work in the observatory. This type of instrument is universally a prism spectrograph with prisms of the very highest quality. It is readily possible to dismount the spectrograph at home and mark carefully the positions of the focus for collimator and camera. It is the work of a short while to again assemble the spectrograph at the eclipse site, and since the whole spectrograph is light in weight and easily portable it can readily be picked up and set down anywhere. For instance, it is readily possible to test the focus thoroughly by the use of the electric arc or by taking a focus plate of the daylight sky. At the time of the eclipse, such an instrument is ordinarily used with a heliostat or coelostat mirror and with the employment of a lens or concave mirror for forming an image of the sun on the slit of the spectrograph. With such a type of spectrograph an eclipse observer should be absolutely certain to secure spectra of the chromosphere in excellent definition at each and every eclipse where clouds do not interfere. The only chances of failure with such an instrument are poor focus of the spectrograph and failure to keep the portion of the image of the sun selected for observation on the slit at the time of the eclipse. Any observer skilled in observatory manipulation through long years of handling a slit spectrograph should be ashamed to admit that the focus was poor due to the lack of careful methods of adjustment. There is however some excuse if a skilled astronomer fails to keep the slit of the spectrograph filled with light, for the reason that the few moments of an eclipse are very tense and excited, the light at totality is feeble and after all even an efficient observer must at some time in his career see his first total eclipse — and he will have few opportunities of witnessing others.

---

[1] Mem R A S 64, p. 105 (1927).   [2] Verh Kon Akad te Amst, 13, No. 5 (1928).

It is much more difficult to secure sharp focus of the chromospheric spectrum without a slit, either by the use of a prism or grating. Slitless spectrographs of the power necessary for the flash spectrum are practically never used as such in observatory or laboratory. When an astrophysicist plans to observe the flash spectrum with prismatic camera, he looks around in the observatory among the unused pieces of apparatus in order to find a camera of appropriate aperture and focal length that may possibly be suitable for the purpose, and then he searches for a prism or prisms that may be combined with the camera that will give a dispersion approximately satisfactory. An attempt is then made to mount prism and camera together, though this is sometimes left until the site of the eclipse is reached. At best the equipment is a makeshift with which the astronomer has had little or no experience.

Although the writer has never had much experience with such an instrument at an eclipse, it seems that it must be far easier to obtain sharp focus with prismatic camera than with grating, plane or concave, used without slit. It is necessary to focus for parallel light. The prism may be removed and the camera focussed on the stars or by other methods well known to every practical astronomer. When this is well accomplished on several nights, the prism can then be placed in front of the camera lens, and camera and prism adjusted together so that the desired light will fall on the photographic plate. However, since the focus for blue light is different from that of the red end of the spectrum, this method will give only a first approximation to the focus and the refinements must be accomplished by other methods, usually by tilting of the photographic plate. In 1926, the British used an ingenious device. As already stated, the camera of 20 feet focal length was used in a dual capacity. With the direct vision prism slipped in front of the lens the flash spectrum was photographed, and with the prism removed the corona was photographed directly.

One method of securing the focus of slitless spectrographs frequently employed in the past has been to make the final adjustments by utilizing the spectrum of the disappearing crescent of the sun a few minutes before totality. During the excitement and nervous tension of these moments, a perfect adjustment can be obtained in this manner only as the result of a happy accident, — and this method should never be resorted to under any circumstances. For instruments of small dispersion, the light from a star may be utilized for securing focus, if happily some bright star is conveniently located, but for spectrographs of the greatest dispersion the spectra even from the brightest of the stars are too weak. For large instruments there is accordingly left only the possibility of securing focus by the employment of some form of auxiliary apparatus that will produce a parallel beam of light from a slit source. This may be tested out on the sun itself several days before the eclipse or possibly with more convenience on the electric arc. (The method of using such a device will be explained later.)

When planning the best type of instrument for the photography of the flash spectrum one must make a decision regarding the information that such spectra are desired to give. These spectra are investigated in order to ascertain: (1) wave-lengths of the spectral lines; (2) the intensities of the lines; and (3) the heights in kilometers that the vapors extend above the photosphere.

With spectrographs of different types with approximately the same dispersion, it is evident that the information about intensities of the lines varies little from one instrument to another. Consequently, in making a decision regarding the best type of instrument the question of intensities may be laid to one side. One has a choice that is accordingly much limited. Are exact wave-lengths in the chromospheric spectrum of the highest importance?

If the decision is made in the affirmative, then it might seem that we should adopt a slit spectrograph. With equal dispersion and equally sharp focus the wave-lengths derived from a slit spectrograph will however be superior in accuracy to those with slitless instruments only in the measurement of the strongest lines of the spectrum. If the observer is careful to place the slitless spectrograph in such a position that the tangents at the centers of the chromospheric arcs lie parallel to the lines of the grating or to the edge of the prism, or in other words, so that the spectral lines are perpendicular to the length of the spectrum, then these spectra are sharp and clear-cut and wave-lengths can be determined with high precision. With the strongest lines in all spectra there is always a spreading of light on the photographic plate by irradiation. If a slit is employed this spreading is fairly symmetrical, while without a slit the spreading is not symmetrical due to the elevation of the heated vapor above the surface of the photosphere. Slitless spectra of the chromosphere consequently demand greater experience and judgment in the person who measures these spectra with the result that the precision of the wave-lengths will depend to a large measure on the skill of the measurer in his ability to allow for the effects of irradiation.

With the small amount of light available at eclipses and brief exposures of a few seconds, it is possible only to utilize a dispersion small in size when compared with the much greater dispersion in the every day solar investigations, such as are carried out with the 150-foot tower telescope and 75-foot spectrograph of the Mount Wilson Observatory. A dispersion of about 5 Ångstroms to the millimeter is about the maximum possible with the flash spectrum and this permits an accuracy of wave-lengths of about 0,02 Ångstroms. Such an accuracy is much inferior to that employed in ordinary solar work, and is not sufficiently high to permit the determination of systematic differences between eclipse wave-lengths and those taken under ordinary solar conditions. Accordingly these wave-lengths practically can serve no other purpose than the identification of lines for accurate comparisons with Rowland's tables in order to determine the sources whence the spectral lines originate.

As a matter of fact, no photographs of the flash spectrum taken with a slit have furnished more accurate wave-lengths than those of the 1905 eclipse taken by concave grating without slit. It therefore appears open to question whether spectrographs with slits will give wave-lengths of greater accuracy than those of the slitless variety.

At an eclipse, the slit may be placed radially or tangential to the edge of the sun. If placed in the former position, the fact that the reversing layer is very shallow would permit a very narrow spectrum only, and it is conceivably possible that a mountain on the moon which might happen to be projected on the slit might cover up most of the image of the reversing layer. Consequently, the slit is generally placed tangent to the sun's limb, but one must never forget that during the few excited moments of a total eclipse it is difficult and well-nigh impossible to be certain that the image of the sun formed by the projecting lens is always precisely tangent to the slit. Even if this were possible, the resulting spectra could give little information as to whether the section photographed was close to or far from the surface of the photosphere. It is true that present-day researches regarding the flash spectrum demand large dispersion but a choice must be made and care exercised that there is light enough from the chromosphere so that too great dispersion is not used. At the eclipse of 1900, the work of the United States Naval Observatory party showed conclusively that a 21-foot concave grating used with slit in the ordinary Rowland mounting gave too much dispersion and too little light, and it is safe to say that no similar attempts will be made in the future.

It is therefore the opinion of the present writer that wave-lengths of the chromosphere can be determined by slit spectrographs with an accuracy that is so little an improvement over those with slitless instruments that to all intents and purposes the accuracy is equal in both types of instruments.

If therefore we assume that both wave-lengths and intensities of the spectral lines may be determined with equal accuracy with slit and slitless instruments, the choice of the best type of spectrograph for the flash spectrum must be decided by the ability of the two different types of instruments to give information regarding the heights to which the chromospheric vapors extend above the surface of the photosphere. The decision can now be made in the easiest possible manner. Spectrographs without slits give vastly more information about levels than can be derived from any possible form of slit instrument.

It is, accordingly, the firm opinion of the writer, who has observed seven total eclipses stretching from 1900 to 1927, and who has confined his attention at eclipses exclusively to the photography of the flash spectrum, that an observer who chooses a slit spectrograph to photograph the flash spectrum deliberately thrusts to one side the most valuable information that can come from the chromospheric spectrum, namely, the heights to which the vapors extend above the sun's surface. On the other hand, it is well not to forget that such a spectrograph with slit readily permits a more accurate and reliable determination of good focus under the temporary conditions of eclipse observation than is possible with any form of slitless instrument. It would therefore perhaps be good advice to say that if an astronomer is to observe his first eclipse and wishes to do some work of value he had better try to photograph the flash spectrum using a slit spectrograph with a disperion of three 60° prisms, i. e., about equal to that of the Mills spectrograph of the Lick Obervatory or the Bruce of the Yerkes Observatory. For such work it will be well for him to confine his attention to the blue end of the spectrum on account of the greater dispersion of his spectrograph in this region and on account of the greater number of lines in the flash spectrum.

The choice of the best type of slitless instrument to use for the photography of the chromosphere resolves itself into a choice between the prismatic camera or a grating. Each type of instrument has its advantage and each its disadvantage. The great advantage of the prism is the greater light-gathering power, the light being concentrated in one spectrum, but on the other hand the grating possesses many points in its favor. The lines in the prismatic spectrum are crowded together at the red end and widened out at the blue part of the spectrum, thus entailing much difficulty in the determination of wave-lengths. The grating gives a normal spectrum, permits of higher dispersion, especially in the red, and gives higher resolving power, a larger extent of spectrum and probably better definition. Gratings either plane or concave may be used, but with a flat grating a lens becomes necessary to bring the spectrum to a focus, and such a lens introduces aberrations and absorption of light, and consequent loss of definition. The arrangement of the direct concave grating without slit is of the greatest simplicity. The light from the sun falls directly from the coelostat mirror on to the grating where it is diffracted and brought to a focus on the photographic plate. If the grating and the photographic plate are each perpendicular to the radius of the grating, then the spectrum is normal, or to speak in more exact terms, the spectrum departs very little from a uniform scale of wave-lengths.

Used in the ordinary Rowland form of mounting in the laboratory, one of the well recognized advantages of the concave grating is the property of "astigmatism", whereby the spectrum lines are increased in length. If the astigmatism should be of approximately the same amount when the concave grating is used without slit, as when used with slit in the laboratory, then as a result of lengthening out the chromospheric lines, which are necessarily curved, the definition would be ruined. Consequently, in making plans for 1900, when concave gratings were used for the first time at an eclipse, the Naval Observatory party did not dare attempt to use a concave grating without slit. The successful photographs of stellar spectra[1] secured by concave grating used objectively showed however that these fears were groundless. Moreover, Runge's discussion of the theory of the concave grating, in Kayser's "Handbuch der Spectroscopie", vol. 1, p. 450 (1900), proved that the amount of astigmatism for a concave grating used in the objective form would be so minute that it could have no harmful effects on the definition of the spectra.

As already stated, if one is attempting at an eclipse direct photographs of the corona on small or large scale, the photographs are not utterly ruined if the focus is not perfect or the seeing not of the finest quality, since the details of the corona are nebulous in their nature without sharp outlines. But with the flash spectrum the definition must be of the very finest quality. For obtaining focus with the concave grating at eclipses up to and including 1927, the writer used a collimator designed by Jewell for the eclipse of 1905. This consisted of a slit at the common focus of two concave mirrors, lenses not being used because of their chromatic aberrations. Several methods of placing the slit at the common focus of the mirrors will at once suggest themselves to any ingenious eclipse observer, one of the simplest being to utilize a telescope of medium size (say, of five inches aperture) which has been accurately focussed on the stars. At the eclipse of 1925, the writer had all the facilities of the Van Vleck Observatory kindly placed at his disposal by Director Slocum, and as a result the adjustments of the concave grating proceeded with ease and exactness. The grating was mounted in one of the rooms devoted to physical investigations. Here were two piers so that the grating box was isolated from the floor. After adjusting the collimator with care, an electric arc was then employed as source of light. Sperry carbons were used since these give a spectrum rich in lines throughout the whole extent of wave-lengths. The concave grating was then adjusted and focussed visually and the photographs were made until the best definition possible was attained. While this was proceeding the installation was being prepared for grating and coelostat outside the observatory at the base of the dome of the 20-inch refractor. A temporary wooden shelter was erected to protect against the wind and weather. The Gaertner coelostat belonging to the United States Naval Observatory, used at several eclipses, was again employed. The box with grating in position was carried from the laboratory and everything was placed in adjustment for the position of the sun at the time of the eclipse. On account of the fact that Middletown was not on the central line of totality it was necessary to tilt the grating spectrograph at two different angles for first and second flash so as to have the lines of the spectra perpendicular to the length of the spectrum. When these adjustments had been accomplished to our liking, the grating box was again moved back to the laboratory and additional photographs were made for focus. The plates secured showed perfect definition throughout the whole spectrum from violet to red.

---

[1] Ap J 10, p. 29 (1900).

The grating in its box remained in the laboratory until the day before the eclipse. Then it was very carefully carried out and placed in situ for the eclipse in order that the assistants who were to help at eclipse time could practice in changing the plate holder and shifting the box from its position at second contact to that necessary for third contact. The drills were carried out so thoroughly that at the time of eclipse everything passed off without a single hitch. After seeing five eclipses under summer conditions of temperature, varying from May 18 to September 10, I was observing my first winter eclipse. On the morning of January 24, 1925, the minimum temperature was $-21°$ C and at the time of the eclipse was $-18°$ C. What would the change of temperature do to the adjustments of the concave grating? They had been perfected at the temperature of the laboratory, at about $20°$ C. Also would the cold weather warp the coelostat mirror? The mirror had purposely been left in the cold over night and also the grating. If time had been available check photographs might have been taken — but there was no time left and the eclipse could not be postponed.

It goes without saying that the grating spectrograph must be very firmly mounted on solid piers of masonry or heavy timbers in order that the tremors of the apparatus caused by the wind or by the changing of the plate holders may quickly subside. It is manifestly impossible to mount such an instrument of large dispersion on an equatorial mounting, or on a polar axis, with the grating in consequence directly exposed to the sun's rays. This method would indeed get rid of the coelostat mirror with its possible change in figure, but if this plan were followed, it would probably be a case of "from the frying pan into the fire". In 1925, the films used with the ten-foot grating were $1^1/_4 \times 14$ inches coated by a special emulsion to give as uniform an extent of spectrum and as far into the red as possible. The emulsion was kindly prepared by Dr. C. E. K. MEES of the EASTMAN KODAK Co. Six films were placed parallel in a single plate holder, and with a little practice it was possible to shift quickly and quietly from one film to the next.

At the 1927 eclipse in Norway the writer employed three concave gratings, two of these being of 15000 lines to the inch, one of four inches, the other of six inches aperture. Each was mounted horizontally and was used with coelostat. The third grating kindly loaned by H. D. CURTIS was used by him at the eclipses of 1925 and 1926. This was for photographing in the infra-red, the plates being stained with neocyanine. This infra-red spectrograph was mounted on a heavy polar axis belonging to the Allegheny Observatory and used at the two preceding eclipses.

It is impossible to exaggerate the importance of securing the photographs of the flash spectrum at the proper instant of time so as to secure the spectra of the layers of the chromosphere as close to the photosphere as possible. At an eclipse, there are two manifestations of the flash, one at the beginning and one at the end of totality. Before the beginning of the total eclipse, the FRAUN-HOFER lines persist as long as there is any portion of the photosphere visible, but when the moon entirely covers the sun's surface, or at the very instant of the beginning of totality, there is the sudden reversal of the FRAUNHOFER spectrum to that of bright lines. If one watches the phenomenon visually with some form of spectroscope, he will see many of the high-level lines reversed several minutes before totality, particularly at the cusps. There are two methods of securing the photographs at the proper times. One is that followed by the Lick Observatory expeditions of using a moving plate with the spectrum narrowed in width by an auxiliary slit placed close to the plate. By this means exposures may be started before totality and a continuous record may be made of the appearance of bright lines at second contact. The moving plate has some great advantages in a photometric study of the lines of the flash spectrum. The spectra obtained at the 1905 eclipse by the Lick party have been discussed by E. F. Carpenter[1]. Unfortunately, at the time of the eclipse no photometric squares were impressed upon the plates[2] with the result that Carpenter had no proper photometric scale with which to reduce his observations. The method is a very promising one for the investigations of the variation of intensity of the chromospheric lines with heights. Carpenter finds that the H and K lines of calcium are winged up to a height of 600 or 700 km. One objection to this moving plate method is that the portion of the spectrum that goes through the slit might perchance not be a representative section of the chromosphere due to a mountain on the moon being projected on the slit. It is conceivably possible that on this account the lowest levels of the chromosphere might not be found on the flash spectrum. Moreover, on account of the brief exposures available, it will be difficult to photograph the low-lying lines on a moving plate.

Another variation of the moving plate is obtained by the use of a cinema or movie camera, and with a prism for forming the spectra. Such an arrangement was employed in 1918 by Frost in Wyoming. The disadvantage of this method is that it is difficult to use other than the regular commercial movie films and their size is so small that it is possible to bring under investigation only a very limited portion of the spectrum.

The plan for securing photographs at the proper times followed by the writer since 1900 is an old familiar one. A pair of old-fashioned binoculars with large aperture is used. Over the right lens a direct vision spectroscope is employed, the most convenient form being a replica grating. With a pair of binoculars and such an attachment, it was possible with the left eye to watch the disappearing crescent of the sun, shielding the eye, if necessary, by smoked glass, while with the right eye the emission lines could be watched as they appeared one after the other with the approach of second contact. Armed with this the first flash can be observed and the exposure started with great nicety. Bailys beads complicate matters. Generally speaking exposures should start as soon as the beads appear. For the second flash the exposure should begin at least five or more seconds before the calculated end of totality and should terminate with the first trace of the reappearing sun. In photographing the flash spectrum at an eclipse it is evident that the important photographs are two, one at the beginning and one at the end of totality. Ordinarily, additional photographs are made, just before and immediately after totality, for the Fraunhofer and any emission lines. During totality, several short exposures are given, just after the first flash and again before the second flash, for the vapors of greater elevation, with a long exposure at mid-totality to obtain the spectrum of the corona which appears as a series of complete rings. Such photographs of the coronal spectrum, owing to the ill-defined outlines, do not permit of wave-length determinations of the highest precision, for these can be accomplished only by the use of a slit spectrograph. It need hardly be added that the times of first and second flash, recorded preferably on the chronograph, will furnish excellent observations of the times of beginning and ending of the total phase of the eclipse.

It will not be necessary here to explain in further detail the methods followed in measuring and discussing the flash spectrum. Such details may be secured by referring to A s t r o p h y s i c a l   J o u r n a l, Vol. 38, p. 407 (1913), to P u b l i-

---

[1] A Photometric Study of the Flash Spectrum. Lick Bull 12, p. 183 (1927).
[2] Menzel, Pop Astr 36, p. 601 (1928).

cations of the Leander Mc Cormick Observatory, Vol. II, part 2, or to MITCHELL's Eclipses of the Sun, Chapter XIII.

11. Differences of Intensities between the Lines of the Flash Spectrum and of the FRAUNHOFER Spectrum. The most pronounced difference between the chromospheric and FRAUNHOFER spectra is found in the great differences in the intensities in the two spectra. The intensity of a spectral line depends both on the width of the line and blackness of its image on the photographic plate. It is unfortunate that in all spectra, whether of dark or bright lines, whether determined in the laboratory or in the observatory, the ordinary scale used for the designation of relative intensities is a purely arbitrary one, where the strongest line in the spectrum is represented by 10, by 100 or even by 1000, while the weakest line receives the number 1, or 0, 00, 000 or even 0000, as in ROWLAND's Atlas. Such scales being arbitrary are seldom uniform and it is consequently very difficult to compare the values of the intensities of one spectrum assigned by one observer with those of different spectra investigated by other persons. Intensities may be measured by a microphotometer, such as have been designed by KOCH or MOLL or SCHILT, but it is always a question to know whether the gain in accuracy in measuring the intensities always pays for the extra labor involved, especially when the measured intensities must perforce be compared with estimated intensities in other spectra.

The reasons for the characteristic differences in intensities between the dark line FRAUNHOFER spectrum and the chromospheric spectrum will be evident on a moment's reflection. Consider a FRAUNHOFER line coming from the center of the sun's surface, and assume that the absorption is caused by a reversing layer 500 miles in thickness. The light coming perpendicularly from the photosphere can be absorbed only by the atoms in this 500-mile layer. At the time of a total eclipse, the light of the chromosphere comes tangentially from the sun's surface, and not perpendicularly, with the result that the chromospheric light is affected by a depth of 20000 miles of atoms. (The line of sight from a layer 500 miles in thickness passes through 20000 miles of solar atmosphere when tangent to the sun's surface.) This has an important bearing on SAHA's theory of ionization, as will be explained later.

Moreover, let us consider two different elements in the sun's envelope; one of these elements has a low density and extends high in miles above the sun's photosphere; the other element is heavier and its molecules in consequence are contained in a shallower layer about the sun. It is easy to imagine that the absorption caused by the molecules in the two layers of gases under consideration might be the same where the light passes radially through the gases, for instance, coming from the sun's center. Under these circumstances, it is probable that the two gases would give lines of equal intensity in the FRAUNHOFER spectrum. At the time of an eclipse, however, the exposure is a progressive one. The moon gradually passes before the sun, with the result that the exposure on the low-lying vapor is relatively very short compared with the other assumed vapor of greater elevation. Hence, it is readily seen that although the two gases may give lines of equal intensity in the absorption spectra, they will not necessarily do so in their emission spectra; the low-lying heavy vapor will give in the chromosphere short arcs, while the other assumed vapor will give longer arcs of greater relative intensity. Though there are other contributing causes, the main factor for the differences in intensity between the dark- and bright-line spectra of the sun is the heights to which the vapors extend. H and K and the hydrogen lines are the strongest in the chromosphere mainly for the reason that calcium and hydrogen extend to greater elevations than any of the other elements.

As a matter of fact, there are such enormous differences in the intensities of the Fraunhofer and flash spectra that placed side by side, as they are in fig. 7, the spectra seem to belong to stars of two different types rather than to the same object under different conditions. It is these differences that make observations of eclipse spectra of the greatest value in widening our knowledge of solar physics. The chief differences in intensity for the stronger lines are found in the elements helium and hydrogen. As is well known, no helium absorption lines are ordinarily found in the sun, whereas in the eclipse spectrum the helium lines are conspicuous by their great strength. In the Fraunhofer spectrum there are only four hydrogen lines visible, while in the flash spectrum there is the whole Balmer series, no less than thirty-four lines being measured in the 1905 plates.

12. Identification of the Lines of the Flash Spectrum. It is these very differences in intensities between the Fraunhofer and flash spectra which make the discussion of the spectra a difficult task. It goes without saying that after wave-lengths are measured from the eclipse spectra, the comparison of these wave-lengths with Rowland's tables and the proper identification of the lines should be done with the greatest care. This is one of the pitfalls that frequently has ruined the discussion of what would have been otherwise a very fine piece of astrophysical work. Instances of such faulty identifications have occurred over and over again in the history of spectroscopy. The photographs used by Rowland for solar wave-lengths were of very large scale and of superb conditions of definition. The best of the spectra of the chromosphere ever taken are with a much smaller dispersion and with definition inferior in quality to Rowland's. Moreover, lines which are single in Rowland's Atlas become blended in the smaller scale of the flash spectrum. It is difficult to know what wave-length one is to assign to the blended value of the Rowland lines. The general rule adopted is to combine the wave-lengths of two lines with weights proportional to the Rowland intensities. On account of the great differences in intensities of the lines in the flash spectrum from those of Rowland this rule can give only approximate values of the wave-lengths to represent the spectrum of the chromosphere.

In this connection we might call attention to the case of the magnesium lines at wave-lengths λ 3939,3, 3986,7, 4057,5 and 4167,2. In the arc under ordinary conditions, these lines are broad and unsymmetrical, and their measured positions show no well determined correspondence with the solar lines. If, however, the arc is put into a vacuum, the broad lines are changed to sharp ones, and the coincidences with solar lines are at once apparent. By similar methods the lines in the solar spectrum have gradually been identified both by changing the conditions of the arc and spark, and by carrying out innumerable observations with a greater and greater degree of accuracy and refinement culminating in the splendid Rowland Tables from the Mt. Wilson Observatory.

When the spectra of the 1905 eclipse were being discussed by the writer, comparatively little was known of the differences between the conditions existing in the Fraunhofer spectrum and in the chromosphere. The main difference known to exist between the two spectra was that pointed out by Lockyer, namely, that the enhanced lines played an important role in the flash spectrum by showing there increased intensities over those found in the solar spectrum. But how was one to find the wave-lengths of the lines which had greater strengths in the spark than in the arc? Lockyer had given lists of some of these lines, and these were good as far as they went. But the known lines were few in number and entirely inadequate for a discussion of the problem. What was to be done?

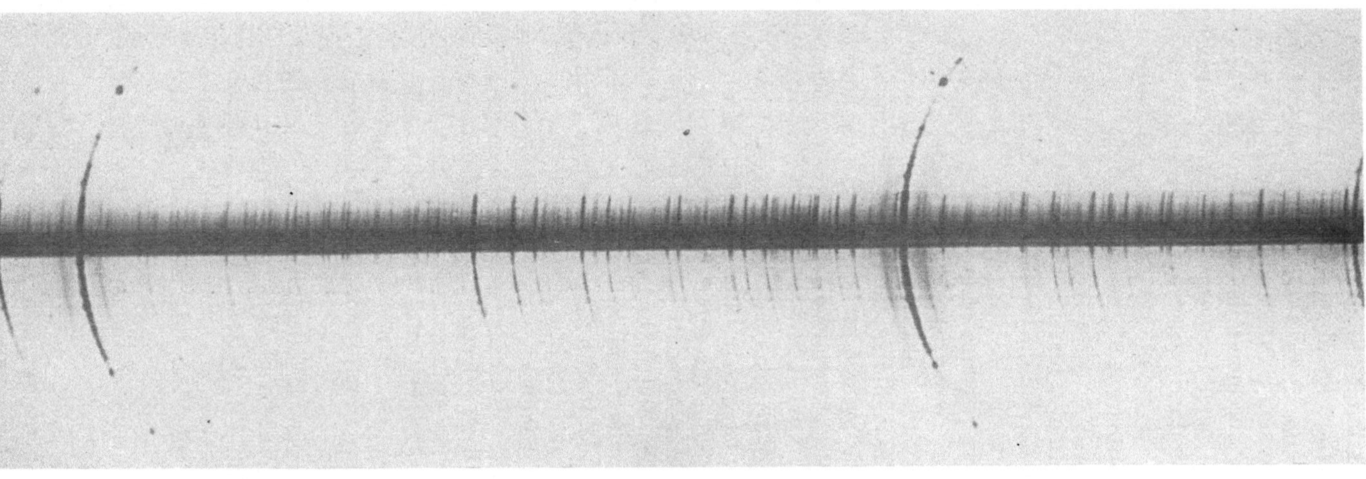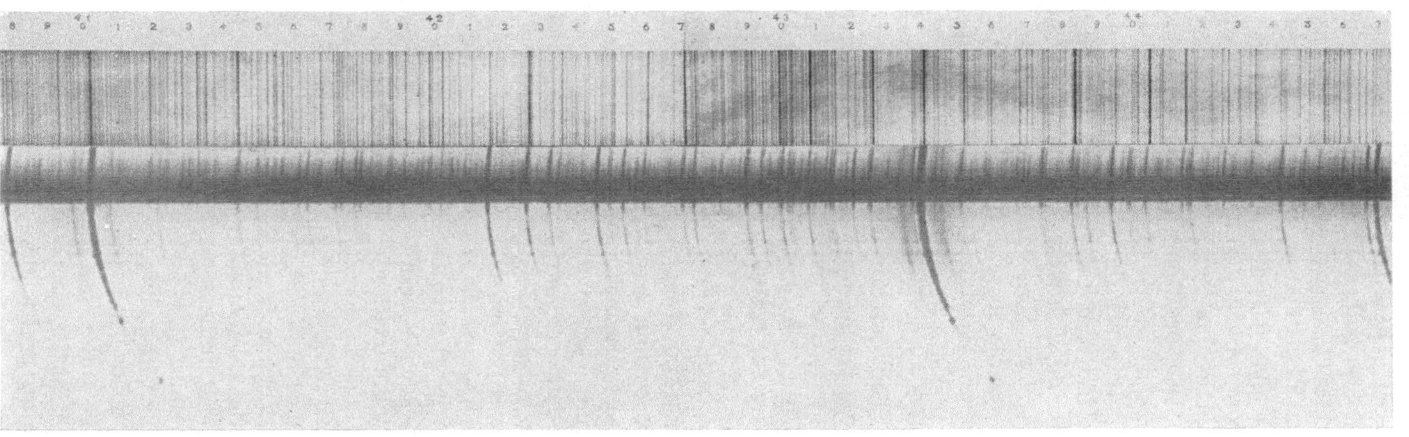

Fig. 7. Above: Flash spectrum, 1905 eclipse. Photographed with concave grating by S. A. Mitchell. Region from $\lambda 4077$ (Sr$^+$) to $\lambda 4471$ (He). — Below: Comparison of 1905 flash spectrum with Rowland Atlas. (Flash photograph enlarged six times and Atlas reduced five times.)

Volumes V and VI of KAYSER's Handbuch der Spektroskopie had not yet appeared. There seemed to be nothing to do but to follow the example set by KAYSER and others, namely, that of going to the original sources. This was a big undertaking consuming an enormous amount of time. There seemed no other method. Fortunately, in the midst of the discussion EXNER and HASCHEK's wave-lengths appeared and the problem immediately became much simplified. It was therefore necessary to make tables showing all possible sources of identifications where the value of the wave-lengths agreed approximately with that measured in the flash spectrum whose source was desired. From information thus gradually acquired it was possible to make the best estimation of the source of the line.

In reducing the spectrum of the 1905 eclipse, great advantage was taken of the fact that the flash spectrum was "normal", for this permitted a direct comparison with ROWLAND. The original photograph of the flash spectrum was enlarged six times and a photograph was made of ROWLAND's well-known Atlas reduced in scale five times. Fig. 7 shows portions of the two spectra on a close approximation to the same scale. This comparison of the two spectra, side by side, will perhaps speak more strongly than any words or comparisons of wave-lengths concerning the good definition found in the flash spectrum of 1905. The comparison of the two spectra side by side gives an inkling of how the lines on the large scale of ROWLAND's Atlas become blended in the much reduced scale of the flash spectrum.

Within the past few years the combined attack on the structure of the atom by the astronomer, physicist and chemist has resulted in a stupendous increase in knowledge of the conditions underlying the emission and absorption of lines of different spectra. The outstanding achievements have been the BOHR-SOMMERFELD atom, SAHA's theory of ionization and investigations of series in spectra coming mainly from the hands of FOWLER and RUSSELL. As a result of this greatly increased information now available, the discussion of the flash spectrum, particularly in the proper identification of the sources causing the spectral lines, is now one of greatly reduced complexity.

In order to illustrate our present knowledge of the spectrum of the chromosphere, a portion of the flash spectrum has been selected from that found in the photograph fig. 7. This region, beginning at wave-length λ 4383 has been chosen for the reason that it is familiar to those who have worked with stellar spectra and also because the lines of the chromosphere are not so crowded together as they are further to the violet. The details are from an unpublished discussion of the author that is soon to appear.

In the first column of the table is found the wave-length measured in the flash spectrum and given in units of the International Ångstrom, while in the second column is the identification in the sun, also in I. A. The third column gives the element from which the line derives its source and the following the ROWLAND intensity. Where two lines are blended this is shown[1] by the designation.

The fifth column gives the intensity of the line in the flash spectrum while in the following is the height in kilometers reached by the chromosphere.

The author has found from long experience that one of the most difficult parts of any spectroscopic investigation is an adequate interpretation of the origins of spectral lines. In the present discussion, the elements are arranged in order of their importance in the flash spectrum. An attempt has been made to have the identifications as complete as possible. A sojourn at Mount

---

[1] In column "intensity in sun", 2^3 means that three lines are blended which have a combined intensity of 2.

Table I. The Spectrum of the Chromosphere.

Chromosphere	Sun	Element	Intensity		Height	Multiplet	Int. Arc	Temp. Class	E.P.
			Sun	Flash	km				
4383,54	83,56	Fe	15	12	1600	$a^3 F' - a^5 G'$	$45\,r$	II	1,478
4384,27	84,32	Ni-	2^3	1	400	$a^5 D' - a^5 F'$	5	V	3,450
4384,69	84,71	V	3	2	450	$a^6 D - b^6 F$	$125\,r$	II	0,285
4385,14	85,08	Cr-La+-Fe	4^3	2	400	$a^5 D - a^5 F$	20	I	1,026
4385,34	85,39	Fe+	2	5	600	$b^4 P' - a^4 D'$	(5)		2,766
4386,81	86,86	Ti+	1	3	450	$b^2 F' - b^2 G'$	(5)		2,586
4387,49	87,50	Cr-CH	2^3	1	400		5	III	
4387,86	(87,93)	He	—	2	2000	$a' P - c' D$	(3)		21,126
4388,39	88,42	Fe	3	2	400		$4\,n$	IV	
4389,24	89,26	Fe	2	0	400	$a^5 D - a^7 F$	2	II A	0,051
4389,95	89,99	V	2	2	400	$a^6 D - b^6 F$	100	II	0,274
4390,47	90,49	Fe-	2^2	1	350	$b^3 G - (d x)$	(1)		2,977
4390,96	90,99	Ti+-Fe	3^2	3	500	$b^4 P' - a^4 D'$	(2)		1,226
4391,67	91,73	Cr-Ce+	2^2	3	500	$a^5 D - a^5 F$	8	I	0,999
4393,01	93,04	V	0	0	400		4	III	
4394,01	94,03	Ti+-Ti	3^2	$3\,d$	500	$a^2 P' - a^4 D'$	2	V	1,216
4395,13	95,13	Ti+-V	5^2	25	2500	$a^2 D - a^2 F$	25	V	1,079
4395,89	95,85	Ti+	1	3	500	$b^4 P' - a^4 D'$	1	V	1,238
4397,18	97,15	Ni	—1	$0\,d$	400		(1)		
4398,00	98,02	Y+	1	2	750	$a^3 D - a^3 P$	100	III	0,025
4398,32	98,30	Ti+	0	6	750	$b^4 P' - a^4 D'$	(1)		1,219
4399,79	99,78	Ti+	3	10	800	$a^2 P' - a^4 D'$	6	V	1,232
4400,52	00,46	Sc+-V	4^2	8	800	$a_3 F' - a^3 F$	50	III	0,603
4400,92	00,86	Nd+-Ni	0	0	350		(8)		
4401,57	01,55	Ni	2	4	400	$a^5 D' - a^5 F'$	30	III	3,179
4403,36	03,38	Zr+-Cr	0	$3\,d$	400	$b^4 P' - a^4 D'$	3	V	1,179
4404,27	04,28	Ti	1	2	400	$\begin{Bmatrix} b^3 P' - c^3 S' \\ b^3 P' - i^3 D' \end{Bmatrix}$	10	III	2,240
4404,79	04,76	Fe	10	10	800	$a^3 F' - a^5 G'$	30	II	1,551
4405,76	05,74	Pr+	0	0	350		(7)		
4406,11	06,16	Fe-V	0	0	350	$a^3 D' - (a' y)$			3,912
4406,68	06,65	V	2	2	400	$a^6 D - b^6 F$	80	I	0,299
4407,67	07,69	Fe-V-Ti+	6^2	$2\,d$	450	$a^5 P' - c^5 D'$	5	III	2,167
4408,18	08,21	V	2	2	450	$a^6 D - b^6 F$	70	I	0,274
4408,46	08,46	Fe-V	5^2	3	450	$a^5 P' - c^5 D'$	6	III?	2,188
4408,75	08,80	Pr+	—1	0	400		(8)		
4409,38	09,40	Ti+-Sa+	2^3	2	400	$b^4 P' - a^4 D'$	(1)		1,238
4410,13	10,12	Cr-	1^3	0	300	$b^5 D - f^5 P$	4	III	3,000
4410,53	10,53	Ni	2	1	500	$a^5 D' - (\sigma)$	4	III	3,292
4411,08	11,08	Ti+-Cr-Nd+	1	3	500	$c^2 D - c^2 F$	(5)		3,081
4411,84	11,91	Ti+-Mn	2^2	2	400	$b^4 P' - a^4 D'$	(1)		1,219
4412,15	12,19	V-Cr	1^2	1	500	$a^6 D - a^4 P$	12	I	0,261
4413,10	13,12	Zr	—1	0	350	$a^5 P' - c^5 D'$	12	II	1,390
4413,60	13,68	Cr-	2^2	1	350		5	III	
4414,12	14,12	Zr	—1	0	350				
4414,63	14,56	Zr+	—1	2	350	$b^4 P' - a^4 D'$	5	V	1,231
4415,12	15,14	Fe	8	8	500	$a^3 F' - a^5 G'$	20	II	1,601
4415,53	15,565	Sc+	3	8	500	$a^3 F' - a^3 F$	40	III	0,593
4416,43	16,48	V	0	1	350	$a^6 D - b^6 F$	20	I	0,266
4416,84	16,83	Fe+	2	6	500	$b^4 P' - a^4 D'$	(8)		2,766
4417,22	17,29	Ti	0	1	450	$a^3 G - f^3 F$	15	III	1,879
4417,71	17,725	Ti+	3	12	500	$a^4 P' - a^2 D'$	8	V	1,160
4418,36	18,34	Ti+	1	1	400	$a^2 P' - a^4 D'$	1	V	1,232
4418,86	18,95	Gd+-Ce+	1^3	0	350		(4)		
4419,97	19,94	V	—1	1	300	$a^6 D - a^6 P$	12	I	0,274
4420,54	20,62	Sc+-Sa+	0^2	$2\,d$	400	$a^3 F' - a^3 F$	(1)		0,616
4421,25	21,23	Sa+-Co-Gd+	0^2	0	350		(8)		
4421,61	21,575	V	0	1	300	$a^6 D - b^6 F$	20	I	0,274
4421,91	21,95	Ti+	1	1	450	$b^2 P' - b^2 D'$	(2)		2,052
4422,61	22,58	Y+-Fe	3	3	500	$a^3 D - a^3 P$	80	III	0,000

Continuation of Table I.

Chromosphere	Sun	Element	Intensity		Height km	Multiplet	Int. Arc	Temp. Class	E.P.
			Sun	Flash					
4423,21	23,18	Fe-Cr	2^2	1	350	$b^3G-(ax)$	(1)		2,977
4423,82	23,85	Fe	2	1	350		(2)		
4424,35	24,35	Cr-Sa$^+$	1^2	2	400	b^5D-f^5P	10	III	2,998
4425,35	25,45	Ca	4	$4d$	600	a^3P-b^3D	50	I	1,871
4426,12	26,04	Ti-V	0	1	400	a^3G-f^3F	10	II?	1,871
4427,05	27,11	Ti	2	2	400	a^1G-a^1H	40	III	1,496
4427,34	27,32	Fe	5	7	600	a^5D-a^7F	10	I	0,051
4427,75	27,75	La$^+$-Ce$^+$	0^3	1	350		40	V	
4428,39	28,46	V-Ce$^+$	1^2	1	350	a^6D-a^6P	15	I	0,266
4429,17	29,21	Ce$^+$-Pr$^+$	-1	2	350				
4429,99	29,99	La$^+$-Cr	0^2	4	450	$a^3D-a'D'$	500	III	0,234
4430,57	30,62	Fe	3	2	450	$a^5P'-c^5D'$	6	III	2,213
4431,29	31,29	Sc$^+$-Ti-Ni	1^3	1	350	$a^3F'-a^3F$	4	V	0,603
4432,21	32,14	Ti$^+$-Cr	0	0	350	$a^2P'-a^4D'$	(1)		1,232
4432,70	32,63	Fe-Cr	2^2	0	300		(2)		
4433,21	33,23	Fe	3	2	350	$b^3G-(dx)$?	$3n$	IV	3,005
4433,88	33,86	Ti-Fe-Sa$^+$	2^3	2	350	$\left\{\begin{array}{l}b^3F'-e^3F\\a^3G-f^3F\end{array}\right\}$	15	III A	1,424 1,865
4434,32	34,34	Sa$^+$-Ti?	-1	1	300		(10)		
4434,98	35,02	Ca-Fe	7^2	7	600	a^3P-b^3D	$60r$	I	1,878
4435,60	35,69	Ca-Eu$^+$	4	5	600	a^3P-b^3D	40	I	1,878
4436,20	36,28	V-Mn	3^2	$1d$	400	a^6D-a^6P	15	I	0,261
4436,93	36,95	Fe-Ni	2	2	350		(2)		
4437,70 $\{$	(37,55)	He	—	$\}\,2d$	750	$a'P-d'S$	(1)		21,126
	37,70	V	1^2			a^6D-a^6P	20	I	0,285
4438,23	38,23	Fe-Zr-Sr	2^3	1	350	a^5P-y^5D	(2)		3,671
4439,84	39,89	Fe	1	0	300	$a^3P'-a^5S'$	2	IV	2,269
4440,37	40,43	Zr$^+$-Ti-Fe	1^2	2	350	$b^4P'-a^4D'$	5	V	1,203
4440,92	40,88	Fe-Fe-Ce$^+$	2^2	$1d$	300		(1)		
4441,74	41,72	V-	3	3	350	$a^6D_3-a^6P_3$	25	I	0,274
4442,33	42,35	Fe	6	2	350	$a^5P'-c^5D'$	12	III	2,188
4443,03	43,09	Zr$^+$-Fe	5^3	3	400	$a^2H'-a^2G'$	12	V	1,479
4443,85	43,81	Ti$^+$	5	15	1600	a^2D-a^2F	25	V	1,075
4444,60	44,56	Ti$^+$	2	3	450	a^2G-a^2F	1	V	1,111
4445,40	45,48	Fe-	1	0	300	a^5D-a^7F	(1)	I A	0,087
4445,69	45,68		-1	0	300				
4446,28	46,33	Nd$^+$-Fe	0^2	3	350		(10)		
4446,86	46,85	Fe	2	1	350	a^5P-y^5D	(2)		3,671
4447,19	47,14	Fe-Mn	2	1	350		(2)	IV	
4447,73	47,73	Fe	6	4	450	$a^5P'-c^5D'$	9	III	2,213
4449,18	49,15	Ti	2	$4d$	400	a^3G-e^3G'	30	III	1,879
4449,68	49,72	Dy$^+$-	-1	0	350		(8)		
4450,37	50,44	Ti$^+$-Fe	3^2	7	600	a^2D-a^2F	4	V	1,079
4450,77	50,76	Ce$^+$-Fe	-1	3	350		(7)		
4450,98	50,90	Ti	1	1	350	a^3G-e^3G'	25	III	1,871
4451,55	51,59	Mn-Nd$^+$	3	2	500	a^4D-a^4D'	15	II	2,876
4452,01	52,01	V	0	1	300		20	III	
4452,76	52,74	Sa$^+$	-1	1	400		(8)		
4452,98	53,01	Mn	1	1	400	a^4D-a^4D'	6	III	2,928
4453,30	53,32	Ti	2	1	350	$b^3F'-e^3F$	30	II	1,424
4453,72	53,71	Ti	1	1	350	a^3G-e^3G'	20	III	1,865
4454,41	54,39	Fe	3	2	500		5	III	
4454,77	54,795	Ca-Zr$^+$	5	5	500	a^3P-b^3D	80	I	1,891
4455,29	55,32	Ti-Mn	2	2	400	$b^3F'-e^3F$	30	II	1,437
4455,86	55,87	Ca-Mn	5^2	3	500	a^3P-b^3D	40	I	1,891
4456,50 $\{$	56,34	Fe-Nd$^+$	1	2	$\}\,350$		(1)		
	56,63	Ca	2	2		a^3P-b^3D	10	II	1,891
4457,04	57,04	Mn	0	0	300	a^6P-b^6D	5	III	3,060
4457,50 $\{$	57,44	Ti-V-Zr$^+$	2	1	$\}\,500$	$b^3F'-e^3F$	40	II	1,454
	57,55	Mn	2	2		a^6P-b^6D	8	?	3,060

Continuation of Table I.

Chromosphere	Sun	Element	Intensity		Height	Multiplet	Int. Arc	Temp. Class	E.P.
			Sun	Flash	km				
4458,08	58,16	Fe-Mn	4^2	1	300	$a^3D'-y^3D$	(2)		3,867
4458,60	58,53	Cr-Sa+	0	1	350	b^5D-d^5F	12	III	2,998
4459,11	59,10	Fe-Ni	5^2	$4d$	450	$a^5P'-c^5D'$	10	III	2,167
4459,81	59,76	V-Cr	1	0	350	a^6D-a^6P	30	I	0,285
4460,37	60,30	Ce+-V-Mn	1^3	4	350		(10)		
4461,12	61,14	Zr+-Fe-Mn	2^2	2	350	a^2G-a^2F	5	V	1,006
4461,60	61,66	Fe	4	4	500	a^5D-a^7F	8	I	0,087
4461,98	62,01	Mn-Fe	3	2	350	a^6P-b^6D	20	III	3,062
4462,52	62,46	Ni	1	1	350	$a^5D'-a^5F'$	10	III	3,450
4463,02	63,06	Nd+	1^2	2	350		(10)		
4463,51	63,47	Ti-Ni	1^2	2	350	a^3G-e^3G'	8	III	1,871
4464,56	64,57	Ti+-Mn-Cr	4^2	$1d$	500	$a^4P'-a^2D'$	2	V	1,156
4465,30	65,36	Cr	0	0	300	b^5D-d^5F	5	III	3,000
4465,75	65,82	Ti	1	1	350	$a^5P'-b^5P$	20	III	1,732
4466,59	66,56	Fe	5	4	500	$b^3G-(ax)$	12	II	3,005?
4466,93	66,94	Fe	1	0	300	a^6F-a^6F'	10	III	3,003
4467,30	67,34	Sa+	-1	1	350		(9)		
4468,48	68,50	Ti+	5	20	1500	a^2G-a^2F	25	V	1,126
4469,37	69,38	Fe	4	4	400		$5n$	IV	
4469,60	69,62	Co-V	1^2	2	350	a^6F-a^6F'	15	III	2,945
4470,11	70,14	Mn	1	0	350	a^4D-a^4D'	6	III	2,928
4470,47	70,49	Ni	2	2	400	$a^5D'-a^5F'$	15	III	3,384
4471,54	(71,48)	He	—	40	7500	a^3P-b^3D	(6)		20,871
4472,88	72,81	Fe+-Fe-Ce+	2^3	$4d$	400	$b^4F'-a^5F$	(0)		2,832
4474,05	74,05	V	-1	0	300		10	III	
4474,74	74,75	V	-1	0	300		12	III	
4474,90	74,86	Ti	0	1	300	$\left\{\begin{array}{l} b^3F'-e^3F \\ a^5F-c^5F' \end{array}\right\}$	8	III	$\left\{\begin{array}{l} 1,437 \\ 2,094 \end{array}\right.$
4476,04	76,05	Fe	7^2	4	500		10	III	
4477,26	77,27	Y-Pr+	0^2	$0d$	300	$a^4F'-c^2F$	25	III	1,350
4477,97	78,03		0	0	300				
4478,73	78,73	Gd+-Sa+	0^2	0	300		(3)		
4479,56	79,58	Fe-Mn-Ce+	2^3	2	350	$a^5P_1-y^5D_2$	(2)	IV	3,671
4480,08	80,08	Fe-	2^2	1	350		(2)	IV	
4480,54	80,59	Ni-Ti	0	0	300		(3)		
4481,23	81,24	Mg+-Ti	2^2	$3d$	400	$\left\{\begin{array}{l} a^2D-a^2F \\ a^2D-a^2F \end{array}\right\}$	(100)		8,825 8,826
4482,23	82,21	Fe-Fe	8^2	5	500	a^5D-a^7F	4	I	0,110
4482,71	82,74	Ti-Fe	1	1	300	$b^3F'-e^3F$	10	III	1,454

Wilson Observatory, where Director ADAMS freely put at his disposal all available solar material, gave the author abundant opportunity to check and to verify his original identifications. However, on the material herewith published some limitations have been placed. From restrictions of space three elements only are listed in the identification of any one line of the flash spectrum. To all intents and purposes it will make little difference on the average in the general conclusions if the first element only were listed and the remaining ones omitted.

The four last columns give the multiplet designations for the metallic lines where known. The arc intensities and temperature classes are those of KING, the excitation potential is given in volts. Since the flash spectrum is with a much smaller dispersion than ROWLAND, the chromospheric lines are frequently identified with blends in the larger dispersion of the solar spectrum. For reasons just given, in order not to make the printing too complicated, the multiplet designation, etc. of the first element only is given. The information in the four last columns of the table is from the compilations made at the Mount Wilson Observatory by HENRY NORRIS RUSSELL and Miss CHARLOTTE E. MOORE.

In the one hundred Ångstroms of the flash spectrum herewith discussed there are 153 lines, or an average of 16,6 lines to each millimeter of the original photograph. In the flash spectrum secured by the author in 1905, between the wave-lengths 3318 and 5700, there were 2734 lines measured, or an average of 115 lines for each hundred Ångstroms.

In Section d a discussion will be given of the interpretation of the spectrum of the chromosphere.

c) Flash Spectrum without a Total Eclipse.

13. Observation of the Flash Spectrum without an Eclipse. Many attempts have been made to photograph the flash spectrum at times other than at second and third contacts of a total eclipse, and much success has been obtained from these efforts. Photographs may be secured by two methods which are entirely different in character. If an observatory has a large equipment for solar work, such for instance as is used in spectroscopic investigations of the rotation of the sun, the flash spectrum may be photographed without waiting for an eclipse by placing the slit tangent to the sun's limb. The best work by this method has been done at the Mount Wilson Observatory[1]. Or else the partial phases of an eclipse may be utilized when ninety % or more of the sun's diameter is covered and by making observations near the solar cusps. Such investigations are possible at the time of a total eclipse but with the observer situated outside the path of totality (for instance, the Mount Wilson Observatory at the eclipse of September 10, 1923). At an annular eclipse or one of short duration, similar observations may be made by a person who may or may not be located on the central line. Observations of this character were made in England at the eclipses of April 17, 1912[2], and April 7, 1921[3], the maximum phase at each eclipse being about ninety percent.

The description will be made first of the results secured from photographs at times other than when an eclipse is in progress. More than twenty years ago at Mt. Wilson Observatory, Hale and Adams secured successful photographs of the flash spectrum without an eclipse by means of the 60-foot tower telescope and 30-foot spectrograph. The second order spectrum was employed giving a dispersion of 1 mm = 0,9 Ångstroms; and exposures of four minutes were required in the yellow part of the spectrum, and double this amount in the red. The method adopted in securing the photographs was to allow light from the sun's limb to fall upon a diagonal prism which was placed so as to reflect the light horizontally to a second prism immediately above the slit. The first prism was mounted upon a slide with a screw adjustment allowing motion toward or away from the second prism.

After the sun's image has been brought to the slit of the spectrograph, the observer selects a prominent line of the spectrum, outside of the region to be photographed and brings this line into the field of view of an eye-piece, mounted in an opening near the end of the plateholder. While the exposure is in progress, this line is maintained at maximum brightness by guiding with the screw controlling the position of the first diagonal prism. In this manner, by moving the sun slightly on the slit it is possible to correct for the wandering of the solar image due to irregularities of the driving clock and other causes.

The first of the "Contributions" from Mt. Wilson (loc. cit.) was published before and the second after the publication by Mitchell of his flash spectrum

---

[1] Mt Wilson Contr, Nos. 41 and 95, also Ap J 30, p. 222 (1909); 41, p. 116 (1915).
[2] M N 72, p. 538 (1912).   [3] M N 81, p. 482 (1921).

obtained of the 1905 eclipse. In comparing the results obtained within and without a total eclipse, there are unquestionably great advantages in favor of the latter method, the most important being the possibility of securing a much higher dispersion by the method without an eclipse than can be secured at the time of an eclipse. The published results of Mt. Wilson were secured by a dispersion twelve times that of the photographs of the 1905 eclipse. By means of the 150-foot tower telescope and 75-foot spectrograph the dispersion can be increased to thirty times that of the eclipse spectra. At an eclipse only two exposures of the flash spectrum are possible, the focus is not always of the best and the qualities of seeing and transparency of the sky leave much to be desired. Outside of an eclipse there are no such limitations, observations may be repeated again and again at will until moments of good seeing are secured and until photographs are obtained of the best definition exhibiting the results of layers sufficiently close to the sun.

A comparison of the results already obtained with and without an eclipse may be briefly summarized. (For a more complete discussion see MITCHELL, Eclipses of the Sun, 2nd edition, p. 272 (1924).) In the region of best definition of the Mt. Wilson photographs, i. e., the yellow and the green, there is little difference in the total number of lines photographed by the two methods and in the accuracy of wave-lengths in spite of the twelve-fold greater dispersion of the Mt. Wilson photographs. There are very marked differences in the intensities in the photographs within and without an eclipse. Since the intensities of the lines in the solar spectrum depend on the levels at which the lines originate, it is evident that in the long exposures necessary for obtaining the photographs without an eclipse, it is impossible to guide constantly at the same elevation in the photosphere on account of the wandering of the solar image on the slit, and it is also impossible to keep the scattered photospheric light from passing through the slit. Moreover, with a slit tangent to the sun's limb it is evident that the length of the lines in the spectrum taken without an eclipse should furnish information regarding the levels at which such lines originate. Such measures have not been carried out at Mt. Wilson.

In the writer's book Eclipses of the Sun, p. 274, the following conclusions are drawn: "The recommendation is therefore made to the investigators of solar rotation, and is hereby urged upon them for their consideration, that they curtail their work on solar rotation, and instead devote their energies for a short while to the flash spectrum without an eclipse. With the equipment already in hand, and under good conditions of seeing and with adequate facilities for proper guiding, good photographs of the flash spectrum should be possible at very low levels. The accurate measurements of wave-lengths, and particularly the determination of the levels at which different lines of the spectrum originate, will add greatly to our knowledge concerning these lines and will supply information so sadly needed in deciphering the laws underlying the production of spectral lines."

Since the above lines were penned, the writer has experienced the tremendous difficulties in the way of the fulfillment of his recommendation. During the summer of 1924, he spent two months at the Mt. Wilson Observatory and while there Director ADAMS gave him every opportunity of observing with the 150-foot tower telescope in order to attempt to secure photographs of the flash spectrum without an eclipse. He then realized the important role played by the qualities of seeing and steadiness of the image of the sun on the slit of the spectrograph. If the slit is set tangent to the limb of the sun and if the bright-lined spectrum of the chromosphere is observed visually, by the methods described above, then it is immediately noticeable that if the seeing is ragged or even fair, there will be few bright lines that can be seen, such for instance as the stronger lines of the solar spectrum, like the b group in the green. If the seeing improves and the image of the sun becomes more and more steady, then more and more lines are reversed into bright lines. At Mt. Wilson the best seeing ordinarily comes shortly after sunrise. After the sun's rays heat up the slopes of the mountain and the rising of the heated air disturbs the atmosphere, the steadiness of the image of the sun on the slit of the spectrograph becomes less and less. In the short time at his disposal for making observations, the writer came to the conclusion that for photographing the flash spectrum without an eclipse the best possible conditions are necessary, or in other words with seeing and steadiness of quality 10 on a scale where 10 represents the best possible. If therefore one wishes to obtain such photographs without an eclipse he must be continually on the alert to catch the few moments of perfect seeing when they come; and then after taking hundreds or possibly thousands of photographs for this purpose a photograph may finally be secured which will be of quality equal or better than that of Adams obtained twenty years ago. In fact, the importance of excellent seeing in attempting to secure photographs of the flash spectrum, no matter what method is employed, cannot possibly be over-emphasized.

14. Observation of the Flash Spectrum during a Partial Eclipse. The method of observing the chromospheric spectrum during a partial eclipse of the sun was tested out in England at the eclipse of April 17, 1912 (loc. cit.). At mid-eclipse 91 percent of the sun's diameter was covered. Fowler used a six-inch telescope and was surprised to find so many chromospheric lines visible. As early as thirty-five minutes before maximum eclipse, high-level chromospheric lines were noted at the cusps of the eclipse. During the maximum phase, hundreds of Fraunhofer lines were reversed, in fact the number of lines seen was so great that is was impossible to record all the lines. The appearance greatly resembled the flash spectrum that had already been observed by Fowler at more than one total eclipse. About seventy bright lines between b and D were actually identified. That so many lines of the chromosphere were visible near the cusps at the time of the eclipse may be partially explained as the result of reduced sky illumination due to the fact that but twelve percent of the sun remained uncovered. A greater advantage may have resulted from the smaller effect of unsteadiness or "boiling" at the cusp as compared with the limb under ordinary conditions.

The success of these observations was so great that it seemed possible to Fowler that even better results could be obtained at a similar eclipse by the use of more powerful apparatus, and that the multitude of bright lines seen visually for half an hour, while the eclipse ranged from eight- to nine-tenths total, might profitably be photographed by suitably arranged instruments. In fact, at this same eclipse, Newall at Cambridge actually secured successful photographs. On the best photograph only about forty lines were recorded as bright, many of them exceedingly narrow with the continuous spectrum quite faint. Apparently, therefore, it is more difficult to photograph the bright lines than it is to observe them visually. In view of the success attained in photographing, Newall came to the conclusion[1] that "exceedingly valuable work could be carried out with an instrument of high power by an observer who, in a total eclipse, stationed himself to the north or south of the band of totality at such a distance that the maximum phase was about 0,99. At such a station

---

[1] M N 72, p. 538 (1912).

detailed observations could be conveniently made with a much more leisurely program and with far greater completeness than on the central line".

In view of their success in 1912, the Cambridge observers[1] prepared to photograph the eclipse of 1921 with the McCLEAN spectroscope of the Solar Physics Observatory. This instrument uses an image of the sun 168 mm in diameter, the dispersion being caused by a six-inch plane grating. Two photographs were secured with definition that appeared to be excellent. However, the total number of bright lines visible on the photographs was only two, due to hydrogen, not a single bright metallic line appearing on either of the plates. A similar disappointment resulted from the photographs taken with the HUGGINS refractor, also at Cambridge. The observing conditions appeared equally good at the two eclipses, and the amount of obscuration in the years 1912 and 1921 was nearly the same, being 0,91 in the former and 0,89 total in the latter year.

Observations similar in kind were also made visually at the same eclipse by Fathers CORTIE and ROWLAND at Stonyhurst[2]. A BROWNING spectroscope with a dispersion of eight prisms of 60° was employed, the region observed being in the green from λ 5167 to λ 5400. "Every line in the field was reversed, the bright lines tapering to a point indicating decrease of pressure."

NEWALL (loc. cit.) could not offer any explanation for his failure to photograph the bright lines at the 1921 partial eclipse. The experience of the writer both at total eclipses and at Mt. Wilson, already referred to, causes him to suspect that the conditions of seeing in 1921 at Cambridge were inferior to what they were at the eclipse of 1912 in spite of the fact that at the time the observers regarded conditions about equal. The flash spectrum at the 1925 eclipse was photographed with the same grating-spectrograph as the 1905 eclipse, the former however being taken under poor conditions of seeing while the latter was photographed with excellent seeing. The 1905 spectra show the faintest lines in much greater numbers than the 1925 eclipse, the lines in the former eclipse being stronger and more clearly defined. The explanations for the differences in the two spectra cannot be found in differences of focus, or of exposures, or of the levels photographed. Under the poor conditions of seeing of the 1925 eclipse, the light of the bright-lined chromospheric arcs was rendered ill-defined by being spread over a larger area. With the strong lines of the spectrum, this effect made the edges hazy, but diminished the total intensities of the lines but little. With the weak lines, however, the spreading of the light over a larger area on the plate caused a marked diminution in intensity and sharpness of each line with the necessary result that the weakest lines in the 1925 spectrum were practically obliterated by the poor seeing and only those lines of a certain minimum strength survived. Astronomers who are engaged in the observational work of stellar photography, particularly with telescopes of great focal length, are entirely familiar with an exactly analogous problem. Under the best conditions of seeing, the star images are hard and sharp and with well-defined edges. Under poorer and poorer conditions of seeing the star images increase in size and the edges become more and more fuzzy. The larger stellar images with poor seeing require an increase of exposure to photograph a star of any given magnitude. The length of exposure becomes greater and greater as the seeing deteriorates more and more. Under poor conditions, the star images on the plates are large and ill-defined and the accuracy of measurement when compared with plates taken under good conditions, is much diminished.

---

[1] M N 81, p. 482 (1921).   [2] M N 81, p. 485 (1921).

Consequently, taking all factors into consideration it is open to question whether photographs of the chromosphere taken outside of a total eclipse can compete with photographs taken at eclipses in giving reliable information regarding wave-lengths, intensities and elevations of the vapors forming the sun's atmosphere. Astronomers who attempt such observations in the future will have to decide for themselves whether the game is worth the candle.

d) Interpretation of the Spectrum of the Chromosphere.

15. Introductory Remarks. Heights of Different Lines in the Chromosphere. Comparisons of the flash spectrum with that of the sun taken under ordinary conditions have added enormously to our knowledge of our central luminary. Although the flash spectrum appears to be almost an exact reversal of the Fraunhofer spectrum, nevertheless the two spectra differ from each other in important characteristics.

Mt. Wilson, Kodaikanal and other observatories have shown that wave-lengths from photographs taken at the limb of the sun may differ systematically from those at the sun's center, and hence from many considerations we would expect that the flash spectrum would show even still greater differences in wave-lengths from the ordinary spectrum than does the limb spectrum. If it were possible to greatly increase the dispersion of the flash spectrum so that the scale would be approximately equal to that used in regular solar investigations, then we would unquestionably find systematic differences in wave-lengths when comparisons were made with the ordinary spectrum of the sun. On account of the paucity of time available, no appreciable increase in dispersion in the eclipse spectrum is possible, and up to the present the best photographs of the flash spectrum have an accuracy of 0,02 Ångstroms. Within this limit, no systematic differences in wave-lengths have yet been found when comparisons have been made with the Fraunhofer spectrum.

Although wave-lengths of flash and solar spectrum are essentially the same, the case is vastly different with the relative intensities of the lines in the two spectra. Lockyer was the first to point out at the eclipse of 1898 that there are remarkable differences in the intensities, the most pronounced dissimilarities being found in the "enhanced" lines, or those which are stronger in the spark spectrum than in that of the arc. In the flash spectrum many lines actually appear which are not found in the ordinary solar spectrum; furthermore, some strong lines in the Fraunhofer spectrum appear as weak lines in the flash, and vice versa, weak lines in the sun are strengthened in the spectrum of the chromosphere. Lockyer's assumption that the spark is hotter than the arc and that therefore the enhanced lines are produced mainly as the effect of temperature has led to impossible conclusions; for to explain the prominence of the enhanced lines of the chromosphere as a consequence of his dissociation theory it was necessary to assume that higher and still higher temperatures were reached at greater and greater distances away from the photosphere.

Saha's theory of ionization[1] interpreted the peculiarities of the spectrum of the chromosphere in a beautiful and remarkable manner; in fact, this valuable theory was first verified by means of eclipse spectra. Before taking up this theory in detail, it will be necessary to examine the manner in which temperature, pressure and other conditions at the surface of the sun are affected by changes in elevation near the photosphere.

---

[1] Phil Mag 40, p. 472 and 809 (1920); ibid. 41, p. 267 (1921); and London R S Proc A, 99, p. 135 (1921).

As already stated, the only direct method of measuring the depths of solar vapors comes from the measurement of the lengths of chromospheric arcs from eclipse spectra. Attention however should be called to the fact that the heights of the chromosphere determined in this manner can afford no great accuracy in the determination of the absolute heights in kilometers to which the various layers extend above the photosphere. The method depends on the visibility of the ends of the cusps, or on the threshold value of the photographic plate. It is quite possible, and probable, that vapors extend in detectable amounts to elevations beyond the limits visible in the cusps. The heights derived by this method can therefore only represent a mean height and cannot be expected to furnish the maximum heights to which the vapors extend. Attention should likewise be called to the fact that the heights measured in this manner depend primarily on the relative positions of edges of sun and moon at the time when the flash spectrum was photographed, and hence the heights measured cannot give the elevations above the photosphere but rather above the average level of the layer photographed in the particular photograph of the flash spectrum being investigated. Naturally the photographs showing the lowest levels show also the strong continuous spectrum of the photosphere. With such limitations, therefore, the method of measuring the lengths of the cusps on eclipse spectra is capable of furnishing with a fair degree of accuracy the relative heights of the layers producing the individual spectral lines.

From the above considerations and from what has been said in Section b, it is easy to see that the best photographs of the flash spectrum for the purpose of securing the most reliable information regarding heights will be those which are taken under the best conditions of focus and "seeing". The importance of having the best possible atmospheric conditions at the time of the eclipse must be again emphasized. Unfortunately, the observer has no control over these matters at an eclipse, with the consequence that at each succeeding eclipse the results attained will always remain pretty much of a gamble.

When we compare the elevations to which the enhanced and the ordinary lines of an element extend, as is done in Astrophysical Journal Vol. 39, p. 166 (1914), and group these lines according to their intensities in Rowland, then we are immediately struck with two facts: (1) the enhanced lines extend to greater elevations, and (2) the enhanced lines have greater intensities in the chromosphere than the lines of the same element which are not enhanced.

The most pronounced differences are found in comparing the strongest lines of the neutral and ionized atom (designated by $+$) of the four elements Ca, Sr, Ba and Sc. The following table copied from Eclipses of the Sun,

Comparisons of the Strongest Lines of the Neutral and Ionized Atoms.

Element	Wave-Length	Sun	Chromo-sphere	Arc	Spark	Height in km
Ca	4227 (g)	20	25	1000	100	5000
Ca$+$	3933 (K)	1000	100	500	1000	14000
Ca$+$	3969 (H)	700	80	300	500	14000
Sr	4607	1	2	1000	50	350
Sr$+$	4077	8	40	1000	1000	6000
Sr$+$	4215	5	40	500	500	6000
Ba	5535	2	1	100	30	400
Ba$+$	4554	8	20	1000	1000	1200
Ba$+$	4934	7	12	100	300	750
Sc	4325	4	6	20	20	750
Sc$+$	4247	5	30	50	100	6000

2nd edition, p. 301, gives the intensity in the sun according to ROWLAND where 1000 is maximum strength. The intensities in the chromosphere (100 representing the strongest line) and the heights are from the 1905 flash spectrum. The intensities in arc and spark are taken from EXNER and HASCHEK.

Differences of this character are found with all elements. Of great interest is the comparison of the behavior of the two elements Fe and Ti, which are represented by numerous and strong lines both in the sun and the chromosphere. In Eclipses of the Sun, p. 303, are given the lines of both elements which attain an elevation in the chromosphere of one thousand kilometers or more, there being twenty lines due to iron and sixteen to titanium, the lines being in each case single lines and not blends. Of the 20 Fe lines found at elevations greater than 1000 km there are only two lines which are enhanced, λ 4924 and λ 5018; on the other hand each and every one of the 16 Ti lines is enhanced. Although in the FRAUNHOFER spectrum the Fe lines have twice the average strength of the Ti lines (in the special lines under consideration, intensity 13 against 6), the Ti lines are twice stronger than the Fe lines in the chromosphere (22 against 10).

In discussing the 1905 eclipse spectra, the following conclusions were drawn (Ap J 38, p. 489. 1913). "Enhanced lines, for some reason, in the chromosphere ascend to much greater heights on the average than do lines of the same element not enhanced. At these higher elevations, pressure is much reduced. This reduction of pressure causes a brightening of these lines. It was pointed out above that since the moon gradually covers up the chromosphere, the strongest lines, in general, are those which correspond to vapors which extend to the greatest heights. But high elevations cause a reduction in pressure which entails a strengthening of the enhanced lines. The prime cause, therefore, of the strengthening of the enhanced lines is the heights to which the vapors ascend."

When these conclusions were drawn, it was the general opinion among competent astronomers that the pressures[1] found in the reversing layer amounted to about five atmospheres. With the advance of solar investigations, it has been generally conceded by all authorities that the pressures where the FRAUNHOFER lines originate are less than a single atmosphere and probably less even than a thousandth of an atmosphere[2]. At moderate elevations in the chromosphere the pressures must decrease very rapidly. According to ABBOT[3], the solar temperature is not far from $6000°$ C absolute. SCHWARZSCHILD[4] has shown that if the variation in temperature in the upper atmosphere is caused only by radiation, then the temperature within the chromosphere should not fall below $5000°$, approximately. Hence in the chromosphere the temperatures probably vary between $5000°$ and $6000°$ and pressures are less than 10^{-3} atmospheres.

16. Application of SAHA's Theory. Accepting the correctness of the BOHR-SOMMERFELD theory of atomic radiation, and assuming that the general laws of thermodynamics apply equally well to electrons and to molecules of gases, SAHA has been able to calculate the degree of ionization that takes place in gases under different conditions of temperature and pressure, and has derived formulae which can readily be applied to conditions existing in the atmosphere of the sun and of the stars. This theory explains both qualitatively and quantitatively many of the features observed in the spectrum of the sun and of the stars, and it likewise finds a ready application in laboratory spectra under conditions when enhanced lines appear.

---

[1] FABRY and BUISSON, Ap J 31, p. 97 (1910).   [2] MILNE, Nature, June 9 (1928).
[3] The Sun, p. 116 (1911).   [4] Gött. Nachrichten 1906, p. 41.

In addition to the original papers by Saha[1], valuable contributions on the same subject have been made by Milne[2], by Russell[3], by R. H. Fowler[4] and byEddington[5]. Assuming that the decomposition of a molecule or an atom into one or more electrons and a positively charged ion is essentially of the same nature as an ordinary chemical reaction, Saha derives a simple equation to express the self-ionization of a gas at high temperatures. The equation derived is:

$$\frac{Px^2}{1-x^2} = K$$

$x/(1-x)$ is the ratio of the percentage of atoms ionized to those left neutral, and this ratio multiplied by the partial pressure of the free electrons ($Px/(1+x)$) is equal to K, which is a function only of the absolute temperature of the gas and the ionization potential. This latter is a measure of the work done to ionize a single molecule, or to drive an electron from its neutral ring to infinity, and it is expressed as the number of volts through which the electron must fall to acquire this energy. Since the ionization potential for a given gas is a constant, the quantity K, in the formula above, depends only on the absolute temperature. Hence for a given pressure, the smaller the value of the potential, the more nearly x approaches unity, or in other words the more nearly complete is the ionization. For all gases where the ionization potential is known, Saha is enabled to calculate the percentage of ionization found under different conditions of temperature and pressure. The higher the value of the ionization potential the higher must be the temperature to sustain a given degree of ionization. This is readily seen in the case of helium which possesses the highest known excitation potential of any neutral element, namely of 24 volts. The Pickering series due to enhanced helium (excitation potential 54 volts) in the stars is found only in those of earliest type or of the highest temperature. The theory of ionization was originally based on the condition that one gas only is present in the solar or stellar atmosphere, but Russell (loc. cit.) takes up the question of the pressure of two or more gases.

Saha calculates tables giving the percentage of ionization at various temperatures and pressures, measured in atmospheres. The following table for calcium is copied from his publication. From this it is readily seen that in the chromosphere where the temperatures vary between 5000° and 6000° and where the pressure amounts to one ten-thousandth of an atmosphere, ionization of calcium is ninety percent complete.

Percentage Ionization of Calcium.

Temp. \ Pressure	10	1	10^{-1}	10^{-2}	10^{-3}	10^{-4}
4 000°	0	0	0	3	9	26
5 000	0	2	6	20	55	90
6 000	2	8	24	64	93	99
7 000	7	23	68	91	99	100
8 000	16	46	84	98,5	100	100
10 000	46	85	98,5	100	100	100
12 000	76	96,5	100	100	100	100
14 000	90	100	100	100	100	100

[1] Phil Mag 40, p. 472 and 809 (1920); ibid. 41, p. 267 (1921); and London R S Proc A, 99, p. 135 (1921).
[2] Phil Trans A 223, p. 201 (1922); M N 83, p. 403 (1923); 84, p. 354 (1924); 85, p. 111 (1924); 86, p. 8 (1925) and p. 578 (1926); 87, p. 697 (1927); 88, p. 493 (1928).
[3] Ap J 55, p. 119 and 354 (1921).
[4] M N 83, p. 403 (1923); 84, p. 499 (1924).
[5] Internal Constitution of the Stars (1926).

The theory of ionization, in the hands of Saha, has given a ready explanation of the differences between the spectrum of the sun and the chromosphere. Russell has broadened the scope of the theory by applying it to the sun-spot spectrum.

Before the advent of this theory, there had been no explanation of the curious facts that the H and K lines of calcium, with atomic weight 40, were the strongest lines in the solar spectrum, and likewise it was difficult to understand how it was possible that these lines could extend in the chromosphere to greater heights than any of the hydrogen lines. The explanation is a very simple one. The lines H and K are enhanced lines and are caused by the ionized atom, while the g line of calcium at $\lambda\,4227$ takes its origin from the neutral atom. In the neighbourhood of the reversing layer, both normal and ionized atoms will be plentiful and the presence of g and the H and K lines are fully explained. At great heights above the reversing layer, however, the pressure will be very small, and as a result, ionization will be nearly complete. Under these conditions the neutral atom cannot exist, the ionized atom exhibiting the enhanced lines alone being found. In the flash spectrum, measures indicate that the H and K lines extend upwards to heights of 14 000 km, but the g line only to 5000 km. The presence of H and K above the 5000 km level shows that calcium actually exists above this level, and we must therefore interpret the failure of the atom to emit the g line above the 5000 km level to be due to the fact that practically all of the atoms are ionized and there are few normal atoms left to produce the $\lambda\,4227$ line. For strontium and barium, which also exhibit enhanced lines, their ionization potentials (5,7 and 5,1 volts) are lower than that of calcium (6,1 volts), and consequently complete ionization in the chromosphere is found at higher pressures, or in other words, at lower elevations above the photosphere. The strongest line of neutral Sr is $\lambda\,4607$, which reaches an elevation of only 350 km, while the ionized atom Sr$^+$ shows the two lines at $\lambda\,4215$ and $\lambda\,4077$ that are found at elevations much greater than that of the neutral atom, in fact, at 6000 km, but this level is much less than the 14 000 km height attained by the H and K lines of Ca$^+$. And so with barium. The neutral atom producing the line $\lambda\,5535$ reaches a level of only 400 km, while the enhanced lines $\lambda\,4934$ and $\lambda\,4554$ reach elevations of 750 and 1200 km respectively.

Not only is Saha's theory able to explain the facts regarding the enhanced lines of the ionized atom, but it makes clearer the details concerning the lines of the neutral, or un-ionized atom. Take, for example, the D lines of sodium, so well-known in the Fraunhofer spectrum. At pressures below one-thousandth of an atmosphere, Na with an ionization potential of 5,1 volts, is completely ionized. The D lines belong to the principal series of the normal atom, and accordingly, they have no connection with, and are not produced by the ionized atom. The normal atoms forming the D lines therefore cannot exist when the pressure in the chromosphere is reduced to the thousandth of an atmosphere. It is quite in keeping with theory to find the flash spectrum photographs furnishing the information that the D lines reach the comparatively small heights of only 1500 km above the photosphere (H and K are found at 14 000 km).

The contrast in behaviour in passing from the Fraunhofer to the flash spectrum for the D lines of sodium on the one hand, and D_3 of helium on the other, is very marked. The sodium lines are weakened in the flash while the helium line is enormously strengthened, being entirely lacking in the ordinary solar spectrum. Furthermore, in view of the great prominence of the D lines in the solar spectrum, is has always been a matter of the greatest surprise that the element potassium, so similar in its properties to sodium, is not found represented by strong lines in the sun. The explanation is a very simple one. The lines of the neutral atom of potassium, corresponding in its series to the D lines of sodium, are found in the deep red part of the spectrum at wave-lengths λ 7664 and λ 7699, and consequently they are not in the visible spectrum. Like the D lines, both lines of this pair are strengthened in sun-spots. The only lines due to potassium found in the visible solar spectrum are very weak lines at λ 4044 and λ 4047, of ROWLAND intensities 0 and -1, respectively. RUSSELL finds both these lines strengthened in sun-spots. No enhanced lines are known for Na or K, and consequently neither element is conspicuous in the flash spectrum.

The temperature of the photosphere is approximately 6000°, while that of sun-spots is lower and probably somewhere near 4000°. The pressures found in sun-spots can differ but little from those in the lowest depths of the reversing layer. On account of the lower temperatures in the spots, however, ionization is less complete according to SAHA's theory. As a result, the lines of the neutral atom, the so-called "low temperature" lines, are strengthened in sun-spots, while on the other hand, and also as a direct consequence of SAHA's theory, the enhanced, or "high-temperature" lines are weakened in the spectrum of sun-spots. Since the variations in pressure in the neighborhood of the sun are much greater than the variations in temperature, it would have been more fortunate if the enhanced lines had been referred to as "low-pressure" rather than as "high-temperature" lines.

In the light of SAHA's theory, RUSSELL has investigated the sun-spot lines. His conclusions for the alkali metals (Ap J 55, p. 129) are given here briefly. Sodium is represented in the sun by the principal, diffuse and sharp lines of the neutral series, and all of its lines are much strengthened in the spot spectrum. Potassium is represented by the principal series only and its lines are also present by both members of the strongest pair of the principal series, the wave-lengths being λ 7800 and λ 7947. If caesium is ever found in the sun, it will be only by means of sun-spot spectra and the only lines that will be discovered will be at wave-lengths in the infra-red at λ 8521 and λ 8943. These lines correspond to the pair of the principal series of rubidium.

It has been recognized for a number of years that the sun-spot spectrum differs from that of the sun for two reasons: the strengthening of the low-temperature lines and the weakening of enhanced lines in the spots. Similarly, it is evident that the spectrum of the chromosphere differs from the FRAUN-HOFER spectrum in two respects, and not in one only. The increased strength of the enhanced lines in the flash spectrum has repeatedly been emphasized, but not the diminution in strength in the chromosphere of the lines of the neutral atoms, the low temperature lines. Since the sun is a dwarf star, the spectra of chromosphere, sun and sun-spots represent a sequence in spectral types, the chromosphere being an "earlier" type and the sun-spot spectrum a "later" type of spectrum than that of the sun. According to the estimation of Miss ANNIE J. CANNON, the approximate Harvard classification of the three spectra are: chromosphere $=$ F0, sun $=$ G0, and sun-spot spectrum $=$ K0. These three resemble the spectra of the stars γ Cygni, Capella and Arcturus.

We are now in a position to explain some of the peculiarities regarding the appearance of lines in the spectrum of the sun and chromosphere and the heights found in the flash spectrum. The peculiarities noted are as follows: The H and K lines of calcium of atomic weight 40 are stronger in sun and chromosphere and reach greater heights than hydrogen, the lightest gas known. In the chromosphere the whole BALMER series for hydrogen is found, while only the first four members are seen in the FRAUNHOFER spectrum. No helium lines are found in the ordinary solar spectrum, but they are of great strength in the chromosphere. The elements, other than H and He, arranged according to the periodic table of the elements have remarkable progressions in the number and intensities of the lines involved. Group II, the alkali earths, represent the strongest lines in the chromosphere, the strongest lines of all belonging to Ca. Group I, the alkali metals, have few strong lines in sun or chromosphere other than the D lines of Na. None of the lines of Group 0 originating from the inert gases Ne, A, Kr and Xe are found in sun or chromosphere. In Group III, strong lines are found for Al, Sc, Y, and the rare earths, but the strength of the lines is not as great as reached by the corresponding elements in Group II. In Group IV intensities are still less. The only element in Group V, found with certainty in the chromosphere, is vanadium, and in Groups VI and VII, Cr and Mn, respectively, and in Group VIII, the three metals Fe, Co, and Ni.

It is easy to see why the metals of Group I, the alkalis, are represented by such feeble lines in the chromosphere spectrum. For reasons that are well known, the enhanced spectra of the alkali metals resemble the spectra of the neutral atoms in the preceding group in the periodic table, the inert gases; and consequently, such spectra are very difficult to produce on account of the outer electrons forming part of a very stable ring or shell. As a matter of fact, no enhanced lines are found for any of the alkali metals in the visible portion of the spectrum. It is apparent, therefore, why the alkali metals cannot be prominently represented in the chromosphere since the flash spectrum is essentially an enhanced spectrum.

Quite different is the situation regarding the elements of Group II, the alkali earths, which are specially important in the chromospheric spectrum, for the reason that the strongest lines of their spectra are enhanced lines, and the principal members $(S - bP)$ of the series lie in the familiar portion of the spectrum. This is true for the elements with the exception of Mg, the strongest lines of which are found in the extreme ultra-violet at $\lambda\,2795$ and $\lambda\,2802$, in a region in fact where no light can reach the earth's surface from the sun on account of the absorption of light in the earth's atmosphere. Apparently therefore, the alkali earths will furnish the best tests for mapping pressures in the reversing layers at different elevations above the photosphere. To secure complete information regarding pressures in the sun's atmosphere it will, however, be necessary to investigate the actions of as many of the chemical elements as possible.

The great strength of the H and K lines of calcium both in the sun and in the chromosphere and the great heights to which these lines extend in the flash spectrum are now completely explained as the result of Saha's theory. In spite of the great difference in the atomic weights of the two gases, calcium and hydrogen, the atomic weight of the former being forty times the latter, the spectral lines of calcium are seen to reach greater heights than are attained by hydrogen. The reasons for this curious circumstance are very simple. H and K are lines due to the ionized atom, and in virtue of the great elevations the ionization is greatly increased. The lines H and K are the chief lines belonging to the principal series $(a^2 S - a^2 P)$, and in fact are the only lines of this series in the chromosphere. The two lines of the subordinate series $(a^2 P - b^2 S)$ of Ca$^+$ at $\lambda\,3706$ and $\lambda\,3736$ are found in the flash spectrum also, but at greatly diminished intensities and heights (750 km and 1500 km, respectively). These four lines are the only lines in the flash spectrum belonging to Ca$^+$. The hydrogen lines on the contrary do not belong to the ionized atom but to the neutral atom, and moreover the lines of the Balmer series, the only series of hydrogen in the visible spectrum, belong to a subordinate series and not to the principal one.

The case of the element Mg is also interesting and peculiar. In the chromosphere appear the three lines of the well-known b group in the green $(a^3 P - a^3 S)$, the triplet $(a^3 P - b^3 D)$ in the violet at $\lambda\, 3838$, $\lambda\, 3832$ and $\lambda\, 3829$; and also the triplet $(a^3 P - b^3 S)$ at wave-lengths 3336, 3332 and 3329. No other triplets are known in the region covered by the flash spectrum. All of the stronger single lines of Mg are also found in the chromosphere. In fact, every line listed by RUSSELL[1] belonging to the triplet and singlet systems is found in the chromosphere. In view of the prominent role played by the lines of the neutral atom, one would naturally expect that the lines of ionized Mg might also be specially brillant, just as is the case with ionized Ca. The only line of Mg^+ of any importance in solar and stellar spectra however is the well-known $\lambda\, 4481$. In the flash spectrum there is a line at this wave-length, but it is weak and in no respect does it rival the lines H and K of enhanced Ca. The reason is clear by referring to RUSSELL's tables. The line $\lambda\, 4481$ belongs to the fundamental series of ionized Mg^+ $(a^2 D - c^2 F)$, which series is difficult to excite, with an excitation potential of 8,83 volt, and it is moreover of the "combination" type where two internal changes have taken place subsequent to ionization. Consequently, this line is produced with the greatest difficulty, and therefore its presence only in the spectra of the hottest stars is thus explained.

SAHA's theory thus interprets in a beautifully clear manner the systematic differences between the flash spectrum, the solar spectrum and the sun-spot spectrum. It goes much further, however, and furnishes the causes[2] of the progression in type of the stars from the red stars of class M to the early types of B and O. LOCKYER was the first to call attention to the change in the appearence of the lines H and K, with a maximum intensity in the later type stars, and becoming faint in early B stars and disappearing in certain O stars. LOCKYER's interpretation, one of temperature only, was unsatisfactory. The hydrogen lines have their maximum at type A0 and are less intense in both the earlier and later types. The lines of neutral helium appear only in the stars of very early type, while the $\lambda\, 4686$ line and the PICKERING series due to enhanced helium are found only in still earlier types. The conditions of appearance and disappearance of spectra lines due to ionization are calculable, and it has thus been possible to assign temperatures to stars of different types which are in substantial agreement with those derived from other lines of research. All of the difficulties have not been entirely cleared away, but there has been a great step forward.

The discussion of the chromosphere from spectra taken at the eclipses of 1905 and 1925 undertaken by the author is nearing completion. The region included in the discussion is that extending from the extreme ultra-violet to $\lambda\, 7200$ in the red. In Section b is given a portion of the tabular material. By referring to this table it will be seen at a glance that the enhanced lines are numerous and prominent in the spectrum of the chromosphere. Moreover, the enhanced lines extend to far greater heights above the photosphere than do the lines of the ordinary or neutral lines.

On account of the excellent material on multiplet groups now available, particularly that of RUSSELL, it is possible to make a rather complete discussion of correlations that exist between the conditions in the photosphere and the chromosphere, the heights to which the various lines extend above the photosphere, and those conditions underlying the formation of multiplet groups, such as excitation potential, etc. The author will reserve the details of this discussion until his complete publication appears.

---

[1] Ap J 61, p. 223 (1925).   [2] FOWLER and MILNE, M N 83, p. 403 (1923).

Davidson and Stratton[1] have already grouped the lines from their 1926 spectra according to the multiplets shown by the different elements. To this list they have added[2] the lines of nickel and cobalt.

Further, Davidson and Stratton (loc. cit.) have compared the heights of the elements in the chromosphere as shown by the lengths of the arcs from their 1926 spectra with similar heights from the 1905 spectra. For reasons already stated in Section b, there may be systematic differences in heights determined by lengths of arcs from spectra taken by different instruments taken at the same or different eclipses. These differences are mainly dependent on the definition, etc. of the spectra.

Mitchell finds the lines H and K extending to 14000 km both in his 1905 and 1925 spectra[3], whereas the 1926 spectra give a lesser height of 9200 km. With this exception, the heights of the high level lines show a substantial agreement in 1905 and 1926. On the contrary, lines of medium level extend to greater elevations in 1926 than in 1905. In a similar manner, Mitchell has found[4] that there is an agreement as to the high level lines of 1905 and 1925, but that the heights of the medium level lines in 1925 are greater than those of 1905. The question of heights or levels will be treated at greater length by the author in the complete discussion of the flash spectrum already alluded to.

In connection with the heights of the chromosphere reference should be made to the very valuable series of papers by Milne which have appeard in M N 84, p. 354 (1924); 85, p. 111 (1924); 86, p. 8 (1925); 86, p. 578 (1926); 87, p. 697 (1927) and 88, p. 493 (1928). P. A. Taylor[5] has extended Milne's theory of equilibrium of the calcium chromosphere to take into account the curvature of the sun's surface and the variation of gravity with distance from the center of the sun. The intensity variations of the H and K lines of calcium were compared by Taylor[6] with the observed intensities from plates taken during totality at the 1926 eclipse, when it was found that all but one ten-thousandth of the weight of the calcium chromosphere was supported by radiation pressure. The observations extending over a range of 10000 to 30000 km showed a substantial agreement between theory and practice.

Milne's mechanics of the ionized calcium atom have given the interesting conclusions (1) that the lines of the diffuse triplet in the infra-red are to be expected at all heights at which the lines of the principal doublet, H and K, appear; and (2) that the infra-red lines should be more intense than H and K at low levels in the chromosphere, whilst at high levels they should be fainter. Preparations were made by Davidson to observe the infra-red portion of the spectrum at the eclipses of 1926 and 1927, but without success. In M N 88, p. 30 (1927), he describes the method by which the photographs were obtained without waiting for an eclipse. As a result of the measures of the photographs he finds that at the level at which the infra-red lines are strongest (probably between 1000 and 2000 km) the relative intensities of $\lambda\,8498$, 8542 and 8662 were estimated as $1{,}0 : 1{,}7 : 1{,}1$. The relative intensities of K, H and $H\varepsilon$ were deduced in a similar manner to be $1{,}0 : 0{,}8 : 0{,}6$. The infra-red line $\lambda\,8542$ was then compared with H in the same manner. This comparison presented complications since corrections had to be made for the sky spectrum on account of the fact that different proportions of sky light were superposed on the photospheric light in the two regions. It was found that at the low level between 1000 and 2000 km the infra-red line $\lambda\,8542$ was more intense than

[1] Mem R A S 64, p. 105 (1927).   [2] M N 87, p. 739 (1927).
[3] See also Evershed, Obs 48, p. 45 (1925).   [4] Obs 48, p. 108 (1925).
[5] M N 87, p. 605 (1927).   [6] M N 87, p. 616 (1927).

H in the ratio of 1,5 : 1,0. If therefore the intensities of these lines are reduced to the same intensity scale, where 1,0 represents that of K, then the intensities of λ 8498, 8542 and 8662 are as the ratios 0,9 : 1,5 : 1,0; while K, H and $H\varepsilon$ have the intensities 1,0 : 0,8 : 0,6. These valuable observations by DAVIDSON confirm in an interesting manner MILNE's theoretical conclusions.

At the eclipse of June 29, 1927, PANNEKOEK and MINNAERT[1] secured excellent photographs of the flash spectrum at Gällivare in Lapland, one of the few localities where clear skies greeted the observers of this eclipse. The instrument used was a slit spectrograph of three prisms, the beam of light passing twice through the prisms. The spectrum of the first flash was in excellent definition from λ 4154 to λ 4751, the dispersion of 1 mm equal to three Ångstroms being the largest that has ever been successfully employed on eclipse spectra.

The most interesting part of the discussion is the photometry of the flash spectrum, the MOLL registering microphotometer being used. Three strips of the spectrum were measured; (a) and (b) of the flash and (c) the continuous spectrum of the disappearing edge of the sun. Strip (b) superposed on a strong continuous spectrum was evidently at a lower level than (a) where a mountain on the moon was interposed.

No attempts were made to measure the exact wave-lengths of the chromospheric lines, their positions being read off from the microphotometer sheets and wave-lengths derived by a HARTMANN formula. Identifications were made by comparisons with KAYSER's Hauptlinien der Linienspectra (1926) and included all strong lines within 0,2 A (or more) from the measured wave-length. Intensities were expressed in absolute units of 10^{20} ergs per second emitted by unit solid angle of the chromosphere. Comparisons were made in each case with ROWLAND and with the intensities estimated by MITCHELL from the 1905 eclipse. There is an excellent agreement between the 1905 and 1927 results.

To derive absolute units of energy of the source in the chromosphere from the measured transmissions of the microphotometer at different wave-lengths is a problem beset with many difficulties. By the employment of various methods of calibration this may be accomplished in three steps: (1) From the measured transmission curve for a short interval of wave-lengths to find the apparent intensity. (2) By proper allowance for instrumental causes such as change of dispersion in the spectrograph, color sensitivity of the photographic plate, selective absorption in the apparatus, etc. to change the apparent intensities into real intensities. (3) By proper methods of calibration and standardization it is necessary to find the absolute intensities. According to PANNEKOEK and MINNAERT, "It is easy to foresee that the determination of the apparent intensities is the most accurate, that the determination of the real intensities is more difficult, and that the determination of the absolute intensities may be liable to many sources of errors".

In the course of the work it was found that for deriving the intensities of faint lines on a continuous spectrum the eye is more sensitive than the microphotometer. Moreover, since the two strips of the flash spectrum (a) and (b) were each superposed on strips of continuous spectrum, stronger in one case than in the other, it was impossible to make proper allowance for the effects of the continuous spectrum and thus obtain the intensities of the chromospheric lines free from the light from the photosphere.

After making allowance for all possible factors and deriving intensities measured in absolute units, comparisons were made with ROWLAND's intensities

---

[1] Verh der Koninkl Akad v Wet te Amsterdam 13, No. 5 (1928).

in the sun and with Kayser's intensities recorded in "Hauptlinien". A satisfactory interpretation of these comparisons is encumbered with grave difficulties for the reason that the absolute scale of intensities derived from the microphotometer readings has no definite relationship with the arbitrary estimates by Rowland and by Kayser. On account of the many lines in the iron spectrum, comparisons were most complete for this element. Between the microphotometer intensities and Kayser there was shown to be a strong dependence on wave-length, a line at $\lambda\,4200$ having a three-fold greater microphotometer intensity than a line at similar Kayser intensity at $\lambda\,4700$. Further, it was found that there is a close agreement between Rowland's solar intensities and Kayser's figures for Fe, but the same is not true for other important elements in the sun, like Cr, Mn, Ti, Ni and Co, the Rowland intensities being much lower than the Kayser intensities in the elements. Pannekoek and Minnaert (loc. cit. p. 100) find a good agreement between Mitchell's chromospheric intensities and those of Rowland. The differences noted at the ends of the scales are quite to be expected since Rowland solar values correspond to arc intensities while those of the chromosphere agree more closely with spark intensities where the enhanced lines become prominent.

Very interesting and valuable comparisons were made between the measured intensities of the chromospheric lines and those derived from theoretical considerations in the lines of multiplet series.

In the past few years much valuable work[1] has been done upon the intensities of lines in multiplet series and formulae have been derived independently and simultaneously by a number of different investigators. These formulae based on the correspondence principle, give the transition probabilities as a function of the quantum numbers, these probabilities when multiplied by ν^4 being proportional to the energy emitted in the separate lines. From the comparisons made by Pannekoek and Minnaert it was found that "The energy emitted by the whole chromosphere in each of these wave-lengths is not proportional to the theoretical emission. In general, the observed intensities increase together with the theoretical intensities, but more slowly. This proves that the chromosphere may not be considered as an optically thin layer of small effective depth, but that there is an appreciable amount of self-absorption in the layer of gas viewed tangentially".

The region investigated at the 1927 eclipse, $\lambda\,4153$ to $\lambda\,4751$, is but a small portion of the flash spectrum now available for similar discussion. Menzel has had under discussion for some time the reduction of the Lick plates taken by Campbell with moving plate in 1905, and Mitchell has nearly ready for publication a similar discussion of his spectra of 1905 and 1925, where the region of investigation stretches from $\lambda\,3100$ to $\lambda\,7200$, with the additional information of the depth of the layer forming each line as measured from the eclipse spectra.

By means of the intensities of 1288 lines in 288 multiplet series in the solar spectrum Russell, Adams and Miss Moore have investigated[2] Rowland's scale of intensities in his Table of solar lines and have derived a simple method for reducing Rowland's arbitrary scale to one on a uniform system. They find, for instance, that the Rowland scale at $\lambda\,4200$ is seven percent greater than at $\lambda\,4700$, while Pannekoek and Minnaert found a ratio of three hundred percent. Hence, it is evident either that these investigators have not carried out proper

---

[1] Kronig, Z f Phys 31, p. 885 (1925); 33, p. 261 (1925); Russell, Wash Nat Ac Proc 11, p. 314 (1925); Ornstein and Burger, Z f Phys 31, p. 355 (1925); Sommerfeld and Hönl, Sitzungsber d Preuss Akad 1925, p. 141; Hönl, Ann d Phys 79, p. 273 (1926).

[2] Ap J 68, p. 1 (1928).

methods of calibration for deriving a uniform absolute scale from their micro-photometer measures, or else that the homogeneous scale derived at Mt. Wilson in the process of the revision of ROWLAND's Table must be changed by a large factor depending on wave-length.

Further discussions carried out by PANNEKOEK[1] on the "Intensity and Self-Absorption of Chromospheric Lines" lead to the conclusion that the density of the chromospheric gases being small, the effect of collisions may be neglected with the result that absorption and emission of radiation is the only method of energy transfer. The atoms forming the chromosphere being exposed to the radiation of the photosphere from the hemisphere below, there is no dimi-nution of radiation at the highest leveles. This implies that the chromospheric gases produce only a small part of the total absorption in the solar atmosphere and the consequent result that the FRAUNHOFER absorption takes place almost completely within the confines of the lower reversing layer. These results are in agreement with the theoretical conclusions that the chromospheric gases are supported mainly by radiation pressure. However, the work of ORNSTEIN[2] has shown that the formulae for line intensities in multiplet series are only approx-imate, and hence it will be necessary to await further investigations of the flash spectrum before final conclusions are drawn regarding the action of the chromo-sphere.

By means of the coudé spectrograph attached to the 100-inch reflector of the Mt. Wilson Observatory, spectra of large dispersion have been taken of the sun and of stars from A to M types. A comparison by ADAMS and RUSSELL[3] of the intensities of the lines in the stellar spectra with the corresponding lines in the solar spectrum has permitted the determination of a formula connecting the relative numbers of atoms producing the same line in different stars with the relative numbers of normal neutral atoms, the excitation potential, the state of ionization, the electron pressures and the temperatures of the stars. The results are based on two assumptions, namely, that atoms at different levels in the atmosphere are equally effective in producing a line, and that the relative numbers of atoms in different states are in thermodynamic equilibrium.

As the spectrum of the chromosphere resembles very closely that of γ Cygni we may adopt the conclusions of ADAMS and RUSSELL (loc. cit. p. 26) that for the different elements the relative numbers of atoms in the solar chromosphere when compared with those in the photosphere are according the following values: Fe, 1,9; Ti, 1,0; Ca, 2,2; Mg, 1,3; Mn, 1,8; Cr, 1,4; V, 0,9; Na, 2,3; Fe^+, 175; Ti^+, 80; Ba^+, 15; Sc^+, 95; Y^+, 165.

It will be seen from these results that the neutral atoms of the elements Fe, Ca, Mg, Mn, Cr and Na are relatively more abundant and consequently give lines of greater intensities in the chromosphere than in the sun. It will also be seen that on account of the greater abundance of their atoms the enhanced lines have vastly greater intensities in the chromosphere than in the photosphere. From investigations on the widths of the ultimate lines, UNSÖLD[4] has found that for Ca the number of ionized atoms is seven hundred times that of the neutral atoms and two hundred times that for Sr. The enhanced lines of Ca, Sr, Sc, Ti and other elements of easy ionization are much stronger in the solar spectrum than in the arc spectrum, while in the chromosphere the lines of these elements are much stronger than they are in the sun. In sun-spots, the arc lines of these elements are greatly strengthened but the enhanced lines are little affected. In the sun the element Fe, of great importance from its numerous lines, shows

---

[1] B A N 4, p. 263 (1928).   [2] Phys Z 28, p. 693 (1927).

[3] Ap J 68, p. 9 (1928).   [4] Z f Phys 46, p. 772 (1928).

greater strength for the arc lines than for the enhanced lines, but in the chromosphere, on the contrary, the latter lines are very strong.

The discussion, so ably carried out by Adams and Russell, seems not to confirm their assumption of thermodynamic equilibrium in that the relative numbers of atoms in excited states, especially those of high energy, are much greater than is indicated by theory.

It is evident, as has been pointed out by Milne[1], that the final word has not yet (1928) been said in the development of the theory of ionization and that caution must be exercised in applying the results of theory to observed phenomena.

17. Investigations of Evershed and of St. John. Perhaps the most valuable contribution to the subject of astrophysics gained from the study of the flash spectrum has been the recognition of the importance of levels in the discussion of spectra, whether of the sun and of the stars. The terms "high-level" and "low-level" first applied to discussions of spectral lines of the sun have now been incorporated into investigations of the stars. This is not the time nor the place to discuss in detail the questions of level and their consequences. Some of these problems, such for instance the rotation of the sun, have already been taken up in "Eclipses of the Sun".

However, on account of the very intimate connection with levels, the effect discovered in 1909 by Evershed will be treated briefly here. With the slit of his spectrograph placed across a sun-spot he found that the wave-lengths of lines in the penumbra of the spots were different from the values at the center of the sun. The displacements, which affected practically all of the lines of the reversing layer, were not constant but differed in amount depending on the intensity of the lines investigated. The shift was greater for the weaker lines of the spectrum than it was for the stronger lines. Evershed advanced the hypothesis that the observed displacements are the result of the Doppler effect, and that in consequence, the gases of the reversing layer are in radial motion tangential to the solar surface[2].

Following the announcement of this important discovery, St. John began an extended series of investigations into the subject, the results of the observations being published in the Contributions from the Mount Wilson Observatory, Nos. 69, 74 and 88. The observations were carried out by photography with the 60-foot tower telescope, with the image of the sun 170 mm in diameter, the penumbra of the spots investigated averaging 3,0 mm in diameter. The plates in the violet and green were taken in the third order spectrum and those in the yellow and red in the second order. For the two cases the dispersion was 1 mm = 0,56 A and 1 mm = 0,86 A, respectively. Measures were carried out on 506 lines, some of the lines being measured on no less than thirty plates.

The Mt. Wilson measurements, so carefully made by Miss Ware, abundantly verified Evershed's conclusions that the displacements are caused by movements of the solar vapors tangential to the solar surface and radial to the axis of the spot. These motions are none other than the actual flow of the material of the reversing layer out of the spots and of the matter forming the chromosphere into the spot vortex.

St. John made a detailed comparison of the Mt. Wilson measurements of the Evershed effect with the heights determined by Mitchell from the eclipse spectra of 1905 and reached conclusions of the very highest importance. On account of the richness of the eclipse spectra, the peculiarities of individual lines were

---

[1] M N 89, p. 17 (1928).
[2] Kodaikanal Obs Bull No. XV (1909); Kodaikanal Obs Mem 1, Part 1 (1909).

averaged out, and the lines due to different elements could be considered separately. As iron is the element of the greatest number of lines in the flash and also in the solar spectrum, the information from iron lines is more complete than for the other elements. No less than 356 lines with no identification other than Fe appear in the flash spectrum. The first conclusion reached, in comparing the intensities of the flash lines with the observed heights, is almost self-evident, and that is, that the stronger the line in the flash spectrum the higher it extends above the photosphere. As a corollary (but not so obvious) is the conclusion that weak Fraunhofer lines originate at lower levels than do the stronger lines of the same element. By excluding the enhanced lines, the following table gives St. John's results for Fe where the lines are classified according to their Rowland intensities[1]:

Fe Lines and Level as shown by Flash Spectra.

	Number of Lines									
	4	19	30	55	72	49	46	28	24	25
Solar Intensities	00	0	1	2	3	4	5	6	{7—8—9} (7,8)	{10—40} (16,4)
Flash Intensities	0,25	0,26	0,33	0,8	1,4	1,6	2,0	3,5	3,8	7,0
Heights in km	275	279	288	344	369	397	425	488	590	806

Similar results are found by considering other elements separately, such as Ti, C, etc. As a consequence of these tabular values, it seems impossible to come to any conclusion other than that a Fraunhofer line of Fe intensity 0 takes its origin at a lower level than a line of intensity 4, and in turn this line is found to originate below a line of intensity 10. If now we add to the theory of ionization our knowledge of the levels where Fraunhofer lines do take their origin we reach an adequate explanation of the sharpness in outline of the dark lines of the solar spectrum. The ionization of a gas makes it opaque, or in a condition where it cannot transmit radiation. It seems probable that at a depth in the sun where the pressure is approximately 0,01 atmospheres (terrestrial), the ionized gas is sufficiently opaque to prevent radiation from further down in the sun passing through this ionized layer and reaching the outermost regions of the reversing layer. Consequently, the major portion of the absorption forming the Fraunhofer lines takes place within the confines of the layer which is comparatively shallow in depth. Moreover, the elevation at which this ionized layer is found, varies not only with the different chemical elements but changes with spectral lines of different intensities of each of the elements. It is quite reasonable to suppose, from the above theory, that the ionizing layer for a strong line of any element, say a Fe-line of intensity 10, will be found at a greater elevation above the average level of the photosphere than a Fe-line of smaller intensity, such as 4.

Thus a rational explanation is derived for the following conclusions: (1), that strong lines in the Fraunhofer spectrum take their origin at a greater average elevation than weaker lines of the same element; (2), that the elevations vary from chemical element to element; and (3), the enhanced lines are found at greater heights than the ordinary lines in the spectrum of the same element.

If now the Evershed displacements are compared with the foregoing table, we reach some interesting results, as given in the following table[2].

---

[1] Mt Wilson Contr 88 (1914).
[2] Eclipses of the Sun, p. 246.

Heights and Radial Displacements of Neutral Iron Lines.

Solar Intensities . . .	00	0	1	2	3	4	5	6	7—9	10—40
Heights	275	279	288	344	369	397	425	488	590	806
Displ. in wave-length	+0,034	0,030	0,028	0,025	0,023	0,021	0,019	0,016	0,010	0,002
Displ. in km	2,0	1,8	1,7	1,5	1,4	1,2	1,1	1,0	0,6	0,1

The displacements are measured both in units of wave-lengths, or Ångstroms, and in kilometers per second, and the $+$ sign signifies that the vapor is moving out of the sun-spot. Similar results are obtained from the other elements considered. It is readily seen, therefore, from the above table, that the iron vapor causing the weak, low-lying lines of the spectrum has a movement out of the spots that is greater in amount than the motions of the vapors at greater altitudes above the sun's surface. The motions measured in kilometers per second are obtained by multiplying by 60 the displacements in wave-lengths.

The layers closest to the sun's surface have a motion of translation out of the spot at the rate of two kilometers per second, and this motion becomes less and less at greater and greater elevations until, at a height of about two thousand kilometers, the motion outward of gases from the sun-spot ceases. What happens to the vapors above this level? The information furnished by the investigations of St. John is very definite and apparently admits of no contradiction. Above this level of inversion, the gases of the chromosphere take a motion carrying them into the spot. As greater and greater elevations are reached these movements increase in amount. At the maximum heights reached by lines of the chromosphere, which are attained only by the H and K lines of the element Ca^+, there is a movement of the calcium vapor into the spot at a speed of 3,8 km per second corresponding to a displacement measured by St. John of $-$ 0,063 A.

In the following table[1] there is collected the available information from the measures of heights derived from 2841 lines in the flash spectrum of 1905 and of displacements due to the Evershed effect from 506 lines in the penumbra of sun-spots. The $+$ symbol affixed to an element, as Ca^+, as usual signifies that the line in the spectrum is enhanced and that it takes its origin from the ionized atom.

Motions of Solar Gases at Various Levels.

Heights in km from Flash Spectra	Element	Currents measured in km/sec	
		Spots	Disk
14000	Ca^+ (H and K)	3,8 inwards	0,5 downwards
10000	$H\alpha$	3,0 ,,	
8500	$H\beta$		
8000	$H\gamma$, $H\delta$, $H\varepsilon$, $H\zeta$	1,1 ,,	
7500	He		
7000	$H\eta$, Mg	0,7 ,,	
6000	Ti^+, Sc^+, Sr^+	0,5 ,,	
5000	Ca (4227)	0,2 ,,	
1800	Al (15—20)	0,0	
1200	Fe (15—40)	0,1 outwards	0,3 downwards
1000	Fe (10)	0,2 ,,	
600	Fe (8), Ti, Sc, V	0,6 ,,	0,0
400	Fe (4), Cr, Sr, Y	1,2 ,,	
350	Fe (2), Ni, Co, Mn	1,5 ,,	
300	Fe (1), Ba, La	1,7 ,,	0,3 upwards
275	Fe (00), C	2,0 ,,	

It is evident, from a glance at the above table, that the enhanced lines not only extend to greater elevations than do the unenhanced lines of the same

---

[1] Cf. Eclipses of the Sun, p. 241.

element, but that the Evershed effect for them is more pronounced as well. As already stated, the increased heights to which these vapors ascend correspond to greatly diminished pressures. The enhanced lines of any particular element are comparatively few in number. Likewise the total number of atoms of any chemical element ionized must always be a very small percentage of the total number of atoms. If therefore in the above table, we take regard only of the ordinary neutral atoms, or those which have not lost an electron, it is seen that the vapors in the solar atmosphere arrange themselves more or less in layers according to their atomic weights. The lightest gas, hydrogen, extends to the greatest heights shown by any neutral atom, and next to hydrogen in elevation comes helium. Next in elevation to H and He come the heights attained by Mg, the strongest Fe lines and the λ 4227-line of neutral Ca. Thus the neutral atom of Ca, as well as the Ca^+ atom, give to calcium a specially prominent place in the periodic table of elements. The strength of the lines in the solar and in the flash spectrum as well as the heights attained by both the neutral and the ionized atom of Ca are greater than one would expect a priori from the position of this element in the periodic table.

If now attention is centered on the elements of greatest atomic weight, we find in the flash spectrum no lines belonging to U (238), Ra (226), Pt (195), Ir (193), W (184), Hg (200) (the numbers in parantheses representing the atomic weights). In fact there is no element found in the flash with an atomic weight greater than 167. If any of these heavy elements are present in the sun (and there is every reason to believe that they are in the sun), they must exist only in the strata lying closest to the photosphere. In fact, this layer must be below the lowest layer caught by the flash spectrum photographs. The heaviest elements actually found in the flash spectrum are barium (at. wt. 137), and a number of the rare earths, La, Ce, Nd and others, with atomic weights between 139 and 167. In fact, Ba and the rare earths are the only elements with atomic weights greater than 91 that are discovered with certainty in the flash. However, attention should be called to the fact that the only lines of the rare earths found in the flash spectrum are enhanced lines. It is evident, therefore, that the gases surrounding the sun arrange themselves more or less in concentric layers, the heaviest gases reaching very low elevations and the heights attained increase for lighter and lighter gases. For the neutral atom, the greatest levels are reached by the element of least atomic weight, hydrogen, while for the ionized atom, the element Ca^+ reaches heights even greater than those attained by neutral H.

18. Summary of Results. We are now in a position to make a summary of results achieved for the flash spectrum and to make recommendations for future work. The following general conclusions may be drawn:

1. On account of the different conditions under which the flash spectrum and Fraunhofer spectrum originate, it is probable that wave-lengths from the two spectra differ systematically.

2. With eclipse spectra, on account of the paucity of time available, it is impossible to use a dispersion much in excess of 1 mm = 5 A. Such a dispersion permits an accuracy of wave-lengths, with good definition, of about 0,02 A.

3. There are no systematic differences in wave-length between chromospheric and solar spectrum amounting to as much as 0,02 A.

4. Every strong line in the Fraunhofer spectrum is found in the flash spectrum, and every strong line in the latter (with the exception of H and He lines) is matched by a line in the former.

5. The chromospheric spectrum differs greatly from the ordinary solar spectrum in the intensities of the spectral lines.

6. The Fraunhofer spectrum is essentially an arc spectrum. The chromospheric spectrum more closely resembles the spark spectrum and its spectrum corresponds to an "earlier" type than that of the sun.

7. Within certain limitations, the flash spectrum may be regarded as a reversal of the Fraunhofer spectrum.

8. Especially prominent in the chromosphere are the enhanced lines.

9. The enhanced lines ascend to greater elevations above the photosphere than do the ordinary or normal lines.

10. The increased elevations cause rapidly diminishing pressures.

11. As shown by Saha, the reduced pressures permit the ready ionization of the atom and as a result the lines of the ionized atoms are specially prominent in the flash spectrum. The enhanced lines are produced by the ionized atoms.

12. The importance of levels in the discussion of solar and stellar spectra is thus recognized.

13. The "flash" is not an instantaneous appearance. At the beginning of totality the chromospheric lines of greatest elevation appear first, and at the end of totality remain the longest.

14. The "reversing layer" which contains the majority of the low-level lines of the chromosphere is about 600 km in height.

15. The "reversing layer" has no existence separate from the chromosphere.

16. The designation "reversing layer" is a useful term to keep in the literature to signify the densest part of the chromosphere lying closest to the photosphere, i. e., the region within which takes place the greatest portion of the absorption producing the Fraunhofer lines.

17. The "Evershed effect" measured in sun-spots, and photographs with the spectroheliograph taken at different levels prove that the shadings of such strong lines as H and K are caused by absorption at different levels and pressures above the photosphere.

18. The depth of the chromosphere is not constant.

19. Recommendations for Future Work. Recommendations for future work on the spectrum of the chromosphere may be briefly summarized as follows. The most important contribution of such spectra to the subject of solar physics will undoubtedly come from investigations of levels and intensities of the spectral lines in order to gain further information regarding atomic structure. The sun is the nearest of the fixed stars, and on account of its proximity its structure may be examined in detail. In the sun and stars are found high temperatures, very minute pressures and electromagnetic conditions that together cause ionization to take place with great facility. The celestial laboratories thus opened to the astronomer have given him the opportunity of supplementing the work of the physicist and chemist in the combined attack on atomic structure. Much of value has been learned, much more is at hand to those who seek the information. The most fruitful field of investigation seems to be the chromosphere.

In the Report of the Eclipse Center of the International Astronomical Union presented at Leiden in 1928, the following appears: "Large scale slit spectra of high dispersion are required to study variations of wave-length from the Rowland values. The work on changes from center to limb of the sun's disk needs to be followed through the reversing layer into the low chromosphere. Observations made from near the edge of the totality belt would probably best provide the desired material[1], or observations of the chromosphere at the cusp with gratings of high dispersion[2]".

---

[1] Evershed, Phil Trans A 201, p. 457 (1903).
[2] Fowler, M N 72, p. 541 (1912).

"Spectrophotometric work on the intensities of lines at different heights is very much needed now. The moving plate method, though not perfect, should give good results under favorable conditions, i. e., at minimum solar activity when the chromosphere is most quiescent. The presence of a prominence would give false heights. Information on the distribution of prominences on the limb broadcasted by wireless to eclipse expeditions might be helpful in this connection. A determination is required of the absolute relative intensities of the ionized calcium multiplets in the violet, H and K, and in the infra-red at wave-length 8600. Extensions towards the infra-red are becoming possible and should be pressed as far as possible."

"Spectrophotometric work on the BALMER series, and on the continuous spectrum at the head of the series, and on the continuous spectrum coming from prominences may all lead to results of very considerable value. In particular, the head of the BALMER series needs to be examined with higher dispersion to test the overlap by the hydrogen continuous spectrum. A determination of the relative intensities of lines of different excitation potential at different heights should also prove of interest. For this work to have its full value, it is important that the distribution of the radiation of the continuous spectrum of the sun should be determined with greater accuracy (avoiding integration of absorption lines) and going further into the ultra-violet than has been done at present."

These recommendations give the best thought of those who have been actively engaged at eclipses in photographing the spectrum of the chromosphere. It may not be out of place to inquire here into the possibility of putting these very excellent recommendations into effect in the near future. Let us take up first the problem at the time of a solar eclipse for an observer who is situated within the path of totality. It goes without saying that to be of the greatest value, photographs of the flash spectrum should be secured with large dispersion, they should extend as far into the violet and as far into the red as possible, the definition should be of very best and the exposures should be timed so as to photograph the very lowest possible levels. To secure the best definition, the easiest method is undoubtedly to employ a slit spectrograph. Such an instrument can be readily adjusted under the temporary conditions of an eclipse camp and the adjustments can be relied upon to remain practically unchanged. In fact, most of the half-dozen photographs exhibiting the best definition in the flash spectrum which have been secured up to the present time have been actually obtained by slit spectrographs. Such photographs permit the accurate determination of wave-lengths but can give little information concerning the levels at which these lines take their origin. A slit spectrograph used at eclipses is always constructed of prisms, with the result that large dispersion from the use of a given instrument is possible only at the violet end of the spectrum. As already has been stated, it is impossible to employ at eclipses a dispersion sufficiently high to permit the detection of systematic differences in wave-lengths between the FRAUNHOFER and chromospheric spectrum, we come to the conclusion that eclipse wave-lengths are of secondary importance, since they serve merely as a means of accurately identifying the origins of the spectral lines. Of course it is necessary that wave-lengths must be determined with as high an accuracy as possible but such wave-lengths can be derived with sufficient accuracy with slitless instruments provided the definition is perfect. Although it is admittedly far easier to get good definition by the use of a slit spectrograph, each eclipse observer will have to decide for himself whether to try the easier method and thereby sacrifice information regarding levels, or to try the more difficult plan of photographing without a slit in order to attempt to gain knowledge regarding levels which is now (1928) the most important contribution that can come from eclipse spectra.

For reasons already stated in Section b, it is believed by the author that the greatest contributions to knowledge of the chromosphere will come from photographs at total eclipses with a concave grating without slit. Attention should be called to a statement by J. A. Anderson[1] that in attempting to increase the dispersion of the eclipse spectrograph this should not be done by increasing the focal length and thereby increasing the sizes of the chromospheric arcs. If the seeing is not of the best at the time of the eclipse, the area of the chromospheric arcs on the photographic plate will be increased with increase of focal length with the consequent diminution in the intensity of illumination. As a result, the faint chromospheric arcs will be below the threshold value of the plate, and in consequence these lines will be conspicuous by their absence. To overcome this difficulty, Anderson put into practice for the 1926 eclipse the use of a 21-foot concave grating to increase the dispersion but diminishing the sizes of the chromospheric arcs by the employment of mirrors.

The author does not believe that anyone will be brave enough, or perhaps foolhardy enough, to deliberately place himself outside of the path of totality to photograph the spectrum of the chromosphere. At the eclipse of 1900, Evershed found himself outside the eclipse track as the result of an accident. Hence to carry out the recommendations of the Eclipse Center, already alluded to, it will be necessary to wait until such a time when a total, or annular, or nearly total eclipse passes near an observatory where is located a powerful solar equipment. Observations will be then possible only on the condition that the eclipse is more than ninety-five percent total. However, in making plans for such an undertaking, one should not forget the sad experience of Newall at the eclipse of 1921, already alluded to in the preceding section, when with excellent equipment and under atmospheric conditions that appeared of the best he had the bitter disappointment of securing no results whatever. Unfortunately for the recommendations of the Eclipse Center, the only eclipse visible anywhere in the world within the next decade when the eclipse track will pass near an observatory with powerful solar equipment, is that of April 28, 1930. It is greatly to be regretted that the Mt. Wilson Observatory will be too far away from the central line to permit the use of its tower telescopes with any advantage.

If progress is to be made in the near future on the spectrum of the chromosphere with a greater dispersion than is possible at eclipses the only possible method seems to be that of securing the photographs without waiting for an eclipse. For reasons already stated in Section c of this memoir it seems quite doubtful whether it will pay to spend the time in such an attempt. The spectral lines of low-lying levels appear only under the superb conditions of seeing 10 on a scale of 10, which come almost never. However, if one has the equipment and the tremendous patience necessary to make hundreds and hundreds of exposures he may finally succeed in getting at least one good photograph which will give an enormous amount of information. The author would dearly like to be the fortunate one who would have such a photograph to discuss.

Taken all in all, it appears probable that we shall have to rely on total eclipses for adding to the information already available on the chromosphere.

---

[1] Publ A S P 38, p. 239 (1926).

The splendid work of ADAMS at the Mt. Wilson Observatory in photographing the spectra of the brightest stars of various types with very high dispersion will supplement the work on the chromosphere by giving information on series relationships and multiplet groups so much needed at the present time. This work, so beautifully inaugurated with the powerful spectrograph attached to the 100-inch mirror may be carried out with greater facility when the gigantic 200-inch telescope is put into operation.

e) Photographing the Corona.

20. Instruments for Photographing the Corona. If we look back over the past sixty years since 1868 when astrophysical methods were first applied to an eclipse, we are immediately struck with the amazing progress that has been made in every department of solar research except in that which concerns the corona itself. In spite of the astounding achievements of modern astronomy, which at times seems to be able almost to accomplish the impossible, no success has attended the efforts made to observe the corona outside of an eclipse and the corona still remains exclusively an eclipse phenomenon.

On account of the entrancing beauty of the corona and of the great interest in eclipses, felt both by the astronomer and general public, each eclipse as it comes along is assiduously observed, but the truth must be told that success commensurate with the labor spent is not always forthcoming. We still know sadly little of the corona and its physical meaning. The paucity of results so far achieved from eclipse expeditions is due primarily to the fact that only one hour of time free from clouds has been given to astronomers for coronal researches since the day when helium was first discovered in the chromosphere and coronium in the corona by the use of the spectroscope. In this and in the following sections we shall take stock of our present knowledge of the corona.

No eclipse expedition worthy of the name will be fully equipped unless it has as part of its program the securing of large scale photographs of the corona. Astronomy of the future needs, as it has in the past, to secure the best photographs obtainable at every possible eclipse. The Lick Observatory has the most complete series in existence, beginning with the eclipse of 1893. The Lick photographs have always been secured by pointing the camera directly at the sun, the method devised by SCHAEBERLE, and a uniform focal length of forty feet has been employed. Excellent drawings of the corona from photographs[1] taken at total eclipses from 1896 to 1922 have recently been published.

The five-inch aperture, forty-feet focus generally used by the Lick Observatory parties represents a ratio of aperture to focal length of 1 : 96. The commercial photographer would look against if he were compelled to work with such a slow camera.

For investigating the details of the inner corona, a large scale image is necessary and is rendered possible by great focal length. Up to the present, the largest scale has been secured at the eclipse of 1900 through the use of a horizontal camera of 12 inches aperture and 135 feet focal length, a ratio $a : f = 1 : 135$. The brightness of the inner corona permits the employment of short exposures even with the small ratio of aperture to focal length necessitated by cameras of great focal length. For the fainter outlying portions of the corona, a camera of greater speed is necessary. However, great focal length and large scale is then not imperative, and there is indeed a splendid field for work at eclipses by means of cameras of medium focus, and large ratio of aperture to focal length.

---

[1] Phil Trans A 226, p. 363 (1927).

Two methods of mounting cameras of great focal length are available, that of pointing the objective directly at the sun, or the horizontal telescope with plane coelostat mirror. The former has distinct advantages over the latter, but the erection becomes increasingly difficult as focal lengths are augmented. Miller[1] of the Sproul Observatory has been very successful with focal lengths of 63 feet. For such a mounting a double tower is necessary, an inner one to carry the objective and an outer tower to protect the whole from jars caused by the wind. The plate is moved by a simple clock to counteract the diurnal motion.

The horizontal telescope is much easier to construct and erect in the field. The tube may be made of heavy paper and the plate holders are carried by a heavy frame-work surrounded by a dark room. Care should be taken that the tube is not too near the ground and that the tube is protected from the direct rays of the sun by a canvas or paper shelter. The coelostat is the best form of mounting for the plane mirror. Compared with the direct mounting, as was forcibly shown at the eclipse of 1919, the horizontal telescope has the great disadvantage that the mirror is sensitive to changes of temperature, and it may alter its shape and become warped on eclipse day when exposed to the sun's rays. Ordinarily, focus is obtained for eclipse cameras by star trails. If possible a warm night, differing as little as possible from the expected temperature at eclipse time, should be utilized. It is imperatively necessary to keep the mirror protected from the sun's rays on the day of the eclipse until a very few minutes before totality. One should avoid the horizontal telescope if possible mainly on account of the uncertainties connected with the mirror and its lack of permanent figure.

Every precaution should be taken to reduce to a minimum the effects of halation and reflections from the glass side of the photographic plates. All plates used for photographing the corona should be "backed" with one of the many forms of absorbing material, such for instance as the burnt-sugar backing so successfully used by Barnard. Some eclipse observers have had excellent success by photographing on double-coated or triple-coated plates.

In attempting to photograph the corona on a large scale, it goes without saying that the greatest care should be exercised to secure as perfect definition as possible, and also that the photographic manipulation should be conducted so as to bring out of the plates as much of the wealth of detail as possible. Development may be carried out in such a way as to attain very different photographic effects. If contrast is needed, as in spectrum work, a "hard" development is required. There are many developers suited for this sort of work with which anyone doing spectrum work is entirely familiar. For developing the corona, however, where it is necessary to bring out as many of the fine details as possible, and where an attempt should be made to minimize the contrast between the bright inner corona and the faint outer corona, an entirely different kind of development and developer is necessary. Old-fashioned "pyro" is probably the best form of developer to use for this purpose, and one would do best to start with a very weak solution and proceed gradually. The proper development of each plate will take at least an hour. Undoubtedly, many well exposed coronal photographs have been spoiled through improper care in development. The technique of development of photographs is so well known that no attempt at further details will be given here.

In reviewing the scientific work accomplished at solar eclipses, one is immediately struck by the fact that success has been greater in the direct photography

---

[1] Publ A S P 40, p. 83 (1928).

of the corona than in any other branch of eclipse investigations. The self-evident reason is that every well-equipped eclipse expedition, no matter what their other program, attempts to photograph the corona. However, there is another reason not so apparent, which is, that perfection of focus and "seeing" although desirable are not absolutely essential in obtaining successful photographs of coronal details. A lack of perfect focus plays havoc with spectroscopic photographs but detracts but little from the corona for the reason that its structure is nebulous or filmy in detail. These remarks should not be interpreted to mean that one should be satisfied with anything short of absolute perfection in the determination of the best focus.

21. General Forms of the Corona. Dependence on the Sun-spot Period. The general form of the corona can be predicted in advance of the eclipse depending on the sun-spot curve. Both CAMPBELL and MILLER have called attention to the very curious manner in which total eclipses have been distributed with respect to sun-spots during the thirty years beginning with 1893 when large scale photographs were first started. Sixteen total eclipses in this interval were observed near maximum or minimum of spots or were distributed along the branch of the sun-spot curve descending from maximum. The eclipse of 1914 was the only corona seen on the ascending branch of the sun-spot curve (the corona of 1916 being obscured by clouds). Fortunately for our knowledge, the three last eclipses observed, 1925, 1926 and 1927 have been on the ascending branch of the curve with sun-spots increasing in number.

At sun-spot minimum are found the long equatorial streamers and the short plume-like polar brushes (fig. 3, p. 262), while at sun-spot maximum the corona is more or less circular in shape (fig. 6, p. 271). Just how long these typical shapes persist after the maximum or minimum phase is past is still not quite decided. Sun-spot maximum occurred in August, 1917. The eclipse of June, 1918, did not show the typical corona of sun-spot maximum, for the polar streamers were shorter than those near the equator, and the corona departed more from the circular shape than was actually anticipated. Generally speaking when the maximum of spots is past, the streamers draw away from the poles, and the longest rays are found in the sun-spot zones making the corona rectangular in appearance. A precise knowledge of the exact causes underlying these pronounced changes in shape is an accomplishment which still lies in the future (See p. 338).

Although it may be said with truth that the shapes of the corona at minimum of sun-spots all resemble each other in having long equatorial streamers and pronounced polar brushes, yet each corona has its own particular features, its own peculiar structure. The coronas of 1878, 1889, 1900 and 1922, all taken at minimum phase of sun-spots, could never be mistaken the one for the other. In fact, there were two eclipses in the year 1889, on January 1 and December 22, with very pronounced alterations in shape in the coronas. These variations in form, as pointed out by WESLEY[1], were precisely in accordance with the change to be expected with the sun returning toward a condition of spot activity. The shapes of the coronas of 1922 to 1927, inclusive, furnish interesting comparisons. The eclipse of September 14, 1922 was very nearly at minimum of sun-spots and it represented the typical minimum corona. The eclipse of September 10, 1923 still exhibited the same features. Even on January 24, 1925, there was still the typical minimum shape, of pronounced polar brushes and equatorial extensions which were however not so long as those of 1922. To the

---

[1] Obs 13, p. 105 (1890).

right of the vertical, however, was a long pointed shaft of light giving mute evidence that the time of minimum was past. On January 14, 1926, the corona (fig. 5, p. 270 and fig. 6, p. 271) had lost all of all the characteristics of the minimum shape of corona and closely resembled that associated with maximum of spots even though the time was nearly two years before expected maximum of spots. The corona of June 29, 1927 was distinctly that of maximum type.

22. Attempts to measure Motions in the Corona. The coronas photographed at or near sun-spot maxima resemble each other even less than do the different aureoles at sun-spot minima. The coronas corresponding to maximum of spots are, it is true, approximately circular in outline, but prominent rays and streamers shoot out at various angles. We are therefore forced to the conclusion that changes are continuously going on in the corona. But how rapid are these changes? Can they be detected from photographs taken with the same camera, at the beginning and ending of a total eclipse? It is possible that the few short minutes of totality may afford too short an interval to permit these changes to be detected with certainty, from photographs taken at any one location, but motions might possibly be detected from photographs secured at widely separated stations at the same eclipse.

Any theories dealing with coronal structures must depend on the measured changes within the corona itself, and it is therefore imperatively necessary that reliable information be secured regarding these motions. The importance of this problem has been fully recognized by eclipse observers for many a long year. Manifestly, no real progress was possible so long as it was necessary to depend for information on drawings of the corona. In fact, sketches made during the time of an eclipse have been a continued disappointment, but the non-success was no greater than what should have been expected. Even a skillful draughtsman subjected to the excitement and unfamiliarity of a total eclipse could not be expected to see and draw, in the hurried interval of a couple of minutes, more than a few details of coronal structure. Of necessity, these details must be exaggerated in the drawing. A sketch made by a second person, as well trained as the first draughtsman and secured at the same time and location, probably would stress other details regarded as important. But to make matters worse, most of the drawings of the corona made in the past were secured by men who were observing their first eclipse, and frequently these very men had little experience or skill in the making of sketches. With the advent of the photographic plate, the wholesale drawing of the corona during totality has been pushed more and more into the background.

To detect motions in the corona with the greatest certainty, several prerequisites are necessary: First, the photographs to be measured should be on as large a scale as possible; second, the interval in time should be as great as possible; and third, the photographs to be compared should be secured with cameras of nearly the same focal length and they should resemble each other in general appearance as much as possible. Plates developed with different effects of contrast and taken under different conditions of seeing cannot furnish motions with the highest degree of precision.

Attempts were made as early as 1889 to secure the necessary information by the comparison of photographs at the eclipse of December 22. An interval of two and a half hours elapsed between the time of totality at Cayenne and Cape Ledo in West Africa. Unfortunately, clouds were experienced at the latter station. As a result of the long duration of totality at the eclipse of 1901, an exceptionally favorable opportunity existed for determining motions from

observations at a single station. PERRINE[1] secured successful photographs with
the 40-foot camera. Measures of short exposure negatives, taken near the beginning and end of totality, showed no displacements of coronal masses in the
interval of a little more than five minutes. On account of the accuracy of the
measurements, it was possible to have measured with certainty a velocity of
20 miles per second across the line of sight. Motions should have been detected
if they had been as great as 12 or 15 miles per second. The 1901 photographs
were near sun-spot minimum. At the eclipse of 1905, HANSKY secured photographs on the same scale as PERRINE's photographs[2]. The corona was one of typical
maximum form and presented few conditions for the best results. The corona
was very intense, especially near the solar surface, and its rays, being projected
from all sides of the disk of the sun, so superposed themselves the one upon
the other and became so entangled that it was almost impossible to distinguish
the same details on successive photographs. By taking the original negatives
and making glass positives, by proper shading and by local development, much
detail was secured in the corona. From the measures of 43 separate rays, information was obtained concerning the motions of the coronal material within the
period of totality lasting a little more than three minutes. The velocities determined were little greater than the errors of observation. None of the velocities
investigated exceeded 25 km per second.

In accordance with the plans of the Lick Observatory of always attacking
eclipse problems of the greatest importance, an attempt was made at the same
eclipse of 1905 to detect changes in the coronal structure by establishing three
stations at widely separated localities and securing large-scale photographs at each
station. Parties were sent to Labrador, to Spain and to Egypt. Unfortunately
for the success of the scheme, cloudy weather prevailed in Labrador where were
stationed CURTIS and STEBBINS. Thin clouds were met in Spain but they did
not greatly interfere with the photographs secured by·CAMPBELL and PERRINE.
Clear skies greeted HUSSEY in Egypt where totality occurred 70 minutes later
than in Spain. A careful comparison was made of the photographs[3] secured
at the two stations. A number of fairly well-defined nuclei were found, both
east and west of the sun. Details of structure within the nuclei appeared to
change, but the nuclei as a whole remained in the same position. Measures
of the greatest accuracy were impossible on account of the poor definition of
the Egyptian plates caused by poor seeing. The conclusion was that "the masses
in question could not have moved so much as one mile per second during the
interval of 4200 seconds. Greater speeds might well have occurred within the
principal coronal streamers, or within some of the arched forms which enclose
prominences, without our having detected them; for their structure is quite
uniform, and well-defined nuclei are absent."

The American eclipse of 1918 afforded an additional opportunity by comparing plates taken at three separate stations where were located expeditions from
Lick, Lowell and Sproul Observatories. At Goldendale, Washington, the focal
length was 40 feet, at Syracuse, Kansas, the camera was 38,7 feet in length,
while at Brandon, Colorado, the camera was 62 feet long. One plate secured
by each of the first two cameras and two plates with the 62-foot instrument
were compared, each of the three cameras being pointed directly at the sun.
There were no definite nuclei or other distinctive features present in the streamers
that were sufficiently well defined to be used as points of measurement by
MILLER[4]. There were, however, three arches surrounding three prominences

---

[1] Lick Bull 1, p. 151 (1902).   [2] Mitt. Pulk 2, No. 19, p. 107 (1907).
[3] Lick Bull 4, p. 121 (1907).   [4] Publ A S P 32, p. 207 (1920).

and attention was confined to these. The first arch was around the "Pyramid" or "Eagle" prominence in the northeastern quadrant. Towards the polar side of this prominence there were four well-defined arches. The second arch was round a prominence in the SE quadrant, while the third arch was near the "Skeleton" prominence. Each of the three prominences displayed four separate arches, and the positions of only one arch of each were measured. These measures gave fairly accordant results and seemed to show that the arches had changed in the twenty-six minutes' interval between the Lick and the Sproul photographs. The average rate of speed at which these arches receded from the sun was about ten miles per second. From the photographs compared by Miller, it was evident that the polar rays east of the axis of symmetry are curved away much less than the rays to the west, the difference not being due to the effect of projection.

At the eclipse of 1926, G. Horn-D'Arturo[1] compared photographs taken by the Italian expedition in East Africa with those taken in Sumatra. He confirms Miller's results by finding motion of the coronal domes and many evidences of changes in the interval of time between the exposures.

It is therefore evident that the velocities with which material is ejected from the sun to form the coronal streamers must be very small compared with the motions with which we are familiar in the prominences. Any theory dealing with the formation of the coronal structure must take cognizance of these moderate velocities of ejection.

23. Structural Details of the Corona. The corona owes its entrancing beauty to the far-flung, pearly-white streamers, so conspicuous in each corona observed. The contrast with the rosy-red prominences close to the edge of the black moon makes a never-to-be-forgotten spectacle. In this respect the eclipse of 1927 was specially beautiful. In addition to the streamers, there are other features of the corona that deserve attention, and it is necessary to find out their relations to solar phenomena such as prominences, sun-spots and faculae. "Arches", "hoods" or "striated cones" have been observed since Cleveland Abbe first saw them at the eclipse of 1869. They are specially conspicuous at the time of sun-spot maximum. The first good photographs obtained of them were by Schaeberle at the eclipse of April, 1893. The coronal arches were noted by him[2] to be associated with prominences. Miss Clerke[3] draws the conclusion that "Each pearly pavilion is erected over a red flame. Coincidences of the kind are of perpetual occurrence". These hoods were specially marked in the coronas of 1896 and 1898, but were practically missing from the minimum type of corona of the year 1900. As noted above, they were conspicuous at the eclipses of 1918, 1926 and 1927. The most striking features of the photographs of the inner corona taken by the Sproul Observatory expedition in Sumatra at the 1926 eclipse were the arched forms of coronal material overtopping many of the brilliant prominences visible around the edge of the eclipsed sun.

At the eclipse of 1901, a different kind of "disturbance" was noted in the photographs secured by Perrine, which consisted of a conspicuous center, apparently at the sun's limb, from which strong streamers stretched out to great distances from the edge of the sun. This disturbance was all the more interesting for the reason that Perrine found it to take its origin over the region of a prominent sun-spot. In fact this spot was the only one known to exist

---

[1] Mem S A It 3, p. 484 (1926).
[2] Contributions from the Lick Obs 4, p. 94 (1895).
[3] Problems in Astrophysics, p. 129 (1903).

on the sun at the time. Similar disturbances were seen in the photographs of the eclipse of 1918, but CAMPBELL and MOORE could find no relation between them and any sun-spot or chromospheric phenomena known to exist on the sun. As already stated, the arches were specially prominent at this recent eclipse and they extended to much greater distances from the sun's limb than they did in 1893, although both eclipses were near sun-spot maximum. Miss CLERKE's opinion that the coronal hoods are intimately associated with prominences seems to be thoroughly well substantiated. They are much more conspicuous in the coronas seen at maximum of sun-spots for the simple reason that prominences are much more numerous and active and are found in all heliographic latitudes, while at sun-spot minimum the prominences are feeble and are confined to zones near the solar equator.

The polar streamers are best seen near the time of minimum of sun-spots. The splendid series of photographs secured by Lick Observatory expeditions have been utilized by MOORE and BAKER to measure the direction of the axis of symmetry of these streamers, photographs at five separate eclipses exhibiting the polar rays sufficiently well-determined for the purpose. The direction of the sun's equator is inclined about $7°$ to the ecliptic and $26° 15'$ to the terrestrial equator. The measures given in the following table[1] show that the axis of symmetry of the polar rays coincides, within errors of measurement, with the rotation axis of the sun.

Axis of Symmetry of Polar Streamers in Solar Corona.
(Position angles measured from north point of sun.)

Date of Eclipse	Axis of Polar Streamers			Rotation Axis	Polar Streamers minus Rotation Axis
	MOORE	BAKER	Mean		
1898 Jan. 21 . . .	$9°,4$ W	$9°,3$ W	$9°,4$ W	$8°,2$ W	$1°,2$ W
1900 May 28 . . .	17 ,1 W	17 6, W	17 ,4 W	16 ,9 W	0 ,5 W
1901 May 18 . . .	21 ,5 W	20 ,7 W	21 ,1 W	20 ,3 W	0 ,8 W
1908 Jan. 3	0 ,9 W	0 ,8 E	0 ,0	1 ,2 E	1 ,2 W
1922 Sept. 21 . . .	24 ,4 E	24 ,8 E	24 ,6 E	25 ,0 E	0 ,4 W
				Average	0 ,8 W

The writer of this memoir has actually seen six coronas, but saw nothing of his seventh corona in 1927. The one of the six that exhibited the most spectacular beauty, the one that has made the most vivid and lasting impression on the mind was not the first eclipse witnessed, that of 1900, but the eclipse of 1918. This was the eclipse of pronounced color, the prominences were large and brilliant. The contrast between the warm, rosy color of the prominences and the pearly-white filmy structure of the corona left a vivid lasting impression on the mind which time can never efface. On account of the greater number of prominences visible at sun-spot maximum, the eclipse near maximum provides a more wonderful picture to the unaided eye than does the minimum type of corona. The eclipse of 1927 therefore presented to those fortunate enough to witness it, as gorgeous a spectacle as that of the eclipse of 1842[2] which aroused both the populace and the astronomers to such a high pitch of enthusiasm that each and every eclipse from that day to this has been assiduously observed.

To observe and enjoy the beauty of the corona one needs little but his own unaided eyes. A good pair of field glasses or a small telescope will permit the

---

[1] Publ A S P 35, p. 163 (1923).
[2] MITCHELL, Eclipses of the Sun, p. 132.

study of the prominences or of the details of the inner corona. BAILY's beads, at the beginning and at the end of totality can be more fully enjoyed by the use of telescopic power. It should hardly be necessary to add that one should protect the eyes from the glare of the sun while the crescent sun is diminishing before the advent of totality.

f) The Spectrum of the Corona.

24. Bright Lines. Compared with our knowledge of the spectrum of the sun or the chromosphere, how pitifully little we actually know of the spectrum of the corona! Its light is very feeble, it is possible to utilize only a very small dispersion and moreover the opportunities for investigation are very limited, on the average of about one minute per year. There is much yet to be learned, — and progress in the future will unquestionably be very slow, with its steps forward of a halting and uncertain character.

All observers up to the eclipse of 1882 took it for granted that every spectral line seen at mid-totality, when to the eye there was no visible trace of the chromosphere, must perforce take its origin in the corona. It was with a great shock of surprise that H and K of calcium were seen in 1882 projected on the black face of the moon, where presumably there is no light at all. About thirty bright lines were photographed by SCHUSTER and by ABNEY at the eclipses of 1882, 1883 and 1886. The lines at the three eclipses were in fairly good accord but it was doubtful[1] whether any of the lines belonged to the corona except those near λ 4086 and λ 4232. Even as late as 1893, it was generally assumed that the H and K lines of calcium were coronal in origin. So little has heretofore been known of the coronal spectrum that it is not at all surprising to find a statement[2] in 1910 that hydrogen is found in the corona.

Knowledge of the spectrum of the corona may almost be said to have begun with the eclipse of 1893, when FOWLER with a prismatic camera photographed nine rings, all of which agree in position with lines reported for the 1886 eclipse. At the same eclipse, DESLANDRES photographed three coronal lines at λ 3987, 4086 and 4231, and also three others at λ 3164, 3170 and 3237, in the ultra-violet. These last three have not been observed since by others, nor have two of FOWLER's nine. It was not until 1898 that coronal spectra had acquired sufficient precision to distinguish between the chromospheric line 1474 K at wave-length 5317 and the "coronium" line fourteen Ångstroms farther to the violet, at λ 5303. Photographs were secured at this eclipse by FOWLER, by CAMPBELL, by NAEGAMVALA, and by NEWALL and HILLS. Additional photographs were secured by FROST in 1900, by DYSON in 1900, 1901 and 1905, by the U. S. Naval Observatory parties in 1900, and by LOCKYER and by CAMPBELL in 1905. More recently the Lick expeditions have secured good photographs, by LEWIS, by CAMPBELL and MOORE in 1918 and again in 1922.

At the eclipse of 1918 SLIPHER found on his photographs the green coronium line extending across the space occupied by the moon's image, — due to scattering of light in the earth's atmosphere. At the eclipse of August, 1914, FURUHJELM, using three-prism dispersion, secured eight coronal lines, five of which had not been observed elsewhere, and CARRASCO, and BOSLER and BLOCK, independently discovered a new coronal line in the red, at wavelength 6374. At the eclipse of 1925 CURTIS and BURNS[3] found a line at λ 7896 which they think may possibly

---

[1] Report of the Committee on Eclipses, I. A. U. American Section, 1922.
[2] PRINGSHEIM, Physik der Sonne, p. 315 (1910).
[3] Allegh Obs Publ 6, p. 95 (1925).

be of coronal origin. At the Sumatra eclipse of 1926 the British party secured successful photographs.

Wave-Lengths of Coronal Bright Lines.

Wave-Lengths	Intensities	Wave-Lengths	Intensities
3164?		3986,9	Fairly strong
3170?		4086,0	Fairly strong
3237?		4130?	Faint
3288?	Faint	4231,4	Fairly strong
3328,2	Fairly strong	4241	Faint
3359	Faint	4244,8	Faint
3388	Very strong	4311	Faint
3455	Strong	4359	Rather faint
3461?	Faint	4398?	Very faint
3505?	Faint	4533,4	Faint
3534	Faint	4567	Rather faint
3601,3	Pretty strong	4586	Rather faint
3626	Faint	4722?	Faint
3641,4	Rather faint	4725?	Faint
3643,0	Rather faint	4779	Faint
3648	Rather faint	5073	Faint
3651?	Faint	5118	Faint
3801,0	Rather faint	5303,1	Very strong
3865?	Faint	5536	Faint
3891?	Faint	6374,2	Strong
		7896?	

In Lick Observatory Bulletin 10, p. 1. 1918, CAMPBELL and MOORE give a summary of all of the reliable observations of coronal wave-lengths determined since the eclipse of 1893. Their wave-lengths in the table above are given on ROWLAND's scale. The values, however, are still subject to great uncertainties, for even in the position of the strongest line of the spectrum, the green coronium line, large differences are found by the most skillful observers. The wave-length by CAMPBELL and MOORE of the Lick party is λ 5302,98, while ADAMS, ST. JOHN and Miss WARE of the Mt. Wilson expedition place the line farther to the red, at λ 5303,20. FURUHJELM's value from the 1914 eclipse puts this line still farther to the red at λ 5303,36. The wave-lengths in the table marked with ? are weak lines measured by one observer only and consequently there is some doubt regarding their reality. Hydrogen is not found in the corona nor is calcium.

DAVIDSON and STRATTON[1] have reviewed critically the above list of coronal lines in order to ascertain those which are certainly of coronal origin. They have discarded all those which are marked in the Table with ? and they think that many of the remaining lines take their origin from the high chromosphere. The only lines which they regard without suspicion as belonging to the corona are sixteen in number with the following wave-lengths: 3388, 3454, 3601, 3643, 3801, 3986, 4086, 4231, 4311, 4359, 4567, 4586, 5118, 5303, 5536 and 6374.

On account of the apparent simplicity of the spectrum of the corona, NICHOLSON, in 1911, began a number of investigations which appeared in the Monthly Notices of the Royal Astronomical Society. An attempt was made by him to connect the wave-lengths by series relationships, and furthermore to find an explanation for these series on the hypothesis that the spectral lines took their origin in an atom consisting of a heavy nucleus surrounded by negatively charged electrons. NICHOLSON's work was the first attempt to explain spectral series by means of PLANCK's quantum theory of radiation, according to which interchange

---

[1] Mem R A S 64, p. 142 (1927).

of energy between systems of a periodic kind can only take place in certain definite amounts, or quanta, determined by the frequencies of the system.

Nicholson[1] found that most of the spectral lines of the corona could be represented on the hypothesis that the lines are caused by electrons rotating around a nucleus with positive charge $5e$. His investigations of the hypothetical element, called protofluorine, failed to account for the prominent green line due to "coronium" at $\lambda\,5303$ and four others. When the line in the red at $\lambda\,6374$ was discovered at the eclipse of 1914, it too was unaccounted for by the hypothesis. In a further communication[2], Nicholson showed that series relationships exist between the lines with wave-lengths 6374, 5303, 4567, 4359, 3643 and 3534, and that the wave-lengths are correctly represented on the assumption that coronium is a simple ring system with nuclear charge $7e$.

According to this theory, the masses of the nuclei, or the atomic weights in the simple ring systems, should be proportional to the squares of the nuclear charges. "Nebulium" should have an atomic weight of 1,31, "protofluorine" of 2,0 and coronium of 4,0, being therefore identical in value with helium. It is not an isotope of helium. Hence it was necessary for Nicholson to assume[3] that nebulium and the other hypothetical elements are "not strictly elements of the type found in the Periodic Table, but must be regarded as origins from which other elements may spring". This is a make-shift arrangement which recent investigations have not been able to corroborate. No place is left for these "origin-elements" in the periodic table between hydrogen and helium, and they can have no real, or even transitory, existence. A better fate was deserved by these pioneer investigations carried out with such great care. Our interest in them is now chiefly academic. In the short time that has since elapsed, what bountiful years have ensued! The quantum theory brought in its train the Bohr-Sommerfeld atom, then came Saha's theory of ionization, and now (1928) we have opened up to us the great possibilities of the new wave-mechanics. It has been truly said that nowadays, long before a research on atomic structure is old enough to permit the printer's ink used in its publication to become dry, the investigation has already been superceded by something still newer and it has become only a matter of ancient history. Pannekoek[4] has assumed that the coronal lines may be due to Ca^{++}. At present we know so little of the spectral lines which take their origin in the singly-enhanced, doubly- or triply-enhanced elements, that it is quite futile to guess which of the many possible elements will give the particular series of lines seen in the visible portion of the coronal spectrum. One guess is just about as good as another.

As the hypothetical elements "nebulium" and "coronium" have been mysterious gases baffling scientific ingenuity for more than half a century, the work of Bowen[5] on nebulium must be regarded as of the very greatest importance. He started out with the assumption that it would be reasonable to expect the nebular lines to take their origins from some of the elements, H, He, C, N and O, known to exist in nebulae. It seemed probable that on account of the very low density an emission might take place when produced by an electron jump from a metastable state. The jumps which are "forbidden" under conditions in terrestrial laboratories might actually take place in the celestial laboratories where low density makes possible long mean free paths. As C_I, N_I, N_{II}, O_I, O_{II} and O_{III} are the only ions of the few elements existing in nebulae that have

---

[1] M N 72, p. 139, 677, 729 (1911).   [2] M N 76, p. 415 (1916).
[3] M N 74, p. 486 (1914).   [4] B A N 1, p. 127 (1922).
[5] Ap J 67, p. 1 (1928).

metastable states in the region of the wave-lengths observed in nebulae, the choice became very restricted. Eight of the strongest nebular lines were classified by BOWEN as due to electron jumps from metastable states in N_{II}, O_{II} and O_{III}. Several of the weaker lines were also identified as belonging to highly ionized oxygen and nitrogen. The question was raised by A. FOWLER[1] and by WOLTJER[2] as to how it is possible for an atom to radiate those lines of its spectrum that under ordinary laboratory conditions do not occur while it does not show those lines already known from terrestrial experiments. The answer to this riddle was furnished by EDDINGTON[3] who states that in addition to the long free path permitted by the low density of the nebulae there is a further requisite, namely, that the stimulating radiation must be so weak that the atom is unlikely to absorb a quantum during the full duration of the metastable state.

Applying this information to the question of the corona, EDDINGTON comes to the conclusion that the coronium spectrum cannot be due to forbidden lines. It is true that the density of the corona may be low enough, but on the other hand, the stimulating radiation is far too intense, being practically black-body radiation.

FREEMAN[4] has investigated the coronal lines given in CAMPBELL and MOORE's list and has been able to find coincidences occurring in the spectrum of argon for more than two-thirds of the total number of lines. Many of the lines identified by him do not appear among the lines which DAVIDSON and STRATTON regard as truly coronal, while no origin has been found for some of the coronal lines. The interpretation by FREEMAN that argon is the cause of the spectrum of the corona seems entirely improbable. This is unquestionably another case, so frequent in the history of astrophysics, of the identification of origin from mere coincidences in wave-length. Much greater accuracy will be necessary in the wave-lengths of the coronal lines before we can have any confidence in such coincidences in wave-length, especially when the terrestrial source has a spectrum of many lines.

It is highly probable that the relative intensities of the emission lines of the corona vary with the sun-spot period, though information on this point is very meagre. It is difficult to compare spectra secured by different observers at different eclipses using instruments of vastly different resolving powers, especially since the coronal lines are so weak and are seen projected on a background of continuous spectrum. Under these conditions the intensities of the bright line spectrum secured with low dispersion instruments will obviously be less intense than for instruments of high dispersion.

25. Continuous Spectrum. In addition to the bright line spectrum, the corona shows a continuous spectrum in the inner corona, 8′ or 10′ deep, with FRAUNHOFER absorption lines visible in the middle and outer corona. The early observations seemed to indicate that at sun-spot minimum the green coronium line was weak and the FRAUNHOFER spectrum strong, while at sun-spot maximum the emission lines were stronger and the dark lines weaker. It is only recently that observers have recognized that the presence of thin clouds at the time of the eclipse may greatly affect the visibility of the FRAUNHOFER lines observed in the corona. At the eclipse of 1901, photographed by PERRINE in Sumatra through thin clouds, the coronal spectrum showed FRAUNHOFER lines in the region corresponding to the invisible moon! At the 1925 eclipse, MITCHELL's photographs showed the FRAUNHOFER lines across the moon and to a distance of 5° on each side of the sun. The presence of these

---

[1] Nat 120, p. 582; Obs 50, p. 374 (1927).   [2] B A N 4, p. 107 (1927).
[3] M N 88, p. 134 (1927).   [4] Ap J 68, p. 177 (1928).

lines is readily explained. The sun was at an altitude of $17°$, there was a thin haze and it was the sky spectrum that was photographed and not that of the corona. It is therefore of great importance, for testing various theories of the corona, that a clear distinction be drawn between the spectrum of the corona and the spectrum of the illuminated sky. For this purpose it is necessary to secure photographs under clear skies devoid of haze so as to ascertain the distance from the sun at which the absorption lines become invisible in the corona. The Fraunhofer lines are always invisible in the bright inner corona, within one-third of the diameter of the sun. The explanation for this fact seems in part to be a very simple one, which is that the absorption lines are rendered invisible due to lack of contrast, or in other words, to over-exposure of the continuous spectrum. An effect entirely analogous was found in the photograph of the flash spectrum taken in 1905 immediately after the end of totality. The Fraunhofer lines from the returning crescent of the sun appeared only in the extreme ultra-violet and in the regions of longer wave-lengths starting with the green. The photographic plate had less sensitivity in these portions of the spectrum; but in the blue and violet where the plate had greater sensitivity, and where the Fraunhofer lines also undoubtedly existed, there were no traces of the dark lines to be found in spite of exquisite definition.

If the dark lines take their origin in the coronal spectrum it is important to see whether their intensity and also that of the emission spectrum vary or do not vary with the sun-spot phase. Many observers have suspected that the spectrum of the sun is much richer in ultra-violet light than the continuous spectrum of the corona. The shift in maximum of intensity to the red would signify that the corona is at a cooler temperature than the photosphere.

26. Recent Investigations of the Spectrum of the Corona. A great increase in our knowledge of the coronal spectrum came as the result of the observations of the Lick Observatory[1] at the Australian eclipse of September 21, 1922. On account of the perfect weather conditions and long duration of totality an excellent opportunity was afforded for carrying out an extensive program.

On account of the uncertainties still existing in the value of the wave-length of the green coronium line, photographs were secured with large dispersion. A plane grating was used of 15 000 lines to the inch with a collimator of 60 inches focus, with the slit placed across the sun's equatorial diameter, and an attempt was made to photograph not only the green line but the red line at λ 6374 as well. No trace was found of the latter line and the green was recorded very faintly and on one side only, the eastern edge of the sun.

With a smaller dispersion of a single prism and collimator of 21 inches focus, two exposures were made of 46 seconds and 4 minutes 14 seconds, respectively. The shorter exposure recorded the brighter coronal lines, the continuous spectrum of the inner corona and a faint discontinuous spectrum of the outer corona visible to 15' from the sun's edge. The longer exposure exhibited the absorption spectrum of the outer corona to an angular distance of 35' from the limb of the sun. In order particularly to test the character of the spectrum given by the outer corona, a still smaller dispersion of a single prism and collimator of 12 inches focal length was employed. The slit of this instrument was made sufficiently long to include some of the sky background and an exposure of 5 minutes and 9 seconds was given. The purpose was to see if any traces of Fraunhofer lines were found in the sky spectrum caused by possible thin haze in the terrestrial atmosphere.

---

[1] Moore, Publ A S P 35, p. 59 (1923).

The spectra taken with each of the instruments of one-prism dispersion exhibited the continuous spectrum and most of the bright lines confined to a region 4′ to 6′ from the sun's limb. The maximum was found for the green line with an extension of 8′ from the edge of the sun. The spectrum of the outer corona seemed unquestionably to show the FRAUNHOFER lines which were specially visible to the violet of $H\gamma$ where the continuous spectrum was less intense. No trace of the sky spectrum was found to exist beyond the limits of the coronal spectrum. Since the sky was remarkably clear, without the slightest evidence of haze or clouds, it is manifest that the FRAUNHOFER lines of the 1922 eclipse did not take their origin by reflection in the earth's atmosphere. MOORE's observations in thus proving that the FRAUNHOFER lines of the outer corona are caused by the scattering of the sun's light by the corona itself are of the utmost importance in advancing our knowledge of the solar aureole.

The positions of the strongest and most clearly defined FRAUNHOFER lines in the coronal spectrum east and west of the sun were measured by MOORE[1] with reference to the lines of the comparison spectrum. On a spectrogram with sky and iron comparison taken by the same instrument with 21-inch cameras, the positions of the same lines were also measured. Comparisons of the measures of the lines of the coronal and sky spectra at two points 20′ east and 20′ west of the sun's limb showed that the coronal lines on both sides of the sun were displaced to the red of the corresponding sky lines. The amount of the displacement corresponds to a velocity in the line of sight away from the observer of 26 km per second. Since the light observed was reflected sunlight the measured radial velocities supply evidence that the particles of the corona at 20′ from the sun's edge are moving away from the sun with a speed of the order of twenty to thirty kilometres per second.

The spectra secured with the slit spectrographs and also by means of an instrument without slit seemed to prove conclusively that the coronal emission lines in 1922 were much fainter than those of the eclipse of 1918, also obtained by the LICK-CROCKER expedition. The corona of 1922 was of the sun-spot minimum type. Hence, the suspicions of previous observers that the bright lines of the corona are fainter at sun-spot minimum than they are at sun-spot maximum seem to be completely confirmed. Apparently, however, the sun does not remain long in its position of inactivity after minimum of spots. The eclipse of 1925 occurred about two years after sun-spot minimum and yet the sun had again begun to be active. The activity was displayed in a two-fold manner: first, by the great number of prominences that surrounded the sun in all position angles, and second, by the strength of the emission lines of the corona, particularly the lines at wave-lengths 5303 and 6374. In fact the latter line, which was not discovered until the eclipse of 1914, was of such great strength that it appears as a strong line on the photographs of the flash spectrum taken both by CURTIS and by MITCHELL. The latter used a concave grating without slit and with a dispersion 1 mm = 10 Ångstroms and yet the 6374 line appeared, quite as strong as 5303 and with an exposure of only five seconds. The interval in time from 1914 to 1925 is very nearly equal to the sun-spot period. It is probable that the strength of the 6374 line in the corona is a signal of the re-awakened activity of the sun after a period of quiescence exhibited by sun-spot minimum. This line again was strong in the 1926 spectra.

Various observers have investigated the rotation of the corona by attempting to measure the DOPPLER effect of motion in the line of sight. It has been ge-

---

[1] Publ A S P 35, p. 333 (1923).

nerally assumed that the corona rotates with the sun, which is at a rate of 2,0 km per second at the limb of the sun. A rotational speed of this size corresponds to a shift in wave-length of the coronium lines amounting to 0,035 A. And yet, the wave-lengths for this line in 1918 by the Lick and Mt. Wilson observers, each using an efficient instrument, differ by 0,2 A, or six times the rotational shift! It is probably no very great exaggeration to say that at the present time we know absolutely nothing regarding the rotation of the corona. It is not impossible that the wave-lengths of the line $\lambda\,5303$ may be determined with greatly increased accuracy, but, unfortunately, this line at best is faint, and the exposures available are very short. The best method of determining the rotational speed will probably be by securing as accurate wave-lengths of this line as possible with the slit of the spectrograph stretching across the sun's equator. If different values of wave-length are obtained for east and west limbs, thus indicating rotation, the observer should be very careful that he has eliminated all possible instrumental sources. In place of using the solar spectrum as a comparison, it is probable that more accurate wave-lengths will be obtained by using an artificial source, in the manner employed with stellar spectra. The comparison spectrum could readily be superposed on the black moon. At the eclipse of 1929, the interferometer method[1] of detecting motion in the corona will again be tried using the strongest lines of the spectrum at $\lambda\,5303$ and 3388.

In spite of the pitifully small amount of time that has been available for investigating the spectrum of the corona, much knowledge has been acquired; but, unfortunately, suspicion has also been cast on some of the information we thought was fully secured. Three types of spectra must be distinguished: the continuous spectrum close to the edge of the sun, the emission spectrum, and the Fraunhofer spectrum. The coronal spectrum is often confused with that of the chromosphere. The lines of calcium and hydrogen, frequently photographed at mid-totality, do not belong to the corona, but are caused by the light of the chromosphere being diffused in the earth's atmosphere, usually by thin clouds. The combined attack now being made on the atom, by the astronomer, the physicist and the chemist, will probably reveal before long the nature of the particular kind of atom that gives origin to the lines of coronium. It is true that there are only ninety-two places in the Periodic Table that can be occupied by elements, but this does not necessarily mean that there are only ninety-two kinds of atoms. Far from it! When we remember that the neutral atom gives its characteristic spectrum, which differs from the spectrum of the same element ionized by losing one, two, three or more electrons, we see there are possibly as many as three hundred different kinds of atoms, each of which gives its own particular spectrum. In addition there are isotopes indistinguishable spectroscopically from other atoms. We are sure that none of the elements in the lower half of the periodic table can be the hypothetical coronium, but which one is the mythical element in the upper half, or third, or probably upper quarter of the table it is hard to conjecture. Helium baffled the scientist for a quarter of a century before it revealed its secret. Coronium was recognized over half a century ago, but in this long interval about one hour only has been available for observational investigation of it.

There is evidently much to be learned about the coronal spectrum, but its secrets will be bared only by the use of efficient spectrographs in the hands of capable and experienced observers.

---

[1] M N 87, p. 683 (1927).

g) The Light of the Corona.

27. Polarization of the Light of the Corona. Since the FRAUNHOFER lines are found in the spectrum of the corona, they must be caused by the reflection of solar light by matter existing in the corona in a finely divided state, in solid, liquid or gaseous form. Fortunately, additional methods of observation are available for testing the scattering of light in the corona, namely, by observations for the determination of the polarization of light. Ever since the eclipse of 1860[1], when SECCHI and PRAZMOWSKI first took up the subject, polarization observations have found their place at almost every eclipse. At the beginning of the investigations they were carried out entirely by visual methods, but in a manner similar to what has happened in other branches of astrophysical work, photographic observations have gradually displaced visual ones, and as a consequence greater and greater precision has been attained.

The accurate determination of the percentage of polarized light has an important bearing on the distribution of matter in the corona. To be of the greatest usefulness, the amount of polarization should be known for different distances from the sun's limb. Unfortunately, we view the corona through the layers of our own terrestrial atmosphere and it has been difficult and well-nigh impossible to eliminate the effects of reflection in the earthly atmosphere and to be sure that the measured polarization actually originated in the corona itself. If a solar eclipse occurred more frequently, we would gradually acquire methods of allowing for the terrestrial influences. On account of the impossibility of always correctly evaluating these effects, astronomers of late years have felt less and less inclined to spend the few precious moments of a total eclipse on observations in the interpretation of which there still remains a large element of uncertainty.

In general, there are two different methods of analyzing polarization; one is by the use of double-image prisms, the other by means of plane mirrors. There are many variations of these methods possible. In 1900, WOOD employed a direct vision prism before the object-glass of a telescope, the eye-piece containing a SAVART plate and a NICOL prism. This combination gave a continuous spectrum crossed by very distinct diagonal interference bands, manifesting fairly strong polarization estimated to equal between 10 and 15 percent. The character of the interference bands indicated that the bright-line spectrum was not polarized, or in other words, that the light causing these lines was not reflected sunlight. The appearance presented in the telescope however differed so materially[2] from what had been expected that it took many of the precious seconds of totality for the observer to readjust his ideas, and all the while he could not help but feel that something radically wrong must have happened to the apparatus. At the same eclipse, DORSEY[3], photographed the corona through a double-image prism in the manner utilized by A. W. WRIGHT in 1878. The method gives two photographs of the corona on each plate; one having cut out of it all the light polarized along the line joining the two images, and the other all that polarized at right angles to this direction. Hence, if the corona is polarized radially or tangentially, one image will be deficient in light along the diameter perpendicular to this direction. Which image is deficient along the line joining the centers of the two photographic images depends on the kind of double-prism used and whether the polarization is radial or tangential. DORSEY also examined the corona visually by a polarimeter consisting of a telescope in the focal plane

---

[1] C R 51, p. 195 (1860).   [2] Publ U S Naval Obs 4, D p. 116 (1905).
[3] Publ U S Naval Obs 4, D p. 117 (1905).

of which was placed a biquartz, half an inch square. The eye-piece contained a Nicol prism, and between the objective and the biquartz was a double pile of plates. The conclusions were that the corona is polarized radially, the visual observations giving the amount of eleven percent at a distance of 8′ from the moon's limb, a value agreeing well with Wright's 11,2 percent found at 7′ from the moon's limb at the eclipse of 1878.

No attempt can be made to give here a complete account of the numerous observations made at various eclipses to determine the amount of polarization. Special mention, however, should be made of the excellent work by Newall and by Turner, each of whom has observed polarization effects at several eclipses. In Lick Observatory Bulletin 6, p. 166 (1911), R. K. Young discusses the measures of photographs secured by Perrine of the Lick Observatory at eclipses of 1901, 1905 and 1908. At the Sumatra eclipse of 1901, the plates were secured by a double-image camera with the prism set in succession at five different positions separated by angles of a quarter of a right angle. At the two succeeding eclipses, photographs were secured by the same double-image camera and also by a reflecting polarigraph. This latter consisted of three cameras with lenses of three inches aperture and fifty inches focal length. In front of each of two of the lenses was placed a glass reflector, so inclined that the light from the corona was incident at the polarizing angle, the planes of polarization of the two reflectors being perpendicular to each other. The third camera was used merely as a check. The measures showed that the polarization was radial and that the percentage of observed light increased rapidly from the limb, reaching a maximum of thirty-seven percent at 5′ distance, and then diminished slowly, being thirty-five percent at 9′ from the limb. Assuming the well-known law of the reflection and scattering of light, that it varies inversely as the fourth power of the wave-length, the value of eleven percent in the visual region $\lambda\,5600$ would correspond to 33 percent in the photographic region $\lambda\,4270$. A close accord is thus seen to exist between the visual values obtained from the eclipses before 1901, and the photographic results from the three eclipses of 1901, 1905 and 1908. In view of the very great difference between the amounts of polarization in the visual and photographic regions, it is highly desirable that values in the visual region be obtained by photographic methods by the use of a color filter and isochromatic plates.

One is tempted to draw a lesson from the experiences of Wood cited above. He is a very skillful and careful observer, with wide experience in many lines of physical manipulation. In 1900, however, he was witnessing his first total eclipse. No matter how excellent an observer Wood may be, he had never before had experience in these particular kind of observations under stress of the unusual and excited conditions surrounding a total eclipse. We are all of us but human, with all of our frailities, and it is only through practice that we become perfect. It is outside the bounds of human experience for one to adjust one's mode of thought almost instantaneously, as is necessary on account of the paucity of time during the total phase of a solar eclipse, and then quietly and judiciously make observations of high reliability. Any observations in the future for polarization effects must be made by photography. Observations might possibly still be made visually but these will be looked upon merely as checks on the more accurate photographic results.

In addition to the polarizing effects of the earth's atmosphere, already alluded to, each observer must carefully investigate his apparatus in order to ascertain the amount of polarization caused by the apparatus itself. As is well known[1],

---

[1] Wood, Ap J 12, p. 283 (1900).

every form of instrument that disperses light also at the same time polarizes it. By the use of additional prisms to increase the dispersion of a spectrum, the polarization is likewise increased by the added surfaces of the prisms. A ROWLAND grating gives strongly polarized spectra.

At the eclipse of 1918, LEWIS of the Lick Observatory party, by means of two separate double-image cameras, secured successful photographs in two different regions of the spectrum by using blue and green color filters. The effect for the blue was found to be greater than for the green. Quantitative values for the amount of polarization could not be furnished however for two reasons: first, the law of diminution of the intensity of coronal radiation at different distances out from the moon's limb is unknown; and second, the effect on the corona, of polarization of the light of the sky surrounding the corona, has not been fully investigated. At the eclipse of 1905, NEWALL[1] found that at a distance of three-quarters of a degree from the center of the corona, the strength of the SAVART bands from the sky neutralized those from the corona. This signifies that from the veil of the illuminated sky between the observer and the corona there came as much polarized light as from the corona three-quarters of a degree from the center. Unquestionably, the character and intensity of the atmospheric polarization vary considerably at different eclipses which of necessity are observed under different conditions of clouds and moisture in the terrestrial atmosphere. On account of the great intensity of the corona close to the sun, for instance, at 1′ from the limb, it is difficult to measure the intensity of the darkening of the photographs and hence to evaluate the amount of polarization so close to the edge of the sun. NEWALL in 1901 obtained "quite marked polarization" at 1′ from the limb. The SAVART photographs for testing polarization seem to possess some advantages over the double-image or reflection methods (see NEWALL, loc. cit.).

The general consensus of opinion seems to be that it is practically impossible to eliminate from coronal observations the effects of reflections in the apparatus and in the terrestrial atmosphere with the result that astronomers have gradually come to believe that little information regarding the physical nature of the corona can be gleaned from polarization observations made at the time of eclipses. Again the game does not seem to be worth the candle, and recourse must be had to more fruitful methods of investigation.

28. Change of Intensity of the Corona with Distance from the Sun's Limb. There seems to lie much hope of unravelling some of the puzzles connected with the corona by determining the law of change in the intensity of the corona at different distances out from the limb of the sun. The law best known is that of TURNER[2], as the result of photographs obtained in 1898, that the intensity of the corona varies from the edge of the sun outwards inversely as the sixth power of the distance measured from the center of the sun. At the eclipse of 1905, SCHWARZSCHILD[3] confirmed TURNER's law, and at this same eclipse, GRAFF[4] assumed the correctness of this law to determine the law of blackening of his photographic plates. But at this same eclipse of 1905, BECKER[5] found the intensity of the corona subject to a different law, that it varied inversely as the fourth power of the distance counted from a point one-seventh of a solar radius inside the edge of the sun. At the eclipse of 1908 by means of measures carried out by the

[1] M N 66, p. 475 (1906).
[2] Pop Astr 14, p. 548 (1906).
[3] Astron. Mitteil. Göttingen 13 (1906).
[4] Astron. Abhandl. der Hamburger Sternw. in Bergedorf 3, No. 1 (1913).
[5] Mem R A S 57 (1908), and Phil Trans A 207 (1908).

bolometer, Abbot[1] confirmed Becker's law rather than that of Turner, while R. K. Young (loc. cit.) found an intensity depending on the inverse sixth and eighth powers of the distance measured from the center of the sun.

A very different law was found by Bergstrand in a very important publication entitled "Etudes sur la distribution de la lumière dans la couronne solaire", Upsala, 1919. From photographs secured at the eclipse of August 21, 1914, an attempt was made to determine the relative intensity of light distributed within the corona. The measurement of the absolute intensity and the estimation of the total light of the corona, compared for instance with that of the full moon, did not form part of the program. The problem is one of photometry and for its solution can be brought the vast experience gained by many years of investigation in determining the magnitudes of the stars. Of the several methods available, Bergstrand adopted the plan of employing twin photographic objectives, mounted equatorially in such a manner that the two solar images could be impressed upon one and the same photographic plate. On the day of the eclipse the times of exposure of the two objectives were made identical, but the aperture of one of the objectives was reduced by means of a suitable diaphragm to one-third that of the other.

The intensity of the silver deposit measured on the plates is the summation of two separate effects, one of which is due to the corona itself while the other comes from the diffuse light of the sky. Added to these two, there is in reality a third effect found close to the moon's limb, that of a halo caused by reflection from the glass-side of the plate of the strong illumination of the inner corona. Fortunately, the intensity of the corona could be separated from the two other effects. The values thus secured do not in any manner confirm Turner's law of the inverse sixth power nor yet the law of Becker according to which the intensity varies inversely proportional to the fourth power. In fact, Bergstrand finds that the intensities near the solar equator differ greatly from those near the poles, the equatorial rays having an intensity three times as great as the polar rays. The equatorial and polar intensities, however, can be brought into relationship with each other in a very simple manner by supposing that the corona is composed of two phenomena, the "interior corona" stretching over all heliographic latitudes, and the "equatorial corona". In both of these phenomena, the intensity of the light is inversely proportional to the square of the distance from the edge of the sun, the intensity of the "equatorial corona" being, however, about double that of the "interior corona". It was found that the strongest coronal rays frequently depart from the radial direction and that some of the most intense rays apparently do not take their origin from the edge of the sun but rather from the front or back side of the solar disk. Moreover, the structure of the corona is highly complicated, since the distribution of jets is not uniformly distributed in all longitudes and since they frequently depart sensibly from the radial direction. On account of the greater strength of the equatorial rays, it was possible for Bergstrand to observe these rays on the photographic plates to a distance of ten radii, or five solar diameters from the edge of the sun, before they diminish in intensity to that of the diffuse sky light. In the polar direction, equality was attained at a distance of three and a half solar diameters.

Valuable observations[2] were secured at the 1925 eclipse by Pettit and Nicholson of the Mt. Wilson Observatory. Their observations on the photometry of the corona will be first discussed. The photometric device consisted of a 6-inch Ross doublet of 15-ft focal length, fed by a coelostat with a 6-inch pyrex mirror. Three plates were exposed, two without filter using Seed 30 emul-

---

[1] The Sun, p. 133 (1911).   [2] Ap J 62, p. 202 (1925).

sion, with exposures of two and fifteen seconds, and one plate of ILFORD "Special Rapid Panchromatic" with color filter transmitting only wave-lengths longer than 6100 A. Standard photometric squares were exposed along the edge of each plate by the usual method of varying the distance of the plate from an electric lamp operated by a storage battery.

The poor seeing experienced by all observers at the 1925 eclipse, already referred to in Sections a and c, and which was caused by the low altitude of the sun, is shown by PETTIT and NICHOLSON's photographs reproduced in Ap J 62, p. 210 (1925). Fortunately for the success of their work, the poor definition had little influence on the accuracy of their results. The three photographs secured at the eclipse were placed successively on the KOCH registering microphotometer[1] at the Mt. Wilson Observatory and series of deflections were recorded for each photometric square and for the unexposed strip. From these measures a table was made giving the intensities corresponding to any deflection of the galvanometer of the microphotometer in terms of the intensity of the light which formed the densest square.

The plates were then placed on a turntable which could be rotated beneath the photometer microscope so that the slit, set perpendicular to the moon's limb, described zones in the corona concentric with the image of the moon. The width of the zones was 0,16 solar radii, which was the length of the side of the square receiver of the thermocouple when projected upon the image of the sun in the field of the 50-cm mirror. This vacuum thermocouple was placed at the focus of the mirror and differential measurements were made during totality between two points in the corona 4',6 from the east and west limbs of the moon and the moon itself. The combination of the thermocouple measures with those made from the photographs led to results of great value.

Two corrections had to be applied to the measures of the photographs. The first correction is due to the general scattered light over the sky and it was assumed that the mean intensity of the background of the plate at its four edges gave a measure of the sky illumination. The second correction is for halation and scattered light. The corrected mean intensities for different zones numbered outwards from the sun are given in the table below. The measures of the microphotometer made at different position angles in the corona show that the intensity of the coronal radiation in the equatorial regions of the 1925 eclipse is more than twice that in the polar regions, a fact that is evident from a glance at the photographs.

Mean Intensities of the Corona corrected for General Sky-Illumination, Halation, and Scattered Coronal Light.

Zone	Mean Radius	Photographic Region					Visual Region		
		2 Sec.	15 Sec.	Mean Obs.	6th Power	4th Power	Obs.	6th Power	4th Power
1	1,11	0,563	0,514	0,538	0,502	0,539	0,815	0,781	0,820
2	1,27	,201	,242	,221	,223	,219	,277	,304	,274
3	1,43	,094	,120	,107	,109	,105	,126	,131	,117
4	1,59	,051	,056	,054	,058	,056	,065	,063	,058
5	1,75	,030	,032	,031	,033	,033	,031	,032	,032
6	1,91	,021	,021	,021	,019	,021	,016	,017	,019
7	2,07	,015	,013	,014	,012	,013	,008	,010	,012
8	2,23	,011	,008	,010	,007	,009	,006	,006	,008
9	2,39	,006	,005	,006	,005	,006		,004	,005
10	2,55	0,002	,003	,003	,003	,005		,002	,004
11	2,71		,001	,001	,002	,003		,001	,002
12	2,87		,001	,001	,002	,002		,001	,002
13	3,03		0,000	0,000	0,001	0,002		0,001	0,001

[1] Ap J 56, p. 314 (1922).

The photograph with an exposure of two seconds was taken at the beginning of totality, and the measures show that the inner corona was ten percent brighter than for the 15 sec exposure. PETTIT and NICHOLSON find that their measures in the photographic region confirm the law of intensity of radiation of the inverse sixth power from the center of the sun, while those in the visual region agree more closely with the inverse seventh power. However, the measured values both in the photographic and visual regions appear to conform more closely to the inverse fourth power measured from a point not coinciding with the center of the sun. Both PETTIT and NICHOLSON's computed values, and those from the law of inverse fourth powers are given in the above table. For the photographic region, the point from which the inverse fourth power is calculated is 0,48 R from the center of the sun, and for the visual region 0,60 R, where R is the radius of the sun. The 1925 photographs were measured to a distance of three radii from the sun's center while BERGSTRAND's photographs of the 1914 eclipse (p. 332) in the equatorial regions were measured to ten radii from the center. At this same eclipse, KING and Miss HARWOOD[1] found that the intensitiy of the coronal radiation at distances from the sun's limb greater than 10′,5 follows the law of inverse squares.

29. Total Brightness and Surface Brightness of the Corona. Distribution of Energy in the Spectrum. Observations for measuring the intensity of radiation of the corona at different distances from the sun's limb in units of candle power were made by ABBOT at the eclipse of 1900 by the use of the bolometer. Results of value were secured but on account of difficulties experienced with the galvanometer during the course of the observations, it was necessary to repeat the results at a subsequent eclipse. Attempts were made to do this at the Sumatra eclipse the following year, but without results on account of wide spread clouds. At the 1905 eclipse FABRY[2] and KNOPF[3] were each successful in measuring the intensity of coronal radiation. At the Flint Island eclipse of 1908, although it had been raining up to the beginning of totality, the clouds cleared away, permitting ABBOT[4] to secure successful measures. At the eclipse of 1918, KUNZ and STEBBINS[5] used a photo-electric cell and they compared the light of the corona with a HEFNER lamp, with two electric lamps, with the full moon and with an area of the sky during totality and during full sunshine. At the Australian eclipse of 1922, BRIGGS[6] made successful observations also with a photo-electric cell. KUNZ and STEBBINS attempted observations in 1923 but clouds interfered.

At the eclipse of 1925 five separate parties made observations under good conditions. PARKHURST[7] with an adaption of the HARTMANN microphotometer was successful at Ithaca. KUNZ and STEBBINS[8] again employed the photo-electric cell and similar results were secured with the same type of instrument by Prof. C. KINSLEY[9]. PETTIT and NICHOLSON[10] used a vacuum thermocouple, while STETSON and COBLENTZ[11] employed a vacuum thermopile. With the temperature hovering around $-20°$ C on the morning of the total eclipse, troubles were experienced with the water cells by their freezing and breaking. As a result, PETTIT and NICHOLSON were forced to fill their cell with salt water, while STETSON and COBLENTZ used glycerine. STETSON and COBLENTZ[12] experienced

[1] Harv Circ 312 (1927).   [2] C R 141, p. 870 (1905).
[3] Astron. Abhandl. der Hamburger Sternw. in Bergedorf 3, No. 1, p. 79 (1913).
[4] Lick Bull 5, p. 19 (1908).   [5] Ap J 49, p. 137 (1919).   [6] Ap J 60, p. 273 (1924).
[7] Publ A S P 37, p. 85 (1925); Ap J 64, p. 273 (1926).
[8] Ap J 62, p. 114 (1925).   [9] Trans Illumin Eng Soc 20, p. 582 (1925).
[10] Ap J 62, p. 202 (1925).   [11] Ap J 62, p. 128 (1925).   [12] Ap J 66, p. 65 (1927).

no troubles through the freezing of their water cell in Sumatra at the eclipse of January 14, 1926.

It may be well to call attention to some of the details of the observations since these will have an important bearing on the final results. At the eclipse of 1922, BRIGGS had a longer duration of totality than is usually available in which to carry out his measures, with the result that he was able to test the variation of the intensity of the corona during totality. Taking the mean of the measures by the two cells (loc. cit. p. 280) the ratio of the total light of the corona to that of full moon gives a maximum value of 0,44 near the beginning of totality, a minimum value of 0,28 near the middle of the total phase, and 0,34 near the end of totality. There is no apparent reason why the corona should be brighter at the beginning than at the end of totality as his measures show. The simplest explanation of his difference of values between beginning and end is that an observer can start his measures as soon as totality takes place, but on account of the uncertainty of the duration of totality, he is afraid to continue observations too close to the end to the eclipse. The results of BRIGGS show that at the middle of totality the coronal radiation had only two-thirds the intensity of what it had at the beginning or ending of totality. The reason for the difference is evident. The greatest intensity of radiation comes from the inner corona, those portions lying closest to the photosphere. At the 1922 eclipse, at mid-totality the brighter inner corona was entirely covered by the moon whose semidiameter, after allowing for augmentation, was about one minute of arc greater than that of the sun. If therefore we take the measure of the intensity of the corona at mid-totality as the basis of comparing different eclipses, or even the average intensity throughout totality, it is manifest that the measured intensity of coronal radiation at an eclipse of long duration should be less than that of a shorter eclipse.

To get the total light of the corona it is necessary to extrapolate, as was done by PETTIT and NICHOLSON (loc. cit.) in order to obtain the total coronal radiation up to the edge of the sun. It is well-nigh impossible to make this extrapolation successfully since we do not know the law of coronal radiation, whether of the inverse square law according to BERGSTRAND or whether according to the inverse fourth, sixth, seventh or eighth powers.

At the 1925 eclipse, the observations by the different parties showed large differences. For instance, the coronal radiation transmitted by one centimeter of salt water measured by PETTIT and NICHOLSON was three times the radiation transmitted by one centimeter of glycerine, observed by STETSON and COBLENTZ, although the transmission of salt water and glycerine is very nearly the same.

From the measured intensity of the corona when compared with a standard candle it is necessary to allow for the influence of the terrestrial atmosphere in absorbing radiation. This is a familiar problem in work on the solar constant, but one in which there are great uncertainties, particularly at an eclipse like that of 1925, when totality took place with the sun at an altitude of only seventeen degrees. The question may also be asked whether the prominences and chromosphere do not contribute to the total measured coronal radiation. PARKHURST made a photometric study of the Yerkes photographs of the 1918 eclipse and came to the conclusion[1] that the prominences contributed only about two percent of the total light of the corona.

The total light of the corona compared with that of full moon is copied from E c l i p s e s o f t h e S u n, p. 345, and brought up to date.

---

[1] Ap J 62, p. 122 (1925).

Total Light of the Corona.

Eclipse	Method	Observer	In terms of full moon
1886	Photographic	W. H. Pickering	0,025
1889, January	,,	Holden	0,04
1889, December	,,	Holden	0,02
1893	,,	Turner	0,6
1898	,,	Turner	1,1
1898	,,	Bacon and Gare	2,7
1905	,,	Graff	0,26
1905	,,	Schwarzschild	0,17
1908	,,	Perrine	0,11
1886	Visual	Abney and Thorpe	0,8
1889, January	,,	Leuschner	0,4
1893	,,	Abney and Thorpe	1,1
1905	..	Fabry	0,75
1905	,.	Knopf	0,85
1908	Bolometer	Abbot	0,20
1918	Photo-Electric	Kunz and Stebbins	0,50
1922	,,	Briggs	0,41
1925	Microphotometer	Parkhurst	0,27
1925	Thermocouple	Pettit and Nicholson	0,52
1926	Thermopile	Stetson and Coblentz	0,52

The value for the 1908 eclipse is from the calculation of Kunz and Stebbins, Ap J 62, p. 126 (1925). In the same paper, they find the observed total light of the corona corrected to no atmosphere to be 1,07 and 0,93 meter-candles for the eclipses of 1918 and 1925, or an average of 1,00 meter-candles. The mean of the two eclipses shows that the daylight sky for the uneclipsed sun 8° from the sun is 5400 times greater than for the eclipsed sun at the same distance.

Pettit and Nicholson (loc. cit.) find the observed coronal radiation is $10,1 \cdot 10^{-7}$ times the light of the sun, while this corrected for overlapping moon amounts to $11,2 \cdot 10^{-7}$ or $21,4 \cdot 10^{-7}$ cal cm^{-2} min^{-1}. These observers find the coronal light slightly bluer than sunlight, while at the same eclipse Stetson and Coblentz find the coronal light redder. At the eclipse of 1923, Ludendorff[1] finds no difference in the distribution of energy in sun and corona between λ 3820 and 4840.

At 4',6 east and west of the moon's limb Pettit and Nicholson find the intensity of coronal radiation $5,4 \cdot 10^{-7}$ of the integrated solar radiation, while Abbot in 1908 finds $4 \cdot 10^{-7}$ at 4' from the limb and $13 \cdot 10^{-7}$ at 1',5 from the limb. The surface brightness of the corona at the limb of the sun is about one and a half times that of the full moon, and half the total light of the corona comes from a zone extending only 3' from the limb of the sun. Pettit and Nicholson find that the radiation of wave-length greater than $5,5\,\mu$ is inappreciable.

At this same eclipse, Harvard Observatory[2] occupied four separate stations in order to measure the total light of the corona, both in blue and in yellow light. Four photometers of the "pinhole" type were utilized, the work being under the direction of E. S. King. Good weather greeted three of the four parties, the photometers being used by King, by Miss Cannon and by Leon Campbell. It was found that the integrated brightness of the corona within a circle of 3° in diameter, given in stellar magnitudes, is: Photographic — 10,96 and photovisual — 11,61; within a circle 6° in diameter, photographic — 11,40, photovisual — 11,71. The magnitude of the corona after eliminating the effect of

---

[1] Sitzungsber. d. Preuß. Akad. d. Wiss., phys.-math. Kl., 1925 p. 83.
[2] Harv Circ 286 and 312 (1927).

illuminated sky is: Photographic — 10,76, photovisual — 11,57. The value of the photovisual magnitude makes the corona about fifteen magnitudes, or one-million times fainter than the sun, a result in substantial agreement with the work of others. The color index for the 3° circle was found to be + 0,65, equivalent to a star of class G0, for the 6° circle + 0,31, equivalent to a star of class F0. When freed from the effect of sky, the color index becomes + 0,81, or slightly redder than a star of class G0. Of course it need hardly be added that there is some suspicion whether proper allowance was made for the effect of sky illumination. It was further found that the intrinsic brightness of the inner corona in ultra-violet light is about one-fifth of that of the full moon, a result which disagrees with the work of others.

One of the same photometers used at the 1925 eclipse was utilized for observations at the 1926 eclipse[1] by STETSON, COBLENTZ, ARNOLD and SPURR. The results obtained compared with the means from three instruments at the preceding eclipse show that within a circle of 3° diameter there was an increase in brightness of 0,42 in the photographic magnitude and 0,39 in the photovisual magnitude of the 1926 as compared with the 1925 eclipse. However, the measures within a circle of 6° were not so accordant, exhibiting differences in magnitude of 0,05 brighter and 0,42 fainter, respectively. It is evident that large accidental or systematic errors are present in the measures. Consequently, it is manifestly necessary for one to proceed with great caution when comparing the published results from one eclipse with those of another.

Another instance of the great uncertainty underlying measures of coronal radiation is given by the work of the same observers at the 1926 eclipse. With the photographic photometers, it was found that the photovisual brightness of the corona was 0,0014 meter-candles, while with an illuminometer the visual brightness was nearly ten times as great, or 0,013 meter-candles, these being the measured intensities and not the values corrected for the effect of the earth's atmosphere.

At the eclipse of 1925, the Illuminating Engineering Society carried out a varied program of photometric measures at eleven separate stations spread throughout the zone of totality, and valuable results were secured. The work consisted mainly in the determination in foot-candles of the normal illumination due to sun or corona and also the total illumination on a horizontal plane. The curves exhibit the gradual darkening of the sky as the eclipse progressed, with a sudden and rapid drop in illumination beginning about one minute before totality. Those who have witnessed a total eclipse, either as a casual observer or as an experienced astronomer, will remember the thrills they experienced when the darkness began to make itself felt just before totality. At mid-totality the horizontal illumination amounted to 0,24 foot-candles and this equalled the illumination 30 minutes after sunset on January 26 in latitude 42° N. The corresponding value at the 1926 eclipse was 0,14 foot-candles. Anyone who has witnessed more than one total eclipse will realize that the total illumination of the sky, influenced as it is by clouds or haze near the path of totality, is a very poor indication of the brightness of the corona.

At the eclipse of 1918, ALDRICH[2] found that the total brightness of the sky during totality was less than that of twilight one hour after sunset of the same day. At the Australian eclipse of 1922, Ross directed a camera, from which the lenses had been removed, towards the south celestial pole and exposed a photographic plate during totality. Other plates from the same box were

---

[1] Ap J 66, p. 65 (1927).   [2] Smithsonian Miscellaneous Collections 69, No. 9 (1919).

exposed on the evening of the same day for equal intervals of time at 6^h14^m, 6^h17^m, 6^h20^m, 6^h23^m and 6^h26^m by the clock. The central portions of the plate were cut out and all six plates were developed together. The plates showed a regular gradation. It was found that the illumination at the south celestial pole corresponded with that when the sun's center was $97°\,29'$ from the zenith.

Stetson and Coblentz[1] call attention to the very unsatisfactory state of our present knowledge regarding the total amount of light received from the corona. Photometric methods present many complications. When results at one eclipse are compared with those of another the instruments must be thoroughly calibrated and methods properly standardized before any great confidence may be had in the conclusions.

Taking everything into consideration, it seems highly probable that the accidental and systematic errors existing in the observations of coronal radiation certainly cause errors amounting to at least twenty percent and possibly fifty percent of the final values.

We must therefore not take too seriously the attempts to correlate intensity of coronal radiation with sun-spot activity. It will be necessary to wait until further accurate observations are secured. It seems entirely plausible that at sun-spot maximum the inner corona must be of greater intensity than the inner corona at minimum of spots. Moreover, as the inner corona contributes the most energy to the total coronal radiation we would therefore logically expect that the total energy at maximum of spots would be greater than at minimum. But to confirm this from observations already secured is another story.

30. Recent Investigations concerning the Shape of the Corona. As has been stated on page 317, it has been generally recognized for many years that there is a close connection between the form of the corona and the sun-spot period. At minimum of spots the corona shows the long equatorial extensions and strong polar brushes, while at spot maximum the corona is more nearly circular in contour. Ranyard, in the so-called "Eclipse volume" of the Royal Astronomical Society[2], was the first to call attention to this fact. Hansky[3] made the connection more certain by publishing a series of reproductions of the corona arranged according to the sun-spot cycle. Still later, Naegamvala[4] pointed out that the shape of the corona seemed to have a closer connection with the relative sun-spot numbers of Wolf than it had with the phase in the sun-spot curve.

Astronomers apparently have been content, in recent years, with accepting as a proven fact that there is some kind of close connection between the corona and sun-spots, but detailed investigations regarding the exact nature of this dependence have been conspicuous by their absence. Of course it may be urged that the form of the corona is very complicated and therefore cannot be subjected to exact analysis. This is especially true near maximum of spots when the coronal streamers shoot out at all angles and apparently become hopelessly complicated. Furthermore, the corona is seen only as it is projected on the celestial sphere, in space of two rather than in that of three dimensions.

When a photograph of the corona is made, many of the fine details visible to the eye are lost, especially in the inner corona. If a photographic print is made on paper more details are again lost, while the coronal structure suffers a still greater loss in a half-tone reproduction. In the course of these various manipulations, more and more of the individual features of the corona are wiped out

---

[1] Ap J 66, p. 65 (1927).   [2] Mem R A S 41, p. 496 (1879); also 46, p. 238 (1881).
[3] Bull Acad Imp St. Pétersbourg V, 6, p. 251 (1897).   [4] Publ Obs Poona 1 (1902).

one by one, with the result that each and every reproduction is a sad disappointment, being but a feeble likeness of the original. In spite of all of these drawbacks, however, the reproductions do retain some individual peculiarities, and at least show that the intensity of the corona falls off very rapidly from the edge of the sun outwards, and quickly reaching a rather well-defined limit. LUDENDORFF[1] had the happy inspiration of subjecting the published reproductions of the corona to simple measurements. He was able to examine photographs of thirteen eclipses, extending from 1893 to 1927. He superposed on each reproduction of the corona that he was able to find in the published literature, a piece of thin transparent paper. On this he was able to trace lines of equal intensity running around the corona, and also at the same time he traced the edge of the moon. He found that the thin paper obliterated still more of the individual peculiarities of the corona. The strange result was achieved, however, that the loss of structural details permitted lines of equal intensity in the corona to be drawn with considerable accuracy. In some instances, these equal intensity lines were already available in the original sources, especially in the corona of 1905 from the investigations of GRAFF and in that of 1914 from the hands of BERGSTRAND. Comparisons made by LUDENDORFF of his own tracings with the results of GRAFF and BERGSTRAND, obtained by more accurate methods, showed no systematic differences.

Having obtained the tracings of the lines of equal intensity in the manner just described, LUDENDORFF measured the intercepts from the center of the sun in eight directions separated at angles of $22°,5$ with respect to the direction of the sun's axis. With the edge of the moon placed on the tracing it was possible to reduce all measures to the radius of the moon as unity. The measures made at the solar equator and at $22°,5$ on either side, when compared with similar measures made around the sun's axis, gave a means of determining the flattening, or ellipticity, of the corona, the shape naturally approximating an ellipse. In this manner 154 comparisons were possible, on each eclipse there being not less than six available.

For each eclipse the flattening of the coronal ellipse determined from the individual reproductions was plotted as ordinates against the distance from the center of the sun as abscissae. LUDENDORFF then found that at angular distances less than one radius from the edge of the sun there was a simple linear relation expressed by the formula,

$$\varepsilon = a + bd$$

where ε is the flattening and d is the distance from the sun's edge measured in terms of the sun's radius as unity. From the material available, the constants a and b were found for each eclipse by the method of least squares. The quantity a represents the ellipticity of the corona near the edge of the moon while $a + b$ is the value of this quantity at a distance of one radius.

For the coronas near sun-spot maximum, it was found that b had a value very nearly equal to zero, the corona being approximately circular in outline. Near minimum of spots, however, the coronas become more and more elliptical, that is, b increased in value with increasing distances from the sun's edge. At distances greater than one radius, it was found by LUDENDORFF that the linear relation no longer held.

To find a correlation between the shape of the corona and the phase Φ in the eleven-year period, let M_1 and M_2 be the times of two successive maxima

---

[1] Sitzungsber. der Preuß. Akad. d. Wiss. 1928, p. 185.

of sun-spots, and m the intervening time of minimum. If the time of the total eclipse is T, and this lies between M_1 and m, then,

$$\Phi = \frac{T - m}{m - M_1}.$$

If T lies between m and M_2, then,

$$\Phi = \frac{T - m}{M_2 - m}.$$

In the first case, on the descending branch of the sun-spot curve, Φ is negative, while it is positive on the ascending branch.

In addition to the phase just defined, Wolf's relative spot numbers may be utilized to determine the condition of the sun. Instead of using merely the Wolf number for the day of the eclipse, Ludendorff took a mean of the values of the relative numbers for the day of the eclipse and for thirteen days before and for thirteen days after, twenty seven days being the synodic period of rotation of the sun.

As far as concerned the ellipticity of the corona near the solar surface represented by the value a of the formula, it was found by Ludendorff to depend neither on the phase in the sun-spot curves nor on Wolf's numbers. Within the errors of observation, it seemed to be nearly a constant for all eclipses no matter what their situation in the sun-spot period. The value of a amounted to $+0,04$ with a mean error of a single eclipse of $\pm 0,017$.

The exact correlation between the form of the corona and the sun-spot curve did not stand out clearly until the material from the thirteen eclipses was divided into two separate groups as given in the following table.

Spots Decreasing					Spots Increasing				
Eclipse	Spot Numbers	a	b	Phase	Eclipse	Spot Numbers	a	b	Phase
					1893,3	88	+ 0,03	— 0,03	+ 0,82
					1926,0	77	+ 0,06	+ 0,01	+ 0,55
1918,4	69	[+0,13]	[+0,10]	— 0,87					
					1927,5	67	+ 0,04	0,00	+ 0,89
					1905,7	59	+ 0,01	0,00	+ 0,85
1908,0	45	+ 0,06	+ 0,02	— 0,78					
1898,1	27	+ 0,06	+ 0,12	— 0,47					
1896,6	22	+ 0,03	+ 0,23	— 0,67					
1901,4	11	+ 0,04	+ 0,26	— 0,04	1923,7	11	+ 0,06	+ 0,18	+ 0,02
1900,4	9	+ 0,03	+ 0,29	— 0,17	1914,6	9	+ 0,05	+ 0,16	+ 0,25
					1925,1	8	+ 0,05	+ 0,10	+ 0,34

On the left-hand side of the table are the eclipses which have taken place between maximum and minimum of spots, or on the descending branch of the sun-spot curve; while on the right hand are the eclipses in the years when the spots were increasing in number after the time of minimum. One should read the table down on the left side, from maximum to minimum, and then up on the right side with increasing spots. Instead of arranging the material according to the phase, in the sun-spot cycle, it has been arranged according to the mean of sun-spot numbers.

From the values of both a and b in the above Table, it is seen that the corona of 1918 was a very exceptional one. In drawing general conclusions, it is left out of consideration. As already stated, the value of a is practically constant for all eclipses. On the other hand, b is nearly zero, or the eclipse nearly circular for eclipses near maximum of spots. On the left side of the Table it is readily seen that after sun-spot maximum is past, the corona takes on a more and more flattened form.

As the dates of minimum of spots took place around 1901,7, 1913,6 and 1923,6, it is evident that the flattening of the corona shown by the quantity b in the Table is much greater before minimum of spots than at the corresponding number of years after spot-minimum. Undoubtedly, after the time of the minimum of spots, the new cycle of spots already appearing in the high northern and southern latitudes quickly affects the sun with the result that the awakened solar activity immediately manifests itself in the changed shape of the solar corona. Unquestionably, there is an intimate connection between solar activity evidenced by the appearance of spots and coronal radiation. Four eclipses, those of 1896, 1898, 1900 and 1901 took place at an average of 2,6 years before the sun-spot minimum of 1901,7, the quantity b had a mean value of $+0,22$. The eclipses of 1914, 1923 and 1925 occurred on the average only 1,0 years after the minima of 1913,6 and 1923,6, and yet the corona then differed more ($b = +0,15$) from the typical minimum corona than at the longer interval of 2,6 years before minimum. In fact, the eclipse of 1923 took place almost exactly at minimum of spots, and yet the value of $b = +0,18$ had the same value as the average of the two eclipses of 1896 and 1898 which happened more than four years before the date of minimum of spots.

Undoubtedly, the great extensions in the corona which are associated with the time of the minimum of spots do not take place at the time of sun-spot minimum but before that time by approximately two years.

The reawakened activity of the sun causing changes in coronal radiation manifests itself in two different ways: (1) by changes in the shape of the corona, and (2) by the great strength of the emission line $\lambda\,6374$ in the coronal spectrum. This line was discovered at the eclipse of 1914 and was also of great strength at the eclipse of 1925. It is highly probable that all coronal lines are stronger at the same time.

The values of b in the Table show that the shape of the corona is probably more intimately connected with the WOLF numbers than with the phase in the sun-spot cycle. The information on this point is far from being conclusive from the tabular material as it depends mainly on the relative positions of the eclipses of 1896 and 1898. However, this view is strengthened from the 1918 eclipse which will now be discussed.

On page 254 attention has been called to the fact that the 1918 eclipse was exceptional in that it partook of the shape associated with maximum of spots while at the same time it also had strong polar brushes of the minimum type of corona. PETTIT and Miss STEELE[1] state that the western side of the corona was of maximum type while the eastern side had more nearly that associated with minimum of spots. In investigating this eclipse in detail, LUDENDORFF finds that the sun, as shown by the WOLF numbers, was unusually active about a week before the eclipse that took place on June 8. The difference in activity before and after the eclipse was exhibited in the unusual changes in the form of the corona described. Consequently, this exceptional eclipse furnishes additional proof of the fact that the form of the corona depends on the spots that are actually on the sun at the time of the eclipse. This does not mean that the spots themselves are the direct cause of changes in the radiation of the corona but rather that the underlying cause is the activity in the sun itself.

---

[1] Pop Astr 26, p. 479 (1918).

After the time of minimum of spots, the reawakened activity of the sun manifestes itself in a double manner: (1) by increased radiation in the photosphere causing spots to appear on the surface of the sun, and (2) by increased radiation in the corona causing not only changes in the shape of the corona but also an increase in strength of the emission lines of the coronal spectrum. These matters have an important bearing on the theories of the corona which will be discussed in later pages.

31. Photography of the Corona without an Eclipse. It is well over forty years since the first attempt was made by Huggins to photograph the corona in full sunshine. The authority of his name, great in the history of spectroscopy, gave a high degree of plausibility to the undertaking. After attacking the problem from all sides by a great variety of different methods, many of the ablest astronomers engaging in the quest, the goal seems as far distant as ever. The principal difficulty to be overcome is not that the amount of energy to be measured is itself small, but rather that it has superposed on it the enormously greater illumination near the sun produced by scattering in our atmosphere and in the telescope. The task to be overcome is to separate the light of the corona from the strong illumination of the sky. The chief names connected with these attempts are those of Hale, Riccò, Deslandres, Wood and Hansky. It was natural that the methods so successful in photographing the prominences should be first tried, and in order that the atmospheric glare should be reduced as much as possible, the observations were made from mountain tops, Pike's Peak and Mt. Etna being occupied for the purpose. No success being secured, a series of attempts were made by heat-measuring instruments, like bolometers or thermopiles. Photographic methods of using color filters and plates sensitive to different parts of the spectrum have been thoroughly tested. Some success has been achieved (see p. 274) in photographing the 1927 eclipse outside of totality. In the past each and every one of the plans, at times carried out with great skill and ingenuity have always ended in dismal failure. The inner corona is almost equal to the intensity of the illuminated sky at eight or ten degrees distant from the sun, but close to the sun's edge the light of our central luminary is so overpowering that at the present it seems utterly impossible ever to investigate the corona except at the very rare intervals of total eclipses of the sun, at least by any methods now in sight.

h) Coronal Theories.

32. Summary of Facts relating to the Corona. When we attempt to reach an adequate explanation of the corona we appear to be face to face with one of the most difficult problems in the whole range of astronomy. The great stumbling block lies in the fact that the available information is so meagre due to the feebleness of the coronal light and the paucity of time permitted for adding to this knowledge at solar eclipses. Unfortunately the only spectra permissible are with small dispersion with a consequent small accuracy in the determination of wave-lengths.

Let us pass in review, therefore, the facts[1] we know, or think we know, in order that theory and fact may not be too much in contradiction.

1. The sun is the only one of the stars on which the corona may be observed.

2. The total brightness of the solar corona is very small, being about one-half that of full moon and one-millionth that of the sun. Half of the total light comes from a zone extending only 3′ from the limb of the sun.

---

[1] Cf. Eclipses of the Sun, p. 348 and Abbot, Smithsonian Misc Coll 52, p. 31 (1908) and Lick Bull 5, p. 15 (1908).

3. The inner corona shows a continuous spectrum and the emission lines of coronium. The continuous[1] spectrum and most of the bright lines are limited to the region within 4′ to 6′ of the sun's limb, the green line having the maximum extension of about 8′.

4. The spectrum of the middle and outer corona shows the FRAUNHOFER lines. At the eclipse of 1922, MOORE (loc. cit.) found the dark lines extending to 40′ from the sun's limb. "The absence of any trace of sky spectrum beyond the limits of the coronal spectrum, coupled with the fact that the sky was perfectly clear, would seem to remove all doubt that the spectrum obtained is that of the corona alone."

5. The corona has been traced to ten radii from the edge of the sun. On account of the feebleness of the light, little is known of the spectrum of the extreme outer corona.

6. The emission spectrum due to "coronium" contributes only a small fraction of the total energy of the coronal light. The predominant part of the spectrum of the corona is the continuous spectrum. The distribution of energy in this continuous spectrum differs little from that of the sun.

7. Polarization is a maximum at a distance of about 5′ from the sun, and it diminishes more rapidly towards the sun than away from it.

8. Matter of any kind, solid, liquid or gaseous, close to the sun must be at a high temperature and must reflect and scatter the solar rays.

9. The coronal radiation is deficient in wave-lengths greater than $5,5\,\mu$.

10. If the sizes of the coronal particles change in diameter at different distance from the sun's limb a corresponding change in color of the corona would result. No such change is noticeable.

11. According to BERGSTRAND, the intensity of the corona varies inversely as the square of the distances from the sun's surface. Other authorities derive the law of the inverse fourth, sixth, seventh or eighth powers.

12. The motions of translation of coronal material outwards from the sun appear to be very small.

13. The sun exhibits a magnetic field.

14. It is necessary to explain the changing form of the corona with variations in the sun-spot period.

These fourteen points must be satisfied by any adequate theory of the corona.

33. Theories. First of all, we readily come to the conclusion that the corona is not an atmosphere of the sort generally signified by this word. The atmosphere of the earth consists of a number of gases, of which oxygen and nitrogen are the most important. Observations of meteors show that this atmosphere extends more than a hundred miles upwards above sea-level, while traces of auroral displays have been detected to altitudes of four hundred miles. The molecules of gases forming atmospheric air are attracted to the earth by gravitation with the result that there is a pressure at sea-level of fifteen pounds per square inch, this being caused by the weight of the column of air. But gravity on the sun is twenty-seven times more powerful than the value on the earth, while the corona has been observed to the enormous distance of ten million miles from the surface of the sun. Thus it is easy to see that if the corona were truly atmospheric in its nature, the resulting pressure at the surface of the sun would be simply colossal, whereas on the contrary, we find in the sun's reversing layer minute pressures of a thousandth of an atmosphere or less.

---

[1] MOORE, Publ A S P 35, p. 60 (1923).

The opinion of Simon Newcomb[1] on this point is well worth repeating. "The great comet of 1843 passed within three or four minutes of the surface of the sun, and therefore directly through the midst of the corona. At the time of nearest approach its velocity was 350 miles per second, and it went with nearly this velocity through at least 300 000 miles of corona, coming out without having suffered any visible damage or retardation. To form an idea of what would have become of it had it encountered the rarest conceivable atmosphere, we have only to reflect that shooting stars are instantly and completely vaporized by the heat caused by their encounter with our atmosphere at heights of from 50 to 100 miles; that is, at a height where the atmosphere entirely ceases to reflect the light of the sun. The velocity of shooting stars is from 20 to 40 miles per second. Remembering now, that resistance and heat increase at least as the square of the velocity, what would be the fate of a body, or a collection of bodies like a comet, passing through several hundred thousand miles of the rarest atmosphere at a rate of over 300 miles a second? And how rare must such an atmosphere be, when the comet passes not only without destruction but without losing any sensible velocity? Certainly so rare as to be entirely invisible, and incapable of producing any physical effect." The great comet of 1882 almost grazed the sun's surface, in fact, at closest approach it came within two-thirds of a solar radius of the sun's surface. This comet was much brighter than the corona as it was readily seen in broad daylight by shielding the eyes from the glare of the sun.

It is necessary to repeatedly emphasize the fact that the corona cannot be considered as an atmosphere of the sun. The chromosphere is such an atmosphere and in it the neutral atoms are arranged in layers according to their atomic weights. The greatest heights reached by the neutral atoms of any element are attained by the lightest of all gases, hydrogen. When an atom becomes ionized, due to the loss of one or more external electrons, the ionized atoms reach greater heights than the neutral atoms, the greatest elevation of 14 000 km in the chromosphere being attained by Ca^+. According to St. John and Babcock[2] the pressure at this elevation, which may be considered the base of the corona, is 10^{-13} atmospheres. In the chromosphere no doubly or triply ionized atoms have yet been discovered. Unfortunately, many astronomers of today seem to believe that the lines of H and Ca^+ found in eclipse spectra taken during totality are in reality of coronal origin.

In the bright inner corona is found the emission spectrum due to the so called "coronium", and a strong continuous spectrum without Fraunhofer lines. In the less intense outer corona, the Fraunhofer lines are seen. In the inner corona, due to proximity to the photosphere, are found temperatures approximating those in the photosphere itself. On account of the minute pressures of the corona, the atoms may readily lose one, two or more external electrons. The long free paths permitted by these small pressures cause conditions that cannot be approximated in our terrestrial laboratories. Unfortunately, due to the paucity of light and the small amount of time available for investigations, coronal wave-lengths are much less accurately determined than those of nebulae. The source of the coronium lines will unquestionably be found among the elements in the top part of the periodic table, by methods similar to those undertaken by Bowen. The "coronium" problem will be more difficult than that of "nebulium".

As the coronium emission constitutes a very small part of the total energy found in the inner corona, it may practically be left out of consideration in

<hr>

[1] Popular Astronomy, 6th Edition (1887), p. 265.   [2] Ap J 60, p. 39 (1924).

attempting to find a theory to explain the radiation of the corona. Any adequate theory must supply answers to the two following questions:

(1) What is the cause of the strong continuous spectrum of the inner corona?

(2) What is the explanation of the spectrum with dark lines found in the outer corona?

Assuming, therefore, that the riddle of coronium will be solved without trouble in due course, we shall examine the various coronal theories in their ability to explain both the continuous spectrum and the FRAUNHOFER spectrum.

The first theory of the corona was propounded sixty years ago, the meteoric hypothesis, whereby the corona was assumed to be nothing more nor less than the trails of myriads of meteors as they fall into the sun. Even at the time[1], a great authority on meteors, NEWTON of Yale, pointed out that the details observed in the corona were "inconsistent with any conceivable arrangement of meteoroids in the vicinity of the sun". This hypothesis was very popular at the time and it was invoked then, and frequently since, to explain away most of the difficult problems known to astronomers.

When more and more eclipses became observed, it was realized that there are many forces acting on the matter in the corona repelling the materials away from the sun in opposition to gravitation. As these forces have been considered one by one, different coronal theories have been propounded. In 1885, came the "electrical theory" by HUGGINS[2]. The eclipse of 1889, of the minimum sun-spot type, having exhibited strong polar rays much resembling the lines of force about a magnet, BIGELOW[3] brought forward the "magnetic theory" and EBERT[4] the "electro-magnetic theory", the latter being frequently associated with the name of STÖRMER.

By means of SCHAEBERLE's "mechanical theory", it was assumed[5] that the corona is caused by light emitted and reflected from streams of matter ejected from the sun by forces acting along lines normal to the surface of the sun. The forces are most active near the center of the sun-spot zones, and consequently, are confined almost exclusively to the equatorial regions. Hence, as a result of this theory, the rays seen around the poles of the sun can have no real existence, except that of streamers from the equatorial regions seen projected by perspective above and below the poles. In order that the force of ejection may be sufficiently great to overcome the attraction of gravitation, it was necessary to ascribe to the materials forming the longest rays initial velocities as great as 400 miles per second. While velocities of this size are not impossible on the sun, the truth of the matter is that no such motions have ever been discovered in the corona. Hence it is necessary to discard the theory or to modify it in essential details. Moreover, "according as the observer is above, below or in the plane of the sun's equator, the perspective overlapping and interlacing of the streamers cause the apparent variations in the type of the corona." This explanation might satisfy an annual variation which does not exist, but fails to account for the change in form coincident with the sun-spot period.

Great have been the claims of the exponents of the "radiation-pressure theory" not only for explaining the details of the corona, but also for furnishing a rational elucidation of why comets' tails always point away from the sun, and what causes the aurora borealis, zodiacal light, etc. That a ray of light exerts a pressure on any surface on which it impinges comes as a direct result

---

[1] Nature 1866, Sept. 30. [2] London R S Proc 39, p. 108 (1885).
[3] The Solar Corona discussed by Spherical Harmonics (1889).
[4] Astronomy and Astrophysics 12, p. 804 (1893).
[5] Contr Lick Obs, No. 4.

of the electro-magnetic theory of light published in 1873 by Clerk Maxwell[1] and, as was shown by Bartoli[2] in 1876, can be deduced from the second law of thermodynamics. That light actually exerts a pressure has been shown experimentally by Lebedew[3], and by Nichols and Hull[4]. A rigid application of the theory of Maxwell is possible only when the body acted upon is large compared with the vibrations of light itself. When the body is of a size approximating the wave-length of light, Schwarzschild[5] has shown that the maximum value of the repulsive force is about twenty times the attraction of gravity. Mitchell[6], and independently Vegard[7] applied this theory to the tails of comets and calculated the radiation pressure compared with the attraction of gravity.

The details of this valuable theory with its astronomical applications have been worked out by Arrhenius in his excellent book "Worlds in the Making", 1908. The radiation-pressure theory has been of the very greatest assistance in dealing with the corona for the reason that it provides us with a knowledge of an additional force acting in a direction in opposition to gravitation. Miller has published a series of excellent papers[8] inquiring into the question whether the coronal streamers exist in accordance with a modified Schaeberle mechanical theory that their motions are produced by ejection, by the rotation of the sun, by the attraction of the sun and by the radiant pressure of the sun. For the purpose of the investigation, Miller examined the excellent series of photographs of the corona obtained by the Lick Observatory expeditions from 1893 to 1918, inclusive, also plates secured by himself in 1905 and 1918, and Lowell photographs taken in 1918. The conclusions drawn are that the force of repulsion is surprisingly large, being almost equal to the attraction of gravitation, and as a result it is unnecessary to assume the very large velocities of Schaeberle's original theory. Hence the facts accumulated seem to be in fairly satisfactory accord with the theory of Arrhenius expressed as follows[9]:

"It is very probable that those drops for which gravitation is just compensated by the pressure of radiation will be the chief material of the inner corona. For drops of other sizes are selected out, the heavier ones by falling back to the sun, the lighter ones by being driven away by the pressure of radiation, so that just the drops which, so to say, swim under the equal influence of gravitation and pressure of radiation will accumulate in the corona."

As shown by the researches of Eddington, Milne and others, it is of the utmost necessity to allow for radiation-pressure in dealing with problems concerning the sun, and it is therefore imperatively necessary to take account of the pressure of light in deriving a theory of the corona. Eddington[10], however, has voiced a warning that as we are not able to duplicate in the laboratory the conditions existing in close proximity to the sun, we are ignorant of the true laws of radiation-pressure, which may have "encouraged quite exaggerated ideas of the possible effects of radiation pressure". He has calculated the upper limit of its power of supporting or driving out matter and has found this to be equivalent to a pressure of 2 dynes per sq. cm. This can be likened to a wind of this strength and the exact effect on any material will depend on its power of absorption — of stopping the wind instead of letting it blow through. Allowing an ample margin for uncertainties of observation, he calculates that "the pressure

---

[1] Electricity and Magnetism, p. 792. [2] Il Nuovo Cimento 15, p. 195 (1883).
[3] Ann d Phys (4) 6, p. 433 (1901). [4] Ap J 15, p. 62 (1902); 17, p. 352 (1903).
[5] Sitzungsber. d. math.-phys. Kl. Akad. Wiss. zu München 31, p. 293 (1901).
[6] Ap J 20, p. 63 (1904). [7] Ann d Phys (4) 41, p. 641 (1913).
[8] Ap J 27, p. 286 (1908); and 33, p. 303 (1911); and also Publ A S P (1920).
[9] Lick Bull 2, p. 190 (1904). [10] M N 80, p. 723 (1920).

of radiation cannot carry a total weight of more than a milligram per sq. cm".
The most competent authorities believe that the chromosphere is largely supported by radiation pressure.

Assuming an effective temperature of 6000° abs. for the sun, ARRHENIUS[1]
calculates a temperature of 4620° abs. in the inner corona at a distance of 7'
from the edge of the sun. Further, he believes that the "drops of liquid metal"
consist of iron. In order that radiation pressure may just balance gravitation,
according to his theory, the molten particles must each have a diameter equal
to $250\,\mu\mu$. ABBOT[2] asks how matter at such a high temperature can exist
in either the solid or liquid state. In Z f Phys 28, p. 299 (1924), WIL-
HELM ANDERSON goes thoroughly into the question of the possible existence
of cosmical dust in the solar corona in a solid or liquid state. He investigates
the possibility that various elements and compounds may exist in solid or liquid
form under wide ranges of temperature that he calculates. He comes to a very
definite and positive conclusion that cosmical dust can exist in the corona only
at distances from the edge of the sun greater than one radius of the sun and
that the continuous spectrum of the inner corona cannot be ascribed to solid
or liquid particles no matter whether they are large or small in size. The theory
of ARRHENIUS must therefore be discarded.

The writer of this memoir (see Eclipses of the Sun, p. 355) cannot agree
with CAMPBELL in the opinion expressed in his address[3] at the 30th meeting
of the American Astronomical Society that "the spectrographic and polari-
graphic observations of the coronal light show clearly that the coronal materials
close to the sun are in part gaseous, and in part solid and liquid particles shining
chiefly because they are heated to incandescence". We are forced to agree with
ABBOT and with ANDERSON that neither solid nor liquid particles can exist in
the inner corona, and there is nothing left but to assume that the matter of
the inner corona must be in a gaseous state. At much lower temperatures than
can possibly occur in the inner corona, KING, by means of spectroscopic observations with the electric furnace at Mt. Wilson finds that all elements investigated are completely vaporized. But what gas, or gases, are found in the
inner corona? A partial answer can be made to this question namely, that
"coronium" exists in the inner corona. However, we have agreed, for the time
being, to leave coronium out of consideration.

CAMPBELL also states (loc. cit.): "The spectrum of the middle and outer
corona is the same as that of the sun itself, except that the absorption lines on
the coronal spectrograms are wider and less clearly defined than the same lines
are on sky spectrograms secured with the same spectrographs, the same slit
widths and equally effective exposures, as Messrs. MOORE and CAMPBELL noted
in 1918 and 1922." The explanation offered was that the corona is an object
of three dimensions and that the DOPPLER effect from motions in accordance
with the kinetic theory of gases causes a widening and blurring of the FRAUNHOFER
lines.

The absence of dark lines in the spectrum of the corona lying closest to the
sun was explained many years ago by FABRY[4] as also due to the molecular
motions required by the kinetic theory. On account of the higher temperatures
close to the sun, the motions are greater than farther out from the solar surface.
ANDERSON[5] takes exception to this interpretation and calls attention to the
fact that the chromospheric lines show no signs of blurring and obliteration

---

[1] Ap J 20, p. 224 (1904). [2] Lick Bull 5, p. 20 (1908).
[3] Pop Astr 31, p. 643 (1923). [4] Obs 41, p. 211 (1918).
[5] Z f Phys (4) 33, p. 283 (1925).

by similar effects. Apparently, he has forgotten that chromospheric lines take their origin in comparatively shallow layers while the dark lines in the coronal spectrum are not thus restricted. FABRY[1] thus explains the coronal spectrum through the diffusion of light by the coronal gases, whose molecules, strongly illuminated by sunlight, may probably act like the fine particles of a fog in scattering light. In view of RAYLEIGH's fourth-power law, "it is difficult[2] to see why the light of the corona, if caused by molecular scattering, is white in color and not blue like the sky." It has been urged by FABRY that due to the reebleness of light of the corona, the blue light exists but is not shown to the eye. However, as ANDERSON has shown (loc. cit) the corona is not feeble but on the contrary has strong illumination in its inner portions.

In view of the very minute pressures that are found in the inner corona, it is open to question whether molecules can exist under such conditions. An answer to this question is however of no consequence for the reason that recent investigations have shown that electrons cause scattering. Unquestionably, both electrons and ionized atoms exist in the inner corona. The DOPPLER effect produced by their rapid motions near the solar surface causes a widening and blurring of the FRAUNHOFER lines. This blurring is further increased for the reason offered in Section f, namely, that the dark lines of the inner corona are partly obliterated due to over-exposure.

We therefore seem forced to conclude that the predominant spectrum of the corona is exactly the same as that of the sun, with a distribution of energy which is practically identical with that of the sun. In other words, the coronal spectrum is nothing more nor less than reflected sunlight. As already noted, the spectroscopic work of MOORE at the eclipse of 1922, and the measures of MILLER on the detailed structure of the corona point to the conclusion that the coronal materials are traveling outwards from the sun.

Having derived these conclusions regarding the corona, let us investigate further theories. The only vital problem of importance left is the attempt to fathom the constitution of the corona in order to explain how radiation can actually take place at distances of ten radii from the solar surface, and also what is the nature of this radiation which exhibits a reflected solar spectrum, apparently to the outermost confines of the corona.

We agree with ANDERSON[3] that "neither theory nor observation favors the fluorescence hypothesis".

Attempts have been made to explain the corona through the bombardment by α and β rays emanating from radioactive substances. Hydrogen has an atomic weight of 1,008 and helium of 4,00. If four atoms of hydrogen combine to make one atom of helium, the difference, $4 \cdot 1,008 - 4,00 = 0,032$, represents an amount of energy so enormous that EDDINGTON has calculated that if only ten percent of the hydrogen of the sun were changed into helium, enough energy would be liberated to supply radiation to the sun for 10^9 years. In spite of such interesting conclusions, we must again call attention to the fact that we do not know of any radioactive atoms of any kind existing in the corona and therefore we do not see how radioactive processes can be brought into play. ANDERSON calculates the amount of light that might possibly be generated in this manner, and he finds that it amounts to 10^{-5} candle-meters, whereas the light of the corona is 100 000 times greater or one candle-meter. He comes to the conclusion that "the difficulties are not so great as they were formerly but nevertheless they are still great enough."

[1] Obs 41, p. 211 (1918).   [2] Eclipses of the Sun, p. 356.
[3] Z f Phys 33, 4, p. 294 (1925).

SCHWARZSCHILD[1] proposes a theory of attractive possibilities, namely that the corona consists of "electron-gas", that is, a gas of very long mean free path which is capable of reflecting and polarizing light. Thus could readily be explained the reflected solar spectrum. As SCHWARZSCHILD has pointed out, however, the negatively charged electrons must require an equally large positive charge on the surface of the sun, thus causing such a strong electrical field that even the fastest moving electrons would be stopped at distances less than a millimeter. In consequence, the corona could have little extent.

At the eclipse of September 10, 1923, KOHLSCHÜTTER and VON DER PAHLEN[2] carried out researches over the form of the coronal rays. They investigated whether these rays might be explained on the assumption that they were caused by material particles moving in the gravitational field of the sun, but obtained negative results. Quite satisfactory conclusions came from STÖRMER's theory, that the corona consists of electrically charged particles moving under the influence of the magnetic field of the sun.

On the contrary, CAMPBELL[3] finds that "it has been thought that the forms of many coronal streamers, especially those near the sun's poles, are controlled by the sun's general magnetic field; but studies of large-scale coronal photographs obtained by the Lick Observatory at the eclipses of 1898, 1900, 1901, 1905 and 1922 seem to show that this cannot be the case, at least for polar streamers. The position angle of the axis of symmetry in each of the five 'minimum' coronas is in good accord with the position angle of the sun's axis of rotation, the average discrepancy being less than one degree of arc. The average difference between the position angles of the axis of polar streamer symmetry and the position axis of the sun's magnetic axis appears to be as great as four or five degrees."

LUDENDORFF[4] agrees with SCHWARZSCHILD in assuming that the corona consists of free electrons. In order to get around the difficulty of the great electrostatic charges required by the electron-gas theory, LUDENDORFF assumes that atoms carrying positive charges must be mixed with the free electrons.

Quite independently, MITCHELL[5] comes to the conclusion that the corona consists of electrons and he attempts to explain the corona and also a number of isolated facts. Like many others[6], he finds it difficult to believe that a nebula, such as the nebula in Orion or the far-flung nebulae as the one in Cygnus (N. G. C. 6960, 6992), is luminous because the kinetic energy causes the particles to be heated and that the luminosity is wholly thermal energy. It is inconceivable that a body of such vast dimensions can be heated to luminosity and yet be surrounded by the intense cold of inter-stellar space. In discussing diffuse galactic nebulae, HUBBLE[7] finds that "it seems more reasonable to place the active energy in the relatively dense and exceedingly hot stars than in the nebulosity, and this leads to the suggestion that the nebulosity is made luminous by radiation of some sort from stars in certain physical states." Again HUBBLE remarks: "It is doubtful whether or not a mass of diffuse nebulosity isolated in space and with no stars involved could hold together and at the same time shine by light generated by collisions of molecules. At temperatures corresponding to intensity-distribution or width of lines in nebular spectra, the average speeds of the molecules would be so high compared with the velocities of escape

---

[1] Astron. Mitteil. d. Sternwarte Göttingen 13, p. 63 (1906).
[2] V J S 61, p. 153 (1926).   [3] Pop Astr 31, p. 643 (1923).
[4] Sitzber. d. Preuß. Akad. d. Wiss., phys.-math. Kl. 1925, p. 83.
[5] Eclipses of the Sun, 2nd Edition, p. 356.
[6] RUSSELL, Wash Nat Ac Proc 8, p. 115 (1922).   [7] Ap J 56, pp. 162, 400 (1922).

that the nebulosities would probably dissipate rapidly. On the other hand, if molecular speeds were sufficiently small to admit of cohesion in the mass, the nebulosity would probably be too cold to radiate light. This argument suggests that diffuse nebulosity is not intrinsically luminous, but is rendered so by external causes."

Mitchell therefore concludes (loc. cit., p. 351): "If it is possible to discover the mechanism whereby the nebulae are rendered luminous, the same mechanism will probably explain the cause of coronal radiation. In a sense the corona is a nebular. appendage, very feeble in luminosity compared with the sun, and moreover it immediately surrounds the sun and is not at great distances as in the case of nebulae ... The mechanism for explaining the radiation of corona and nebulae unquestionably is found in the electron."

Recently, in a series of excellent articles on the Physical Nature of the Solar Corona, Wilhelm Anderson[1] reviews the various coronal theories. He accepts the view of Schwarzschild[2] that the corona consists of electron-gas. After making certain plausible assumptions concerning conditions that exist in the corona, he calculates, on the basis of convective equilibrium, the effective molecular weight of the coronal material, and he finds a good agreement with the atomic weight of the electron. The thermal radiation of the inner corona is naturally greatest near the solar surface, so likewise is the intensity of the photospheric light reflected by the electrons. Anderson takes the three best known formulae for intensities of radiation in the corona (see Section g), the inverse sixth power law of Turner, the inverse fourth power of Becker and the inverse square law of Bergstrand. He finds a good agreement between the two latter at a distance of 0,28 solar radii. On the assumption that at this distance the diffuse reflected light has 38 percent of the intensity of the total illumination, he calculates the results from his theory and he finds a good agreement with Becker's values close to the sun, but farther out a closer approximation to the inverse square law.

It therefore seems to be quite probable that the coronal radiation takes its origin in the electron, the radiant energy coming from two separate causes: (1) from thermal radiation resulting from collisions, and (2) by reflection and scattering of the photospheric light. The first effect is visible only in the inner corona while the second manifests itself both in the inner and outer corona.

In quite a similar manner, Zanstra[3] has made an application of the quantum theory to explain the luminosity of diffuse nebulae investigated by Hubble. In a sense the nebula has little radiant energy of its own but borrows or takes energy from the associated star (or stars), the electron being the medium for the transfer of energy. As already stated, Bowen has explained the nebulium spectrum as the result of the long mean free paths of the electrons, the jumps being "forbidden" under laboratory conditions.

Hence, it seems to be definitely proven that both the solar corona and the nebulae are rendered visible as the result of the action of electrons. Whatever the exact mechanism may be, it seems reasonable to suppose that the high temperatures of the sun and other stars permit the ready discharge of electrons. Both the number of electrons emitted and their energies depend on the intensity of radiation or on the temperatures of the stars. According to the investigations of Eddington and Milne, radiation pressure greatly assists in the discharge of electrons.

---

[1] Z f Phys 33, p. 273; 34, p. 453 (1925); 35, p. 757; 37, p. 342; 38, p. 530 (1926); 41, p. 51 (1927).
[2] Astron. Mitteil. d. Sternwarte Göttingen 13, p. 63 (1906).　　[3] Ap J 65, p. 50 (1927).

It is unnecessary to assume with SCHWARZSCHILD that the corona consists almost exclusively of electron-gas. ZANSTRA made no such assumption in explaining the radiation of nebulae. In fact, there is positive information to the contrary. In the inner corona is found the emission spectrum due to coronium. This radiation can be caused only by the collisions of electrons. But colliding with what? Evidently with protons and with atoms which have lost one, two or more external electrons. Hydrogen, helium and calcium atoms extend to great heights in the chromosphere. Above the 14000 km level reached by the atoms of Ca^+, as shown by the H and K lines, there are probably other atoms in ionized states reaching still greater heights but whose radiations give no light in the visible spectrum but are found far in the ultra-violet beyond the reach of spectroscopic investigations. Coronium atoms reach elevations about twenty times greater than those attained by ionized calcium in the chromosphere. Hence, it is necessary to assume in the inner corona that in addition to electrons there are protons and ionized atoms. As already stated, this is the same assumption made by ZANSTRA for nebulae, and it is the basis of BOWEN's splendid work in finding the origin of nebulium. The protons and ionized atoms will be most numerous near the solar surface. They thin out rapidly in the inner corona and few of them are found in the outer corona.

ANDERSON points out that the "electrostatic riddle" of the electron-gas theory is no greater than the "electrodynamic riddle" resulting from conditions in the atom. In the BOHR atom, negative electrons are supposed to circulate about the positive nucleus without the expenditure of any energy. Several methods of overcoming the electrostatic riddle of the corona are investigated by ANDERSON but he finds none of them acceptable. In addition to LUDENDORFF's postulate already alluded to, REICHENBÄCHER's[1] theory was examined according to which the proton is assumed to be composed of electrons and positive sub-atoms having a mass of the same order as that of the electron.

If in the inner corona it is assumed that there are protons and ionized atoms in addition to electrons, then the electrostatic puzzle that ANDERSON finds so difficult of explanation seems to have been at least partially solved.

A satisfactory explanation of the corona does not now seem to involve too many insurmountable difficulties. The mechanism for its radiation is the electron. In the inner corona the coronium spectrum (which we temporarily put aside) is given by collisions of electrons with ionized atoms. In addition to the emission spectrum of coronium, the inner corona shows a continuous spectrum without FRAUNHOFER lines. The continuous spectrum is caused by the light of the photosphere being reflected and scattered by electrons, protons and ionized atoms, whose rapid motions by DOPPLER effect cause obliteration of the FRAUNHOFER lines. The intensity of the continuous spectrum diminishes very rapidly from the solar surface outwards. It is not impossible that part of the continuous spectrum may be an emission spectrum similar to that found at the limit of the BALMER series of hydrogen. There can be relatively few ionized atoms in the outer corona, and hence it is visible mainly as the result of scattering of the photospheric light by the electron. On account of the linear motions in the line of sight being much smaller than in the inner corona, the FRAUNHOFER lines are present but they are feeble from widening by DOPPLER effect.

Any adequate theory must explain the change of shape of the corona with sun-spot phase. CAMPBELL[2] has noted that the great coronal streamers of spot minimum do not proceed from the spot zones but have their centers near latitudes

---

[1] Ann d Phys (4) 52, p. 172 (1917).   [2] Pop Astr 31, p. 642 (1923).

$+45°$ and $-45°$. "It cannot be said that eclipse observations have given evidence that coronal streamers, prominences and sun-spots are closely related phenomena in the geometrical sense; but the indications for some connection between streamers and prominences are clearly stronger than for streamers and sun-spots."

We are all so thoroughly certain of an intimate connection between the aurora borealis and solar activity as shown by spots that we have got into the habit of looking for sun-spots whenever there is a brilliant display of northern lights (and we usually find the spots). For some reasons yet unknown, when the sun is in great activity as evidenced by numerous spots, electrons in colossal numbers are shot off by the sun. These pass through the chromosphere, through the corona, leave the sun, and reach the earth's upper atmosphere where pressures are small and where electronic discharges cause the northern lights[1]. At the present day of the history of astrophysics, it seems superfluous to attempt further to demonstrate that the aurora borealis is caused by the solar activity. The mechanism whereby the energy is propagated from the sun we do not at present understand, mainly for the reason that conditions of temperatures and pressures in the vicinity of the sun cannot be duplicated or approximated in our laboratories. Russell and Stewart[2] conclude that "the total amount of matter above the photosphere is 0,4 gm/cm^2 -- equivalent to a layer of ordinary air 10 feet thick."

As regards the shape of the corona, we must recall that near sun-spot minimum the dying cycle of spots are near the solar equator while those awakening into life are at higher latitudes. Hence when the sun is quiescent, the effect will be that of very long streamers going out in straight lines, the maximum lengths being attained not at the equator but at the higher latitudes of the awakening spot zone, a fact already noticed by Campbell. A spot on the sun or an active prominence may be a local center of activity on the sun, with the result that coronal streamers or hoods surrounding the prominences may result. The comparative inactivity of the sun at its poles is exhibited by the short polar brushes. Even before passing the epoch of minimum of spots, the activity of the sun is rekindled, and hence electrons are discharged with greater and greater strength in regions not necessarily limited to the solar equator. Consequently, the corona takes on first a rectangular shape, and then a contour more and more circular as the time of sun-spot maximum is approached. Owing to the greater average vigor of electronic discharge at sun-spot maximum, there should be a greater intensity of the emission lines of coronium than at minimum of spots; and this is found actually to be the case. After passing through the minimum of spots, the awakened solar activity shows itself in three different portions of the sun: (1) In the photosphere, by its increased radiation causing spots to appear. (2) In the chromosphere, the increased radiation carries the elements of medium height to greater average elevations. (3) In the corona, the increased radiation causes an increase in strength of the emission lines of coronium and also makes the corona lose the shape associated with minimum of spots, of long equatorial extensions and short polar brushes.

According to the recent work of Milne[3], there is some doubt existing as to whether the atmospheres of stars are in thermodynamic equilibrium. If they are not, then the result will be that the theoretical conclusions now (1928) believed to be true must probably be modified in essential details. Furthermore, as conditions existing in the sun cannot be approximated in laboratory

---

[1] See Bjerknes, Ap J 64, p. 93 (1926). [2] Ap J 59, p. 209 (1924).
[3] M N 89, p. 17 (1928).

experiments, little is actually known of the exact physical laws involving the discharge of electrons from the sun or those underlying radiation pressure at the solar surface. It seems idle to test any theory from laboratory experience as ANDERSON[1] has done.

The past decades have been golden years for the progress of astronomy, particularly on account of the combined attack on atomic structure by the astronomer, physicist and chemist. The importance of the electron has thus been recognized. The theory of ionization which has already been so successful in furnishing an explanation for many of the difficulties connected with the flash spectrum, the chromosphere and sun-spots is but a branch of a larger theory of photo-electricity dealing with the production of light by the passage of electricity through gases. Photo-electric action involves both ionization and radiation. When an electron strikes an atom and a transfer of energy takes place, there may be complete ionization, as shown by the production of positive and negative ions, or there may be partial ionization, that is, a disturbance of the atom which is not detectable as ionization but is shown by the production of radiation. Both radiation and ionization are caused by the action of electrons in their bombardment of atoms. The fundamental basis of SAHA's remarkable theory is that the electrons obey the same laws as gases, or in other words, that they will have the same physical properties as any of the atoms.

Moreover, recent work in astrophysics has demonstrated conclusively that the source of energy is found in the electron, that even mass itself takes its origin in the electron. EDDINGTON has shown that the stars are all slowly losing mass, for the reason that radiation is energy, the dissipation of energy means the discharge of electrons, which is synonymous with saying a diminution of mass. Consequently the sun is continually losing mass by the discharge of electrons.

It is unfortunate that the corona can be investigated only at the rare occasions of total eclipses and that an individual during his whole lifetime, no matter what his enthusiasm or skill may be, will have less than one hour within which to make all of his observations of the corona. With so few eclipses in the immediate future that promise good atmospheric conditions, progress in knowledge concerning the corona promises to be very slow.

i) Shadow Bands.

34. The Shadow Bands. Shadow bands have no astrophysical importance and for that reason they will be treated here very briefly. They are seen at the beginning and end of the total phase of a solar eclipse, and therefore perhaps they should be mentioned in a monograph on eclipses even though they involve meteorological rather than astrophysical problems.

The most complete observations of shadow bands yet made at an eclipse were those on January 24, 1925. The reason was that snow covered the ground throughout the whole of the belt of totality with the result that each and every observer was furnished with a white sheet on which the bands were portrayed. Excellent descriptions of the observations are given by BASSETT[2].

All of the observations on shadow bands collected by the Committee on Eclipses of the American Astronomical Society were discussed by W. J. HUMPHREYS, Professor of Meteorological Physics of the U. S. Weather Bureau, whose conclusions[3] are given here.

---

[1] Z f Phys 34, p. 453 (1925).   [2] Pop Astr 33, p. 232 (1925).
[3] Pop Astr 34, p. 566 (1926).

The 1925 bands were probably intensified due to the fact that the time of the eclipse was early in the morning when convection was active but probably confined to the lower layers of the atmosphere within 300 meters of the earth.

The general features of the observations agree with those from earlier eclipses. The shadow bands were seen for two or more minutes before totality and the same length of time after totality. Some observers reported seeing bands twenty minutes before totality but they were probably caused by heated air rising from furnace chimneys, and in several cases this was proven at the time to be the cause. No observers regarded to be reliable reported the shadow bands during totality.

The lengths of the bands were generally observed to be broken and confused arcs or short blotches of light, a third, a half, or even a full meter in length. The dark band was usually reported having a width one-fifth that of the bright band, the dark band being observed by different persons from 1 cm to 15 cm, while the bright areas had a width varying from 5 cm to one meter.

Naturally there was a wide range in the estimation of the speed of travel of the shadow bands, from stationary with a shimmering light to very fast motions of 50 km per hour.

The general consensus of opinion from the very large number of observers taking part was that the shadow bands were narrowest, most distinct and most sharply defined immediately before and after totality and that they became broader, farther apart and more indistinct until they disappeared with increase of width of the solar crescent.

Hastings[1] pointed out many years ago that the motions of the shadow bands must be perpendicular to their lengths, otherwise the motions could not be observed, and that they must lie approximately parallel to the crescent of the sun. The shadow bands therefore can have no connection with the direction of the wind, a fact which all observations seem to confirm.

G. Horn-d'Arturo gives a comprehensive investigation of the subject with many references to observations in Publ. dell'Osservatorio astron. d. R. Università di Bologna, I, No. 6, 1924. The subject is also treated by Pernter and Exner[2]. Rozet[3] gives an account of shadow bands observed as the sun rose or sank beyond a sharp horizon. Wood[4] and Mitchell[5] treat the subject briefly.

Most authorities agree in believing that the shadow bands are caused by irregularities in the optical density of the atmosphere, the crescent character of the sun magnifying the effects of contrast in the bands.

Humphreys considers four theories for explaining the bands, all of which are based on the assumption that the irregularities in density are due to differences of temperature.

1. The upper limit, or current ceiling, of active convection in the atmosphere is marked by an abrupt temperature inversion. When disturbed by wind, this ceiling becomes a corrugated interface between the warmer air above and the colder below. With clear skies, this corrugated surface produces condensations and dispersions of light which may be projected on the earth below in a manner exactly similar to the behavior of ripples of water in forming light and dark patches on the bed of a shallow stream. The corrugated interface acts like a cylindrical lens in bringing the bands to a focus. If this were the explanation, there apparently is no reason why the bright and dark bands should differ in width. Moreover, at the 1925 eclipse there was little or no wind, and consequently this explanation must be discarded.

---

[1] Light, Appendix B (1902).   [2] Meteorologische Optik, 2nd Ed., p. 193.
[3] C R 143, p. 913 (1906).   [4] Physical Optics, p. 91, 194.
[5] Eclipses of the Sun, 2nd Edition, p. 444.

2. If the convection be of thermal origin consisting of columns of air rising and falling side by side, and assuming that the wave front in the upper atmosphere is flat, then on reaching a lower level the wave front will be warped, having traveled farther through the rising lighter columns of air than in the descending denser ones. On reaching the ground, the light will be concentrated in some places and depleted in others. This explanation sounds very reasonable but the same criticism can be applied to it as to the one above, namely, that the bright and dark bands would be formed of equal widths, which is contrary of the facts.

3. A third assumption may be made that the light passes from the rising lighter air into the denser descending masses in a direction nearly tangential to the interfaces between them. This would cause the maximum or border refraction of the type that permits the photography of sound waves. This might become a satisfactory explanation if the light were coming from a point source. Shadow bands would thus consist of more or less distinct shadows. But the sun's crescent cannot be considered as a point source and this explanation cannot hold except for bands seen less than thirty seconds from totality.

4. Instead of the light passing from the lighter to the denser air, as just assumed, let it go from the denser towards the lighter. The lighter air commonly rises in numerous isolated masses, and experience teaches us that when the heated air ascends in a connected column a whirlwind is established. The passage of light from the denser to the rarer air may cause total reflection over a small area of the interface. In reality there is a deflectional bending of the rays as they pass through the shell exactly in the manner of the inferior mirage, so commonly seen in summer over heated streets and smooth roads. All the light from every object included within the angle of total reflection would be wholly excluded from that place on the surface of the earth which it otherwise would have reached, and the light thus excluded would be added to that in the adjoining place.

In this way, the crescent of the sun a few minutes before and after totality must produce narrow dark bands which become more distinct and more numerous, since smaller inhomogeneities would then suffice, as totality is approached. Each dark band should be bordered on one side by a narrow strip of extra brightness. The dark band with bright border would be much narrower than that of the intermediary lighted strip between successive bands. Moreover, there would be no uniformity in either the widths of the bands or the distance between them. The bright edge of the dark band would probably be difficult to observe on account of the shimmering which is constantly in play.

Apparently, the shadow bands are caused by pseudo-total reflections, or mirage effects, produced by the transition shells between warmer and cooler adjacent masses of air in a state of thermal convection.

k) Einstein Theory.

35. Deflection of Star Images on Eclipse Plates. The theory of relativity is based on the notion that it is impossible to observe absolute motions and that all of our knowledge is derived from motions which are relative. The theory of Einstein has been very successful in interpreting observations in many different branches of physical science. Einstein extended the theory to the more precise observations of astronomy and derived a new law of gravitation. The motions predicted by this law differ from those derived from the Newtonian law by quantities which are so very minute that they can be tested only by the most refined observations. The astronomical consequences will be treated here very briefly.

In addition to explaining the motion of the perihelion of Mercury, the theory of relativity scored a great triumph in predicting the deflections of stars on eclipse plates. All of the results obtained at the eclipses of 1919 and 1922 are found in the following table[1] where are given the observed deflections reduced to the sun's limb. The extreme distances from the center of the sun at which stars were measured are also given. The observed values are in excellent agreement with the prediction of EINSTEIN, for not a single set of plates, except those at Sobral taken under poor conditions, differs from the predicted value by more than twice the probable error.

Stellar Deflections observed at the 1919 and 1922 Eclipses.

Eclipse	Expedition	Focal Length	No. of Plates	No. of Stars	Angl. Dist. from Center	Deflection at Limb	Authors
1919 May 29	Sobral	19ft	7	7	1°,5	1″,98 ± 0″,12	DYSON
	Sobral	11	16	6—12	1 ,5	0 ,86 ± 0 ,1	EDDINGTON
	Principe	11	2	5	1 ,5	1 ,61 ± 0 ,3	DAVIDSON
1922 Sept. 21	Wallal	10	2	18	2 ,6	1 ,75 ± 0 ,3	YOUNG CHANT
	Cordillo-Downs	5	2	14	2 ,9	1 ,77 ± 0 ,3	DODWELL DAVIDSON
	Wallal	15	4	62—85	3 ,4	1 ,72 ± 0 ,11	CAMPBELL
	Wallal	5	6	135—145	10 ,4	1 ,82 ± 0 ,15	TRUMPLER

The weighted mean of the Lick measures at the 1922 eclipse is 1″,75±0″,09. This value comes from ten plates taken with two pairs of cameras with very different types of photographic plates, the eclipse measures being checked from plates taken for the purpose outside of the eclipse. The results of the 5-foot cameras based on numerous small displacements of stars between 1° and 3° from the sun's centre confirm the larger displacements of stars between 0,°5 and 1,°5 obtained with the 15-foot cameras. For the two sets of plates different methods of measurement and reduction were employed, the predicted shift amounted to 1″,75, and hence it must be concluded that eclipse plates have abundantly verified the theory of relativity. It must not be assumed, however, that the theory has been proved to be true. No amount of observational confirmation can furnish indisputable proof of a law of Nature, because even one exception to the great law of gravitation would make it necessary to discard the law or to revise it.

Many scientists still refuse to accept the EINSTEIN theory and attempt to explain the observed shift of stars on eclipse plates as due to other causes, particularly the "yearly refraction" by COURVOISIER and anomalous terrestrial refraction. CAMPBELL and TRUMPLER[2] discuss their eclipse results very thoroughly and come to the following conclusions. "The eclipse observations contradict the existence of COURVOISIER's 'yearly refraction', at least in the immediate neighborhood of the sun. Abnormal refraction in the earth's atmosphere caused by the cooling effects of the moon's shadow could not have affected the measures appreciably."

At the eclipse of 1926, MILLER and MARRIOTT[3], using a camera with the great focal length of 63 feet, made a further attempt to check up the results of terrestrial refraction by measuring the lunar diameter. Many have suggested

---

[1] Eclipses of the Sun, 2nd Edition, p. 430.   [2] Lick Bull 13, p. 130 (1928).
[3] A J 38, p. 101 (1928).

that as the air within the moon's shadow cone is at a lower temperature than that outside, the effects of refraction might possibly be of the same size as that demanded by the EINSTEIN shift. Photographs with short exposures permitted the measurement of the moon, the scale of each plate being determined from exposures made for that purpose on stars. MILLER and MARRIOTT carried out the measures independently on three separate eclipse plates. The diameter of the moon computed from the constants of NEWCOMB and BROWN was $2030'',20$. MILLER's measures gave $2030'',28 \pm 0'',17$ while the value $2030'',31 \pm 0'',13$ was obtained by MARRIOTT. These results with a mean probable error of $0'',15$ obtained from measurements made at the limb of the moon show no evidence of a relativity shift a dozen times greater in size.

Hence it is concluded that the observations made at the eclipses of 1919, 1922 and 1926, within the limits of accidental errors, agree with the prediction of EINSTEIN's generalized theory of relativity. This theory at present seems to furnish the only satisfactory basis for explaining the observed shifts of stars from eclipse plates.

As is well known, the shift to the red in the solar spectrum, as demanded by the EINSTEIN theory, has been confirmed both by EVERSHED[1] of Kodaikanal and ST JOHN[2] of Mt. Wilson. The authority of their great names might be considered to have settled the question. However, the shift in wave-length is very small, amounting to only 0,01 Ångstroms. The whole question has been treated fully in Eclipses of the Sun, 2nd Edition, Chapter XXI, so that it will be necessary here only to state conclusions. Unquestionably, the wave-lengths in the sun are greater than those in the terrestrial laboratory, unquestionably, the chief cause of the greater wave-lengths is the slowing up of the atomic clock in the sun. However, in order to explain the observed wave-lengths at center and at limb of sun it has been necessary to make several assumptions regarding motions in the solar atmosphere, depending on levels, with the final result that there are left many minor differences in wave-lengths for which there are no adequate explanations. As already noted many times in this memoir, the sun has a very complicated structure, with high temperatures and low pressures and violent motions in the chromosphere due to convection currents. The relativity shift in the sun is so small that it is difficult to be certain that proper allowance is always made for conditions that exist in the atmosphere of the sun.

Fortunately there is another sun where the relativity shift is twenty times what it is in the sun. As already noted in Section b, the remarkable work of ADAMS[3] at Mt. Wilson has furnished a magnificent confirmation of the relativity shift in the faint companion of the brilliant star Sirius.

---

[1] M N 88, p. 126 (1927).   [2] Wash Nat Ac Proc 12, p. 65 (1926).
[3] Obs 48, p. 337 (1925).

Kapitel 4

Die physische Beschaffenheit des Planetensystems.

Von

K. Graff-Wien.

Mit 33 Abbildungen.

a) Überblick über die Forschungsmethoden und deren Hilfsmittel.

1. Einleitung. Fast drei Jahrhunderte hindurch ist die Untersuchung der physische Beschaffenheit der Planeten ausschließlich auf die bloße Betrachtung am Fernrohrokular angewiesen gewesen. Heute stehen der Forschung auf diesem Gebiete z. T. objektivere Verfahren offen, die sich gegenseitig ergänzen und kontrollieren. Zu der hergebrachten visuellen Beobachtung, also der Schätzung, Messung und Zeichnung der Einzelheiten auf einer Planetenscheibe am Fernrohr, ist als wertvolleres und zuverlässigeres Hilfsmittel die Photographie hinzugekommen. Die Photometrie mit ihren visuellen, photographischen und lichtelektrischen Verfahren gestattet eine genaue Verfolgung der Helligkeit in ihrer Abhängigkeit von den Abständen und dem Phasenwinkel, unter Umständen auch von der Rotationsphase. Flächenhelligkeit, Albedo und Farbe sind bestimmbar. Änderungen in der Zusammensetzung, Gestalt und Größe der Luftmoleküle auf den fremden Weltkörpern bedingen Abweichungen in der Schwingungsform der reflektierten Lichtstrahlen, die polarimetrisch meßbar sind. Das Spektroskop, besonders in seiner Verbindung mit der photographischen Platte, ermöglicht nicht nur eine Untersuchung der Lichtqualität in bezug auf allgemeine und selektive Absorption, sondern auch Bestimmungen der Rotationsdauer durch Verwertung des Dopplereffektes. Die bolometrischen und thermoelektrischen Verfahren lassen schließlich einen Einblick in die Energiekurve der reflektierten Strahlung der Planeten, unter Umständen sogar der Einzelteile ihrer Oberflächen zu, woraus sich unter Zugrundelegung der Strahlungsgesetze zuverlässige Schlüsse auf Temperaturen ziehen lassen.

Die auf diesen mannigfachen Wegen erforschten Einzelheiten betreffen stets nur Eigenschaften der Schichten, die die Strahlung reflektieren, beziehen sich demnach nur in besonderen Fällen, wie etwa bei Merkur, beim Erdmond und vielleicht noch bei den kleinen Planeten, auf die eigentliche Oberfläche. Von den großen Planeten sind an physikalischen Daten nur Durchmesser, Masse und Dichte ableitbar. Der Durchmesser nebst evtl. Abplattung ergibt sich aus Okularmessungen in Verbindung mit dem aus der Bahnbewegung folgenden Erdabstand, die Abplattung auch aus Störungen der etwa vorhandenen Trabantenbahnen. Die normale Satellitenbewegung oder die Störungen, die der Hauptkörper auf benachbarte Planeten oder Kometen ausübt, führen auf die Masse und in

Verbindung mit den linearen Dimensionen auf die Dichte. Die Durchmesser und somit auch die Dichten haben allerdings zur Voraussetzung, daß der scheinbare Umriß des Planeten durch eine atmosphärische Hülle nicht wesentlich vergrößert wird, im übrigen beruhen sie auf so sicheren Grundlagen, daß an ihrer Zuverlässigkeit ein Zweifel nicht möglich ist.

Um auf diese Konstanten sowie auf einige Bahnelemente der Planeten stets zurückgreifen und sie untereinander vergleichen zu können, sind in der nachstehenden Übersicht die Hauptdaten vereinigt. Die einzigen variablen Elemente der Liste, Bahnneigung und Exzentrizität, beziehen sich auf die Epoche 1925, 0.

Einige Elemente, Dimensionen und andere Konstanten der großen Planeten und des Erdmondes[1].

Planet	Mittlerer Radiusvektor	Umlaufszeit		Exzentrizität	Bahnneigung	Äquat.-Durchm. in km	Abplattung	Masse Erde = 1	Dichte Wasser = 1	Schwere an der Oberfl.
		siderisch	synodisch							
Merkur	0,3871	0^a,241	116^d	0,206	7° 0′	4800	—	0,037	3,7	2,5
Venus	0,7233	0 ,615	584	0,007	3 24	12200	—	0,83	5,2	8,8
Erde	1,0000	1 ,000	—	0,017	—	12757	$^1/_{297}$	1,00	5,5	9,8
Mars	1,5237	1 ,881	780	0,093	1 51	6800	$^1/_{200}$:	0,11	4,0	3,7
Jupiter	5,2028	11 ,862	399	0,048	1 18	142700	$^1/_{15}$	318,4	1,3	26,0
Saturn	9,5388	29 ,458	378	0,056	2 29	120800	$^1/_{10}$	95,2	0,7	11,2
Uranus	19,1910	84 ,015	370	0,047	0 46	49700	$^1/_{15}$:	14,6	1,4	9,4
Neptun	30,0707	164 ,788	367	0,009	1 47	53000	—	16,9	1,3	9,6
Erdmond	1,0000	27^d,3217	29^d,5306	0,055	5 9	3476	—	0,012	3,3	1,6

Die Okularbeobachtung der Planeten am Fernrohr hat sich als bequemstes Untersuchungsverfahren bis in die letzte Zeit hinein erhalten und muß zum großen Teil die schwierigen, oft sogar überhaupt nicht ausführbaren Messungen an Faden- und Doppelbildmikrometern ersetzen. Werden in eine vorgezeichnete kreis- bzw. ellipsenförmige Begrenzung die auf einem Planeten beobachteten Einzelheiten nach dem Augenmaß eingetragen, so kann die Skizze zur nachträglichen Ableitung der relativen Lage der Punkte auf der Kugel bzw. auf dem Rotationsellipsoid im Moment der Beobachtung dienen. Dabei macht sich der Vorteil geltend, daß mit alleiniger Ausnahme des Erdmondes das Netz der Längen und Breiten in streng paralleler, orthographischer Projektion erscheint, deren einfache Regeln der Reduktion zugrunde gelegt werden können[2]. Durch ihre Anwendung werden in Verbindung mit der Zeit der Achsenumdrehung alle Punkte einer Planetenscheibe nicht nur nach Länge und Breite bestimmbar, sondern es lassen sich dann die perspektivischen Darstellungen beliebig entzerren sowie in andere Projektionsarten übertragen, scheinbare, durch die schräge Sicht in den Randgebieten hervorgerufene Widersprüche mit früheren und späteren Abbildungen klären, usw.

Die Reduktionen aller physischen wie astrometrischen Beobachtungen auf Planeten werden sehr wesentlich durch Ephemeriden erleichtert, wie sie im Nautical Almanac und in der American Ephemeris fortlaufend zu finden sind. Die betreffenden Tabellen, die zuerst A. MARTH um 1868 in den Monthly Notices eingeführt hat, enthalten Mitteilungen über Lichtzeit, scheinbare Helligkeit, Durchmesser und Phase. Die Lage der Planetenkugel zur Erde wird durch Angabe des Positionswinkels der Rotationsachse, der planetozentrischen Erdkoordinaten und der Durchgangszeiten charakteristischer Stellen durch den dem Beobachter zugekehrten Meridian gekennzeichnet. Zur Berechnung der Jahres-

---

[1] Nach dem Handbook for 1925 der British Astronom. Assoc.
[2] Vgl. z. B. ZÖPPRITZ-BLUDAU, Leitfaden der Kartenentwurfslehre I. Leipzig 1899.

zeiten, beim Monde auch der Lage und Länge der Schatten, dienen schließlich die in den Ephemeriden enthaltenen planetozentrischen Sonnenkoordinaten.

2. Berechnung der planetographischen Hilfsdaten und der Achsenlage. Die durch die Angaben der Ephemeriden zahlenmäßig festgelegte orthographische Projektion des kartographischen Netzes eines Planeten auf die Himmelsfläche läßt sich jederzeit berechnen, wenn außer den geozentrischen äquatorialen Koordinaten des betreffenden Weltkörpers die Lage des Punktes am Himmel bekannt ist, nach dem der Nordpol seiner Rotationsachse hinweist. Es sei z. B. in dem areozentrischen Dreieck P_A, P_M, E der Punkt E die Stellung der Erde vom Mars aus gesehen, P_A der nördliche Erdpol, P_M der entsprechende Marspol an der Himmelssphäre, A die Rektaszension, D die Deklination des letzteren für die Beobachtungsepoche; ferner α und δ die geozentrischen äquatorialen Marskoordinaten, somit $180° + \alpha$ und $-\delta$ die areozentrischen äquatorialen Erdkoordinaten, b' die areographische Breite der Erde über dem Marsäquator, C der Positionswinkel des Nordendes der Marsachse von der Erde aus gesehen, gezählt von Norden über Osten, schließlich ζ der für die Bestimmung der geozentrischen Rotationsphase des Planeten wichtige Polwinkel der Erde, so sind in dem erwähnten Dreieck (Abb. 1) alle Seiten und Winkel definiert, und wir erhalten[1]:

$$
\left.
\begin{aligned}
\cos b' \sin C &= -\cos D \sin(\alpha - A) \\
\cos b' \cos C &= -\cos D \sin \delta \cos(\alpha - A) + \sin D \cos \delta \\
\sin b' \quad &= -\cos D \cos \delta \cos(\alpha - A) - \sin D \sin \delta \\
\cos b' \sin \zeta &= \quad \cos \delta \sin(\alpha - A).
\end{aligned}
\right\} \quad \text{(A)}
$$

Damit, d. h. mit der Berechnung von b', C und ζ, sind bereits alle Daten gewonnen, die zur Berechnung und geometrischen Zeichnung des orientierten orthographischen Netzes für den Planeten erforderlich sind. Ist s der Durchmesser

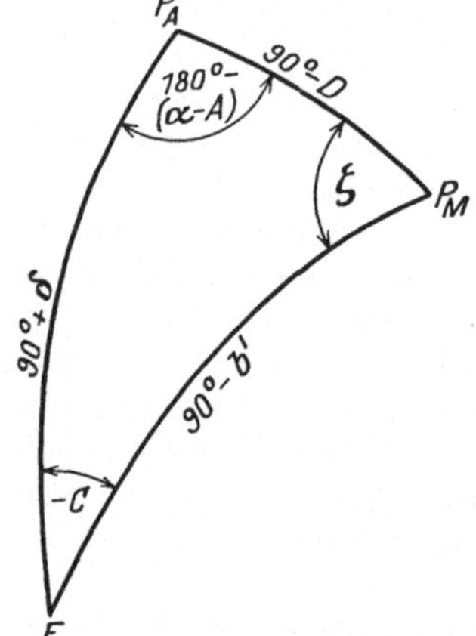

Abb. 1. Das planetographische Hauptdreieck.

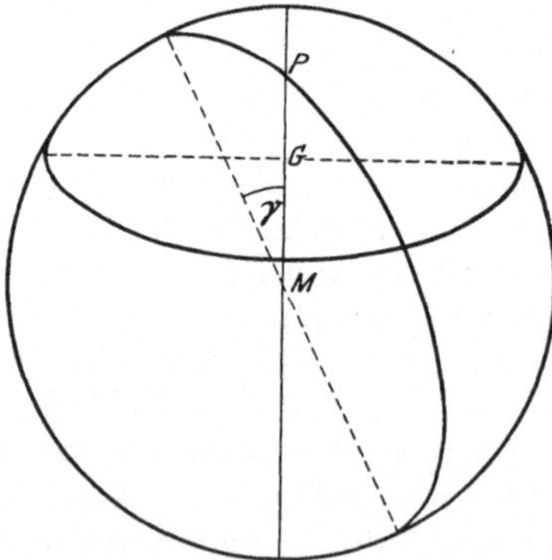

Abb. 2. Konstruktion eines orthographischen Längen- und Breitennetzes.

des Planeten in einem beliebigen linearen Maße, so wird in der Projektion bei einer Kippung der Kugel um den Winkel b' der Abstand des sichtbaren Pols P vom Mittelpunkte M des kreisförmigen Umrisses (Abb. 2):

$$MP = \frac{s}{2} \cos b'.$$

---

[1] Ausführlicher bei: K. GRAFF, Astronom. Abh. Hamburg-Bergedorf 2, Nr. 1, S. 1ff. (1910); L. DE BALL, Wiener Ber. 118, IIa, S. 1237 (1909); E. BECKER, Theorie der Mikrometer und der mikrometrischen Messungen, in Valentiners Handwörterbuch der Astronomie (1899).

Sollen nun für die Breite b und den Längenunterschied $l-l'$ gegen den Mittelmeridian die Projektionsellipsen gezeichnet werden, so lassen sich aus der Figur für den darzustellenden Breitenkreis die Beziehungen ablesen:

$$MG = \frac{s}{2}\sin b \cos b'$$

große Achse der Proj.-Ellipse $= s \cos b$
kleine „ „ „ $= s \sin b' \cos b$

und für den Längenkreis

$$\operatorname{tg}\gamma = \sin b' \operatorname{tg}(l - l')$$

große Achse der Proj.-Ellipse $= s$
kleine „ „ „ $= s \cos b' \sin(l - l')$.

Hierbei ist γ der Winkel, der von dem Mittelmeridian MP mit der großen Achse der Projektionsellipse gebildet wird.

Die orthographischen Formeln gestatten ein sehr rasches und übersichtliches Arbeiten, besonders bei Anwendung des Rechenstabes. Tabellen für die orthographische Darstellung einer Planetenscheibe für Achsenneigungen bis zu $25°$ hat K. GRAFF mitgeteilt[1]. Ist das Netz für eine gegebene Neigung b' mit den etwa von $30°$ zu $30°$ fortschreitenden Breitenkreisen und Meridianen geometrisch richtig konstruiert und nach dem Positionswinkel C, der wie üblich von Norden über Osten gezählt wird, orientiert, so entspricht das Netzbild genau der im Fernrohr gesehenen Planetenscheibe und kann zur Auswertung der beobachteten Einzelheiten nach Länge und Breite Verwendung finden.

Man wird nicht übersehen, daß das ganze bisherige Berechnungs- und Reduktionsverfahren auf der Kenntnis der Achsenlage des Planeten im Raum, d. h. auf der Rektaszension und Deklination seines Nordpols am Himmel, beruht. Die Ableitung dieser Koordinaten bereitet aber keine Schwierigkeiten, da dafür nur die Umkehr des aus Abb. 1 abgeleiteten Formelsystems (A) erforderlich ist. So lassen sich die Konstanten A und D, da b' und ζ als schwerer bestimmbare Größen fortfallen, schon aus zwei gemessenen Positionswinkeln C der Achse bzw. des geradlinig erscheinenden Mittelmeridians des Planeten gegen die Nordsüdrichtung ableiten. Da die Lage der Rotationsachse bei Mars durch die weißen Polflecke, bei Jupiter durch die Abplattung und bei Saturn durch die Senkrechte auf der großen Achse der Ringprojektion definiert ist, bereiten die Messungen von C praktisch keine Schwierigkeiten.

In Wirklichkeit wird natürlich die Berechnung von A und D nicht aus zwei Positionswinkeln vorgenommen, sondern auf dem Beobachtungsmaterial mehrerer Oppositionen aufgebaut. Wie stets in solchen Fällen, geht man dabei von den Differenzen Beobachtung minus Rechnung aus, d. h. von Werten dC, die sich durch Vergleich der Messungen mit den aus den genäherten Konstanten A und D abgeleiteten Positionswinkeln C ergeben. Vereinigt man im Gleichungssystem (A) die ersten beiden Ausdrücke und differentiiert nach den Variablen C, D und A, führt ferner zur Vereinfachung aus Abb. 1 an Stelle von α und δ den Polwinkel ζ der Erde ein, so erhält man

$$dC = \frac{\sin\zeta}{\cos b'}\,dD + \frac{\cos\zeta\cos D}{\cos b'}\,dA\,.$$

Jede Abweichung dC von dem mit A und D als Ausgang berechneten Wert C ergibt eine Fehlergleichung von der eben mitgeteilten Form. Ihre Gesamtheit wird nach der Methode der kleinsten Quadrate ausgeglichen und zur Ableitung der wahrscheinlichsten Werte dD und dA verwendet.

---

[1] Enthalten z. B. in R. HENSELINGS Astronomischem Handbuch, 2. Aufl., S. 155 (1925).

Zum Vergleich mit irdischen Verhältnissen, insbesondere mit dem irdischen Jahreszeitenwechsel, genügen die berechneten Daten noch nicht. Sie gestatten aber sofort die Ableitung der noch fehlenden Bestimmungsstücke, wenn man sie mit der Schiefe der Erdekliptik und einigen Bahnelementen des Planeten rechnerisch in Verbindung bringt.

Verwandelt man durch Anwendung der häufigsten sphärisch-astronomischen Aufgabe zunächst A und D mit der Schiefe der Erdachse in die entsprechenden Ekliptikalkoordinaten L und B, so erhält man in

$$I = 90° - B$$

die Neigung I des Marsäquators gegen die Ekliptik und in

$$E = 90° + L$$

die Länge seines aufsteigenden Knotens auf der letzteren. Damit werden, wenn man noch die Neigung i der Marsbahn gegen die Ekliptik und die Länge Ω ihres aufsteigenden Knotens auf der Ekliptik hinzuzieht, alle wichtigen Stücke in einem sphärischen Dreieck verständlich (Abb. 3), das Ekliptik, Planetenbahn und Planetenäquator untereinander einschließen. Durch Anwendung der NEPERschen Analogien erhält man aus ihm mit Hilfe von $E - \Omega$, I und i den Bogen Q der Planetenbahn zwischen Ekliptik und Planetenäquator, sowie die Neigung ν zwischen

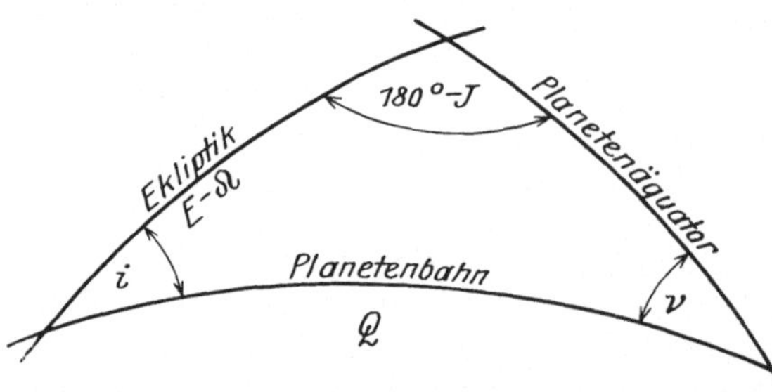

Abb. 3. Zur Ableitung der Schiefe der Planetenekliptik.

Planetenäquator und Planetenbahn, mit anderen Worten die für den Jahreszeitenwechsel wichtige Schiefe der Planetenekliptik. Der Bogen Q ist wichtig für die Bestimmung des Frühlingspunktes des Planeten, der offenbar in der heliozentrischen Bahnlänge $Q + \Omega$ zu suchen ist.

Von den planetozentrischen Koordinaten der Erde hat bei den Reduktionen nur ihr Winkelabstand b' vom Planetenäquator (planetozentrische Deklination) größere Bedeutung; seine Ableitung ist schon im Formelsystem (A) enthalten. Dagegen sind noch für alle Beleuchtungs- und Jahreszeitenfragen beide Sonnenkoordinaten von Wichtigkeit. Sie ergeben sich aus der heliozentrischen Länge und Breite l_0 und b_0 des Planeten, die in jedem größeren Jahrbuch enthalten sind, durch Betrachtung des rechtwinkligen heliozentrischen Dreiecks, das Ekliptik, Bahn und Längenkreis des Planeten bilden (Abb. 4). Hier ist zunächst der Bogen P der Planetenbahn zwischen dem Planetenort und dem aufsteigenden Knoten aus

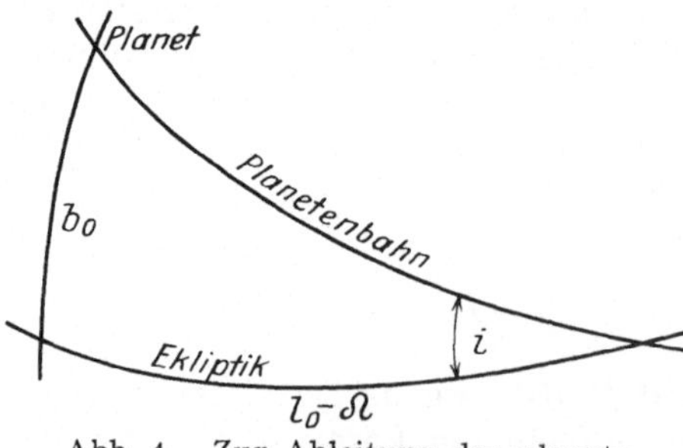

Abb. 4. Zur Ableitung der planetozentrischen Sonnenkoordinaten.

$$\sin i \sin P = \sin b_0$$

$$\cos P = \cos b_0 \cos (l_0 - \Omega)$$

ableitbar. Planetozentrisch stellt dann $P - Q$ die Länge der Sonne auf der Planetenekliptik in einem rechtwinkligen Dreieck dar, das von Planetenäquator,

Planetenekliptik und Stundenkreis der Sonne gebildet wird. Hier sind die Sonnenkoordinaten a und d bestimmt durch

$$\operatorname{tg} a = \operatorname{tg}(P - Q) \cos\nu$$
$$\sin d = \sin(P - Q) \sin\nu .$$

Vereinfachungen bieten sich dabei durch die Tatsache, daß i bei allen oberen Planeten $2^1/_2{}^\circ$ nicht übersteigt, der Bogen P also bei vierstelliger Rechnung gleich $l_0 - \Omega$ gesetzt werden darf.

Zu den planetographischen Aufgaben gehören auch Rotationsbestimmungen, die durchweg aus geschätzten oder mikrometrisch gemessenen Durchgängen von Flecken durch den scheinbaren Mittelmeridian der Planetenscheibe abgeleitet werden. Hat zu einer Zeit t_0 bei dem Polwinkel ζ_0 der Erde der Nullmeridian die Scheibenmitte passiert, so ist, wenn T die Zeit der Achsenumdrehung bezeichnet, im Moment t bei dem Polwinkel ζ die Länge l' des Mittelmeridians:

$$l' = \frac{360}{T}(t - t_0) - (\zeta - \zeta_0) .$$

Bei der Festlegung der Zeiten t und t_0 ist zu beachten, daß sie für die Lichtgleichung im Betrage von

$$z = -8^m{,}308\, \Delta$$

verbessert sein müssen, wenn Δ den Abstand des Planeten von der Erde in astronomischen Einheiten bedeutet.

Ganz kurz muß noch die Phasenberechnung gestreift werden, der z. B. bei allen photometrischen Aufgaben eine große Bedeutung zukommt. In dem ebenen Dreieck PES (Planet — Erde — Sonne) liegt der sog. Phasenwinkel bei P. Er entspricht planetozentrisch dem unbeleuchteten, von der Erde aus überblickten Teil der Planetenkugel und ist durch

$$\operatorname{tg}\frac{p}{2} = \sqrt{\frac{(\sigma - r)(\sigma - \Delta)}{\sigma(\sigma - R)}}$$

gegeben, wenn

$$\sigma = \frac{R + r + \Delta}{2}$$

gesetzt wird, R und r die Radienvektoren von Erde und Planet bezeichnen und Δ wie vorhin den Abstand Erde—Planet bedeutet. Mit der Größe p ist der Betrag der Phase bestimmt. Wegen der Berechnung spezieller Daten, z. B. der Lage der Hörnerlinie zur Nordsüdrichtung und zum Längennetz des Planeten, muß auf die schon erwähnten trigonometrischen Entwickelungen planetographischer Formeln[1] verwiesen werden.

3. Anwendung der Polarimetrie, Photometrie, Radiometrie und Spektroskopie. Die photometrischen und spektroskopischen Apparate und Methoden, die zur Untersuchung der Planeten dienen, erfordern keine besondere Erwähnung, da sie dem auch sonst üblichen Arbeitsverfahren angepaßt werden. Polarimetrische Messungen sind erst in neuester Zeit mit Erfolg ausgeführt worden. Ihre Vernachlässigung in früheren Zeiten ist darauf zurückzuführen, daß die älteren Instrumente zum Nachweis der geringen Prozentzahlen polarisierten Lichtes, wie sie in der reflektierten Planetenstrahlung vorkommen, viel zu unempfindlich waren. Tatsächlich haben gegenüber entgegengesetzten früheren Meinungen[2] J. J. LANDERER und später P. SALET mit dem SAVARTschen Polariskop bis 1906 nur feststellen können, daß das Planetenlicht im wesentlichen

---

[1] Vgl. Fußnote 1 auf S. 360.
[2] F. ARAGO, Populäre Astronomie Bd. 4, S. 110. Deutsche Ausgabe von Hankel (1865).

als natürlich anzusehen ist. Ein etwa 10mal empfindlicheres, gleichzeitig für genaue Messungen eingerichtetes Polarimeter hat B. LYOT 1922 konstruiert[1]. Es ist ähnlich gebaut wie das SAVARTsche, aber wesentlich lichtstärker, so daß noch Beträge von polarisiertem Licht unter 0,1% sicher beobachtet und gemessen werden können. Daneben gestattet es Angaben darüber, ob die Polarisation senkrecht oder parallel zur Diffusionsebene erfolgt. Bei Mond- und Planetenbeobachtungen besonders wichtig ist die Feststellung des Polarisationsmaximums in seiner Abhängigkeit vom Inzidenzwinkel, da daraus durch Vergleich mit dem Verhalten irdischer Substanzen Schlüsse auf die Stoffe gezogen werden können, die auf den fremden Weltkörpern das Licht reflektieren.

Überaus bedeutsame astrophysikalische Fragen knüpfen sich an die Temperatur der Planeten, und es hat schon vor 1900 nicht an Versuchen gefehlt, theoretisch begründete Ziffern dafür zu erhalten. Die ältesten vorsichtigen Andeutungen[2] (C. A. YOUNG) gehen ausschließlich vom Quadrat des Sonnenabstandes aus, ohne Voraussetzung oder Berücksichtigung irgendwelcher physikalischer Eigenschaften der reflektierenden Schichten. F. R. MOULTON erhielt z. B. in der Weise genäherte Werte, daß er einen im thermischen Gleichgewicht befindlichen Planeten annahm, der also ebensoviel Energie ausstrahlt wie er aufnimmt und umgekehrt. Auf dieser Grundlage kann durch Vergleich mit der Erde die Temperatur nach dem STEFANschen Gesetz abgeschätzt werden. Ist T_0 die mittlere absolute Erdtemperatur für den Sonnenabstand 1, so ist die Planetentemperatur T im Abstande r gegeben durch

$$T = T_0 \sqrt[4]{\frac{1}{r^2}}.$$

Bei den späteren Arbeiten wurde wenigstens auf die visuelle Albedo Rücksicht genommen, also nur mit dem dem Planeten verbleibenden Betrage der in gcal ausgedrückten Sonnenstrahlung gerechnet. Ist S die irdische Solarkonstante, r wieder der Sonnenabstand, A die sphärische Albedo, σ die Strahlungskonstante, so lautet der Ansatz des STEFANschen Gesetzes[3]:

$$\sigma T^4 = \frac{1}{4} \frac{S(1-A)}{r^2}.$$

Nach dieser Formel können für alle Planeten, für die A bekannt ist, effektive Temperaturen berechnet werden. Da in der Reihe gewissermaßen als Anschlußkörper auch die Erde auftritt, wird auf diesem Wege wenigstens ein erster Einblick in die thermischen Verhältnisse der Planeten erhalten.

Eine wesentliche Erweiterung und Vertiefung hat die Aufgabe der Temperaturbestimmung der Planeten dadurch erfahren, daß es in den letzten Jahren möglich geworden ist, einen Teil der Planetenstrahlung mit den großen Spiegelteleskopen einiger amerikanischer Sternwarten (besonders Mt. Wilson und Flagstaff) so zu sammeln, daß sie mit Hilfe von Thermoelementen nachgewiesen und an den Ausschlägen eines Galvanometers gemessen werden kann. Bezüglich der Einzelheiten muß auf den ersten Band dieses Werkes verwiesen werden. Hier sei nur bemerkt, daß das thermoelektrische Verfahren, das gegenüber den Bolometern den Vorzug größerer Einfachheit hat, noch mancher Vervollkommnung fähig ist. E. PETTIT und S. B. NICHOLSON geben z. B. an, daß selbst in den empfindlichsten Vakuumzellen nur $4{,}5 \cdot 10^{-4}$ der empfangenen Gesamtstrahlung in elektrische Energie umgewandelt werden. Da die Lötstellen der

---

[1] B S A F 38, S. 102 (1924).
[2] Übersicht bei P. LOWELL, B A 24, S. 445 (1907).
[3] Vgl. J. HANN, Lehrbuch der Meteorologie, 3. Aufl., S. 27 (1915).

mikroskopisch kleinen, im Vakuum untergebrachten Apparate sich bis auf weniger als 0,1 mm Durchmesser reduzieren lassen und nur geringe Teile des Gesichtsfeldes verdecken (Abb. 5), ist es möglich geworden, nicht nur die integrierte Strahlung eines Planeten, sondern in günstigeren Fällen auch diejenige einzelner Teile seiner Oberfläche zu messen.

Zur Theorie der Temperaturmessung dunkler außerirdischer Körper sei folgendes bemerkt:

Fällt Sonnenstrahlung, deren Hauptbetrag bekanntlich sehr nahe in den Grenzen des sichtbaren Spektrums eingeschlossen ist, auf einen Planeten, so wird ein Teil ungeändert reflektiert, der andere absorbiert, d. h. in langwellige ultrarote Strahlung umgewandelt, die im Verein mit der Eigenwärme, der Rückstrahlung der mehr oder weniger als „Glashaus" wirkenden Atmosphäre usw. den thermischen Energievorrat des Weltkörpers darstellt und allein für die Temperaturberechnung verwendet werden darf. Diese Planetenstrahlung läßt sich von der reflektierten Sonnenstrahlung trennen und dem Betrage nach thermoelektrisch in der Weise ermitteln, daß man in den Gang der Lichtstrahlen ein adiathermanes Filter von bekanntem Absorptionskoeffizienten, z. B.

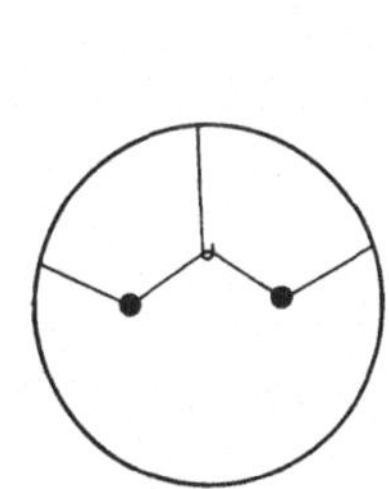

Abb. 5. Okularfeld eines Reflektors mit Thermoelement.

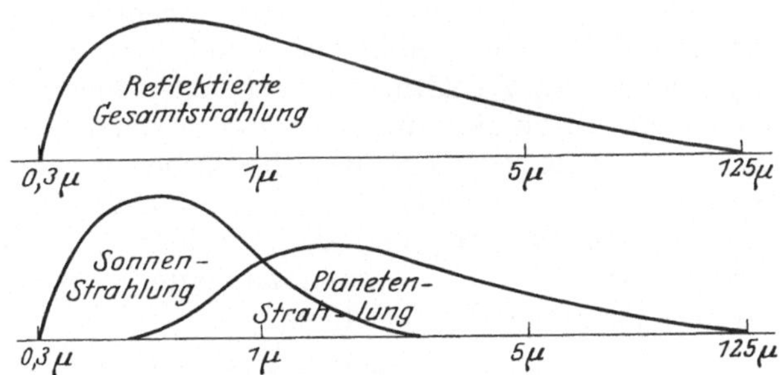

Abb. 6. Trennung der Gesamtstrahlung eines Planeten in Sonnen- und Planetenstrahlung.

eine 1 cm dicke Wasser- oder Glyzerinschicht, einschaltet (Abb. 6). Da die Vakuumzellen durch Steinsalz- oder Fluoritfenster abgeschlossen sind, die fast die ganze Energiestrahlung ohne Verlust aufnehmen, ergeben die Messungen des Thermoeffekts der Planeten mit und ohne Filter das Verhältnis der Wasserzellen- zur Fluorit- bzw. Steinsalztransmission. Die reflektierte Sonnenstrahlung ist ihrem Betrage nach von Größe, Abstand, Albedo und Phasenwinkel des beobachteten Körpers abhängig, die Planetenstrahlung außerdem noch von der effektiven Temperatur und dem Emissionsvermögen der Oberfläche. Zu beachten ist natürlich, daß das gemessene Verhältnis der „dunklen" zur „lichten" Strahlung durch Instrumentalfehler und durch Ungenauigkeiten im Transmissionskoeffizienten der irdischen Atmosphäre beeinträchtigt wird.

Die grundlegende Formel für die Temperaturableitung ist von H. N. RUSSELL[1] angegeben worden.

Es sei im Sinne der Abb. 6 S der Betrag der reflektierten Sonnenstrahlung, P der Betrag der emittierten Planetenstrahlung, t' und t die Transmissionskoeffizienten der Atmosphäre und des Instrumentariums für S und P, so werden vom Thermoelement bzw. dessen Galvanometer registriert:

<table>
<tr><td>durch das Fluoritfenster:</td><td>durch die Wasserzelle:</td></tr>
<tr><td>$tP + t'S$</td><td>$0{,}695\,t'S$</td></tr>
</table>

[1] Ausführlich entwickelt bei D. H. MENZEL, Ap J 58, S. 65 (1923) und E. SCHOENBERG, Phys. Z. 26, S. 870 (1925) und Ergebn. d. exakten Naturwiss. 5, S. 1 (1926).

wobei 0,695 den von der Wasserzelle durchgelassenen Betrag der lichten Strahlung (nach W. W. Coblentz) bedeutet. Die Zellentransmission W für dunkle Strahlung ist dann

$$W = \frac{0,695\, t'S}{tP + t'S}$$

und

$$\frac{tP}{t'S} = \frac{0,695}{W} - 1.$$

Ist nun a die scheinbare vom Empfänger, also der Lötstelle des Thermoelements, bedeckte Fläche des Planetenbildes, ε sein lokales Emissionsvermögen, σ die Boltzmannsche Konstante, so kann für P gesetzt werden:

$$P = \sigma a\varepsilon T^4.$$

Zur Aufstellung einer ähnlichen Gleichung für S soll zunächst angenommen werden, daß die visuelle Albedo in allen Phasen sehr nahe der Energiealbedo entspricht. Sie ist dann definiert durch

$$A = pq,$$

wo p die sphärische Albedo in der gegenwärtig allgemein angenommenen Definition[1] und q einen vom Phasenwinkel abhängigen Faktor bedeutet. Die Zahl p ist als das Verhältnis der bei voller Phase reflektierten Strahlung des Planeten zur Strahlung eines selbstleuchtenden Körpers gleicher Größe aufzufassen, von dem jedes einzelne Oberflächenelement genau die gleiche Energie aussendet, die es bei senkrechter Einstrahlung von der Sonne erhält. Dieser Vergleichskörper besitzt somit die Albedo $p = 1$. Nach Einsetzen der Solar- und Boltzmann-Konstante erhält man für die Temperatur dieses idealen Strahlers im Sonnenabstand r die Gleichung

$$8,21 \cdot 10^{-11}\, T_0^4 = \frac{1,932}{r^2},$$

demnach

$$T_0 = \frac{392}{\sqrt{r}}.$$

Es sei nun b die ganze Oberfläche eines Planeten, so ist die reflektierte Energie

bei voller Phase: $\sigma b p T_0^4$,   bei der Phase φ: $\dfrac{\sigma b A \varphi T_0^4}{q}$.

Da nicht die volle Oberfläche b, sondern lediglich ein Flächenelement a beobachtet wird, dessen Flächenhelligkeit xa/b gesetzt werden kann, so ist

$$S = \sigma a x \frac{A\varphi}{q} T_0^4,$$

somit

$$\frac{tP}{t'S} = \frac{T^4}{T_0^4}\, \frac{t\varepsilon q}{t'x A \varphi} = \frac{0,695}{W} - 1$$

und

$$\frac{T}{T_0} = \sqrt[4]{\frac{0,695}{W} - 1} \cdot \sqrt[4]{\frac{t'\, x A \varphi}{t\varepsilon q}}.$$

Einigermaßen sicher bekannt sind auf der rechten Seite der letzten Gleichung nur A, φ und q. Für die anderen Größen müssen Annahmen gemacht werden, die sich aber in enge Grenzen einschließen lassen. Die unsichersten Faktoren in der Temperaturgleichung stellen t' und t dar, da aber nur die vierte Wurzel ihres Quotienten in das Resultat eingeht, können sie dieses nicht illusorisch machen.

---

[1] H. N. Russell, Ap J 43, S. 173 (1916) und L. Bell, Ap J 45, S. 1 (1917).

Die Verwertung der Albedowerte irdischer Gesteine[1] bei der photometrischen Untersuchung der Weltkörper im Sonnensystem liegt besonders nahe, die Daten sind aber selbst auf den Erdmond nur mit Vorsicht anwendbar. Bei den Planeten ist schon infolge der Kleinheit der im Fernrohr sichtbaren Scheibchen, infolge der atmosphärischen Streuung usw. stets nur ein Mischeffekt bestimmbar, der keinen eindeutigen Vergleich zuläßt, während auf der Mondoberfläche die besondere Struktur des Bodens die Feststellung der Verwandtschaft mit irdischen Stoffen erschwert. Wo die Möglichkeit derartiger Untersuchungen vorliegt, hätten die Messungen, den heutigen Anforderungen entsprechend, spektralphotometrisch zu erfolgen. Ferner ist darauf zu achten, daß für die Laboratoriumsversuche die gleiche Albedo-Definition (geometrische oder sphärische Albedo) beibehalten wird wie bei den Messungen am Himmel[2].

b) Die inneren Planeten.

4. Merkur. Als kleinster und der Sonne nächster Körper unseres Systems bietet Merkur der physischen Untersuchung außerordentliche Schwierigkeiten, und es ist daher vorläufig wenig wahrscheinlich, daß man in absehbarer Zeit durch direkte Beobachtung der kleinen Scheibe irgendwelche zuverlässigen Daten über den Planeten gewinnen wird. Der scheinbare Durchmesser sinkt zwar nie unter $4'',5$ herab, so daß nach den Erfahrungen bei Mars die Erkennung gröberer Einzelheiten stets möglich sein sollte. Die Stellung in nächster Nähe der Sonne, die Phase und die Notwendigkeit von Tagesbeobachtungen schließen jedoch eine präzisere Auffassung des Gesehenen aus.

Schon der Nachweis eines bestimmten Rotationsgesetzes, der Achsenrichtung usw. wäre wertvoll, doch ist es bis jetzt keinem einzigen Beobachter gelungen, dieses Ziel zu erreichen Von neueren Reihen sind die in zahlreichen Skizzen niedergelegten Wahrnehmungen auf den planetographischen Stationen von R. JARRY-DESLOGES[3] zu nennen, von älteren die Zeichnungen G. SCHIAPARELLIS. Letzterer kam schließlich zu der Überzeugung[4], daß Merkur mit dem Erdmond die Gleichheit von Rotation und Revolution teilt und in 88 Tagen eine Achsenumdrehung vollzieht, d. h. der Sonne stets die gleiche Hemisphäre zuwendet. Dieser Ansicht pflichtet heute kaum noch jemand bei. Da die langsamere oder raschere Rotation eines mit starker Phase behafteten Planeten sich in seiner Temperaturkurve ausprägen muß, hat F. LÖSCHHARDT 1904 eine bolometrische Untersuchung der unteren Planeten vorgeschlagen[5]. Dieser Plan ist inzwischen nicht mit Bolometern, sondern mit den etwas weniger empfindlichen, aber bequemeren Thermoelementen tatsächlich ausgeführt worden, hat aber den nach der SCHIAPARELLIschen Annahme zu erwartenden starken Temperatursprung an der Lichtgrenze des Merkur nicht bestätigt. Die von E. PETTIT und S. B. NICHOLSON[6] 1923—1924 am großen Hooker-Spiegel des Mt. Wilson-Observatoriums aus fünf getrennten Spektralgebieten erhaltenen Strahlungswerte lassen auf Temperaturen von $+417°$ C beim Phasenwinkel $0°$, von $+327°$ C bei $90°$ und von $+227°$ C bei der kleinsten beobachteten Sichel, d. h. bei $p = 120°$, schließen. Obwohl es sich dabei um die integrierte Strahlung der uns jeweils zugekehrten Merkurhälfte handelt, darf aus den Ziffern der Schluß gezogen werden, daß der Temperaturübergang vom Tage zur Nacht nicht so schroff erfolgt, wie das bei

---

[1] Spektralphotometrische Daten bei J. WILSING und J. SCHEINER, Publ Astroph Obs Potsdam 20, Nr. 61 (1909).

[2] Vgl. die Bemerkungen von L. BELL, Ap J 45, S. 19 (1917).

[3] Observations des surfaces planétaires 1—4 (1908—1921).

[4] A N 123, S. 241 (1890).　　　　[5] Wiener Ber 113, S. 621.

[6] Pop Astr 33, S. 299 (1925).

einer sehr langsamen Rotation der Fall sein müßte. Wahrscheinlich kommen als Umdrehungszeit nur Stunden oder höchstens einige wenige Tage in Frage.

Die anderen Bedenken gegen eine langsame Umdrehung, wie sie bei der Venus mit ihrer vermutlich dichten Atmosphäre zur Geltung kommen (Ziff. 6), sind bei Merkur nicht maßgebend, da der Planet wahrscheinlich keine merkliche Gashülle besitzt. Es geht dies aus verschiedenen Tatsachen hervor. Gegenüber der Venus zeigen die Hörnerspitzen keine besonderen Anomalien. Die bei diesem Planeten kurz vor und nach den Durchgängen vor der Sonnenscheibe sichtbare Aureole fehlt bei ähnlichen Gelegenheiten hier gänzlich. Das Merkurspektrum kann zur Lösung der Atmosphärenfrage nicht herangezogen werden, da es dem in gleicher Höhe aufgenommenen Mondspektrum absolut gleicht.

Die Ähnlichkeit mit dem Erdmond wird durch andere Eigenschaften, wie Albedo, Phasenfaktor, und den Prozentsatz der ultraroten Strahlung gegenüber der reflektierten Gesamtenergie bestätigt. Die Ziffern für die Albedo (0,07) und für die langwellige Strahlung zwischen 8 und 14 μ (74%) sind für Merkur und Mond identisch, der Phasenverlauf nahe gleichartig.

Die ausführlichsten photometrischen Messungen des Planeten hat G. Müller[1] in Potsdam 1878—1888 ausgeführt, hauptsächlich durch Anschlüsse an Venus und Saturn. Es ergibt sich daraus zunächst die Tatsache, daß das Maximum der Helligkeit ($-1^m,2$) im Gegensatz zur Venus in kleinen Elongationen stattfindet, so daß Merkur als Abendstern am hellsten ist, wenn er zum ersten Male sichtbar wird, und als Morgenstern, wenn wir ihn zum letzten Male erblicken.

p	Gesamtlicht	
	Merkur	Mond
50°	$- 0^m,96$	$- 0^m,96$
60	$- 0\ ,67$	$- 0\ ,70$
70	$- 0\ ,35$	$- 0\ ,42$
80	$- 0\ ,02$	$- 0\ ,10$
90	$+ 0\ ,34$	$+ 0\ ,24$
100	$+ 0\ ,71$	$+ 0\ ,64$
110	$+ 1\ ,11$	$+ 1\ ,06$
120	$+ 1\ ,53$	$+ 1\ ,58$

Werden die gemessenen Helligkeiten von dem Einfluß des $r^2 \varDelta^2$-Gesetzes befreit, d. h. auf die mittleren Werte von Radiusvektor und Erdabstand $r_0 = 0,3871$ und $\varDelta_0 = 1$ reduziert, so ergibt sich nach G. Müller[1] der nebenstehende, nur noch von der Phase abhängige Helligkeitsverlauf des Merkur. Die Gegenüberstellung mit dem Monde, wobei die Helligkeit des letzteren bei 50° Phasenwinkel ($-11^m,33$, vgl. Ziff. 17) auf das entsprechende Licht des Merkur ($-0^m,96$) reduziert worden ist, läßt die Analogie zwischen den Beleuchtungsgesetzen der beiden Weltkörper deutlich hervortreten. Tatsächlich sind die Abweichungen zwischen den Parallelreihen nicht größer, als wie sie z. B. in den Lichtkurven des zu- und abnehmenden Mondes (Abb. 23) auftreten. Die beobachteten Merkurhelligkeiten lassen sich in Größen durch den linearen Ausdruck

$$H_{\ogeq} = -1,10 + 0,03679\,(p - 50°)$$

genügend genau darstellen. Auch die von E. Jost während der totalen Sonnenfinsternis 1900 Mai 28 bei nur 7° Phasenwinkel erhaltene photometrische Messung[2] fällt in den Bereich dieser empirischen Formel, an der vielleicht nur der hohe Wert des konstanten Gliedes zu beanstanden ist. Aus seinen Messungen während eines Aufenthaltes auf der Südhalbkugel der Erde fand nämlich J. Hopmann[3] als mittlere reduzierte Helligkeit nur $-0^m,71$. Der Phasenkoeffizient dieser Beobachtungsreihe entspricht mit 0,03582 sehr nahe dem Müllerschen Wert. Zur Berechnung der Merkurhelligkeit für einen gegebenen Radiusvektor r

---

[1] Publ Astroph Obs Potsdam 8, S. 305 (1893); s. auch G. Müller, Photometrie der Gestirne (1897). Die Originalwerte sind hier auf das Harvardsystem reduziert.

[2] Heidelberg Mitt Nr. 1 (1901).   [3] A N 218, S. 185 (1923).

bzw. die Erddistanz $\varDelta$ wäre an die MÜLLERsche bzw. HOPMANNsche Formel noch die Abstandsverbesserung in Größenklassen:

$$+ 5 \log \frac{r \varDelta}{r_0}$$

anzubringen.

Zu den vielen Analogien mit dem Erdmond tritt bei Merkur höchstwahrscheinlich noch eine Gleichheit im Farbenindex hinzu und große Ähnlichkeit im Verlauf der Polarisationsverhältnisse während der einzelnen Lichtphasen[1], obwohl darüber erst wenige Beobachtungen vorliegen, die noch kein abgeschlossenes Urteil zulassen.

5. Venus. Oberflächeneinzelheiten und Atmosphäre. Polarimetrische Messungen. Die Schwierigkeiten der Oberflächenuntersuchung, die sich durch die eigenartige Stellung eines unteren Planeten zur Erde ergeben, teilt die Venus mit Merkur in vollem Maße. Da mit der neuzeitlichen vollkommenen Optik irgendwelche schärferen Umrisse auf dem Planeten in dem üblichen Sinne nicht zu erkennen sind, dürfen alle früheren, z. T. sogar schon mit den alten nichtachromatischen Fernrohren festgestellten schärferen Fleckerscheinungen, Hörneranomalien usw. mit allen Folgerungen bezüglich der Rotationszeit (CASSINI, BIANCHINI, DE VICO) übergangen werden. Sicher auffaßbar ist am Okular nur die Tatsache, daß der Glanz der Planetenoberfläche nicht überall gleich ist; die meisten Beobachter glauben übereinstimmend graue Meridianstreifen und helle Polflecke zu erkennen, die durch ihre unveränderliche Lage G. SCHIAPARELLI[2] auch in diesem Falle zu der Annahme geführt haben, daß die Venuskugel in 227 Tagen, d. h. synchron mit ihrem siderischen Umlauf, rotiere. Durch künstliche Nachbildung der Venusphasen an hell erleuchteten Gips- und Gummibällen hat jedoch W. VILLIGER[3] nachgewiesen, daß die erwähnten Schatteneffekte zum großen Teil als ein rein physiologischer Eindruck auftreten, der durch das Beleuchtungsgesetz glatter Kugeln von hoher Albedo hervorgerufen wird. Eine Trennung der reellen Gebilde von den Sinnestäuschungen ist demnach durch das Auge nicht zu erwarten.

Bessere Aussichten gewährt das photographische Filterverfahren. Aus Versuchen von F. QUÉNISSET und A. RORDAME geht nicht nur hervor, daß mit geeigneten Grünfiltern gute Tagesaufnahmen des Planetenumrisses herzustellen sind, sondern daß nach diesem Verfahren hin und wieder auch Schattierungen auf der mehr oder weniger erleuchteten Scheibe herausgeholt werden können. Nach W. H. WRIGHT und F. E. ROSS[4] sind Ultraviolettaufnahmen noch günstiger. Sie bestätigen die Existenz von hellen Flecken an den Beleuchtungspolen der Venus und gestatten den Nachweis von rasch veränderlichen, dunklen Streifen, die in der Gegend des mutmaßlichen Äquators auftreten, aber vorläufig noch keine Rotationsbestimmung ermöglicht haben, obwohl insbesondere die ROSSschen Aufnahmen (1927) eine fast ununterbrochene Serie von 25 Nächten umfassen. Zu beachten ist dabei allerdings, daß solche äquidistanten Beobachtungen keinen eindeutigen Periodenwert ergeben können[5].

Was die Lufthülle der Venus anbetrifft, so deutet schon die hohe Albedo des Planeten, die nach den besten photometrischen Messungen zu 0,58 angenommen werden darf[6], und die der Albedo hell erleuchteter Wolken entspricht, auf eine dichte Atmosphäre hin. Dementsprechend dürfte die Abschattierung der Lichtgrenze, die das Auge besonders um die Zeit der Viertelphasen der

---

[1] Vgl. P. SALET, C R 143, S. 1125 (1906).   [2] A N 138, S. 249 (1895).
[3] München, Neue Ann. 3, S. 301 (1898).   [4] Ap J 68, S. 57 (1928).
[5] Vgl. die Bemerkungen von O. STRUVE in Pop. Astr. 36, S. 411 (1928).
[6] Ap J 43, S. 190 (1916).

Venus wahrnimmt, reell und als Dämmerungssaum zu deuten sein. In den unteren Konjunktionen greifen außerdem die Hörner der Sichel erheblich über die Beleuchtungspole hinaus, bei besonders starker Phase (1898 Dez. 2, 1906 Nov. 29) oder kurz vor den Durchgängen vor der Sonne ist der Planetenumriß sogar als heller Vollring zu erkennen gewesen. Schon J. H. MÄDLER hat die aus der Hörnerverlängerung folgende Refraktionskonstante der Venusatmosphäre zu berechnen versucht. Die korrekte Formel ist zuerst von E. NEISON[1] abgeleitet und später von H. N. RUSSELL[2] durch einen einfacheren Ausdruck ersetzt worden. Bezeichnet r den Radiusvektor, Δ den Erdabstand, ε die Elongation der Venus, h die beobachtete Verlängerung der Hörnerspitzen über die Beleuchtungspole, so ist die Refraktionskonstante R gegeben durch

$$R + 11' = \frac{\varepsilon\,\Delta}{2\,r}\sin h.$$

Die erhebliche Halbschattenwirkung, die die 44' im Durchmesser fassende Sonnenscheibe auf der Planetenkugel hervorruft, ist in dem Ausdruck bereits berücksichtigt. Aus den Beobachtungen von J. H. MÄDLER, LYMAN, E. E. BARNARD und H. N. RUSSELL ergibt sich danach eine Horizontalrefraktion der Venusatmosphäre von rund 70', also ein doppelt so großer Wert wie auf der Erde. RUSSELL macht darauf aufmerksam, daß zur Zeit der Ringform der Venusatmosphäre — die nächste Gelegenheit zu einer ähnlichen Beobachtung bietet sich erst wieder im Jahre 1972 — auf der der Sonne abgekehrten Seite des hellen Ringes ein Lichtmaximum auftreten müßte, während hier gerade ein Lichtminimum wahrgenommen worden ist. Er schließt daraus, daß die Atmosphäre des Planeten nicht vollkommen klar ist, sondern eine molekulare Trübung aufweist, ähnlich wie die Erdatmosphäre.

Über die Ausdehnung der atmosphärischen Hülle der Venus lassen sich bei Sternbedeckungen Anhaltspunkte gewinnen. Aus dem Vorübergang vor η Geminorum 1910 Juli 26 hat z. B. F. BALDET[3] auf eine Höhe der Venusatmosphäre von 80 bis 100 km geschlossen.

Mit dem Übergreifen der Hörnerspitzen über die Beleuchtungspole hinaus hängt offenbar auch das sog. aschgraue Licht der unerleuchteten Venusoberfläche zusammen, über das früher des öfteren berichtet worden ist[4]. Da die kritischeren Beobachtungen der letzten Jahrzehnte über eine Erleuchtung der Nachtseite der Venus schweigen, ist anzunehmen, daß es sich um einen physiologischen Effekt gehandelt hat. Die voll erleuchtete Erde hat, von der Venus aus gesehen, im günstigsten Falle die Größe $-6^m{,}6$, ist daher sicher nicht imstande, die dunkle Seite des Planeten so weit zu erleuchten, daß diese sichtbar werden könnte, am allerwenigsten bei Tagesbeobachtungen, auf die sich die älteren Angaben über die Erscheinung meist beziehen.

Bei der Untersuchung der Venusoberfläche versagt merkwürdigerweise die Spektroskopie vollständig. Als einziges positives Ergebnis der spektrographischen Untersuchungen des Venuslichtes kann die Tatsache angeführt werden, daß dieses gegenüber dem Sonnenlicht reicher an gelben und grünen Strahlen ist, dagegen die kurzen Wellen stark gedämpft wiedergibt. Dieser Lichtabfall im blauvioletten Teil ist nach A. W. CLAYDEN[5] vielleicht auf die stärkere Ionisation der Moleküle in der Venusatmosphäre infolge des geringeren Sonnenabstandes zurückzuführen.

[1] M N 36, S. 347 (1876).   [2] Ap J 9, S. 284 (1899) u. Ap J 26, S. 69 (1907).
[3] A N 185, S. 306 (1910).
[4] Vgl. z. B. die Zusammenstellung in H. J. KLEIN, Handbuch der allgem. Himmelsbeschreibung, S. 90 (1901).
[5] M N 79, S. 507 (1919).

Um die älteren widersprechenden Mitteilungen über angebliche Verstärkung der atmosphärischen Banden im Venusspektrum nachzuprüfen, haben C. E. St. John und S. B. Nicholson[1] dieses am Snow-Teleskop des Mt. Wilson-Observatoriums mit einem Gitterspektrographen aufgenommen und sehr eingehend untersucht, aber nicht den geringsten Anhalt für Sauerstoff oder Wasserdampf auf der Venus gefunden. Mit dem offenkundigen Vorhandensein einer Wolkenhülle ist die Tatsache nur in der Weise vereinbar, daß die Kondensationen dort sehr hoch reichen und die Sonnenstrahlen auf dem Hin- und Rückwege nur Schichten sehr geringer Dichte passieren. Die Störung durch die Überlagerung etwaiger spezieller Venuslinien mit den spektralen Erdabsorptionen kann vermieden werden, wenn für die Untersuchungen die größten Elongationen, also Zeiten hoher Radialbewegung, verwendet werden. Bei genügend starker Dispersion erscheinen dann die der Erde und die der Venus zugehörigen Linien getrennt und können bequem miteinander verglichen werden.

Der nicht geglückte Nachweis von Sauerstoff im Venusspektrum hat zu der Vermutung Anlaß gegeben, daß dieser Grundstoff auf der Erde erst durch die Wirkung der Sonnenstrahlung auf die Vegetation entstanden ist. Die Hypothese stammt aus einer Zeit, in der auch auf der Sonne das Vorhandensein von freiem Sauerstoff noch zweifelhaft war. Von dem heutigen Standpunkte aus ist die Ansicht kaum noch haltbar.

Polarisationsbeobachtungen des Venuslichtes liegen erst in geringer Zahl vor. Während es von J. J. Landerer 1892 noch als polarisationsfrei gefunden wurde, hat neuerdings, 1922—1924, B. Lyot[2] an einem empfindlichen Polarimeter einen deutlichen Gang der Prozentzahlen des polarisierten Lichtes und Änderungen seiner Ebene feststellen können, die in Abb. 7 z. T. graphisch dargestellt sind. Als Abszisse ist der Diffusionswinkel der Venus aufgetragen, der mit dem früher abgeleiteten Phasenwinkel p des Planeten (obere Konjunktion 0°, untere 180°) identisch ist, als Ordinate der Prozentsatz des polarisierten Lichtes in Tausendsteln, senkrecht und parallel zur Diffusionsebene. Die Polarisation hat den Wert Null in der oberen Konjunktion; der größte, in der Figur nicht dargestellte Betrag, etwa 4%, wird in den

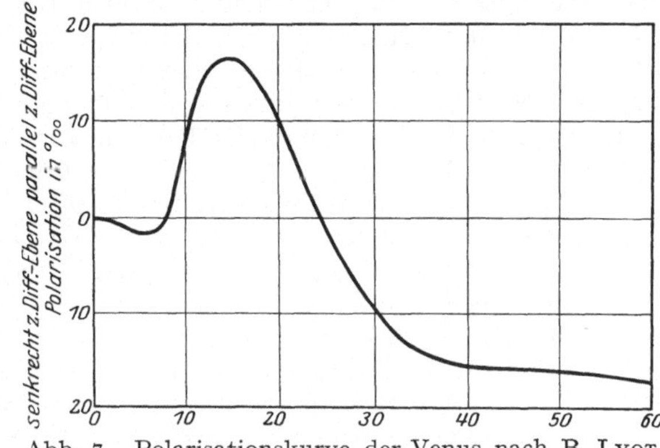

Abb. 7. Polarisationskurve der Venus nach B. Lyot.

Quadraturen erreicht. Von den einzelnen Teilen der Planetenscheibe erwies sich stets die Strahlung der Lichtgrenze stärker polarisiert als der hell erleuchtete Rand. Möglicherweise gelingt es, den Kurvenverlauf zu bestimmten Laboratoriumsversuchen in Beziehung zu bringen. Lyot erwähnt bereits, daß eine Wolke feiner Tröpfchen einen Polarisationseffekt ergibt, der dem bei der Venus beobachteten Verlauf durchaus ähnlich sieht.

6. Vermutungen über die Rotation der Venus. Temperatur. Helligkeitsverlauf der Phasen. Da die direkte Bestimmung der Venusrotation aus Fleckdurchgängen durch den Mittelmeridian nicht möglich ist, hat man die Aufgabe mehrfach auf spektrographischem Wege in Angriff genommen. Die ausführlichsten

---

[1] Ap J 56, S. 380 (1922).   [2] B S A F 38, S. 102 (1924).

Messungsreihen der Radialgeschwindigkeit der Ränder, für die der Dopplereffekt reflektierter Strahlung zu beachten ist[1], hat A. Belopolski[2] in Pulkowo 1903 bis 1911 angestellt und für die Periode der Achsendrehung schließlich $1^d10^h34^m$ erhalten. Eine Wiederholung der Messungen auf dem Lowell- und dem Mt. Wilson-Observatorium hat dagegen trotz der angewendeten wesentlich stärkeren Dispersion einen irgendwie merklichen Dopplereffekt der Planetenränder nicht ergeben, so daß die Arbeiten Belopolskis die Sachlage ebensowenig geklärt haben, wie die visuellen Beobachtungen Schiaparellis. Da der Mißerfolg der spektrographischen Methode immerhin auffallend ist, hat W. H. Pickering die Ansicht geäußert, daß die Umdrehungsachse der Venus möglicherweise in die Bahnebene fällt, so daß ähnlich wie bei Uranus (vgl. Ziff. 14) zu bestimmten Zeiten überhaupt kein Dopplereffekt als Wirkung einer Rotation zu erwarten sei. Nach Pickering läßt sich dieser Standpunkt bei Venus durchaus vertreten und führt dann auf eine Umdrehungsperiode von 68^h. Dieses Ergebnis hat C. V. Charlier[3] veranlaßt, darauf hinzuweisen, daß dynamisch auch noch eine Achsenorientierung möglich sei, die zu der Vorstellung einer rollenden Kugel führt, deren Achse ständig die Richtung des Radiusvektors einnimmt. Anhaltspunkte für die Rotationsperiode lassen sich aber aus einer solchen Annahme genau ebensowenig gewinnen, wie bei irgendeiner anderen Orientierung.

Prüft man die Rotationsfrage einmal nur vom Standpunkte der physikalischen Wahrscheinlichkeit aus, so findet man bald triftige Gründe, die gegen einzelne der abgeleiteten Umdrehungswerte sprechen. Besonders' unwahrscheinlich ist die Gleichheit von Rotation und Umlaufsperiode. Das hat A. W. Clayden[4] hervorgehoben, indem er darauf hinwies, daß der von Schiaparelli vertretene Zustand ein Verschwinden des Wasserdampfes von der Tagseite des Planeten und eine Ansammlung der Kondensationen auf der Nachtseite, evtl. in Form von Eis, mit sich bringen würde. Bei sehr rascher Rotation hätte sich andererseits sicherlich eine auffälligere Passatströmung ausgebildet, wie wir sie an Jupiter beobachten können, und wie sie sich, allerdings in weit weniger deutlicher Form, auch im Wolkenmantel der Erde nachweisen läßt. Sollte sich trotz aller Bedenken die sehr langsame Rotation als tatsächlich bestehend erweisen, so ist sie jedenfalls nicht, wie das wohl früher des öfteren geschah, auf Gezeitenreibung einer Flutwelle gegen die feste Oberfläche des Planeten oder auf die Reibung innerer Magmamassen gegen die erstarrte Rinde zurückzuführen. Dazu ist, abgesehen von geophysikalischen Bedenken, der Abstand Venus — Sonne viel zu groß. Man erkennt das sofort, wenn man den für die Gezeitenhöhe maßgebenden Faktor M/r^3 für die Sonnenmasse und den Radiusvektor der Venus ausrechnet und die Zahlen mit den entsprechenden Werten im System Erde—Mond vergleicht.

Die künftigen Forschungen in der Rotationsangelegenheit werden sich zunächst auf eine Feststellung der Achsenlage der Venus konzentrieren müssen. Möglicherweise bieten die schon erwähnten Aufnahmen durch Violettfilter bei entsprechender Vervollkommnung einen gangbaren Weg. Auch das radiometrische Verfahren führt vielleicht zum Ziel. Bei seiner Anwendung auf die Venus fanden z. B. E. Pettit und S. B. Nicholson im Jahre 1924 am Südhorn eine stärkere Strahlung als am Nordhorn. Das kann natürlich an einer verschiedenen physikalischen Beschaffenheit der radiometrisch gemessenen Stellen liegen, wahrscheinlicher ist aber doch die Annahme, daß um die angegebene Zeit die Rotationspole der Venus nicht mit ihren Beleuchtungspolen zusammenfielen. Die bei dieser Gelegenheit von den amerikanischen Beobachtern erhaltenen Tempera-

---

[1] Vgl. C. Niven, M N 34, S. 339 (1874) und H. Deslandres, C R 120, S. 417 (1895).
[2] Publ Obs Central Nicolas 18 (1911).   [3] Publ A S P 36, S. 105 (1924).
[4] M N 69, S. 195 (1909).

turen[1] sind bemerkenswert. Sie betragen bei voller Beleuchtung $+50°$ bis $+60°$ C, auf der Nachtseite etwa $0°$ C. Vor Sonnenaufgang und nach Sonnen-untergang bestehen nur geringe Unterschiede. Dies steht im Einklang mit der Vorstellung einer einheitlichen, den Planeten allseitig umgebenden Wolkenhülle, die in einer isothermen Schicht seiner Atmosphäre schwebt.

Unter allen astrophysikalischen Daten, die die Venus betreffen, besitzen die photometrischen Angaben die größte Zuverlässigkeit. Es liegen darüber visuelle Beobachtungen von G. MÜLLER[2] zwischen 1877 und 1890 und 1900—1909 sowie eine neuere kurze photographische Reihe von E. S. KING[3] aus der Zeit 1919 bis 1923 vor. Die unmittelbar gemessenen Helligkeiten lassen nur einen Licht-wechsel von $0^m,8$ erkennen; das Maximum wird bei einem Phasenwinkel $p = 125°$, fast genau einen Monat vor und nach der unteren Konjunktion, erreicht. Auf ein einheitliches System bezogen, führen die Beobachtungsreihen nach Reduktion auf $r_0 = 0,7233$ und $\Delta_0 = 1$ zu den empirischen Formeln (vgl. S. 368)

$$H_{\venus} = -5,06 \ + 0,01322\,p + 0,0000004247\,p^3 \quad \text{(MÜLLER, visuell)}$$

$$H_{\venus} = -4,291 + 0,01445\,p + 0,0000002251\,p^3 \quad \text{(KING, photographisch)}$$

$$H_{\venus} = -3,38 \ + 0,01445\,p + 0,0000002251\,p^3 \quad \text{(KING, photovisuell)}$$

Der Farbenindex beträgt danach $+0^m,77$. Werden statt der visuellen Hellig-keiten photovisuelle zugrunde gelegt, so erhöht er sich auf $+0^m,91$.

Die vom Phasenwinkel abhängige Lichtkurve verläuft bei Venus ganz anders wie bei Merkur und beim Erdmonde. Geht man wieder von übereinstimmenden Helligkeiten bei $p = 50°$ aus (vgl. Ziff. 4), so gibt die Venus gegenüber Merkur bei $p = 120°$ bereits einen Überschuß von nahe einer Größenklasse, so daß schon hieraus ein beträchtlicher physischer Unterschied der reflektierenden Schichten bei beiden Planeten gefolgert werden kann. Die Darstellung der Helligkeitskurve der Venus in ihrer Abhängigkeit vom Phasenwinkel auf Grund irgendeines der älteren Beleuchtungsgesetze (LAMBERT, LOMMEL und SEELIGER) ist nicht möglich, da diese auf die besonderen Verhältnisse, die die auftreffende Strahlung in der Gas- und Staubhülle eines Planeten vorfindet, keine Rücksicht nehmen. Nun ist aber die Erdatmosphäre durch die Arbeiten von C. G. ABBOT und F. E. FOWLE in bezug auf Streuung und Wolkenreflexion so gründlich untersucht, daß E. ÖPIK[4] aus diesen Daten ein neues Beleuchtungsgesetz für eine mit Kondensationen erfüllte Lufthülle ableiten konnte. Es stellt bei Annahme der Albedo 0,55 und des Transmissionskoeffizienten 0,80 die beobachteten Helligkeiten der Venus bis $p = 150°$ sehr gut dar, weicht dann allerdings für die schmalsten Sichelphasen von der beobachteten Kurve erheblich ab.

7. Mars. Lichtwechsel und Rotation. Oberflächengebilde. Mit dem Über-gang zu den oberen Planeten ändern sich die physischen Beobachtungsbedin-gungen im günstigen Sinne dadurch, daß der kürzeste Abstand von der Erde mit dem Phasenwinkel Null, d. h. voller Beleuchtung, verknüpft ist. Im be-sonderen Falle des Mars bringt es die merkliche Exzentrizität der Bahn mit sich, daß die Oppositionsbedingungen starken, in Helligkeit und scheinbarem Durchmesser zum Ausdruck kommenden Schwankungen unterliegen[5]. Da der Sonnenabstand im Perihel 1,38, im Aphel 1,67 Erdbahnradien beträgt, so kann

---

[1] Vgl. den zusammenfassenden Bericht von W. W. COBLENTZ, Nat 116, S. 439 (1925) und Pop Astr 33, S. 297 (1925).

[2] Publ Astroph Obs Potsdam 8, S. 313 (1893) und Nachlaß, bearbeitet von R. MÜLLER, A N 227, S. 65 (1926).

[3] Harv Ann 85, No. 4 (1923).

[4] Abhandl. d. Russ. Hauptsternwarte (russ.) 1, S. 237 (1922).

[5] Näheres in der Monographie von C. FLAMMARION, La planète Mars, 2 Bde. (1892 u. 1909).

die Distanz von der Erde um die Oppositionszeit zwischen 56 und 100 Millionen km und der scheinbare Durchmesser zwischen 25″ und 13″ wechseln. Zeiten, die mehr als 4 Monate vor oder nach den Oppositionsdaten liegen, kommen für physische Beobachtungen schon wegen der dann sehr merklichen Phase kaum noch in Betracht.

Während eines Umlaufs ändert sich die Marshelligkeit von der Erde aus gesehen besonders stark, mehr als dies bei irgendeinem anderen der großen Planeten der Fall ist. In den günstigsten Oppositionen, die sich fast genau nach 37 synodischen Umläufen und 4 Tagen wiederholen, hat der Planet die Helligkeit $-2^m,8$, in den ungünstigsten Konjunktionen $+1^m,6$. Das Licht wechselt also fast vom Glanz der Venus bis zur Helligkeit des Regulus. Die allein vom Phasenwinkel abhängigen, auf $r_0 = 1,5237$ und den mittleren Oppositionsabstand $\Delta_0 = r_0 - 1 = 0,5237$ bezogenen Änderungen in Größenklassen lassen sich nach denselben Quellen[1] durch die Formeln

$$H_\male = -1,88 + 0,01486\,p \qquad \text{(MÜLLER, visuell)}$$
$$H_\male = -0,55 + 0,0202\,\ p \qquad \text{(KING, photographisch)}$$
$$H_\male = -2,00 + 0,0152\,\ p \qquad \text{(KING, photovisuell)}$$

ausdrücken. Für einen gegebenen Radiusvektor r und den Erdabstand Δ gestaltet sich die Vorausberechnung der Helligkeit eines oberen Planeten dann so, daß an die obigen Werte von H noch die Abstandsverbesserung in Größenklassen

$$+ 5 \log \frac{r\,\Delta}{r_0\,(r_0 - 1)}$$

hinzuzufügen ist. Der durch die Gleichungen für $H_\male$ gekennzeichnete Helligkeitsverlauf der Phasen entspricht fast innerhalb der Beobachtungsfehler demjenigen der Venus. Der Vergleich kann aber nur bis zu einem Phasenwinkel von 50°, der bei Mars nie überschritten wird, ausgedehnt werden. Die ÖPIKsche photometrische Formel, die Planeten mit wolkenerfüllten Atmosphären voraussetzt (Ziff. 6) und bei der Venus erst bei dünner Sichelphase versagt, stellt die erfaßbare photometrische Marskurve zwischen $p = 0°$ und $p = 50°$ fast absolut dar.

Mars ist der erste Planet, bei dem ein Wechsel der Umrisse auf der sichtbaren Scheibe eine Rotation verrät. Die helleren und dunkleren Flecke zeigen geringere Kontraste als bei dem Erdmond, diese reichen aber aus, um bei günstiger Lage der Hauptformationen zur Erdrichtung einen lichtelektrischen Nachweis des Intensitätsverlaufs und seiner Periode zuzulassen, wie das 1909 in Babelsberg P. GUTHNICK geglückt ist. Für die Bestimmung des genaueren Wertes der Umdrehung aus einem größeren Material lassen sich schon die rohen Skizzen des 17. Jahrhunderts verwerten. Verbindet man sie mit neueren, natürlich wesentlich schärfer bestimmten Durchgängen der Flecke durch den Mittelmeridian, so läßt sich die Rotationsdauer sehr genau ableiten. W. F. WISLICENUS[2] und VAN DE SANDE BAKHUYZEN haben das bis etwa 1885 angesammelte Material ausgeglichen und übereinstimmend den Marstag $= 24^h\,37^m\,22^s,65$ gefunden, eine Zahl, die auf etwa $0^s,01$ gesichert ist. Neuere Einwände gegen die Gültigkeit dieser Umdrehungsdaten haben sich als nicht stichhaltig erwiesen. Der Unterschied gegen den irdischen Sterntag $(23^h56^m4^s,09)$ beträgt $41^m18^s,56$. Dividiert man den siderischen Umlauf $(686^d23^h37^m)$ durch die Rotationszeit, so erhält man für die Länge des Marsjahres 668 Stern- bzw. 669 Sonnentage.

---

[1] G. MÜLLER, Publ Astroph Obs Potsdam 8, S. 324 (1893) und E. S. KING, Harv Ann 85, No. 4 (1923).
[2] Beitrag zur Bestimmung der Rotationszeit des Planeten Mars. Diss. (1886); s. auch Lowell Bull Nr. 60 (1914).

Aus der Bewegung der Flecke und der durch die weißen Polkappen leicht kenntlichen scheinbaren Achsenlage läßt sich der wahre Ort des Marsnordpols berechnen. Der von O. Lohse[1] aus eigenen und fremden Messungen für 1900,0 abgeleitete Ort $A = 318°,1$ $D = +54°,0$ stimmt mit dem neueren von W. H. Pickering[2] $A = 316°7'$, $D = +53°38'$ (1915,0) nicht gut überein. Den sichersten Beitrag für die Lage der Rotationsachse bietet die Bewegung der Knoten und Apsiden der beiden Trabanten, woraus H. Struve[3] den zur Zeit zuverlässigsten Wert der Nordpollage des Mars $A = 317°4',4$ $D = 52°35',6$ (1880,0) berechnet hat. Da eine Abplattung der Marskugel bis zu $\frac{1}{200}$ nicht ausgeschlossen ist, wäre eine Präzessionsbewegung des Marsäquators auf der Bahn möglich. Der von Struve dafür angegebene Betrag von $7'',07$ jährlich ist aber angesichts der Unsicherheit der Pollage doch noch etwas fraglich. Aus der Pickeringschen Achsenrichtung folgt nach den in Ziff. 2 angegebenen Formeln als Neigung der Marsachse gegen die Normale auf der Bahn ein Winkel von $24°,0$. Jahres- und Tageslänge, Bahnexzentrizität und Schiefe der Marsekliptik bestimmen den Wechsel der Jahreszeiten und die jeweilige Lage der Planetenkugel zur Erde.

Die Übereinstimmung einiger Marskonstanten mit den entsprechenden irdischen Zahlenwerten (Rotation, Achsenneigung) darf nicht zu falschen Schlüssen über die Ähnlichkeit der Jahreszeiten und anderer Dinge führen. Die weit größere Sonnenentfernung, die Dauer des Umlaufs und besonders die starke Bahnexzentrizität mit ihrer im Aphel um mehr als 30% gegen das Perihel verminderten Sonnenstrahlung schaffen klimatische Verhältnisse, die ohne Kompensation durch besondere auf der Erde nicht vorhandene Eigenschaften der Atmosphäre mit den unsrigen wenig gemeinsam haben dürften.

Von den älteren Versuchen einer kartenmäßigen Darstellung der Marskugel sind die Planigloben und Plattkarten von J. H. Mädler (1840), F. Kaiser (1864), R. A. Proctor (1867) und N. E. Green (1877) besonders erwähnenswert[4]. Seit der Opposition von 1877 hat dann G. Schiaparelli durch seine zahlreichen Messungen und Zeichnungen einen wertvollen Grundstock für die gesamte Areographie geliefert[5]. Diese Leistung wird in bezug auf Einzelheiten der Oberfläche von einigen späteren Kartenwerken (Antoniadi, Fournier) merklich übertroffen, aber ohne daß dadurch die Zuverlässigkeit der Orientierung nach Längen und Breiten gewonnen hätte. Ortsbestimmungen der Marsflecke aus neuerer Zeit liegen von H. E. Lau, W. H. Pickering[6], K. Graff, R. Trümpler u. a. vor.

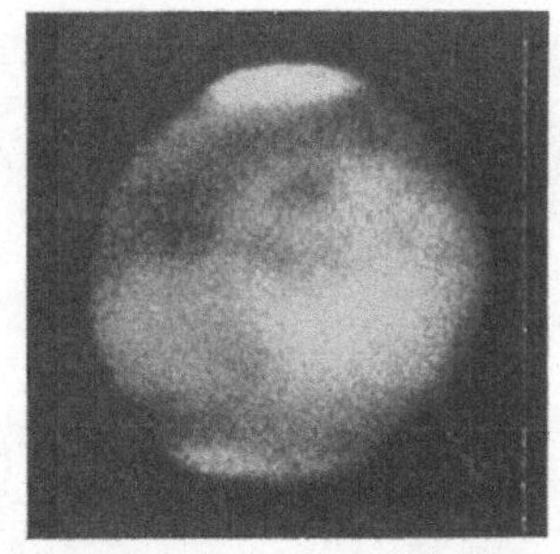

Abb. 8. Photographische Marsaufnahme des Lowell-Observatoriums aus dem Jahre 1907.

Die Einzelheiten der Marsoberfläche setzen sich aus ausgedehnten ockerfarbenen und blaugrauen Gebieten zusammen, von denen die ersteren hauptsächlich die Nord-, die letzteren die Südhalbkugel einnehmen. Ihre übliche Trennung nach „Ländern" und „Meeren" ist genau wie bei der gleichartigen Bezeichnung auf dem Monde nur als mnemotechnisches Hilfsmittel aufzufassen und in dieser Verallgemeinerung sicher unrichtig. Es ist also noch gänzlich unbestimmt, was

---

[1] Siehe auch Lowell Bull Nr. 56 (1912).   [2] Pop Astr 35, S. 317 (1927).
[3] Sitzungsber Preuß Akad 1911, S. 1173.
[4] Näheres in der Monographie von C. Flammarion, La planète Mars, 2 Bde. (1892 u. 1909).
[5] Osservazioni sull' asse di rotatione e sulla topografia del pianeta Marte, 5 Teile. (1878—1897).
[6] Harv Ann 82, No. 5 (1926).

auf dem Planeten als Land, was als Wasser oder gar als Vegetation anzusprechen ist. Wären irgendwo größere Meeresbecken vorhanden, so dürften bei der durchsichtigen Atmosphäre des Mars sternartige Reflexe der Sonne kaum fehlen, worauf vor vielen Jahren schon H. D. TAYLOR[1] hingewiesen hat.

Eine Besonderheit der Marsoberfläche bilden die weißen Kappen, die für gewöhnlich die beiden Marspole einschließen. Ihre Schwerpunkte fallen mit den Rotationspolen nicht genau zusammen, sondern zeigen stets wiederkehrende Breitenabweichungen in ganz bestimmten areographischen Längen. Nach einer Zusammenstellung von W. H. PICKERING[2], bei der Angaben von Beobachtern zwischen 1783 und 1924 verwertet sind, liegen die Mittelpunkte der weißen Flecke im Mittel in $\lambda = 321°$ und $\varphi = +88°,5$ bzw. in $\lambda = 32°$ und $\varphi = -83°,9$. Die Verschiebung gegen den Rotationspol ist also bei dem Südfleck besonders stark. Die Kappen verschwinden mit steigender Sonne und bilden sich bei abnehmendem Sonnenstand von neuem; sie sind also als eine jahreszeitliche Erscheinung der Marsoberfläche aufzufassen. Um die Wintersonnenwende und weit über das Frühlingsäquinoktium hinaus reichen sie bis zu areographischen Breiten von 50°. Etwa 2 bis 3 Monate vor dem Solstitium beginnen sie den Rückzug und schmelzen dann vollkommen oder bis auf unbedeutende Reste zusammen. Die Rückzugsgeschwindigkeit ist zuweilen sehr groß und erreicht unter Umständen 100 km täglich. Die Kappen erscheinen selten als gleichförmige weiße Flächen, sondern zeigen in der Regel Struktur, dunklere Schattierungen und Spalte, Stellen von höherem Glanz usw. Die 1924 von K. GRAFF festgestellten Wellen in der Schmelzkurve des Südflecks haben die gleiche Periode wie die Wiederkehr der gleichen Rotationsphase gegenüber der Erde, sind also wohl nicht reell, sondern auf lokale Abweichungen der betreffenden Polkappe vom Kreisumriß bzw. vom angenommenen Schwerpunkt zurückzuführen. Für die Schmelzperiode der weißen Gebiete charakteristisch ist das Auftreten von runden oder unregelmäßigen Randflecken besonders hoher Albedo, die den Pol kranzartig umgeben (Abb. 9) und nach Jahren und Jahrzehnten bei gleichartiger Sonnenstellung fast an genau denselben Stellen der Marsoberfläche sich entwickeln[3]. Während ihrer Abnahme sind die Polkappen von einem dunkelgrauen Saum umgeben, den man früher für eine

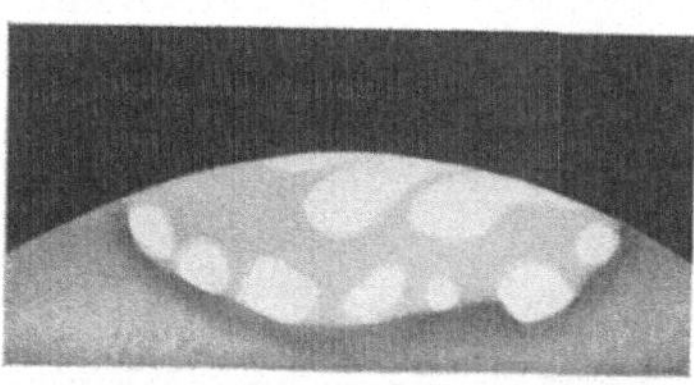

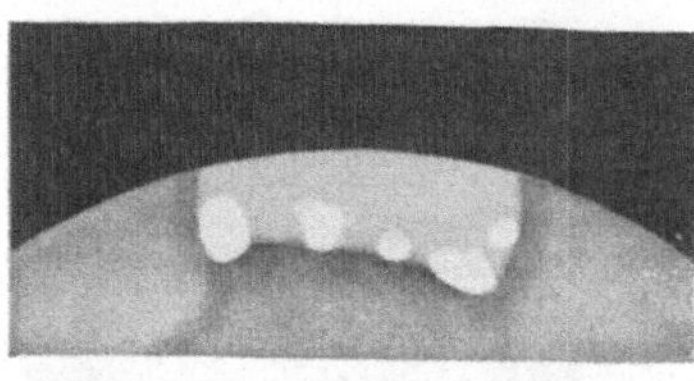

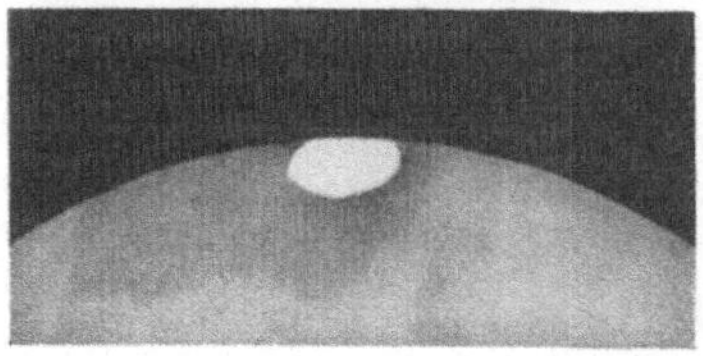

Abb. 9. Abnahme des südlichen Polflecks des Mars, Juli bis September 1924.

optische Täuschung ansah, der aber sicher reell ist. Die in der Bezeichnung oft ausgedrückte Deutung dieser Vorgänge ist durchaus nicht endgültig. Wenn man auch nach dem Vorgang von P. LOWELL[4] bei ihrer Schilderung von „Schneefeldern", „Randschollen", „Schmelzwassern" usw. zu sprechen pflegt, so darf

---

[1] M N 55, S. 462 (1895).   [2] Pop Astr 34, S. 21 (1926).
[3] Vgl. K. GRAFF, Astron. Abh. d. Hamb. Sternw. in Bergedorf 2, Nr. 7, Taf. 11 (1926).
[4] Mars as the Abode of Life (1908).

nicht außer acht gelassen werden, daß die auf diese Weise zum Ausdruck gebrachten Vorstellungen, die dem Eindruck am Fernrohr entgegenkommen, möglicherweise vollkommen unrichtig sind.

8. Atmosphäre und Wolkengebilde des Mars. Spektrum und Temperatur.

Neben den beständigeren Umrissen von roter, grauer oder weißer Farbe mit den üblichen Abstufungen in der Tiefe und der Leuchtkraft der Tönung werden auf der Marsoberfläche häufiger auch veränderliche, stationäre oder ihren Ort rasch wechselnde weißliche oder gelbliche Flecke beobachtet, die kaum etwas anderes als ruhende oder von Luftströmungen fortgetriebene Wolken sein können. Sie treten in allen möglichen Marsbreiten auf und erreichen zuweilen sehr große Höhen über dem Boden, wie aus vorübergehend beobachteten Hervorragungen des Terminators ersichtlich ist[1]. Ebenso treten in den Umrissen, dem Glanz und der Farbentönung bestimmter Oberflächenformen trotz unveränderlicher säkularer Lage auf der Marskugel von Opposition zu Opposition so beträchtliche Veränderungen auf, daß auch daran atmosphärische Kondensationen erheblich beteiligt sein dürften. Während im allgemeinen das Auge am Fernrohr den Eindruck hat, als ob der Blick bis zur Oberfläche des Planeten vordringt, verschleiern des öfteren Nebel und Dunst große Gebiete, zuweilen sogar die ganze Kugel des Mars, so daß sie dem Auge überhaupt keine Einzelheiten mehr bietet. Daneben läßt die Änderung der Tönung und Zunahme der Verwaschenheit aller Umrisse bei Annäherung an die Ränder, also bei tangentialem Blick, auf Streuung und Absorption des Lichtes in einer atmosphärischen Hülle schließen, und die Abschattierung der Lichtgrenze, die nur für etwa acht Tage um das Oppositionsdatum herum verschwindet, beweist das Vorhandensein von Dämmerungserscheinungen.

Obwohl der Betrag des polarisierten Lichtes bei Mars höchstens 2 bis 3% der Gesamtstrahlung ausmacht, sind die Schwankungen in diesem Bereich mit empfindlichen Instrumenten doch sicher nachweisbar. Die plötzliche Bewölkung der ganzen Marsoberfläche, die z. B. nach dem 6. Dezember 1924 einsetzte, und die Aufklarung Ende Februar 1925 gehen aus den LYOTschen Messungen und dem Verlauf seiner Polarisationskurve (Abb. 10)[2] in verschiedenen Einzelheiten weit sicherer hervor als aus den gleichzeitigen Fernrohrbeobachtungen, die bei dem kleinen scheinbaren Durchmesser und der starken Phase des Planeten in jener Zeit keine nennenswerten Ergebnisse mehr liefern konnten. Während der Opposition 1922 war die Marsatmosphäre klarer und weit geringeren Sichtstörungen ausgesetzt. Diese Tatsache findet in der fast glatten oberen Kurve der Abb. 10 ihren Ausdruck, die den Betrag des polarisierten Lichtes für die gleichen Diffusionswinkel wie 1924 veranschaulicht.

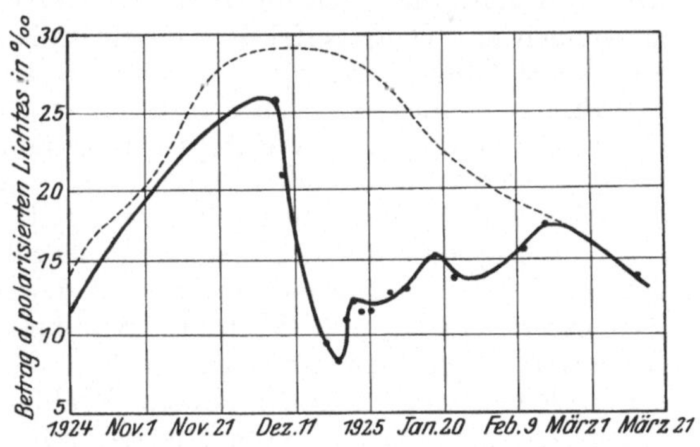

Abb. 10. Gang der Polarisation des Marslichtes 1924 (unten) und 1922 (oben) bei gleichen Diffusionswinkeln (nach B. LYOT).

Gegenüber diesen durchaus eindeutigen Feststellungen über die Atmosphäre des Mars und sogar über wichtigere meteorologische Vorgänge in

---

[1] Vgl. z. B. E. M. ANTONIADI, C R 179, S. 884 (1924).   [2] C R 178, S. 1796 (1924).

derselben sind die Ergebnisse der Spektralanalyse wieder recht dürftig. Die älteren Beobachter wie J. JANSSEN, H. C. VOGEL, W. HUGGINS hielten an ihrem visuellen Nachweis einer Verstärkung der atmosphärischen Banden im Marsspektrum fest[1], während J. E. KEELER sich für vollkommene Identität der Mars- und Sonnenabsorptionen aussprach. V. M. SLIPHER hat 1908 photographisch die a-Bande bei Mars deutlich erhalten, während dies bei dem $13°$ tiefer stehenden Mond nicht der Fall war, doch hat eine Expedition des Lick-Observatoriums nach dem Mt. Whitney (4400 m) das Ergebnis nicht bestätigt. In dem durch den Dopplereffekt vom Erdspektrum getrennten Marslicht konnte mit Sicherheit keine atmosphärische Linie wiedergefunden werden. Hieraus haben W. W. CAMPBELL und S. ALBRECHT den Schluß gezogen, daß die Quantität Wasserdampf am Marsäquator jedenfalls nicht $1/_5$ derjenigen über dem 1300 m hohen Mt. Hamilton (etwa 2 g auf 1 cbm) entspricht[2]. Neuerdings ist von W. S. ADAMS und C. E. ST. JOHN[3] ein Vergleich der Marsspektrogramme mit dem atmosphärischen Spektrum auf mikrophotometrischem Wege durchgeführt worden. Es hat sich dabei wohl eine Verstärkung der Wasserdampf- und Sauerstoffbanden bei Mars nachweisen lassen; die quantitativen Beträge dieser Gase sind aber sehr gering und entsprechen nur 6% bzw. 16% von dem Wasserdampf und Sauerstoff, den die irdische Atmosphäre über dem Mt. Wilson aufweist. Erst in etwa 10 km Höhe trifft man auf der Erde vergleichbare Prozentzahlen an.

Die Frage der Marstemperatur ist bei Gelegenheit der verschiedenartigsten Probleme, die sich an den Planeten knüpfen, behandelt und umstritten worden, doch fehlten, wie wir sahen (Ziff. 3), vor einigen Jahrzehnten noch vollständig die empirischen und theoretischen Grundlagen zur Entscheidung einer so schwierigen Angelegenheit, wobei noch oft voreingenommene Meinungen das Urteil trübten. Die am klarsten begründeten theoretischen Ziffern hat sicher M. MILANKOWITSCH[4] abgeleitet, wobei er zu oberen Grenzwerten gelangte, die zwischen $-3°$ am Äquator und $-52°$ an den Polen des Mars liegen. Diese Angaben stimmen der Größenordnung nach mit den Temperaturen auffallend gut überein, die aus Messungen des Thermoeffektes an den großen Reflektoren des Lowell- und des Mt. Wilson-Observatoriums von den Beobachterpaaren COBLENTZ-LAMPLAND und PETTIT-NICHOLSON nach dem RUSSELLschen Prinzip (Ziff. 3) erhalten worden sind[5]. Die anfänglichen Widersprüche in den Werten verschiedener Beobachter haben in der abweichenden Größe der benutzten Empfänger ihre Erklärung gefunden und dürfen wohl als beseitigt gelten. Die vorliegenden Daten können zu einer Tageskurve des Mars zusammengefaßt werden, die in den senkrecht von der Sonne beschienenen Gebieten bei weniger als $-45°$ C beginnt, um die Mittagszeit einige Grade über den Nullpunkt emporsteigt und etwa mit dem Gefrierpunkt bei Sonnenuntergang endet. Die grauen Gebiete zeigen gegenüber den rötlichen eine merklich höhere Strahlung; die Unterschiede betragen zuweilen $30°$ und darüber. Wie die bei stärkerer Phase aufgenommenen Werte der Planetenstrahlung für die einzelnen frühen und späten Tagesstunden des Mars zeigen, muß die Nachttemperatur des Planeten niedrig sein, woraus auf eine sehr geringe Wärmekapazität des Marsbodens und eine recht unvollkommene Rückstrahlungsfähigkeit der Marsatmosphäre geschlossen werden darf. Obwohl die mittlere Temperatur des Mars nur zwischen $-15°$ und $-30°$ liegen mag,

---

[1] J. SCHEINER, Spektralanalyse der Gestirne, S. 213 (1890).
[2] Lick Bull 5, S. 149 (1909).   [3] Publ A S P 37, S. 158 (1925).
[4] Théorie mathématique des phénomènes thermiques produits par la radiation solaire, S. 307 (1920).
[5] Zusammengefaßt von W. W. COBLENTZ, Nat. 116, S. 439 (1925) und Naturw. 15, S. 809 (1927).

und im Bereiche der Polflecke Werte bis zu — 60° angetroffen werden, braucht
die Planetenoberfläche durchaus nicht als Eiswüste angesehen zu werden.
Man hat auf eine gewisse Ähnlichkeit mit dem irdischen Tundrenklima hingewiesen, wo zwar nicht in der tages-, aber in der jahreszeitlichen Kurve fast
gleichartige Temperaturschwankungen angetroffen werden; es darf aber dabei
nicht außeracht gelassen werden, daß auf dem Mars im wesentlichen Boden-
temperaturen gemessen werden, während für die klimatischen Verhältnisse auf
der Erde die Lufttemperatur maßgebend ist.

**9. Photographische Aufnahmen des Mars. Physiologische Phänomene und
ihre Deutung.** Wenn auch, wie erwähnt, einige geschickte Beobachter wie
E. M. ANTONIADI, G. FOURNIER u. a. von der Marsoberfläche außerordentlich reich-
haltige Zeichnungen mit zahllosen Feinheiten an-
gefertigt haben[1], so beginnen diese Leistungen
gegenüber den im Maßstab viel kleineren aber
in der Auffassung und Orientierung wesentlich
zuverlässigeren photographischen Aufnahmen
(Abb. 8 u. 11) allmählich zurückzutreten. Die
ersten brauchbaren, d. h. die Polkappen und einige
unbestimmte Schattierungen zeigenden Aufnahmen auf gewöhnlichen Trockenplatten sind
1888 und 1890 mit dem 13 zölligen Boydenrefrak-
tor des Harvard-Observatoriums in Arequipa
angefertigt worden. Wegen der langen Expositionszeiten waren die Versuche bis 1905 recht
unbefriedigend ausgefallen, bis sich bei den weiteren, besonders unter P. LOWELLS Leitung un-
ermüdlich geförderten Arbeiten der große Vorteil
gelber und roter Filter bei der Marsphotographie

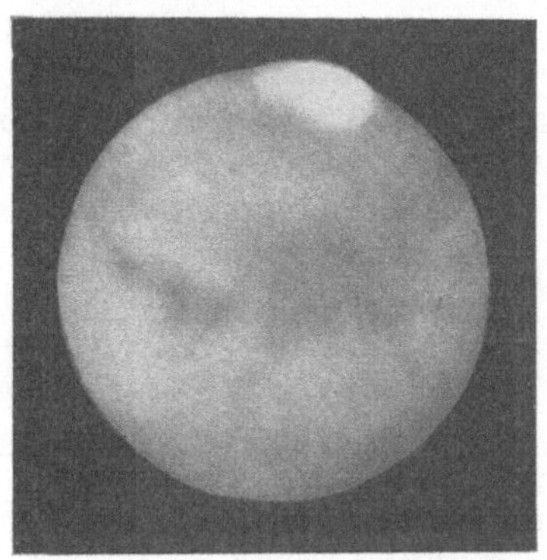

Abb. 11.   Mars 1924 nach einer
Filteraufnahme von VAN MAANEN.

ergab (Abb. 11). Dank den amerikanischen Bemühungen verfügt die Areographie
seit 1907 über eine Reihe guter, z. T. sogar vortrefflicher Aufnahmen des Planeten[2].
Bei seinen Untersuchungen über die Schärfe der photographischen Abbildung in
verschiedenen Farben kommt F. E. ROSS auf Grund von Laboratoriumsversuchen
zu dem Schluß, daß in günstigen Marsoppo-
sitionen bei Verwendung langwelligen Lichtes
und etwa 100 m Äquivalentbrennweite sich
noch Objekte von 10 km Durchmesser abbilden
müßten. Bei starken Helligkeitsunterschieden
dürfte die Grenze sogar noch merklich tiefer
liegen. Die bisherigen Aufnahmen sind, obwohl z. T. mit merklich größeren Brenn-
weiten angefertigt, von diesen Idealleistungen
noch sehr weit entfernt.

    Ein Vergleich der monochromatischen
Aufnahmen mit den visuellen Beobachtungen
zeigt, daß die Gelbfilterbilder dem visuellen
Fernrohreindruck am besten entsprechen; die
Rotaufnahmen zeigen erhöhte, die Blau- und
Violettaufnahmen verminderte Kontraste
(Abb. 12). Besonders merkwürdig ist die zuerst

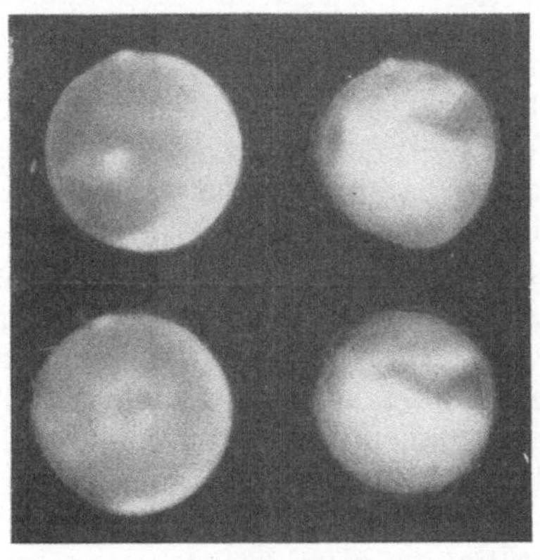

Abb. 12. Filteraufnahmen des Mars.
Oben ultraviolett und gelb, unten blau
und ultrarot (nach W. H. WRIGHT).

---

[1] Veröff. in B S A F, den Sammelbänden von R. JARRY-DESLOGES (Fußnote S. 367) u. a.
[2] Zum Teil in Pop Astr und Publ A S P veröffentlicht.

von W. H. WRIGHT gemachte Feststellung, daß die kurzwelligen Photogramme einen merklich größeren Durchmesser des Planeten ergeben als die langwelligen. Außerdem kommt die Polkappe hier in einer weit stärkeren Ausdehnung zum Vorschein als im normalen Fernrohrbild[1]. Helle, auffallend glänzende Flecke von unbestimmter Begrenzung sind sonst das einzige, was man auf den eintönigen Violettaufnahmen zuweilen bemerkt. Hieraus hat WRIGHT den Schluß gezogen, daß die Rotbilder im wesentlichen den Planetenkörper, die Violettbilder die für kurze Wellen undurchdringliche Atmosphäre des Mars abbilden. Nach dem Unterschied der kurz- und langwelligen Durchmesser zu urteilen, müßte diese eine Höhe von 190 km haben. Die Polkappen hält WRIGHT der Hauptsache nach für atmosphärische Gebilde, also etwa für hochschwebende kompakte Wolkenmassen, die bei stärkerer Insolation sich allmählich auflösen. Dafür spricht, wenn man auf die direkten Okularbeobachtungen zurückgreift, die Tatsache, daß alle Einzelheiten der Kappen trotz ihrer Randnähe ungewöhnlich deutlich und fast stets in weißer Färbung hervortreten, dagegen eigentlich nur die Wahrnehmung, daß die Ziff. 7 erwähnten glänzenden Randflecke der Polkappen in den gleichartigen Oppositionen des Mars an denselben Stellen auftreten. Hier könnte allerdings eingewendet werden, daß diese Wiederholung bestimmter atmosphärischer Gebilde am gleichen Ort auch durch darunterliegende Bodenformen, z. B. stärkere Erhebungen, Wasserbecken u. dgl., veranlaßt sein könnte.

Wenn auch aus den photographischen Aufnahmen hervorgeht, daß die Marsatmosphäre nur sehr wenig kurzwelliges Licht durchläßt, so ist damit eine Deutung für die Färbung des Planeten doch noch nicht gegeben. Bereits F. ARAGO hat darauf aufmerksam gemacht, daß bei einem Streuvorgang die rote Tönung an den Planetenrändern am stärksten auftreten müßte, während in Wirklichkeit der äußere Umriß der Marsscheibe graublau verschleiert erscheint. Wahrscheinlich ist das reflektierte Licht der Planeten-Oberfläche an sich schon reich an langwelligen Strahlen; entfernte Ziegeldächer in einer dunstigen Ebene erinnern, besonders bei Betrachtung durch ein Fernglas, je nach ihrem Abstand auffallend an die Farbenabstufungen, denen einzelne Marsformationen von ihrem Auftauchen am Rande bis zu der 6 Stunden später erfolgenden Kulmination unterliegen.

Das Bestreben, aus dem nicht leicht auffaßbaren Fernrohrbild des Mars möglichst viele Einzelheiten herauszuholen, hat dazu geführt, daß man bei den Beobachtungen nur gar zu häufig bis an die äußerste Grenze der Leistungsfähigkeit des Auges gegangen ist und schließlich in reichlichem Maße physiologische Effekte als reell aufgefaßt und mit aufgezeichnet hat. G. SCHIAPARELLI war der erste, der die Darstellung der verschiedenen überaus feinen und schwer auffaßbaren Einzelheiten innerhalb der ockerfarbenen Gebiete schematisiert und ihr ein geometrisches Netz zugrunde gelegt hat. Entgegen der landläufigen Ansicht entsprechen die SCHIAPARELLIschen „Kanäle" trotz ihrer Bezeichnung nur zu einem sehr geringen Teil irgendwelchen dunkleren Schattierungen der Marsoberfläche. Sie geben vielmehr in der schwarz-weißen Wiedergabe der Bleistiftzeichnung auch alle Licht-, Ton- und Farbenwerte in ihren ungefähren Begrenzungen wieder. Der jahrzehntelange Streit um die Realität der „Marskanäle" interessiert infolgedessen weniger die Astronomie als die physiologische Optik. Daß nach SCHIAPARELLI diese Gebilde von vielen Beobachtern bestätigt wurden, ist nicht verwunderlich. Es liegt in der menschlichen Natur, auch bei möglichst objektiver Einstellung die Sinnesempfindungen unbewußt zu korrigieren, um sie anderweitig bekannten und beglaubigten Erfahrungen anzupassen. SCHIAPARELLI selbst hat das „Kanälesehen" sehr treffend nur als

---

[1] Lick Bull 12, S. 48 (1925).

eine „Phase in der Beobachtungskunst" bezeichnet, wenn er auch an der Realität der von ihm geradlinig umrissenen Gebilde kaum gezweifelt hat[1]. Während bei SCHIAPARELLI fast immer ein Zusammenhang des Bildes mit reellen Dingen auf der Planetenoberfläche nachweisbar bleibt, ist dies bei P. LOWELL und seinen Schülern oft nicht mehr der Fall. Hier gehört, wie die Photographie unzweideutig nachgewiesen hat, das meiste in das Gebiet von Sinnestäuschungen. Vor einigen Jahren hat A. KÜHL[2], an die von E. MACH um 1865 entwickelte Kontrasttheorie räumlich verteilter Lichtreize anknüpfend, gezeigt, wie sich diese Sinnestäuschungen deuten und durch besonders auffällige Beispiele zur Anschauung bringen lassen. Nach dem übereinstimmenden Urteil aller erfahrenen Beobachter ist nicht daran zu zweifeln, daß bei guter Sicht die Marsoberfläche sehr viele unregelmäßig geformte und ebenso angeordnete Einzelheiten enthält, die unterhalb der Auflösbarkeit der angewendeten optischen Instrumente liegen. In solchen Fällen entstehen im Auge physiologisch-optische Kontrastlinien von geometrischer Form, die mit der tatsächlichen Anordnung der Details nichts zu tun haben. Danach sind in Zukunft nur große Instrumente von starker auflösender Kraft berechtigt, an irgendwelchen wissenschaftlichen Untersuchungen der Marsoberfläche teilzunehmen. Es ist so gut wie sicher, daß mit zunehmender Güte der Definition und wachsender Übung der Beobachter sich auch der Rest der geometrischen Gebilde in kleine, unregelmäßige Schattierungen auflösen wird, ein Standpunkt, den z. B. V. CERULLI[3] von Anfang an vertreten hat.

c) Die äußeren Planeten.

10. Jupiter. Äußerer Anblick. Rotation und Achsenlage. Den inneren Planeten Merkur, Venus, Erde und Mars, die sich durch verhältnismäßig geringe Dimensionen, kleine Masse, aber erhebliche Dichte auszeichnen, stehen im Sonnensystem außen, d. h. von rund dem 5fachen Sonnenabstand der Erde an gerechnet, vier Planeten großer Masse, geringer Dichte und daher auch großen Volumens gegenüber. Im einzelnen scheint die physische Verwandtschaft dieser äußeren Glieder des Sonnensystems unter sich noch enger zu sein als unter den inneren Komponenten, so daß die an Jupiter, dem größten und nächsten Planeten der Gruppe, gewonnenen Einzelheiten vermutlich in sehr weiten Grenzen auch auf Saturn, Uranus und Neptun übertragen werden dürfen.

Außer Mars und dem Erdmond ist Jupiter der einzige und letzte Planet im Sonnensystem, an dem das Auge stets mit Deutlichkeit noch Einzelheiten, also Fleckumrisse, erkennen kann. Es handelt sich dabei offenkundig um atmosphärische Gebilde, also Wolken, die durch parallel zum Äquator verlaufende Strömungen dem Planeten sein bekanntes gestreiftes Aussehen verleihen. Helle, gelblichweiße „Zonen" wechseln dabei mit dunklen, bräunlichen „Bändern" ab. Die Streifenbildung ist raschen Veränderungen unterworfen, die nach A. WONASCHEK eine Periode von 11,8, nach W. F. DENNING eine solche von 9,8 Jahren haben sollen. Auch ein gesetzmäßiger Wechsel der Tönung wird bei den dunklen Bändern behauptet (ST. WILLIAMS)[4], doch ist zu beachten, daß genauere Schätzungen der zarten Jupiterfarben an den üblichen Refraktoren mit ihrer unvollkommenen chromatischen Korrektion stets wenig zuverlässig sind. An Reflektoren und Apochromaten verschwindet der größte Teil der roten und violetten Töne; die Bänder sowie alle mit ihnen verwandten Gebilde erscheinen dann in einem satten Sepiabraun.

---

[1] In neuerer Zeit hat sich R. TRÜMPLER wieder für eine geometrische Darstellung der Marsumrisse entschieden; vgl. Lick Bull 13, S. 19 (1927).
[2] V J S 59, S. 196 (1924).   [3] Nuove osservazioni di Marte (1898—1899).
[4] M N 59, S. 376 (1899).

Für photographische Aufnahmen bildet Jupiter ein sehr dankbares Objekt. Im Gegensatz zu Mars geben schon die gewöhnlichen Brom- und Chlorsilberplatten kräftige Kontraste, auch sind wegen der raschen Rotation in sehr kurzen Zwischenzeiten gute stereoskopische Wirkungen erzielbar. Befriedigende Farbfilternegative hat zuerst R. W. WOOD[1] erhalten. Tiefrote und violette Gläser ergaben die stärksten Gegensätze. In dem mittleren Spektralgebiet, im Ultraviolett und besonders im Ultrarot erhält man merklich flauere Negative. Besonders auffallend ist in den äußersten Wellenlängen die geringe Randverdunkelung der Planetenscheibe. Die Erfahrungen WOODS sind inzwischen durch wesentlich vollkommenere Aufnahmen bestätigt und ergänzt worden. Einzelne Photographien des Lowell-Observatoriums aus den letzten Jahren (Abb. 13 u. 14) stehen an Detailreichtum den besten Zeichnungen kaum noch nach.

Die Wolkengebilde auf Jupiter sind so differentiiert, daß sie sich vortrefflich für genaue Rotationsbestimmungen eignen. Die Durchgangszeiten der Flecke durch den der Erde zugekehrten Mittelmeridian können dabei geschätzt oder besser durch mikrometrische Messungen bestimmt werden. Schon CASSINI der Ältere stellte auf diese Weise die Dauer einer Jupiterumdrehung als zwischen $9^h 56^m$ und $9^h 50^m$ liegend fest. Genauere Zahlen gaben erst 100 Jahre später W. HERSCHEL und H. SCHRÖTER an, wobei gleichzeitig der Nachweis geliefert wurde, daß

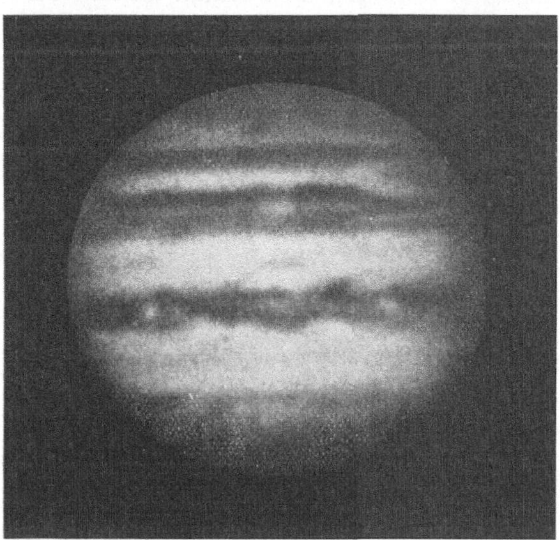

Abb. 13. Photographische Jupiteraufnahme des Lowell-Observatoriums 19. Okt. 1915.

die einzelnen Gebilde wegen ihrer Eigenbewegung oder aus anderen Gründen verschiedene Rotationszeiten liefern. Die umfangreichsten Beobachtungen zu dieser Frage haben J. SCHMIDT in Athen und ST. WILLIAMS in England angestellt. Es geht daraus hervor, daß jede Zone und jedes Band des Jupiter eine eigene Rotation hat, daß daneben aber die innerhalb der betreffenden Gebilde liegenden Flecke noch starke Eigenbewegungen zeigen. Als Beispiel für den Wechsel der Rotationszeit mit der Breite sind hier die bis 1907 abgeleiteten

Streifen	Mittl. Breite	Zeit	Rotation
Nordströmung	$+36°$	1888—1907	$9^h 55^m 41^s,5$
Nördl. Trop.-Strömung . .	$+17$	1887—1904	9 55 31 ,1
,, Äquatorströmung .	$+9$	1887—1907	9 50 33 ,1
Südl. ,, . .	-6	1887—1907	9 50 25 ,9
,, gemäß. Strömung .	-21	1887—1907	9 55 18 ,7
Südströmung	-35	1888—1904	9 55 5 ,7

Mittelwerte für einige jovizentrische Breiten nach ST. WILLIAMS mitgeteilt[2]. Aus den Zahlen geht hervor, daß von einer stetigen Verlangsamung der Um-

[1] Ap J 34, S. 310 (1911).   [2] Zenographical Fragments II (1909).

drehungsgeschwindigkeit nach den Polen zu, wie sie bei der Sonne beobachtet wird, keine Rede sein kann. Es sind offenkundig Sprünge vorhanden, die besonders scharf das äquatoriale Gebiet von den nördlich und südlich davon gelegenen Streifen trennen. Der Rotationsunterschied von 5 Minuten bewirkt, daß die einzelnen Flecke in den benachbarten Strömungen mit einer Sekundengeschwindigkeit von über 100 m aneinander vorbeiziehen. In den planetographischen Ephemeriden der Jahrbücher wird die Phase der Jupiterrotation gegenwärtig mit zwei Perioden von $9^h 50^m 30^s,004$ und $9^h 55^m 40^s,632$ Dauer gerechnet, die täglichen Umdrehungswinkeln von $877°,90$ und $870°,27$ entsprechen.

Spektroskopisch ist die Umdrehung des Jupiter verhältnismäßig leicht nachweisbar, da bei Planeten bei der Aufnahme von zwei entgegengesetzten Äquatorpunkten der vierfache Betrag der linearen Bewegung in den Dopplereffekt der Linien eingeht[1]. A. BELOPOLSKI[2] fand auf diese Weise 11,4, H. DESLANDRES 12,1, V. M. SLIPHER 12,6 km für die Sekundengeschwindigkeit am Äquator, gegenüber dem Wert 12,65 km, wie er aus dem täglichen Rotationswinkel der Flecke in dieser Breite folgt.

Die rasche Rotation bedingt eine starke Abplattung des Jupitersphäroids. Diese beträgt nach direkten mikrometrischen Messungen 1:16,7, während aus den Trabantenstörungen der Wert 1 : 15 folgt. Die Abweichung von der Kugelform ist also schon bei sehr schwachen Vergrößerungen deutlich sichtbar. Die Achsenlage ist aus der Bewegung der großen Trabanten seit mehr als 150 Jahren bekannt. Ihre in den Ephemeriden verwendete Richtung

$$A = \quad 17^h 52^m 0^s,84 + 0^s,247\,(t - 1910)$$
$$D = + 64° 33' 34'',6 - 0'',60\ (t - 1910)$$

Abb. 14.   Photographische Jupiteraufnahme des Lowell-Observatoriums 19. Dez. 1917.

geht auf M. C. DAMOISEAU zurück und bedarf auch heute kaum einer Verbesserung. Sie führt so nahe auf den Nordpol der Ekliptik, daß die dem Jupiteräquator parallel verlaufenden Zonen und Bänder nur sehr geringfügige perspektivische Abweichungen von der geradlinigen Form zeigen. Alle Reduktionen, die orthographische Entzerrung der Einzelheiten u. a. m. gestalten sich daher bei Jupiter besonders einfach. Formeln zur genaueren Berechnung der sphäroidischen Koordinaten auf der Oberfläche hat A. MARTH abgeleitet. Sie finden sich mit anderen nützlichen Formeln und Täfelchen in der großen Jupiterarbeit von O. LOHSE[3] vereinigt.

Wegen der Unregelmäßigkeiten in der Umdrehungszeit und wegen des starken Wechsels der wolkenartigen Oberflächengebilde haben die Darstellungen der Jupiteroberfläche aus früheren Jahrhunderten für Rotationsuntersuchungen nur geringen Wert. Daher fehlen über den Planeten so umfassende historische Darstellungen, wie wir sie z. B. über Mars besitzen. Die einzige Monographie dieser Art dürfte das französische Werk von L. LIBERT[4] sein.

11. Wolkengebilde und roter Fleck. Helligkeit und Spektrum. Aufbau des Jupitersphäroids. Die Wolkengebilde auf Jupiter haben meist Stratuscharakter,

---

[1] Vgl. S. 372, Fußnote 1.   [2] A N 139, S. 209 (1896).
[3] Publ Astroph Obs Potsdam 21, S. 180 ff. (1911).
[4] Le monde de Jupiter, 2 Bde. (1903—1904).

doch kommen auch ausgesprochene Kumulus- und Zirrusformen nebst Übergängen vor. Bemerkenswert für fast alle Breiten mit Ausnahme der nächsten Umgebung der Pole sind kreisrunde oder elliptische, glänzend weiße Flecke. Ebenso treten am Rande der Bänder zuweilen dunkle, braun gefärbte Bildungen auf, die vielleicht als größere Lücken in der Jupiteratmosphäre anzusehen sind. Der größte und beständigste Fleck dieser Art wurde 1878 auf der Südhalbkugel des Jupiter beobachtet. Er hatte sich aus einer länglichen, weißen Wolke allmählich entwickelt und ist in dieser Form auch heute noch sichtbar (Abb. 13 oben). An diesen „roten Fleck" und an den in der gleichen jovizentrischen Breitenlage befindlichen „Schleier" (auch die „südtropische Störung" genannt) knüpft sich eine umfangreiche Literatur. Die Geschichte des roten Flecks, die bis 1831, vielleicht sogar noch weiter zurück reicht, hat W. F. Denning[1] besonders ausführlich behandelt, während seine Rotation und Eigenbewegung auch O. Lohse[2], H. H. Kritzinger[3] u. a. untersucht haben. Die Umdrehungszeit des eigenartigen Gebildes hat jedenfalls mit der Zeit starke Wandlungen erfahren. Sie betrug 1831: $9^h55^m33^s,3$, stieg dann bis 1859 auf $9^h55^m38^s,3$ herauf, sank bis 1877 auf $9^h55^m33^s,4$, um 1899 den größten Wert, $9^h55^m41^s,9$, zu erreichen (Abb. 15). An der Umdrehung der Jupiterzone gemessen, in der sich der Fleck befindet, ist nach diesen Daten eine jährliche Abnahme der jovigraphischen Länge zwischen 1831 und 1885 um rund 47° jährlich zu verzeichnen. Nach 1899 macht sich ein Stillstand bis 1910 bemerk-

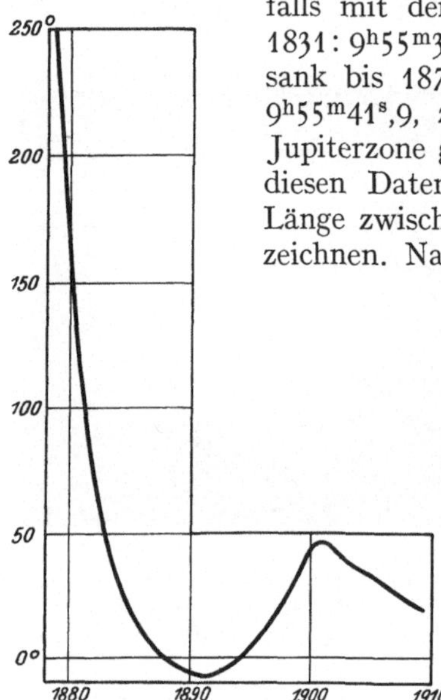

Abb. 15. Ausgeglichene Kurve der jovigraphischen Längen des roten Flecks (nach O. Lohse).

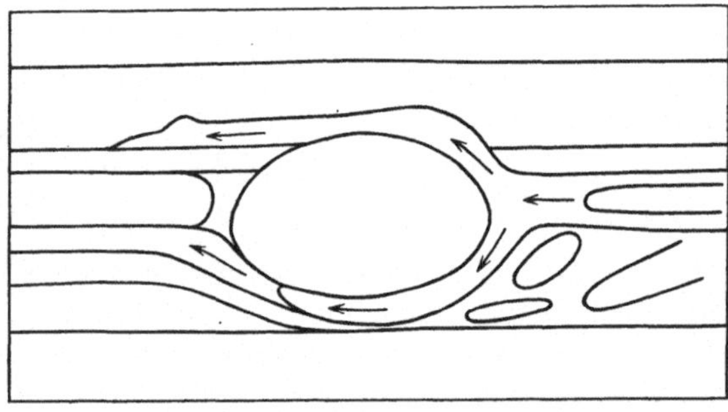

Abb. 16. Strömungen um den roten Fleck bei Begegnung mit dem Schleier (nach H. E. Lau).

bar. Seitdem schreitet der Fleck wieder mit der alten Geschwindigkeit und in dem alten Sinne vorwärts, ohne merklich seine Breite zu ändern. Besonders beachtenswert sind seine Begegnungen mit dem Schleier, der ihn jetzt alle 1,9 Jahre (vor 1911 alle 2,6 Jahre) einholt, sich hier vorübergehend aufstaut und dann unter Zurücklassung eines merklichen Impulses an die Längenbewegung des roten Flecks südlich und nördlich an dessen Rändern vorbeiströmt (Abb. 16). Aus allen diesen Tatsachen im Verein mit der starken Veränderlichkeit in Umriß und Farbe folgt, daß die Erscheinung in keinem Stadium ihrer Entwicklung ein Oberflächengebilde des Jupiter gewesen sein kann.

Die Randverdunkelung des Jupiter ist wiederholt Gegenstand von photometrischen Messungen gewesen. Zu erwähnen sind z. B. die Versuche von

---

[1] M N 59, S. 574 (1899).   [2] Vgl. S. 383, Fußnote 3.
[3] Über die Bewegung des Roten Flecks auf dem Planeten Jupiter. Diss. (1911).

E. SCHOENBERG[1] und B. FESSENKOFF[2], die mit Lummerprisma bzw. Auslösch-
keil die Flächenhelligkeit der Scheibe gemessen haben. Das beste Verfahren
gewährt die Photographie mit nachträglicher mikrophotometrischer Ausmessung
der Bilder. Bei Anwendung selektiver Filter geben die mikrophotometrischen
Kurven längs der kleinen und der großen Achse der Jupiterellipse den selektiven
Helligkeitsabfall nach dem Rande zu in graphischer Form wieder. Entsprechend den photographischen Erfahrungen liefern dabei Rot- und Violettfilter die stärksten, Grünfilter die
schwächsten Kontraste, wie es die
SHAPLEYschen Kurven in Abb. 17
zeigen[3].

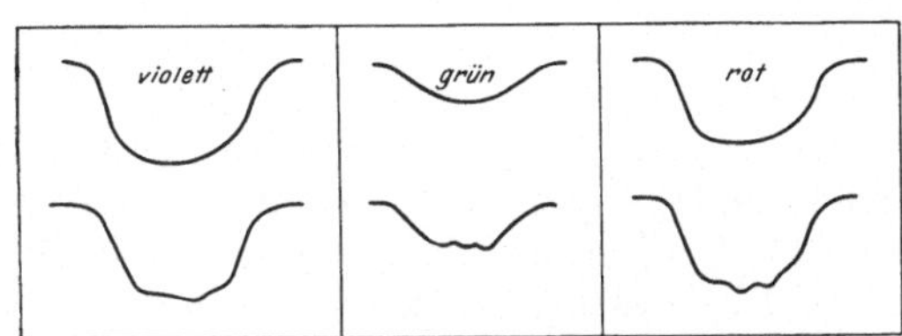

Abb. 17. Verteilung des Lichtes auf der Jupiteroberfläche. Oben in der Äquator-, unten in der
Polrichtung (nach SHAPLEY).

Den Helligkeitsverlauf des Jupiter nach Abstand und Phase hat
G. MÜLLER von 1878 bis 1890 besonders sorgfältig beobachtet[4] und
dabei einen geringfügigen Gang in
der mittleren Oppositionshelligkeit
des Planeten festgestellt, der sich
zwar nur über $0^m,15$ Gesamtamplitude erstreckt, aber deshalb bemerkenswert ist,
weil er mit der Sonnenfleckenperiode parallel zu laufen scheint. Danach würde
Jupiter im Maximum der Sonnentätigkeit auch die größte Helligkeit zeigen.
Da der siderische Jupiterumlauf ($11^a,9$) mit der Fleckenperiode ($11^a,1$) nahe
übereinstimmt, und nach Erfahrungen an anderen Planeten eine direkte Beziehung zwischen dem Betrage der Solarkonstante und der mittleren Oppositionshelligkeit nicht besteht, könnte auch an periodische, mit dem Jupiterjahr in
Zusammenhang stehende Änderungen in der Größe und Verteilung der Streifen
und Bänder auf der Planetenoberfläche und an einen damit im Zusammenhang
stehenden Helligkeitswechsel gedacht werden. Von diesem Gesichtspunkte aus
ist die Frage schon wiederholt diskutiert worden, z. B. von A. C. RANYARD,
O. LOHSE[5], A. HANSKI u. a.

Die Phase kann bei Jupiter höchstens 12° erreichen. Wegen der starken
Randverdunkelung der Scheibe beeinflußt sie die Gesamthelligkeit so wenig,
daß der Phasenfaktor erst auf photoelektrischem Wege von P. GUTHNICK und
R. PRAGER nachgewiesen werden konnte. Er beträgt $0^m,015$, so daß in Verbindung mit der mittleren Oppositionshelligkeit die auf das Harvardsystem
reduzierten, von Sonnen- und Erdabstand unabhängigen Helligkeitsformeln
lauten:

$$H_{2\!+} = -2^m,29 + 0^m,015\, p \quad \text{(MÜLLER, visuell)}$$
$$H_{2\!+} = -1^m,63 + 0^m,015\, p \quad \text{(KING[6], photographisch)}.$$

Die mittlere photovisuelle Helligkeit für die gleichen Abstände ($r_0 = 5,2028$,
$\varDelta_0 = 4,2028$) ist $-2^m,59$, der Farbenindex $= +0^m,66$. Als Albedo folgt nach
H. N. RUSSELL der Wert 0,56.

Abweichungen des Jupiterspektrums vom Sonnenspektrum waren schon von
A. SECCHI und W. HUGGINS bemerkt worden. Besonders auffällig tritt bei
visueller Beobachtung ein dunkles Band im Rot bei $618\,\mu\mu$ hervor. Neuere
photographische Aufnahmen von G. MILLOCHAU[7] zeigen fünf Absorptionen un-

[1] Photometrische Untersuchungen über Jupiter und das Saturnsystem (1921).
[2] Die physische Beschaffenheit des Jupiter (russ.) (1921).
[3] Harv Bull Nr. 834 (1926).   [4] Publ Astroph Obs Potsdam 8, S. 331 (1893).
[5] Bothkamp Beob. Heft 2, S. 92; vgl. auch G. MÜLLER, Photometrie der Gestirne,
S. 384 (1897).
[6] Harv Ann 85 Nr. 4, S. 63 (1923).   [7] C R 138, S. 1477 (1904).

bekannten Ursprungs, daneben eine Verstärkung der Wasserdampfbanden und der Liniengruppe α. Nach V. M. SLIPHER[1] haben die spezifischen Jupiterbanden die Wellenlängen λ 5427, 5769, 6023, 6192, 6465. Sie kommen sämtlich, z. T. sogar in merklich verstärkter Form, auch im Spektrum der übrigen äußeren Planeten vor, doch ist ihr Ursprung unbekannt. Das Spektrum des roten Flecks und der dunklen Bänder weist außer der durch die photographischen Filteraufnahmen nachgewiesenen selektiven Lichtdämpfung in Violett und Rot keine neuen Absorptionsgebiete auf.

Die radiometrischen Messungen der Energiestrahlung zeigen bei Jupiter nach Einschaltung der Wasserzelle nur 3% Verlust, so daß Jupiter als der Planet mit der geringsten ultraroten Strahlung angesehen werden kann. Hieraus folgt nach D. H. MENZELS[2] Berechnung eine mittlere Temperatur von $-110°$ bis $-135°$ C, die jedenfalls anzeigt, daß der Planet trotz seiner Größe keine merkliche Eigenwärme ausstrahlt. Dieses negative Ergebnis ist unerwartet, da sich große Schwierigkeiten ergeben, wenn man den Versuch unternimmt, die starken atmosphärischen Strömungen, den raschen Wechsel in der Wolkenbildung und andere Dinge auf Jupiter zu erklären. Die Auslösung von so umwälzenden Veränderungen in einer Planetenatmosphäre durch die alleinige Wirkung der Sonnenstrahlung im fünffachen Erdabstand erscheint nicht recht vorstellbar, und man war infolgedessen bisher gezwungen, die Ursache dieser turbulenten Vorgänge in den noch nicht völlig erkalteten Jupiterkörper zu verlegen.

Es hat auch nicht an Versuchen gefehlt, den Aufbau des Jupiter theoretisch zu erfassen, wie das in der Stellarastronomie bei den Fixsternen mit so gutem Erfolg geglückt ist. Die geistreichen Gedankengänge A. S. EDDINGTONS über die innere Struktur der Fixsterne sind auf einen nichtgasförmigen oder gar erkalteten Weltkörper nicht anwendbar. Dagegen ist auf Grund der Theorie der Erdfigur von G. H. DARWIN und R. RADAU[3] ein Schluß auf die Massenverteilung im Inneren aus Abplattung, Rotationsgeschwindigkeit und Schwerkraft an der Oberfläche möglich. Ist C das Hauptträgheitsmoment eines Planeten, M seine Masse, ϱ sein Radius, so ist unter Annahme einer bestimmten Dichtefolge konzentrischer Schichten der Ausdruck

$$S = \frac{C}{M \varrho^2}$$

berechenbar[4]. Für einen homogenen Körper mit konstanter Dichte ist $S = 0,400$, für die Erde $= 0,333$, für Jupiter $= 0,265$. Hieraus ist ersichtlich, daß Jupiter eine wesentlich stärkere Massenkonzentration nach dem Kern zu aufweisen muß als die Erde. Ist δ die mittlere Dichte des Planeten, δ_0 seine Oberflächendichte, so ist

$$0,265 > 0,400 \, \frac{\delta_0}{\delta} \, .$$

Nun ist δ, bezogen auf Wasser, $= 1,3$, somit $\delta_0 < 0,9$. Die gleichartige Berechnung des Grenzwertes der Oberflächendichte für die Erde und ihr Vergleich mit dem tatsächlich beobachteten Betrag läßt sogar darauf schließen, daß bei Jupiter δ_0 wesentlich kleiner sein dürfte als 0,9.

Einen ähnlichen Weg hat B. FESSENKOFF[5] eingeschlagen. Unter der Annahme, daß die Dichte δ_x des betrachteten Planetenkörpers längs der Polarachse durch den Ausdruck

$$\delta_x = \delta \left[1 - \xi \left(\frac{b}{b_1} \right)^{\lambda} \right]$$

[1] Lowell Bull Nr. 16 (1905); s. auch L. BECKER, M N 78, S. 77 (1918).
[2] Nat 116, S. 439 (1925).   [3] B A 2, S. 157 (1885).
[4] Vgl. H. JEFFREYS, M N 84, S. 534 (1924).
[5] Russ. Astronom. Journal 1, Heft 3—4, S. 102 (1924).

dargestellt werden kann, wo b einen bestimmten Mittelpunktsabstand und b_1 die Länge der Polarachse bedeuten, hat er gezeigt, daß es möglich ist, auf Grundlage der Bedingungen für das hydrostatische Gleichgewicht die beiden unbekannten Parameter ξ und λ zu bestimmen bzw. in sehr enge Grenzen einzuschließen. Es ergibt sich auf diesem Wege für die aus Mikrometermessungen folgende Abplattung (1 : 16,73) mit $\lambda \sim 2$ ein Wert $\xi = 0,96$, woraus folgt, daß die äußeren Schichten des Jupiter nur $^1/_{25}$ der zentralen Dichte haben können. Danach wäre die Oberfläche des Planeten nicht als fest oder flüssig, sondern unter allen Umständen als gasförmig anzusehen.

12. Saturn. Rotation und Oberflächeneinzelheiten. In dem großen Abstande, den Saturn bereits gegenüber der Erde einnimmt, ist die Erkennung irgendwelcher bemerkenswerter Einzelheiten auf der Oberfläche weder auf visuellem noch auf photographischem Wege zu erwarten. Ähnlich wie bei Jupiter scheint eine Wolkenhülle vorzuliegen, die, durch die rasche Rotation mitgerissen, die eintönige Streifung der Saturnscheibe hervorruft. Gut erkennbar ist stets eine helle, gelbe, äquatoriale Zone, an die sich nördlich und südlich dunklere graue Gebiete anschließen. Die Polgegenden erscheinen meist ungewöhnlich dunkel. Ein Wechsel dieses Anblicks ist oft jahrzehntelang nicht zu beobachten, so daß etwaige Zirkulationen in der Saturnatmosphäre sich in weit ruhigeren Formen abspielen als bei Jupiter. Große, rasch vergängliche helle Flecke bieten hin und wieder Gelegenheit zu einer Rotationsbestimmung. Solche Gebilde haben z. B. um 1794 W. HERSCHEL die erste Ableitung einer Umdrehungszeit von 10^h16^m ermöglicht. Weitere Beobachtungen dieser Art liegen nur noch von Ende 1876[1] und vom Juni 1903[2] vor. Aus den beiden Erscheinungen sind für die chronozentrischen Breiten 30° bis 35° und 0° Rotationen von $10^h14^m23^s,8$ bzw. $10^h37^m55^s,2$ abgeleitet worden. Obwohl nur diese beiden Daten vorliegen, wäre es möglich, aus ihnen zu schließen, daß ähnlich wie bei Jupiter auch bei Saturn zwei Hauptperioden die Umdrehung bestimmen.

Die Randverdunkelung der Saturnscheibe ist so beträchtlich, daß ein merklicher Koeffizient in der höchstens 6° umfassenden Phase nicht zu erwarten ist. Tatsächlich haben J. M. BALDWIN[3] 1907 und C. WIRTZ[4] 1921 bei verschwundenem Ring keinen Einfluß der Phase auf die scheinbare Helligkeit des Planeten feststellen können. Auf den mittleren Oppositionsabstand reduziert, hat der ringlose Saturn stets die visuelle Helligkeit $0^m,79$, die photographische $1^m,88$. Die photovisuelle Größe hat E. S. KING[5] abgeleitet, sie liegt bei $0^m,65$. Die Albedo ist sehr beträchtlich und beträgt nach H. N. RUSSELL[6] 0,63.

Die Abplattung des Saturn ist nach mikrometrischen Messungen zu 1 : 10 bis 1 : 11 bestimmt worden. Sie läßt sich auch dynamisch aus der Knotenbewegung von Mimas, Tethys und Rhea und aus der Apsidenbewegung des Titan ableiten und ergibt dann ähnlich wie bei den Jupitertrabanten etwas größere Werte. P. STROOBANT[7] fand z. B. auf diesem Wege 1 : 9,74. Diese Daten passen in Verbindung mit der Zeit der Umdrehung noch weniger zu der Rotation eines homogenen Körpers, als dies bei Jupiter der Fall ist (Ziff. 11). Nach H. JEFFREYS[8] ist nämlich bei Saturn

$$S = \frac{C}{M\varrho^2} = 0{,}198 \, ,$$

so daß die Oberflächendichte gegenüber dem Kern hier noch weit geringer, jedenfalls wesentlich kleiner als 0,3 sein muß. Die aus dem entsprechenden

---

[1] A. HALL, A N 90, S. 145 (1877).   [2] W. F. DENNING, A N 163, S. 191 (1903).
[3] M N 68, S. 368 (1908).   [4] A N 218, S. 17 (1923).
[5] Harv Ann 85, No. 4, S. 63 (1923).   [6] Ap J 43, S. 173 (1916).
[7] C R 172, S. 913 (1921).   [8] M N 84, S. 534 (1924).

Befund bei Jupiter gezogenen Schlüsse finden daher in noch höherem Maße auf Saturn Anwendung.

Die besondere Aufmerksamkeit, die dem Saturn in der Astronomie zukommt, betrifft in erster Linie das Ringsystem, das ihn in der Äquatorebene umgibt. Trotz wiederholt vermuteter mehrfacher Teilungen (TROUVELOT) läßt sich auch heute nur ein schmaler äußerer Ring A von einem breiteren B unterscheiden, an den sich der von J. G. GALLE 1838 entdeckte Florring C anschließt[1]. Zwischen A und B liegt die $1'' = 7000$ km breite CASSINIsche Spalte. Daneben teilt ein grauer Strich, die sog. ENCKESche Teilung[2], den Ring A in zwei ungleiche Hälften, während auf B ein heller äußerer Ring unvermittelt in einen dunkleren inneren übergeht. Soweit zuverlässige Beobachtungen vorliegen, treten Änderungen höchstens in der Deutlichkeit der Trennungen innerhalb von A und B auf. Im übrigen umgeben die Ringe stets in gleicher Gestalt und, soweit Messungen an großen Refraktoren ein Urteil zulassen, in genau konzentrischer Lage den ihren Mittelpunkt einnehmenden Planeten.

Die Dimensionen des Ringsystems sind nicht nur für den Astronomen, sondern auch für den Astrophysiker von Interesse. Die Hauptdaten sind in der nebenstehenden Tafel nach Mittelbildung der beiden Messungsreihen DYSON-LEWIS und SEE[3] verzeichnet. Für den Anblick des Saturnsystems von der Erde aus ist wieder die Richtung der Polarachse maßgebend, die sich aus Ringlage und Satellitenbahnen sehr genau ableiten läßt. Ihre Position liegt nach H. STRUVE in

Durchmesserwerte des Saturnsystems.

Teil des Saturn-Systems	Durchmesser
Ring A, außen	40″,280
Ring A, innen	34 ,738
Mitte der CASSINI-Teilung	34 ,244
Ring B, außen	33 ,722
Ring B, innen.	25 ,790
Florring, innen	20 ,600
Äquator	17 ,497
Rotationsachse	16 ,793

$$A = 36°\,12',0 \qquad D = 83°\,2',7 \qquad (1899.0)$$

und bedarf bis auf weiteres wohl kaum einer nennenswerten Verbesserung.

Die photographischen Aufnahmen des Saturnsystems sind in den beiden letzten Jahrzehnten soweit vervollkommnet worden, daß gegenwärtig die Wiedergabe der normalen Einzelheiten, also der Helligkeitsabstufungen auf Kugel und

Abb. 18. Aufnahmen des Saturn am Lowell-Observatorium (Flagstaff) aus den Jahren 1912 und 1915.

Ring, des Florringes, ja selbst der dünnen Ringkante um die Zeit des Durchgangs der Erde durch die Ringebene u. a. keine besonderen Schwierigkeiten mehr bereitet (Abb. 18). Wissenschaftlich wertvoller sind Filteraufnahmen, zu denen

[1] A N 32, S. 187 (1851).   [2] A N 15, S. 17 (1838).
[3] Vgl. E. E. BARNARD, Ap J 40, S. 266 (1914).

auch hier wieder R. W. Wood[1] die erste erfolgreiche Anregung gegeben hat. Seine am Princeton- und später am Mt. Wilson-Observatorium 1915 mit vernickelten Spiegeln begonnenen und von V. M. Slipher, W. H. Wright[2] u. a. im gleichen Sinne fortgeführten Versuche geben in den sehr eng ausgewählten Spektralgebieten ähnliche Unterschiede wie bei Jupiter, doch sind die Abweichungen in den einzelnen Wellenlängen nicht ganz so stark wie dort. Besonders bemerkenswert an diesen Aufnahmen ist das Aussehen des Florringes C. Im Ultrarot erscheint er fast durchsichtig, während im Ultraviolett an seiner Stelle ein breites, dunkles Band auftritt. Die Durchlässigkeit nimmt dabei ziemlich stetig zu, je weiter man sich von dem Violett nach dem Rot zu entfernt. Das gleiche gilt für die helle Äquatorzone des Planeten. Sie wird mit abnehmender Wellenlänge immer dunkler, was Wood in der Weise zu erklären versucht hat, daß der Florring als breite, die violetten Strahlen stark dämpfende Staubwolke bis zur eigentlichen Planetenoberfläche reicht. Die Abschattierung mit zunehmendem Mittelpunktsabstand ist im Rot am stärksten, während umgekehrt im Ultraviolett die Umrisse außerhalb der erwähnten dunklen Äquatorzone und der Polgebiete randscharf aufgehellt erscheinen. Besonders eigenartig ist das Verhalten des Ringsystems A und B auf den Filteraufnahmen. Während im Ultrarot nur der hellste Teil von B etwa in der Intensität der dunklen Bänder auf der Planetenkugel hervortritt, erscheinen im Ultraviolett die beiden äußeren Ringe in einer Helligkeit, wie sie kein Gebiet der Saturnoberfläche aufweist (Abb. 19).

Das Saturnspektrum ist besonders eingehend von V. M. Slipher[3] untersucht worden. Die Aufnahmen ergaben ähnlich wie bei Jupiter bandenartige Absorptionen bei den Wellenlängen λ 5430, 5592,

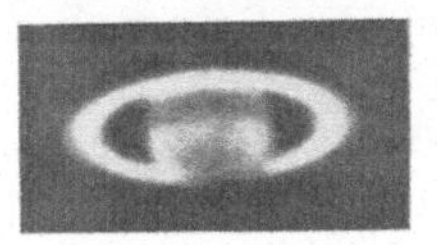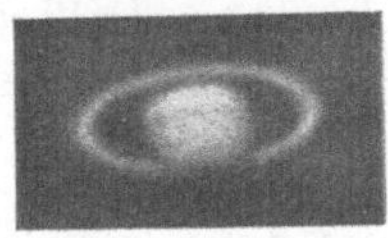

Abb. 19. Filteraufnahmen des Saturn. Links ultraviolett, rechts ultrarot (nach W. H. Wright).

5770, 6145, 6193 und 6450 sowie eine Verstärkung der $H\alpha$-Linie. Im Ringspektrum fehlen diese Einzelheiten vollständig. Nach B. Lyot[4] treten auch im Polariskop deutliche Unterschiede zwischen Ring und Hauptkörper auf.

13. Die physische Beschaffenheit des Ringsystems. Die Frage nach der Natur des Saturnringes hat schon die Astronomen des 17. und 18. Jahrhunderts beschäftigt. Die Ansicht von G. D. Cassini: „On peut donc supposer avec beaucoup de vraisemblance, que l'anneau de Saturne est formé d'une infinité de petites planètes fort près l'une de l'autre" versuchte ohne nähere Begründung lediglich das Ungewöhnliche der Erscheinung plausibel zu machen. Die mechanische Unmöglichkeit eines freischwebenden festen Ringes hat zuerst P. S. Laplace erkannt. Er nahm daher an, daß der Ring aus einer großen Anzahl von konzentrischen sehr unhomogenen Reifen aus fester, evtl. auch flüssiger Materie bestehe. In besonders eingehender Weise hat die Frage nach der mechanischen Möglichkeit solider voneinander getrennter Ringe G. A. Hirn[5] behandelt, obwohl schon 16 Jahre früher die bekannte Maxwellsche Untersuchung[6] der Annahme einer meteorischen Konstitution die größte Wahrscheinlichkeit verschafft hatte. Als endgültiges Ergebnis der mechanischen Theorie kann nach C. Maxwell ein

---

[1] Ap J 34, S. 310 (1911) und Ap J 43, S. 314 (1916); s. auch G. A. Tichoff, Pulk Mitt 4, S. 73 (1911).

[2] Publ A S P 39, S. 231 (1927).   [3] Lowell Bull Nr. 27, S. 173 (1906).

[4] C R 179, S. 884 (1924).

[5] Mémoire sur les conditions d'équilibre et sur la nature des anneaux de Saturne (1872); s. auch H. Seeliger, Münchener Sitzungsber. 24, H. 2, S. 161 (1894).

[6] On the Stability of the Motion of Saturns Rings (1856).

System angenommen werden, das aus einer unbestimmten Anzahl nicht zusammenhängender Stücke besteht, die nach Trabantenart den Planeten umkreisen. Diese Stücke können in einer Anzahl schmaler Ringe angeordnet sein oder sich unregelmäßig durcheinander bewegen.

Die praktisch bedeutendsten theoretischen Beiträge zur Frage nach der Konstitution des Saturnringes hat in mehreren Arbeiten H. Seeliger[1] geliefert, indem er neben den rein mechanischen Gesichtspunkten auch das Beleuchtungsgesetz der Ringe in den Kreis der Betrachtungen gezogen hat. Besteht die Maxwellsche Theorie zu Recht, so muß es möglich sein, ihre Gültigkeit aus dem photometrischen Verhalten des Ringes in den verschiedenen Neigungen und Phasenwinkeln zu ersehen. Die von Seeliger entwickelte Theorie der Beleuchtung staubförmiger kosmischer Massen führt zu dem Ergebnis, daß die jeweilige Helligkeit I des Saturnsystems durch die Gleichung

$$I = ax + by$$

oder in Größenklassen durch

$$H = -2,5 \log (ax + by)$$

bestimmt wird, wo a und b vom Elevationswinkel ε der Erde und von der Phase abhängige, aus Tafeln entnehmbare Größen sind, y die auf verschwundenen Ring bezogene Helligkeit des Saturn bedeutet und $x = y \cdot$ const ist.

Die wichtigste Folgerung aus den Seeligerschen Untersuchungen liegt darin enthalten, daß der Ring unter Voraussetzung der meteorischen Konstitution keinen Wechsel der Flächenhelligkeit mit der Neigung zeigen darf, dagegen einen erheblichen Phasenkoeffizienten besitzen muß. Beide Folgerungen werden durch die Beobachtungen genau bestätigt. Auf die unveränderliche Flächenhelligkeit des Ringes trotz verschiedener Neigung wurde schon F. Zöllner aufmerksam, und den erheblichen Phasenfaktor konnte G. Müller[2] in seiner photometrischen Beobachtungsreihe des Planeten zwischen 1877 und 1891 deutlich nachweisen. E. S. Kings photographische und P. Guthnicks lichtelektrische Messungen haben das Resultat bestätigt. Eine Beeinflussung durch das photometrische Verhalten der Saturnkugel liegt nicht vor, da bei dieser, wie erwähnt (Ziff. 12), der Phaseneinfluß verschwindend klein ist. Wird die Einwirkung der Ringneigung ε gegen die Blickrichtung, die 28° erreichen kann, mitberücksichtigt, so erhält man für die Gesamthelligkeit des Saturn in den Grundabständen $r_0 = 9,5388$ und $\varDelta_0 = 8,5388$ die Formeln:

$$H_\saturn = +0^m\!,79 - 2^m\!,5965 \sin\varepsilon + 1^m\!,2526 \sin^2\varepsilon + 0^m\!,0436\, p \quad \text{(Müller, visuell),}$$

$$H_\saturn = +1\,,88 - 1\,,626\ \sin\varepsilon + 0\,,0419\, p \quad \text{(King, photographisch),}$$

$$H_\saturn = -2\,,5 \log [0,1656\, a + 0,4163\, b] - 0,16 \quad \text{(Seeliger, Theorie).}$$

Im Verein mit dem photometrischen Befund hat dann der Dopplereffekt den endgültigen direkten Beweis für die Zusammensetzung des Saturnringes aus getrennten Teilchen geliefert. Die ersten spektrographischen Aufnahmen zu diesem Zweck mit der Spaltorientierung längs der großen Achse von Planetenkugel und Ringprojektion sind von J. E. Keeler[3] am Lick-Observatorium ausgeführt worden. Auf den Aufnahmen erscheinen die Absorptionslinien des reflektierten Sonnenspektrums gegenüber dem Vergleichsspektrum ungleichmäßig verschoben

---

[1] München Abh. d. Bayr. Akad. d. Wiss. II. Cl., 16, Abt. 2, S. 405 (1887) u. 18, Abt. 1, S. 1 (1893). Zusammenfassung in G. Müller, Photometrie der Gestirne, S. 86 (1897); s. auch E. Schoenberg, Photometrische Untersuchungen über Jupiter und das Saturnsystem (1921).
[2] Publ Astroph Obs Potsdam 8, S. 336 (1893).   [3] Ap J 1, S. 416 (1895).

und beim Übergang vom Ring zur Kugel geknickt (Abb. 20). Betrachtet man nur den Dopplereffekt des Ringes, so tritt dieser am inneren Rand am stärksten, am äußeren am schwächsten auf, so daß das Ringsystem innen eine größere

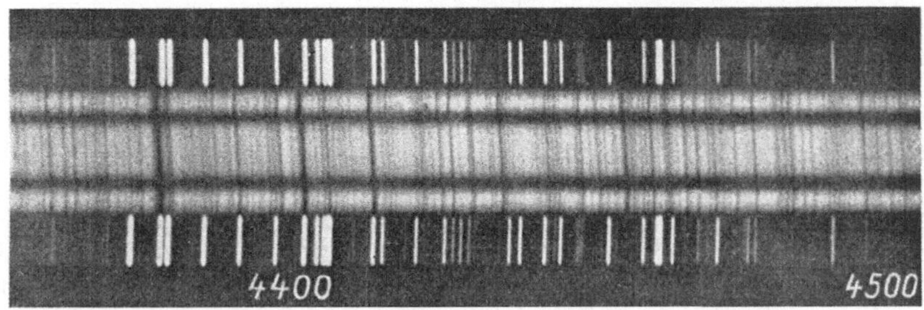

Abb. 20. Neigung der Linien im Spektrum des Saturnsystems (nach V. M. SLIPHER aus NEWCOMB-ENGELMANN, Populäre Astronomie, VII. Aufl.).

Geschwindigkeit zeigt als außen, was mit einer festen Konstitution unvereinbar ist. Zum strengeren Nachweis der Beziehungen mit dem dritten KEPLERschen Gesetz ist lediglich zu beachten, daß für die Umlaufszeit T eines Trabanten um einen Hauptkörper die Gleichung gilt

$$T^2 = c\,r^3,$$

wo c eine von der Masse und den angenommenen Einheiten von T und r abhängige Universalkonstante bedeutet. Demnach ist die Geschwindigkeit v eines Ringpunktes in ihrer Beziehung zum Radiusvektor r gegeben durch:

$$v = \frac{2\pi r}{T} = \frac{2\pi}{\sqrt{c\,r}}.$$

Für die Bahn des Satelliten Mimas ($T = 81430^s$, $r = 185370$ km) ist $\log c = 4,01744 - 10$, somit für das Saturnsystem

$$v = \frac{6160}{\sqrt{r}}\ \text{km/sec.}$$

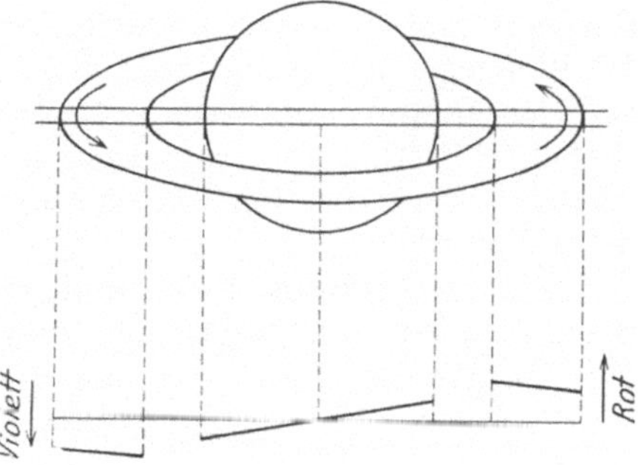

Abb. 21. Dopplereffekt im Spektrum des Saturnringes (nach J. E. KEELER). Links Ost-, rechts Westrand.

Nach der hier folgenden Übersicht ist ein Vergleich der ersten von KEELER aus dem Dopplereffekt abgeleiteten Geschwindigkeiten mit den berechneten Werten möglich. Die gute Übereinstimmung mit der Theorie ist durch spätere

Punkt im Saturnsystem	Abstand r	Geschwindigkeit v	
		Rechnung	Beobachtung
Äußere Kante des Ringes A	138000 km	16,6 km	16,4 km
Mitte des Ringsystems . .	114000 ,,	18,3 ,,	17,9 ,,
Innere Kante des Ringes B .	90000 ,,	20,5 ,,	20,0 ,,
Äquatorpunkt des Planeten	60000 ,,	(25,2) ,,	9,8 ,,

Wiederholung der Spektralaufnahmen und Messungen von W. W. CAMPBELL[1], H. DESLANDRES[2] und A. BELOPOLSKI[3] bestätigt worden. Da die Linien im Spektrum des Ringes stetig gekrümmt erscheinen, gilt der Nachweis nicht nur für die

---

[1] Ap J 2, S. 127 (1895).   [2] C R 120, S. 1155 (1895).   [3] A N 139, S. 1 (1896).

in der Tabelle hervorgehobenen Punkte, sondern für alle Teile des Ringsystems. Überall ergibt sich als Verhältnis der Geschwindigkeiten die KEPLERsche Beziehung:

$$\frac{v}{v_1} = \sqrt{\frac{r_1}{r}}.$$

Die Änderung der Geschwindigkeiten v proportional den Radien r, wie sie ein festes Ringsystem voraussetzt, kommt überhaupt nicht in Frage.

Die Geschwindigkeit eines Äquatorpunktes beträgt nach der Rotationsperiode von $10^h14^m23^s,8$ rund 10,3 km in der Sekunde. Die Zahl stimmt mit der spektrographisch ermittelten Geschwindigkeit (9,8 km) gut überein. Der Vergleich mit der für diesen Mittelpunktsabstand gerechneten Bahngeschwindigkeit (25,2 km) zeigt, daß die Bewegung eines unmittelbar über der Saturnoberfläche umlaufenden Trabanten $2^1/_2$mal größer wäre als die Umdrehungsgeschwindigkeit der Kugel.

Zur Erklärung der Grenzen und der Lücken im Saturnsystem hat man früher, auf ältere Arbeiten (D. KIRKWOOD u.a.) zurückgreifend, die sog. ROCHEsche Stabilitätsgrenze[1] und die Bahnkommensurabilitäten mit den Trabanten verantwortlich gemacht. Noch in neuerer Zeit hat G. R. GOLDSBROUGH[2] den Einfluß der Satellitenbewegung auf die einzelnen Teilungen des Ringes unter Annahme seiner Zusammensetzung aus gleich großen, sich in kreisförmigen Bahnen bewegenden Teilchen nachgeprüft und gefunden, daß die äußere Grenze des Ringes A und die CASSINIsche Teilung sich auf Mimas, und die beiden Radien des Florringes auf Rhea bzw. Dione zurückführen lassen. Das Ergebnis dieser und der älteren Untersuchungen läßt sich aber, wie G. ARMELLINI[3] an dem ähnlichen Beispiel im System der kleinen Planeten gezeigt hat, nicht aufrechterhalten, wenn bei der Störungsrechnung Glieder höherer Ordnung berücksichtigt werden.

Sehr merkwürdige Erscheinungen, die offenbar ebenfalls mit der physischen Beschaffenheit der Saturnringe zusammenhängen, treten in deren Kantenlage

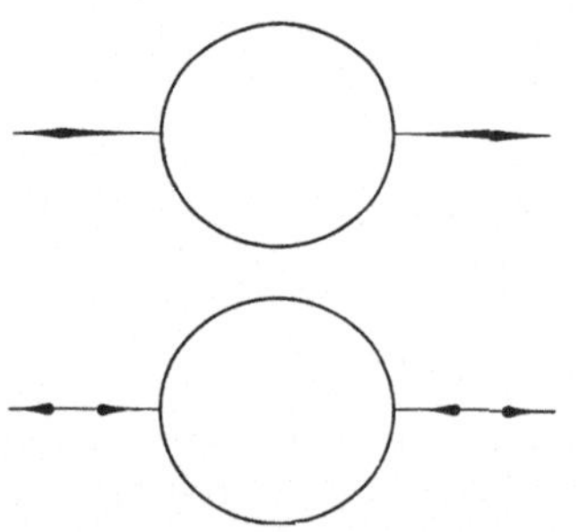

ein, die sich alle 14 bis 15 Jahre wiederholt (1907, 1921). In der immer schmaler werdenden Ringprojektion bilden sich dann symmetrisch zur Saturnkugel kleine Knoten, die an der Stelle der üblichen Maximalintensität des Ringes liegen, solange Sonne und Erde über der gleichen Ebene desselben, also beide entweder nördlich oder südlich vom Saturnäquator stehen. Gelangt die Erde auf die Nachtseite des Ringes, so bleibt dessen strichartige Projektion auf dem dunklen Himmelshintergrund trotzdem sichtbar. An Stelle des einen Knotenpaares treten dann aber zwei auf, die nach Messungen von E. C. SLIPHER[4] und K. GRAFF[5] nunmehr mit den sonst schwächsten Stellen des Ringes, nämlich mit der CASSINI-Teilung und der äußeren Kante

Abb. 22. Knoten im Saturnringprofil 1921, 10. u. 11. April. Oben Erde und Sonne über derselben, unten auf verschiedenen Seiten der Ringebene.

des Florringes, übereinstimmen (Abb. 22). Wenn die Ringebene genau die Erde passiert, d. h. mit der Blickrichtung einen Winkel kleiner als etwa 0°,2 einschließt, verschwindet auch der feine Lichtstrich mit den Knoten vollkommen.

[1] Vgl. G. H. DARWIN, Ebbe und Flut, 2. deutsche Ausgabe, S. 324 (1911).
[2] Phil Trans A 222, S. 101 (1922).   [3] Scientia 32, S. 73 (1923).
[4] Pop Astr 30, S. 8 (1922).
[5] Hamburg Mitt 5, Nr. 15, S. 30 (1922); vgl. auch die etwas abweichenden Ergebnisse von E. E. BARNARD, M N 68, S. 346 (1908).

Die Erklärung dieser Kantenerscheinungen auf der Nachtseite des Ringes ist nicht einfach. H. N. RUSSELL[1] führt sie auf reflektiertes Licht der Saturnkugel zurück, doch ist es merkwürdig, daß dann gerade diejenigen Stellen sichtbar werden sollten, an denen die Materie am dünnsten verteilt ist. Die naheliegende BARNARDsche Annahme, daß durch die lockersten Zonen der Ringmaterie Sonnenlicht dringt und die Partikel der Nachtseite erhellt, stößt, wie W. H. WRIGHT[2] hervorgehoben hat, gleichfalls auf Schwierigkeiten, da z. B. die Saturntrabanten beim Passieren des Ringschattens stets völlig unsichtbar bleiben.

Aber nicht nur in dieser besonderen Lage bietet der Ring Erklärungsschwierigkeiten. Der Kontrast des hellen B-Ringes gegen den dunklen C, seine ungewöhnlich hohe Albedo von 0,8 u. a. sind vorläufig physikalisch nicht recht verständlich. Um den Fragenkomplex einheitlich zu lösen, hat K. BIRKELAND[3] die Hypothese aufgestellt, daß die Ringe aus Elektronen bestehen, die von Saturn ausgestoßen wurden und durch Empfang und Resonanz der Sonnenstrahlung leuchten. Die spektroskopischen Beobachtungen und die Schattenphänomene lassen jedoch keine ernste Diskussion dieser Annahme zu. Der Gedanke von Beziehungen zwischen dem Ringsystem und dem Strahlungsdruck des Planeten findet sich übrigens auch bei E. SCHOENBERG[4] vertreten.

Über die Größe der einzelnen Bestandteile des Saturnringes ist nichts bekannt. Die beobachteten Durchlässigkeitskoeffizienten der Materie und die Albedowerte passen aber nicht recht zu Satellitendimensionen[5]. Wahrscheinlich haben die Körper etwa die Größe von Meteoriten, da feiner Staub vermutlich dem von der Sonne ausgehenden Strahlungsdruck nicht widerstehen würde. Die Hauptmasse der Partikel verteilt sich offenbar sehr vollkommen in einer Ebene; da die Ringkante trotz Beleuchtung durch die Sonne zuweilen verschwindet, ist ihre Dicke kaum größer als zu 20 km anzunehmen. Für die Gesamtmasse des Ringsystems lassen sich nur Schätzungen anführen. BESSEL glaubte dafür noch etwa $^1/_{118}$ der Saturnmasse ansetzen zu dürfen, dagegen ist H. STRUVE[6] bei seinen Untersuchungen über die Bahnen der inneren Saturntrabanten zu einem weit geringeren oberen Grenzwert gelangt, der von der Größenordnung $^1/_{26700}$ sein dürfte.

14. Uranus und Neptun. Die beiden äußersten Planeten des Sonnensystems bieten fast nur noch vom Standpunkte der Photometrie und Spektralanalyse Interesse. Bei besten Luftverhältnissen ist an Uranus bei günstiger Achsenlage noch die Andeutung von äquatorialen Streifen und eine Abplattung direkt wahrnehmbar, während bei Neptun, abgesehen vom Durchmesser, auf direktem Wege kaum noch Einzelheiten zu gewinnen sind.

Die auf der Harvard-Sternwarte vorgenommenen Messungen der Uranushelligkeit[7] ergeben in mittlerer Opposition die Größe $5^m,51$, während die entsprechend reduzierten MÜLLERschen Werte der Potsdamer Reihe[8] aus den Jahren 1878 bis 1888 auf $5^m,74$ führen. Das arithmetische Mittel $5^m,62$, das für $r_0 = 19,191$ und $\Delta_0 = 18,191$ gilt, ist demnach noch nicht so genau festgelegt, wie dies wünschenswert wäre, obwohl es durch einige Schätzungen von C. WIRTZ, die bei Gelegenheit der Konjunktion des Planeten mit einem Stern von nahe gleicher Helligkeit ausgeführt wurden, fast genau bestätigt wird. Vielleicht ist das Licht des Uranus auch etwas veränderlich. In den erwähnten

---

[1] Ap J 27, S. 230 (1908).   [2] Ap J 27, S. 363 (1908).
[3] C R 153, S. 375 (1911).   [4] Ergebn. d. exakten Naturwiss. 5, S. 39 (1926).
[5] Vgl. L. BELL, Ap J 50, S. 1 (1919).
[6] Pulk. Obs. Suppl. I (1888) und Pulk. Publ. II. Ser. Bd. 11 (1898).
[7] Harv Ann 46, Part 2, S. 203 (1904).
[8] Publ Astrophys Obs Potsdam 8, S. 348 (1893).

Potsdamer Messungen ist z. B. ein Gang angedeutet, derart, daß die abgeleiteten Größen von 1878 bis 1881 wachsen und von da an wieder abnehmen. Der Unterschied ist recht beträchtlich; zwischen 1880/81 und 1885 beträgt er genau $1/_4$ Größenklasse ($5^m,47$ bzw. $5^m,72$). Photographisch hat E. S. King[1] als Mittelwert der Uranushelligkeit $6^m,25$ erhalten, so daß ein Farbenindex von $0^m,63$ vorliegt. Die Albedo entspricht mit 0,63 sehr nahe dem bei Jupiter gefundenen Wert. Daß bei der Berechnung der jeweiligen Helligkeit der beiden äußersten Planeten die Phasenwinkel bereits ohne jeden Einfluß sind, braucht kaum besonders erwähnt zu werden.

Das Spektrum des Uranus ist von V. M. Slipher[2] zwischen den Wellenlängen 4647 und 5910 genauer untersucht worden. Die Spektrogramme zeigen gegen Saturn eine Verstärkung der spezifischen Absorptionen, die bei 510, 543 und 577 $\mu\mu$ breite Bänder bilden. Die Balmerlinien $H\alpha$ bis $H\gamma$ erscheinen merklich verstärkt, auch D_3 und λ 6680 (He?) sind nachweisbar, ein Anzeichen für die Zunahme der leichten Gase in den Planetenatmosphären mit wachsendem Sonnenabstand. Trotz des hohen Farbenindex erscheint der Planet im Fernrohr bläulich. Da bei seiner immer noch recht erheblichen Helligkeit keine Ursache für einen Purkinje-Effekt vorliegt, ist der Grund in den starken Absorptionen im Gebiete der langen Wellen zu erblicken. G. Tichoff[3] hat die Farbe des Uranus nach Filteraufnahmen untersucht. Sieht man vom roten Teil des Spektrums ab, so entspricht die Helligkeitsverteilung fast genau dem Sonnenspektrum, und zwar der Spektralklasse G5. Die radiometrisch bestimmte Temperatur liegt unter $-185°$ C.

Die Anwendung der spektrographischen Methode zur Bestimmung der Uranusrotation war bis etwa 1910 nicht möglich, da die Rotationsachse des Planeten in den vorhergehenden Jahren fast genau die Erdrichtung einnahm. 1911 gelangen dann P. Lowell und V. M. Slipher[4] die ersten zuverlässigen Aufnahmen des Dopplereffektes. Sie ergaben eine maximale Geschwindigkeit von 4 km und damit eine Achsenumdrehung in 10^h45^m. Die Rotation erfolgt in retrogradem Sinne, also genau entsprechend der Bahnbewegung der Satelliten. Der Wert wird durch photometrische Messungen von L. Campbell[5] bestätigt, der 1917 eine Lichtschwankung von $0^m,15$ in einer Periode von 10^h50^m feststellen konnte. Es ist bemerkenswert, daß Ö. Bergstrand[6] schon 1904 zu nahe derselben Rotationsperiode durch Untersuchung der Bahn des innersten Uranustrabanten Ariel gelangt ist. Aus der jährlichen Apsidenbewegung des Satelliten wurde von ihm die Abplattung des Hauptkörpers zu $1/_{15}$ bestimmt und hieraus unter Annahme einer inneren Massenverteilung, wie sie bei Saturn die Beziehung zwischen Abplattung und Rotationsdauer verknüpft, die letztere zu 11^h abgeleitet[7].

Neptun erscheint am Himmel bereits als ein Stern achter Größe, dessen Licht selbst in den Konjunktionen nur um $1/_4$ Größenklasse gegen die Opposition herabsinkt. Die photometrischen Beobachtungen, unter denen die Messungsreihe von G. Müller[8] zwischen 1878 und 1887 wieder besondere Beachtung verdient, stimmen gut überein und geben als mittlere Oppositionshelligkeit für $r_0 = 30,071$ und $\Delta_0 = 29,071$ die Größe $7^m,68$. Neptun hat unter den Planeten die größte Albedo, nämlich 0,73. Sie wird nur noch von den Jupitertrabanten I

[1] Harv Ann 85, No. 4, S. 71 (1923).
[2] Lowell Bull Nr. 13 (1904) und Nr. 42 (1909).
[3] Bull Obs Centr Russie Poulkovo 8, Nr. 87 (1923).
[4] Lowell Bull Nr. 53 (1912).   [5] Harv Circ Nr. 200 (1914).
[6] Nova Acta Soc. Sc. Ups. Ser. III, Vol. 20 Nr. 8, S. 54 (1904).
[7] P. Lowell findet bei Uranus eine von Saturn und Jupiter abweichende Massenverteilung. Vgl. Lowell Bull Nr. 67 (1915).
[8] Publ Astrophys Obs Potsdam 8, S. 348 (1893).

und II mit 0,69 bzw. 0,76 und dem Saturnring B mit 0,8 erreicht bzw. übertroffen. Das Spektrum zeigt gegenüber Uranus eine weitere Verstärkung der spezifischen Absorptionen und der Wasserstofflinien. In der Helligkeitsverteilung gleicht es nach G. TICHOFF[1] ganz dem Sonnenspektrum, also der Spektralklasse G0.

Im Jahre 1884 glaubte M. HALL eine stärkere Veränderlichkeit des Neptun in der Periode von $7^h,92$ festgestellt zu haben, doch wurde dies damals durch gleichzeitige photometrische Messungen nicht bestätigt. Möglicherweise läßt der von demselben Beobachter 1915 abgeleitete verbesserte Periodenwert von $7^h 50^m 6^s$ aber doch einen Schluß auf die Umdrehungszeit zu. Im Winter 1922/23 haben nämlich E. ÖPIK und R. LIVLÄNDER[2] aus extrafokalen Aufnahmen des Neptun im Verein mit den HALLschen Schätzungen die Rotationsperioden $7^h 42^m,402$ und $7^h 50^m,178$ abgeleitet, allerdings mit einer Amplitude des Lichtwechsels von nur 0,1 bis 0,2 Größenklassen. Die Ziffern könnten den Doppelwerten entsprechen, die auch bei Jupiter und Saturn für verschiedene Breiten festgestellt worden sind.

Es ist der Versuch gemacht worden, aus den erwähnten Messungen auch die Äquatorlage des Neptun zur Erde zu bestimmen, doch sind angesichts des überaus geringen Betrages der Lichtschwankungen auf diese Weise keine vertrauenerweckenden Daten über die Achsenrichtung ableitbar. Der photometrische Weg ist auch überflüssig, da aus der Trabantenbewegung ein zuverlässiger Wert der Nordkoordinaten der Neptunachse in

$$A = 295°,2, \quad D = +41°,3 \quad (1900,0)$$

feststeht[3].

Auf dieser Orientierung ist eine spektrographische Rotationsbestimmung des Neptun aufgebaut, die 1928 von J. H. MOORE und D. H. MENZEL[4] an 7 Abenden ausgeführt worden ist. Sie hat aus der Messung des Dopplereffektes eine Umdrehungszeit von $15^h,8$, also genau den doppelten Betrag der einen photometrisch ermittelten Rotation ergeben. Im Gegensatz zum retrograden Umlauf des Satelliten erfolgt die Umdrehung der Planetenkugel direkt. Für die Beurteilung der kosmogonischen Theorien über die Trabantenbildung ist diese Feststellung von besonderer Bedeutung.

d) Der Erdmond.

15. Kosmische Verhältnisse. Atmosphäre. Kartenwerke. Der Trabant der Erde hat als der uns zunächst stehende Weltkörper astrophysikalisch eine hohe Bedeutung, obwohl die Ergebnisse, die sein Studium bisher zutage gefördert hat, letzten Endes mehr geologisches und geophysikalisches als astronomisches Interesse bieten. Da man bei guter Luft an den größeren Refraktoren und Reflektoren unserer Sternwarten Vergrößerungen bis 600, in besonders günstigen Fällen sogar bis 1000 anwenden kann, wird auf diese Weise seine durch extraterrestrische Einflüsse nie getrübte Oberfläche dem Auge bis auf einige hundert Kilometer nahegebracht, so daß die Gebilde derselben in allen Einzelheiten untersucht werden können, wobei das Auge durch die scharfe Schlagschattenwirkung der atmosphärelosen Umgebung merklich unterstützt wird. An der Lichtgrenze sind auf diese Weise unter günstigen Verhältnissen Bodenformen von 100 bis 200 m Durchmesser und flache Erhebungen von wenigen Metern Höhe noch gut erkennbar. Natürlich können an dieser Leistungsgrenze von Fernrohr und

---

[1] Bull Obs Centr Russie Poulkovo 8, Nr. 87 (1923).
[2] Publ. Obs. Astron. Tartu (Dorpat) 25, Nr. 7 (1924). Auszug A N 221, S. 269 (1924).
[3] W. S. EICHELBERGER und A. NEWTON, M N 86, S. 276 (1926).
[4] Publ A S P 40, S. 234 (1928).

Auge die Oberflächeneinzelheiten nur noch als solche festgestellt, aber nicht mehr genauer untersucht werden.

Von den kosmischen Verhältnissen des Mondes als Weltkörper interessieren den Astrophysiker neben Masse und Dichte in erster Linie die mit dem siderischen Monat genau zusammenfallende Rotationszeit und der Mangel einer Atmosphäre. Eine Zeitlang hat man die nahe unveränderliche Lage der Mondkugel zum Radiusvektor der Gezeitenreibung zugeschrieben, und besonders G. H. Darwin hat sich für diesen Gedanken eifrig eingesetzt[1]. Die mit einer dünnen Rinde bedeckte, aus noch nicht erstarrtem Material bestehende Mondkugel hat nach dieser Idee dem Gezeitenzug der Erde nachgegeben und die Form eines Rotationsellipsoids angenommen, dessen große Achse dauernd nach der Erdrichtung orientiert gewesen ist. Diese elastische Flut sollte die ursprünglich rasche Rotation des Mondes allmählich bis zum jetzigen Gleichgewichtszustand abgebremst haben. Die Theorie, die vor den jetzigen stationären Verhältnissen Zeiten einer rascheren Umlaufs- und Umdrehungsbewegung des Mondes voraussetzt, ist heute aufgegeben, besonders seitdem die Messungen der Mondoberfläche ergeben haben, daß diese sehr nahe kugelförmig ist und der früher vermutete erstarrte, nach der Erde zu gerichtete Flutberg (wie ihn noch Hansen angenommen hat) gar nicht existiert. Abgesehen von theoretischen Bedenken ist wahrscheinlich der Zähigkeitskoeffizient der von einer erstarrten Rinde eingeschlossenen Magmamassen viel zu groß, um die von Darwin angenommenen Deformationen zu ermöglichen. W. Schweydar[2] hat z. B. für die Erde die Größe der elastischen Fluten unter der Annahme berechnet, daß sich zwischen Kern und Rinde eine flüssige Magmaschicht befindet, und gefunden, daß diese sich gegenüber der Mondattraktion durchaus wie eine starre Masse verhält, eine Gezeitenreibung in dem Darwinschen Sinne also bei der Erde überhaupt nicht zustande kommen kann.

Ebenso wie die eigenartige, aber bei verschiedenen Trabanten anderer Planeten (vgl. Ziff. 18) wiederkehrende Rotation ist auch das Fehlen einer Atmosphäre auf dem Monde zu theoretischen Betrachtungen und Rückblicken in die Vergangenheit benutzt worden. Die ganze Struktur der Mondoberfläche beweist, daß zu ihrer Gestaltung Entgasungen aus dem Innern wesentlich beigetragen haben. Die aufsteigenden Dämpfe sind kaum sogleich in den Weltraum diffundiert, sondern haben sicher eine Zeitlang eine Atmosphäre um den Mondkörper gebildet. Spuren davon mögen noch vorhanden sein, sie sind aber mit unseren Beobachtungsmitteln nicht nachweisbar. Weder Refraktion noch Lichtabsorption sind am Mondrande feststellbar. Die erste kann höchstens wenige Bruchteile einer Bogensekunde, die zweite kaum $^1/_{10}$ einer Größenklasse betragen. Die Bergschatten erscheinen dementsprechend völlig schwarz und lichtlos. Wo Halbschatten oder ein verfrühtes Vor- bzw. verspätetes Nachleuchten auf der Nachtseite festgestellt worden sind, handelt es sich entweder um sekundäres Licht der benachbarten grell erleuchteten Gegenden oder um einen Halbschatteneffekt, der dadurch zustande kommt, daß die Sonne ja nicht punktförmig ist, sondern, aus dem Erdabstande gesehen, den erheblichen scheinbaren Durchmesser von $^1/_2{}^\circ$ hat.

Die Frage, warum der Mond die Gashülle so rasch verloren hat, daß sie nachträglich keine Spuren in seiner Morphologie zurücklassen konnte, ist wohl zuerst von G. J. Stoney 1870 angeschnitten und behandelt worden. Auf dem Grundgedanken der kinetischen Gastheorie fußend, wies Stoney darauf hin, daß das Gravitationspotential des Mondes nicht ausreicht, um freie Moleküle, die sich mit 2,4 km oder mehr pro Sekunde bewegen, zurückzuhalten. Ist v die

---

[1] Vgl. Ebbe und Flut, 2. deutsche Ausg. (1911).
[2] Veröff. d. Preuß. Geod. Inst. N. F. 54 (1912).

mittlere Geschwindigkeit eines Gases, δ seine Dichte, bezogen auf Luft, T die absolute Temperatur, so ist

$$v = 485\,\sqrt{\frac{T}{273\,\delta}}.$$

Nach allem, was wir über die Mittagstemperatur des Mondes wissen (Ziff. 18), würde daraus folgen, daß dort allmählich alle Gase verschwinden müssen, deren Dampfdichte kleiner als etwa 1,5 ist.

Die ältere Kartenliteratur des Mondes mit ihren z. T. berühmten Leistungen (J. HEVELIUS, J. H. MÄDLER, J. SCHMIDT) hat gegenwärtig nur historisches Interesse, seitdem es geglückt ist, in besonders günstigen atmosphärischen Momenten photographische Aufnahmen herzustellen, die fast alles, was das Auge normalerweise am Okular eines größeren Fernrohrs erblickt, sicher wiedergeben. Die Pariser Sternwarte, das Lick-, das Yerkes- und besonders das Mt. Wilson-Observatorium verfügen über eine große Zahl von vortrefflich gelungenen Mondnegativen. Als besondere Leistung darf eine Aufnahme des letzten Viertels von F. G. PEASE am 250-cm Reflektor des Mt. Wilson von 1919 Sept. 15 gelten, auf der selbst in größeren Abständen von der Lichtgrenze noch Krater von 500 m Durchmesser deutlich als solche kenntlich sind. Es unterliegt keinem Zweifel, daß ein halbes Dutzend solcher auf die einzelnen Phasen gut verteilter Negative das Material für einen sehr vollkommenen topographischen und hypsometrischen Atlas des Mondes liefern würde, besonders wenn das Material mit den neuzeitlichen Mitteln der Stereophotogrammetrie bearbeitet würde.

16. Vermessung der Mondoberfläche. Höhenbestimmung. Für jeden Moment der Vermessung irgendwelcher Einzelheiten auf dem Monde muß eine Reihe von Zahlendaten zur Verfügung stehen. Die zu ihrer Berechnung dienenden Formeln lassen sich in ihren Grundgedanken auf H. W. OLBERS zurückführen. Im Zusammenhange entwickelt haben sie J. H. MÄDLER[1], E. NEISON[2], K. GRAFF[3] und L. WEINEK[4], während H. H. TURNER und S. A. SAUNDER[5] durch Einführung von rechtwinkligen Koordinaten an Stelle der sphärischen einzelne selenographische Aufgaben wesentlich vereinfacht haben. Die Umständlichkeit der selenographischen Arbeiten beruht darin, daß wegen des geringen Abstandes des Mondes vom Beobachter alle für die Reduktion der Messungen erforderlichen Jahrbuchsdaten, wie Ort, Parallaxe, Halbmesser vom Erdmittelpunkte auf den Beobachtungsort auf dem Sphäroid umgerechnet werden müssen. Es seien α und δ, die geozentrischen äquatorialen Koordinaten des Mondes, sowie die Parallaxe p für die Sternzeit ϑ gegeben, so hat man bei bekannter geozentrischer Breite und Distanz des Beobachtungsortes vom Erdmittelpunkt (φ' bzw. ϱ) und nach Einführung von

$$r = \frac{1}{\sin p}$$

zur Ermittelung der sog. topozentrischen Koordinaten des Mondes r' bzw. p', α' und δ', aus denen alle anderen Daten folgen, die Transformationsgleichungen

$$r' \cos\delta' \cos\alpha' = r \cos\delta \cos\alpha - \varrho \cos\varphi' \cos\vartheta,$$

$$r' \cos\delta' \sin\alpha' = r \cos\delta \sin\alpha - \varrho \cos\varphi' \sin\vartheta,$$

$$r' \sin\delta' \quad\;\; = r \sin\delta \quad\;\; - \varrho \sin\varphi'.$$

[1] W. BEER u. J. H. MÄDLER, Der Mond (1837).
[2] Der Mond, 2. deutsche Ausg., S. 374 (1881).
[3] Veröff R I Nr. 14 (1901).
[4] In verschiedenen Bänden der Astr. Beob. Prag (1886—1909).
[5] M N 60, S. 174 (1900); 62, S. 41 (1901); 65, S. 458 (1905).

Im übrigen können bei der Lösung von selenographischen Aufgaben die für die Planeten gültigen Formeln (Ziff. 2) eine sinngemäße Anwendung finden. Sorgfältige Plattenvermessungen zur Ableitung von selenographischen Längen und Breiten liegen von J. FRANZ[1], S. A. SAUNDER[2] und R. KÖNIG[3] vor. Die Gesamtheit der gewonnenen Örter dürfte über 5000 Punkte umfassen und kann bei zweckmäßiger kartographischer Darstellung die Lage und Größe einer Formation im mittleren Teil der uns zugekehrten Mondhalbkugel auf $\pm\,0'',5$, d. h. im linearen Maß auf $\pm\,1$ km, sichern. Die Genauigkeit einer solchen die volle Meßschärfe der Negative ausnutzenden topographischen Darstellung der Mondoberfläche darf also vorläufig nicht überschätzt werden. Auch diese projektierte Spezialkarte des Erdtrabanten wird sich höchstens mit einem irdischen Übersichtsblatt 1 : 5000000 messen können. Der erste auf den SAUNDERschen[2] Koordinaten beruhende Versuch einer solchen Mondkarte, den W. GOODACRE[4] unternommen hat, ist bezüglich Ortslage und Umriß noch nicht zufriedenstellend ausgefallen. Die zahlreichen photographischen Atlanten, wie sie die Pariser Sternwarte, das Lick- und Harvard-Observatorium[5] veröffentlicht haben, sind ohne jedes Orientierungsnetz erschienen, so daß ihre wissenschaftliche Verwertung ohne erhebliche Vorarbeiten nicht möglich ist. Gänzlich vernachlässigt ist das selenographische Netz auch in den überarbeiteten Mondphotographien von J. N. KRIEGER[6] und auf den sorgfältigen topographischen Spezialkarten P. FAUTHs[7], bei denen aber fast die ganze Situation auf Augenmaß beruht und die Schraffendarstellung der Berge gar zu eng an die irdischen Erosionsformen angelehnt ist.

Bezüglich unserer Kenntnisse über die vertikale Gliederung der Mondoberfläche liegt die Sachlage nicht günstiger, obwohl die vorhandenen Mondphotogramme mit der gegenüber der Okularbeobachtung nur wenig verschlechterten Schärfe ein fast unerschöpfliches Material für eine solche Untersuchung bieten. Direkte Höhenmessungen sind natürlich nur am erleuchteten Rande möglich. Werden z. B. Vollmond- oder Neumondaufnahmen (letztere sind nur bei totalen Sonnenfinsternissen erhältlich[8]) so ausgemessen, daß die Radien in fortschreitenden Positionswinkeln mikrometrisch bestimmt werden, so erhält man nach Anbringung der üblichen Korrektionen für Refraktion, Plattenneigung usw. ein Großkreisprofil mit allen wesentlichen Randerhebungen und -depressionen. Ein mittleres Niveau läßt sich dann so festlegen, daß der Mondumriß als genau kreisförmig und die Summe der Erhebungen gleich der Summe der Vertiefungen angenommen wird. Ob der Schwerpunkt der Mondkugel mit dem so definierten Mittelpunkt des betreffenden Großkreises stets übereinstimmt, muß dahingestellt bleiben. Für die einzelnen Mondlibrationen bzw. für die verschiedenen Großkreisprofile gelten demnach auch keine identischen Niveaulinien, doch sind die Abweichungen nach allem, was wir über die Figur des Mondes wissen, sicher nur gering. E. PRZYBYLLOK und besonders F. HAYN[9] haben die auch für astrometrische Beobachtungen (Kontakte bei Finsternissen und Sternbedeckungen) wichtige Profilaufgabe behandelt. Es hat sich dabei gezeigt, daß selbst in der ausgeglichenen Form dieser Librationsschnitte noch Höhenunterschiede von

<hr>

[1] Breslau Mitt 1 u. 2 (1901 u. 1903) u. Nova Acta Leop 99, Nr. 1 (1913).
[2] Mem R A S 57, Part 1 (1905) u. 60 (1910).
[3] Nicht veröffentlicht. Manuskript Wien.
[4] Map of the Moon in 25 Sections (1910).
[5] Ausführliche Literatur in R. HENSELINGS Astronomischem Handbuch, 2. Aufl., S. 141 (1925).
[6] R. KÖNIG, J. N. Kriegers Mondatlas, Teil 1 u. 2 (1912).
[7] Atlas von topographischen Spezialkarten des Mondes (1893 u. 1895).
[8] Vgl. z. B. Astr Abh Hamburg-Bergedorf 3, Nr. 1, Taf. 14 (1913).
[9] Selenographische Koordinaten IV (1914).

$\pm$ 8000 m vorkommen, so daß die Erhebungen und die Tiefen auf dem Monde jedenfalls nicht geringer sind als auf der Erde.

Die sich auf die Mondscheibe projizierenden randfernen Höhen werden noch heute entsprechend dem Grundgedanken einer schon von GALILEI angewendeten Methode nach dem Moment ihres Aufleuchtens an der Lichtgrenze bzw. aus der Schattenlänge und dem jeweiligen Sonnenstand berechnet. Ist im ersten, einfachsten Falle d der Abstand einer aufleuchtenden oder verlöschenden Spitze von der Lichtgrenze, ausgedrückt in Einheiten des Mondhalbmessers, so ist ihre Höhe h gegeben durch die Gleichung

$$h = \sqrt{d^2 + 1} - 1.$$

Die Ableitung der Höhen aus Schattenlänge und Sonnenstand ist natürlich umständlicher, läßt sich aber bei Anwendung der Photographie sehr wesentlich vereinfachen. Die von V. HEVLER[1] bestimmten 219 Höhenkoten auf dem Monde können nur als Anfang einer schärferen photographisch-hypsometrischen Vermessung der Mondoberfläche gelten. Im übrigen ist die Selenographie darin noch fast vollständig auf die älteren visuell-mikrometrischen Messungen von J. H. MÄDLER und J. SCHMIDT angewiesen.

Auch die Anwendung der neuzeitlichen photogrammetrischen Verfahren auf die Aufgabe, ähnlich wie bei den Positionen, wäre zu erstreben, nachdem W. PRINZ und C. PULFRICH[2] auf die Bedeutung der Raumbilder für diesen Zweck besonders hingewiesen haben. Rechnerisch hat das Verfahren, aus der verschiedenen Projektion der Höhenpunkte des Mondes in den verschiedenen Librationen ihre Erhebung abzuleiten, J. FRANZ ausgebeutet. Seine Höhenschichtenkarte des Mondes[3] beruht aber auf so wenigen und z. T. so unsicher bestimmten Kotenziffern, daß die Arbeit nur als erster Schritt für eine weit gründlichere Untersuchung angesehen werden kann. Da die Berggegenden die theoretische, d. h. aus dem Mond- und Sonnenort folgende Lichtgrenze in die Nachtseite, die Senkungen sie dagegen in das Taggebiet verschieben, gibt die Eintragung des jeweiligen Terminatorverlaufs in eine maßhaltige Mondkarte und der Vergleich der Kurve mit der Berechnung je einen Aufriß der Mondoberfläche in dem betreffenden Beleuchtungsmeridian. Das einfache Verfahren ist zur Ableitung eines Gesamtbildes der vertikalen Gliederung des Mondes bisher nicht angewendet worden, weil weder die vorhandenen Mondkarten noch die Phasenephemeriden für diesen Zweck ausreichen. Die sehr praktische immerwährende Terminatortafel von H. SADLER (neu berechnet von K. GRAFF, W. VOSS u. a.[4]) gibt z. B. die selenographischen Längen der Lichtgrenze nur für den Mondäquator wieder. Eine wesentliche Erleichterung bietet sich bei den skizzierten, stets sehr umfangreichen und ermüdenden Aufgaben beim Monde insofern, als die besonders anstrengende Ausmessung der Negative am Mikroskop des Komparators häufig durch Auswertung von vergrößerten Papierkopien mit Zirkel und Glasmaßstab ersetzt werden kann. Daß dies bei einiger Vorsicht ohne Bedenken geschehen darf, haben an geeigneten Beispielen E. PRZYBYLLOK[5] und bei einer anderen Gelegenheit H. H. TURNER nachgewiesen.

17. Die Mondphotometrie. Die photometrischen Aufgaben, die der Mond durch den Phasenwechsel bietet, sind sehr zahlreich, und schon frühzeitig (P. BOUGUER, F. WOLLASTON) hat man ihnen Aufmerksamkeit zugewendet[6]. Sie

---

[1] Höhenbestimmung von Mondbergen. Diss. (1906).

[2] V J S 37, S. 211 (1902).   [3] Astron. Beob. Königsberg 38, Nr. 5 (1899).

[4] Abgedruckt in R. HENSELINGS Astronomischem Handbuch, 2. Aufl., S. 139 (1925).

[5] Über die Verwendbarkeit photogr. Mondatlanten zu Messungszwecken. Diss. (1904).

[6] G. MÜLLER, Photometrie der Gestirne, S. 335 (1897).

betreffen das Verhältnis der Vollmond- zur Sonnenhelligkeit, die Intensität in den einzelnen Phasen, Vergleich mit Sonne und hellen Sternen u. a. m. Die Einführung von Kerzeneinheiten bietet keine Schwierigkeiten, da die beiden Lichtquellen Mond und Hefnerlampe gut miteinander zu verbinden sind. Als Ergebnis folgt, daß die Beleuchtung durch den im Zenit stehenden Vollmond außerhalb der Erdatmosphäre 0,32 Lux beträgt. Der Vergleich mit dem Sonnenlicht kann durch Vermittlung einer geeigneten hellen Lichtquelle geschehen. Unter der Annahme, daß die Beleuchtung durch die extraterrestrische Zenitsonne 150000 Lux beträgt[1], erhält man dann für das Intensitätsverhältnis Sonne : Vollmond bzw. die Differenz in Größenklassen

$$\frac{\text{Sonne}}{\text{Vollmond}} = 468\,000 \qquad\qquad \text{Sonne} - \text{Vollmond} = -14^{\mathrm{m}},17.$$

Für die Umrechnung in Sterngrößen zum Vergleich mit Planeten und Fixsternen ist nur noch die Kenntnis des Sternwertes der Sonne oder der Hefnerkerze notwendig. Die Helligkeit der letzteren in 1 m Abstand gleicht dem Licht eines Sterns $-14^{\mathrm{m}},18$, woraus die Vollmondhelligkeit $-12^{\mathrm{m}},55$ folgt.

Der photometrische Verlauf der Phasen hat schon G. P. BOND beschäftigt, der daran zuerst die Ungültigkeit der photometrischen Gesetze von EULER und LAMBERT erkannte. Zuverlässige Werte für den funktionellen Zusammenhang zwischen Phasenwinkel und Helligkeit sind erst in den letzten Jahrzehnten erhalten worden. Zur Zeit liegen bereits visuelle, photographische und photoelektrische Kurven der Mondhelligkeit vor, die sich auf die Beobachter W. H. PICKERING, E. S. KING, A. SCHELLER, J. STEBBINS und F. C. BROWN verteilen. Sie sind von H. N. RUSSELL einheitlich bearbeitet worden[2] und haben die nebenstehenden gut gesicherten visuellen Helligkeiten (bezogen auf das Vollmondlicht $-12^{\mathrm{m}},55$)

Phase p	Größe	Phase p	Größe
$-142°$	$5^{\mathrm{m}},32$	$+ 5°$	$0^{\mathrm{m}},07$
-126	$4\ ,07$	$+ 12$	$0\ ,28$
-100	$2\ ,80$	$+ 23$	$0\ ,52$
$- 80$	$2\ ,02$	$+ 29$	$0\ ,75$
$- 65$	$1\ ,40$	$+ 38$	$0\ ,97$
$- 55$	$1\ ,29$	$+ 57$	$1\ ,54$
$- 42$	$0\ ,95$	$+ 62$	$1\ ,65$
$- 32$	$0\ ,74$	$+ 83$	$2\ ,20$
$- 18$	$0\ ,41$	$+100$	$2\ ,95$
$- 11$	$0\ ,22$	$+119$	$3\ ,71$
$- 5$	$0\ ,09$	$+138$	$4\ ,76$

ergeben, deren graphische Darstellung in Größen und in Intensitäten (Vollmond = 100) Abb. 23 wiedergibt. Wegen der ungleichmäßigen Verteilung der hellen und dunklen Gebiete auf dem Monde ist der Lichtverlauf nicht genau symmetrisch, doch sind die Unterschiede nur gering. Die scharfe Spitze bei der Phase 0° ist nach E. SCHOENBERG auf die Struktur der hellen Streifen und weißen Flecke im Vollmond zurückzuführen. In guter Näherung wächst die

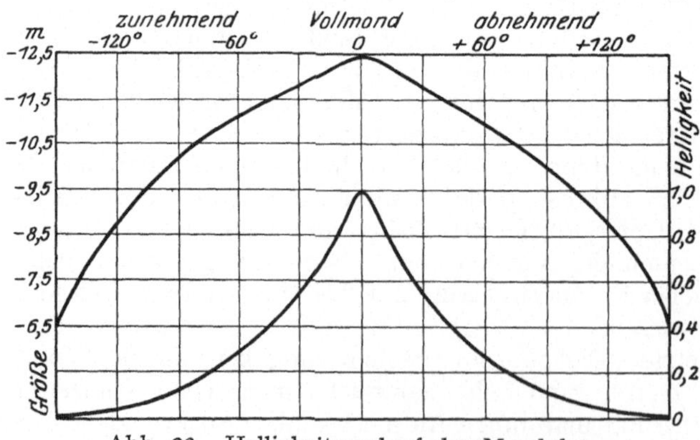

Abb. 23. Helligkeitsverlauf der Mondphasen.

Helligkeit des Mondes proportional der 3. Potenz seiner Elongation von der Sonne. Ein Vergleich mit dem Lichtverlauf der Planeten wird möglich, wenn

---

[1] Abgerundeter Wert nach H. N. RUSSELL, C. DORNO u. a.   [2] Ap J 43, S. 111 (1916).

man die Phasengleichung für den linearen Teil der beiden Kurvenzweige auf-
stellt. Sie lautet

$$H_{\mathbb{D}} = -12^{\mathrm{m}},55 + 0^{\mathrm{m}},024\,p \quad (p = 0° \text{ bis } -60°, \text{ Mond zunehmend})$$

$$H_{\mathbb{D}} = -12^{\mathrm{m}},55 + 0^{\mathrm{m}},030\,p \quad (p = 0° \text{ bis } +100°, \text{ Mond abnehmend}).$$

Der Abfall nach dem Vollmond ist also steiler als der vorangehende Aufstieg
vom Neumond.

Keiner einzigen photometrischen Theorie der diffusen Reflexion an sphärischen Flächen ist es bis jetzt gelungen, den Gang der Mondhelligkeit mit der
Phase darzustellen. Der EULERsche und der LAMBERTsche Ausdruck kommen, wie
erwähnt, überhaupt nicht in Frage. Aber selbst bei Anwendung des Emanations-
gesetzes von LOMMEL und SEELIGER bleiben unmögliche Differenzen übrig. So
strahlt bei $p = 25°$ der Mond nur 60% des Vollmondlichtes aus, während nach
der Theorie die Intensität dann noch 95% betragen sollte. B. FESSENKOFF,
E. ÖPIK und E. SCHOENBERG[1] haben mit komplizierteren Formeln keine wesentlich günstigeren Erfolge erzielt. Praktische Versuche an parallel bestrahlten
Kugeln, wie sie z. B. v. AUFSESS und H. WOERNER angestellt haben[2], liefern
auch kein klares Bild, da glatte Körper gegenüber den Planeten weit geringere
Phasenkoeffizienten haben. Typisch für die Mondbeleuchtung ist die von
C. W. WIRTZ[3] und unabhängig davon von N. BARABASCHEFF[4] festgestellte Tatsache, daß bei Vollmond für den Erdbeobachter alle Teile des Mondes gleichzeitig
„photometrischen Mittag" haben, d. h. am hellsten erscheinen. Das Intensitätsmaximum für alle Formationen tritt also ein, wenn der Inzidenzwinkel i gleich
dem Emanationswinkel ε wird.

Daß das ganze photometrische Verhalten des Mondes durch eine besondere Beschaffenheit der Oberfläche hervorgerufen wird, ist klar, ebenso wie
die Tatsache, daß diese Struktur in gleicher Weise den hellen Berggegenden
wie den dunklen Ebenen eigen sein muß. Photometrisch maßgebend sind also
nicht die Berge mit ihren mehr oder weniger ausgeprägten Schatten, sondern
die Kleinformen des Mondbodens. J. WILSING, E. SCHOENBERG[1], A. MARKOFF
und N. BARABASCHEFF[5] haben theoretisch die Form der erforderlichen Er-
höhungen und Vertiefungen abzuleiten versucht und die beste Darstellung bei
Annahme einer Bodenbeschaffenheit gefunden, wie sie etwa Bimssteinlava hat.
Eine ähnlich poröse, auf der Erde durch Entgasung des vulkanischen Magmas
an der Luft entstehende blasige Struktur muß sich auf der ganzen Mondoberfläche vorfinden. Das Verhalten der hellen Streifen, die bei Phasenwinkeln um
0° herum besonders hohe Intensitäten annehmen, wird auf Grund derselben
Hypothese erklärbar, wenn man die Zahl und die Tiefe der Poren an diesen
Stellen besonders hoch annimmt.

Die relative Helligkeit einzelner Formationen im Vollmond haben visuell
bzw. photographisch H. ROSENBERG[6] und P. GOETZ[7] bestimmt. Die Arbeit, aus
der ein Auszug hier mitgeteilt wird, umfaßt 55 Programmpunkte, die sich auf
die Gebirge und Ebenen recht gleichmäßig verteilen. Dabei wurden die von
E. C. PICKERING und zum Teil auch von W. F. WISLICENUS gemessenen starken
Unterschiede der Albedo nicht bestätigt. Zwischen dem hellsten und dem dunkelsten gemessenen Punkte ist visuell nur ein Unterschied von $1^{\mathrm{m}},36$, photographisch

---

[1] Vgl. E. SCHOENBERG, Untersuchungen zur Theorie der Beleuchtung des Mondes
(1925) und Ergebn. d. exakten Naturwiss. 5, S. 1 (1926).
[2] H. WOERNER, Helligkeitsmessungen an Kugeln. Diss. Berlin (1925).
[3] A N 201, S. 289 (1915).   [4] A N 217, S. 445 (1922).
[5] A N 221, S. 289 (1924); 226, S. 129 (1926).   [6] A N 214, S. 137 (1921).
[7] Veröff. Sternw. Tübingen-Österberg 1, H. 2 (1919).

von $1^m,14$ feststellbar. Auch der Gang in den visuellen und photographischen Helligkeitswerten der einzelnen Mondpunkte ist in beiden Reihen in befriedigender Übereinstimmung. Die Messungen erfolgten am Fernrohr mit einem Silberfleck-Flächenphotometer und auf den Negativen mit einem HARTMANNschen Mikro-

Formation	Helligkeit	
	visuell	photographisch
Aristarch, Zentralberg	$- 0^m,70$	$- 0^m,65$
Tycho, Inneres	$- 0 ,66$	$- 0 ,56$
Byrgius A, helle Stelle	$- 0 ,57$	$- 0 ,62$
Drei Lichtstreifen des Tycho .	$- 0 ,52$	$- 0 ,39$
Werner, nördlicher Rand . . .	$- 0 ,41$	$- 0 ,46$
Kopernikus, Zentrum	$- 0 ,37$	$- 0 ,32$
Langrenus, Inneres	$- 0 ,31$	$- 0 ,19$
Goldschmidt.	$- 0 ,24$	$- 0 ,58$
Kepler, Ebene am Fuß . . .	$- 0 ,16$	$0 ,00$
Endymion, Inneres	$- 0 ,13$	$- 0 ,04$
Ptolemäus, Zentrum	$- 0 ,08$	$0 ,00$
Sinus Aestuum	$- 0 ,02$	$+ 0 ,20$
Timocharis	$- 0 ,01$	$0 ,00$
Plinius	$+ 0 ,05$	$0 ,00$
Pilatus, Inneres	$+ 0 ,11$	$+ 0 ,05$
Mare Nubium, nördlicher Teil.	$+ 0 ,17$	$+ 0 ,25$
Mare Imbrium	$+ 0 ,18$	$+ 0 ,26$
Mare Serenitatis, Mitte. . . .	$+ 0 ,22$	$+ 0 ,34$
Mare Crisium, Inneres	$+ 0 ,31$	$+ 0 ,32$
Oc. Procellarum b. Aristarch .	$+ 0 ,35$	$+ 0 ,34$
Oceanus Procellarum.	$+ 0 ,37$	$+ 0 ,32$
Mare Imbrium	$+ 0 ,39$	$+ 0 ,39$
Plato, Zentrum	$+ 0 ,40$	$+ 0 ,27$
Grimaldi, Nordhälfte	$+ 0 ,41$	$+ 0 ,27$
Mare Tranquillitatis	$+ 0 ,49$	$+ 0 ,45$
Bucht nördlich Schröter . . .	$+ 0 ,55$	$+ 0 ,42$
Mare zw. Kraft und Seleucus.	$+ 0 ,66$	$+ 0 ,49$

photometer. Die photographischen Schwärzungen wurden an Plattenkurven geeichter Graukeile angeschlossen. Leitet man aus der Vollmondhelligkeit $(- 12^m,55)$ die mittlere Albedo der Mondoberfläche ab, so erhält man den sehr kleinen Wert 0,073. Durch Hinzuziehung der Tübinger Messungen folgt für den hellsten Punkt visuell die Albedo 0,139, für den dunkelsten 0,040.

Weniger für die Physik des Mondes als für andere Aufgaben erweist sich die Untersuchung des Erdlichtes im Monde von Wert. Nach E. S. KING[1] kann die Helligkeit des Neumondes infolge der Erleuchtung durch die Erde zu $- 1^m,6$ angenommen werden, sie entspricht also dem Licht des Sirius. Der Wert führt zur Ableitung der Erdalbedo (0,45), die bei allen Fragen, die einen Vergleich der Erde mit anderen Planeten betreffen, von Wichtigkeit ist. Das Gesamtlicht der Vollerde, vom Monde aus gesehen, beträgt $- 16^m,5$, ist also um vier Größenklassen höher als das Licht des Vollmondes.

18. Qualität der reflektierten Strahlung des Mondes. Temperatur. Polarimetrische Untersuchungen. Aus den in Tübingen gemessenen Helligkeitsunterschieden der Mondoberfläche in zwei Spektralgebieten, dem visuellen und dem photographischen, geht auf alle Fälle hervor, daß nicht nur die Albedo, sondern auch die Farbenunterschiede auf dem Erdtrabanten recht gering sind, was der direkte Anblick unmittelbar bestätigt. Erst wenn man zu Filteraufnahmen mit merklich größerer λ-Differenz übergeht, werden die Abweichungen erheblich. Sie sind zuerst von R. W. WOOD festgestellt worden[2], der im Ultraviolett bis an die Durchlässigkeitsgrenze der Atmosphäre heranging. Da die um λ 3000 liegenden Wellenlängen von Glas nicht mehr durchgelassen werden, hat WOOD versilberte Quarzlinsen und später vernickelte Glasspiegel für diesen Zweck verwendet. Als merkwürdigstes Gebilde auf den Ultraviolettaufnahmen erwies sich ein Fleck östlich von dem hellen Krater Aristarch, der fast gar keine kurzwellige Strahlung reflektiert. Versuche mit irdischen Stoffen haben ergeben, daß z. B. schwefel-

---

[1] Harv Circ Nr. 267 (1924).
[2] Ap J 36, S. 75 (1912); s. auch M N 70, S. 226 (1910) u. Pop Astr 18, S. 67 (1910).

haltige vulkanische Asche die gleiche Eigenschaft hat. Eine Erweiterung des Aufnahmegebietes nach dem Ultrarot zu wäre sehr wünschenswert. Es ist bekannt, daß verschiedene irdische Mineralien im langwelligen Licht charakteristische Absorptionsbanden haben, wodurch sie sich möglicherweise auch an einzelnen Stellen der Mondoberfläche nachweisen lassen.

Einen etwas anderen, besonders anschaulichen Weg zur Hervorhebung der Mondfarben haben A. MIETHE und B. SEEGERT[1] eingeschlagen. Sie haben den Vollmond einmal durch ein Orange-, das andere Mal durch ein Violettfilter aufgenommen. Verwendet wurde ein Silberspiegel, so daß die äußerste Grenze kurzer Wellen nicht erreicht worden ist. Die beiden Aufnahmen sind dann vervielfältigt und zu einem Zweifarbendruck in den Farben Orange (Ultraviolettbild) und Grün (Orangebild) vereinigt worden. Die mittlere Mondoberfläche kommt dabei in einem gelben Ton heraus; rötliche Farbe zeigt erhöhte, grünliche verminderte Ultraviolettreflexion an. Das Merkwürdige an dem Bild ist, daß Unterschiede dieser Art nur in den Mareebenen auftreten; die großen Gebirgsflächen bestehen, vom spektralphotometrischen Standpunkte betrachtet, offenbar aus einheitlichem Material.

Nur aus derartigen Untersuchungen der selektiven Reflexion einzelner Punkte lassen sich Schlüsse auf die physische Beschaffenheit des Mondbodens ziehen. Das Mondlicht im ganzen gibt sonst die Eigenschaften der Sonnenstrahlung fast ungeändert wieder. Es ist etwas gelber als das Sonnenlicht, der Farbenindex also etwas größer; er wird nach H. N. RUSSELL zu $1^m,18$ angenommen[2]. Die radiometrisch bestimmte ultrarote Planetenstrahlung des Mondes zwischen 8 und 14 μ beträgt, wie bei Merkur, 74%.

Mit der praktischen Temperaturbestimmung des Mondes haben sich schon 1846 M. MELLONI und um 1870 Lord ROSSE, R. COPELAND u. a. befaßt[3]. Für diese Versuche wurden Reflektoren in Verbindung mit Thermoelement, Galvanometer und Wasserzelle verwendet, also eine durchaus neuzeitliche Apparatur. Die Versuche scheiterten aber an der Unempfindlichkeit und Trägheit des Empfangsgeräts, das mit seiner hohen Wärmekapazität die Messungen sehr erschwerte. Die bolometrischen Versuche von S. P. LANGLEY und F. W. VERY waren von besserem Erfolg begleitet, so daß VERY schon eine Temperaturkurve für die volle Lunation entwerfen konnte[4]. Obwohl eine vollständige Ausnutzung der Ergebnisse damals noch nicht möglich war, da die Beziehungen zwischen Temperatur und Strahlung noch nicht feststanden, nähern sich die VERYSCHEN Daten sehr den neuzeitlichen radiometrischen Ergebnissen. Nach R. DIETZIUS[5] und R. MÜLLER sind die von VERY mitgeteilten Zahlenwerte durchaus einwandfrei und nur absolut etwas zu verkleinern. Sie reichen in den Originalangaben von $-46°$ bis $+181°$ C für Phasenwinkel von 80° bis 0°. Die Nachmittagskurve ist weniger steil, eine Tatsache, die auch die neueren Messungen, wenn auch nicht so auffällig, bestätigen. Nach den radiometrischen Beobachtungen ist ein Anstieg bis zu etwa $+120°$ C gewährleistet; wieweit der Abstieg geht, ist noch nicht sicher bekannt, da die bisher angewendete Apparatur bei so niedrigen Wärmegraden versagt. Die Schätzung führt für die Nachtseite des Mondes auf rund $-160°$.

Bemerkenswert ist die rasche Abgabe der Temperatur. Nach den Messungsergebnissen darf angenommen werden, daß schon 24^h vor Sonnenuntergang der Gefrierpunkt erreicht ist. Ein weiterer Nachweis der geringen Wärmekapazität des Mondbodens gelang VERY bei Gelegenheit einer totalen Mond-

---

[1] A N 188, S. 9, 239 u. 371 (1911) u. 198, S. 121 (1914).
[2] Ap J 43, S. 125 (1916).   [3] Vgl. Obs 28, S. 409 (1905).
[4] Ap J 8, S. 199 u. 265 (1898) u. 24, S. 351 (1906).
[5] Wien Ber 132, S. 193 (1923).

finsternis. In gleicher Weise haben E. Pettit und S. B. Nicholson[1] die Totalität vom 14. bis 15. Juni 1927 zu radiometrischen Beobachtungen der Mondstrahlung verwertet und dabei festgestellt, daß die Temperatur von $+ 77°$ C, die an der senkrecht beschienenen Mondoberfläche gemessen wurde, schon beim Eintritt in den Halbschatten sehr rasch unter den Nullpunkt sank, beim Eintritt in den Kernschatten rund $- 100°$ erreichte, um dann bis zu einem Minimum von etwa $- 125°$ herabzusteigen. Bei dieser Gelegenheit mag bemerkt sein, daß die spektroskopische Untersuchung des total verfinsterten Mondes keine neuen Absorptionslinien geliefert hat, die etwa der Erdatmosphäre angehören könnten.

Die Polarisation des Mondlichtes beobachtete zuerst F. Arago[2] mit Kalkspatprisma und Quarzplatte. Genauer untersucht hat sie um 1890 J. J. Landerer[3]. Die Messungen erstreckten sich in erster Linie auf die Ableitung des Winkels des Polarisationsmaximums. Er wurde zu $33°18'$ gefunden, doch verläuft, wie N. Barabascheff[4] durch Wiederholung der Beobachtungen an einem Photopolarimeter von Cornu nachgewiesen hat, die Kurve der Polarisation in ihrer Abhängigkeit vom Polarisationswinkel so flach, daß das Maximum sich nur auf etwa $\pm 1°$ genau bestimmen läßt. Im Laboratorium wird der gleiche Verlauf bei rauhen Oberflächen beobachtet. In einer neueren Arbeit hat auch Landerer auf diese Tatsache hingewiesen und betont, daß sich die Mondoberfläche in bezug auf Polarisation und Streuung verhalte wie eine schlecht polierte Glasoberfläche. Nimmt man einen Winkel von etwa $33°$ für den Mond als gegeben an, so würden glasige und rauhe vulkanische Gesteine den Beobachtungen am besten entsprechen. Nach G. Armellini bestehen die Mareflächen aus Basalt und Lava, die Gebirge aus Trachyt und Bimsstein.

19. Anhaltspunkte für die Entstehung der Mondoberfläche. Über die Oberfläche des Mondes und ihre Einzelheiten existiert eine so umfassende Literatur, daß eine Beschreibung der Wallebenen, Krater und Mulden, der weiten Ebenen mit ihren aus Gesteinstrümmern bestehenden Randgebirgen, der Rillen und eingerissenen Täler hier unterbleiben kann. Die Frage nach der Entstehung dieser Oberflächenformationen ist von der anderen, die sich mit der Herkunft des Mondes beschäftigt, kaum zu trennen. Die erste bildet einen Gegenstand der vergleichenden Geologie und Selenologie, die zweite gehört in das Gebiet der Kosmogonie. Wenn in einem astrophysikalischen Handbuch selenologische Dinge ausführlicher behandelt werden, so geschieht es eigentlich nur deshalb, weil die Geologen nur ausnahmsweise einmal den Mond aus eigener Anschauung kennen, und von dieser Seite über die vorliegenden Fragen lediglich sehr allgemein gehaltene Äußerungen vorliegen[5]. Vielleicht wird die Vervollkommnung der Photographie oder schon das Studium der neueren, vortrefflichen Mondaufnahmen das Interesse der Geologie für diese Fragen mehr anregen. Von den bisherigen Veröffentlichungen sind die Bemerkungen, die E. Suess[6] über den Mond geäußert hat, trotz ihrer gedrängten Kürze noch heute von besonderem Wert. Unter den von geophysikalischer und astronomischer Seite bekannt gewordenen Gedankengängen ist neben einem Buch von S. Günther[7], neben den Arbeiten von M. Loewy und P. Puiseux[8] eine kritische Zusammenfassung von J. Wilsing[9] besonders erwähnenswert.

---

[1] Annual Report Mt. Wilson S. 111 (1926/27).
[2] Populäre Astronomie, deutsche Ausg. von Hankel Bd. 3, S. 366ff. (1865).
[3] C R 109, S. 360 (1889) u. 150, S. 1164 (1910).   [4] A N 229, S. 7 (1927).
[5] F. Sacco, Riv di Astron 1, S. 234 (1907); F. Shaler, Comparison of the Features of the Earth and the Moon (1903); W. Branca, Berlin Ber S. 987 (1908) u. S. 59 (1915).
[6] Wien Ber 104, Abt. I (1895).
[7] S. Günther, Vergleichende Mond- und Erdkunde (1911).
[8] P. Puiseux, La terre et la lune (1908).   [9] Publ Astroph Obs Potsdam 24, Nr. 77 (1921).

Für einen Kenner der Mondoberfläche ist die Reihenfolge der selenologischen Ereignisse kaum zweifelhaft. Wir können sie, in den Hauptpunkten übereinstimmend mit den Ansichten von LOEWY und PUISEUX, einteilen in 1. Erstarrung der Oberfläche und Bildung einer einheitlichen aus großen Kratern und Wallebenen bestehenden Schale, 2. Entstehung der Mareebenen durch Arealeruptionen, Depressionen und Überflutungen, 3. vulkanische Tätigkeit und tektonische Veränderungen infolge der Erkaltung des Mondkörpers. Diese Vorstellung enthält bereits einen Hinweis auf die Kräfte, die den Mondboden geschaffen haben; sie schließt neptunische Gewalten aus und führt alles auf plutonische Einwirkungen zurück. Das Primäre ist die ungestörte Berglandschaft, das Kratermeer, in dem die großen Ringformen vorherrschen. Sekundär sind alle Ebenen und die an ihren Rändern befindlichen „Gebirge", die nichts anderes als moränenartig aufgestautes oder horstartig versetztes Trümmermaterial ehemaliger Krater sind. In der letzten Phase der selenologischen Entwicklung sind die kleinen Krater, Kraterreihen und Rillen entstanden.

Die Begründung einer jeden selenologischen Hypothese muß auf statistischen Daten über die Verteilung, die Orientierung, die Form und Größe der Krater fußen, doch ist das betreffende Material, obwohl es in den zahllosen Mondphotographien bereits implicite vorliegt, erst in wenig erschöpfender Form zusammengestellt worden. Die Verwendung der bisherigen, höchstens stellenweise maßhaltigen Karten von W. G. LOHRMANN, J. H. MÄDLER und J. SCHMIDT zu diesem Zweck ist bequemer, sollte aber in Zukunft gänzlich vermieden werden.

Die wenigen morphometrischen Daten, d. h. zahlenmäßigen Angaben über die Beziehungen der Größe zu anderen Eigenschaften der Mondkrater hat H. EBERT[1] geliefert. Er geht von dem Zahlenverhältnis k aus, in dem der Kubikinhalt des Innenraums der Mondkrater zu demjenigen der Umwallung steht und unterscheidet:

1. $k = \infty$ Depressionen, Mulden und randlose Kratergruben,
2. $k > 1$ Überwiegen des Innenraums gegen den Wall,
3. $k = 1$ Normaler Mondkrater,
4. $0 < k < 1$ Überwiegen der Wallmaterie gegen den Innenraum,
5. $-1 < k < 0$ Teilweise ausgefülltes Ringgebirge (Wargentin),
6. $k = -1$ Glatte Ebene.

Das Vorherrschen der Beziehung $k = 1$ ist überaus merkwürdig. Die Tatsache besagt nämlich nichts anderes, als daß die Kraterlandschaften des Mondes überhaupt nicht als Gebirge aufzufassen sind, wenn die Ringwälle gerade ausreichen,

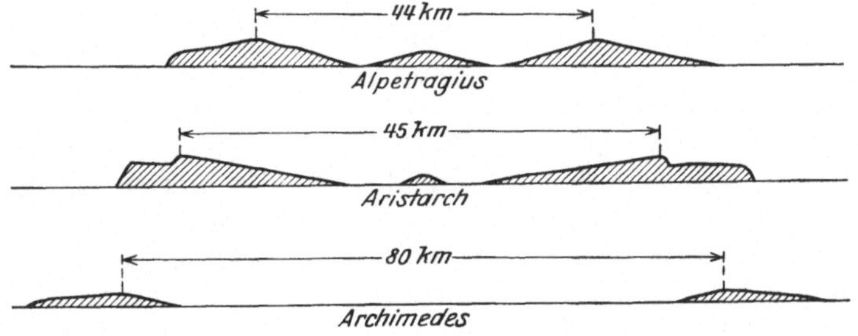

Abb. 24. Profile von Mondkratern (nach W. GOODACRE).

um mit ihrem Material die Vertiefungen auszugleichen. Man hat diese Gesetzmäßigkeit als SCHRÖTERsche Regel bezeichnet, da sie bereits H. SCHRÖTER bei seinen selenographischen Studien aufgefallen war.

---

[1] H. EBERT, Über die Ringgebirge des Mondes (1900).

Auch das Verhältnis Kratertiefe zum Durchmesser hat Ebert genauer studiert. Der Quotient wird beim Übergang zu kleinen Kratern immer größer, was kaum zufällig sein kann. Bei 28 km Durchmesser macht sich sogar ein deutlicher Sprung bemerkbar, so daß anzunehmen ist, daß nicht nur die Zeitepoche, sondern auch der Prozeß der Bildung der kleineren Krater gegenüber den großen abweichend war.

Ähnlich wie H. Ebert hat G. Türk[1], hauptsächlich auf den Pariser Mondatlas gestützt, die Zahl der Ringformen mit Zentralkegeln und die Zahl der zu ihnen gehörenden parasitischen Krater bestimmt und beides als Funktion des Durchmessers in Kurven aufgetragen. Es geht daraus hervor, daß bestimmte Durchmesserwerte (25 bis 35 km) sich als besonders günstig, andere (40 bis 50 km) sich als besonders ungünstig für die Bildung der Zentralkrater und Parasiten erwiesen haben.

Neben diesen spezielleren Untersuchungen sind für die Entstehungstheorie der Mondoberfläche auch verschiedene alltägliche Wahrnehmungen von Wichtigkeit. Die Wälle und Sohlen der großen Krater erscheinen z. B. mit kleinen parasitischen Gebilden durchsetzt, stellenweise sogar übersät, so daß man annehmen darf, daß sich die großen Ringwälle zuerst, die kleinen Krater dagegen später gebildet haben (Franzsche Regel). Ebenso auffallend ist es, daß sich in manchen Gegenden Doppelkrater geradezu häufen (Umgebung des Gambart), während sie an anderen Stellen verhältnismäßig selten sind, u. a. m. Zweifellos haben die großen Wallebenen, von deren Zentralberg aus betrachtet wegen der Bodenkrümmung kaum ein Saum des Ringwalls am Horizont sichtbar wäre, auf der Erde nichts ihresgleichen. Unter den kleineren Kratern, die nur wenige Kilometer im Durchmesser fassen, gibt es dagegen Tausende, die in ihrem äußeren Anblick von irdischen Vulkankegeln (Abb. 25) kaum abweichen würden. Bei den

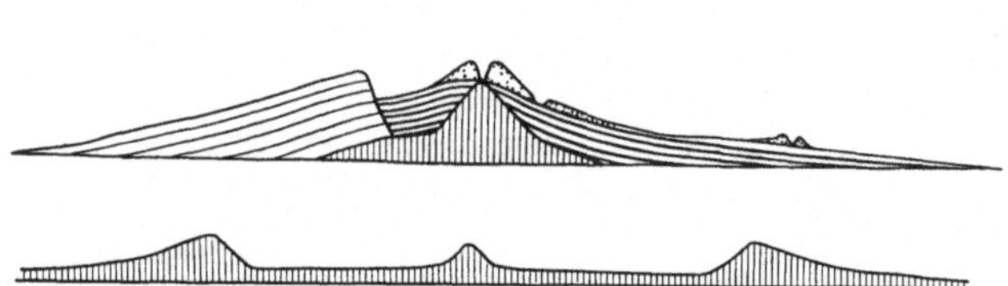

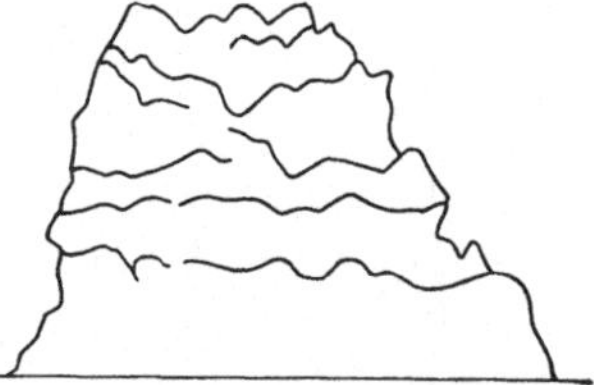

Abb. 25. Profil des Vesuvs (nach F. Hochstetter) und eines Mondkraters (Maßstab des letzteren etwa zehnmal kleiner).

Abb. 26. Spratzschornstein als Typus verschiedener kleiner Mondkrater.

zahllosen winzigen Kratern, die zuweilen, einer Perlschnur gleich, den Mondboden über einige hundert Kilometer durchziehen, herrscht die schornsteinartige Spratzform vor, wie sie auf der Erde rasch hervorbrechende Gase auf Lavaströmen und glühenden Metallmassen hervorzurufen pflegen (Abb. 26).

20. Theorien über die Entstehung der Mondformationen. Es ist nicht recht verständlich, warum sich angesichts der großen Mannigfaltigkeit von ringartigen Formen auf dem Monde eine jede selenologische Theorie bisher stets auf deren einheitliche Erklärung festgelegt hat, obwohl schon ein flüchtiger Überblick ein schematisches Umfassen aller Mondgebilde durch eine einzige starre Hypothese als ausgeschlossen erscheinen läßt. Von der Erde aus sind, von schmalen Randgebieten abgesehen, nur die Öffnungen der Ringgebirge und Krater sichtbar. Würde man auch die Aufrisse beurteilen können, so würde zweifellos eine größere Mannigfaltigkeit der Anschauungen, besonders von geolo-

---

[1] Russ. Astronom. Journal 1, H. 3—4, S. 120 (1924).

gischer Seite, zum Ausdruck gekommen sein. So beschränkt sich der bisherige Wettbewerb nur auf zwei Hypothesen, von denen die eine ausschließlich endogene, die andere exogene Einwirkungen voraussetzt.

Über die kleineren Formen ist eine Meinungsverschiedenheit kaum denkbar. Berücksichtigt man die gegenüber der Erde weit geringere Schwerkraft auf der Mondoberfläche, so liegen kaum Bedenken vor, alle Krater unter rund 7 km Durchmesser als vulkanische Gebilde zu betrachten, wobei der Begriff natürlich nicht zu eng gefaßt werden darf. Die normalen Aufschüttungskrater, die Schildvulkane Hawais, die Reihenkrater Islands und Neuseelands, sogar die den Laveströmen aufsitzenden Spratzschornsteine können hier je nach Bedarf ohne Bedenken zum Vergleich herangezogen werden. Auf die großen Ringgebirge, die 50, 100, ja 200 km im Durchmesser fassen, ist eine streng an irdische Krater

angelehnte Hypothese natürlich nicht anwendbar. Aufschüttungskrater sind in diesen Dimensionen und batholithische Aufwölbungen mit nachfolgendem Einsturz der Decke in dieser Zahl und klassischen Form undenkbar. Das ersieht man schon aus der Tatsache, daß zahlreiche Krater bei den Mareaufschmelzungen sich vom Boden losgelöst haben und fortgetrieben worden sind, ohne an ihren Wällen erheblichen Schaden zu leiden. Diese können also mit der Grundscholle nicht fest verwachsen gewesen sein, sondern haben sich darüber wurzellos erhoben.

Die in der praktischen Geologie zuweilen angewendeten Laboratoriumsversuche haben auch der Selenologie einige wichtige Fingerzeige gegeben, soweit sie natürlich auf Massen- und nicht auf Molekularkräften (Blasentheorie!) aufgebaut waren. Sie sind in großer Zahl von H. Ebert[1], R. Schindler[2], G. Dahmer[3] u. a. angestellt worden und haben augenscheinlich den Beweis erbracht, daß Ausbrüche dünn-

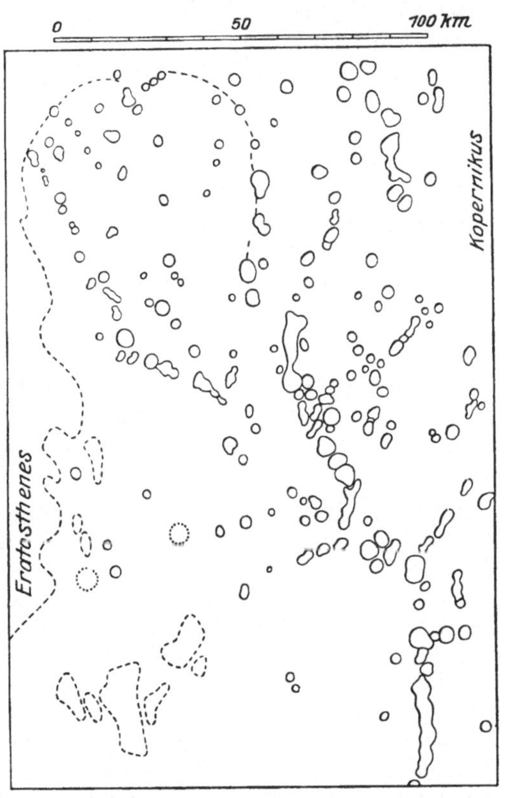

Abb. 27. Kraterfeld der Mondlandschaft Stadius.

flüssiger, rasch erstarrender Materie aus engen Bodenöffnungen oder Dampfexplosionen in einem zähflüssigen Magma, also Vorgänge, wie wir sie auf der Erde besonders an Schlammvulkanen beobachten können, Gebilde liefern, die nach Grund- und Aufriß den großen Mondkratern außerordentlich ähnlich sind. Wenn man auch die Bedeutung derartiger Experimente für kosmogonische Theorien nicht überschätzen darf, so kann doch behauptet werden, daß einer Erklärung der wichtigsten Mondformationen durch innere vulkanische Kräfte keine nennenswerten Schwierigkeiten im Wege stehen.

[1] H. Ebert, Über die Ringgebirge des Mondes (1900).
[2] R. Schindler, Die Mechanik des Mondes (1905 u. 1911).
[3] Zentralbl f Mineral S. 8 u. 53 (1923).

Es darf wohl die Ansicht ausgesprochen werden, daß gegenwärtig die Annahme endogener Kräfte in dem hier angedeuteten weiten Sinne unter den Geologen und denjenigen Astronomen, die den Mond aus eigener Anschauung genauer kennen, vorherrscht. Zweifellos ist aber der Mondvulkanismus heute vollständig erloschen. Es geht also kaum an, die Glasmeteorite oder Tektite (Australite, Bilitonite), die in ihrem optischen Verhalten an rauhe, staubbedeckte Obsidianflächen erinnern und darin der Oberfläche des Erdtrabanten gleichen, etwa auf verspritzte Mondlaven zurückzuführen (Ebert).

Von einem gänzlich abweichenden Standpunkte geht die Hypothese aus, die die Mondringgebirge auf von außen wirksame Kräfte, insbesondere auf den Fall von Meteoriten, zurückführt. Sie ist von R. A. Proctor[1] in seinem Mondwerk aufgestellt und besonders von dem Geologen G. K. Gilbert verfochten worden. Diese Vorstellung erhält eine gewisse Stütze dadurch, daß durch Aufsturz von Körpern in zähflüssige oder staubartige Materie kraterähnliche Bildungen entstehen. Bereits durch Aufspritzen von Wassertropfen auf Schichten von Schwefelblüte, Bärlappsamen u. dgl. lassen sich Ringbildungen erzielen.

Überzeugender als diese populären Experimente wirkt der Hinweis von H. E. Ives[2], daß jeder größere Meteorsturz bei Abwesenheit einer Atmosphäre stets eine Explosion hervorrufen muß. Ist M die Masse des Meteoriten, v seine Geschwindigkeit, s seine spezifische Wärme, T_0 seine Eigentemperatur und A das mechanische Wärmeäquivalent, so ist die maximale Temperatur T, bis zu der der Aufsturz führen kann, aus der Gleichung für die Bewegungsenergie

$$\frac{M}{2}\,v^2 = M\,s\,(T - T_0)\,A$$

berechenbar. Selbst wenn v nur gleich der halben Erdgeschwindigkeit, also gleich 15 km, ferner $s = 0{,}2$ und $T_0 = 0$ gesetzt wird, erhält man, da $A = 4{,}2 \cdot 10^7$ ist,

$$T = \frac{225 \cdot 10^{10}}{1{,}71 \cdot 10^7} = 132\,000^\circ.$$

Die stillschweigende Voraussetzung, daß die entstehende Wärme vollkommen dem Meteoriten verbleibt, ist sicher nicht zutreffend, aber selbst nach Abzug von 90% des berechneten Betrages bleibt eine derartige Temperaturerhöhung übrig, daß unter ihrer Wirkung jedes Material momentan in Gasform übergehen, d. h. explodieren muß. Selbst bei sehr schrägen Einstürzen werden somit Krater entstehen, die in der Richtung der Schwerkraft orientiert sind, eine Überzeugung, die durch die Meteoritenfälle von Knyahinya (1866) und Tunguska (1908) vollkommen gestützt wird. Kleine, nur wenige Zentner wiegende Meteoriten können demnach verhältnismäßig große Löcher hervorbringen. Erfahrungsgemäß pflegen Flugzeugbomben durch ihre Explosion in dem Boden Krater zu erzeugen, die den Geschoßdurchmesser mindestens um das Zehnfache übertreffen.

In neuerer Zeit hat A. Wegener[3] die exogene Hypothese der Mondkrater neu aufgegriffen, weitere Versuche zu ihrer Stütze angestellt, die Profile der durch Massenaufsturz entstehenden Krater nach bestimmten Gesetzmäßigkeiten untersucht und die Daten mit dem Monde verglichen. Zur Verwendung kam Zement- und Gipspulver, das auf eine lockere Zementunterlage geworfen wurde. Die auf diese Weise künstlich hergestellten Krater stimmen in den relativen Verhältnissen der Höhen, Tiefen und Neigungen auffallend gut mit den von Ebert festgestellten Daten an den Mondringgebirgen überein. Zur weiteren Stütze der Theorie wird von ihren Anhängern auf den sog. Meteorkrater unweit des Cañon Diablo in Arizona hingewiesen, einen Explosionstrichter von 4 km Umfang, dessen Um-

---

[1] R. A. Proctor, The Moon (1873).   [2] Ap J 50, S. 245 (1919).
[3] A. Wegener, Die Entstehung der Mondkrater (1921).

gebung bei der Entdeckung vor 50 Jahren von Bruchteilen eines großen Meteoriten bedeckt war. G. P. MERRILL[1] hat über den Krater und die Funde einen ausführlichen Bericht erstattet[2], und es muß zugegeben werden, daß ein Zusammenhang der Bildung mit einem Meteorfall kaum zu leugnen ist. Ob aber daraus

Abb. 28. Der Meteorkrater von Arizona (nach A. W. STEVENS).

eine selenologische Theorie der Mondformationen abgeleitet werden darf, erscheint mehr als zweifelhaft, zumal die Hypothese den Tatsachen, die wir über die Zahl, Größe und Verteilung der Meteore wissen, nicht recht entspricht. Dem Einwand, daß dann auch die viel massigere Erde zahlreiche Meteore eingefangen haben müßte, begegnet WEGENER dadurch, daß er das Ereignis in die Zeit der Entstehung des Erdtrabanten verlegt, d. h. annimmt, daß sich der Mond langsam durch Zusammensturz kleiner, in einem Ringe die Erde umkreisender Massen gebildet habe.

Im Verfolg der selenologischen Hypothesen ist auch vielfach auf die Polygonform mancher Krater hingewiesen worden, und man hat daraus Bestätigungen für die eine oder andere Theorie abzuleiten versucht, obwohl hierzu eigentlich kein Grund vorliegt. Denn der Mondboden hat sicherlich noch lange Zeit nach der Bildung der Ringgebirgslandschaften plastische Eigenschaften bewahrt. Seitlich wirkende Kräfte, die vielleicht auf Störungen des Erstarrungsprozesses zurückgeführt werden dürfen, können dann sehr wohl die geometrische Form der Krater durch Druck oder Zug so beeinflußt haben, daß hier und da übereinstimmend orientierte Polygonumrisse entstanden sind (Abb. 29).

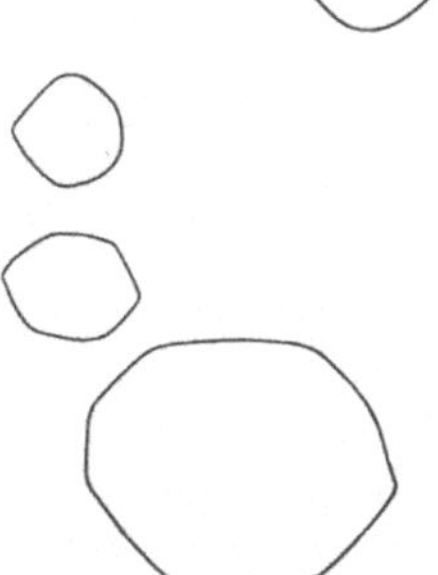

Abb. 29. Polygonale Kraterformen auf dem Monde (Bullialdus und Umgebung).

Es darf angenommen werden, daß diejenigen Krater, von denen die bekannten Strahlensysteme ausgehen, wie Tycho, Kopernikus, Kepler u. a., sich

[1] Smithson Misc Coll 50, Teil IV, S. 461 (1908).
[2] Vgl. auch den Bericht von W. D. BOUTWELL im Nat. Geogr. Magaz. Juni 1928.

verhältnismäßig spät gebildet haben, als der Mondboden bereits einen höheren Grad der Starrheit erreicht hatte. Um die Ausbruchszentren herum entstanden dabei tiefe, radiale Klüfte. Dünnflüssige Lava füllte sie aus, quoll über die Ränder, entgaste sehr rasch und bildete die z. T. Hunderte von Kilometern langen Streifen, die ohne Rücksicht auf Berg und Tal fortlaufen und an ihrem photometrischen Verhalten (Ziff. 17) ihre stark löcherige Struktur verraten. Ähnliche ausgefüllte Gänge sind auch auf der Erde wohlbekannt und erreichen auch hier oft den Ausgangskrater nicht, wie man das auf dem Monde z. B. bei Tycho beobachtet. Die von M. LOEWY und P. PUISEUX vertretene Anschauung, daß die Streifen durch Aschenregen entstanden sind, setzt bei diesen Riesenkratern nicht nur richtige vulkanische Ausbrüche, sondern auch eine verhältnismäßig dichte Atmosphäre mit wechselnder Luftströmung voraus und ist daher nach unserer heutigen Einstellung gegenüber der selenologischen Vergangenheit nicht mehr haltbar.

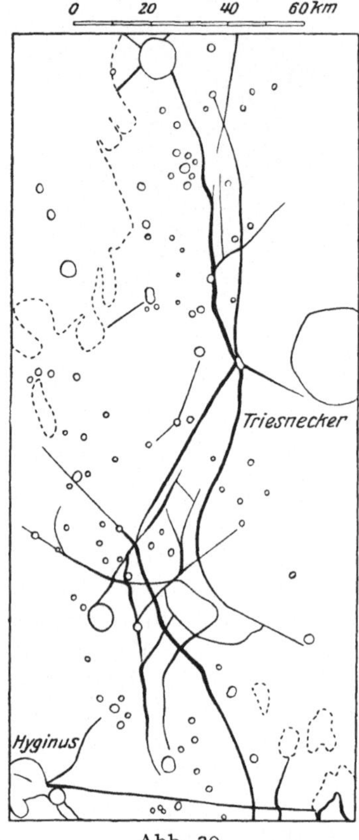

Abb. 30.
Rillenfeld des Triesnecker.

Die geringsten Schwierigkeiten bereitet die Deutung der Rillen, jener klaffenden Spalten, die sich besonders in den Mareebenen, d. h. den magmatisch aufgeschmolzenen Gebieten, gebildet haben. Es sind anscheinend die letzten Erscheinungsformen der selenologischen Kräfte. Während die hellen Streifen oder vielmehr die Klüfte, auf deren Bildung sie zurückzuführen sind, nach unseren Annahmen durch Druck von unten entstanden sind, ist bei der Rillenbildung offenbar häufig Druck von oben maßgebend gewesen. Über weiten Hohlräumen, die sich unter den festen, aber dünnen Decken gebildet haben, sind die Wölbungen eingesunken und dabei z. T. geborsten. Die Form mancher Rillenherde zeigt deutlich, daß der Mondboden zur Zeit ihrer Bildung eine sehr zähe Konsistenz gehabt hat. In der Umgebung des Triesnecker (Abb. 30) laufen z. B. die meisten Rillen in feine Spitzen aus, in deren Nähe gewissermaßen als Fortsetzung neue Parallelbildungen auftauchen usw.

Für die Erkenntnis der Entwicklung der Erdoberfläche ist der Mond insofern lehrreich, als er nirgends Spuren irgendeiner Schrumpfung aufweist. Faltungen, Kettengebirge usw. liegen an keiner Stelle vor, und wo Zug- und Druckkräfte wirksam gewesen sind, wie z. B. bei den eben betrachteten Rillen oder einigen bekannten Verwerfungen (Thebit, Cauchy), zeigen sie deutlich Anzeichen der Expansion und nicht einer Kontraktion.

e) Die kleinen Weltkörper im Sonnensystem.

21. Die kleinen Planeten. Die Gesamtheit der kleinen Weltkörper, die sich zwischen der Mars- und Jupiterbahn bewegen, aber, wie die Beispiele von Eros und Hidalgo zeigen, in einzelnen Fällen fast die Erd- bzw. die Saturnbahn erreichen können, ist lange Jahrzehnte hindurch astrophysikalisch vernachlässigt worden, und auch gegenwärtig liegt das Arbeitsgebiet ziemlich brach darnieder.

Da Unterschiede gegen das Sonnenspektrum nicht vorliegen, konzentriert sich die Aufmerksamkeit fast ausschließlich auf das photometrische Verhalten.

Die Vorstellung, daß Helligkeitsangaben unter Umständen auch Durchmesserbestimmungen eines fernen Weltkörpers zu ersetzen imstande sind, liegt so nahe, daß sie schon in den ersten Jahrzehnten nach der Entdeckung der Ceres geäußert worden ist. Wenn die Idee trotzdem keine systematische photometrische Arbeit angeregt hat, so liegt das daran, daß selbst bis gegen Ende des 19. Jahrhunderts zuverlässige Helligkeitsdaten nur für die helleren Sterne vorlagen, die also für die große Masse der kleinen Planeten als Anschlußobjekte überhaupt nicht in Frage kamen. Selbständige photometrische Messungen der kleinen Planeten sind nur an dem Potsdamer und dem Harvard-Observatorium ausgeführt worden[1]. Sie betreffen kaum drei Dutzend der helleren dieser Körper, erstrecken sich aber z. T. über mehrere Wochen ein und derselben Opposition, so daß wenigstens über den Phasenverlauf ein genügend klares Bild vorliegt. Alles, was wir über die anderen schwächeren Glieder des Planetoidenringes wissen, beruht auf den mehr oder weniger unsicheren Schätzungen der Anschlußbeobachter im Größensystem der Durchmusterungen oder der benutzten Positionskataloge. Erst in der neueren Zeit bürgert sich hier und da die für künftige Bearbeitungen nützliche Gewohnheit ein, statt der einfachen Helligkeitsangaben Vergleiche mit benachbarten Sternen anzustellen und bekanntzugeben.

Die Helligkeiten der kleinen Planeten in mittlerer Opposition sind in den weiten Grenzen zwischen $6^m,0$ und $< 14^m,5$ eingeschlossen. Nach G. STRACKES[2] Bearbeitung von 1024 Planeten mit gesicherter Bahn wächst die Zahl von Größe zu Größe bis $11^m,5$ geometrisch mit dem Faktor 3, von da an bis $13^m,5$ mit dem Faktor 1,3. Von den schwächsten Körpern $< 13^m,5$, die nur etwa 20% der bisherigen Entdeckungsziffer einnehmen, ist sicher erst ein geringer Bruchteil aufgefunden. Nimmt man $15^m,5$ als die derzeitige Grenze der Helligkeit für die Möglichkeit einer Entdeckung an, so kann nach dem Gang der Ziffern die Gesamtzahl auf etwa 2000 bis 3000 veranschlagt werden.

Die ursprünglich gehegte Vermutung, daß die kleinen Planeten im einzelnen das gleiche photometrische Verhalten zeigen müßten, hat sich nicht bestätigt. Wenn auch erst wenige sichere Daten darüber bekannt sind, so unterliegt es doch keinem Zweifel, daß Farbe, Albedo und Phasenkoeffizient bei den einzelnen Komponenten des Schwarmes innerhalb weiter Grenzen wechseln. Die sichersten Ergebnisse beziehen sich auf den Phasenkoeffizienten, der unmittelbar aus den Schätzungen oder photometrischen Messungen abgeleitet werden kann, wozu nur die Reduktion von $r^2 \Delta^2$ auf $r_0^2(r_0 - 1)^2$ (Ziff. 7) und die Gegenüberstellung der so umgerechneten Helligkeiten mit den Phasenwinkeln notwendig ist. Für die Beobachtungen bis 1897 ist dies durch G. MÜLLER[1] geschehen, einiges weitere Material von 1896 bis 1898 hat E. C. PICKERING gesammelt. Hieraus geht hervor, daß die bis zu höchstens $33°$ Phase verfolgbaren Koeffizienten zwischen den Werten 0,016 (Iris) und 0,053 (Frigga) wechseln. Der allein durch die Phase, also ohne Rücksicht auf Sonnen- und Erddistanz bedingte Lichtwechsel kann sich also im einzelnen zwischen den Grenzen $0^m,5$ und $1^m,7$ abspielen. Wie bei der Mehrzahl der großen Planeten weichen auch die Phasenkurven der Asteroiden so wenig von geraden Linien ab, daß die Beziehung zwischen Phasenwinkel und Helligkeit als linear angenommen werden kann.

Direkte Mikrometermessungen des Durchmessers haben erst bei den vier hellsten und größten Planetoiden zum Ziele geführt, doch sind die auf diesem

---

[1] G. MÜLLER, Photometrie der Gestirne, S. 375 (1897).
[2] Ergebn. d. exakten Naturwiss. 4, S. 1 (1924).

Wege von E. E. Barnard erhaltenen Dimensionen[1] nicht als sehr zuverlässig anzusehen. Sie führen bei Ceres auf 780, bei Pallas auf 490 und bei Vesta auf 390 km Durchmesser. Bessere Ergebnisse verspricht die Interferometermethode, doch liegt in dieser Hinsicht erst ein einziger Versuch von M. Hamy[2] (Vesta = 400 km) vor. Zur Ableitung der Durchmesser bleibt auf diese Weise vorläufig nur der anfangs erwähnte, besonders von F. W. Argelander befürwortete photometrische Weg offen, der sich so definieren läßt, daß man für die Gesamtheit der kleinen Planeten einen mittleren Albedowert konstruiert und aus den Daten: Sonnenhelligkeit in Sterngrößen, mittlere Oppositionsgröße des Planeten und Albedo den Durchmesser berechnet. Die umfassendste Bearbeitung des Materials hat wieder G. Stracke[3] ausgeführt. Sie beruht auf der Albedo 0,24 und bezieht sich auf 1024 Planeten. Nur in 14 Fällen ergab die Berechnung effektive Durchmesser von mehr als 240 km. Bei etwa 90% der behandelten Körper wurden Durchmesser unter 120 km gefunden. Diese Allgemeinübersicht ist wertvoll, da sie ein ungefähres Bild über die Verteilung der Dimensionen im Planetoidenring gestattet. Die Einzelergebnisse können natürlich wegen der bedenklichen photometrischen Voraussetzungen kein besonderes Vertrauen beanspruchen.

Anstatt die Durchmesser aus dem Phasenkoeffizienten mit Hilfe eines angenommenen Albedowertes zu berechnen, kann noch ein anderer Weg eingeschlagen werden. Die Erfahrung im Laboratorium sowie an Mond bzw. an Venus lehrt, daß rauhe Körper kleiner Albedo einen hohen Phasenkoeffizienten haben und umgekehrt. Werden die Beziehungen zwischen Phasenfaktor und Albedo auf Grund der experimentellen und astronomischen Erfahrungen graphisch aufgetragen, so erhält man eine Kurve, die die empirische Gesetzmäßigkeit veranschaulicht, und aus der man zu einem gegebenen Phasenkoeffizienten eines kleinen Planeten seine Albedo ablesen kann. Scheinbare Helligkeit im Verein mit der Albedo ergibt wieder den Durchmesser. Dieses Verfahren hat z. B. L. Bell[4] angewendet und auf diesem Wege, der natürlich nur einen Notbehelf darstellt, die Dimensionen von 10 kleinen Planeten abgeleitet. Ceres, Pallas, Juno und Vesta fehlen in der Reihe, da deren Konstanten zur Festlegung der Kurve mit herangezogen werden mußten. Die von Bell in dieser Arbeit verwendeten geometrischen Albedowerte sind mit 0,55 zu multiplizieren, um die üblichen sphärischen Konstanten nach der Definition von Bond und Russell zu erhalten.

Auch die Massen der kleinen Planeten sind heute kaum anders als auf dem Umwege über die mittleren Oppositionshelligkeiten ableitbar, da, von dynamischen Gesichtspunkten aus betrachtet, Körper von so geringen Dimensionen auch bei stärkerer gegenseitiger Annäherung höchstens langperiodische Störungen der Elemente hervorrufen können, die bis auf weiteres unbemerkbar bleiben. Nun entspricht das effektive, d. h. aus den Helligkeiten abgeleitete Gesamtvolumen der 1024 von G. Stracke untersuchten Planeten einer Kugel von 669 km Radius. Unter Annahme des Dichtewertes der Erde ergibt sich hieraus für die Gesamtheit des Planetoidenringes zwischen Mars und Jupiter $3,5 \cdot 10^{-9}$ der Sonnen- oder $1/_{864}$ der Erdmasse. Da aus störungstheoretischen Betrachtungen (S. Newcomb, P. Harzer, H. Osten) Grenzwerte der Masse für die kleinen Planeten folgen, die $5 \cdot 10^{-7}$ bzw. $2,5 \cdot 10^{-7}$ der Sonnenmasse betragen, so kann nicht behauptet werden, daß die Frage zur Zufriedenheit gelöst ist. Es liegt nahe, den Fehler weit eher bei den photometrischen als bei den dynamischen Voraussetzungen zu suchen. Eine unabhängige Arbeit von N. Staude[5], die auf einem etwas anderen Wege wie Stracke, aber ebenfalls aus den Helligkeiten einen

---

[1] M N 56, S. 55 (1896).　　　　　　　　[2] B A 16, S. 257 (1899).
[3] Ergebn. d. exakten Naturwiss. 4, S. 1 (1924).　　[4] Ap J 45, S. 10 (1917).
[5] Russ. Astronom. Journal 2, H. 3, S. 38 (1925).

Wert der effektiven Gesamtmasse der kleinen Planeten abzuleiten versucht hat, läßt insofern keine bessere Übereinstimmung erkennen, als sie unter Voraussetzung einer einheitlichen Dichte, die gleich derjenigen der Erde angenommen worden ist, auf eine Masse $5{,}2 \cdot 10^{-9}$ führt. Bemerkenswert ist noch ein weiteres Ergebnis der STAUDEschen Arbeit, daß nämlich bei Voraussetzung gleicher Dichte der Körper in dem Schwarm der kleinen Planeten mit wachsendem Abstand von der Sonne eine Massenabnahme hervortritt.

Neben den langsamen Änderungen infolge von Abstand und Phasenfaktor macht sich bei den kleinen Planeten zuweilen auch ein kurzperiodischer Lichtwechsel bemerkbar, der möglicherweise mit der Achsendrehung zusammenhängt. Lange Zeit hindurch hat man die entsprechenden Beobachtungen für Täuschungen gehalten, bis E. VON OPPOLZER im Januar 1901 an Eros einen sehr bedeutenden Lichtwechsel von 2 Größenklassen bemerkte[1]. Nach O. C. WENDELLS photometrischen Messungen nahm die Amplitude bald erheblich ab. März 12 wurde $1^{m}{,}13$, April 12 nur $0^{m}{,}4$ gemessen, und Mai 6 war das Licht bereits völlig konstant. Aus den der Opposition vorangehenden Aufnahmen der Harvard-Sternwarte geht hervor, daß der Lichtwechsel schon im November und Dezember 1900 bestanden, sich aber damals nur innerhalb einer halben Größenklasse abgespielt hat[2]. In der nächsten Opposition, 1903, war die Veränderlichkeit kaum merklich, blieb dann bis 1908 aus, konnte aber von März bis August 1910 in einer Amplitude von $0^{m}{,}5$ bis $0^{m}{,}8$ wieder beobachtet werden. Auch 1919 war das Licht des Planeten nicht konstant. Die Periode betrug in den Erscheinungen $5^{h}16^{m}$. Im Jahre 1901 lagen zwei nicht genau gleiche Schwingungen von $2^{h}25^{m}$ und $2^{h}51^{m}$ Dauer vor, dagegen betrug im Jahre 1910 die Periode $2^{h}38^{m}$. Neben dem Licht ändert sich auch der Phasenkoeffizient des Eros. Er betrug 1900 bis 1901 rund 0,037, 1921 dagegen nur 0,013.

Nach Feststellung dieses völlig einwandfreien Falles der Veränderlichkeit eines kleinen Planeten hat man auch an anderen einen Lichtwechsel photometrisch nachgewiesen. Die einigermaßen gesicherten veränderlichen Planeten hat M. HARWOOD zusammengestellt[3]. Außer Eros enthält die Liste nur noch 5 Planeten, bei denen Periode und Amplitude als nachgewiesen gelten können. Es sind dies 15 Eunomia ($0^{d}{,}127$), 39 Laetitia ($0^{d}{,}092$), 44 Nysa ($0^{d}{,}132$), 129 Antigone ($0^{d}{,}10$), und 345 Tercidina ($0^{d}{,}37$). Die Amplituden erreichen hier höchstens $0^{m}{,}4$ bis $0^{m}{,}5$. Zeitweise veränderlich ist unter anderen auch der merkwürdige 944 Hidalgo.

Während diese kurzperiodischen Schwankungen sich einfach durch Rotation der betreffenden Körper erklären lassen, hat bei Eros CH. ANDRÉ[4] einen Doppelplaneten angenommen, der nach Art der Verfinsterungsveränderlichen in den Elongationen die Summe, in den Konjunktionen die Differenz der Helligkeit dem Beschauer bieten sollte. Durch das Abklingen der Veränderlichkeit des Eros hat diese Hypothese jedoch den Boden verloren. Man neigt heute mehr der zuerst von H. SEELIGER ausgesprochenen Ansicht zu, daß die Lichtänderungen durch starke Albedounterschiede auf einem rotierenden Körper hervorgerufen werden. Gehen diese Unterschiede soweit, daß an einer Stelle Spiegelung eintritt, so ist bei der geringsten Änderung der Achsenneigung zur Blickrichtung eine völlige Änderung der Lichtkurve möglich[5]. Auch eckige, kantige Formen wären bei den kleineren Planeten denkbar. Bei den größeren dürften aber die Massenkräfte bereits derart überwiegen, daß wir sie uns kaum anders als in Form von isostatisch ausgeglichenen Kugeln vorstellen dürfen.

---

[1] A N 154, S. 297 (1901). [2] Harv Circ Nr. 58 (1901).
[3] Harv Circ Nr. 269 (1924). [4] A N 155, S. 27 (1901).
[5] Vgl. L. BELL, Ap J 45, S. 20 (1917).

Spektroskopisch bieten die kleinen Planeten, soweit sie bis jetzt untersucht worden sind, nur ein wenig geändertes Abbild der Sonnenstrahlung. Die kurzen Wellenlängen hat N. T. Bobrownikoff[1] merklich gedämpft vorgefunden. Das Maximum der spektralen Strahlung verlagert sich bei Vesta periodisch in der Zeit von 5^h55^m, so daß damit vermutlich die Rotationsdauer des Planeten gefunden ist.

In der Frage über die Herkunft der kleinen Planeten versagt mehr oder weniger jede Theorie. Nach K. Hirayama[2] sind nur vier Hypothesen diskutabel, und zwar 1. die Explosion eines größeren Planeten nach der Idee von H. W. Olbers und C. A. Young, 2. der Zerfall eines Ringes um die Sonne infolge von Jupiterstörungen nach der Laplaceschen kosmogonischen Theorie, 3. die Theorie des Einfangs der kleinen Planeten aus dem Weltraum und 4. der Zerfall eines ehemaligen Jupiterringes. Merkwürdigerweise liegen gegen die erste und älteste Ansicht auch heute noch die geringsten Bedenken vor. Hat der hypothetische Körper einen Aufbau gehabt, wie ihn mutmaßlich die Erde aufweist, so wären die Unterschiede in Masse, Dichte und Albedo nicht befremdlich. Sie würden dann darauf zurückzuführen sein, daß ein Teil des Planetoidenringes aus den leichten äußeren Silikatschichten, der andere aus den schweren Metallmassen des Innern eines erdähnlichen Körpers seinen Ursprung genommen hat.

22. Die Planetentrabanten. Die physikalische Erforschung der Planetentrabanten begegnet gegenwärtig noch den gleichen, wenn nicht noch größeren Schwierigkeiten, wie wir sie schon bei den kleinen Planeten kennengelernt haben. Die Monde des uns relativ nahekommenden Mars sind überaus winzige Körper, und die Trabanten von Jupiter, Saturn, Uranus und Neptun, die z. T. von der Größenordnung des Erdmondes sind, sind so weit entfernt, daß von der Erkennung oder gar Beobachtung irgendwelcher Einzelheiten auf den Oberflächen keine Rede mehr sein kann. Bei den geringen Phasenwinkeln ist selbst die bei den kleinen Planeten noch anwendbare Herleitung einer Beziehung zwischen Phasenfaktor und Albedo nicht mehr möglich, so daß allein die scheinbare Helligkeit, hier und da auch noch der Farbenindex zur Charakterisierung dieser Weltkörper in physikalischer Hinsicht herangezogen werden kann.

Die von A. Hall 1877 entdeckten Marstrabanten bilden bis auf den heutigen Tag sehr schwierige Objekte. E. E. Barnard konnte selbst am 92 cm-Refraktor der Lick-Sternwarte Phobos nur bis auf 3″, Deimos nur bis auf 10″ vom Planetenrand verfolgen. Eine sichere Messung der Helligkeit ist vorläufig nur auf photographischem Wege geglückt, und zwar fand S. Kostinski[3] für Phobos die Größe $11^m,6$, für Deimos $12^m,3$. Die einzigen visuell-photometrischen Bestimmungen dürften diejenigen von E. C. Pickering und O. C. Wendell sein[4]. Sie stammen aus den drei Oppositionen 1877, 1879 und 1882 und wurden durch Vergleich mit dem sternartig verkleinerten Marsbild gewonnen. Für den am häufigsten beobachteten Trabanten Deimos wurden bei diesen Gelegenheiten für die mittlere Opposition die Größen $13^m,57$, $13^m,06$ und $13^m,13$ gefunden. Phobos erwies sich nur wenig heller, doch ist nach der übereinstimmenden Aussage von E. S. Holden, E. E. Barnard, C. Wirtz und R. G. Aitken der Unterschied erheblich größer, und zwar mindestens $0^m,6$. Da die Trabanten kaum einen negativen Farbenindex aufweisen, sind wahrscheinlich auch die angegebenen visuellen Harvard-Größen für Deimos erheblich zu tief angesetzt. Nach den photographischen Helligkeiten darf unter Annahme der Marsalbedo der Durchmesser der Trabanten auf 10 bzw. 8 km veranschlagt werden.

[1] Lick Bull 14, S. 18 (1929).   [2] Scientia 31, S. 431 (1922).
[3] Pulk Mitt 5, S. 149 (1914).
[4] Harv Ann 11, Part 2, S. 226 u. 311 (1879); 33, Nr. 9, S. 159 (1900).

Von den neun Jupitersatelliten sind die alten vier etwa von der Größenordnung des Erdmondes, so daß sie mit ihren um 1″ liegenden Durchmessern[1] bei starken Vergrößerungen gerade noch als deutliche Scheibchen erscheinen. Die Messung ihrer Dimensionen bietet eine besonders günstige Aufgabe für Interferometer und Doppelbildmikrometer, und tatsächlich sind diese beiden Instrumente wiederholt dazu verwendet worden[2]. Irgendeine sichere Erkennung von Einzelheiten ist auf den kleinen Scheibchen nicht möglich, wenn auch einzelne Beobachter von hellen Polarflecken und dunklen Streifen berichten. Auch Zweifel an dem kreisförmigen Umriß der Trabanten sind hin und wieder aufgetaucht, und zwar sollten sie bald elliptisch, bald eckig erscheinen. W. H. PICKERING hat alle diesbezüglichen Beobachtungen zusammengestellt[3] und glaubt danach annehmen zu dürfen, daß die Jupitermonde Anhäufungen von Meteoriten seien. Da es sich hier um physiologisch stark beeinflußte Grenzwahrnehmungen handelt, haben diese Feststellungen astronomisch nur geringen Wert.

Es gibt wohl einen wissenschaftlich einwandfreien, photometrischen Weg, um über die Gestalt und Oberflächeneinzelheiten der Trabanten Anhaltspunkte zu erhalten. Eine Gelegenheit hierzu bieten die Finsternisse, also die Eintritte in den Jupiterschatten bzw. die Austritte aus demselben. Berechnet man die theoretische Lichtkurve aus der Größe des Satelliten und seiner Bahnbewegung und vergleicht sie photometrisch mit der tatsächlich durchlaufenen Lichtkurve, so können etwaige stärkere Abweichungen zu Schlußfolgerungen über Abplattung, Fleckverteilung usw. auf den Oberflächen usw. benutzt werden. Angesichts der raschen Bewegung der Jupitermonde, besonders der beiden inneren, müssen aber die photometrischen Messungen sehr rasch ausgeführt werden, was ein geübtes Auge und bei dem zu messenden Intervall von 8 bis 10 Größenklassen ein sorgfältig geeichtes Photometer erfordert. Ohne Registriervorrichtungen ist die Aufgabe überhaupt kaum lösbar. Trotz der Schwierigkeiten ist ein recht umfassendes Material dieser Art auf der Harvard-Sternwarte 1878 bis 1912 gesammelt worden[4]. In den beobachteten Finsterniskurven sind nach R. A. SAMPSON zeitlich fortschreitende Schwankungen feststellbar, sie lassen aber keine eindeutige Herleitung der Ursachen zu.

Eine recht umfangreiche Literatur knüpft sich an den periodischen Lichtwechsel der Monde, den bereits W. HERSCHEL und H. SCHRÖTER festgestellt haben wollen. Nach unseren jetzigen Kenntnissen über die Amplitude dieser Schwankungen ist es wahrscheinlich, daß bei diesen älteren Beobachtungen hauptsächlich der bei Schätzungen stets in die Erscheinung tretende Positionswinkeleinfluß die mit der Umlaufsperiode zusammenfallenden Änderungen vorgetäuscht hat. Unter den neueren Messungsreihen sind die Beobachtungen von R. ENGELMANN (1870), E. C. PICKERING und O. C. WENDELL (1877 bis 1878) sowie P. GUTHNICK (1904 bis 1906) besonders zu erwähnen, die z. T. gegen, z. T. für einen Lichtwechsel sprechen. Eine photographische Untersuchung der Frage durch K. SCHÜTTE[5] hat gleichfalls zu keinem klaren Ergebnis geführt. Erst durch Anwendung des lichtelektrischen Verfahrens ist die Frage zweifelsfrei entschieden worden. Nach einer im Spätsommer 1926 ausgeführten Messungsreihe von J. STEBBINS, T. S. JACOBSEN und N. W. STORER am 30 cm-Refraktor der Lick-Sternwarte darf der peridoische, mit den Umlaufsperioden übereinstimmende

---

[1] Vgl. E. E. BARNARD M N 58, S. 217.

[2] Vgl. A. A. MICHELSON, Phil Mag 30, S. 1 (1890); P. SALET u. J. BOSLER, B A 23, S. 325 (1906).

[3] Harv Ann 82, S. 4 (1924).

[4] Harv Ann 52, Part 2 (1907); Harv Ann 69, Part 2, S. 226 (1913).

[5] A N 218, S. 273 (1923).

Lichtwechsel aller vier Trabanten als gesichert gelten. Er beträgt nach P. GUTH-NICKS Reduktion[1] $0^m,23$, $0^m,31$, $0^m,16$ bzw. $0^m,12$. Selbst ein Phasenfaktor der Trabanten zwischen $0^m,016$ (I) und $0^m,046$ (IV) ist in der Beobachtungsreihe nachweisbar. Die Maxima fallen bei I, II und III auf die östliche, bei IV auf die westliche Elongation. Die Daten gelten zwar für kurzwelliges Licht, lassen es aber doch wahrscheinlich erscheinen, daß in den früheren, visuell bestimmten Amplituden erhebliche systematische Fehler stecken. Aus den im großen und ganzen glatten Kurven geht jedenfalls hervor, daß der Lichtwechsel der vier Trabanten auf beständige Oberflächenformen zurückzuführen ist. Einem Beobachter auf Venus oder Merkur würde der Erdmond in seinem Helligkeitswechsel genau die gleiche Gesetzmäßigkeit zeigen. Selbst im Phasenfaktor zeigt sich eine bemerkenswerte Ähnlichkeit mit dem Mond. Die Analogie erstreckt sich nicht auf die Albedo, die besonders bei Trabant I und II ungewöhnlich hoch ist, beim Erdmond dagegen den niedrigsten Wert im Planetensystem erreicht. Zum Vergleich sind die wichtigsten photometrischen Daten der vier großen Jupitertrabanten in der untenstehenden Übersicht zusammengefaßt, und

Satellit	Helligkeit	Phasen-koeffizient	Albedo	Licht-Amplitude	Farbe	
Trabant I	$5^m,21$	0,016	0,69	$0^m,23$	4^c	g 9
„ II	5 ,34	0,019	0,76	0 ,31	3,5	g 5
„ III	4 ,78	0,023	0,45	0 ,16	2,5	g 3
„ IV	5 ,95	0,046	0,16	0 ,12	2	f 9
Mond in Jupiter-Abstand . .	7 ,10	0,027	0,07	?	3	g 5

zwar die mittleren Helligkeiten nach GUTHNICK, WENDELL, GRAFF, die Phasenkoeffizienten und Lichtamplituden nach STEBBINS und GUTHNICK, die Albedowerte nach RUSSELL, die in der 10teiligen Skala geschätzten Farben nach GRAFF und die Farbenklassen nach GUTHNICK und STEBBINS. Zum Vergleich sind die entsprechenden Daten für den Erdmond mit angeführt. Die größte Ähnlichkeit mit diesem zeigt Trabant IV. Seine Albedo ist so gering, daß er sich bei den Vorübergängen vor der Jupiterscheibe vollkommen schwarz, fast wie ein Trabantenschatten, auf die Oberfläche des Hauptkörpers projiziert.

Die hohe Albedo der inneren Jupitermonde hat zu allerlei Betrachtungen über ihre Konstitution Anlaß gegeben, da die Annahme von wolkenerfüllten Atmosphären auf Körpern so geringer Masse nach den STONEYschen Betrachtungen (Ziff. 15) unwahrscheinlich erschien. H. JEFFREYS[2] hat jedoch nachgewiesen, daß bei Voraussetzung genügend tiefer Temperaturen die größeren Planetenmonde sehr wohl von Lufthüllen umgeben sein können, für deren Zusammensetzung nicht einmal ungewöhnliche Annahmen gemacht zu werden brauchen.

Die in den letzten Jahrzehnten aufgefundenen neuen Jupitertrabanten sind überaus lichtschwache Körper. Am hellsten, etwa 13^m, ist V; es folgt VI mit $14^m,7$, während die übrigen zwischen 17^m und 19^m liegen. Die Größen sind erst kürzlich durch S. B. NICHOLSON und H. SHAPLEY photographisch etwas genauer festgestellt worden[3], und zwar ist VII = $17^m,5$, VIII = $17^m,6$, IX = $18^m,6$. Die Bahnexzentrizitäten, Neigungen usw. dieser Körper sind z. T. sehr beträchtlich, so daß recht komplizierte wahre und scheinbare Bewegungen zustandekommen. VIII kann z. B. Jupiter näherkommen als VII, obwohl die Umlaufszeit dreimal so groß ist; seine Bahn wendet bald die konvexe, bald die konkave Seite der Sonne zu.

---

[1] Berlin Ber S. 112 (1927).   [2] M N 84, S. 537 (1924).
[3] Publ A S P 28, S. 282 (1916); 35, S. 217 (1923).

Gegenüber den älteren Jupitertrabanten gestaltet sich die photometrische Verfolgung der S a t u r n m o n d e wegen des stets mehr oder weniger störenden Ringes noch schwieriger, und der Zusammenhang des Lichtwechsels mit der Umlaufsperiode ist nur in einem einzigen Falle, hier allerdings frei von jedem Zweifel, gesichert. Schon G. D. CASSINI bemerkte 1673, daß der äußerste, von ihm zwei Jahre vorher entdeckte Trabant im Fernrohr für einen Monat verschwand, zu anderen Zeiten aber gut sichtbar blieb. W. HERSCHEL und H. SCHRÖTER haben das Ergebnis bestätigt, doch ist eine vollständige Lichtkurve erst von E. C. PICKERING 1877 bis 1879 photometrisch bestimmt worden[1]. Die Amplitude beträgt nach den Harvard-Messungen $1^m,36$; das Lichtmaximum fällt in die westliche, das Minimum in die östliche Elongation. Die Helligkeit ist derart an den Umlauf um den Hauptkörper gebunden, daß PICKERING dafür eine zuverlässige empirische Formel aufstellen konnte. Wird die mittlere Intensität gleich 100 gesetzt und die Bahnlänge, von der oberen Konjunktion (Opposition mit der Sonne) an gerechnet, mit v bezeichnet, so kann die jeweilige Helligkeit durch

$$h = 100 - 50 \sin v + 10 \cos 2 v$$

ausgedrückt werden. Neuere Kurven, die vielleicht einen mit der Zeit veränderlichen Lichtverlauf des Japetus andeuten, liegen von P. GUTHNICK[1] (1905 bis 1908, Amplitude $1^m,8$) und von K. GRAFF[2] (1922, Amplitude $1^m,9$) vor. Sie zeigen kaum Unregelmäßigkeiten, so daß die Oberfläche dieses Trabanten wohl zur Hälfte hell, zur Hälfte dunkel ist, sonst aber keinen starken Wechsel in der Fleckverteilung aufweist.

Auch bei den anderen Monden ist von verschiedenen Beobachtern eine Helligkeitsänderung mit der Umlaufsperiode bemerkt worden[3]. Es handelt sich aber dabei um so geringe Größenunterschiede, daß eine einwandfreie Entscheidung darüber, ob die Schwankungen reell sind, nicht getroffen werden kann. Werden nur die mittleren Helligkeiten zusammengefaßt, so erhält man nach Reduktion auf ein gemeinsames System die Werte der nebenstehenden Tabelle.

Die Albedo ist bisher nur bei dem hellsten Trabanten, Titan, bestimmt worden und hat auf den Wert 0,50 geführt. Titan ist auch der einzige

Trabant	PICKERING	GUTHNICK	GRAFF
I. Mimas . . .	$11^m,91$	—	—
II. Enceladus . .	11 ,40	$11^m,53$	—
III. Tethys . . .	10 ,31	10 ,40	$10^m,49$
IV. Dione	10 ,57	10 ,55	10 ,62
V. Rhea	9 ,81	9 ,82	9 ,86
VI. Titan	8 ,42	8 ,12	8 ,42
VII. Hyperion . .	12 ,80	--	—
VIII. Japetus . . .	10 ,87	10 ,69	11 ,18

Saturnsatellit, bei dem ein Durchmesser im Betrage von 4200 km gemessen werden konnte. Die Ableitung der Dimensionen der übrigen Trabanten aus den photometrischen Daten unter Annahme einer einheitlichen Albedo ist angesichts der Erfahrungen im Jupitersystem nicht besonders aussichtsreich. Ein anderer Weg führt zu diesem Ziele über die Massen der Trabanten, von denen auf Grund der Arbeiten von H. STRUVE, D. BROUWER u. a. zuverlässige Werte vorliegen. Beide Wege sind beschritten worden, haben aber zu widersprechenden Ergebnissen geführt, da die inneren Satelliten gegenüber ihrer geringen Masse auffallend hell sind. Diese Tatsache läßt sich nur so deuten, daß entweder die Albedowerte mit abnehmendem Abstand von Saturn in ungewöhnlichem Maße zunehmen bzw. die Dichten in demselben Sinne abnehmen[4]. Trifft das letztere

---

[1] Vgl. Harv Ann 69, Part 2, S. 219 (1913) u. A N 198, S. 233 (1914).

[2] Nicht veröffentlicht.

[3] Vgl. P. GUTHNICK, A N 198, S. 233 (1914); K. GRAFF, A N 220, S. 321 (1924).

[4] Vgl. z. B. P. H. HEPBURN, J B A A 33, S. 244 u. 284 (1923).

zu, so liegt es nahe, in dem Dichtegesetz der Trabanten einen ursächlichen Zusammenhang mit dem Ringsystem des Planeten zu vermuten.

Über die neuen Saturntrabanten IX Phoebe und X Themis ist außer der Bahnbewegung so gut wie gar nichts bekannt. Ihre Helligkeit entspricht der 14. bzw. 18. Größe. Ebenso dürftig sind unsere Kenntnisse über die Satelliten im Uranus- und Neptunsystem. Ariel und Umbriel sind 16^m bis 17^m, Titania und Oberon 14^m, der Neptunbegleiter 13^m. Für die äußeren Uranusmonde und ebenso für den Neptunsatelliten liegen auch photometrische Messungen Pickerings vor, da sie aber, ähnlich wie bei Mars, auf die Helligkeit des Hauptkörpers bezogen sind, können die Angaben nicht als frei von systematischen Fehlern gelten. Bei Ariel und Titania sind von S. Newcomb bzw. H. C. Vogel auch periodische Helligkeitsschwankungen vermutet worden[1], doch ist es gegenwärtig kaum möglich, eine derart schwierige Frage bei so lichtschwachen Körpern zu entscheiden.

f) Das Zodiakallicht.

23. Beschreibung und Sichtbarkeitsbedingungen. Den kosmischen Erscheinungen des Planetensystems ist vermutlich auch das Zodiakallicht zuzurechnen, das in Gestalt einer ausgedehnten Halbellipse des Abends und des Morgens östlich bzw. westlich von der Sonne zu sehen ist und dann in einer Breite von mindestens $30°$ und einer Gesamtlänge von rund $100°$ die Ekliptik mit einem matten Lichtschein ausfüllt. Die ersten wissenschaftlichen Beobachtungen der bei klarer Luft recht auffallenden Erscheinung sind verhältnismäßig spät angestellt worden. Brauchbare Schilderungen der astronomisch bemerkenswerten Kennzeichen des Phänomens haben erst G. D. Cassini und J. Mairan geliefert.

Die Vermutung, daß das Zodiakallicht erst in den letzten Jahrhunderten die jetzige Auffälligkeit erreicht habe, entbehrt jeder Grundlage. Es ist eben früher für ein Dämmerungsphänomen angesehen und als solches auch beschrieben worden. So weist der Kaplan J. Childrey in der „Britannia Baconica" 1661 darauf hin[2], daß „in February and for a little before, and a little after that month about 6 in the evening, when the Twilight hath almost desertet the horizon you shal see a plainly discernable way of the Twilight striking up toward the Plejades and seeming almost to touch them". Ebenso ist eine Angabe von C. Rothmann über die Tiefe der Sonne unter dem Horizont[3] beim Schluß der Frühjahrsdämmerung nur verständlich, wenn man annimmt, daß von ihm der Untergang des Kerngebietes des Zodiakallichtes beobachtet wurde. Die Vorstellung, daß die Erscheinung im wesentlichen meteorologischer Natur sei, findet sich, wie wir sehen werden, auch in neueren Arbeiten und Ansichten vertreten.

Die Sichtbarkeitsbedingungen des Zodiakallichtes hängen von der Neigung der Ekliptik gegen den Horizont in den ersten und letzten Nachtstunden ab[4]. Diese kann zwischen den Werten $90° - \varphi - \varepsilon$ und $90° - \varphi + \varepsilon$ variieren. Hieraus ergibt sich ohne weiteres die günstige Sichtbarkeit des Lichtes in den Tropen, wo seine Mittellinie um höchstens $\pm 23\frac{1}{2}°$ von der Vertikalen abweicht, und die meist ungünstige Sicht in höheren Breiten. Von Berggipfeln aus ist aber auch hier die Erscheinung das ganze Jahr hindurch ohne Mühe erkennbar. Schon daraus geht hervor, daß das Zodiakallicht eine beträchtliche Flächenhelligkeit besitzen muß. Tatsächlich sind die Kerngebiete in etwa $10°$ Sonnenabstand stets heller als die Milchstraße in Cygnus und Scutum. Sichere Schätzungen

---

[1] G. Müller, Photometrie der Gestirne S. 404 (1897).
[2] Nach A. v. Humboldt, Komos.   [3] J. Schmidt, Das Zodiakallicht (1856).
[4] Zum Eintragen des Zodiakallichtes hat E. Heis einen besonderen Sternatlas herausgegeben: Atlas coelestis eclipticus (1878).

werden aber dadurch sehr beeinträchtigt, daß gegenüber dem körnigen Licht der Milchstraße mit ihren unverkennbar vorhandenen schärferen Begrenzungen der zarte undefinierbare Schimmer des Zodiakallichtes von jedem Nebenlicht stark beeinflußt wird. Die besonderen Sicherheitsmaßnahmen, die der ausdauerndste Beobachter des Zodiakallichtes, E. Heis[1], empfohlen und angewendet hat, sind bei Schätzungen wie bei Messungen unbedingt notwendig. In der Ebene erscheint das Zodiakallicht in der Intensität stark wechselnd. Im Hochgebirge hat man in dieser Hinsicht den Eindruck weit größerer Beständigkeit, so daß die photometrische Veränderlichkeit des Lichtkegels noch durchaus nicht gesichert ist. Die früher mit dem Licht in Zusammenhang gebrachten Zuckungen usw. sind zweifellos elektrisch-atmosphärischer Natur und vermutlich auf sog. stille Entladungen (Andenleuchten) zurückzuführen.

Zweifel an der streng ekliptikalen Orientierung des Zodiakallichtes sind schon von G. D. Cassini geäußert worden, der sich für eine Orientierung nach dem Sonnenäquator aussprach. Im Jahre 1843 beobachtete F. W. Argelander die Neigung gegen die Tierkreislinie von neuem. Die Beziehungen zum Sonnenäquator sind dann von J. C. Houzeau[2] durch Ausgleichung des vorhandenen Beobachtungsmaterials untersucht worden, ohne daß sich eine Korrelation zur jeweiligen Lage der Sonnenachse ergeben hätte. Auch eine spätere Untersuchung von zahlreichen, zwischen den Wendekreisen angestellten Beobachtungen hat zu keinem abweichenden Resultat geführt. Wie eine neuere Darstellung der beiden Flügel des Zodiakallichtes (Abb. 31) zeigt, sind diese sicher nicht symmetrisch zur Ekliptik orientiert. In dem dargestellten Falle lagen die Hauptflügel und beide

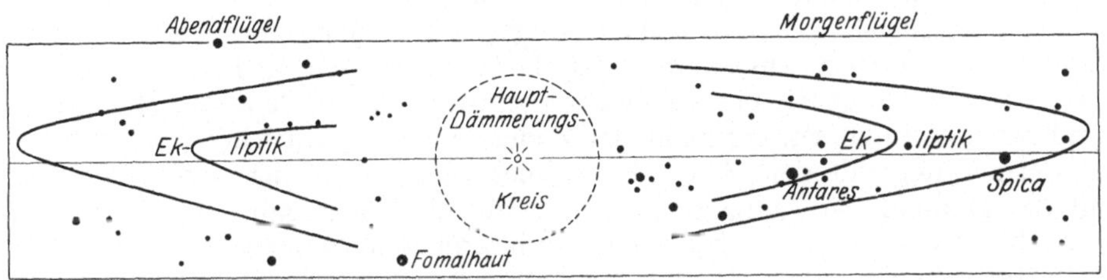

Abb. 31. Zodiakallicht mit zwei Isophoten, beobachtet in Arosa 1927, Jan. 28/29.

Spitzen nördlich von der Tierkreislinie, eine Wahrnehmung, die nach B. Fessenkoff die allgemeine Regel bildet. Die Achse des Zodiakallichtes hat danach entweder die durch Abb. 31 angedeutete Orientierung mit einem Knick am Sonnenort oder sie liegt in einem kleinen Kreise nördlich der Ekliptik. Da die normale Dämmerung bei uns nur eine scheinbare Verlagerung nach Süden bewirken kann, handelt es sich bei der erwähnten Erscheinung kaum um irgendeinen meteorologischen Effekt. Recht auffallend ist auch die schärfere Begrenzung des Morgen- und Abendflügels auf der dem Horizont zugekehrten Seite. Sie macht sich stets bemerkbar nach einer von H. Eylert um 1874 gefundenen Regel, nach der auf der Nordhalbkugel der Erde der Südrand, auf der Südhalbkugel der Nordrand des Zodiakallichtes die größere Schärfe aufweist. Dieser schroffere Abfall der unteren Teile des Kegels ist ohne Zweifel dem Verlauf der atmosphärischen Extinktion zuzuschreiben[3].

---

[1] E. Heis, Zodiakallichtbeobachtungen in den Jahren 1847—1875 (1875).
[2] J. C. Houzeau, Vademecum de l'Astronome, S. 514 (1882) u. Ann Brux N S 1, S. 263 (1878).
[3] Vgl. C. Hoffmeister, „Die Sterne" 8, S. 257 (1928).

Einen ersten photometrischen Versuch zur Bestimmung der genaueren Achsenlage des Zodiakallichtes hat M. WOLF[1] unternommen. Sein als Schnittphotometer bezeichnetes Instrument besteht im wesentlichen nur aus einem Quarzkondensor von 37 mm Öffnung, der einen Teil des Himmels durch eine fokale Lochblende auf der hochempfindlichen photographischen Platte abbildet. In entsprechenden Expositionszeiten wurden nacheinander quer zur Ekliptik verschiedene Stellen des Zodiakallichtes aufgenommen und so die Lage des Intensitätsmaximums festgestellt. Die Quarzoptik ist unbedingt erforderlich, da mit Glaskondensoren 6 bis 8mal längere Belichtungszeiten erforderlich sind, um leidlich geschwärzte Felder zu erreichen. Das photometrische Verfahren ist später von B. FESSENKOFF[2] in veränderter Anordnung wiederholt worden, hat aber in beiden Fällen nicht zu einem klaren Ergebnis geführt. Im Verein mit der direkten Wahrnehmung ist jedenfalls eine eindeutige Orientierung des Zodiakallichtes nach dem Sonnenäquator nicht anzunehmen. Auch eine Beziehung zur Form und Ausdehnung der Korona ist nicht vorhanden, wie die Nachprüfung charakteristischer Finsternisaufnahmen ergeben hat.

Man sollte vermuten, daß die sichersten Angaben über Größe, Ausdehnung und Lage des Zodiakallichtes auf photographischem Wege zu erzielen sein müßten, doch ist dies durchaus nicht der Fall. Da hohe Lichtstärke der Optik erforderlich ist, müssen kondensorartig gebaute Objektivkonstruktionen verwendet werden. Diese haben aber den Nachteil, daß sie auf den Negativen einen starken Schwärzungsabfall nach den Plattenrändern zu zeigen, der wegen der großen Ausdehnung des Zodiakallichtes überaus störend auf dessen Begrenzung wirkt. Die neuen Objektive vom Ernostar- oder Tachartyp mit ihrem großen Öffnungsverhältnis sind von diesem Mangel auch nicht frei, zeigen aber über ein merklich größeres Bildfeld unverzerrte Sternspuren, so daß die Hauptgrenzen der Erscheinung nicht noch durch die Unschärfe der Abbildung beeinträchtigt werden. Auf allen photographischen Aufnahmen erscheint der Zodiakallichtkegel merklich stumpfer als bei Betrachtung mit dem Auge. Es ist dies zunächst wieder darin begründet, daß das Bildfeld der Aufnahmelinse nur für die Wiedergabe der Kerngebiete ausreicht. Zu beachten ist aber auch, daß in größerem Sonnenabstand das Auge als Fortsetzung des hellen Hauptkegels auf dem dunklen Nachthimmel noch sehr zarte Lichter aufzufassen imstande ist, die die Platte in der kurzen Expositionszeit nicht über den Schwellenwert hinausbringen.

Auf der Schiffahrt von Lima nach der westlichen Küste von Mexiko erwähnt A. v. HUMBOLDT[3] in einer kurzen Bemerkung seines Tagebuches, daß um die Zeit des hellsten Glanzes des Zodiakallichtes, Mitte März 1803, ,,gegen Osten sein Gegenschein von mildem Lichte sichtbar'' wurde. Dieser Gegenschein, der eine erste Bezeichnung behalten hat, ist eine verwaschene elliptische Aufhellung der Tierkreisgegend am Gegenpunkte der Sonne. Er ist bei günstiger Sicht etwa 40° lang und 20° breit und wird als ein Teil des Zodiakallichtes angesehen, besonders seitdem ihm T. BRORSEN Aufmerksamkeit gewidmet hat. Der Zusammenhang wird wohl sichergestellt durch die sog. Brücke, eine schmale, streifenförmige Fortsetzung des eigentlichen Morgen- und Abendkegels längs der Ekliptik. Der Gegenschein bildet somit lediglich eine örtliche Verbreiterung der Brücke, das Zodiakallicht in seiner Gesamtheit also einen Ring, der den ganzen Tierkreis umschließt. Es ist nicht ausgeschlossen, daß sich zuweilen über die normalen Umrisse des Zodiakallichtes noch sekundäre Erscheinungen lagern[4].

---

[1] München, Sitz Ber 30, H. 2, S. 197 (1900).   [2] C R 157, S. 196 (1913).
[3] Nach A. v. HUMBOLDT, Kosmos.
[4] Vgl. A. SEARLE, A N 99, S. 94 (1880), 122, S. 263 (1882), 109, S. 257 (1884), ferner K. GRAFF, A N 209, S. 97 (1919).

Sie gehören jedoch vermutlich in das Gebiet der noch ungeklärten meteorologischen Phänomene, die sich bei klarer Luft am Abend- und Morgenhimmel in der Dämmerung abspielen und auf die am Schluß dieses Kapitels noch näher eingegangen werden soll.

Überschaut man das wissenschaftlich verwertbare, zusammenhängende Beobachtungsmaterial über das Zodiakallicht, also die vorliegenden Zeichnungen, die Angaben über die Begrenzung und Orientierung, über die Helligkeit und die Helligkeitsverteilung im Abend- und Morgenkegel, so ist, wenn man von den zahlreichen gelegentlichen Mitteilungen darüber absieht, die Ausbeute nicht besonders groß. Für die Vergangenheit ist es mit den Namen J. SCHMIDT, E. HEIS und G. JONES, für die Gegenwart mit den schweizerischen Beobachtern F. SCHMID und F. BUSER erschöpft. Der Wert der JONESschen Reihe[1] beruht nicht nur in der großen Zahl der Mitteilungen und Skizzen, sondern auch darin, daß die Beobachtungen auf einer Weltreise in allen möglichen Breiten angestellt sind.

24. Photometrische, polarimetrische und spektroskopische Ergebnisse. Mit den Mitteln der Photometrie und Polarimetrie sowie der Spektralanalyse unmittelbar angreifbar ist nur der zentrale Teil des Zodiakallichtes in nicht zu großen Sonnenabständen, aber auch hier liegen erst vereinzelte Messungsreihen und wenig abgeschlossene Ergebnisse vor. Das Gesetz der Lichtabnahme mit dem Sonnenabstande ist bisher nur von B. FESSENKOFF in Nizza und Meudon visuell untersucht worden[2]. Wird dem dunklen Nachthimmel die Intensität 10 beigelegt, so erhält man aus der Gesamtheit dieser Messungen die nebenstehende Lichtverteilung. Als Argument dient dabei der Sonnenabstand $\lambda - \odot$ und die ekliptikale Breite β.

$\lambda - \odot$	$\beta =$					
	0°	4°	8°	12°	16°	20°
34°	27,5	24,9	19,4	15,4	14,0	13,8
38	23,8	21,6	17,2	14,1	13,0	12,9
42	20,6	18,9	15,4	13,0	12,3	12,2
46	17,9	16,5	13,9	12,1	11,5	11,5
50	15,6	14,6	12,6	11,3	10,9	10,9
54	13,8	13,0	11,6	10,7	10,4	10,4
58	12,4	11,9	10,8	10,2	10,0	10,0

Da die Beobachtungen stets in gleicher Höhe erfolgten, können die Zahlen als von atmosphärischen Einflüssen befreit gelten.

Daneben stehen noch von anderen Beobachtern ausgeführte gelegentliche Schätzungen und Meßvergleiche mit bestimmten Milchstraßengebieten, mit extrafokalen Sternscheibchen u. dgl. zur Verfügung, deren Bearbeitung jedoch nicht einfach ist. Angesichts der großen Ausdehnung des Lichtkegels muß nämlich bei der Reduktion nicht nur die Extinktion in der Erdatmosphäre berücksichtigt werden, sondern auch die Helligkeit des Himmelshintergrundes, die in normalen dunklen Nächten von zwei Größen abhängig ist: dem Abstand vom galaktischen Äquator und der Höhe über dem Horizont. Der Einfluß der galaktischen Breite ist aus Sternverteilungsziffern berechenbar, dagegen muß die Einwirkung des Horizontdunstes und etwaiger nordlichtartiger Aufhellungen jedesmal empirisch bestimmt werden. Die Extinktion verringert die Intensität der Erscheinung, die Flächenhelle vergrößert sie. Die anzubringenden nicht unwesentlichen Korrektionen haben somit teils positive, teils negative Vorzeichen. Die Summierung bzw. Subtraktion der wirksamen Helligkeiten erfolgt genau wie bei Doppelsternen evtl. unter Benutzung der dort gebräuchlichen Hilfstafeln. Über die Grundlage dieser Probleme gibt eine Arbeit von L. YNTEMA Auskunft[3], die auch sonst recht eingehend alle Fragen behandelt, die sich an die relative Helligkeit des Himmels in ihrer Abhängigkeit vom Stern- und Erdlicht knüpfen.

---

[1] The United States Japan Expedition (1853—1855).

[2] C R 157, S. 196 (1913) und A N 196, S. 229 (1913).

[3] Publ Astr Lab Groningen Nr. 22 (1909); vgl. auch C. FABRY, Ap J 31, S. 391 (1910).

Die Farbe des Zodiakallichtes entspricht dem physiologischen Eindruck nach einem matten Silbergrau, doch ist es fraglich, ob man bei einer so zarten Erscheinung überhaupt von einer Färbung reden darf. Ein Farbenindex ist kaum bestimmbar, dagegen sind E. A. Fath[1] 1909 nach mehrjährigen vergeblichen Versuchen bei $12^1/_2$stündiger Exposition Aufnahmen des Spektrums gelungen, die auf einer Strecke von 2,2 mm das Wellenlängengebiet zwischen λ 3900 und λ 5000 aufweisen. Das Spektrum ist kontinuierlich und hat nach Helligkeitsverteilung und dem Aussehen der G-Linie und des H-K-Paares, der wenigen abgebildeten Absorptionen, durchaus den Charakter des Sonnenspektrums. Einige spätere Spektralaufnahmen von M. J. Dufay[2] bestätigen das Ergebnis. Danach darf das Zodiakallicht seiner Strahlung nach im wesentlichen als reflektiertes Sonnenlicht angesehen werden. Helle Linien sind auf den Fathschen Aufnahmen nicht erkennbar. Die grüne Emission λ 5577, auf die früher bei visuellen Beobachtungen immer wieder hingewiesen worden ist, gehört nicht dem Zodiakallicht, sondern dem Nordlicht an.

Bei Gelegenheit seiner spektroskopischen Beobachtungen hat A. W. Wright[3] vor 50 Jahren das Zodiakallicht mit der bekannten Savartschen Vorrichtung auch auf Polarisation hin untersucht und Beträge von 15—20% vorgefunden. Da visuelle Messungen angesichts der Schwäche der vorliegenden Lichtquelle sich recht schwierig gestalten, hat Dufay[2] den photographischen Weg eingeschlagen. Die zu untersuchende Stelle des Zodiakallichtes wurde auf einer Blende abgebildet und der Lichtfleck durch ein Nikol oder besser durch ein doppelbrechendes Prisma photographiert. Die in verschiedenen Positionswinkeln der Prismen erhaltenen Bildpaare wurden in der üblichen Weise mikrophotometrisch ausgemessen und an Blendenbilder bekannter Intensität angeschlossen. Fällt der Hauptschnitt des Prismas mit der Ebene der Ekliptik zusammen und ist i die Intensität der Schwingungen in dieser Ebene, J die Intensität senkrecht dazu, so ist der Betrag des polarisierten Lichtes p gegeben durch

$$p = \frac{1 - \sigma}{1 + \sigma},$$

wenn

$$\sigma = \frac{i}{J}.$$

$\lambda - \odot$	σ	p
30°	0,780	0,125
40	0,775	0,125
50	0,765	0,130
60	0,74	0,15
70	0,77	0,13
75	0,825	0,10
80	0,88	0,06
85	0,925	0,040
90	0,950	0,025

Die nebenstehende Übersicht gibt die von Dufay erhaltenen, nach dem Sonnenabstand $\lambda - \odot$ tabulierten vorläufigen Werte von σ und p, aus denen hervorgeht, daß das Maximum der Polarisation mit 15% bei 60° Sonnenabstand erreicht wird. Aus dem Ergebnis darf geschlossen werden, daß zerstreutes Sonnenlicht vorliegt. Eine Gasatmosphäre mit abnehmender Dichte ist nach Dufay mit den gefundenen Beträgen σ und p unvereinbar; es darf vielmehr angenommen werden, daß das Zodiakallicht aus Materie von einer Partikelgröße besteht, die gegenüber der Länge der Lichtwellen nicht mehr vernachlässigt werden darf.

25. Ursprung des Zodiakallichtes. Kosmische und terrestrische Theorie. Während über die Natur des Zodiakallichtes als einer von der Sonne erleuchteten Masse kleiner Teilchen kaum ein Zweifel besteht, ist es bisher noch nicht gelungen, eine Einigung über den Himmelskörper zu erzielen, dessen Attraktionssphäre die Materie angehört, die die Erscheinung hervorruft. In Frage kommen nur Sonne und Erde, so daß einer kosmischen eine atmosphärische Theorie des Zodiakallichtes gegenübergestellt werden kann.

---

[1] Lick Bull Nr. 165 (1909).   [2] C R 181, S. 399 (1925).
[3] Amer Journ Ser 3, 8 (1874).

Zur Stütze der kosmischen Auffassung ist in erster Linie zu erwähnen, daß die Erscheinung keine Parallaxe zeigt. Das geht nicht nur aus den gelegentlichen Skizzen und Beschreibungen, sondern auch aus systematischen, gleichzeitig in Omdurman und Heluan (Sudan und Ägypten) angestellten Beobachtungen hervor, die keine Verschiebung der Lichtkegel unter den Sternen — etwa nach Art der Nordlichter — ergeben, und die Lage der Spitzen des Zodiakallichtes in mindestens dem halben Abstand der Mondbahn sichern.

Die theoretische Grundlage für den meteorischen, mit der Sonne im Zusammenhange stehenden Aufbau des Zodiakallichts hat H. SEELIGER eigentlich schon in seiner Arbeit über die Saturnringe (Ziff. 13) geliefert. Der Unterschied liegt lediglich darin, daß beim Zodiakallicht Beobachter und Lichtquelle sich inner- halb der Staubwolke befinden. Das Sonderproblem ist dann in zwei Abhandlungen von SEELIGER[1] und in einer Arbeit von K. SCHWEND[2] behandelt worden. Aus den SCHWENDschen Berechnungen geht zunächst hervor, daß unter Annahme des LOMMEL-SEELIGERschen Beleuchtungsgesetzes die kosmische Theorie sich mit den Beobachtungen gut in Einklang bringen läßt, wenn die Dichte der Staubmassen als gering und mit dem Abstand von der Sonne abnehmend vorausgesetzt wird, und die Wolke eine diskusförmige Gestalt besitzt. Die zweite SEELIGERsche Abhandlung stellt eigentlich eine Untersuchung über die empirischen Restglieder in den Elementen Exzentrizität, Perihel, Neigung und Knoten der vier inneren Planeten Merkur, Venus, Erde und Mars dar. Nimmt man an, daß das Zodiakallicht aus mehr oder weniger fein zerstreuter Materie besteht, die Flächen gleicher Dichtigkeit Rotationsflächen sind und die Dichtigkeit mit der Entfernung von der Sonne abnimmt, so läßt sich für dieses über die Erdbahn hinausreichende Gebilde Masse und Dichteverteilung so berechnen, daß die erwähnten, im Gravitationsgesetz nicht begründeten Restglieder in den Planetenelementen sämtlich verschwinden. Die Gesamtmasse des Zodiakallichtkörpers fand SEELIGER gleich $3{,}1 \cdot 10^{-7}$ Sonnenmassen, bei sehr rascher Dichteabnahme mit wachsendem Sonnenabstand. Selbst im zentralen Teil entspricht die Dichte nur einer Massenverteilung, die erhalten wird, wenn man einen Würfel Wasser von weniger als $^1/_3$ m Seitenlänge auf einen Raum von 1 Kubikkilometer verteilt. Die Münchener Ergebnisse stehen mit allen sicheren Beobachtungen über das Zodiakallicht in so gutem Einklang, daß vorläufig keine Veranlassung vorliegt, um die gleichzeitig zwei Probleme deutende, auf einer festen theoretischen Grundlage beruhende Hypothese durch eine andere zu ersetzen.

Auch B. FESSENKOFF[3], der das Zodiakallichtphänomen von photometrischen Gesichtspunkten aus praktisch und theoretisch gründlich studiert hat, spricht sich entschieden für die meteorische Beschaffenheit desselben und seinen Zusammenhang mit der Sonne aus. Er findet aus der Intensitätsverteilung (Ziff. 24) als Form des Schwarmes ein um die Sonne gelagertes Rotationsellipsoid, das etwa die Abplattung 0,9 hat und nach der Ekliptik orientiert ist, während SEELIGER und SCHWEND bei ihren Untersuchungen von einer (für das Endergebnis belanglosen) Anordnung der Hauptmasse der Körper in der Ebene des Sonnenäquators ausgegangen sind.

Über den Ursprung der Materie des Zodiakallichtes bestehen nur Vermutungen, die sich aber auf zwei Gedanken konzentrieren. Man hat an Reste des LAPLACEschen Urnebels gedacht oder an eine dünne Wolke von Kometenresten, die bei den eruptiven Vorgängen in der Perihelnähe sich allmählich in der Nachbarschaft der Sonne angesammelt und dann im Laufe der Zeit zu einem geometrischen Körpergebilde angeordnet haben.

[1] München, Sitz Ber 31, H. 3, S. 265 (1901) und V J S 41, S. 234 (1906).
[2] K. SCHWEND, Zur Zodiakallichtfrage (Diss. 1904).   [3] A N 196 S. 229 (1913).

Diesen wohlbegründeten astronomischen Ansichten steht seit einigen Jahren wieder eine meteorologische Anschauung gegenüber, die das Zodiakallicht im Sinne der oben zitierten alten Auffassung von CHILDREY (Ziff. 23) als ein Dämmerungsphänomen angesehen wissen will. Sie nimmt an, daß die Erscheinung durch den Reflex des Sonnenlichtes an den höchsten Schichten der abgeplatteten irdischen Atmosphäre hervorgerufen wird. Die beobachteten Polarisationserscheinungen passen, wie wir sahen, schlecht zu einer Streuung an Gasmolekülen. Auch andere Bedenken liegen vor, doch kann an der Hypothese nicht vorbeigegangen werden, nachdem sich einige namhafte Astronomen, Meteorologen und Geophysiker, wie E. HEIS, E. E. BARNARD, J. MAURER[1], A. WEGENER[2] u. a. für sie sehr entschieden ausgesprochen haben. Die Wandlung dieser Kreise ist fast ausschließlich auf das Ergebnis langjähriger Beobachtungen zurückzuführen, die der schweizerische Meteorologe F. SCHMID mit großer Ausdauer zuerst in Toggenburg, dann in Oberhelfenswil angestellt hat. SCHMID hat vor allem die Dämmerungsphänomene am Abend- und Morgenhimmel genau studiert[3] und Zusammenhänge mit dem Zodiakallicht gefunden, die den Astronomen entgangen waren, weil diese bis dahin die Beobachtungen auf den dunklen Nachthimmel beschränkten. Das SCHMID-

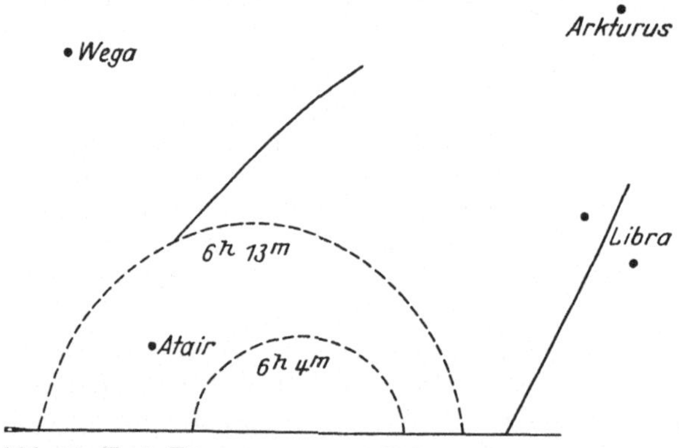

Abb. 32. Erste Dämmerung 1914, Febr. 2 (nach F. SCHMID).

sche Übergangslicht hat bei sehr mangelhafter Begrenzung eine stumpf konische Form, zeigt im Laufe des Abends und des Morgens schon im Laufe von Viertelstunden sehr erhebliche Änderungen, ist vom Stande des Mondes abhängig und kaum angenähert nach der Ekliptik orientiert. Diese bei SCHMID immer wiederkehrende Beschreibung paßt so wenig zu den dem Astronomen geläufigen charakteristischen Merkmalen des Lichtes, daß der Verdacht vorliegt, daß die Beobachtungen sich auf zwei voneinander unabhängige Naturphänomene beziehen. Zur Prüfung der Sachlage hat im Winter 1926/27 K. GRAFF auf der BUSERschen Bergstation oberhalb Arosa (1900 m) das Zodiakallicht möglichst weit in die Morgendämmerung, für die ein ausgeruhtes Auge zur Verfügung steht, photometrisch und den Umrissen nach verfolgt und eine Reihe von Tatsachen festgestellt, die den oben geäußerten Verdacht bestätigen und, soweit dies auf Grund so geringer Daten möglich ist, auch die Sachlage klären[4]. Besonders anschaulich und lehrreich sind drei am Morgen des 29. Januar 1927 erhaltene Skizzen (Abb. 33), die das astronomische und das meteorologische Zodiakallicht mit zwei Isophoten vor, während und nach dem Anbruch der ersten Dämmerung darstellen. Sie zeigen deutlich das Verdrängen des üblichen, fast genau in der Tierkreisebene liegenden Lichtkegels durch ein offenbar terrestrisch-atmosphärisches Phänomen, das genau der SCHMIDschen Beschreibung entspricht.

---

[1] Met Z 32, S. 49 (1915).

[2] A. WEGENER, Thermodynamik der Atmosphäre, S. 17 (1911).

[3] Erste ausführliche Mitteilung in Arch de Genève 39, S. 149 u. 237 u. Met Z 33, S. 247 (1916). Vgl. auch F. SCHMID, Das Zodiakallicht (Probleme der kosmischen Physik XI), Hamburg 1928.

[4] Nicht veröffentlicht.

Es taucht ziemlich unvermittelt in der Nähe des Aufgangspunktes der Sonne am Horizont auf, drängt sich rasch in den Zodiakallichtkegel hinein, verschiebt seine Orientierung und bleibt schließlich bei bereits merklich aufgehelltem Himmel nur noch allein sichtbar. Unter den SCHMIDschen Skizzen befindet sich eine vom 2. Februar 1914[1], die dem Datum nach nur 4 Tage von der in Abb. 33 dargestellten Orientierung abweicht und offenkundig die gleichen Dinge darstellt, obwohl die SCHMIDschen Dämmerungskurven nicht als Isophoten, sondern als Isochronen aufzufassen sind (Abb. 32).

Betrachtet man die astronomische und die meteorologische Erscheinung gesondert, so fallen für die letztere die Schwierigkeiten fort, die bisher ihre Deutung verursacht hat. Es genügt sicher lediglich die Annahme eines atmosphärischen Wulstes im geographischen oder, nach der Vorstellung von K. BIRKELAND, im magnetischen Äquator der Erde, um diese Spät- und Frühdämmerung einwandfrei zu erklären. Die unwahrscheinliche Hypothese, daß Sonne und Mond durch ihren Gravitationseinfluß die höheren Schichten der Erdatmosphäre in einen ekliptikalen Ring um die Erde gezogen haben, ist unnötig, da die Spät- und Frühdämmerung gar nicht nach der Ekliptik orientiert ist. Ihr weiteres

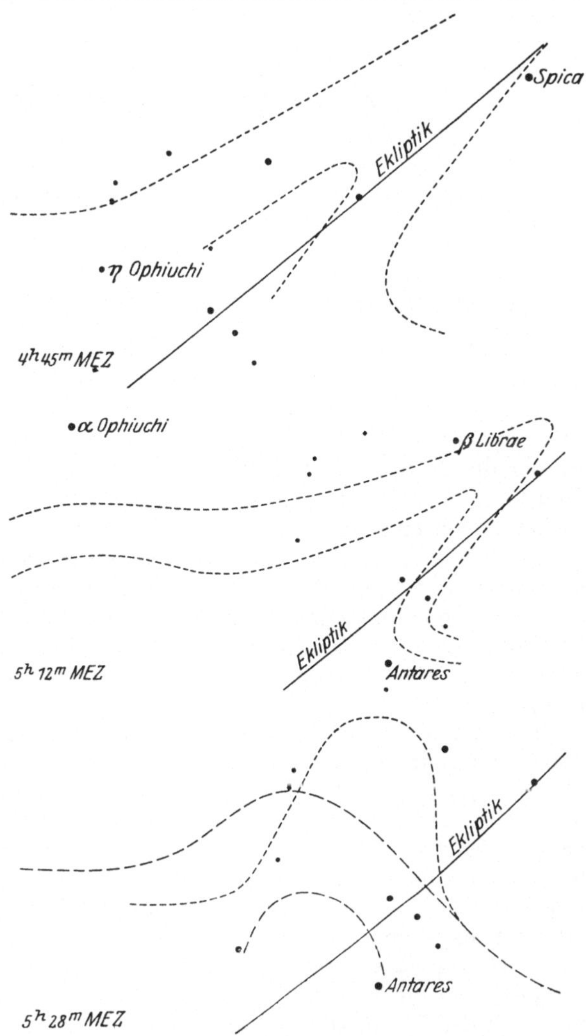

Abb. 33. Übergang des kosmischen Zodiakallichtes in die erste Dämmerung (Arosa, 1927. Jan. 29).

Studium gehört in das Gebiet der Meteorologie, die auch den nicht sehr wahrscheinlichen inneren Zusammenhang dieser Phänomene mit dem eigentlichen kosmischen Zodiakallicht genauer nachzuprüfen haben wird.

---

[1] Met Z 32, S. 53 (1915).

Kapitel 5.

Kometen und Meteore.

Von

A. Kopff - Berlin-Dahlem.

Mit 19 Abbildungen.

a) Die Bahnverhältnisse der Kometen und Meteore.

1. Historisches. Die Frage nach der Natur der Kometen — und zum Teil auch der Meteore — war immer eng mit der Frage nach der räumlichen Einordnung dieser Gebilde in den Kosmos verbunden. Die Astronomie des Altertums und Mittelalters betrachtete die Kometen als Teile der Atmosphäre, aus der sie durch besondere Ausdünstungen gebildet würden. Wenn trotzdem in alten Quellen sorgfältige, noch heute brauchbare Aufzeichnungen über Kometenerscheinungen enthalten sind, so ist dies nur dem Umstand zuzuschreiben, daß die Astrologie sich keineswegs auf rein kosmische Erscheinungen beschränkte. Auch atmosphärische Phänomene, wie z. B. Mondhöfe, spielten hier stets eine erhebliche Rolle und wurden sorgfältig beobachtet. Über die Angabe der Stellung der Kometen unter den Sternen und über eine rohe Beschreibung ihres Aussehens kam man freilich bis zum Beginn der Renaissance in Europa nicht hinaus.

Da erst wurde die Aufgabe der Bestimmung der räumlichen Lage der Kometen zu einem Problem, das auf lange Zeit hin die führenden Geister beschäftigte und das auf das engste mit den Kämpfen um das kopernikanische Weltsystem verbunden war[1]. Regiomontan (1436—1476) arbeitete zum erstenmal eine Methode aus, wie man aus mehreren unmittelbar hintereinander liegenden Beobachtungen eines Kometen dessen Entfernung bestimmen kann. Aber diese Methode, die auch heute noch benutzt wird, um die Entfernung der Körper des Sonnensystems aus Beobachtungen an einem Erdort zu ermitteln, führte in den Händen der verschiedenen Forscher infolge der ihr anhaftenden Mängel zu ganz verschiedenen Ergebnissen. Bald fanden sich Entfernungen, welche innerhalb der Mondbahn, ja innerhalb der Erdatmosphäre lagen, bald reichten sie zu den Planeten hinaus. So lüfteten diese Untersuchungen das Dunkel nicht, das über der Frage nach der Natur der Kometen lag. Aber sie ließen doch die Zweifel an der tellurischen Entstehung der Kometen nicht mehr ruhen.

Tycho Brahe (1546—1601) beschritt einen anderen Weg. Er begnügte sich nicht mit der Entfernungsbestimmung, sondern suchte die räumliche Bahn

---

[1] Vgl. hierzu sowie für alles Folgende: N. Herz, Kometen und Meteore in W. Valentiners Handwörterbuch der Astronomie (Breslau 1898); S. Oppenheim, Kometen u. C. Hoffmeister, Beziehungen zwischen Kometen und Sternschnuppen. Enc. der math. Wissensch. VI, 2 Nr. 18 u. 18a. Für das Historische auch N. Herz, Geschichte der Bahnbestimmung der Planeten und Kometen. Leipzig (1887—1894). Populär: G. F. Chambers, The Story of the Comets. Oxford (1909).

der Kometen zu ermitteln. Seiner inneren Einstellung nach kam nur eine Bahn
in bezug auf das Geozentrum in Frage, und die wenigen Kometen, die er und
ebenso ROTHMANN untersuchten, ließen in der Tat eine solche Auffassung zu.
Der beobachtete Bahnbogen war so kurz, daß er in eine Ebene durch das Geozentrum gelegt werden konnte. Die Entfernung der Kometen konnte TYCHO
BRAHE allerdings auch nur auf dem von REGIOMONTAN angegebenen Weg herleiten; er berücksichtigte aber den Einfluß der Refraktion und erhielt so für
den großen Kometen von 1577 eine unmeßbar kleine Parallaxe. Die Kometen
waren damit als selbständige Himmelskörper in das tychonische Weltsystem
eingeordnet.

KEPLER (1571—1630) versuchte es dagegen, die Kometenbahn als eine
heliozentrische darzustellen. Er nahm die Bahn als geradlinig in bezug auf die
Sonne an; von der Sonne aus gesehen mußte sie dann als größter Kreis erscheinen.
Die beobachtete Abweichung hiervon wurde auf die Bewegung der Erde in
bezug auf die Sonne zurückgeführt. So war jeder Komet für KEPLER ein Beweis
für die Richtigkeit des kopernikanischen Weltsystems. Allerdings kam KEPLER
bei den von ihm untersuchten Kometen mit der Annahme einer gleichförmigen
Bewegung in der geraden Linie nicht aus.

Die Folgezeit schwankte zwischen TYCHOS und KEPLERS Auffassung; keine
der beiden Annahmen aber gab eine befriedigende Darstellung der beobachteten
Kometenerscheinungen. HEVELIUS (1611—1687), einer der erfolgreichsten
Kometenbeobachter, versuchte anfangs beide Wege, wobei ihm von vornherein
feststand: die Kometen sind keine Gebilde der Luft, sondern Himmelskörper.
Schließlich aber überzeugten ihn seine Rechnungen immer mehr von der Richtigkeit der Auffassung KEPLERS. Nur galt es zwei Schwierigkeiten zu überwinden.
Eine geradlinige, sich ins Unendliche erstreckende Bahn war ihm unvorstellbar;
er nahm deshalb an, daß die Kometen innerhalb des Sonnensystems als Ausdünstungen der Planeten entstehen und sich danach wieder auflösen. Ferner
war nach seinen Rechnungen die Krümmung der scheinbaren Bahn an der
Sphäre bei den von ihm beobachteten Kometen zum Teil stärker, als es durch
die Bewegung der Erde um die Sonne bedingt war. HEVELIUS dachte an den Widerstand eines Weltäthers oder zuweilen auch an irgendwelche anziehenden Einflüsse der Sonne. Er war also nahe daran, den Übergang zum Kegelschnitt
auch für die Kometenbahn zu finden.

G. S. DÖRFFEL (1643—1688) hat dann zum erstenmal an dem großen Kometen von 1680 nachgewiesen, daß die Kometen sich ebenso wie die Planeten
in Kegelschnitten bewegen. Dieser Komet war vor und nach seinem Periheldurchgang beobachtet worden; beide Äste ließen sich zur Not durch gerade
Linien darstellen, und man war so zuerst zu der Auffassung gekommen, daß
man es mit zwei getrennten Kometenerscheinungen zu tun hatte. DÖRFFEL zeigte
nun, daß die Annahme eines einzigen, in parabolischer Bahn sich bewegenden
Kometen der beobachteten Erscheinung weit besser entsprach. Damit war
auch hier die Zeit für NEWTON reif geworden.

Der Kegelschnitt ergab sich schließlich in der NEWTONSchen Mechanik
für die Kometen zwangsläufig aus dem neuen Grundgesetz; Parabel und Hyperbel
traten als gleichwertige Bahnen neben die Ellipse. Die von NEWTON entwickelte
konstruktive Methode der Bahnbestimmung wurde in der Folgezeit vielfach angewendet, besonders von HALLEY, der an dem nach ihm benannten Kometen
zeigen konnte, daß die Parabel als Bahnform unter Umständen die Näherung
einer langgestreckten Ellipse sein kann. Die Verbesserung der Methoden der
Bahnbestimmung, besonders durch H. W. OLBERS (1758—1840), zusammen mit
einer stets fortschreitenden Verfeinerung der Beobachtungen, führte zu einer

immer genaueren Festlegung der Bahnen der einzelnen Kometen. Das dadurch gewonnene Material ist heute so reich, daß die statistische Untersuchung der Kometenbahnen uns wichtige Aufschlüsse über die Natur und die kosmische Stellung der Kometen zu geben vermag.

2. Statistik der Kometenbahnen und die kosmische Stellung der Kometen. Die statistische Bearbeitung der Bahnen[1] sucht Gesetzmäßigkeiten in Bahnform und Bahnlage aufzufinden, um daraus Schlüsse über Entstehung der Kometen und deren Zugehörigkeit zum Sonnensystem zu gewinnen. Doch sind Schlüsse dieser Art immer mit einer gewissen Vorsicht zu ziehen; denn die Entdeckung von Kometen ist stets von äußeren Umständen abhängig, welche die gefundenen Gesetzmäßigkeiten stark beeinflussen können.

Zunächst zeigen die vorhandenen Bahnbestimmungen, daß die Bahnform keineswegs auf die Parabel oder den parabelnahen Kegelschnitt beschränkt ist; bei schwachen, nur teleskopisch wahrnehmbaren Kometen kommen auch Ellipsen mit kurzer Umlaufzeit vor. Man faßt Kometen mit einer Umlaufzeit unter 10 Jahren zu der besonderen Klasse der **kurzperiodischen Kometen** zusammen, und bei statistischen Untersuchungen trennt man häufig diese Klasse von den übrigen Kometen ab, da sie sich durch besondere Eigenschaften auszeichnet. Auch hier sei von den kurzperiodischen Kometen zuerst abgesehen.

Bei den übrigen Kometen kommen alle möglichen **Lagen der Bahnebenen** gleich häufig vor; in der heliozentrischen Länge des Perihels dagegen ist, wie bereits HOUZEAU bemerkt hat, eine ausgesprochene Häufungsstelle bei 102° und 282° vorhanden, die Anlaß zu mannigfachen Untersuchungen gegeben hat. Nach den Arbeiten von J. HOLETSCHEK und L. FABRY kann man jedoch aus dieser Erscheinung keineswegs Schlüsse auf den interstellaren Ursprung der Kometen ziehen, sondern die größere Häufigkeit des Perihels in gewissen heliozentrischen Längen ist lediglich dadurch bedingt, daß Kometen dieser Art leichter, also mit größerer Wahrscheinlichkeit, entdeckt werden. Ebenso ist das statistisch festgelegte Maximum der Periheldistanzen bei 0,8 durch die besonders günstigen Sichtbarkeitsverhältnisse erklärt. Die Statistik vermag also hier zunächst keinen Aufschluß über den Ursprung der Kometen zu geben.

Wichtiger sind die bei der **Bahnform** auftretenden Gesetzmäßigkeiten. Sehen wir wieder von den kurzperiodischen Kometen ab, so herrscht die Parabel allerdings bei weitem vor. Aber doch zeigen Kometen, für welche das beobachtete Bahnstück hinreichend lang ist, bisweilen eine Abweichung nach der langgestreckten Ellipse oder der Hyperbel hin. Die Kometen zerfallen also dem ersten Anschein nach in solche, die dem Sonnensystem dauernd angehören, und solche, die sich nur vorübergehend darin aufhalten. Die ersteren sind langperiodische Kometen, deren Wiederkehr bei einer beschränkten Anzahl dieser Himmelskörper beobachtet wurde, und die Auffassung ist naheliegend, daß diese Kometen sich aus demselben Urnebel wie die Planeten gebildet haben.

---

[1] Ein vollständiges Verzeichnis der Kometenbahnen bei J. G. GALLE, Verzeichnis der Elemente der bisher berechneten Kometenbahnen (Leipzig 1894) und der Fortsetzung: A. C. D. CROMMELIN, Comet Catalogue (Mem B A A 26, Part. 2 [1925]). Für statistische Untersuchungen der Kometenbahnen kommen von neueren Arbeiten besonders in Frage: L. FABRY, Étude sur la probabilité des comètes hyperboliques et l'origine des comètes (Thèses prés. à la Faculté des Sc. de Paris. Marseille [1893]); Recherches sur l'origine des comètes et les hypothèses cosmogoniques (Annales de la Fac. des Sc. de Marseille, IX, 3); W. H. PICKERING, A Statistical Investigation of Cometary Orbits (Harv Ann 61, Part 3) und zahlreiche Arbeiten von J. HOLETSCHEK in den Denkschriften und Sitzungsber. der Wiener Akad. d. Wiss. Letzte Arbeit: Über die in der Verteilung der uns bekannten Kometen nachgewiesenen Perihelregeln und ihre Bestätigung durch die Kometen seit 1900. Wien Ber (II a) 128, S. 2 (1919); vgl. die weitere Literatur in den folgenden Fußnoten.

Bei den Kometen mit offener Bahnform liegen die Verhältnisse weit schwieriger. Neben der Parabel kommt die Hyperbel nur in ganz wenigen Fällen vor, und in diesen weicht die Exzentrizität kaum von der Einheit ab. Diese Erscheinung bedarf einer besonderen Erklärung; insbesondere ist nachzuprüfen, wie weit sie mit der Annahme eines interstellaren Ursprungs dieser Kometen vereinbar ist.

Die Lösung der hier vorliegenden Aufgabe ist auf verschiedenen Wegen versucht worden. Durch wahrscheinlichkeitstheoretische Betrachtungen kann man Aufschluß über die zu erwartende Anzahl hyperbolischer Kometen zu gewinnen suchen. LAPLACE hat dieses Problem zum erstenmal aufgeworfen, GAUSS, SCHIAPARELLI und andere haben es weitergeführt. Die durch Rechnung erhaltene Anzahl der zu erwartenden hyperbolischen Kometen verschiedener Exzentrizität hängt natürlich von den Voraussetzungen ab, die man der Überlegung zugrunde legt. LAPLACE hat ursprünglich unter der Voraussetzung einer ruhenden Sonne einen Kometen angenommen, der mit jeder möglichen Geschwindigkeit unter jeder möglichen Richtung in die Wirkungssphäre der Sonne eintritt. Er bestimmt dann das Verhältnis der Zahl der nicht merklich hyperbolischen zur Zahl der merklich hyperbolischen Bahnen. GAUSS, SCHIAPARELLI und SEELIGER, welche die Analyse von LAPLACE berichtigt haben, finden ebenso wie dieser selbst eine verschwindend geringe Anzahl merklich hyperbolischer Kometen. Man wäre also in Übereinstimmung mit der Beobachtung.

L. FABRY hat dann aber die Untersuchung auf anderer Grundlage wiederholt. Er berücksichtigt einmal die Bewegung der Sonne im interstellaren Raum, und ferner berechnet er nicht die Anzahl der Kometen verschiedener Exzentrizität innerhalb des ganzen Sonnensystems, sondern die entsprechende Anzahl der Kometen, die in die Nähe der Sonne gelangen; nur diese letzteren werden von der Erde aus wahrnehmbar werden. Unter den Voraussetzungen von L. FABRY wird die Zahl der merklich hyperbolischen Kometen gegenüber den anderen hoch. Das Verhältnis hängt noch von der Anfangsgeschwindigkeit ab, mit welcher der Komet in das Sonnensystem eintritt. Ist die Anfangsgeschwindigkeit z. B. gleich der Bahngeschwindigkeit der Erde, so kommen auf 35 merklich hyperbolische nur eine nicht merklich hyperbolische Bahn. Das Fehlen ausgesprochen hyperbolischer Kometenbahnen spricht also gegen den interstellaren Ursprung dieser Himmelskörper. Auch die gleichzeitig mit L. FABRY von G. v. NIESSL[1] und die später von K. HILLEBRAND[2] durchgeführte Analyse ergibt dieselben Resultate, die dann von einer ganz anderen Seite her eine Bestätigung erfahren haben.

Wie bereits hervorgehoben, weichen die Exzentrizitäten der wenigen gesicherten hyperbolischen Bahnen nur unmerklich von der Einheit ab. Ein paar Beispiele sind in der beigefügten Tabelle gegeben.

Kometen mit hyperbolischer Bahn.

Komet	e nach der Bahnbestimmung	$1/a$ nach der Bahnbestimmung	m. F.	$1/a$ ursprünglicher Wert
1886 I	1,0004461	− 0,0006944	± 0,0000220	− 0,0000071
1886 II	1,0002286	− 0,0004770	0,0000091	+ 0,0003166
1886 IX	1,0003824	− 0,0005765	0,0000276	+ 0,0000630
1890 II	1,0004103	− 0,0002151	0,0000101	+ 0,0000718
1897 I	1,0009270	− 0,0008722	0,0000476	+ 0,0000368
1898 VII	1,0010336	− 0,0006074	0,0000096	− 0,0000157
1914 V	1,0001618	− 0,0001465	± 0,0000031	+ 0,0000199

---

[1] G. v. NIESSL, Über die wahrscheinlichste Bahnform für die aus dem Weltenraum in unsere Beobachtungssphäre gelangenden Körper. A N 135, S. 137 (1894).

[2] K. HILLEBRAND, Über die wahrscheinliche Bahnform und den Ursprung der Kometen. Wiener Denkschr. 81, S. 319 (1907).

Die vorstehende Tabelle enthält die Exzentrizität e und den reziproken Wert der großen Halbachse a nach den Ergebnissen der Bahnbestimmung. Man stellte sich nun die Aufgabe, die Bahnelemente von der Zeit der Beobachtung aus nach rückwärts zu berechnen, um dadurch nachzuprüfen, ob die Bahnform vom Beginn des Eintretens des Kometen in den Wirkungsbereich des Sonnensystems an unverändert geblieben ist. Die erste Rechnung dieser Art ist von A. THRAEN[1] durchgeführt worden; ihm folgten L. FABRY[1], G. FAYET[1] und vor allem E. STRÖMGREN[1], sowie neuerdings G. VAN BIESBROECK[1]. STRÖMGREN verdanken wir die ausführlichsten Untersuchungen über diese Frage nach zum Teil besonders dafür entwickelten Methoden. Das Ergebnis dieser Rechnungen ist aus den Zahlenangaben der vorhergehenden Tabelle zu erkennen. Der Wert $1/a$ geht in den meisten Fällen von einem negativen zu einem positiven Betrag über. Die ursprüngliche Bahnform ist gar keine Hyperbel, sondern eine Ellipse. Bei den Kometen 1886 I und 1898 VII ist ein kleiner hyperbolischer Rest geblieben, der aber innerhalb der Unsicherheit der ursprünglichen Bahnbestimmung liegt. Der in der Tafel nicht aufgeführte elliptische Komet 1902 III zeigt bei der Rückwärtsrechnung einen schwach hyperbolischen Charakter, der ebenfalls ganz unsicher ist.

Irgendwelche Anzeichen für ausgesprochen hyperbolische Kometen sind also gar nicht vorhanden; man muß aus der Gesamtheit der vorliegenden Bahnen vielmehr schließen, daß die bis jetzt beobachteten Kometen im Sonnensystem ihren Ursprung haben. Eine weitere Stütze erhält diese Auffassung noch durch die Arbeiten von G. ARMELLINI[2]. Er konnte unter Berücksichtigung der Attraktion des Sternsystems zeigen, daß auch Kometen mit schwach hyperbolischer Bahn noch dauernd zum Sonnensystem gehören können.

Wenn man auf diese Weise die Kometen neben die Planeten als Glieder des Sonnensystems stellt, so ist dabei allerdings zu beachten, daß man dieses Ergebnis mit einem gewissen Vorbehalt aufnehmen muß, den auch E. STRÖMGREN ausdrücklich hervorhebt. Die Untersuchungen der zuletzt angegebenen Art stützen sich durchaus auf den Zustand des Sonnensystems, wie er sich uns darbietet, und es steht außer Zweifel, daß jetzt die Gesamtheit aller Kometen zum Sonnensystem gehört, d. h. eine mit diesem gemeinsame Bewegung besitzt. Will man aber zu einem früheren Zustand des Sonnensystems zurückgehen, bei welchem der Raum des Systems noch mit Nebelmassen angefüllt war, so sind mit großer Wahrscheinlichkeit Reibungskräfte anzunehmen, und diese können sehr wohl stark hyperbolische Bahnen in parabolische und elliptische verwandelt haben. So vermögen also alle die angeführten Untersuchungen den solaren Ursprung der Kometen nicht mit absoluter Sicherheit zu erweisen.

Deshalb sind auch immer wieder Versuche gemacht worden, die interstellare Bildung der Kometen darzulegen. Neben FR. NÖLKE[3] und C. D. PERRINE[3] sei noch G. SCHIAPARELLI[3] erwähnt; letzterer vertritt die Auffassung, daß die

---

[1] A. THRAEN, Untersuchung über die vormalige Bahn des Kometen 1886 II. A N 136, S. 133 (1894). Von E. STRÖMGREN besonders: Über die kosmogonische Stellung der Kometen. V J S 45, S. 315 (1910), mit zahlreichen Literaturangaben; Über den Ursprung der Kometen. Publ. og mindre Meddelels. fra Köbenh. Observat. Nr. 19 (1914); G. FAYET, Recherches concernant les excentricités des comètes. Paris (1906); vgl. noch Recherches sur l'orbite antér. de la comète 1892 II. B A 17, S. 104 (1900) und L. FABRY, Sur la véritable valeur du grande axe etc. C R 138, S. 335 (1904); G. VAN BIESBROECK, Definitive Orbit of Comet Delavan 1913 f = 1914 V. Publ. of Yerkes Obs. V Part II (1927).

[2] G. ARMELLINI, The Secular Comets and the Movement of the Sun through Space. Pop Astr 30, S. 280 (1922). Abdruck aus Scientia, Sept. 1921, mit weiteren Literaturangaben.

[3] G. SCHIAPARELLI, Orbites cométaires, courants cosmiques, météorites. B A 27, S. 194 (1910); FR. NÖLKE, Eine neue Erklärung des Ursprungs der Kometen. Astron. Abh. Nr. 17, S. 38 (1910); C. D. PERRINE, On the Origin of the Comets. Obs 44, S. 329 (1921).

Kometen wenigstens zum Teil eine selbständige kosmische Strömung darstellen, die interstellarer Herkunft ist und nur eine mit dem Sonnensystem gemeinsame Bewegung hat. Hervorzuheben ist an dieser Stelle noch, daß die Häufigkeit der Perihele parabolischer Kometen der Richtung nach eine ellipsoidische Verteilung zeigt, wobei die eine Hauptrichtung mit dem Pol der Milchstraße, die andere mit dem Hauptvertex der Sternbewegungen zusammenfällt. Vielleicht sind hier Zusammenhänge mit der Verteilung und Bewegung der Sterne angedeutet[1].

Für die Frage nach der physischen Natur der Kometen bedeuten alle diese Untersuchungen zunächst wenig. Sie zeigen vorerst, wie man versucht, die Kometen in den Kosmos räumlich einzuordnen.

3. Die kurzperiodischen Kometen. Die Statistik der Bahnen der kurzperiodischen Kometen[2] führt, wie bereits angegeben wurde, zu Ergebnissen, die von den bisher besprochenen gänzlich abweichen. Die Bahnneigung ist fast immer gering und die Bewegung rechtläufig. Die Übereinstimmung mit den Planetenbahnen ist also eine sehr weitgehende; nur ist die Exzentrizität bei den Kometen im allgemeinen erheblich größer, wenn auch jetzt Bahnen von kleinen Planeten bekannt sind, die sich kaum mehr von Kometenbahnen unterscheiden. Die Annahme, daß diese Kometen sich in ähnlicher Weise wie die Planeten gebildet haben, ist also naheliegend.

Doch ist die Auffassung über den Ursprung auch dieser Kometen eine wesentlich andere. Eine Gesetzmäßigkeit in den Bahnen der kurzperiodischen Kometen ist besonders auffallend. Die Entfernungen der Aphele dieser einzelnen Bahnen fallen nahe mit der großen Halbachse des Jupiter zusammen. Man hat auch für die periodischen Kometen von längerer Umlaufszeit einen entsprechenden Zusammenhang zwischen den Entfernungen der Aphele und den mittleren Entfernungen der Planeten Saturn, Uranus und Neptun vermutet und spricht so von einer Kometenfamilie des Jupiter, Saturn usw. Dabei geht man von dem Gedanken aus, daß diese Kometen ursprünglich, wie die übrigen, eine parabolische Bahnform besaßen; sie kamen jedoch in ihrem Lauf einem der großen Planeten so nahe, daß die Bahn durch die Störungen in eine Ellipse von kurzer Umlaufszeit verwandelt wurde.

Die Hauptstütze für die Annahme des Einfangens parabolischer Kometen durch die Planeten ist, wie hervorgehoben, die Gesetzmäßigkeit in den Aphelen dieser Kometenbahnen. Doch ist dieses Kriterium allein nicht hinreichend. Es muß sich vielmehr nachweisen lassen, daß wirklich zu irgendeiner Zeit ein solcher Komet einem großen Planeten sehr nahe kam. Dieser Nachweis ist in einzelnen Fällen bereits früher geführt worden. Am bekanntesten ist der 1770 entdeckte LEXELLsche Komet, von dem sich zeigen ließ, daß seine Bahn erst kurz vorher, 1767, durch Jupiter aus einer nahezu parabolischen in eine elliptische mit kurzer Umlaufszeit verwandelt worden war. Auch sonst sind starke Bahnänderungen durch Jupiter bekannt, die sich vor allem auf kurzperiodische Kometen beziehen. So ist erst neuerdings die Umlaufszeit des WOLFschen Kometen, wie M. KAMENSKY[3] gezeigt hat, durch Jupiter von 6,79 auf 8,28 Jahre vergrößert worden.

Systematisch hat H. N. RUSSELL[4] die Frage untersucht, wie weit sich der Nachweis für das Einfangen von Kometen durch die Planeten wirklich erbringen

---

[1] S. OPPENHEIM, Zur Kometenstatistik im Zusammenhang mit der Verteilung der Sterne. A N 216, S. 47 (1922).

[2] Für das Folgende vgl. auch den zusammenfassenden Aufsatz: L. SCHULHOF, Les comètes périodiques: état actuel de leurs théories. B A 15, S. 323 (1898).

[3] M. KAMENSKY, Prelim. Results of the Researches on the Close Approach of WOLFs Periodic Comet to Jupiter in 1922. A J 34, S. 133 (1922).

[4] H. N. RUSSELL, On the Origin of Periodic Comets. A J 33, S. 49 (1920).

läßt. Für alle Kometen mit einer Periode von weniger als 2000 Jahren wurde von ihm nachgeprüft, ob eine für ein Einfangen hinreichende Annäherung an einen der Planeten eingetreten ist. Von den 42 Kometen mit einer Umlaufszeit von über 10 Jahren kommt nur einer dem Jupiter und einer dem Saturn so nahe, daß die gegenwärtige Bahn durch Einfangen entstanden sein kann. Bei den übrigen Kometen müßten nach dem Einfangen ganz erhebliche Bahnänderungen eingetreten sein, die sich heute nur durch sehr langwierige Rechnungen nachweisen ließen. Auch in diesen Fällen ist es noch wahrscheinlicher, daß diese Kometen durch Jupiter und Saturn als durch die äußersten Planeten eingefangen worden sind. Für die kurzperiodischen Kometen dagegen werden die vermuteten Zusammenhänge mit Jupiter durch RUSSELL auch weiterhin bestätigt. Man kann also sehr wohl von einer Jupiterfamilie der Kometen sprechen, welche eben die kurzperiodischen Kometen umfaßt, nicht aber von Familien in bezug auf die übrigen Planeten, wenn man dabei einen dynamischen Zusammenhang im Auge hat. Auch der Versuch, aus den Bahnen langperiodischer Kometen auf die Existenz eines transneptunischen Planeten zu schließen, verliert damit seine Berechtigung.

Aus dem vorhergehenden ergibt sich, daß die kurzperiodischen Kometen ihrem Ursprung nach mit den parabolischen eng verwandt sind, und trotz der bestehenden Schwierigkeiten wird man auch an keinen prinzipiellen Unterschied zwischen diesen und den Kometen längerer Periode zu denken brauchen. Diese letzteren können ebenso wie die kurzperiodischen durch Planetenstörungen ihre elliptische Bahn erhalten haben, ohne daß man an ein unmittelbares Einfangen durch einen einzigen bestimmten Planeten zu denken braucht; vielleicht auch können sie aus näheren Partien des Sonnennebels entstanden sein, ebenso wie die parabolischen Kometen aus entfernteren. Überhaupt wird man bei der Frage nach dem Ursprung der Kometen beachten müssen, daß man eine einheitliche Entstehung aller Kometen nicht notwendig anzunehmen braucht. Neben Kometen solaren Ursprungs können andere interstellarer Herkunft im Sonnensystem vorhanden sein.

Für die Frage nach der Natur der Kometen sind diejenigen mit kurzer Umlaufzeit noch durch folgenden Umstand besonders bedeutungsvoll geworden: ihre Bahnen haben Zusammenhänge mit den Bahnen von Sternschnuppenschwärmen erkennen lassen, aus denen auf eine enge Verbindung zwischen Kometen und Sternschnuppen geschlossen werden konnte. Hierauf wird im folgenden (Ziffer 5, sowie 6, 8 und 9) noch genauer einzugehen sein.

4. Einzelne Kometen mit besonderen Bahneigentümlichkeiten. An dieser Stelle sei noch auf einige andere Punkte hingewiesen. Bei einzelnen, besonders bei kurzperiodischen Kometen haben sich Bahnänderungen gezeigt, die sich nicht auf Störungen durch die großen Planeten zurückführen lassen; es sind hier vielmehr Kräfte wirksam, die für die Physik der Kometen von Bedeutung sind.

Zuerst handelt es sich um Abweichungen von der normalen Bewegung, die bei einzelnen Kometen beobachtet worden sind. Mit großer Sicherheit sind solche Anomalien bei dem ENCKEschen Kometen nachgewiesen. Bereits ENCKE selbst konnte zeigen, daß die mittlere tägliche Bewegung dieses Kometen eine fortwährende Zunahme erfährt, die zuerst für einen langen Zeitraum konstant war. Die späteren Untersuchungen, besonders diejenigen von O. BACKLUND[1],

---

[1] Die zahlreichen Untersuchungen O. BACKLUNDs sind meist in den Veröffentlichungen der Petersburger Akad. erschienen; vgl. hier besonders: O. BACKLUND, La comète d'ENCKE 1891–1908. III. Mémoires (Cl. Phys.-Math.) 30 (1911); Über die Veränderung der mittleren Bewegung des ENCKEschen Kometen 1894–1908. A N 184, S. 89 (1910).

ergaben dann ein Kleinerwerden dieser Zunahme von anscheinend sprung
haftem Charakter. Es lassen sich gewisse zeitliche Grenzen angeben, innerhalb
deren die Zunahme der mittleren Bewegung konstant bleibt; in den aufein-
anderfolgenden Zeitintervallen aber wird der Betrag dieser Zunahme immer
geringer. Die zeitlichen Grenzen für die Änderung der Zunahme liegen in den
Jahren 1858, 1868, 1895 und 1904. Eine genauere Lokalisierung des Sprunges
ist schwierig, da der Komet nur in der Nähe des Perihels zu beobachten ist; doch
liegt nach den Rechnungen von BACKLUND die Zeit nicht allzu weit von derjenigen des Periheldurchgangs entfernt. Die Zunahme der mittleren täglichen Bewegung in der Zeit von 1819—1858 hat $0''{,}1$ (für die Zeiteinheit von 1200 Tagen)
betragen, in der Zeit von 1904—1908 nur noch $0''{,}01$; der Wert ist also auf den
zehnten Teil zurückgegangen.

Diese durch sehr eingehende Störungsrechnungen sichergestellten Bewegungsanomalien haben mannigfache Deutungen erfahren. Die Rechnungen weisen
auf eine tangential wirkende Kraft hin, die dem Quadrat der Bahngeschwindigkeit proportional ist, und schon ENCKE dachte an die Wirkung eines wider-
stehenden Mittels. Da jedoch bei den Bewegungen der übrigen Himmelskörper
solche Anomalien fehlen, so hielt BESSEL es für wahrscheinlicher, die Ursache
für die Beschleunigung im Kometen selbst zu suchen. Diese beiden Auffassungen
stehen sich in gewissem Sinn auch heute noch gegenüber. BACKLUND will die
Beschleunigung in der mittleren Bewegung darauf zurückführen, daß der ENCKE-
sche Komet bei seinem Umlauf jeweils während verhältnismäßig kurzer Zeit
einen Meteorschwarm durchläuft. Die beobachtete Abnahme in der Beschleunigung kann dann durch die zunehmende Zerstreuung dieses Schwarmes erklärt
werden. CHARLIER[1] dagegen hält es für wahrscheinlich, daß der Komet in der
Nähe des Perihels Meteore ausstößt, die dem Kometen in der Bahn folgen und
seine mittlere Bewegung beschleunigen.

Bei einigen anderen Kometen, wie dem BIELASchen und dem BRORSENSchen,
sind ebenfalls Bewegungsanomalien ähnlich denen beim ENCKESchen angedeutet,
aber es fehlt der sichere Nachweis der Erscheinung.

Daß in den Kometen selbst erhebliche Kräfte frei werden können, welche
die Bahnen dieser Himmelskörper beeinflussen, hat sich in einzelnen Fällen
sehr deutlich gezeigt. Zuerst sei der BIELASche Komet[2] erwähnt. Kurz vor
der Erscheinung des Jahres 1846 trat eine Teilung des Kometen in zwei Teile
ein, die sich als selbständige Himmelskörper weiterbewegten. Noch bedeutendere
Teilungsvorgänge konnten bei dem großen Septemberkometen 1882 II (der zu
den langperiodischen gehört) beobachtet werden. Hier lösten sich in der Nähe
der Sonne einzelne Kerne los, für welche H. KREUTZ[3] zum Teil die Bahnen zu
rechnen vermochte. Es ergaben sich Ellipsen mit Umlaufszeiten von 671 bis
955 Jahren. Besonders bemerkenswert ist der Umstand, daß, während der
Komet eine Bahngeschwindigkeit von 478052 m/sec hatte, nur Geschwindigkeits-
änderungen für die einzelnen Kerne im Betrag von $-1{,}58$, $-0{,}46$, $+0{,}46$ und
$+1{,}05$ m/sec notwendig waren, um die starken Bahnänderungen der einzelnen
Kerne hervorzurufen. Schließlich wurde, um noch ein drittes, besonders auffallendes Beispiel hervorzuheben, beim periodischen Kometen BROOKS (1889 V)

---

[1] C. V. L. CHARLIER, Über die Acceleration der mittleren Bewegung der Kometen.
Meddel. fr. Lunds Obs. 2, Nr. 29 [Ark. f. Mat., Astron. och Fys. 3, Nr. 4 (1906)].

[2] J. v. HEPPERGER, Bahnbestimmung des Bielaschen Kometen aus den Beobachtungen
während der Jahre 1845 und 1846. Wien. Ber. IIa 109, S. 299 (1900); Bestimmung der
Masse des Bielaschen Kometen, ebenda 115, S. 785 (1906).

[3] H. KREUTZ, Untersuchungen über das System der Kometen 1843 I, 1880 I und
1882 II. Teil I—III; Publ. d. Sternw. Kiel III u. VI; Astron. Abh. Nr. 1. Kiel (1901).

eine mehrfache Teilung wahrgenommen[1], die zur Bildung selbständiger Kometen führte.

Ein letzter, anders gearteter Fall sei noch erwähnt, der zuerst physikalisch von besonderer Bedeutung zu sein schien. Der Komet 1886 I bereitete der Bahnbestimmung längere Zeit Schwierigkeiten, und A. SVEDSTRUP glaubte schließlich nachweisen zu können, daß nur bei Annahme einer verminderten Sonnenattraktion, also einer zusätzlichen Sonnenrepulsion, eine Darstellung der Beobachtungen möglich sei. Eine von neuem durchgeführte Bahnbestimmung von E. REDLICH[2] zeigte jedoch, daß bei einer sorgfältigen Diskussion der Beobachtungen und vor allem bei einer Neubestimmung der Anhaltsterne eine Darstellung durch die Anziehung der gewöhnlichen Sonnenmasse möglich ist.

5. Die Bahnen der Meteore[3]. Gewöhnlich teilt man die Meteore in Sternschnuppen und Feuerkugeln und die zu letzteren gehörenden Meteorite ein. Die ersteren sind kleine, sternartige Erscheinungen von nahe gleichmäßiger Helligkeit während der Dauer des Aufleuchtens. Die Feuerkugeln dagegen zeigen eine starke Helligkeitszunahme, die vielfach mit einem Farbenwechsel verbunden ist; am Ende der Bahn, dem Hemmungspunkt, nimmt die Lichterscheinung explosionsartigen Charakter an. Die Meteorite schließlich sind Bruchstücke von Feuerkugeln, die zur Erde niederfallen. Wenn so der Unterschied zwischen Sternschnuppen und Feuerkugeln (bzw. Meteoriten) ein rein äußerlicher ist, der eine eindeutige Zuordnung nicht einmal in allen Fällen zuläßt, so schienen doch eine Zeitlang scharf ausgesprochene Unterschiede in der Art der Bahnen der beiden Klassen von Himmelskörpern zu bestehen.

Für die Bestimmung der Bahn eines Meteors genügt die Kenntnis von dessen Geschwindigkeit nach Größe und Richtung in bezug auf die Erde und damit auch auf die Sonne. Die Bestimmung dieser Geschwindigkeit ist allerdings in den meisten Fällen nur mit mehr oder weniger großer Annäherung möglich. Eine unmittelbare Bestimmung lassen die großen Meteore zu, für die Beobachtungen von mehreren Erdorten aus vorliegen. In welchem Maße allerdings diese Geschwindigkeiten bereits durch den Widerstand der Erdatmosphäre beeinflußt sind, bedarf eingehender Untersuchung[4]. Die meisten direkten Bestimmungen der heliozentrischen Geschwindigkeit der Feuerkugeln in unmittelbarer Nähe der Erde ergaben hyperbolische Werte. G. v. NIESSL

---

[1] E. E. BARNARD, Discovery and Observations of Companions to Comet 1889 . . . A N 122, S. 267 (1889); E. WEISS, Über die Erscheinungen am Kometen 1889 . . ., ebenda 122, S. 313 (1889).

[2] E. REDLICH, Über die Bahn des Kometen 1886 I. A N 187, S. 193 (1911).

[3] Vgl. hierzu G. v. NIESSL, Bestimmung der Meteorbahnen im Sonnensystem. Enc. d. math. Wiss. VI$_2$, Nr. 10; J. BAUSCHINGER, Die Bahnbestimmung der Himmelskörper. Leipzig 1928; CH. P. OLIVIER, Meteors. Baltimore 1925. Ferner die in Ziff. 1 gegebenen Literaturnachweise. Eine umfassende Materialsammlung in: G. v. NIESSL, Katalog der Bestimmungsgrößen für 611 Bahnen großer Meteore. Herausg. v. C. HOFFMEISTER. Denkschr. Wien. Akad. d. Wiss. 100 (1925). Eine Sammlung berechneter Meteorbahnen (Sternschnuppen und Meteore) in verschiedenen Arbeiten von W. F. DENNING, M N 57, S. 161 (1897); 72, S. 423 (1912); 76, S. 219 (1916); vgl. auch die Meteorbahnen von C. HOFFMEISTER in den Mitteilungen der Sternwarte zu Sonneberg und einen durch die Notgemeinschaft der Deutsch. Wiss. zur Veröffentlichung kommenden zusammenfassenden Aufsatz von C. HOFFMEISTER.

[4] Vgl. die weiteren Ausführungen in Ziff. 18 u. 19. A. WEGENER [Das detonierende Meteor vom 3. April 1916. Schriften der Gesellsch. zur Beförd. d. ges. Naturwiss. zu Marburg 14, S. 1 (1917)] hat neuerdings wieder besonders auf die Wichtigkeit dieses Punktes hingewiesen. Die aus den Beobachtungen ermittelten geozentrischen Geschwindigkeiten werden wegen des Luftwiderstandes stets zu klein sein. Sobald die Verringerung einen größeren Bruchteil der ursprünglichen geozentrischen Geschwindigkeit erreicht, wird die heliozentrische Geschwindigkeit nach Größe und Richtung (kosmischer Radiant) verfälscht, und die weiteren Schlüsse über die Einordnung der Meteore in den Kosmos verlieren ihre Gültigkeit.

gibt Durchschnittswerte von 59,0 bzw. 59,8 km/sec an, während die parabolische Geschwindigkeit in der mittleren Erdentfernung 42 km/sec beträgt. A. WEGENER[1] hat die mittlere heliozentrische Geschwindigkeit für eine Reihe großer Meteore ermittelt, wobei die Abnahme der beobachteten geozentrischen Eintrittsgeschwindigkeit durch Reibung in der Atmosphäre berücksichtigt ist. Der gefundene Mittelwert beträgt sogar 63,4 km/sec.

Für die Sternschnuppen liegen ebenfalls teilweise direkte Geschwindigkeitsbestimmungen vor; in Zukunft ist zu erwarten, daß photographische Beobachtungsmethoden das Material erheblich vermehren werden[2]. Für einen großen Teil der Sternschnuppen ist man bei der Bahnbestimmung jetzt noch auf indirekt ermittelte Geschwindigkeiten angewiesen. Man erhält eine Durchschnittsgeschwindigkeit der Sternschnuppen aus Abzählungen der Häufigkeit des Auftretens zu verschiedenen Nachtstunden. Das Verhältnis der Zahl der Sternschnuppen, die auf der Vorderseite bzw. der Rückseite der um die Sonne sich bewegenden Erde beobachtet werden, ist unmittelbar von der mittleren Geschwindigkeit der Sternschnuppen in bezug auf die Erde abhängig. Auf diese Weise hat neben H. A. NEWTON zuerst SCHIAPARELLI die mittlere heliozentrische Geschwindigkeit der Sternschnuppen als eine sehr nahe parabolische ermittelt; in der Folgezeit sind dann zahlreiche Sternschnuppenbahnen unter der Annahme einer parabolischen Geschwindigkeit berechnet worden.

In einzelnen Fällen war es möglich, für die Sternschnuppen noch genauere Werte der heliozentrischen Geschwindigkeit zu ermitteln. Zu gewissen Jahreszeiten treten Sternschnuppenschwärme auf, die eine gemeinsame räumliche Bewegungsrichtung besitzen, deren scheinbare Bahnen an der Sphäre also aus einem gemeinsamen Radianten (bezeichnet durch das seiner Lage entsprechende Sternbild) hervorgehen. Aus der periodischen Wiederkehr eines solchen Schwarmes schloß zuerst SCHIAPARELLI auf eine elliptische Bewegung, wobei sich die kosmische Geschwindigkeit aus der Umlaufszeit mit besonders hoher Genauigkeit ergab.

Während also die Feuerkugeln sich fast immer in ausgesprochenen Hyperbelbahnen bewegen, war die elliptische Bahnform wenigstens für einen Teil der Sternschnuppen sichergestellt. Man suchte die gefundenen Ergebnisse zu verallgemeinern und schloß auf einen prinzipiellen Unterschied zwischen Sternschnuppen und Feuerkugeln[3]. Letztere sollten durchweg interstellaren Ursprungs sein; die Sternschnuppen dagegen wurden als ständige Glieder des Sonnensystems aufgefaßt, und da Sternschnuppenschwärme und Kometen sich in denselben Bahnen bewegen, schloß man auf einen unmittelbaren Zusammenhang zwischen beiden. Kometen lösen sich zu Sternschnuppenschwärmen auf, teils durch den Einfluß der Sonnenattraktion, teils durch die inneren Kräfte des Kometen[4].

Doch ist dieser engere Zusammenhang zwischen periodischen Kometen und Sternschnuppen nur in wenigen Fällen durch die Beobachtung wirklich sichergestellt. Es sind dies nach C. HOFFMEISTER: die Leoniden und der Komet 1866 I, die Andromediden und der BIELAsche Komet, die Aquariden und der Komet HALLEY, sowie die Drakoniden und der periodische Komet PONS-WINNECKE. Sehr wahrscheinlich ist auch der Zusammenhang zwischen den Perseiden und

---

[1] A. WEGENER, Die Geschwindigkeit großer Meteore. Naturwissensch. 15, S. 286 (1927); vgl. auch später Ziff. 18.

[2] Vgl. Ziff. 18.

[3] Besonders auch E. WEISS, Beiträge zur Kenntnis der Sternschnuppen 1868—1870.

[4] Für die letztere Auffassung vgl. besonders TH. BREDICHIN, Étude sur l'origine des météores cosmiques et la formation de leurs courants. St. Petersburg 1905.

Komet 1862 III und zwischen den Lyriden und Komet 1861 I. In allen anderen Fällen ist man bei der Bahnbestimmung lediglich auf die Annahme einer parabolischen Geschwindigkeit der Sternschnuppen angewiesen, so daß den daraus errechneten Bahnähnlichkeiten keine allzu große Bedeutung zuzuschreiben ist.

Neuerdings hat C. Hoffmeister[1] die Frage von neuem untersucht, wie weit die Annahme genähert parabolischer Geschwindigkeiten, die auf den Ergebnissen von Häufigkeitszählungen beruht, als gesichert angesehen werden kann. Eine Diskussion neueren Materials nach zum Teil neuen Gesichtspunkten führt ihn nun zu dem Ergebnis, daß die mittlere Geschwindigkeit der Sternschnuppen gar nicht parabolisch, sondern ebenso wie die der Feuerkugeln ausgesprochen hyperbolisch ist. Er findet Mittelwerte, die das 2,4fache der mittleren Erdgeschwindigkeit betragen, also das 1,4fache der parabolischen Geschwindigkeit. Die Sternschnuppen wären danach wie die Feuerkugeln zum überwiegenden Teil interstellaren Ursprungs, wenn auch teilweise ein engerer Zusammenhang zwischen Sternschnuppen und Kometen bestehen bleibt. Auf diesen Zusammenhang wird noch an anderer Stelle einzugehen sein (vgl. Ziff. 6, 8 u. 9).

b) Die physische Beschaffenheit der Kometen.

6. Das Aussehen der Kometen. Eine Beschreibung des Aussehens der Kometen muß sich auf einige allgemeine Angaben beschränken. Jeder einzelne Komet stellt ein Individuum für sich dar, das sich in ganz wesentlichen Zügen von einem normalen Typus unterscheidet. Immerhin ist soviel Gemeinsames vorhanden, daß man eine Darstellung des durchschnittlichen Verlaufes einer Kometenerscheinung[2] geben kann.

In größeren Entfernungen von der Sonne bietet sich der Komet stets als rundes nebeliges Gebilde dar, häufig mit zentraler verwaschener oder auch scharf sternförmiger Verdichtung, dem Kern. Schwächere Kometen, die der Sonne nicht sehr nahe kommen, behalten dieses Aussehen bei, bis sie der Beobachtung wieder entschwinden. Oft aber kommt es auch bei schwächeren Kometen in der Nähe der Sonne zur Bildung eines Schweifes, der von der Sonne weggerichtet ist, und der entweder mit der Richtung des verlängerten Radiusvektors zusammenfällt oder in der Bewegung des Kometen dahinter zurückbleibt. Unter Umständen treten auch mehrere Schweife auf, die in verschiedenem Grade hinter dem verlängerten Radiusvektor zurückbleiben.

Bei größeren Kometen, die der Sonne nahekommen, ist die Schweifentwicklung mit lebhaften Vorgängen im Kometenkopf verbunden. Von dem in diesen Fällen meist scharfen Kern gehen helle Ausströmungen gegen die Sonne hin, die ihre Richtung oft rasch, zuweilen periodisch ändern und so den Eindruck eines schwingenden Lichtkegels hervorrufen. Bei einzelnen Kometen sind auch mehrere Ausströmungen nebeneinander oder solche von fächerförmiger Struktur wahrgenommen worden. Als eines der schönsten Beispiele dieser Art seien die Zeichnungen wiedergegeben, die Secchi vom Kopf des großen Kometen 1862 III angefertigt hat (Abb. 1). Hier sind die periodischen Schwingungen der Ausströmung (Periode 6 bis 7 Tage) deutlich ausgeprägt. Bei einigen Kometen

---

[1] C. Hoffmeister, Untersuchungen zur astronom. Theorie der Sternschnuppen. Astron. Abh. (Erg.-Hefte zu den A N) 4, H. 5 (1922); Zur Frage nach der kosmischen Stellung der Sternschnuppen A N 221, S. 353 (1924). In beiden Arbeiten zahlreiche weitere Literatur. Ferner C. Hoffmeister, Anm. 3, S. 434.

[2] Für das Folgende vgl. vor allem: Prof. Dr. Th. Bredichins Mechanische Untersuchungen über Cometenformen. In systematischer Darstellung von R. Jaegermann. St. Petersburg 1903. Mit zahlreichen Literaturangaben.

sind die Ausströmungsvorgänge von so heftiger Natur, daß die Materie über die Grenzen des Kometenkopfes hinaus gegen die Sonne hingetrieben wird und dem Kern sogar in der Bewegung vorangeht; es kommt dann zur Bildung von sog. anomalen Schweifen[1], die BREDICHIN als die Ursache der Sternschnuppen-schwärme ansieht (vgl. Ziff. 5 u. 14). Auf die in großer Sonnennähe auftretenden Kernteilungen und die bisweilen damit verbundene Loslösung von Teilkometen ist bereits früher hingewiesen worden (vgl. Ziff. 4).

In den gewöhnlichen Fällen zeigen die visuellen Beobachtungen beim Auf-treten von Ausströmungen unmittelbar hinter dem Kern einen dunklen Raum, während zu beiden Seiten der Kometenkopf in den Schweif übergeht. Der letztere ist für die visuelle Beobachtung strukturlos oder auch von faseriger Struktur. In ganz seltenen Fällen wurden innerhalb des Schweifes einzelne losgelöste Teile wahrgenommen. Als Beispiele seien die geschichtete Struktur

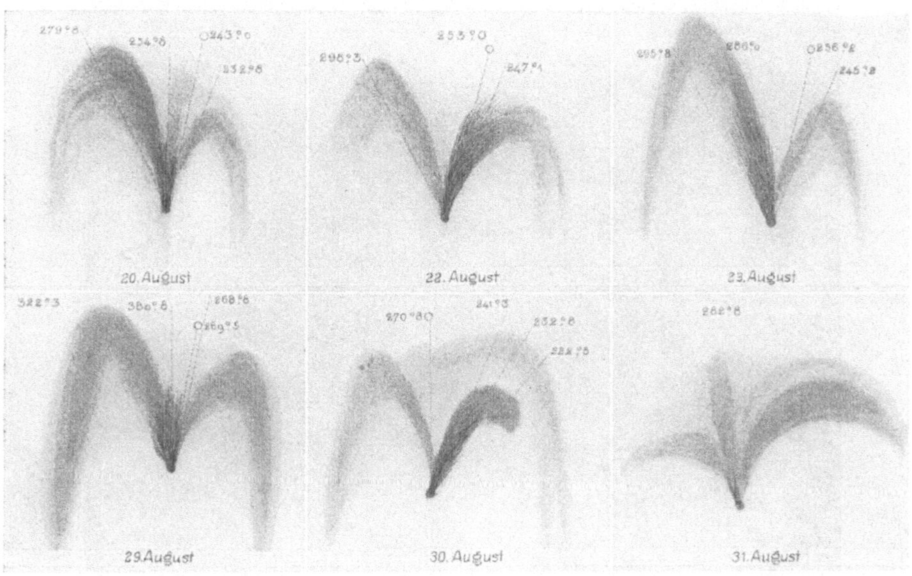

Abb. 1. Ausströmungserscheinungen beim Kometen 1862 III nach A. SECCHI, (aus Mem. dell' Osservatorio del Coll. Romano Nuova s. Bd. II).

des Hauptschweifes des DONATIschen Kometen und die Wolkenbildungen im Schweif des großen Kometen 1882 II genannt.

Ein bedeutender Fortschritt in der Erkenntnis der Struktur der Kometen-schweife wurde durch die Himmelsphotographie erreicht. Die photographischen Aufnahmen der helleren Kometen lassen eine ungeahnte Fülle von Einzelheiten erkennen. Der Schweif löst sich in unzählige, vom Inneren des Kopfes aus-gehende Strahlen auf, die bis jetzt am besten bei dem visuell nicht besonders hellen Kometen 1908 III ausgeprägt waren. Neben diesen Strahlen treten vielfach wolkenartige Gebilde auf, die sich mit zunehmender Geschwindigkeit vom Kometenkopf wegbewegen, und deren Bahn unter Umständen 1 bis 2 Tage und darüber hinaus zu verfolgen ist. Das photographische Schweifbild der helleren Kometen weicht also von dem, das aus den visuellen Beobachtungen her bekannt ist, wesentlich ab (vgl. Abb. 2); visuell erscheint hinter dem Kern ein dunkler Raum, photographisch treten hier helle Strahlen auf (vgl. Ziff. 12).

---

[1] Vgl. die Zusammenstellung bei BREDICHIN-JAEGERMANN, Cometenformen, S. 19ff.

Mit diesen allgemeinen Angaben seien die einleitenden Bemerkungen abgeschlossen; eine größere Anzahl von Einzelheiten wird sich bei den folgenden Ausführungen (vgl. besonders Ziff. 12) ergeben.

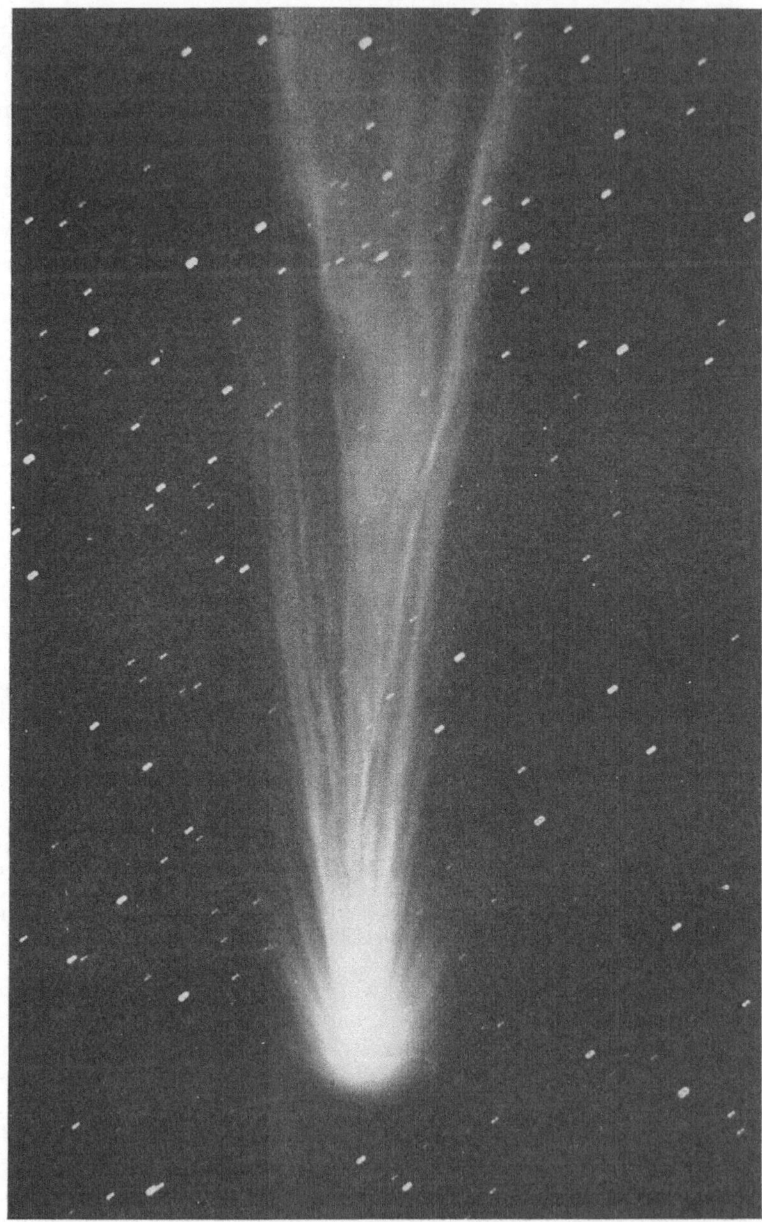

Abb. 2.   Komet 1908 III (MOREHOUSE) nach M. WOLF.

7. Die Helligkeit der Kometen. Wir behandeln zuerst die Helligkeit des Kometenkopfes[1]. Meist beschränken sich die Angaben auf die Gesamt-

____

[1] Für ältere Beobachtungen vgl. G. MÜLLER, Die Photometrie der Gestirne. Leipzig 1897.

helligkeit des Kopfes, die in Größenklassen in das System der Sternhelligkeiten
eingeschätzt wird. Umfangreiche Schätzungen dieser Art rühren von J. Holetschek[1] her. Bisweilen werden auch die Helligkeiten von Kern und Kopf getrennt
angegeben[2].

Photometrische Messungen von Kometenhelligkeiten sind verhältnismäßig wenig ausgeführt worden. Einige neuere Beobachtungsreihen seien im
folgenden angegeben. Zum Teil wurde die Helligkeit von Kometen ähnlich
wie die Helligkeit von Fixsternen bestimmt, wobei die punktförmige Lichtquelle des Sternes unmittelbar mit dem diffusen Kometenlicht verglichen ist.
Hierher gehören die Messungen, die z. B. K. Graff[3] und H. Rosenberg[4] mit
dem Keilphotometer und E. C. Pickering[5] mit einem Polarisationsphotometer
ausgeführt haben.

Nach einem anderen Prinzip, mit einem besonderen für solche Zwecke
konstruierten Photometer, wurde am Harvard College Observatory[6] eine größere
Reihe von Kometen aus den Jahren 1879 bis 1893 gemessen. Bei diesem Photometer wird ein extrafokales Sternscheibchen auf dieselbe Flächenhelligkeit wie
der Komet gebracht und aus dem Verhältnis der Größe der Flächen in der Brenn-
ebene die Gesamthelligkeit des Kometen in Größenklassen ermittelt. Auch das
Selenphotometer[7] ist gelegentlich zur Helligkeitsbestimmung herangezogen
worden. Hierbei wurde wieder der Komet mit einem extrafokalen Sternscheibchen
verglichen und daraus die Gesamthelligkeit des ersteren hergeleitet.

Zwei weitere Beispiele für die photometrische Bestimmung von Flächen-
helligkeiten bei Kometen seien schließlich noch angeführt. J. Hartmann[8] hat
beim Halleyschen Kometen visuelle Messungen ausgeführt und dabei mit Hilfe
von Filtern begrenzte Spektralbereiche unter Benutzung eines Keilphotometers
untersucht. W. Heiskanen[9] hat die Flächenhelligkeit des Kometen 1921 II
auf photographischem Wege unter Anschluß an extrafokale Sternbilder ermittelt.

Neuerdings berichtet C. O. Lampland[10] über Versuche, die Strahlung des
Kometenkopfes auch radiometrisch unter Benutzung verschiedener Spektral-
filter zu messen. Die ersten Messungen zeigen starke Schwankungen in der
Helligkeit der einzelnen Spektralbereiche.

---

[1] Vgl. besonders J. Holetschek, Untersuchungen über die Größe und Helligkeit der
Kometen und ihrer Schweife. Tl. I bis V. Wiener Denkschr. Math.-Nat. Kl. 63, S. 317 (1896);
77, S. 503 (1905); 88, S. 745 (1913); 93, S. 201 (1916); 94, S. 375 (1917). Enthält neben der
Bearbeitung der eigenen Beobachtungen vor allem eine abschließende Darstellung der älteren
Kometen, soweit in historischen Quellen brauchbare Beobachtungen vorliegen.

[2] Vgl. außer Angaben in voriger Anm. z. B. die Beobachtungen von J. Holetschek in
A N 155, S. 267 (1901) (Komet 1900 II); 164, S. 151 (1904) (Komet 1903 IV); 167, S. 367
(1905) (Komet 1904 I); 180, S. 353 (1909) (Komet 1908 III); sowie die Beobachtungen
von C. W. Wirtz, A N 164, S. 185 (1904) (Komet 1903 IV); 167, S. 289 (1905) (Komet 1904 I);
168, S. 361 (1905) (Kometen 1904 I, 1905 I, 1905 II); 171, S. 155 (1906) (Komet 1905 V);
172, S. 185 (1906) (Komet 1905 VI); 173, S. 103 (1906) (Komet 1905 IV); 177, S. 81 (1908)
(Komet 1907 IV).

[3] K. Graff, Helligkeitsbeobachtungen des Cometen 1900 II. A N 157, S. 23 (1901).

[4] H. Rosenberg, Photometrische Messungen des Kometen 1903 IV. A N 164, S. 183
(1904).

[5] E. C. Pickering, Brightness of Halley's Comet. Harv Circ 157 (1910).

[6] Observations of Comets. Harv Ann 33, Nr. 8 (1900).

[7] J. Stebbins, The Brightness of Halley's Comet as measured with a Selenium Photometer. Ap J 32, S. 179 (1910).

[8] J. Hartmann, Messungen der Flächenhelligkeit des Halleyschen Kometen. A N 185,
S. 233 (1910).

[9] W. Heiskanen, Die Helligkeit des Kometen 1921 a (Reid) in der Nähe des Perihels.
A N 216, S. 333 (1922).

[10] C. O. Lampland: Radiometric Observations of Skjellerups Comet. Pop. Astr. 36,
S. 240 (1928).

Die Angaben über die Helligkeit der Kometenschweife gehen im allgemeinen über rohe Beschreibungen nicht hinaus, und auch die Zeichnungen älterer Kometen lassen nur stärkere relative Helligkeitsunterschiede erkennen. Eine genauere Ermittlung der Helligkeitsverteilung in Kometenschweifen ist von der Auswertung photographischer Aufnahmen zu erwarten; jedoch fehlt auf den Platten meist eine Skala zur Bestimmung der Intensitätsverhältnisse. Besondere Aufnahmen der verlangten Art sind von E. Kron[1] beim Halleyschen Kometen in zweierlei verschiedener Weise hergestellt worden. Einmal wurden zwei Aufnahmen des Kometen jeweils gleichzeitig mit zwei gleichartigen Objektiven (Stereokamera) auf dieselbe Platte aufgenommen; das eine Objektiv war dabei um einen bekannten Betrag abgeblendet. Ferner ist bei Aufnahmen mit einem Objektiv eine Schwärzungsskala mit Hilfe eines Röhrenphotometers hergestellt. Die hierbei beobachtete Helligkeitsabnahme mit zunehmender Entfernung vom Kometenkopf wird durch die Dichteabnahme infolge der Ausbreitung der Schweifmaterie hinreichend erklärt (vgl. auch Ziff. 9).

Alle die Bestimmungen der Helligkeit der Kometen zeigen nun, daß das Leuchten dieser Himmelskörper eine sehr verwickelte Erscheinung ist. Die Beobachtung ergibt zunächst nur die scheinbare Helligkeit für die Entfernung Δ von der Erde; um zu vergleichbaren Werten zu kommen, muß diese in eine absolute Helligkeit umgewandelt werden, wobei man als absolute Helligkeit diejenige bezeichnet, die der Komet in der Entfernung eins (1 astronomische Einheit = mittlere Entfernung Sonne-Erde) besitzt. Ist h die scheinbare Helligkeit des Kometen, so ergibt $h = H/\Delta^2$ die absolute Helligkeit H. Diese letztere nimmt jedoch mit abnehmender Entfernung von der Sonne stets stark zu, und man hat häufig versucht, diese Abhängigkeit von der Sonnenentfernung analytisch darzustellen[2].

Wäre das Licht des Kometen lediglich reflektiertes Sonnenlicht, so müßte man durch den Ausdruck $h = H_1/\Delta^2 r^2$ (r = Entfernung Sonne-Komet) zu einem konstanten Wert für die reduzierte Helligkeit H_1 kommen, welcher in Größenklassen eine konstante reduzierte Größe $M_1 = m - 5\log(\Delta \cdot r)$ entsprechen würde. Nun ergibt sich aber bei den einzelnen Kometen M_1 keineswegs als konstant; vielmehr zeigt auch die reduzierte Größe noch eine häufig sehr erhebliche Zunahme mit der Annäherung an die Sonne[3]. Das Kometenlicht ist also zu einem Teil eigenes Licht, dessen Entstehung irgendwie mit der Sonnennähe in Verbindung zu bringen ist. S. V. Orlov[4] weist neuerdings auch auf einen Zusammenhang zwischen Kometenhelligkeit und Sonnentätigkeit hin.

Der reduzierten Größe M_1 kommt danach keine physikalische Bedeutung zu; trotzdem pflegt man meist die beobachtete Kometenhelligkeit in der angegebenen Weise zu reduzieren und die Größen M_1 zur weiteren Diskussion zu benutzen. Man erhält durch den Vergleich der M_1 einmal ein Bild des Helligkeitsverlaufes beim einzelnen Kometen und kann bei periodischen Kometen die einzelnen Erscheinungen leicht miteinander in Verbindung bringen. Da sich aber M_1 stets mit der Entfernung r des Kometen von der Sonne ändert, so muß man beim Vergleich immer M_1 in seiner Abhängigkeit von r betrachten.

---

[1] K. Schwarzschild and E. Kron, On the Distribution of Brightness in the Tail of Halleys Comet. Ap J 34, S. 342 (1911). Auch unter dem Titel: Über die Helligkeitsverteilung im Schweif des Halleyschen Kometen. Göttinger Nachr. 1911, S. 197.

[2] Vgl. J. Holetschek, Anm. 1 S. 439.

[3] Gelegentlich sind auch andere Gesetze untersucht; z. B. S. Vsechsviatsky, Über die Helligkeit der Kometen (Russisch). R A J 2, H. 3, S. 68 (1926).

[4] S. Orlov, Die Helligkeit der Kometen und die Aktivität auf der Sonnenoberfläche (Russisch). Publ. de l'Observat. Astrophysique Central de Russie 2, S. 150 (1923).

Es wäre deshalb wohl bei solchen Untersuchungen einfacher, lediglich die absoluten Größen M in ihrer Abhängigkeit von r zu benutzen, und von der Berechnung der reduzierten Helligkeiten ganz abzusehen. Man hat ursprünglich die reduzierten Größen berechnet, um nachprüfen zu können, ob das Kometenlicht reflektiertes Sonnenlicht ist; nachdem sich diese Annahme aber als unzureichend erwiesen hat, besteht für die Berechnung der reduzierten Helligkeit kaum mehr eine Berechtigung.

Als Beispiel eines normalen Verlaufes der Größe M_1 seien hier noch einige Werte von M_1 wiedergegeben, die J. HOLETSCHEK bei der letzten Rückkehr für den HALLEYschen Kometen[1] berechnet hat. Die Werte M_1 mit den zugehörenden Werten von $\log r$ sind:

Reduzierte Größe M_1 für HALLEYS Komet 1909—1911.

1909—10	$\log r$	M_1	1910	$\log r$	M_1	1910—11	$\log r$	M_1
September 17	0,53	10,2	April 16	9,77	3,5	November 11	0,51	5,5
November 16	0,42	9,2	Mai 6	9,84	3,9	Januar 6	0,59	8,0
Januar 8	0,29	7,0	Mai 15	9,90	4,1	März 19	0,68	7,5
März 6	0,04	4,7	Juli 1	0,18	5,0	April 29	0,70	8,2

Von großer Wichtigkeit sind die reduzierten Helligkeiten, die HOLETSCHEK für die früheren Erscheinungen des HALLEYschen Kometen hergeleitet hat[2]; er konnte dabei mit einiger Sicherheit bis zum Jahre 451 n. Chr. zurückgehen, wobei allerdings zu beachten ist, daß wirkliche Helligkeitsschätzungen erst von der Erscheinung des Jahres 1607 ab vorliegen. Einzelne dieser Werte sind in der beigefügten Tabelle der Perihelgröße M_1 gegeben.

Dazu kommt für das Perihel der letzten Erscheinung (1910 April 19,7) der Wert $M_1 = 3,7$.

Perihelgröße M_1 des HALLEYschen Kometen bei früheren Erscheinungen.

Jahr	M_1	Jahr	M_1	Jahr	M_1
451	3,1	1456	3,7	1759	4,0
837	4,2	1607	4,3	1835 vor d. P.	4,7—4,0
1066	3,6	1682	3,9	1835 nach d. P.	$3^1/_2$

Aus diesen Zahlen ergibt sich mit aller Deutlichkeit, daß die Helligkeit dieses Kometen mindestens im Lauf mehrerer Jahrhunderte in keiner Weise abgenommen hat. Der HALLEYsche Komet ist also dem Auflösungsprozeß nur äußerst langsam unterworfen.

Andere Kometen zeigen viel stärkere Schwankungen im Verlauf der Werte M_1. Ein auffallendes Beispiel ist der periodische Komet HOLMES[3], für den einzelne Werte von M_1 ebenfalls in einer Tabelle zusammengestellt sind.

Reduzierte Größe M_1 für den periodischen Kometen Holmes.

1892—93	$\log r$	M_1	1893	$\log r$	M_1	1899	$\log r$	M_1	1906	$\log r$	M_1
Nov. 8	0,38	2,5	Jan. 16	0,42	2,0	Jan. 10	—	12,3	Aug. 28	0,39	12,0
10	0,38	1,9	Febr. 10	0,44	4,1	Juli 15	—	12,0	Sept. 25	0,41	11,4
18	0,38	3,0	März 4	0,45	7,3	Sept. 30	0,38	11,4	Okt. 10	0,42	11,9
Jan. 11—14	0,42	11,1	Anf. Apr.	0,47	10,4	Dez. 24	0,43	12,3	Dez. 7	0,45	12,3

Bei der ersten Erscheinung dieses Kometen wurden wiederholt plötzliche Lichtausbrüche beobachtet; der erste anscheinend bei der Entdeckung (1892 Nov. 8), ein anderer auffallender Ausbruch fällt zwischen 1893 Jan. 14 und 16.

---

[1] Siehe J. HOLETSCHEK, Anm. 1, S. 439, Abh. IV, S. 209ff.
[2] J. HOLETSCHEK, Abh. I, S. 566 u. IV, S. 202ff.
[3] J. HOLETSCHEK, Abh. V, S. 465.

Bei den Erscheinungen 1899 und 1906 zeigte der Komet stets eine sehr geringe Helligkeit. Diese wenigen Beispiele lassen bereits erkennen, daß das Licht der Kometen zu einem großen Teil Eigenlicht dieser Himmelskörper ist.

8. Die optischen Eigenschaften der Kometen (Durchsichtigkeit, Refraktion, Polarisation). Wichtigen Aufschluß über die physische Beschaffenheit der Kometen vermögen diejenigen Beobachtungen zu geben, die während des Vorübergangs von Kometen vor Fixsternen ausgeführt worden sind[1]. Auch hier sei nur auf einige neuere Beobachtungen hingewiesen[2]. Wiederholt sind sogar zentrale Bedeckungen von Sternen durch Kometen wahrgenommen worden; immer zeigte sich dabei, daß das Sternlicht bis zur Mitte hin ungeschwächt durch den Kometen hindurchgeht, und daß nur während der Bedeckung durch den Kern das Licht des letzteren den Stern unter. Umständen überstrahlt. Die Kometen sind also selbst in ihren dichteren Teilen als vollkommen durchsichtig anzusehen. Dafür spricht auch der Umstand, daß es bis jetzt niemals gelungen ist, einen Kometen vor der Sonnenscheibe wahrzunehmen.

Nur in einem Fall schien eine Absorption des Sternlichtes wahrnehmbar zu sein. M. WOLF[3] bemerkte bei einer Aufnahme des Kometen 1903 IV, daß die Spur eines Sternes während der Bedeckung durch den Kometen deutlich geschwächt war; eine weitere Untersuchung der Erscheinung durch M. WOLF ergab jedoch, daß es sich dabei um ein rein photographisches Phänomen handelte.

Ebensowenig wie eine Absorption konnte beim Durchgang des Sternlichtes durch die Kometenatmosphäre eine Refraktion in sicher meßbarem Betrag beobachtet werden. Wiederholt sind während des Vorübergangs eines Kometen Messungen der gegenseitigen Distanzen mehrerer Sterne vorgenommen worden; eine Änderung des Abstandes war jedoch niemals mit Sicherheit nachzuweisen[4].

Aus allen diesen Beobachtungen geht hervor, daß die Dichte der Materie im Kometenkopf äußerst gering ist. Trotzdem reicht sie hin, um das Sonnenlicht in merklichem Grade zu reflektieren. Das zeigen die Polarisationsbeobachtungen, die bei zahlreichen Kometen ausgeführt worden sind. Man hat also den Kometenkopf als eine Anhäufung kleiner Massen zu betrachten, die wir als kosmischen Staub (Meteore) bezeichnen können (vgl. Ziff. 5, S. 435). Während die älteren Beobachtungen[5] sich darauf beschränken, das Licht des Kometenkopfes allein auf Polarisation zu untersuchen, ist es bei neueren Kometen[6] auch gelungen, die Polarisation im Schweif nachzuweisen. Doch zeigt

---

[1] Für ältere Beobachtungen über Absorption und Refraktion vgl. BREDICHIN-JAEGERMANN, Cometenformen, l. c. S. 31 ff.

[2] Zum Beispiel A. J. ASTBURY, Comet 1900 II. J B A A 11, S. 281 (1901); E. C. PICKERING, Transparency of Comet 1902 II. A N 161, S. 137 (1903); F. S. ARCHENHOLD, Beobachtung der Bedeckung eines Sternes durch den Kern des HALLEYschen Kometen. Ebenda 183, S. 237 (1910); A. MIETHE, Bedeckung des Sternes $8^m{,}5$ A G Lpz I 4615 durch den Kern des HALLEYschen Kometen; ebenda 185, S. 15 (1910); dazu K. SCHWARZSCHILD, ebenda 185 S. 140 (1910).

[3] M. WOLF, Absorption des Sternlichtes durch den Kometen 1903c. A N 164, S. 17 (1903) und Über die Absorption des Sternlichtes durch den Kometen 1903 IV; ebenda 164, S. 379 (1904).

[4] Vgl. z. B. E. E. BARNARD, Observations of the Difference of Declination of 21 Asterope and 22 Asterope, at the Transit of WOLFS Comet 1891 Sept. 3. A N 128, S. 425 (1891); C. D. PERRINE, Observations to determine the Refraction Effect of Comet 1899 I; ebenda 151, S. 17 (1899). Die einzigen Beobachtungen, die evtl. auf eine sehr geringe Refraktion hinweisen, sind von M. W. MEYER beim Kometen 1881 III erhalten [Mém. de la Soc. de Phys. et d'Hist. nat. de Genève 28, Nr. 4 u. A N 103, S. 353 (1882)]. Doch ist hier nur der Abstand des Kometenkernes von einem Stern während des Vorübergangs gemessen.

[5] Vgl. BREDICHIN-JAEGERMANN, Cometenformen, S. 47 ff.

[6] Zum Beispiel J. C. DUNCAN, Polariscopic Observations of Comet 1907 d (DANIEL), Lick Bull 4, S. 180 (1907); W. W. CAMPBELL, ebenda 5, S. 35 (1908).

sich immer, daß in der Nähe der Sonne die Polarisation sich der Beobachtung entzieht. Wie groß bei den einzelnen Kometen der Anteil des eigenen Lichtes, wie groß der des Sonnenlichtes ist, wurde bis jetzt nicht untersucht.

9. Dimensionen und Masse der Kometen. Aus dem beobachteten scheinbaren Durchmesser d eines Kometen erhält man durch die Beziehung $d = D_1/\Delta^2$ den reduzierten Durchmesser D_1. Der wahre Durchmesser D, in Einheiten des Erddurchmessers, wird hieraus durch $D = (60 D_1 : 2\pi_\odot)$ berechnet, wo D_1 den reduzierten Durchmesser in Bogenminuten und $\pi_\odot$ die Sonnenparallaxe in Sekunden bedeutet.

Da infolge der unscharfen Begrenzung des Kometenkopfes jedoch die Bestimmung des Durchmessers d sehr unsicher ist, so weichen auch die Angaben des wahren Durchmessers selbst für den einzelnen Kometen stark voneinander ab. Ein paar Zahlenangaben[1] für den reduzierten Durchmesser lassen dies ohne weiteres erkennen.

Für den Kopf des hellen Kometen 1811 I wurden die in der beigefügten Tabelle gegebenen Werte erhalten.

Für den HOLMESschen Kometen[2] ergaben sich parallel

Reduzierter Durchmesser des Kometen 1811 I.

1811	D_1	1812	D_1
September 13	37′,9	Januar　　3	14′,4
Oktober　　6	18,9—23,9	Juli　　31	5,1
Oktober　　6	40,6	August　12	3,5

mit den Helligkeitsschwankungen starke Schwankungen des Durchmessers. Im Mittel war $D_1 = 5',4$, Ende November dagegen $D_1 = 50'$. Beim HALLEYschen Kometen[3] war auch der reduzierte Durchmesser bei den einzelnen Erscheinungen von ausgesprochener Gleichmäßigkeit (Mittelwerte im Jahre 1759: 3′,9; 1835: 3′,9 bis 4′,7; 1910: anfangs 4′,0, später 3′,4). Im allgemeinen liegen die Werte für den reduzierten Durchmesser des Kometenkopfes bei 3′ bis 4′, was linear dem 10- bis 15fachen des Erddurchmessers entspricht. Doch kommen, wie auch unser Beispiel zeigt, gelegentlich zehnmal so große Werte vor.

Die Angaben über die Dimension der Schweife sind ebenfalls unsicher und bewegen sich in ganz verschiedenen Größen. Auf die Berechnung der Länge des Schweifes aus den Beobachtungen wird noch später (vgl. Ziff. 12ff.) hingewiesen; hier sei nur hervorgehoben, daß unter Umständen der Schweif großer Kometen sehr erhebliche Längen erreichen kann[4]. Bei dem bereits erwähnten Kometen 1811 I war diese zur Zeit der stärksten Entwicklung meist nur wenig unter einer astronomischen Einheit, und gelegentlich ergab sich sogar der Wert 1,3. Ähnliche Werte erreichte der große Komet 1882 II; der DONATIsche 1858 VI hatte als Extremwert 0,55. Auch bei der Erscheinung des HALLEYschen Kometen im Jahre 1910 überstieg die Schweiflänge im Juni, nach dem Periheldurchgang, gelegentlich die astronomische Einheit[5].

Trotz dieser erheblichen Dimensionen, welche Kopf und Schweif der Kometen zeigen, ist die Masse, wie bereits die physischen Beobachtungen erwarten lassen, eine äußerst geringe. Sichere Massenbestimmungen konnten überhaupt noch nicht durchgeführt werden. In zwei Fällen, beim LEXELLschen Kometen (1770 I)[6] und beim Kometen BROOKS (1889 V)[7], ging der Komet durch das System der Jupitermonde hindurch, ohne daß nachweisbare Störungen

---

[1] Nach J. HOLETSCHEK (Anm. 1, S. 439), Abh. III, S. 772.

[2] J. HOLETSCHEK, Abh. V, S. 468.

[3] J. HOLETSCHEK, Abh. I, S. 555 u. 566, IV, S. 222.

[4] Vgl. wiederum die Untersuchungen von J. HOLETSCHEK, Anm. 1, S. 439.

[5] J. HOLETSCHEK, Abh. IV, S. 223.

[6] U. J. LEVERRIER, Théorie de la comète périodique de 1770. Annales de l'Obs. de Paris III (1857).

[7] CH. LANE POOR, Researches upon Comet 1889 V, Teil III. A J 13, S. 177 (1893).

in letzterem eingetreten sind. Laplace[1] benutzte ferner beim Lexellschen Kometen den Umstand, daß in dessen Erdnähe keinerlei Einfluß auf die Bewegung unseres Planeten wahrzunehmen war, und berechnete hieraus für die Masse des Kometen einen oberen Grenzwert von $1/_{5000}$ der Erdmasse.

Einen Massenwert von größerer Sicherheit vermochte J. v. Hepperger[2] beim Bielaschen Kometen zu ermitteln. Wie bereits früher angegeben wurde (vgl. Ziff. 4, S. 433), hat dieser periodische Komet vor dem Periheldurchgang von 1846 eine Teilung erfahren und unmittelbar nach dieser haben die beiden Teilkometen sich in ihrer Bewegung gegenseitig gestört. J. v. Hepperger konnte hieraus genäherte Werte für die Kometenmassen herleiten und fand hierfür den Wert $4{,}2 \cdot 10^{-7}$ in Einheiten der Erdmasse. Zu einem ähnlichen Wert kommt C. V. L. Charlier bei seiner früher erwähnten Untersuchung[3] über die Deutung der Bewegungsanomalien beim Kometen Encke. Er erhält eine Kometenmasse von der Größe $13 \cdot 10^{-8}$ der Erdmasse.

Schließlich sind hier noch zwei weitere Versuche der Massenbestimmung hervorzuheben, die von anderen Grundlagen ausgehen. Der erste Versuch ist beim Kometen 1908 III (Morehouse) von H. Rosenberg[4] durchgeführt und stützt sich auf spektralphotometrische und photometrische Beobachtungen des Kometenkopfes (vgl. Ziff. 11). Nimmt man an, daß die einzelnen Teilchen des Kopfes sich weder gegenseitig bedecken noch sich beschatten, so ergibt sich aus der Flächenhelligkeit eine Beziehung zwischen der Größe des einzelnen Teilchens und der Anzahl aller Teilchen im Kometenkopf. Man kann also unter gewissen Annahmen den Rauminhalt der Gesamtheit aller Teilchen sowie die Gesamtmasse herleiten. Unter naheliegenden Annahmen über die Größe und die Massendichte des einzelnen Teilchens kommt Rosenberg zu einer Gesamtmasse des Kometen von $M = 5{,}8 \cdot 10^{-19}$ in Einheiten der Erdmasse, während sich unter wahrscheinlichen Annahmen über die Albedo ein überhaupt möglicher Maximalwert von $17{,}4 \cdot 10^{-9}$ ergibt.

Aus ähnlichen Überlegungen heraus hat dann Schwarzschild[5] versucht, beim Halleyschen Kometen die Volumendichte im Schweif auf Grund photometrischer Daten schätzungsweise zu bestimmen. Bei zwei verschiedenen Annahmen über die Größe der Teilchen kommt er für eine Entfernung von $0°{,}5$ vom Kometen zu mittleren Schweifdichten von $2 \cdot 10^{-21}$ bzw. $4 \cdot 10^{-24}$ im CGS-System.

Übereinstimmend führen also alle diese Untersuchungen zu außerordentlich geringen Dichten im Kopf und Schweif des Kometen. Dadurch wird, worauf hier nochmals hingewiesen sei, die Auffassung ganz wesentlich gestützt, daß die Kometen mit den Meteoren verwandt sind; ihrem inneren Aufbau nach werden wir sie als eine Anhäufung von Meteoren auffassen müssen.

10. Das Spektrum der Kometen und Kometenschweife (ältere Beobachtungen). Die älteren Beobachtungsergebnisse sind schon wiederholt zusammenfassend dargestellt worden[6], so daß sie hier kurz behandelt werden können. Sie beruhen fast nur auf visuellen Beobachtungen und haben bereits eine Reihe abschließender Ergebnisse gebracht.

Neben einem mehr oder weniger stark ausgebildeten kontinuierlichen Spektrum, das in großen Entfernungen von der Sonne allein auftritt, zeigen die

[1] Laplace, Mécanique céleste 4, S. 230 (1805).   [2] Vgl. Anm. 2, S. 433.
[3] Vgl. C. V. L. Charlier, Anm. 1, S. 433.
[4] H. Rosenberg, The Spectrum of Comet 1908 c (Morehouse). Ap J 30, S. 267 (1909).
[5] K. Schwarzschild and E. Kron, Anm. 1, S. 440.
[6] Vgl. J. Scheiner, Die Spektralanalyse der Gestirne. Leipzig 1890; Bredichin-Jaegermann, Cometenformen (vgl. Anm. 2, S. 436).

Kometen ein charakteristisches Gasspektrum. Im visuellen Teil befinden sich drei Banden im Gelb, Grün und Blau; zahlreiche Messungen bei verschiedenen hellen Kometen aus den Jahren 1874 bis 1884 ergaben als Mittelwerte[1] für die Bandenköpfe die Wellenlängen 5630, 5166 und 4719. Die Ähnlichkeit des Kometenspektrums mit dem aus dem Laboratorium bekannten, ursprünglich Kohlenwasserstoffverbindungen zugeschriebenen SWANschen Spektrum ist so groß, daß eine Identität von vornherein angenommen wurde. Verschiedentlich wurde dieses Spektrum dann von astronomischer Seite auch im Laboratorium untersucht und unter anderem beim Leuchten von Gasen beobachtet, die beim Erhitzen von Meteorsteinen frei werden[2]. Freilich konnten auch alle diese Versuche keine Entscheidung über die Deutung des SWANschen Spektrums bringen.

Daß es sich beim Kometenspektrum in der Tat um das SWANsche Spektrum und nicht um das Kohlenoxydspektrum handelt, geht noch aus der beigegebenen Zusammenstellung der Wellenlängen der einzelnen Gruppen hervor[3].

Hauptlinien im Kometenspektrum.

Kometen-spektrum	SWANsches Spektrum	Kohlenoxyd-spektrum
	6188 A	6079 A
5630 (gelb)	5635	5610
5166 (grün)	5165	5198
4719 (blau)	4737	4835
4381	4381	{ 4511
		{ 4393

Die Wellenlänge 4381 für das Kometenspektrum wurde aus den später zu besprechenden photographischen Spektralaufnahmen hergeleitet.

Neben diesem normalen Kometenspektrum treten bei einzelnen Kometen abweichende Spektralerscheinungen auf. In großer Sonnennähe sind bei hellen Kometen wiederholt Metallinien beobachtet worden: bei den hellen Kometen gegen Ende des vorigen Jahrhunderts (1882 I, 1882 II u. a.) traten Na-Linien auf; beim Kometen 1882 II auch helle Fe-Linien. Doch wird die Richtigkeit dieser letzteren Beobachtungen neuerdings stark angezweifelt[4].

Unter den neueren Kometen dieser Art ist noch der helle Komet 1910 I zu erwähnen; neben den Kohlebanden wurden hier die D-Linien, D_1 und D_2, beobachtet, deren genaue Lage auch auf photographischen Aufnahmen vermessen werden konnte[5]. Aus den vorstehenden Beobachtungen geht soviel hervor, daß in der Nähe der Sonne, durch deren Wärme, Teile des Kometen in gasförmigen Zustand übergehen.

Auf das kontinuierliche Spektrum, das auch bereits visuell beobachtet ist, wird im folgenden Abschnitt noch einzugehen sein (vgl. S. 452). Früher nahm man durchweg an, daß es sich hierbei lediglich um reflektiertes Sonnenlicht handelt, besonders da schon früh (beim Kometen 1874 III COGGIA, 1881 III, 1882 I WELLS u. a.) FRAUNHOFERsche Linien wahrgenommen worden sind. Aber auch unter den älteren Kometen kommen bereits Fälle vor, bei denen ein plötzlicher Lichtausbruch mit einer starken Zunahme des kontinuierlichen Spektrums verbunden ist, so daß man neuerdings zu der Annahme neigt, daß auch das Eigen-

---

[1] Vgl. J. SCHEINER, l. c. S. 228.

[2] Vgl. hierzu und zum folgenden auch H. KAYSER, Handbuch der Spektroskopie, V, S. 190ff. (bes. S. 223—232).

[3] In einigen seltenen Fällen (BRORSENS Komet 1868 I u. a.), auf die A. FOWLER [M N 70, S. 489 (1910)] hinweist, gehören die beobachteten Banden nicht dem SWANschen Spektrum an. A. FOWLER schreibt sie dem Kohlenoxyd zu, das unter geringem Druck steht. F. BALDET (s. Anm. 4, S. 446) identifiziert sie mit der dritten negativen Gruppe des Kohlenstoffes.

[4] Siehe F. BALDET, Anm. 4, S. 446.

[5] W. H. WRIGHT, Spectroscop. Observations of Comet a 1910. Lick Bull 5, S. 179 (1910). S. ALBRECHT, Photographs of the D-Region of the Spectrum of Comet a 1910, ebenda 5, S. 183 (1910).

licht eines Kometen das kontinuierliche Spektrum zeigen kann. Die bekanntesten älteren Fälle dieser Art sind der Komet 1884 I[1] und der HOLMESsche Komet 1892 III[2].

Das Spektrum der Kometenschweife war visuell der Beobachtung nur schwer zugänglich. Meist mußte man sich mit der Feststellung begnügen, daß der Schweif in der Nähe des Kopfes dasselbe Spektrum wie dieser letztere zeigt. Der Aufbau des Schweifes und die Leuchtbedingungen sind also im wesentlichen dieselben wie beim Kometenkopf[3]. Auffallend ist das häufige Auftreten des kontinuierlichen Spektrums beim Kometenschweif.

11. Das Spektrum der Kometen und Kometenschweife (neuere photographische Beobachtungen). Das Ergebnis der photographischen Aufnahmen der Kometenspektren war zuerst ein sehr spärliches, weil man mit denselben Spektrographen arbeitete, die für die Sterne benutzt wurden. Erst als man zum weiten Spalt oder zum spaltlosen Spektrographen (Objektivprisma) überging, waren wichtige neue Ergebnisse zu verzeichnen. Letztere beschränken sich allerdings im wesentlichen auf die Gewinnung von neuem Beobachtungsmaterial, und auch hier ist die Ausbeute nicht gerade groß, weil auffallende Kometenerscheinungen in den letzten Jahrzehnten fast ganz fehlen. Am wichtigsten sind die beiden Kometen 1907 IV (DANIEL) und 1908 III (MOREHOUSE), die lichtstark genug waren, um eine Anzahl von Einzelheiten im photographisch wirksamen Teil des Kometenspektrums erkennen zu lassen. Der HALLEYsche Komet bestätigte im wesentlichen die bei den beiden genannten Kometen erhaltenen Beobachtungsergebnisse. Man wird sich jedoch hüten müssen, die bei den wenigen bis jetzt photographierten Kometenspektren gewonnenen Resultate als abschließend anzusehen. Die Erfahrung hat immer wieder gezeigt, daß die Kometen trotz alles Gemeinsamen doch so stark verschiedene Individuen sind, daß man deren Eigenschaften nicht auf eine kurze Formel zu bringen vermag. Die folgenden Ausführungen sollen sich nun im wesentlichen auf die drei soeben hervorgehobenen Kometen beschränken, für die eine Anzahl von charakteristischen Beobachtungsergebnissen angeführt seien[4].

Banden- und Linienspektrum. Zuerst sei als Beispiel die ausführliche Zusammenstellung wiedergegeben, welche alle beim Kopf des Kometen 1907 IV am Lick Observatory gemessenen Linien enthält[5]. Die Aufnahmen sind mit einem Einprismenspektrographen und weitem Spalt durchgeführt (vgl. Abb. 3). Sie beziehen sich nur auf den Kometenkopf. Die an irdischen Lichtquellen gemessenen Wellenlängen sind nach KAYSER und RUNGE beigefügt.

Die nachstehende (S. 448), als Beispiel gegebene Tabelle zeigt, daß die Hauptteile des Kometenlichtes dem Bandenspektrum der Kohle und des Cyans angehören Das Leuchten der Kometen ist also auf den infolge der Sonnenwärme freigewordenen Kohlenstoff bzw. seiner Verbindungen zurückzu-

---

[1] Beobachtungen von G. MÜLLER und H. C. VOGEL in A N Bd. 107 u. 108 (1884).

[2] Beobachtungen von J. KEELER u. W. W. CAMPBELL, in Astronomy and Astrophysics 11 u. 12 (1892—1893).

[3] Vgl. die Zusammenstellung bei BREDICHIN-JAEGERMANN, Cometenformen, S. 68ff.

[4] Neuerdings ist eine ausführliche Bibliographie der visuell und photographisch beobachteten Kometenspektren und deren Deutung durch Laboratoriumsversuche erschienen: F. BALDET, Recherches sur la constitution des comètes et sur les spectres du carbon (Thèses présentées à la Faculté des Sciences de Paris. Orléans. H. Tessier 1926; auch in Annales de l'Observ. d'Astron. physique de Paris. Tome VII. 1926); vgl. ferner N. T. BOBROVNIKOFF, On the Spectra of Comets. Ap J 66, S. 439 (1927) u. On the Spectrum of HALLEYs Comet, ebenda 66, S. 145 (1927). Weitere Literatur ist im Astronomischen Jahresbericht einzusehen. Die Literatur über den HALLEYschen Kometen ist auch zusammengestellt in Publ. of Astron. and Astrophys. Society of America 2, S. 177 (1915).

[5] W. W. CAMPBELL, The Spectrum of Comet d 1907 (DANIEL). Lick Bull 5, S. 31. (1908).

führen[1]. Im Spektrum des Kometen 1907 IV ist ferner die rote Cyanbande[2] und (trotz der großen Entfernung von 0,75 astronomischen Einheiten von der Sonne)

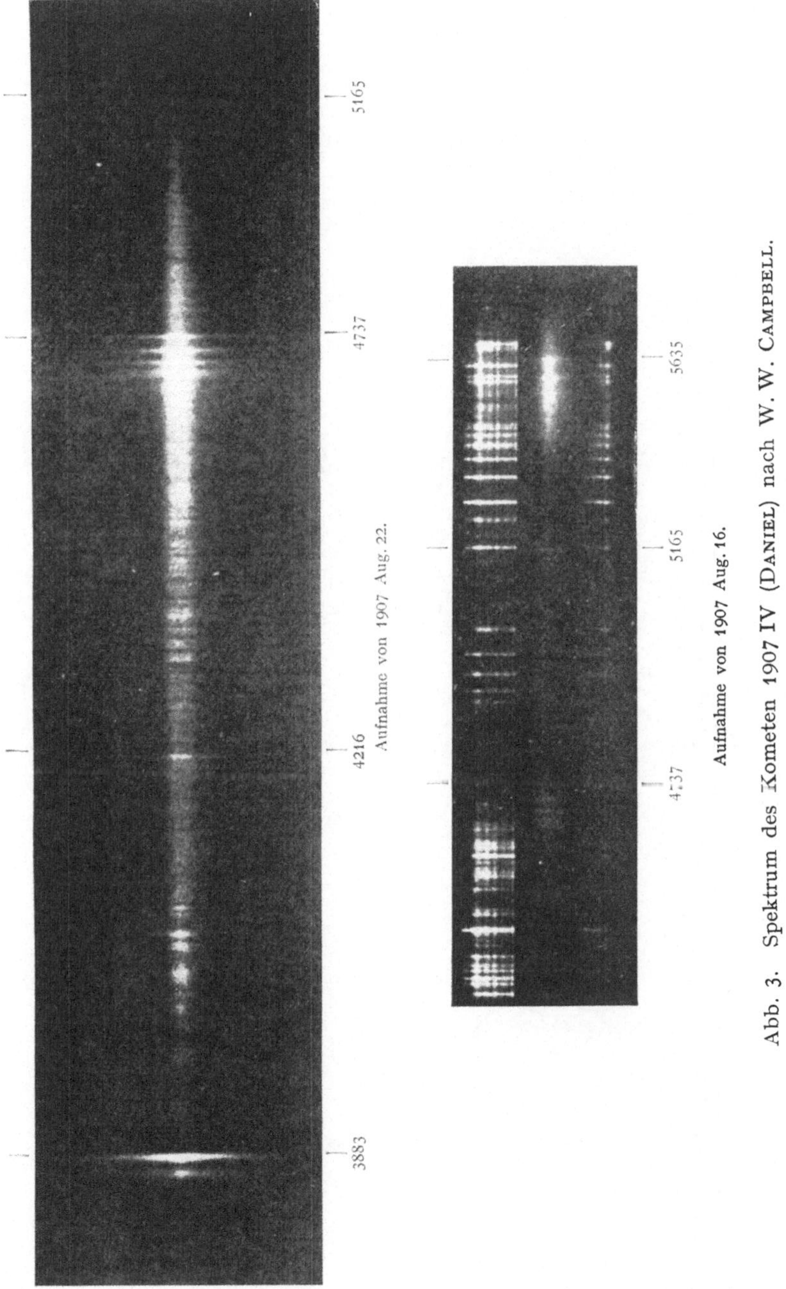

Abb. 3.   Spektrum des Kometen 1907 IV (Daniel) nach W. W. Campbell.

---

[1] Vgl. auch E. Freundlich u. E. Hochheim, Über den Ursprung der sog. Cyanbande bei 3883 A. Z f Phys 26, S. 102 (1924).   [2] F. Baldet, l. c. S. 18.

Spektrum des Kometen 1907 IV (durch Spaltspektrograph).

λ Komet	Bogenspektra nach KAYSER und RUNGE	
3855	3855,06	4. Kopf d. 3. CN-Bande
3862	3861,86	3. ,, ,, 3. ,,
3867,6		
3870,5	3871,54	2. ,, ,, 3. ,,
3874,1	3874,32	starke L. ,, 3. ,,
3877,1		
3879,7	3879,62	Mittel aus 6 starken L. d. 3. CN-Bd.
3882,3	3883,55	1. Kopf d. 3. CN-Bande
3890		
3990		
4003		
4014		
4020,0		
4039,0		
4042,8		
4050,9	4051,00	Starke Linie der 2. CN-Bande
4052,9	4053,35	,, ,, ,, 2. ,,
4065,3		
4068,8	4069,33	,, ,, ,, 2. ,,
4074,0	4073,69	,, ,, ,, 2. ,,
4166	4165,34	Mittel aus 2 starken L. d. 2. CN-Bd.
4169	4167,77	4. Kopf, 2. CN-Bande
4180	4180,98	3. ,, 2. ,,
4185	4185,44	Mittel aus 2 st. Linien d. 2. CN-Bd.
4190	4189,63	,, ,, 3 st. ,, d. 2. ,,
4193,2	4193,03	Starke Linie der 2. CN-Bande
4214,6	4216,12	1. Kopf der 2. CN-Bande
4278		
4292		
4297		
4304		
4313,8		
4316,4		
4335		
4350		
4364,5	4365,01	3. Kopf der 5. Kohle-Bande
4371,3	4371,31	2. ,, ,, 5. ,,
4380,7	4381,93	1. ,, ,, 5. ,,
4397,5		
4402		
4412,2		
4419		
4440		
4452		
4486		
4537		
4589		
4670,7		
4677,6		
4684,3	4684,94	4. Kopf der 4. Kohle-Bande
4697,0	4697,57	3. ,, ,, 4. ,,
4705		
4714,9	4715,31	2. ,, ,, 4. ,,
4720		
4725		
4736,6	4737,18	1. ,, ,, 4. ,,
5130	5129,36	2. ,, ,, 3. ,,
5164,8	5165,30	1. ,, ,, 3. ,,
5539,5	5540,86	3. ,, ,, 2. ,,
5583,7	5585,50	2. ,, ,, 2. ,,
5634,1	5635,43	1. ,, ,, 2. ,,

auch die D-Linie des Na beobachtet worden[1]. Daneben treten, wie bei den anderen Kometen, eine Reihe unbekannter Strahlungen auf, und es ist bemerkenswert, daß solche unbekannte Strahlungen sich vor allem in den Spektren der Kometenkerne vorfinden[2].

Von hervorragendem Werte sind ferner die bei dem Kometen 1907 IV erhaltenen Messungen von J. EVERSHED[3], die ebenfalls in einer tabellarischen Übersicht gegeben seien. Sie gründen sich im Gegensatz zu den vorigen Messungen auf Aufnahmen mit der Prismenkamera und liefern neben dem Spektrum des Kopfes auch das Schweifspektrum. Die Bestimmung der Wellenlängen ist hier natürlich wesentlich unsicherer als vorher. Aus der in der Tabelle angegebenen Schweiflänge erkennt man sofort, welches die stärksten Linien im Schweifspektrum sind (vgl. hierzu auch Abb. 4).

Spektrum des Kometen 1907 IV
(durch Prismenkamera).

Grenzen von λ	Mittelwerte von λ	Schweiflänge in Graden	Wahrscheinliche Identität	Bemerkungen
1. 357 ⎱ 359 ⎰	358 ± —	0,3 ± —	CN?	Sehr schwache Schweifbilder
2. 367 ⎱ 370 ⎰	369 ± —	0,4 ± —		
3. 377 ⎱ 380 ⎰	378 ± —	0,5 ± —		
4. 3863 ⎱	3873	—	CN	Sehr starke Linien (3884 die stärkste des Spektrums)
5. 3885 ⎰	3884	0,2	CN	
6. 3995 ⎱ 4034 ⎰	4015 —	1,6 —		
7.	4129 ±			Schwache Schweifspuren
8. 4190 ⎱ 4221 ⎰	4200 4215	— —	CN CN	Kein Schweif. An den angegebenen Stellen Linien.
9. 4239 ⎱ 4282 ⎰	4260 —	1,4 —		
10.	4360	—		
11. 4523 ⎱ 4584 ⎰	4553 —	1,1	CN?	
12. 4650 ⎱ 4736 ⎰	4682 —	0,4 —	Kohlebd.	

Im Schweif des Kometen 1907 IV sind also vor allem drei kräftige Strahlungen vorhanden, bei $\lambda 4015$, $\lambda 4260$ und $\lambda 4553$, die nach den Angaben von J. EVERSHED im Kometenkopf nahezu ganz fehlen. Man bezeichnet das Spektrum als „Schweifspektrum".

Eine wichtige Erweiterung haben diese zum erstenmal gemachten Beobachtungen noch durch diejenigen von H. CHRÉTIEN[4] erfahren. Mit den größeren optischen Hilfsmitteln (Objektivprisma am 38 cm-Refraktor) zeigten sich die drei von EVERSHED vermessenen Bänder im Schweifspektrum verdoppelt. Die Wellenlängen der drei Doppelbänder sind nach CHRÉTIEN:

4012 A	4258 A	4503 A
4020	4275	4542

---

[1] Lowell Obs Bull 2 S. 15 (1911).   [2] F. BALDET, l. c. S. 39 u. 53.
[3] J. EVERSHED, The Spectrum of Comet 1907 d (DANIEL). M N 68, S. 16 (1907).
[4] H. CHRÉTIEN, Sur la comète DANIEL 1907 d et son spectre. C R 145, S. 549 (1907).

Diese beim Kometen 1907 IV erhaltenen Ergebnisse wurden durch den Kometen 1908 III im wesentlichen bestätigt[1], dessen Lichtentwicklung besonders im photographischen Teile des Spektrums lag. CN- und Kohlebanden waren

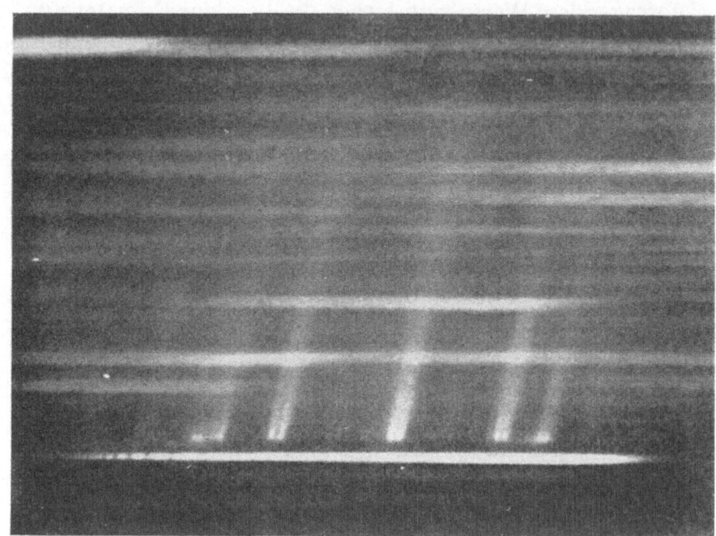

Abb. 4. Komet 1908 III (MOREHOUSE). Aufnahme von A. DE LA BAUME PLUVINEL und F. BALDET mit Objektivprisma 1908 Okt. 18.

wieder für den Kometenkopf charakteristisch. Im Gegensatz zum Kometen 1907 IV schien hier auch die erste CN-Bande angedeutet, während die zweite fehlte; ferner war hier die fünfte Kohlebande nicht vorhanden. Im Schweifspektrum trat wieder die oben angegebene unbekannte Strahlung auf. Die Verdoppelung der Banden wurde dieses Mal in vier Spektralbereichen an verschiedenen Observatorien beobachtet und vermessen.

In der nebenstehenden Tabelle sind die wichtigsten Wellenlängenbestimmungen zusammengestellt[2]; die hinzugefügten Mittelwerte rühren von A. FOWLER her. Über die Laboratoriumsdaten der letzten Spalte wird noch weiter unten zu berichten sein (S. 455).

Spektrum des Schweifes des Kometen 1908 III.

DESLANDRES	CAMPBELL	CURTIS	Mittelwert	Laboratorium
4714,0 (1)	4714,9 (5)	4716,3	4715,1	4714,1 (3)
4688,5 (4)	4690,2 (7)	4690,7	4689,8	4688,5 (3)
4570,5 (5)	4570,2 (3)	4570,2	4570,3	4569,9 (5)
4548,1 (6)	4549,4 (4)	4545,9	4547,8	4545,6 (6)
4275,8(10)	4275,6(10)	4276,0	4275,8	4276,5(10)
4255,2 (9)	4254,9 (8)	4254,0	4254,7	4252,6 (8)
4021,8 (9)	4022,2 (8)	4021,3	4021,8	4021,0 (8)
4003,3 (8)	4002,5 (6)	4002,1	4002,6	4001,3 (6)
3913,2 (7)	3914 (2)	3914,1	3913,8	3914,8 (9)

---

[1] Vgl. W. W. CAMPBELL and S. ALBRECHT, The Spectrum of Comet c 1908 (MOREHOUSE). Ap J 29, S. 84 (1909); s. auch ebenda 30, S. 271 (1909).

[2] H. DESLANDRES, A. BERNARD et J. BOSLER, Complément et résumé des observations faites à Meudon sur la comète MOREHOUSE. C R 148, S. 805 (1909); vgl. auch ebenda 147, S. 774 u. 951 (1908); W. W. CAMPBELL and S. ALBRECHT, vorige Anm.; H. D. CURTIS, Spectrogr. and Photogr. Observations of Comet c 1908 (MOREHOUSE). Lick Bull 5, S. 135, (1909).

Das Spektrum des Kometen 1908 III ist besonders eingehend von F. Baldet[1] untersucht. Auch hier zeigen die Aufnahmen mit dem Objektivprisma die charakteristischen Dubletts; aber Baldet vermag neben den bereits erwähnten lichtstarken Banden des Schweifspektrums eine größere Anzahl (21) schwächere zu vermessen und sie den Seriengesetzen von Deslandres einzuordnen. Bemerkenswert ist noch, daß beim Kometen Morehouse die losgelösten Schweifwolken ebenfalls das typische Schweifspektrum besaßen, und daß gelegentlich im Schweif die negative Gruppe des Stickstoffs auftrat.

Eine gute Vorstellung vom Aussehen des Spektrums von Kopf und Schweif eines Kometen gibt die schematische Figur (Abb. 5) des Spektrums des Kometen 1911 V (Brooks). Die zum Vergleich beigegebenen Spektren sind zunächst die Bandenspektren von Kohle und Cyan für den Kometenkopf; über das im Laboratorium erhaltene Schweifspektrum vgl. S. 455.

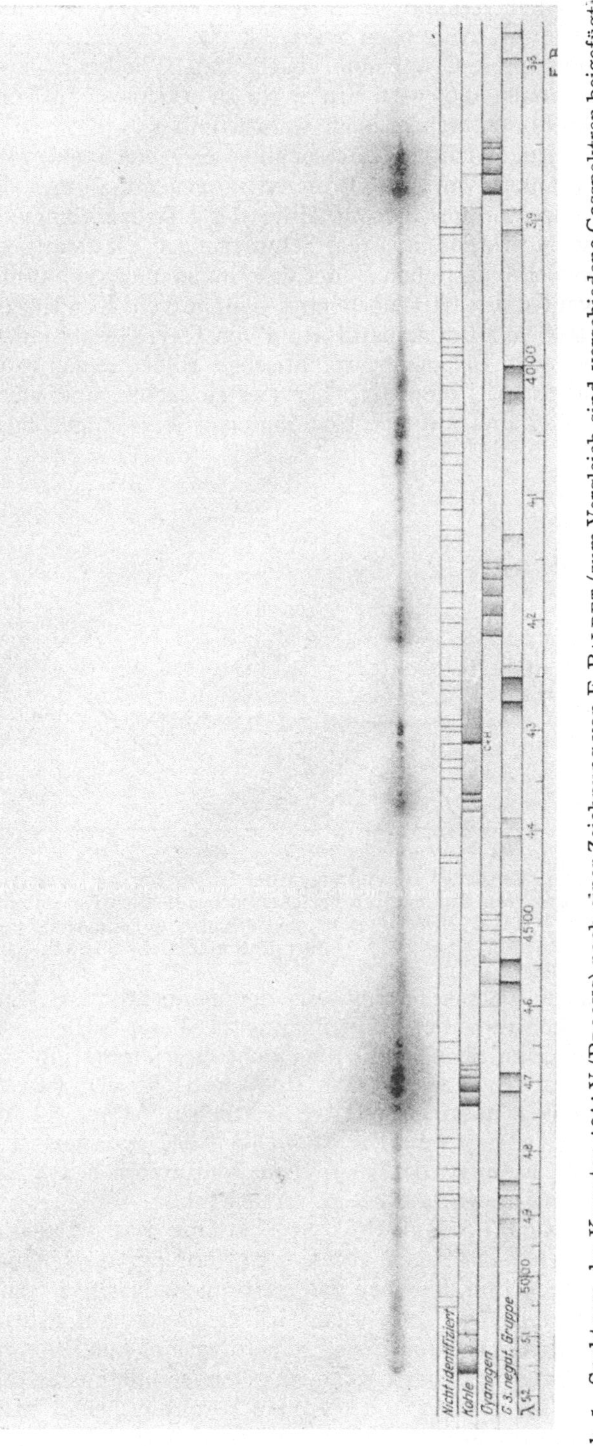

Abb. 5.   Spektrum des Kometen 1911 V (Brooks) nach einer Zeichnung von F. Baldet (zum Vergleich sind verschiedene Gasspektren beigefügt).

---

[1] Siehe Anm. 4, S. 446 u. A. de la Baume Pluvinel u. F. Baldet, Spectrum of Comet Morehouse (1908 c). Ap J 34, S. 89 (1911).

Beim Halleyschen Kometen 1910 II, dessen Spektrum keine wesentlich neuen Erscheinungen zeigt, ist eine schwache rote Strahlung bei $\lambda\,630$ bis 610 und die rote Cyanbande angedeutet. Wiederum ist in größerer Entfernung von der Sonne (0,69 astr. Einh.) Na zu erkennen. Im kontinuierlichen Spektrum sind Fraunhofersche Linien wahrnehmbar.

Eine wichtige Untersuchung über das Spektrum des Halleyschen Kometen verdanken wir N. T. Bobrovnikoff[1] auf Grund der Aufnahmen am Yerkes-Observatorium, die mit Hilfe des Mikrophotometers ausgewertet wurden. Zunächst wurden aus den Schwärzungen die relativen Intensitäten der einzelnen monochromatischen Bilder des Kometenkopfes ermittelt. Neben den Kohle- und Cyanbanden tritt noch eine Gruppe von Kondensationen zwischen $\lambda\,4020$ und $\lambda\,4108$ auf (im Laboratorium von Raffety gefunden), die C + H zugeschrieben werden[2]. Die monochromatischen Bilder zeigen in der Intensität zeitliche Veränderungen; diejenigen der vierten Kohle- und vierten Cyanbande ($\lambda\,4737$ und $\lambda\,3883$) sind auf der beigefügten Abb. 6 aufgetragen. Die Strahlung jedes der

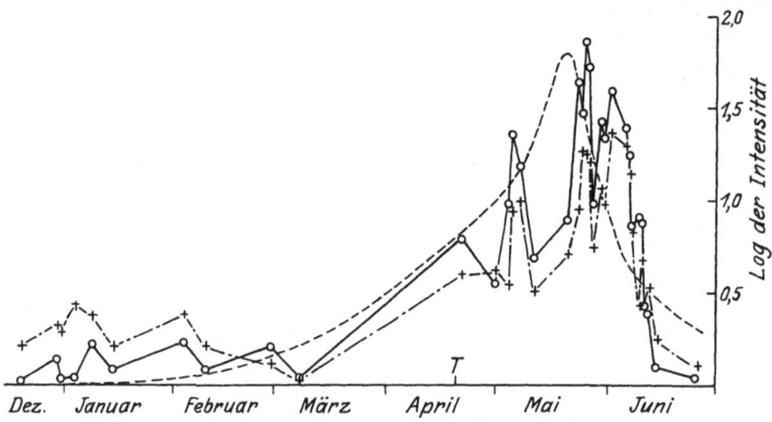

Abb. 6. Zeitliche Veränderungen der Intensität des Kometenkopfes beim Kometen Halley. Die relativen Intensitäten beziehen sich auf 1909 Dezember bis 1910 Juni, und zwar o auf C IV, + auf C N IV, die gestrichelte Kurve auf die Annahme, daß die Intensität von reflektiertem Sonnenlicht allein herrührt.

beiden Knoten besteht aus der monochromatischen Strahlung und derjenigen des kontinuierlichen Spektrums an dieser Stelle. Letzteres kann von reflektiertem Sonnenlicht und Eigenlicht herrühren. Der dem reflektierten Sonnenlicht angehörende Teil der Intensität folgt dem Gesetz $I = I_0 : (r^2 \Delta^2)$, und dieser Anteil ist in seinem relativen zeitlichen Verlauf auf Abb. 6 durch eine gestrichelte Kurve angegeben. Die Ähnlichkeit des Verlaufes ist außerordentlich bemerkenswert. Er zeigt, daß man dem kontinuierlichen Spektrum bei den Kometen erhöhte Aufmerksamkeit zuwenden muß.

Kontinuierliches Spektrum. Entsprechend der Auffassung, daß der Komet wenigstens in größerer Entfernung von der Sonne in reflektiertem Sonnenlicht leuchtet, hat man das kontinuierliche Spektrum meist als Sonnenspektrum gedeutet. Daß man schon früher hierbei auf Schwierigkeiten stieß, ist bereits auf S. 445 hervorgehoben. Neuerdings hat nun Bobrovnikoff das kontinuierliche Kometenspektrum wieder eingehender untersucht.

Beim Halleyschen Kometen[1] unterscheidet er zwei Typen von kontinuierlichen Spektren: den Sonnentypus (Maximum bei $\lambda\,4700$) und den violetten Typus

---

[1] N. T. Bobrovnikoff, On the Spectrum of Halley's Comet. Ap J 66, S. 145 (1927).
[2] Siehe auch F. Baldet, l. c. S. 103.

(Maximum bei λ 4000). Ihr Auftreten ist an die Entfernung des Kometen von der Sonne gebunden; eine Änderung tritt bei der Grenzentfernung $r = 1,2$ astr. Einh. auf. Bei kleineren Entfernungen ist der Sonnentypus beobachtet, bei größeren der violette. Der Sonnentypus ist durch reflektiertes Licht erzeugt; den violetten Typus deutet Bobrovnikoff als Fluoreszenzerscheinung, F. Baldet

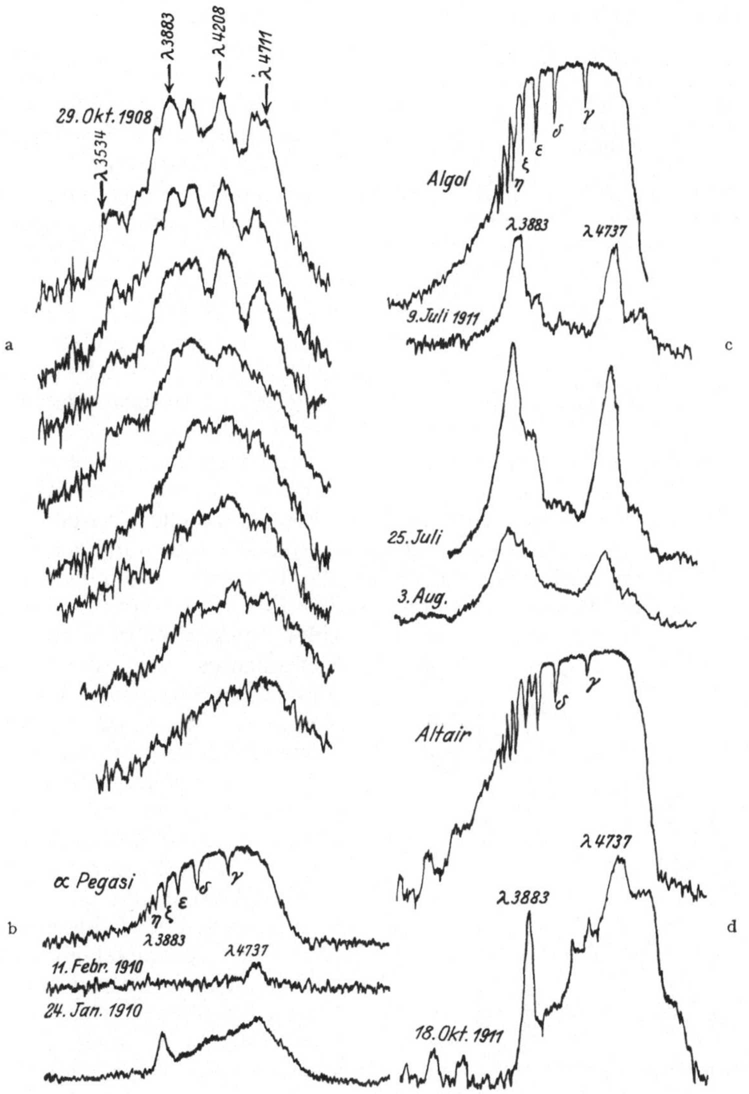

a) 1908 III Morehouse,   b) 1910 I Großer Komet,   c) 1911 II Kiess,   d) 1911 IV Beliavsky.

Abb. 7.   Mikrophotometrische Registrierungen von Kometenspektren.

führt sein Auftreten auf molekulare Zerstreuung zurück. Eine plötzliche Änderung im kontinuierlichen Spektrum ist beim Halleyschen Kometen 1910 Mai 24 beobachtet. Gleichzeitig mit einer explosionsartigen Ausdehnung der Umhüllungen des Kernes trat eine erhebliche Abschwächung des violetten Teiles des kontinuierlichen Spektrums ein.

Im Anschluß an die Untersuchungen des Spektrums des Halleyschen Kometen hat N. T. Bobrovnikoff[1] die Spektralaufnahmen des Yerkes-Observatoriums für eine Reihe weiterer Kometen mikrophotometrisch ausgewertet. Auch hier treten wieder bei den verschiedenen Kometen die beiden Typen von kontinuierlichen Spektren auf, deren Charakter durch Vergleichsaufnahmen von Sternen festgelegt ist. Im Durchschnitt überwiegt bei Entfernungen unter 0,7 astr. Einh. der Sonnentypus, bei größeren Entfernungen der violette Typus.

Zur Erläuterung möge noch die beigegebene Abb. 7 dienen; sie enthält neben Kometenspektren solche von Sternen und zeigt für erstere die Überlagerung des kontinuierlichen Spektrums durch monochromatische Strahlung. Von besonderem Interesse ist die mit a bezeichnete Registrierung einer Aufnahme des Kometen 1908 III (Morehouse), für die neben dem Kometenkopf zugleich der Schweif untersucht ist. Die untereinander angegebenen Kurven beziehen sich auf die in der Tabelle beigefügten Entfernungen vom Kern. Man erkennt deutlich, wie die monochromatischen Strahlungen des Kopfes im Schweif verschwinden. Das kontinuierliche Spektrum hat im Kometenkopf und in den inneren Schweifpartien ausgesprochen violetten Typus. Nach außen hin geht das kontinuierliche Schweifspektrum in den Sonnentypus über, dem sich die monochromatischen Strahlungen überlagern.

Entfernung der Schweifpunkte des Kometen 1908 III vom Kometenkopf bei Abb. 7.

Kurve	Entfernung		
	in mm	in Bogenminuten	in je 1000 km
1	0	0	0
2	0,5	2,1	72
3	1,5	6,3	220
4	2,5	10,5	369
5	3,5	14,7	507
6	5,0	21,0	861
7	7,5	31,5	1100
8	11,0	46,1	1579

Hervorzuheben sind schließlich noch die Untersuchungen von H. Rosenberg[2] über das Spektrum des Kometen 1908 III, die gleichfalls versuchen, zu einer Spektralphotometrie des Kometenlichtes, vor allem des kontinuierlichen Spektrums, vorzudringen. Verglichen wird das Spektrum des Kometenkopfes mit demjenigen von α Lyrae, das gleichzeitig auf dieselbe Platte aufgenommen ist. Die Ergebnisse werden am besten durch die beigegebene Abb. 8 veranschaulicht. Die Kurve (Abb. 8) gibt den Verlauf der Unterschiede der Helligkeiten für verschiedene Spektralgebiete in Größenklassen. Zu erkennen ist auch hier, daß die Intensität des kontinuierlichen Spektrums nach Violett hin stark ansteigt, stärker sogar, als dies bei den weißen Sternen der Fall ist.

Die Deutung des violetten Typus des kontinuierlichen Spektrums ist noch zweifelhaft; es wurde bereits

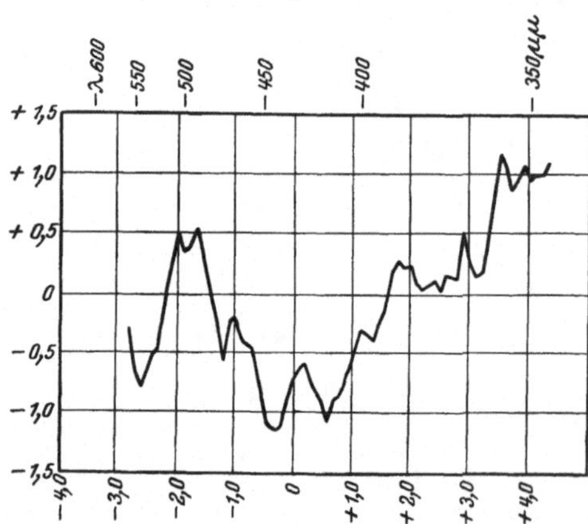

Abb. 8. Vergleich des Spektrums des Kometen 1908 III mit α Lyrae. Die Kurve gibt den Unterschied der Intensitäten (I_c minus I_s) in Größenklassen für verschiedene Spektralgebiete (H. Rosenberg).

hervorgehoben, daß man sowohl an Fluoreszenzstrahlung als auch an molekulare Zerstreuung denken kann. Die letztere Annahme hat H. Rosenberg benutzt, um

---

[1] N. T. Bobrovnikoff, On the Spectra of Comets. Ap J 66, S. 439 (1927).

[2] H. Rosenberg, The Spectrum of Comet 1908 c (Morehouse) Ap J 30, S. 267 (1909).

die bereits früher (Ziff. 9, S. 444) angegebenen Näherungswerte für die Kometenmasse herzuleiten.

Laboratoriumsversuche[1]. Das überraschendste Ergebnis der neueren spektroskopischen Untersuchungen der Kometen war zweifellos das Auftreten einer besonderen Strahlung im Kometenschweif, die durch die zum Teil verdoppelt auftretenden Banden charakterisiert ist. Durch einen glücklichen Zufall gelang eine sehr rasche Aufklärung dieser Erscheinung. Die Versuche von A. Fowler[2] zeigen, daß dieselben Gase, die unter höherem Druck das normale Bandenspektrum der Kohle (Swansches Spektrum) erzeugen, immer dann im charakteristischen Schweifspektrum leuchten, wenn der Druck stark reduziert ist. Bei einer geringen Beimischung von Stickstoff tritt zugleich die Stickstoffbande λ 3914 auf. Fowler arbeitete bei seinen Versuchen mit Drucken von $^1/_{100}$ mm und darunter; wie gut die von ihm erhaltenen Spektren mit denen des Kometenschweifes übereinstimmen, zeigen die S. 450 in der letzten Spalte der Tabelle gegebenen Laboratoriumswerte.

Die Laboratoriumsversuche A. Fowlers wurden von verschiedenen Seiten weitergeführt, in größerem Ausmaß vor allem von F. Baldet[3]. Letzterer bringt Kohlenoxyd bei verschiedenen Drucken unter Benutzung einer Glühkathode zum Leuchten. Bei einem Druck von 0,7 mm tritt ein neues Spektrum des Kohlenoxyds auf (F. Baldet a. a. O. S. 96); erst bei viel geringeren Drucken — bis herunter zu 10^{-4} mm — ist dann ein Spektrum wahrnehmbar, das Baldet allgemein als dritte negative Gruppe des Kohlenstoffes (a. a. O. S. 80) bezeichnet und das unter besonderen Bedingungen völlig mit dem „Schweifspektrum" übereinstimmt. N. T. Bobrovnikoff[4] schreibt es dem CO^+ zu. Die Ursache des Leuchtens sieht F. Baldet in den Stößen von Elektronen, welche von den durch die Sonne ausgesandten Kathodenstrahlen herrühren. Bobrovnikoff andererseits will den Leuchtvorgang als Fluoreszenzerscheinung gedeutet wissen. Diese letztere Auffassung wird auch durch Laboratoriumsversuche von H. B. Lemon und N. T. Bobrovnikoff[5] gestützt. Das Intensitätsverhältnis der Linien D_1 und D_2 bei Na-Dampf, der unter geringem Druck (10^{-4} mm und darunter) in Kathodenröhren leuchtet, stimmt mit den bei einigen Kometen beobachteten Werten gut überein.

Zusammenfassung. Die spektrographischen Beobachtungen der einzelnen Kometenerscheinungen haben eine verwirrende Fülle von einzelnen Tatsachen geliefert, die durchaus nicht immer von Widersprüchen frei sind, und die weiterer Aufklärung bedürfen. Noch unsicherer gestaltet sich die Deutung der beobachteten Spektren; jeder weitere Fortschritt ist hier eng an die Weiterentwicklung unserer physikalischen Erkenntnisse gebunden. Sichergestellt ist beim Kometenkopf das Auftreten des Swanschen Spektrums und der Cyanbanden sowie in großer Sonnennähe das der Na-Linien; die Intensität ist von Komet zu Komet und mit der Entfernung von der Sonne wechselnd. Auch das kontinuierliche Spektrum, teils Sonnentypus, teils violetter Typus, ist in seinem Auftreten an die Entfernung

---

[1] Vgl. besonders F. Baldet, Anm. 4, S. 446.

[2] A. Fowler, Terrestrial Reproduction of the Spectra of the Tails of Recent Comets. M N 70, S. 176 (1909); Investigations relating to the Spectra of Comets; ebenda 70, S. 484 (1910). Fowler ordnet in der zweiten Abhandlung das Swansche Spektrum dem Kohlenoxyd zu. Hier ist auch auf ein neues Kohlenoxydspektrum („High-Pressure" Spectrum) hingewiesen, das gelegentlich bei Kometen aufzutreten scheint.

[3] F. Baldet, Anm. 4, S. 446. Außer der dort gegebenen Literatur vgl. auch R. C. Johnson, Note on the Origin of Certain Radiations in Cometary Spectra. M N 87, S. 625 (1927) (mit Literaturangaben).

[4] N. T. Bobrovnikoff, Anm. 1, S. 454.

[5] Relative Intensities of $D_1 D_2$ Lines of Sodium in Comets and Low Pressure Laboratory Sources. Nature 117, S. 623 (1926).

des Kometen von der Sonne gebunden. Seine Entstehung ist noch ungeklärt. Das Spektrum des Kernes konnte bisher nicht identifiziert werden.

Das Spektrum des Schweifes ist von dem des Kometenkopfes verschieden. Im Laboratorium tritt es auf, wenn CO unter sehr geringen Drucken in Kathodenröhren zum Leuchten kommt. In stark entwickelten Schweifen ist außerdem die negative Gruppe des Stickstoffs beobachtet worden. In größerer Sonnennähe tritt im Schweif das kontinuierliche Spektrum stärker hervor. Eine eindeutige Erklärung der beobachteten Erscheinungen fehlt noch gänzlich. Von Wichtigkeit für das Phänomen der Kometenschweife ist die Tatsache, daß bei drei Kometen[1] (1911 V BROOKS, 1912 II GALE und 1914 V DELAVAN) gleichzeitig Schweife von verschiedenem Typus (vgl. Ziff. 14. S. 468) auftraten, die sich spektral in keiner Weise unterschieden.

c) Die Kometenschweife.

12. Die Beobachtungstatsachen. Die überaus merkwürdige und einzigartige Erscheinung der Kometenschweife hat zu einer ungeheueren Anzahl von Erklärungsversuchen Anlaß gegeben. Es sollen hier keineswegs die verschiedenartigen Hypothesen dargestellt oder auch nur aufgeführt werden[2]. Die meisten unter ihnen sind von vornherein zur Wertlosigkeit verurteilt, weil sie die Beobachtungstatsachen nicht genügend beachten. Wir können heute sogar sagen, daß es keine einzige Theorie der Kometenschweife gibt, welche der Gesamtheit der Beobachtungen gerecht zu werden vermag. Die Erscheinung der Kometenschweife ist viel verwickelter, als wir noch vor wenigen Jahrzehnten angenommen hatten, und es scheint, daß unsere physikalische Erfahrung noch keineswegs hinreicht, um das Phänomen der Kometenschweife wirklich zu verstehen. Immer aber ist es für die Beurteilung jeder Schweiftheorie von ausschlaggebender Bedeutung, die Beobachtungstatsachen selbst genau zu kennen.

Diese umfassen zweierlei: einmal die **Form der Schweife** in ihrem Verlauf im ganzen und in allen Einzelheiten, dann die bei einigen Kometen beobachtete **Bewegung der Schweifmaterie.** Dazu kommen Beobachtungen der Vorgänge im Kometenkopf, die mit der Schweifbildung allem Anschein nach irgendwie in Verbindung stehen.

Die Beobachtungen über die Schweifform im ganzen, besonders über die Krümmung der Schweife, gehen sehr weit zurück und waren bis zur Einführung der Himmelsphotographie das einzige Material, das bei der Aufstellung der Kometentheorien benutzt werden konnte (Abb. 9). Die Lage des Schweifes oder die der Schweifachse war hierbei mit Hilfe von Sternen an der Sphäre möglichst genau gegen den Kometenkopf und die Sonne festgelegt. Meist sind die Schweife gerade oder schwach gekrümmt und an der Sphäre in der Richtung von der Sonne abgewandt. Irgendwelche von der Sonne ausgehenden Einflüsse müssen also die Schweifrichtung in dem angegebenen Sinne bestimmen, und es ist deshalb auch anzunehmen, daß der Schweif in seiner räumlichen Lage an die Ebene der Kometenbahn gebunden ist. Diese letztere Annahme wird allen Untersuchungen über die Form der Kometenschweife zugrunde gelegt (vgl. Ziff. 13); dann ergibt sich, daß der Schweif, wenn er gerade ist, in der Richtung des verlängerten Radiusvektors sich befindet. Ist er gekrümmt, so bleibt er in der Bewegung hinter dem verlängerten Radiusvektor zurück. Bei einzelnen Kometen treten gleichzeitig Schweife verschiedener Krümmung auf; der be-

---

[1] F. BALDET, l. c. S. 41 u. 48; N. T. BOBROVNIKOFF, On the Spectra of Comets, S. 447 u. 451.

[2] Verwiesen sei auf die Literaturnachweise im Astronom. Jahresbericht (AJB).

kannteste dieser Art ist der DONATISCHE Komet 1858 VI[1]. Auch bei einigen schwachen neueren Kometen haben die photographischen Aufnahmen mehrfache Schweife mit verschieden starker Krümmung erkennen lassen (Beispiele: Komet 1902 III[2], 1903 IV[3]).

Abb. 9. DONATISCHER Komet 1858 VI (G. P. BOND).

[1] Vgl. z. B. die Zeichnungen von G. P. BOND, Harv Ann VII (1862).

[2] Zum Beispiel R. H. CURTISS, Photogr. Observ. of Comet b 1902. Lick Bull 2, S. 99 (1903).

[3] Zum Beispiel M. WOLF, Über den Schweif des Kometen 1903 c. A N 162, S. 302 (1903); u. S. ALBRECHT, Photogr. Observ. of Comet 1903 c. Lick Bull 2, S. 163 (1904).

Die neueren photographischen Schweifaufnahmen, besonders mit lichtstarken Spiegeln, haben nun, wie bereits früher (Ziff. 6) hervorgehoben wurde, eine Reihe von Einzelheiten gezeigt, die bisher nur zu einem sehr geringen Teil eine Bearbeitung erfahren haben. Die Auflösung der Schweife in eine Fülle einzelner

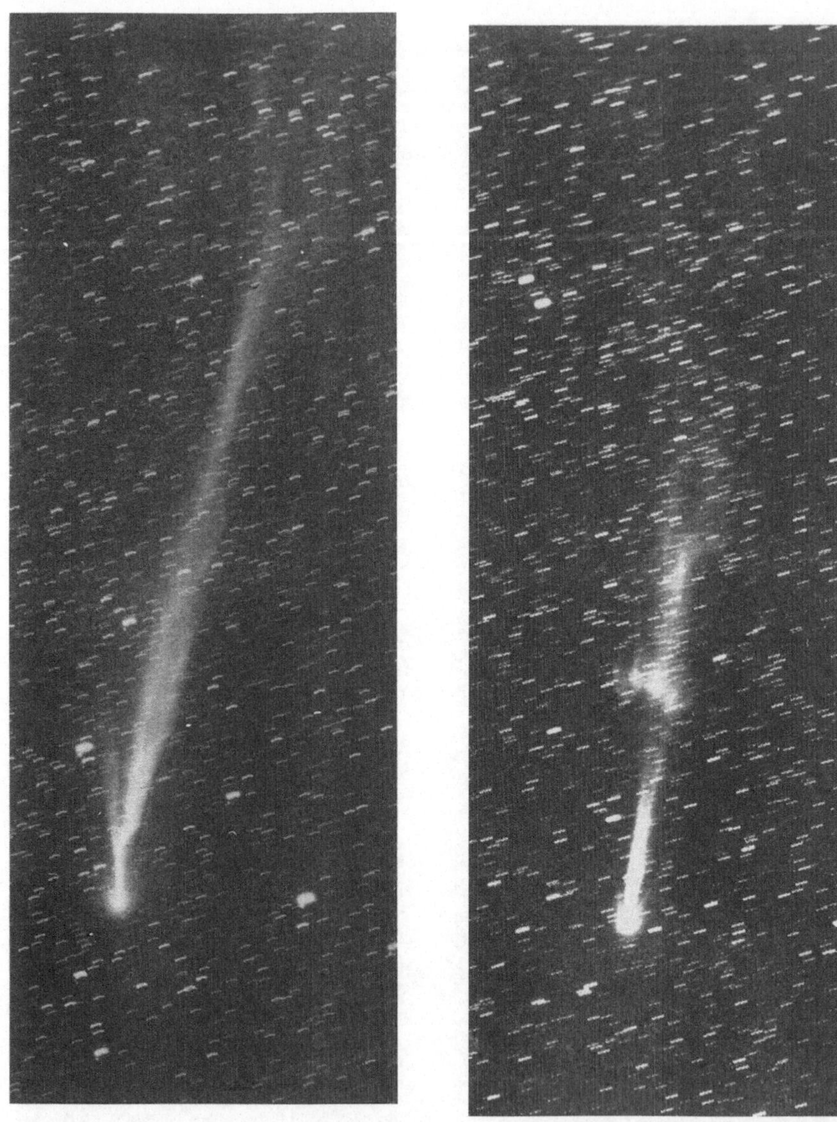

Abb. 10. Komet 1908 III (MOREHOUSE), Aufnahmen von W. LORENZ, Heidelberg-Königstuhl.

teils gerader, teils auch gekrümmter oder gewellter Strahlen wurde bei den helleren Kometen der letzten Jahre (1907 IV, 1908 III, 1910 II HALLEY) stets in derselben Weise wahrgenommen[1].

____

[1] Für die überaus zahlreiche Literatur vgl. besonders die Jahrgänge 9—14 des Astron Jahresberichtes (A J B).

Bei allen diesen Kometen (besonders bei 1908 III und HALLEY) wurden zugleich auch mehr oder weniger deutlich abgegrenzte Wolken beobachtet (Abb. 10). Zuweilen tritt auch ein völliges Abreißen des Schweifes ein, wodurch dieser zu einem selbständigen kosmischen Gebilde wird.

Die Beobachtungen selbständig sich bewegender Schweifwolken und ganzer Schweifteile sind bereits so zahlreich, daß nur auf einige charakteristische Fälle hingewiesen werden kann. Das Loslösen ganzer Schweifteile wurde zuerst beim Kometen 1892 I (SWIFT)[1] beobachtet, und deren Bewegung konnte über einen Zeitraum von mehreren Tagen hinweg verfolgt werden. Ebenso zeigte der Komet 1893 IV[2] einzelne sich loslösende Schweifwolken.

Zahlreicher noch sind die Beispiele aus dem Anfang des 20. Jahrhunderts. Beim Kometen 1903 IV wurde am 24. Juli 1903 ein völlig losgelöster Schweif[3] wahrgenommen, und der Komet 1908 III (MOREHOUSE)[4] zeigte während seiner ganzen Erscheinung ein ununterbrochenes Wegströmen von Schweifwolken und größeren Schweifpartien (vgl. Abb. 10). Auch im Schweif des HALLEY-schen Kometen[5] konnten mehrfach Bewegungsvorgänge beobachtet werden (Abb. 11). Übereinstimmend zeigen alle diese Gebilde eine zunehmende Geschwindigkeit mit wachsender Entfernung vom Kometenkopf, woraus auf das Vorhandensein einer von der Sonne ausgehenden Repulsivkraft geschlossen werden muß. Über weitere Einzelheiten wird im folgenden (vgl. Ziff. 13ff.) noch zu berichten sein.

Frühzeitig hat sich, wie bereits in Ziff. 6 (S. 436) angegeben wurde, die Aufmerksamkeit

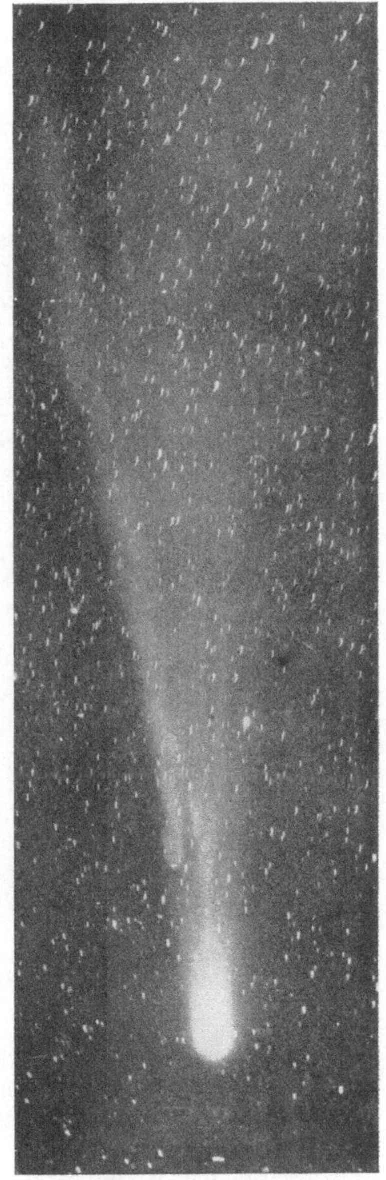

1910 Juni 6.

Abb. 11. HALLEYS Komet 1910 II nach H. D. CURTIS.

---

[1] Vgl. A. KOPFF, Über den Schweif des Kometen 1892 I (SWIFT). Publ. d. Astrophys. Instituts Königstuhl-Heidelberg Bd. 3, Nr. 2 (1906).

[2] E. E. BARNARD, On the Anomalous Tails of Comets. Ap J 22, S. 249 (1905).

[3] E. E. BARNARD, Photogr. Observations of BORRELLY's Comet and Explanation of the Phenomenon of the Tail on July 24, 1903. Ap J 18, S. 210 (1903).

[4] Die Beobachtungen beim Kometen 1908 III sind besonders zahlreich, harren jedoch noch der Bearbeitung. Vgl. u. a. M. WOLF, Aufnahmen des Kometen 1908 c (MOREHOUSE). A N 180, S. 241 (1909); E. E. BARNARD, Comet c 1908 (MOREHOUSE). 3 papers. Ap J 28, S. 292 u. 384; 29, S. 65 (1908 bis 1909).

[5] Vgl. die Literaturangaben im A J B und in Mem B A A 19, S. 1 (1912). Besonders 1910 Juni 6—7 wurde ein sich loslösender Schweifteil auf einer Reihe photogr. Aufnahmen festgehalten [A N 186, S. 11—16; Publ A S P 22, S. 124 (1910); Ap J 39, S. 380 (1914)].

der Beobachter auch auf die Vorgänge im Kometenkopf gerichtet. Zeichnungen
der oft rasch vor sich gehenden Bewegungsvorgänge sind bei allen größeren
Kometen des 19. und 20. Jahrhunderts am Fernrohr hergestellt (vgl. hierzu auch
die in Abb. 12 wiedergegebene Zeichnung von G. P. Bond[1]).

Als Beispiel wurde früher auf den Kometen 1862 III hingewiesen, bei welchem
besonders ausgeprägte Ausströmungserscheinungen eintraten. Freilich fehlt es
fast ganz an systematischen Beobachtungen dieser Vorgänge, die es erlauben
würden, den Zusammenhängen zwischen den Erscheinungen im Kometenkopf
und der Schweifbildung weiter nachzuspüren. Meist werden nur gelegentliche Beobachtungen am Fernrohr durch die Zeichnung festgehalten. So ist bis heute
der Komet 1862 III immer noch der einzige geblieben, bei dem mit einiger

Abb. 12.   Kopf von Donatis Komet 1858 VI nach G. P. Bond.

Sicherheit ein unmittelbarer Zusammenhang zwischen Schweifform und Ausströmung festzustellen ist. Andere Fälle bedürfen weiterer Klärung; vor allem
ist die Frage noch keineswegs beantwortet, wieweit es sich bei den Ausströmungserscheinungen um einen materiellen Bewegungsvorgang, wieweit es sich um eine
Lichterscheinung handelt.

Noch einmal ist ferner auf den erheblichen Unterschied näher einzugehen,
der im allgemeinen zwischen den visuellen Beobachtungen des Schweifes und
den Wahrnehmungen auf der photographischen Platte besteht. Die beigegebene
Abb. 13, Zeichnung und Aufnahme, die von dem Kometen 1907 IV nahezu gleichzeitig mit demselben Instrument (Spiegelteleskop) von M. Wolf[2] erhalten sind,
zeigt ihn besonders deutlich. Visuell erscheinen die für helle Kometen typischen

---

[1] Vgl. Anm. 1, S. 457.
[2] M. Wolf, Photographien u. Zeichnungen des Kometen 1907 d (Daniel). Münch.
Abh. II. Kl. 23 (Abt. III), S. 439 (1907).

beiden Äste und der dazwischenliegende dunkle Raum, photographisch die unmittelbar vom inneren Teil des Kopfes ausgehenden Schweifstrahlen. Aufnahmen, die von demselben Kometen unter Verwendung von Filtern[1] hergestellt wurden, ergeben photographisch im Bereich größerer Wellenlängen dasselbe Bild wie die visuellen Beobachtungen; aber

auch bei photographischen Aufnahmen mit gewöhnlichen Platten verschwinden zu einer Zeit, wo der Komet 1907 IV mehr und mehr in die Morgendämmerung rückte, die Schweifstrahlen, und die beiden Schweifäste treten hervor[2]. In weniger ausgeprägter Weise traten dieselben Erscheinungen auch beim HALLEYschen Kometen 1910 auf[3]. Der Vergleich aller Beobachtungen und Aufnahmen zeigt wohl mit Sicherheit, daß es sich bei den beiden Schweifformen nicht um eine reelle Änderung der Schweifstruktur handelt[4]. Vielmehr ist das Schweifbild in einer noch ungeklärten Weise von den äußeren Umständen der Beobachtung abhängig.

Ein unmittelbares Zusammentreffen der Erde mit einem Kometenschweif hat schließlich bei der letzten Wiederkehr des HALLEYschen Kometen im Mai 1910 stattgefunden. Auf die außerordentlich zahlreichen Beobachtungen kann im einzelnen nicht eingegangen werden[5]; die Ergebnisse waren fast durchweg negativer Natur. Ob die an manchen Orten beobachtete erhöhte Ionisation der Luft[6] mit dem Kometen in

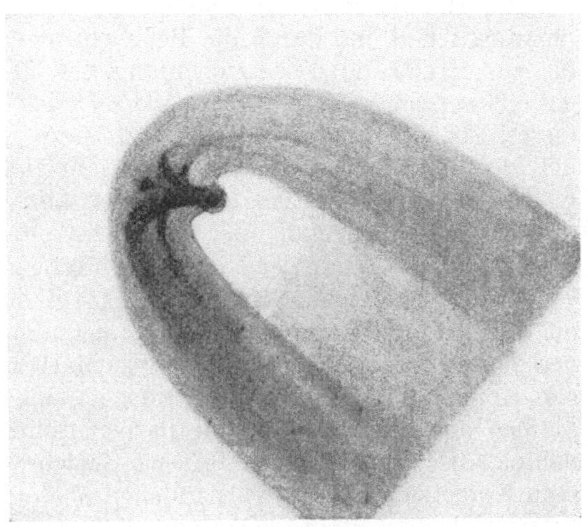

Anblick des Kopfes bei 3–4facher Vergrößerung. Die verschieden hellen Partien sind durch verschiedene Schwärzungsgrade wiedergegeben.

Photographische Aufnahme von 15 Min.

Abb. 13.　Gleichzeitige Photographie und Zeichnung des Kometen 1907 IV (DANIEL) von M. WOLF.

---

[1] G. A. TIKHOFF, Observations photographiques de la comète 1907 d (DANIEL) à Poulkovo au moyen de l'astrographe de BREDIKHINE. Mitt. der Nikolai-Hauptsternw. zu Pulkowo 2, S. 122 (1907).

[2] Vgl. z. B. Lick Bull 4, S. 171 (1907).

[3] Zum Beispiel J. H. REYNOLDS, Note on the two Main Types of Cometary Development and their Variation with the Solar Distance. M N 72, S. 28 (1911).

[4] U. a. A. KOPFF, Über die bei den neueren Kometen photographierten Schweifstrahlen. II. A N 197, S. 187 (1914).　　　[5] Literatur A J B Band 12—14.

[6] Vgl. A. WIGAND, Die Ionisierung der Erdatmosphäre durch den HALLEYschen Kometen 1910 usw. Phys Z 18, S. 1 (1917).

Zusammenhang steht, ist fraglich. Zweifelsfrei geht aus den Beobachtungen der Schweiferscheinungen aber hervor, daß die Erde durch den Kometenschweif gegangen ist. Möglich ist hierbei immerhin, daß die Schweifstrahlen von der Erde abgestoßen wurden und um dieselbe herumbogen, so daß die Schweifmaterie gar nicht in tiefere Teile der Erdatmosphäre gelangen konnte.

13. Historisches zur Theorie der Kometenschweife. Sehen wir von den phantastischen und durch die Beobachtungen nicht bestätigten Hypothesen ab, die zur Erklärung der Erscheinung der Kometenschweife immer wieder aufgestellt werden, so läßt sich eine klare Linie aufzeigen, in der sich die Erforschung dieses Phänomens vorwärts bewegt, und es hat sich immer wieder ergeben, daß der eigentliche Fortschritt nicht in einem Umstürzen des Alten, sondern in dessen weiterem Ausbau bestanden hat[1].

Der erste Begründer der in der Astronomie fast allgemein angenommenen mechanischen Theorie der Kometenschweife ist NEWTON. Vor ihm liegen einzelne Versuche von KEPLER (vgl. auch Ziff. 16), ROBERT HOOKE u. a., welche bereits die Schweife als materielle, vom Kometenkopf losgelöste Gebilde auffassen. In den Philosophiae Naturalis Principia Mathematica[2] hat sich dann NEWTON mit den Kometenschweifen befaßt und dort eine Entscheidung zwischen der mechanischen und optischen Theorie herbeizuführen versucht. Er zeigt, wie die Annahme, die Kometenschweife seien Leuchterscheinungen in einem unabhängig vom Kometen im Raum vorhandenen Medium (optische Theorie), auf starke Schwierigkeiten stößt. Dagegen läßt sich die beobachtete Krümmung der Schweife erklären, sowie man diese als materielle Ausströmungen des Kopfes auffaßt (mechanische Theorie). Diese Tatsache der Schweifkrümmung hat auch später den Anhängern der optischen Theorie immer wieder die größten Schwierigkeiten bereitet, über die man durch sehr gekünstelte Hilfshypothesen hinwegzukommen suchte[3]. In längeren Ausführungen beschäftigt sich NEWTON noch mit der Frage nach den Kräften, welche zur Schweifbildung führen können, eine Frage, die danach auch von OLBERS[4] bei der Erscheinung des großen Kometen 1811 I eingehend diskutiert wird.

Ein wesentlicher Fortschritt über NEWTON hinaus wurde von BESSEL in seiner Untersuchung über den Schweif des HALLEYschen Kometen erreicht[5]. BESSEL brachte die besonders von NEWTON und OLBERS vertretene Auffassung in eine analytisch strenge Form, die zugleich auch die beobachteten Ausströmungserscheinungen in die mechanische Theorie mit einschließt. Danach verlassen die Schweifteilchen mit einer gewissen gegen die Sonne zu gerichteten Anfangsgeschwindigkeit den Kometenkopf (bzw. die Wirkungssphäre desselben) und stehen von da ab lediglich unter dem Einfluß der Sonne. Die letztere übt außer der gewöhnlichen anziehenden noch eine abstoßende Kraft auf die Teilchen aus, und beide Kräfte nehmen nach der Annahme von BESSEL umgekehrt proportional mit dem Quadrat der Entfernung ab. An Stelle der Sonnenmasse $\mu = 1$ tritt die hypothetische Masse $\mu = 1 - R$ (R positiv); die Größe $R = 1 - \mu$ stellt nun die Repulsion der Sonne dar und gibt an, das Wievielfache der Attraktion die Repulsivkraft beträgt. Die gesamte Kraft ist μ/r^2 proportional. Wir müssen

---

[1] Vgl. außer den früheren Literaturangaben (S. 426 u. 436) F. ZÖLLNER, Über die Natur der Kometen, Leipzig 1872, u. Wissenschaftl. Abhandlg. II₂, Leipzig 1878. Dort ist eine Reihe älterer Abhandlungen von OLBERS, BESSEL u. a. zum Wiederabdruck gekommen.

[2] Liber tertius (S. 563ff. der Ausgabe von 1742).

[3] Vgl. z. B. L. ZEHNDER, Über das Wesen der Kometen. Phys Z 11, S. 242 (1910).

[4] OLBERS, Über den Schweif des großen Kometen von 1811. ZACHS Monatl. Correspondenz 25, S. 3 (1812).

[5] BESSEL, Beobachtungen über die physische Beschaffenheit des HALLEYschen Kometen und dadurch veranlaßte Bemerkungen. A N 13, S. 185 (1836).

demnach in der Mechanik der Kometenschweife die folgenden Fälle unterscheiden:

$\mu = 1$ gewöhnliche Attraktion.

$0 < \mu < 1$ verminderte Attraktion.

$\mu = 0$ geradlinige Bewegung.

$\mu < 0$ Repulsion (hyperbolische Bewegung).

Die Schweifteilchen beschreiben also selbständige Bahnen, die in der Ebene der Kometenbahn liegen, wenn man annimmt, daß die Ausströmung vom Kometenkern ebenfalls in dieser Ebene erfolgt.

Da jedoch bei der Beobachtung der Schweifform im ganzen die Bewegung dieser Teilchen nicht selbst wahrgenommen wird, sondern nur deren momentane Lage in bezug auf den Kern, so entwickelt BESSEL diese relativen Koordinaten ξ, η eines Teilchens in der Ebene der Kometenbahn nach der Zeit. Dabei liegt der Koordinatenanfang in dem Kern; die positive ξ-Achse fällt mit dem verlängerten Radiusvektor zusammen und η steht senkrecht dazu (positiv in der Richtung, von welcher der Komet kommt). Das Ergebnis der Rechnungen BESSELS ist nach einigen Korrekturen[1]:

$$\begin{aligned}
\xi = {} & - f \cos F \\
& - \left[g \cos G + f \sin F \cdot \frac{\sqrt{p}}{r^2} \right] \tau \\
& + \left[\frac{1-\mu}{r^2} - g \frac{\sin G\, 2\sqrt{p}}{r^2} - f \cos F \left(\frac{2\mu}{r^3} - \frac{p}{r^4} \right) - f \sin F \frac{2 e \sin v}{r^3} \right] \frac{\tau^2}{2} \\
& + \left[\frac{1-\mu}{r^3} \frac{4 e \sin v}{\sqrt{p}} - g \cos G \left(\frac{2\mu}{r^3} - \frac{3p}{r^4} \right) - g \sin G \cdot \frac{6 e \sin v}{r^3} \right] \frac{\tau^3}{6} \cdots
\end{aligned} \qquad (1)$$

$$\begin{aligned}
\eta = {} & + f \sin F \\
& + \left[g \sin G - f \cos F \cdot \frac{\sqrt{p}}{r^2} \right] \tau \\
& - \left[g \cos G \frac{2\sqrt{p}}{r^2} + f \sin F \left(\frac{\mu}{r^3} + \frac{p}{r^4} \right) + f \cos F \frac{2 e \sin v}{r^3} \right] \frac{\tau^2}{2} \\
& + \left[\frac{1-\mu}{r^4} \cdot 2\sqrt{p} - g \sin G \left(\frac{\mu}{r^3} + \frac{3p}{r^4} \right) - g \cos G \frac{6 e \sin v}{r^3} \right] \frac{\tau^3}{6} \cdots
\end{aligned} \qquad (2)$$

Die vorstehenden Gleichungen, die durch ein Näherungsverfahren entstanden sind, geben die Lage eines Teilchens zur Zeit t in bezug auf den Kometenkern. Dabei ist angenommen, daß das Teilchen zur Ausströmungszeit $t - \tau$ die Wirkungssphäre des Kometen an der Stelle mit den Polarkoordinaten f, F unter der Anfangsgeschwindigkeit g in der Richtung G verlassen hat. p, e bzw. r und v (die beiden letzteren zur Zeit t) beziehen sich auf den Lauf des Kometen.

Die vorstehenden Gleichungen gestatten nun, die Lage irgendeines Schweifteilchens, bzw. einer Reihe von solchen Teilchen, in bezug auf den Kern zu bestimmen, wenn die Anfangsbedingungen bekannt sind. Sie gestatten auch andererseits unter gewissen Annahmen die Anfangsbedingungen und insbesondere die hypothetische Sonnenmasse, d. h. die Repulsion der Sonne, herzuleiten. Dazu ist ein Vergleich mit den Beobachtungen notwendig, und dieser kann zunächst nur durchgeführt werden, wenn man annimmt, daß der Schweif sich in der Ebene der Kometenbahn befindet.

---

[1] Vgl. BREDICHIN-JAEGERMANN, Cometenformen, S. 95.

Bessel hat in seiner grundlegenden Arbeit Formeln entwickelt, um die an der Sphäre festgelegten Schweifpunkte auf die Bahnebene zu projizieren[1]. Wählt man hier dasselbe Koordinatensystem wie bei den theoretischen Ableitungen, so ist ein unmittelbarer Vergleich der beobachteten ξ, η mit der Theorie möglich. Bessel hat einen solchen Vergleich besonders für den Schweif des Halleyschen Kometen bei der Erscheinung des Jahres 1835 durchgeführt. Er ist dabei in folgender Weise vorgegangen: Nimmt man an, daß eine Reihe von Schweifteilchen nacheinander unter denselben Anfangsbedingungen den Kometen verlassen und unter derselben Repulsivkraft der Sonne stehen, so werden sie alle zur Zeit t auf einer Kurve liegen, die wir durch Elimination von τ aus den beiden Gleichungen (1) und (2) erhalten. Diese Kurve ist nun nach der Annahme von Bessel mit dem zur Zeit t beobachteten Schweif identisch. Es besteht also die Möglichkeit, unter dieser Voraussetzung aus der beobachteten Schweifform Anfangsbedingungen und Repulsivkraft der Sonne zu ermitteln. Bessel leitet unter vereinfachenden Bedingungen eine Formel her, die in rascher Weise aus der Schweifkrümmung die Repulsivkraft zu berechnen gestattet, und erhält beim Halleyschen Kometen eine Repulsion $R = 1 - \mu = 2{,}812$.

Mit dieser Untersuchung Bessels war der Erforschung des Phänomens der Kometenschweife der weitere Weg gewiesen, der allerdings nur von wenigen begangen wurde. Neben den Untersuchungen von Pape und Winnecke[2], welche die Methode Bessels auf den Donatischen Kometen 1858 VI anwandten, stehen vor allem die Arbeiten Th. Bredichins, dessen Lebensarbeit die systematische Untersuchung der Schweifformen war. Hingewiesen sei an dieser Stelle auch noch auf die Arbeiten von E. Roche[3], die sich vor allem mit der Form des Kometenkopfes beschäftigen.

14. Die Untersuchungen Bredichins[4]. Bredichin hat mit den Gedankengängen Bessels auch dessen Methoden übernommen, die er dann weiter ausgebaut und verbessert hat. Die Kometenschweife (wenigstens die zuerst zu betrachtenden normalen Schweife) stellen danach bei einer Beschränkung auf die Schweifachse die Gesamtheit aller derjenigen Teilchen dar, welche nacheinander unter denselben Anfangsbedingungen den Kometenkopf gegen die Sonne hin verlassen haben, und welche unter derselben abstoßenden Kraft der Sonne stehen. Wir erhalten also als Schweifform die Besselsche Kurve der ξ und η, die Bredichin als Syndyname bezeichnet.

Da jedoch die beobachtete Ausströmung sich nicht auf einen einzigen Winkel G beschränkt, sondern die beiden der Sonne zunächst liegenden Quadranten umfaßt, so kommen durch die alleinige Änderung der Richtung der Anfangsgeschwindigkeit verschiedene Syndynamen zustande, deren Gesamtheit den ganzen Schweifkomplex bildet. Der Vergleich des auf die Ebene der Kometenbahn projizierten Schweifes mit den Syndynamen gibt dann die Möglichkeit, Anfangsgeschwindigkeit und Repulsivkraft zu bestimmen.

Bredichin benutzt bei seinen Untersuchungen einerseits die direkte Methode Bessels, schlägt aber bei genaueren Untersuchungen auch einen indirekten Weg ein. Er berechnet für verschieden gewählte Werte von g, G und R, sowie für eine Reihe aufeinanderfolgender Ausströmungszeiten die Lage einzelner Schweifteilchen, die er zum Vergleich mit den Beobachtungen graphisch aufträgt. Dabei

---

[1] Diese Formeln haben später mannigfache Modifikationen erfahren. Vgl. z. B. Bredichin-Jaegermann, Cometenformen, S. 302ff. u. A. Kopff, Formeln zur Reduktion von Schweifpunkten auf die Ebene der Kometenbahn. A N 183, S. 209 (1910).

[2] Abdruck der Arbeiten bei Zöllner, Anm. 1, S. 462.

[3] Siehe besonders F. Tisserand, Traité de Mécanique céleste. IV. Paris 1896.

[4] Bredichin-Jaegermann, Cometenformen. Anm. 2, S. 436.

gibt eine Variation der g und G allein Auskunft, welche Teile des Schweifes unter derselben Repulsivkraft der Sonne stehen, also nach der Bezeichnung von BREDICHIN unter denselben Schweiftypus fallen. Der Bereich der in

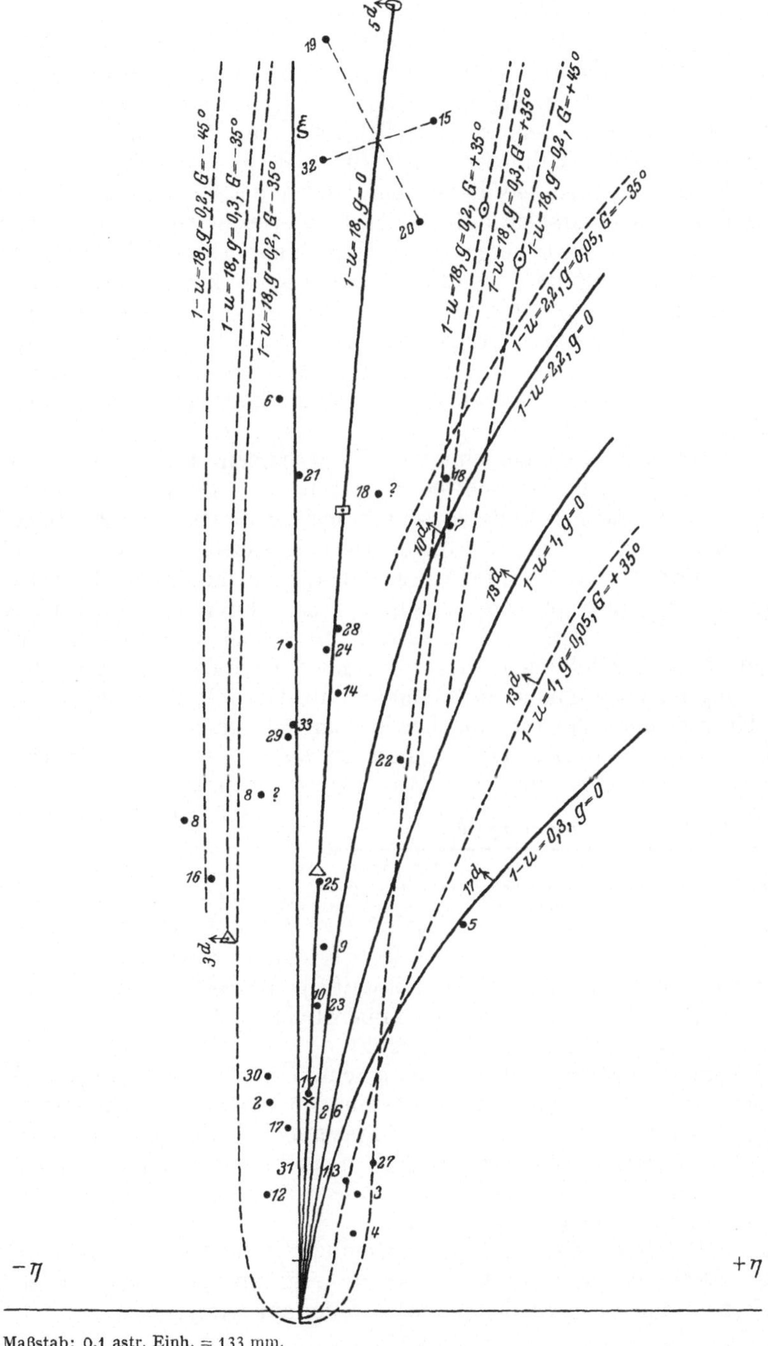

Abb. 14. Komet 1899 I. Vergleich der beobachteten Schweifpunkte (beziffert) mit den theoretischen Syndynamen (TH. BREDICHIN).

Frage kommenden Syndynamen wird dabei noch dadurch genauer festgelegt, daß dem Betrag der Anfangsgeschwindigkeit durch die Erstreckung der beobachteten Ausströmung bzw. die Ausdehnung des Kometenkopfes gegen die Sonne hin gewisse Grenzen gezogen sind.

Bei dieser indirekten Methode hat sich Bredichin nur anfangs der Näherungsformeln Bessels (vgl. S. 463) bedient, später aber genauere Formeln hergeleitet. Er bestimmt auf Grund der angenommenen Anfangsgeschwindigkeit und der Repulsivkraft zunächst streng die in der Ebene der Kometenbahn liegende Bahn des einzelnen Schweifteilchens in bezug auf die Sonne. Da diese Bahn in der größeren Zahl der Fälle (für $\mu < 0$) ein von der Sonne abgewandter Hyperbelast ist, so kann man durch die Benutzung der Hyperbelfunktionen die Rechnungen außerordentlich erleichtern. Transformiert man schließlich die theoretisch hergeleiteten Koordinaten des Schweifteilchens vom System der Sonne auf das des Kometenkopfes, so kommt man wiederum zu den Besselschen Koordinaten[1] ξ und η, die man mit den auf die Bahnebene projizierten Schweifpunkten vergleichen kann. Aus der Übereinstimmung der berechneten mit den beobachteten Schweifpunkten kann man Repulsivkraft und Anfangsgeschwindigkeit bestimmen. Die Methode sei durch die beigegebene Abb. 14 veranschaulicht.

Der Vergleich der berechneten Syndynamen mit den beobachteten Schweifformen ist von Bredichin für mehr als 50 Kometen durchgeführt worden, und es haben sich dabei sehr bemerkenswerte Gesetzmäßigkeiten ergeben. Zunächst zeigt sich, daß für eine große Anzahl von Kometenschweifen, die eben Bredichin als normale bezeichnet, zum mindesten die Schweifachse mit irgendeiner Syndyname zusammenfällt, d. h. durch ein einheitliches Wertesystem R, g und G dargestellt werden kann, wobei allerdings betont werden muß, daß diese Darstellung keineswegs immer eindeutig ist. Aber diese Übereinstimmung ist doch eine so auffallende, daß dadurch allein schon die mechanische Theorie allen anderen ungeheuer überlegen erscheint.

Die aus den untersuchten Kometenschweifen erhaltenen Werte für die Repulsion, $R = 1 - \mu$, teilt Bredichin in drei Gruppen ein und unterscheidet danach drei Schweiftypen. Für diese ist $1 - \mu$ und die dabei auftretende Anfangsgeschwindigkeit[2] g (Einheit = 1 astron. Einh./58,13244 Tage) nebenstehend angegeben.

Bredichins Schweiftypen.

	I. Typus	II. Typus	III. Typus
$1 - \mu$	18	2,2 bis 0,5	0,3 bis >0
g	0,34 bis 0,1	0,07 bis 0,03	0,02 bis 0,01

Die Zugehörigkeit der einzelnen Schweiftypen zu den untersuchten Kometen ergibt sich aus der folgenden Zusammenstellung (S. 467), die sich auf die Kometen des 19. Jahrhunderts beschränkt.

Der Typus I entspricht den geraden Schweifen, II den weniger und III den stark gekrümmten Schweifen. Die nachstehende Tabelle gibt eine gute Übersicht über das Auftreten der verschiedenen Typen bei den einzelnen Kometen und zeigt, daß die Sonne auf die Schweifteilchen eine Repulsivkraft ausübt, die nicht nur von Komet zu Komet wechselt, sondern auch auf die Teilchen bei demselben Kometen verschieden einwirkt.

Man hat längere Zeit die Typeneinteilung Bredichins und die dazu gehörenden Werte der Repulsivkraft als ein sehr gut gesichertes Ergebnis der mechanischen Theorie der Kometenschweife angesehen und findet dement-

---

[1] Die Ableitung der Formeln ist in Bredichin-Jaegermann, Cometenformen, S. 278ff. gegeben. Formelschema S. 308—311.

[2] Diese Werte sind die endgültigen; vgl. Cometenformen, S. 392.

sprechend auch meist die Untersuchungen BREDICHINS ohne weitere Kritik wiedergegeben. Eine solche Kritik ist jedoch notwendig, und sie vermag den hohen Wert von BREDICHINS Lebensarbeit durchaus nicht zu verdunkeln. Denn er hat gezeigt, daß die Idee BESSELS wirklich durchführbar ist, daß die Schweifformen durch die verschieden starke Einwirkung der Sonne auf die Teilchen des Kometen und die dadurch bewirkte mechanische Bewegung dieser Teilchen in großen Zügen bestimmt werden. Daß durch neues Beobachtungsmaterial, wie es besonders durch die Photographie der Kometenschweife geliefert worden ist, die Ergebnisse BREDICHINS zum Teil stärkere Modifikationen erfahren müssen, hat dieser selbst noch in den letzten Lebensjahren hervorgehoben.

Beobachtete Schweiftypen nach BREDICHIN.

Komet	Schweiftypen	Komet	Schweiftypen	Komet	Schweiftypen
1807	I II	1857 III	III	1882 II	I II III
1811 I	I II oder III	1858 VI	I II	1884 I	I II
1819 II	II	1860 III	II	1886 I	II
1823	III	1861 II	I III	1886 II	II
1825 IV	I II	1862 III	I III	1886 IX	I II III
1835 III	I III	1863 IV	I	1887 I	III
1843 I	I II	1865 I	II III	1889 I	III
1844 III	II III	1874 III	I II	1892 III	I?
1853 III	III	1877 II	I	1893 II	I
1853 III	I III	1880 I	II	1893 IV	I II
1853 IV	III	1881 III	I II	1894 II	II?III?
1854 II	II	1881 IV	I II	1899 I	I III
1854 III	II	1882 I	I II III	1901 I	II III

Zunächst haben die neueren Untersuchungen gezeigt, daß der erste Schweiftypus, ebenso wie die anderen, ein zusammengesetzter ist; BREDICHIN selbst hat in einem Fall den Wert $1 - \mu = 36$ festgestellt. An späterer Stelle wird hierauf noch einzugehen sein (vgl. Ziff. 15). Hier fragt sich nur, ob dem Wert 18, den BREDICHIN ursprünglich angegeben hat, irgendeine besondere Bedeutung zukommt. BREDICHIN hat dies bis zuletzt noch angenommen. Aber eine genauere Durchsicht seiner Untersuchungen läßt dies doch zunächst als unwahrscheinlich erscheinen. Die Bestimmung großer Werte von R aus dem Verlauf der Syndynamen ist äußerst unsicher; denn bei großer Repulsivkraft ist der Einfluß einer Änderung von R auf den Verlauf der Syndyname sehr gering. Der für den ersten Typus angegebene Wert 18 (BREDICHIN hatte dafür zuerst den Wert 12 erhalten) beruht auch nur auf ganz wenigen Beobachtungen, im wesentlichen auf denen des Schweifes des großen Kometen von 1811; in allen übrigen Fällen mußte sich BREDICHIN auf den Nachweis beschränken, daß der Wert 18 die Beobachtungen darzustellen vermag. Wenn man nun beachtet, daß man durch eine Variation der Richtung G der Anfangsgeschwindigkeit gerade beim ersten Typus die Lage der Syndynamen stark ändern kann, und wenn man die Unsicherheit der älteren Beobachtungen der Kometenschweife in Betracht zieht, so ist es nicht sehr erstaunlich, daß die von BREDICHIN durchgeführte Darstellung sich als möglich erwiesen hat. Man könnte den größten Teil der Rechnungen BREDICHINS ebensogut mit einem anderen Wert als 18 durchführen. Der Zahl 18 kommt also keineswegs die außerordentliche Bedeutung zu, die man ihr eine Zeitlang zugeschrieben hat (vgl. auch Ziff. 16). Alle wirklich gesicherten Bestimmungen der Repulsivkraft haben bisher auch in der Tat erheblich größere Werte als 18 ergeben (vgl. Ziff. 15, S. 470ff.). Ob bei den Repulsivkräften, wie BREDICHIN vermutet hat, ganzzahlige Vielfache von 18 eine Rolle spielen, ist eine noch ungeklärte Frage (vgl. auch S. 472). Man darf aus den hierher gehörenden Untersuchungen von Bredichin nur schließen, daß bei der Bildung der Kometenschweife unter Umständen Repulsivkräfte der Sonne wirksam sind, welche die Attraktion ganz erheblich übertreffen.

Eine scharfe Grenze der Schweife vom ersten Typus gegen die übrigen ist anscheinend vorhanden, ist aber doch nicht so gesichert, wie es Bredichin selbst darstellt. Man muß wohl beachten, daß bei den Untersuchungen der Schweife des ersten Typus stets Beobachtungen, die auf einen kleineren Wert als 18 hinwiesen, eben durch diesen Wert unter geeigneter Änderung des Winkels G dargestellt wurden. Die Grenzen zwischen dem Typus II und III liegen andererseits so nahe zusammen, daß hier eine Trennung in zwei verschiedene Typen einen durchaus gekünstelten Eindruck macht. Eine Einteilung der Kometenschweife in scharf getrennte Typen müßte jedenfalls noch besser begründet werden, als dies durch Bredichin geschehen ist.

Die von Bredichin gewählte Typeneinteilung und das zähe Festhalten an der einmal gefaßten Idee wird erst verständlich, wenn man sich die physikalische Deutung vor Augen hält, die Bredichin den Schweiftypen gibt. Er nimmt an, daß die Abstoßung der Sonne elektrischer Natur ist, und daß die Repulsivkraft umgekehrt proportional dem Molekulargewicht der Stoffe ist, welche die einzelnen Typen bilden. Nimmt man für den ersten Schweiftypus einen einzigen Wert 18 der Repulsivkraft an, und macht man ferner die Annahme, daß der erste Typus aus Wasserstoff besteht, so kommt man für den zweiten Typus zu den Molekulargewichten von Natrium und Kohlenwasserstoffverbindungen und für den dritten Typus zu denjenigen der Schwermetalle. Nun haben die Beobachtungen des Schweifspektrums freilich das Vorhandensein von Kohlenstoffverbindungen, Natrium und vielleicht auch Eisen ergeben, aber das Vorhandensein von Wasserstoff konnte noch niemals nachgewiesen werden. Gerade die neueren Spektralaufnahmen zeigten auch für den ersten Schweiftypus die charakteristischen, auf CO zurückgeführten Banden („Schweifspektrum" Ziff. 11, S. 449). Außerdem haben sich bei einigen Kometen für die gleichzeitig auftretenden Schweife verschiedener Typen dieselben Spektren ergeben (vgl. S. 456). Bei den drei hierher gehörenden Kometen wurde neben dem ersten Typus stets der zweite oder dritte Typus wahrgenommen. Damit kommt die Hauptstütze für den Wert 18 und für die Einteilung der Schweife in getrennte Typen in Wegfall.

Neben den normalen Schweifen, die sich in ihrem Verlauf durch Syndynamen darstellen lassen, treten nun in einzelnen Fällen noch Erscheinungen auf, die ebenfalls im Rahmen der mechanischen Theorie durch Bredichin ihre Erklärung gefunden haben. Allen diesen Erscheinungen gemeinsam ist, daß der Ausströmungsvorgang vom normalen Verlauf abweicht. Erfolgt die Ausströmung in voneinander getrennten Zeitintervallen nach verschiedenen Richtungen, so entstehen getrennte Streifen, die quer zur Schweifachse verlaufen, und die Bredichin als Isochronen bezeichnet hat. Er hat diese in den Schweifen der Kometen 1858 VI[1], 1882 II, 1884 I nachweisen und vor allem zeigen können, daß der vielfache Schweif des großen Kometen von 1744 aus einzelnen Isochronen bestand.

Mit den Isochronen sind dann auch die Schweifwolken verwandt, die auf den photographischen Aufnahmen neuerer Kometen öfter sichtbar sind, die aber auch schon bei der Erscheinung des großen Kometen 1882 II beobachtet wurden (Schmidtsche Wolken). Hier tritt an Stelle der kontinuierlichen Ausströmung ein explosionsartiges Ausstoßen von Schweifmaterie durch den

---

[1] Auf Abb. 9, S. 457 die geraden Strahlen. Vgl. Bredichin-Jaegermann, Cometenformen S. 406.

Kometenkopf, und die Bewegung dieser Schweifmassen kann dann unmittelbar beobachtet werden. Die beiden SCHMIDTschen Wolken z. B. wurden in ihrer Bewegung während etwa eines Monats verfolgt, und BREDICHIN hat hieraus für die Repulsion der Sonne die Werte 0,6 bzw. 0,75 hergeleitet.

Erfolgt schließlich die Ausströmung zwar kontinuierlich, aber zu verschiedenen Zeiten in verschiedener Richtung, so können Schweifgebilde entstehen, die ihrer Form nach in der verschiedensten Weise vom normalen Schweif abweichen. Bei gleichmäßiger Änderung der Ausströmungsrichtung entstehen gekrümmte Schweife; insbesondere konnte BREDICHIN die eigentümlich gekrümmte Form beim Kometen 1862 III (γ-Form) durch die von verschiedenen Beobachtern wahrgenommene pendelnde Bewegung des Ausströmungskegels erklären (vgl. Ziff. 6, S. 436, und Ziff. 12, S. 460).

Eines muß jedoch an dieser Stelle betont werden. Läßt man für jeden Ausströmungsmoment eine beliebige Richtung der Hauptausströmung zu, so kann man schließlich jede beliebige Schweifform mittels der mechanischen Theorie konstruieren; es werden nur immer benachbarte Schweifteilchen auf einander benachbarten Syndynamen liegen müssen. Eine Möglichkeit, nach BREDICHINS Vorgang auf theoretischem Wege Schweifformen zu konstruieren, die mit dem beobachteten Verlauf übereinstimmen, ist also stets vorhanden; aber man kann nicht, wie es wiederholt geschehen ist, aus einer solchen Übereinstimmung Schlüsse auf die Richtigkeit der mechanischen Theorie ziehen. Ein Beweis zugunsten der Theorie liegt immer nur dann vor, wenn man mit ihrer Hilfe aus einem beobachteten Anfangszustand heraus einen gleichfalls beobachteten Endzustand darzustellen vermag. Eine zu irgendeiner Zeit beobachtete Schweifform muß sich also entweder mit Hilfe beobachteter Ausströmungserscheinungen oder aus einer vorher beobachteten Schweifform herleiten lassen. Die Aufstellung dieser Forderung hat, wie im nächsten Abschnitt gezeigt wird, zu erheblichen Schwierigkeiten bei der Deutung der photographisch beobachteten Schweiferscheinungen geführt.

Schließlich sei auch hier noch darauf hingewiesen, daß nach den Untersuchungen BREDICHINS bei hellen Kometen gelegentlich anomale Schweife auftreten, bei denen eine gegen die Sonne hin gerichtete Ausströmung erfolgt, ohne daß eine Repulsion der Sonne auf die Schweifteilchen wirksam ist (Ziff. 6, S. 437)[1].

15. Die Ergebnisse der neueren Untersuchungen. Die Untersuchungen BREDICHINS sind besonders von einigen russischen Astronomen (vor allem R. JAEGERMANN, S. V. ORLOV und K. POKROWSKI) weitergeführt worden, wobei die Methoden BREDICHINS zum Teil eine Umgestaltung erfuhren[2]. Vielfach wurden hierbei die Ergebnisse BREDICHINS einfach bestätigt; so hat z. B. K. POKROWSKI[3] im Schweif des Kometen 1910 I das Vorhandensein von Isochronen nachzuweisen vermocht. Aber das durch die Himmelsphotographie gelieferte Beobachtungsmaterial ist doch dem früheren so sehr überlegen, daß auch erhebliche Fortschritte über BREDICHIN hinaus erzielt werden konnten[4].

---

[1] Vgl. außerdem BREDICHIN-JAEGERMANN, Cometenformen, S. 452ff.

[2] Für die zahlreiche Literatur, die hier nicht vollständig angeführt werden kann, sei wiederum auf den Astronomischen Jahresbericht verwiesen. Einzelne Angaben im folgenden. Für den HALLEYschen Kometen vgl. noch Anm. 4, S. 446 u. Anm. 5, S. 459.

[3] K. POKROWSKI, Synchronen im Schweif des Kometen 1910 a. Veröff. d. Sternw. Jurjew (Dorpat) 21, H. 4 (1911) u. 24, S. 37 (1915).

[4] Außer der im folgenden angegebenen Literatur vgl. für die Methode der Bestimmung der Repulsivkraft und des Ausströmungsmomentes auch N. MOISSEIEFF, R A J 1, H. 2, S. 79 (1925) u. 2, H. 4, S. 62 (1926).

Bei einer ganzen Reihe von Kometen wurde die Bewegung der Schweifmaterie unmittelbar beobachtet, und hieraus läßt sich die Größe der Repulsion der Sonne weit besser als aus der Schweifform herleiten. Zunächst konnte in einigen Fällen die Bewegung einer isolierten Schweifwolke oder eines losgelösten Schweifstückes längere Zeit hindurch verfolgt werden, und hierdurch war die Möglichkeit einer direkten Bestimmung der Bahn der Schweifmaterie gegeben. Solche Bahnbestimmungen wurden zuerst von R. JAEGERMANN ausgeführt, der dabei von der Annahme ausging, daß die Schweifmaterie sich in der Ebene der Kometenbahn bewegt. Projiziert man die an der Sphäre beobachteten Schweifpunkte in die Ebene der Kometenbahn, so besteht die Aufgabe darin, die beobachteten Schweifpunkte durch die Bewegung eines Massenpunktes in einem Kegelschnitt, im speziellen Fall in einem Hyperbelast (vgl. S. 463), darzustellen. Diese Rechnung wurde in zwei Fällen von R. JAEGERMANN durchgeführt; einmal beim Kometen 1903 IV, wo ein losgelöstes Schweifstück auf mehreren am 24. Juli 1903 erhaltenen Aufnahmen wahrgenommen wurde[1], und dann beim Kometen 1892 I, wo eine Schweifverdichtung sogar über sechs Tage (1892 April 5 bis 10) hinweg zu verfolgen war[2].

In der Folgezeit hat dann A. KOPFF eine Methode der Bahnbestimmung entwickelt, die von der Annahme frei ist, daß die Schweifteilchen sich in der Ebene der Kometenbahn befinden, und diese Methode wurde ebenfalls auf zwei Fälle angewendet: einmal auf ein wiederum beim Kometen 1892 I von Mai 25 bis 27 beobachtetes selbständig sich bewegendes Schweifstück[3] und dann auf die bereits von JAEGERMANN bearbeiteten Beobachtungen beim Kometen 1903 IV[4]. In allen diesen Fällen war eine durchaus befriedigende Darstellung der beobachteten Bewegung durch eine konvexe Hyperbel möglich. Auch bei den Kometen 1908 III (MOREHOUSE) und HALLEY ist die Repulsivkraft der Sonne wiederholt aus mehreren zeitlich hintereinander liegenden Beobachtungen derselben Schweifmasse (diese jedoch auf die Ebene der Kometenbahn projiziert) hergeleitet worden. Die für die Repulsivkraft der Sonne erhaltenen Werte, die man gegenwärtig als die besten ansehen kann, sind:

$$
\begin{array}{l}
\text{Komet 1892 I} \ . \ . \ . \ . \ 1 - \mu = 39{,}3 \ (\text{JAEGERMANN}) \ \Big\} \ \text{verschiedene} \\
\qquad\qquad\qquad\qquad \text{bzw. } 35{,}1^{5} \qquad\qquad\qquad\qquad \text{Schweifwolken} \\
\qquad\qquad\qquad\qquad\ \ 1 - \mu = 71{,}0 \ (\text{KOPFF})
\end{array}
$$

$$
\begin{array}{l}
\text{Komet 1903 IV} \ . \ . \ . \ 1 - \mu = 89{,}1 \ (\text{JAEGERMANN}) \ \Big\} \ \text{dieselbe} \\
\qquad\qquad\qquad\qquad\ \ 1 - \mu = 90{,}8 \ (\text{KOPFF}) \qquad\qquad \text{Schweifwolke}
\end{array}
$$

---

[1] R. JAEGERMANN, Über die beim Kometen 1903 IV am 24. Juli 1903 beobachtete Bewegung der Schweifmaterie. A N 166, S. 279 (1904); Die Bewegung der Schweifmaterie des Kometen 1903 IV auf einem zur Sonne konvexen Bogen, ebenda 168, S. 269 (1905).

[2] R. JAEGERMANN, Die Bewegung der Schweifmaterie des Kometen 1892 I auf einem zur Sonne konvexen Bogen, A N 171, S. 1 (1906); Die definitive Bahnbestimmung der Kometenschweifmaterie, ebenda 176, S. 269 (1907); Die Bewegung der Kometenschweifmaterie auf hyperbolischen Bahnen. Mém. de l'Ac. Imp. des Sc. St. Pétersbourg. Cl. phys.-math. 22, Nr. 8 (1908). Hier ist eine ausführliche Darstellung der verwendeten Methode gegeben.

[3] A. KOPFF, Über den Schweif des Kometen 1892 I (Swift). Publ. des Astrophys. Inst. Königstuhl-Heidelberg 3, Nr. 2 (1907). — Man kann zur Bestimmung der Repulsivkraft im Raum (d. h. außerhalb der Ebene der Kometenbahn) auch ein Verfahren heranziehen, das der bei der Bahnverbesserung benutzten einfachen Methode der Variation der geozentrischen Distanzen entspricht. Versuche die von Fr. GONDOLATSCH in dieser Richtung unternommen sind, haben die Brauchbarkeit der Methode gezeigt.

[4] A. KOPFF, Über die Bewegung der Schweifmaterie beim Kometen 1903 IV. A N 176, S. 149 (1907).

[5] Aus den Beobachtungen 1892 Apr. 6—8 allein.

$$\begin{array}{lrll}
\text{Komet 1908 III} \dots 1 - \mu = & 62 & \text{(A. ORLOFF)}^1 & \\
\text{(MOREHOUSE)} & = 72 & \text{(S. V. ORLOV)}^2 & \\
& = 162 & \text{(S. V. ORLOV)}^2 & \text{Verschiedene} \\
& = 105{,}3 & \text{(K. POKROWSKI)}^3 & \text{Teile derselben} \\
& = 151 & \text{(N. T. BOBROVNIKOFF)}^4 & \text{Schweifwolke} \\
& = 88 & \text{(N. T. BOBROVNIKOFF)}^4 & \\
& = 156 & \text{(S. V. ORLOV)}^5 & \\
\text{Komet HALLEY} \dots = & 194 & \text{(A. ORLOFF)}^6 & \text{Dieselbe} \\
& = 70 & \text{(S. V. ORLOV)}^7 & \text{Schweifwolke}
\end{array}$$

Die sechs ersten Werte beim Kometen 1908 III sind aus verschiedenen Teilen einer 1908 Okt. 15 bis 17 beobachteten großen Schweifwolke ermittelt; der letzte aus bewegter Schweifmaterie vom Okt. 1. Die erheblichen Unterschiede zwischen den Werten sind anscheinend als reell anzusehen. Besonders nach den Untersuchungen von BOBROVNIKOFF haben sich verschiedene Teile der Wolke mit ganz verschiedener Beschleunigung bewegt, so daß die zu gleicher Zeit vom Kometen ausgestoßene Materie unter verschiedenen Repulsivkräften der Sonne stand. Die Werte beim Kometen HALLEY beruhen auf bewegter Schweifmaterie, die 1910 Juni 6 bis 7 sichtbar war.

Die vorstehenden Werte sind teilweise durch Näherungsverfahren hergeleitet und sind deshalb nicht alle gleich sicher. So kommt den Werten $1 - \mu = 156$ beim Kometen 1908 III und $1 - \mu = 194$ beim HALLEYschen Kometen weniger Bedeutung zu als den übrigen. Die für die Kometen 1892 I und 1903 IV von KOPFF aus räumlichen Bahnen ermittelten Repulsivkräfte dürften andererseits erhöhten Wert besitzen. Bemerkenswert ist noch, daß die BREDICHINsche Methode der Bestimmung der Repulsivkraft aus den Syndynamen für den HALLEYschen Kometen einen Schweif vom II. Typus ergab, während die Bewegung der Schweifmaterie zu großen Werten der Repulsivkraft führt; die Unsicherheit der alten Methode tritt hier besonders deut-lich hervor.

Die auf Grund der Hyperbelbahn be-rechnete Geschwindigkeit der Schweifmaterie hält sich in durchaus mäßigen Grenzen. Sie wuchs beim Kometen 1903 IV von 1903 Juli 24,48 bis 24,81 von 45,7 km/sec auf 51,8 km/sec an. Beim Kometen 1892 I (SWIFT) sind die berechneten Werte der Bahngeschwindigkeit der Schweifmaterie in einer Tabelle beigefügt.

Geschwindigkeiten der Schweifmaterie beim Kometen 1892 I.

1892	km/sec	1892	km/sec
April 5,9	43,7	Mai 25,5	25,9
6,9	52,5	26,5	43,0
7,9	64,7	27,5	61,8
8,9	77,8		
10,9	104,7		

Die Anfangsgeschwindigkeit betrug beim Kometen 1892 I im ersten Fall 42,2 km/sec, im zweiten 18,2 km/sec.

---

[1] A. ORLOFF, Neue Formeln zur Bahnbestimmung der Kometenschweifmaterie nebst Anwendung auf den Kometen 1908 c (Russisch). Publ. der Univ.-Sternwarte Jurjew (Dorpat) 21, H. 3, S. 1 (1910).

[2] S. ORLOV, Komet 1908 c (Russisch). Nachrichten der Russ. Astronom. Gesellsch. 16, S. 60 (1910).

[3] K. POKROWSKI, Die Bewegung der Schweifmassen des Kometen 1908 c (MOREHOUSE). A N 184, S. 3 (1910).

[4] N. T. BOBROVNIKOFF. Motion of Matter in the Tail of Comet 1908 III (MOREHOUSE) Lick Bull 13, S. 161 (1928).

[5] S. V. ORLOV, The Determination of the Repulsive Force of the Sun in the Tail of Comet Morehouse (1908 III). R A J 1, Heft 1, S. 73 (1924). (Russisch.)

[6] A. ORLOFF, Die Bewegung der Schweifmaterie im Schweif des HALLEYschen Kometen am 6. u. 7. Juni 1910. Publ. der Univ. Sternwarte Jurjew (Dorpat). 21, H. 4, S. 43 (1911). (Russ.)

[7] S. V. ORLOV, Bestimmung der Repulsivkraft der Sonne. (Russisch.) R A J 2, H. 3, S. 4 (1925). Dieser zweite Wert (70) ist aus erheblich größerem Beobachtungsmaterial als der Wert 194 hergeleitet.

Außer diesen Beobachtungen von Bewegungsvorgängen, die sich auf mehr oder weniger lange Zeiträume bis zu mehreren Tagen erstrecken, konnten auch bei einzelnen Kometen aus zwei zeitlich eng benachbarten Schweifaufnahmen unmittelbar Werte für die momentane Geschwindigkeit der Schweifmaterie hergeleitet werden. Solche Bestimmungen gestatten ebenfalls ganz brauchbare Werte für die Repulsivkraft der Sonne zu ermitteln[1]. Die Methode wurde bereits von BREDICHIN beim Kometen 1893 II[2] angewendet, wobei er den Wert $1 - \mu = 36$ fand. Verschiedene von A. KOPFF beim Kometen 1907 IV durchgeführte Messungen und Rechnungen[3] ergaben an den einzelnen Beobachtungstagen Geschwindigkeiten, die zu stark verschiedenen Werten der Repulsivkraft führten. Als Tagesmittel fanden sich die Werte der beigefügten Tabelle.

Repulsivkraft der Sonne beim Kometen 1907 IV.

1907	$1 - \mu$
Aug. 4	75
7	55
9	37
11	20
14	38

Das ausgiebigste Beobachtungsmaterial über die Bewegung der Schweifmaterie liegt beim Kometen 1908 III (MOREHOUSE) vor, für das jedoch eine zusammenfassende Bearbeitung noch fehlt. Die Messungen der Geschwindigkeit[4] ergeben Werte, die durchaus mit den früher angegebenen übereinstimmen. So wurden z. B. bei einzelnen Wolken Geschwindigkeiten in bezug auf die Sonne von 23 bis 60 km/sec beobachtet; jedoch kommen gelegentlich in größeren Entfernungen auch Geschwindigkeiten von über 100 km/sec vor. Die aus diesen Geschwindigkeiten hergeleitete mittlere Repulsivkraft[5] war $1 - \mu = 95$. Ebenso hat aus je zwei kurz hintereinanderliegenden Beobachtungen beim Kometen 1908 III S. V. ORLOV[6] Werte von der Größenordnung von 23 und des 2- bis 5fachen davon ermittelt und beim HALLEYschen Kometen[7] Repulsivkräfte erhalten, die den Mittelwert 40 liefern.

Die hier beim Kometen 1908 III bemerkte Erscheinung, daß die bei einem Kometen bestimmten Repulsivkräfte sich als ganzzahlige Vielfache einer Grundzahl darstellen lassen, tritt übrigens auch sonst hervor. Daß BREDICHIN den Wert 36, das Doppelte von 18, feststellte, ist bereits angegeben. Auch in obiger Tabelle für den Kometen 1907 IV liegen die Werte nahe bei Vielfachem von etwa 18. Dasselbe könnte man auch mehr oder weniger von den genauen Werten auf S. 470 und 471 behaupten. Wie weit diesem Zusammenhang physikalische Bedeutung zukommt, muß erst die Zukunft zeigen.

Alle diese Beobachtungen, welche es ermöglichen, die Bewegung der Schweifmaterie bei ihrem Wegströmen von der Sonne im einzelnen zu verfolgen und sogar der Bahnbestimmung zu unterwerfen, bilden eine glänzende Bestätigung der zuerst nur auf die Schweifformen sich stützenden mechanischen Theorie der Kometenschweife. Die Voraussetzungen dieser Theorie haben heute keinen hypothetischen Charakter mehr, sondern sind Beobachtungstatsachen, an deren Realität ein Zweifel nicht möglich ist. Deshalb haben auch alle rein optischen

---

[1] BREDICHIN-JAEGERMANN, Cometenformen, S. 320; A. KOPFF, Eine Methode zur genäherten Bestimmung der Repulsivkraft der Sonne. A N 180, S. 125 (1909).

[2] BREDICHIN-JAEGERMANN, Cometenformen, S. 354ff.

[3] A. KOPFF, Untersuchungen über den Schweif des Kometen 1907 d (DANIEL). Publ. des Astrophys. Inst. Königstuhl-Heidelberg 3, Nr. 7 (1909).

[4] Zum Beispiel M. WOLF, Über den Schweif des Kometen 1908 c (MOREHOUSE). A N 180, S. 1 (1909); A. KOPFF, Über die Schweifentwicklung beim Kometen 1908 c (MOREHOUSE), ebenda 180, S. 121 (1909).

[5] A. KOPFF, A N 182, S. 56 (1909).

[6] S. ORLOV, Bestimmung der Repulsivkräfte der Sonne in Kometenschweifen nach zwei beobachteten Positionen der Wolkenbildung. (Russisch.) Publ. de l'Observatoire Central Astrophys. de Russie (Moskau) 1, S. 231 (1922).

[7] S. V. ORLOV, Anm. 7, S. 471.

Schweiftheorien, welche Massen annehmen, die mit dem Kometen nicht in Zusammenhang stehen, keine Existenzberechtigung.

Freilich hat die genauere Untersuchung der photographisch festgehaltenen Schweifphänomene andererseits gezeigt, daß der Anwendung der mechanischen Theorie im einzelnen erhebliche Schwierigkeiten entgegenstehen. Es wurde bereits hervorgehoben (vgl. S. 469), daß man sich keineswegs zufrieden geben darf, wenn man irgendeine beobachtete Schweifform theoretisch zu konstruieren vermag; man muß vielmehr die zu verschiedenen Zeiten beobachteten Formen auf theoretischem Wege ineinander überführen können. Dies gelingt nicht in allen Fällen[1]. Insbesondere versagt das aufgestellte Kriterium bei den auf den photographischen Aufnahmen sichtbaren Schweifstrahlen.

Als Beispiel hierfür sei auf die Untersuchung der Schweifstrahlen beim Kometen 1907 IV (DANIEL)[2] verwiesen, der die hier beigegebene Zeichnung (Abb. 15) entnommen ist. Sie enthält einerseits die beobachteten und auf die Tangentialebene an der Sphäre projizierten Schweifstrahlen (vgl. auch Abb. 13) in der Nähe des Kopfes und andererseits die Syndynamen, die mit Hilfe der für denselben Tag ermittelten Repulsivkraft der Sonne hergeleitet sind. Man erkennt, daß die Schweifstrahlen keineswegs mit den Syndynamen zusammenfallen, und diese Tatsache bleibt auch dann bestehen, wenn man die Repulsivkraft oder die Anfangsbedingungen variiert. Man kann natürlich das auf e i n e r Aufnahme sichtbare Schweifbild durch entsprechende Wahl der Anfangsbedingungen für aufeinanderfolgende Ausströmungsmomente theoretisch konstruieren. Aber die Schweifteilchen müssen sich bei Gültigkeit der mechanischen Theorie stets auf Syndynamen bewegen, und man erhält dann zu einer anderen Zeit ein Schweifbild, das mit dem in Wirklichkeit beobachteten in keiner Weise übereinstimmt. Die Schweifstrahlen fügen sich also im Gegensatz zu den Schweifwolken keines

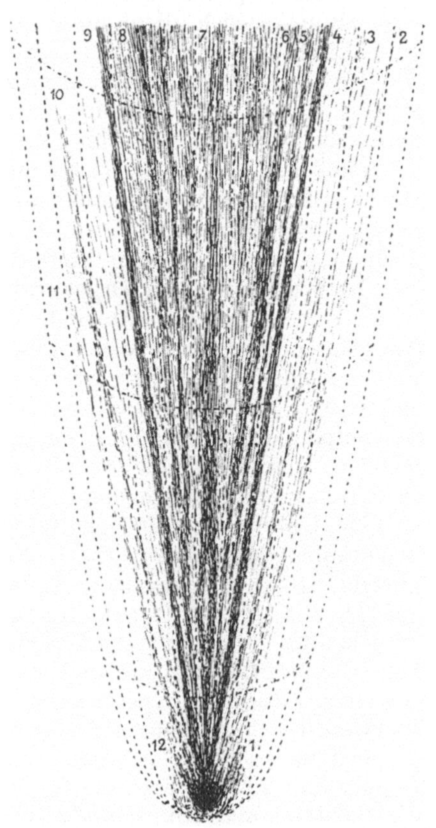

Abb. 15. Vergleich der Schweifstrahlen beim Kometen 1907 IV (DANIEL) mit theoretischen Syndynamen von A. KOPFF.

wegs der mechanischen Theorie ein, und man darf deshalb auch die bei den Schweifstrahlen beobachteten Bewegungsvorgänge nicht ohne weiteres so auffassen, als seien sie allein durch die Wirkung einer Repulsivkraft der Sonne bedingt[3].

―――――
[1] A. KOPFF, Über die Bessel-Bredichinsche Theorie der Kometenschweife. A N 179, S. 213 (1908).

[2] Anm. 3, S. 472; vgl. auch A. KOPFF, Über die bei den neueren Kometen photographierten Schweifstrahlen. A N 194, S. 143 (1913) u. 197, S. 187 (1914).

[3] Vgl. M. WOLF, Über den Schweif des Kometen 1908 c (MOREHOUSE). A N 180, S. 1 (1909) sowie F. BALDET, Sur les filaments hélicoidaux de la comète MOREHOUSE (1908 c). C R 161, S. 272 (1915).

Zu erwähnen ist noch, daß Kopff trotzdem versuchsweise die Bewegung seitlicher Schweifpartien beim Kometen 1908 III (Morehouse) durch eine Repulsivkraft der Sonne dargestellt hat[1]. Dabei haben sich außerordentlich hohe Werte der Repulsion ergeben, die die Attraktion um das 1000- bis 2500fache übersteigen. Ob diesen Beträgen reelle Bedeutung zukommt, ist völlig ungeklärt; aber zu ähnlich hohen Beträgen kommt man auch, wenn man die Bewegungsvorgänge im Kometenkopf rein mechanisch zu deuten versucht[2].

So weitgehend also auch die mechanische Schweiftheorie imstande ist, das Phänomen der Kometenschweife in großen Zügen darzustellen, so fraglich ist es doch im Augenblick, ob eine rein mechanische Deutung aller beobachteten Erscheinungen sich allein unter der Annahme einer Repulsivkraft der Sonne wird durchführen lassen.

16. Die Natur der Repulsivkraft der Sonne. Schon bald nachdem man erkannt hatte, daß die Kometenschweife von der Sonne abgewandt sind, fing man auch an, Hypothesen über die von der Sonne ausgehende abstoßende Kraft aufzustellen. Jede neue Naturkraft, zu der uns die Physik hinführte, wurde zur Deutung des Schweifphänomens herangezogen und bildete die Grundlage einer neuen Kometentheorie[3]. Doch ist die Frage nach der Natur der Repulsivkraft auch bis heute noch nicht hinreichend geklärt.

Kepler hat schon Druckkräfte des Lichtes für wahrscheinlich gehalten; Newton denkt an den Auftrieb, den die Gase der Kometenschweife in einem den Weltenraum erfüllenden Medium erfahren könnten, während Euler wiederum versucht, die Druckkräfte des Lichtes zu berechnen. Als man dann die elektrischen Kräfte genauer kennenlernte, war es natürlich, daß man sie auf das Schweifphänomen anwandte. Olbers hat (1812) die Ansicht ausgesprochen, daß man sich bei den Kometenschweifen schwerlich enthalten kann, an etwas unseren elektrischen Anziehungen und Abstoßungen Analoges zu denken.

Die Untersuchungen von Bessel und Bredichin, die sich zunächst darauf beschränken, den Betrag dieser Repulsivkraft aus den Beobachtungen zu ermitteln, stützten anfangs die Auffassung, daß die Bewegung der Schweifmaterie auf eine entgegengesetzte elektrostatische Ladung dieser letzteren und der Sonne zurückzuführen sei, eine Auffassung, die vor allem auch F. Zöllner[4] vertreten hat. Bredichin versuchte zugleich unter der Annahme elektrostatischer Ladungen einen Zusammenhang zwischen der Repulsivkraft und der chemischen Konstitution der Schweifmaterie aufzufinden, indem er die Druckkräfte umgekehrt proportional den Molekulargewichten setzt; die neueren Bestimmungen der Repulsivkraft haben aber die Ergebnisse Bredichins ebensowenig bestätigt wie die spektroskopischen Befunde (vgl. Ziff. 14 S. 468).

Der Versuch ist dann auf anderer Grundlage von A. Belopolski[5] wiederholt worden. Letzterer geht von den neuen Vorstellungen über den Aufbau der Materie aus und berechnet aus den beobachteten Repulsivkräften die Zusammensetzung der verschiedenen in den Schweifen vorhandenen Moleküle.

---

[1] A. Kopff, Über die Bewegung seitlicher Schweifpartien beim Kometen 1908 c (Morehouse). A N 182, S. 51 (1909).

[2] A. S. Eddington, The Envelopes of Comet Morehouse (1908 c). M N 70, S. 442 (1910); S. V. Orlov, Investigation of Comets' Heads. R A J 1, Heft 2, S. 12 (1924). (Russisch.)

[3] Für das Folgende vgl. außer der früheren Literatur: P. Lebedew, Die physikal. Ursachen der Abweichungen vom Newtonschen Gravitationsgesetz. V J S 37, S. 220 (1910) u. Phys Z 4, S. 15 (1910); A. Righi, Kometen und Elektronen. Leipzig 1911. Beide mit zahlreichen Literaturangaben. Die ältere Literatur teilweise abgedruckt in F. Zöllner, Über die Natur der Kometen. Leipzig 1872 u. Wissenschaftl. Abhandl. II, Teil 2. Leipzig 1878.

[4] F. Zöllner, Wissenschaftl. Abhandl. II, Teil 2.

[5] A. Belopolski, Theory of Comets' Tails. Obs 45, S. 110 (1922); vgl. auch: Comets and Ionization, ebenda 46, S. 124 (1923).

Nimmt man an, daß z. B. die Elemente des periodischen Systems aus Helium und Wasserstoff aufgebaut sind, und setzt man wieder die Repulsivkraft $1 - \mu$ unter der Annahme, daß diese elektrostatischer Natur ist, umgekehrt proportional dem Molekulargewicht, so könnte einer Größe $\mu = 20$ das Molekül $4\,(3\,He + H_2)$, dem Wert $\mu = 40$ das Molekül $2\,(3\,He + H_2)$, schließlich $\mu = 193$ das Molekül $(He + H_2)$ entsprechen. Dieselben Überlegungen gelten in gewissen Grenzen auch, wenn an Stelle der elektrischen Abstoßung der Lichtdruck tritt.

Auf die Bedeutung des Lichtdrucks für die Erklärung der Schweiferscheinung ist um die Jahrhundertwende fast gleichzeitig von verschiedenen Seiten, zuerst von Sv. ARRHENIUS, hingewiesen worden. Die physikalische Forschung hatte zu dieser Zeit das Wesen dieser Naturkraft genügend geklärt; die theoretischen Untersuchungen von MAXWELL u. a. fanden durch die Versuche von LEBEDEW, NICHOLS und HULL eine volle Bestätigung[1]. Der Lichtdruck mußte also notwendigerweise bei der Deutung der beobachteten Erscheinungen in Betracht gezogen werden. Da er als eine von der Sonne ausgehende Repulsivkraft wirkt, so schien er das Kometenrätsel in außerordentlich einfacher Weise zu lösen.

Die Verhältnisse bedurften jedoch einer quantitativen Klärung. Hier setzte zuerst die Untersuchung von K. SCHWARZSCHILD ein[2]. Für einen kugelförmigen Körper, dessen Dimensionen groß sind verglichen mit den Wellenlängen des Lichtes, ist die Repulsivkraft umgekehrt proportional dem Durchmesser und der Dichte des Körpers; der Lichtdruck wächst also zunächst mit abnehmender Größe des Körpers. Jedoch gelten die einfachen Beziehungen nicht mehr, sobald die Teilchen von der Größenordnung der Wellenlängen werden. Hier treten Beugungserscheinungen ein, und diese bewirken, daß die Repulsivkraft des Lichtdruckes bis zu einem Maximum anwächst und bei einem Kleinerwerden der Teilchen wiederum abnimmt. Die Untersuchung von SCHWARZSCHILD führte schließlich zu folgendem Ergebnis. Für einen Körper von der Dichte 1 (Wasser) wird der Druck des Lichtes, wenn man annimmt, daß die ganze Sonnenstrahlung aus Wellen der Länge $0{,}6\,\mu$ besteht, gleich der Schwerkraft, sobald der Kugeldurchmesser bis auf $2{,}5\,\lambda$ herabsinkt. Bei weiterer Verkleinerung der Kugel wächst der Druck über die Schwerkraft hinaus, bis er sie bei einem Durchmesser von $0{,}3\,\lambda$ um das 18fache übertrifft. Dann sinkt er schnell wieder ab. Nimmt man die geringere Dichte der Kohlenwasserstoffe an und berücksichtigt außerdem die Gesamtstrahlung der Sonne über alle Wellenlängen hinweg, so kommt man schließlich zu einem Maximalwert für den Lichtdruck, der die Attraktion der Sonne um das 20- bis 30fache übersteigt. Das war aber gerade der maximale Wert der Repulsion, den BREDICHIN aus der Form der Kometenschweife hergeleitet hatte (vgl. Ziff. 14, S. 467). Theorie und Beobachtung ergänzten sich anscheinend in überraschend guter Weise, und der Lichtdruck schien in der Tat die Erscheinung der Kometenschweife völlig zu erklären.

Die Untersuchungen SCHWARZSCHILDS sind dann von P. DEBYE[3] fortgeführt und erweitert worden. DEBYE behandelt den Einfluß des Lichtdruckes auf Kugeln von beliebigem Material, charakterisiert durch Dielektrizitätskonstante ε und Leitfähigkeit σ. In der Diskussion unterscheidet er zwischen vollkommen reflektierenden Kugeln, solchen, die das Licht durchlassen und zerstreuen, aber

---

[1] Vgl. hierzu auch W. WESTPHAL, Bericht über die Druckkräfte elektromagnet. Strahlung Jahrb. d. Radioakt. 18, S. 81 (1921).

[2] K. SCHWARZSCHILD, Der Druck des Lichts auf kleine Kugeln und die Arrheniussche Theorie der Kometenschweife. Münchener Sitzgs.-Ber. 31, S. 293 (1901).

[3] P. DEBYE, Der Lichtdruck auf Kugeln von beliebigem Material. Ann d Phys (4) 30, S. 57 (1909).

nicht absorbieren, und schließlich absorbierenden Kugeln. Für die ersteren werden die Ergebnisse von SCHWARZSCHILD bestätigt. Für die Kugeln der zweiten Klasse erreicht das Verhältnis von Lichtdruck zu Gravitation wiederum ein Maximum, das aber unter dem im ersten Fall gefundenen Werte bleibt. Im dritten Fall strebt dieses Verhältnis mit kleiner werdendem Kugelradius einem endlichen Grenzwert zu, so daß bei gewissen mittleren Absorptionsverhältnissen keine untere Grenze für die Größe der Teilchen existiert, die durch den Lichtdruck von der Sonne weggeschleudert werden können.

Bereits P. DEBYE hat darauf hingewiesen, daß der Lichtdruck auf die selektiv absorbierenden (und reemittierenden) Einzelmoleküle verhältnismäßig viel größer ist als auf dielektrische Kugeln. W. BAADE und W. PAULI JR.[1] sowie A. UNSÖLD[2] haben diese Verhältnisse genauer untersucht. Die beiden ersteren zeigen, daß unter Umständen der Lichtdruck die Gravitation um das 100fache und mehr übersteigen kann. Nach UNSÖLD sind die von BAADE und PAULI gefundenen Werte allerdings mit dem Faktor $^1/_4$ zu multiplizieren. Wie weit eine quantitative Übereinstimmung zwischen den aus der Bewegung der Schweifmaterie hergeleiteten Werten der Repulsivkraft und den theoretischen, auf Grund der Elektronentheorie berechneten Werten vorhanden ist, läßt sich gegenwärtig kaum sagen. Man muß hierzu die spektrographischen Befunde heranziehen, und die Deutung des Schweifspektrums ist heute noch keineswegs gesichert. Schreibt man die Schweifbanden dem CO^+ und N_2^+ zu, so käme man z. B. auf eine Repulsivkraft vom Wert 38; die beobachteten Werte sind zum Teil bedeutend größer, aber freilich auch noch mit erheblicher Unsicherheit behaftet. Besondere Schwierigkeit bereitet der Umstand, daß Schweife von ganz verschiedenem Typus anscheinend dasselbe Spektrum besitzen (vgl. Ziff. 11, S. 456). Noch größer sind wohl die Schwierigkeiten, wenn man die Gesamtheit der Schweiferscheinungen, auch die rasch veränderlichen Schweifstrahlen, rein mechanisch deuten will. Man kommt also, soweit man zur Zeit beurteilen kann, mit dem von der Sonne ausgehenden Lichtdruck keineswegs aus und hat deshalb auch versucht, die Annahme einer Repulsivkraft der Sonne in verschiedener Weise zu ergänzen.

Dies kann nach zweierlei Richtung hin geschehen. Man kann annehmen, daß der Kometenkopf oder auch der Schweif selbst der Sitz irgendwelcher Kräfte ist, welche die Bewegung der Schweifmaterie beeinflussen[3]; man kann auch annehmen, daß unsere Wahrnehmungen im Schweif sich nur teilweise auf rein mechanische Vorgänge beziehen, und daß wir zum Teil reine Leuchtvorgänge innerhalb der Schweifmaterie beobachten[4]. Durchgearbeitet ist bis jetzt keine dieser Hypothesen. E. D. ROE und W. P. GRAHAM[5] haben darauf hingewiesen, daß möglicherweise Teilchen sich den Kraftlinien entlang bewegen, die durch das gemeinsame elektrische Kraftfeld von Sonne und Kometenkopf bedingt sind; in der Tat haben z. B. die von MAXWELL gezeichneten Kraftlinien[6] in ihrem Verlauf mancherlei Ähnlichkeit mit den photographisch beobachteten Schweifstrahlen. F. BALDET[7] andererseits will die beim Kometen 1908 III (MOREHOUSE) wahr-

---

[1] W. BAADE u. W. PAULI jr., Über den auf die Teilchen in den Kometenschweifen ausgeübten Strahlungsdruck. Naturwissensch. 15, S. 49 (1927).

[2] A. UNSÖLD, Über die Struktur der Fraunhoferschen Linien und die Dynamik der Sonnenchromosphäre. Z f Phys 44, S. 803 (1927).

[3] Vgl. z. B. Lick Bull 4, S. 178, (1907); A. KOPFF, Publ. des Astrophys. Inst. Königstuhl-Heidelberg 3, S. 140 (1909).

[4] Vgl. z. B. A. RIGHI, Anm. 3, S. 474.

[5] E. D. ROE jr. u. W. P. GRAHAM, Suggestions for a New Theory of Comets. A N 187, S. 17 (1911).

[6] J. CL. MAXWELL, A Treatise on Electricity and Magnetism, II. Oxford 1881.

[7] F. BALDET, Sur les filaments hélicoidaux de la comète MOREHOUSE (1908 c). C R 161, S. 272 (1915).

genommenen, anscheinend schraubenförmig gewundenen Strahlen auf ein magnetisches Kraftfeld zurückführen. Doch bedürfen, wie hervorgehoben, alle diese Annahmen einer eingehenden Nachprüfung, bevor sich über ihren Wert etwas aussagen läßt. Gegenwärtig zeigt sich nur, daß wir von einer lückenlosen Deutung der beobachteten Erscheinungen noch recht weit entfernt sind.

d) Die Meteore.

17. Die Meteorite. Die folgenden Abschnitte sollen sich vorwiegend mit der physischen Beschaffenheit der Meteore beschäftigen[1]. Teils müssen auch hier wieder, wie in den übrigen Zweigen der Astronomie, aus den Beobachtungen am Himmel Schlüsse über den Aufbau dieser Himmelskörper gezogen werden, die naturgemäß von hypothetischem Charakter nicht frei sein können. Zum Teil aber besitzen wir in den Meteoriten Bestandteile von Feuerkugeln und sind damit in der Lage, die physikalischen und chemischen Eigenschaften dieser Himmelskörper im Laboratorium unmittelbar festzustellen.

Die Untersuchung der Meteorite ist eine wichtige Aufgabe der Mineralogie geworden, und die Ergebnisse sind wiederholt von mineralogischer Seite zusammengefaßt. Es sei deshalb hier auf solche Spezialwerke verwiesen[2]. Nur einige Punkte seien hervorgehoben, die für die astronomische Seite des Problems von besonderer Wichtigkeit sind.

Aus den Funden geht zunächst hervor, daß die Feuerkugeln zum Teil aus einzelnen Körpern bestehen; vielfach findet man auch mehr oder minder zahlreiche Bruchstücke, die anscheinend durch Zerspringen eines einzelnen Körpers im Hemmungspunkt entstanden sind. In anderen Fällen ist jedoch mit großer Sicherheit anzunehmen, daß von allem Anfang an die Feuerkugel aus einer Anhäufung von zahlreichen kleineren Körpern bestand, die sich in einer gemeinsamen Bahn bewegten. Hierzu sind insbesondere die in historischen Zeiten beobachteten Steinregen zu rechnen, bei denen teilweise Tausende von einzelnen Stücken gezählt worden sind. Diese großen Feuerkugeln sind dann in ihrem Aufbau den Kometen völlig analog und nur der Größenordnung nach davon verschieden (vgl. Ziff. 9, S. 444). Während jedoch die Kometen Glieder des Sonnensystems sind, besitzen die Feuerkugeln meistens interstellaren Ursprung.

Der Größe und dem Gewicht nach zeigen die Meteorite sehr bedeutende Unterschiede. Einzelne Meteorite wiegen 20 bis 30 t, andere sind kleine Steinchen; schließlich sind wohl auch eine Anzahl von Staubfällen[3] den Meteoriten zuzurechnen.

Nach ihrer chemischen Beschaffenheit zerfallen die Meteorite in Meteorsteine (Aerolithe), die aus Mineralen, besonders Silikaten, bestehen; in Meteoreisen (Siderite), die neben reinem Eisen auch Nickel, Kobalt und Chrom sowie Eisenverbindungen (besonders mit Schwefel) enthalten, und schließlich in Zwischenstufen (Siderolithe), die eine Reihe von Übergängen von den Meteorsteinen zu den Meteoreisen darstellen. In der Regel werden diese Zwischenstufen, je nach dem Grad des Auftretens des Eisens und der Minerale in eine Anzahl von Untergruppen eingeteilt, die bei den einzelnen Autoren verschieden sind. Wesentlich ist hier, daß bei allen Meteoritenfunden übereinstimmend dieselben Substanzen wie auf der Erde auftreten; auffallend ist nur das gänzliche Fehlen von Quarz, der auf der Erde besonders weit verbreitet ist. Daß in den

---

[1] Vgl. außer den eingangs (Anm. 1, S. 426) erwähnten allgemeinen Literaturangaben die bereits früher (Anm. 3, S. 434 u. Anm. 1, S. 436) speziell für die Meteore zitierten Werke.

[2] Zum Beispiel E. COHEN, Meteoritenkunde. I (1894) u. II (1904). Stuttgart.

[3] Vgl. z. B. die Zusammenstellung bei N. HERZ, Anm. 1, S. 426.

Meteoriten Gase enthalten sind, deren Spektrum mit dem der Kometen übereinstimmt, wurde früher (vgl. Ziff. 10, S. 445) schon hervorgehoben. Im Innern der Meteorite ist das Eisen von kristallinischer Struktur (WIDMANNSTÄTTENsche Figuren); das Äußere hat durch das Anschmelzen meist eine für die Meteorite

Abb. 16. Der Meteorit von TREYSA.

besonders charakteristische Oberflächenbeschaffenheit angenommen, die z. B. bei dem in Abb. 16 abgebildeten Meteoriten von Treysa[1] ohne weiteres zu erkennen ist.

18. Die physischen Wahrnehmungen beim Meteorphänomen. Die Bahnverhältnisse der Meteore und die zu deren Ermittlung durch die Beobachtungen gegebenen Grundlagen wurden bereits in anderem Zusammenhang dargestellt (vgl. Ziff. 5, S. 434). An dieser Stelle sind die bei den Meteorerscheinungen unmittelbar gemachten Wahrnehmungen zu behandeln. Daß in der äußeren Erscheinung Sternschnuppen und Feuerkugeln im allgemeinen voneinander verschieden sind, wurde bereits früher hervorgehoben; erstere sind sternartig von nahezu gleichmäßiger Helligkeit und weißem Licht, letztere zeigen vielfach eine flächenhafte Ausdehnung, eine starke, oft plötzliche Lichtzunahme und wechselnde Farben. Bisweilen treten bei derselben Feuerkugel mehrere Lichtmaxima auf.

Helligkeit. Die Helligkeit der Meteore wird nach Sterngrößen angegeben; bei hellen Objekten dienen die Planeten oder der Mond zum Vergleich. Statistische Untersuchungen über das Auftreten verschieden heller Meteore sind mehrfach angestellt worden[2]. Neuerdings hat E. ÖPIK[3] eine Methode entwickelt, um aus der Anzahl der an einem Beobachtungsort gezählten Meteore verschiedener Helligkeit auf die Zahl der wirklich gefallenen (bis zu einer gewissen Größen-

---

[1] FR. RICHARZ, Auffindung, Beschreibung und vorläufige physikal. Untersuchung des Meteoriten von Treysa. Schriften der Ges. zur Förd. der ges. Naturw. zu Marburg 14, S. 91 (1918).

[2] Vgl. z. B. die Zusammenstellungen bei N. HERZ, Anm. 1, S. 426.

[3] E. ÖPIK, A Statistical Method of Counting Shooting Stars and its Application to the Perseid Shower of 1920. Publ. de l'Observat. Astron. de l'Université de Tartu (Dorpat) 25, Nr. 1 (1922); vgl. ebenda 25, Nr. 4 (1923).

klasse) zu schließen. Die als Beispiel gegebene Häufigkeitskurve (Abb. 17) bezieht sich auf Zählungen im August 1920. Hierbei bedeutet n bei den Nichtperseiden die Anzahl der stündlich beobachteten Meteore der bestimmten Helligkeit m_0. Bei den Perseiden dagegen ist n die entsprechende Normalanzahl, d. h. die Zahl der stündlich wahrgenommenen Meteore durch den cos der Zenitdistanz des Radianten dividiert. Die berechnete Anzahl bei den Perseiden bezieht sich auf eine interpolatorische Darstellung der beobachteten. Der Verlauf der $\log n$ zeigt deutlich die Zunahme der Meteore mit abnehmender Helligkeit. Jedoch verläuft die Zunahme bei den Perseiden anders als bei den übrigen Meteoren derselben Zeit.

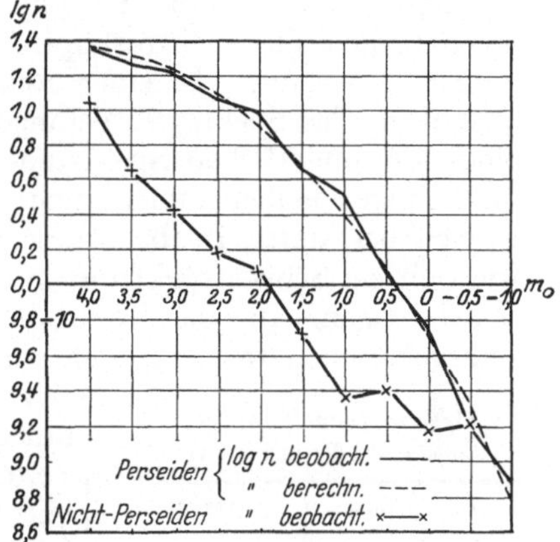

Abb. 17. Häufigkeitskurve verschieden heller Meteore im August 1920 von E. ÖPIK.

Farbe. Neben den Angaben über die Helligkeit enthalten die Meteorbeobachtungen meist solche über die Farbe; doch sind hierbei die Wahrnehmungen wegen der Kürze der Erscheinung wiederum unsicher. Längere zusammenhängende Beobachtungsreihen von großem Wert rühren von J. SCHMIDT[1] her, die sich vor allem auch auf Sternschnuppen erstrecken. Bei den hellen Meteoren ist in zahlreichen Fällen ein deutlicher Farbenwechsel wahrgenommen worden. A. WEGENER[2] hat diese Erscheinung eingehend diskutiert und damit zum erstenmal eine systematisch aufgebaute, von einheitlichen Gesichtspunkten ausgehende Darstellung der Farben bei hellen Meteoren gegeben. Soweit es sich um gesicherte Beobachtungen handelt, ist in vielen Fällen (vgl. jedoch auch S. 490) die Farbe der Meteore im frühen Teil ihrer Bahn grün, ein Stadium, welchem auch die Sternschnuppen angehören. Im späteren Teil ist vielfach ein rascher Übergang nach Rot wahrzunehmen, der zugleich mit einer bedeutenden Lichtentwicklung verbunden ist. Über die Deutung, die A. WEGENER dieser Erscheinung gegeben hat, ist an anderer Stelle zu berichten (vgl. Ziff. 20).

Größe. Neben den Angaben über Helligkeit und Farbe stehen wenigstens bei den großen Meteoren noch vielfach solche über die scheinbare Größe; allerdings sind gerade hier die Beobachtungen subjektiv stark beeinflußt und zum Teil auch durch Irradiation verfälscht. Aber sicher werden Meteore von sehr erheblicher Raumausdehnung beobachtet. Wenn gelegentlich bei Feuerkugeln eine Ausdehnung bis zu Vollmondgröße und darüber angegeben wird, so bedeutet dies in linearem Maß eine Kugel, deren Durchmesser unter Umständen 1 km übersteigt.

Schweif. Zur physischen Erscheinung eines Meteors gehört schließlich noch der Schweif, der häufig als Spur der Meteorbahn sichtbar bleibt. Er erscheint zuerst gleichmäßig hell und gerade. Bei hellen Schweifen treten dann bisweilen mehr oder weniger rasch sich abspielende Veränderungen ein, zuerst ein Zerfallen in einzelne Lichtperlen, dann ein wolkenartiges Ausbreiten, das meist mit lebhaften Veränderungen von Form und Lage verbunden ist. Die Dauer der

---

[1] J. SCHMIDT, Resultate aus zehnjähr. Beob. über Sternschnuppen. Berlin 1852 (vgl. auch die Auszüge bei N. HERZ, Anm. 1, S. 426). Genaue Farbenschätzungen auch bei E. ÖPIK, Anm. 3, S. 478.

[2] A. WEGENER, Der Farbenwechsel großer Meteore. Nova Acta d. Leop. Ak. 104, S. 1 (1918).

ganzen Erscheinung beträgt in einzelnen Fällen $^1/_2$ Stunde und darüber hinaus. Auch bei Tage sind Meteorschweife als Rauchwolken sichtbar. C. C. Trowbridge[1] hat eine größere Anzahl von Schweifbeobachtungen gesammelt und verarbeitet. Die durchschnittliche Höhe der nächtlichen Erscheinungen findet er zu 87 km mit nur geringer Streuung; die bei Tage beobachteten Schweife liegen tiefer. Einige wichtige Folgerungen aus den Beobachtungen werden an späterer Stelle erwähnt (Ziff. 19, S. 489).

Spektrum. Für die physikalische Erforschung des Meteorphänomens ist natürlich die spektroskopische Untersuchung der Leuchterscheinung von großer Bedeutung. In einer Reihe von Fällen[2] ist eine zufällige visuelle Beobachtung des Spektrums gelungen, wobei man freilich über die Wahrnehmung eines kontinuierlichen Spektrums, das anscheinend vom festen Kern herrührt, und einiger hellen Linien nicht hinausgekommen ist. In welchem Umfange es sich bei diesen Beobachtungen um Licht des eigentlichen Meteors handelt, wie weit ein Schweifspektrum mitbeobachtet worden ist, läßt sich im einzelnen schwer sagen. In einer Reihe von Fällen[3] konnte das Schweifspektrum allein wahrgenommen werden, doch sind auch hier die Angaben unsicher.

Von größerem Wert sind photographische Aufnahmen des Meteorspektrums, die bis jetzt aber nur in seltenen Fällen gelungen sind. Auch hier ist das Spektrum teils auf das Licht des Meteors selbst, teils auf das der Spur zurückzuführen. Der erste Fall bezieht sich auf ein helles Meteor vom 18. Juni 1897, über das E. C. Pickering[4] berichtet. Das Spektrum bestand aus sechs hellen Linien, deren Wellenlängen und Intensitäten in der angefügten Tabelle zusammengestellt sind. Vier der vermessenen Bänder wurden hierbei von E. C. Pickering mit Wasserstoff identifiziert.

Meteor 1897 Juni 18
(nach E. C. Pickering).

λ	Intens.	Wasserstoff
3954	40	H_ε
4121	100	H_δ
4195	2	
4344	13	H_γ
4636	10	
4857	10	H_β

Zwei andere Spektralaufnahmen von Meteorspuren rühren von S. Blajko[5] her. Die Wellenlängen der hellsten Linien sind wiederum tabellarisch zusammengestellt.

Die Deutung der Linien ist hier unsicher, da die Wellenlängen stark fehlerhaft sein können[6]. Blajko selbst identifiziert die Linien als solche der Elemente Ca, K, Mg, He und Tl.

Meteor 1904 Mai 11
(nach Blajko).

λ	Intens.
3573	3
3639	4
3743	4
3836	3
3857	3
3934	10
3969	5

Meteor 1904 August 12
(nach Blajko).

λ	Intens.
3745	2
3790	2
3803	2
3891	10
3915	2
3993	5
4027	3

A. Wegener[7] vermutet, daß die beiden hellsten Linien $\lambda 3934$ und $\lambda 3891$ identisch sind und möglicherweise dem Stickstoff angehören. Auch C. C. Trowbridge vertritt die Auffassung, daß das Meteorspektrum vor allem dem Stickstoff angehört

---

[1] C. C. Trowbridge, Physical Nature of Meteor Trains. Ap J 26, S. 95 (1907); vgl. auch Ziff. 20.

[2] Vgl. die Zusammenstellung bei H. Kayser, Handbuch der Spektroskopie 5, S. 58 (1910) sowie C. C. Trowbridge, Spectra of Meteor Trains. Proc. Nat. Amer. Acad. 10, S. 24 (1924) (mit zahlreichen Literaturangaben).

[3] Vgl. die Zusammenstellung bei C. C. Trowbridge, vorige Anm.

[4] E. C. Pickering, Spectrum of a Meteor. Harv Circ 20; Ap J 6, S. 461 (1897).

[5] S. Blajko, On the Spectra of Two Meteors. Ap J 26, S. 341 (1907).

[6] Vgl. auch die Bemerkungen bei H. Kayser, Anm. 2, S. 480.

[7] A. Wegener, Anm. 5, S. 479.

und eine Phosphoreszenzstrahlung desselben ist. Das Material ist im ganzen noch äußerst lückenhaft; weitere Beobachtungen sind von hohem Wert, denn sie werden mit Sicherheit entscheiden können, ob die Dämpfe der Meteorsubstanz leuchten oder die das Meteor umgebenden Luftschichten (vergl. S. 495).

Höhe und Geschwindigkeiten. Für die physikalische Erklärung der beobachteten Erscheinungen ist nun die Kenntnis der Höhen notwendig, in welchen sich die Vorgänge abspielen, und die der Geschwindigkeiten, welche die Meteore während des Leuchtvorganges besitzen. Über die Höhe der Schweife wurde bereits S. 480 eine Bemerkung vorweggenommen. Über die Höhe des Aufleuchtens und Erlöschens der Meteore selbst sind zahlreiche statistische Untersuchungen von E. WEISS, H. A. NEWTON und besonders G. v. NIESSL durchgeführt worden. Nach der Zusammenstellung des letzteren[1] seien die folgenden Ergebnisse hervorgehoben. Für die Sternschnuppen wurden die nebenstehend gegebenen drei verschiedenen Wertepaare gefunden. Die Leoniden setzen also höher als andere Sternschnuppen ein.

Höhe des Aufleuchtens und Erlöschens bei Sternschnuppen.

	Perseiden	Leoniden	Verschiedene Radianten
Aufleuchten . . .	115 km	155 km	109 km
Erlöschen	88 ,,	98 ,,	86 ,,

Für große Meteore ergab sich als Höhe für:

$$\text{Aufleuchten} \ldots \ldots \ldots \ldots 139 \text{ km}$$
$$\text{Erlöschen} \ldots \ldots \ldots \ldots 50 \text{ ,,}$$

In stark verschiedenen Höhen liegt der Hemmungspunkt bei den Meteoren. G. v. NIESSL fand als mittlere Höhe für:

$$147 \text{ Feuerkugeln ohne Detonation} \ldots 60 \text{ km}$$
$$57 \text{ detonierende Meteore} \ldots \ldots 31 \text{ ,,}$$
$$16 \text{ Meteoritenfälle} \ldots \ldots \ldots 22 \text{ ,,}$$

Größere Meteormassen gelangen also infolge relativ geringeren Widerstandes innerhalb der Atmosphäre in tiefere Schichten. Eine weitere Zusammenstellung von NIESSL gibt den Zusammenhang zwischen Endhöhen und Durchschnittsgeschwindigkeiten. Diese letzteren sind unmittelbar aus den Beobachtungen hergeleitet, welche den in der Atmosphäre zurückgelegten Weg und die Sichtbarkeitsdauer zu ermitteln gestatten. Diese Geschwindigkeiten werden fast ausschließlich auch den Bahnbestimmungen bei großen Meteoren zugrunde gelegt. Als Beispiel seien nebenstehend die Daten für eine Gruppe beigefügt, welche aus 8% Sternschnuppen, 27% großen Meteoren und 65% Feuerkugeln besteht.

Durchschnittsgeschwindigkeit und Endhöhe bei Meteoren.

Geozentrische Durchschnittsgeschwindigkeit	Endhöhe
76,8 km/sec	116,8 km
72,0	89,3
49,4	72,5
49,1	58,9
42,7	39,0
36,6	22,1

In allen Fällen zeigt sich, daß, je tiefer der Endpunkt liegt, desto geringer auch der Wert der mittleren geozentrischen Geschwindigkeit ist. NIESSL schließt hieraus, daß ein Meteor um so tiefer in die Atmosphäre eindringen kann, je geringer seine ursprüngliche geozentrische Geschwindigkeit war.

Diese Daten seien noch durch einige Angaben aus einer neueren Untersuchung von A. WEGENER[2] ergänzt. Für Sternschnuppen haben bereits F. A. LINDEMANN und G. M. B. DOBSON[3] nachgewiesen, daß die Endhöhen zwei Häufigkeits-

---

[1] G. v. NIESSL, Encykl. der math. Wiss. VI, 2, Nr. 10 (1910).
[2] A. WEGENER, Anfangs- und Endhöhen großer Meteore. Meteorol Z 44, S. 281 (1927).
[3] Literatur bei A. WEGENER, vorige Anm. Vergl. auch Anm. 1, S. 488.

maxima zeigen: ein unteres sekundäres bei etwa 45 km und ein oberes Hauptmaximum, das im Winter bei 75 km, im Sommer bei 85 km Höhe liegt. A. Wegener prüfte nun diese Gesetzmäßigkeit für große Meteore (auf Grund des neuen Katalogs von Niessl-Hoffmeister[1]) nach. Zunächst ergibt die beigefügte Tabelle den Zusammenhang zwischen geozentrischer Geschwindigkeit, mittlerer Anfangs- und Endhöhe.

Abhängigkeit der Anfangs- und Endhöhen von der geozentrischen Geschwindigkeit.

Geozentrische Geschwindigkeit	Mittlere Anfangshöhe	Mittlere Endhöhe
110 km/sec	226 km	136 km
100	217	96
90	177	98
80	183	74
70	149	63
60	138	55
50	144	47
40	131	47
30	112	47
20	92	44
10	66	28
0		

Auffallend ist bei dieser Tabelle, daß in einer Endhöhe von 47 km auch diejenigen Meteore enden, für die eine geringere Höhe zu erwarten gewesen wäre. „In 47 km Höhe scheint ein Hindernis zu liegen, das auch diejenigen Meteore abfängt, die auf Grund ihrer geringeren Geschwindigkeit befähigt sein sollten, tiefer hinabzudringen."

Die Häufigkeitsverteilung der Anfangs- und Endhöhen sind wiederum in einer Tabelle zusammengesellt, bei der nur die Daten unter 150 km Höhe gegeben sind.

Am häufigsten beginnen die Leuchtbahnen der untersuchten großen Meteore bei etwa 100 km und enden bei 30 bis 40 km. Ein sekundäres Maximum der Endhöhen liegt bei 75 km Höhe. Die Gesetzmäßigkeit ist also ähnlich wie bei den Sternschnuppen; nur ist bei letzteren das höhergelegene das Hauptmaximum, bei den großen Meteoren dagegen tritt das obere Maximum stark zurück. Eine genauere Untersuchung des unteren Häufigkeitsmaximums der Endhöhen zeigt, daß dieses gegabelt ist. Bei einer Einteilung des Materials in 5 km-Stufen treten zwei Maxima bei 30—35 km und 45—50 km Höhe auf. Diese Gabelung

Verteilung der Anfangs- und Endhöhen der Meteore.

Höhe	Zahl der Anfänge	Zahl der Enden
150 km	27	—
140	40	1
130	49	4
120	48	6
110	57	8
100	58	17
90	49	39
80	24	44
70	18	43
60	13	63
50	11	97
40	3	120
30	2	73
20	1	20
10	0	6
0		

scheint reell zu sein. Eine Anordnung der Endhöhen nach geozentrischen Geschwindigkeiten einerseits und Jahreszeiten andererseits ergibt für das untere Maximum eine unveränderte Lage; das obere liegt für kleine Geschwindigkeiten und im Winter bei 70 bis 80 km, für große Geschwindigkeiten und im Sommer bei 80 bis 90 km. Die Schwankung nach Jahreszeiten entspricht hier der von Lindemann und Dobson für die Sternschnuppen gefundenen.

Die hier diskutierten direkt beobachteten Geschwindigkeiten der Meteore sind nun nicht die ursprünglichen geozentrischen Werte, sondern sie sind, wie bereits in Ziff. 5, S. 434 hervorgehoben wurde, durch den mit tieferem Eindringen in die Atmosphäre zunehmenden Luftwiderstand beeinflußt. Es ist für die weitere Erforschung des Meteorphänomens von großer Wichtigkeit, diesen

---

[1] Vergl. Anm. 3, S. 434.

Einfluß genauer zu untersuchen. Unsere Kenntnis über die Wirkung des Luftwiderstandes ist bis jetzt noch sehr gering. Bei einigen besonders gut beobachteten
Feuerkugeln hat sich die Geschwindigkeitsabnahme unmittelbar aus den Beobachtungen herleiten lassen[1]. Bei einer Feuerkugel vom 23. Okt. 1889 z. B. geht
die Geschwindigkeit von 80,0 auf 29,0 km/sec herunter, bei einer anderen vom
23. Sept. 1910 von 75,6 auf 16,0 km/sec. In Zukunft ist zu hoffen, daß durch
photographische Methoden Geschwindigkeitsbestimmungen für kurze Wegstrecken
und damit genauere empirische Werte für die Abnahme der Geschwindigkeit
erhalten werden können[2].

Neuerdings hat A. WEGENER[3] versucht, aus einem größeren Beobachtungsmaterial Werte der außeratmosphärischen Geschwindigkeiten von großen Meteoren zu erhalten (Verhältnismethode). Zugrunde liegen beobachtete mittlere
geozentrische Geschwindigkeiten für verschiedene Werte des Elongationswinkels φ vom
Apex der Erdbewegung.
Sei bei nebenstehender
Abb. 18 M die Erde,
MA ihre Bewegungsrichtung, die Vektoren
$1\,M$, $2\,M$ usw. die beobachteten geozentrischen Geschwindigkeiten
für den Elongationswinkel φ. Wären diese
Vektoren ungestörte

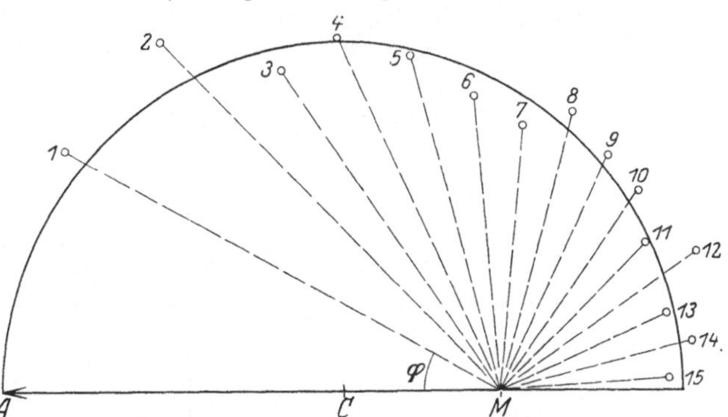

Abb. 18. Ermittlung von außeratmosphärischen
Geschwindigkeiten der Meteore nach A. WEGENER.

Eintrittsgeschwindigkeiten, so müßten die Punkte 1, 2 … auf einem Halbkreis
liegen, dessen Radius die für alle Gruppen im Mittel gleiche heliozentrische Geschwindigkeit der Meteore ist, und CM wäre die Erdbewegung. Nimmt man nun
an, daß durch den Luftwiderstand alle geozentrischen Geschwindigkeiten in
demselben Verhältnis verkleinert werden, so wird auch CM in demselben Verhältnis verringert, und man kann die mittleren außeratmosphärischen Geschwindigkeiten der Meteore unmittelbar aus der Figur ablesen, sobald man CM
gleich der Geschwindigkeit der Erdbewegung setzt. Insbesondere liefert dann
auch der Radius CA die mittlere heliozentrische Geschwindigkeit der untersuchten Meteore. Mittels dieser Methode hat A. WEGENER für die großen Meteore
eine mittlere heliozentrische Geschwindigkeit von 63,4 km/sec, also einen stark
hyperbolischen Wert hergeleitet.

Die vorstehend angegebene Methode enthält eine Voraussetzung über die
Verkleinerung der geozentrischen Geschwindigkeiten durch den Luftwiderstand,
die sich nicht unmittelbar nachprüfen läßt. Wie weit man bisher versucht hat,
die Frage nach dem Einfluß des Luftwiderstandes auf die Meteorgeschwindigkeiten aus theoretischen Erwägungen heraus zu klären, soll im folgenden Abschnitt (Ziff. 19) dargestellt werden.

19. Die physikalische Theorie der Meteore. Die physikalische Theorie der
Meteore umfaßt die Vorgänge der Bewegung und des Leuchtens. Die bei den

---

[1] Vgl. die Literatur bei CH. P. OLIVIER, Anm. 3, S. 434.
[2] Vgl. u. a. C. HOFFMEISTER, Astron. Abhandl. 4, Nr. 5, S. 5 (1922). Über ausgeführte
Versuche auch: F. A. LINDEMANN u. G. M. B. DOBSON, Note on the Photography of Meteors.
M N 83, S. 163 (1923).
[3] A. WEGENER, Anm. 1, S. 435.

Meteoren auftretenden Bahnformen in bezug auf die Sonne wurden bereits an früherer Stelle (vgl. Ziff. 5, S. 434) erörtert; damals wurde angenommen, daß man die wahre geozentrische und damit die heliozentrische Geschwindigkeit aus den Beobachtungen ermitteln kann. Da aber die Geschwindigkeit innerhalb der Erdatmosphäre eine Verringerung erfährt, ist es eine wesentliche Aufgabe der Theorie, die Frage des Luftwiderstandes zu klären. Hierbei ist man ganz auf Hypothesen angewiesen, wie auch die soeben angegebene mehr empirische Methode von A. Wegener gezeigt hat.

Luftwiderstand. G. V. Schiaparelli vor allem hat bereits den Einfluß des Luftwiderstandes unter der Annahme zu bestimmen versucht, daß für die Meteore dieselben Gesetze wie für fliegende Geschosse gelten[1]. Die wichtigsten Ergebnisse, die teilweise schon seinen Vorgängern bekannt waren, lassen sich an den von Schiaparelli als Beispiel berechneten Tabellen veranschaulichen, die nach G. V. Niessl etwas umgeschrieben sind.

Geschwindigkeitsabnahme bei Meteoren durch Luftwiderstand
(nach Schiaparelli).

I. Eintrittsgeschwindigkeit 72 km			II. Eintrittsgeschwindigkeit 16 km		
Luftdruck mm	Höhe km	Geschwindigkeit km	Luftdruck mm	Höhe km	Geschwindigkeit km
—	—	72	—	—	16
0,00007	129	70	0,006	94	14
0,0005	114	60	0,016	86	12
0,0013	106	48	0,032	80	10
0,0031	99	36	0,062	75	8
0,0082	91	24	0,128	69	6
0,036	80	12	0,305	62	4
0,082	73	8	1,229	51	2
0,315	62	4	4,299	41	1
1,249	51	2	11,619	33	0,5
4,318	41	1			
11,639	32	0,5			

Man erkennt aus diesen Tabellen zweierlei. Die theoretisch ermittelte Geschwindigkeitsabnahme ist bereits bei Höhen von 80 bzw. 60 km eine sehr starke, und die Endgeschwindigkeit in tieferen Schichten der Atmosphäre ist von der Größe der kosmischen Anfangsgeschwindigkeit ganz unabhängig. Man würde danach unter Umständen bei der Bestimmung der geozentrischen Geschwindigkeit auf dem üblichen Wege zu ganz falschen Werten gelangen können. Doch entsprechen die theoretisch hergeleiteten Verhältnisse kaum der Wirklichkeit. Die Geschosse bewegen sich nur in den unteren Luftschichten, wohin die Meteore im allgemeinen gar nicht gelangen. Man wird also die bei den Geschossen geltenden Gesetzmäßigkeiten nicht ohne weiteres auf die ganz anderen Verhältnisse übertragen dürfen. Man muß wohl bei der Diskussion überhaupt zwischen den in den oberen Luftschichten verbleibenden Sternschnuppen und den tiefer eindringenden Feuerkugeln unterscheiden, wenn auch hier wieder Übergangsstadien vorhanden sind.

Für die in die tieferen Teile der Atmosphäre gelangenden größeren Meteore gibt die theoretische Darstellung des Einflusses des Luftwiderstandes, wie sie neuerdings A. Wegener gegeben hat, anscheinend ein zutreffenderes Bild als

---

[1] G. V. Schiaparelli, Entwurf einer astronomischen Theorie der Sternschnuppen. Stettin 1871.

die ältere Theorie von SCHIAPARELLI. A. WEGENER[1] behält die von letzterem
aufgestellte Gleichung für die Geschwindigkeitsabnahme bei, die auf dem Wider-
standsgesetz von ROBERT für fliegende Geschosse beruht. Diese Gleichung lautet:

$$\log\left[1 + \left(\frac{696}{u_1}\right)^2\right] - \log\left[1 + \left(\frac{696}{u_0}\right)^2\right] = 0{,}00278\,\frac{\mu \sec z}{r \cdot p},$$

wo u_0 die Anfangsgeschwindigkeit, u_1 die Geschwindigkeit im betrachteten Punkt
(in m/sec), μ der Luftdruck in Millimetern, z die Zenitdistanz, r der Radius des
Meteors in Metern und p das spezifische Gewicht (Wasser $= 1$) ist.

Mit Hilfe dieser Gleichung ist die Geschwindigkeit eines Steinmeteoriten
($p = 3{,}5$) und eines Eisenmeteoriten ($p = 7{,}8$), sowie die Geschwindigkeitsänderung mit der Zeit für verschiedene Höhen berechnet. Beide Meteore haben eine
Anfangsgeschwindigkeit von 72 km/sec. Zum Unterschied gegen die zuerst gegebenen Tabellen von SCHIAPARELLI hat WEGENER bei der Umsetzung der Luft-
druckwerte in Höhen den von ihm angenommenen Aufbau der höheren Schichten

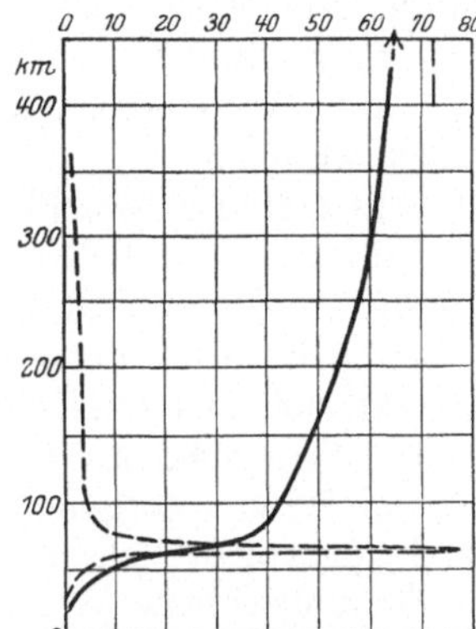

Geschwindigkeit (ausgezogen) und Ver-
zögerung (gestrichelt) eines unter 45°
einfallenden Steinmeteoriten von 0,2 m
Radius und 72 km/sec Anfangsgeschwindigkeit (links km, oben km/sec bzw.
km/sec²).

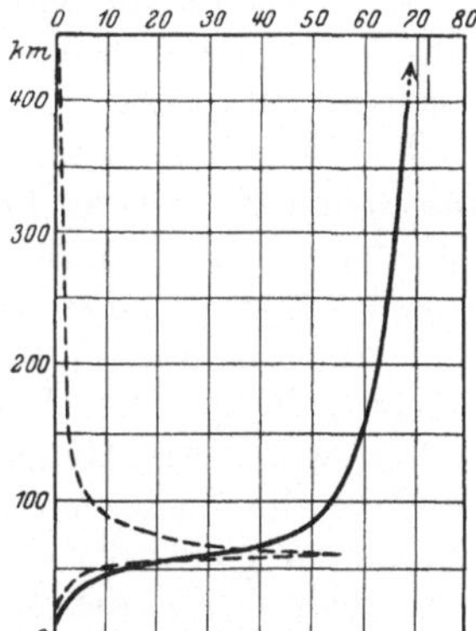

Geschwindigkeit (ausgezogen) und Ver-
zögerung (gestrichelt) eines unter 45°
einfallenden Eisenmeteoriten von 0,2 m
Radius und 72 km/sec Anfangsgeschwindigkeit (links km, oben km/sec bzw.
km/sec²).

Abb. 19. Theoretisch berechnete Geschwindigkeitsabnahme durch Luftwiderstand bei
Meteoren von A. WEGENER.

der Atmosphäre zugrunde gelegt: eine Wasserstoffsphäre oberhalb 75 km und
eine Geokoroniumsphäre oberhalb etwa 300 km². Der Geschwindigkeitsverlauf
für die beiden angenommenen Meteore entspricht nun viel mehr den direkten
Wahrnehmungen; verglichen mit den Tabellen von SCHIAPARELLI ergibt sich
in höheren Schichten eine langsamere Abnahme, in tieferen Schichten (besonders
stark in einer Höhe von etwa 70 km) aber eine ziemlich plötzliche Verminderung
der Geschwindigkeit (vgl. hierzu die beigegebene Abb. 19). In der Tat zeigen die
höheren Sternschnuppen nur eine geringe Geschwindigkeitsänderung, die großen
Meteore eine besonders starke.

Auf anderem Wege kommt auch E. ÖPIK[3] zu dem Ergebnis, daß für die
Sternschnuppen, im Gegensatz zu den Feuerkugeln, die Verminderung der Ge-

---

[1] A. WEGENER, Über Luftwiderstand bei Meteoren. Sitzber. der Gesellsch. zur Förd.
der ges. Naturwiss. zu Marburg 1919 Nr. 2.
[2] Beim Vorhandensein einer reinen Wasserstoffatmosphäre in größeren Höhen dürften
sich die Ergebnisse von A. WEGENER nicht prinzipiell ändern.
[3] E. ÖPIK, Anm. 3, S. 478.

schwindigkeit durch den Luftwiderstand ohne große Bedeutung ist. Theoretische Erwägungen führen ihn zu der Auffassung, daß die Sternschnuppen im allgemeinen verdampfen, ehe sie in tiefere Schichten kommen; die beobachteten Geschwindigkeiten unterscheiden sich dabei nur unwesentlich von den ursprünglichen kosmischen Werten. In beiden Fällen, bei Sternschnuppen sowohl als auch bei Feuerkugeln, ist hierbei der Luftwiderstand die Ursache des Leuchtens.

Leuchtvorgang. Über den Vorgang des Leuchtens der Meteore selbst gehen bis jetzt die Auffassungen noch weit auseinander. Auch hier sind wohl wieder Unterschiede zwischen den beiden Klassen der Meteore zu machen. In großen Zügen wird man sich den Vorgang in folgender Weise vorzustellen haben[1]. Die in der lebendigen Kraft des Meteors vorhandene Energie erfährt infolge des Luftwiderstandes eine Umsetzung, die in verschiedener Weise erfolgt. Einmal erfährt das Meteor eine zunehmende Erhitzung, die schließlich zu einem Verdampfen der Materie führt. Aber auch die Luftteilchen erleiden Bewegungsänderungen; Kompression und Temperatursteigerung tritt für die das Meteor umgebende Luft ein, die teilweise von diesem mitgerissen wird. Durch Licht- und Schallwellen endlich wird das Meteor für uns wahrnehmbar. In welchem Umfange sich die ursprüngliche Bewegungsenergie auf die verschiedenen Vorgänge verteilt, kann nur schätzungsweise angegeben werden.

Im einzelnen wird bei der Feuerkugel nach einem ersten schwachleuchtenden Stadium der mittlere Teil der Bahn mit starker Erhitzung und hell strahlend, aber doch noch unter verhältnismäßig geringer Helligkeitszunahme durchlaufen werden. Bei zunehmender Luftdichte erreicht dann die Kompression einen kritischen Wert; die gesamte kinetische Energie setzt sich fast explosionsartig in Wärme um, wobei die Helligkeit eine plötzliche Steigerung erfährt. Nach A. WEGENER[2] ist die Geschwindigkeit des Meteors bei diesem Vorgang zu etwa 1 km/sec, d. h. etwa gleich der Geschwindigkeit der Explosionswellen anzusetzen. Wird die Geschwindigkeit des Meteors kleiner als der angegebene Wert, so eilt die Kompressionswelle, die bis zu diesem Punkt leuchtend war, dem Meteor als Schallwelle voraus. Mit erfolgter Ablösung der Welle hört die Leuchterscheinung auf (Hemmungspunkt). Nicht in allen Fällen braucht sich bei den Feuerkugeln der Vorgang in dieser Weise abzuspielen. Der eigentliche Hemmungsvorgang tritt unter Umständen gar nicht ein; meist kommen die Meteore in der Atmosphäre völlig zum Verdampfen. Bei sehr großen Feuerkugeln kann der Körper unter allmählich abnehmender Geschwindigkeit zur Erdoberfläche gelangen.

Man wird den Leuchtvorgang bei den Sternschnuppen nicht einfach demjenigen gleichsetzen dürfen, den wir im ersten Teil der Bahn eines hellen Meteors beobachten. Infolge der viel kleineren Masse der Sternschnuppen wird sich bei diesen bereits in viel höheren Luftschichten ein Vorgang abspielen, der dem bei den Feuerkugeln in ihrem ganzen Verlauf beobachteten entspricht. C. HOFFMEISTER nimmt an, daß wenigstens in vielen Fällen das Aufleuchten der Sternschnuppen fast augenblicklich erfolgt, sobald die dem Körper vorangehende Luft eine hinreichende Kompression erfährt. Das Aufleuchten der Sternschnuppen hat also eine große Ähnlichkeit mit dem Hemmungsvorgang bei den Feuerkugeln. Doch können auch bei den Sternschnuppen wiederum Fälle einer allmählich zunehmenden Erhitzung während des ganzen Verlaufs der Erscheinung eintreten, die mit dem völligen Verdampfen der ganzen Substanz endet.

Das bei der Meteorerscheinung beobachtete Licht geht zweifellos teilweise vom Kern des Meteors aus, teilweise auch von der ihn umgebenden Hülle von

---

[1] Vgl. besonders die Darstellung bei G. V. SCHIAPARELLI (Anm. 1, S. 484); C. HOFFMEISTER, Anm. 1, S. 436 u. C. M. SPARROW, Physical Theory of Meteors. Ap J 63, S. 90 (1926).
[2] A. WEGENER, Anm. 1, S. 485.

verdampfter Meteormasse und von Luft. Über den Anteil dieser einzelnen Teile an der Leuchterscheinung läßt sich gegenwärtig noch kaum etwas Bestimmtes aussagen (vgl. auch Ziff. 20).

Theorie des Leuchtens. Von verschiedenen Seiten ist neuerdings versucht worden, die Vorgänge beim Aufleuchten der Meteore nun theoretisch schärfer zu fassen, als dies SCHIAPARELLI gelungen ist. Die analytische Formulierung ist jedoch nur unter einer Reihe von Annahmen durchführbar. C. HOFFMEISTER schlägt ein interpolatorisches Verfahren ein. Bezeichnet man den zur Erhitzung des Körpers verbrauchten Anteil der kinetischen Energie mit E, so setzt HOFFMEISTER die Intensität der Energieumwandlung zunächst:

$$\frac{dE}{dt} = a\, v^x\, p^y\, f(m),$$

wo a eine Konstante, v die Geschwindigkeit, m die Masse des Meteors und p den Luftdruck bedeutet. x und y sind im Anschluß an die Beobachtungen zu ermitteln. Unter vereinfachenden, der Wirklichkeit angepaßten Voraussetzungen erhält man eine Beziehung für dE/dt, welche die Möglichkeit gibt, das Verhalten von Meteoren, die mit verschiedener Anfangsgeschwindigkeit v in die Atmosphäre eindringen, theoretisch darzustellen.

C. HOFFMEISTER rechnet zwei typische Fälle durch: zwei Meteore mit den Anfangsgeschwindigkeiten von 80 bzw. 40 km/sec fallen senkrecht zum Horizont ein. Die Ergebnisse der Rechnungen (M = Masse, I = Helligkeit für die Zeit t bzw. die Höhe H) sind in der folgenden Tabelle enthalten.

Änderung der Masse und Helligkeit von Meteoren in der Atmosphäre nach
C. HOFFMEISTER.

I. Anfangsgeschwindigkeit $v = 80$ km/sec Dauer $D = 0^s,4$ Höhe des Aufleuchtens $H_1 = 121,5$ km				II. $v = 40$ km/sec $D = 0^s,6$ $H_1 = 103,7$ km			
t	H	M	I	t	H	M	I
$0^s,00$	121,5 km	1,000	30,7	$0^s,00$	103,7 km	1,000	30,7
0 ,05	117,5	0,904	39,3	0 ,05	101,7	0,913	33,8
0 ,10	113,5	0,784	48,7	0 ,10	99,7	0,814	36,6
0 ,15	109,5	0,638	57,8	0 ,15	97,7	0,712	39,1
0 ,20	105,5	0,469	64,6	0 ,20	95,7	0,601	40,8
0 ,25	101,5	0,290	64,0	0 ,25	93,7	0,489	41,6
0 ,30	97,5	0,130	51,1	0 ,30	91,7	0,375	40,6
0 ,35	93,5	0,025	23,2	0 ,35	89,7	0,267	38,0
0 ,40	89,5	0,000	0,0	0 ,40	87,7	0,169	32,7
				0 ,45	85,7	0,089	25,0
				0 ,50	83,7	0,034	15,3
				0 ,55	81,7	0,006	5,5
				0 ,60	79,7	0,001	0,2

Für beide Meteore wurde hierbei die Geschwindigkeit während der ganzen Erscheinung als konstant angenommen. Die Tabellen lassen nun die Art der Massenabnahme in beiden Fällen erkennen und zeigen zugleich, daß bei im ganzen nur geringen Helligkeitsunterschieden das raschere Meteor doch die größere Helligkeit erlangt; sie beträgt in Einheiten des Ausgangswertes bei I 2,104, bei II 1,355. In Größenklassen umgerechnet würde das bedeuten: bei einer Anfangshelligkeit von $3^m,0$ wächst das Meteor I bis $2^m,19$ und II bis $2^m,67$ an. Meteore von gleicher Masse erscheinen also bei sonst gleichen Umständen, aber verschiedener Geschwindigkeit in nahezu gleicher Helligkeit.

E. ÖPIK[1], der zum Teil von anderen Voraussetzungen als C. HOFFMEISTER ausgeht, kommt allerdings zu dem Ergebnis, daß auch für Meteore gleicher

---

[1] E. ÖPIK, Eine Bemerkung zur Statistik der Sternschnuppen. A N 219, S. 97 (1923).

Masse die Intensität in hohem Maße von der Geschwindigkeit abhängt; jedoch sind die Voraussetzungen von ÖPIK zum mindesten nicht wahrscheinlicher als diejenigen von HOFFMEISTER.

Zwei andere Theorien schlagen einen strengeren physikalischen Weg ein. Die eine derselben von F. A. LINDEMANN und G. M. B. DOBSON[1] führt zu Ergebnissen über den Aufbau der höheren Schichten der Atmosphäre, die sehr lebhafte Kontroversen veranlaßt haben. Um zunächst eine Vorstellung von der Größe eines durchschnittlichen Meteors zu erhalten, wird angenommen, daß die gesamte Energie des Meteors in Strahlung umgesetzt wird. Wählt man als Beispiel ein Meteor, das 60 km in $1\,^1/_2$ Sekunden in der Atmosphäre zurücklegt, und das in 150 km Entfernung als Stern erster Größe leuchtet, so strahlt es im ganzen eine Energie von $3,3 \cdot 10^{10}$ Erg aus. Bei einer Geschwindigkeit von 40 km/sec muß es demnach 6,25 mg Masse besitzen und würde als Meteoreisen einen Durchmesser von 1,15 mm haben. Ein solcher Körper kann nur dann wahrnehmbar werden, wenn er von einer leuchtenden Hülle von verdampftem Gas und mitgerissener Luft umgeben ist. Die weitere Erwärmung der ganzen Masse geht nun von der Frontseite der Hülle aus und teilt sich von da dem ganzen Meteor mit.

Aus einer Annahme über die Beschaffenheit der Hülle und aus den beobachteten Daten der Höhe und Geschwindigkeit der Meteore kann man die Dichte der Luft für die entsprechende Höhe berechnen. LINDEMANN und DOBSON führen dies auf zwei verschiedenen Wegen durch und gelangen zu Dichten, die in 65 km und darüber etwa das 1000fache derjenigen Dichten betragen, die man unter der Annahme der Isothermie der Stratosphäre berechnet hat. Dieses aus den Meteorbeobachtungen gewonnene Resultat würde ohne Schwierigkeit verständlich sein, wenn man annimmt, daß in diesen Höhen eine Zunahme der Temperatur bis auf $300°$ abs. vorhanden ist. Auf stärkere Temperaturinversionen in einer Höhe von etwa 50 km weisen nun in der Tat auch rein meteorologische Erscheinungen, vor allem die Beobachtungen der Schallausbreitung, hin[2]. Die Untersuchungen von LINDEMANN und DOBSON bedürfen sicherlich solcher Bestätigungen. Denn man wird gegenwärtig weniger aus den Meteorphänomenen auf den Zustand der höchsten Schichten der Atmosphäre schließen können, als vielmehr umgekehrt aus den bekannten Zuständen der Atmosphäre Aufschluß über den Leuchtvorgang bei Meteoren zu erlangen suchen.

Die zweite Untersuchung, von C. M. SPARROW[3], geht von ganz anderen Voraussetzungen aus. Hier werden aus der Meteorologie diejenigen Ergebnisse übernommen, die den bisherigen Anschauungen über den Aufbau der höheren Schichten der Atmosphäre entsprechen. SPARROW beschränkt sich im wesentlichen darauf, das Verhalten eines Meteors in den höheren Luftschichten darzustellen. Die Zusammensetzung der Luft wird den Angaben von W. J. HUMPHREYS entsprechend angenommen, wonach in den höheren Schichten der Wasserstoff bei weitem überwiegt und daneben nur noch Stickstoff vorkommt. Bei einem

---

[1] F. A. LINDEMANN and G. M. B. DOBSON, A Theory of Meteors, and the Density and Temperature of the Outer Atmosphere to which it leads. Proc Roy Soc London 102, S. 411 (1923). Auszug bei J. SATTERLY, The Upper Atmosphere. Journ. R. Astr. Soc. of Canada 17, S. 291 (1923). Hierzu gehört auch F. A. LINDEMANN and G. M. B. DOBSON, A Note on the Temperature of the Air at Great Heights. Proc Roy Soc London 103, S. 339 (1923); G. M. B. DOBSON, The Characteristics of the Atmosphere up to 200 km as indicated by Observations of Meteors. Quart. Journ. of Roy. Met. Soc. 49, Nr. 207 (1923); F. A. LINDEMANN, Meteors and the Constitution of the Upper Air. Nature 118, S. 195 (1926); Note on the Physical Theory of Meteors. Ap J 65, S. 117 (1927). Eine zusammenfassende Darstellung der vorstehenden Untersuchungen ist neuerdings auch in Meteorol. Zeitschr. 43, S. 441 (1926) gegeben.

[2] Vgl. hierzu J. BARTELS. Die höchsten Atmosphärenschichten. Naturwiss. 16, S. 301 (1928) und Ergebnisse der exakt. Naturwiss. 7, S. 114 (1928).

[3] C. M. SPARROW, Anm. 1, S. 486.

Eindringen eines Meteors in diese Schichten können nun die Gasgesetze gar nicht angewendet werden, weil im allgemeinen die freie Weglänge des Moleküls von derselben Größenordnung wie der Durchmesser des Meteors ist. Es kommt also zunächst zu Zusammenstößen von Gasmolekülen mit einzelnen Molekülen des Meteors[1], und SPARROW betrachtet jeden Zusammenstoß als einen solchen zwischen zwei unelastischen Kugeln. Die ursprüngliche Bewegungsenergie der beiden Kugeln bleibt nur zum Teil als Bewegungsenergie erhalten, zum Teil wird sie in andere Energie umgesetzt.

SPARROW berechnet nun den Gewinn an dieser Energie, den das Meteor pro Sekunde auf seinem durchlaufenen Weg erfährt. Nimmt man an, daß die Hälfte der vom Meteor gewonnenen Energie als Strahlung wahrgenommen wird, so kommt man auf eine Beziehung zwischen der Temperatur T des Meteors, seiner Geschwindigkeit V (km/sec) und der Luftdichte ϱ von der Form $T^4 = kV^3 \varrho/8\,a$, wo k und a Konstanten sind. Die Luftdichte läßt sich bei bekannter Zusammensetzung der Atmosphäre durch die Höhe h (km) ersetzen, in der der Leuchtvorgang sich abspielt. Für eine Wasserstoffatmosphäre ist der Zusammenhang zwischen T, V und h in einer Tabelle niedergelegt, die hier auszugsweise wiedergegeben sei.

Tabelle der Höhen h als Funktion von Temperatur T und Geschwindigkeit V.

T \ V	20	40	60	80	100	120
2000°	89	105	126	197	259	309
2500	83	98	108	125	174	225

Die Tabelle beschränkt sich auf enge Intervalle der absoluten Temperatur, die etwa der Verdampfungstemperatur der bei den Meteoren vorkommenden Substanzen entsprechen. Wie die Tabelle zeigt, gehören zu den größeren Geschwindigkeiten die größeren Höhen. Für Meteore, die bekannten Schwärmen in elliptischen Bahnen angehören, deren Geschwindigkeit sich also ebenso wie die Höhe mit Sicherheit ermitteln läßt, stehen die beobachteten Daten mit den Angaben der Tabelle in Übereinstimmung. Geht man jedoch zu Sternschnuppen mit hyperbolischen Geschwindigkeiten über, so ergibt die Tabelle größere Höhen als diejenigen, in welchen die Sternschnuppen wirklich beobachtet sind. C.M.SPARROW schließt daraus, daß hyperbolische Geschwindigkeiten bei den Sternschnuppen im allgemeinen nicht vorkommen. Unsere Kenntnisse über die Vorgänge des Leuchtens bei den Sternschnuppen sind jedoch gegenwärtig noch so gering, daß wir die Annahme höherer Temperaturen als die von SPARROW zugrunde gelegten keineswegs zurückweisen können (vgl. auch S. 490). Für größere Werte von T nimmt aber die Höhe h für große Geschwindigkeiten rasch ab; hyperbolische Geschwindigkeiten wären also mit den beobachteten Höhen wohl vereinbar.

Die Überlegungen von SPARROW stehen mit denen der anderen Autoren, besonders denen von LINDEMANN und DOBSON, in starkem Widerspruch[2]. Anscheinend beziehen sie sich nur auf die höchsten Schichten der Atmosphäre, in der nach der Auffassung der beiden letzteren Autoren die Meteore noch gar nicht zu merklichem Leuchten kommen. So ist die Frage nach der Natur des Leuchtvorgangs im wesentlichen noch als ungeklärt anzusehen. Neuerdings ist sogar die Auffassung ausgesprochen worden[3], daß es sich beim Leuchten der Meteore um eine rein elektrische Erscheinung handelt.

Leuchten der Meteorschweife. An dieser Stelle sei auch auf die Ergebnisse hingewiesen, die C. C. TROWBRIDGE[4] bei der Diskussion der beob-

---

[1] Eine analoge Auffassung über den Leuchtvorgang hat bereits vor längerer Zeit W. GAEDE vertreten [Die Molekularluftpumpe. Ann d Phys (4) 41, S. 378. (1913)].

[2] Siehe besonders F. A. LINDEMANN, Ap J 65, S. 117 (1927).

[3] P. BURGATTI, Sulle cause della luminosità delle stelle cadenti. Lincei Rend. (6) 5, S. 614 (1927).   [4] C. C. TROWBRIDGE, Anm. 1, S. 480.

achteten Schweiferscheinungen erhalten hat. Er selbst faßt seine Ergebnisse in folgende Punkte zusammen.

1. Die Meteorschweife sind selbstleuchtende Gaswolken, die mit feinem Meteorstaub untermischt sind; letzterer ist bei Tag im reflektierten Licht wie gewöhnliche Wolken sichtbar.

2. Die Höhe der in der Nacht beobachteten Schweife scheint an einen bestimmten Wert gebunden zu sein; ihr Leuchten ist durch den Gasdruck dieser Schichten bedingt.

3. Die Ausbreitung der Schweife ist eine Diffusionserscheinung und ihre Geschwindigkeit hängt von Druck und Temperatur der Luft sowie wahrscheinlich von der Anfangsgeschwindigkeit der Spur ab.

4. Manche Meteorschweife haben anscheinend Röhrenform, weil die Helligkeit des Randes am größten erscheint.

5. Versuche über die Phosphoreszenz der Luft bei niederem Druck befinden sich mit der langen Sichtbarkeitsdauer der Schweife in Einklang und stützen die Hypothese, daß das Leuchten der Schweife eine Phosphoreszenzstrahlung ist.

6. Die Farben der nächtlichen Schweifspuren, anfangs grün oder gelb, später weiß, stehen mit den Beobachtungen bei Luftphosphoreszenz in Übereinstimmung.

Masse der Meteore. Schließlich ist noch hervorzuheben, daß man auch versuchen kann, aus der Leuchtkraft der Meteore über deren Masse Aufschluß zu erlangen. Man hat vielfach die absolute Helligkeit eines Meteors von bekannter Entfernung mit irdischen Lichtquellen verglichen und die Materialmenge berechnet, welche der Leuchtkraft des Meteors äquivalent ist. Die Massenwerte ergaben sich je nach der zum Vergleich herangezogenen Lichtquelle sehr verschieden. So erhielt man z. B. für ein Meteor erster Größe, je nachdem es mit einer Leuchtgasflamme, mit Drummondlicht oder elektrischem Licht verglichen wurde, die Masse von 1,40, 0,06 oder 0,0045 g. Andere Berechnungen stützen sich auf die scheinbare Helligkeit und eine Annahme über die effektive Temperatur des Meteors, woraus sich scheinbarer Radius und Masse herleiten lassen. Für die Sternschnuppen erhält man auf diese Weise einen Durchmesser, der im allgemeinen einige Millimeter nicht übersteigt.

Bei den hellen Feuerkugeln kann man den scheinbaren Durchmesser selbst beobachten. Doch wäre es falsch, hieraus auf die Masse des Meteors schließen zu wollen. Das Volumen der Feuerkugeln ist erheblich größer, als es seiner Masse entspricht. Nach A. Wegener kann man annehmen, daß der Durchmesser einer Feuerkugel im grünen Stadium 100—300 m, im roten Stadium dann 400—1000 m beträgt. In allen diesen Fällen kommt zu dem leuchtenden Kern noch die ihn umgebende leuchtende Gas- und Luftkugel hinzu, wodurch die Helligkeit und das Volumen erheblich vergrößert werden. Man kann durch diese Methoden immer nur einen mehr oder weniger zuverlässigen oberen Grenzwert der Masse erhalten.

Die Rechnungen, die sich auf die effektive Temperatur der Meteore stützen, sind auch deshalb unsicher, weil wir nur eine genäherte Kenntnis derselben besitzen. Effektive Temperaturen von etwa 3000°, wie sie vielfach angenommen werden, sind nach den Angaben von E. Öpik[1] für die Perseiden z. B. zu gering. Die Farbe entspricht hier eher einem Stern vom Typus F5, und man erhält auf diese Weise für ein solches Meteor von zweiter Größe und der Höhe von 100 km bei zwei verschiedenen effektiven Temperaturen die in der beigegebenen Tabelle (S. 491 oben) enthaltenen Massen.

---

[1] E. Öpik, Anm. 3, S. 478.

Einen unteren Grenzwert für die Meteormasse erhält ÖPIK auf folgendem Weg, den auch LINDEMANN und DOBSON für die Massenbestimmung eingeschlagen haben. Die gesamte als Licht ausgestrahlte Energie muß kleiner als die kinetische Energie des Meteors sein. Es ist also:

$$\text{Masse} > \frac{1}{2v^2} \cdot \text{Energie.}$$

Größe und Masse von Meteoren (nach ÖPIK).

Eff. Temperatur	Durchmesser	Max. Masse (Dichte = 4)
6000°	1,7 mm	10,4 mg
7000	1,3 ,,	4,4 ,,

Für ein Meteor zweiter Größe in 100 km Höhe erhält man bei einer Leuchtdauer von 0,92 sec und einer Geschwindigkeit von 56 km/sec für verschiedene effektive Temperaturen folgende Massen:

Effektive Temperatur	3000°	6000°	12000°
Minimum-Masse in mgr . . .	1,7	0,3	0,6

Die berechneten Werte zeigen eine verhältnismäßig geringe Abhängigkeit von der angenommenen Temperatur. Da in Wirklichkeit ein sehr erheblicher Teil der kinetischen Energie eines Meteors in Strahlung umgesetzt wird, so kann man annehmen, daß der berechnete Minimalwert nur wenig von der Wirklichkeit abweicht. Von diesen Daten ausgehend, kommt man für den ganzen Perseidenschwarm zu einer Masse von schätzungsweise 10^9 t.

Endlich kann man nach E. ÖPIK zu einer Abschätzung der relativen Massen verschieden heller Meteore auf folgendem Weg gelangen: Setzt man die gesamte Energieausstrahlung näherungsweise der Masse M proportional, so wird M proportional $i_0 L$, wo i_0 die mittlere Helligkeit, L die Weglänge bedeutet. Bei gleichmäßiger Verdampfung setzt ÖPIK L proportional $M^{1/3}$ (die Weglänge proportional dem Radius des Meteors), so daß L proportional $i_0^{1/2}$ gesetzt werden kann. Bei zunehmender Verdampfung dagegen wird L proportional i_0^x, wo x kleiner als $1/2$ ist. Bestimmt man x empirisch, so erhält man schließlich die Beziehung:

$$M = c \cdot i_0^{1,28},$$

wobei c unbestimmt bleibt.

Zusammenhang zwischen Größe, Helligkeit und Masse bei Meteoren (nach ÖPIK).

m_0	i_0	M	m_0	i_0	M
5,0	0,06	0,029	0,0	6,31	10,6
4,0	0,16	0,095	−1,0	15,8	34,4
3,0	0,40	0,31	−2,0	39,8	112
2,0	1,00	1,00	−3,0	100,0	363
1,0	2,51	3,25			

Der aus dieser Gleichung hervorgehende Zusammenhang zwischen Größenklasse m_0, Helligkeit i_0 und Masse M ist aus der beifolgenden Tabelle zu erkennen; hierin ist für $m_0 = 2,0$ die Helligkeit i_0 und Masse M als Einheit angenommen.

Zu ähnlichen Zahlenwerten kommt auf anderem Wege auch C. HOFFMEISTER[1], der als wahrscheinliches Verhältnis der Massen zweier Meteore, von denen das erste um 5 Größenklassen heller als das zweite ist, den Wert 180 : 1 findet.

20. Die Bedeutung der Meteore für die Erforschung der Atmosphäre. Auf die Wichtigkeit der Meteorbeobachtungen für die Meteorologie hat vor allem A. WEGENER[2] wiederholt hingewiesen. Da die Meteore die verschiedenen Schichten der Atmosphäre durchlaufen, so vermögen sie über deren Zustand Aufschluß zu geben, vorausgesetzt, daß wir den Leuchtvorgang selbst physikalisch richtig

---

[1] Vgl. C. HOFFMEISTER, Zur Frage nach der kosmischen Stellung der Sternschnuppen. A N 221, S. 368 (1924).

[2] A. WEGENER, Thermodynamik der Atmosphäre. Leipzig 1911; Der Farbenwechsel großer Meteore (Anm. 2, S. 479).

zu deuten verstehen. Über die neuerdings ausgeführten, jedoch nicht als abgeschlossen zu betrachtenden Versuche, aus Meteorbeobachtungen auf die Dichte und Temperatur höherer Luftschichten zu schließen, ist an früherer Stelle (vgl. S. 488) kurz eingegangen worden.

Wie dort bereits betont wurde, ist das von der Meteorerscheinung zu uns gelangende Licht auf verschiedene Quellen zurückzuführen, auf die leuchtenden Gase der Luft und die glühende Oberfläche des Meteors, zu der noch die glühenden Dämpfe des letzteren kommen. Über den Anteil dieser leuchtenden Dämpfe weiß man freilich wenig; LINDEMANN und DOBSON[1] betrachten gerade sie als die hauptsächlichste Ursache des Leuchtens, und die Deutung, die S. BLAJKO dem photographisch ermittelten Meteorspektrum gegeben hat, würde hiermit übereinstimmen (vgl. S. 480 u. S. 495).

A. WEGENER dagegen nimmt an, daß infolge des verschiedenen Verhaltens der Gase in der Atmosphäre der Leuchtvorgang im wesentlichen durch die einzelnen Hauptschichten der Luft bedingt ist. Während sich in der hypothetischen Geokoroniumsphäre wegen deren geringer Trägheit Leuchterscheinungen überhaupt nicht abspielen, wird dagegen der Wasserstoff zum Glühen gebracht; auf ihn beschränkt sich im wesentlichen das Phänomen der Sternschnuppen, für welche die Höhe des Erlöschens im allgemeinen nicht unter 80 km liegt. Die Feuerkugeln dagegen dringen auch in die Stickstoffsphäre ein. Wie bereits früher (vgl. S. 479) hervorgehoben wurde, ist nun gerade für die großen Meteore ein Wechsel in der Farbe charakteristisch, der etwa an der Grenze der Wasserstoff- und Stickstoffsphäre zu liegen scheint. Dementsprechend nimmt WEGENER an, daß dieser Farbenwechsel durch den Wechsel in der Zusammensetzung der Atmosphäre hervorgerufen wird.

Auch die bei den Schweiferscheinungen beobachteten Farben befinden sich mit dieser Deutung des Farbenwechsels in Einklang, wenn man die Meteorschweife nicht als erlöschende Partikel des Meteors, sondern als phosphoreszierende nachleuchtende Gasteilchen der Luft auffassen will. Doch, wie bereits betont (vgl. S. 481), sind die ganzen Verhältnisse noch als ungeklärt anzusehen.

Ein erfahrener Meteorbeobachter wie C. HOFFMEISTER[2] warnt allerdings, worauf hier noch hingewiesen sei, davor, aus den vorliegenden Beobachtungen weitgehende Folgerungen über den Aufbau der Atmosphäre zu ziehen. Die beobachtete Verteilung der Meteore nach Höhe und Geschwindigkeit entspricht keineswegs der wirklichen; die Statistik dieser Erscheinungen ist vielmehr in wohl starker Weise durch die Art der Anlage der Beobachtungen verfälscht. Auch ist nach der Auffassung von C. HOFFMEISTER die Farbe der Meteore allein durch deren Temperatur und nicht durch die Gase der Atmosphäre bedingt.

Ein weiterer Punkt ist noch zu erwähnen. Da die Schweife oft längere Zeit nach dem Aufleuchten sichtbar bleiben und Bewegungen ausführen, die durch die Luftströmungen in sehr hohen Schichten bedingt sind, so vermögen solche Beobachtungen wertvolle Aufschlüsse über die Bewegungsvorgänge der oberen Schichten der Atmosphäre zu liefern. S. KAHLKE[3] hat das zahlreiche in der Literatur zerstreute Material gesammelt und diskutiert. Zusammenfassend ergibt sich hierbei, daß auf der nördlichen Hemisphäre zwischen 30 und 80 km Höhe Ostwinde, in den darüberliegenden Luftschichten Westwinde vorherrschen.

---

[1] F. A. LINDEMANN u. G. M. B. DOBSON, Anm. 1, S. 488.

[2] C. HOFFMEISTER, Bemerkungen über die Bedeutung des Sternschnuppenphänomens für die Meteorologie. Meteorol Z 44, S. 464 (1927).

[3] S. KAHLKE, Meteorschweife und hochatmosphärische Windströmungen. Ann. d. Hydrogr. 49 S. 294 (1921), sowie Doktordissert. d. Hamburger Universität. Hamburg 1921 (Auszug gedruckt).

Nachtrag zu Kometen und Meteore.

Im folgenden sei noch auf einige nach Fertigstellung des Manuskriptes erschienene Arbeiten[1] von Wichtigkeit hingewiesen, die entsprechend den einzelnen Ziffern des Kapitels 5 angeordnet sind.

Zu **3. Die kurzperiodischen Kometen.** (S. 431.) N. T. Bobrovnikoff[2] hat neuerdings die Spektren einer Anzahl von kleinen Planeten untersucht und eine Ähnlichkeit mit dem kontinuierlichen Kometenspektrum in der Nähe des Perihels gefunden. Insbesondere ist auch bei den kleinen Planeten der violette und ultraviolette Teil des Spektrums schwach, verglichen mit dem roten Teil. Dies würde auf eine gewisse Verwandtschaft der Planetoiden gerade mit den kurzperiodischen Kometen hinweisen.

Zu **5. Die Bahnen der Meteore.** (S. 434.) W. J. Fisher[3] diskutiert die heliozentrischen Geschwindigkeiten großer Meteore und versucht zu zeigen, daß die in den Katalogen so häufig vorkommenden stark hyperbolischen Geschwindigkeiten vielfach durch systematische Beobachtungsfehler vorgetäuscht seien. Andererseits trägt C. Hoffmeister[4] neue Argumente für das Vorwiegen hyperbolischer Geschwindigkeiten auch bei den Sternschnuppen zusammen.

Zu **7. Die Helligkeit der Kometen.** (S. 438.) Mit der Helligkeit der Kometen und der Ursache ihres Leuchtens beschäftigen sich mehrere Arbeiten. S. Vsessviatsky[5] untersucht die systematischen Fehler bei Helligkeitsschätzungen der Kometen und bestimmt die reduzierten Helligkeiten für eine größere Anzahl von zwischen 1900 und 1924 beobachteten Erscheinungen. Im besonderen untersucht er noch die Helligkeit des Enckeschen Kometen[6] für die Zeit von 1786 bis 1924. Die mittlere Helligkeitsabnahme in diesem langen Zeitraum ist sehr gering, etwa eine Größenklasse in hundert Jahren. Das spricht für die große Stabilität gerade des Enckeschen Kometen, der von allen Kometen die kleinste Exzentrizität hat. J. Fillippov[7] weist nach, daß die Sonnentätigkeit anscheinend nur geringen Einfluß auf die Helligkeit der Kometen hat; dagegen werden die Schätzungen stark durch die Helligkeit des Himmelshintergrundes beeinflußt.

Von besonderer Wichtigkeit sind die Untersuchungen von H. Zanstra[8], der zum erstenmal das Leuchten des Kometen atomtheoretisch zu deuten ver-

[1] Eine zusammenfassende Darstellung der Theorie der Kometenschweife, sowie der Spektralanalyse und Photometrie der Kometen ist noch gegeben in: N. T. Bobrovnikoff, The Present State of the Theory of Comets. Publ A S P 40, S. 164 (1928). Weitere Literaturhinweise auch laufend im Bull. de l'Observatoire de Lyon.

[2] The Spectra of Minor Planets. Lick Bull 14, S. 18 (1929).

[3] Remarks on the Fireball Catalogue of von Niessl and Hoffmeister. Harv Circ 331 (1928).

[4] Über die heliozentrische Geschwindigkeit der Sternschnuppen. A N 234, S. 281 (1928).

[5] Sur l'éclat des comètes (II. partie). R A J 5, H. 1. S. 40 (1928).

[6] The Brightness of Comet Encke. R A J 4, H. 4, S. 298 (1927).

[7] Über einige Ursachen, welche die Helligkeitsveränderungen der Kometen beeinflussen. (Russisch.) R A J 4, H. 4, S. 302 (1927).

[8] On the Luminosity of Comets (Abstract). Phys Rev 28, S. 428 (1926). — The Excitation of Line and Band Spectra in Comets by Sunlight. M N 89, S. 178 (1928).

sucht. Unter der Annahme von Resonanzstrahlung erhält man für die Helligkeit $M_{1\alpha}$ eines Kometen im Licht einer einzigen Resonanzlinie α von der Frequenz ν_α, die vom Sonnenlicht angeregt wird (die Sonne als schwarzer Strahler betrachtet), die Beziehung:

$$M_{1\alpha} = -7{,}7 - 5 \log D_1 - 2{,}5 \log \beta_\alpha - 2{,}5 \log w + 1{,}086 \, x_\alpha - 7{,}5 \log x_\alpha \, .$$

Hierin bedeutet:

$M_{1\alpha}$ = reduzierte Helligkeit des Kometenkopfes in Größenklassen im Licht der Spektrallinie α,

$\quad D_1$ = reduzierter Durchmesser des Kopfes in Bogenminuten,

$\quad \beta_\alpha$ = Sichtbarkeit der Strahlung von der Frequenz ν_α pro Quant,

$\quad x_\alpha = \dfrac{h\nu_\alpha}{kT}$, wo h und k Konstanten und $T = 6000°$ (Sonnentemperatur) ist,

$\quad w = \dfrac{\Delta\nu_x}{\nu_\alpha}$, die effektive relative Breite der absorbierenden Spektrallinie.

Für die periodischen Kometen genügt theoretisch schon das Licht einer einzelnen Resonanzlinie der hellsten Swan-Bande, um die ganze beobachtete Totalhelligkeit des Kopfes (nach HOLETSCHEK) hervorzurufen. Der Mechanismus der Resonanzstrahlung reicht also bei weitem aus, um für die periodischen Kometen die beobachtete Helligkeit zu erklären. Bei den übrigen Kometen, wenigstens soweit sie der Sonne nahe kommen, dürfte auch das Natrium durch Resonanz leuchten, doch hat man es bei diesen Kometen möglicherweise auch mit Fluoreszenzstrahlung zu tun.

Zu **9. Dimensionen und Masse der Kometen.** (S. 443.) In einer neuen Bearbeitung der Bahnelemente der Jupitersatelliten weist W. DE SITTER[1] darauf hin, daß die Beobachtungen nicht hinreichen, um die Frage zu entscheiden, ob die Jupitersatelliten durch den Vorübergang von Kometen eine Störung erfahren haben. Man hat also hier keinerlei Anhaltspunkt für die Bestimmung der Masse eines Kometen. S. V. ORLOV[2] hat auf Grund der Helligkeit des Kernes des HALLEYschen Kometen unter gewissen Annahmen für die Kernmasse die Grenzen $5 \cdot 10^{-15}$ bis $1{,}4 \cdot 10^{-6}$ in Einheiten der Erdmasse gefunden.

Zu **11. Das Spektrum der Kometen und Kometenschweife (neuere photographische Beobachtungen).** (S. 446.) In einer zusammenfassenden Bearbeitung zeigt FR. S. HOGG[3], daß die unbekannten Linien im Kometenspektrum meist mit Linien des reflektierten Sonnenlichtes identisch sind und untersucht den Zusammenhang zwischen Spektralcharakter und Entfernung des Kometen von der Sonne. Mit der letzteren Frage beschäftigt sich auch S. V. ORLOV[4]. Mit der Annäherung an die Sonne treten nacheinander etwa folgende Strahlungen auf: kontinuierliches Spektrum, Cyanbanden, SWANsches Spektrum, Kohlenoxyd und schließlich Natrium. Auf Grund der am Lick Observatory erhaltenen Spektralaufnahmen zeigt ferner N. T. BOBROVNIKOFF[5], daß die vom Kometenkern ausgestoßene Materie im Kopfe hauptsächlich die Cyanbanden aussendet, während das Schweifspektrum dem CO^+ angehört. Es besteht augenblicklich keine Möglichkeit, die beiden Erscheinungen miteinander in Verbindung zu bringen.

Zu **15. Die Ergebnisse der neueren Untersuchungen (Kometenschweife).** (S. 469.) Neben einer ausführlichen Darstellung der mechanischen Theorie der

[1] Orbital Elements determining the Longitudes of Jupiter's Satellites, derived from Observations. Annalen v. d. Sterrewacht te Leiden 16, 2 (1928).

[2] Zur Frage über die Berechnung der Masse der Kometenkerne auf Grund ihrer Helligkeit. (Russisch.) Bull Ac Sc St Petersburg 7, p. 257 (1913).

[3] A Synopsis of Cometary Spectra. Harv Bull 863 (1929) und J Can R A S 23, p. 55 (1929).

[4] The Spectra of Comets. (Russisch.) R A J 4, H. 3, S. 182 (1927).

[5] On the Activity of Comets. Publ A S P 40, p. 381 (1928).

Kometenformen von S. V. ORLOV[1] sind hier noch zwei kleinere Untersuchungen von N. MOISSEIEV[2] und S. V. ORLOV[3] zu erwähnen, die sich beide mit der Erscheinung der Synchronen in Kometenschweifen beschäftigen.

Zu 18. Die physischen Wahrnehmungen beim Meteorphänomen. (S. 478.) An der Hamburger Sternwarte ist es neuerdings A. SCHWASSMANN[4] und J. HAAS gelungen, das Spektrum eines Eisenmeteors mittels des Objektivprismas zu photographieren. Durch ein besonderes Verfahren (unter Benutzung einer gleichzeitigen Aufnahme der Meteorspur mit einem Objektiv gleicher Brennweite) konnte das Spektrum mit erheblich größerer Genauigkeit vermessen werden, als dies sonst möglich ist. Das Ergebnis der Messung und Identifizierung sei hier vollständig angegeben. Die idenzifierten Linien gehören ausnahmslos den leuchtenden Dämpfen der Meteorsubstanz an.

Spektrum des Meteors vom 29. September 1924.

Meteorspektrum			Vergleichsspektrum		
λ	Ort i. Bande	Int.	λ	Element	Int.
3630	1. Maximum		3632		
3648	2. ,,	0	3648	Fe	2
3682	3. ,,		3680		
3726	Grenze		3720		
3748	Maximum	6	3746	Fe	8
3771	Grenze		3767		
3818	Grenze		3820		
3827	1. Maximum		3832		
3855	2. ,,	8	3858	Fe	6
3880	3. ,,		3883		
3897	Grenze		3901		
3936	zieml. schmale Linie	10	3934	Ca (K)	
3969	schmale Linie	9	3968	Ca (H)	
4036	Grenze		4034		
4052	Maximum	3	4055	Fe	8
4068	Grenze		4072		
4121	Grenze		4119		
4140	Maximum	0	4139	Fe	2
4160	Grenze		4157		
4242	Grenze		4232		
4262	Maximum	2	4261	Fe	3
4282	Grenze		4283		
4377	Grenze		4376		
4392	Maximum	2	4394	Fe	5
4410	Grenze		4415		

Zwei schwache Eisenbanden bei λ 4182 bis 4200 und λ 4294 bis 4326 sind im Meteorspektrum nicht beobachtet.

---

[1] Théorie mécanique des formes des comètes. (Russisch.) Publ de l'Inst Astroph de Russie 3, Fasc. 4 (1928).

[2] Über den Bau der synchronen Konoiden. R A J 4, H. 3, S. 184 (1927).

[3] The Motion of the Synchrone in the Tail of the Comet 1910 I. (Russisch.) R A J 5, H. 1, S. 38 (1928).

[4] Über das Spektrum eines Eisenmeteors. A N 233, S. 71 (1928) und Mitt. d. Hamburger Sternw. in Bergedorf 6, S. 106 (1928).

Sachverzeichnis.

I. Sachverzeichnis zu Kapitel 1 bis 3. (Die Sonne.)

II. Sachverzeichnis zu Kapitel 4.
(Die physische Beschaffenheit des Planetensystems.)

III. Sachverzeichnis zu Kapitel 5. (Kometen und Meteore.)

Ergänzungen und Berichtigungen.

S. 363, Zeile 3 von unten: statt „entgegengesetzten" lies: unklaren.

„ 364, Zeile 1 von oben: statt „etwa 10 mal" lies: wesentlich.

„ 374. Es ist einzufügen: Die Albedo des Mars hat den geringen Betrag von 0,15.

„ 374, Zeile 1 von unten: statt „668" lies: $669^{1}/_{2}$, statt „669" lies: $668^{1}/_{2}$.

„ 421. Es ist Ende der Ziffer 23 hinzuzufügen: A. SERPIERI, La luce zodiacale studiata nelle osservazioni di G. JONES. Mem Spett Ital 5, App. S. 49 (1876). A. SEARLE, Researches on the Zodiacal Light. Harv Ann 19, Part 2 (1893).

„ 421. In Anmerkung 2 ist hinzuzufügen: Ann. de l'Obs. de Paris, Mém. 30, E. (1914).

Handbuch der Astrophysik

Unter Mitarbeit von zahlreichen Fachgelehrten herausgegeben von

G. Eberhard, A. Kohlschütter und H. Ludendorff

Vollständig in 6 Bänden. — Jeder Band ist einzeln käuflich

Inhaltsübersicht des Gesamtwerkes:

Band I: Grundlagen der Astrophysik. I. Teil

Physiologische und psychologische Grundlagen. Von Dr. A. Kühl-München. — Das Fernrohr und seine Prüfung. Von Dr. A. König-Jena. — Anwendung der theoretischen Optik. Von Dr. H. Schulz-Berlin-Lichterfelde. — Theorie der spektroskopischen Apparate. Wellenlängen. Von Geheimrat Professor Dr. C. Runge†-Göttingen. — Sternspektrographie und Bestimmung von Radialgeschwindigkeiten. Von Professor Dr. G. Eberhard-Potsdam. — Apparate und Methoden zur Messung der Strahlung der Himmelskörper. Von Dr. W. E. Bernheimer-Wien. — Stellarastronomische Hilfsmittel. Von Professor Dr. A. Kohlschütter-Bonn. — Reduktion photographischer Himmelsaufnahmen, Sammlung von Formeln und Tafeln. Von Professor Dr. O. Birck-Potsdam.

Band II: Grundlagen der Astrophysik. II. Teil

1. Teil: Theoretische Photometrie. Von Professor Dr. E. Schönberg-Breslau. — Spektralphotometrie. Von Professor Dr. A. Brill-Neubabelsberg. — Kolorimetrie. Von Professor Dr. K. F. Bottlinger-Neubabelsberg. — Lichtelektrische Photometrie. Von Professor Dr. H. Rosenberg-Kiel. — 2. Teil: Photographische Photometrie. Von Professor Dr. G. Eberhard-Potsdam. — Visuelle Photometrie. Von Professor Dr. W. Hassenstein-Potsdam.

Band III: Grundlagen der Astrophysik. III. Teil

1. Teil: Wärmestrahlung. Von Professor Dr. W. Westphal-Berlin-Zehlendorf. — Thermodynamics of the Stars. By Professor Dr. E. A. Milne-Oxford. — Die Ionisation in den Atmosphären der Himmelskörper. Von Professor Dr. A. Pannekoek-Amsterdam. — The Principles of Quantum Theory. By Professor Dr. S. Rosseland-Oslo. — 2. Teil: Die Gesetzmäßigkeiten in den Spektren. Von Professor Dr. W. Grotrian-Potsdam. — Gesetzmäßigkeiten der Multiplett-Spektren. Von Professor Dr. O. Laporte-Ann Arbor, U. S. A. — Bandenspektra. Von Dr. K. Wurm-Potsdam.

Band V: Das Sternsystem. I. Teil

Classification and Description of Stellar Spectra. By Professor Dr. R. H. Curtiss-Ann Arbor, U. S. A. — Die Temperaturen der Fixsterne. Von Professor Dr. A. Brill-Neubabelsberg. — Dimensions, Masses, Densities, Luminosities and Colours of the Stars. By Professor Dr. Knut Lundmark-Lund. — Stellar Clusters. By Professor H. Shapley-Cambridge, U. S. A. — Nebulae. By Professor Dr. H. D. Curtis-Pittsburgh. — Die Milchstraße. Von Professor Dr. B. Lindblad-Stockholm.

Band VI: Das Sternsystem. II. Teil

Mit 123 Abbildungen. IX, 474 Seiten. Februar 1928. RM 66.—; gebunden RM 68.70

The Radial Velocities of the Stars. By Dr. K. G. Malmquist-Lund. — Die veränderlichen Sterne. Von Professor Dr. H. Ludendorff-Potsdam. — Novae. By Professor F. J. M. Stratton-Cambridge. — Double and Multiple Stars. By Dr. F. C. Henroteau-Ottawa.

Der innere Aufbau der Sterne. Von A. S. Eddington, M. A., L. L. D., D. Sc., F. R. S., Plumian Professor für Astronomie an der Universität Cambridge, England. Nach Ergänzung der englischen Ausgabe durch Professor A. S. Eddington ins Deutsche übertragen von Dr. E. von der Pahlen, Astrophysikalisches Observatorium, Potsdam. Mit 5 Abbildungen. VIII, 514 Seiten. 1928. RM 28.—; gebunden RM 30.—

Sterne und Atome. Von A. S. Eddington, M. A., L. L. D., D. Sc., F. R. S., Plumian Professor für Astronomie an der Universität Cambridge, England. Mit Ergänzungen des Autors ins Deutsche übertragen von Dr. O. F. Bollnow, Göttingen. Mit 11 Abbildungen. VII, 124 Seiten. 1928.

RM 5.60; gebunden RM 6.80

Die Hauptprobleme der modernen Astronomie. Versuch einer gemeinverständlichen Einführung in die Astronomie der Gegenwart. Von Elis Strömgren. Aus dem Schwedischen übersetzt und in einigen Punkten ergänzt von Walter E. Bernheimer. Mit 31 Abbildungen im Text und auf zwei Tafeln. IV, 106 Seiten. 1925. RM 4.80

Astronomische Miniaturen. Von Elis Strömgren. Aus dem Schwedischen übersetzt von K. F. Bottlinger. Mit 14 Abbildungen. VIII, 88 Seiten. 1922. RM 2.50

Astronomische Miniaturen. Von Elis Strömgren und Bengt Strömgren. Zweite Sammlung. Mit 41 Abbildungen, 2 Stereoskopbildern und 1 Tafel. V, 154 Seiten. 1927. RM 6.60

Sternhaufen. Ihr Bau, ihre Stellung zum Sternsystem und ihre Bedeutung für die Kosmogonie. Von P. ten Bruggencate. (Band VII der „Naturwissenschaftlichen Monographien und Lehrbücher". Herausgegeben von der Schriftleitung der „Naturwissenschaften".) Mit 36 Abbildungen und 4 Tafeln. VII, 158 Seiten. 1927. RM 15.—; gebunden RM 16.50

Die Bezieher der „Naturwissenschaften" erhalten die Monographien mit einem Nachlaß von 10%.

Bahnbestimmung der Planeten und Kometen. Von Professor Dr. G. Stracke, Observator am Astronomischen Rechen-Institut zu Berlin-Dahlem. Mit 21 Textabbildungen. VIII, 365 Seiten. 1929.

RM 26.—; gebunden RM 28.60